DELIUS KLASING

Dr. Etzold
Diplom-Ingenieur für Fahrzeugtechnik

So wird's gemacht

pflegen – warten – reparieren

Band 156

Golf VII
Golf VII Variant

Benziner

1,0 l	63 kW	(86 PS)	3/17 – 11/19
1,0 l	81 kW	(110 PS)	12/16 – 11/19
1,0 l	85 kW	(115 PS)	4/15 – 11/19
1,2 l	63 kW	(86 PS)	11/12 – 3/17
1,2 l	77 kW	(105 PS)	11/12 – 4/14
1,2 l	81 kW	(110 PS)	4/14 – 3/17
1,4 l	81 kW	(110 PS)	4/13 – 5/18
1,4 l	90 kW	(122 PS)	11/12 – 4/14
1,4 l	92 kW	(125 PS)	4/14 – 3/18
1,4 l	103 kW	(140 PS)	11/12 – 4/14
1,4 l	110 kW	(150 PS)	4/14 – 2/17
1,5 l	96 kW	(130 PS)	7/17 – 11/19
1,5 l	110 kW	(150 PS)	3/17 – 11/19
1,8 l	132 kW	(180 PS)	4/15 – 5/18
2,0 l	162 kW	(220 PS)	3/13 – 2/17
2,0 l	169 kW	(230 PS)	3/13 – 5/18
2,0 l	180 kW	(245 PS)	2/17 – 11/19

Diesel

1,6 l	77 kW	(105 PS)	11/12 – 4/14
1,6 l	81 kW	(110 PS)	7/13 – 4/17
1,6 l	85 kW	(115 PS)	4/17 – 11/19
2,0 l	110 kW	(150 PS)	11/12 – 11/19
2,0 l	135 kW	(184 PS)	3/13 – 2/19

Delius Klasing Verlag

Redaktion: Günter Skrobanek (Text)
Christine Etzold (Bild)

Bibliografische Information der Deutschen Nationalbibliothek
Die Deutsche Nationalbibliothek verzeichnet diese Publikation in der Deutschen Nationalbibliografie; detaillierte bibliografische Daten sind im Internet über http://dnb.dnb.de abrufbar.

4. Auflage / A
ISBN 978-3-667-11664-2

Alle Angaben ohne Gewähr
Druck: Print Best, Estland
Printed in Estonia 2025

Delius Klasing Verlag, Siekerwall 21, D-33602 Bielefeld
Tel.: 0521/559-0, Fax: 0521/559-115
E-Mail: info@delius-klasing.de
www.delius-klasing.de
http://sowirdsgemacht.com

Lieber Leser,

die Automobile werden von Modellgeneration zu Modellgeneration technisch immer aufwändiger und komplizierter. Ohne eine Anleitung kann man mitunter nicht einmal mehr die Glühlampe eines Scheinwerfers auswechseln. Und so wird verständlich, dass von Jahr zu Jahr immer mehr Heimwerker zum »So wird´s gemacht«-Handbuch greifen.

Doch auch der kundige Hobbymonteur sollte bedenken, dass der Fachmann viel Erfahrung hat und durch die Weiterschulung und den ständigen Erfahrungsaustausch über den neuesten Technikstand verfügt. Mithin kann es für die Überwachung und Erhaltung der Betriebs- und Verkehrssicherheit des eigenen Fahrzeugs sinnvoll sein, in regelmäßigen Abständen eine Fachwerkstatt aufzusuchen.

Grundsätzlich muss sich der Heimwerker natürlich darüber im Klaren sein, dass man mithilfe eines Handbuches nicht automatisch zum Kfz-Mechaniker wird. Auch deshalb sollten Sie nur solche Arbeiten durchführen, die Sie sich zutrauen. Das gilt insbesondere für jene Arbeiten, die die Verkehrssicherheit des Fahrzeugs beeinträchtigen können. Gerade in diesem Punkt sorgt das »So wird´s gemacht«-Handbuch jedoch für praktizierte Verkehrssicherheit. Durch die Beschreibung der Arbeitsschritte und den Hinweis, die Sicherheitsaspekte nicht außer Acht zu lassen, wird der Heimwerker vor der Arbeit entsprechend sensibilisiert und informiert. Auch wird darauf hingewiesen, im Zweifelsfall die Arbeit lieber von einem Fachmann ausführen zu lassen.

Sicherheitshinweis
Auf verschiedenen Seiten dieses Buches stehen »Sicherheitshinweise«. Bevor Sie mit der Arbeit anfangen, lesen Sie bitte diese Sicherheitshinweise aufmerksam durch und halten Sie sich strikt an die dort gegebenen Anweisungen.

Vor jedem Arbeitsgang empfiehlt sich ein Blick in das vorliegende Buch. Dadurch werden Umfang und Schwierigkeitsgrad der Reparatur offenbar. Außerdem wird deutlich, welche Ersatz- oder Verschleißteile eingekauft werden müssen und ob unter Umständen die Arbeit nur mithilfe von Spezialwerkzeug durchgeführt werden kann. **Besonders empfehlenswert: Wenn Sie eine elektronische Kamera zur Hand haben, dann sollten Sie komplizierte Arbeitsschritte für den Wiedereinbau fotografisch dokumentieren.**

Für die meisten Schraubverbindungen ist das Anzugsdrehmoment angegeben. Bei Schraubverbindungen, die in jedem Fall mit einem Drehmomentschlüssel angezogen werden müssen (Zylinderkopf, Achsverbindungen usw.), ist der Wert **fett** gedruckt. Nach Möglichkeit sollte man generell jede Schraubverbindung mit einem Drehmomentschlüssel anziehen. Übrigens: Für viele Schraubverbindungen sind Innen- oder Außen-Torxschlüssel erforderlich.

Als ich Anfang der siebziger Jahre den ersten Band der »So wird´s gemacht«-Buchreihe auf den Markt brachte wurden im Automobilbau nur ganz wenige elektronische Bauteile eingesetzt. Inzwischen ist das elektronische Management allgegenwärtig; ob bei der Steuerung der Zündung, des Fahrwerks oder der Gemischaufbereitung. Die Elektronik sorgt auch dafür, dass es in verschiedenen Bereichen keine Verschleißteile mehr gibt. Das Überprüfen elektronischer Bauteile ist wiederum nur noch mit teuren und speziell auf das Fahrzeugmodell abgestimmten Prüfgeräten möglich, die dem Heimwerker in der Regel nicht zur Verfügung stehen. Wenn also verschiedene Reparaturschritte nicht mehr beschrieben werden, so liegt das ganz einfach am vermehrten Einsatz von elektronischen Bauteilen.

Das vorliegende Buch kann nicht auf jedes technische Fahrzeug-Problem eingehen. Dennoch hoffe ich, dass Sie mithilfe der Beschreibungen viele Arbeiten am Fahrzeug durchführen können. Eines sollten Sie jedoch bei Ihren Arbeiten am eigenen Auto beachten: Ständig werden am aktuellen Modell Änderungen in der Produktion durchgeführt, so dass sich die im Buch veröffentlichten Arbeitsanweisungen und Einstelldaten für Ihr spezielles Modell geändert haben könnten. Sollten Zweifel auftreten, erfragen Sie bitte den aktuellen Stand beim Kundendienst des Automobilherstellers.

Rüdiger Etzold

Inhaltsverzeichnis

GOLF VII

Aus dem Inhalt:

- **Modellvarianten**
- **Fahrzeugidentifizierung**
- **Motordaten**

Im November 2012 präsentierte Volkswagen die siebte Modell-Generation des VW GOLF. Im April 2013 folgten der GOLF GTI und im Juli 2013 der GOLF VARIANT.

Gegenüber dem Vorgängermodell ist auch der GOLF der siebten Generation wieder etwas gewachsen, und zwar in der Länge um 5,6 cm und in der Breite um 1,3 cm. Reduziert wurde dagegen das Höhenmaß, und zwar um 1,7 cm. Durch die Verlängerung des Radstands um 5,9 cm konnte die Beinfreiheit der hinteren Passagiere geringfügig verbessert werden.

Für den GOLF stehen in Leistung, Hubraum und Bauart unterschiedliche Benzin- und Dieselmotoren zur Verfügung, so dass je nach persönlicher Anforderung zwischen sehr wirtschaftlicher und sportlicher Motorisierung ausgewählt werden kann. Ihre Leistung bringen die Aggregate über Front- oder Allradantrieb auf die Straße.

Der GOLF verfügt über umfangreiche Sicherheitseinrichtungen. Dazu zählen Fahrer-, Beifahrer-, Seiten- und Kopf-Airbags sowie ein Knie-Airbag auf der Fahrerseite. Serienmäßig wird der GOLF mit Klimaanlage, Start-Stopp-Automatik und Bremsenergie-Rückgewinnung angeboten. Als Zusatzausstattung ist unter anderem der Park Assistent erhältlich, der Parklücken von ausreichender Größe erkennt und das Fahrzeug selbsttätig einparkt.

Im Februar 2017 erfolgte ein dezentes Facelift, bei dem die untere Frontschürze neu gestaltet wurden. Anstelle der Xenon-Scheinwerfer gibt es jetzt auf Wunsch Doppel-LED-Scheinwerfer. Das Heck ist serienmäßig mit LED-Rückleuchten ausgestattet, die optional über eine animierte Blinkerfunktion verfügen. Außerdem gibt es neue Assistenten, zum Beispiel den Hänger-Rangierassistent »Trailer Assist«.

GOLF VII, Modell 2013

GOLF-Heck, Modell 2013

GTI, Modell 2014

Modell 2018, ab Februar 2017

Fahrzeug- und Motoridentifizierung

Die **Fahrgestellnummer** oder **Fahrzeug-Identifizierungs-Nummer** (VIN = Vehicle Identification Number) befindet sich an folgenden Positionen:

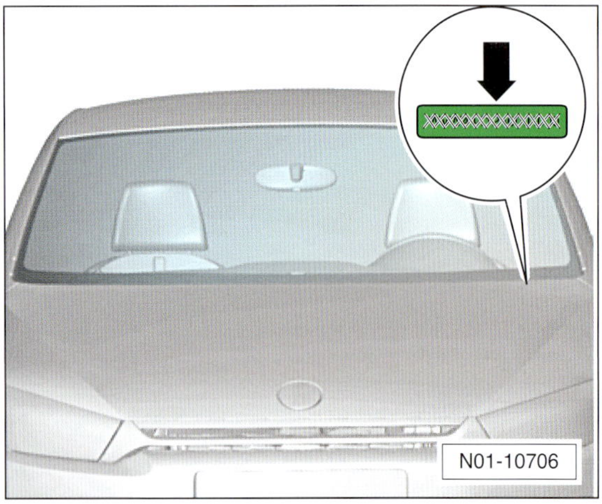

■ Die Fahrzeug-Identifizierungsnummer (Fahrgestellnummer) –Pfeil– lässt sich von außen durch ein Sichtfenster in der Frontscheibe ablesen. Das Sichtfenster befindet sich unterhalb vom linken Scheibenwischer.

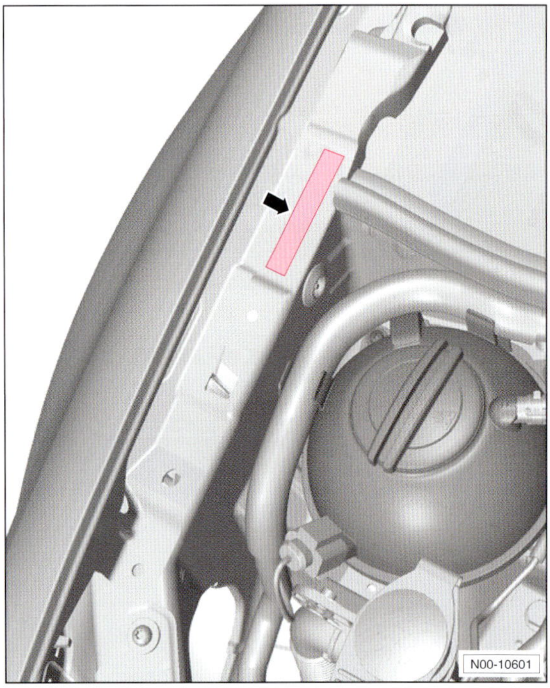

■ Die Fahrgestellnummer –Pfeil– ist auch auf der Verlängerung des Längsträgers eingeschlagen.

Aufschlüsselung der Fahrgestellnummer:

WVW	ZZZ	AU	Z	E	W	121 321
①	②	③	④	⑤	⑥	⑦

① Herstellerzeichen: WVW = Volkswagen AG
② Füllzeichen
③ 2stellige Typenkurzbezeichnung: AU = GOLF VII
④ Weiteres Füllzeichen
⑤ Angabe des Modelljahres: D = 2013, E = 2014, F = 2015 . . . bis . . . I = 2019, J = 2020
⑥ Produktionsstätte, zum Beispiel: W – Wolfsburg, E – Emden, H – Hannover, S – Salzgitter, P – Mosel (Sachsen)
⑦ Laufende Nummerierung (bis 499999 = Limousine, ab 500000 = VARIANT)

Motornummer

Die Motornummer besteht aus 4 Motor-Kennbuchstaben und einer fortlaufenden, sechsstelligen Nummer.

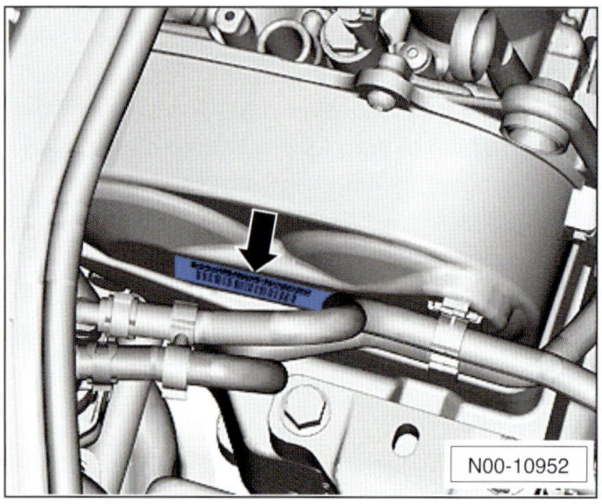

■ Die Kennbuchstaben des Motors und die Motornummer –Pfeil– befinden sich auf einem Aufkleber am Steuergehäuse. **Hinweis:** In der Abbildung ist der 1,2-/1,4-l-Benzinmotor dargestellt.

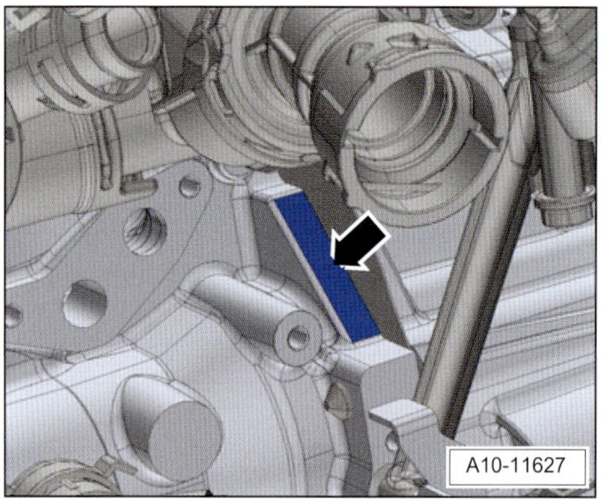

■ Beim 2,0-l-Benzinmotor und beim Dieselmotor befinden sich Motorkennbuchstaben und Motornummer –Pfeil– an der Trennfuge Motor/Getriebe. **Hinweis:** In der Abbildung ist der Dieselmotor dargestellt.

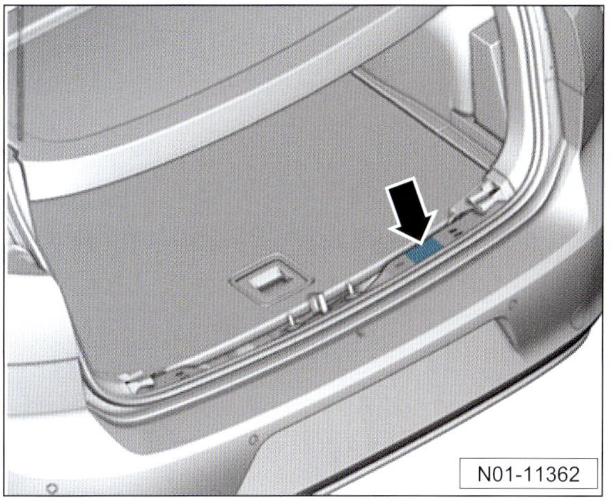

N01-11362

■ Motorkennbuchstaben und Motornummer sowie die Fahrgestellnummer stehen ebenfalls auf dem Fahrzeugdatenträger –Pfeil– unter der Verkleidung für den Schlossträger hinten rechts. Der Fahrzeugdatenträger befindet sich auch im Serviceplan des Fahrzeugs.

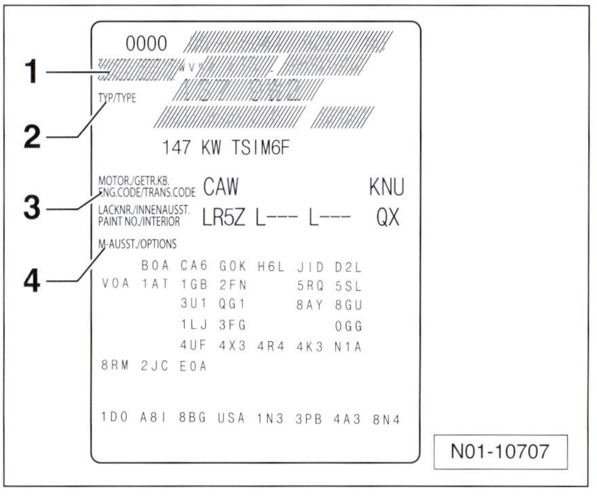

N01-10707

Der Fahrzeugdatenträger enthält folgende Fahrzeugdaten:

1 – Fahrzeug-Identifizierungsnummer (Fahrgestellnummer)
2 – Fahrzeugtyp, Motorleistung, Getriebe
3 – Motor- und Getriebekennbuchstaben, Lacknummer, Innenausstattung
4 – Mehrausstattungs-Kennnummern, PR-Nummern

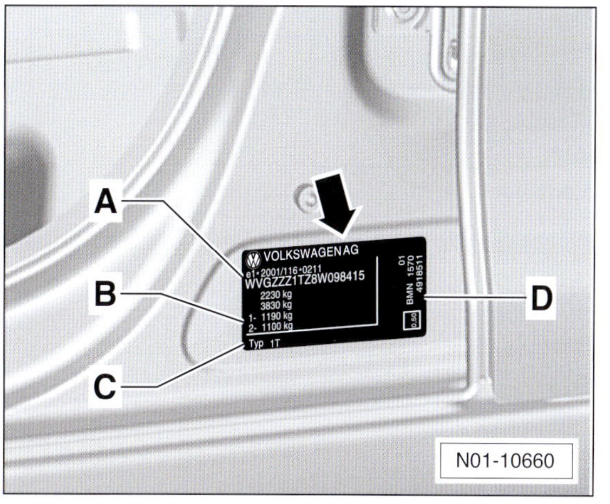

N01-10660

■ Fahrgestellnummer und Motorkennbuchstaben stehen ebenfalls auf dem Typschild –Pfeil–. Das Typschild ist beim 4-Türer im unteren Bereich der linken B-Säule aufgeklebt und nach Öffnen der Fahrertür sichtbar.

A – Fahrzeug-Identifizierungsnummer (Fahrgestellnummer)
B – Angaben zu Achslasten, zulässigem Gesamtgewicht und zulässigem Zuggewicht.
C – Typ-Kennnummer
D – Motorkennbuchstaben

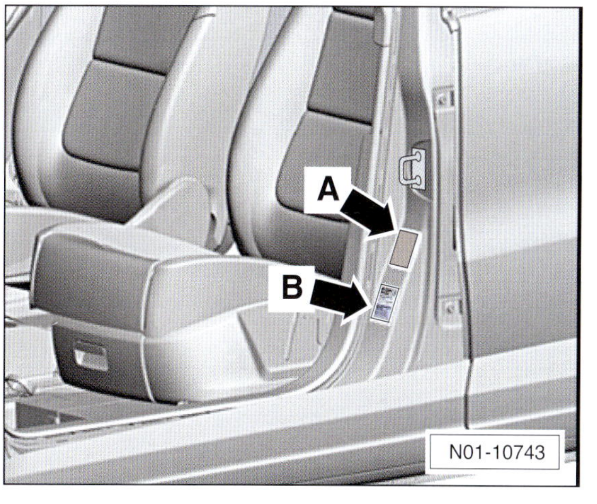

N01-10743

■ **2-türige Fahrzeuge:** Das Typschild –A– ist im unteren Bereich der linken B-Säule aufgeklebt und nach Öffnen der Fahrertür sichtbar.

B – Reifenfülldruck. **Hinweis:** Falls dieser Aufkleber nicht vorhanden ist, steht der Reifenfülldruck auf der Innenseite der Tankklappe.

Motordaten

Motor/Modell		1.0 TSI	1.0 TSI	1.0 TSI	1.2 TSI	1.2 TSI	1.2 TSI	1.4 TGI
Motorbezeichnung		CHZK/DKLB	CHZC/DKRC	CHZD/DKRA	CJZB/CYVA	CJZA	CYVB	CPWA
Fertigung	von – bis	3/17 – 11/19	12/16 – 11/19	4/15 – 11/19	11/12 – 3/17	11/12 – 4/14	4/14 – 3/17	4/13 – 5/18
Hubraum	cm^3	999	999	999	1197	1197	1197	1395
Leistung	kW bei 1/min PS bei 1/min	63/5000 86/5000	81/5000 110/5000	85/5000 115/5000	63/4800 86/4800	77/5000 105/5000	81/4600 110/4600	81/5000 110/5000
Drehmoment	Nm bei 1/min	175/2000	175/1500	200/2000	160/1400	175/1400	175/1400	200/1500
Bohrung	∅ mm	74,5	74,5	74,5	71,0	71,0	71,0	74,5
Hub	mm	76,4	76,4	76,4	75,6	75,6	75,6	80,0
Verdichtung		10,5	10,5	10,5	10,5	10,5	10,5	10,5
Zylinder/Ventile pro Zylinder		3/4	3/4	3/4	4/4	4/4	4/4	4/4
Motormanagement		ME 17	ME 17	ME 17	MED 17.5.21	MED 17.5.21	MED 17.5.25	MED 17.5
Kraftstoff (ROZ)		Super 95	Super 95	Super 95	Super 95	Super 95	Super 95	S95/CNG
Wechselmengen Motoröl Kühlflüssigkeit	 Liter Liter	 4,0 8,0	 4,0 8,0	 4,0 8,0	 4,0 8,0	 4,0 8,0	 4,0 8,0	 4,0 8,0

Motor/Modell		1.4 TSI	1.4 TSI	1.4 TSI	1.4 TSI	1.5 TSI	1.5 TSI	1.8 TSI
Motorbezeichnung		CMBA/CPVA/ CXSA	CZCA/ CPVB	CHPA/ CPTA	CZEA/ CZDA	DACA	DADA	CJSB
Fertigung	von – bis	11/12 – 4/14	4/14 – 3/18	11/12 – 4/14	4/14 – 2/17	7/17 – 11/19	3/17 – 11/19	4/15 – 5/18
Hubraum	cm^3	1395	1395	1395	1395	1498	1498	1798
Leistung	kW bei 1/min PS bei 1/min	90/5000 122/5000	92/5000 125/5000	103/4500 140/4500	110/5000 150/5000	96/5000 130/5000	110/5000 150/5000	132/4500 180/4500
Drehmoment	Nm bei 1/min	200/1500	200/1500	250/1500	250/1500	200/1400	250/1500	280/1350
Bohrung	∅ mm	74,5	74,5	74,5	74,5	74,5	74,5	82,5
Hub	mm	80,0	80,0	80,0	80,0	85,7	85,7	84,2
Verdichtung		10,0	10,5	10,0	10,0	12,5	10,5	9,6
Zylinder/Ventile pro Zylinder		4/4	4/4	4/4	4/4	4/4	4/4	4/4
Motormanagement		MED 17.5.21	MED 17.5.21	MED 17.5.21	MED 17.5.21	MG-1	MG-1	Simos 12.1
Kraftstoff (ROZ)		Super 95	Super 95	Super 95	Super 95	Super 95	Super 95	Super 95
Wechselmengen Motoröl Kühlflüssigkeit	 Liter Liter	 4,0 8,0	 4,0 8,0	 4,0 8,0	 4,0 8,0	 4,3 8,0	 4,3 8,0	 5,2 8,0

Achtung: Füllmengen sind ungefähre Angaben. Flüssigkeitsstände auf jeden Fall mit dem Ölmessstab beziehungsweise anhand der Markierungen am Kühlmittel-Ausgleichbehälter überprüfen. Die Kühlmittelfüllmenge kann je nach Ausstattung abweichen.

Abkürzungen:

TSI = **T**urbo **S**tratified **I**njection = Turbo-Benzin-Direkteinspritzmotor oder
Twincharged **S**tratified **I**njection = Doppelt aufgeladener Benzin-Direkteinspritzmotor (mit Kompressor und Turbolader).

TGI = **T**urbo **G**as **I**njection = Turbo-Erdgas-Einspritzmotor

Motormanagement **MED** = BOSCH-**M**otronic mit **E**lektrischer Gasbetätigung und Benzin-**D**irekteinspritzung.
Simos = **SI**EMENS-**Mo**tor-**S**teuerung

Motor/Modell		2.0 GTI	2.0 GTI Performance	2.0 GTI Performance	2.0 GTI Clubsport	GTI TCR	2.0 R	2.0 GTI Clubsport S
Motorbezeichnung		CHHB	CHHA	DKTB/DLBA	CJXE	CJXD/DJHB	CJXC	CJXG
Fertigung	von – bis	3/13 – 2/17	3/13 – 5/18	2/17 – 11/19	1/16 – 2/17	7/18 – 11/19	11/13 – 2/17	9/16 – 2/17
Hubraum	cm^3	1984	1984	1984	1984	1984	1984	1984
Leistung	kW bei 1/min PS bei 1/min	162/4200 220/4200	169/4200 230/4200	180/5000 245/5000	195/5350 265/5350	213/5400 290/5400	221/5500 300/5500	228/5800/ 310/5800
Drehmoment	Nm bei 1/min	350/1500	350/1500	370/1600[1)]	350/1700	380/1850	380/1800	380/1850
Bohrung	∅ mm	82,5	82,5	82,5	82,5	82,5	82,5	82,5
Hub	mm	92,8	92,8	92,8	92,8	92,8	92,8	92,8
Verdichtung		9,6	9,6	9,6	9,3	9,3	9,3	9,3
Zylinder/Ventile pro Zylinder		4/4	4/4	4/4	4/4	4/4	4/4	4/4
Motormanagement		Simos 12.1	Simos 12.1	Simos	Simos	Simos 18.8	Simos 12.1	Simos
Kraftstoff (ROZ)		Super 95	Super 95	Super 95	SPlus 98	SPlus 98	SPlus 98	SPlus 98
Wechselmengen Motoröl Kühlflüssigkeit	 Liter Liter	 5,7 8,0	 5,7 8,0	 5,7 8,0	 5,7 8,0	 5,7 8,0	 5,7 8,0	 5,7 8,0

Motor/Modell		2.0 R	1.6 TDI	1.6 TDI	1.6 TDI SCR	2.0 TDI	2.0 GTD
Motorbezeichnung		DJHA	CLHA	CRKB/DBKA/ DEJB	DDYA/DGTE	CRBC/CRLB/ DEJA/DFGA	CBBB/CUNA/ DGCA
Fertigung	von – bis	2/17 – 8/18	11/12 – 4/14	7/13 – 4/17	4/17 – 11/19	11/12 – 11/19	3/13 – 2/19
Hubraum	cm^3	1984	1598	1598	1598	1968	1968
Leistung	kW bei 1/min PS bei 1/min	228/5500 310/5500	77/3000 105/3000	81/3200 110/3200	85/3000[2)] 115/3000[2)]	110/4000 150/4000	135/3500 184/3500
Drehmoment	Nm bei 1/min	400/2000	250/1500	250/1500	250/1500[2)]	320[3)]/1750	380/1750
Bohrung	∅ mm	82,5	79,5	79,5	79,5	81,0	81,0
Hub	mm	92,8	80,5	80,5	80,5	95,5	95,5
Verdichtung		9,3	16,2	16,2	16,2	16,2	15,8
Zylinder/Ventile pro Zylinder		4/4	4/4	4/4	4/4	4/4	4/4
Motormanagement		Simos	CR	CR	CR	CR	CR
Kraftstoff (ROZ)		SuperPlus 98	Diesel	Diesel	Diesel	Diesel	Diesel
Wechselmengen Motoröl Kühlflüssigkeit	 Liter Liter	 5,7 8,0	 4,7 6,0	 4,7 6,0	 4,7 6,0	 4,7 6,0	 4,7 6,0

[1]) Motor DLBA: 350/1500; [2]) Motor DGTE: 85 kW/115 PS bei 3250/min und 250 Nm bei 1750/min; [3]) Motor CRLB/DFGA: 340 Nm bei 1750/min.

Achtung: Füllmengen sind ungefähre Angaben. Flüssigkeitsstände auf jeden Fall mit dem Ölmessstab beziehungsweise anhand der Markierungen am Kühlmittel-Ausgleichbehälter überprüfen. Die Kühlmittelfüllmenge kann je nach Ausstattung abweichen.

Abkürzungen:

TDI = **T**urbo **D**irect **I**njektion = Diesel-Direkteinspritzer mit Abgasturbolader.

TCR = **T**ouring **C**ar **R**acing (Tourenwagen-Rennserie).

SCR = **S**elective **C**atalytic **R**eduction = selektive katalytische Reduktion (von Stickoxiden).

Motormanagement **Simos** = **SI**EMENS-**Mo**tor-**S**teuerung.

CR = **C**ommon-**R**ail-System.

Wartung

Aus dem Inhalt:

- **Wartungsplan**
- **Werkzeugausrüstung**
- **Fahrzeug aufbocken**
- **Wartungsarbeiten**
- **Motorstarthilfe**

Der **GOLF** kann nach unterschiedlichen Wartungssystemen gewartet werden.

Fahrzeuge mit der PR-Nummer »QI6« werden nach dem Longlife-Service-System mit flexiblen Wartungsintervallen gewartet.

Fahrzeuge mit der PR-Nummer »QI1« bis »QI4« und »QI7« werden nach festen Wartungsintervallen gewartet.

Die PR-Nummer steht auf dem Fahrzeugdatenträger, siehe Seite 13.

PR-Nummer = Produktions-Steuerungs-Nummer. Damit werden während der Produktion Ausstattungen, Mehrausstattungen oder länderspezifische Abweichungen gekennzeichnet.

Hinweis: In diesem Band sind Wartungsarbeiten, die den Antrieb betreffen, nur für Benzin- und Dieselmotoren beschrieben.

Longlife-Service

Normalerweise wird der **GOLF** nach dem »Longlife-Service«-System gewartet. Die Motoren sind ab Werk mit einem alterungsbeständigen Longlifeöl befüllt. Dadurch sind je nach Motorbelastung lange Wartungsintervalle möglich.

Inspektion
in 5400 km /350 Tag(en)

Ölwechsel-Service
in 2300 km / 120 Tag(en)

Der Zeitpunkt für die Wartung wird dem Fahrer über die »**Flexible Service-Intervall-Anzeige**« nach dem Einschalten der Zündung im Display des Kombiinstruments angezeigt.

Steht eine Wartung an, erscheint nach dem Einschalten der Zündung im Display des Kombiinstruments die Laufleistung in Kilometer beziehungsweise die Anzahl der Tage bis zur nächsten Inspektion oder dem nächsten Ölwechsel-Service.

Bei Erreichen der vom Steuergerät berechneten Intervalldauer ertönt beim Einschalten der Zündung ein akustisches Signal und im Display des Kombiinstruments wird ein Schraubenschlüssel-Symbol zusammen mit einer der in der Abbildung dargestellten Meldungen angezeigt. Die Wartung sollte dann umgehend durchgeführt werden.

Nach einigen Sekunden oder nachdem der Motor gestartet wurde erlischt die Serviceanzeige. Sie kann auch durch Drücken des »OK«-Tasters für die Multifunktionsanzeige im Scheibenwischerhebel abgeschaltet werden.

Hinweis: Eine überfällige Wartung wird durch ein Minuszeichen vor der Kilometer- oder Tagesangabe angezeigt.

Nach einer durchgeführten Wartung muss die Service-Intervallanzeige zurückgesetzt werden. Die Fachwerkstatt verwendet dazu das VW-Diagnosegerät. Eine auf »feste Wartungsintervalle« eingestellte Serviceanzeige kann auch mit den verschiedenen Fahrzeugtasten zurückgestellt werden. Werden »flexible Wartungsintervalle« mit den Fahrzeugtasten zurückgestellt, dann wird die Serviceanzeige automatisch auf »feste Wartungsintervalle« umgestellt.

Wird im Rahmen einer Wartung oder Reparatur **kein** Longlife-Motoröl nach VW-Norm eingefüllt, dann muss das System von »flexiblen« auf »feste« Service-Intervalle umgestellt werden. In diesem Fall ist alle 15.000 km oder 12 Monate ein Ölwechsel-Service erforderlich.

Hinweis: Die Fachwerkstätten fragen bei jeder Inspektion mit Hilfe des Fehlerauslesegerätes die Fehlerspeicher der elektronischen Steuergeräte von Motor, ABS, Airbag und Wegfahrsicherung ab. Es kann daher sinnvoll sein, in regelmäßigen Abständen eine Fachwerkstatt aufzusuchen, auch wenn die Wartung in Eigenregie durchgeführt wird. Die Abfrage der Fehlerspeicher wird am Diagnoseanschluss vorgenommen. Bei dieser Gelegenheit kann auf Wunsch auch die Intervallanzeige zurückgestellt werden.

Feste Wartungsintervalle

Die Service-Intervall-Anzeige kann, falls kein Longlife-Öl verwendet wird, von den »flexiblen« Service-Intervallen (Longlife-Service) auf »feste« Service-Intervalle umgestellt werden. Dazu kann die Service-Intervall-Anzeige entweder manuell mit Tasten im Kombiinstrument zurückgestellt oder mit dem Fahrzeug-Diagnosegerät auf feste Intervalle umgestellt werden. Bei abgeklemmter Fahrzeugbatterie bleiben die Werte der Service-Anzeige noch einige Zeit erhalten.

Ölwechsel-Service

Der Ölwechsel-Service ist entsprechend der Service-Intervall-Anzeige in folgenden Intervallen durchzuführen:

Bei **festen Service-Intervallen und der PR-Nr. QI4** oder oder bei der PR-Nr. QI6, wenn **kein Longlife-Öl** eingefüllt ist, ist der Ölwechsel **alle 15.000 km** oder **nach 1 Jahr** durchzuführen, je nachdem was zuerst eintritt. **Hinweis:** Abweichende Ölservice-Intervalle entsprechend der PR-Nr. finden sich auf der Tabelle unten auf der Seite.

Achtung: Bei erschwerten Betriebsbedingungen, wie überwiegend Stadt- und Kurzstreckenverkehr, häufigen Gebirgsfahrten, Anhängerbetrieb und staubigen Straßenverhältnissen, Ölwechsel-Service öfters durchführen.

- ● Motor: Öl wechseln, Ölfilter ersetzen.
- ● Scheibenbremsbeläge vorn und hinten: Dicke prüfen.
- ● Service-Intervallanzeige zurücksetzen (Werkstattarbeit).

Wartungsplan

Die Wartung ist in folgenden Abständen durchzuführen:

Bei Fahrzeugen mit **Longlife-Service** beziehungsweise mit **flexiblen Service-Intervallen:** Entsprechend der Service-Intervallanzeige sind die mit ● und ■ gekennzeichneten Wartungsarbeiten durchzuführen.

Bei festen Service-Intervallen: Entsprechend der Service-Intervallanzeige. Auf jeden Fall **alle 2 Jahre** oder 30.000 km nach der letzten Wartung die mit ● gekennzeichneten Wartungsarbeiten durchführen.

Erstmalig nach 3 Jahren und 60.000 km, dann alle 2 Jahre und 60.000 km, sind die mit ■ gekennzeichneten Wartungsarbeiten durchzuführen (VW-Vorschrift). Es empfiehlt sich allerdings im Rahmen jeder Wartung sowohl die mit ● wie auch die mit ■ gekennzeichneten Wartungsarbeiten durchzuführen.

Flexible und feste Service-Intervalle: Im Rahmen der Wartung sind ebenfalls die zusätzlichen, mit ◆ gekennzeichneten, Wartungsarbeiten entsprechend den angegebenen Intervallen durchzuführen.

Achtung: Bei häufigen Fahrten in staubiger Umgebung Wechselintervall für Motor-Luftfilter und Pollenfilter halbieren.

Motor

- ● Motor: Öl wechseln, Ölfilter erneuern.
- ■ Motor/Motorraum: Sichtprüfung auf Undichtigkeiten.
- ■ Kühl- und Heizsystem: Flüssigkeitsstand prüfen, Konzentration des Frostschutzmittels prüfen. Sichtprüfung auf Undichtigkeiten und äußere Verschmutzung des Kühlers.
- ■ Abgasanlage: Auf Beschädigungen, Undichtigkeiten und lockere Befestigung sichtprüfen.
- ■ Keilrippenriemen: Zustand prüfen, bei Verschleißspuren wechseln.

Getriebe/Achsantrieb

- ■ Getriebe/Achsantrieb: Auf Undichtigkeiten und Beschädigungen sichtprüfen.

Vorderachse/Lenkung

- ■ Spurstangenköpfe: Spiel und Befestigung prüfen, Staubkappen prüfen.
- ■ Achsgelenke/Achslager/Koppelstangenlager und Stabilisatorgummilager: Sichtprüfung auf Beschädigungen.
- ■ Manschetten/Spannbänder der Antriebswellen: Auf Undichtigkeiten und Beschädigungen sichtprüfen.
- ■ Stoßdämpfer: Auf Undichtigkeiten sichtprüfen.

Abweichende Ölservice-Intervalle in Abhängigkeit von der PR-Nr

PR-Nr.	QI1	QI2	QI3	QI4	QI6	QI7
Fester Ölwechsel-Service jedes Jahr oder alle...	5.000 km	7.500 km	10.000 km	15.000 km	–	10.000 Meilen
Flexibler Ölwechsel-Service spätestens nach 2 Jahren oder alle ...	–	–	–	–	30.000 km	–

Bremsen/Reifen/Räder

- ● Bremsen: Belagstärke der vorderen und hinteren Bremsbeläge prüfen.
- ● Bereifung: Profiltiefe und Reifenfülldruck prüfen; Reifen auf Verschleiß und Beschädigungen (einschließlich Reserverad) prüfen.
- ● Reifen-Kontroll-Anzeige, falls vorhanden: Grundeinstellung durchführen.
- ■ Reifenreparatur-Set, falls vorhanden: Haltbarkeitsdatum prüfen, gegebenenfalls ersetzen.
- ■ Bremsanlage: Leitungen, Schläuche, Bremszylinder und Anschlüsse auf Undichtigkeiten und Beschädigungen prüfen.
- ■ Bremsflüssigkeitsstand: Prüfen, gegebenenfalls auffüllen.

Karosserie/Innenausstattung

- ● Verbandkasten: Haltbarkeitsdatum überprüfen, gegebenenfalls Verbandkasten ersetzen.
- ■ Beifahrerairbag: Schlüsselschaltung kontrollieren.
- ■ Schiebedach: Führungsschienen reinigen und fetten.
- ■ Wasserkasten und Wasserablauföffnungen sichtprüfen und reinigen.
- ■ Unterbodenschutz: Auf Beschädigungen sichtprüfen.

Elektrische Anlage

- ● Batterie: Prüfen.
- ● Eigendiagnose: Fehlerspeicher auslesen (Werkstattarbeit).
- ● Service-Intervallanzeige: Zurücksetzen.
- ■ Front- und Heckbeleuchtung, Blinkanlage, Warnblinkanlage, automatische Fahrlichtsteuerung: Funktion prüfen.
- ■ Sämtliche Stromverbraucher/Bedienelemente/Anzeigen/Innenbeleuchtung/Hupe: Funktion prüfen.
- ■ Scheibenwischerblätter: Wischergummis auf Verschleiß prüfen.
- ■ Scheibenwaschanlage: Funktion prüfen, Düsenstellung kontrollieren, Flüssigkeit nachfüllen, Scheinwerfer-Waschanlage prüfen.
- ■ Scheinwerfer: Einstellung prüfen (Werkstattarbeit).

Folgende Arbeiten zusätzlich durchführen:

Erstmalig nach 3 Jahren, dann alle 2 Jahre

- ◆ Bremsflüssigkeit: Erneuern.
- ◆ Abgasuntersuchung (AU): Leerlaufdrehzahl, CO-Gehalt, Zündzeitpunkt prüfen; Fehlerspeicher abfragen (Werkstattarbeit).
- ◆ Schiebedachabläufe vorn: Auf Durchfluss prüfen, gegebenenfalls reinigen.
- ◆ Ab Modelljahr 2019: Wasserablaufventile hinten: Auf Verstopfung prüfen, gegebenenfalls reinigen

Alle 60.000 km oder 2 Jahre

- ◆ Lüftung/Heizung: Staub-/Pollenfilter-Einsatz erneuern, Gehäuse reinigen.
- ◆ Panorama-Schiebedach: Auf Geräusche und Funktion prüfen, gegebenenfalls reinigen und mit farblosem Spezial-Gleitmittel schmieren (Werkstattarbeit).

Alle 3 Jahre

- ◆ Allradantrieb 4MOTION: Öl für Haldexkupplung wechseln.
- ◆ 2,0-l-GTI Performance: Öl für Vorderachs-Differenzialsperre wechseln.
  Hinweis: Beim GTI-R ist ein Ölwechsel für die Vorderachs-Differenzialsperre im Rahmen der Wartung nicht vorgesehen.

Alle 60.000 km oder 4 Jahre

- ◆ Benzinmotor: Zündkerzen erneuern.

Alle 60.000 km

- ◆ 6-Gang-Direktschaltgetriebe 0D9: Öl und Filter wechseln.
- ◆ 6-Gang-Direktschaltgetriebe 0DD/0DL/0BH: Getriebeöl wechseln (Werkstattarbeit).

Alle 90.000 km

- ◆ CR-Dieselmotor: Kraftstofffilter erneuern.

Alle 90.000 km oder 6 Jahre

- ◆ Motor-Luftfilter: Filtereinsatz erneuern, Filtergehäuse reinigen.

Alle 120.000 km

- ◆ 7-Gang-Direktschaltgetriebe 0GC: Getriebeöl wechseln (Werkstattarbeit).

Erstmalig nach 180.000 km, dann alle 30.000 km

- ◆ CR-Dieselmotor: Partikelfilter prüfen (Werkstattarbeit).

Alle 210.000 km

- ◆ CR-Dieselmotor: Zahnriemen und Zahnriemen-Spannrolle ersetzen.

Erstmalig nach 240.000 km, dann alle 30.000 km

- ◆ **1,0-/1,2-/1,4-/1,5-l-Benzinmotor:** Zahnriemen für Nockenwellenantrieb auf Verschleiss und Beschädigung prüfen, gegebenenfalls ersetzen.
- ◆ **1,0-/1,2-/1,4-/1,5-l-Benzinmotor:** Zahnriemen für Kühlmittelpumpenantrieb auf Verschleiss und Beschädigung prüfen, gegebenenfalls ersetzen (Werkstattarbeit).

Hinweis: Bei **1,8-/2,0-l-Benzinmotoren** erfolgt der Antrieb der Nockenwellen durch eine **wartungsfreie Steuerkette**.

Für die **1,0-/1,2-/1,4- und 1,5-l-TSI-Benzinmotoren** gibt es kein festes Zahnriemenwechsel-Intervall. Der Zahnriemen wird im Rahmen der Wartung geprüft und je nach Verschleiß gewechselt.

Wartungsarbeiten

Hier werden, nach den verschiedenen Baugruppen des Fahrzeugs aufgeteilt, alle Wartungsarbeiten beschrieben, die gemäß dem Wartungsplan durchgeführt werden müssen. Auf die erforderlichen Verschleißteile sowie das möglicherweise benötigte Sonderwerkzeug wird jeweils hingewiesen.

Es empfiehlt sich Reifendruck, Motorölstand und Flüssigkeitsstände für Kühlung, Wisch-/Waschanlage etc. mindestens alle 4 bis 6 Wochen zu prüfen und gegebenenfalls zu ergänzen.

Achtung: Beim **Einkauf von Ersatzteilen** ist zur Identifizierung des Fahrzeuges unbedingt die **Fahrzeug-Ident-Nummer** (Fahrgestellnummer) beziehungsweise der **KFZ-Schein** mitzunehmen. Sonst ist eine genaue Zuordnung der Ersatzteile oftmals nicht möglich.

Um ganz sicher zu sein, dass man die richtigen Ersatzteile erhalten hat, empfiehlt es sich nach Möglichkeit, das Altteil auszubauen und zum Ersatzteilhändler mitzunehmen. Dort kann man es mit dem Neuteil vergleichen.

Motor und Abgasanlage

Folgende Wartungspunkte müssen nach dem Wartungsplan in unterschiedlichen Intervallen durchgeführt werden:

- Motor/Motorraum: Sichtprüfung auf Undichtigkeiten.
- Motor: Öl wechseln, Ölfilter erneuern.
- Kühl- und Heizsystem: Flüssigkeitsstand prüfen, Konzentration des Frostschutzmittels prüfen. Sichtprüfung auf Undichtigkeiten und äußere Verschmutzung des Kühlers.
- Dieselmotor: Kraftstofffilter ersetzen.
- Motor-Luftfilter: Filtereinsatz erneuern, Filtergehäuse reinigen.
- Keilrippenriemen: Zustand prüfen, bei Verschleißspuren wechseln.
- Abgasanlage: Auf Beschädigungen, Undichtigkeiten und lockere Befestigung sichtprüfen.
- Zündkerzen: Erneuern.
- Dieselmotor: Partikelfilter prüfen (Werkstattarbeit).
- CR-Dieselmotor: Zahnriemen und Zahnriemen-Spannrolle ersetzen (Werkstattarbeit).
- 1,0-/1,2-/1,4-/1,5-l-Benzinmotor: Zahnriemen für Nockenwellenantrieb und für Kühlmittelpumpenantrieb auf Verschleiss und Beschädigung prüfen, gegebenenfalls ersetzen (Werkstattarbeit).
- Abgasuntersuchung (AU) durchführen; Fehlerspeicher abfragen (Werkstattarbeit).

Motor/Motorraum: Sichtprüfung auf Undichtigkeiten

Spezialwerkzeug: nicht erforderlich.

- Obere Motorabdeckung ausclipsen und abnehmen, siehe Seite 224.
- Untere Motorraumabdeckung ausbauen, siehe Seite 339.
- Leitungen, Schläuche und Anschlüsse der
  - Kraftstoffanlage,
  - des Kühl- und Heizungssystems,
  - der Bremsanlage

  auf Undichtigkeiten, Scheuerstellen, Porosität und Brüchigkeit sichtprüfen.

Ölundichtigkeit suchen

Bei ölverschmiertem Motor und hohem Ölverbrauch überprüfen, wo das Öl austritt. Dazu folgende Stellen überprüfen:

- Öleinfülldeckel öffnen und Dichtung auf Porosität oder Beschädigung prüfen.
- Kurbelgehäuse-Entlüftung: Zum Beispiel Belüftungsschlauch vom Zylinderkopfdeckel zum Luftansaugschlauch.
- Zylinderkopfdeckel-Dichtung.
- Zylinderkopf-Dichtung.
- Ölablassschraube (Dichtring).
- Ölfilterdichtung: Ölfilter am Ölfilterflansch.
- Ölwannendichtung.
- Wellendichtringe links und rechts für Nockenwellen und Kurbelwelle.

Da sich bei Undichtigkeiten das Öl meistens über eine größere Motorfläche verteilt, ist der Austritt des Öls nicht auf den ersten Blick zu erkennen. Bei der Suche geht man zweckmäßigerweise wie folgt vor:

- Motorwäsche durchführen: Generator mit Plastiktüte abdecken. Motor mit handelsüblichem Kaltreiniger einsprühen und nach einer kurzen Einwirkungszeit an einer Autowaschanlage mit Wasser abspritzen.
- Trennstellen und Dichtungen am Motor von außen mit Kalk oder Talkumpuder bestäuben.
- Ölstand kontrollieren, gegebenenfalls auffüllen.
- Probefahrt durchführen. Da das Öl bei heißem Motor dünnflüssig wird und dadurch schneller an den Leckstellen austreten kann, sollte die Probefahrt über eine Strecke von ca. 30 km auf einer Schnellstraße durchgeführt werden.
- Anschließend Motor mit Lampe anstrahlen, undichte Stelle lokalisieren und Fehler beheben.

Kühlsystem prüfen

- Kühlmittelschläuche durch Zusammendrücken und Verbiegen auf poröse Stellen untersuchen, hart gewordene und aufgequollene Schläuche erneuern.
- Die Schläuche dürfen nicht zu kurz auf den Anschlussstutzen sitzen.
- Festen Sitz der Schlauchschellen kontrollieren, gegebenenfalls Schellen erneuern.
- Dichtung des Verschlussdeckels für den Ausgleichbehälter auf Beschädigungen überprüfen.

Achtung: Ein zu niedriger Kühlmittelstand kann auch von einem nicht richtig aufgeschraubten Verschlussdeckel herrühren.

- Deutlicher Kühlmittelverlust und/oder Öl in der Kühlflüssigkeit sowie weiße Abgaswolken bei warmem Motor deuten auf eine defekte Zylinderkopfdichtung hin.

Achtung: Mitunter ist es schwierig, die Leckstelle ausfindig zu machen. Dann empfiehlt sich eine Druckprüfung durch die Werkstatt (Spezialgerät erforderlich). Hierbei kann ebenfalls das Überdruckventil des Verschlussdeckels geprüft werden.

- Obere Motorabdeckung einbauen, siehe Seite 224.
- Motorraumabdeckung unten einbauen, siehe Seite 339.

Das richtige Motoröl

Für die Motor-Schmierung sind Motoröle vorgeschrieben, die der VW-Motorölspezifikation für den jeweiligen Motor entsprechen. Die VW-Spezifikation steht dann auf dem Ölbehälter.

Die SAE-Bezeichnung gibt die Viskosität des Motoröls an. **SAE** = **S**ociety of **A**utomotive **E**ngineers.

Beispiel: SAE 10 W 40:

10 – Viskosität des Öls in kaltem Zustand. Je kleiner die Zahl, desto dünnflüssiger ist das kalte Motoröl.

W – Das Motoröl ist wintertauglich.

40 – Viskosität des Öls in heißem Zustand. Je größer die Zahl, desto dickflüssiger ist das heiße Motoröl.

Longlife-Motoröl

Die Motoren sind werksseitig mit Longlife-Motoröl befüllt. Das Longlife-Motoröl ist ein Mehrbereichsöl, das durch spezielle Zusätze auf hohe Alterungsbeständigkeit und daher für lange Motoröl-Wechselintervalle ausgelegt ist. Beim Nachfüllen von Motoröl und beim Ölwechsel darf nur Longlife-Motoröl nach VW-Norm verwendet werden, damit die 2-Jahres-Wartungsintervalle eingehalten werden können.

Ölspezifikation bei Longlife-Service:

Benzinmotor mit Longlife-Service: VW-504 00
  ab Modelljahr 2018 teilweise VW-508 00
Dieselmotor: VW-507 00

Hinweis: Ab Modelljahr 2018 kommt bei den meisten Benzinmotoren serienmäßig ein Motoröl der Spezifikation 508 00 zum Einsatz. Dabei ist Folgendes zu beachten:

- Motoröl der Spezifikation 508 00 darf nicht bei einer älteren Motorengeneration verwendet werden, sonst kann es zu Motorschäden kommen.
- Motoren ab MJ 2018, bei denen das Öl 508 00 nicht verwendet werden darf, sind mit einem Hinweisschild am Schlossträger oder im Motorraum gekennzeichnet. Dort steht die zulässige Ölnorm.
- Motoröl der Spezifikation 508 00 ist mischbar mit Ölen der Spezifikation 504 00 und 502 00.

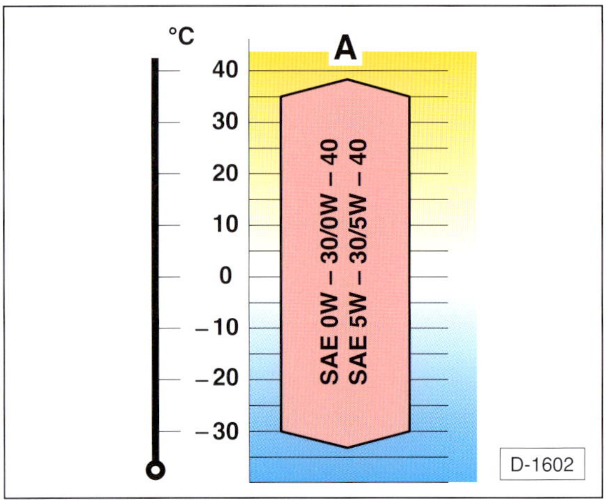

A – Longlifeöle gemäß VW-Norm.

Hinweis: Bei Fahrzeugen **mit** Longlife-Service empfiehlt es sich, für längere Fahrten oder Fahrten ins Ausland das vorgeschriebene Motoröl mitzuführen.

Handelsübliches Mehrbereichs-Leichtlauföl

Für den Benzinmotor kann auch handelsübliches Motoröl nach VW-Norm verwendet werden. Allerdings müssen dann die Wartungsintervalle auf 12 Monate/15.000 km umgestellt werden. Dazu muss die Service-Intervall-Anzeige nach einer durchgeführten Wartung mit dem Fahrzeug-Diagnosegerät umgestellt oder mit den verschiedenen Fahrzeugtasten zurückgestellt werden, siehe Seite 62.

Bei Dieselmotoren darf nur das Longlife-Motoröl verwendet werden, sonst kann es zu Beeinträchtigungen des Diesel-Partikelfilters kommen.

Ölspezifikation bei festen Wartungsintervallen:
Benzinmotor : VW-502 00

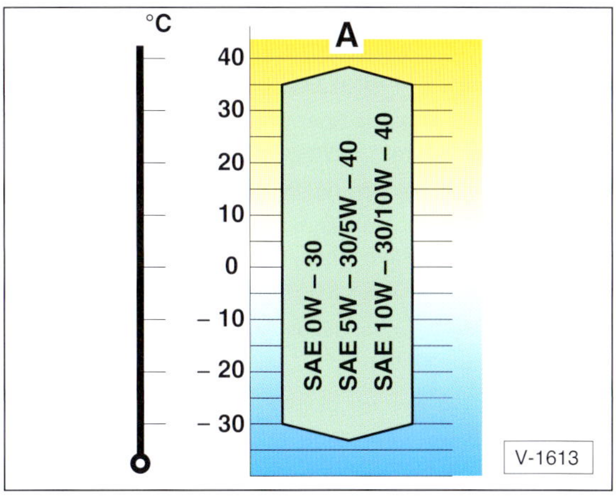

A – Mehrbereichs-Leichtlauföle für Benzinmotoren gemäß VW-Norm.

Motorölstand prüfen/Motoröl auffüllen

Der Motor soll auf einer Fahrstrecke von ca. 1.000 km nicht mehr als 1,0 Liter Öl verbrauchen. Mehrverbrauch ist ein Anzeichen für verschlissene Ventilschaftabdichtungen und/oder Kolbenringe beziehungsweise Öldichtungen.

Spezialwerkzeug: nicht erforderlich.

Erforderliche Betriebsmittel/Verschleißteile:

- Nur ein von VW freigegebenes Motoröl verwenden.
  Ölspezifikation:
  Benzinmotor mit Longlife-Service: VW-504 00
  ab Modelljahr 2018 teilweise VW-508 00*
  Benzinmotor mit festen Wartungsintervallen: VW-502 00
  Dieselmotor: VW-507 00
  ab Modelljahr 2018 teilweise VW-509 00*

*) **Achtung:** Beim Nachfüllen unbedingt Hinweise zur Motorölspezifikation VW 508 00/509 00 beachten, siehe Seite 22.

Prüfen

- Motor warm fahren und auf einer ebenen, waagerechten Fläche abstellen.
- Nach Abstellen des Motors mindestens 3 Minuten lang warten, damit sich das Öl in der Ölwanne sammelt.

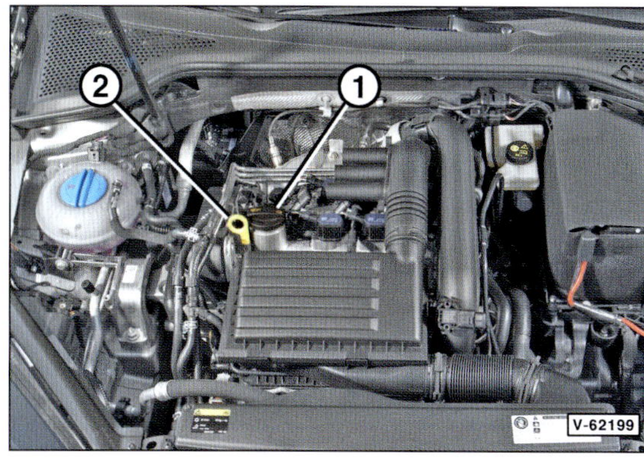

- Ölmessstab –2– herausziehen und mit einem sauberen Lappen abwischen. 1 – Öleinfülldeckel.
- Anschließend Messstab bis zum Anschlag einführen und wieder herausziehen.

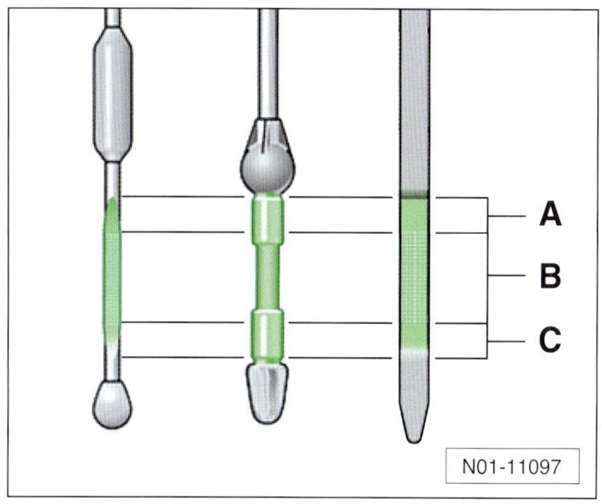

- Der Ölstand ist in Ordnung, wenn er im Bereich –B– liegt. Allerdings kann Öl bis zum Bereich –A– nachgefüllt werden.
  Liegt der Ölstand im Bereich –C–, muss Öl bis zum Bereich –B–, möglichst bis zum oberen Drittel von –B–, nachgefüllt werden.
  Bei einem Ölstand im Bereich –A– darf kein Motoröl nachgefüllt werden.

Achtung: Zu viel eingefülltes Motoröl (oberhalb von Bereich –A–) muss wieder abgesaugt werden, da sonst die Motordichtungen beziehungsweise der Katalysator beschädigt werden können.

- Bei hoher Motorbeanspruchung wie zum Beispiel längeren Autobahnfahrten im Sommer und bei Anhängerbetrieb oder Gebirgsfahrten sollte der Ölstand im oberen Teil von Bereich –B– liegen.
- Nachgefüllt wird am Verschluss des Zylinderkopfdeckels. Beim Nachfüllen richtige Ölsorte verwenden, keine Ölzusätze verwenden.
- Ölmessstab einsetzen, Einfülldeckel aufschrauben.

Motoröl wechseln/Ölfilter ersetzen

Erforderliches Spezialwerkzeug:

- Benzinmotor: Handelsüblichen Spannbandschlüssel, zum Beispiel HAZET 2171-1, zum Lösen der Filterpatrone.
- Dieselmotor: Stecknuss SW 32 oder HAZET 2169-32 zum Lösen des Ölfilterdeckels.

Wenn das Motoröl abgesaugt wird:

- Ölabsauggerät. **Hinweis:** Darauf achten, dass die Sonde in das Führungsrohr des Ölmessstabes passt.
- Ölauffangbehälter.

Wenn das Motoröl abgelassen wird:

- Grube oder hydraulischer Wagenheber mit Unterstellböcken.
- Ölauffangwanne, die je nach Motor bis zu 6 Liter Öl fasst.

Achtung: Bei Fahrzeugen mit Abgasturbolader muss nach dem Ölwechsel beim ersten Motorstart Folgendes beachtet werden:

- Solange die Kontrollleuchte für Öldruck im Kombiinstrument leuchtet, darf der Motor nur im Leerlauf laufen.
- Kein Gas geben!
- Erst wenn die Kontrollleuchte erlischt, ist der volle Öldruck erreicht, und es darf Gas gegeben werden.

Achtung: Bei Gasstößen kann der Turbolader geschädigt werden oder total ausfallen. Da der Turbolader mit sehr hohen Drehzahlen läuft, können bei unzureichender Schmierung die Lager innerhalb weniger Sekunden ausfallen!

Sollten Öllecks, Vibrationen oder unnatürliche Geräuschentwicklung des Turboladers auftreten, Motor sofort abstellen.

Erforderliche Betriebsmittel/Verschleißteile:

- Je nach Motor 4 bis 6 Liter Motoröl. Dabei nur ein von VW freigegebenes Motoröl verwenden.
  Ölspezifikation:
  Benzinmotor mit Longlife-Service: VW-504 00
  ab Modelljahr 2018 teilweise VW-508 00
  Benzinmotor mit festen Wartungsintervallen: VW-502 00
  Dieselmotor: VW-507 00
  ab Modelljahr 2018 teilweise VW-509 00
- Je nach Motor Ölfiltereinsatz oder Ölfilterpatrone.
- **Neue(n)** Dichtring(e) für Ölfilterdeckel.
- Nur wenn Öl abgelassen wird: **Neue** Ölablassschraube mit **neuem** Dichtring.

Hinweis: Die Öl-Verkaufsstellen nehmen die entsprechende Menge Altöl kostenlos entgegen, daher beim Ölkauf Quittung und Ölkanister für spätere Altölrückgabe aufbewahren! **Um Umweltschäden zu vermeiden, keinesfalls Altöl einfach wegschütten oder dem Hausmüll mitgeben.**

Die Werte für die **Ölwechselmenge** mit Filterwechsel stehen in der Tabelle »Motordaten« auf Seite 14.

Hinweis: Die dort angegebenen Ölwechselmengen sind ungefähre Mengenangaben. Auf jeden Fall nach dem Ölwechsel den Ölstand mit dem Ölmessstab prüfen und gegebenenfalls korrigieren.

Das Motoröl kann entweder durch das Ölmessstab-Führungsrohr abgesaugt werden oder aus der Ölwanne abgelassen werden. Zum Absaugen ist eine geeignete Absaugpumpe erforderlich, dabei darauf achten, dass der Absaugschlauch in das Ölmessstab-Führungsrohr passt.

Hinweise zur Motorölspezifikation VW 508 00/509 00

Ab Modelljahr 2018 kommt die neue VW-Motorölnorm **508 00/509 00** zum Einsatz. Das neue Öl ist ein Kombiprodukt, bei dem VW-508 00 die Benzinspezifikation und VW-509 00 die Dieselspezifikation bezeichnet.

Das Motoröl mit den neuen Spezifikationen sollte **nicht für ältere Motorgenerationen** verwendet werden.

Bei Motoren, die für VW-508 00/509 00 geeignet sind, kann auch VW 504 00/507 00 verwendet werden. Dadurch erhöht sich eventuell der Kraftstoffverbrauch und der CO_2-Ausstoß.

Achtung: Wird das Öl mit der VW-Motorölnorm 508 00/509 00 in Motoren verwendet, für die es nicht empfohlen ist, kann das zu Motorschäden führen.

Ab Modelljahr 2018 werden Motoren, für die das neue Öl **nicht empfohlen** ist, mit einem Hinweisschild am Schlossträger/Motorraum gekennzeichnet, auf dem die empfohlene Ölnorm steht.

Motoröl ablassen/Filter wechseln

- Motor warm fahren.
- Steht das Ölabsauggerät nicht zur Verfügung, Motoröl ablassen. Dazu Fahrzeug waagerecht aufbocken oder über eine Montagegrube fahren.

Sicherheitshinweis
Beim Aufbocken des Fahrzeugs besteht Unfallgefahr! Deshalb vorher das Kapitel »Fahrzeug aufbocken« durchlesen.

- Untere Motorraumabdeckung ausbauen, siehe Seite 339.

Achtung: Benutzte Ölfilter oder Filtereinsätze muss der Öl- und Filterverkäufer zurücknehmen und entsorgen.

1,0-/1,2-/1,4-/1,5-l-Benzinmotor

- Altöl-Auffangwanne unter den Ölfilter stellen.

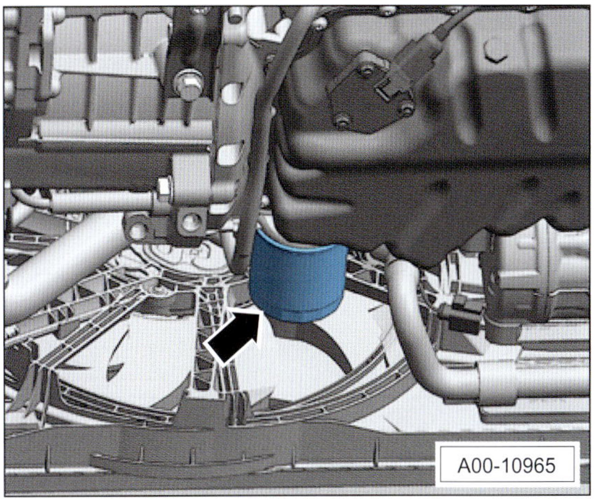

- Ölfilterpatrone –Pfeil– mit handelsüblichem Spannbandschlüssel, zum Beispiel HAZET 2171-1 oder HAZET-2169, lösen.
- Filterpatrone abschrauben.
- Dichtfläche des Ölfilters an Ölwanne beziehungsweise Ölwannenoberteil reinigen.
- Gummidichtung am neuen Filter dünn mit sauberem Motoröl einölen, dadurch wird eine bessere Abdichtung beim Anziehen des Filters erzielt.
- **Neuen** Ölfilter nur mit der Hand festschrauben, bis die Filterdichtung am Motorblock anliegt. Anschließend Filter noch um ½ Umdrehung weiterdrehen. Falls vorhanden, Hinweise auf dem Ölfilter beachten. Falls der HAZET-Schlüssel 2169 verwendet wird, Ölfilter mit **20 Nm** festziehen.

1,8-/2,0-l-Benzinmotor

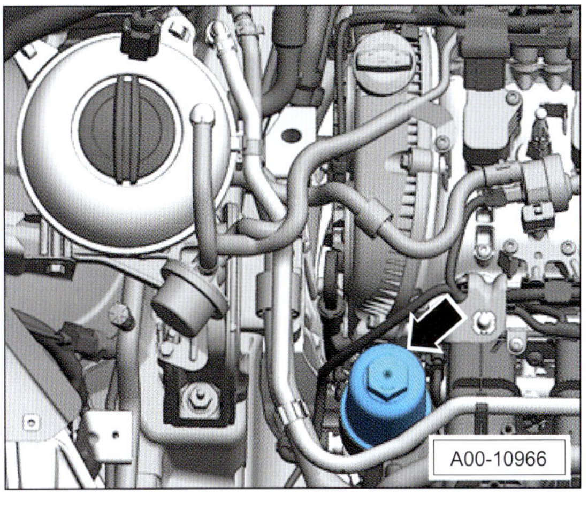

- Ölfiltergehäuse –Pfeil– mit einer Stecknuss SW 32 oder HAZET 2169-32 lösen.
- Ein paar Minuten warten, damit das Öl aus dem Filter in den Motor zurücklaufen kann.
- Filtergehäuse abschrauben und komplett abnehmen. Dabei dicken Lappen darunter halten, damit kein Motoröl auf Motor, Generator oder Kühlmittelschläuche tropft. Gegebenenfalls Motoröl sofort abwischen.

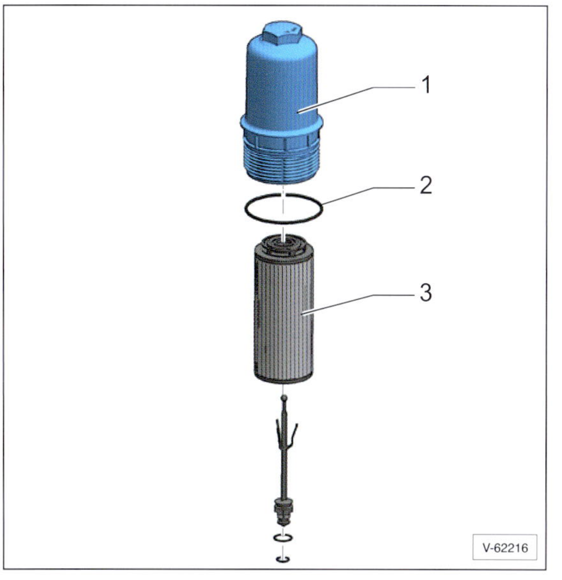

- Filtereinsatz –3– aus dem Filtergehäuse –1– herausziehen.
- Ölfilterflansch am Motorblock mit Kaltreiniger reinigen. Eventuell dort verbliebene Filterdichtung abnehmen.
- Neuen O-Ring –2– dünn mit sauberem Motoröl bestreichen und in die Nut am Filtergehäuse –1– einsetzen.
- Neuen Filtereinsatz in das Filtergehäuse einsetzen.
- Filtergehäuse ansetzen, anschrauben und mit **25 Nm** festziehen.

Dieselmotor

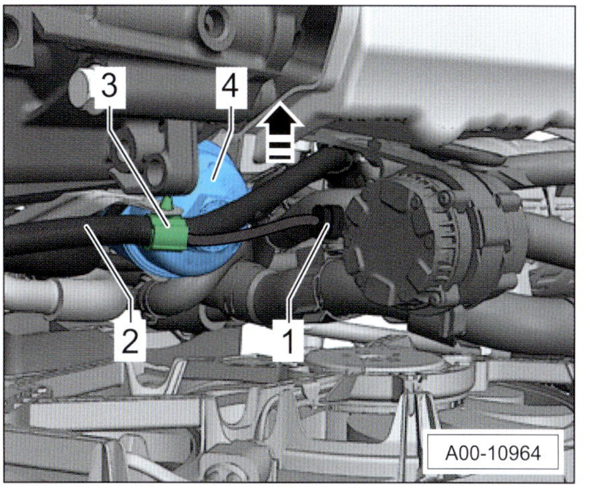

- Stecker –1– für Nachlaufpumpe abziehen.
- Generatorleitung –2– am Clip –3– ausclipsen und in Pfeilrichtung schwenken. 4 – Ölfilterdeckel.

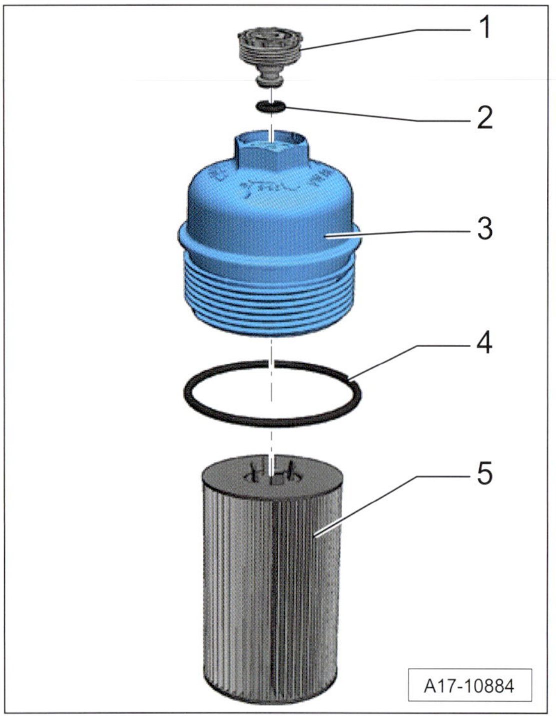

- Ölablassschraube –1– am Filterdeckel herausdrehen. Dadurch kann das Öl aus dem Filter in den Motor zurücklaufen.
- Filterdeckel –3– mit einer Stecknuss SW 32 oder HAZET 2169-32 abschrauben.
- Filtereinsatz –5– herausziehen. Abtropfendes Öl mit einem dicken Lappen auffangen.
- Dichtflächen am Filterdeckel und am Ölfiltergehäuse mit Kaltreiniger oder Kraftstoff und einem Lappen reinigen.
- O-Ring –2– in die Nut der Ölablassschraube –1– einsetzen. Ablassschraube mit **5 Nm** anziehen.
- Neuen Filtereinsatz einsetzen.
- Neuen O-Ring –4– mit sauberem Motoröl bestreichen und einsetzen.
- Filterdeckel –1– aufschrauben und mit **25 Nm** festziehen.
- Generatorleitungen einclipsen und Stecker der Nachlaufpumpe verbinden.
- Mit Motoröl verschmutzte Leitungen mit einem Ölsaugtuch reinigen.

Alle Motoren

- Altöl-Auffangwanne unter die Ölablassschraube stellen.

Sicherheitshinweis
Darauf achten, dass beim Herausdrehen der Ölablassschraube das heiße Motoröl nicht über die Hand läuft. Deshalb beim Abschrauben mit den Fingern den Arm waagerecht halten.

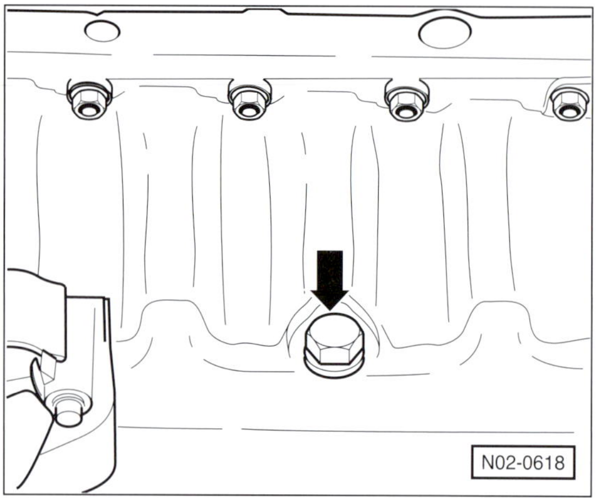

- Ölablassschraube –Pfeil– aus der Ölwanne herausdrehen und Altöl ganz ablassen.

Achtung: Werden im Motoröl Metallspäne und Abrieb in größeren Mengen festgestellt, deutet dies auf Fressschäden hin, zum Beispiel Kurbelwellen- oder Pleuellagerschäden. Um Folgeschäden nach erfolgter Reparatur zu vermeiden, ist die sorgfältige Reinigung von Ölkanälen und Ölschläuchen und das Erneuern des Ölkühlers unerlässlich.

- Anschließend Ölablassschraube mit **neuem** Dichtring einschrauben und mit **30 Nm** festziehen. **Achtung:** Das zulässige Anzugsdrehmoment darf nicht überschritten werden, sonst kann es zu Undichtigkeiten oder Schäden kommen.

Achtung: Beim 2,0-l-Benzinmotor und beim Dieselmotor die Ölablassschraube mit Dichtring grundsätzlich bei jedem Ölwechsel ersetzen.
Beim 1,0-/1,2-/1,4- und 1,5-l-Benzinmotor muss die Ölablassschraube nur beim 1. Motorölwechsel komplett mit Dichtring ersetzt werden. Bei späteren Ölwechseln wird nur noch der Dichtring ersetzt.

- Fahrzeug ablassen.

Motoröl auffüllen

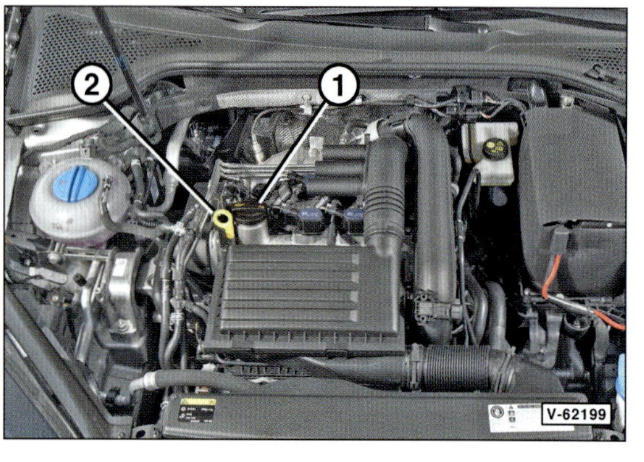

- Verschlussdeckel –1– öffnen und neues Öl am Einfüllstutzen des Zylinderkopfdeckels einfüllen. 2 – Ölmessstab.

Achtung: Grundsätzlich empfiehlt es sich, zunächst ½ Liter Motoröl weniger einzufüllen, den Motor warm laufen zu lassen und nach einigen Minuten den Ölstand mit dem Messstab zu kontrollieren und gegebenenfalls zu ergänzen. Zu viel eingefülltes Motoröl muss wieder abgesaugt werden, da sonst die Motordichtungen beziehungsweise der Katalysator beschädigt werden können.

- Nach ca. 5 Minuten den Ölstand mit dem Ölmessstab kontrollieren.

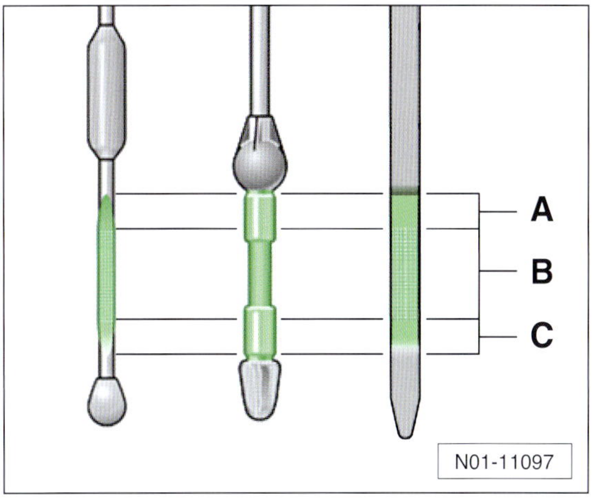

N01-11097

- Der Ölstand ist in Ordnung, wenn er im Bereich –B– liegt. Allerdings kann Öl bis zum Bereich –A– nachgefüllt werden.
- Bei einem Ölstand im Bereich –A– darf kein Motoröl nachgefüllt werden.

Achtung: Zu viel eingefülltes Motoröl (oberhalb von Bereich –A–) muss wieder abgesaugt werden, da sonst die Motordichtungen beziehungsweise der Katalysator beschädigt werden können.

- Bei einem Ölstand im Bereich –C– oder darunter Motoröl bis in den Bereich –B– nachfüllen.
- Bei hoher Motorbeanspruchung wie zum Beispiel längeren Autobahnfahrten im Sommer und bei Anhängerbetrieb oder Gebirgsfahrten sollte der Ölstand im oberen Teil von Bereich –B– beziehungsweise im Bereich –A– liegen.
- Ölmessstab einsetzen, Einfülldeckel aufschrauben.
- Nach Probefahrt Dichtigkeit der Ablassschraube und des Ölfilters überprüfen, gegebenenfalls vorsichtig nachziehen.
- Ölstand ca. 3 Minuten nach Abstellen des Motors nochmals prüfen, gegebenenfalls korrigieren.
- Motorraumabdeckung unten einbauen, siehe Seite 339.

Kühlmittelstand prüfen/auffüllen

Ein zu niedriger Kühlmittelstand wird im Display des Kombiinstruments angezeigt. Vor jeder größeren Fahrt sollte dennoch grundsätzlich der Kühlmittelstand geprüft werden.

Spezialwerkzeug ist nicht erforderlich.

Erforderliche Betriebsmittel zum Nachfüllen:

- VW-Kühlerfrost- und Korrosionsschutzmittel »**G13**«, Farbe lila, oder ein anderes Kühlkonzentrat mit dem Vermerk »gemäß VW/AUDI-TL-774-**J**«, zum Beispiel »Glysantin GG 40« oder »MAINTAIN FRICOFIN V«.
  Hinweis: G13 ist mischbar mit dem älteren, ebenfalls lilafarbenen G12++ oder G12+.
- Destilliertes Wasser.

Prüfen/Nachfüllen

Sicherheitshinweis
Verschlussdeckel bei heißem Motor vorsichtig öffnen. **Verbrühungsgefahr!** Beim Öffnen Lappen über den Verschlussdeckel legen. Verschlussdeckel nur bei einer Kühlmitteltemperatur unter +90° C öffnen.

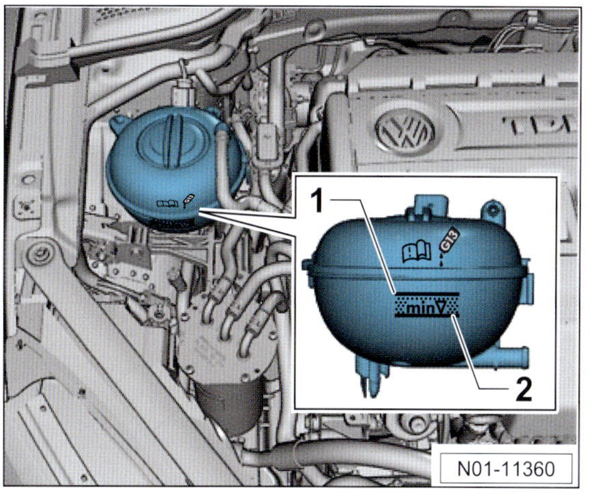

N01-11360

- Der Kühlmittelstand soll bei kaltem Motor (Kühlmitteltemperatur ca. +20° C) zwischen der MAX- und der MIN-Markierung (gerasterter Bereich) am Ausgleichbehälter liegen. Bei warmem Motor darf der Kühlmittelstand etwas über der MAX-Markierung stehen.
  1 – MAX-Markierung, 2 – MIN-Markierung.
- Größere Mengen **kaltes** Kühlmittel nur bei **kaltem Motor** nachfüllen, um Motorschäden zu vermeiden.
- Verschlussdeckel beim Öffnen zuerst etwas aufdrehen und Überdruck entweichen lassen. Danach Deckel weiterdrehen und abnehmen.
- Sichtprüfung auf Dichtheit durchführen, wenn der Kühlmittelstand in kurzer Zeit absinkt.

Frostschutz prüfen/korrigieren

Regelmäßig vor Winterbeginn sollte sicherheitshalber die Konzentration des Frostschutzmittels geprüft werden, insbesondere wenn zwischendurch reines Wasser nachgefüllt wurde.

Erforderliches Spezialwerkzeug:

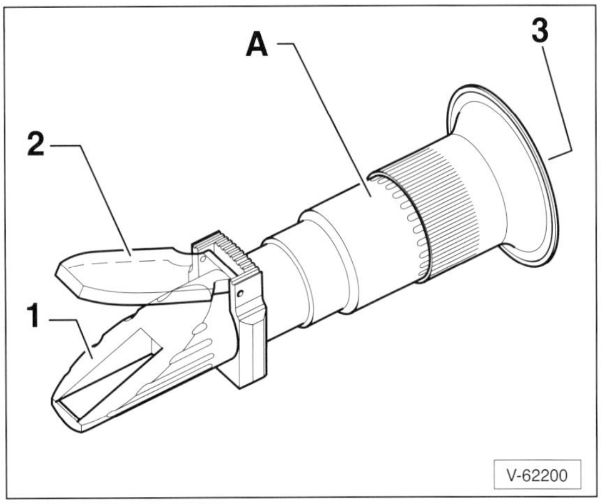

- Prüfspindel zum Messen des Frostschutzanteils beziehungsweise ein Refraktometer –A–, zum Beispiel HAZET 4810-C oder VW-T10007A. Mit dem Refraktometer können Kühlmittel- oder Scheibenwasch-Frostschutzanteil gemessen werden. **Hinweis:** Für die Messung mit einem Refraktometer wird der Umstand ausgenutzt, dass sich der Lichtbrechungsindex der Flüssigkeit abhängig von der Konzentration des gelösten Stoffes ändert.
  1 – Messprisma, 2 – Deckel, 3 – Einblick-Okular.

Erforderliche Betriebsmittel zum Nachfüllen:

- VW-Kühlerfrost- und Korrosionsschutzmittel »**G13**«, Farbe lila, oder ein anderes Kühlkonzentrat mit dem Vermerk »gemäß VW/AUDI-TL-774-**J**«, zum Beispiel »Glysantin GG 40« oder »MAINTAIN FRICOFIN V«.
  Hinweis: G13 ist mischbar mit dem älteren, ebenfalls lilafarbenen G12++ oder G12+.
- Destilliertes Wasser.

Prüfen

- Motor kurz warm fahren bis der obere Kühlmittelschlauch zum Kühler etwa handwarm ist. Bei der Frostschutzmessung soll die Kühlflüssigkeitstemperatur ca. +20° C betragen.

Sicherheitshinweis
Verschlussdeckel bei heißem Motor vorsichtig öffnen. **Verbrühungsgefahr!** Beim Öffnen Lappen über den Verschlussdeckel legen. Verschlussdeckel nur bei einer Kühlmitteltemperatur unter +90° C öffnen.

- Verschlussdeckel am Ausgleichbehälter vorsichtig öffnen.

Prüfung mit einer Prüfspindel:

Hinweis: Eventuell ist es erforderlich, die **Prüfspindel zu eichen**. Dabei ist folgendermaßen vorzugehen: 50 ml Kühlkonzentrat mit 50 ml destilliertem Wasser mischen. Diese Mischung hat einen Frostschutz von –36° C. Frostschutz mit der Prüfspindel messen und eventuelle Abweichung zum Sollwert von –36° C notieren. **Beispiel:** Die Prüfspindel zeigt –31° C an. Die Abweichung beträgt also –5° C. Wird dann am Fahrzeug ein Wert von –15° C gemessen, dann beträgt der tatsächliche Frostschutz (–15°) + (–5°) = –20° C.

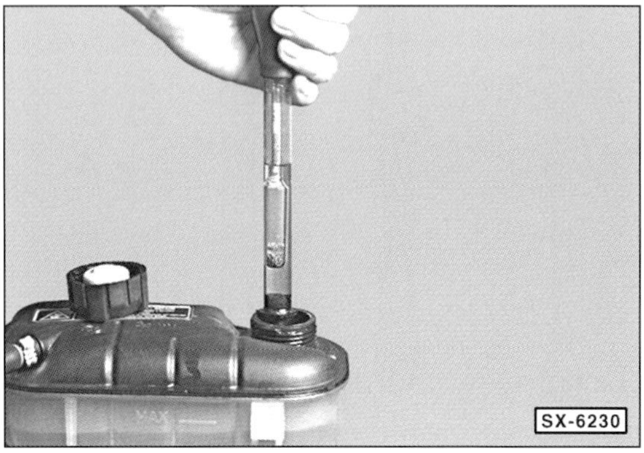

- Mit der Prüfspindel Kühlflüssigkeit ansaugen und am Schwimmer die Kühlmitteldichte ablesen. **Hinweis:** Die Abbildung zeigt nicht den GOLF-Ausgleichbehälter.
- Der Frostschutz soll in unseren Breiten bis –25° C reichen, bei extrem kaltem Klima bis –36° C.

Prüfung mit einem Refraktometer

- Mit einer Pipette ein wenig Kühlflüssigkeit auf das Messprisma –1– des Refraktometers –A– auftragen und Deckel –2– zuklappen, siehe Abbildung V-62200.

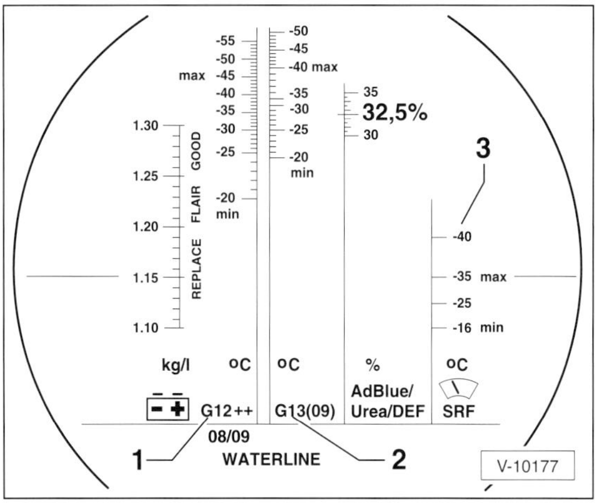

- Durch das Einblick-Okular schauen und anhand der Hell-dunkel-Grenze der aufgetragenen Flüssigkeit an der Skala –2– den aktuellen Frostschutz ablesen.

Hinweis: Damit die Hell-dunkel-Grenze leichter erkennbar ist, anstelle der Kühlflüssigkeit mit der Pipette einen Tropfen

Wasser auf das Glas aufbringen. Die Hell-dunkel-Grenze liegt nun an der mit »WATERLINE« gekennzeichneten Linie.

Die Skala –1– des Refraktometers bezieht sich auf die Kühlmittelzusätze G12, G12Plus, G12PlusPlus. An der Skala –2– kann der Frostschutz für das Frostschutzmittel G13 und an der Skala –3– der Frostschutz für das VW-Scheibenreinigungskonzentrat G 052 164 abgelesen werden.

Kühlkonzentrat ergänzen

Bei einem Frostschutz bis –25° C muss der Anteil an Frostschutzmittel in der Kühlflüssigkeit 40 % betragen. Soll der Frostschutz bis –36° C reichen, müssen Wasser und Kühlkonzentrat im Verhältnis 1:1 gemischt werden.

Achtung: Ist ein stärkerer Frostschutz erforderlich, kann bis auf maximal 55 % Frostschutzmittelanteil erhöht werden, dann reicht der Frostschutz bis –48° C. Wird mehr Frostschutzmittel (Kühlkonzentrat) zugegeben, verringert sich der Frostschutz wieder, außerdem verschlechtert sich die Kühlwirkung.

Die folgende Tabelle zeigt, wie viel Frostschutzmittel zugegeben werden muss, damit die gewünschte Konzentration erreicht wird. Es handelt sich nur um Richtwerte, da die Füllmengen der Kühlflüssigkeit je nach Motor unterschiedlich sind.

Frostschutz bis		Differenzmenge in l	
Istwert	**Sollwert**	**Benziner**	**Diesel**
0°	–25°	3,2	2,4
	–36°	4,0	3,0
– 5°	–25°	2,8	2,1
	–36°	3,4	2,6
–10°	–25°	2,3	1,8
	–36°	2,9	2,2
– 15°	–25°	1,9	1,4
	–36°	2,4	1,8
– 20°	–25°	1,5	1,1
	–36°	1,8	1,4
–25°	–36°	1,3	0,9
–30°	–36°	0,8	0,6
–36°	–48°	0,8	0,6
Füllmenge		8,0	6,0

Beispiel: Die Frostschutz-Messung mit der Spindel ergibt beim 1,4-l-Benzinmotor einen Frostschutz bis –10° C. In diesem Fall aus dem Kühlsystem 2,3 l Kühlflüssigkeit ablassen und dafür 2,3 l reines VW/AUDI-Frostschutzkonzentrat auffüllen. Der Frostschutz reicht dann bis –25° C.

- Verschlussdeckel am Kühler verschließen und nach Probefahrt Frostschutz erneut überprüfen.

Kraftstofffilter ersetzen

Dieselmotor

Sicherheitsmaßnahmen bei Arbeiten am Kraftstoffsystem

- Beim **Dieselmotor** kann die Temperatur der Kraftstoffleitungen beziehungsweise des Kraftstoffes im Extremfall bis zu +100° C betragen. Vor dem Öffnen von Leitungsverbindungen Kraftstoff abkühlen lassen, da akute Verbrühungsgefahr besteht.
- **Das Kraftstoffsystem steht unter hohem Druck!** Um den Druck abzubauen, sauberen Lappen um die Verbindungsstelle legen und Verbindung vorsichtig lösen.
- Darauf achten, dass kein Dieselkraftstoff auf andere Bauteile im Motorraum gelangt. Auslaufender Dieselkraftstoff muss besonders von Gummiteilen, wie beispielsweise Kühlmittelschläuchen, sofort abgewischt werden, sonst werden die Gummiteile im Lauf der Zeit zerstört.
- **Kein offenes Feuer, nicht rauchen, keine glühenden oder sehr heißen Teile in die Nähe des Arbeitsplatzes bringen. Unfallgefahr! Feuerlöscher bereitstellen.**
- **Unbedingt für gute Belüftung des Arbeitsplatzes sorgen. Kraftstoffdämpfe sind giftig.**
- Schutzhandschuhe tragen.
- Schutzbrille tragen.

Achtung: Dieselkraftstoff ist ein Problemstoff und darf auf keinen Fall einfach weggeschüttet oder dem Hausmüll mitgegeben werden. Gemeinde- und Stadtverwaltungen informieren darüber, wo sich die nächste Problemstoff-Sammelstelle befindet.

Erforderliche Verschleißteile:

- O-Ring.
- Filtereinsatz.

Ausbau

- Zündung ausschalten.

Achtung: Vor dem Öffnen des Systems einen Putzlappen um das Filtergehäuse legen.

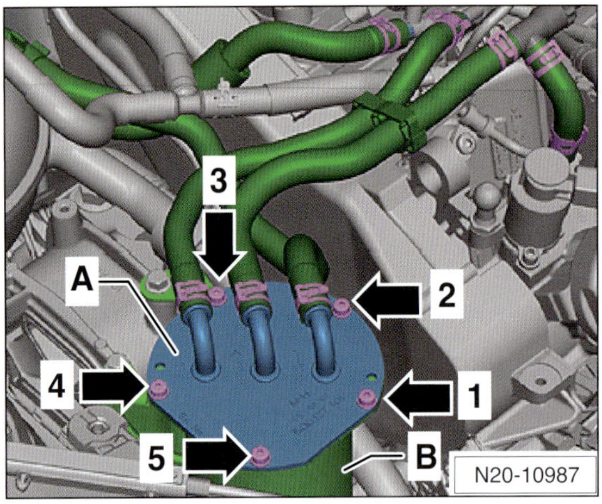

- Schrauben –Pfeile– in der Reihenfolge von –1– bis –5– herausdrehen.
- Eventuell auslaufenden Kraftstoff mit einem dicken Lappen auffangen.
- Kraftstofffilter-Oberteil –A– vom Kraftstofffiltergehäuse –B– abheben.
- Kraftstofffilter-Oberteil –A– mit angeschlossenen Kraftstoffleitungen zur Seite legen.

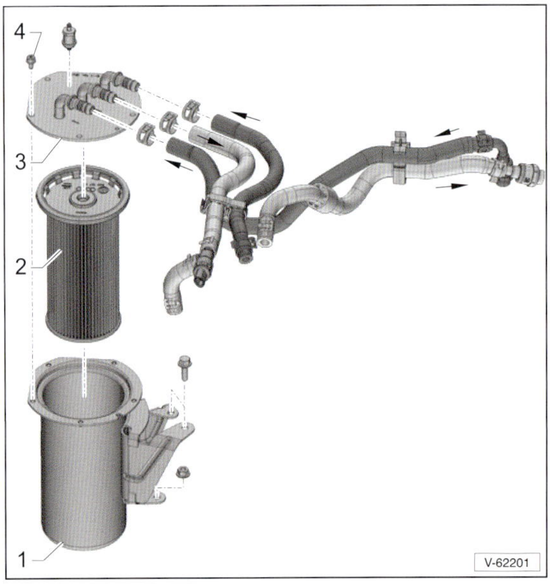

- Filtereinsatz –2– aus dem Kraftstoff-Filtergehäuse –1– herausnehmen. 3 – Filterdeckel, 4 – Befestigungsschrauben (5 Stück).

Einbau

- Filtereinsatz zentriert in das Filtergehäuse einsetzen.
- Filtergehäuse so weit, wie möglich mit sauberem Dieselkraftstoff befüllen. Dadurch wird das Entlüften der Kraftstoffanlage erleichtert.
- **Neuen** Dichtring mit sauberem Dieselkraftstoff bestreichen und einsetzen.
- Filterdeckel am Filtergehäuse aufsetzen und Befestigungsschrauben bis zur Anlage einschrauben. Anschließend Schrauben in der Reihenfolge von –5– bis –1– mit **5 Nm** festziehen.

Kraftstoffsystem entlüften

Achtung: Die Hochdruckpumpe darf auf keinen Fall trockenlaufen, sonst wird sie beschädigt. Im Kraftstofftank muss genügend Dieselkraftstoff vorhanden sein um eine einwandfreie Entlüftung zu gewährleisten.

Hinweis: Die folgenden beiden Abbildungen zeigen nicht den Kraftstofffilter im GOLF VII.

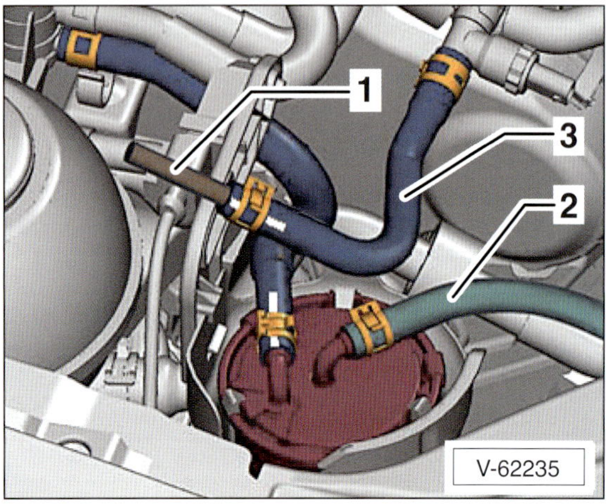

- Kraftstoffleitung –3– zur Hochdruckpumpe am Kraftstofffilterausgang abziehen und mit einem geeigneten, sauberen Stopfen –1– verschließen.

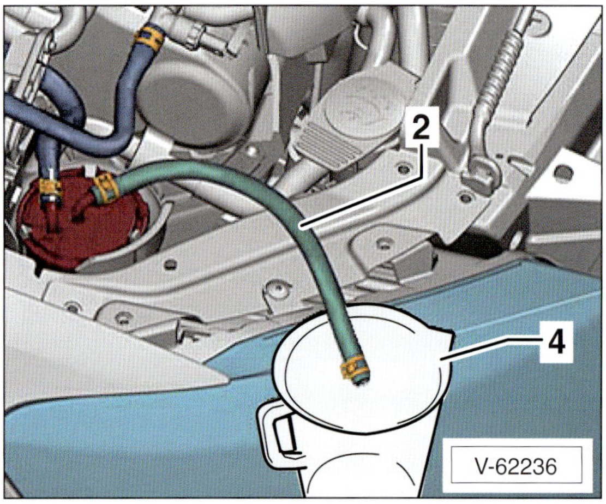

- Geeigneten Hilfsschlauch –2– am Kraftstofffilterausgang anschließen und in einen Auffangbehälter –4– führen.
- Zündung einschalten. Dadurch läuft die elektrische Kraftstoffpumpe kurzzeitig an und fördert Kraftstoff aus dem Tank in den Filter und dann in den Auffangbehälter.
- Diesen Vorgang mehrmals wiederholen, bis Kraftstoff aus dem Filter austritt und im Auffangbehälter aufgefangen wird.

Hinweis: In der Fachwerkstatt wird zur Entlüftung die Kraftstoffpumpe mit dem Fahrzeugdiagnosetester angesteuert.

- Hilfsschlauch –2– vom Kraftstofffilter trennen.
- Stopfen aus der Kraftstoffleitung zur Hochdruckpumpe herausnehmen.
- Kraftstoffleitung zur Hochdruckpumpe am Kraftstofffilterausgang anschließen.
- Zündung mehrmals ein- und ausschalten, um die Kraftstoffanlage vollends zu entlüften.
- Motor starten und einige Minuten bei mittlerer Drehzahl laufen lassen.
- Kraftstoffsystem (Anschlüsse) auf Dichtigkeit sichtprüfen.
- Motor abstellen.
- Fehlerspeicher abfragen und gegebenenfalls löschen lassen (Werkstattarbeit).

Reduktionsmittel AdBlue nachfüllen

Nur Dieselmotor mit SCR-Katalysator

Spezialwerkzeug:

- Eventuell VW-Betankungssystem »VAS 6960«.

Erforderliche Betriebsmittel/Verschleißteile:

- Von VW freigegebenes Reduktionsmittel AdBlue.

Das AdBlue-Reduktionsmittel befindet sich in einem separaten Tank neben dem Diesel-Kraftstoffbehälter.

Bei dem Reduktionsmittel AdBlue handelt es sich um eine 32,5 %ige Harnstofflösung zur Abgasnachbehandlung.

Achtung: AdBlue darf **nicht** in den Kraftstofftank gelangen und dem Dieselkraftstoff beigemischt werden.

Sicherheitsmaßnahmen bei Arbeiten mit dem Reduktionsmittel AdBlue

- Nur das von VW ausdrücklich freigegebene AdBlue verwenden. Die Verwendung eines anderen AdBlue kann Motorschäden verursachen!
- Niemals Wasser oder Zusatzstoffe dem AdBlue® beimischen.
- Niemals AdBlue in den Diesel-Kraftstoffbehälter füllen. Andernfalls kann ein Motorschaden die Folge sein.
- Beim Nachfüllen die Hände durch Handschuhe schützen.
- Das Reduktionsmittel AdBlue kann Haut, Augen und Atmungsorgane reizen. Bei Hautkontakt die Flüssigkeit sofort mit viel demineralisiertem Wasser abwaschen. Kein Leitungswasser verwenden.
- Falls AdBlue auf Karosserie- oder Verkleidungsteile gelangt, sofort mit demineralisiertem Wasser und einem Baumwolltuch abwaschen. Falls AdBlue bereits kristallisiert ist, warmes Wasser und einen Schwamm verwenden. Kein Leitungswasser verwenden.

AdBlue nachfüllen

- Fahrzeug auf einer ebenen Fläche abstellen. **Hinweis:** Wenn das Fahrzeug nicht eben steht, kann die Füllstandskontrolle im Fahrzeug die Nachfüllmenge nicht richtig erkennen.
- Zündung ausschalten.

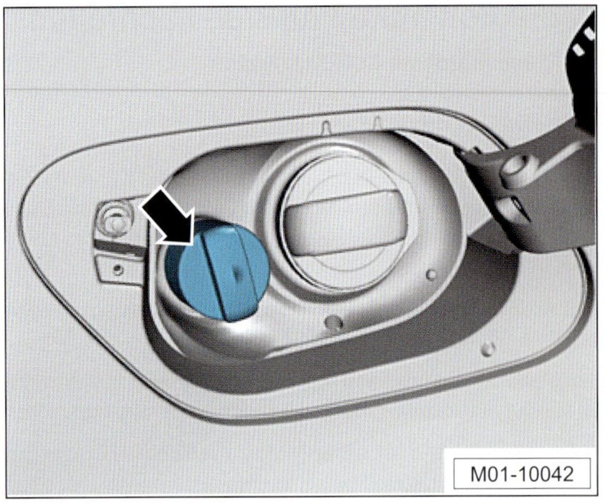

- Tankklappe öffnen.
- Verschlussdeckel –Pfeil– entgegen dem Uhrzeigersinn abschrauben.
- Einfüllstutzen mit einem wassergetränkten, fusselfreien Baumwolltuch reinigen. Dabei nur demineralisiertes Wasser verwenden.
- Falls das VW-Betankungssystem »VAS 6960« verwendet wird, die Zapfpistole in den Reduktionsmitteltank-Einfüllstutzen einführen und den Betankungsvorgang beginnen. **Hinweis:** Die Zapfpistole von »VAS 6960« schaltet sich automatisch bei Erreichen des maximalen Füllstandes ab.
- Zapfpistole entnehmen.
- Verschlussdeckel –Pfeil– am Einfüllstutzen anschrauben und einrasten.
- Tankklappe schließen.
- Nach der Befüllung die Zündung einschalten und für mindestens 30 Sekunden eingeschaltet lassen, damit das System die Nachbetankung erkennt. **Achtung:** Erst nach Ablauf der 30 Sekunden den Motor starten.

Motor-Luftfilter: Filtereinsatz erneuern

Spezialwerkzeug: nicht erforderlich.

Erforderliche Betriebsmittel/Verschleißteile:

- Luftfiltereinsatz.

1,0-l-Benzinmotor

Ausbau

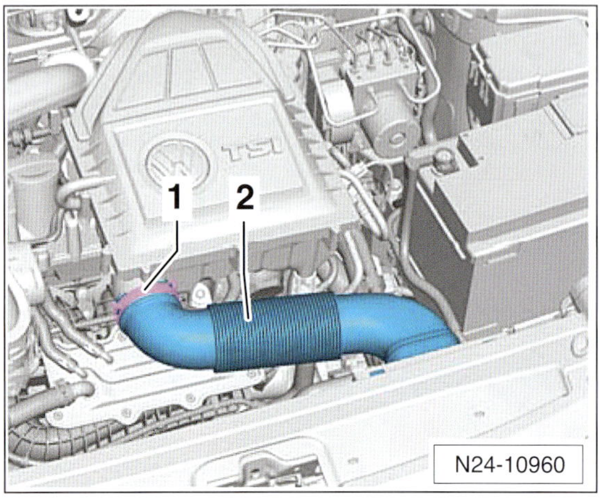

- Federbandschelle –1– öffnen und zurückschieben. Luftführungsschlauch –2– abziehen.

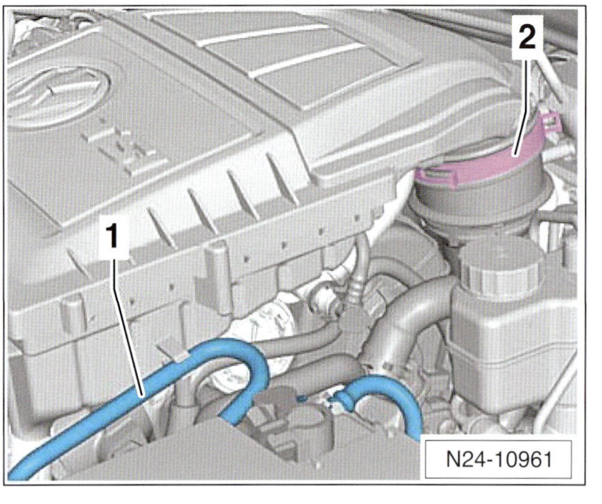

- Unterdruckleitung –1– am Luftfiltergehäuse ausclipsen.
- Federbandschelle –2– öffnen und zurückschieben.

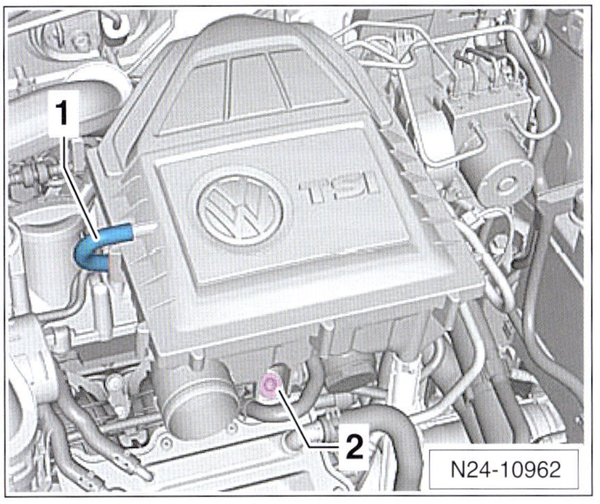

- Luftfiltergehäuse vorsichtig vom Ansaugstutzen des Turboladers abziehen.
- Schlauch für Kurbelgehäuseentlüftung –1– abziehen.
- Schraube –2– herausdrehen und Luftfiltergehäuse leicht anheben. **Hinweis:** Auf der Unterseite des Luftfiltergehäuses sind Unterdruckleitungen eingehängt!
- Einbaulage der Unterdruckleitungen auf der Unterseite des Luftfiltergehäuses merken und Leitungen aushängen.
- Luftfilter nach oben herausnehmen.

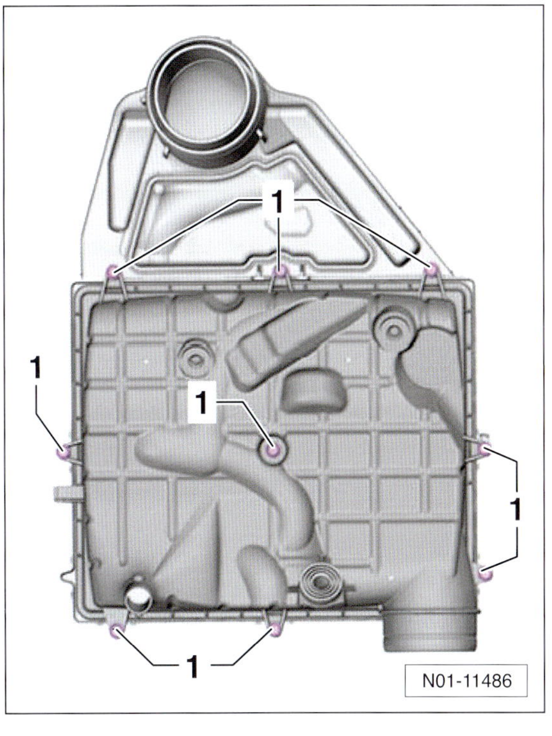

- Luftfilter umgedreht auf einer weichen Unterlage ablegen.
- Schrauben –1– an der Luftfilterunterseite herausschrauben.
- Luftfilterunterseite abnehmen und Luftfiltereinsatz herausnehmen.

Einbau

- Gehäuse und Wasserabläufe auf Verschmutzung prüfen, gegebenenfalls reinigen, siehe auch Abschnitt für den 1,2-/1,4-l-Benzinmotor.

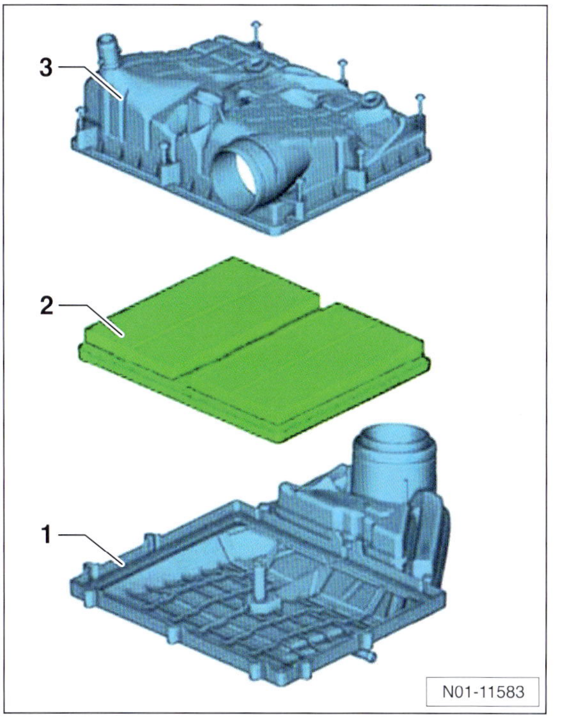

- Luftfiltereinsatz –2– mittig in die Aufnahme im Luftfilteroberteil –1– einsetzen.
- Luftfilterunterteil –3– auf das Luftfilteroberteil –1– aufsetzen und zusammenschrauben. Schrauben ganz leicht, mit **1,5 Nm**, festziehen.

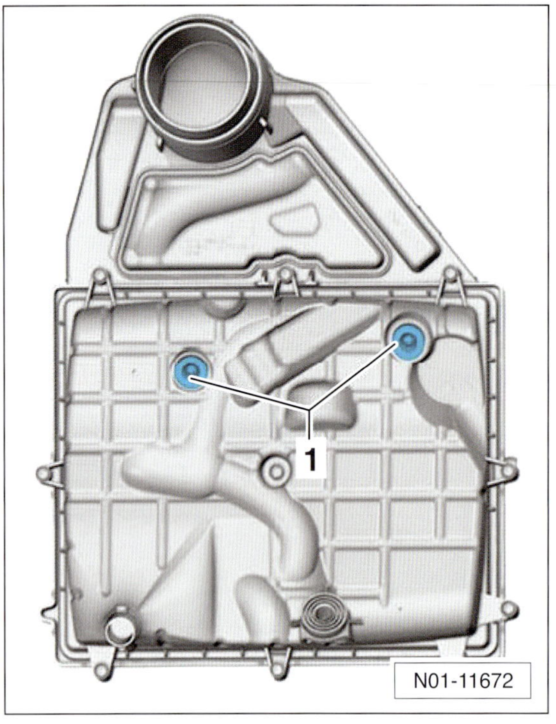

- Befestigungselemente –1– für Luftfilter erneuern. Dazu die Befestigungselemente –1– nach oben heraus nehmen und die neuen Befestigungselemente in die Führungen hineindrücken. **Achtung:** Die Befestigungselemente –1– dürfen vor dem Einbau nicht gefettet oder geschmiert werden.
- Der weitere Einbau erfolgt in umgekehrter Ausbaureihenfolge. Luftfiltergehäuses mit **5 Nm** anschauben.

1,2-/1,4-l-Benzinmotor

Ausbau

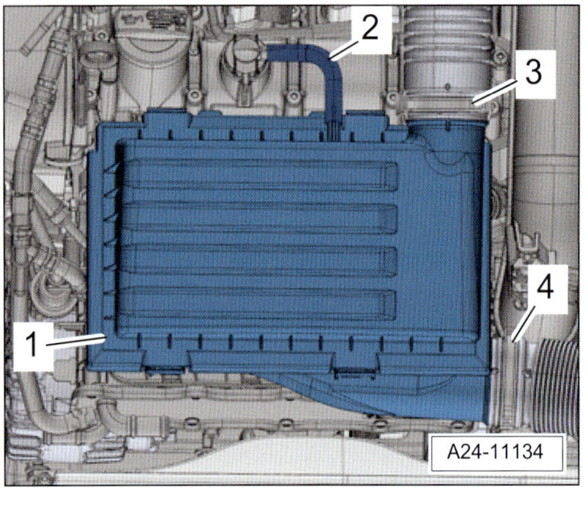

- Luftführungsschlauch –2– vom Luftfilteroberteil –1– abziehen.
- Schlauchschellen –3/4– lösen und zurückschieben.
- Luftfiltergehäuse nach oben von den Kugelbolzen abziehen.
- Luftschläuche vom Luftfilter abziehen.
- Luftfilter herausnehmen und mit dem Deckel nach unten auf eine weiche Unterlage ablegen.

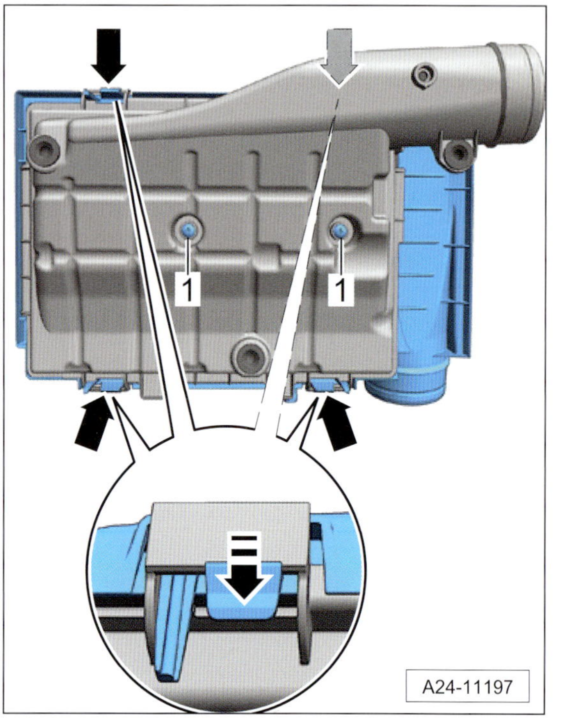

- Schrauben –1– an der Luftfilterunterseite herausschrauben.
- Haltelaschen –Pfeile– am Luftfilteroberteil der Reihe nach entriegeln. Dabei vorsichtig vorgehen, damit die Laschen nicht abbrechen.
- Luftfilteroberteil abnehmen und Filtereinsatz herausnehmen.

Einbau

Hinweis: Durch starke Verschmutzung oder Nässe im Bereich des Luftmassenmessers kann der Luftmassenwert verfälscht werden. Dies führt zu Leistungsmangel, da eine geringere Einspritzmenge berechnet wird.

- Luftmassenmesser und Ansaugschlauch (Reinluftseite) auf Salzrückstände, Schmutz und Blätter prüfen, gegebenenfalls mit einem Lappen reinigen.
- Wasserablaufschlauch im Luftfilterunterteil auf Schmutz und Verklebungen prüfen, gegebenenfalls mit einem Lappen reinigen. Auf einwandfreien Durchgang prüfen. Wenn möglich, mit Druckluft ausblasen.
- Luftfiltergehäuse (Ober- und Unterteil) von Salzrückständen, Schmutz oder Blättern mit einem Lappen reinigen.
- Beim eventuellen Ausblasen des Luftfiltergehäuses mit Druckluft, vorher die Luft führenden Bauteile wie Luftführungsrohre usw. mit einem sauberen Putzlappen abdecken, um Funktionsstörungen der Einspritzanlage zu vermeiden.
- Der Einbau erfolgt in umgekehrter Ausbaureihenfolge.

1,5-l-Benzinmotor

Ausbau

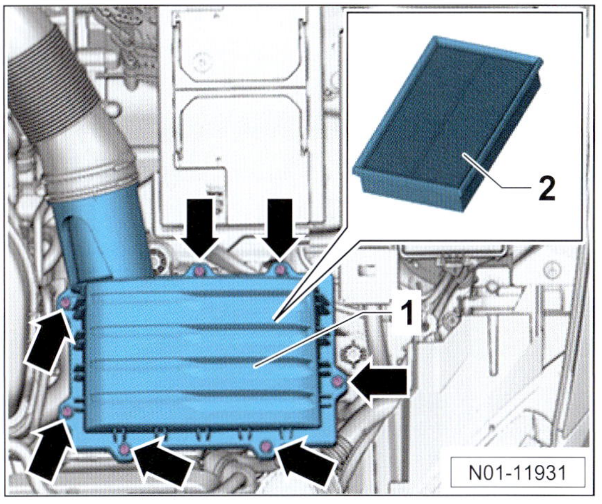

- Befestigungsschrauben –Pfeile– für Luftfilteroberteil –1– herausschrauben und Luftfilteroberteil mit der gesamten Luftführung anheben und zur Seite schwenken.
- Luftfiltereinsatz –2– herausnehmen.

Einbau

- Luftfilter reinigen, siehe unter »Einbau« beim 1,2-/1,4-l-Benzinmotor.
- Luftfiltereinsatz –2– zentriert in die Aufnahme im Luftfilterunterteil einsetzen.
- Luftfilteroberteil sorgfältig und ohne großen Kraftaufwand auf das Luftfilterunterteil aufsetzen.
- Befestigungsschrauben –Pfeile– eindrehen und ganz leicht, mit **1,5 Nm**, festziehen.

1,8-/2,0-l-Benzinmotor

Ausbau

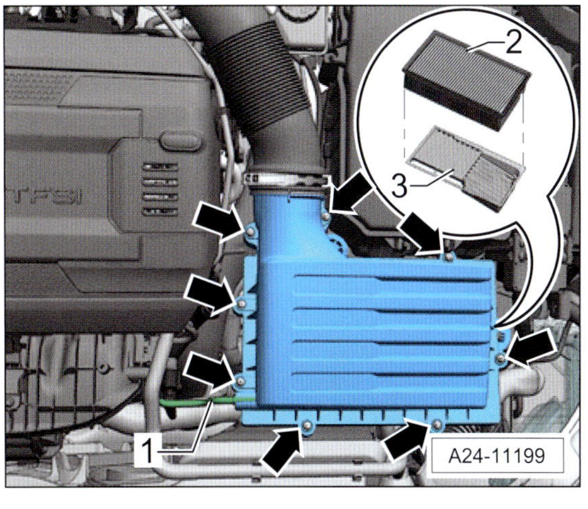

- Unterdruckschlauch –1– vom Luftfilteroberteil abziehen.
- Befestigungsschrauben –Pfeile– herausdrehen.
- Luftfilteroberteil abheben und mit angeschlossenem Luftschlauch zur Seite legen.
- Filtereinsatz –2– und Schneesieb –3– herausnehmen. **Hinweis:** Das Schneesieb ist nicht immer vorhanden.

Einbau

- Luftfilter reinigen, siehe unter »Einbau« beim 1,2-/1,4-l-Benzinmotor.

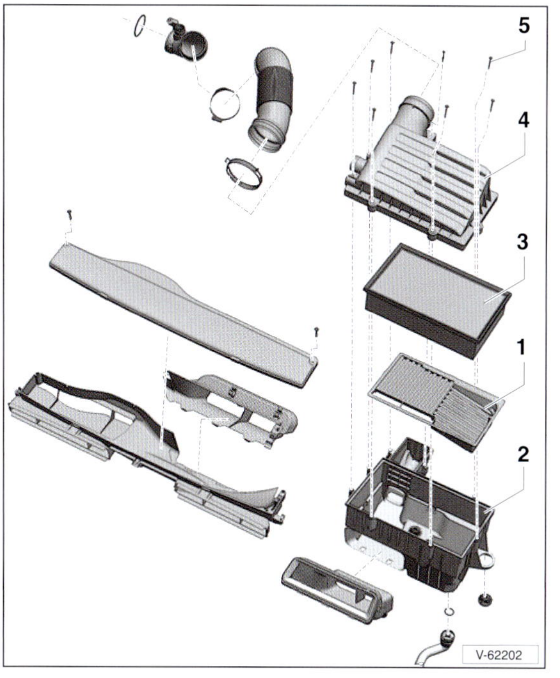

- Schneesieb –1–, falls vorhanden, in das Luftfiltergehäuse –2– einsetzen.
- Filtereinsatz –3– zentriert in die Aufnahme im Filtergehäuse –2– einsetzen.
- Luftfilteroberteil –4– sorgfältig und ohne größeren Kraftaufwand auf das Luftfiltergehäuse –2– aufsetzen.
- Schrauben –5– mit **1,5 Nm** anziehen.

Dieselmotor

Ausbau

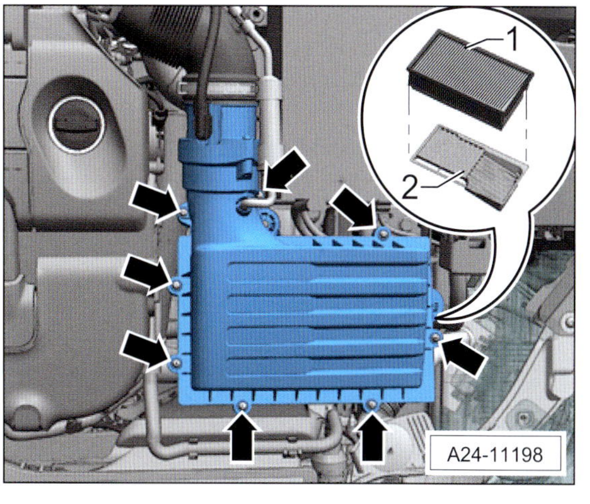

- Befestigungsschrauben –Pfeile– herausdrehen.

- Luftfilteroberteil abheben und mit angeschlossenem Luftschlauch zur Seite legen.
- Filtereinsatz –1– und Schneesieb –2– herausnehmen. **Hinweis:** Das Schneesieb ist nicht immer vorhanden.

Einbau

- Luftfilter reinigen, siehe unter »Einbau« beim 1,2-/1,4-l-Benzinmotor.

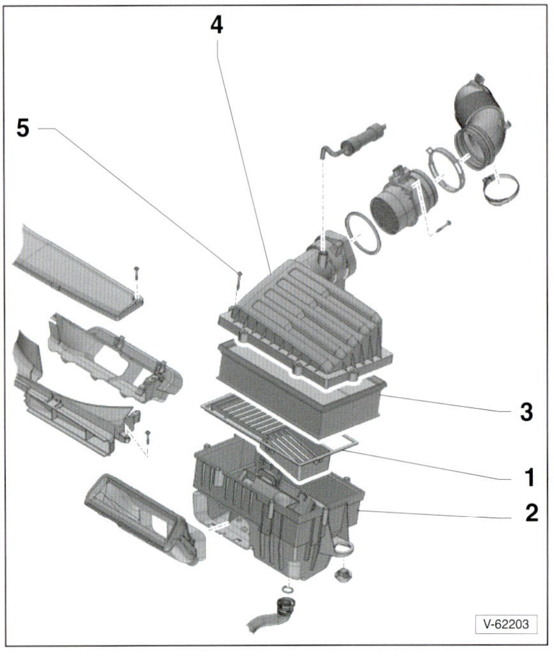

- Schneesieb –1–, falls vorhanden, in das Luftfiltergehäuse –2– einsetzen.
- Filtereinsatz –3– zentriert in die Aufnahme im Filtergehäuse –2– einsetzen.
- Luftfilteroberteil –4– sorgfältig und ohne größeren Kraftaufwand auf das Luftfiltergehäuse –2– aufsetzen.
- Schrauben –5– mit **1,5 Nm** anziehen.

Keilrippenriemen prüfen

Der Keilrippenriemen muss nicht nachgespannt werden, da eine automatische Spannrolle die Riemenspannung konstant hält. Im Rahmen der Wartung muss der Keilrippenriemen auf Beschädigungen geprüft, gegebenenfalls erneuert werden.

Spezialwerkzeug: nicht erforderlich.

Erforderliche Betriebsmittel/Verschleißteile bei defektem Keilrippenriemen:

- Keilrippenriemen für die jeweilige Motorausführung.

Prüfen

- Getriebe in Leerlaufstellung bringen.

> **Sicherheitshinweis**
> Beim Aufbocken des Fahrzeugs besteht Unfallgefahr! Deshalb vorher das Kapitel »Fahrzeug aufbocken« durchlesen.

- Fahrzeug aufbocken.
- Motorraumabdeckung unten ausbauen, siehe Seite 339.
- Falls vorhanden, Abdeckkappe für Keilrippenriemenscheibe ausbauen.

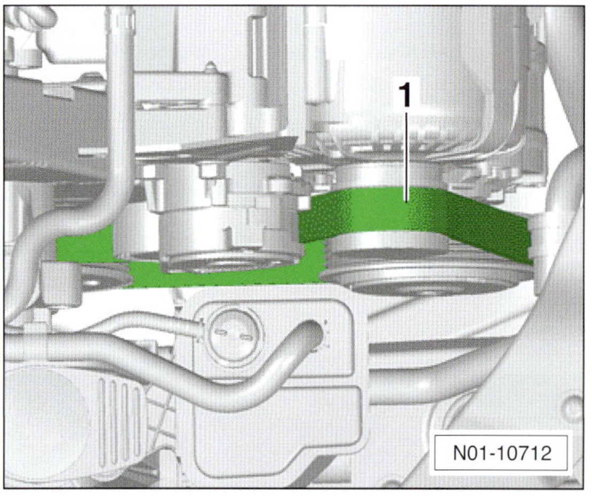

- Riemen –1– mit einem Kreidestrich quer zum Riemen markieren.
- Von der Fahrzeugunterseite her den Motor mit einer Stecknuss an der Kurbelwellen-Riemenscheibe in Motordrehrichtung, also im Uhrzeigersinn, jeweils ein Stück weiterdrehen, bis die Kreidemarkierung wieder sichtbar wird. Dabei Keilrippenriemen Stück für Stück sichtprüfen.

Keilrippenriemen auf folgende Beschädigungen prüfen:

- Öl- und Fettspuren.
- Richtige Spannung.

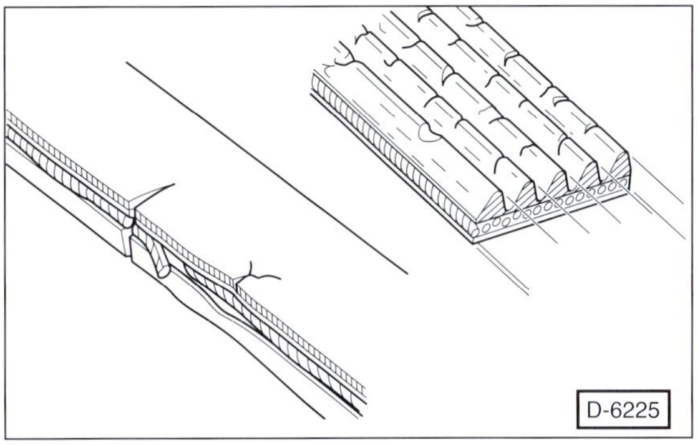

- Flankenverschleiß: Rippen laufen spitz zu, neu sind sie trapezförmig.
- Flankenverhärtungen, glasige Flanken.
- Querrisse auf der Rückseite des Riemens.
- Einzelne Rippen lösen sich ab.
- Ausfransungen der äußeren Zugstränge. Zugstrang seitlich herausgerissen. Querrisse in mehreren Rippen. Ausbruch am Unterbau.
- Rippenbrüche, einzelne Rippenquerrisse. Einlagerung von Schmutz, Steinen zwischen den Rippen. Gummiknollen im Rippengrund.

- Wenn eine oder mehrere dieser Beschädigungen vorhanden sind, Keilrippenriemen **unbedingt** ersetzen, siehe Seite 233.
- Falls vorhanden, Abdeckkappe für Keilrippenriemenscheibe einbauen.
- Motorraumabdeckung unten einbauen, siehe Seite 339.

Zahnriemenzustand prüfen

1,0-/1,2-/1,4-/1,5-l-Benzinmotor

Spezialwerkzeug und Verschleißteile: nicht erforderlich

Hinweis: Das Ersetzen des Zahnriemens wird in diesem Band nicht beschrieben.

Zahnriemen für Nockenwellenantrieb prüfen

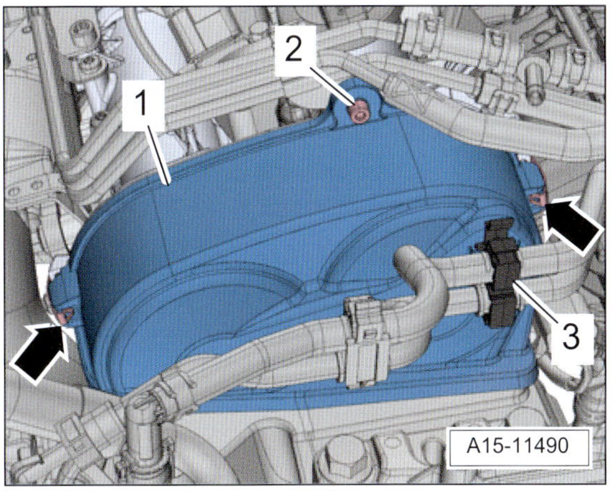

- Schläuche am Halter –3– freilegen.
- Schrauben –2– herausdrehen.
- Klemmen –Pfeile– lösen und oberen Zahnriemenschutz –1– abnehmen.

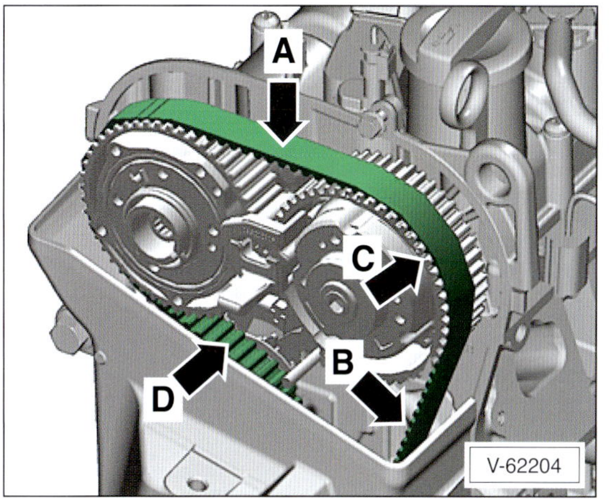

- Getriebe in Leerlaufstellung bringen.
- Die Kurbelwelle an der Befestigungsschraube der Kurbelwellen-Riemenscheibe langsam in Motordrehrichtung drehen und den gesamten Zahnriemen sichtprüfen auf:
  - Anrisse –A–, Querschnittbrüche in der Abdeckung.
  - Seitliches Anlaufen –B– des Zahnriemens.
  - Ausbrüche, Ausfransungen –C– der Zugstränge.
  - Risse –D– im Zahnriemengrund.
  - Lagentrennung von Zahnriemen/Zugsträngen.
  - Oberflächenrisse.
  - Öl- und Fettspuren.
- Beschädigten Zahnriemen **unbedingt** ersetzen (Werkstattarbeit), siehe auch Kapitel »Motor-Mechanik«.
- Obere Zahnriemenabdeckung einbauen. Schraube mit **8 Nm** festziehen.

Sichtprüfung der Abgasanlage

> **Sicherheitshinweis**
> Beim Aufbocken des Fahrzeugs besteht Unfallgefahr! Deshalb vorher das Kapitel »Fahrzeug aufbocken« durchlesen.

- Fahrzeug aufbocken oder über eine Montagegrube fahren.
- Befestigungsschellen auf festen Sitz prüfen.
- Abgasanlage mit Lampe anstrahlen und auf Löcher, durchgerostete Teile sowie Scheuerstellen absuchen.
- Stark gequetschte Abgasrohre ersetzen.
- Gummihalterungen durch Drehen und Dehnen auf Porosität überprüfen und gegebenenfalls austauschen.
- Fahrzeug ablassen.

Zündkerzen erneuern

Erforderliches Spezialwerkzeug:

- Zündkerzenschlüssel, zum Beispiel HAZET 4766-1.
- Abzieher für Zündspulen: HAZET 1849-12 oder VW-T10530.
- 2,0-l-GTI-Benzinmotor: Abzieher VW-T10530.

Erforderliche Verschleißteile:

- 3 oder 4 Zündkerzen. Die vorgeschriebene Zündkerze, siehe Seite 39.

Achtung: Die Zündspulen/Zündkerzenstecker lassen sich bei warmem Motor leichter herausziehen, weil das verwendete Fett die Zündspulen/Zündkerzenstecker bei warmem Motor leichter freigibt.

1,0-/1,2-/1,4-/1,5-l-TSI-Motor

Ausbau

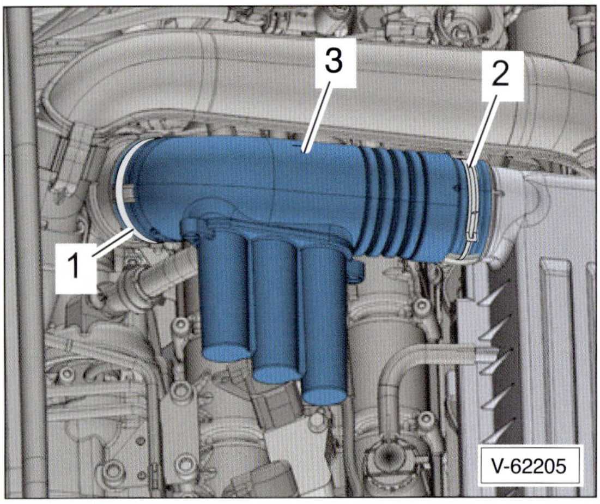

- **1,0-/1,2-/1,4-l-Motor**: Schlauchschellen –1– und –2– lösen und zurückschieben. Luftführungsrohr –3– abziehen und herausnehmen.
- **1,5-l-Motor:** Luftführungsrohr zwischen Ladeluftkühler und Abgasturbolader ausbauen sowie danebenliegenden Schlauch an der Kurbelgehäuseentlüftung abziehen, siehe Seite 280.

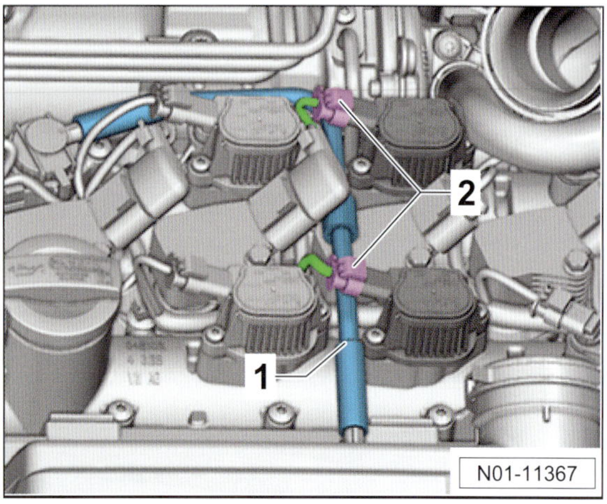

- **1,4-l-TSI-Motor CPTA/CZEA:** Steckverbindungen –2– trennen, Luftführungsschlauch –1– abziehen und herausnehmen.

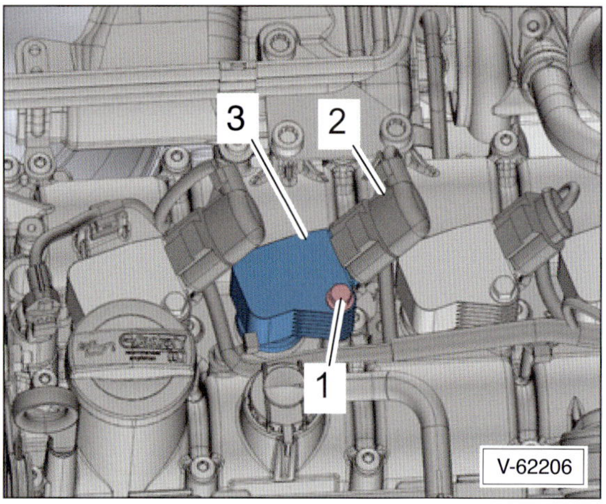

Hinweis: Einbaulage der Zündspulen für den späteren Einbau merken. Darauf achten, dass die Leitungen nicht geknickt oder beschädigt werden.

- Zündspulen ausbauen. Dazu Stecker –2– abziehen.
- Schraube –1– herausdrehen und betreffende Zündspule –3– herausziehen.
- Auf diese Weise sämtliche Zündspulen ausbauen.

Hinweis: Da die Zündspule oftmals sehr fest sitzt, wird in der Fachwerkstatt ein spezieller Abzieher zum Herausziehen der Zündspulen verwendet, siehe Abschnitt am Ende des Kapitels.

- Zündkerzen mit Zündkerzenschlüssel VW-3122B oder HAZET 4766-1 herausdrehen.

Einbau

- Neue Zündkerzen vorsichtig reinschrauben und dann mit **22 Nm** festziehen.
- Beim Einbau neuer Zündkerzen, Kerzenstecker nachfetten, siehe Abschnitt am Ende des Kapitels.

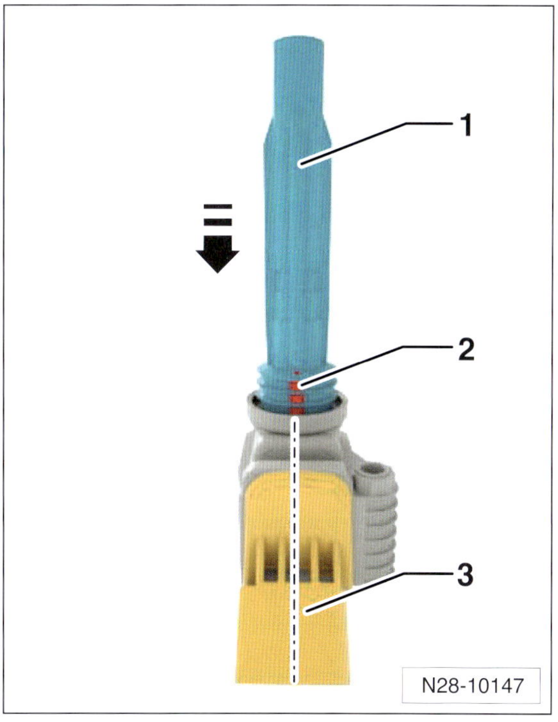

- Zündkerzenstecker –1– von Hand bis zum Anschlag auf die Zündspule aufstecken. Der Entlüftungskanal –2–, falls vorhanden, muss dabei mittig zum Steckergehäuse –3– stehen.
- Alle Zündspulen locker in den Zündkerzenschacht stecken.
- Zündspulen zu den Steckverbindungen ausrichten und alle Steckverbindungen gleichzeitig auf die Zündspulen aufstecken.
- Zündkerzen mit der Hand auf die Zündkerzen aufdrücken. Kein Schlagwerkzeug verwenden!
- Schrauben für die Zündspulen mit **8 Nm** festziehen.
- Stecker auf die Zündspulen aufstecken und einrasten.
- **1,4-l-TSI-Motor CPTA:** Luftführungsschlauch aufstecken und Steckverbindungen verbinden.
- Luftführungsrohr aufstecken und mit Schlauchschellen sichern.
- **1,5-l-Motor:** Schlauch an der Kurbelgehäuseentlüftung aufschieben.

1,8-/2,0-l-TSI-Motor

Ausbau

- Obere Motorabdeckung ausbauen und mit der Oberseite auf eine weiche Unterlage legen, um Kratzer zu vermeiden, siehe Seite 224.

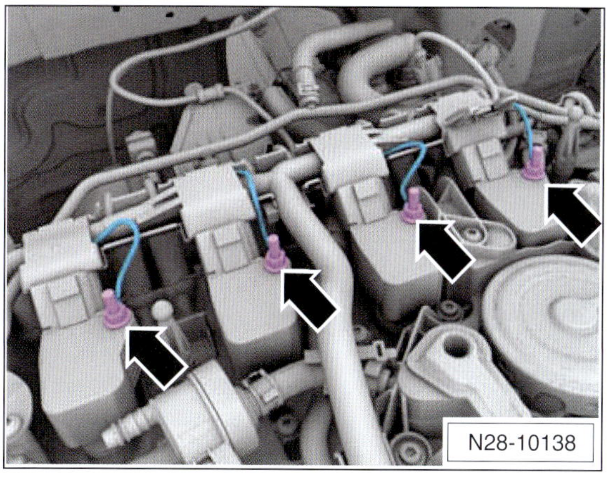

- Falls vorhanden, Masseleitungen abschrauben –Pfeile–.

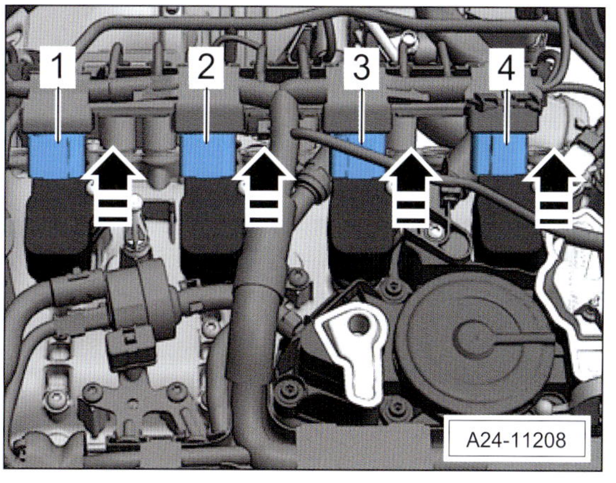

Hinweis: Einbaulage der Zündspulen für den späteren Einbau merken. Darauf achten, dass die Leitungen nicht geknickt oder beschädigt werden.

- Zündspulen ausbauen. Dazu Stecker –1– bis –4– entriegeln und in Pfeilrichtung abziehen.

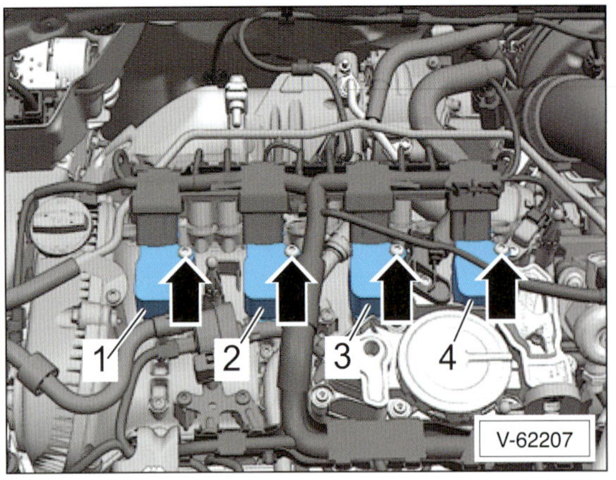

- Schrauben –Pfeile– herausdrehen und Zündspulen –1– bis –4– vorsichtig nach oben herausziehen.

Hinweis: Da die Zündspulen oftmals sehr fest sitzen, wird in der Fachwerkstatt ein spezieller Abzieher zum Herausziehen der Zündspulen verwendet, siehe Abschnitt am Ende des Kapitels.

- Zündkerzen mit Zündkerzenschlüssel VW-3122B oder HAZET 4766-1 herausdrehen.

Einbau

- **Neue** Zündkerzen vorsichtig reinschrauben und dann mit **30 Nm** festziehen.
- Beim Einbau neuer Zündkerzen, Kerzenstecker nachfetten, siehe Abschnitt am Ende des Kapitels.
- Alle Zündspulen locker in den Kerzenschacht stecken und wie vor dem Ausbau ausrichten.
- Zündspulen mit der Hand auf die Zündkerzen aufdrücken. Kein Schlagwerkzeug verwenden!
- Schrauben für die Zündspulen mit **10 Nm** festziehen.
- Falls vorhanden, Masseleitungen **10 Nm** anschrauben.
- Stecker auf die Zündspulen aufstecken und einrasten.
- Obere Motorabdeckung einbauen, siehe Seite 224.

Zündspulen mit Spezialwerkzeug abziehen

Da die Zündspulen oftmals sehr fest sitzen, ist zum Lösen der Zündspulen in der Regel ein spezieller Abzieher nötig.

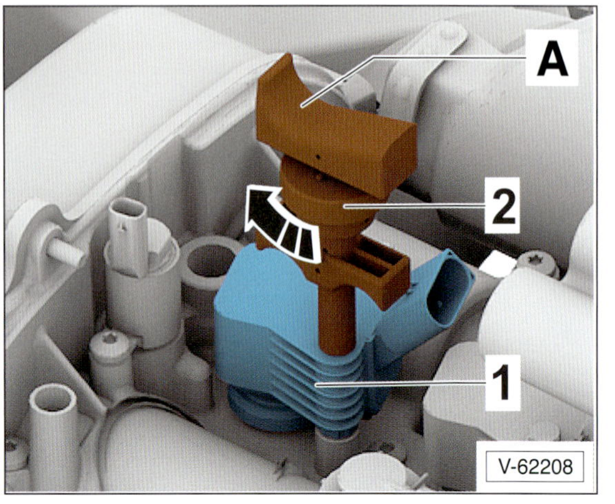

- Abzieher –A–, zum Beispiel HAZET 1849-12 oder VW-T10530 (Abbildung), in die Bohrung der Zündspule –1– einsetzen.
- Abzieher –A– VW-T10530: Rändelmutter –2– im Uhrzeigersinn –Pfeilrichtung– drehen und dadurch den Abzieher festklemmen.

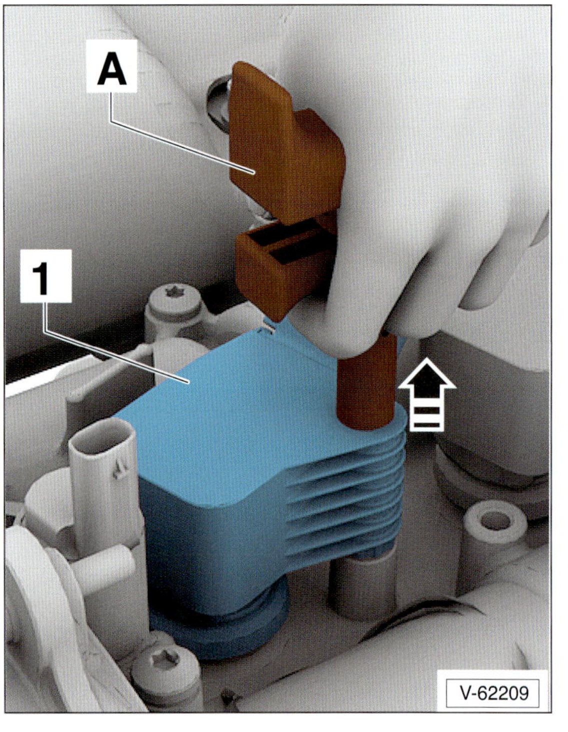

- Mithilfe des Abziehers –A– die Zündspule –1– vorsichtig senkrecht nach oben heraus ziehen.

Zündkerzenstecker nachfetten

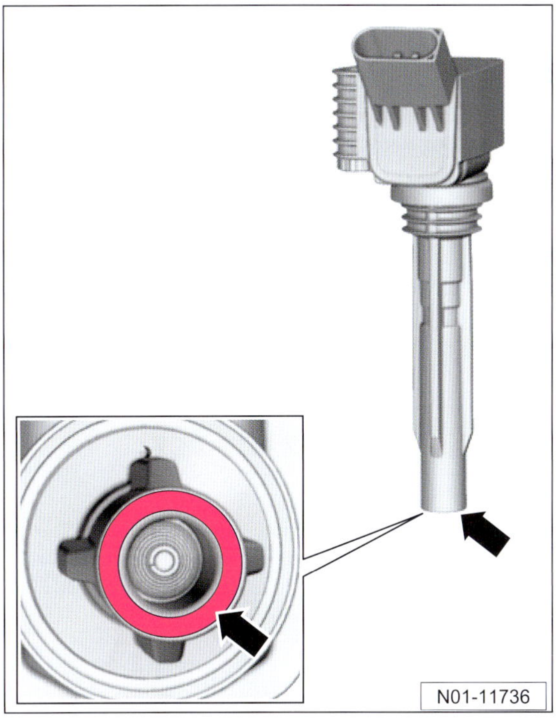

- Zündkerzenstecker mit Silikonfett bestreichen. Dazu eine dünne Raupe Silikonpaste, zum Beispiel VW-G 052 565 A1, umlaufend auf den Dichtschlauch des Zündkerzensteckers –Pfeil– auftragen.

Hinweis: Neue Zündkerzenstecker sind bereits mit der Silikonfett versehen und müssen beim Ersteinbau nicht gefettet werden. Zündkerzenstecker nur beim Einbau neuer Zündkerzen nachfetten. Dadurch wird verhindert, dass der Dichtschlauch des Zündkerzensteckers an der Zündkerze festklebt. Die Paste muss sich beim Aufstecken des Zündkerzensteckers auf der Zündkerze verteilen.

Zündkerzenwerte für VW GOLF-Motoren

Achtung: Die technische Entwicklung geht ständig weiter. Es kann sein, dass inzwischen für einzelne Motoren andere Zündkerzenwerte gelten und daher die Tabelle möglicherweise nicht auf dem neuesten Stand ist. Um die aktuelle Zündkerze für Ihren Fahrzeugmotor zu ermitteln, benötigt der Fachhandel die **Fahrzeug-Ident-Nummer** (FIN) sowie die **3 Schlüsselnummern** aus dem Kfz-Schein. Diese Nummern sollten beim Kauf von Zündkerzen angegeben werden.

Wenn in der Tabelle für einen bestimmten Motor keine Zündkerze angegeben ist, dann ist zur Zeit nur die über den VW-Kundendienst erhältliche Zündkerze freigegeben.

Motor	Motor-Kenn-buchstaben	VW	EA[1]	NGK	EA[1]	BOSCH	EA[1]	AZD[2]
1.0 TSI	CHZD	04E 905 602	–	PKER7A8EGS	–	Y5KPP332	0,7	22 Nm
1.2 TSI	CJZB/CYVA/ CJZA/CYVB	04E 905 601B	0,7 – 0,8	PZKER7A8EGS	0,7 – 0,8	–	–	22 Nm
1.4 TSI	CMBA/CPVA/ CXSA/CZCA	04E 905 601B	0,7 – 0,8	PZKER7A8EGS	0,7 – 0,8	–	–	22 Nm
1.4 TGI/TSI	CPWA/CHPA/CPTA/ CZEA/CZDA	04E 905 612	0,65 – 0,75	PZKER7A8E	–	–	–	22 Nm
1.5 TSI	DACA/DADA	05E 905 602	–	–	–	–	–	22 Nm
1.8 TSI	CJSB	06K 905 611C	–	–	–	FQ5NPP332S	0,7	30 Nm
2.0 GTI/R	CHHB/CHHA/CJXC	06K 905 601B	–	PLFER7A8	–	–	–	30 Nm
2.0 GTI-Per.	DKTB/DLBA	–	–	PLFER7A8EG	–	FQ5NPP332S	0,7	30 Nm
2.0 GTI CS	CJXE	–	–	–	–	FQ5NPP332S	0,7	30 Nm

[1]) EA = Elektrodenabstand in mm; [2]) AZD = Anzugsdrehmoment.

Getriebe/Achsantrieb

Folgende Wartungspunkte müssen nach dem Wartungsplan in unterschiedlichen Intervallen durchgeführt werden:

- Getriebe/Achsantrieb: Auf Undichtigkeiten und Beschädigungen sichtprüfen.
- 6-Gang-Direktschaltgetriebe 0D9: Öl und Filter wechseln.
- 6-Gang-Direktschaltgetriebe 0DD: Getriebeöl wechseln (Werkstattarbeit).
- Allradantrieb 4MOTION: Öl für Haldexkupplung wechseln.
- GTI »Performance«: Öl für Vorderachs-Differenzialsperre wechseln.

Getriebe-Sichtprüfung auf Dichtheit

Spezialwerkzeug: nicht erforderlich.

Folgende Leckstellen sind möglich:

- Trennstelle zwischen Motorblock und Getriebe (Schwungraddichtung/Wellendichtung-Getriebe).
- Antriebswelle an Getriebe.
- Öleinfüllschraube.
- Ölablassschraube.

Bei ölverschmiertem Getriebe und Ölverlust überprüfen, wo das Öl austritt. Bei der Suche nach der Leckstelle folgendermaßen vorgehen:

- Getriebegehäuse mit Kaltreiniger reinigen.
- Mögliche Leckstellen mit Kalk oder Talkumpuder bestäuben.
- Probefahrt durchführen. Damit das Öl besonders dünnflüssig wird, sollte die Probefahrt auf einer Schnellstraße über eine Entfernung von ca. 30 km durchgeführt werden.

Sicherheitshinweis
Beim Aufbocken des Fahrzeugs besteht Unfallgefahr! Deshalb vorher das Kapitel »Fahrzeug aufbocken« durchlesen.

- Fahrzeug aufbocken und Getriebe mit einer Lampe anstrahlen und nach der Leckstelle absuchen.
- Leckstelle umgehend beseitigen. Anschließend Getriebeöl auffüllen.

1,0-/1,2-l-85/77-kW-Benzinmotor, 6-Gang-Getriebe 0AJ
1,2-l-63-kW Benzinmotor, 5-Gang-Getriebe 0AH
1,4-l-90-kW Benzinmotor, 6-Gang-Getriebe 0AJ

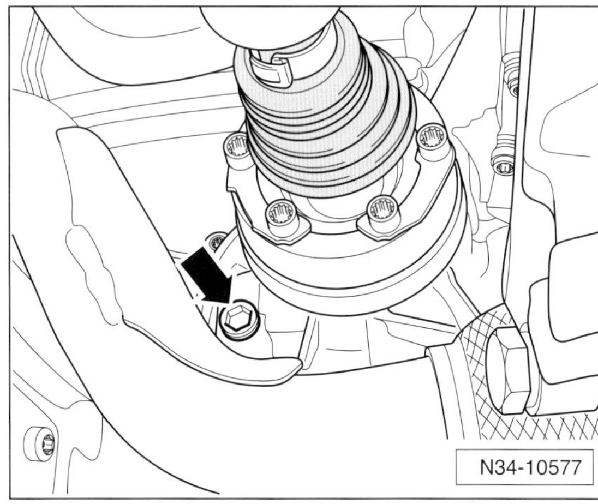

1,2-l-63-kW Benzinmotor, 5-Gang 0AF

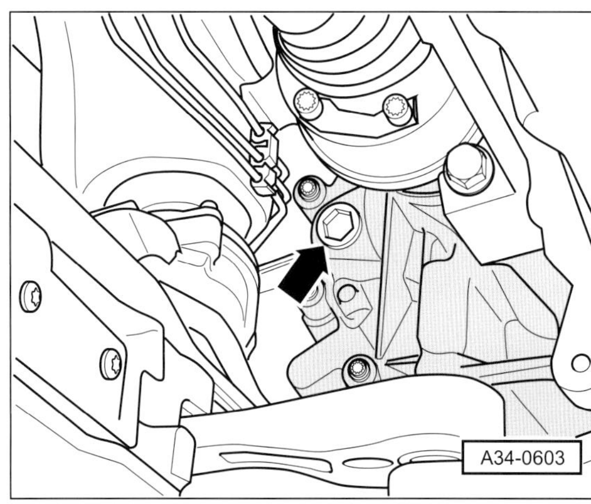

Falls erforderlich, Getrieböl durch die Kontrollbohrung für Getriebeölstand auffüllen. Dazu Innensechskant- beziehungsweise Innenvielzahn-Verschlussschraube –Pfeil– seitlich am Getriebe beziehungsweise neben dem Gelenkwellenflansch herausdrehen. Der Ölstand muss bis zur Unterkante der Kontrollbohrung reichen. Innensechskant-Verschlussschraube mit **30 Nm**, Innenvielzahnschraube mit **25 Nm** festziehen.

1,4-l-Benzinmotor, 6-Gang-Getriebe 02S –103 kW
1,6-l-Dieselmotor, 5-Gang-Getriebe 0A4

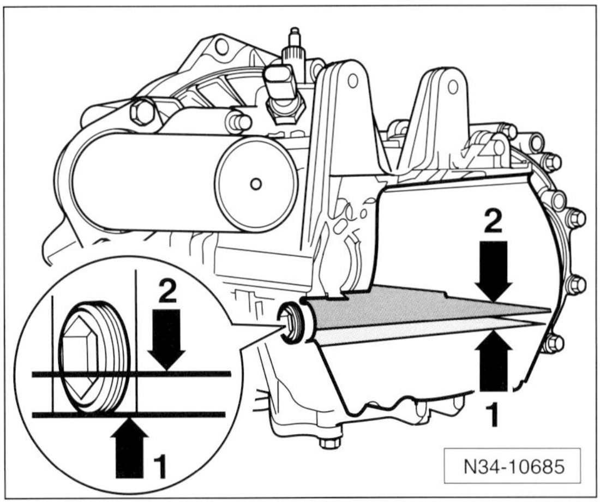

- Wegen der Neigung der Motor-Getriebe-Einheit befindet sich die Unterkante der Einfüllbohrung –Pfeil 1– unterhalb des Ölspiegels –Pfeil 2–. Der Ölstand des Getriebeöls kann daher nur durch völliges Ablassen und anschließendem wieder Auffüllen geprüft werden. **Auf keinen Fall Ölkontrollschraube herausdrehen.**

2,0-l-Benzinmotor, 6-Gang-Getriebe 02Q
1,6-/2,0-l-Dieselmotor, 6-Gang-Getriebe 02Q

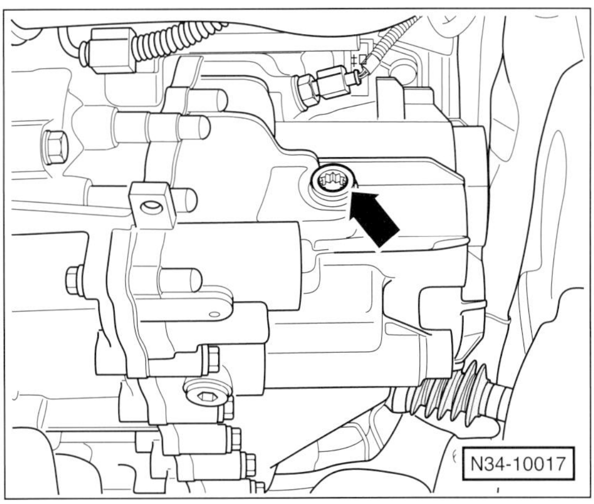

Falls erforderlich, Getrieböl durch die Kontrollbohrung für Getriebeölstand auffüllen. Dazu Innensechskant- beziehungsweise Innenvielzahn-Verschlussschraube –Pfeil– vorn am Getriebe herausdrehen. Der Ölstand muss bis zur Unterkante der Kontrollbohrung reichen. Innensechskant-Verschlussschraube mit **30 Nm**, Innenvielzahnschraube mit **45 Nm** und **neuem** Dichtring festziehen.

6-Gang-Direktschaltgetriebe: Öl und Ölfilter wechseln

Getriebe 0D9

Hinweis: Das 7-Gang-DSG-Getriebe (0CW) hat eine Lebensdauerfüllung. Der Getriebeölstand muss daher im Rahmen der Wartung nicht geprüft sowie das Getriebeöl nicht gewechselt werden.

Erforderliches Spezialwerkzeug

- Adapter zur Ölbefüllung, zum Beispiel VW-VAS-6262A.
- Auffangwanne für Getriebeöl.
- Geeignetes Öltemperatur-Messgerät.
- Auffahr-Hebebühne oder Arbeitsgrube.

Erforderliche Betriebsmittel/Verschleißteile

- Ca. 5,2 l DSG-Öl gemäß VW-Spezifikation.
- Dichtringe für Ablass- und Kontrollschrauben.

Ölfilter wechseln

- Wählhebel in Stellung »P« bringen.
- Luftfilter ausbauen, siehe Seite 277.
- Batterie und Batterieträger ausbauen, siehe Seite 79/81.
- Zu Beginn der Arbeit darf die Öltemperatur nicht höher als +45° C sein.

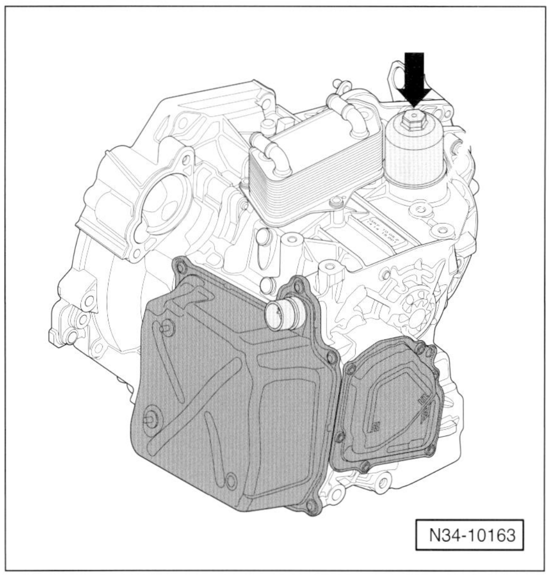

Hinweis: Es bleibt immer eine Restmenge Öl im Filter zurück, das beim Abschrauben des Filters ausläuft. Daher vor dem Abschrauben des Ölfilters den Bereich um den Ölfilter mit ausreichend vielen Lappen abdecken und herausfließendes Öl auffangen.

- Filtergehäuse –Pfeil– etwa 7 Umdrehungen lösen, zum Beispiel mit HAZET 2169-24. Dadurch öffnet das Rücklaufventil und das Öl kann aus dem Filtergehäuse in das Getriebe zurücklaufen.

- Nach ca. 10 Sekunden Filtergehäuse und Filter abschrauben und abnehmen.
- Verölte Stellen am Getriebe gründlich reinigen.

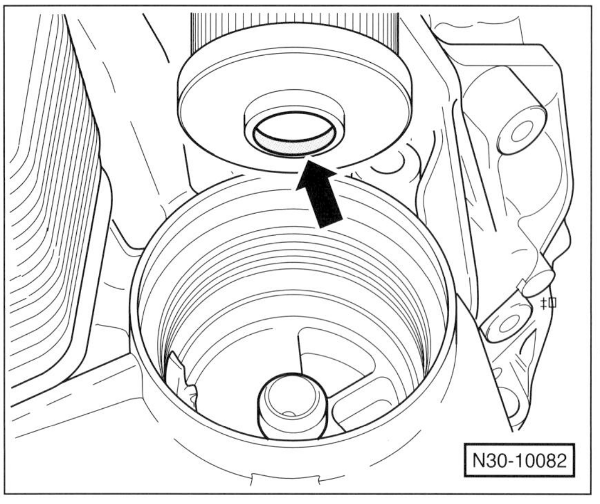

- Neuen Filter mit dem Bund nach unten –Pfeil– einsetzen.
- Filtergehäuse mit **neuem** Dichtring ansetzen und mit **20 Nm** festschrauben.
- Batterie und Batterieträger einbauen, siehe Seite 79/81.
- Luftfilter einbauen, siehe Seite 277.

Getriebeöl ablassen

> **Sicherheitshinweis**
> Beim Aufbocken des Fahrzeugs besteht Unfallgefahr! Deshalb die Hinweise im Kapitel »Fahrzeug aufbocken« beachten.

- Fahrzeug mit einer Auffahrhebebühne anheben oder über eine Montagegrube schieben.
- Untere Motorraumabdeckung ausbauen, siehe Seite 339.
- Auffangwanne für Altöl unter das Getriebe stellen.

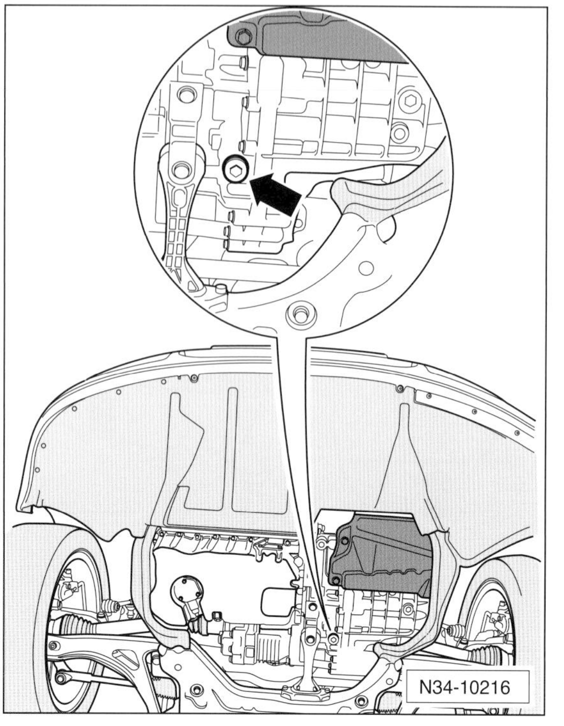

- Ablass- und Kontrollschraube –Pfeil– herausdrehen.

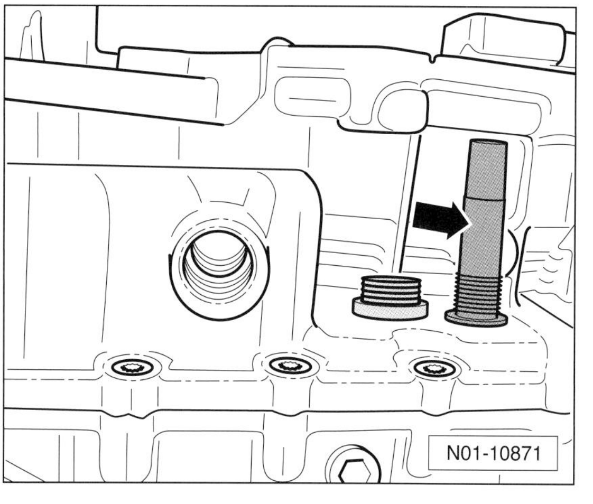

- Schwarzes Kunststoff-Überlaufrohr –Pfeil– mit einem Innensechskantschlüssel SW-8 aus der Kontrollbohrung herausschrauben. **Hinweis:** Die Länge des Überlaufrohres bestimmt den Ölstand im Getriebe.
- Getriebeöl in die Auffangwanne abfließen lassen. Dabei laufen etwa 5 Liter Öl heraus.
- Anschließend Überlaufrohr einschrauben und mit **3 Nm** festziehen.

Getriebeöl auffüllen

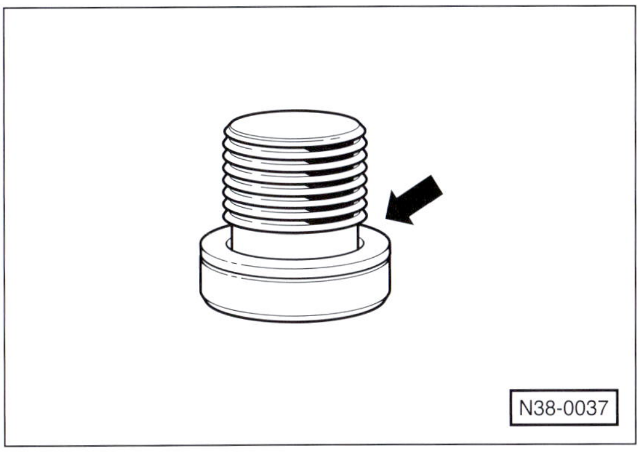

- Dichtring –Pfeil– an der Verschlussschraube durchschneiden und ersetzen.

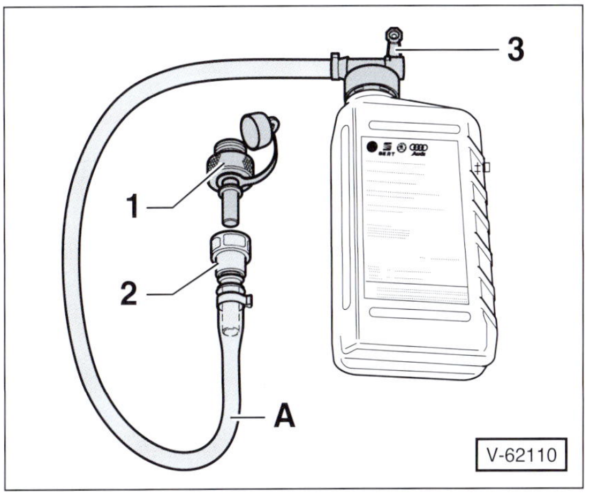

- Adapter –1– der Einfüllvorrichtung VAS-6262A –A– handfest in die Kontrollbohrung einschrauben. Zulaufschlauch mit der Schnellkupplung –2– an den Adapter anschließen.
- Über den Zulaufschlauch 5,5 Liter DSG-Öl einfüllen. **Achtung:** Die Öldosen vor dem Öffnen schütteln. Zum Öldosenwechsel den Dreiwegehahn –3– schließen oder den Schlauch mit dem Dosenanschluss höher als das Getriebe halten.
- Motor starten und im Leerlauf laufen lassen.
- Bremse treten und jede Wählhebelstellung für ca. 3 Sekunden einlegen. Anschließend Wählhebel wieder auf »P« stellen.
- Motor weiter laufen lassen, bis eine Getriebeöltemperatur von +35° bis +45° C angezeigt wird.
- Sicherstellen, dass das ATF-Auffanggefäß untergestellt ist.
- Nach Erreichen der vorgeschriebenen Getriebeöltemperatur bei laufendem Motor die Schnellkupplung –2– der Einfüllvorrichtung –A– vom Adapter –1– trennen. Überschüssiges Öl ablaufen lassen.
- Sobald das Öl abgelaufen ist und es nur noch aus der Öffnung tropft, Adapter herausdrehen und Verschlussschraube mit **neuem** Dichtring einschrauben und mit **45 Nm** festziehen.
- Motor abstellen.

Achtung: Das herausgelaufene Öl darf nicht wieder verwendet werden, sondern muss entsorgt werden.

- Untere Motorraumabdeckung einbauen, siehe Seite 339.
- Gegebenenfalls Fahrzeug ablassen.

Allradantrieb: Öl für Haldex-Kupplung wechseln

Erforderliche Betriebsmittel/Verschleißteile:

- 0,4 l Hochleistungsöl für Haldex-Kupplung (Wechselmenge). **Hinweis:** Die Gesamtfüllmenge beträgt 0,6 l.
- Neue Ablass- und Einfüllschrauben für Haldex-Kupplung.

Erforderliches Sonderwerkzeug:

- Auffangwanne für Getriebeöl.
- Handelsübliche Befüllflasche.

Alternativ:

- Handelsüblichen, ca. 1,5 m langen Schlauch mit ca. 15 mm Außendurchmesser.
- Geeigneten Trichter für den Befüllschlauch.

Öl wechseln

> **Sicherheitshinweis**
> Beim Aufbocken des Fahrzeugs besteht Unfallgefahr! Deshalb die Hinweise im Kapitel »Fahrzeug aufbocken« beachten.

- Fahrzeug waagerecht aufbocken.
- Auffangwanne unter die Haldex-Kupplung stellen.

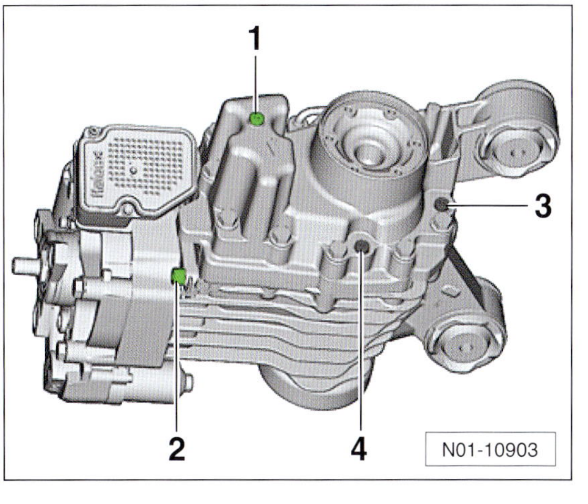

- Ablassschraube –2– unten am Kupplungsgehäuse herausschrauben, Öl ablassen und auffangen.

- **Neue** Ablassschraube mit **neuem** Dichtring einschrauben und mit **30 Nm** festziehen.
- Öleinfüllschraube –1– herausschrauben.

Achtung: Ablass- und Einfüllschrauben für Haldexkupplung –2/1– nicht mit den Ablass- und Einfüllschrauben –4/3– für den im selben Gehäuse untergebrachten Achsantrieb verwechseln. Eine Verwechslung kann zum Ausfall der Haldexkupplung oder des Achsantriebs führen.

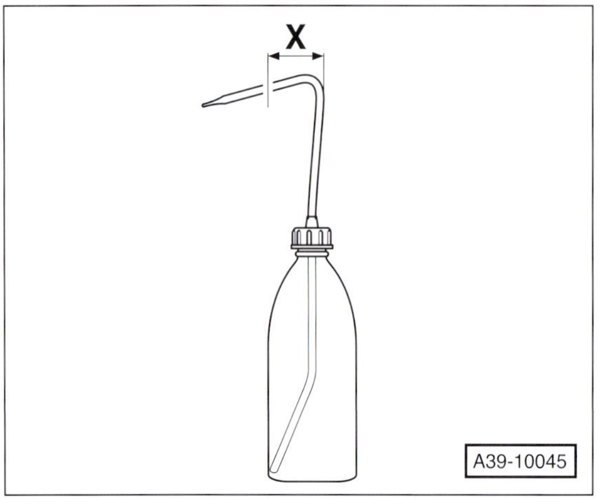

- Bei Bedarf das Einfüllrohr einer handelsüblichen Befüllflasche auf X = 50 mm kürzen.

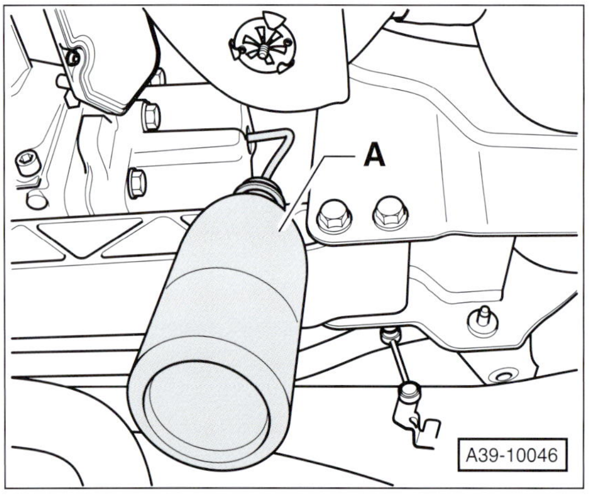

- Hochleistungsöl für Haldex-Kupplung mit der Befüllflasche –A– bis zur Unterkante der Einfüllöffnung einfüllen.
- Der Ölstand ist in Ordnung, wenn bei einer Öltemperatur zwischen +20° und +40° C das Öl bis zur Unterkante der Einfüllöffnung reicht und etwas heraustropft. **Hinweis:** Gegebenenfalls Öltemperatur mit einem handelsüblichen Temperaturmessgerät prüfen.
- **Neue** Öleinfüllschraube mit unverlierbarem Dichtring einschrauben und mit **15 Nm** festziehen.
- Fahrzeug ablassen.

Speziell 2,0-l-110-kW-Dieselmotor

Die Haldex-Kupplung befindet sich in der Vorderachs-Differenzialsperre.

Öl auffüllen

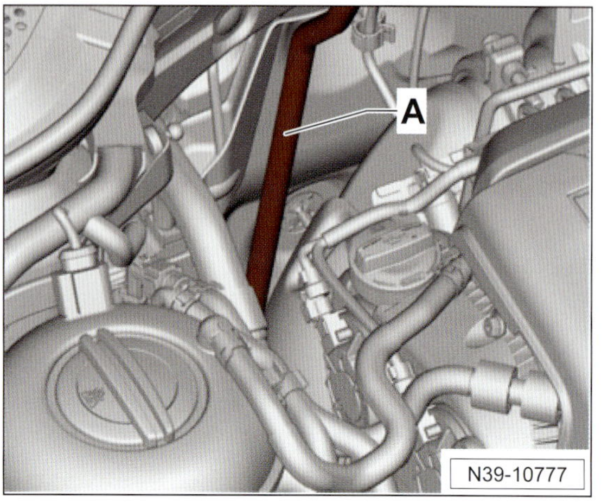

- Befüllschlauch –A– durch den Motorraum zur Einfüllöffnung der Haldex-Kupplung verlegen.

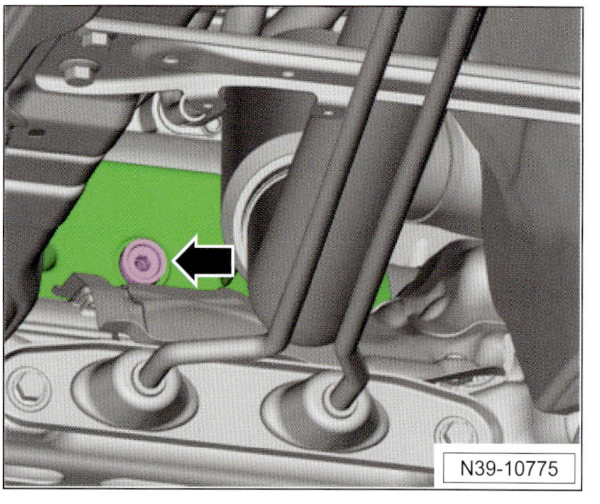

- Bereich um die Öleinfüllschraube –Pfeil– reinigen. Angrenzende Bauteile abdecken.
- Auffangwanne unter die Öleinfüllbohrung stellen.
- Öleinfüllschraube –Pfeil– herausdrehen.

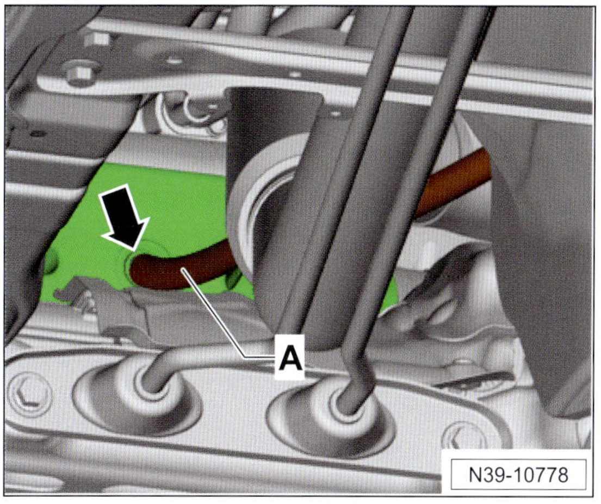

- Schlauch –A– in die Einfüllbohrung –Pfeil– stecken. **Achtung:** Der Schlauch darf nicht durchhängen.
- Trichter in den Schlauch –A– einsetzen.
- So viel Öl einfüllen, bis es zwischen Schlauch und Einfüllbohrung austritt.
- Schlauch herausziehen und überschüssiges Öl ablaufen lassen.
- **Neue** Öleinfüllschraube einschrauben und mit **15 Nm** festziehen.
- Bereich um die Öleinfüllschraube reinigen.

Vorderachs-Differenzialsperre: Öl wechseln

GOLF GTI Performance

Da sich in der Vorderachs-Differenzialsperre des Golf GTI eine Lamellenkupplung entsprechend der Haldex-Kupplung befindet, wird hier ebenfalls das Haldex-Hochleistungsöl verwendet.

Erforderliche Betriebsmittel/Verschleißteile:

- 0,4 l Haldex-Hochleistungsöl (Wechselmenge). **Hinweis:** Die Gesamtfüllmenge beträgt 0,6 l.
- Neue Ablass- und Einfüllschrauben für Differenzialsperre.

Erforderliches Sonderwerkzeug:

- Temperaturmessgerät, zum Beispiel VW-VAS 6519.
- Flexibler Trichter, zum Beispiel VW-VAS 6622.
- Auffangwanne für Getriebeöl.
- Handelsüblichen, ca. 1,5 m langen Schlauch mit ca. 15 mm Außendurchmesser.
- Geeigneten Trichter für den Befüllschlauch.

Öl ablassen

Sicherheitshinweis
Beim Aufbocken des Fahrzeugs besteht Unfallgefahr! Deshalb die Hinweise im Kapitel »Fahrzeug aufbocken« beachten.

- Fahrzeug waagerecht aufbocken.

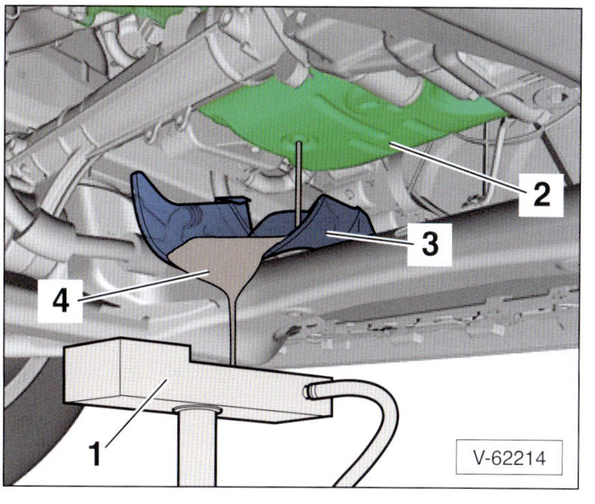

- Auffangwanne –1– unter die Differenzialsperre –2– stellen.
- Flexiblen Trichter –3– so platzieren, dass der Aggregateträger mit dem Öl –4– nicht in Berührung kommt.

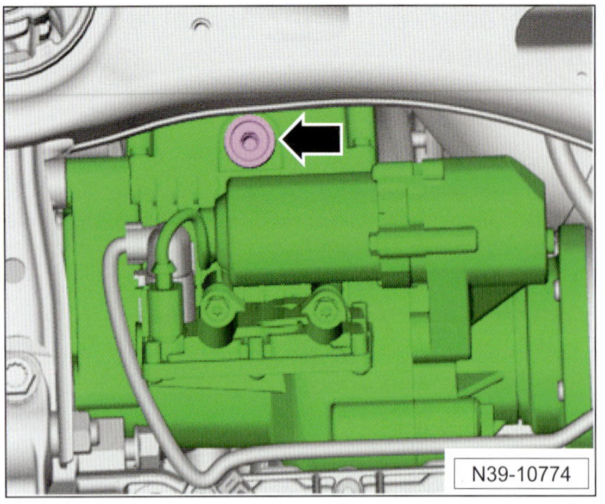

- Ölablassschraube –Pfeil– der Vorderachs-Differenzialsperre herausschrauben und Hochleistungsöl für Haldex-Kupplung vollständig ablassen.
- **Neue** Ölablassschraube –Pfeil– einschrauben und mit **14 ± 3 Nm** festziehen.

Öl auffüllen.

- Sicherstellen, dass die Temperatur des neuen Haldexöls zwischen +20° C und +40° C liegt.

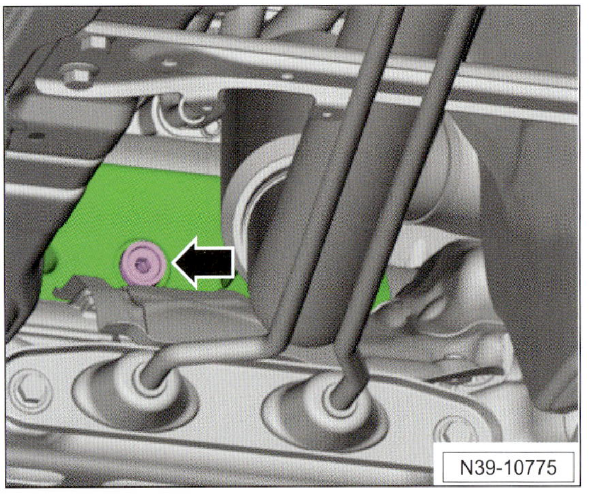

- Bereich der Öleinfüllschraube –Pfeil– an der Vorderachs-Differenzialsperre reinigen.
- Öleinfüllschraube –Pfeil– herausschrauben.
- Befüllschlauch durch den Motorraum zur Einfüllöffnung der Vorderachs-Differenzialsperre verlegen.

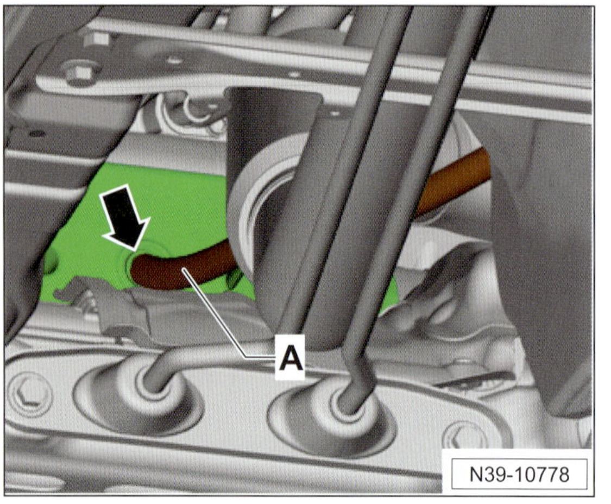

- Schlauch –A– in die Einfüllbohrung –Pfeil– stecken. **Achtung:** Der Schlauch darf nicht durchhängen.
- Trichter in den Schlauch –A– einsetzen.
- So viel Öl einfüllen, bis es zwischen Schlauch und Einfüllbohrung austritt.
- Schlauch herausziehen und überschüssiges Öl ablaufen lassen, bis es nur noch tropft.
- Der Ölstand ist bis Unterkante Öleinfüllöffnung korrekt. Dabei muss das Öl eine Temperatur zwischen +20° C und +40° C aufweisen. Zur Kontrolle Öltemperatur messen. **Hinweis:** Liegt die Öltemperatur außerhalb des Sollbereichs, Öltemperatur durch Warmfahren oder Abkühlen auf richtigen wert bringen und anschließend Ölstand erneut prüfen.
- **Neue** Öleinfüllschraube einschrauben und mit **14 ± 3 Nm** festziehen.
- Bereich um die Öleinfüllschraube reinigen.
- Fahrzeug ablassen.

Vorderachse/Lenkung

Folgende Wartungspunkte müssen nach dem Wartungsplan in unterschiedlichen Intervallen durchgeführt werden:

- Spurstangenköpfe: Spiel und Befestigung prüfen, Staubkappen prüfen.
- Achsgelenke/Achslager/Koppelstangenlager/Stabilisatorgummilager/Schraubenfedern und Anschlagpuffer: Auf Beschädigungen sichtprüfen.
- Manschetten/Spannbänder der Antriebswellen: Auf Undichtigkeiten und Beschädigungen sichtprüfen.
- Stoßdämpfer: Auf Undichtigkeiten sichtprüfen.

Achsgelenke/Achslager/Dichtungsbälge der Koppelstangen/Stabilisatorlager sowie Spurstangenköpfe prüfen/ersetzen

Erforderliches Spezialwerkzeug:

- Werkstattwagenheber.
- Lampe.

Sicherheitshinweis
Beim Aufbocken des Fahrzeugs besteht Unfallgefahr! Deshalb vorher das Kapitel »Fahrzeug aufbocken« durchlesen.

- Fahrzeug vorn aufbocken, die Räder müssen frei hängen.

Achsgelenke:

Staubkappen prüfen

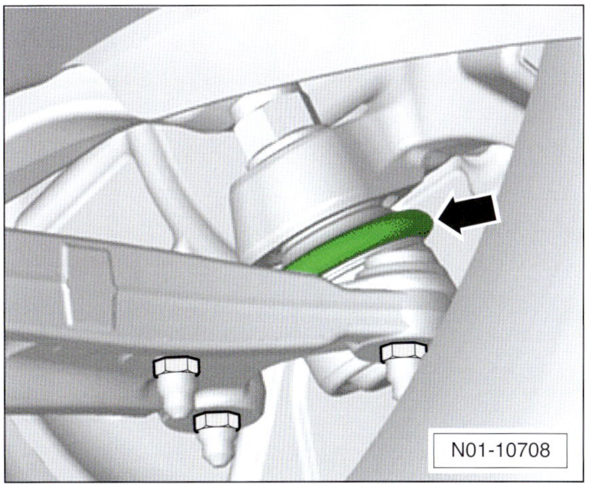

- Staubkappen –Pfeil– für untere Achsgelenke links und rechts mit Lampe anstrahlen und auf Beschädigungen und Undichtigkeit überprüfen.

Spiel prüfen

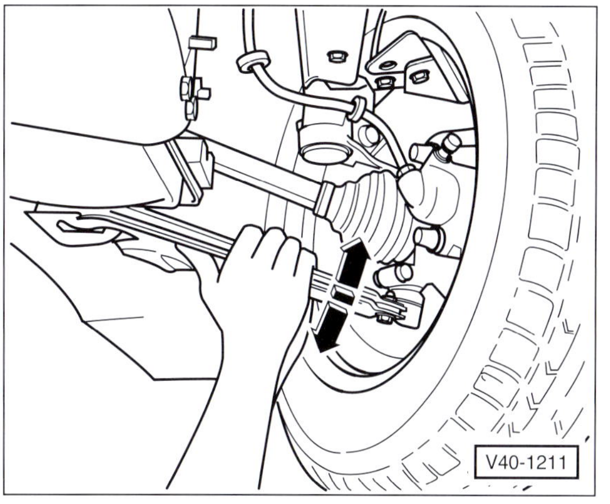

- Querlenker kräftig nach oben drücken und nach unten ziehen –Pfeile–, dabei das Achsgelenk beobachten.
- Rad unten kräftig nach außen und innen drücken, dabei das Achsgelenk beobachten.
- Bei beiden Prüfungen darf kein fühlbares und sichtbares Spiel im Achsgelenk vorhanden sein.

Hinweis: Eventuell vorhandenes Radlagerspiel oder Spiel im Federbeinlager oben berücksichtigen.

Ersetzen

- Gelenkwelle aus der Radnabe herausziehen, siehe Seite 179.
- Einbaulage der 3 Muttern am Querlenker mit Reißnadel kennzeichnen und Muttern abschrauben.

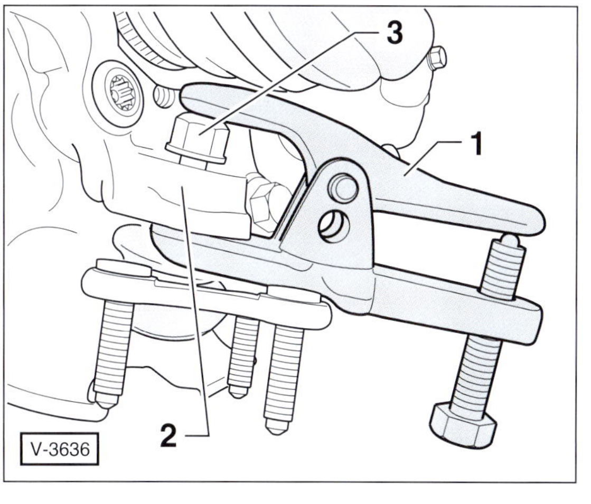

- Mutter –3– am Achslenker lösen, siehe Abbildung. Dabei Gelenkzapfen mit einem Innentorxschlüssel gegenhalten.

- Querlenker nach unten abziehen und Achsgelenk mit Kugelgelenkabzieher –1–, zum Beispiel HAZET 1790-7, aus dem Achsschenkel –2– herausdrücken.

Hinweis: Beim Abdrücken die Mutter –3– zum Schutz des Gewindes einige Gewindegänge auf dem Achsgelenk belassen.

Achtung: Einbaulage des Achsgelenkes beachten. Bei falscher Einbaulage ändert sich der Nachlauf.

- Achsgelenk in den Achsschenkel einsetzen und mit **neuer, selbstsichernder Mutter** handfest anschrauben.
- Gelenkwelle in Radlager einschieben.
- Achsgelenk festziehen. Dabei Gelenk-Kugelbolzen mit Innentorxschlüssel gegenhalten. Anzugsdrehmoment siehe Seite 172.
- Achsgelenk in den Querlenker einsetzen, Dichtungsbalg des Achsgelenks dabei nicht verdrillen oder beschädigen. **Neue selbstsichernde Muttern** aufschrauben und festziehen. Anzugsdrehmoment siehe Seite 172.
- Nabenschraube einbauen, siehe Seite 183.
- Reifen-Laufrichtung beachten, Rad anschrauben, Fahrzeug ablassen, erst dann Radschrauben über Kreuz mit **120 Nm** festziehen. **Achtung:** Unbedingt Hinweise im Kapitel »Rad aus- und einbauen« beachten.

Achslager:

Prüfen

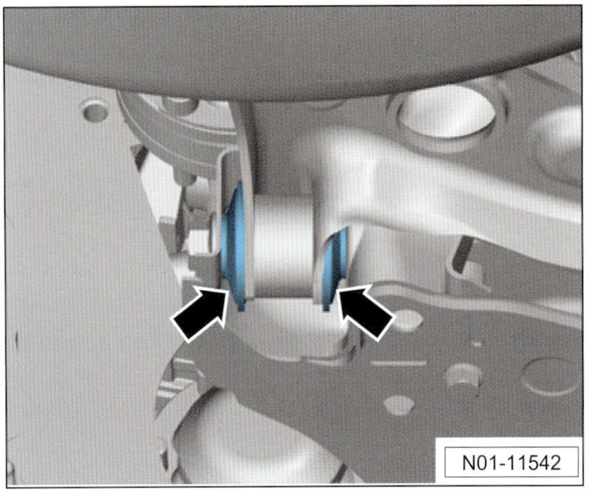

N01-11542

- Achslager unten vorn auf große Risse, Durchrisse beziehungsweise Durchschnitte im Gummi –Pfeile– prüfen.

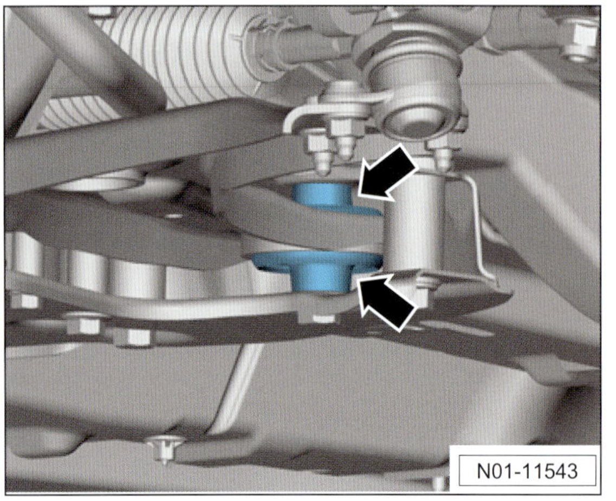

N01-11543

- Achslager unten hinten auf große Risse, Durchrisse beziehungsweise Durchschnitte im Gummi –Pfeile– prüfen.
- Anschließend die Achslager auch auf folgende Beschädigungen prüfen:
  - ◆ Vollständiger Abriss der Verbindung zwischen Gummiformteil und Metall.
  - ◆ Großes Spiel zwischen Lager und Achsbauteil, wodurch die Funktion des Lagers stark eingeschränkt ist.

■ Folgende Beschädigungen erfordern keine Maßnahmen:

- ◆ Risse und Schnitte, die nur oberflächlich sind, sowie kleinere Ablösungen zwischen Gummiformteil und Metall haben keinen wesentlichen Einfluss auf die Funktion der Lager, und sind daher zulässig.
- ◆ Eine beschädigte, dünne Gummihaut in konstruktiv bedingten Hohlräumen ist ebenfalls zulässig.
- ◆ Spiel zwischen Lager und Achsbauteil ist zulässig, solange die Funktion des Lagers nicht beeinflusst wird.

Dichtungsbälge der Koppelstangen:

Prüfen

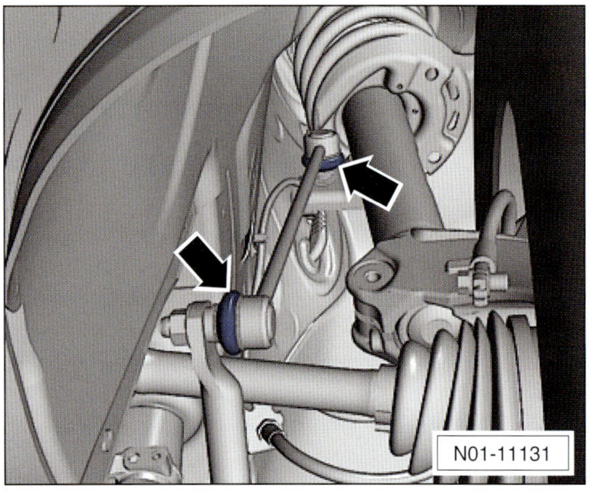

N01-11131

- Dichtungsbälge der Koppelstangen –Pfeile– links und rechts mit Lampe anstrahlen und auf Beschädigungen sichtprüfen. Gegebenenfalls Koppelstange ersetzen.

Stabilisatorlager:

Prüfen

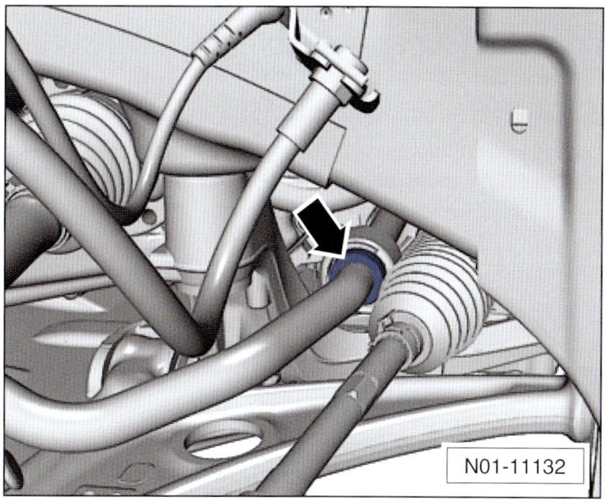
N01-11132

- Stabilisatorlager –Pfeil– links und rechts mit Lampe anstrahlen und auf Beschädigungen sichtprüfen. Gegebenenfalls Stabilisatorlager ersetzen.

Spurstangenköpfe/Lenkmanschetten:

Staubkappen und Manschetten prüfen

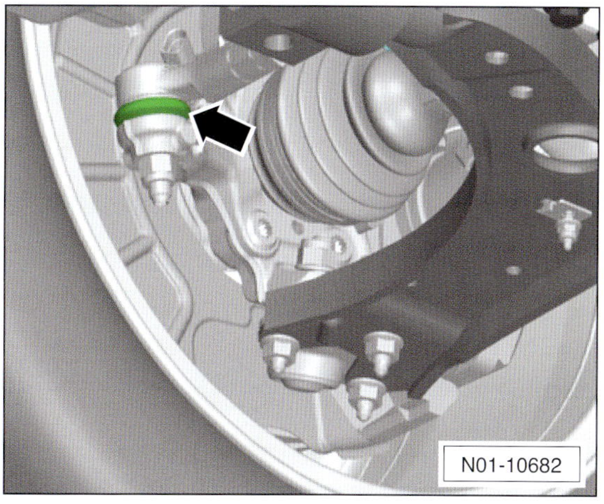
N01-10682

- Staubkappe –Pfeil– für Kugelgelenk der Spurstange links und rechts mit Lampe anstrahlen und auf Beschädigungen überprüfen.
- Bei beschädigter Staubkappe sicherheitshalber entsprechendes Gelenk mit Schutzkappe auswechseln. Eingedrungener Schmutz zerstört mit Sicherheit das Gelenk. Spurstangenkopf ersetzen, siehe Seite 198.
- Spurstange links und rechts kräftig von Hand hin- und herbewegen. Das jeweilige Kugelgelenk darf kein Spiel aufweisen, andernfalls Spurstangenkopf ersetzen, siehe Seite 198.
- Festsitz der Kontermutter am Spurstangenkopf und der Befestigungsmutter des Kugelgelenks prüfen, ohne sie dabei zu verdrehen.
- Manschetten am Lenkgetriebe mit einer Lampe anstrahlen und auf Beschädigungen sichtprüfen. Dabei durch Helfer das Lenkrad von Anschlag zu Anschlag drehen lassen. Beschädigte Lenkmanschette erneuern, siehe Seite 197.

Manschetten der Antriebswellen prüfen

Erforderliches Spezialwerkzeug:

- Werkstattwagenheber.
- Lampe.

Prüfen

> **Sicherheitshinweis**
> Beim Aufbocken des Fahrzeugs besteht Unfallgefahr! Deshalb vorher das Kapitel »Fahrzeug aufbocken« durchlesen.

- Fahrzeug aufbocken.

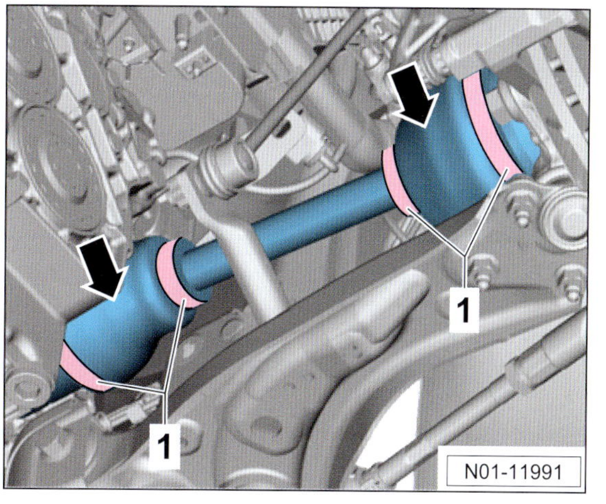

N01-11991

- Vorhandensein und festen Sitz der Klemmschellen –1– an den Gelenkschutzhüllen prüfen.
- Manschetten –Pfeile– mit Lampe anstrahlen und auf Porosität und Risse untersuchen. Eingerissene Manschetten umgehend erneuern.
- Manschetten und Klemmschellen auf der anderen Fahrzeugseite auf die gleiche Weise prüfen.

Bremsen/Reifen/Räder

Folgende Wartungspunkte müssen nach dem Wartungsplan in unterschiedlichen Intervallen durchgeführt werden:

- Bremsflüssigkeitsstand: Prüfen.
- Belagstärke der vorderen und hinteren Bremsbeläge prüfen.
- Sichtprüfung von Bremsleitungen, -schläuchen und Anschlüssen auf Undichtigkeiten und Beschädigungen.
- Bremsflüssigkeit: Erneuern.
- Bereifung (einschließlich Reserverad): Profiltiefe, Reifenfülldruck und Reifenventil prüfen; Reifen auf Verschleiß und Beschädigungen prüfen.
- Reifenreparaturset, falls vorhanden: Haltbarkeitsdatum prüfen, gegebenenfalls Reifenreparaturset ersetzen.

Bremsflüssigkeitsstand prüfen

Spezialwerkzeug: nicht erforderlich.

Erforderliche Betriebsmittel/Verschleißteile zum Nachfüllen:

- Bremsflüssigkeit der Spezifikation **VW-501 14.**

Der Vorratsbehälter für die Bremsflüssigkeit befindet sich im Motorraum.

Der Vorratsbehälter ist durchscheinend, so dass der Bremsflüssigkeitsstand von außen überprüft werden kann. Außerdem wird ein zu niedriger Bremsflüssigkeitsstand durch eine Warnleuchte im Kombiinstrument signalisiert. Dennoch ist es ratsam, bei der regelmäßigen Motor-Ölstandkontrolle auch einen Blick auf den Vorratsbehälter für Bremsflüssigkeit zu werfen.

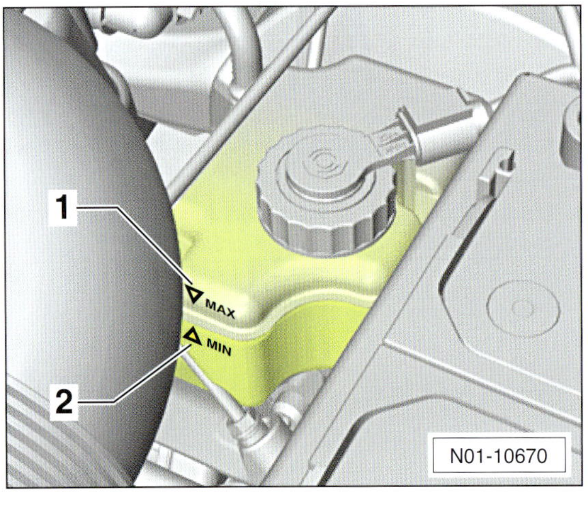

- Der Bremsflüssigkeitsstand soll zwischen der MAX- –1– und der MIN-Marke –2– liegen.
- Bei Bedarf nur **neue** Bremsflüssigkeit der VW-Spezifikation **501 14** einfüllen.

Achtung: Durch Abnutzung der Scheibenbremsbeläge entsteht ein geringfügiges Absinken der Bremsflüssigkeit. Das ist normal. Es muss keine Bremsflüssigkeit nachgefüllt werden. Beispielsweise kann die Bremsflüssigkeit bis zur MIN-Marke absinken, wenn die Bremsbeläge annähernd die Verschleißgrenze erreicht haben. In diesem Fall **keine** Bremsflüssigkeit nachfüllen.

- Sinkt die Bremsflüssigkeit jedoch innerhalb kurzer Zeit stark ab oder liegt der Flüssigkeitsspiegel unter der MIN-Marke, ist das ein Zeichen für Bremsflüssigkeitsverlust.
- Bei Bremsflüssigkeitsverlust muss die Leckstelle sofort ausfindig gemacht werden. Sicherheitshalber sollte die Überprüfung und Reparatur der Anlage von einer Fachwerkstatt durchgeführt werden.

Bremsbelagdicke prüfen

Erforderliches Spezialwerkzeug:

- Taschenlampe und Spiegel.
- Schieblehre.

Prüfvoraussetzung

Hinweis: Durch Schmutzpartikel am Fahrbahnrand ist der Belagverschleiß auf der Beifahrerseite erfahrungsgemäß minimal größer als auf der Fahrerseite. Daher ist es sinnvoll, das vordere Rad auf der Beifahrerseite abzunehmen.

Sicherheitshinweis
Beim Aufbocken des Fahrzeugs besteht Unfallgefahr! Deshalb vorher das Kapitel »Fahrzeug aufbocken« durchlesen.

- Reifen-Laufrichtung mit Pfeil am Reifen markieren. Radschrauben lösen. Fahrzeug aufbocken und Räder abnehmen. **Achtung:** Unbedingt Hinweise im Kapitel »Rad aus- und einbauen« beachten.

Achtung: Bei der Belagkontrolle gleichzeitig auf verschmierte Beläge achten. In diesem Fall Bremsbeläge umgehend erneuern und Defekt beseitigen.

Vorderrad-Scheibenbremse

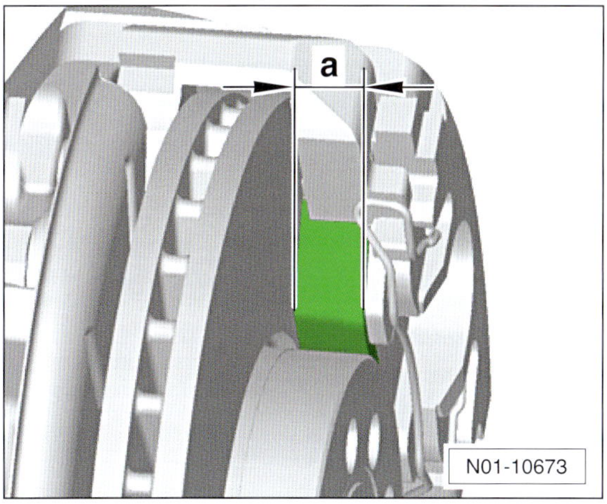

- Belagdicke –a–, ohne Metall-Trägerplatte, mit einer Schieblehre messen.
- Die Verschleißgrenze der vorderen Scheibenbremsbeläge ist erreicht, wenn ein Belag nur noch eine Dicke –a– von **2 mm** (ohne Metall-Trägerplatte) aufweist. In diesem Fall Bremsbeläge an der Vorderachse wechseln, siehe Seite 207.

Hinweis: Wenn die Bremsbeläge ersetzt werden, Bremsscheiben auf Verschleiß prüfen, siehe Seite 218.

- Reifen-Laufrichtung beachten, Räder anschrauben, Fahrzeug ablassen, erst dann Radschrauben über Kreuz mit **120 Nm** festziehen. **Achtung:** Unbedingt Hinweise im Kapitel »Rad aus- und einbauen« beachten.

Hinweis: Nach einer Faustregel entspricht 1 mm Bremsbelag einer Fahrleistung von mindestens 1000 km. Diese Faustregel gilt unter ungünstigen Bedingungen.

Hinterrad-Scheibenbremse

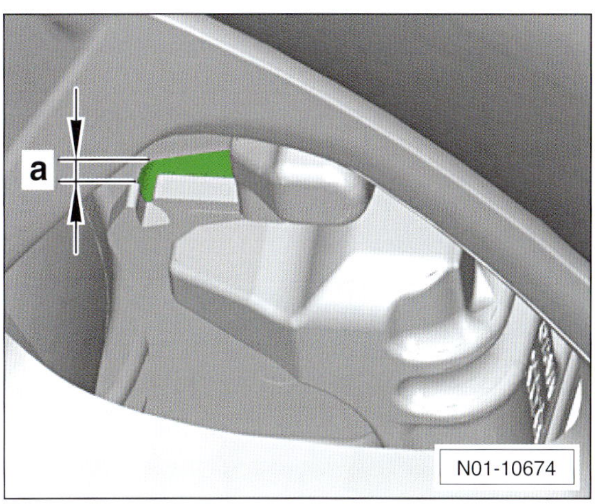

- Dicke der äußeren Bremsbeläge –a– durch einen Durchbruch im Scheibenrad prüfen, falls erforderlich, Lampe verwenden. Das Rad muss nicht abgenommen werden. Falls vorhanden, Radvollblende abziehen.
- Inneren Belag mit Hilfe einer Lampe und eines Spiegels sichtprüfen.
- Die Verschleißgrenze der Scheibenbremsbeläge ist erreicht, wenn ein Belag ohne Metall-Trägerplatte nur noch eine Dicke von a = **2 mm** aufweist.

Sichtprüfung der Bremsleitungen

Spezialwerkzeug: nicht erforderlich.

> **Sicherheitshinweis**
> Beim Aufbocken des Fahrzeugs besteht Unfallgefahr! Deshalb vorher das Kapitel »Fahrzeug aufbocken« durchlesen.

- Fahrzeug aufbocken.
- Verschmutzte Bremsleitungen reinigen.

Achtung: Die Bremsleitungen sind zum Schutz gegen Korrosion mit einer Kunststoffschicht überzogen. Wird diese Schutzschicht beschädigt, kann es zur Korrosion der Leitungen kommen. Daher dürfen Bremsleitungen nicht mit Drahtbürste oder Schmirgelleinen gereinigt werden.

- Bremsleitungen vom Hauptbremszylinder zur ABS-Hydraulikeinheit und den einzelnen Radbremsen mit Lampe anstrahlen und überprüfen. Der Hauptbremszylinder sitzt im Motorraum unter dem Vorratsbehälter für Bremsflüssigkeit.
- Bremsleitungen dürfen weder geknickt noch gequetscht sein. Auch dürfen sie keine Rostnarben oder Scheuerstellen aufweisen. Andernfalls Leitung bis zur nächsten Trennstelle ersetzen.
- Bremsschläuche verbinden die Bremsleitungen mit den Radbremszylindern an den beweglichen Teilen des Fahrzeugs. Sie bestehen aus hochdruckfestem Material, können aber mit der Zeit porös werden, aufquellen oder durch scharfe Gegenstände angeschnitten werden. In einem solchen Fall sind die Bremsschläuche sofort zu ersetzen.

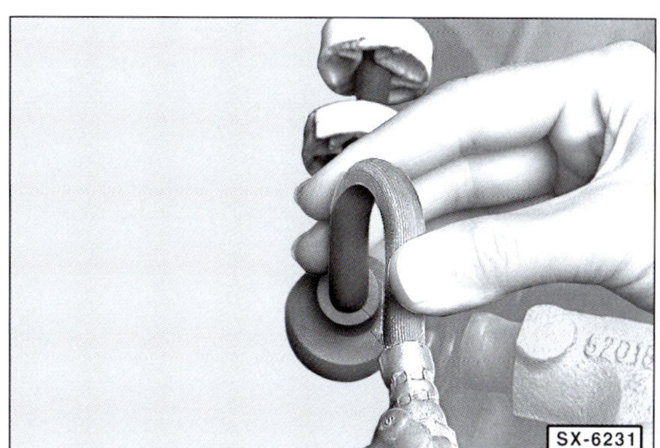

- Bremsschläuche mit der Hand hin- und herbiegen, um brüchige Stellen und Beschädigungen festzustellen. Die Schläuche dürfen nicht verdreht sein. Farbige Kennlinie beachten, falls vorhanden!
- Anschlussstellen von Bremsleitungen und -schläuchen dürfen nicht durch ausgetretene Flüssigkeit feucht sein.

- Lenkrad nach links und rechts bis zum Anschlag drehen. Die Bremsschläuche dürfen dabei in keiner Stellung Fahrzeugteile berühren.
- Fahrzeug ablassen.
- Lenkrad nochmals nach links und rechts bis zum Anschlag drehen und sicherstellen, dass die Bremsschläuche in keiner Stellung Fahrzeugteile berühren.

Bremsflüssigkeit wechseln

Erforderliches Spezialwerkzeug:

- Ringschlüssel für Entlüftungsschrauben.
- Durchsichtiger Kunststoffschlauch und Auffangflasche.

Erforderliches Betriebsmittel:

- **1,15 l** Bremsflüssigkeit der Spezifikation VW-501 14 bei Fahrzeugen mit **Schaltgetriebe**, **1,0** l bei **Automatikgetriebe**.

Bremsflüssigkeit nimmt durch die Poren der Bremsschläuche sowie durch die Entlüftungsöffnung des Vorratsbehälters Luftfeuchtigkeit auf. Dadurch sinkt im Laufe der Betriebszeit der Siedepunkt der Bremsflüssigkeit. Bei starker Beanspruchung der Bremse kann es deshalb zu Dampfblasenbildung in den Bremsleitungen kommen, wodurch die Funktion der Bremsanlage stark beeinträchtigt wird.

Die Bremsflüssigkeit soll alle 2 Jahre, möglichst im Frühjahr, erneuert werden. Bei vielen Gebirgsfahrten, Bremsflüssigkeit in kürzeren Abständen wechseln.

Achtung: Die Arbeitsschritte zum Wechseln der Bremsflüssigkeit sind weitgehend gleich wie beim Entlüften der Bremsanlage. In der folgenden Beschreibung wird nur auf die Unterschiede eingegangen, daher muss auf jeden Fall auch das Kapitel »Bremsanlage entlüften« durchgelesen werden, siehe Seite 220.

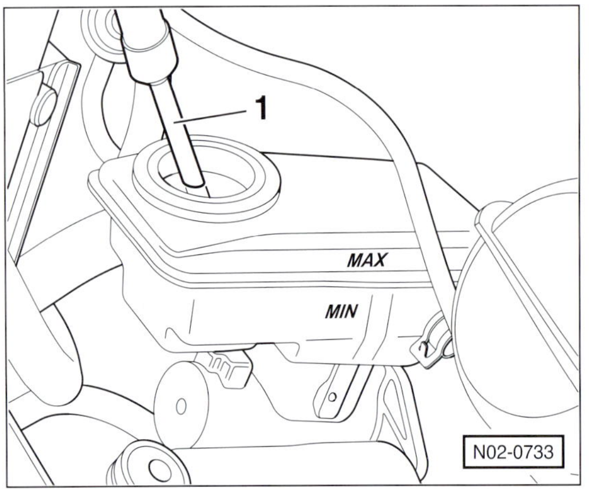

- Bremsflüssigkeitsstand auf dem Vorratsbehälter mit Filzstift markieren. Nach Erneuern der Bremsflüssigkeit ursprünglichen Flüssigkeitsstand wieder herstellen. Dadurch wird ein Überlaufen des Bremsflüssigkeitsbehälters beim Wechsel der Bremsbeläge vermieden.
- Mit einer Absaugflasche –1– aus dem Bremsflüssigkeitsbehälter so viel wie möglich Bremsflüssigkeit absaugen, maximal aber bis zu einem Stand von ca. 10 mm.

Achtung: Das Sieb im Bremsflüssigkeitsbehälter darf nicht entfernt werden. Abgesaugte Bremsflüssigkeit auf keinen Fall wieder verwenden.

- Vorratsbehälter bis zur MAX-Marke mit **neuer** Bremsflüssigkeit füllen.
- Alte Bremsflüssigkeit in der richtigen Reifenfolge nacheinander aus den Bremssätteln herauspumpen. Die abfließende Bremsflüssigkeit muss in jedem Fall klar und blasenfrei sein.

Entlüftungs-Reihenfolge	Bremsflüssigkeitsmenge, die ausfließen muss
Vorne links	0,2 l
Vorne rechts	0,2 l
Hinten links	0,3 l
Hinten rechts	0,3 l
Kupplungs-Nehmerzylinder	0,15 l

Achtung: Vorratsbehälter zwischendurch immer mit **neuer** Bremsflüssigkeit auffüllen. Er darf nie ganz leer sein, sonst gelangt Luft in das Bremssystem. **Falls der Bremsflüssigkeitsbehälter dennoch leer läuft, Bremsanlage in der Fachwerkstatt entlüften lassen, da für die Entlüftung der ABS-Hydraulik das Werkstatt-Diagnosegerät erforderlich ist.**

- Nach dem Bremsflüssigkeitswechsel das Bremspedal betätigen und Leerweg prüfen. Der Leerweg darf maximal ⅓ des gesamten Pedalwegs betragen.

Fahrzeuge mit Schaltgetriebe: Bremsflüssigkeit aus der Kupplungsbetätigung herausdrücken

Da die Kupplungsbetätigung ebenfalls mit Bremsflüssigkeit arbeitet, muss auch die Bremsflüssigkeit des Kupplungssystems ersetzt werden.

- Luftfilter ausbauen, siehe Seite 277.

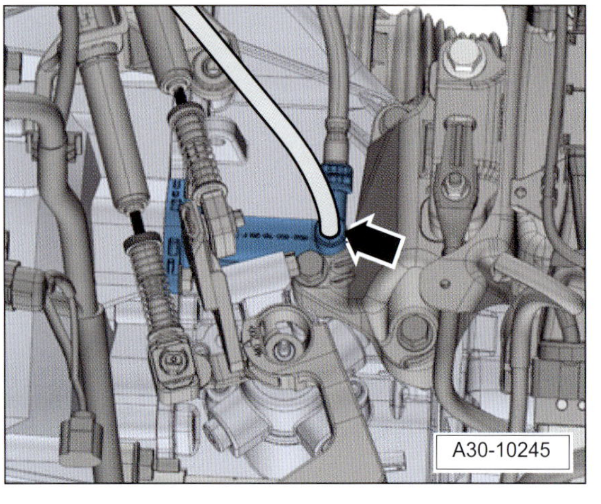

- Staubkappe vom Entlüftungsventil –Pfeil– am Kupplungs-Nehmerzylinder abziehen. Entlüftungsventil reinigen.

- Durchsichtigen, sauberen Schlauch auf das Entlüftungsventil aufschieben.
- Freies Schlauchende in eine mit Bremsflüssigkeit halbvoll gefüllte Flasche stecken. Einen geeigneten Schlauch und passendes Gefäß gibt es im Autozubehör-Handel.
- Entlüftungsschraube lösen und durch Helfer Kupplungspedal betätigen lassen. Dabei 100 cm^3 Bremsflüssigkeit herausfließen lassen.
- Kupplungspedal in gedrückter Stellung halten lassen und Entlüftungsschraube festziehen.
- Kupplungspedal zurücknehmen lassen.
- Kupplungspedal 10- bis 15-mal schnell hintereinander bis zum Anschlag durchtreten und loslassen.
- Entlüftungsschraube lösen und durch Helfer Kupplungspedal betätigen lassen. Dabei 50 cm^3 beziehungsweise 50 ml Bremsflüssigkeit herausfließen lassen.
- Kupplungspedal in gedrückter Stellung halten lassen und Entlüftungsschraube festziehen; Anzugsdrehmoment: **4,5 Nm.**
- Kupplungspedal zurücknehmen lassen.
- Entlüftungsschlauch abziehen und mit Auffanggefäß zur Seite stellen.
- Staubkappe aufstecken.
- Kupplungspedal mehrmals bis Anschlag durchtreten und loslassen.
- Luftfilter einbauen, siehe Seite 277.

- Bremsflüssigkeit im Vorratsbehälter bis zum markierten Stand vor dem Bremsflüssigkeitswechsel auffüllen.
- Verschlussdeckel am Behälter aufschrauben.

Achtung, Sicherheitskontrolle durchführen:
- ◆ Sind die Entlüftungsschrauben angezogen?
- ◆ Ist genügend Bremsflüssigkeit eingefüllt?
- ◆ Bei laufendem Motor Dichtheitskontrolle durchführen. Hierzu Bremspedal mit 200 bis 300 N (entspricht 20 bis 30 kg) etwa 10 Sekunden betätigen. Das Bremspedal darf nicht nachgeben. Sämtliche Anschlüsse auf Dichtheit kontrollieren.

- Anschließend einige Bremsungen auf einer Straße ohne Verkehr durchführen. Dabei auch mindestens eine Vollbremsung vornehmen, bei der die ABS-Regelung einsetzt, beispielsweise auf losem Untergrund. Die ABS-Regelung ist am Pulsieren des Bremspedals spürbar.

Reifenprofil prüfen

Spezialwerkzeug: nicht erforderlich.

Die Reifen ausgewuchteter Räder nutzen sich bei gewissenhaftem Einhalten des vorgeschriebenen Fülldrucks und bei fehlerfreier Radeinstellung und Stoßdämpferfunktion auf der gesamten Lauffläche annähernd gleichmäßig ab. Bei ungleichmäßiger Abnutzung können verschiedene Fehler vorliegen, siehe Kapitel »Räder und Reifen«. Im Übrigen lässt sich keine generelle Aussage über die Lebensdauer bestimmter Reifenfabrikate machen, denn die Lebensdauer hängt von unterschiedlichen Faktoren ab:

- Fahrbahnoberfläche
- Reifenfülldruck
- Fahrweise
- Witterung

Vor allem sportliche Fahrweise, scharfes Anfahren und starkes Bremsen fördern den schnellen Reifenverschleiß.

Achtung: Die Rechtsprechung verlangt, dass Reifen lediglich bis zu einer Profiltiefe von 1,6 mm abgefahren werden dürfen, und zwar müssen die Profilrillen auf der gesamten Lauffläche noch mindestens 1,6 mm Tiefe aufweisen. Es empfiehlt sich jedoch, sicherheitshalber die Reifen bereits bei einer Mindestprofiltiefe von 2 mm auszutauschen.

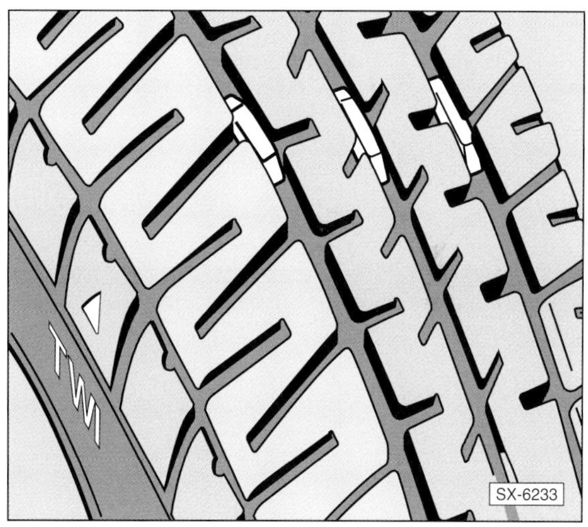

Nähert sich die Profiltiefe der gesetzlich zulässigen Mindestprofiltiefe, das heißt, weist der mehrmals am Reifenumfang angeordnete 1,6 mm hohe Verschleißanzeiger kein Profil mehr auf, müssen die Reifen gewechselt werden.

Achtung: »M+S«-Reifen haben auf Matsch und Schnee nur den gewünschten Grip, wenn ihr Profil noch mindestens 4 mm tief ist.

Achtung: Reifen auf Schnittstellen untersuchen und mit kleinem Schraubendreher Tiefe der Schnitte feststellen. Wenn die Schnitte bis zur Karkasse reichen, korrodiert durch eindringendes Wasser der Stahlgürtel. Dadurch löst sich unter Umständen die Lauffläche von der Karkasse, der Reifen platzt. Deshalb: Bei tiefen Einschnitten im Profil aus Sicherheitsgründen Reifen austauschen.

Reifenfülldruck prüfen

Erforderliches Spezialwerkzeug:

■ Reifenfüllgerät an der Tankstelle.

Prüfen

- Reifenfülldruck nur am kalten Reifen prüfen.
- Ventilkappe abschrauben.

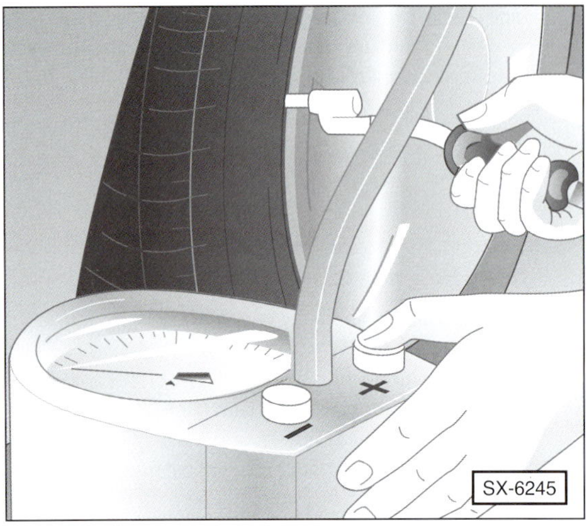

- Reifenfülldruck einmal im Monat sowie im Rahmen der Wartung (einschließlich Reserverad, falls vorhanden) prüfen.
- Zusätzlich sollte der Fülldruck vor längeren Autobahnfahrten kontrolliert werden, da hierbei die Temperaturbelastung für den Reifen am größten ist.

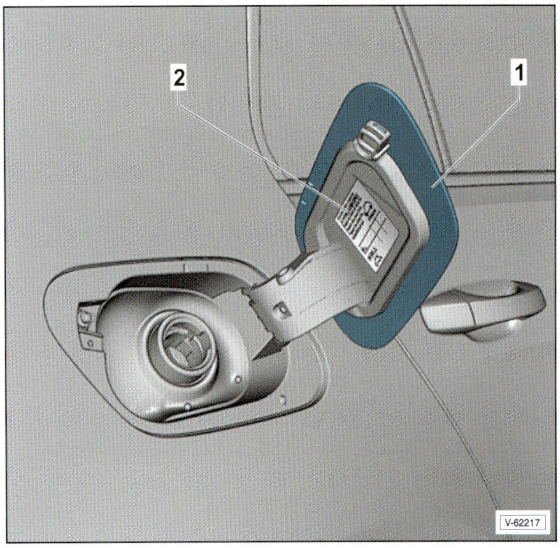

- Der richtige Fülldruck steht auf einem Aufkleber –2– an der Innenseite der Tankklappe –1– oder an der B-Säule und gilt für Sommer- und Winterreifen.
- Falls ein **Reserverad** vorhanden ist, entspricht der richtige Fülldruck dem der hinteren Reifen bei höchster Beladung.

Reifenventil prüfen

Erforderliches Spezialwerkzeug:

■ Ventil-Metallschutzkappe oder HAZET 666-1.

Prüfen

- Staubschutzkappe vom Ventil abschrauben.

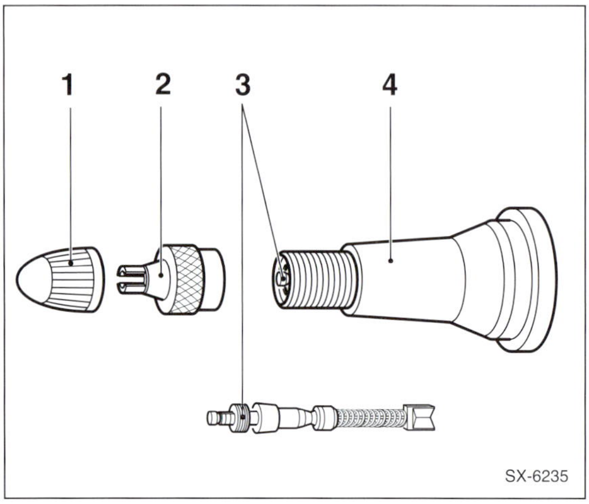

- Etwas Seifenwasser oder Speichel auf das Ventil geben. Wenn sich eine Blase bildet, Ventileinsatz –3– mit umgedrehter Metallschutzkappe –2– festdrehen.

Achtung: Zum Anziehen des Ventileinsatzes kann nur eine Metallschutzkappe –2– verwendet werden. Metallschutzkappen sind an der Tankstelle erhältlich. 1 – Gummischutzkappe, 4 – Ventil.

Hinweis: Anstelle der Metallschutzkappe kann auch das Werkzeug HAZET 666-1 –5– verwendet werden. 4 – Ventil.

- Ventil erneut prüfen. Falls sich wieder Blasen bilden oder das Ventil sich nicht weiter anziehen lässt, Ventileinsatz erneuern.
- Grundsätzlich Staubschutzkappe wieder aufschrauben.

Reifenreparatur-Set prüfen/ersetzen

Spezialwerkzeug: nicht erforderlich.

Prüfen/Ersetzen

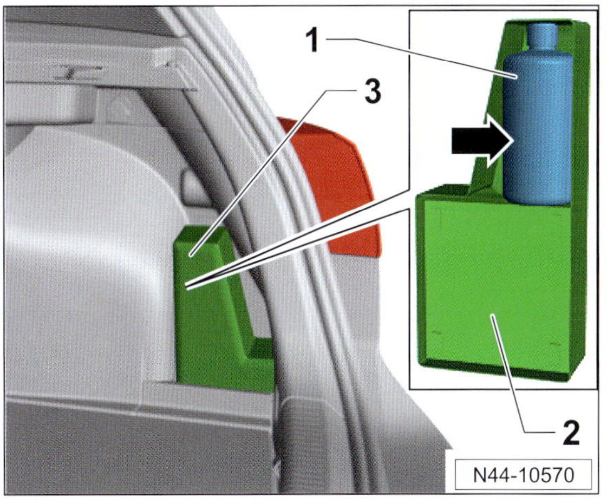

Limousine: Das Reifenpannen-Set befindet sich im Kofferraum auf der rechten Seite in einer Werkzeugtasche –3– zusammen mit dem Kompressor –2– und der Dichtmittelflasche –1–.

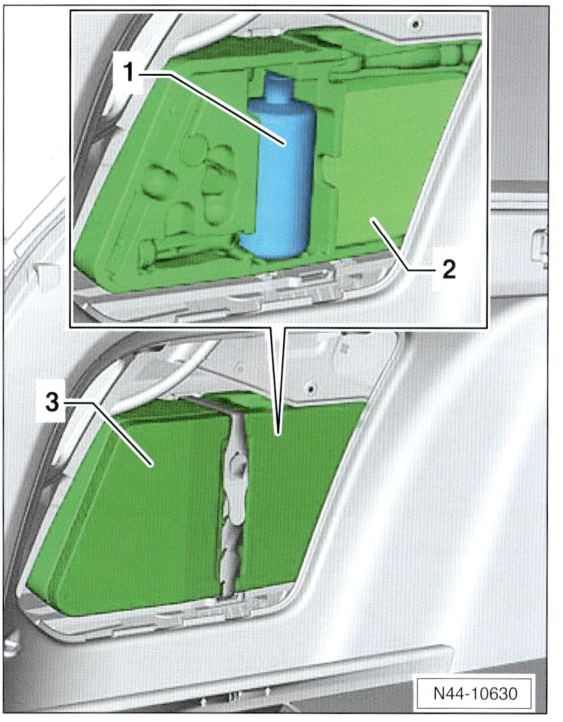

VARIANT: Das Reifenpannen-Set befindet sich im Kofferraum auf der linken Seite in einer Werkzeugtasche –3– zusammen mit dem Kompressor –2– und der Dichtmittelflasche –1–.

- Haltbarkeitsdatum –Pfeil– auf der Flasche mit dem Reifendichtmittel –1– überprüfen. Bei Ablauf des Verfalldatums Flasche erneuern. In der Regel ist die Dichtmittelflasche alle 3 Jahre zu erneuern. Das Reifendichtungsmittel darf nicht älter als 4 Jahre sein.
- Nach Benutzung muss das Reifendichtmittel grundsätzlich ersetzt werden.

Karosserie/Innenausstattung

Folgende Wartungspunkte müssen nach dem Wartungsplan in unterschiedlichen Intervallen durchgeführt werden:

- Türfeststeller: Befestigungsbolzen schmieren.
- Sicherheitsgurte: Auf Beschädigungen sichtprüfen.
- Beifahrerairbag: Schlüsselschaltung kontrollieren.
- Unterbodenschutz: Auf Beschädigungen sichtprüfen.
- Lüftung/Heizung: Staub-/Pollenfilter-Einsatz erneuern, Gehäuse reinigen.
- Verbandkasten: Haltbarkeitsdatum überprüfen, gegebenenfalls Verbandkasten ersetzen.
- Schiebedach: Führungsschienen reinigen und fetten.
- Wasserkasten und Wasserablauföffnungen sichtprüfen und reinigen.

Sicherheitsgurte sichtprüfen

Spezialwerkzeug und Verschleißteile/Betriebsmittel sind nicht erforderlich.

Achtung: Geräusche, die beim Aufrollen des Gurtbandes entstehen, sind funktionsbedingt. Auf keinen Fall darf zur Behebung von Geräuschen Öl oder Fett verwendet werden. Der Aufroll- und Gurtstrafferautomat darf aus Sicherheitsgründen nicht zerlegt werden.

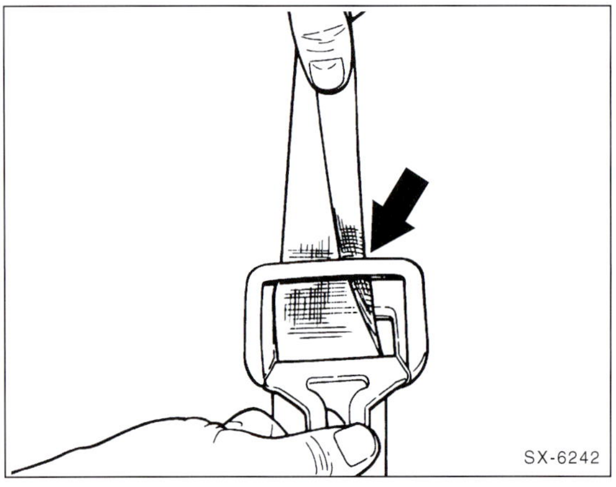

SX-6242

- Sicherheitsgurt ganz herausziehen und Gurtband auf durchtrennte Fasern prüfen.
- Beschädigungen können zum Beispiel durch Einklemmen des Gurtes oder durch brennende Zigaretten entstehen. In diesem Fall Gurt austauschen.
- Sind Scheuerstellen vorhanden, ohne dass Fasern durchtrennt sind, braucht der Gurt nicht ausgewechselt zu werden.
- Schwer gängigen Gurt auf Verdrehungen prüfen –Pfeil–, gegebenenfalls Verkleidung an der Mittelsäule ausbauen.
- Wenn die Aufrollautomatik nicht mehr funktioniert, Gurt auswechseln (Werkstattarbeit).
- Gurtbänder nur mit Seife und Wasser reinigen, keinesfalls Lösungsmittel oder chemische Reinigungsmittel verwenden.

Beifahrerairbag: Schüsselschaltung überprüfen

Die Betätigung für »Airbag ON/OFF« befindet sich im Handschuhfach.

Funktion prüfen

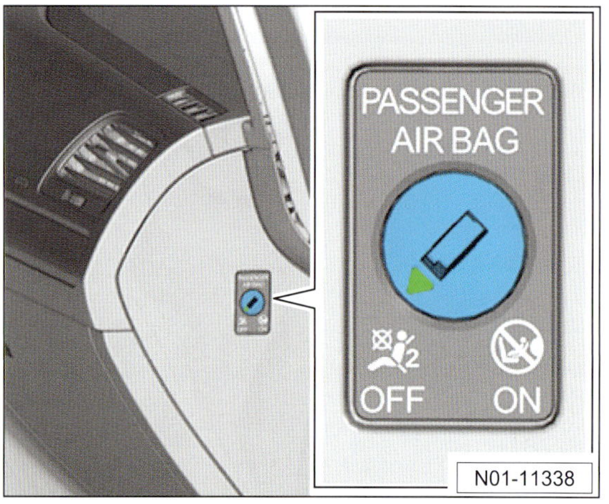

N01-11338

- Schlüsselschalter mit dem Fahrzeugschlüssel in die Position »AIRBAG OFF« drehen.

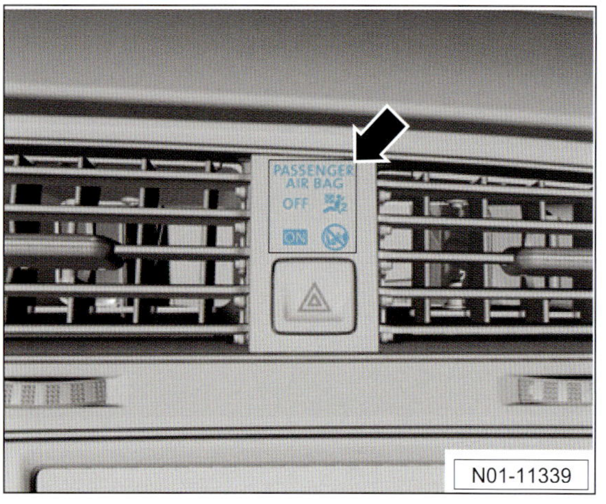

N01-11339

- Zündung einschalten. Die Kontrolllampe »PASSENGER AIRBAG OFF« –Pfeil– muss auch nach dem Selbstcheck leuchten. Das bedeutet, dass der Beifahrerairbag deaktiviert ist.

- Zündung ausschalten.
- Schlüsselschalter mit dem Fahrzeugschlüssel in die Position »AIRBAG ON« drehen.
- Zündung einschalten. Die Kontrollanzeige »PASSENGER AIRBAG OFF« erlischt nach dem Selbstcheck. Das bedeutet, der Beifahrerairbag ist aktiviert.
- Zündung ausschalten.

Staub-/Pollenfilter-Einsatz erneuern

Spezialwerkzeug: nicht erforderlich.

Erforderliche Betriebsmittel/Verschleißteile:

- Staub-/Pollenfilter.

Hinweis: Bei Fahrzeugen ohne Klimaanlage oder mit manueller Klimaanlage ist serienmäßig ein Filter ohne Aktivkohleschicht eingebaut. Beim Wechsel empfiehlt es sich einen Filter mit Aktivkohleschicht einzubauen. Bei Fahrzeugen mit Climatronic und Luftgütesensor ist serienmäßig ein Filter mit Aktivkohleschicht eingebaut und im Rahmen der Wartung durch einen gleichartigen Filter zu ersetzen.

Der Filter befindet sich hinter dem Handschuhfach.

Ausbau

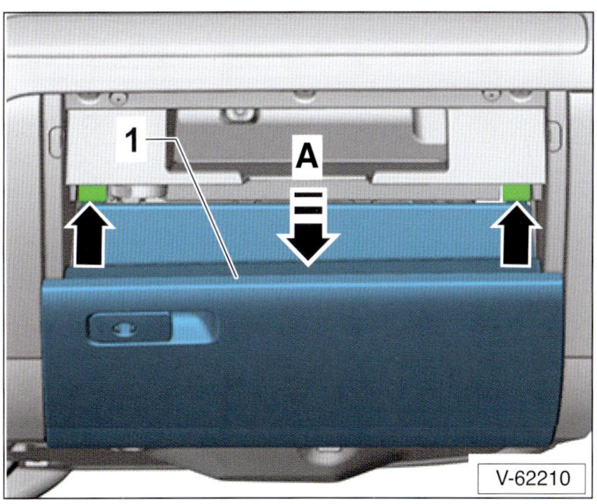

- Handschuhfach öffnen.
- Verriegelungslaschen –Pfeile– mit einem Kunststoffkeil, zum Beispiel HAZET 1965-20, nach oben drücken und Handschuhfachdeckel –1– in Pfeilrichtung –A– klappen.

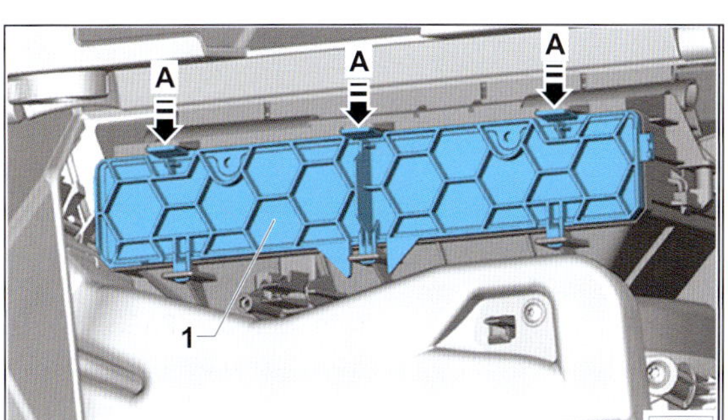

- Abdeckung –1– ausbauen. Dazu die oberen Rastnasen in Pfeilrichtung –A– entriegeln, Abdeckung unten aushängen und herausnehmen.

Achtung: Schmutz und Laubreste, falls vorhanden, vor dem Herausnehmen des Filters mit einem Staubsauger entfernen.

Hinweis: Einbaulage des Filtereinsatzes für den Einbau des neuen Filters merken.

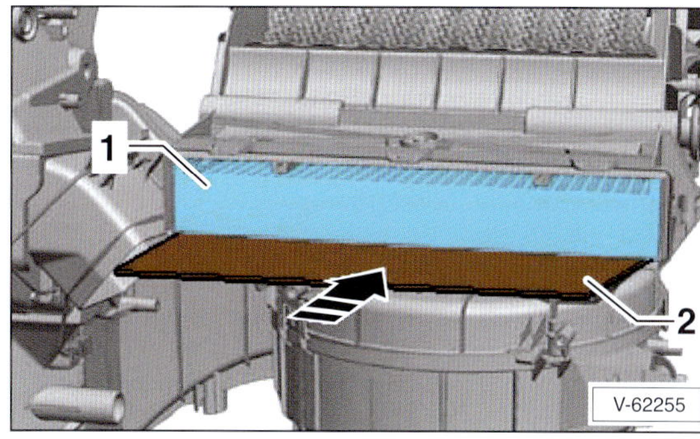

Achtung: Durch herabfallenden Schmutz aus dem Filtereinsatz kann das Frischluftgebläse im späteren Betrieb beschädigt werden. Daher vor dem Herausziehen des Filters eine passende Papp- oder Kunststoffplatte –2– unter den Filter –1– in die Einbauöffnung schieben.

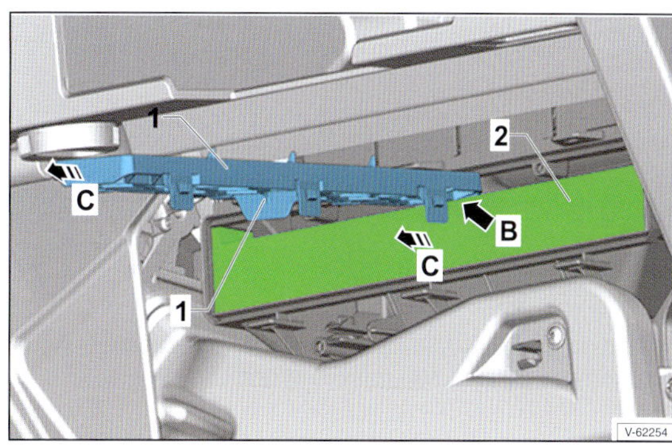

- Abdeckung –1–, wie in der Abbildung gezeigt, in den Filtereinsatz –2– einhaken –Pfeil B–.
- Abdeckung –1– und damit Filtereinsatz –2– vorsichtig in Pfeilrichtung –C– herausziehen.

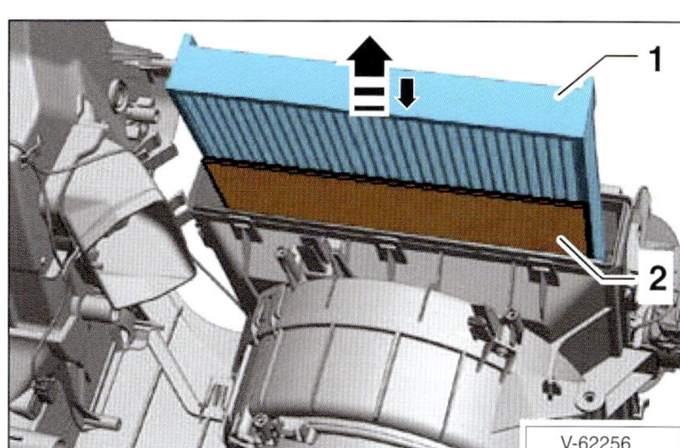

- Dabei darauf achten, dass die vorher eingeschobene Abdeckplatte –2– nicht mit herausgezogen wird. 1 – Filtereinsatz.

- Schmutz und Laubreste von der Abdeckplatte mit einem Staubsauger absaugen.
- Abdeckplatte herausnehmen und Filterschacht mit einem Staubsauger reinigen.

Einbau

- Der Einbau des neuen Filtereinsatzes erfolgt in umgekehrter Ausbaureihenfolge.

Türfeststeller und Befestigungsbolzen schmieren

Spezialwerkzeug: nicht erforderlich.

Erforderliches Betriebsmittel:

- Spezialfett VW-G 000 150.

- Türfeststeller an der mit dem Pfeil gekennzeichneten Stelle mit dem Schmierfett VW-G 000 150 schmieren.

Schiebe-Glasdach: Funktion prüfen, Führungsschienen reinigen und schmieren

Spezialwerkzeug:

- Nass- und Trockensauger.

Erforderliches Betriebsmittel:

- Fusselfreier Lappen.
- Festschmierstoffpaste VW-G 060 751 A2.

Prüfen

- Schiebedach öffnen und schließen, dabei auf Geräusche und starke Verschmutzung achten.

Reinigen/Fetten

- Glasdeckel komplett öffnen.

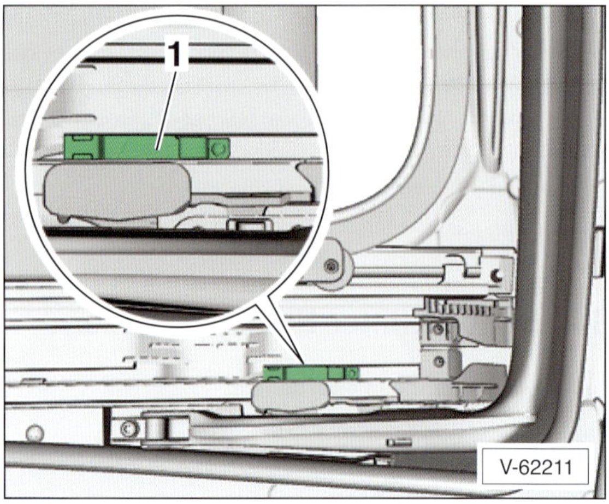

Achtung: Die Steuerkulisse –1– darf weder gereinigt noch geschmiert werden! Beschädigungsgefahr!

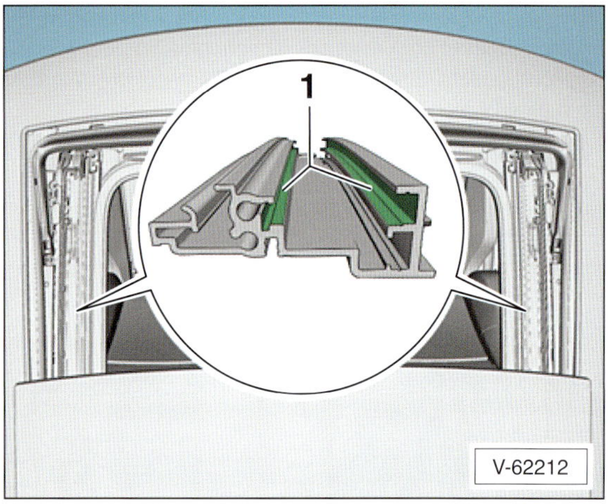

- Alle zu schmierenden Teile mit einem fusselfreien Lappen und einem Nass- und Trockensauger vorab reinigen.
- Führungsschienen innen und außen auf beiden Seiten –1– mit Festschmierstoffpaste schmieren.

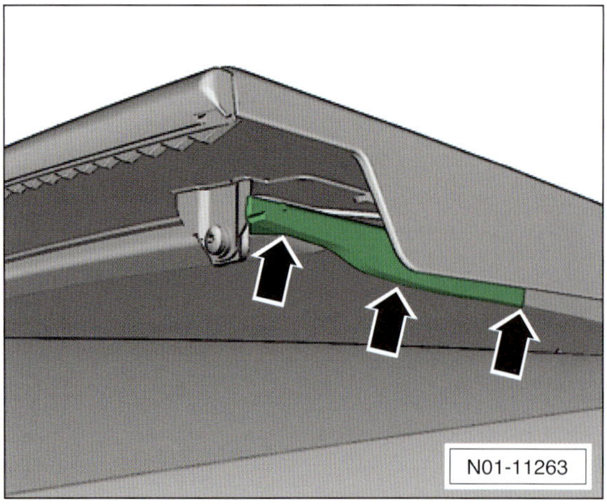

- Die Führungsschiene im Bereich der –Pfeile–, also der ersten 10 cm, von beiden Seiten mit Festschmierstoffpaste schmieren.

Achtung: Darauf achten, dass keine anderen Bauteile oder der Fahrzeuginnenraum verschmutzt werden.

Achtung: Sollte bei Reinigungs- oder Schmierarbeiten der Sperrstein der Steuerkulisse entriegelt worden sein, das Panorama-Ausstell-/Schiebe-Glasdach nicht betätigen! Beschädigungsgefahr!

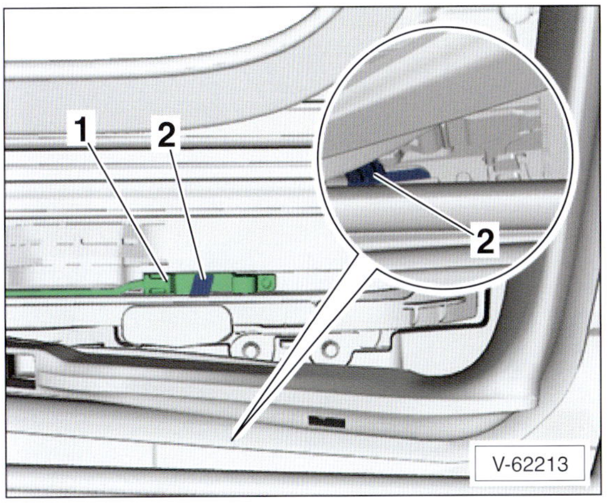

- Falls erforderlich, Steuerkulisse wie folgt verriegeln:
  - ◆ Hebel der Steuerkulisse –1– vorsichtig nach unten drücken.
  - ◆ Mit einem Schraubendreher vorsichtig von der Seite den Sperrstein –2– über den Hebel –1– schieben.

Windabweiser reinigen

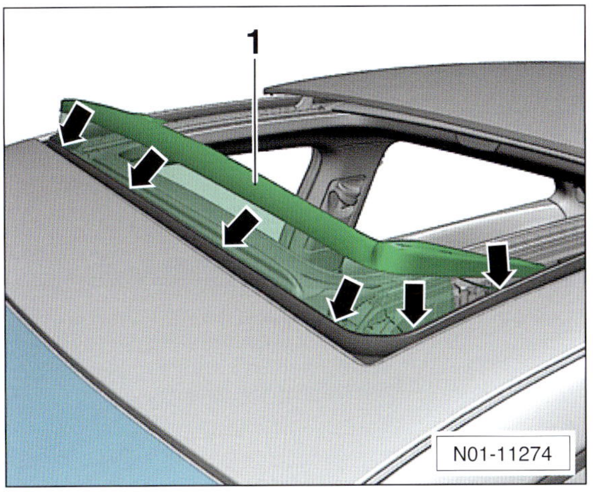

- Windabweiser –1– auf Verschmutzungen prüfen. Dabei besonders auf Schmutzablagerungen im unteren Bereich des Windabweisers –Pfeile– achten.
- Schmutzablagerungen mit einem Nass- und Trockensauger entfernen.
- Festsitzende Insekten und Partikel aus dem Netz und vom Windabweiserrahmen mit einem Schwamm und Seifenlauge lösen. Dazu eine Seifenlauge mit einem Mischungsverhältnis von 3 Tropfen Spülmittel auf 1 Liter Wasser herstellen.

Hinweis: Keinen handelsüblichen Insektenentferner oder andere Löser verwenden, da diese Produkte das Netz beschädigen können.

- Anschließend die losen Insekten und Partikel mit einem Staubsauger und einer geeigneten Staubsaugerdüse aufsaugen.

Achtung: Eine für den Windabweiser geeignete Düse benutzen, damit das Netz nicht beschädigt wird! Darauf achten, dass kein Schmutz in den Fahrzeuginnenraum fällt.

Schiebedachabläufe: Auf Durchfluss prüfen/reinigen

Spezialwerkzeug:

- ■ Biegsame Welle oder VW-Reinigungswerkzeug VAS-6620.

Betriebsmittel: nicht erforderlich.

Prüfen

- Schiebedach öffnen.

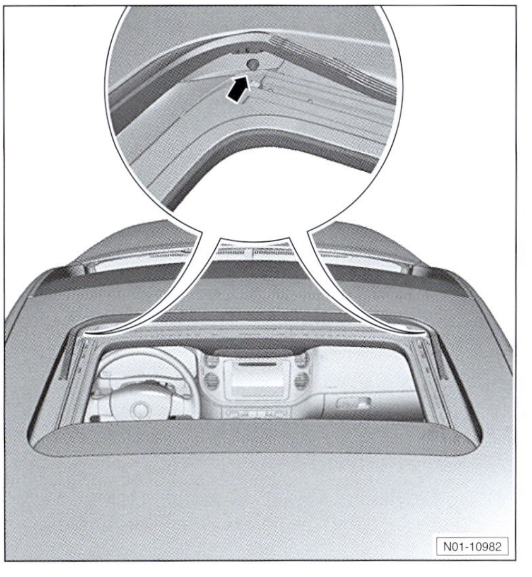

- Ablauflöcher –Pfeil– auf Schmutz prüfen. Gegebenenfalls Verschmutzung entfernen.
- Leitungswasser in die Schiebedachabläufe fließen lassen und prüfen, ob das Wasser in annähernd gleicher Menge vorn im Wasserkasten und hinten aus den hinteren äußeren Bodenblechen herausläuft.
- Sollte nur wenig oder gar kein Wasser austreten, Abläufe reinigen.

Reinigen

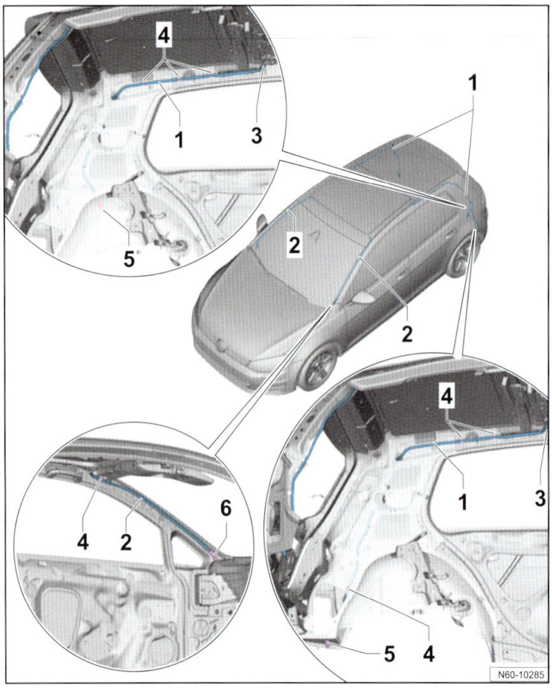

Die vorderen Wasserablaufschläuche –2– verlaufen in den A-Säulen und enden im Wasserkasten.

- Die Reinigung erfolgt von der unteren Ablauftülle –6– aus mit der Reinigungs- und Einziehhilfe VW-VAS 6620 oder einer geeigneten biegsamen Welle.

Wasserablaufschlauch hinten

Die hinteren Wasserablaufschläuche –1– verlaufen in den C-Säulen und enden in den hinteren äußeren Bodenblechen.

Achtung: Bei manchen Fahrzeug-Ausführungen endet der linke hintere Wasserablaufschlauch im linken Radhaus.

- Hintere Stoßfängerabdeckung ausbauen, siehe Seite 344.
- Die Reinigung erfolgt von der unteren Ablauftülle –5– aus mit der Reinigungs- und Einziehhilfe VW-VAS 6620 oder einer geeigneten biegsamen Welle.
  3 – Anschlussstutzen (4 Stück), 4 – Halteclips.

Wasserablaufventile hinten prüfen

Ablaufventile auf Verstopfung prüfen

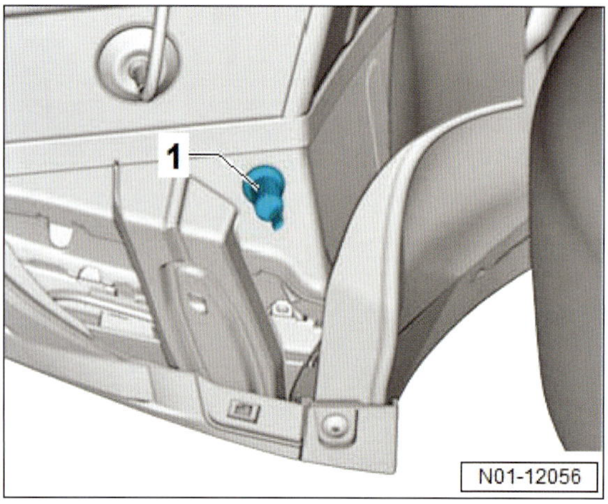

- Wasserablaufventil hinten links –1– öffnen und auf Verstopfung prüfen, gegebenenfalls die Verstopfung im Wasserablaufventil entfernen.
- Ablaufventil an der gegenüberliegenden Fahrzeugseite prüfen. **Hinweis:** Bei Fahrzeugen mit Dieselmotor muss dazu der Innenkotflügel im Bereich des Stoßfängers gelöst und weggebogen werden.

Wasserkasten und Wasserablauföffnungen sichtprüfen und reinigen

Spezialwerkzeug und Verschleißteile/Betriebsmittel sind nicht erforderlich.

Reinigen

- Sämtliche Verschmutzungen, beispielsweise Blätter, aus dem Wasserkasten entfernen. Gegebenenfalls mit einem handelsüblichen, flexiblen Greifwerkzeug herausnehmen.
- Gummitüllen der Wasserabläufe links und rechts reinigen und auf freien Durchgang prüfen.
- Feine Verschmutzungen mit einem dünnen Wasserstrahl und mit einer flexiblen Nylonsonde reinigen.

Elektrische Anlage

Folgende Wartungsarbeiten müssen nach dem Wartungsplan in unterschiedlichen Intervallen durchgeführt werden:

- Alle Stromverbraucher: Funktion prüfen.
- Scheibenwischerblätter: Wischergummis auf Verschleiß sichtprüfen.
- Scheibenwaschanlage, Scheinwerfer-Waschanlage: Flüssigkeitsstand, Frostschutz und Funktion prüfen, Düsenstellung kontrollieren, siehe Kapitel »Scheibenwischeranlage«.
- Batterie: Prüfen.
- Front- und Heckbeleuchtung, Blinkanlage, Warnblinkanlage, automatische Fahrlichtsteuerung: Funktion prüfen.
- Service-Intervall-Anzeige zurücksetzen.
- Scheinwerfer: Einstellung prüfen (Werkstattarbeit).

N01-10649

- Eigendiagnose: Fehlerspeicher auslesen (Werkstattarbeit). Dazu wird ein geeignetes Fahrzeugdiagnosegerät –1–, zum Beispiel VW-VAS-5052 mit einem passenden Verbindungskabel –2–, zum Beispiel VAS-5052/3, benötigt. Diagnosegerät bei ausgeschalteter Zündung an den Diagnoseanschluss im Fahrerfußraum unter der Armaturentafel anschließen.
- Service-Intervallanzeige zurücksetzen: Die Serviceanzeige wird mit dem Diagnosegerät zurückgesetzt beziehungsweise von »flexiblen Wartungsintervallen« auf »feste Wartungsintervalle« umgestellt.
- Eine auf »feste Wartungsintervalle« eingestellte Serviceanzeige kann auch mit den verschiedenen Fahrzeugtasten zurückgestellt werden. Werden »flexible Wartungsintervalle« mit den Fahrzeugtasten zurückgestellt, dann wird die Serviceanzeige automatisch auf »feste Wartungsintervalle« umgestellt.

Stromverbraucher prüfen

Spezialwerkzeug: nicht erforderlich.

Folgende Funktionen prüfen, gegebenenfalls Fehler beheben. **Hinweis:** Je nach Ausstattung sind im Fahrzeug nicht alle hier aufgeführten Verbraucher vorhanden.

- Beleuchtung, Scheinwerfer, Nebellampen, Blinkleuchten, Warnblinkanlage, Schlussleuchten, Nebelschlussleuchten, Rückfahrleuchten, Bremsleuchten, Parklichtschaltung.
- Innen- und Leseleuchten (Abschaltautomatik für Innenleuchten vorn), beleuchtetes Handschuhfach, beleuchteter Ascher, Kofferraumbeleuchtung.
- Warnsummer für nicht ausgeschaltetes Licht und/oder Radio.
- Alle Schalter in der Armaturentafel beziehungsweise Mittelkonsole.
- Kombiinstrument (Schalttafeleinsatz) mit allen Anzeigen, Zählern, Leuchten und Beleuchtung.
- Hupe.
- Scheibenwisch-/Scheibenwaschanlage, Scheinwerferreinigungsanlage.
- Zigarettenanzünder.
- Elektrische Außenspiegel (beheizbar, einstellbar, anklappbar, Beifahrerspiegelabsenkung).
- Elektrische Fensterheber.
- Elektrisches Schiebe-/Ausstelldach.
- Zentralverriegelung, Funkfernbedienung, Komfortschließung.
- Elektrische Sitzverstellung, Gurthöhenverstellung.
- Beheizbare Sitze.
- Radio.

Service-Intervall-Anzeige zurücksetzen

Die Service-Intervallanzeige (SIA) kann auf zwei verschiedene Arten zurückgesetzt werden: In der Werkstatt wird dazu das Fehlerauslesegerät an den Diagnoseanschluss angeschlossen. Das Zurücksetzen kann auch mit den Tasten am Kombiinstrument erfolgen. Dadurch wird allerdings bei Fahrzeugen mit »Longlife-Service« die »flexible« Service-Intervallanzeige auf »feste Service-Intervalle« umgeschaltet.

Ölwechsel-Service zurücksetzen

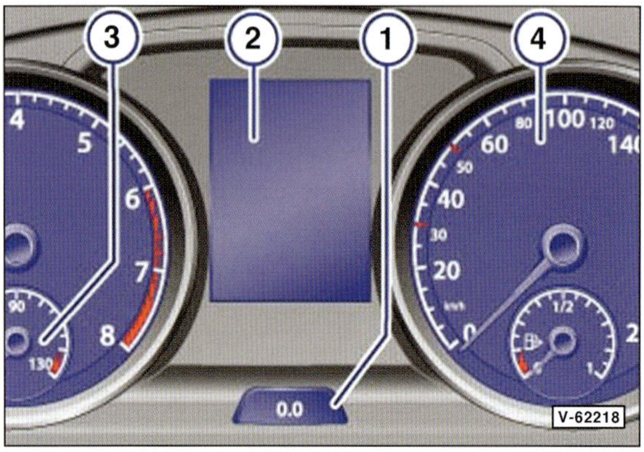

- Zündung ausschalten.
- Taste »0.0« –1– im Kombiinstrument drücken und halten.
- Zündung einschalten und warten, bis im Display –2– die Anzeige »Ölwechsel-Service zurücksetzen?« erscheint.
- Taste –1– loslassen. Dadurch wird die Service-Intervall-Anzeige (SIA) in den Rückstellmodus geschaltet.
- Taste –1– einmal kurz drücken und SIA zurücksetzen.
- Die Service-Meldung verlischt nach einigen Sekunden von selbst beziehungsweise bei laufendem Motor oder durch Drücken der Taste »OK« im Scheibenwischerhebel beziehungsweise der Taste »/RESET« im Multifunktionslenkrad.

3 – Kühlmittel-Temperaturanzeige.
4 – Tachometer (Geschwindigkeitsmesser).

Inspektions-Service zurücksetzen

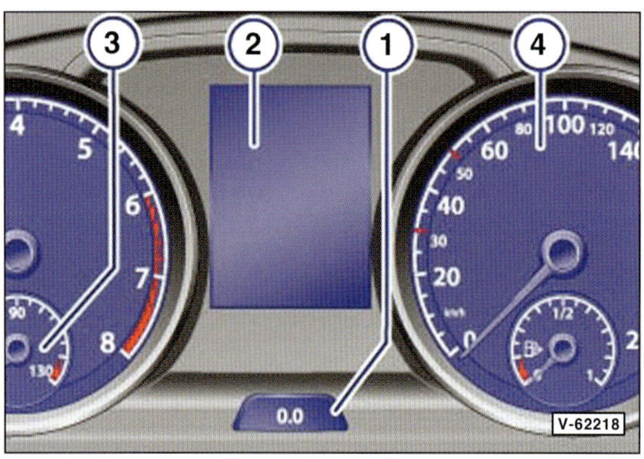

- Zündung ausschalten.
- Taste »0.0« –1– im Kombiinstrument drücken und halten.
- Zündung einschalten und warten, bis im Display –2– die Anzeige »Inspektion zurücksetzen?« erscheint.
- Taste –1– loslassen. Dadurch wird die Service-Intervall-Anzeige in den Rückstellmodus geschaltet.
- Taste –1– einmal kurz drücken und SIA zurücksetzen.
- Die Service-Meldung verlischt nach einigen Sekunden von selbst beziehungsweise bei laufendem Motor oder durch Drücken der Taste »OK« im Scheibenwischerhebel beziehungsweise der Taste »/RESET« im Multifunktionslenkrad.

Achtung: Wenn die Fahrzeugbatterie bei Fahrzeugen mit flexiblem Service längere Zeit abgeklemmt war, ist keine zeitliche Berechnung für den nächsten fälligen Service möglich. Die Service-Intervall-Anzeigen können daher falsche Berechnungen anzeigen. In diesem Fall die maximal zulässigen Wartungsintervalle beachten.

Automatische Fahrlichtsteuerung prüfen

Spezialwerkzeug: nicht erforderlich.

- Prüfvoraussetzung: Fahrzeug muss sich im Tageslicht befinden.

Prüfen

- Zündung einschalten.
- Lichtschalter in Stellung 2 »AUTO« drehen. Die Scheinwerfer dürfen nicht leuchten.
- Zündung bleibt eingeschaltet und Lichtschalter steht weiterhin auf »AUTO«.

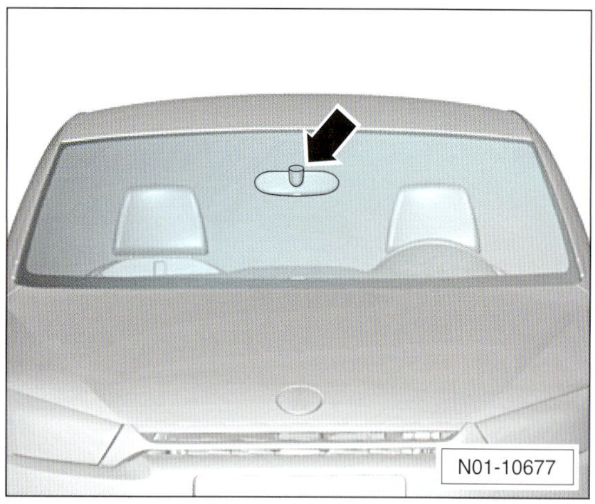

- Befestigungsbereich –Pfeil– des Innenspiegels außen an der Windschutzscheibe mit der Hand oder einem geeigneten Gegenstand abdecken. Daraufhin erkennt der Sensor für Regen- und Lichterkennung am Halter des Innenspiegels eine Helligkeitsabnahme und schaltet die Scheinwerfer ein.
- Lichtschalter in Stellung »0« drehen und Zündung ausschalten.

Batterie prüfen

Batterie sichtprüfen

- Gehäuse der Batterie auf Beschädigungen sichtprüfen. Bei beschädigtem Gehäuse kann Batteriesäure auslaufen und die umliegenden Bauteile beschädigen. Bei beschädigtem Gehäuse Batterie schnellstmöglich ersetzen.

Batterie/Batterieklemmen auf festen Sitz prüfen

Eine lockere Batterie hat eine verkürzte Lebensdauer durch Rüttelschäden. Lockere Batterieanschlüsse können einen Kabelbrand oder Funktionsstörungen in der elektrischen Anlage nach sich ziehen und die Crash-Sicherheit des Fahrzeuges vermindern.

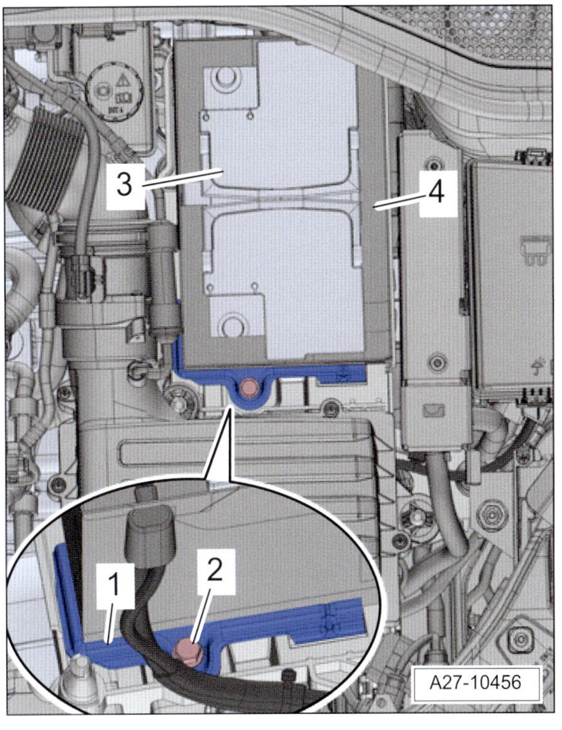

- Deckel der Wärmeschutzmanschette –4– öffnen.
- Batterie –3– kräftig hin- und herbewegen.
- Sitzt die Batterie lose, Batterie-Halteplatte –1– mit **15 Nm** festziehen –2–, siehe auch Kapitel »Batterie aus- und einbauen« auf Seite 79.

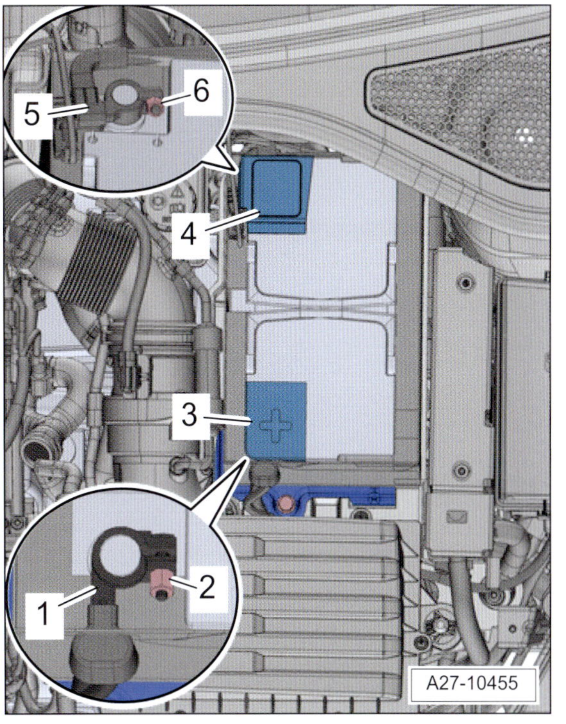

- Abdeckung –4– über dem Batterie-Minuspol öffnen.
- Batterie-Minusklemme –5– hin- und herbewegen und festen Sitz prüfen, gegebenenfalls Befestigungsmutter –6– nachziehen. Anzugsdrehmoment: **6 Nm**.
- Abdeckung –3– über dem Batterie-Pluspol öffnen.
- Batterie-Plusklemme –1– hin- und herbewegen und festen Sitz prüfen.

Achtung: Falls die Batterie-Plusklemme (+) locker ist, muss vor dem Festziehen der Plusklemme wegen Kurzschlussgefahr die Masseklemme (–) an der Batterie abgeklemmt werden. Nachdem die Plusklemme festgezogen ist, Massekabel wieder anklemmen. Batterie-Massekabel ab- und anklemmen, siehe Seite 78.

- Falls erforderlich Batterie-Massekabel abklemmen und Befestigungsmutter –2– der Plusklemme nachziehen. Anzugsdrehmoment: **6 Nm**.
- Batterie-Massekabel anklemmen, siehe Seite 78.
- Abdeckungen über den Batteriepolen zurückklappen.
- Deckel der Wärmeschutzmanschette zurückklappen.

Speziell GOLF GTE

Die 12-Volt-Batterie befindet sich auf der linken Seite im Kofferraum unter einer Abdeckung.

- Die Prüfungen sind auf die gleiche Weise wie bei der Batterie im Motorraum vorzunehmen.

Anzugsdrehmomente:

Mutter für Befestigungbügel . . . . **20 Nm**
Muttern für Batterie-Abdeckung. . . . . **9 Nm**
Muttern für Batteriepolklemmen. . . . . **6 Nm**

Wagenpflege

Aus dem Inhalt:

- Fahrzeug waschen
- Lackierung pflegen
- Unterbodenschutz/ Hohlraumkonservierung
- Polster reinigen
- Lackschäden ausbessern

Fahrzeug waschen

Aus Umweltschutzgründen ist es in den meisten Gemeinden verboten, Fahrzeuge auf öffentlichen Plätzen zu waschen. Wird das Auto sehr oft in einer automatischen Waschanlage gewaschen, hinterlassen die rotierenden Waschbürsten Schleifspuren auf dem Lack. Diese lassen sich verhindern, wenn man den Wagen von Hand in einer entsprechenden Waschanlage wäscht.

- Vogelkot, Insekten, Baumharze, Teer- und Fettflecken, Streusalz und andere aggressive Ablagerungen sofort abwaschen, da sie ätzende Bestandteile enthalten, die Lackschäden verursachen.
- Bedienungshinweise für den Hochdruckreiniger bezüglich Druck und Düsenabstand des Sprühkopfes befolgen.
- Beim Waschen reichlich Wasser verwenden. Mit einem Schwamm oder Waschhandschuh beziehungsweise einer weichen Bürste mit dem Reinigen des Fahrzeugdachs beginnen; Schwamm oft ausspülen.
- Waschmittel nur bei hartnäckiger Verschmutzung verwenden. Mit klarem Wasser gründlich nachspülen, um die Reste des Waschmittels zu entfernen. Bei regelmäßiger Benutzung von Waschmitteln muss öfter konserviert werden. Dem Waschwasser kann ein Konservierungsmittel beigegeben werden.
- Darauf achten, dass kein Wasser in die Eintrittsöffnungen für die Innenraumbelüftung eindringt. Hochdruckdüse nicht gegen den Kühler oder schadhafte Lackflächen des Fahrzeugs richten.
- Zum Abtrocknen sauberes Leder verwenden. Verschiedene Reinigungsleder für Lack- und Fensterflächen verwenden, da Konservierungsmittelrückstände auf den Scheiben zu Sichtbehinderungen führen.
- Durch Streusalz besonders gefährdet sind alle innen liegenden Falze, Flansche und Fugen an Türen und Hauben. Diese Stellen müssen deshalb bei jeder Wagenwäsche – auch nach der Wäsche in automatischen Waschstraßen – mit einem Schwamm gründlich gereinigt und anschließend abgespült und abgeledert werden.
- Wagen niemals in der Sonne waschen oder trocknen. Wasserflecken sind sonst unvermeidlich.

Achtung: Nach der Wagenwäsche Bremspedal während der Fahrt leicht antippen, um den Wasserfilm abzubremsen.

Lackierung pflegen

Konservieren: Die gewaschene und getrocknete Lackierung möglichst oft mit einem Konservierungsmittel behandeln, um die Oberfläche durch eine Poren schließende und Wasser abweisende Wachsschicht gegen Witterungseinflüsse zu schützen. Auch wenn beim Waschen regelmäßig Waschkonservierer verwendet werden, empfiehlt es sich, den Lack mindestens zweimal im Jahr mit Hartwachs zu schützen.

Sofern Kraftstoff, Öl, Fett oder Bremsflüssigkeit auf den Lack gelangt, diese Flüssigkeiten **sofort entfernen,** sonst kommt es zu Lackverfärbungen.

Spätestens dann, wenn Wasser nicht mehr deutlich vom Lack abperlt, muss konserviert werden. Der Lack trocknet sonst aus.

Polieren: Das Polieren des Lackes ist nur dann erforderlich, wenn dieser infolge mangelhafter Pflege beziehungsweise unter der Einwirkung von Umwelteinflüssen unansehnlich geworden ist und sich durch eine Behandlung mit Konservierungsmitteln kein Glanz mehr erzielen lässt. Zu warnen ist vor stark schleifenden oder chemisch stark angreifenden Poliermitteln, auch wenn der erste Versuch damit noch so sehr zu überzeugen scheint.

Vor jedem Polieren muss der Wagen sauber gewaschen und sorgfältig abgetrocknet werden. Im Übrigen ist nach der Gebrauchsanweisung für das Poliermittel zu verfahren.

Die Bearbeitung soll in nicht zu großen Flächen erfolgen, um ein vorzeitiges Eintrocknen der Politur zu vermeiden. Bei manchen Poliermitteln muss anschließend noch konserviert werden. Nicht in der prallen Sonne polieren!

Kunststoffteile und matt lackierte Teile dürfen nicht mit Konservierungs- oder Poliermitteln behandelt werden, da sich sonst Flecken bilden.

Teerflecke entfernen: Frische Teerflecke können mit einem in Waschbenzin getränkten weichen Lappen entfernt werden oder mit speziellen Teerfleck-Entfernern. Notfalls kann auch Petroleum oder Terpentinöl verwendet werden. Sehr gut gegen Teerflecke eignet sich auch ein Lackkonservierer. Bei Verwendung dieses Mittels kann auf ein Nachwaschen verzichtet werden.

Insekten entfernen: Insekten enthalten aggressive Stoffe, die den Lackfilm beschädigen können. Sie müssen deshalb umgehend mit lauwarmer Seifen- oder Waschmittellösung abgewaschen werden. Es gibt auch spezielle Insekten-Entferner.

Außenbeleuchtung: Leuchten- und Scheinwerferabdeckungen sind aus Kunststoff. Verunreinigungen nur mit einem feuchten, weichen Tuch entfernen. Scheinwerferabdeckungen auf keinen Fall mit einem trockenen oder scheuernden Tuch reinigen. Keine Eiskratzer verwenden und nicht mit Reinigungs- oder Lösungsmitteln säubern.

Kunststoffteile pflegen: Kunststoffteile, Kunstledersitze, Himmel, Leuchtengläser sowie mattschwarz gespritzte Teile mit Wasser und Flüssigseife säubern. Fahrzeughimmel nicht durchfeuchten. Kunststoffteile gegebenenfalls mit Kunststoffreiniger behandeln.

Scheiben reinigen: Schnee und Eis von Scheiben und Spiegeln nur mit einem Kunststoffschaber entfernen. Um Kratzer durch Schmutz zu vermeiden, sollte der Schaber nicht nach vorn und dann zurückbewegt, sondern nur geschoben werden. Fensterscheiben innen und außen mit sauberem, weichem Lappen abreiben. Bei starker Verschmutzung helfen Spiritus oder Salmiakgeist und lauwarmes Wasser oder auch ein spezieller Scheibenreiniger. Beim Reinigen der Windschutzscheibe Scheibenwischerarme nach vorn klappen. Bei der Reinigung der Windschutzscheibe auch die Wischerblätter säubern.

Achtung: Bei Verwendung silikonhaltiger Mittel dürfen die zur Reinigung der Lackierung verwendeten Waschbürsten, Schwämme, Lederlappen und Tücher nicht für die Scheiben verwendet werden. Beim Einsprühen der Lackierung mit silikonhaltigen Pflegemitteln sollten die Scheiben mit Pappe oder anderem Material abgedeckt werden.

Gummidichtungen pflegen: Gummidichtungen durch Einpudern der Dicht- und Gleitflächen mit Talkum oder Besprühen mit Silikonspray geschmeidig halten. So werden auch quietschende oder knarrende Geräusche beim Schließen der Türen vermieden. Auch das Einreiben der betreffenden Flächen mit Schmierseife beseitigt die Geräusche.

Reifen reinigen: Reifen nicht mit einem Dampfstrahlgerät reinigen. Wird die Düse des Dampfstrahlers zu nahe an den Reifen gehalten, wird dessen Gummischicht innerhalb weniger Sekunden irreparabel zerstört, selbst bei Verwendung von kaltem Wasser. Ein auf diese Weise gereinigter Reifen sollte sicherheitshalber ersetzt werden.

Leichtmetall-Scheibenräder mit Felgenreiniger und Bürste reinigen, jedoch keine aggressiven, säurehaltigen, stark alkalischen und rauen Reinigungsmittel oder Dampfstrahler über +60° C verwenden.

Sicherheitsgurte nur mit milder Seifenlauge im eingebauten Zustand säubern, nicht chemisch reinigen, da dadurch das Gewebe zerstört werden kann. Automatikgurte nur in trockenem Zustand aufrollen.

Unterbodenschutz/ Hohlraumkonservierung

Die Unterbodenverkleidung ist aus Kunststoff und schützt den hinteren Bereich des Fahrzeugunterbodens. Die besonders stark gefährdeten Bereiche in den Radläufen sind zusätzlich mit Kunststoffschalen gegen Steinschlag geschützt. Vor der kalten Jahreszeit und nach einer Unterbodenwäsche sollte der Unterbodenschutz kontrolliert und gegebenenfalls ausgebessert werden.

Im Schleuderbereich des Unterbaues können sich Staub, Lehm und Sand ablagern. Den angesammelten Schmutz entfernen, zumal er während der Winterzeit auch noch mit Streusalz angereichert sein kann.

Polsterbezüge pflegen/reinigen

Textilbezüge: Polsterbezüge mit Staubsauger und Bürste reinigen. Flecken mit Flüssigseife, 25-prozentiger Ammoniaklösung oder Branntweinessig entfernen.

Fett- und Ölflecke mit Reinigungsbenzin oder Fleckenwasser behandeln. Das Reinigungsmittel darf aber nicht unmittelbar auf den Stoff gegossen werden, da sich sonst unweigerlich Ränder bilden. Fleck durch kreisförmiges Reiben von außen nach innen bearbeiten. Andere Verschmutzungen lassen sich meistens mit lauwarmem Seifenwasser entfernen.

Lederbezüge: Bei starker Sonneneinstrahlung und längerer Standzeit Sitze abdecken, damit sie nicht ausbleichen.

Trikot- oder Wolllappen mit Wasser leicht anfeuchten und Lederflächen säubern, ohne das Leder oder die Nahtstellen zu durchfeuchten. Anschließend das getrocknete Leder mit einem sauberen und weichen Tuch nachreiben.

Stärker verschmutzte Lederflächen mit einem milden Feinwaschmittel ohne Aufheller (2 Esslöffel auf 1 Liter Wasser) oder Flüssigseife reinigen. Fett- und Ölflecke ohne zu reiben vorsichtig mit Reinigungsbenzin abtupfen.

Lackierte Lederpolster sollten nach dem Reinigen mit einem handelsüblichen Pflegemittel für Lederflächen behandelt werden. Das Mittel vor Gebrauch gut schütteln und mit einem weichen Lappen dünn auftragen. Nach dem Eintrocknen mit einem sauberen und weichen Tuch nachreiben. Diese Behandlung empfiehlt sich bei normaler Beanspruchung alle 6 Monate.

Steinschlagschäden ausbessern

Ausbeul- und Lackierarbeiten an der Autokarosserie setzen Erfahrung über den Werkstoff und dessen Bearbeitung voraus. Derartige Fertigkeiten werden in der Regel erst durch eine langjährige Praxis erreicht. Aus diesem Grund wird hier nur das Ausbessern von kleineren Lackschäden erläutert.

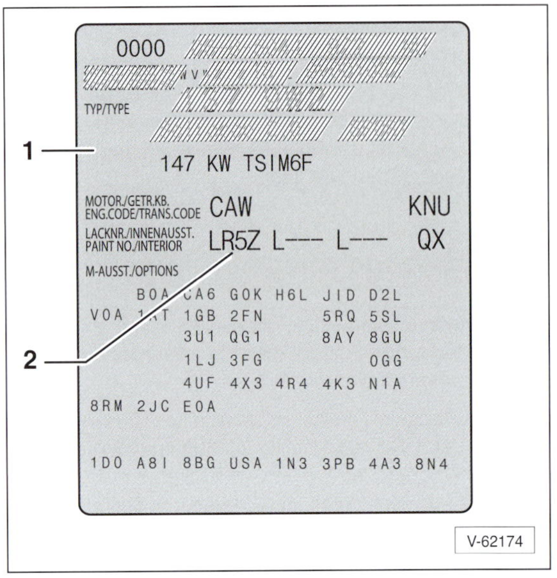

Zum Nachlackieren wird unbedingt dieselbe Lackfarbe benötigt, denn selbst kleinste Farbunterschiede fallen nach Abschluss der Arbeiten sofort ins Auge. Der jeweilige Fahrzeug-Farbton wird vom Hersteller durch die Lacknummer gekennzeichnet. Die Lacknummer –2– steht auf dem Fahrzeugdatenträger –1–. Der Fahrzeugdatenträger ist sowohl auf dem Kofferraumboden, links neben der Reserveradmulde sowie im Serviceheft aufgeklebt.

Treten dennoch Differenzen zwischen dem Originallack und dem Reparaturlack auf, dann liegt das daran, dass sich Fahrzeug-Lackierungen durch Alterung, ultraviolette Sonnenbestrahlung, extreme Temperaturdifferenzen, Witterungsbedingungen und chemische Einflüsse wie beispielsweise Industrieabgase mit der Zeit verändern. Außerdem können Oberflächenschäden, Farbveränderungen und Ausbleichen des Lackes eintreten, wenn Reinigung und Lackpflege mit ungeeigneten Mitteln durchgeführt wurden.

Die Metallic-Lackierung besteht aus 2 Schichten, dem Metallic-Grundlack und der farblosen Decklackierung. Beim Lackieren wird der Klarlack über den feuchten Grundlack gespritzt. Die Gefahr von Farbdifferenzen bei der nachträglichen Metallic-Lackierung ist besonders groß, da hier schon die unterschiedliche Viskosität des Reparaturlackes gegenüber dem Originallack zu Farbverschiebungen führt.

Es lohnt sich, auch kleinste Lackschäden regelmäßig zu beseitigen, da auf diese Weise Rostschäden und größere Reparaturen vermieden werden.

Für kleine Kratzer und Steinschläge, die lediglich den Decklack abgesplittert haben, also nicht bis aufs blanke Blech vorgedrungen sind, genügt im allgemeinen der Lackstift oder Tupflack. Dabei handelt es sich um eine kleine Lackdose, in deren Deckel ein Pinsel integriert ist. Der Lackstift wird im Auto-Zubehörhandel angeboten.

- Tiefere Steinschlagschäden, die schon kleine Rostnarben gebildet haben, mit einem »Rostradierer« beziehungsweise einem Messer oder einem kleinen Schraubendreher auskratzen, bis das blanke Blech erscheint. Wichtig ist, dass keine auch noch so kleine Roststelle mehr sichtbar ist. Bei »Rostradierern« handelt es sich um kleine Kunststoffhülsen, die zum Auskratzen des Rostes kurze Drahtborsten besitzen.
- Die blanken Stellen müssen einwandfrei trocken und fettfrei sein. Dazu Reparaturstelle sowie den umgebenden Lack mit Silikonentferner reinigen.
- Auf die blanke Metallfläche mit einem dünnen Pinsel etwas Lackgrundierung (»Primer«) auftragen. Da das Grundiermittel meist in Sprühdosen erhältlich ist, etwas Grundiermittel in den Deckel der Dose sprühen.
- Nachdem die Grundierung trocken ist, Stelle mit Tupflack ausbessern. Bei den Tupflackdosen ist ein Pinsel bereits im Deckel integriert. Falls nur eine Spraydose mit der entsprechenden Farbe zur Verfügung steht, etwas Farbe in den Deckel der Dose sprühen und Lack mit einem dünnen Wasserfarbenpinsel auftragen. Dabei in einem Arbeitsgang immer nur eine dünne Lackschicht anbringen, damit der Lack nicht herunterlaufen kann. Anschließend Farbe gut trocknen lassen. Vorgang so oft wiederholen, bis der Krater ausgefüllt ist und die ausgebesserte Stelle gegenüber der umgebenden Lackfläche keine Vertiefung mehr bildet.

Batterie-Masseabgriff im Motorraum

- Bei der **Starthilfe** das **Masse-Verbindungskabel** niemals an den Minuspol der Batterie, sondern immer an den **Masseabgriff** im Motorraum, hinter der Batterie an der Spritzwand, anschließen.

Werkzeugausrüstung

Langfristig zahlt es sich immer aus, wenn man qualitativ hochwertiges Werkzeug kauft. Neben einer Grundausstattung mit Maul- und Ringschlüsseln in den gängigen Größen und verschiedenen Torxschraubendrehern sowie einem Satz Steckschlüssel empfiehlt sich auch der Kauf eines Drehmomentschlüssels. Darüber hinaus ist bei manchen Arbeitsgängen der Einsatz von Spezialwerkzeug zwingend erforderlich.

Gutes und stabiles Werkzeug wird von der Firma HAZET (42804 Remscheid, Postfach 100461) angeboten. In den Tabellen sind die Werkzeuge mit der HAZET-Bestellnummer aufgeführt. Vertrieben wird das Werkzeug über den Fachhandel.

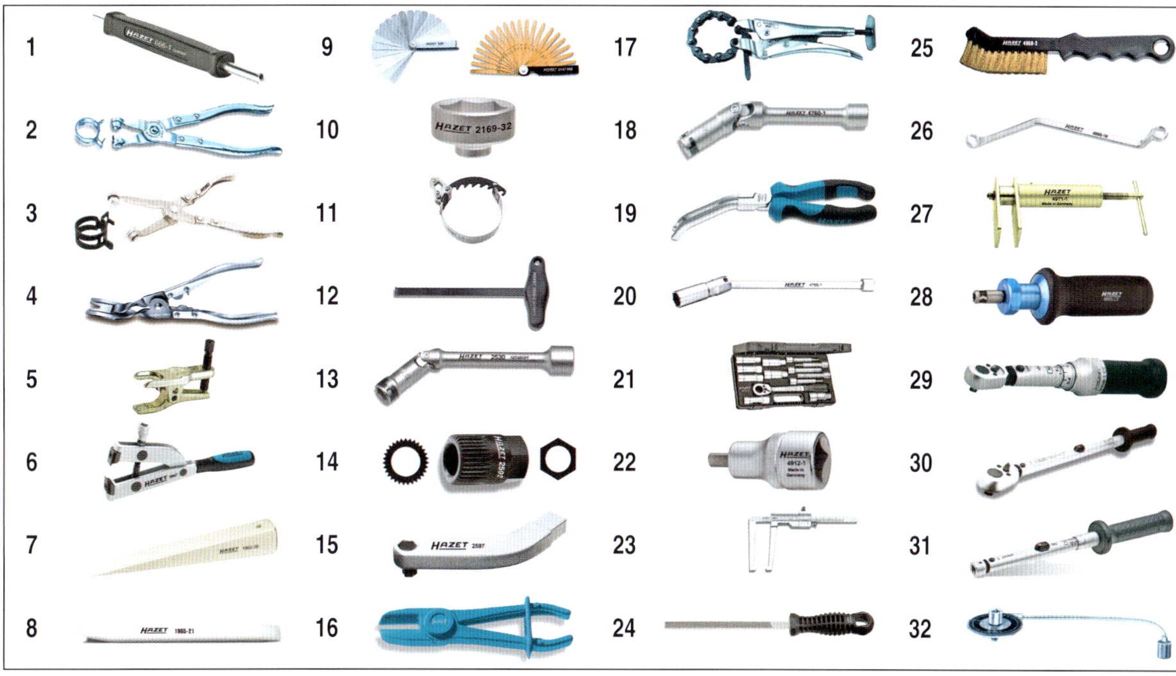

Abb.	Werkzeug	Hazet-Nr.
1	Ventildreher für Reifenventile	666-1
2	Schlauchklemmenzange für Lenkmanschette	798-5
3	Schlauchklemmenzange für Belüftungs- und Benzinschläuche	798-13
4	Türverkleidungs-Lösezange	799-4
5	Kugelgelenk-Abzieher	1790-7
6	Spannzange für Edelstahlklammern der Gelenkwellenmanschetten	1847
7	Montagekeil	1965-20
8	Montagekeil	1965-21
9	Fühlerblattlehre 0,05 - 1,0 mm	2147
10	Schlüssel für Ölfilterdeckel (Dieselmotor)	2169-32
11	Ölfilterschlüssel für Ölfilterpatrone (Benzinmotor)	2171-1
12	Abziehhaken	2520-1
13	Gelenkschlüssel SW-10 für Glühkerzen	2530
14	Vielzahnadapter für Generator-Freilauf	2592

Abb.	Werkzeug	Hazet-Nr.
15	Spezialschlüssel für Türeinstellung	2597
16	Abklemmzangen-Satz	4590/3
17	Ketten-Abgasrohrschneider	4682
18	Gelenkschlüssel SW-12 für Glühkerzen	4760-1
19	Glühkerzensteckerzange	4760-5
20	Zündkerzenschlüssel	4766-1
21	Federbein-Werkzeugsatz	4910-13
22	Spreizer für Federbein	4912-1
23	Bremsscheiben-Messschieber	4956-1
24	Bremssattelfeile	4968-1
25	Bremssatteldrahtbürste	4968-3
26	Brems-Entlüftungsschlüssel (Satz)	4968/5
27	Kolbenrücksetzvorrichtung für vordere Scheibenbremse	4971-1
28	Drehmomentschlüssel 1 – 6 Nm	6003 CT
29	Drehmomentschlüssel 4 – 40 Nm	6109-2 CT
30	Drehmomentschlüssel 40 – 200 Nm	6122–1CT
31	Drehmomentschlüssel für Bithalter	6290–1CT
32	Winkelscheibe für drehwinkelgesteuerten Schraubenanzug	6690

Motorstarthilfe

Sicherheitshinweise

Werden die vorgeschriebenen Anschlusshinweise nicht genau eingehalten, besteht die Gefahr der Verätzung durch austretende Batteriesäure. Außerdem können Verletzungen oder Schäden durch eine Batterieexplosion entstehen oder Defekte an der Fahrzeugelektrik auftreten.

- Batterieflüssigkeit von Augen, Haut, Gewebe und lackierten Flächen fern halten. Die Flüssigkeit ist ätzend. Säurespritzer sofort mit klarem Wasser gründlich abspülen. Gegebenenfalls einen Arzt aufsuchen.
- Keine Funken oder offenen Flammen in Batterienähe, da aus der Batterie brennbare Gase austreten können.
- Augenschutz tragen.
- Darauf achten, dass die Starthilfekabel nicht durch drehende Teile wie zum Beispiel den Kühlerventilator beschädigt werden.

- Die Starthilfekabel sollten einen Leitungsquerschnitt von 25 mm^2 aufweisen und mit isolierten Kabelzangen ausgestattet sein. In der Regel ist der Leitungsquerschnitt auf der Packung der Starthilfekabel angegeben.
- Bei beiden Batterien muss die Spannung 12 Volt betragen. Die Kapazität der stromgebenden Batterie darf nicht wesentlich unter der der entladenen Batterie liegen.
- Falls vorhanden, Wärmeschutzmanschette der Fahrzeugbatterie öffnen.
- Eine entladene Batterie kann bereits bei –10° C gefrieren. Vor Anschluss der Starthilfekabel muss eine gefrorene Batterie unbedingt aufgetaut werden.
- Die entladene Batterie muss ordnungsgemäß am Bordnetz angeklemmt sein.
- Fahrzeuge so weit auseinander stellen, dass kein metallischer Kontakt besteht. Andernfalls könnte bereits beim Verbinden der Pluspole ein Strom fließen.
- Bei beiden Fahrzeugen Handbremse anziehen. Schaltgetriebe in Leerlaufstellung, automatisches Getriebe in Parkstellung »P« schalten.
- Alle Stromverbraucher, auch das Autotelefon, ausschalten.
- Grundsätzlich Motor des Spenderfahrzeuges ca. 1 Minute vor dem Startvorgang und während des Startvorganges mit Leerlaufdrehzahl drehen lassen. Dadurch wird eine Beschädigung des Generators durch Spannungsspitzen beim Startvorgang vermieden.
- Starthilfekabel in folgender Reihenfolge anschließen:

  1. Rotes Kabel –1– an den Pluspol (+) der entladenen Batterie –A– anklemmen.

  2. Das andere Ende des roten Kabels –2– an den Pluspol (+) der Strom gebenden Batterie –B– anklemmen.

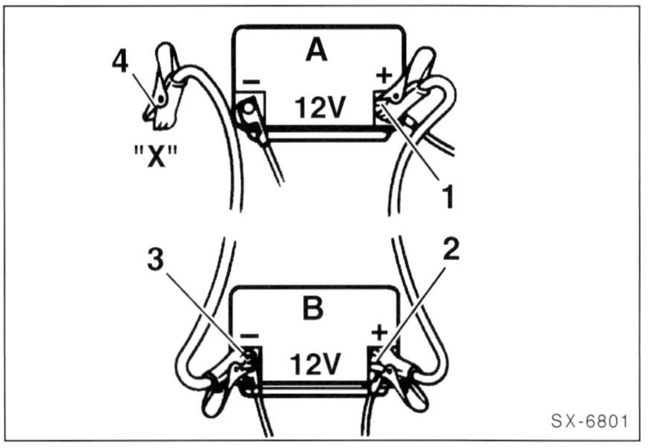

  3. Schwarzes Kabel –3– an den Minuspol (–) der Strom gebenden Batterie anklemmen. Beim GOLF an den Masseabgriff im Motorraum anklemmen, siehe Abbildung V-6803 auf Seite 66.

  4. Das andere Ende des schwarzen Kabels –4– an eine gute Massestelle –X– des Empfängerfahrzeuges anschließen; beim GOLF an den Masseabgriff im Motorraum, bei anderen Fahrzeuen an ein mit dem Motorblock verschraubtes Metallteil. **Achtung: Nicht an den Minuspol (–) der leeren Batterie anschließen.** Unter ungünstigen Umständen könnte beim Anschließen des Kabels an den Minuspol der leeren Batterie, durch Funkenbildung und Knallgasentwicklung, die Batterie explodieren.

Achtung: Die Klemmen der Starthilfekabel dürfen bei angeschlossenen Kabeln nicht in Kontakt miteinander kommen, beziehungsweise die Plusklemmen dürfen keine Massestellen (Karosserie oder Rahmen) berühren – Kurzschlussgefahr!

- Motor des Empfängerfahrzeuges (leere Batterie) starten und laufen lassen. Beim Starten Anlasser nicht länger als 10 Sekunden ununterbrochen betätigen, da sich durch die hohe Stromaufnahme Polzangen und Kabel erwärmen. Deshalb zwischendurch eine »Abkühlpause« von mindestens ½ Minute einlegen.
- Bei Startschwierigkeiten nicht unnötig lange den Anlasser betätigen. Während des Anlassens wird permanent Kraftstoff eingespritzt. Fehlerursache ermitteln und beseitigen.
- Nach erfolgreichem Start beide Fahrzeuge mit der »Strombrücke« noch 3 Minuten laufen lassen.
- Um Spannungsspitzen beim Trennen abzubauen, im Fahrzeug mit der leeren Batterie Heizgebläse und Heckscheibenheizung einschalten. Nicht das Fahrlicht einschalten. Glühlampen brennen bei Überspannung durch.
- **Nach der Starthilfe** Kabel in **umgekehrter** Reihenfolge abklemmen: Zuerst schwarzes Kabel –4– (–) am Empfängerfahrzeug, dann am stromgebenden Fahrzeug abklemmen. Rotes Kabel –2– zuerst am stromgebenden und dann am Empfängerfahrzeug abklemmen.

Fahrzeug aufbocken

Bei Arbeiten unter dem Fahrzeug muss dieses, falls es nicht auf einer Hebebühne steht, auf zwei oder vier stabilen Unterstellböcken stehen.

Sicherheitshinweis
Wenn unter dem Fahrzeug gearbeitet werden soll, muss es mit geeigneten Unterstellböcken sicher abgestützt werden. Abstützen nur mit dem Wagenheber ist unzureichend. **Lebensgefahr!**

- Das Fahrzeug nur in unbeladenem Zustand auf ebener, fester Fläche aufbocken.
- Bei Arbeiten unter dem Fahrzeug, dieses zusätzlich mit Unterstellböcken so abstützen, dass jeweils ein Bein seitlich nach außen zeigt. Unterstellböcke an den Aufbockpunkten oder direkt daneben anordnen.

Aufnahmepunkte für Hebebühne und Werkstattwagenheber

Achtung: Um Beschädigungen am Unterbau zu vermeiden, geeignete Gummi- oder Holzzwischenlage verwenden. Der Wagen darf keinesfalls am Antriebsaggregat, der Motorölwanne oder an Vorder- oder Hinterachse angehoben werden, da dadurch große Schäden entstehen können.

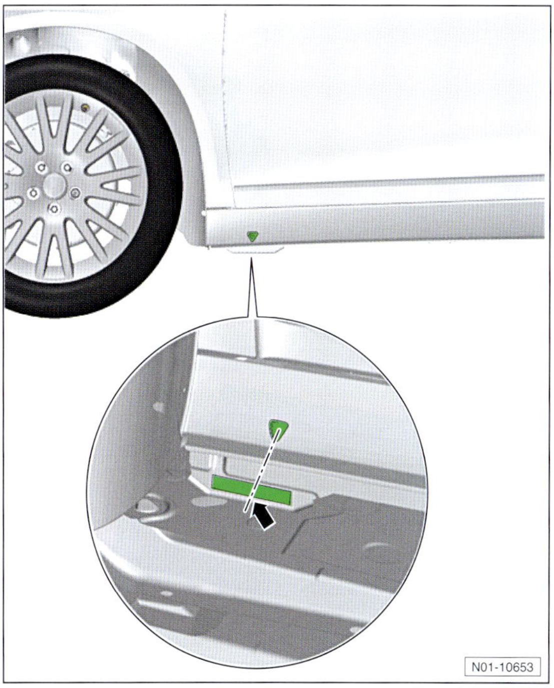

N01-10653

- Vorderer Aufnahmepunkt an der senkrechten Versteifung –Pfeil– des Bodenblechs unterhalb der Einprägung am Unterholm.

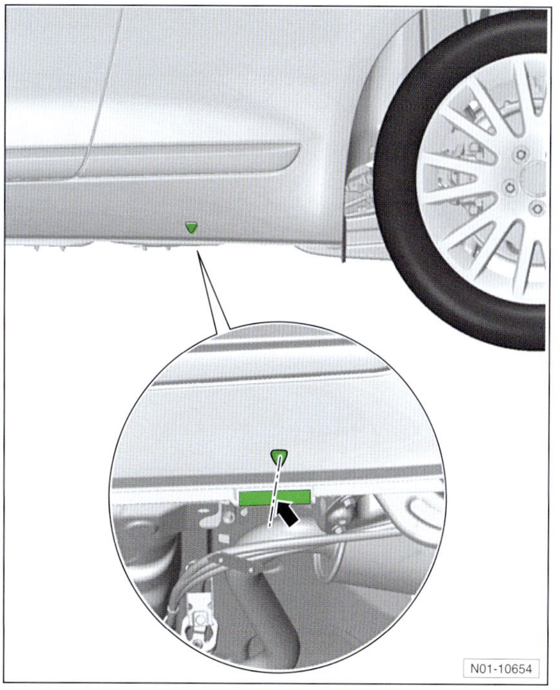

N01-10654

- Hinterer Aufnahmepunkt an der senkrechten Versteifung –Pfeil– des Bodenblechs unterhalb der Einprägung am Unterholm.
- Mit einem Werkstatt-Wagenheber oder einer Hebebühne darf das Fahrzeug nur an diesen Aufbockpunkten angehoben werden. Dabei muss die Versteifung mittig auf dem Aufnahmeteller von Hebebühne/Werkstattwagenheber aufliegen –Pfeil–.
- Die Räder, die beim Anheben auf dem Boden stehen bleiben, mit Keilen gegen Vor- oder Zurückrollen sichern. Nicht nur auf die Feststellbremse verlassen, diese muss bei einigen Reparaturarbeiten gelöst werden.

Achtung: Niemals bei angehobenem Fahrzeug den Motor anlassen und einen Gang einlegen, solange auch nur ein Rad noch den Boden berührt.

Achtung: Bevor die Schwerpunktlage des Fahrzeugs durch Demontagen erheblich verändert wird, muss das Fahrzeug auf der Hebebühne befestigt werden, zum Beispiel mit entsprechenden Gurten und Spannern.

Elektrische Anlage

Aus dem Inhalt:

- Sicherungen auswechseln
- Batterie ausbauen
- Generator prüfen
- Anlasser prüfen
- Scheibenwischer
- Beleuchtungsanlage
- Armaturen/Schalter

Steckverbinder trennen

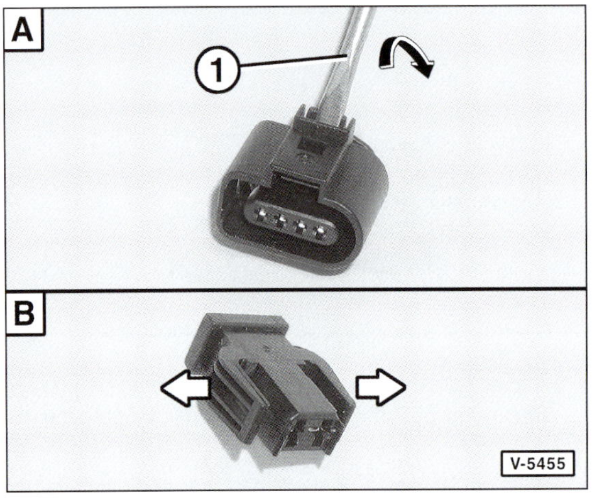

- –A–: Lasche mit einem Schraubendreher –1– herunterdrücken –Pfeil–, Stecker dabei ziehen und Verbindung trennen. Stecker beim Aufschieben hörbar einrasten lassen. **Hinweis:** An schwer zugänglichen Stellen zum Entriegeln der Lasche einen abgewinkelten Schraubendreher verwenden.
- –B–: 2 Laschen nach außen spreizen –Pfeile– und Steckverbindung trennen.

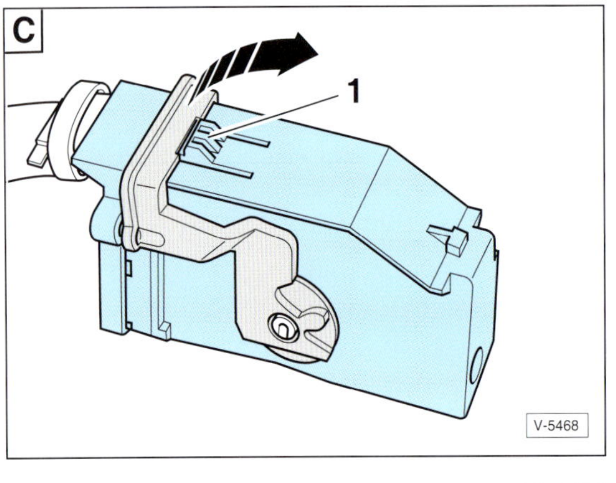

- –C–: Sicherungsraste –1– drücken, Haltebügel in Pfeilrichtung drehen und Stecker abziehen.

Lichtwellenleiter

Als Steuerleitungen kommen zum Teil Lichtwellenleiter zum Einsatz, die sich durch verlustarme Datenübertragung sowie eine hohe Bandbreite auszeichnen.

Sicherheitshinweise im Umgang mit Lichtwellenleitern beachten:

- Steckverbindungen für Lichtwellenleiter vorsichtig trennen.
- Die Übergangsstellen des Lichtwellenleiters dürfen nicht verschmutzt oder verkratzt werden.
- Lichtwellenleiter nicht knicken, strecken oder quetschen.
- **Kontaktstellen mit Abdeckkappen und Stopfen schützen.**

Signalhorn aus- und einbauen

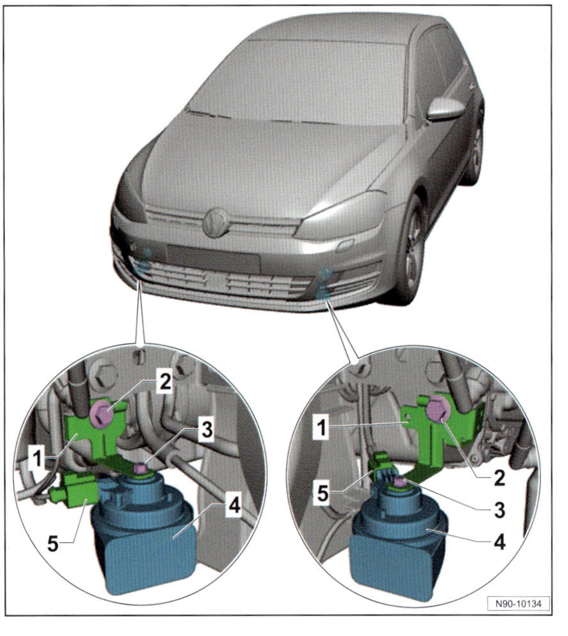

1 – Halter

2 – Schraube, 18 Nm

3 – Mutter, 9 Nm

4 – Signalhorn
Hochtonhorn auf der linken Seite eingebaut.
Tieftonhorn auf der rechten Seite eingebaut.

5 – Elektrische Steckverbindung

Ausbau

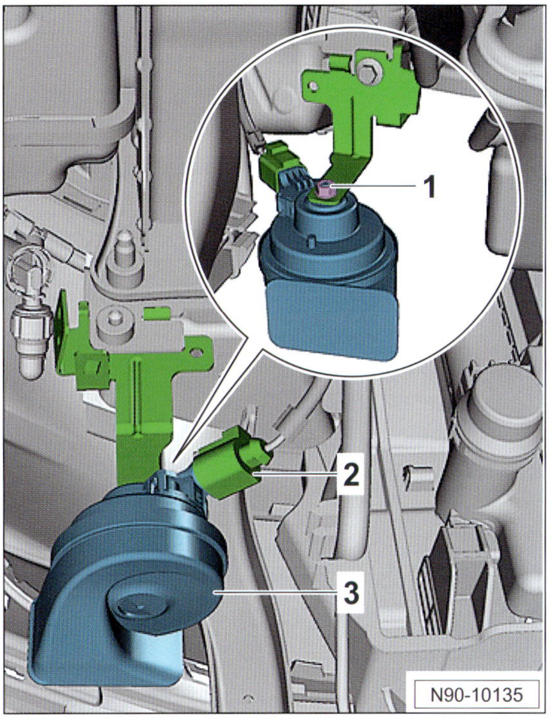

- Mutter –1– abschrauben.
- Signalhorn –3– vom Halter abnehmen.
- Elektrische Steckverbindung –2– trennen.

Einbau

- Der Einbau erfolgt in umgekehrter Ausbaureihenfolge. Mutter mit **9 Nm** anziehen.

Batterie für den Zündschlüssel mit Funkfernbedienung aus- und einbauen

Ausbau

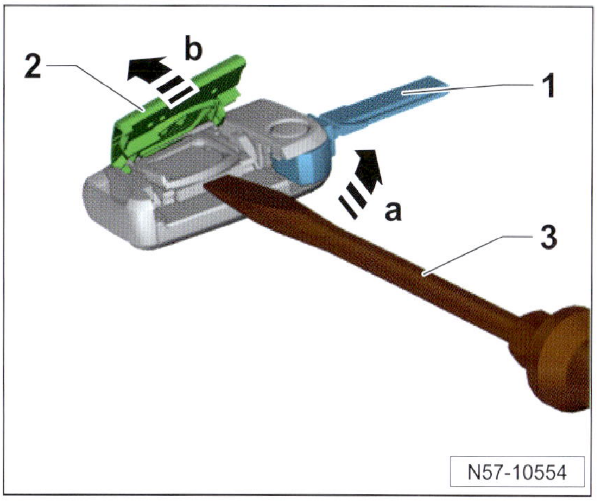

- Schlüsselbart –1– ausklappen –Pfeil a–.
- Mit einem kleinen Schraubendreher –3– den Deckel des Batteriefachs –2– anheben –Pfeil b–.

Hinweis: Einbaulage der Batterie merken; der Pluspol ist markiert.

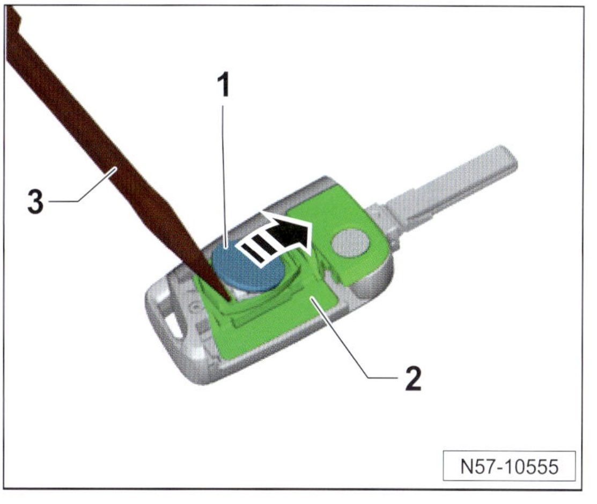

- Mit einem kleinen Schraubendreher –3– die Batterie –1– aus dem Batteriefach –2– herausheben –Pfeil–.

Einbau

Achtung: Vor dem Einbau der Batterie unbedingt einmal einen beliebigen Taster drücken. Damit wird der Funkcontainer in einen Basiszustand zurückgesetzt und kann erst jetzt eine neue Batterie erkennen.

Beim Einbau der Batterie die Polarität und Einbaulage beachten. Der Pluspol ist markiert.

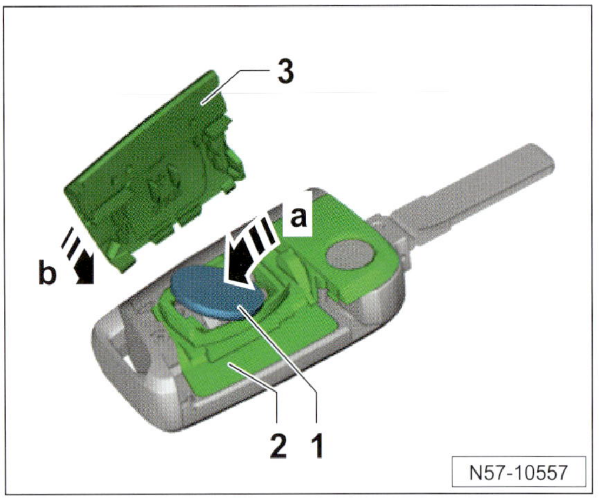

- Batterie –1– durch leichten Druck –Pfeil a– in das Batteriefach –2– einsetzen.
- Den Deckel des Batteriefachs –3– und Funkcontainer zusammenfügen –Pfeil b–.
- Zündschlüssel synchronisieren.

Zündschlüssel synchronisieren

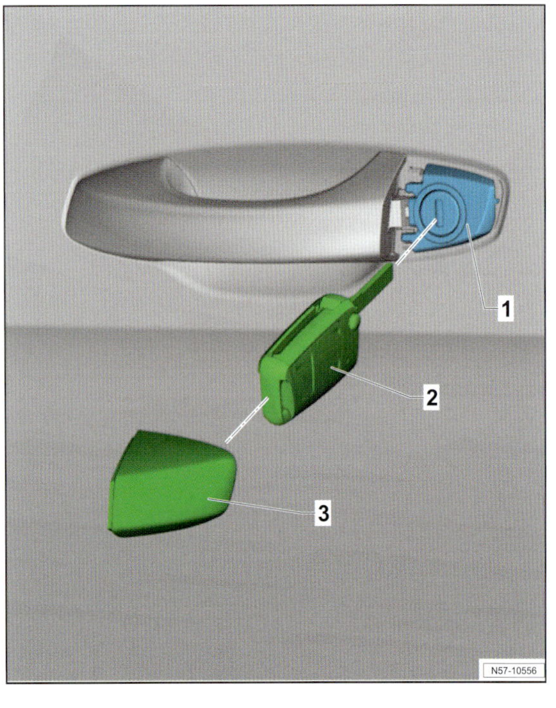

- Abdeckkappe für Schließzylinder –3– ausbauen, siehe 366.
- Zündschlüssel –2– an den Schließzylinder –1– halten und Taster »Öffnen« drücken.
- Innerhalb einer Minute das Fahrzeug mit dem Zündschlüssel –2– über den Schließzylinder –1– aufschließen.

Geber für Einparkhilfe vorn aus- und einbauen

Ausbau

- Kühlergrill ausbauen, siehe Seite 346.

Achtung: Den Stoßfänger vorsichtig abziehen. Dabei darauf achten, dass sich der Stoßfänger weder verformt noch einreißt. Gegebenenfalls zum Schutz vor Kratzern gefährdete Bereiche abkleben.

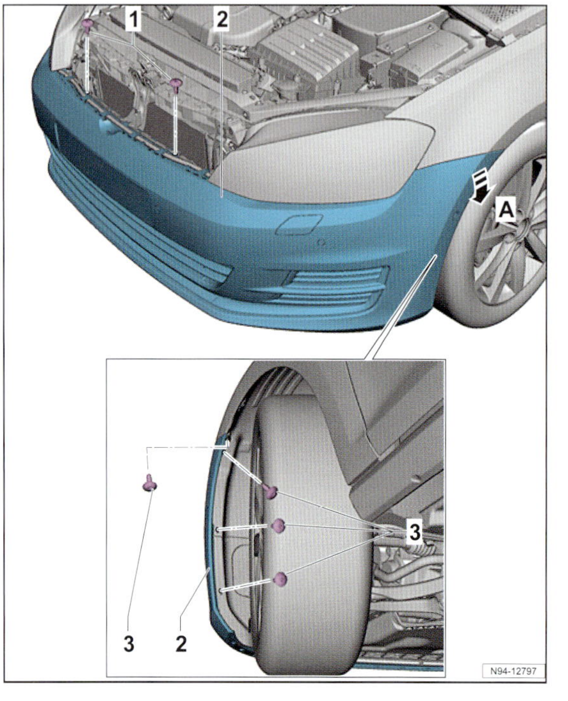

- Schrauben –3– am Innenkotflügel herausdrehen.
- Wenn vorhanden, die Schrauben –1– herausdrehen.
- Stoßfänger –2– am Kotflügel lösen und in Pfeilrichtung –A– abziehen.

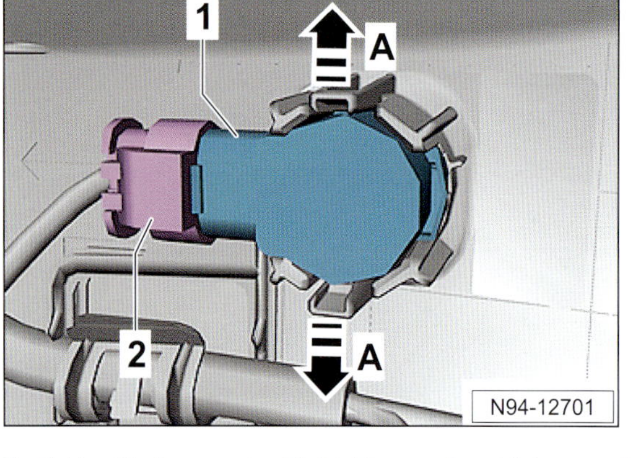

- Beide Rastnasen in Pfeilrichtung –A– drücken und gleichzeitig den Geber –1– von außen nach innen durchdrücken.
- Elektrische Steckverbindung –2– trennen.

● Geber so ablegen, dass sie an der gleichen Stelle wieder eingebaut werden können.

Einbau

● Der Einbau erfolgt in umgekehrter Ausbaureihenfolge, dabei Folgendes beachten:

Achtung: Beim Einstecken des Gebers in den Geberhalter auf den richtigen Sitz des Entkopplungsrings (schwarzer Silikonring) auf dem Geberkopf achten.

Beide Rastbügel des Geberhalters müssen bei der Montage des Gebers hörbar verrasten.

Steckdose für Anhängerbetrieb

Eigenschaften von Pin 9:

■ Pin 9 hat Dauerplus und versorgt den Anhänger dauerhaft mit Plus von der Fahrzeugbatterie.

■ Dauerplus ist ständig direkt mit der Fahrzeugbatterie verbunden.

■ Nur geringe Ströme zulässig, ca. 7,5 – 10 A

Anschlussbelegung der Steckdose für Anhängerbetrieb

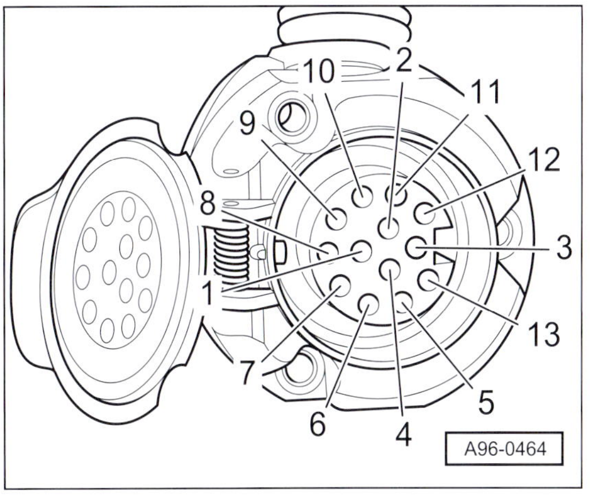

1 – Klemme BLL (Blinkleuchte links)
2 – Klemme NSL (Nebelschlussleuchte)
3 – Klemme 31 (Masse für Kontakt 1 –2, 4 – 8)
4 – Klemme BLR (Blinkleuchte rechts)
5 – Klemme 58 R (Schlusslicht rechts)
6 – Klemme 54 (Bremslicht)
7 – Klemme 58 L (Schlusslicht links)
8 – Klemme RFL (Rückfahrlicht)
9 – Klemme 30 (Batterie „+"), Dauerplus, ist ständig direkt mit der Fahrzeugbatterie verbunden
10 – Nicht belegt
11 – Nicht belegt
12 – Nicht belegt
13 – Klemme 31 (Masse für Kontakt 9)

Sicherungen auswechseln

Um Kurzschluss- und Überlastungsschäden an den Leitungen und Verbrauchern der elektrischen Anlage zu verhindern, sind die einzelnen Stromkreise durch Schmelzsicherungen geschützt.

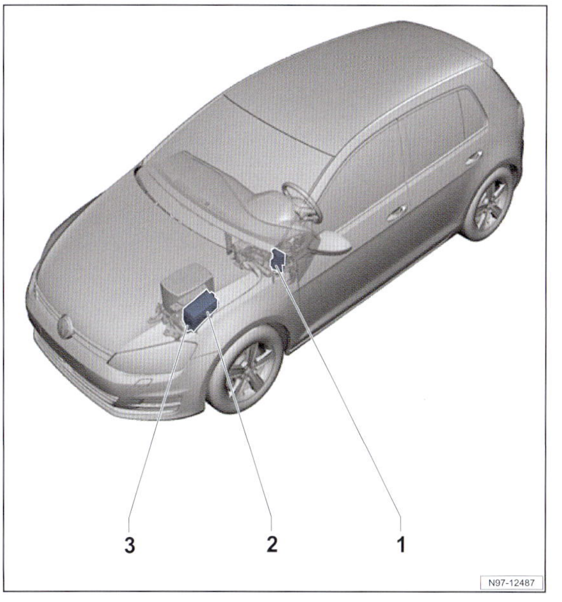

1 – Sicherungshalter C
Hinweis: Sicherungen in Tabellen und Stromlaufplänen weisen oftmals das Kürzel »SC« auf.

2 – Sicherungshalter B
Hinweis: Sicherungen in Tabellen und Stromlaufplänen weisen oftmals das Kürzel »SB« auf.

3 – Sicherungshalter A
Hinweis: Sicherungen in Tabellen und Stromlaufplänen weisen oftmals das Kürzel »SA« auf.

Sicherungskasten in der Armaturententafel öffnen

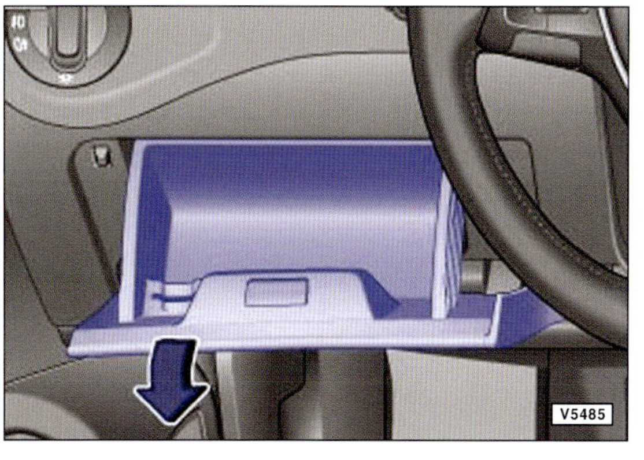

● Ablagefach auf der Fahrerseite öffnen und an der linken Seite kräftig herausziehen, siehe Seite 300.

Sicherungskasten im Motorraum öffnen

- Motorhaube öffnen.

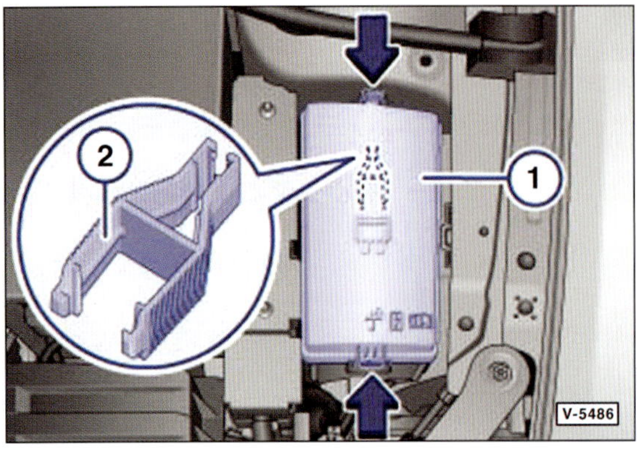

- Zum Entriegeln der Abdeckung –1– die Verriegelungstasten in Pfeilrichtung drücken. 2 – Kunststoffklammer.
- Abdeckung nach oben abnehmen.

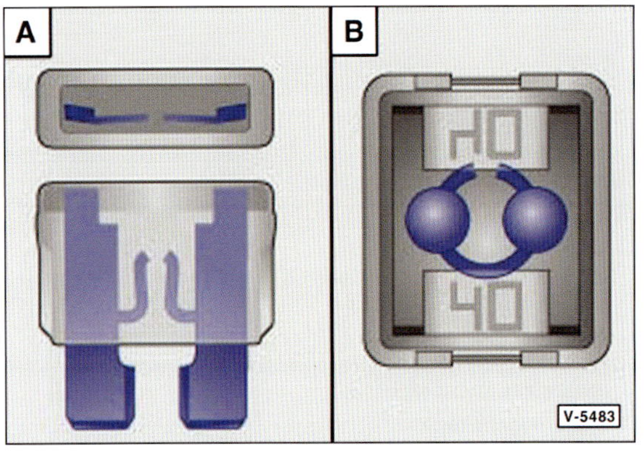

- In den Sicherungshaltern befinden sich 3 Sicherungsausführungen: Die Standard-Flachstecksicherung und kleine Flachstecksicherung –A– und die Blocksicherung –B–.
- Eine durchgebrannte Sicherung erkennt man am durchgeschmolzenen Metallstreifen, siehe Abbildung.

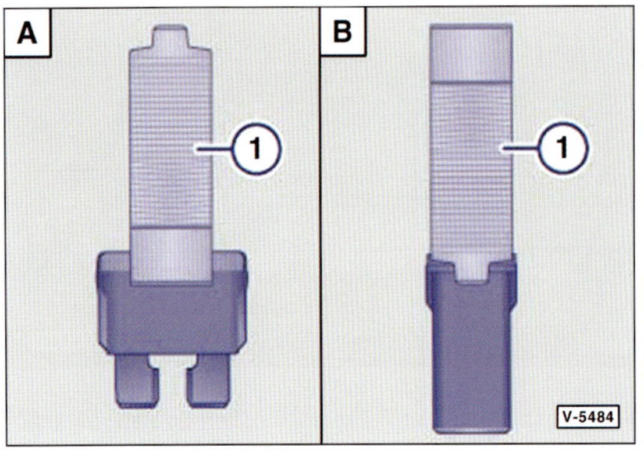

- Defekte Sicherung mit einer Kunststoffklammer –1– herausziehen. Die Kunststoffklammer befindet sich an der Rückseite des Deckels vom Sicherungskasten »B« im Motorraum, siehe –2– in Abbildung V-5486.
A – Flachstecksicherung, B – Blocksicherung.

Stromstärke in Ampere		Kennfarbe
Flachsicherung	Blocksicherung	
1	–	schwarz
5	–	hellbraun
7,5	–	braun
10	50	rot
15	20	blau
20	60	gelb
25	–	weiß oder klar
30	40	grün
40	–	orange
30	30	rosa

- Neue Sicherung **gleicher Sicherungsstärke** einsetzen. Die Nennstromstärke der Sicherung ist auf der Rückseite des Sicherungsgriffes aufgedruckt. Außerdem hat der Griff der Sicherungen eine Kennfarbe, an der ebenfalls die Nennstromstärke zu erkennen ist.
- Es empfiehlt sich, stets einige Ersatzsicherungen im Wagen mitzuführen.
- Brennt eine neu eingesetzte Sicherung nach kurzer Zeit wieder durch, muss der entsprechende Stromkreis überprüft werden.
- Auf keinen Fall Sicherung durch Draht oder ähnliche Hilfsmittel ersetzen, weil dadurch ernste Schäden an der elektrischen Anlage auftreten können.
- Ablagefach Fahrerseite in die Aufnahmen der Armaturentafel drücken, bis es auf beiden Seiten hörbar einrastet.
- Abdeckung auf den Sicherungskasten im Motorraum legen und nach unten drücken, bis die Abdeckung auf beiden Seiten hörbar einrastet.

Sicherungs- und Relaisbelegung Innenraum

Seit 4/2013

Hinweis: Die Sicherungsbelegung ist abhängig von der Ausstattung und vom Baujahr des Fahrzeugs. Die Belegung im aktuellen Fahrzeug kann von der hier aufgeführten Liste abweichen. Eine aktuelle Sicherungsbelegung befindet sich auch in der Betriebsanleitung zum Fahrzeug.

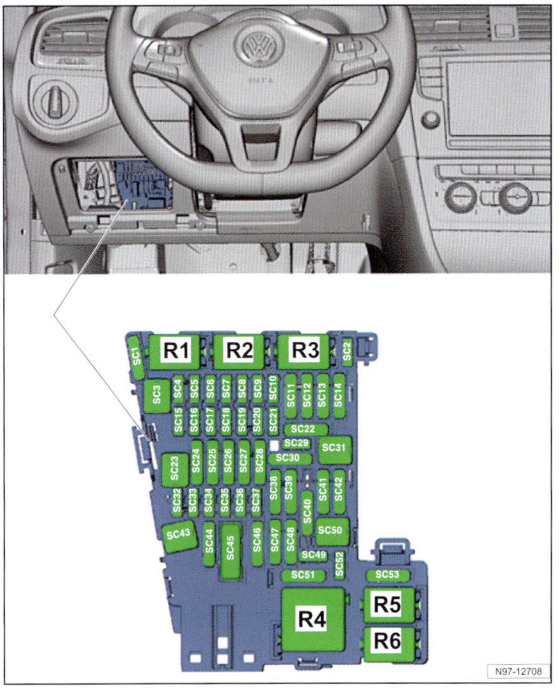

Nr.	Benennung	Stärke
F1	nicht belegt	–
F2	nicht belegt	–
F3	nicht belegt	–
F4	Bordnetzsteuergerät, Diebstahlwarnanlage	10 A
F5	Diagnose-Interface für Datenbus	5 A
F6	Sensor für Diebstahlwarnanlage	5 A
F7	Heizung-/Klimabedienung Steuergerät für Heizung Steuergerät für Climatronic Steuergerät für Klimaanlage Wählhebel automatisches Getriebe Funkempfänger für Zusatzwasserheizung Relais für beheizbare Heckscheibe	10 A
F8	Lichtdrehschalter Taster für elektromechanische Feststellbremse Sensor für Luftfeuchtigkeit-, Regen- und Lichterkennung, Diagnose-Anschluss	10 A
F9	nicht belegt	–
F10	Display, Bedienteil Infotainment Steuergerät für Navigationssystem	10 A
F11	Steuergerät für Allradantrieb	15 A
F12	Steuergerät für Informationselektronik 1	20 A
F13	Steuergerät für elektronisch geregelte Dämpfung	15 A
F14	Steuergerät für Frischluftgebläse	30 A
F15	Steuergerät für elektronische Lenksäulenverriegelung	10 A
F16	2-Wege-Signalverstärker für Mobilfunk Antennenverstärker 3 Spannungswandler für USB-Lademodul Telefon	7,5 A
F17	Steuergerät im Kombiinstrument Kombiinstrument	5 A
F18	Rückfahrkamera Taster für Entriegelung in Heckklappengriff	7,5 A
F19	Interface für Zugangs- und Startsystem	7,5 A
F20	nicht belegt	–
F21	nicht belegt	–
F22	nicht belegt	–
F23	Bordnetzsteuergerät, Außenbeleuchtung	40 A
F24	Steuergerät für Schiebedach	30 A
F25	Türsteuergerät Fahrerseite Fensterhebermotor hinten links	30 A
F26	Bordnetzsteuergerät, Sitzheizung	30 A
F27	Steuergerät für digitales Soundpaket	30 A
F28	Steuergerät für Anhängererkennung	20 A
F29	nicht belegt	–
F30	Steuergerät für Gurtstraffer vorn links	25 A
F31	Bordnetzsteuergerät, Außenbeleuchtung	40 A
F32	Frontkamera für Fahrerassistenzsysteme Steuergerät für Abstandsregelung Steuergerät für Einparkhilfe Steuergerät für Parklenkassistent	7,5 A
F33	Steuergerät für Airbag Kontrollleuchte für »Airbag Beifahrerseite aus«	5 A
F34	Lichtdrehschalter Innenspiegel, Relais für Steckdosen Schalter für Rückfahrleuchten Druckgeber für Kältemittelkreislauf Sensor für Luftgüte Taster für elektromechanische Feststellbremse Steuergerät für Körperschall[4]	7,5 A
F35	Diagnose-Anschluss Regler für Leuchtweitenregelung und Instrumentenbeleuchtung Steuergerät für Kurvenlicht und Leuchtweitenregelung Stellmotor links für Leuchtweitenregelung Stellmotor rechts für Leuchtweitenregelung	10 A
F36	Steuergerät für Tagesfahrlicht und Standlicht rechts	10 A

F37	Steuergerät für Tagesfahrlicht und Standlicht links	10 A
F38	Steuergerät für Anhängererkennung rechts	20 A
F39	Türsteuergerät Beifahrerseite[1)] Fensterhebermotor hinten rechts[1)] Türsteuergerät Fahrerseite[2)] Fensterhebermotor hinten links[2)]	30 A
F40[2)3)]	Zigarettenanzünder[1)] 12-V-Steckdose 12-V-Steckdose 2	20 A
F41	Steuergerät für Lenksäulenelektronik	1 A
F42	Bordnetzsteuergerät, Zentralverriegelung	40 A
F43	Bordnetzsteuergerät, Innenbeleuchtung	30 A
F44	Steuergerät für Anhängererkennung	15 A
F45	Schalter für Verstellung der Lendenwirbelstütze des Fahrersitzes Bedienungseinheit für Fahrersitzverstellung Bedienungseinheit für Beifahrersitzverstellung Schalter für Verstellung der Lendenwirbelstütze des Beifahrersitzes	15 A
F46	nicht belegt	–
F47	Motor für Heckscheibenwischer	15 A
F48	nicht belegt	–
F49	Kupplungspositionsgeber Starterrelais 1 Starterrelais 2	5 A
F50	nicht belegt	–
F51	Steuergerät für Gurtstraffer vorn rechts	25 A
F52	Steuergerät für Motorgeräuscherzeugung	10 A
F53	Relais für beheizbare Heckscheibe	30 A

[1)] Raucherausführung

[2)] werksseitig von Klemme 15 versorgt

[3)] Versorgung über Klemme 30 möglich

[4)] nur für Fahrzeuge mit GTI-Ausstattung

Hinweis: In der Tabelle werden die Sicherungen mit F1 bis F53 bezeichnet, dabei steht das »F« für »Fuse« = Sicherung. In der Abbildung steht SC1 bis SC53. SC = Sicherung im Sicherungshalter »C«.

Relaisplatzbelegung auf dem Relais- und Sicherungsträger –1– unter der Armaturentafel links, ab August 2012

Nr.	Benennung	SLP-Bez.
R1	nicht belegt	
R2	Entlastungsrelais für Klemme 15	J404
R3	nicht belegt	
R4	Relais für Spannungsversorgung Klemme15	J329
R5	Relais für beheizbare Heckscheibe	J9
R6	Relais für Steckdosen	J807

Sicherungs- und Relaisbelegung Motorraum

Seit 4/2013

Hinweis: Die Sicherungsbelegung ist abhängig von der Ausstattung und vom Baujahr des Fahrzeugs.

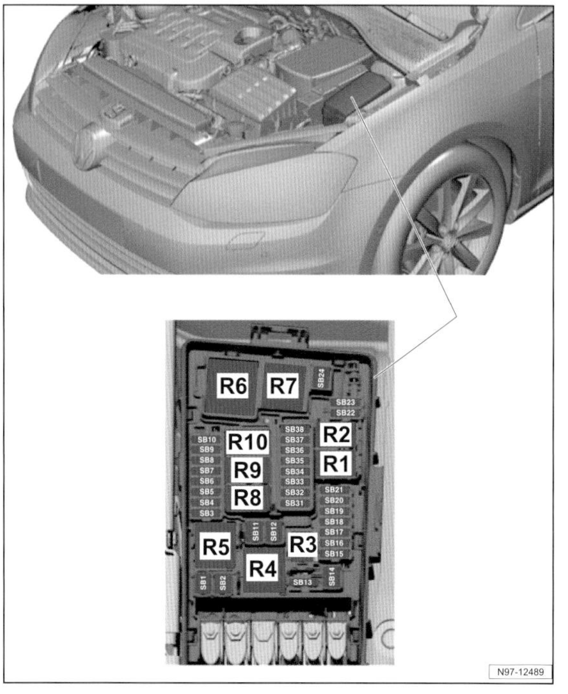

Nr.	Benennung	Stärke
F1	Steuergerät für ABS	40 A
F2	Steuergerät für ABS, Hydraulikpumpe für ABS	40 A
F3	Motorsteuergerät	15 A(30 A)
F4	Steuergerät für Kühlerlüfter, Magnetventil 1 für Aktivkohlebehälter, Ventil 1 für Nockenwellenverstellung, Ventil 1 für Nockenwellenverstellung im Auslass, Ventil für Öldruckregelung, Relais für große Heizleistung, Umschaltventil für Kühler der Abgasrückführung, Relais für kleine Heizleistung, Magnetventil für Ladedruckbegrenzung, Einlassnockensteller für Zylinder 2, Auslassnockensteller für Zylinder 2, Einlassnockensteller für Zylinder 3, Auslassnockensteller für Zylinder 3, Geber für Ethanolkonzentration	10 A (5 A)
F5	Regelventil für Kraftstoffdruck, Ventil für Kraftstoffdosierung	10 A
F6	Bremslichtschalter	5 A
F7	Regelventil für Kraftstoffdruck, Pumpe für Ladeluftkühlung, Ventil für Öldruckregelung, Magnetventil für Kühlmittelkreislauf, Pumpe für Ladeluftkühlung, Heizungsunterstützungspumpe	7,5 A (10 A)
F8	Heizung für Lambdasonde, Lambda-	10 A (15 A)

	sonde 1 vor Katalysator, Heizung für Lambdasonde 1 nach Katalysator, Lambdasonde 1 nach Katalysator	
F9	Zündspulen 1 bis 4 mit Leistungsendstufe, Luftmassenmesser, Steuergerät für Glühzeitautomatik, Heizwiderstand für Ansaugrohrvorwärmung	5 A (20 A)
F10	Steuergerät für Kraftstoffpumpe	15 A (20 A)
F11	Heizelement für Luftzusatzheizung	40 A
F12	Heizelement für Luftzusatzheizung	40 A
F13	Mechatronik für Doppelkupplungsgetriebe	30 A
F14	nicht belegt	–
F15	Relais für Signalhorn	15 A
F16	nicht belegt	–
F17	Hauptrelais, Relais für Spannungsversorgung der Kl. 30, Motorsteuergerät, Steuergerät für ABS	7,5 A
F18	Steuergerät für Batterieüberwachung, Diagnose-Interface für Datenbus	5 A
F19	Steuergerät für Wischermotor	30 A
F20	Alarmhorn	20 A
F21	nicht belegt	–
F22	Motorsteuergerät	5 A
F23	Anlasser	30 A
F24	Heizelement für Luftzusatzheizung	40 A
F25	nicht belegt	–
F26	nicht belegt	–
F27	nicht belegt	–
F28	nicht belegt	–
F29	nicht belegt	–
F30	nicht belegt	–
F31	nicht belegt	–
F32	nicht belegt	–
F33	nicht belegt	–
F34	nicht belegt	–
F35	nicht belegt	–
F36	nicht belegt	–
F37	Steuergerät für Zusatzheizung	20 A
F38	nicht belegt	–

Hinweis: Die Ampere-Angaben in Klammern gelten für den Dieselmotor.

Relaisplatzbelegung auf der E-Box im Motorraum, ab November 2012

Nr.	Benennung	SLP-Bez.
R1	Starterrelais 1	J906
R2	Starterrelais 2	J907
R3	Relais für Signalhorn	J413
R4	Relais für große Heizleistung – nur für Fahrzeuge mit Zusatzluftheizung	J360
R5	Hauptrelais – nur für Fahrzeuge mit Benzinmotor	J271
R5	Relais für Spannungsversorgung der Kl. 30 – nur für Fahrzeuge mit Dieselmotor	J317
R6	Steuergerät für Glühzeitautomatik – nur für Fahrzeuge mit Dieselmotor	J179
R7	Relais für kleine Heizleistung – nur für Fahrzeuge mit Zusatzluftheizung	J359
R8	Stromversorgungsrelais für Motorkomponenten	J757
R9	nicht belegt	
R10	nicht belegt	

Hinweis: Seit April 2013 befindet sich an Position »R10«, »R9«, »R8« das Relais für »Zündung aus« (J240), und zwar nur beim Benzinmotor sowie das Relais für »beheizbare Frontscheibe (J47)«.

Batterie-Massekabel ab- und anklemmen

Achtung: Sicherheitshinweise und Sicherheitsmaßnahmen bei Arbeiten mit pyrotechnischen Bauteilen beachten:

Achtung: Nach Arbeiten an pyrotechnischen Bauteilen (beispielsweise Airbag, Gurtstraffer) muss die Batterie, abweichend von der nachfolgenden Beschreibung, bei eingeschalteter Zündung ab- und angeklemmt werden.

Hinweis: Um die elektrische Anlage des Fahrzeuges stromlos zu schalten genügt es in der Regel, das Batterie-Massekabel abzuklemmen.

Achtung: Durch das Abklemmen der Batterie werden einige **elektronische Speicher gelöscht**. Unter anderem werden Automatiklauf und Einklemmschutz der elektrischen Fenster deaktiviert. Nach dem Anklemmen der Batterie muss der Einklemmschutz unbedingt wieder aktiviert werden, da es sonst zu erheblichen Quetschverletzungen durch die Fenster kommen kann. Einklemmschutz akivieren, siehe Kapitelende.

Abklemmen

- Alle elektrischen Verbraucher ausschalten.
- Zündung ausschalten.
- Zündschlüssel abziehen, wenn vorhanden.
- Motorhaube öffnen.
- Deckel der Wärmeschutzmanschette öffnen.

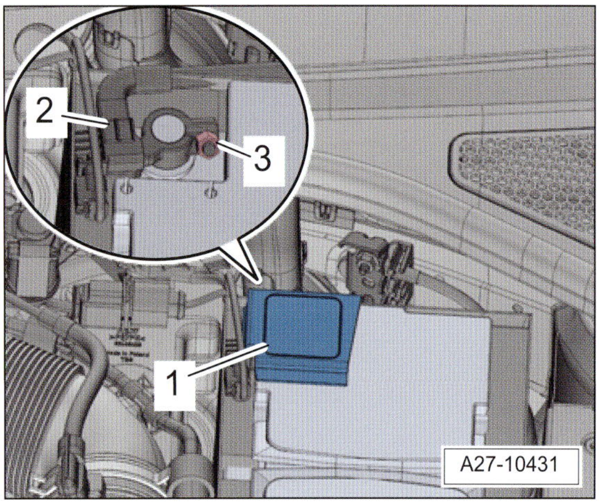

- Abdeckung –1– über dem Batterie-Minuspol (–) öffnen.
- Mutter –3– einige Umdrehungen lösen und Batteriepolklemme –2– der Masseleitung vom Batteriepol abziehen.

Anklemmen

Beim Anklemmen der Batterie ist Folgendes zu beachten:

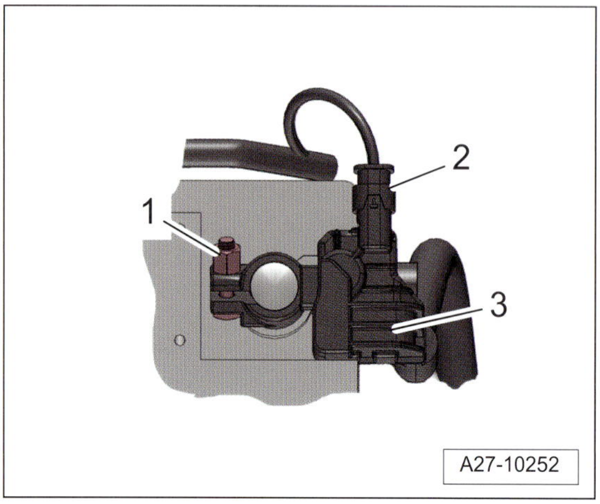

- Elektrische Steckverbindung –2– am Steuergerät für Batterieüberwachung –3– trennen.

Achtung: Nach Arbeiten an pyrotechnischen Bauteilen (beispielsweise Airbag, Gurtstraffer) muss die Batterie bei eingeschalteter Zündung abgeklemmt werden.

- Batteriepolklemme der Masseleitung von Hand auf den Batterie-Minuspol (–) aufstecken.
- Mutter –1– mit **6 Nm** festziehen.
- Elektrische Steckverbindung –2– vom Steuergerät für Batterieüberwachung wieder anschließen.
- Damit die Batterieüberwachung nach Einbau einer neuen Batterie einwandfrei funktioniert, sollte die Batterie mit einem Fahrzeugdiagnosetester angepasst werden.
- Fehlerspeicher sämtlicher Steuergeräte mit einem Fahrzeugdiagnosetester abfragen und eventuell den Fehler »Unterspannung« löschen.
- Zündung einschalten.
- Uhrzeit prüfen, gegebenenfalls einstellen.

Einklemmschutz und Automatiklauf der elektrischen Fenster neu aktivieren:

- Alle Türen schließen.
- Alle Fenster ganz öffnen und wieder schließen.
- Für jedes Fenster den Fensterheberschalter mindestens 2 Sekunden lang ziehen und so das Fenster in Schließstellung halten.
- Gesamten Vorgang ein zweites Mal durchführen.
- Komfortschaltung (Automatiklauf) der Fensterheber prüfen: Das jeweilige Fenster muss bei betätigter Komfortschaltung, ohne Halten des Fensterheberschalters, schließen.

Hinweis: Nach Wiederanschließen der Spannungsversorgung leuchtet normalerweise die ESP-Warnleuchte und erlischt erst nach einigen Metern Fahrt wieder. ESP = Elektronisches Stabilisierungsprogramm.

Batterie aus- und einbauen

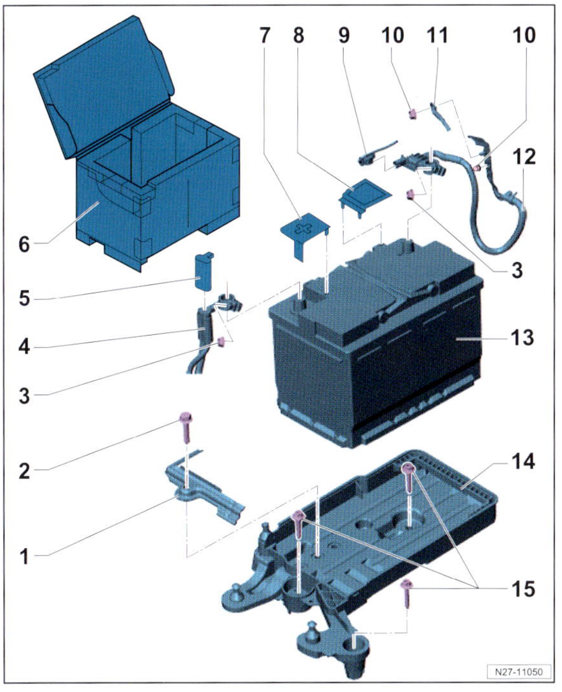

1 – **Befestigungsbügel**

2 – **Schraube,15 Nm**

3 – **Mutter, 6 Nm**

4 – **Plusleitung**
Mit Batteriepolklemme.

5 – **Abdeckkappe**
Für Plusleitung.

6 – **Wärmeschutzmanschette**

7 – **Abdeckung**
Für Pluspol.

8 – **Abdeckung**
Für Minuspol.

9 – **Elektrische Steckverbindung**
Für Steuergerät für Batterieüberwachung.
Achtung: Unbedingt Reihenfolge beim Anklemmen der Masseleitung beachten.

10 – **Mutter, 9 Nm**

11 – **Masseleitung**

12 – **Masseleitung**
Mit Batteriepolklemme und Steuergerät für Batterieüberwachung.

13 – **Batterie**

14 – **Batterieträger**

15 – **Schrauben, 9 Nm**

Ausbau

Hinweis: Wird die Autobatterie ersetzt, unbedingt die Altbatterie zum Händler mitnehmen und zurückgeben. Sonst muss Pfand für die neue Batterie bezahlt werden.

Hinweis: Bei Ersatz einer AGM- oder Vlies-Batterie unbedingt wieder eine Vlies-Batterie einbauen.

Achtung: Durch das Abklemmen der Batterie werden einige **elektronische Speicher gelöscht**:

- Zündung ausschalten.
- Wenn vorhanden, Zündschlüssel abziehen.
- Motorhaube öffnen.
- Deckel der Wärmeschutzmanschette öffnen.

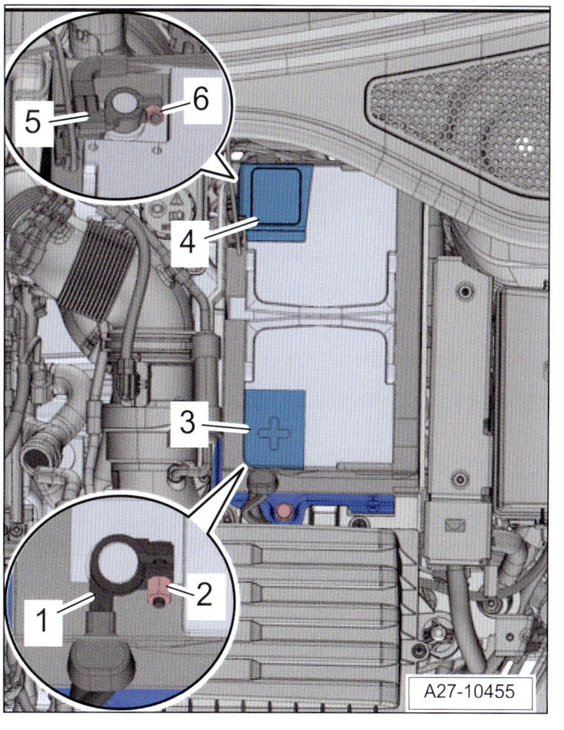

- Abdeckung –4– über dem Batterie-Minuspol öffnen.
- Mutter –6– einige Umdrehungen lösen und Batteriepolklemme –5– der Masseleitung vom Batterie-Minuspol abziehen.
- Abdeckung –3– über dem Batterie-Pluspol öffnen.
- Mutter –2– einige Umdrehungen lösen und Batteriepolklemme –1– der Plusleitung vom Batterie-Pluspol abziehen.

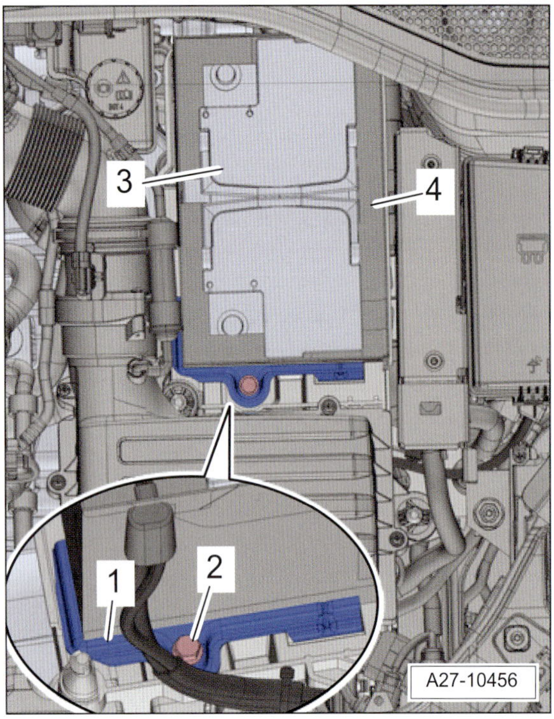

- Wärmeschutzmanschette –4– etwas nach oben ziehen.
- Schraube –2– am Befestigungsbügel –1– herausschrauben.
- Befestigungsbügel –1– abnehmen.
- Batterie –3– in Fahrtrichtung aus dem Batterieträger herausziehen und nach oben aus dem Motorraum herausheben.

Einbau

- Der Einbau erfolgt in umgekehrter Ausbaureihenfolge, dabei Folgendes beachten:
  - Es dürfen nur wartungsfreie Batterien nach den Normen VW-75073 (ab August 2001) eingebaut werden.
  - Darauf achten, dass die Batterie einen passenden Bodenleisten-Adapter zur Anpassung an die Klemmleiste des Batterieträgers besitzt.

Fahrzeuge mit Start-Stopp-System

- Aufgrund der höheren Anforderung an die Zyklenfestigkeit kommt bei Fahrzeugen mit Start-Stopp-System eine spezielle Batterie zum Einsatz.
- Batterien für den Einsatz in Fahrzeugen mit Start-Stopp-System sind durch den Aufdruck „AGM“ (Absorbent Glass Mat) oder „EFB“ (Enhanced Flooded Battery) gekennzeichnet.

Fortsetzung für alle Fahrzeuge

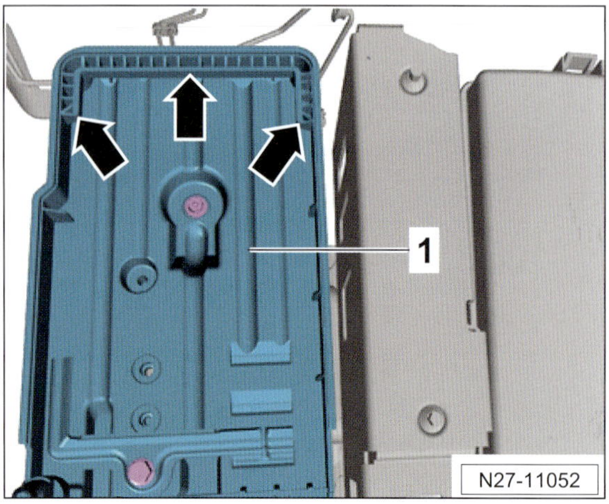

- Batterie in den Batterieträger –1– so einsetzen, dass die Batteriefußleiste am Anschlag hinten und seitlich –Pfeile– anliegt.

Achtung: Die Batterie darf sich nach hinten und seitlich nicht mehr verschieben lassen.

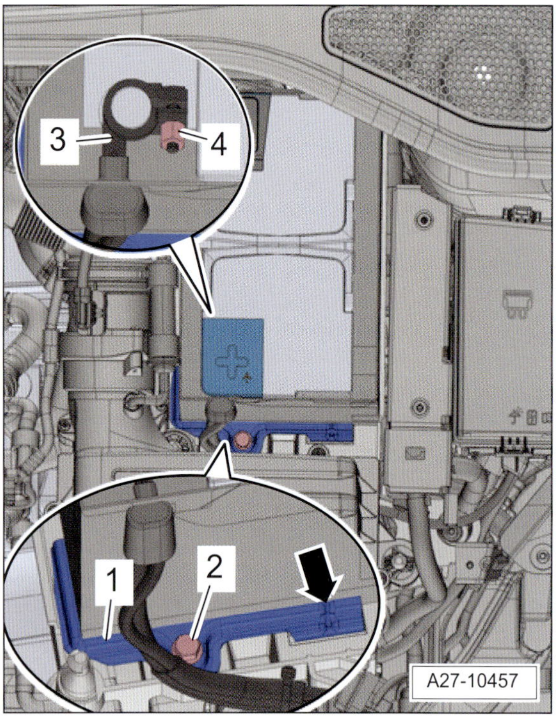

- Befestigungsbügel –1– ansetzen.

Achtung: Die Nase –Pfeil– am Befestigungsbügel –1– muss in die Aussparung an der Batteriefußleiste eingreifen.

- Schraube –2– für Befestigungsbügel –1– mit **15 Nm** festziehen.

Achtung: Bei einer lose montierten Batterie bestehen folgende Gefahren:

- ■ Verkürzte Lebensdauer durch Rüttelschäden (Explosionsgefahr).
- ■ Bei nicht sachgemäßer Befestigung der Batterie kommt es zu Beschädigungen der Gitterplatten der Batterie.
- ■ Beschädigung des Batteriegehäuses durch den Befestigungsbügel (möglicher Säureaustritt, hohe Folgekosten).
- ■ Mangelhafte Crashsicherheit.

- Batterie auf festen Sitz prüfen. Dazu versuchen die Batterie hin- und herzubewegen.
- **Batterie bei ausgeschalteter Zündung** und ausgeschalteten elektrischen Verbrauchern anklemmen:

Achtung: Nur nach dem Einbau von **Airbag** und/oder Gurtstraffern muss die Batterie bei **eingeschalteter Zündung** angeklemmt werden.

- Beim Anklemmen ist folgende Reihenfolge einzuhalten.
- Zuerst die Batteriepolklemme –3– der Plusleitung von Hand auf den Batterie-Pluspol (+) aufstecken.
- Mutter –4– mit **6 Nm** festziehen.
- Batterie-Massekabel anklemmen, siehe entsprechendes Kapitel.

- ■ Nach dem Anklemmen der Batterie die elektrischen Fensterheber neu aktivieren:
  - ◆ Alle Türen schließen.
  - ◆ Alle Fenster ganz öffnen und wieder schließen.
  - ◆ An jedem Fenster Fensterheberschalter mindestens 2 Sekunden lang ziehen und so Fenster in Schließstellung halten.
  - ◆ Gesamten Vorgang ein zweites Mal durchführen.

- Zeituhr einstellen.

Batterieträger aus- und einbauen

Ausbau

- **Dieselmotor:** Luftfiltergehäuse ausbauen, siehe Seite 277.
- Batterie ausbauen, siehe Seite 79.

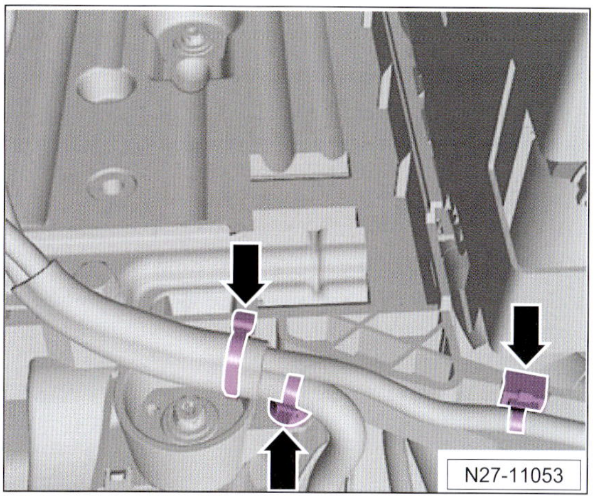

- Elektrischen Leitungsstrang am Batterieträger –Pfeile– frei legen.

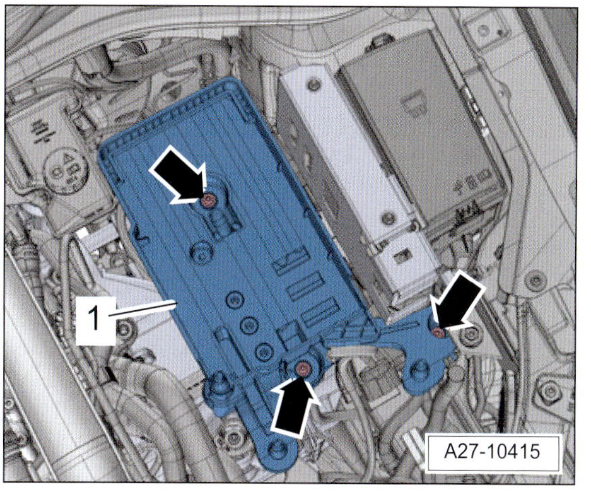

- Schrauben –Pfeile– herausschrauben.
- Batterieträger –1– herausnehmen.

Einbau

- Der Einbau erfolgt in umgekehrter Ausbaureihenfolge. Batterieträger mit **9 Nm** festschrauben.

Batterie prüfen

Vor Beginn des Winters sollte die Batterie unbedingt überprüft werden. Bei großer Kälte sinkt die Batteriespannung einer nur mäßig geladenen Batterie während des Anlassvorgangs stark ab.

Bei einer wartungsfreien Batterie fehlen die Zellverschluss-Stopfen auf der Batterieoberseite. Kontrollmessungen des Säurestands oder der Säuredichte entfallen, da keine Flüssigkeit entweicht oder entgast.

In Fahrzeugen, in denen eine wartungsfrei Batterie eingebaut ist, ist an der Batterie oftmals ein »magisches Auge« angebracht. Durch diese optische Anzeige werden der Säurestand und der Ladezustand der Batterie angegeben, und zwar durch unterschiedliche Farbkennung. Dazu das magische Auge mit einer Taschenlampe von oben anleuchten.

- Bevor eine Sichtprüfung am magischen Auge vorgenommen wird, vorsichtig mit dem Griff eines Schraubendrehers auf das magische Auge klopfen. Luftblasen, die die Anzeige beeinträchtigen könnten, steigen hierdurch auf. Die Farbanzeige des magischen Auges wird dadurch genauer.

Batterie mit 2-farbigem magischen Auge

Der Ladezustand der Batterie kann nicht am magischen Auge abgelesen werden. Hierzu ist eine Batterie-Belastungsprüfung erforderlich.

- Anzeige **schwarz**: Säurestand der Batterie ist in Ordnung.
- Anzeige **farblos** oder **hellgelb**: Säurezustand zu niedrig. Die wartungsarme Batterie muss ausgetauscht werden.

Achung: Eine Batterie, bei der das **magische Auge farblos** oder **hellgelb** anzeigt, **darf nicht unter Belastung geprüft oder geladen werden.** Es darf auch **keine Starthilfe** gegeben werden. Beim Prüfen, Laden oder Starthilfe besteht **Explosionsgefahr!**

Hinweis: Batterien neuester Generation sind mit einem Rückzündungsschutz, einer so genannten »Fritte«, ausgestattet. Das bei der Ladung entstehende Gas tritt durch eine Öffnung an der oberen Deckelseite aus, in die die Fritte eingesetzt ist. Die Fritte besteht aus einer kleinen, runden Glasfasermatte und arbeitet ähnlich wie ein Ventil.

Batterie unter Belastung prüfen

Achung: Wenn das **magische Auge farblos** oder **hellgelb** anzeigt, darf die Batterie **nicht geprüft** werden. **Explosionsgefahr!**

- Voltmeter an die Batteriepole anschließen. Anschlusskabel **nicht** abklemmen.
- Motor starten und Spannung ablesen.
- Während des Startvorganges darf bei einer **vollen** Batterie die Spannung nicht unter 10 Volt (bei einer Säuretemperatur von ca. +20° C) abfallen.
- Bricht die Spannung sogar zusammen, ist die Batterie defekt.

Ruhespannung prüfen

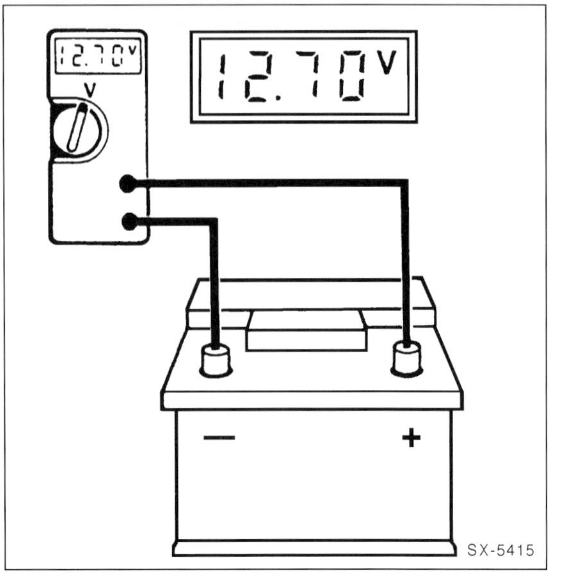

Der Batterie-Zustand wird durch Messen der Spannung mit einem Voltmeter zwischen den Batteriepolen überprüft.

- Batterie vom Stromnetz abklemmen, siehe Kapitel »Batterie aus- und einbauen«.
- Vor der Prüfung muss die Batterie mindestens zwei Stunden abgeklemmt sein.
- Voltmeter an die Batteriepole anschließen und Spannung messen.
- **Beurteilung des Spannungsmesswertes:**

12,7 Volt oder darüber:	Batterie in gutem Zustand.
11,6 – 12,6 Volt:	Batterie laden.
unter 11,6 Volt:	Batterie tiefentladen, Batterie laden oder ersetzen.

- Batterie anklemmen. Zuerst Batterie-Pluskabel (+) und dann Batterie-Massekabel (–) bei ausgeschalteter Zündung anklemmen.

Batterie laden

Sicherheitshinweise

- Batterie **nicht** bei laufendem Motor abklemmen.
- Batterie **niemals kurzschließen,** das heißt Plus- (+) und Minuspol (–) dürfen nicht verbunden werden. Bei Kurzschluss erhitzt sich die Batterie und kann platzen.
- Wenn das **magische Auge farblos** oder **hellgelb** anzeigt, darf die Batterie **nicht unter Belastung geprüft** werden. **Explosionsgefahr!**
- Gefrorene Batterie vor dem Laden auftauen. Eine geladene Batterie gefriert bei ca. –65° C, eine halbentladene bei ca. –30° C und eine entladene bei ca. –12° C. Aufgetaute Batterie vor dem Laden auf Gehäuserisse prüfen, gegebenenfalls ersetzen. Die von der ausgelaufenen Säure betroffenen Fahrzeugteile müssen umgehend mit Seifenlauge behandelt oder ausgetauscht werden.
- Batterie nur in gut belüftetem Raum oder im Freien laden. Beim Laden der eingebauten Batterie Motorhaube geöffnet lassen.

Zum Laden der Batterie nur ein elektronisch gesteuertes Ladegerät verwenden.

Beim Laden muss die Batterie eine Temperatur von mindestens +10° C aufweisen.

Laden

- **Bei ausgeschaltetem Ladegerät** Pluskabel (+) des Ladegerätes an den Pluspol (+) der Batterie anschließen. Minuskabel (–) des Ladegerätes mit dem Minuspol (–) der Batterie verbinden.
- Netzstecker des Ladegerätes in die Steckdose stecken. Falls erforderlich, Ladegerät einschalten.
- Nach dem Laden der Batterie Ladegerät ausschalten (wenn möglich) und Netzstecker des Ladegerätes ziehen.
- Anschlusskabel des Ladegerätes von der Batterie abklemmen.
- Geladene Batterie prüfen, siehe entsprechendes Kapitel.

Tiefentladene und sulfatierte Batterie laden

Eine Batterie, die längere Zeit unbenutzt war (zum Beispiel Fahrzeug stillgelegt), entlädt sich allmählich selbst und sulfatiert.

Wenn die Ruhespannung der Batterie unter 11,6 Volt liegt, bezeichnet man sie als tiefentladen. Ruhespannung prüfen, siehe unter »Batterie prüfen«.

Bei einer tiefentladenen Batterie besteht die Batteriesäure (Schwefelsäure-Wassergemisch) fast nur noch aus Wasser. **Achtung:** Bei Minustemperaturen kann diese Batterie einfrieren und das Gehäuse kann dann platzen.

Eine tiefentladene Batterie sulfatiert, das heißt die gesamte Plattenoberfläche der Batterie verhärtet.

Wenn die tiefentladene Batterie unmittelbar nach der Entladung wieder geladen wird, bildet sich die Sulfatierung wieder zurück. Andernfalls verhärten die Batterieplatten weiter und die Ladungsaufnahme bleibt dauerhaft eingeschränkt.

- Eine tiefentladene und sulfatierte Batterie muss mit einem geringen Ladestrom von ca. 5 % der Batteriekapazität geladen werden. Der Ladestrom beträgt dann beispielsweise bei einer 60 Ah-Batterie ca. 3 A.
- Die Ladespannung darf maximal 14,4 Volt betragen.

Achtung: Eine tiefentladene Batterie darf keinesfalls mit einem Schnellladegerät geladen werden.

Batterie lagern

Wird das Fahrzeug länger als 2 Monate stillgelegt, Batterie ausbauen und im aufgeladenen Zustand lagern. Die günstigste Lagertemperatur liegt zwischen 0° C und +27° C. Bei diesen Temperaturen hat die Batterie die günstigste Selbstentladungsrate. Spätestens nach 2 Monaten Batterie erneut aufladen, da sie sonst unbrauchbar wird.

Batteriepole reinigen

Batteriepole auf Korrosion überprüfen. Korrosion an den Batteriepolen zeigt sich in Form von weißen oder gelblichen pulverartigen Ablagerungen an den Polen.

- Batterie ausbauen, siehe entsprechendes Kapitel.
- Zur Entfernung von Korrosion Batteriepole mit einer Lösung aus Wasser und Soda bestreichen. Es kommt zu einer chemischen Reaktion mit Blasenbildung und einer braunen Verfärbung an den Polen.
- Gegebenenfalls Batteriepole mit einem Polreiniger oder einer Drahtbürste von Korrosionsrückständen reinigen.
- Nach Abklingen dieser Reaktion Batteriepole und Batterie mit klarem Wasser abwaschen und Batterie abtrocknen.
- Batterie einbauen, siehe entsprechendes Kapitel.

Zentralentgasung

Bei der Zentralentgasung tritt das Gas an einer definierten Stelle aus der Batterie aus. Mit Hilfe eines Entgasungsschlauches kann die Ableitung des Gases gezielt zu einer unkritischen Seite erfolgen. Je nach Einbau kann die Batterie von einer unterschiedlichen Seite entgasen.

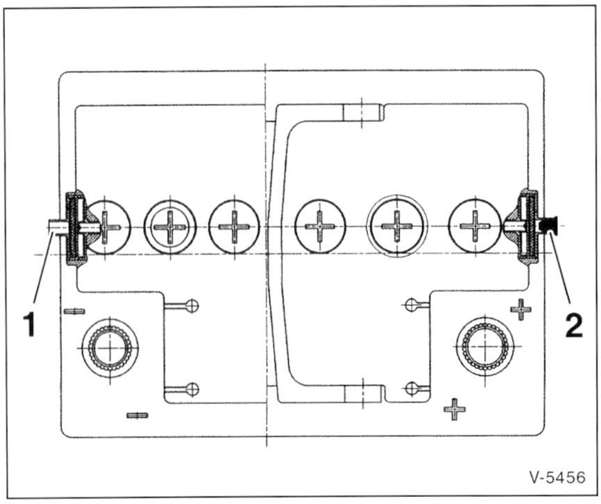

In der Regel sind Original-VW-Batterien mit jeweils einer Entgasungsöffnung –1/2– an jeder Polseite versehen. Von diesen beiden Öffnungen muss eine immer verschlossen sein –2–. Damit ist sichergestellt, dass die Entgasung nur gezielt über den angeschlossenen Schlauch erfolgt. Sollten beide Öffnungen verschlossen sein, unbedingt einen Stopfen aus der Entgasungsöffnung gemäß der Einbauanleitung der Batterie entfernen.

Batterietypen

Je nach Modell und Ausstattung können technisch recht unterschiedliche Batterietypen im Fahrzeug eingebaut sein. .

Nass-Batterie

Eine Batterie mit flüssigem Elektrolyt wird als Nass-Batterie bezeichnet. Diese Batterie besitzt ein magisches Auge zur Kontrolle von Ladezustand und Säurestand. Es darf kein destilliertes Wasser nachgefüllt werden, wie bei früheren Ausführungen der Nass-Batterie. Wenn der Säurestand zu niedrig ist, muss die Batterie ersetzt werden. Die Nassbatterie ist nicht für Fahrzeuge mit Start-Stopp-System geeignet.

EFB-Batterie

EFB = Enhanced **F**looded **B**attery. Die EFB-Batterie ist eine Weiterentwicklung der Standard-Nass-Batterie und kann auch für Fahrzeuge mit Start-Stopp-System verwendet werden. Allerdings nur, wenn der Fahrzeughersteller nicht ausdrücklich eine AGM-Stromquelle vorschreibt.

AGM-Batterie (Vlies-Batterie)

AGM = Absorbent-**G**lass-**M**att-Battery. Bei der AGM-Batterie ist der Elektrolyt in einem Mikroglasvlies festgelegt; sie gilt dadurch als auslaufsicher. Die Batterie ist mit einem Batteriedeckel verschlossen, Zellverschluss-Stopfen und Entgasungskanal sind im Deckel integriert. Die AGM-Batterie hat kein magisches Auge und bietet folgende Vorteile: hohe Zyklenfähigkeit (Zyklus = abwechselnder Lade- und Entladevorgang), Auslaufsicherheit, wartungsarm, geringe Gasung und gute Kaltstarteigenschaften. Wird häufig bei Fahrzeugen mit Start-Stopp-System verwendet. **Hinweis:** Bei Ersatz einer AGM- oder Vlies-Batterie unbedingt wieder eine Vlies-Batterie einbauen.

VRLA-Batterie

Bei der **V**alve-**R**egulated-**L**ead-**A**cid-Batterie (VRLA) handelt es sich um einen wartungsfreien Stromspeicher mit festgelegtem Elektrolyt. Die Zellverschluss-Stopfen lassen sich nicht herausschrauben. Wird die Batterie überladen, werden die entstehenden Wasserstoff- und Sauerstoffgase innerhalb der jeweiligen Zelle wieder zu Wasser zurückgewandelt. Bei zu starker Ladung tritt das überschüssige Gas über ein Entspannungsventil aus. Da diese Flüssigkeitsmengen nicht wieder ersetzt werden können, ist eine nachhaltige Beschädigung der Batterie möglich. Deshalb muss beim Laden unbedingt ein Batterieladegerät mit einer Ladebegrenzung von 14,4 Volt eingesetzt werden.

Gel-Batterie

Bei der Gel-Batterie ist der Elektrolyt durch die Zugabe von Kieselsäure zur Schwefelsäure in einer gelartigen Masse eingebunden. Entsprechend ihrem Entgasungsprinzip zählt die Gel-Batterie zu den VRLA-Batterien. Dieser Batterietyp zeichnet sich durch eine hohe Zyklenfestigkeit aus, die Batterie kann also öfters ent- und geladen werden. Eine Gel-Batterie hat kein magisches Auge. Sie ist wartungsfrei und auslaufsicher. Da die Batterie nicht hochtemperaturfähig ist, eignet sie sich nicht für den Einbau im Motorraum.

Batterie entlädt sich selbstständig

Je nach Fahrzeugausstattung addiert sich zur natürlichen Selbstentladung der Batterie auch die Stromaufnahme der verschiedenen Stromverbraucher im Ruhezustand. Daher sollte die Batterie in einem abgestellten Fahrzeug alle 6 Wochen nachgeladen werden. Wenn der Verdacht auf Kriechströme besteht, Bordnetz nach folgender Anleitung prüfen:

- Zur Prüfung eine geladene Batterie verwenden.

Achtung: Da für diese Prüfung ein Ruhestrom-Erhaltungsgerät nicht angeschlossen werden kann, vorher mit der Fachwerkstatt klären, welche Speicher eventuell vor der Prüfung auszulesen und später wieder einzulesen sind.

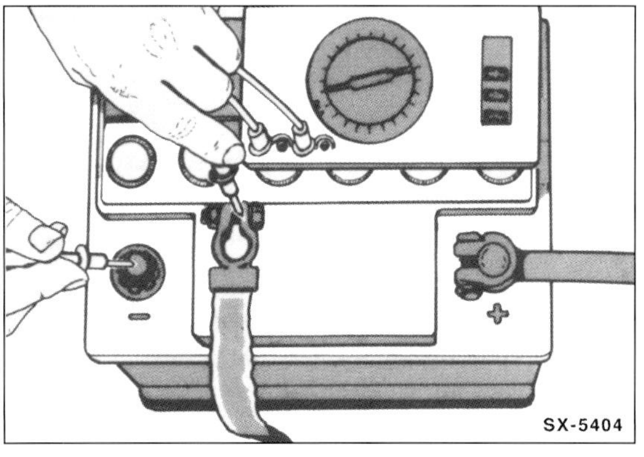

- Am Amperemeter den höchsten Messbereich einstellen.
- Batterie-Massekabel (–) abklemmen. **Achtung:** Hinweise im Kapitel »Batterie aus- und einbauen« beachten.
- Amperemeter zwischen Batterie-Minuspol (–) und Massekabel schalten: Amperemeter-Plus-Anschluss (+) an Massekabel und Minus-Anschluss (–) an Batterie-Minuspol (–).

Achtung: Die Prüfung kann auch mit einer Prüflampe durchgeführt werden. Leuchtet die Lampe zwischen Massekabel und Minuspol der Batterie jedoch nicht auf, ist auf jeden Fall ein Amperemeter zu verwenden.

- Alle Verbraucher ausschalten, vorhandene Zeituhr (und andere Dauerverbraucher) abklemmen, Türen schließen.
- Vom Amperebereich solange auf den Milliamperebereich zurückschalten bis eine ablesbare Anzeige erfolgt (1–3 mA sind zulässig).
- Durch Herausnehmen der Sicherungen nacheinander die verschiedenen Stromkreise unterbrechen. Geht bei einem unterbrochenen Stromkreis die Anzeige auf Null zurück, ist hier die Fehlerquelle zu suchen.
- Fehler können sein: korrodierte und verschmutzte Kontakte, durchgescheuerte Leitungen, interner Kurzschluss in Aggregaten.
- Wird in den abgesicherten Stromkreisen kein Fehler gefunden, so sind die Leitungen an den nicht abgesicherten Aggregaten, wie Generator und Anlasser, abzuziehen.
- Geht beim Abklemmen von einem der ungesicherten Aggregate die Anzeige auf Null zurück, betreffendes Bauteil überholen oder austauschen. Bei Stromverlust in der Anlasser- oder Zündanlage immer auch den Zünd-Anlassschalter nach Schaltplan prüfen.
- Batterie-Massekabel (–) anklemmen. **Achtung:** Hinweise im Kapitel »Batterie aus- und einbauen« beachten.

Generator aus- und einbauen/ Generator-Ladespannung prüfen

Je nach Modell und Ausstattung können Generatoren mit unterschiedlicher Leistung eingebaut sein. **Achtung:** Wenn nachträglich elektrisches Zubehör mit hohem Stromverbrauch in das Fahrzeug eingebaut wird, sollte überprüft werden, ob die bisherige Generatorleistung noch ausreicht; gegebenenfalls stärkeren Generator einbauen.

Ladespannung prüfen

Wenn die Batterie nicht ausreichend geladen wird, Generatorspannung prüfen:

- Voltmeter zwischen Plus- und Minuspol der Batterie anschließen.
- Motor starten. Die Spannung darf beim Startvorgang bis etwa 8 Volt (bei + 20° C Außentemperatur) absinken.
- Motordrehzahl auf 3.000/min erhöhen. Die Spannung soll dann 13 bis 14,5 Volt betragen. Dies ist ein Beweis, dass Generator und Regler arbeiten. Die Generatorspannung (Bordspannung) muss höher als die Batteriespannung sein, damit die Batterie im Fahrbetrieb wieder aufgeladen wird.
- Regelstabilität prüfen. Dazu Fernlicht einschalten und Messung bei 3.000/min wiederholen. Die gemessene Spannung darf nicht mehr als 0,4 Volt über dem vorher gemessenen Wert liegen.
- Liegen die gemessenen Werte außerhalb der Sollwerte, Generator und Regler von Fachwerkstatt überprüfen lassen.

Sicherheitshinweise

Bei Arbeiten an der elektrischen Anlage im Motorraum grundsätzlich die Batterie abklemmen. **Achtung:** Dadurch werden elektronische Speicher gelöscht, wie zum Beispiel die Daten im Motor-Fehlerspeicher. Vor dem Abklemmen der Batterie Hinweise im Kapitel »Batterie aus- und einbauen« beachten.

- Batterie oder Spannungsregler **nicht** bei laufendem Motor abklemmen.
- Generator **nicht** bei angeschlossener Batterie ausbauen.
- Beim Elektroschweißen Batterie grundsätzlich vom Bordnetz abklemmen.

Generator ohne Schiebebuchsen

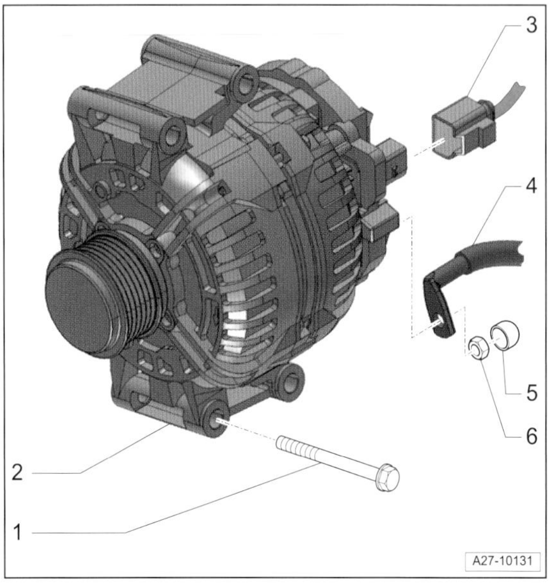

1 – **Schraube, 23 Nm**
4 Stück.

2 – **Drehstromgenerator**

3 – **Elektrische Steckverbindung**
Klemme D.

4 – **Klemme 30/B+**

5 – **Abdeckkappe**

6 – **Mutter, 20 Nm**

Generator mit Schiebebuchsen

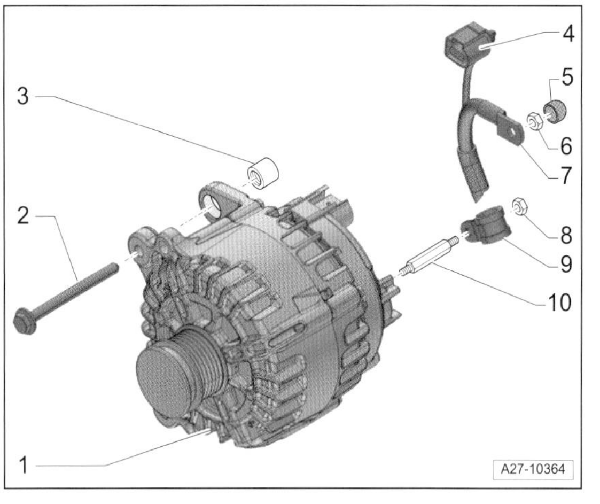

1 – **Drehstromgenerator**

2 – **Schraube, 23 Nm**
2 Stück.

3 – **Schiebebuchse**
2 Stück.
Achtung: Weil die Klemmkraft einer schwergängigen Schiebebuchse trotz richtigem Drehmoment zu gering ist, Schiebebuchsen vor dem Einbau des Generators gängig machen.

4 – **Elektrische Steckverbindung**

5 – **Abdeckkappe**

6 – **Mutter, 20 Nm**

7 – **Klemme 30/B+**

8 – Mutter, 3,2 Nm
Nur bei Fahrzeugen mit Dieselmotor.

9 – Leitungsschelle
Nur bei Fahrzeugen mit Dieselmotor.

10 – Gewindestift, 3,2 Nm

1,2-/1,4-/1,5-l-Benzinmotor

Ausbau

- Masseleitung von der Batterie bei ausgeschalteter Zündung abklemmen, siehe Seite 78.
- Keilrippenriemen ausbauen, siehe Seite 233.
- **Fahrzeuge mit Klimaanlage:** Spannvorrichtung für Keilrippenriemen ausbauen, siehe Seite 235.
- **Fahrzeuge mit Klimaanlage:** Klimakompressor vom Halter abbauen und so am Schlossträger befestigen, dass die Kältemittelleitungen entlastet sind, siehe Seite 163.

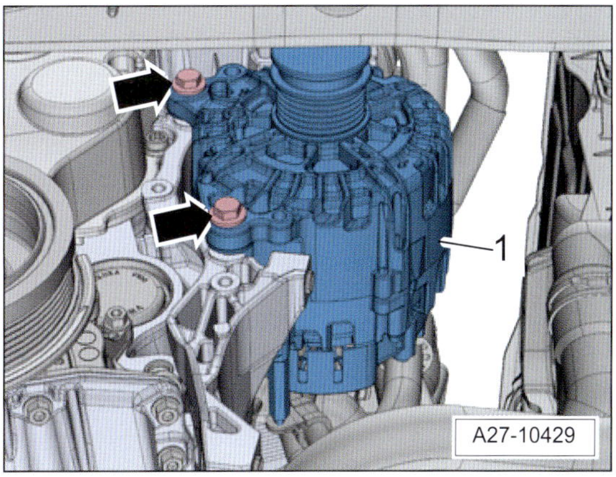

- Schrauben –Pfeile– herausdrehen.

Hinweis: Wenn der Drehstromgenerator –1– in seinem Halter klemmt, Schrauben wieder bis auf 2 Umdrehungen eindrehen. Vorsichtig mit der flachen Hammerseite auf die Schraubenköpfe schlagen, damit sich die Schiebebuchsen der Generatorbefestigung lösen.

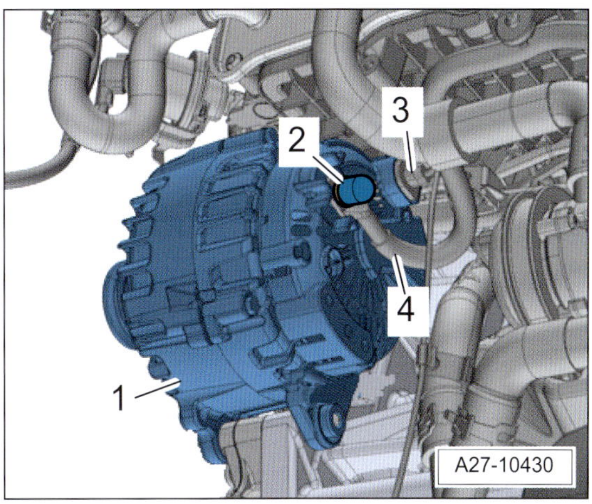

- Drehstromgenerator –1– mit angeschlossenen elektrischen Leitungen aus dem Halter herausnehmen.
- Elektrische Steckverbindung –3– trennen.
- Abdeckkappe –2– abhebeln.
- Mutter abschrauben und Klemme 30/B+ –4– abnehmen.
- Drehstromgenerator –1– nach unten rechts herausnehmen. Dabei darauf achten, dass die Kältemittelschläuche des Klimakompressors nicht beschädigt werden.

Einbau

- Der Einbau erfolgt in umgekehrter Ausbaureihenfolge, dabei Folgendes beachten:
- Zum leichteren Ansetzen des Drehstromgenerators die Schiebebuchsen der Generatorbefestigung etwas zurücktreiben.

Hinweis: Schwergängige Schiebebuchsen der Generatorbefestigung müssen gängig gemacht werden, da sonst die Klemmkraft der Schiebebuchsen trotz richtigem Drehmoment zu gering ist.

- Generator mit **23 Nm** anschrauben.
- B+ -Kabel mit **20 Nm** anklemmen.
- Batterie-Massekabel anklemmen, siehe Seite 78.

1,8-/2,0-l-Benzinmotor

Ausbau

- Masseleitung von der Batterie bei ausgeschalteter Zündung abklemmen, siehe Seite 78.
- Lüfterzarge ausbauen, siehe Seite 254.
- Keilrippenriemen ausbauen, siehe Seite 233.

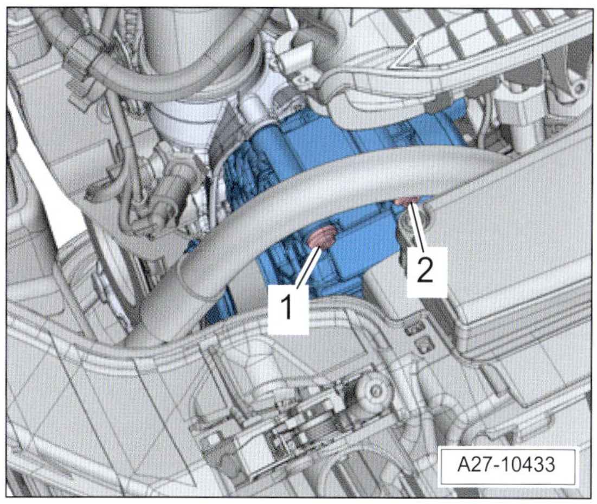

- Schrauben –1– und –2– herausdrehen.

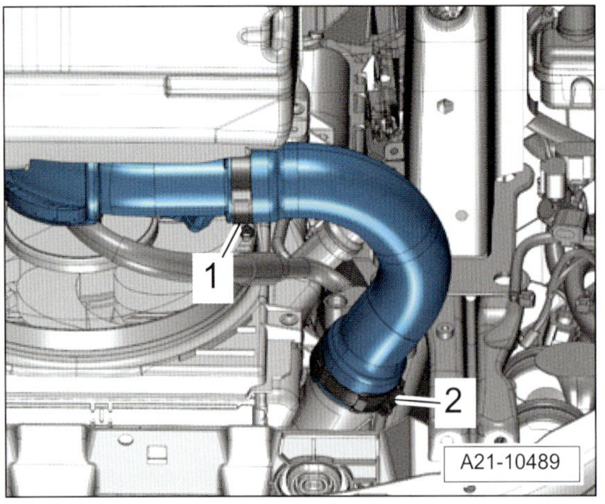

- Schlauchschellen –1– und –2– lösen und zurückschieben. Luftführungsschlauch abziehen.
- Offene Leitungen und Anschlüsse mit sauberen Stopfen verschließen.

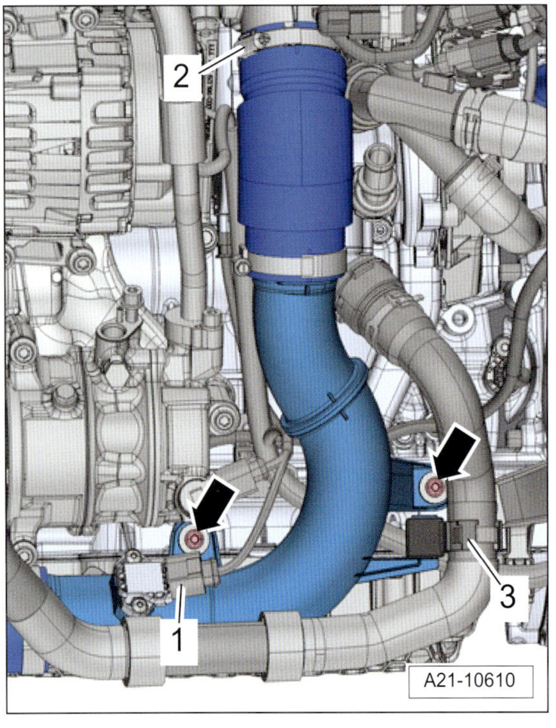

- Kühlmittelschlauch –3– frei legen.
- Schlauchschelle –2– lösen.
- Schrauben –Pfeile– herausdrehen.
- Elektrische Steckverbindung –1– trennen.
- Luftführungsrohr rechts abnehmen.
- **Fahrzeuge mit Klimaanlage:** Klimakompressor vom Halter abbauen und so am Schlossträger befestigen, dass die Kältemittelleitungen entlastet sind, siehe Seite 163.

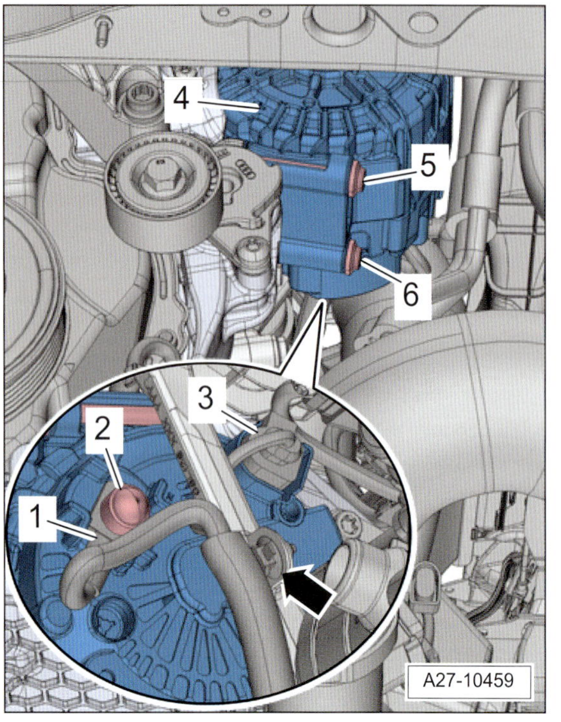

- Elektrischen Leitungsstrang frei legen –Pfeil–.
- Schrauben –5– und –6– herausdrehen und Drehstromgenerator –4– nach vorn nehmen.
- Elektrische Steckverbindung –3– trennen.
- Abdeckkappe –2– abhebeln.
- Mutter abschrauben und Klemme 30/B+ –1– abnehmen.
- Drehstromgenerator –4– nach unten zur Fahrzeugmitte herausnehmen.

Einbau

- Der Einbau erfolgt in umgekehrter Ausbaureihenfolge, dabei Folgendes beachten:
- Generator mit **23 Nm** anschrauben.
- B+-Kabel mit **20 Nm** anklemmen.
- Batterie anklemmen, siehe Seite 78.

Dieselmotor außer GTD

Ausbau

- Masseleitung von der Batterie bei ausgeschalteter Zündung abklemmen, siehe Seite 78.
- Spannvorrichtung für Keilrippenriemen ausbauen, siehe Seite 235.

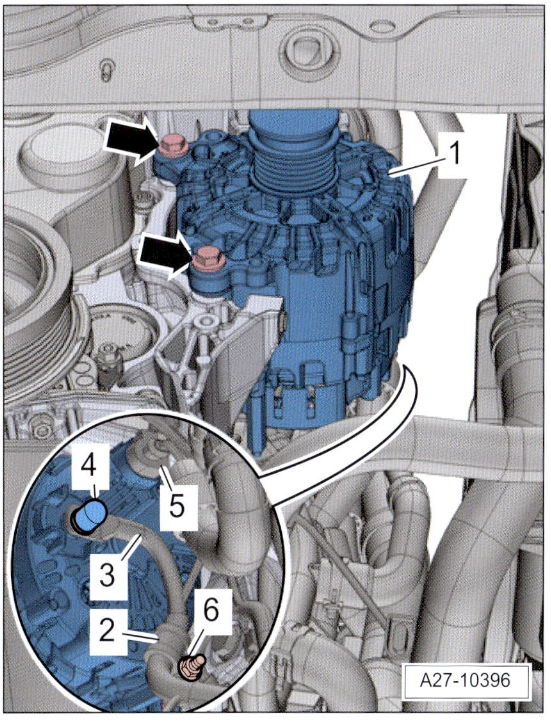

- Schrauben –Pfeile– herausschrauben.

Hinweis: Wenn der Drehstromgenerator –1– in seinem Halter klemmt, Schrauben wieder bis auf 2 Umdrehungen eindrehen. Vorsichtig mit der flachen Hammerseite auf die Schraubenköpfe schlagen, damit sich die Schiebebuchsen der Generatorbefestigung lösen.

- Drehstromgenerator –1– mit angeschlossenen elektrischen Leitungen aus dem Halter herausnehmen.
- Elektrische Steckverbindung –5– trennen.
- Abdeckkappe –4– abhebeln.
- Mutter abschrauben und Klemme 30/B+ –3– abnehmen.
- Mutter –6– abschrauben und Leitungsschelle –2– abziehen.
- Drehstromgenerator –1– nach unten rechts herausnehmen.

Einbau

- Der Einbau erfolgt in umgekehrter Ausbaureihenfolge, dabei Folgendes beachten:
- Zum leichteren Ansetzen des Drehstromgenerators die Schiebebuchsen der Generatorbefestigung etwas zurücktreiben.

Hinweis: Schwergängige Schiebebuchsen der Generatorbefestigung müssen gängig gemacht werden, da sonst die Klemmkraft der Schiebebuchsen trotz richtigem Drehmoment zu gering ist.

- Generator mit **23 Nm** anschrauben.
- B+-Kabel mit **20 Nm** anklemmen.
- Batterie-Massekabel anklemmen, siehe Seite 78.

GTD

Ausbau

- Masseleitung von der Batterie bei ausgeschalteter Zündung abklemmen, siehe Seite 78.
- Spannvorrichtung für Keilrippenriemen ausbauen, siehe Seite 235.
- Vorderteil des rechten Innenkotflügels ausbauen, siehe Seite 348.
- Lüfterzarge ausbauen, siehe Seite 254.
- Kühlmittel ablassen, siehe Seite 237.
- Kühlmittelschlauch am Kühler abbauen, siehe Seite 247.
- **Fahrzeuge mit Standheizung:** Auspuff der Standheizung ausbauen.
- **Fahrzeuge mit Klimaanlage:** Klimakompressor vom Halter abbauen und so am Schlossträger befestigen, dass die Kältemittelleitungen entlastet sind, siehe Seite 163.

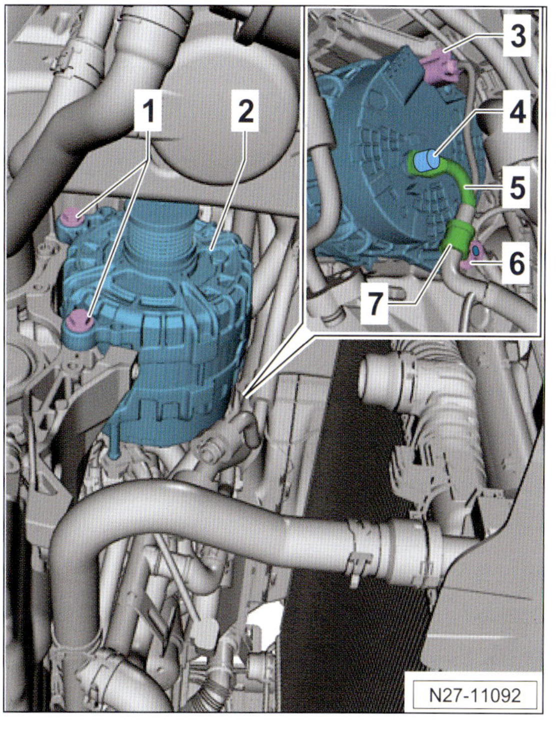

- Schrauben –1– herausschrauben.

Hinweis: Wenn der Drehstromgenerator –1– in seinem Halter klemmt, Schrauben wieder bis auf 2 Umdrehungen eindrehen. Vorsichtig mit der flachen Hammerseite auf die

Schraubenköpfe schlagen, damit sich die Schiebebuchsen der Generatorbefestigung lösen.

- Drehstromgenerator –2– mit angeschlossenen elektrischen Leitungen aus dem Halter herausnehmen.
- Elektrische Steckverbindung –3– trennen.
- Abdeckkappe –4– abhebeln.
- Mutter abschrauben und Klemme 30/B+ –5– abnehmen.
- Mutter –6– abschrauben und Leitungsschelle –7– abziehen.
- Drehstromgenerator –2– nach unten rechts herausnehmen.

Einbau

- Der Einbau erfolgt in umgekehrter Ausbaureihenfolge, dabei Folgendes beachten:
- Zum leichteren Ansetzen des Drehstromgenerators die Schiebebuchsen der Generatorbefestigung etwas zurücktreiben.

Hinweis: Schwergängige Schiebebuchsen der Generatorbefestigung müssen gängig gemacht werden, da sonst die Klemmkraft der Schiebebuchsen trotz richtigem Drehmoment zu gering ist.

- Generator mit **23 Nm** anschrauben.
- B+-Kabel mit **20 Nm** anklemmen.
- Batterie-Massekabel anklemmen, siehe Seite 78.

Keilrippenriemenscheibe mit Freilauf aus- und einbauen

BOSCH-Generator

Ausbau

- Drehstromgenerator ausbauen, siehe Seite 86.
- Drehstromgenerator an den Befestigungspunkten in einen Schraubstock spannen.
- Abdeckkappe von der Keilrippenriemenscheibe abhebeln.

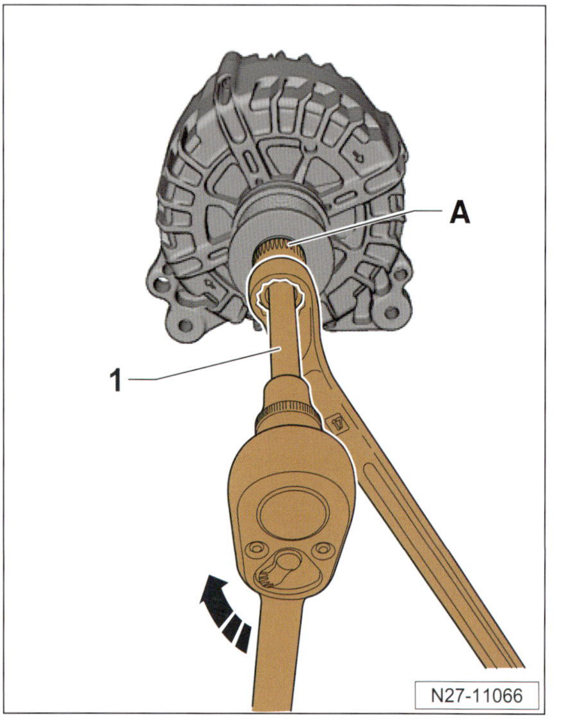

- Vielzahnadapter –A–, zum Beispiel HAZET 2592, mit Ringschlüssel (Schlüsselweite 17) in die Keilrippenriemenscheibe einsetzen.
- Vielzahn-Steckeinsatz M10 –1– in die Generatorwelle einsetzen.
- Generatorwelle festhalten und Keilrippenriemenscheibe mit Ringschlüssel durch Linkssdrehen lösen.
- Keilrippenriemenscheibe mit der Hand festhalten.
- Generatorwelle drehen, bis die Keilrippenriemenscheibe abgenommen werden kann.

Einbau

- Der Einbau erfolgt in umgekehrter Ausbaureihenfolge, dabei Folgendes beachten:
- Keilrippenriemenscheibe mit der Hand bis zum Anschlag auf die Generatorwelle schrauben.
- Drehrichtung des Drehmomentschlüssels auf links stellen.

- Vielzahn-Steckeinsatz M10 –1– in die Generatorwelle einsetzen.
- Vielzahnadapter HAZET 2592 mit Ringschlüssel (Schlüsselweite 17) festhalten (gegenhalten).
- Keilrippenriemenscheibe durch Linksdrehen der Generatorwelle mit Drehmomentschlüssel und **80 Nm** festziehen.

VALEO-Generator

Ausbau:

- Drehstromgenerator ausbauen, siehe Seite 86.
- Drehstromgenerator an den Befestigungspunkten in einen Schraubstock spannen.
- Abdeckkappe von der Keilrippenriemenscheibe abhebeln.
- Vielzahnadapter HAZET 2592 mit Ringschlüssel (Schlüsselweite 17) in die Keilrippenriemenscheibe einsetzen.
- TORX-Schraubendrehereinsatz –1– in die Generatorwelle einsetzen.
- Generatorwelle festhalten und Keilrippenriemenscheibe mit Ringschlüssel durch Linksdrehen lösen.
- Keilrippenriemenscheibe mit der Hand festhalten.
- Generatorwelle drehen, bis die Keilrippenriemenscheibe abgenommen werden kann.

Einbau

- Der Einbau erfolgt in umgekehrter Ausbaureihenfolge, dabei Folgendes beachten:
- Keilrippenriemenscheibe mit der Hand bis zum Anschlag auf die Generatorwelle schrauben.
- Drehrichtung des Drehmomentschlüssels auf links stellen.
- TORX-Schraubendrehereinsatz –1– in die Generatorwelle einsetzen.
- Vielzahnadapter HAZET 2592 mit Ringschlüssel (Schlüsselweite 17) gegenhalten.
- Keilrippenriemenscheibe durch Linksdrehen der Generatorwelle mit Drehmomentschlüssel und **80 Nm** festziehen.

Spannungsregler aus- und einbauen

BOSCH-Generator

Ausbau

- Drehstromgenerator ausbauen, siehe Seite 86.

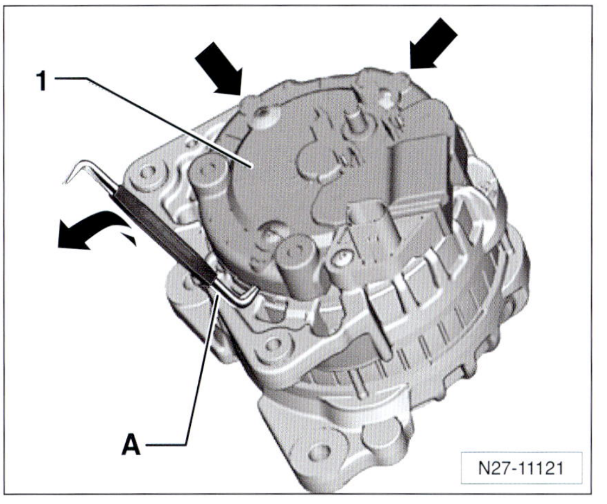

- Abschirmkappe –1– mit einem Winkelschraubendreher für Schlitzschrauben –A– an den Verrastungen –Pfeile– vorsichtig abhebeln.

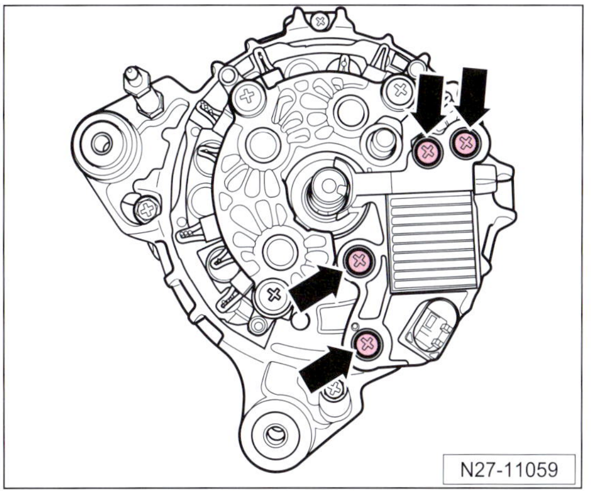

- Befestigungsschrauben –Pfeile– des Spannungsreglers abschrauben.
- Spannungsregler aus dem Drehstromgenerator herausnehmen.

Einbau

- Der Einbau erfolgt in umgekehrter Ausbaureihenfolge. Spannungsregler mit **2 Nm** anschrauben.

VALEO-Generator

Ausbau:

- Drehstromgenerator ausbauen, siehe Seite 86.

N27-10821

- Abdeckung –1– vom Drehstromgenerator vorsichtig abhebeln.

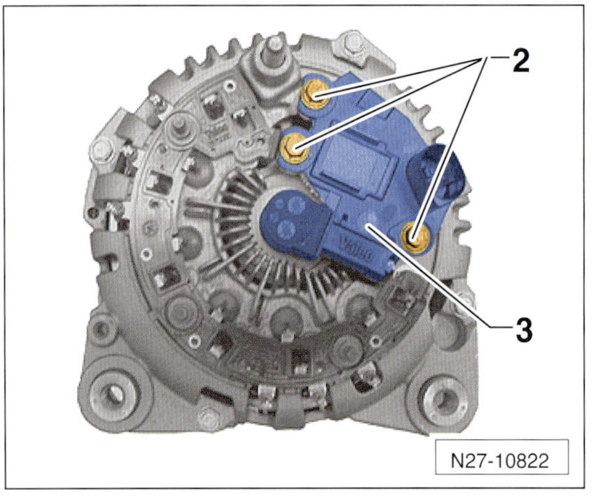

N27-10822

- Befestigungsschrauben –2– des Spannungsreglers –3– abschrauben.
- Spannungsregler –3– aus dem Drehstromgenerator herausnehmen.

Einbau

- Der Einbau erfolgt in umgekehrter Ausbaureihenfolge, dabei Folgendes beachten:
- Spannungsregler einsetzen und mit **4 Nm** anschrauben.

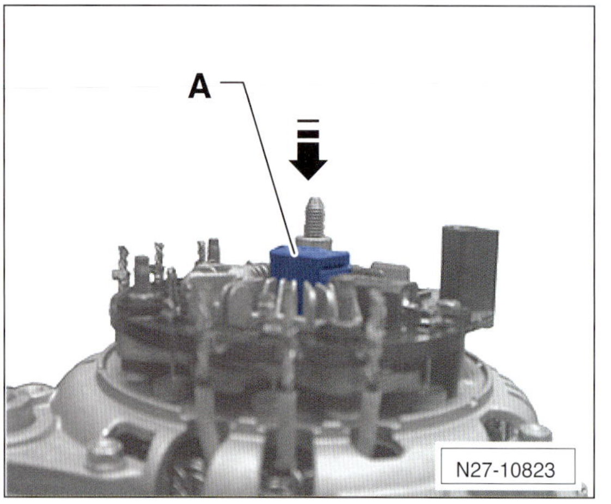

N27-10823

- Abschirmkappe der Kohlebürsten –A– herunter drücken –Pfeil–, bis sie bündig mit dem Spannungsreglergehäuse ist.
- Neue Abdeckung am Drehstromgenerator aufstecken.

Anlasser aus- und einbauen

Zum Starten des Verbrennungsmotors ist ein elektrischer Motor erforderlich, der Anlasser. Damit der Motor überhaupt anspringen kann, muss der Anlasser den Verbrennungsmotor auf eine Drehzahl von mindestens 300 Umdrehungen in der Minute beschleunigen. Das funktioniert aber nur, wenn der Anlasser einwandfrei arbeitet und die Batterie hinreichend geladen ist.

Da zum Starten eine hohe Stromaufnahme erforderlich ist, ist im Rahmen der Wartung auf eine einwandfreie Kabelverbindung zu achten. Korrodierte Anschlüsse säubern und **nach dem Verbinden** mit Polschutzfett einstreichen.

Hinweis: Bei Fahrzeugen mit Start-Stopp-System ist ein Anlasser mit verstärktem Anlasserzahnkranz eingebaut, der sich äußerlich nicht vom herkömmlichen Anlasser unterscheidet, daher bei Ersatz auf richtige Zuordnung (Ersatzteilnummer) achten.

Fahrzeuge mit Schaltgetriebe

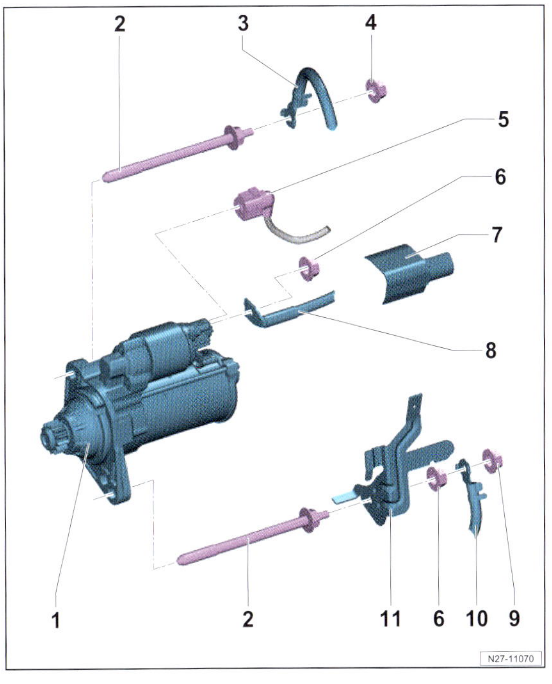

1 – **Anlasser**

2 – **Schraube, 80 Nm**

3 – **Masseleitung**
Nicht immer vorhanden.

4 – **Mutter, 20 Nm**
Nicht immer vorhanden.

5 – **Elektrische Steckverbindung**

6 – **Mutter, 20 Nm**

7 – **Abdeckkappe**

8 – **Klemme 30/B+**

9 – **Mutter, 20 Nm**
Nicht immer vorhanden.

10 – **Masseleitung**
Nicht immer vorhanden.

11 – **Halter**
Für Leitungsstrang.

Ausbau

- Masseleitung von der Batterie bei ausgeschalteter Zündung abklemmen, siehe Seite 78.
- Untere Motorraumabdeckung ausbauen, siehe Seite 339.
- **Dieselmotor:** Luftfiltergehäuse ausbauen, siehe Seite 277.

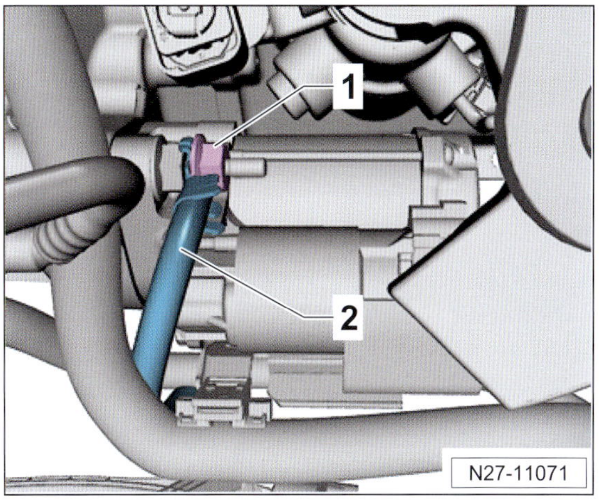

- Falls vorhanden, Mutter –1– an der oberen Befestigungsschraube des Anlassers abschrauben und Masseleitung –2– abnehmen.

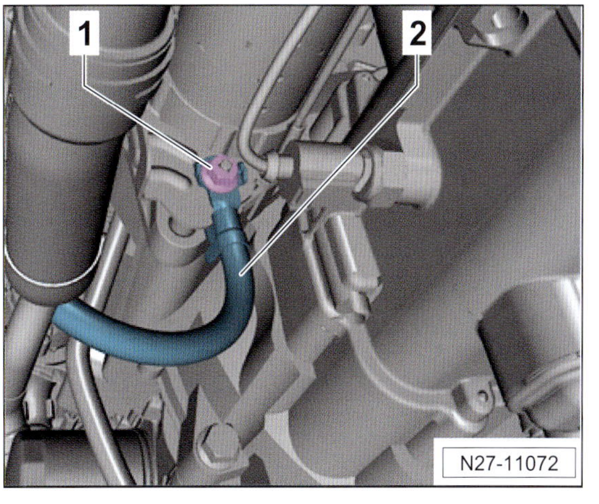

- Falls vorhanden, Mutter –1– an der unteren Befestigungsschraube des Anlassers abschrauben und Masseleitung –2– abnehmen.

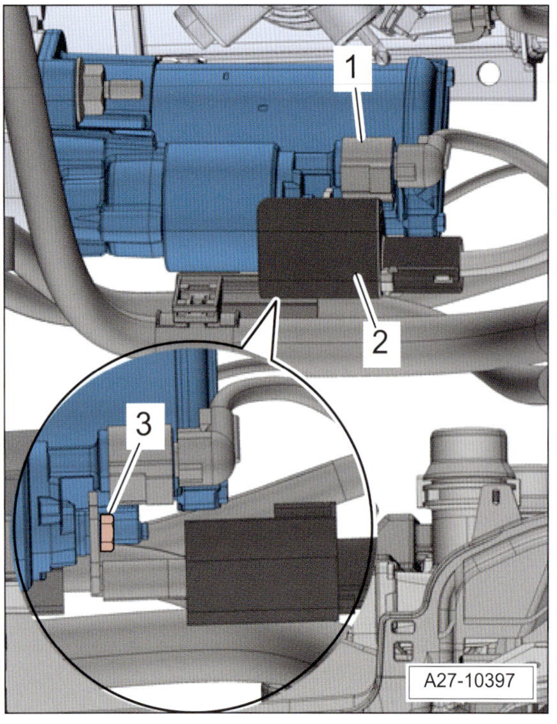

- Elektrische Steckverbindung –1– trennen.
- Abdeckkappe –2– abdrücken.
- Mutter –3– abschrauben und Klemme 30/B+ abnehmen.

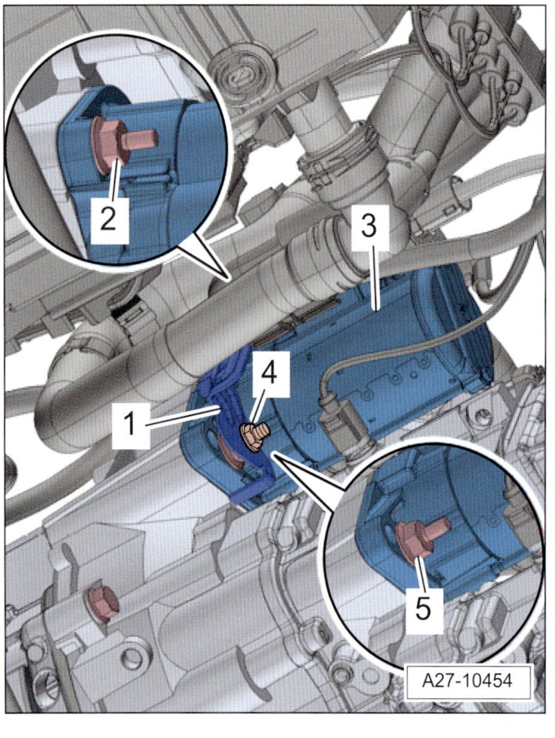

- Mutter –4– abschrauben und Halter –1– für Leitungsstrang abnehmen. **Achtung:** Die elektrischen Leitungen bleiben eingesteckt.
- Schrauben –2– und –5– des Anlassers –3– herausschrauben.
- Anlasser –3– nach unten herausnehmen.

Einbau

- Der Einbau erfolgt in umgekehrter Ausbaureihenfolge.

Fahrzeuge mit Doppelkupplungsgetriebe (DQ200–7F)

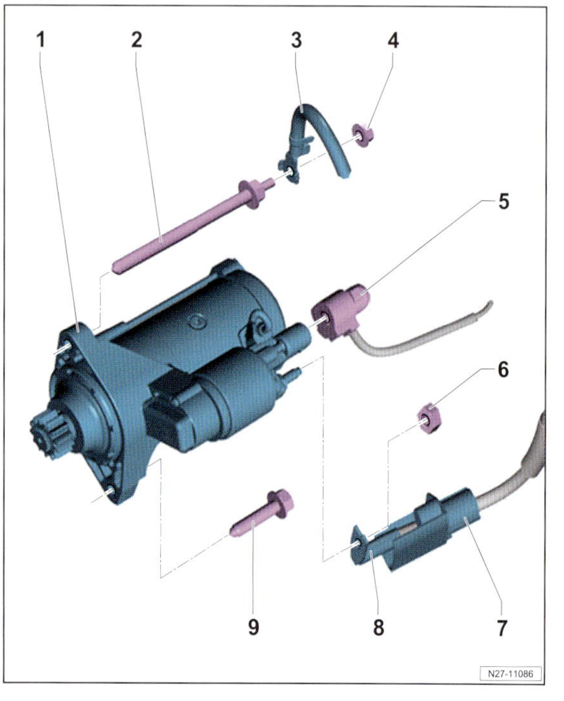

1 – **Anlasser**
2 – **Doppelschraube, 80 Nm**
3 – **Masseleitung**
Nicht immer vorhanden.
4 – **Mutter, 20 Nm**
Nicht immer vorhanden.
5 – **Elektrische Steckverbindung**
6 – **Mutter, 20 Nm**
7 – **Abdeckkappe**
8 – **Klemme 30/B+**
9 – **Schraube, 80 Nm**

Ausbau

- Masseleitung von der Batterie bei ausgeschalteter Zündung abklemmen, siehe Seite 78.
- **Dieselmotor:** Luftfiltergehäuse ausbauen, siehe Seite 277.

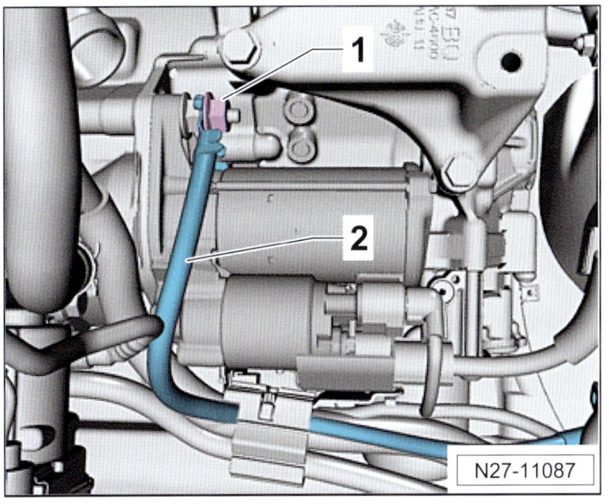

- Falls vorhanden, Mutter –1– an der oberen Befestigungsschraube des Anlassers abschrauben und Masseleitung –2– abnehmen.

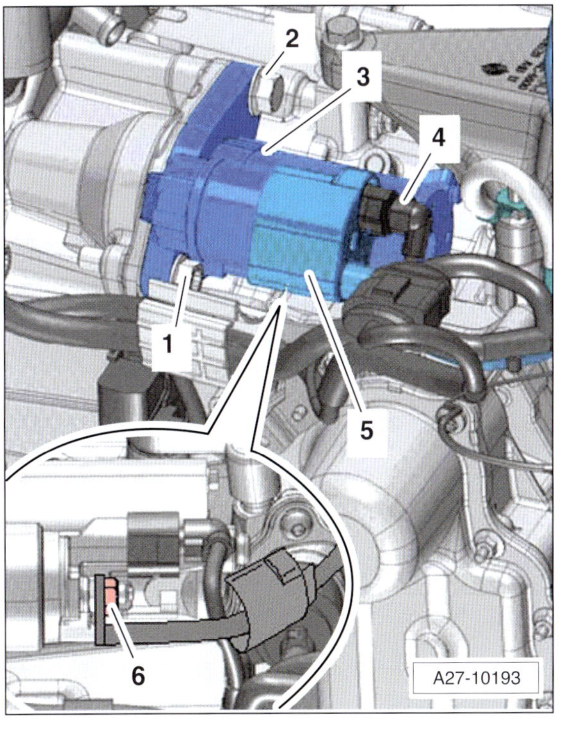

- Elektrische Steckverbindung –4– trennen.
- Abdeckkappe –5– abdrücken.
- Mutter –6– abschrauben und Klemme 30/B+ abnehmen.
- Untere Motorraumabdeckung ausbauen, siehe Seite 339.
- Schrauben –1– und –2– des Anlassers –3– herausschrauben.
- Anlasser –3– nach oben herausnehmen.

Einbau

- Der Einbau erfolgt in umgekehrter Ausbaureihenfolge.

Fahrzeuge mit Doppelkupplungsgetriebe (DQ250–6F)

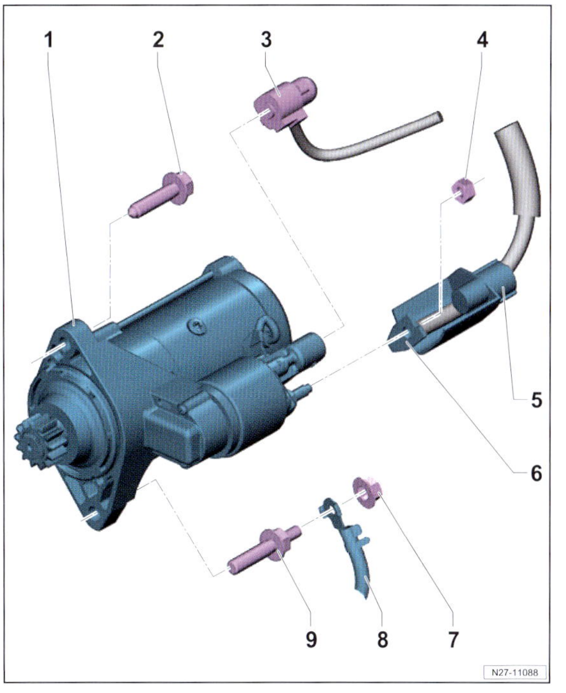

1 – **Anlasser**
2 – **Schraube, 40 Nm**
3 – **Elektrische Steckverbindung**
4 – **Mutter, 20 Nm**
5 – **Abdeckkappe**
6 – **Klemme 30/B+**
7 – **Mutter, 20 Nm**
Nicht immer vorhanden.
8 – **Masseleitung**
Nicht immer vorhanden.
9 – **Schraube, 40 Nm**

Ausbau

- Masseleitung von der Batterie bei ausgeschalteter Zündung abklemmen, siehe Seite 78.
- Wenn sich das Luftfiltergehäuse vor der Batterie befindet: Luftfiltergehäuse ausbauen, siehe Seite 277.
- Untere Motorraumabdeckung ausbauen, siehe Seite 339.

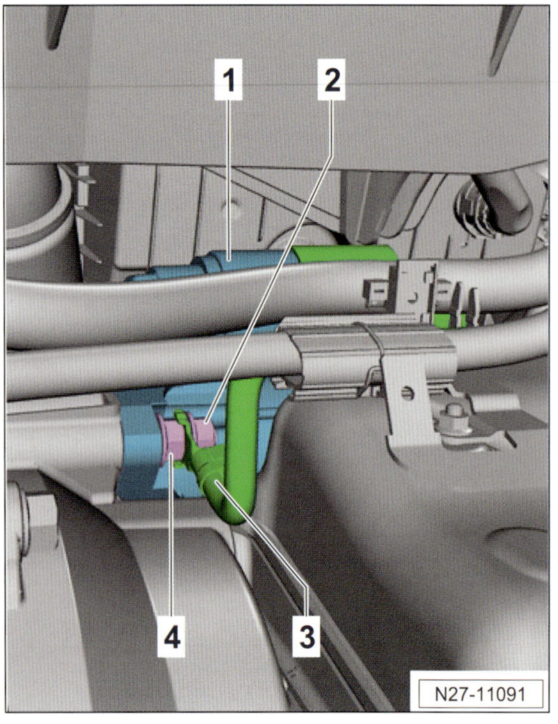

- Falls vorhanden, Mutter –2– an der unteren Befestigungsschraube des Anlassers –1– abschrauben.
- Falls vorhanden, Masseleitung –3– abnehmen.
- Schraube –4– des Anlassers –1– herausschrauben.

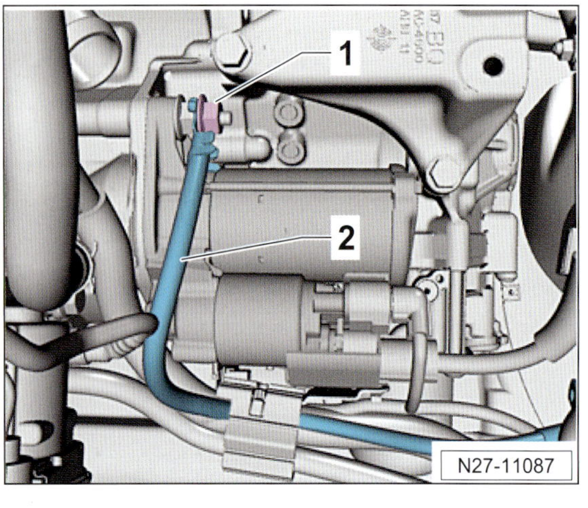

- Wenn vorhanden Mutter –1– an der oberen Befestigungsschraube des Anlassers abschrauben.
- Falls vorhanden, Masseleitung –2– abnehmen.

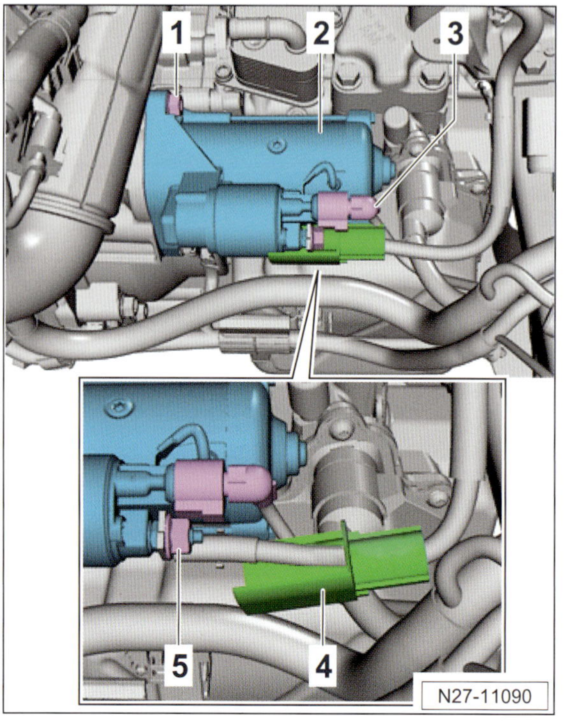

- Elektrische Steckverbindung –3– trennen.
- Abdeckkappe –4– abdrücken.
- Mutter –5– abschrauben und Klemme 30/B+ abnehmen.
- Schraube –1– des Anlassers –2– herausschrauben.
- Anlasser –2– nach oben herausnehmen.

Einbau

- Der Einbau erfolgt in umgekehrter Ausbaureihenfolge.

Scheibenwischanlage

Sicherheitshinweis
Bei Wartungs- und Reparaturarbeiten an der Scheibenwischanlage besteht Verletzungsgefahr der Hände durch Klemmen oder Quetschen. Im Extremfall durch Abscheren von Gliedmaßen bei Eingriffen in die Scheibenwischermechanik. Vor jeglichen Reparaturarbeiten ist stets der Zündschlüssel abzuziehen.

Scheibenwischerblatt aus- und einbauen

Hinweis: Scheibenwischergummi und Scheibenwischerblatt bilden eine Einheit und können nicht einzeln ersetzt werden.

Frontscheibe

Ausbau

- Scheibenwischer in Servicestellung bringen, siehe Seite 98.

Achtung: Beschädigungsgefahr des Scheibenwischerblatts.

Die gelenkfreien Scheibenwischer sind sehr flexibel. Die Wischerblätter nur im Bereich der Wischerblattbefestigung anfassen, um sie von der Frontscheibe abzuheben.

- Scheibenwischerarm von der Frontscheibe abheben.

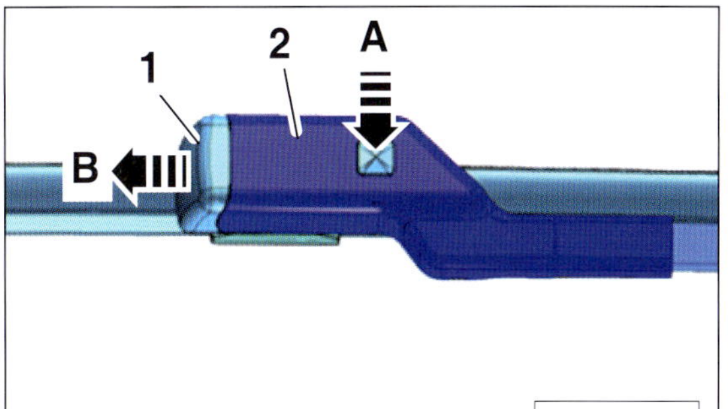

A92-10076

- Halteklammer –Pfeil A– drücken und Scheibenwischerblatt –1– vom Scheibenwischerarm –2– in Pfeilrichtung –B– herausziehen.
- Scheibenwischerblatt abnehmen.
- Zweites Scheibenwischerblatt auf dieselbe Weise ausbauen.

Einbau

Hinweis: Die Scheibenwischerblätter haben unterschiedliche Längen für Fahrer- und Beifahrerseite.

- Der Einbau erfolgt in umgekehrter Ausbaureihenfolge, dabei Folgendes beachten:

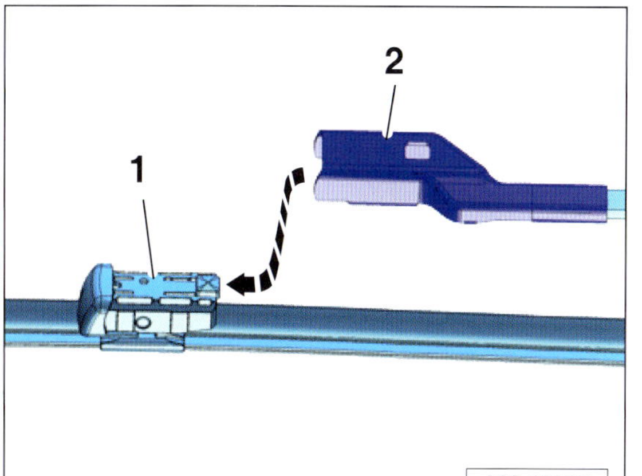

A92-10077

- Scheibenwischerblatt –1– parallel in den Scheibenwischerarm –2– einführen –Pfeil–, bis die Halteklammer hörbar einrastet.
- »Servicestellung« der Scheibenwischerblätter aufheben. Dazu den Schalter für Scheibenwischer betätigen oder mit dem Fahrzeug schneller als 6 km/h fahren.

Heckscheibe

Ausbau

- Wischerarm hochklappen.

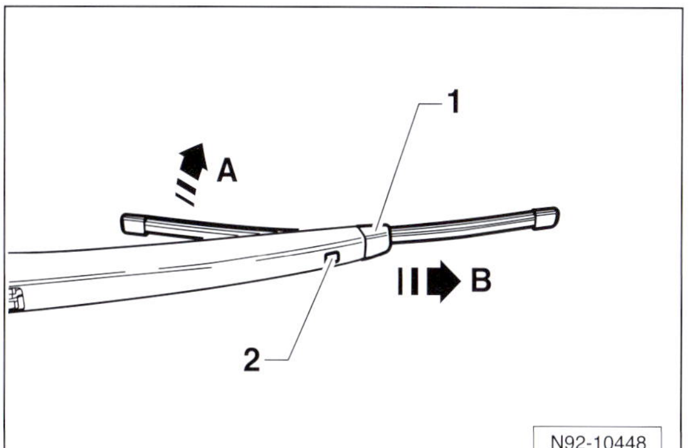

N92-10448

- Wischerblatt in Pfeilrichtung –A– schwenken und rechtwinklig zum Wischerarm stellen.
- Entriegelungstaste –2– drücken und Wischerblatt an der Wischerblattbefestigung –1– in Pfeilrichtung –B– aus dem Wischerarm herausziehen.

Einbau

- Wischerblatt mit dem Befestigungsclip in den Wischerarm schieben und einrasten.
- Wischerblatt zurückklappen und Wischerarm auf die Heckscheibe zurückklappen.

Scheibenwischer an der Frontscheibe in Servicestellung bringen

Sicherheitshinweise

- Beschädigungsgefahr der Motorhaube durch Zurückfahren der Scheibenwischer in Grundstellung.
- Fahrzeug mit abgeklappten Scheibenwischerarmen nicht rangieren.
- Beim Betätigen des Schalters für Scheibenwischer oder ab einer Geschwindigkeit von 6 km/h fahren die Scheibenwischer automatisch in die Grundstellung zurück.
- Bei Frost vorher prüfen, ob die Scheibenwischerblätter angefroren sind, Beschädigungsgefahr der Scheibenwischerblätter.
- Wenn innerhalb des Arbeitsablaufs der Scheibenwischermotor laufen soll, muss die Motorhaube vollständig geschlossen sein, da andernfalls die Spannungsversorgung des Scheibenwischermotors unterbrochen ist.

Servicestellung einstellen

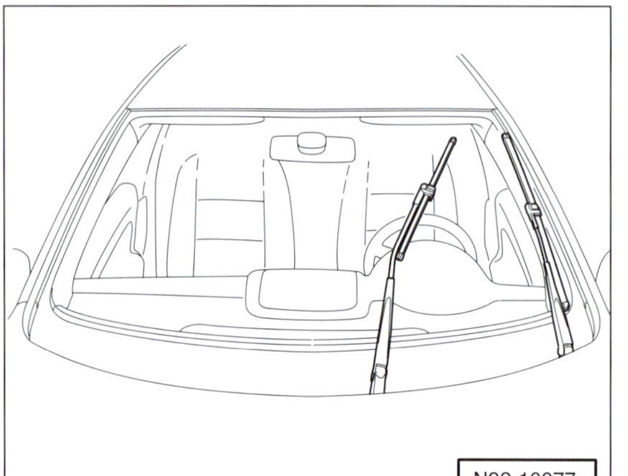
N92-10077

- Zündung kurz ein- und wieder ausschalten.
- Innerhalb von 10 Sekunden am Scheibenwischerschalter »Tippwischen« betätigen.
- Die Scheibenwischer laufen in »Servicestellung«.

Scheibenwischanlage vorn – Detailübersicht

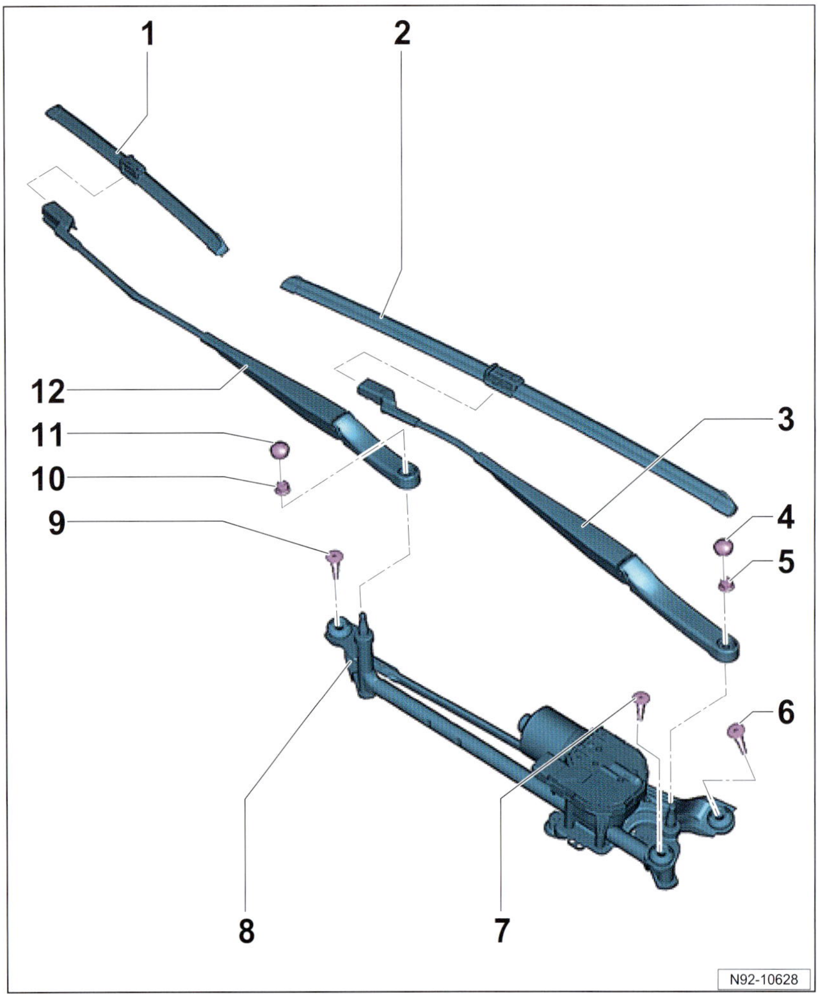

N92-10628

1 – Scheibenwischerblatt Fahrerseite

2 – Scheibenwischerblatt Beifahrerseite

3 – Scheibenwischerarm Beifahrerseite

4 – Abdeckkappe

5 – Mutter, 20 Nm

6 – Schraube
Anzugsreihenfolge beachten.

7 – Schraube
Anzugsreihenfolge beachten.

8 – Scheibenwischerrahmen
Mit Scheibenwischermotor und Steuergerät für Wischermotor.

9 – Schraube
Anzugsreihenfolge beachten.

10 – Mutter, 20 Nm

11 – Abdeckkappe

12 – Scheibenwischerarm Fahrerseite

Scheibenwischerarme an der Frontscheibe aus- und einbauen

Ausbau

Achtung: Beschädigungsgefahr der Wischerarmwellen. Die Wischerarmwellen können beim Lösen der Scheibenwischerarme ohne einen geeigenten Abzieher, zum Beispiel VW-T10369/1, beschädigt werden.

Achtung: Wenn innerhalb des Arbeitsablaufs der Scheibenwischermotor laufen soll, muss die Motorhaube geschlossen sein, da andernfalls die Spannungsversorgung des Scheibenwischermotors unterbrochen ist.

- Scheibenwischer in Servicestellung bringen, siehe Seite 98.

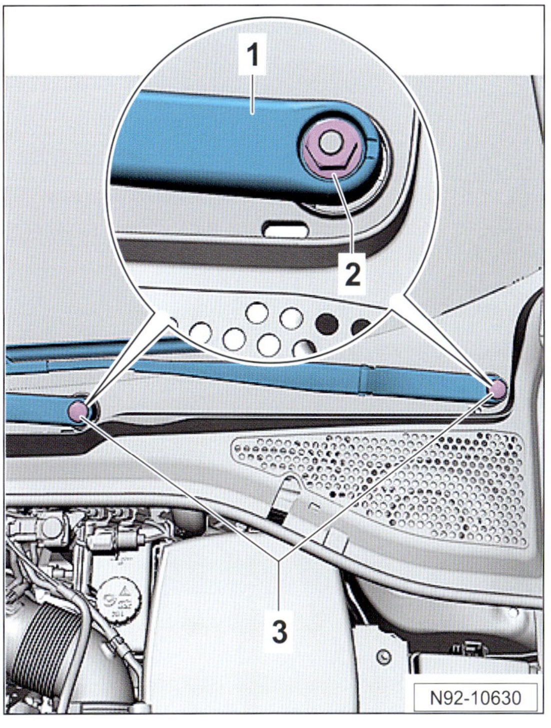

- Mit einem Schraubendreher die Abdeckkappen –3– von den Scheibenwischerarmen –1– abhebeln.
- Muttern –2– einige Umdrehungen lösen.

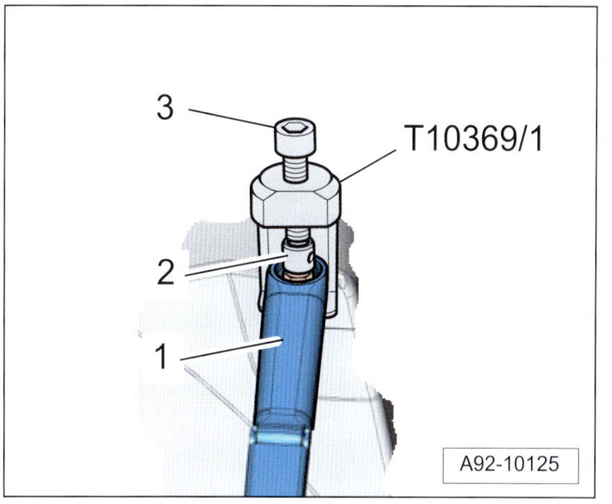

- Geeigneten Abzieher, zum Beispiel VW-T10369/1, wie in der Abbildung gezeigt, am Scheibenwischerarm –1– ansetzen.
- Druckstück –2– an der Wischerarmwelle ansetzen.
- Schraube –3– im Uhrzeigersinn drehen, bis der Scheibenwischerarm von der Wischerarmwelle abgezogen ist.
- Muttern ganz abschrauben und Scheibenwischerarme abnehmen.

Einbau

Achtung: Die Scheibenwischerarme haben unterschiedliche Längen für Fahrer- und Beifahrerseite.

- Der Einbau erfolgt in umgekehrter Ausbaureihenfolge, dabei Folgendes beachten:
- Ruhestellung der Wischerblätter prüfen, gegebenenfalls einstellen, siehe Seite 100.
- Muttern –2– mit **20 Nm** festziehen, siehe Abbildung N92-10630.

Ruhestellung der Wischerblätter prüfen/einstellen

Frontscheibe

Prüfen

- Frontscheibe mit Wasser benetzen, Scheibenwischer kurze Zeit laufen lassen und über den Wischerschalter abschalten. Dadurch läuft der Wischer nach jedem 2. Abschalten in die Endstellung, also die unterste Position; Wischer dabei beobachten.

Hinweis: Die Scheibenwischeranlage ist mit der so genannten APS-Funktion ausgestattet APS = Alternierende Parkstellung). Sie bewirkt, dass der Wischer nach jedem 2. Abschalten entweder in der Endstellung zum Stillstand kommt, oder aus der Endstellung in die »**a**lternierende **P**ark**s**tellung« vorgeschoben wird, also von der untersten Position wieder etwas aufwärts bewegt wird.

- Zündung ausschalten.

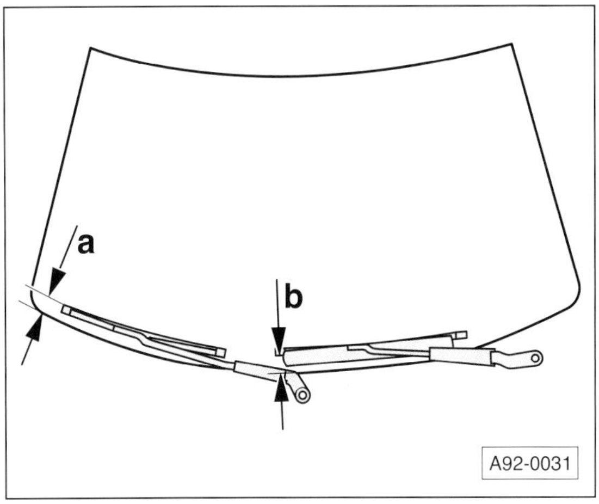

- Abstand der Wischerblattspitzen zur Oberkante der Wasserkastenabdeckung messen und mit Sollwert vergleichen: Maß a/b = 10 ± 5 mm.
- Gegebenenfalls Wischerarme ausbauen und entsprechend umsetzen, siehe entsprechendes Kapitel.

Heckscheibe

Prüfen

- Heckscheibenwischer ein- und ausschalten und in Endstellung laufen lassen.

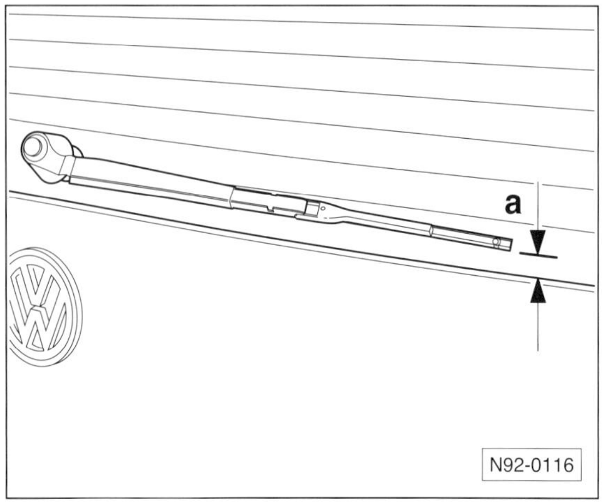

- Abstand der Wischerblattspitze zur Scheibenunterkante messen und mit Sollwert vergleichen:
  Limousine: Maß a = 33 + 5 mm.
  VARIANT/SPORTSVAN: Maß a = 32 ± 5 mm.
- Gegebenenfalls Wischerarm ausbauen und entsprechend umsetzen, siehe entsprechendes Kapitel.

Scheibenwischerrahmen aus- und einbauen

Ausbau

- Scheibenwischerarme ausbauen, siehe Seite 99.
- Wasserkastenabdeckung links ausbauen, siehe Seite 340.

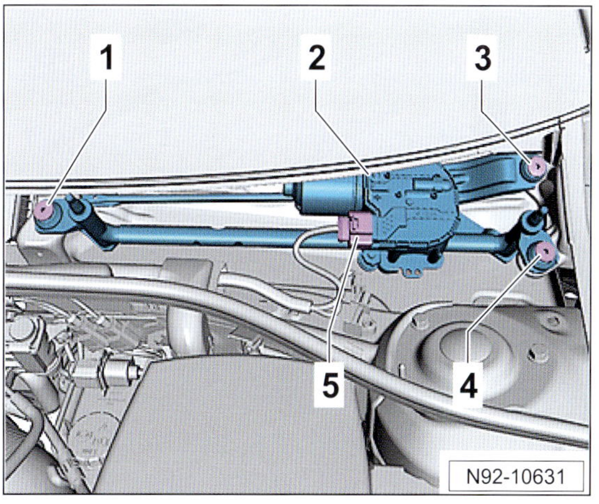

N92-10631

- Schrauben –1–, –3– und –4– herausdrehen.
- Elektrische Steckverbindung –5– trennen.
- Gegebenenfalls elektrische Steckverbindung der Dämpferregelung trennen.
- Scheibenwischerrahmen –2– mit Gestänge und Scheibenwischermotor aus dem Wasserkasten herausnehmen.

Einbau

- Der Einbau erfolgt in umgekehrter Ausbaureihenfolge, dabei Folgendes beachten:
- Schrauben für Scheibenwischerrahmen in der Reihenfolge 4, 3, 1 zunächst von Hand bis zur Anlage eindrehen. Anschließend die Schrauben in derselben Reihenfolge mit **8 Nm** festziehen.
- Ruhestellung Scheibenwischerarme einstellen, siehe Seite 100.

Scheibenwischermotor aus- und einbauen

Sicherheitshinweise

- Beim Betrieb der nicht abgedeckten Frontscheibenwischanlage besteht die Gefahr von Quetschungen.
- Die Frontscheibenwischanlage darf nur im eingebauten Zustand betrieben werden.
- Es besteht die Gefahr der Beschädigungen der Motorhaube und der Scheibenwischerarme.
- Vor dem Betrieb der Frontscheibenwischanlage bei geöffneter Motorhaube darauf achten, dass ausreichend Freiraum für die bewegten Bauteile vorhanden ist.
- Damit die Frontscheibenwischanlage bei geöffneter Motorhaube betrieben werden kann, muss das Klappenschloss in Stellung »geschlossen« eingerastet werden.

Ausbau

- Scheibenwischer in Ruhestellung, also in die unterste Position fahren, siehe Kapitel »Ruhestellung der Wischerblätter prüfen/einstellen«.
- Scheibenwischerrahmen ausbauen, siehe entsprechendes Kapitel.

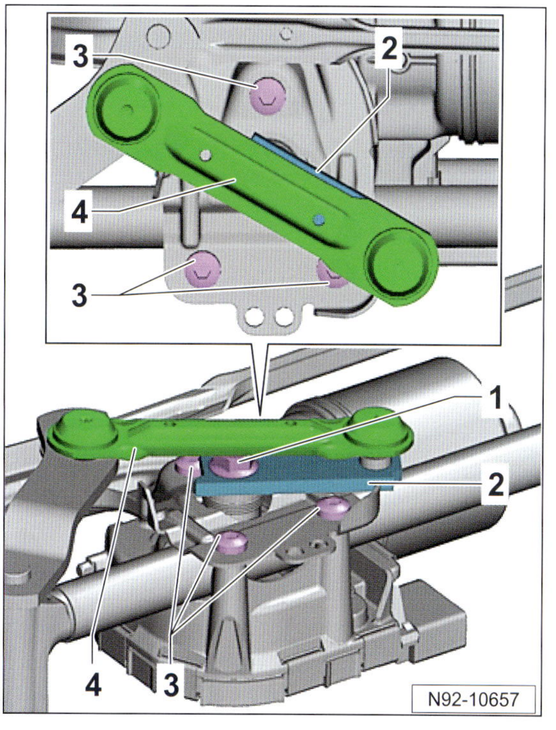

N92-10657

- Arbeitsstange –4– am Kugelgelenk von der Motorkurbel –2– mit dem Abdrückhebel, zum Beispiel VW-80-200 oder HAZET 1965-21 abhebeln. Es kann auch ein großer Schraubendreher verwendet werden.

- Sechskantmutter –1– abschrauben.
- Motorkurbel –2– von der Scheibenwischermotorwelle abziehen.
- Befestigungsschrauben –3– herausdrehen.
- Scheibenwischermotor vom Scheibenwischerrahmen abnehmen.

Einbau

- Der Einbau erfolgt in umgekehrter Ausbaureihenfolge, dabei Folgendes beachten:
- Elektrische Steckverbindung mit dem Scheibenwischermotor verbinden.
- Falls nicht sichergestellt ist, dass sich der Scheibenwischer in der untersten Parkposition befindet, Zündung einschalten.
- »Tippwischen« betätigen und den Scheibenwischermotor in Endstellung laufen lassen, siehe auch Kapitel »Ruhestellung der Wischerblätter prüfen/einstellen«.
- Zündung ausschalten.
- Elektrische Steckverbindung trennen.
- Scheibenwischermotor am Scheibenwischerrahmen ansetzen.
- Befestigungsschrauben –3– hineindrehen und mit **9 Nm** festziehen.
- Motorkurbel –2– auf die Scheibenwischermotorwelle ansetzen.
- Sechskantmutter –1– aufschrauben.
- Arbeitsstange –4– und Motorkurbel –2– parallel ausrichten.
- Sechskantmutter –1– mit **25 + 1 Nm** festziehen.
- Arbeitsstange –4– und Motorkurbel –2– am Kugelgelenk verbinden.
- Scheibenwischerrahmen einbauen, siehe Seite 101.

Frontscheibenwaschanlage Detailübersicht

Mit Scheinwerferreinigungsanlage

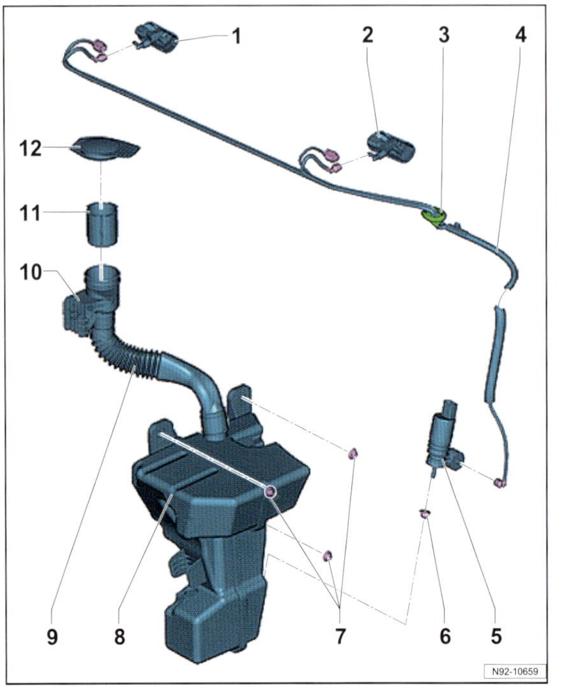

1 – Scheibenwaschdüse rechts
Mit Heizwiderstand.

2 – Scheibenwaschdüse links
Mit Heizwiderstand.

3 – Tülle
Für Wasserleitung in der Motorhaube.

4 – Wasserleitung
Für Frontscheibenwaschanlage; Farbkennzeichnung schwarz.

5 – Frontscheibenwasch- und Heckscheibenwaschpumpe

6 – Dichttülle
Bei Beschädigung ersetzen.

7 – Mutter, 8 Nm
3 Stück.

8 – Waschwasserbehälter
Für Fahrzeuge mit Scheinwerferreinigungsanlage.
Mit Scheiben-Waschwasserstandsgeber, der bei einem Defekt nicht einzeln ersetzt werden kann.

9 – Einfüllrohr
Achtung: Darf nicht vom Waschwasserbehälter getrennt werden. Gefahr von Undichtigkeit!

10 – Einfüllstutzen
Für Waschwasserbehälter.
Achtung: Darf nicht vom Einfüllrohr getrennt werden. Gefahr von Undichtigkeit!

11 – Sieb

12 – Verschlussdeckel
Für Einfüllstutzen.

Waschwasserbehälter aus- und einbauen

Mit Scheinwerferreinigungsanlage

Der Aus- und Einbau des Waschwasserbehälters bei Fahrzeugen ohne Scheinwerferreinigungsanlage erfolgt analog.

Ausbau

- Vordere Stoßfängerabdeckung ausbauen, siehe Seite 343.
- Linken Scheinwerfer ausbauen, siehe Seite 119.
- Falls vorhanden, Pumpe für Scheinwerferreinigungsanlage ausbauen.
- Auffangwanne unter den Waschwasserbehälter stellen.

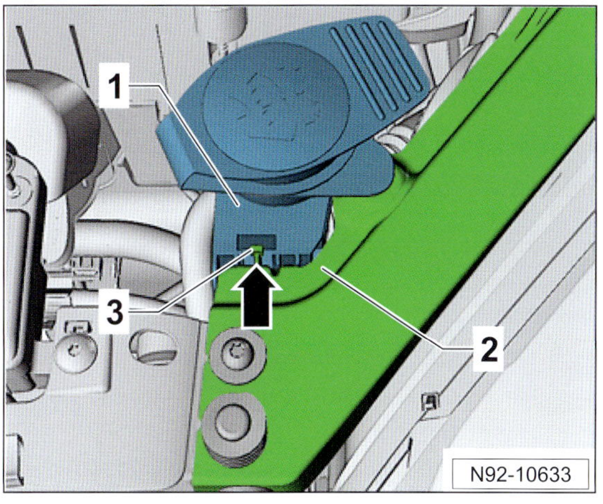

- Rastnase –3– entriegeln.

Achtung: Der Waschwasserbehälter ist einteilig. Die Trennung zwischen Waschwasserbehälter, Einfüllrohr und Einfüllstutzen ist nicht vorgesehen. Sollten die Bauteile dennoch getrennt werden, kann die Verbindung undicht werden.

- Einfüllstutzen –1– nach oben aus der Halterung am Schlossträger –2– herausziehen.

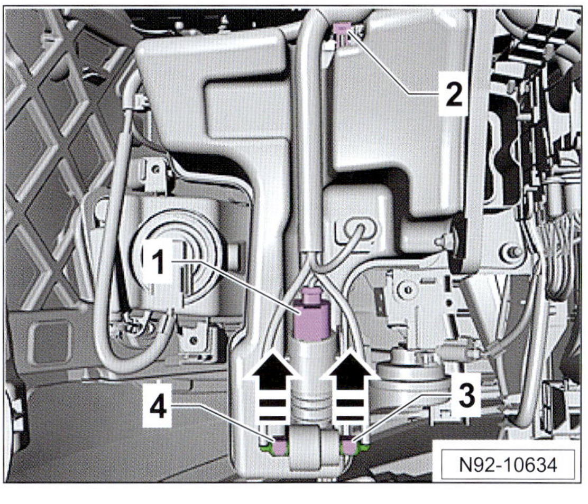

- Elektrische Steckverbindung –1– trennen und Leitungsstrang –2– am Waschwasserbehälter lösen.
- Sicherungsklammern –3– und –4– entriegeln und Wasserleitung von der Scheibenwaschpumpe in Pfeilrichtung abziehen.

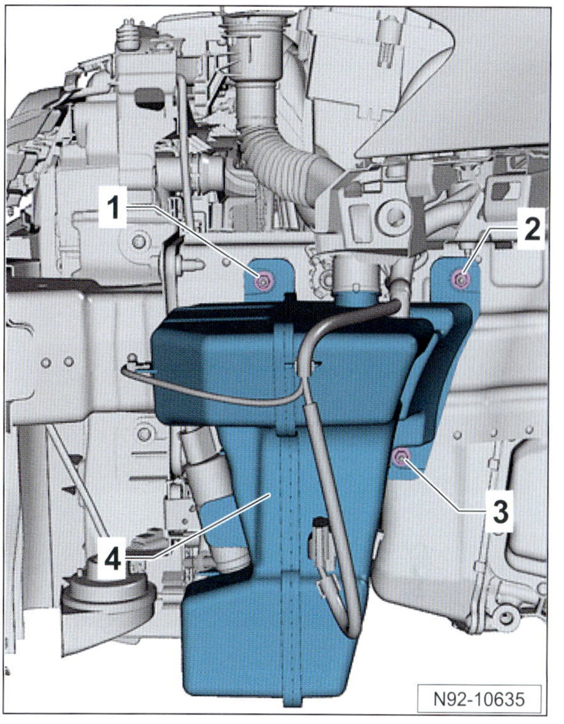

- Muttern –1–, –2–, –3– abschrauben.
- Waschwasserbehälter –4– von den Gewindestiften abziehen.

Einbau

- Der Einbau erfolgt in umgekehrter Ausbaureihenfolge, dabei Folgendes beachten:

Achtung: Um ein vertauschtes Anschließen der Waschwasserleitungen an die Front- und Heckscheibenwaschpumpe zu verhindern, sind die Anschlüsse an der Pumpe und den Schlauchleitungen farblich markiert. Die Schlauch-Anschlussstücke sind bei der Montage jeweils auf die farblich entsprechenden Pumpenanschlüsse zu stecken.

- Muttern mit **8 Nm** festziehen.

Scheiben-Waschwasserstandsgeber aus- und einbauen

Ausbau

Hinweis: Der Scheiben-Waschwasserstandsgeber kann ausstattungsabhängig einzeln oder nur mit dem ganzen Behälter getauscht werden.

- Innenkotflügel vorn links ausbauen, siehe Seite 348.
- Auffangwanne unter den Waschwasserbehälter stellen.

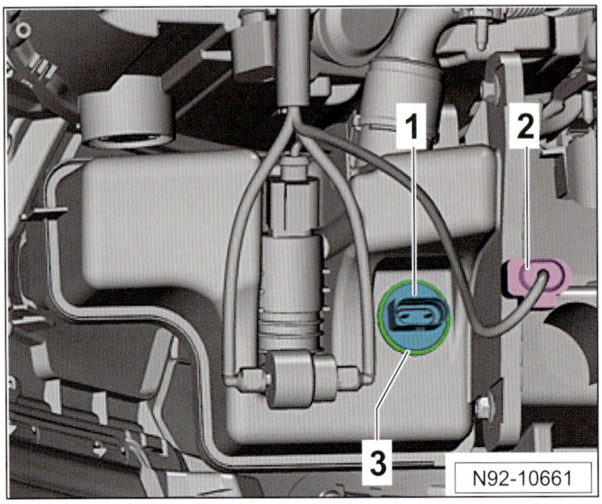

- Elektrische Steckverbindung –2– trennen.
- Geber für Wasserstand –1– aus dem Waschwasserbehälter herausziehen.
- Gegebenenfalls Dichtung –3– vom Waschwasserbehälter abnehmen.

Einbau

- Der Einbau erfolgt in umgekehrter Ausbaureihenfolge, dabei Folgendes beachten:
- Dichtung korrekt in die Öffnung im Waschwasserbehälter ansetzen.
- Dichtung mit Scheibenwaschwasser benetzen, damit der Geber für Scheibenwaschwasserstand leichter hineingeschoben werden kann.

Waschwasserpumpe für Front- und Heckscheibe aus- und einbauen

Ausbau

- Innenkotflügel vorn links ausbauen, siehe Seite 348.

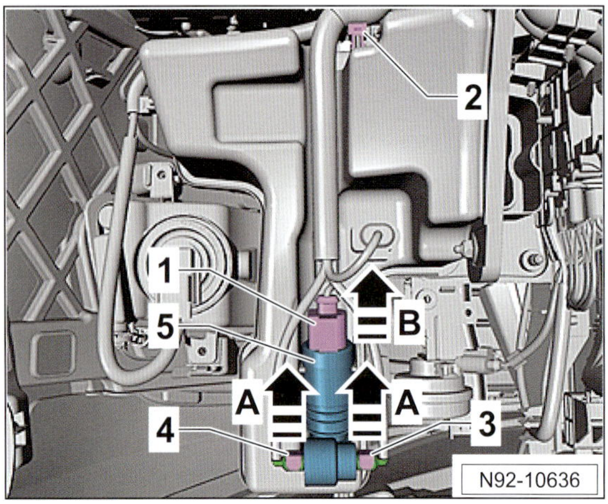

- Elektrische Steckverbindung –1– trennen.

Hinweis: Der Leitungsstrang –2– verbleibt am Waschwasserbehälter.

- Auffangwanne unter den Waschwasserbehälter stellen.
- Sicherungsklammern –3– und –4– in Pfeilrichtung –A– entriegeln.
- Wasserleitung von der Scheibenwaschpumpe –5– abziehen.
- Scheibenwaschpumpe –5– nach oben in Pfeilrichtung –B– aus dem Waschwasserbehälter herausziehen.

Einbau

- Der Einbau erfolgt in umgekehrter Ausbaureihenfolge, dabei Folgendes beachten:

Achtung: Um ein vertauschtes Anschließen der Waschwasserleitungen an die Front- und Heckscheibenwaschpumpe zu verhindern, sind die Anschlüsse an der Pumpe und den Schlauchleitungen farblich markiert. Die Schlauch-Anschlussstücke sind bei der Montage jeweils auf die farblich entsprechenden Pumpenanschlüsse zu stecken.

- Dichttülle auf Beschädigung prüfen, gegebenenfalls ersetzen.

Wasserschlauchverbindungen lösen

Beim Anschluss der Schläuche an Pumpen und Spritzdüsen werden verschiedene Sicherungsarten verwendet.

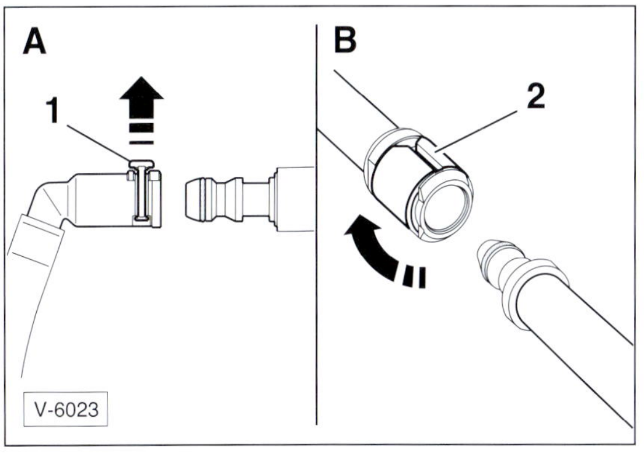

- Ausführung A: Sicherungsclip –1– etwa 1 mm hochziehen –Pfeil– und Schlauchanschluss abziehen. Zum Verbinden Schlauchanschluss aufstecken, Sicherungsclip eindrücken und einrasten.
- Ausführung B: Sicherungsring –2– um 90° verdrehen –Pfeil– und Schlauchanschluss abziehen. Zum Verbinden Schlauchanschluss aufstecken, dabei Sicherungsring verdrehen, und einrasten.

Scheibenwaschdüse für Frontscheibe aus- und einbauen/einstellen

Ausbau

- Motorhaube öffnen.

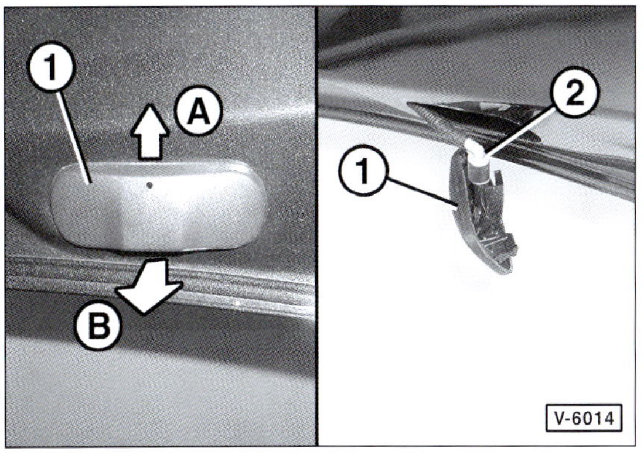

- Scheibenwaschdüse –1– nach oben drücken –Pfeil A– und unten aus der Motorhaube herausziehen –Pfeil B–.
- Scheibenwaschdüse –1– herausziehen.
- Sicherungsring am Schlauchanschluss –2– zum Entriegeln verdrehen und Wasserschlauch abziehen.
- Gegebenenfalls Stecker für Düsenbeheizung abziehen.

Einbau

- Der Einbau erfolgt in umgekehrter Ausbaureihenfolge, dabei Folgendes beachten:
- Beim Aufstecken der Waschwasserleitung muss die Sicherungsklammer hörbar in den Anschluss einrasten.
- Scheibenwaschdüse, in die Einbauöffnung stecken, bis sie hörbar verrastet. Dabei oben beginnen.
- Scheibenwaschdüse einstellen, siehe entsprechendes Kapitel.

Scheibenwaschdüse einstellen

Achtung: Keine Gegenstände zum Reinigen der Scheibenwaschdüsen verwenden!

Falls das Spritzfeld infolge von Verunreinigungen ungleichmäßig ist, Scheibenwaschdüse ausbauen und entgegen der Spritzrichtung mit Wasser durchspülen. **Achtung:** Das anschließende Durchblasen entgegen der Spritzrichtung mit Druckluft ist zulässig.

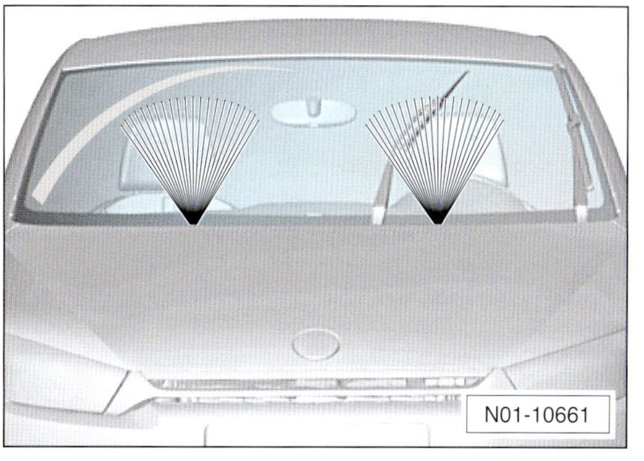

Hinweis: Die Scheibenwaschdüsen sind voreingestellt. Es können nur kleine Höhenunterschiede ausgeglichen werden.

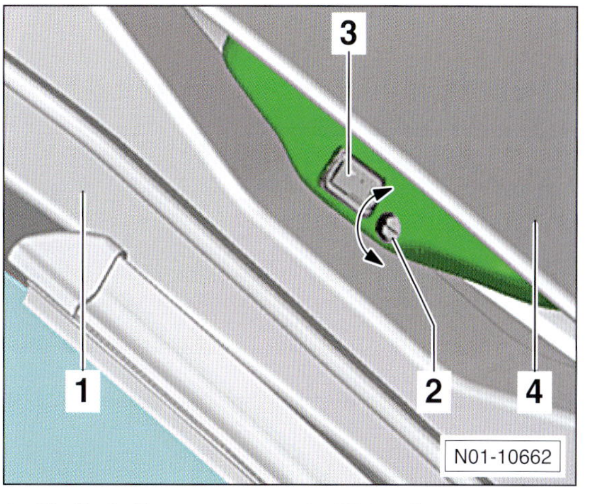

1 – Windlaufgrill
2 – Einsteller Torx T8
3 – Fächerdüse
4 – Motorhaube

- Mit einem Torx-Schraubendreher T8 die Spritzrichtung durch Drehen am Einsteller –2– verstellen. **Hinweis:** Drehen im Uhrzeigersinn bewirkt eine Verstellung nach unten; gegen den Uhrzeigersinn ergibt eine Verstellung nach oben.

Heckwischeranlage

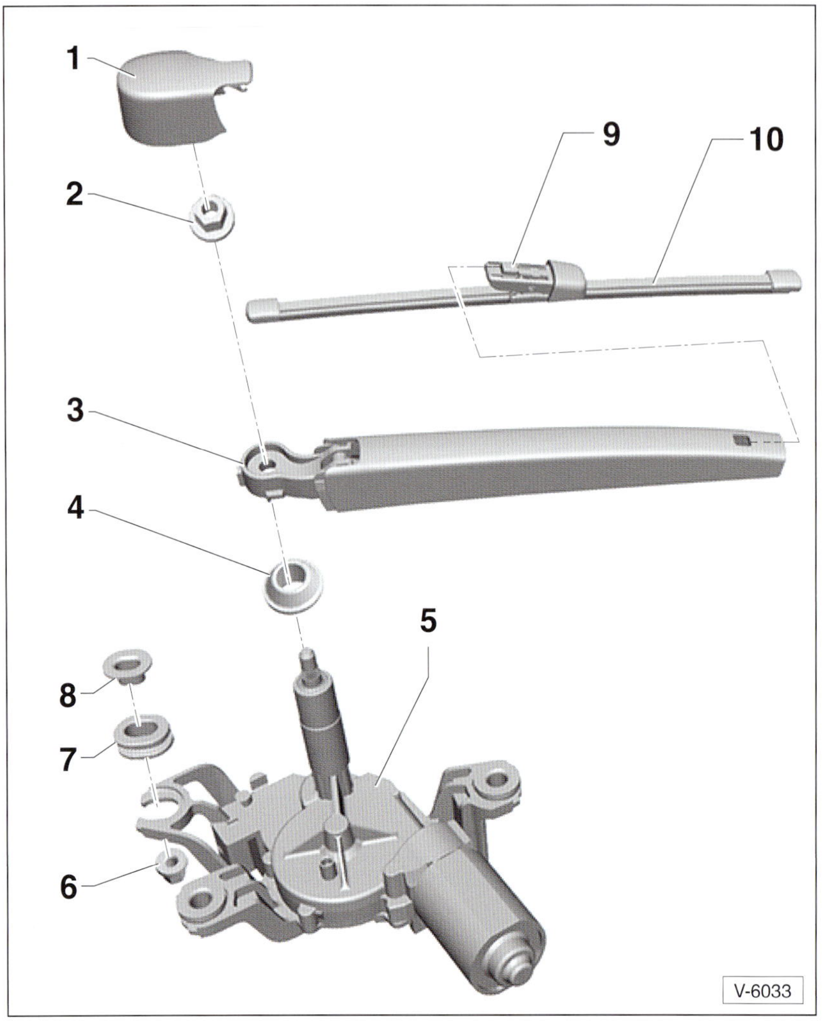

1 – **Abdeckkappe**

2 – **Mutter, 12 Nm**

3 – **Wischerarm**

4 – **Dichtung**
In der Heckscheibe.

5 – **Motor für Heckwischer**

6 – **Mutter, 8 Nm**
M6-Mutter mit Scheibe.

7 – **Gummiring**

8 – **Distanzstück**

9 – **Entriegelungstaste**

10 – **Aero-Wischerblatt**

Wischerarm an der Heckscheibe aus- und einbauen

Ausbau

- Heckscheibe mit Wasser benetzen.
- Heckscheibenwischer kurze Zeit laufen lassen und über den Scheibenwischerschalter abschalten. Dadurch läuft der Wischer in die Endstellung.
- Stellung des Wischerblatts auf der Heckscheibe markieren. Dazu Klebeband neben dem Wischergummi auf die Scheibe kleben.
- Zündung ausschalten.
- Zündschlüssel abziehen, wenn vorhanden.

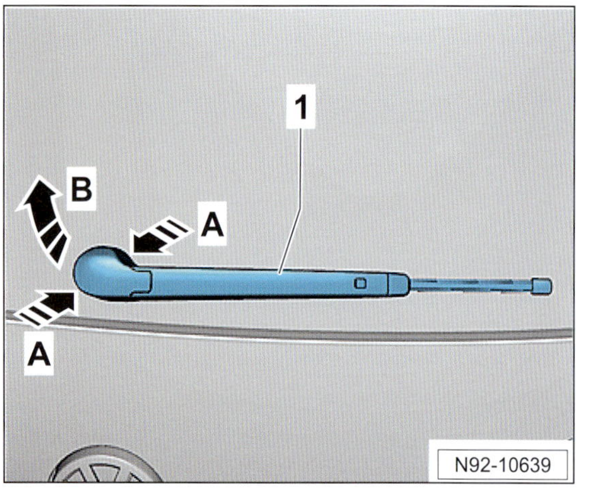

- Abdeckkappe des Heckscheibenwischers –1– in Pfeilrichtung –A– zusammendrücken, in Pfeilrichtung –B– hochklappen und abclipsen.

- Darunterliegende Sechskantmutter (Schlüsselweite 13 mm) ca. 2 Umdrehungen lockern, nicht abschauben.

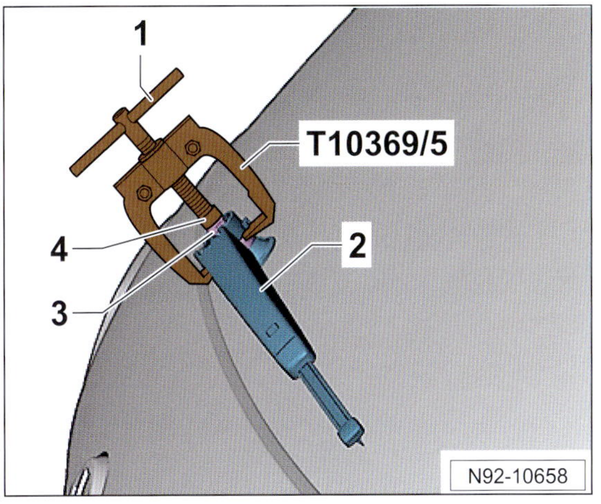

- Geeigneten Abzieher zum Beispiel VW-T10369/5 am Scheibenwischerarm –2– ansetzen.
- Druckstück –3– an der Wischerarmwelle ansetzen.
- Schraube –1– im Uhrzeigersinn drehen, bis der Scheibenwischerarm von der Wischerarmwelle abgezogen ist.
- Mutter –4– ganz abschrauben und Scheibenwischerarm abnehmen.

Einbau

- Sicherstellen, dass der Scheibenwischermotor in Endstellung steht. Gegebenenfalls Motor kurz laufen lassen und mit Wischerschalter abschalten.
- Wischerarm ansetzen, nach der beim Ausbau angebrachten Klebeband-Markierung ausrichten, und auf die Wischerwelle aufdrücken.
- Mutter aufschrauben und mit **12 Nm** festziehen.
- Abdeckkappe einclipsen, zurückklappen und hörbar einrasten.
- Heckscheibe mit Wasser benetzen.
- Heckscheibenwischer kurze Zeit laufen lassen und über den Scheibenwischerschalter abschalten. Stellung des Wischerarms kontrollieren, gegebenenfalls korrigieren.

Wischermotor an der Heckscheibe aus- und einbauen

Ausbau

- Scheibenwischerarm ausbauen, siehe Seite 106.
- Heckklappenverkleidung unten ausbauen, siehe Seite 331.

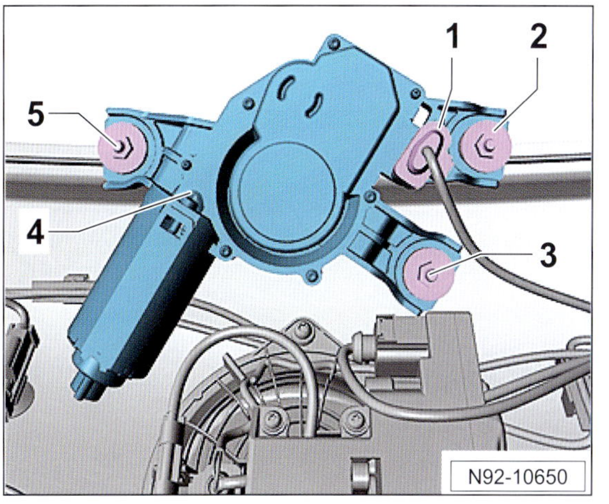

- Elektrische Steckverbindung –1– trennen.
- Muttern –2–, –3– und –5– abschrauben.
- Motor für Heckscheibenwischer –4– abnehmen.

Einbau

Achtung: Vor dem Einbau prüfen, ob sich der Wischermotor in Endstellung befindet. Dazu kurzzeitig Anschlussstecker aufschieben und Batterie anschließen. Motor kurz laufen lassen und anschließend mit Wischerschalter ausschalten, damit der Motor in Endstellung stehen bleibt.

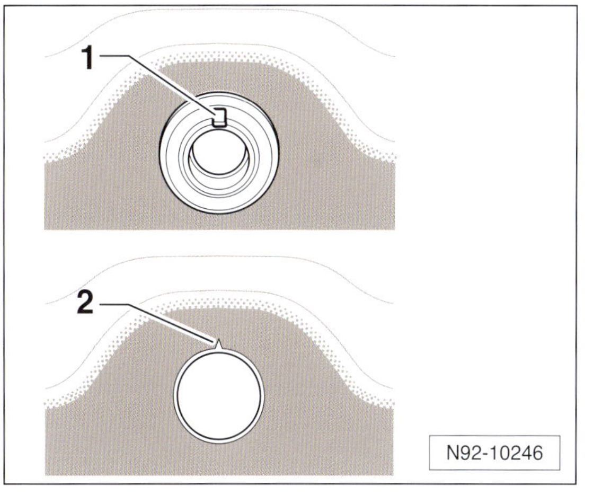

- Vor der Montage des Motors für Heckscheibenwischer die Innenseite der Dichtung in der Heckscheibe gegebenenfalls mit einem gummi- und kunststoffverträglichen Gleitmittel, zum Beispiel Polyethylenglykol, benetzen.
- Wischermotor vorsichtig durch die Öffnung in der Heckscheibe einsetzen. Dabei auf richtigen Sitz der Dichtung achten. Die Markierung –1– auf der Dichtung muss mit der Markierung –2– auf der Heckscheibe übereinstimmen.
- Wischermotor mit **8 Nm** anschrauben.
- Der weitere Einbau erfolgt in umgekehrter Ausbaureihenfolge. Einstellung des Wischerarms überprüfen.
- Scheibenwischerarm einstellen, siehe Seite 100.

Heckscheibenwaschanlage

Limousine und VARIANT

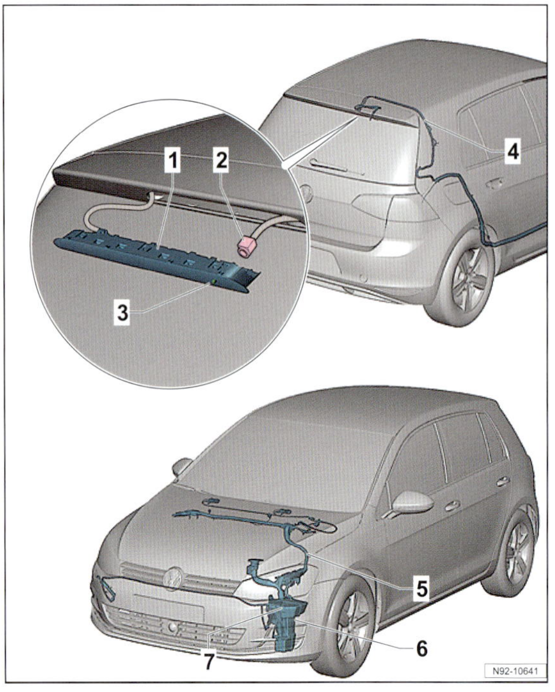

1 – **Hochgesetzte Bremsleuchte**

2 – **Anschluss Wasserleitung**
Für Heckscheibenwaschanlage

3 – **Scheibenwaschdüse**

4 – **Wasserleitung**
Im Seitenteil rechts zur Scheibenwaschdüse der Heckscheibenwaschanlage.

5 – **Wasserleitung**
Im Motorraum zur Scheibenwaschdüse der Frontscheibenwaschanlage

6 – **Frontscheibenwasch- und Heckscheibenwaschpumpe**
Mit Dichttülle, bei Beschädigung ersetzen.

7 – **Waschwasserbehälter**

GTI und GTD

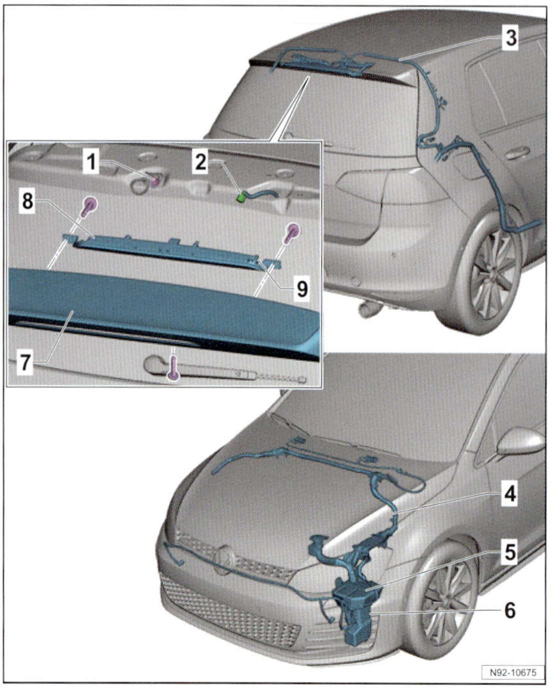

1 – **Anschluss hochgesetzte Bremsleuchte**

2 – **Anschluss Wasserleitung**
Für Heckscheibenwaschanlage

3 – **Wasserleitung**
Im Seitenteil rechts zur Scheibenwaschdüse der Heckscheibenwaschanlage

4 – **Wasserleitung**
Im Motorraum zur Scheibenwaschdüse der Frontscheibenwaschanlage

5 – **Waschwasserbehälter**

6 – **Frontscheibenwasch- und Heckscheibenwaschpumpe**
Mit Dichttülle, bei Beschädigung ersetzen

7 – **Dachkantenspoiler**

8 – **Hochgesetzte Bremsleuchte**

9 – **Scheibenwaschdüse**

Scheibenwaschdüse für Heckscheibe aus- und einbauen/einstellen

Die Scheibenwaschdüse ist in der hochgesetzten Bremsleuchte eingebaut.

Alle außer GTI

Ausbau

- Hochgesetzte Bremsleuchte ausbauen, siehe Seite 129.

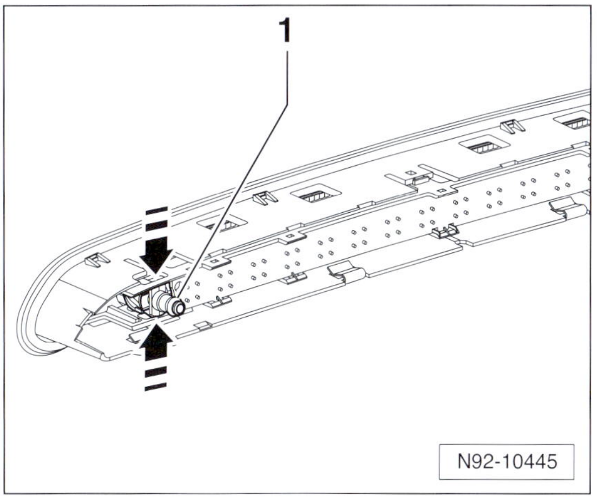

- Beide Rasten der Scheibenwaschdüse zusammendrücken –Pfeile– und Scheibenwaschdüse –1– nach hinten aus der Bremsleuchte herausziehen.

Einbau

- Scheibenwaschdüse in die Öffnung der Bremsleuchte drücken und einrasten.
- Waschwasserleitung aufstecken, dabei muss die Sicherungsklammer hörbar in den Anschluss einrasten.
- Hochgesetzte Bremsleuchte einbauen, siehe Seite 129.

GTI, GTD und R

Ausbau

- Hochgesetzte Bremsleuchte ausbauen, siehe Seite 129.

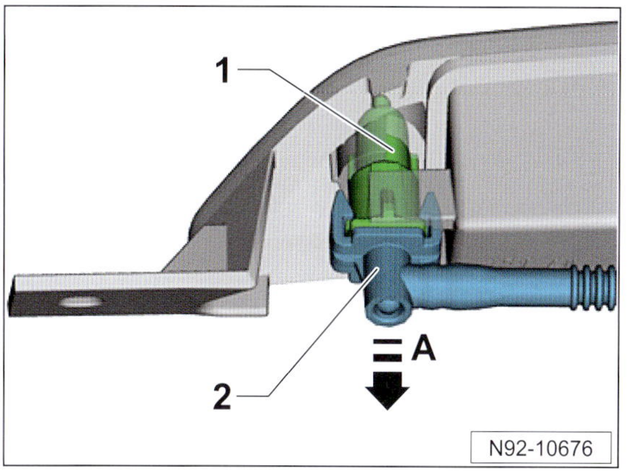

- Scheibenwaschdüse –1– mit dem Schlauch –2– in Pfeilrichtung –A– aus der hochgesetzten Bremsleuchte herausziehen.
- Düse aus dem Schlauchanschlussstück ausclipsen.

Einbau

- Der Einbau erfolgt in umgekehrter Ausbaureihenfolge, dabei Folgendes beachten:

Achtung: Darauf achten, dass die Scheibenwaschdüse bis zum Anschlag in die Aufnahme der hochgesetzten Bremsleuchte hineingeschoben wird.

Scheibenwaschdüse einstellen

- Spritzdüse mit dem Einstellwerkzeug, zum Beispiel VW-T10127 oder HAZET 4850-1, so einstellen, dass der Wasserstrahl auf das obere Drittel der Heckscheibe auftrifft.

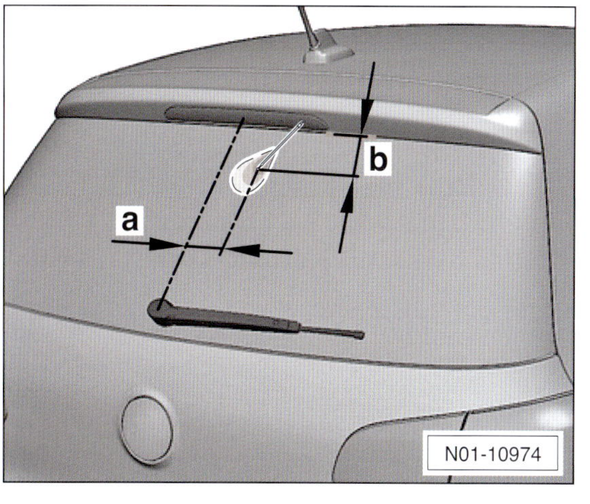

Alle außer GTI/GTD/R: a – ca. 115 mm; b – ca. 54 mm.

Achtung: Die Fächer-Scheibenwaschdüse hinten (GTI, GTD und R) kann nicht eingestellt werden.

Beleuchtungsanlage

Halogendoppelscheinwerfer

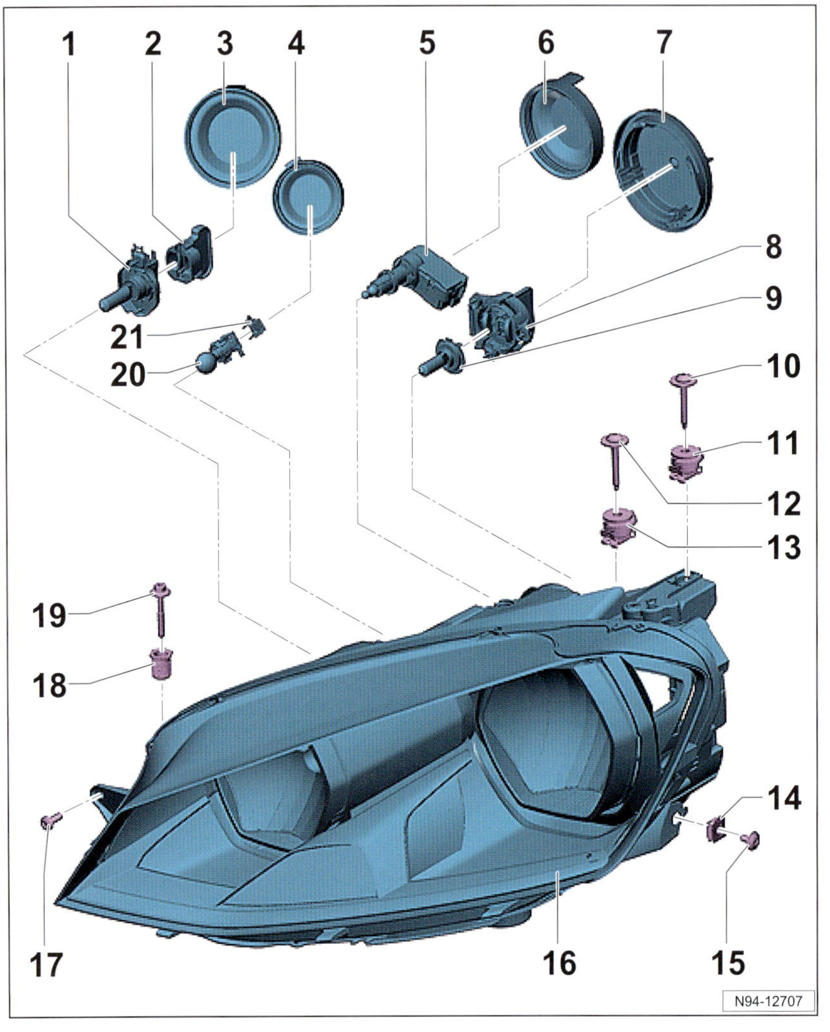

1 – **Lampe für Standlicht/Tagfahrlicht/Fernlichtscheinwerfer**
Die Lampe hat 3 Funktionen:
1. Standlicht.
2. Tagesfahrlicht
3. Fernlicht

2 – **Griffstück**
Für Tagfahr-/Fernlichtlampe.

3 – **Gehäusedeckel**

4 – **Gehäusedeckel**

5 – **Stellmotor für Leuchtweitenregelung**
Stellmotor für Leuchtweitenregelung.

6 – **Gehäusedeckel**

7 – **Gehäusedeckel**

8 – **Lampenfassung**
Für Abblendlichtlampe.

9 – **Lampe für Abblendlicht**

10 – **Schraube, 8 Nm**
Zur Befestigung am oberen Längsträger

11 – **Verstellelement**

12 – **Schraube, 4 Nm**
Zur Befestigung am Scheinwerferhalter.
Nur lösen.

13 – **Ausgleichselement**

14 – **Schnappmutter**
Größe M6.

15 – **Schraube, 4 Nm**
Zur Befestigung am Führungsprofil für Stoßfänger.
Größe M6.

16 – **Scheinwerfer**

17 – **Anschlagschraube**
Zum Einstellen des Scheinwerfers parallel zur Motorhaubenkante.

18 – **Hohlschraube**
Zur Höheneinstellung des Scheinwerfers

19 – **Schraube, 4 Nm**
Zur Befestigung am Schlossträger.

20 – **Lampe für Blinklicht vorn**

21 – **Griffstück**
Für Blinklichtlampe vorn.

LED-Scheinwerfer

Mit Kurvenlicht und variabler Lichtverteilung

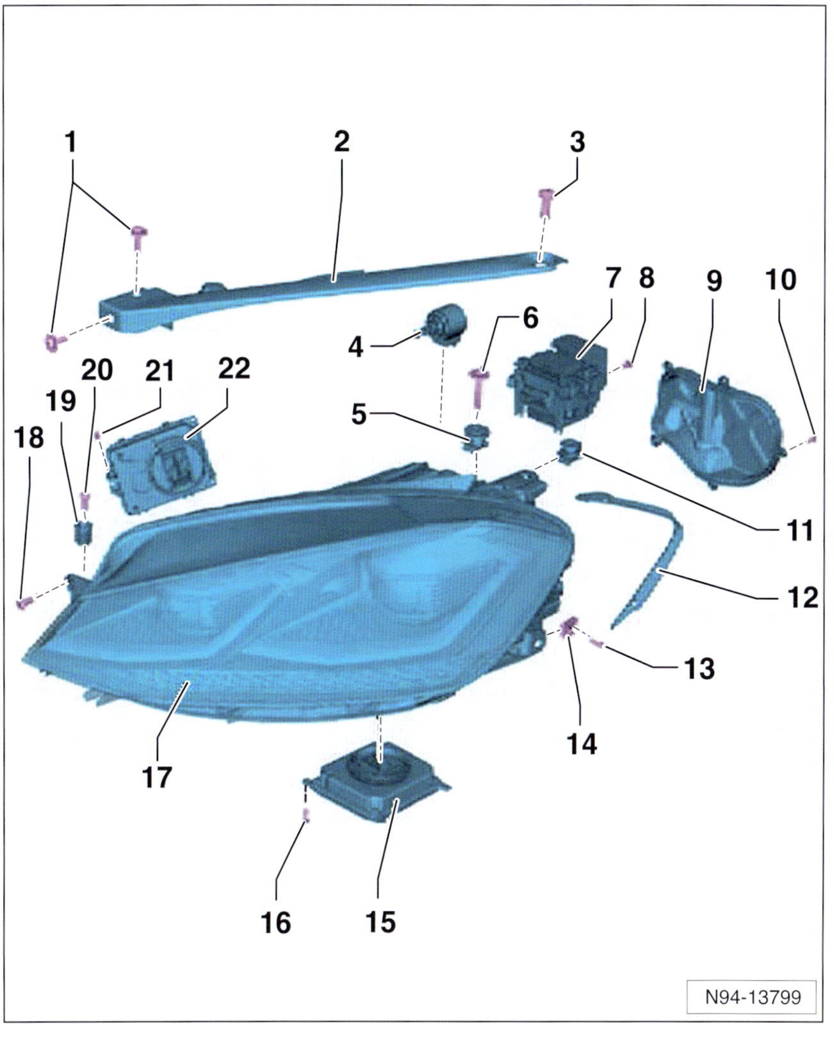

1 – **Schraube, 8 Nm**
2 Stück.

2 – **Trägerteil**

3 – **Schraube, 8 Nm**

4 – **Stellmotor**
Für Leuchtweitenregelung.

5 – **Ausgleichselement**

6 – **Schraube, 4 Nm**

7 – **LED-Modul**
Für Lampe Abblendlichtscheinwerfer.

8 – **Schraube, 1,2 Nm**
4 Stück.

9 – **Gehäusedeckel**
Für Stellmotor für Leuchtweitenregelung und LED-Modul.

10 – **Schraube, 1,2 Nm**
5 Stück.

11 – **Ausgleichselement**

12 – **Fugendichtung**
Am Scheinwerfer eingeknüpft.

13 – **Schraube, 4 Nm**
Zur Befestigung am Führungsprofil des Stoßfängers.

14 – **Schnappmutter**

15 – **Leistungsmodul 1**
Für LED-Scheinwerfer.

16 – **Schraube, 1,2 Nm**
4 Stück.

17 – **Scheinwerfer**

18 – **Anschlagschraube**
Zum Einstellen des Scheinwerfers parallel zur Frontklappenkante.

19 – **Hohlschraube**
Zur Höheneinstellung des Scheinwerfers.

20 – **Schraube, 4 Nm**
Zur Befestigung am Schlossträger.

21 – **Schraube, 1,2 Nm**
3 Stück.

22 – **Leistungsmodul**
Für Scheinwerfer.

Xenon-Scheinwerfer (Gasentladungsscheinwerfer)

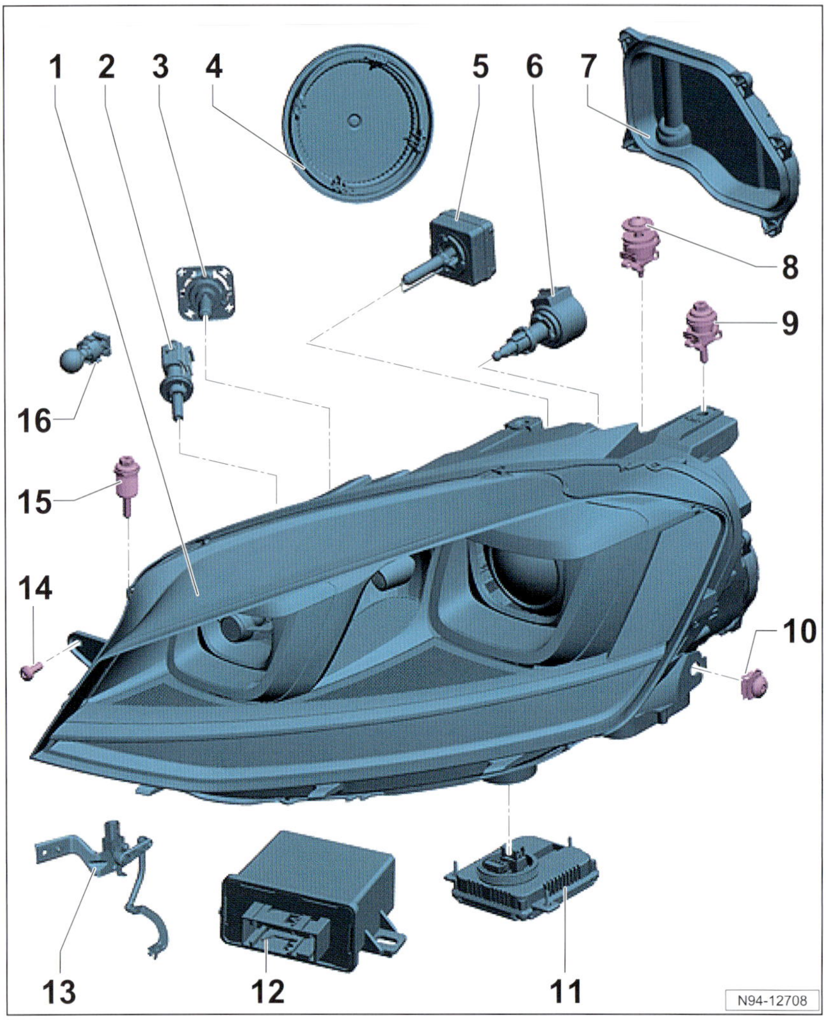

1 – **Scheinwerfer**

2 – **Lampe für Blinklicht vorn**

3 – **Lampe für Kurvenlicht**

4 – **Gehäusedeckel**

5 – **Gasentladungslampe**
Mit integrierter Zündspule.

6 – **Stellmotor für Leuchtweitenregelung**

7 – **Gehäusedeckel, 1,5 Nm**
Mit 5 Schrauben.

8 – **Schraube, 4 Nm**
Mit Ausgleichselement.

9 – **Schraube, 8 Nm**
Mit Ausgleichselement.

10 – **Schraube, 4 Nm**

11 – **Steuergerät für Gasentladungslampe, 1,7 Nm**

12 – **Steuergerät für Leuchtweitenregelung**

13 – **Geber für Fahrzeugniveau**

14 – **Anschlagschraube**
Zum Einstellen des Scheinwerfers in Längsrichtung.

15 – **Schraube, 4 Nm**
Mit Hohlschraube.
Zur Höheneinstellung des Scheinwerfers.

16 – **Lampe für Tagesfahrlicht**

Hinweis: In der Abbildung ist die Ausführung ohne LED-Tagesfahrlicht dargestellt.

Fahrzeuge bis 1/2017

Lampentabelle

Glühlampe für	Typ	Leistung
Abblendlicht (Halogen-Scheinw.)	H7	55 W
Fernlicht/Tagesfahrlicht/ Standlicht (Halogen-Scheinwerfer)	H15	55/15 W
Blinklicht (Halogen-Scheinwerfer)	PWY	24 W
Abblend-/Fernlicht (Xenon-Sch.)	D3S	35 W
Standlicht (Xenon-Scheinwerfer)	LED	–
Tagesfahrlicht (Xenon-Scheinw.)	LED	–
Blinklicht (Xenon-Scheinwerfer)	H21	21 W
Nebelscheinwerfer	H11	55 W
Abbiegelicht	H7	55 W
Blinkleuchte seitlich	LED	–
Dritte Bremsleuchte	LED	–
Schlusslicht	W	21 W
Blinklicht hinten	WY	21 W
Nebelschlusslicht	W	21 W
Rückfahrlicht	W	16 W
Bremslicht	W	21 W
Kennzeichenlicht	W	5 W

Hinweis: H: Halogenlampe; P: Bajonett-Sockel; W: Glassockel; Y: Leuchtenfarbe orange.

Je nach Ausstattung können anstelle der Lampen in der Heckleuchte auch LEDs (Leuchtdioden) eingesetzt sein.

Hinweis: Glühlampen grundsätzlich nur durch solche gleicher Ausführung ersetzen. Vor einem Lampenwechsel sicherstellen, dass der betreffende Schalter ausgeschaltet ist.

Achtung: Den Glaskolben einer leistungsstarken Glühlampe nicht mit bloßen Fingern berühren. Dies gilt insbesondere für die Haupt- und Nebelscheinwerfer. Am besten ein sauberes Stofftuch dazwischen legen oder Baumwollhandschuhe anziehen. Versehentlich entstandene Berührungsflecken auf dem Glaskolben mit einem sauberen, nicht fasernden Tuch und etwas Spiritus abwischen.

Achtung: Die mit einem Schutzlack beschichteten Kunststoffscheiben der Hauptscheinwerfer dürfen auf keinen Fall mit einem trockenen oder gar scheuernden Lappen gesäubert werden. Es dürfen auch keine Reinigungs- oder Lösungsmittel benutzt werden. Die Scheiben nur mit einem weichen, feuchten Tuch reinigen.

Glühlampen für Außenbeleuchtung vorn auswechseln

Beim Hauptscheinwerfer kommen neben **Halogenlampen** auch **Bi-Xenonlampen mit Kurvenlicht** zum Einsatz.

Achtung: Halogen- und Xenon-Lampen stehen unter Druck und können platzen. Deshalb beim Lampenwechsel Schutzbrille und Handschuhe tragen. Xenon-Lampen sind Sondermüll, da sie Quecksilber und Spuren von Thallium enthalten. Hautkontakt mit zerstörten Lampen vermeiden.

Sicherheitshinweis/Xenon-Scheinwerfer
Vorsicht beim Lampenwechsel an Xenon-Scheinwerfern. Verletzungsgefahr durch Hochspannung! Personen mit Herzschrittmacher dürfen keine Arbeiten an Xenon-Scheinwerfern vornehmen. **Auf jeden Fall Scheinwerfer ausschalten und Zündschlüssel abziehen.** Anschließend Scheinwerferschalter kurz ein- und wieder ausschalten, um **Restspannungen abzubauen**. Sicherheitshalber Schutzbrille, Handschuhe sowie Schuhe mit Gummisohlen tragen.

- Das Steuergerät der Xenonlampe darf nicht ohne Lampe betrieben werden.
- Die Xenonlampe darf aufgrund der hohen Spannungen (über 28.000 Volt beim Zünden) nur im Scheinwerfergehäuse betrieben werden.
- Der Glaskolben der Xenonlampe steht unter Druck; bei kalter Lampe mit ca. 7 bar, bei heißer Lampe mit bis zu 100 bar. Am heißen Glaskolben können bis zu +700° C erreicht werden.

Allgemeine Hinweise zum Lampenwechsel

- Grundsätzlich Lichtschalter ausschalten, Zündung ausschalten, Zündschlüssel abziehen.
- Bei Arbeiten an **Xenon-Scheinwerfern** die **Sicherheitshinweise** im grauen Kasten beachten.
- Motorhaube öffnen.
- Beim Einbau darauf achten, dass die Steckverbindungen richtig einrasten und fest sitzen.
- Nach dem Einbau neue Glühlampe auf Funktion überprüfen. Gegebenenfalls Scheinwerfer-Einstellung von einer Werkstatt kontrollieren und einstellen lassen.
- Zum Wechseln der Lampen am **Halogen-Scheinwerfer** muss der Scheinwerfer nicht ausgebaut werden. In den folgenden Abbildungen werden die Arbeitsschritte der Übersichtlichkeit wegen teilweise am ausgebauten Scheinwerfer dargestellt.
- Sicherstellen, dass die Abdeckkappe hinten am Scheinwerfer fest sitzt. Bei undichter oder nicht richtig sitzender Abdeckkappe wird der Scheinwerfer durch Wassereintritt beschädigt.

Abblendlicht (Halogendoppelscheinwerfer)

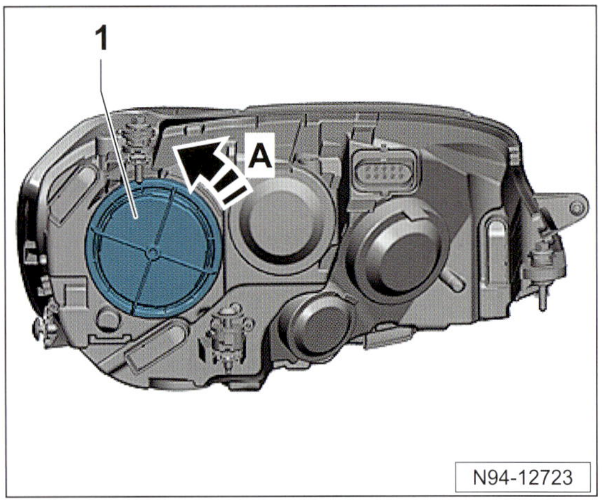

- Gehäusedeckel –1– in Pfeilrichtung –A– drehen und abnehmen.

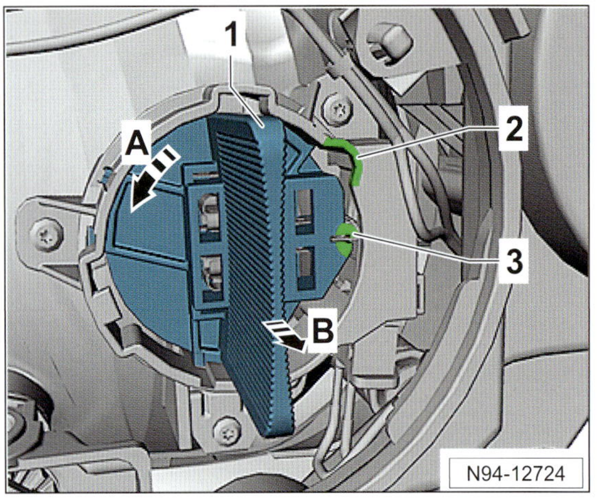

- Fassung –1– in Pfeilrichtung –A– drehen, bis die Rastnase –3– in der Aussparung –2– ist.
- Fassung –1– in Pfeilrichtung –B– herausziehen.

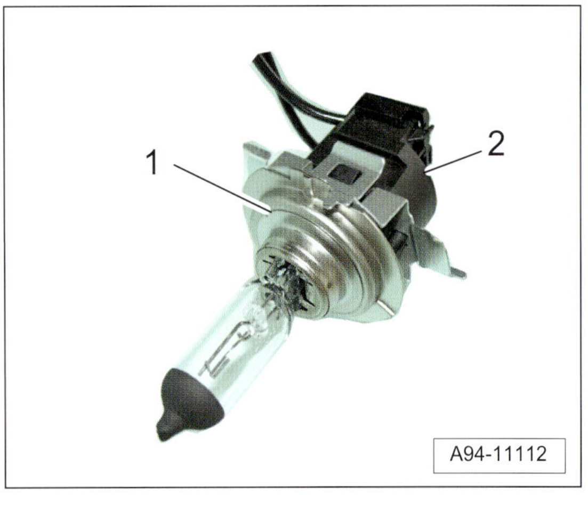

- Lampe –1– aus der Fassung –2– herausziehen.

Einbau

- Der Einbau erfolgt in umgekehrter Ausbaureihenfolge, dabei allgemeine Hinweise und Sicherheitshinweise zum Lampenwechsel beachten.
- Neue Lampe in die Fassung einsetzen.
- Die Fassung so in den Reflektor einsetzen, dass die Rastnase nach oben zeigt und in die Aussparung passt.
- Scheinwerfereinstellung prüfen, gegebenenfalls Scheinwerfer einstellen (Werkstattarbeit).

Fernlicht (Halogendoppelscheinwerfer)

Hinweis: In die Fernlichtlampe ist ebenfalls die Funktion der Tagesfahrlichtlampe und der Standlichtlampe integriert.

Ausbau

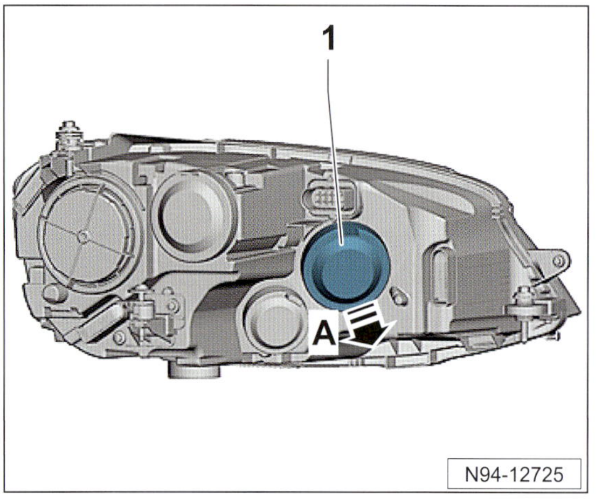

- Gehäusedeckel –1– in Pfeilrichtung –A– abziehen.

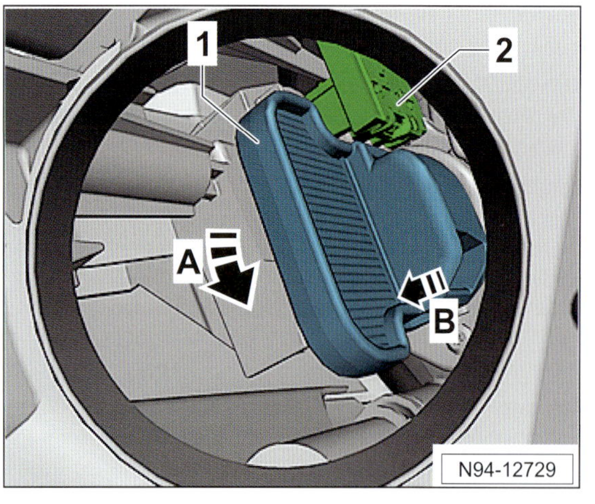

- Griffstück –1– im Pfeilrichtung –A– drehen, bis die Kontakte aus dem Kontaktgehäuse –2– herausgedreht sind.
- Griffstück –1– in Pfeilrichtung –B– herausziehen.

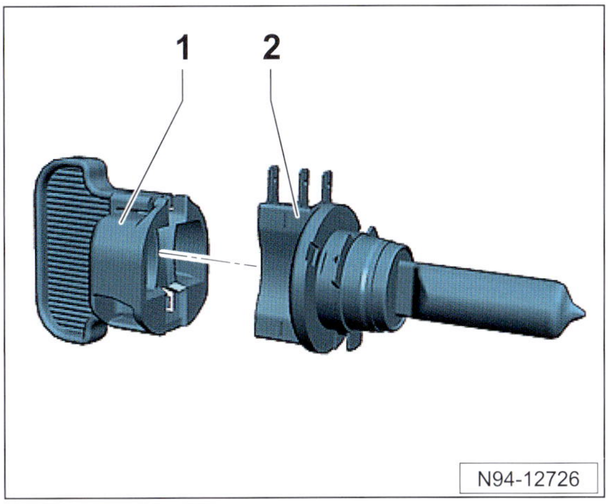

- Lampe –2– aus dem Griffstück –1– herausziehen.

Einbau

- Der Einbau erfolgt in umgekehrter Ausbaureihenfolge, dabei allgemeine Hinweise und Sicherheitshinweise zum Lampenwechsel beachten.
- Scheinwerfereinstellung prüfen, gegebenenfalls Scheinwerfer einstellen (Werkstattarbeit).

Tagesfahrlichtlampe/Standlichtlampe (Halogendoppelscheinwerfer)

Hinweis: Die Funktion Tagesfahrlichtlampe und der Standlichtlampe ist in die Fernlichtlampe integriert.

Blinklicht (Halogendoppelscheinwerfer)

Ausbau

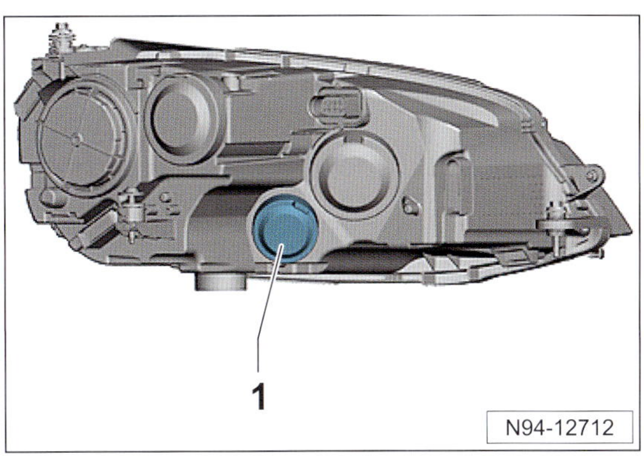

- Gehäusedeckel –1– vom Scheinwerfer abziehen.

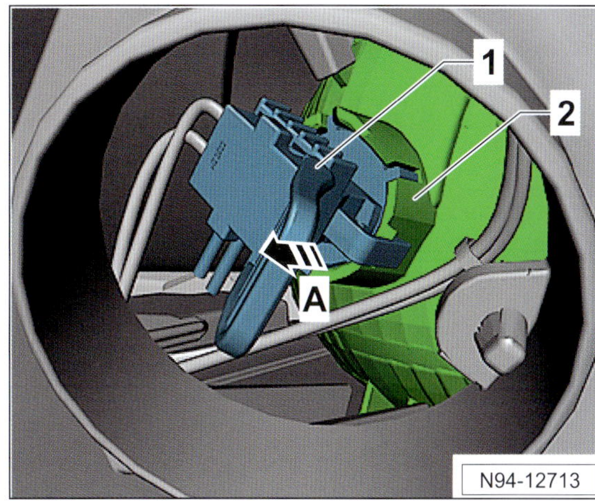

- Griffstück mit Fassung –1– aus dem Reflektor –2– in Pfeilrichtung –A– herausziehen.

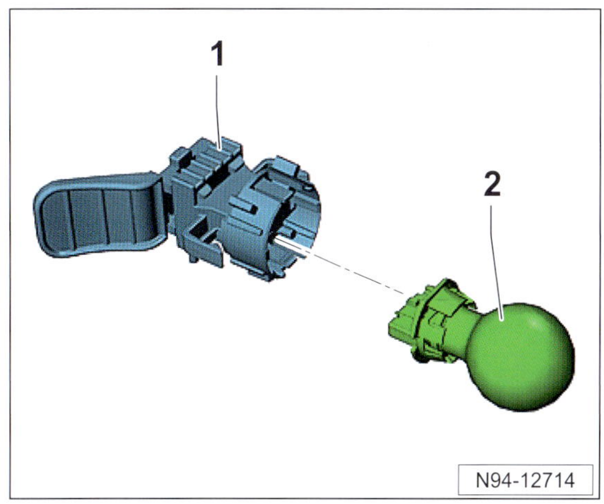

- Lampe für Blinklicht –2– aus der Fassung –1– herausziehen.

Einbau

- Der Einbau erfolgt in umgekehrter Ausbaureihenfolge, dabei allgemeine Hinweise und Sicherheitshinweise zum Lampenwechsel beachten.

Abblend-/Fernlicht (Xenon-Scheinwerfer)

Achtung: Lebensgefahr durch Hochspannung, Verletzungsgefahr und Umweltverschmutzungsgefahr.

Anwendungs- und Sicherheitshinweise für Gasentladungslampen beachten, siehe Seite 114.

Ausbau

- Scheinwerfer ausbauen, siehe Seite 119.

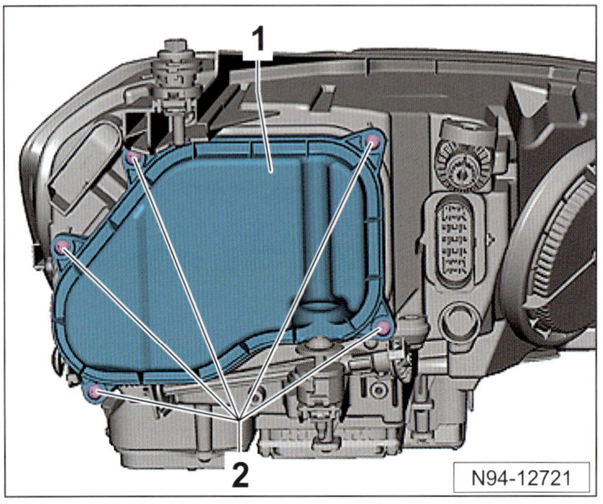

- Schrauben –2– des Gehäusedeckels –1– herausdrehen.
- Gehäusedeckel –1– abnehmen.

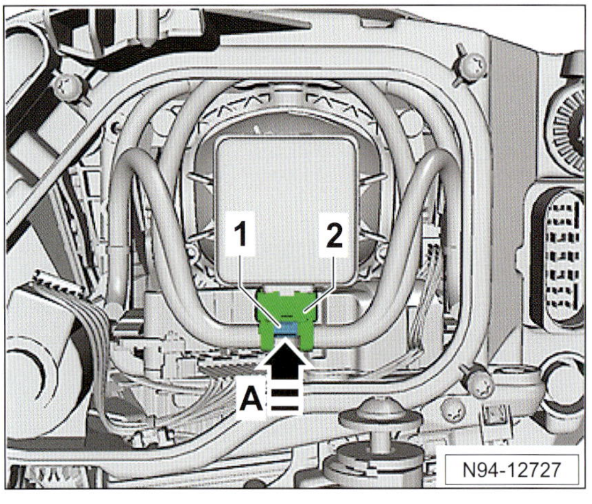

- Elektrische Steckverbindung –2– trennen, dazu die Sicherungslasche –1– in Pfeilrichtung –A– drücken.

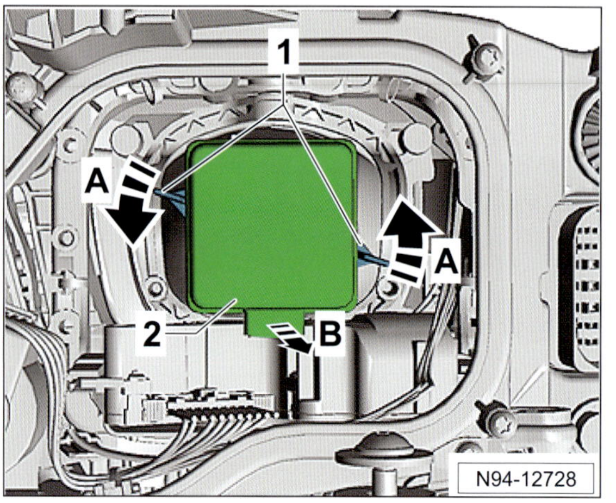

- Verriegelung –1– in Pfeilrichtung –A– drehen.
- Gasentladungslampe –2– in Pfeilrichtung –B– aus dem Gehäuse herausziehen.

Einbau

- Der Einbau erfolgt in umgekehrter Ausbaureihenfolge, dabei allgemeine Hinweise und Sicherheitshinweise zum Lampenwechsel beachten.

Achtung: Darauf achten, dass der elektrische Anschluss der Gasentladungslampe nach unten zeigt, siehe Abbildung N94-12728.

- Scheinwerfereinstellung prüfen, gegebenenfalls Scheinwerfer einstellen (Werkstattarbeit).

LED–Modul für Tagesfahrlicht und Standlicht

Fahrzeuge mit Gasentladungsscheinwerfer können mit einem LED-Modul für Tagfahrlicht und Standlicht ausgestattet sein. Der Austausch der LEDs ist nicht möglich. Bei einem Defekt muss der Scheinwerfer muss komplett ersetzt werden.

Blinklicht (Xenon-Scheinwerfer)

Ausbau

- **TDI-Motor, linke Seite:** Aus Platzgründen muss gegebenenfalls das Luftfiltergehäuse ausgebaut werden, siehe Seite 277.
- **TDI-Motor, rechte Seite:** Aus Platzgründen muss gegebenenfalls der Kraftstofffilter gelöst und mit angeschlossenen Leitungen zur Seite gelegt werden, siehe Seite 276.

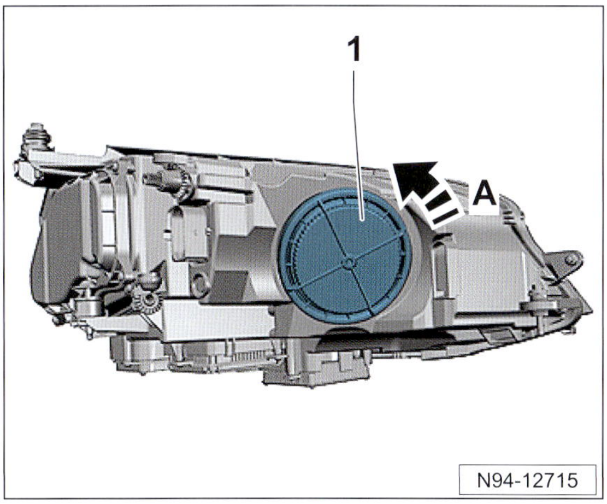

- Gehäusedeckel –1– in Pfeilrichtung –A– drehen und vom Scheinwerfer abnehmen.

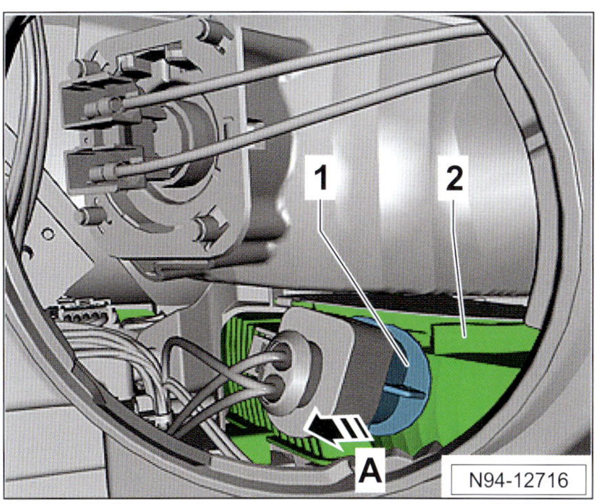

- Fassung –1– bis zum Anschlag entgegen dem Uhrzeigersinn drehen.
- Fassung –1– in Pfeilrichtung –A– aus dem Reflektor –2– herausziehen.

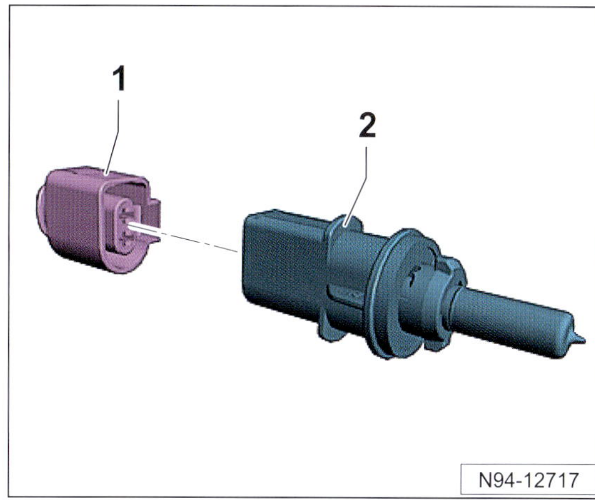

- Elektrische Steckverbindung –1– von der Blinklichtlampe mit Fassung –2– trennen.

Einbau

- Der Einbau erfolgt in umgekehrter Ausbaureihenfolge, dabei allgemeine Hinweise und Sicherheitshinweise zum Lampenwechsel beachten.

Tagesfahrlichtlampe/Standlichtlampe (Xenon-Scheinwerfer)

Hinweis: Die Tagesfahrlichtlampe hat auch jeweils die Funktion der Standlichtlampe.

Ausbau

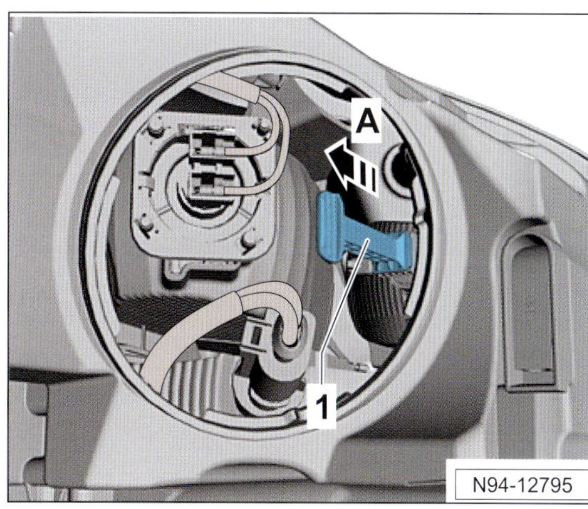

- Tagesfahrlichtlampe am Griffstück –1– in Pfeilrichtung –A– nach hinten aus dem Reflektor herausziehen.
- Tagesfahrlichtlampe aus dem Griffstück herausziehen.

Einbau

- Der Einbau erfolgt in umgekehrter Ausbaureihenfolge, dabei allgemeine Hinweise und Sicherheitshinweise zum Lampenwechsel beachten.
- Scheinwerfereinstellung prüfen, gegebenenfalls Scheinwerfer einstellen (Werkstattarbeit).

Lampe für statisches Kurvenlicht

Nur bei Fahrzeugen mit Xenon-Scheinwerfer

Ausbau

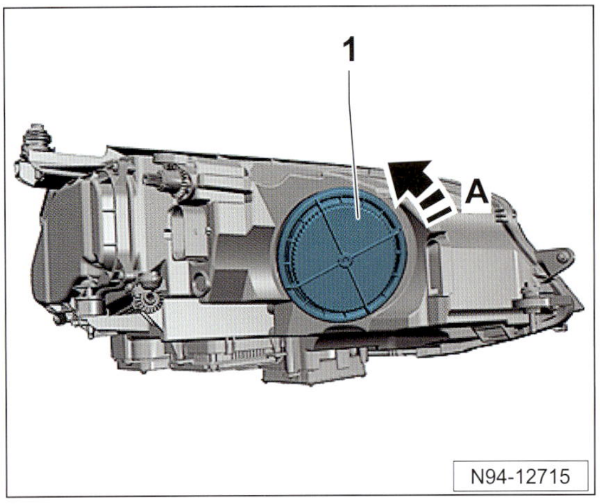

- Gehäusedeckel –1– in Pfeilrichtung –A– drehen und vom Scheinwerfer abnehmen.

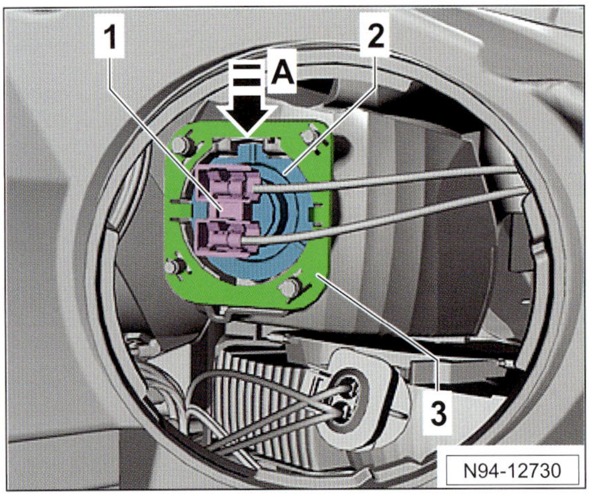

- Von oben in Pfeilrichtung –A– auf den Lampenhalter –3– drücken.
- Lampenhalter –3– mit Lampe –2– aus dem Reflektor herausziehen.
- Elektrische Steckverbindung –1– trennen.

Einbau

- Der Einbau erfolgt in umgekehrter Ausbaureihenfolge, dabei allgemeine Hinweise und Sicherheitshinweise zum Lampenwechsel beachten.
- Scheinwerfereinstellung prüfen, gegebenenfalls Scheinwerfer einstellen (Werkstattarbeit).

LED-Modul für Tagfahrlicht und Standlicht aus- und einbauen

Nur GTE

Hinweis: Bei den anderen Modellen ist das LED-Modul für Tagfahrlicht und Standlicht im Scheinwerfer integriert. Da der einzelne Austausch nicht möglich ist, muss bei einem Defekt der Scheinwerfer komplett ersetzt werden.

Ausbau

- Untere Motorraumabdeckung ausbauen, siehe Seite 339.
- Innenkotflügel auf der entsprechenden Seite ausbauen, siehe Seite 348.

Bis Modelljahr 2016:

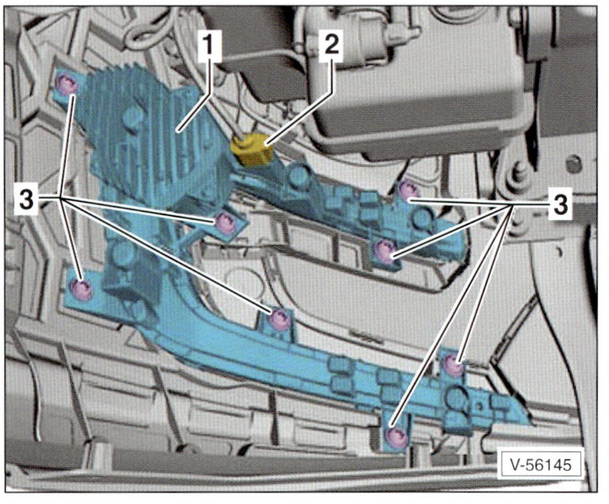

- Steckverbindung –2– entriegeln und trennen.
- Schrauben –3– herausdrehen.
- LED-Modul links für Tagfahrlicht und Standlicht –1– nach hinten herausnehmen. **Hinweis:** Das rechte LED-Modul wird analog ausgebaut.

Ab Modelljahr 2017

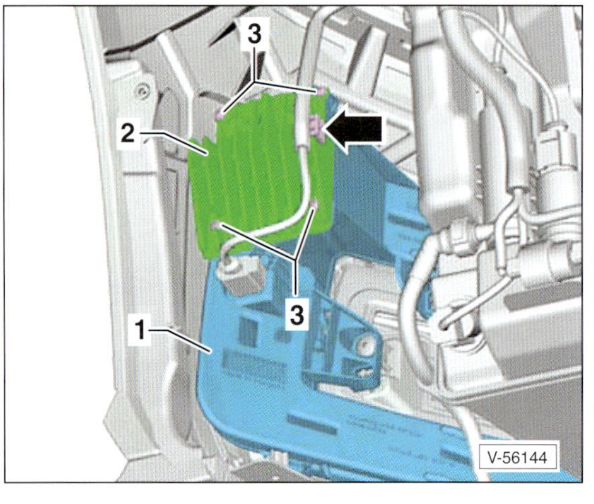

- Halter –Pfeil– für Leitungsstrang vom LED-Modul –2– abziehen.

- Schrauben –3– herausdrehen.
- LED-Modul –2– nach hinten aus der Tagfahrleuchte –1– herausnehmen, bis die elektrische Steckverbindung zugänglich ist.
- Elektrische Steckverbindung am LED-Modul –2– entriegeln und trennen.

Einbau

- Der Einbau erfolgt in umgekehrter Ausbaureihenfolge, dabei Folgendes beachten:
- **Bis MJ 2016:** LED-Modul für Tagfahrlicht und Standlicht –1– mit den beiden Spitzen voran in den Ausschnitt des Stoßfängers einführen, siehe Abbildung N94-13028.
- Schrauben mit **1,5 Nm** anziehen.

Scheinwerfer aus- und einbauen

Achtung: Beim Scheinwerfer mit Gasentladungslampen Lebensgefahr durch Hochspannung.

Ausbau

- Kühlergrill ausbauen, siehe Seite 346.

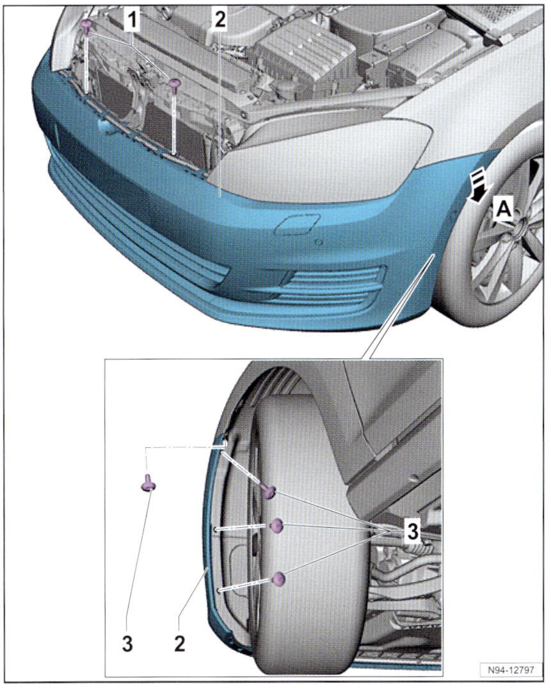

- Schrauben –3– am Innenkotflügel vorn herausdrehen.
- Wenn vorhanden, die Schrauben –1– herausdrehen.
- Stoßfänger –2– am Kotflügel lösen und in Pfeilrichtung –A– abziehen.

Achtung: Stoßfänger vorsichtig abziehen. Dabei darauf achten, dass sich der Stoßfänger weder verformt noch einreißt. Beim Herausnehmen des Scheinwerfers können die Oberflächen zerkratzt werden. Daher gefährdete Bereiche abkleben.

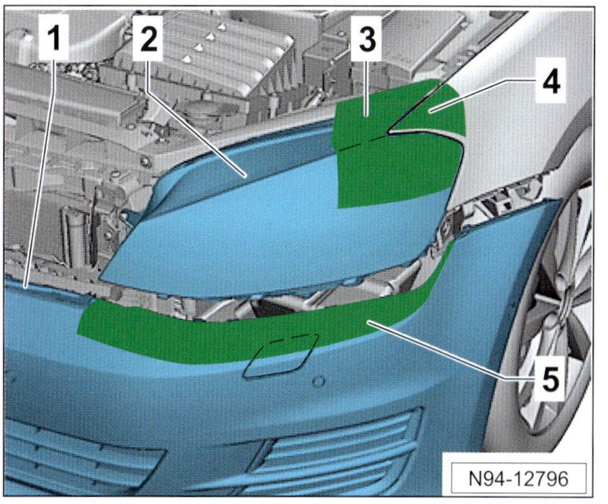

- Markierten Bereich –3– auf dem Scheinwerfer –2– abkleben.
- Die Unterseite der Kotflügelspitze –4– abkleben.
- Markierten Bereich –5– auf dem Stoßfänger –1– abkleben.

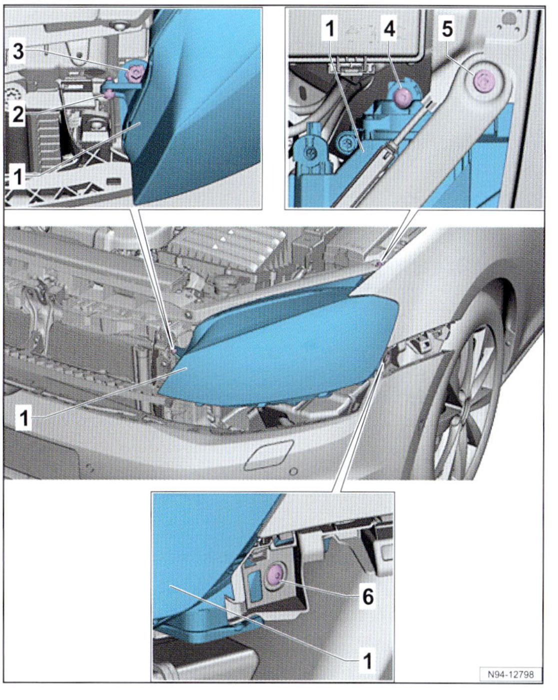

- Schrauben –3–, –5– und –6– herausdrehen.
- Schraube –4– lösen, nicht abschrauben.
- Elektrische Steckverbindung trennen.
- Scheinwerfer –1– nach vorn herausziehen.

Einbau

- Der Einbau erfolgt in umgekehrter Ausbaureihenfolge, dabei Folgendes beachten:
- Scheinwerfer in das Führungsprofil des Stoßfängers hineinschieben.
- Gleichmäßigen Fugenverlauf des Scheinwerfers einstellen. 2 – Anschlagschraube zum Einstellen des Scheinwerfers parallel zur Motorhaubenkante.

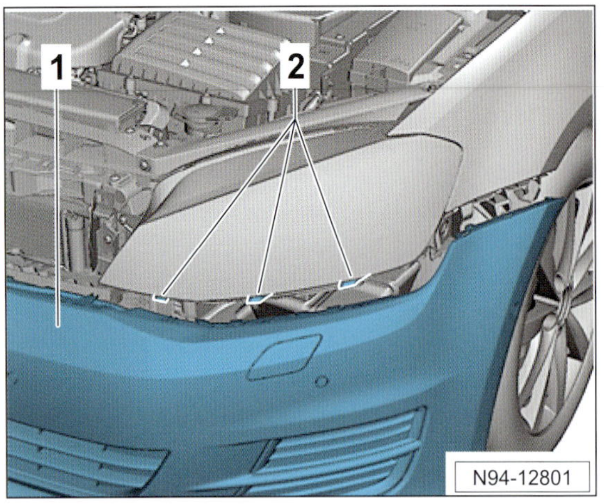

N94-12801

- Stoßfänger –1– aufschieben. Dabei darauf achten, dass er in die Aufnahmen –2– unterhalb des Scheinwerfers eingeschoben wird.

Anzugsdrehmomente:

Schrauben –3– und –4– (Abb N94-12798). . . . . . . **4 Nm**
Schrauben –5– (Abb N94-12798). . . . . **8 Nm**
Schrauben –6– (Abb N94-12798). . . . . **6 Nm**
Schrauben –1– und –3– (Abb N94-12797) . . . . . . **2 Nm**

- Scheinwerfereinstellung prüfen und gegebenenfalls Scheinwerfer einstellen (Werkstattarbeit).

Stellmotor für Leuchtweitenregelung aus- und einbauen

Halogendoppelscheinwerfer

Ausbau

- Je nach Ausstattung muss aus Platzgründen gegebenenfalls der Scheinwerfer ausgebaut werden, siehe Seite 119.

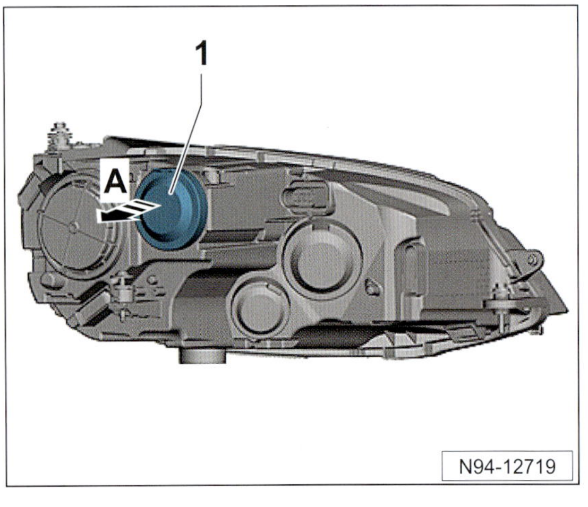

N94-12719

- Gehäusedeckel –1– vom Scheinwerfer in Pfeilrichtung –A– abziehen.

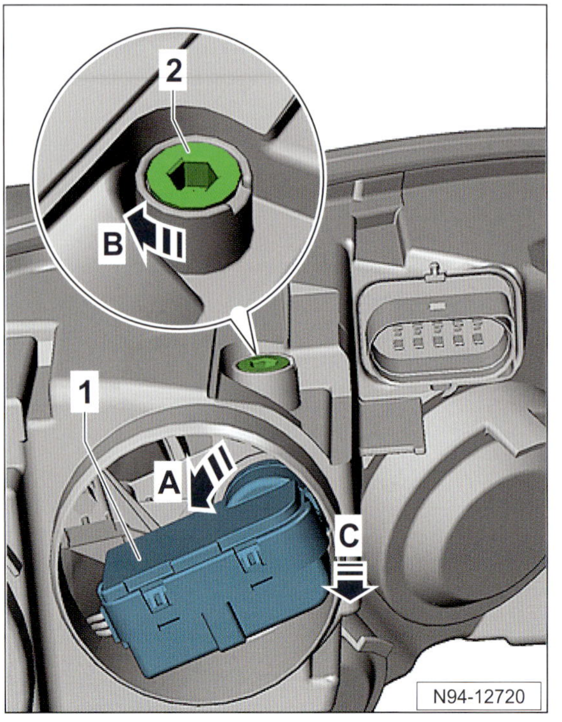

N94-12720

- Stellmotor für Leuchtweitenregelung –1– entriegeln. Dazu Stellmotor am linken Scheinwerfer in Pfeilrichtung –A–, am rechten Scheinwerfer entgegen der Pfeilrichtung –A– drehen.
- Stellmotor für Leuchtweitenregelung –1– in Pfeilrichtung –C– herausziehen.
- Höheneinstellung –2– in Pfeilrichtung –B– drehen und dadurch den Reflektor absenken. Gleichzeitig den Stellmotor –1– auf Zug halten.
- Stellmotor für Leuchtweitenregelung –1– aus der Scheinwerfer-Höheneinstellung in Pfeilrichtung –C– herausziehen.
- Elektrische Steckverbindung trennen.

Einbau

- Der Einbau erfolgt in umgekehrter Ausbaureihenfolge, dabei Folgendes beachten:
- Beim Hineinschieben des Stellmotors die elektrische Steckverbindung verbinden.
- Reflektor nach hinten ziehen und Stellmotor in die Scheinwerfer-Höheneinstellung hineindrücken, bis er hörbar einrastet.
- Stellmotor für Leuchtweitenregelung –1– entgegen der Pfeilrichtung –A– verriegeln.
- Höheneinstellung –2– entgegen der Pfeilrichtung –B– drehen. Dabei muss sich der Reflektor bewegen.
- Scheinwerfereinstellung prüfen, gegebenenfalls Scheinwerfer einstellen (Werkstattarbeit).

Xenon-Scheinwerfer

Ausbau

- Scheinwerfer ausbauen, siehe Seite 119.

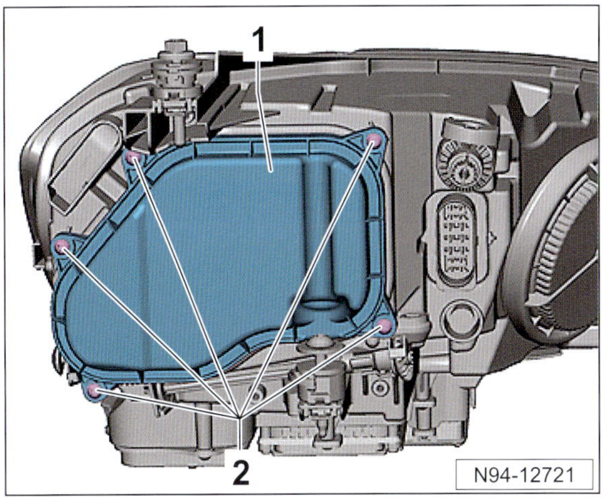

- 5 Schrauben –2– des Gehäusedeckels –1– herausdrehen.
- Gehäusedeckel –1– abnehmen.

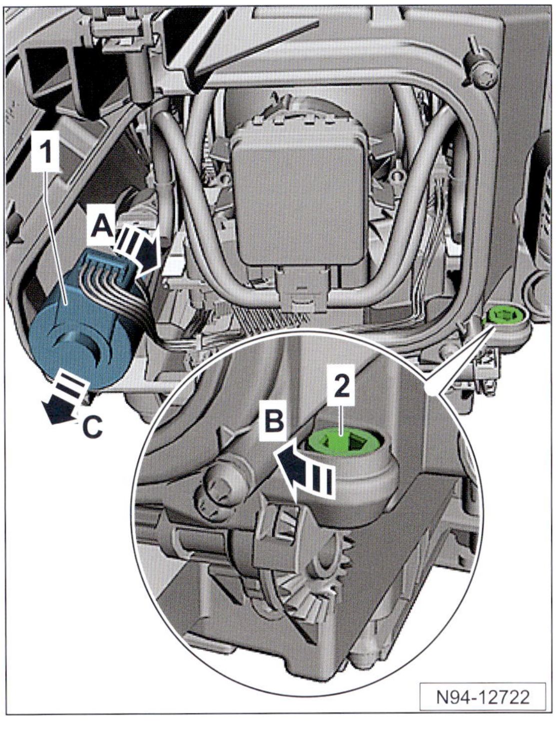

- Stellmotor für Leuchtweitenregelung –1– entriegeln. Dazu Stellmotor am linken Scheinwerfer in Pfeilrichtung –A–, am rechten Scheinwerfer entgegen der Pfeilrichtung –A– drehen.
- Stellmotor für Leuchtweitenregelung –1– in Pfeilrichtung –C– herausziehen.
- Höheneinstellung –2– in Pfeilrichtung –B– drehen und dadurch den Reflektor absenken. Gleichzeitig den Stellmotor –1– auf Zug halten.
- Stellmotor für Leuchtweitenregelung –1– aus der Scheinwerfer-Höheneinstellung in Pfeilrichtung –C– herausziehen.
- Elektrische Steckverbindung trennen.

Einbau

- Der Einbau erfolgt in umgekehrter Ausbaureihenfolge, dabei Folgendes beachten:
- Beim Hineinschieben des Stellmotors die elektrische Steckverbindung verbinden.
- Reflektor nach hinten ziehen und Stellmotor in die Scheinwerfer-Höheneinstellung hineindrücken, bis er hörbar einrastet.
- Stellmotor für Leuchtweitenregelung –1– entgegen der Pfeilrichtung –A– verriegeln.
- Höheneinstellung –2– entgegen der Pfeilrichtung –B– drehen. Dabei muss sich der Reflektor bewegen.
- Scheinwerfereinstellung prüfen, gegebenenfalls Scheinwerfer einstellen (Werkstattarbeit).

Nebelscheinwerfer – Detailübersicht

Alle außer GTI und GTD

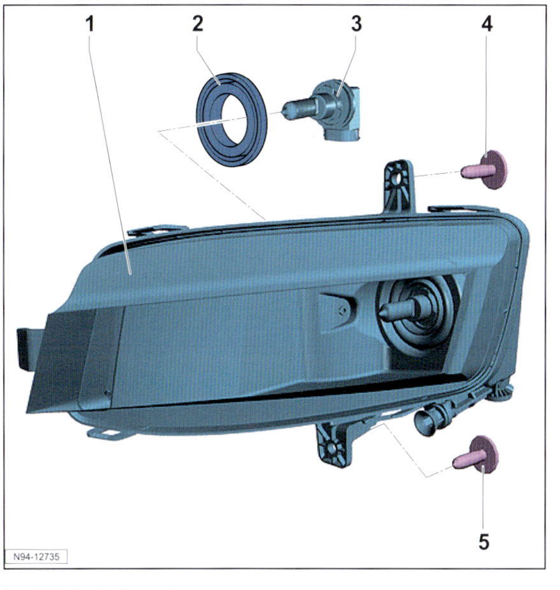

1 – Nebelscheinwerfer
2 – Abdeckkappe
3 – Lampe für Nebelscheinwerfer
4 – Schraube, 2 Nm
5 – Schraube, 2 Nm

GTI und GTD

Achtung: Der Austausch der LEDs ist nicht möglich. Bei einem Defekt Nebelscheinwerfer komplett ersetzen.

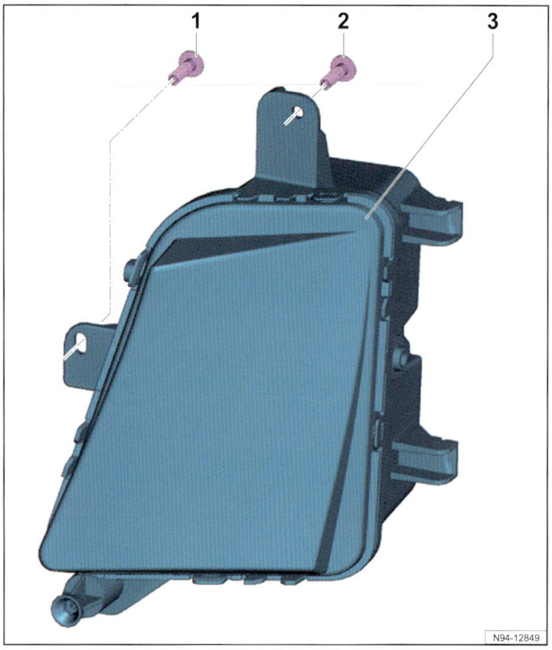

1 – Schraube, 2 Nm

2 – Schraube, 2 Nm

3 – Nebelscheinwerfer

Nebelscheinwerfer aus- und einbauen

Alle außer GTI und GTD

Ausbau

- Zündung ausschalten.
- Zündschlüssel abziehen, wenn vorhanden.
- Lichtschalter in Stellung »0« drehen.
- Innenkotflügel ausbauen, siehe Seite 348.

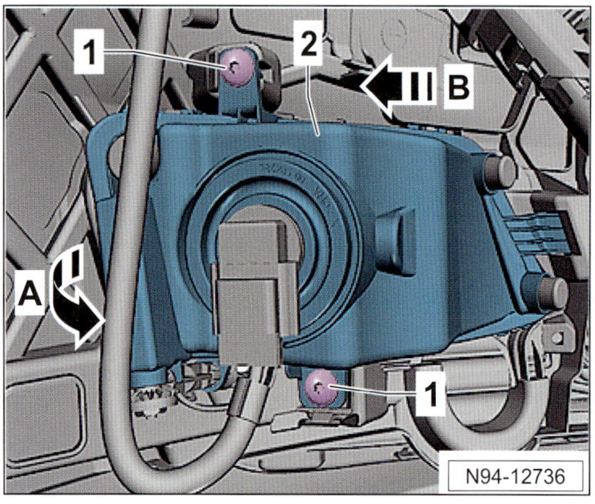

- Schrauben –1– herausdrehen.
- Nebelscheinwerfer –2– in Pfeilrichtung –A– schwenken.
- Anschließend Nebelscheinwerfer –2– in Pfeilrichtung –B– aus der Stoßfängerabdeckung herausziehen.
- Elektrische Steckverbindung trennen.

Einbau

- Der Einbau erfolgt in umgekehrter Ausbaureihenfolge. Schrauben mit **2 Nm** festziehen.
- Nebelscheinwerfer einstellen (Werkstattarbeit).

GTI und GTD

Ausbau

- Zündung ausschalten.
- Zündschlüssel abziehen, wenn vorhanden.
- Lichtschalter in Stellung »0« drehen.
- Innenkotflügel ausbauen, siehe Seite 348.

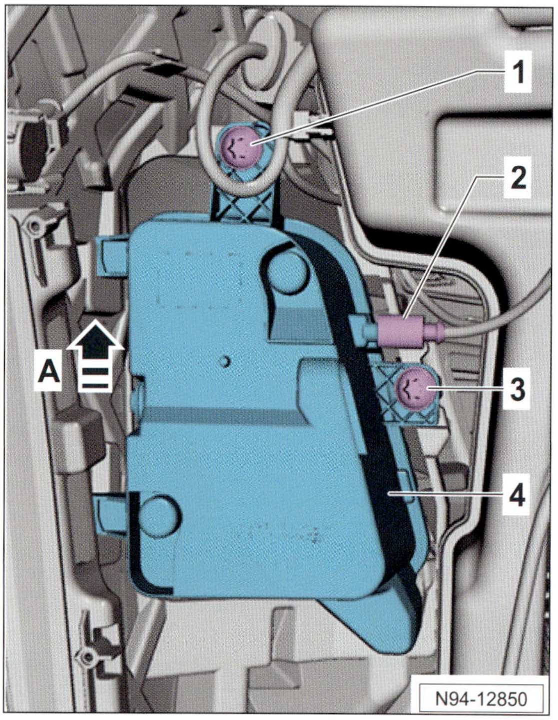

- Schrauben –1– und –3– herausdrehen.
- Nebelscheinwerfer –4– in Pfeilrichtung –A– anheben.
- Anschließend Nebelscheinwerfer –4– aus der Stoßfängerabdeckung herausziehen.
- Elektrische Steckverbindung –2– trennen.

Einbau

- Der Einbau erfolgt in umgekehrter Ausbaureihenfolge. Schrauben mit **2 Nm** festziehen.
- Nebelscheinwerfer einstellen (Werkstattarbeit).

Lampe für Nebelscheinwerfer aus- und einbauen

Ausbau

- Linke Seite: Lenkung nach rechts einschlagen. **Hinweis:** Auf der rechten Seite analog verfahren.

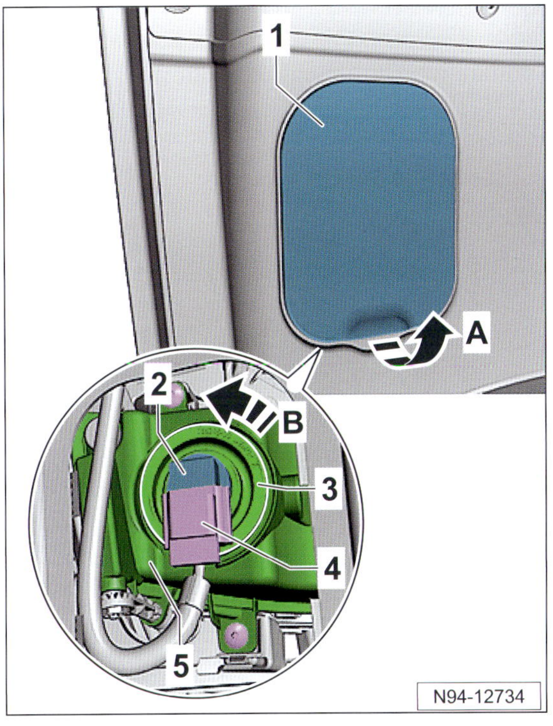

- Abdeckung –1– im Innenkotflügel in Pfeilrichtung –A– abhebeln.
- Elektrische Steckverbindung –4– trennen.
- Abdeckkappe –3– vom Nebelscheinwerfergehäuse –5– abziehen.
- Lampe für Nebelscheinwerfer –2– in Pfeilrichtung –B– drehen und aus dem Nebelscheinwerfergehäuse –5– herausziehen.
- Abdeckkappe –3– von der Lampe für Nebelscheinwerfer –2– abziehen.

Einbau

- Der Einbau erfolgt in umgekehrter Ausbaureihenfolge, dabei allgemeine Hinweise und Sicherheitshinweise zum Lampenwechsel beachten.
- Abdeckkappe –3– auf die Nebelscheinwerferlampe –2– aufschieben.
- Nebelscheinwerferlampe in das Nebelscheinwerfergehäuse hineinschieben.
- Nebelscheinwerferlampe bis zum Anschlag im Uhrzeigersinn drehen.
- Scheinwerfereinstellung prüfen, gegebenenfalls Scheinwerfer einstellen.

Blinkleuchte im Außenspiegel aus- und einbauen

Bei einer defekten LED muss die Blinkleuchte im Außenspiegel komplett ersetzt werden.

Ausbau

- Spiegelkappe ausbauen, siehe Seite 377.

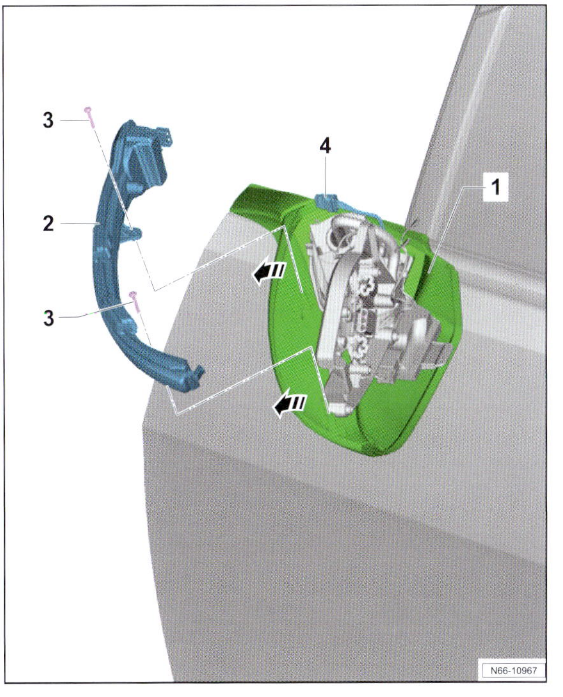

- Elektrische Steckverbindung –4– trennen.
- Schrauben –3– herausdrehen.
- Gegebenenfalls Befestigungslasche entriegeln und Blinkleuchte –2– vom Spiegelgrundträger –1– nach oben herausnehmen.

Einbau

- Der Einbau erfolgt in umgekehrter Ausbaureihenfolge, dabei Folgendes beachten. Schrauben mit **1 Nm** anziehen.

Einstiegsleuchte im Außenspiegel aus- und einbauen

Bei einer defekten LED muss die Einstiegsleuchte im Außenspiegel komplett ersetzt werden.

Ausbau

- Spiegelblende ausbauen, siehe Seite 378.

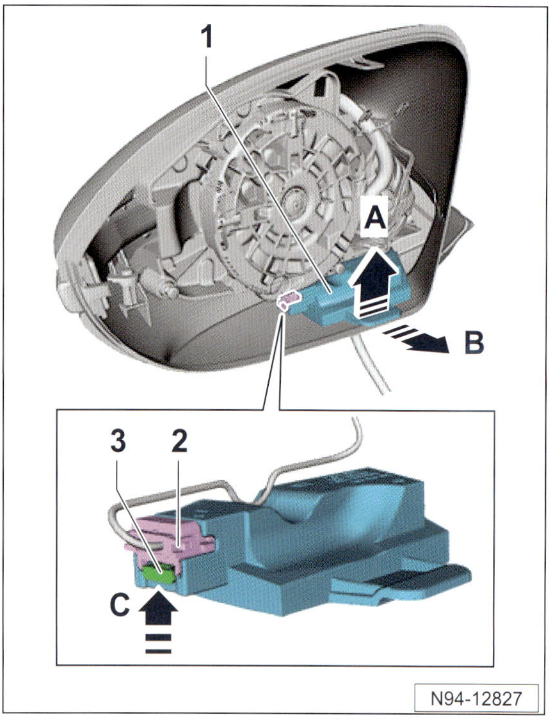

- Einstiegsleuchte –1– in Pfeilrichtung –A– anheben.
- Einstiegsleuchte in Pfeilrichtung –B– aus dem Spiegelgehäuse herausziehen.
- Verriegelung –3– in Pfeilrichtung –C– drücken.
- Elektrische Steckverbindung –2– trennen.

Einbau

- Der Einbau erfolgt in umgekehrter Ausbaureihenfolge.

Glühlampen für Außenbeleuchtung hinten auswechseln

Die Heckleuchte ist zweigeteilt, der äußere Teil sitzt im hinteren Seitenteil der Karosserie, der innere Teil befindet sich in der Heckklappe. Je nach Ausstattung können anstelle der Glühlampen auch LEDs eingebaut sein. Bei einem Defekt der LEDs muss die komplette Leuchte ersetzt werden.

Schlusslicht/Nebelschlusslicht in der Heckklappe

Ausbau

- Lichtschalter in Stellung »0« drehen.

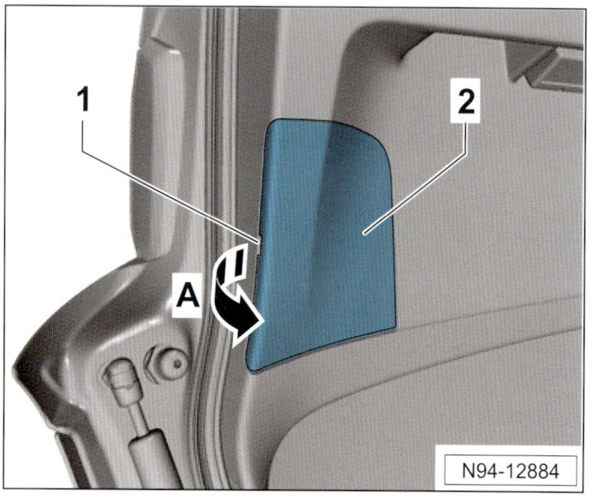

- Deckel –2– mit einem kleinen Schraubendreher an der Position –1– in Pfeilrichtung –A– aus der Heckklappenverkleidung ausclipsen.

Limousine

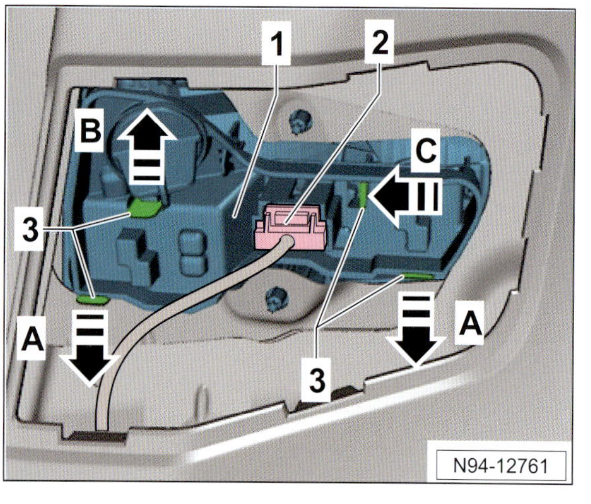

- Elektrische Steckverbindung –2– trennen.
- Verriegelungen –3– in Pfeilrichtung –A–, –B– und –C– drücken.
- Lampenträger –1– aus der Schlussleuchte herausziehen.

VARIANT

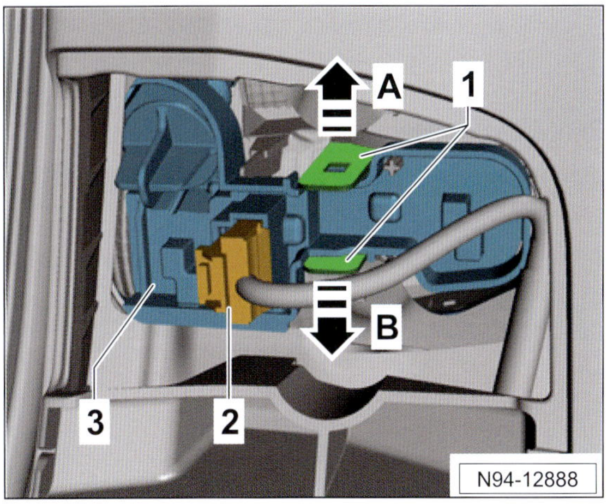

- Stecker –2– abziehen. Dazu Verriegelung eindrücken und Stecker lösen.
- Lampenhalter –3– abnehmen. Dazu die Rastnasen –1– des Lampenhalters in Pfeilrichtung –A– und –B– auseinanderziehen.

Alle Modelle

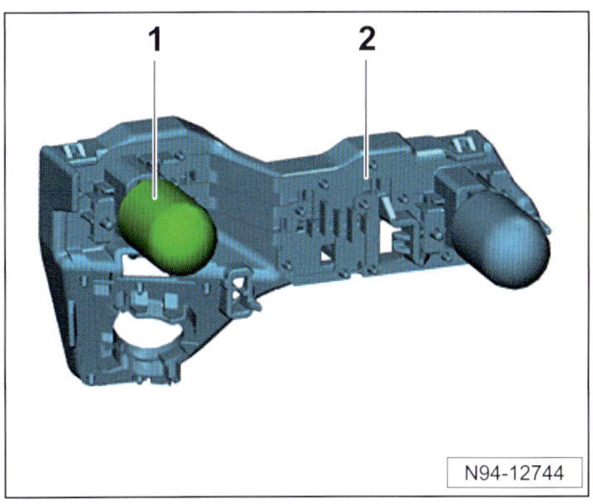

- Schlusslichtlampe –1– aus dem Lampenträger –2– herausziehen.

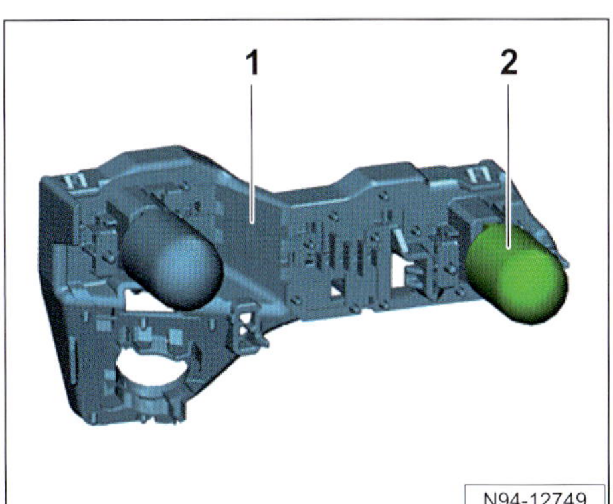

- Nebelschlusslichtlampe –2– aus dem Lampenträger –1– herausziehen.

Einbau

- Der Einbau erfolgt in umgekehrter Ausbaureihenfolge, dabei allgemeine Hinweise und Sicherheitshinweise zum Lampenwechsel beachten.

Rückfahrlicht in der Heckklappe

Limousine und VARIANT

Ausbau

- Lichtschalter in Stellung »0« drehen.
- Deckel –1– mit einem kleinen Schraubendreher in Pfeilrichtung aus der Heckklappenverkleidung ausclipsen, siehe Abbildung N94-12884.

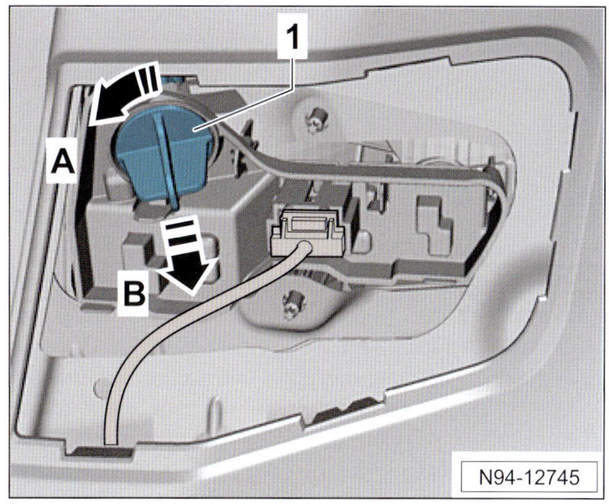

- Lampenfassung –1– in Pfeilrichtung –A– drehen.
- Lampenfassung in Pfeilrichtung –B– aus der Schlussleuchte herausziehen.
- Rückfahrlichtlampe aus der Lampenfassung herausziehen.

Einbau

- Der Einbau erfolgt in umgekehrter Ausbaureihenfolge, dabei allgemeine Hinweise und Sicherheitshinweise zum Lampenwechsel beachten.

Lampen im Seitenteil

Brems-, Schluss- und Blinklicht.

Ausbau

- Heckleuchte aus dem Seitenteil ausbauen, siehe Seite 128.

Limousine

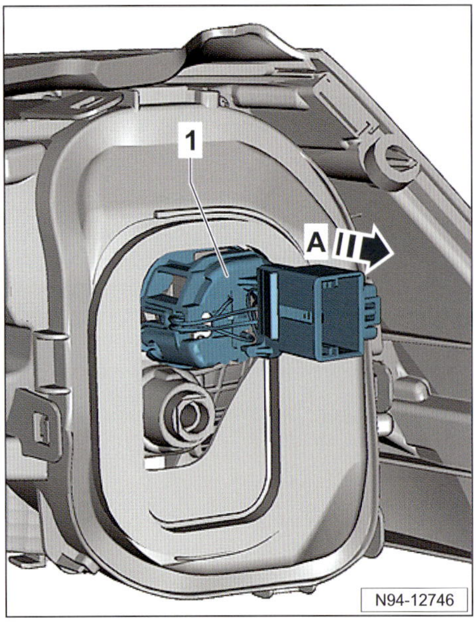

- Lampenfassung –1– gerade in Pfeilrichtung –A– aus dem Gehäuse herausziehen. **Achtung:** Lampenfassung nicht drehen! Die Fassung wird sonst beschädigt. Die Lampenfassung gerade nach hinten ziehen, gegebenenfalls die Haltenasen mit einem geeigneten Schraubendreher vorsichtig entriegeln.
- Lampe für Brems- und Schlusslicht aus der Lampenfassung herausziehen.

VARIANT

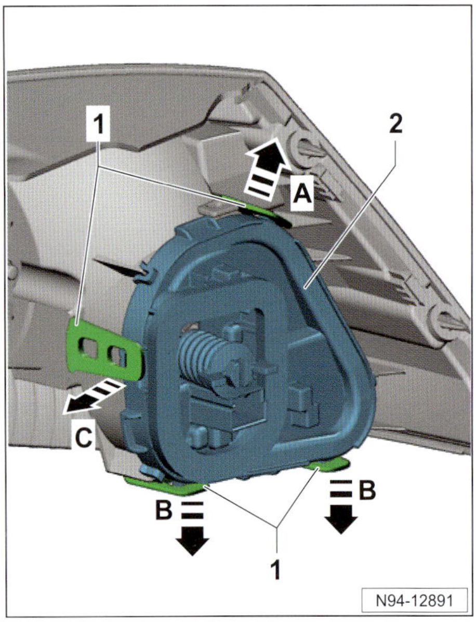

- Befestigungslaschen –1– in Pfeilichtung –A–, –B– und –C– drücken und Lampenträger –2– abnehmen.

Einbau

- Der Einbau erfolgt in umgekehrter Ausbaureihenfolge, dabei allgemeine Hinweise und Sicherheitshinweise zum Lampenwechsel beachten.

Blinklicht im Seitenteil

Limousine

Ausbau

- Heckleuchte aus dem Seitenteil ausbauen, siehe Seite 128.

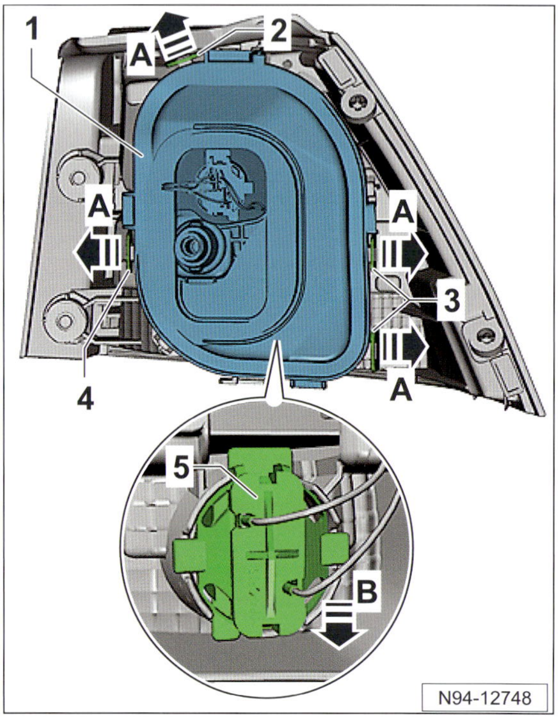

- Befestigungslaschen –2, 3 und 4– in Pfeilrichtung –A– drücken.
- Abdeckung –1– von der Schlussleuchte abnehmen.
- Lampenfassung –5– gerade in Pfeilrichtung –B– aus dem Gehäuse herausziehen. **Achtung:** Lampenfassung nicht drehen! Die Fassung wird sonst beschädigt. Die Lampenfassung gerade nach hinten ziehen, gegebenenfalls die Haltenasen mit einem geeigneten Schraubendreher vorsichtig entriegeln.
- Lampe für Blinklicht hinten aus der Lampenfassung herausziehen.

Einbau

- Der Einbau erfolgt in umgekehrter Ausbaureihenfolge, dabei allgemeine Hinweise und Sicherheitshinweise zum Lampenwechsel beachten.

Heckleuchten

Leuchte im Seitenteil mit Glühlampen

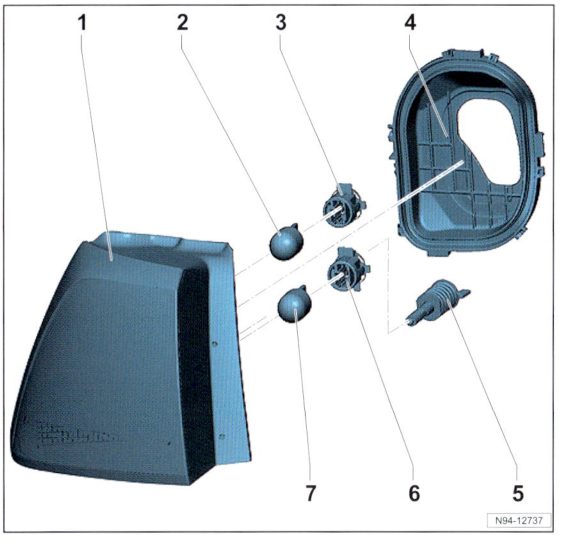

1 – **Schlussleuchte links**

2 – **Lampe für Brems- und Schlusslicht**

3 – **Lampenfassung**

4 – **Abdeckung mit Dichtung**

5 – **Befestigungselement, 2 Nm**

6 – **Lampenfassung**

7 – **Lampe für Blinklicht hinten**

Hinweis: Die Abbildung zeigt die Heckleuchte der Limousine.

Leuchte in der Karosserie mit LEDs

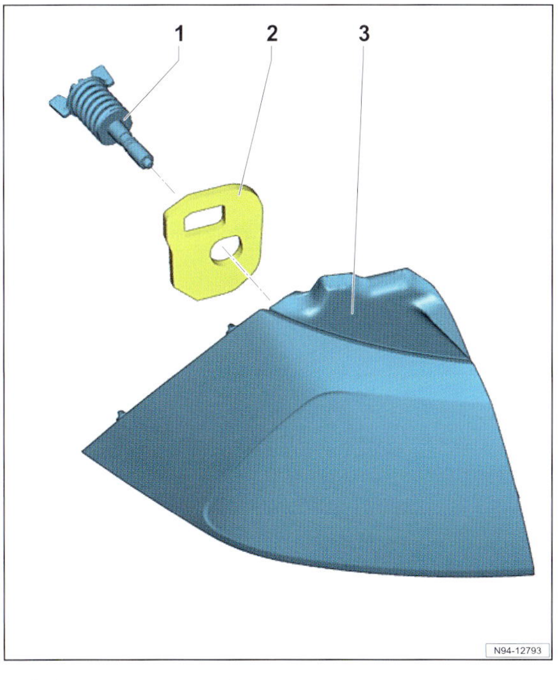

1 – **Befestigungselement, 2 Nm**

2 – **Dichtung**
Selbstklebend. Bei Beschädigung ersetzen.

3 – **Schlussleuchte links**

Leuchte in der Heckklappe mit Glühlampen

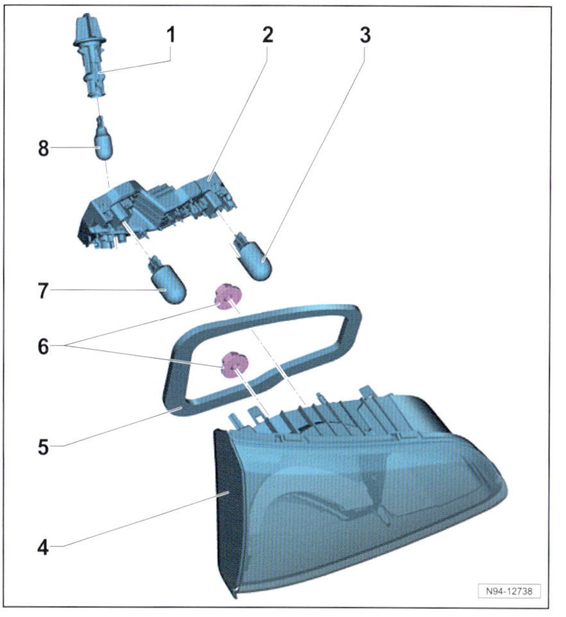

1 – **Lampenfassung für Rückfahrlichtlampe**

2 – **Lampenträger**

3 – **Lampe für Nebelschlussleuchte**

4 – **Schlussleuchte 2**

5 – **Dichtung**
Selbstklebend. Bei Beschädigung ersetzen.

6 – **Muttern, 3 Nm**

7 – **Lampe für Schlusslicht**

8 – **Lampe für Rückfahrlicht**

Leuchte in der Heckklappe mit LEDs

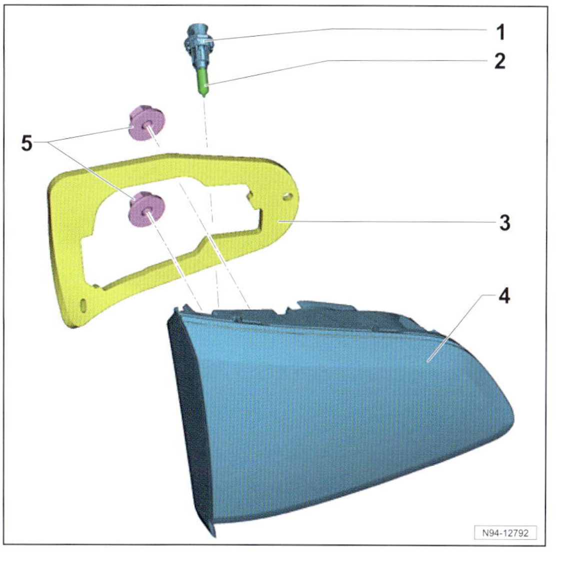

1 – **Lampenfassung für Rückfahrlichtlampe**

2 – **Lampe für Rückfahrlicht**

3 – **Dichtung**
Selbstklebend. Bei Beschädigung ersetzen.

4 – **Schlussleuchte links**

5 – **Muttern 3 Nm**

Heckleuchte im Seitenteil aus- und einbauen

Ausbau

Hinweis: Wenn eine LED defekt ist, muss die Schlussleuchte komplett ersetzt werden.

- Lichtschalter in Stellung »0« drehen.
- Abdeckung in der Kofferraum-Seitenverkleidung aufklappen.

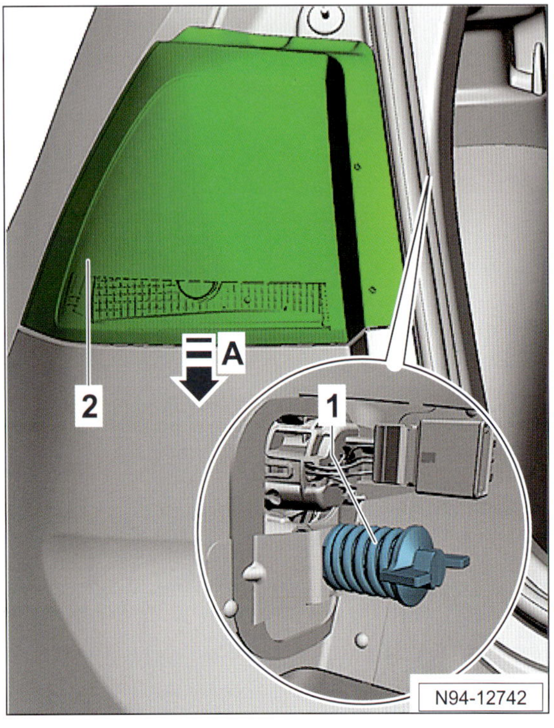

- Befestigungselement –1– herausdrehen.
- Elektrische Steckverbindung trennen.
- Schlussleuchte –2– in Pfeilrichtung –A– abnehmen.

Einbau

- Der Einbau erfolgt in umgekehrter Ausbaureihenfolge. Befestigungselement mit **2 Nm** (Anhaltswert) festziehen.

Heckleuchte in der Heckklappe aus- und einbauen

Ausbau

Hinweis: Wenn eine LED defekt ist, muss die Schlussleuchte komplett ersetzt werden.

- Lichtschalter in Stellung »0« drehen.
- Deckel –1– mit einem kleinen Schraubendreher in Pfeilrichtung aus der Heckklappenverkleidung ausclipsen, siehe Abbildung N94-12884 auf Seite 125.

Limousine

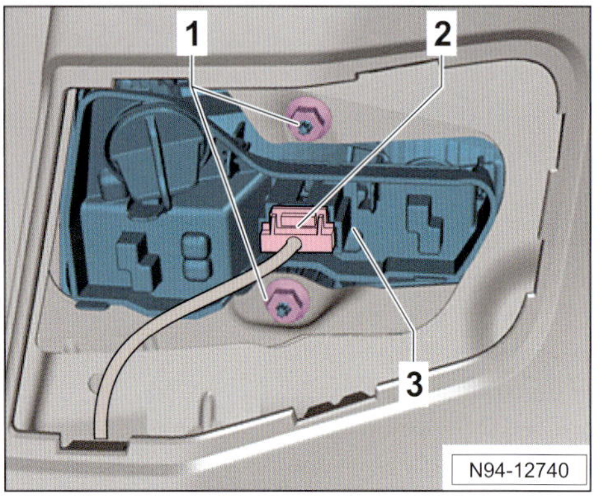

VARIANT

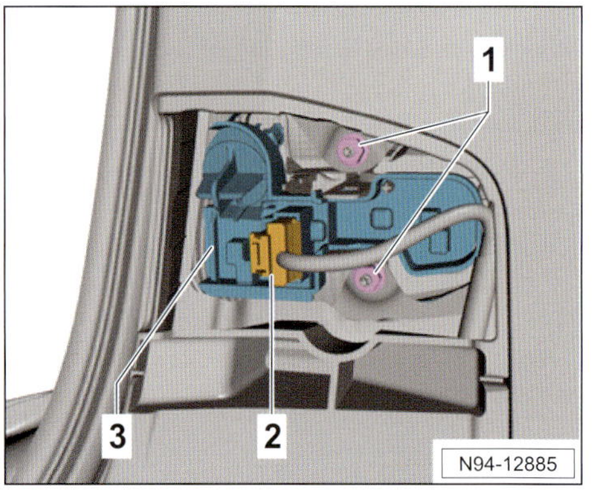

- Muttern –1– abschrauben.
- Elektrische Steckverbindung –2– trennen.
- Schlussleuchte –3– nach außen abnehmen.

Einbau

- Der Einbau erfolgt in umgekehrter Ausbaureihenfolge, dabei Folgendes beachten:
- Darauf achten, dass die Dichtung zwischen Karosserie und Schlussleuchtengehäuse sauber abdichtet.
- Elektrische Steckverbindung muss sicher verrasten.
- Schlussleuchte von außen in den Heckklappenausschnitt einschwenken.
- Nach oben und zur Mitte in Anlage bringen.
- An der Schlussleuchte erst oben, dann unten die Muttern aufschrauben und mit **3 Nm** festziehen.

Einbaulage der Heckleuchte korrigieren

Die Einbaulage kann nur an der Schlussleuchte Karosserie korrigiert werden.

- Lichtschalter in Stellung »0« drehen.
- Abdeckung in der Kofferraum-Seitenverkleidung aufklappen.

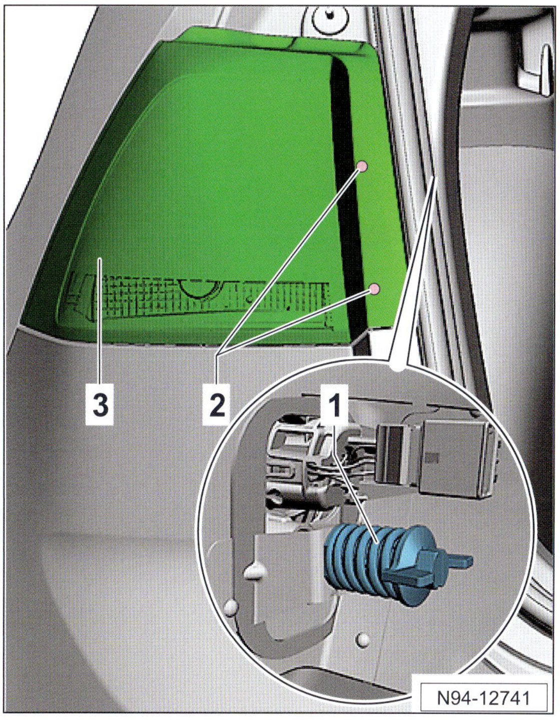

- Befestigungselement –1– um 2 Umdrehungen lösen.
- Torx-Schraubendrehereinsatz T10 in die Öffnungen –2– der Blende stecken.

Achtung: Die Schlussleuchte –3– muss bündig mit den angrenzenden Bauteilen abschließen.

- Einbaulage der Schlussleuchte durch hinein- beziehungsweise herausdrehen der Einstellelemente einstellen.
- Befestigungselement –1– mit **2 Nm** festziehen.
- Abdeckung in der Kofferraum-Seitenverkleidung zuklappen.

Hochgesetzte Bremsleuchte aus- und einbauen

Alle außer GTI

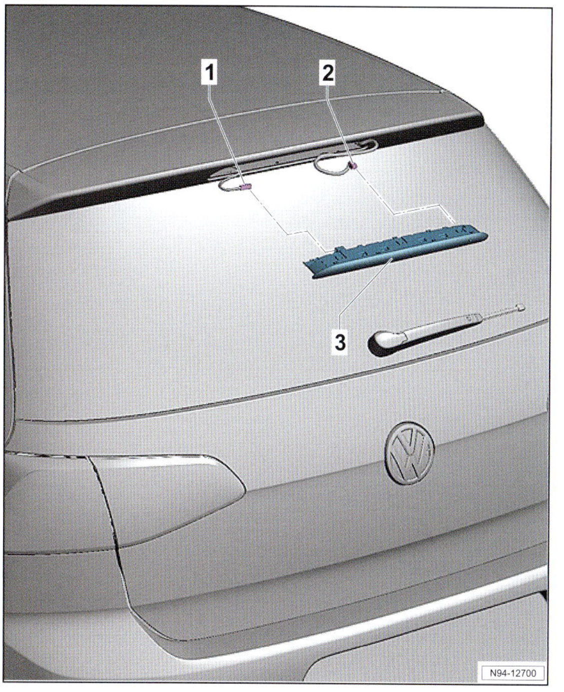

1 – Stecker für Bremslicht

2 – Waschwasserleitung

3 – Hochgesetzte Bremsleuchte

Ausbau

- Zündung ausschalten, Zündschlüssel abziehen.

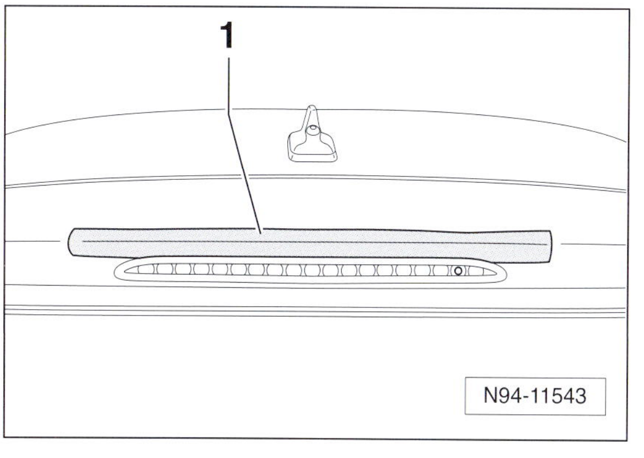

- Heckklappe über der Bremsleuchte mit einem Streifen Klebeband –1– abkleben und dadurch vor Beschädigung schützen.

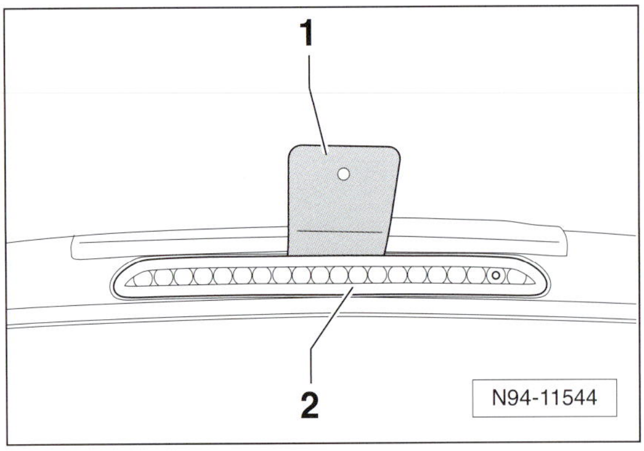

- Kunststoffkeil –1– oben zwischen Leuchte –2– und Heckklappe stecken.

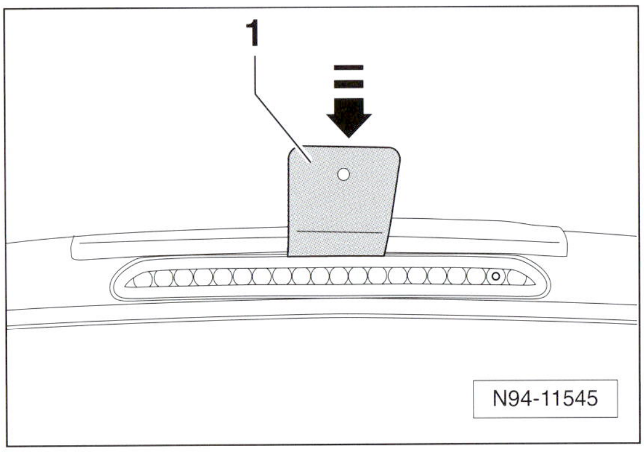

- Kunststoffkeil –1– in Pfeilrichtung drücken und dadurch Leuchte entriegeln.
- Bremsleuchte vorsichtig herausziehen.

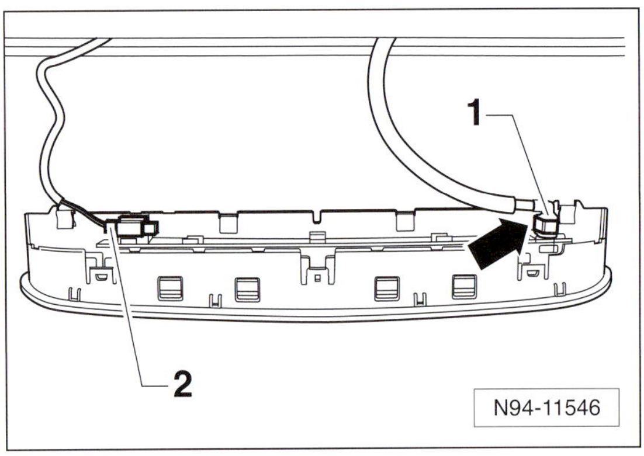

- Schlauchsicherung –Pfeil– herausziehen und Schlauchanschluss –1– für Scheibenwaschanlage von der Spritzdüse abziehen.
- Stecker –2– entriegeln und abziehen.

Einbau

- Beim Einbau auf richtigen Sitz der Dichtung achten. Die Dichtung darf keine Schlaufen werfen und nicht beschädigt sein.
- Waschwasserschlauch und elektrischen Stecker aufschieben und einrasten.
- Bremsleuchte in die Heckklappe einsetzen und einrasten, dabei unten beginnen.

GTI und GTD

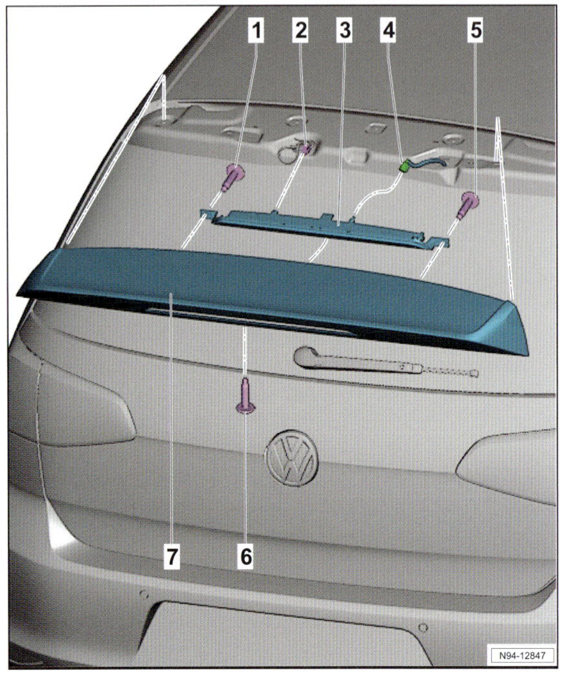

1 – Schraube, 2 Nm
2 – Stecker für Bremslicht
3 – Hochgesetzte Bremsleuchte
4 – Anschluss der Waschwasserleitung
5 – Schraube, 2 Nm
6 – Schraube, 2 Nm
7 – Dachkantenspoiler

Ausbau

- Dachkantenspoiler ausbauen, siehe Seite 375.

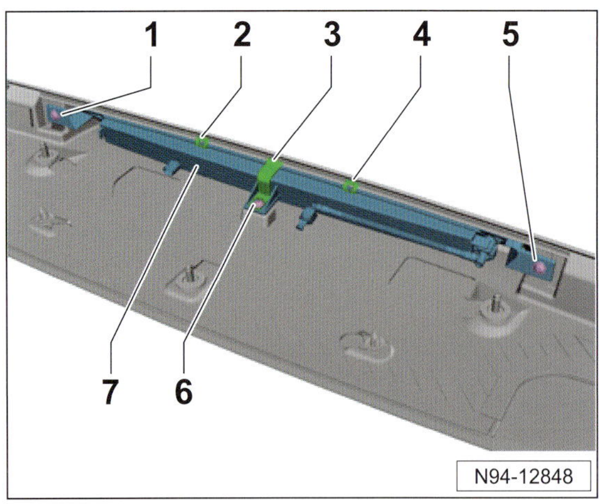

- Schrauben –1–, –5– und –6– aus der hochgesetzten Bremsleuchte –7– herausdrehen.

- Verrastungen –2– und –4– zum Lösen vorsichtig anheben.
- Stützbügel –3– etwas anheben.
- Hochgesetzte Bremsleuchte –7– aus dem Dachkantenspoiler herausnehmen.

Einbau

- Der Einbau erfolgt sinngemäß in umgekehrter Ausbaureihenfolge, dabei ist Folgendes zu beachten:
- Auf den richtigen Sitz der Dichtung achten. Die Dichtung darf weder Schlaufen werfen und noch beschädigt sein.
- Schrauben mit **2 Nm** anziehen.
- Lampe für hochgesetztes Bremslicht sowie Heckscheibenwaschanlage auf einwandfreie Funktion prüfen.

Kennzeichenleuchte aus- und einbauen

Limousine

Ausbau

- Zündung ausschalten, Zündschlüssel abziehen.

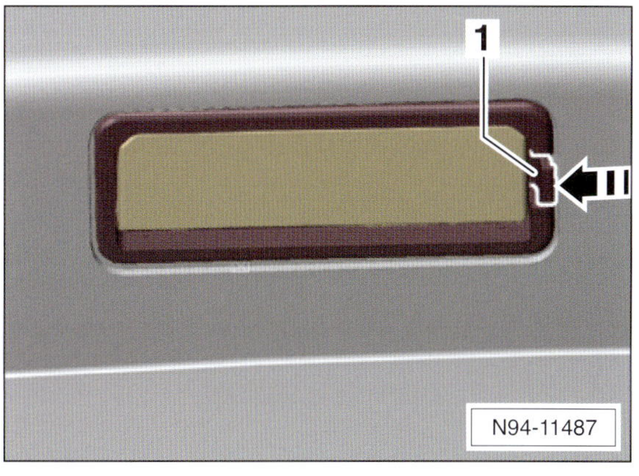

N94-11487

- Haltenase –1– mit einem kleinen Schraubendreher in Pfeilrichtung zur Kennzeichenleuchte drücken, Kennzeichenleuchte etwas anheben und herausschwenken.

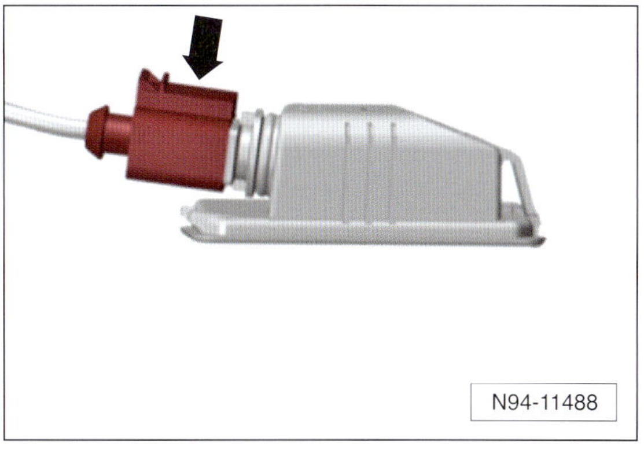
N94-11488

- Steckverbindung –Pfeil– entriegeln und trennen.

Lampe ersetzen

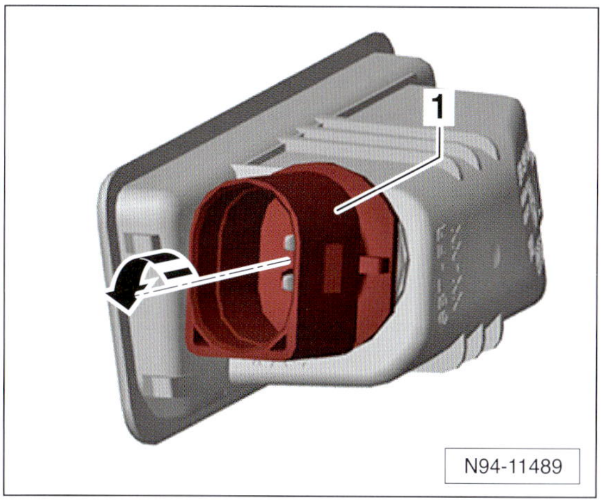

N94-11489

- Lampenfassung –1– zum Entriegeln in Pfeilrichtung drehen und aus der Kennzeichenleuchte herausziehen.

Einbau

- Der Einbau erfolgt in umgekehrter Ausbaureihenfolge, dabei Folgendes beachten:
- Die Kennzeichenleuchte so in die Stoßfängerabdeckung einsetzen, dass die Steckverbindung zur linken Fahrzeugseite zeigt.

VARIANT

Ausführung mit Glühlampe

Ausbau

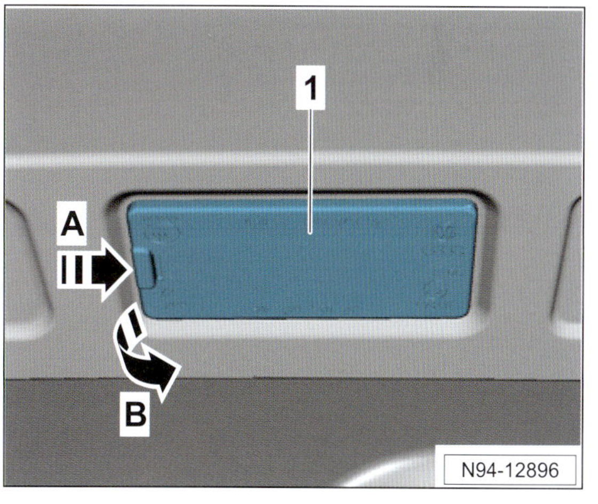

N94-12896

- Mit einem kleinen Schraubendreher die Kennzeichenleuchte links in Pfeilrichtung –A– drücken.
- Kennzeichenleuchte links in Pfeilrichtung –B– aus der Heckklappe herausklappen.

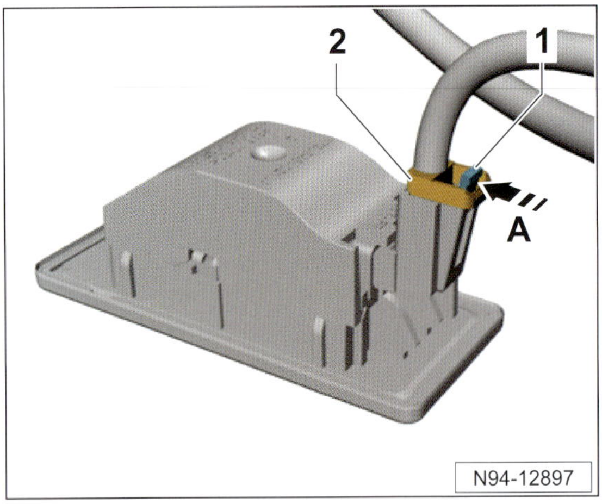

- Steckerverriegelung –1– in Pfeilrichtung –A– drücken und Stecker –2– abziehen.

Lampe ersetzen

Hinweis: Bei einer defekten LED-Kennzeichenleuchte muss die Leuchte komplett ersetzt werden.

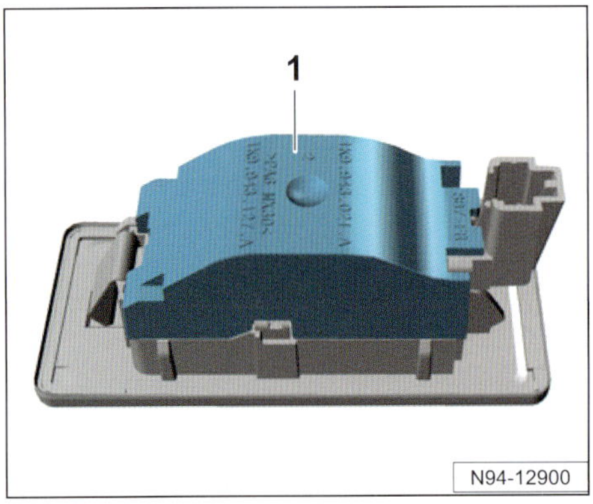

- Falls vorhanden, Abdeckung –1– für die Glassockellampe von der Kennzeichenleuchte abnehmen.

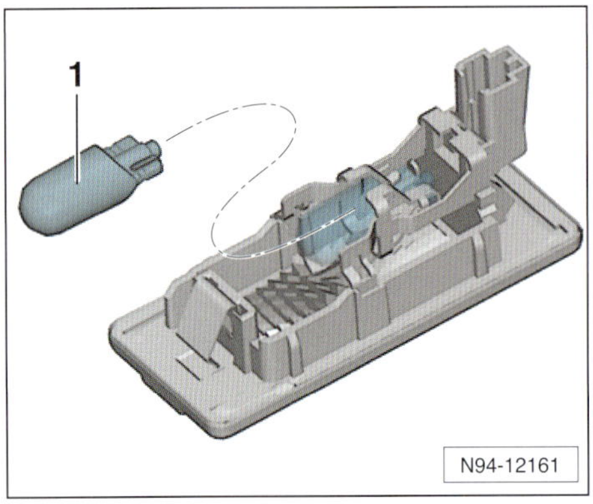

- Glassockellampe –1– aus der Fassung herausziehen und durch eine neue Lampe ersetzen.

Achtung: Glaskolben der Glühlampe nicht mit bloßen Fingern anfassen. Zum Einsetzen der Glühlampen beispielsweise saubere Stoffhandschuhe verwenden.

Einbau

- Der Einbau erfolgt in umgekehrter Ausbaureihenfolge, dabei Folgendes beachten:
- Kennzeichenleuchte links so in die Heckklappe einsetzen, dass die Steckverbindung zur rechten Fahrzeugseite zeigt.

Ausführung mit LEDs

Ausbau

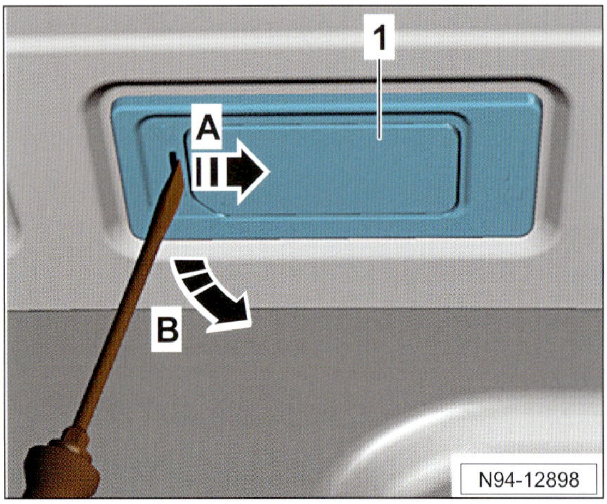

- Mit einem kleinen Schraubendreher die Kennzeichenleuchte links in Pfeilrichtung –A– drücken.
- Kennzeichenleuchte links in Pfeilrichtung –B– aus der Heckklappe herausklappen.

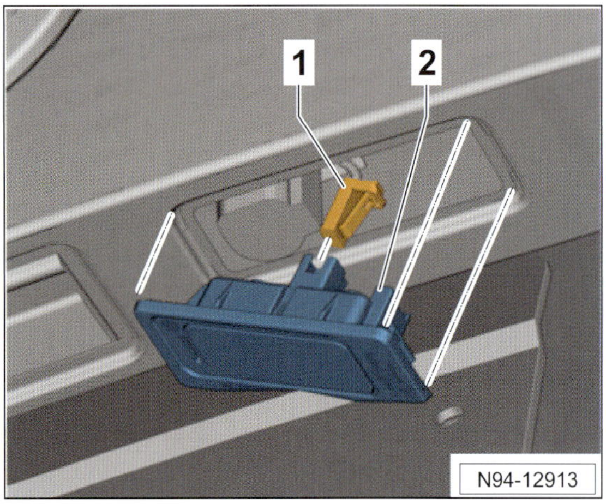

- Steckverbindung –1– entriegeln und trennen.
- Kennzeichenleuchte –2– abnehmen.

Einbau

- Der Einbau erfolgt in umgekehrter Ausbaureihenfolge, dabei Folgendes beachten:
- Kennzeichenleuchte so in die Heckklappe einsetzen, dass die Halteklammer zur rechten Fahrzeugseite zeigt.
- Funktionsprüfung durchführen.

Glühlampen für Innenleuchten auswechseln

- Zündung und Schalter der Leuchte ausschalten. Zündschlüssel abziehen.

Achtung: Die Stelle, an der ein Schraubendreher für den Ausbau der Leuchte angesetzt wird, zum Schutz mit Klebeband abdecken.

Hinweis: Nach dem Einbau die neue Glühlampe auf Funktion überprüfen.

Handschuhfachleuchte

Ausbau

- Lichtschalter in Stellung »0« drehen.

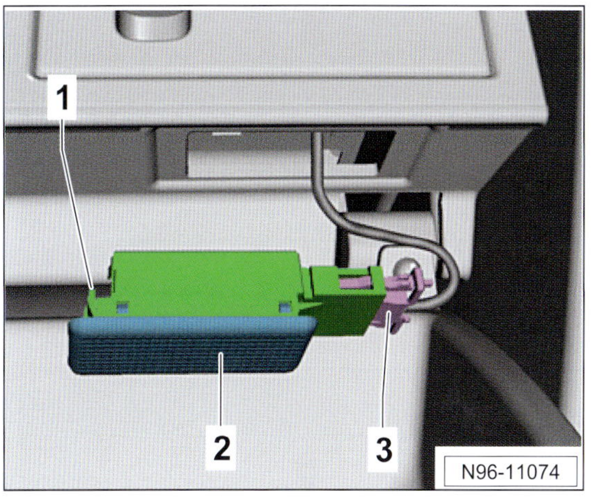

- Rastnase –1– mit einem flachen Schraubendreher eindrücken und Handschuhfachleuchte –2– heraushebeln.
- Elektrische Steckverbindung –3– trennen.

Einbau

- Der Einbau erfolgt in umgekehrter Ausbaureihenfolge, dabei Folgendes beachten:
- Handschuhfachleuchte mit der Steckerseite zuerst in die Öffnung einsetzen und auf der Gegenseite verrasten.

Lampe ersetzen

Achtung: Bei einer Handschuhfachleuchte mit LED muss bei einem Defekt die Leuchte ersetzt werden.

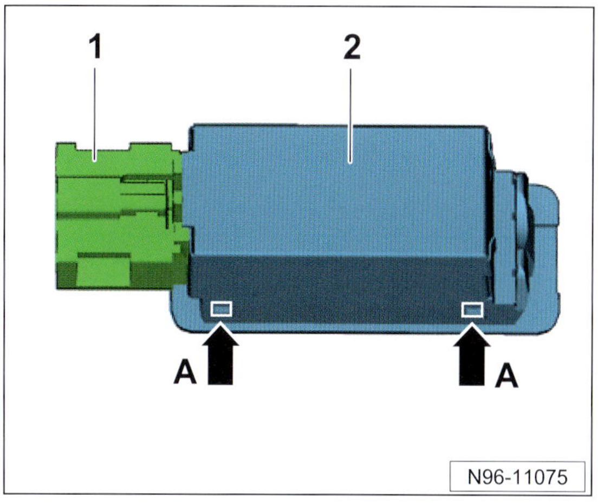

- Falls vorhanden, Wärmeschutzblech –2– abhebeln, dazu Rastnasen beidseitig eindrücken –Pfeile A– .
- Wärmeschutzblech –2– von der Handschuhfachleuchte –1– abnehmen.

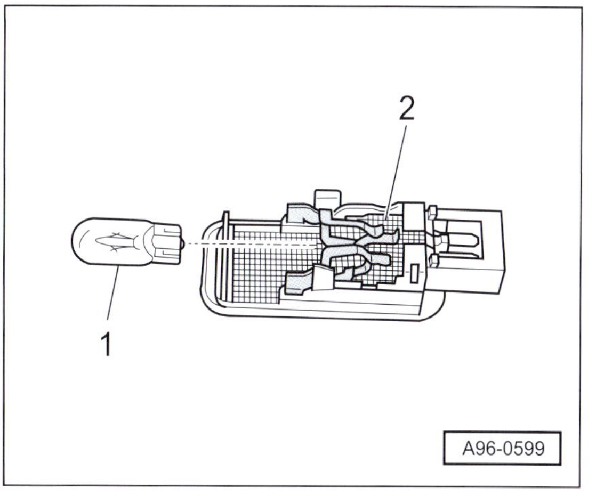

- Lampe –1– auf der Rückseite der Handschuhfachleuchte aus der Fassung –2– herausziehen beziehungsweise mit einem kleinen Schraubendreher herausdrücken.
- Der Einbau erfolgt in umgekehrter Ausbaureihenfolge.

Fußraumleuchte vorn

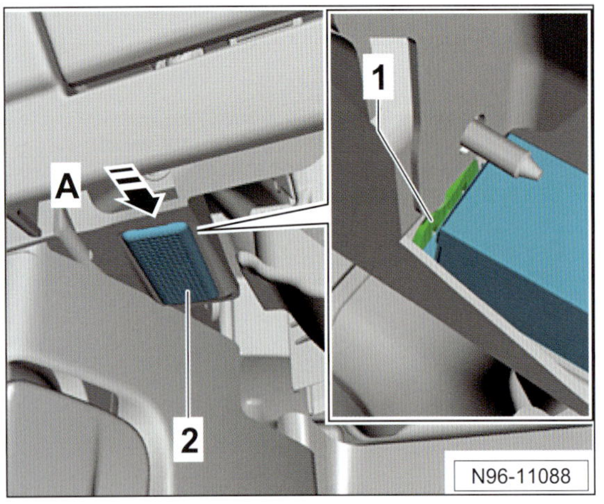

N96-11088

Hinweis: In der Abbildung ist die Leuchte auf der Fahrerseite dargestellt.

- Rastnase –1– im Bereich –Pfeil A– mit einem flachen Schraubendreher eindrücken.
- Fußraumleuchte –2– heraushebeln.
- Elektrische Steckverbindung trennen.

Einbau

- Der Einbau erfolgt in umgekehrter Ausbaureihenfolge.

Lampe ersetzen

Achtung: Bei einer Fußraumleuchte mit LED muss bei einem Defekt die Leuchte ersetzt werden.

- Lampe auf die gleiche Weise wie die Handschuhfachlampe ersetzen.

Einstiegsleuchte vorn

Ausbau

Hinweis: Einstiegsleuchte und Türwarnleuchte bilden ein Bauteil und können nur zusammen aus- und eingebaut werden.

- Zündung und alle elektrischen Verbraucher ausschalten.

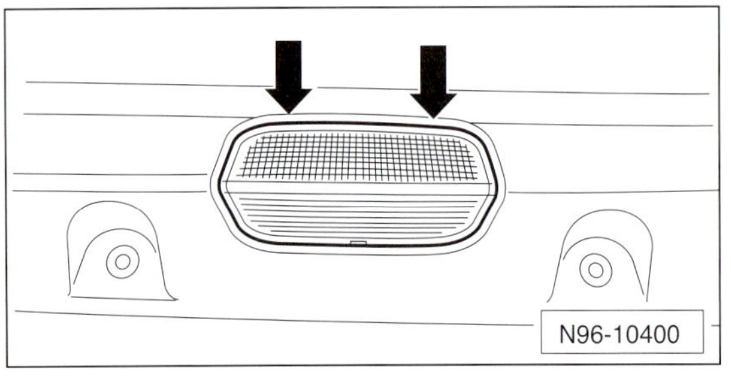
N96-10400

- Die Leuchte vorsichtig mit dem Kunststoffkeil oder einem Schraubendreher heraushebeln. Um Beschädigungen zu vermeiden, den Bereich wo das Hebelwerkzeug angesetzt wird –Pfeile– mit handelsüblichem Klebeband abkleben.
- Steckverbindung entriegeln und trennen.
- Leuchte abnehmen.

Einbau

- Der Einbau erfolgt sinngemäß in umgekehrter Ausbaureihenfolge.

Lampe ersetzen

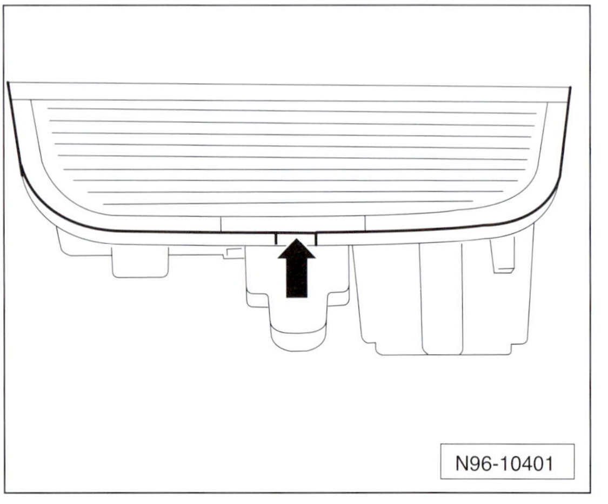
N96-10401

- Streuscheibe vorsichtig vom Gehäuse abhebeln. Dazu kleinen Schraubendreher an der Nut –Pfeil– ansetzen.

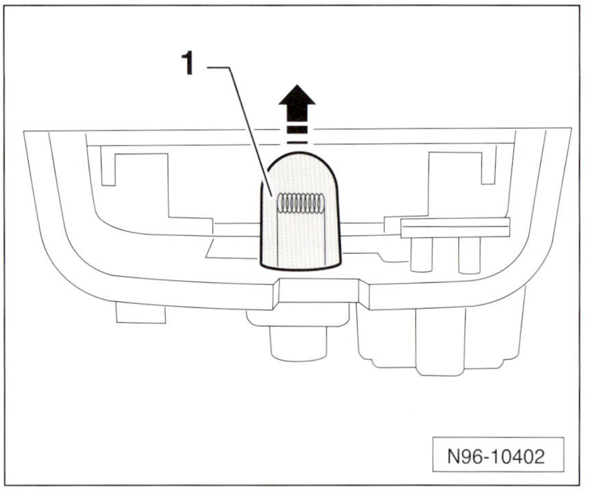

N96-10402

- Glühlampe –1– gerade nach oben aus der Fassung ziehen.
- Der Einbau erfolgt in umgekehrter Ausbaureihenfolge.

Türöffnerbeleuchtung

Ausbau

- Türverkleidung ausbauen, siehe Seite 312.

Achtung: Der Lichtleiter darf nur am Lichtaustrittselement im Bereich der Türinnenbetätigung angefasst werden. Vorsichtig vorgehen, damit der Lichtleiter nicht beschädigt wird.

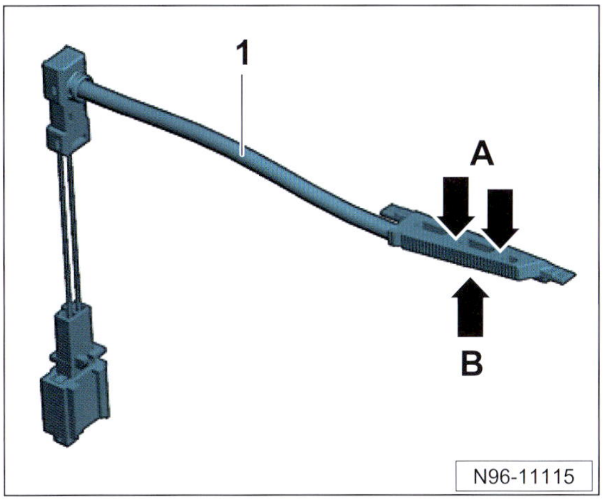

Fingerpositionen am Lichtleiter
1 – Lichtleiter
A – Zeige- und Mittelfinger
B – Daumen

- Elektrische Steckverbindung trennen.

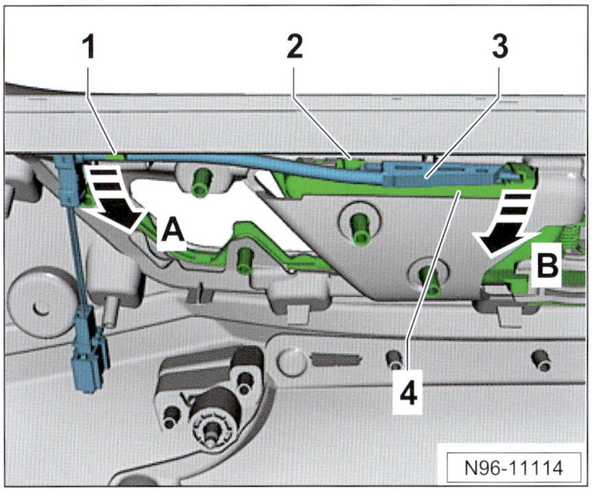

- Lichtleiter am vorderen Halter –1– in Pfeilrichtung –A– aushängen.
- Lichtleiter –3– vorsichtig etwas anheben und in Pfeilrichtung –B– aus der Türinnenbetätigung –4– herausschwenken.
- Lichtleiter aus der Aufnahme –2– herausziehen.

Einbau

- Der Einbau erfolgt in umgekehrter Ausbaureihenfolge.

Kofferraumleuchte

Ausbau

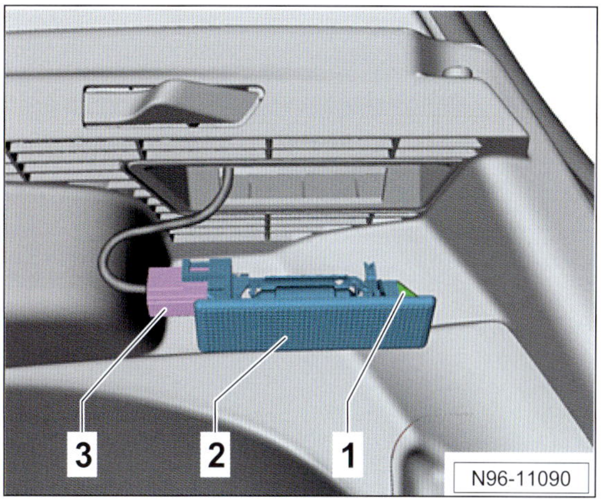

- Rastnase –1– mit einem flachen Schraubendreher eindrücken und Kofferraumleuchte –2– heraushebeln.
- Elektrische Steckverbindung –3– trennen.

Einbau

- Der Einbau erfolgt in umgekehrter Ausbaureihenfolge.

Lampe ersetzen

- **Limousine:** Lampe auf die gleiche Weise wie die Handschuhfachlampe ersetzen.
- **VARIANT:** Lampe auf die gleiche Weise wie die Make-Up-Spiegel-Lampe ersetzen.
- Kofferraumleuchte in die Öffnung einsetzen und auf der Gegenseite verrasten.

Beleuchteter Make-up-Spiegel

Ausbau

- Sonnenblende nach vorn schwenken.

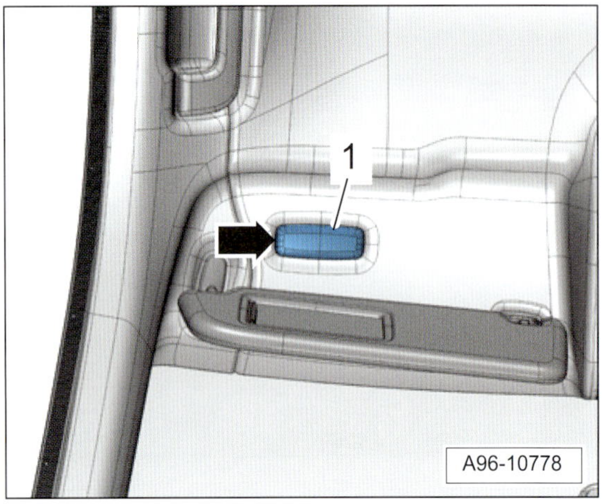

- Mit einem flachen Schraubendreher die Beleuchtung –1– für Make-up-Spiegel an der Aussparung –Pfeil– vorsichtig heraushebeln.
- Elektrische Steckverbindung trennen.

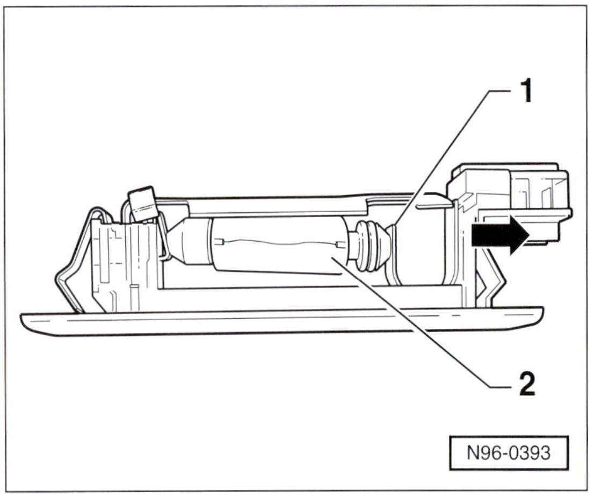

- Das Kontaktblech –1– der Leuchte in Pfeilrichtung drücken.
- Die Soffittenlampe –2– aus der Fassung herausnehmen.

Einbau

- Der Einbau erfolgt in umgekehrter Ausbaureihenfolge.

Lampe ersetzen

Achtung: Bei einer Make-up-Spiegel-Beleuchtung mit LEDs muss bei einem Defekt die Leuchte komplett ersetzt werden.

- Lampe auf die gleiche Weise wie die Handschuhfachlampe ersetzen.

Innenleuchte vorn

Die Lampe für Innenleuchte vorn und die Lampe für Leseleuchte Beifahrerseite sind ein Bauteil.

Ausbau

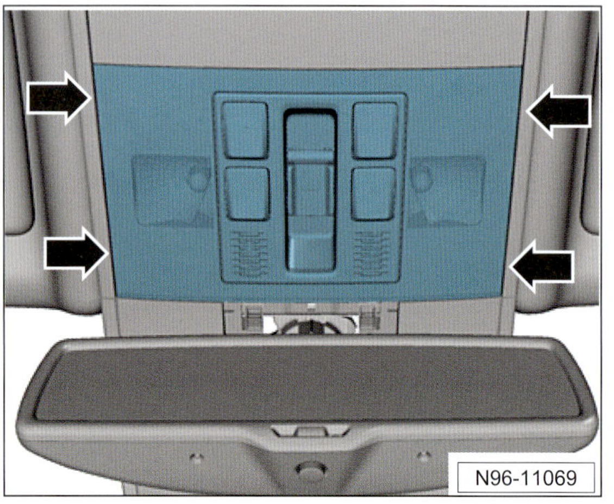

- Streuscheibe in den mit –Pfeilen– markierten Bereichen mit einem Kunststoffkeil an der Innenleuchte heraushebeln.

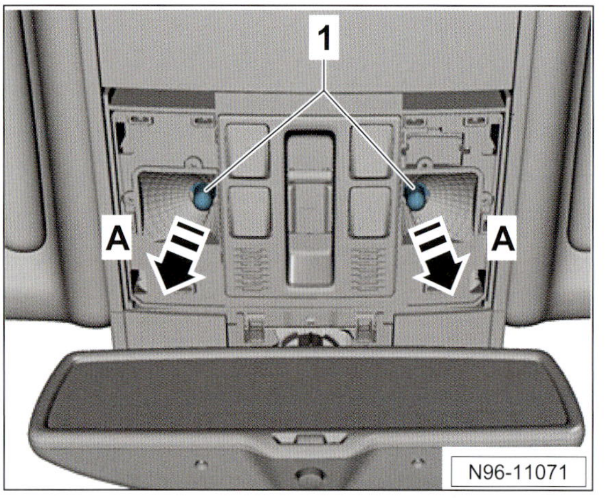

- Lampe –1– in Pfeilrichtung –A– aus der Fassung herausziehen.

Einbau

- Der Einbau erfolgt in umgekehrter Ausbaureihenfolge, dabei allgemeine Hinweise und Sicherheitshinweise zum Lampenwechsel beachten.

Innenleuchte hinten

Die Lampen für Innenleuchte und die Lampen für die Leseleuchten sind jeweils ein Bauteil.

Ausbau

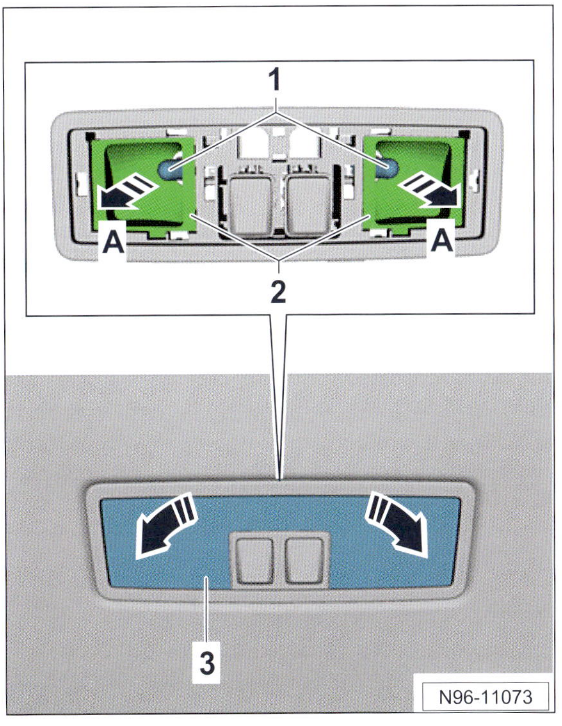

- Streuscheibe –3– für hintere Innenleuchte mit einem Kunststoffkeil abhebeln.
- Lampe –1– in Pfeilrichtung –A– aus der Fassung –2– herausziehen.

Einbau

- Der Einbau erfolgt in umgekehrter Ausbaureihenfolge, dabei allgemeine Hinweise und Sicherheitshinweise zum Lampenwechsel beachten.

Vordere Innenleuchte aus- und einbauen

Hinweis: Das Schaltermodul ist Bestandteil der vorderen Innenleuchte und kann nicht einzeln ausgebaut werden.

Ausbau

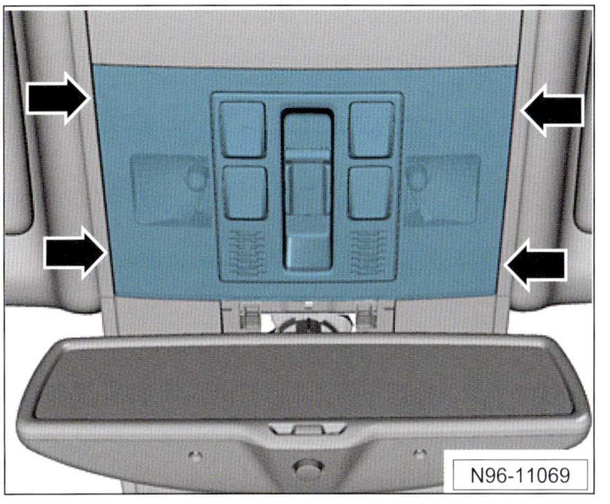

- Streuscheibe an den mit –Pfeilen– markierten Bereichen mit einem Kunststoffkeil von der Innenleuchte abhebeln.

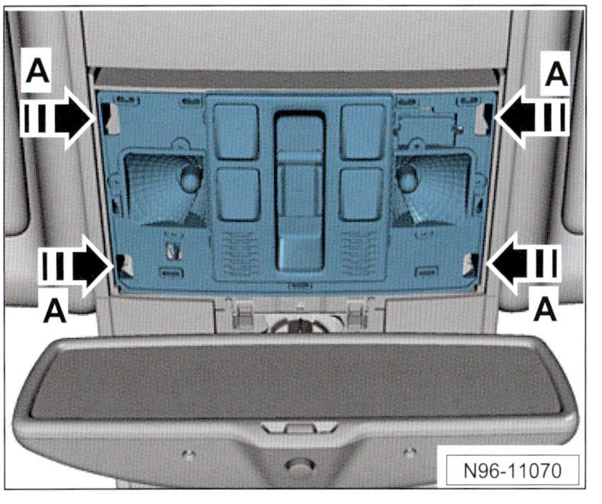

- Verrastungen in Pfeilrichtung –A– drücken und Innenleuchte abnehmen.
- Elektrische Steckverbindungen trennen.

Einbau

- Der Einbau erfolgt in umgekehrter Ausbaureihenfolge, dabei Folgendes beachten:
- Innenleuchte in den Dachausschnitt einsetzen und einrasten.
- Streuscheibe in die Innenleuchte einclipsen.

Hintere Innenleuchte aus- und einbauen

Ausbau

Hinweis: Die Taster sind fester Bestandteil der hinteren Innenleuchte und können nicht einzeln ausgebaut werden.

Die hintere Innenleuchte wird von einer zweistufigen Verriegelung gehalten.

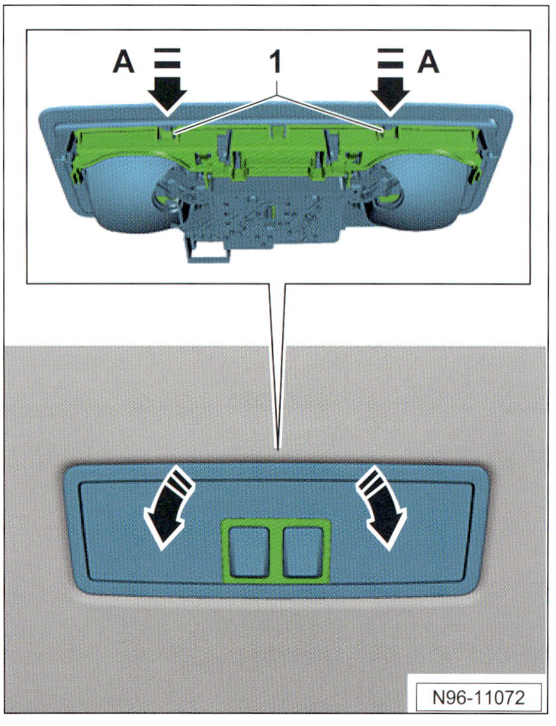

- Mit einem schmalen Schraubendreher die Verrastungen –1– an der hinteren Innenleuchte in Pfeilrichtung –A– entriegeln.
- Zweite Verriegelungsstufe der Befestigungslasche entriegeln.
- Innenleuchte aus dem Dachausschnitt in Pfeilrichtung abnehmen.
- Elektrische Steckverbindung trennen.

Einbau

- Der Einbau erfolgt in umgekehrter Ausbaureihenfolge, dabei Folgendes beachten:
- Innenleuchte in den Dachausschnitt einsetzen und einclipsen.

Fahrzeuge ab 2/2017

Hier werden nur die Abweichungen beschrieben. Allgemeine Hinweise und Sicherheitshinweise stehen im Abschnitt für »Fahrzeuge bis 1/2017«.

Glühlampen für Außenbeleuchtung vorn auswechseln

Abblend-/Fernlicht (LED-Scheinwerfer)

Achtung: Für Arbeiten an LED-Scheinwerfern ist ein ESD-Abeitsplatz erforderlich, sonst können die empfindlichen elektronischen Bauteile des Scheinwerfers beschädigt werden und der Scheinwerfer muss ersetzt werden. ESD steht für »**E**lectro**S**tatic **D**ischarge« also »Elektrostatische Entladung«. An einem ESD-Arbeitsplatz wird durch Verwendung besonderer Materialien verhindert, dass elektronische Bauteile durch elektrostatische Aufladungen beschädigt werden.

Da dieser Arbeitsplatz in der Regel nicht zur Verfügung steht, werden die Arbeitsschritte zum Wechsel des entsprechenden Moduls hier nicht beschrieben.

Abblendlicht (Halogendoppelscheinwerfer)

Ausbau

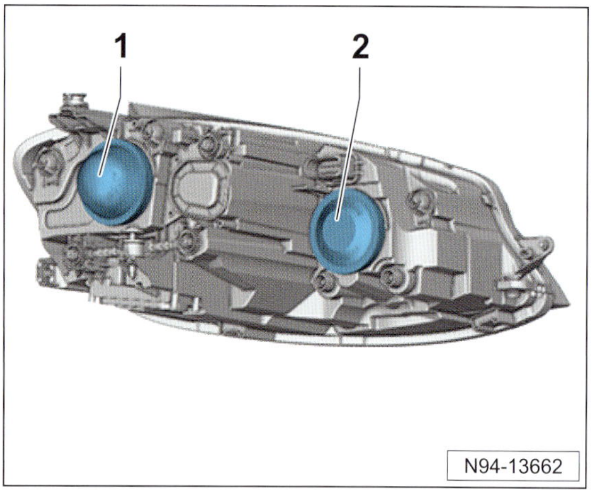

- Abdeckkappe –1– vom Scheinwerfer abziehen.

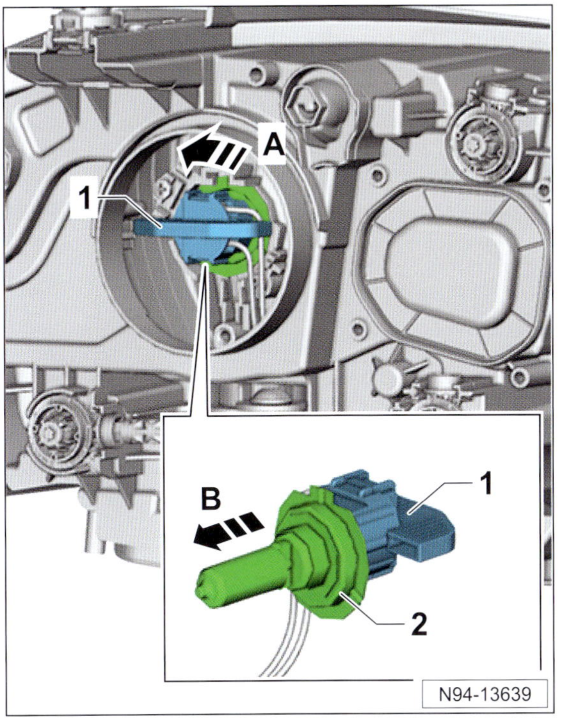

- Griffstück –1– in Pfeilrichtung –A– entriegeln und mit der Lampe aus der Aufnahme am Reflektor herausziehen.
- Lampe –2– in Pfeilrichtung –B– gerade aus dem Griffstück –1– herausziehen.

Einbau

- Der Einbau erfolgt in umgekehrter Ausbaureihenfolge, dabei allgemeine Hinweise und Sicherheitshinweise zum Lampenwechsel beachten.
- Scheinwerfereinstellung prüfen lassen, gegebenenfalls Scheinwerfer einstellen lassen (Werkstattarbeit).

Fernlicht (Halogendoppelscheinwerfer)

Ausbau

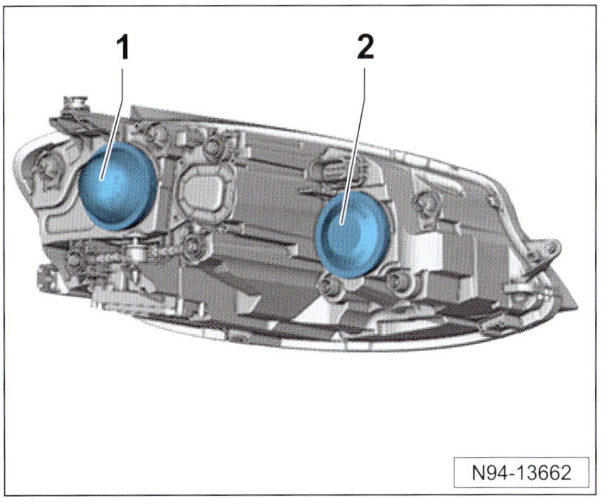

- Abdeckkappe –2– vom Scheinwerfer abziehen.

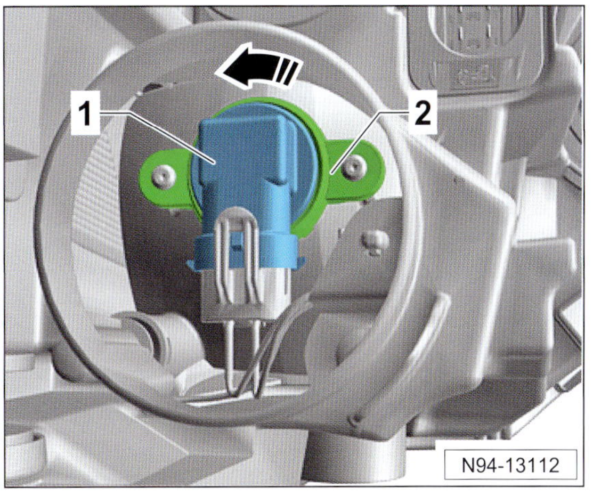

- Lampe für Fernlichtscheinwerfer –1– in Pfeilrichtung drehen und aus der Aufnahme –2– aus dem Reflektor herausziehen.
- Steckverbindung entriegeln und trennen.

Einbau

- Der Einbau erfolgt in umgekehrter Ausbaureihenfolge, dabei allgemeine Hinweise und Sicherheitshinweise zum Lampenwechsel beachten.
- Scheinwerfereinstellung prüfen lassen, gegebenenfalls Scheinwerfer einstellen lassen (Werkstattarbeit).

Tagfahrlicht (Halogendoppelscheinwerfer)

Ausbau

- Innenkotflügel auf der entsprechenden Seite ausbauen, siehe Seite 348.

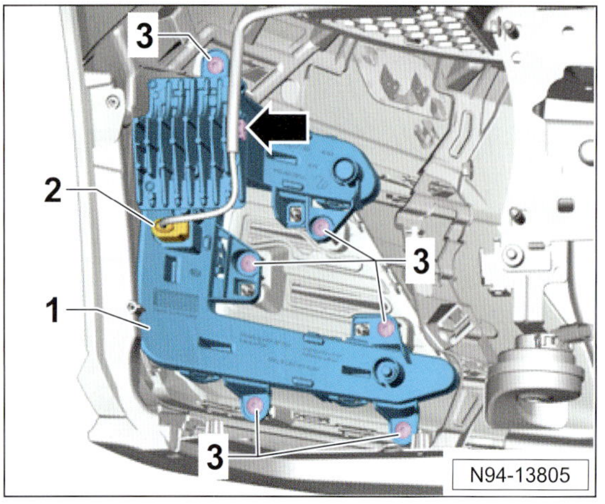

N94-13805

- Halter –Pfeil– für elektrischen Leitungsstrang von der Tagfahrleuchte –1– abclipsen.
- Elektrische Steckverbindung –2– entriegeln und abziehen.
- Schrauben –3– herausdrehen.
- Tagfahrleuchte –1– von der Stoßfängerabdeckung vorn abnehmen.

Einbau

- Der Einbau erfolgt in umgekehrter Ausbaureihenfolge.

Blinklicht (Halogendoppelscheinwerfer)

Ausbau

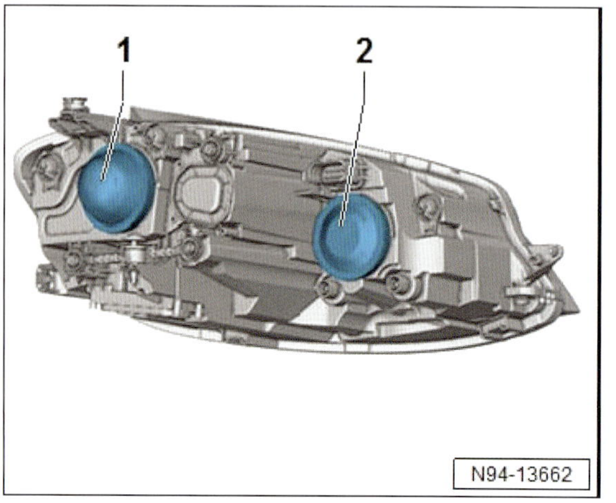

N94-13662

- Abdeckkappe –2– vom Scheinwerfer abziehen.

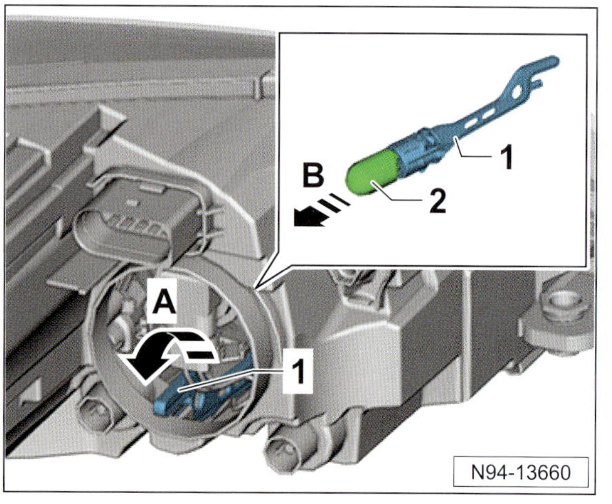

N94-13660

- Griffstück mit Lampenträger –1– aus dem Reflektor herausziehen –Pfeil A–.
- Lampe für Blinklicht vorn links –2– aus dem Lampenträger –1– herausziehen –Pfeil B–.

Einbau

- Der Einbau erfolgt in umgekehrter Ausbaureihenfolge, dabei allgemeine Hinweise und Sicherheitshinweise zum Lampenwechsel beachten.

Kombiinstrument aus- und einbauen

Hinweis: Beim Ersetzten des Kombiinstruments müssen die Daten für Kilometerstand sowie verschiedene Ausstattungsmerkmale auf das neue Exemplar übertragen werden. Außerdem muss die Wegfahrsicherung an das Motorsteuergerät angepasst werden. Dazu ist das VW-Diagnosegerät erforderlich.

Analoges Kombiinstrument

Hinweis: Die Kontrollleuchten im Kombiinstrument sind als Leuchtdioden ausgeführt und können nicht gewechselt werden. Bei einer defekten Leuchtdiode muss daher das Kombiinstrument komplett ersetzt werden.

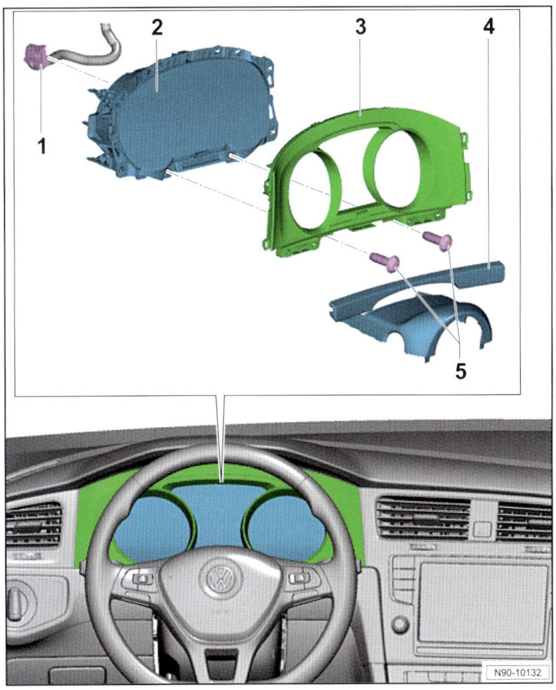

1 – Elektrische Steckverbindung
Für Kombiinstrument.

2 – Kombiinstrument
Mit Steuergerät im Kombiinstrument.
Bei defekter LED Kombiinstrument ersetzen.

3 – Zierblende für Kombiinstrument

4 – Lenksäulenverkleidung oben

5 – Schrauben, 2,5 Nm

Ausbau

- Lenkrad so weit wie möglich nach hinten unten stellen. Hierzu den vollen Verstellbereich der Lenksäulenverstellung nutzen.
- Zündung ausschalten, Zündschlüssel abziehen. Zündschlüssel außerhalb des Fahrzeugs ablegen, sodass ein ungewolltes Einschalten der Zündung verhindert wird.
- Spaltabdeckung der Lenksäulenverkleidung oben vorsichtig aus den Aufnahmen am Kombiinstrument ausclipsen, nicht komplett ausbauen.
- Seitlichen Luftausströmer auf der Fahrerseite sowie mittleren Luftausströmer zusammen mit der Radio-Blende ausbauen, siehe Seite 317.

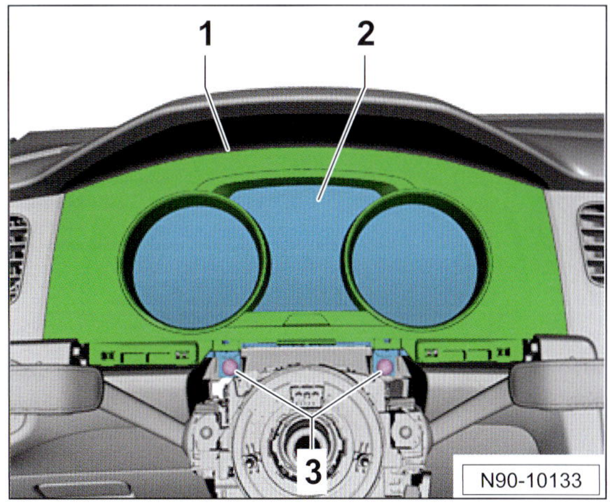

- Schrauben –3– herausdrehen.

Hinweis: Das Kombiinstrument ist in der Armaturentafel verrastet. Zum Ausbau ist ein höherer Kraftaufwand nötig.

- Kombiinstrument –2– so weit herausziehen, bis es am Lenkrad anliegt.

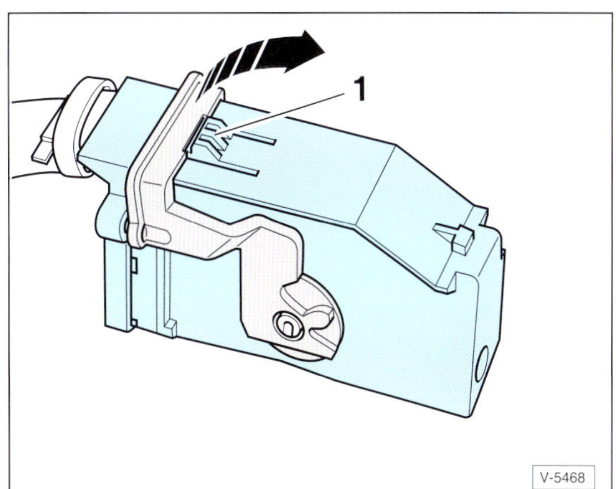

- Elektrische Steckverbindung trennen, dazu Sicherungsraste –1– drücken.
- Haltebügel in Pfeilrichtung schwenken und Stecker abziehen.
- Kombiinstrument zur Beifahrerseite hin zwischen Lenkrad und Armaturentafel herausnehmen.

Einbau

- Der Einbau erfolgt in umgekehrter Ausbaureihenfolge.

Volldigitales Kombiinstrument

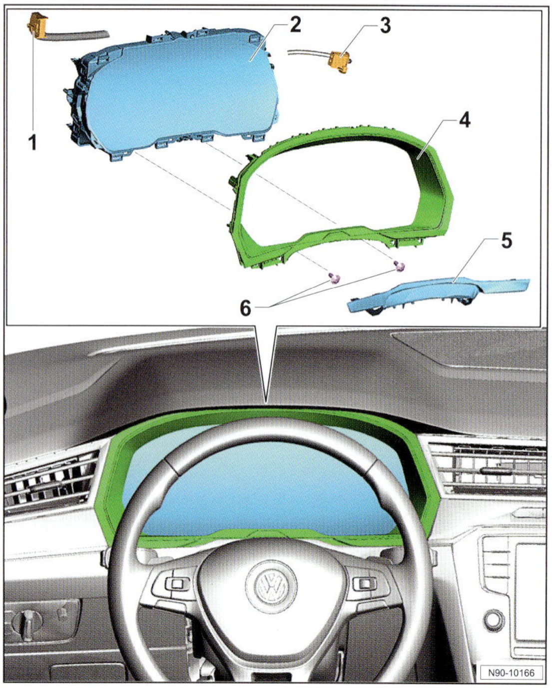

1 – **Elektrische Steckverbindung**

2 – **Volldigitales Kombiinstrument**
Mit Steuergerät.

3 – **Steckverbindung MOST-Bus**
MOST = **M**edia **O**riented **S**ystems **T**ransport. Der MOST-Bus ist ein serielles Bussystem zur Übertragung von Audio-, Video-, Sprach- und Datensignalen über Lichtwellenleiter. MOST wird in der Regel als Ringsystem für Multimediaanwendungen verwendet und basiert auf synchroner Datenkommunikation.

4 – **Zierblende**

5 – **Lenksäulenverkleidung oben**

6 – **Schraube, 1,5 Nm**

Ausbau

Hinweis: Das Kombiinstrument darf nicht zerlegt werden.

- Lenkrad so weit wie möglich nach hinten unten stellen. Hierzu den vollen Verstellbereich der Lenksäulenverstellung nutzen.
- Zündung ausschalten, Zündschlüssel abziehen und außerhalb des Fahrzeugs ablegen, sodass ein ungewolltes Einschalten der Zündung verhindert wird.
- Spaltabdeckung der Lenksäulenverkleidung oben vorsichtig aus den Aufnahmen am Kombiinstrument ausclipsen, nicht komplett ausbauen.
- Blende für Kombiinstrument ringsherum ausclipsen und abnehmen.

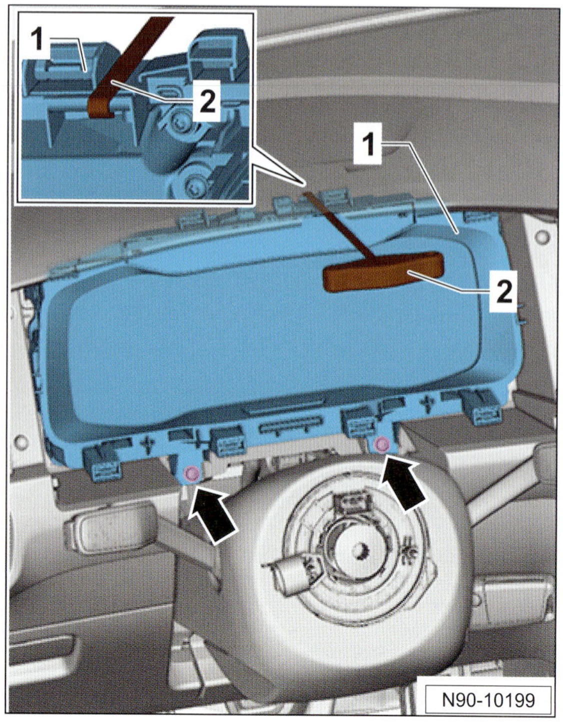

- Schrauben –Pfeile– herausdrehen.
- Haken, zum Beispiel VW-T10538, wie abgebildet, an die Aussparung oben am Kombiinstrument –1– ansetzen.

Hinweis: Das Kombiinstrument ist in der Armaturentafel verrastet. Zum Ausbauen ist ein höherer Kraftaufwand nötig.

- Kombiinstrument –1– mit dem Haken VW-T10538 aus der Verrastung der Schalttafel lösen.
- Kombiinstrument herausziehen, bis die Steckverbindungen zugänglich sind.
- Elektrische Steckverbindung trennen, dazu die Sicherungsraste –1– drücken, Haltebügel in Pfeilrichtung schwenken und Stecker abziehen, siehe Abbildung V-5468 auf Seite 141.
- Steckverbindung für MOST-Bus entriegeln und trennen.

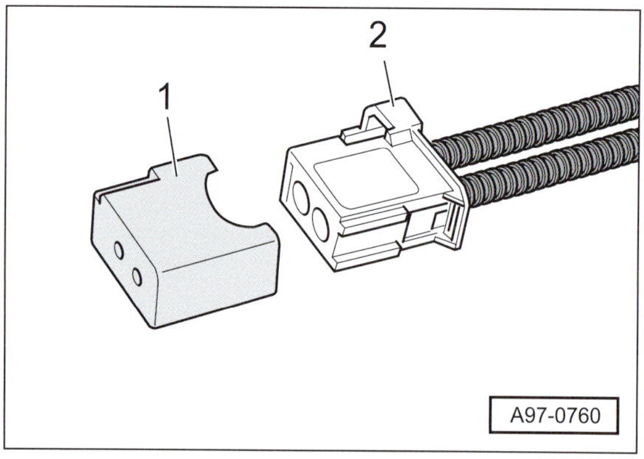

- Schutzkappe für Leitungssatzstecker –1– auf die Steckverbindung des MOST-Busses –2– stecken.
- Kombiinstrument zwischen Lenkrad und Armaturentafel herausnehmen.

Einbau

- Der Einbau erfolgt in umgekehrter Ausbaureihenfolge.

Lichtschalter aus- und einbauen

Ausbau

- Zündung ausschalten. Zündschlüssel abziehen, wenn vorhanden.

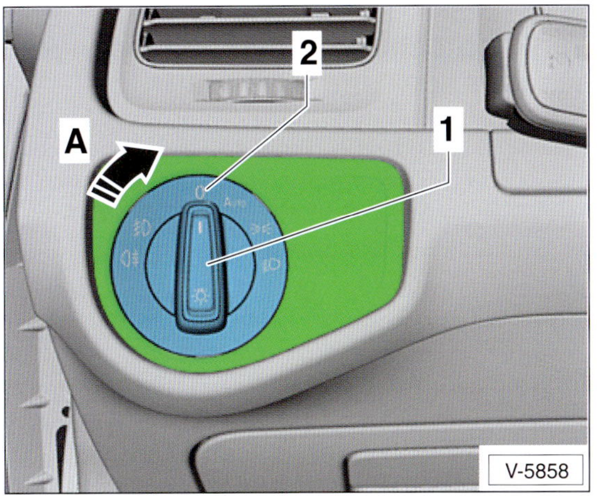

- Drehgriff –1– des Lichtschalters in Stellung »0« drehen –2–.
- Drehgriff des Lichtschalters fest hineindrücken und gleichzeitig etwas nach rechts, in Pfeilrichtung –A–, drehen.
- Drehgriff in dieser Stellung halten und Lichtschalter am Drehgriff aus der Armaturentafel herausziehen.
- Stecker an der Rückseite des Schalters abziehen.

Einbau

- Stecker am Schalter aufschieben.
- Zum Einbau Lichtschalter festhalten, Drehgriff für Lichtschalter fest hineindrücken und gleichzeitig nach rechts drehen. Dadurch werden die beiden Verriegelungshaken des Schalters versenkt.
- Drehgriff in dieser Stellung halten und Lichtschalter in die Öffnung der Armaturentafel eindrücken.
- Drehgriff in Stellung »0« drehen und Schalter einrasten.
- Sämtliche Positionen des Schalters durchschalten und festen Sitz des Schalters prüfen.

Steuergerät für Lenksäulenelektronik aus- und einbauen

Im Steuergerät für Lenksäulenelektronik ist die Wickelfeder für Airbag und der Rückstellring mit Schleifring integriert. Zum Ersetzen des Steuergeräts wird das VW-Diagnosegerät benötigt.

Ausbau

- Vorderräder in Geradeausstellung bringen, die Speichen des Lenkrades stehen dann parallel.
- Lenkrad so weit wie möglich nach hinten unten stellen. Hierzu den vollen Verstellbereich der Lenksäulenverstellung nutzen.
- Lenkrad ausbauen, siehe Seite 196.
- Untere Lenksäulenverkleidung ausbauen, siehe Seite 303.

Achtung: Vor dem Trennen der elektrischen Steckverbindungen eventuelle elektrostatische Aufladung entladen; dazu beispielsweise Schließkeil für Tür kurz anfassen. Andernfalls können elektronischer Bauteile durch statische Entladung beschädigt werden.

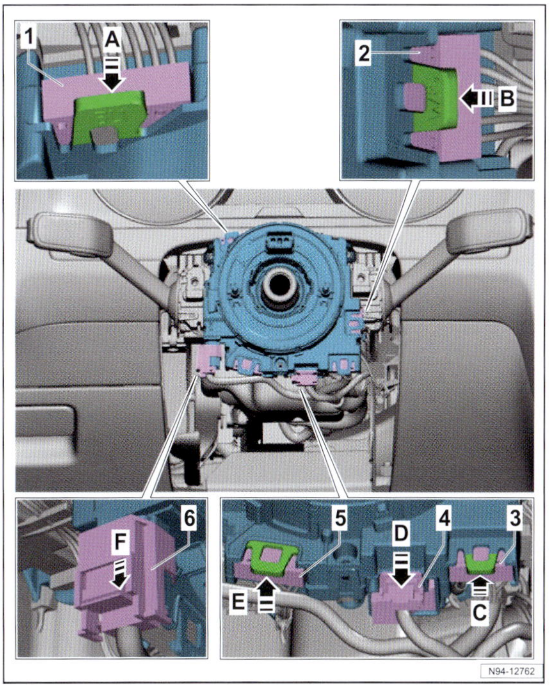

- Steckersicherung in Pfeilrichtung –A– drücken und elektrische Steckverbindung –1– trennen.
- Steckersicherung in Pfeilrichtung –B– drücken und elektrische Steckverbindung –2– trennen.
- Steckersicherung in Pfeilrichtung –C– drücken und elektrische Steckverbindung –3– trennen.
- Steckersicherung in Pfeilrichtung –D– herausziehen und niederdrücken. Steckverbindung –4– trennen.

- Steckersicherung in Pfeilrichtung –E– drücken und elektrische Steckverbindung –5– trennen.
- Steckersicherung in Pfeilrichtung –F– herausziehen und niederdrücken. Steckverbindung –6– trennen.

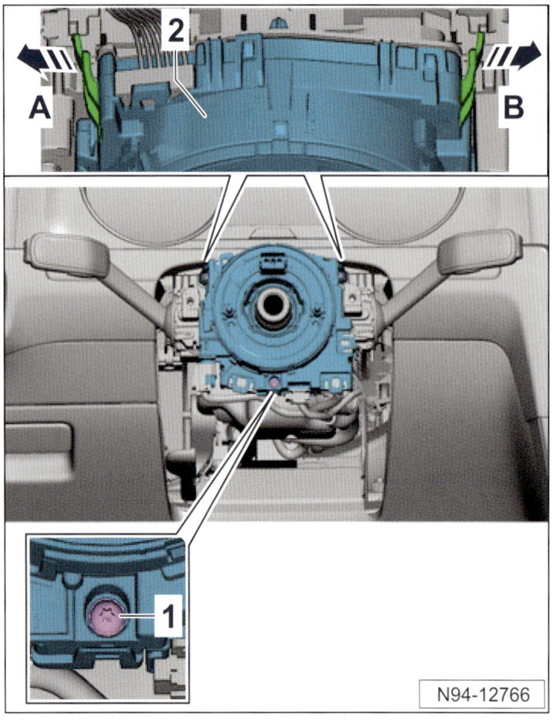

- Schraube –1– herausdrehen.
- **Steuergerät »KOSTAL«:** Befestigungslaschen in Pfeilrichtung –A– und –B– entriegeln.
- **Steuergerät »VALEO«** (ohne Abbildung): 2 Torxschrauben herausdrehen.
- Steuergerät für Lenksäulenelektronik –2– vom Lenkstockkombinationsschalter abnehmen.

Einbau

- Der Einbau erfolgt in umgekehrter Ausbaureihenfolge, dabei Folgendes beachten:

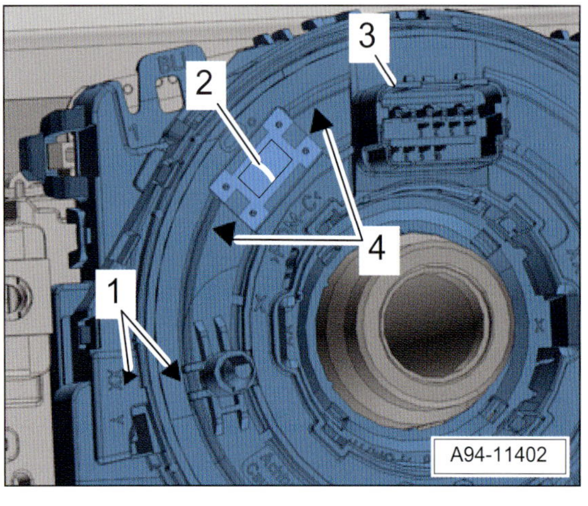

- Vor dem Aufschieben des Steuergeräts für Lenksäulenelektronik –3– auf die Lenksäule, muss Folgendes kontrolliert werden:
  - Die »Pfeile« –1– müssen sich gegenüberstehen.
  - Im Fenster zwischen den »Pfeilen« –4– muss die Wickelfeder –2– zu sehen sein.
  - Die Steckverbindungen müssen sicher verrastet sein; durch Gegenziehen prüfen.
- Schraube(n) mit **1,1 Nm** festziehen.

Blinklichtschalter/Scheibenwischerschalter aus- und einbauen

Achtung: Blinklichtschalter, Schalter für Geschwindigkeitsregelanlage und Scheibenwischerschalter für Intervallbetrieb bilden zusammen den Lenkstockkombinationsschalter.

Die Schalter können nicht getrennt werden.

Bei einem Defekt eines einzelnen Schalters muss der Lenkstockkombinationsschalter komplett ersetzt werden.

Ausbau

- Steuergerät für Lenksäulenelektronik ausbauen, siehe Seite 143.

Ausführung »KOSAL«

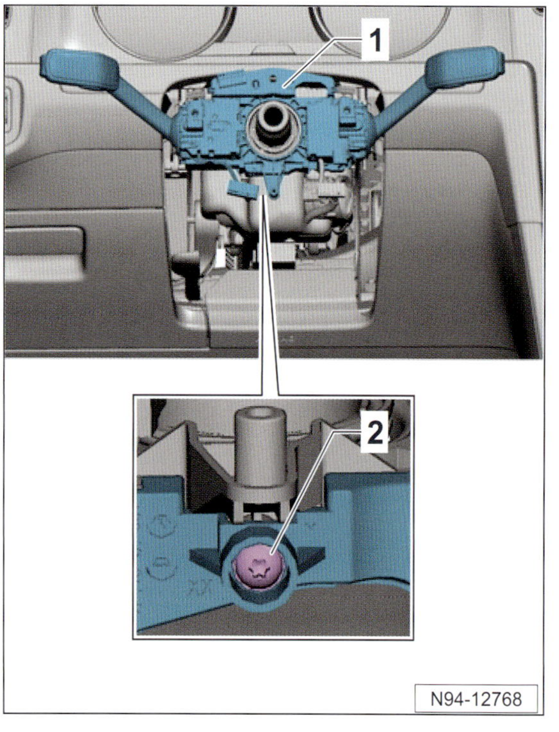

- Schraube –2– an der Unterseite herausdrehen.
- Lenkstockkombinationsschalter –1– abziehen.

Ausführung »VALEO«

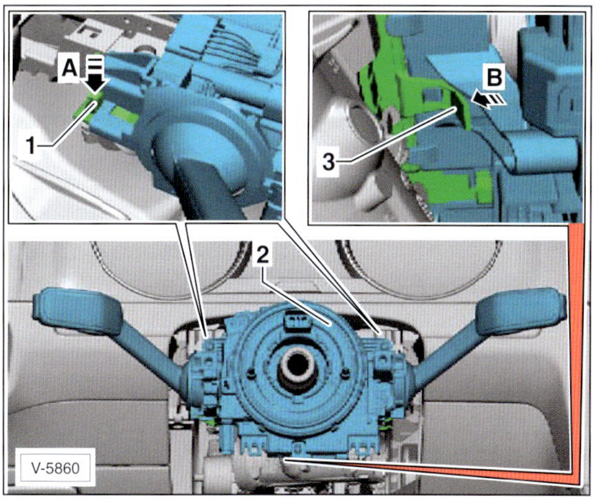

- Beidseitig die Entriegelung –1– in Pfeilrichtung –A– drücken.
- Schaltermodul Lenksäule –2– etwas abziehen.
- Entriegelung –3– in Pfeilrichtung –B– drücken.
- Schaltermodul Lenksäule –2– abziehen.

Einbau

- Der Einbau erfolgt in umgekehrter Ausbaureihenfolge.

Schaltermodul der Mittelkonsole aus- und einbauen

Achtung: Wenn ein Hebelwerkzeug angesetzt wird, muss das darunterliegende Bauteil im Sichtbereich mit handelsüblichem Klebeband abgeklebt werden, um Beschädigungen zu vermeiden.

Hinweis: Links und rechts neben dem Schalthebel sind ausstattungsabhängig folgende Taster in 2 Tastermodulen zusammengefasst eingebaut. Die ausgebauten Tastermodule lassen sich nicht weiter zerlegen.

Schaltermodul 1 der Mittelkonsole:

- Taster für Fahrprofilauswahl
- Taster für Start-Stopp-Betrieb
- Taster für ASR und ESP

Schaltermodul 2 der Mittelkonsole:

- Taster für Einparkhilfe
- Taster für Parklenkassistent

Ausbau

- Zündung und alle elektrischen Verbraucher ausschalten.
- Schalthebelmanschette nach oben aus der Mittelkonsole ausclipsen.

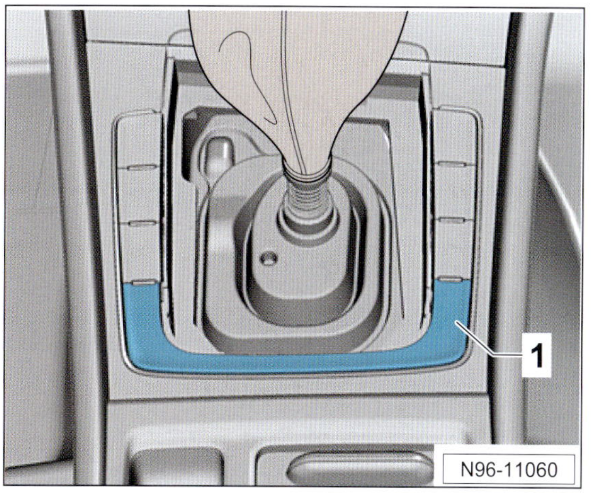

- Blende –1– mit einem Kunststoffkeil nach oben abheben.

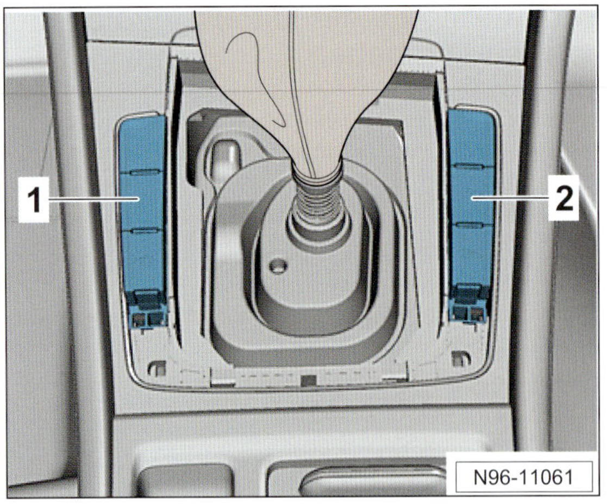

- Das Tastermodul Fahrerseite –1– beziehungsweise das Tastermodul Beifahrerseite –2– mit einem Kunststoffkeil nach oben aus der Mittelkonsole heben.

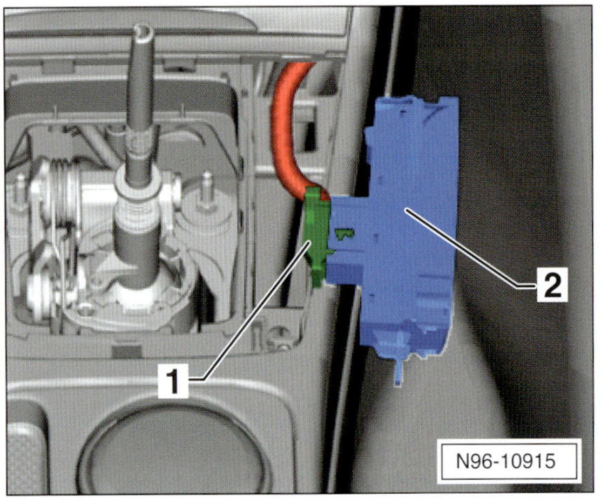

- Steckverbindung –1– trennen und das Tastermodul –2– abnehmen.

Einbau

- Der Einbau erfolgt sinngemäß in umgekehrter Ausbaureihenfolge.

Warnblinklichtschalter aus- und einbauen

Ausbau

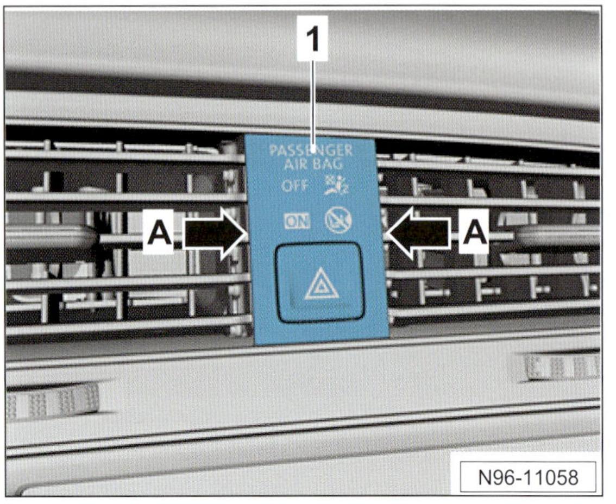

- Kontrollleuchte für Beifahrer-Airbag –1– seitlich fassen –Pfeile A– und aus der Armaturentafel herausziehen.
- Elektrische Steckverbindungen trennen.

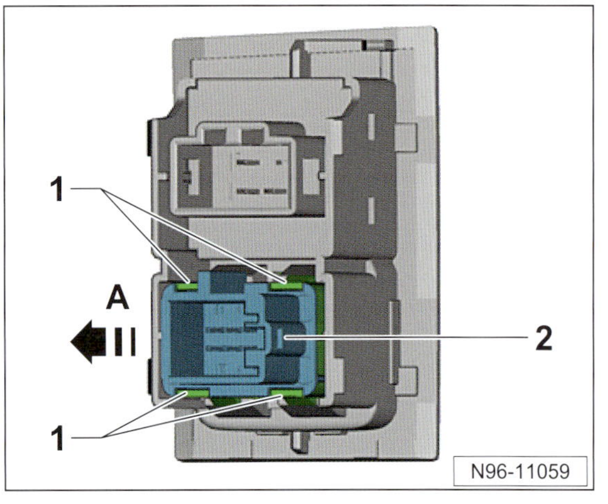

- Verrastungen –1– lösen.
- Warnblinklichtschalter –2– aus der Kontrollleuchte für Beifahrer-Airbag in Pfeilrichtung –A– herausdrücken.

Einbau

- Der Einbau erfolgt in umgekehrter Ausbaureihenfolge.

Schalter für Handschuhfachleuchte aus- und einbauen

Ausbau

- Handschuhfach öffnen.

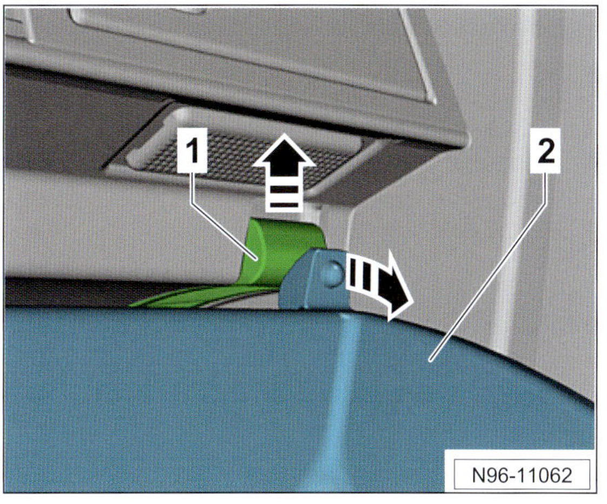

- Anschlag –1– des Handschuhfachs links und rechts in Pfeilrichtung nach oben drücken.
- Handschuhfachdeckel –2– weiter öffnen.

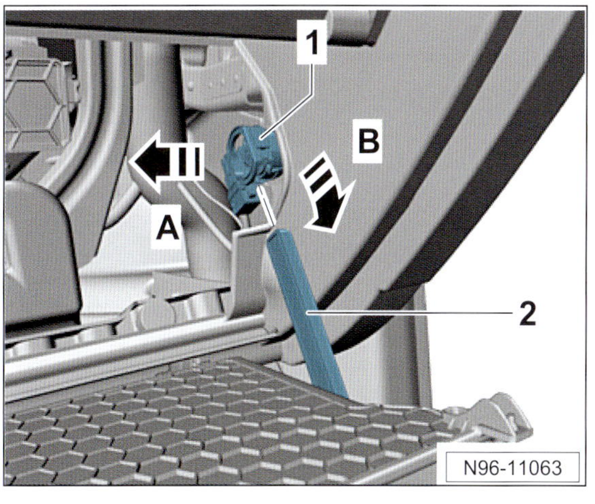

- Handschuhfachdeckel in Pfeilrichtung –B– ganz öffnen, sodass die Zahnstange –2– aus dem Dämpfungselement –1– herausgezogen wird.
- Schalter für Handschuhfachleuchte im Dämpfungselement –1– aus der Aufnahme in Pfeilrichtung –A– herausziehen.

Einbau

- Der Einbau erfolgt in umgekehrter Ausbaureihenfolge.

Schalter für Außenspiegelverstellung aus- und einbauen

Ausbau

Achtung: Wenn ein Hebelwerkzeug angesetzt wird, muss das darunterliegende Bauteil im Sichtbereich mit handelsüblichem Klebeband abgeklebt werden, um Beschädigungen zu vermeiden.

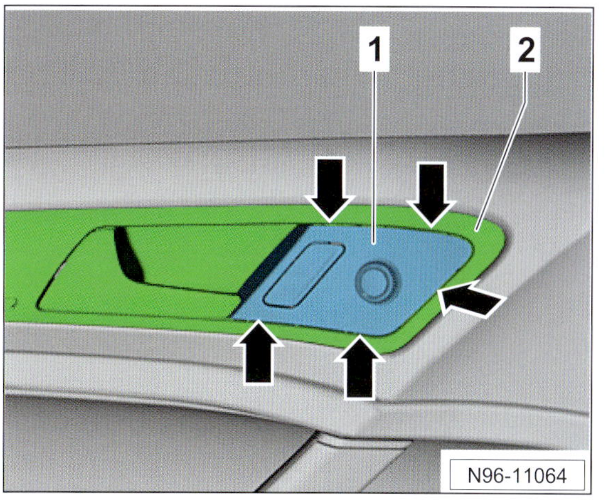

- Verrastungen mit einem kleinen Schraubendreher vorsichtig entriegeln –Pfeile–.
- Außenspiegelverstellung –1– aus der Blende für Außenspiegelverstellung –2– herausziehen.
- Elektrische Steckverbindungen trennen.
- Gegebenenfalls den Taster für Innenverriegelung ausbauen.

Einbau

- Der Einbau erfolgt in umgekehrter Ausbaureihenfolge.

Fensterheber-Bedienungseinheit aus- und einbauen

Fahrertür

Ausbau

- Türverkleidung ausbauen, siehe Seite 312.

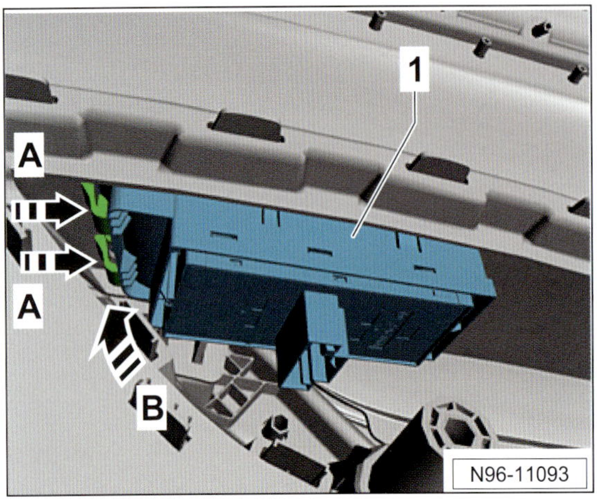

N96-11093

- Verrastungen an der Blende –1– für die Fensterheber-Bedienungseinheit in Pfeilrichtung –A– drücken.
- Blende –1– in Pfeilrichtung –B– aus der Türverkleidung herausnehmen.

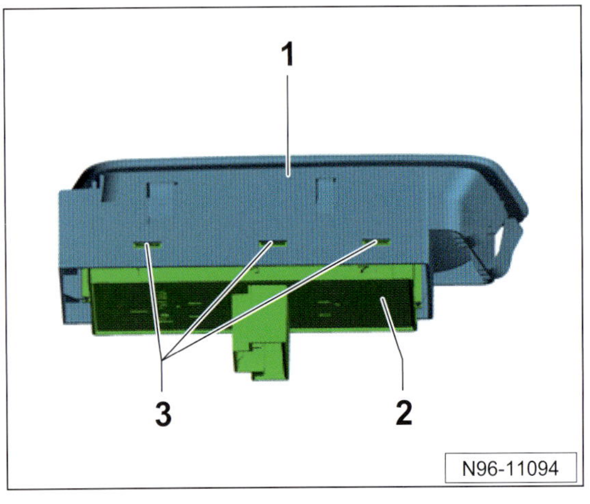

N96-11094

- Mit einem kleinen Schraubendreher die Rasthaken –3– auf beiden Seiten entriegeln.
- Fensterheber-Bedienungseinheit –2– aus der Blende –1– herausnehmen.

Einbau

- Der Einbau erfolgt in umgekehrter Ausbaureihenfolge.

Radio aus- und einbauen

Ausstattungsvariante Composition Touch und Composition Colour

Ausbau

- Zündung und alle elektrischen Verbraucher ausschalten. Zündschlüssel abziehen, wenn vorhanden.

Achtung: Wenn ein Hebelwerkzeug angesetzt wird, muss das darunterliegende Bauteil im Sichtbereich mit handelsüblichem Klebeband abgeklebt werden, um Beschädigungen zu vermeiden.

- Mittenausströmer zusammen mit der Blende für das Radio ausbauen, siehe Seite 317.

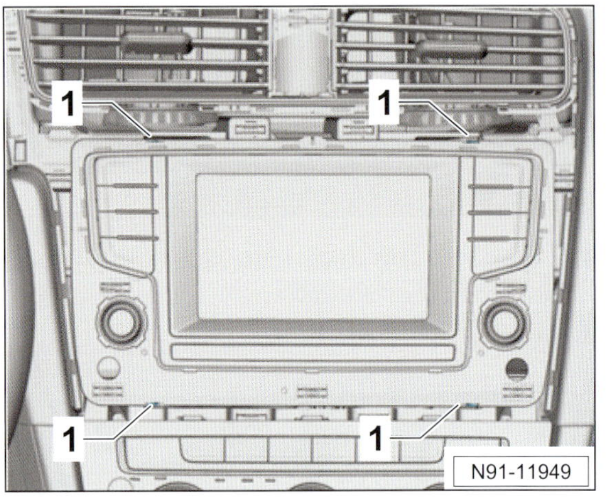

N91-11949

- In die Entriegelungsschlitze –1– des Radios geeignete Entriegelungsschlüssel stecken, zum Beispiel VW-T10057, siehe Abbildung U-5813. Die Spitzen an den Griffösen der Entriegelungswerkzeuge müssen nach außen zeigen.

Hinweis: In Abbildung N91-11949 sind die mittleren Luftaustrittsdüsen noch eingebaut. Tatsächlich kann aber die Blende nur zusammen mit den Mittenausströmern ohne Beschädigung ausgebaut werden.

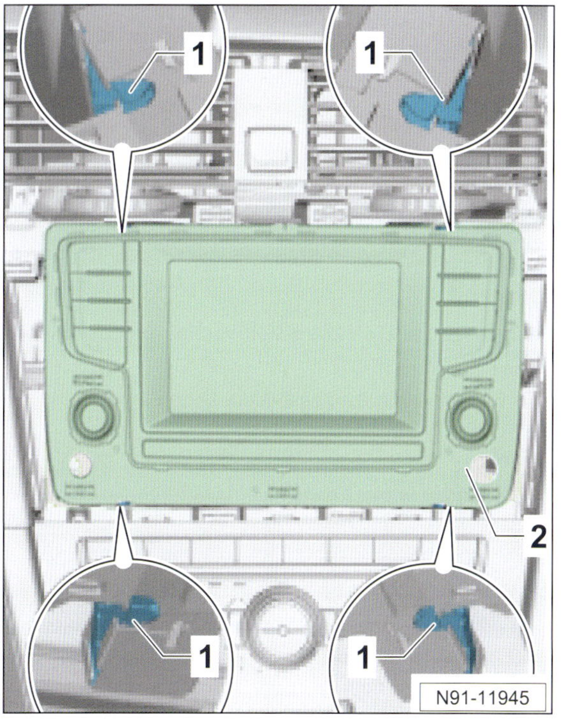

- Obere Verriegelungen –1– durch Drücken in Fahrtrichtung entriegeln.
- Untere Verriegelungen –1– durch Drücken in Fahrtrichtung entriegeln.
- Radio –2– herausziehen.
- Steckverbindungen entriegeln und trennen.

Einbau

- Der Einbau erfolgt sinngemäß in umgekehrter Ausbaureihenfolge, dabei ist Folgendes zu beachten:

Achtung: Beim Einschieben des Radios nicht auf das Display und auf die Bedienungseinrichtungen drücken.

- Radio bis zum Einrasten einschieben.

Ausstattungsvariante Composition Media und Discover Media oder Discover Pro

Das Radio ist Bestandteil des Steuergeräts für Informationselektronik und befindet sich im Handschuhfach.

- Steuergerät für Informationselektronik ausbauen, siehe entsprechendes Kapitel.

Steuergerät für Informationselektronik aus- und einbauen

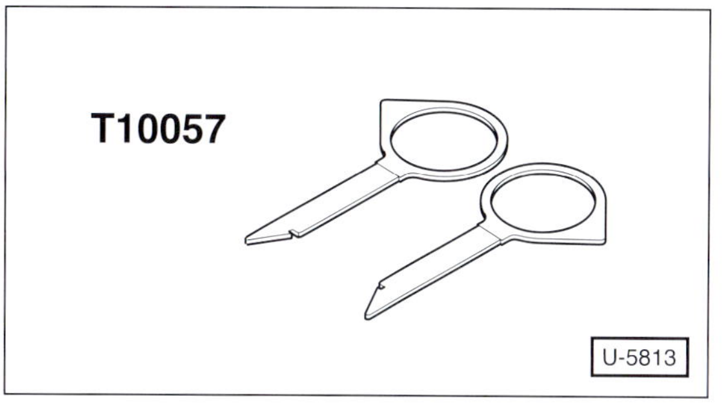

Für den Ausbau des Steuergeräts für Informationselektronik werden 2 Entriegelungsschlüssel VW-T10057 benötigt. Es kann auch das HAZET-Kombiwerkzeug 4655-1 verwendet werden.

Hinweis: Zum Ersetzen des Steuergerätes wird der Fahrzeugdiagnosetester benötigt.

Ausbau

- Zündung und alle elektrischen Verbraucher ausschalten und Zündschlüssel abziehen.
- Handschuhfach öffnen.
- Im Steuergerät für Informationselektronik verbliebene Datenträger entnehmen.

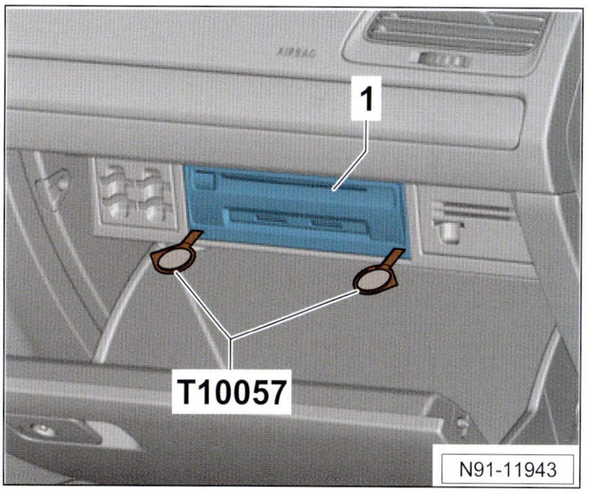

- 2 Klammern des Entriegelungswerkzeugs für Radio, zum Beispiel VW-T10057 oder HAZET 4655-1, in die Entriegelungsschlitze am Steuergerät für Informationselektronik –1– stecken, bis diese einrasten. **Achtung:** Die Spitzen an den Grifflösen müssen nach außen zeigen.
- Steuergerät für Informationselektronik –1– an den Grifflösen des Entriegelungswerkzeugs aus dem Handschuhfach herausziehen.
- Steckverbindungen am Steuergerät für Informationselektronik –1– entriegeln und trennen.

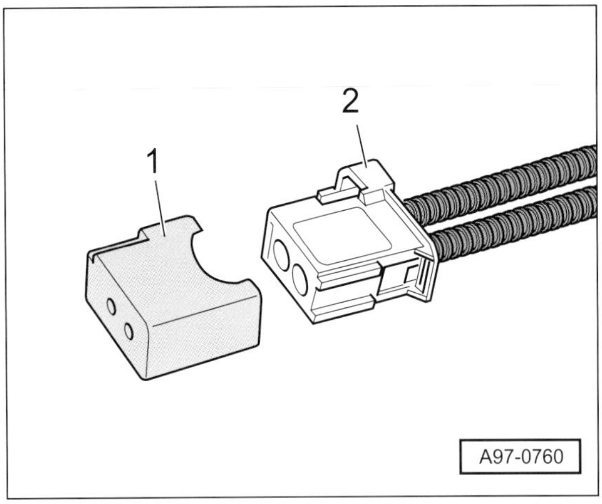

- **Ausstattungsvariante mit Steuergerät für digitales Soundpaket:** Schutzkappe für Leitungssatzstecker VW-VAS 6223/9 –1– auf den Steckverbinder des MOST–Busses –2– stecken.
- **Alle Ausstattungsvarianten:** Verriegelungslaschen am Steuergerät für Informationselektronik drücken und die Entriegelungswerkzeuge herausziehen.

Einbau

- Der Einbau erfolgt sinngemäß in umgekehrter Ausbaureihenfolge, dabei ist Folgendes zu beachten:
- Steuergerät für Informationselektronik bis zum Einrasten in das Handschuhfach einschieben.

Hochtonlautsprecher aus- und einbauen

Vorderer Lautsprecher

Der Hochtonlautsprecher befindet sich in der A-Säulen-Verkleidung. **Achtung:** Der Hochtonlautsprecher kann nur zusammen mit der oberen A-Säulen-Verkleidung ersetzt werden.

Ausbau

- Zündung und alle elektrischen Verbraucher ausschalten. Zündschlüssel abziehen, wenn vorhanden.
- A-Säulen-Verkleidung ausbauen, siehe Seite 320.

Einbau

- Der Einbau erfolgt sinngemäß in umgekehrter Ausbaureihenfolge.

Hinterer Lautsprecher beim 2-Türer

Die Hochtonlautsprecher befinden sich in den hinteren Seitenverkleidungen. **Achtung:** Der Hochtonlautsprecher kann nur zusammen mit dem Lautsprechergitter ersetzt werden.

Ausbau

- Zündung und alle elektrischen Verbraucher ausschalten. Zündschlüssel abziehen, wenn vorhanden.
- Seitenverkleidung ausbauen, siehe Seite 325.
- Steckverbindung trennen.
- Hochtonlautsprecher mit Lautsprechergitter aus der Seitenverkleidung herauslösen. Dazu verschweißte Kunststoffclips abschneiden.

Einbau

- Hochtonlautsprecher mit Lautsprechergitter in die Türverkleidung einsetzen.
- Die Stifte mit einem geeigneten Lötkolben verschweißen, sodass das Lautsprechergitter fest und bündig in der Seitenverkleidung sitzt.
- Stecker aufstecken.
- Seitenverkleidung einbauen, siehe Seite 325.

Hinterer Lautsprecher beim 4-Türer

Die Hochtonlautsprecher befinden sich in den hinteren Türverkleidungen. **Achtung:** Der Hochtonlautsprecher kann nur zusammen mit dem Lautsprechergitter ersetzt werden.

Ausbau

- Zündung und alle elektrischen Verbraucher ausschalten. Zündschlüssel abziehen, wenn vorhanden.
- Hintere Türverkleidung ausbauen, vergleiche dazu das Kapitel »Türverkleidung vorn aus- und einbauen«.
- Hochtonlautsprecher mit Lautsprechergitter aus der Türverkleidung herauslösen. Dazu verschweißte Kunststoffclips abschneiden.

Einbau

- Hochtonlautsprecher mit Lautsprechergitter in die Türverkleidung einsetzen.
- Die Stifte mit einem geeigneten Lötkolben verschweißen, sodass das Lautsprechergitter fest und bündig in der Türverkleidung sitzt.
- Stecker aufstecken.
- Türverkleidung einbauen.

Tieftonlautsprecher aus- und einbauen

Die vorderen Tieftonlautsprecher befinden sich in den vorderen Türen unten.

Ausbau

- Zündung und alle elektrischen Verbraucher ausschalten. Zündschlüssel abziehen, wenn vorhanden.
- Türverkleidung vorn ausbauen, siehe Seite 312.

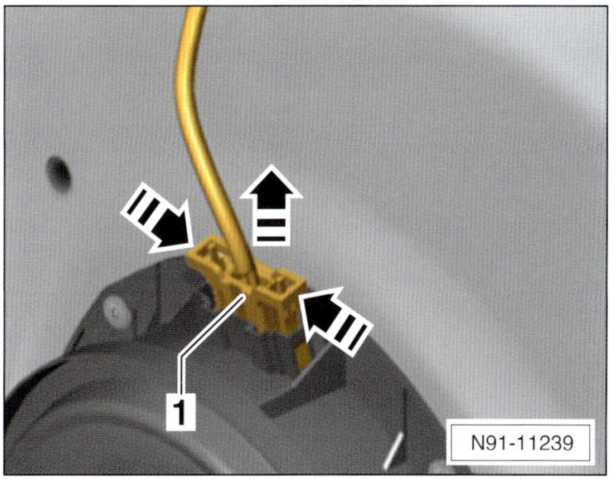

- Verriegelung der Steckverbindung am Tieftonlautsprecher in Pfeilrichtung entriegeln.
- Steckverbindung –1– herausziehen.

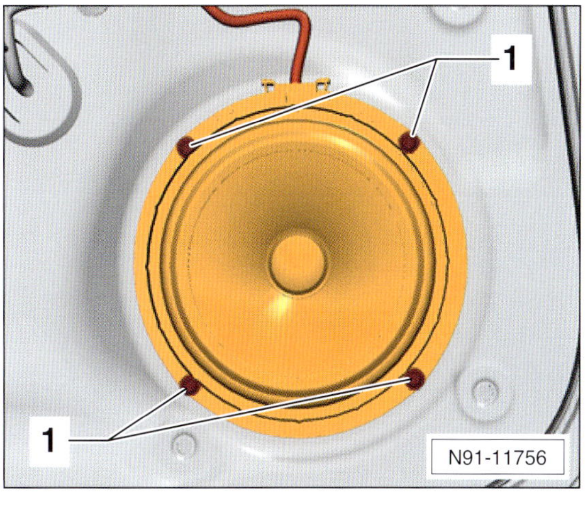

- Nietköpfe –1– mit einem geeigneten Bohrer vorsichtig abbohren.
- Tieftonlautsprecher herausnehmen.

Achtung: Unbedingt alle Bohrspäne aus der Tür entfernen, da sonst Korrosionsschäden die Folge sind.

Wenn durch das Ausbohren der Nietköpfe Lackschäden entstanden sind, müssen diese sofort beseitigt werden.

Einbau

- Der Einbau erfolgt sinngemäß in umgekehrter Ausbaureihenfolge, dabei ist Folgendes zu beachten:
- Lautsprecher beim Einbau mit speziellen Blindnieten befestigen.
- Stehen die Nieten nicht zur Verfügung Lautsprecher mit geeigneten Blechschrauben anschrauben.

Subwoofer aus- und einbauen

Der Subwoofer befindet sich in der Reserveradmulde.

Ausbau

- Zündung und alle elektrischen Verbraucher ausschalten. Zündschlüssel abziehen, wenn vorhanden.
- Kofferraumboden herausnehmen.

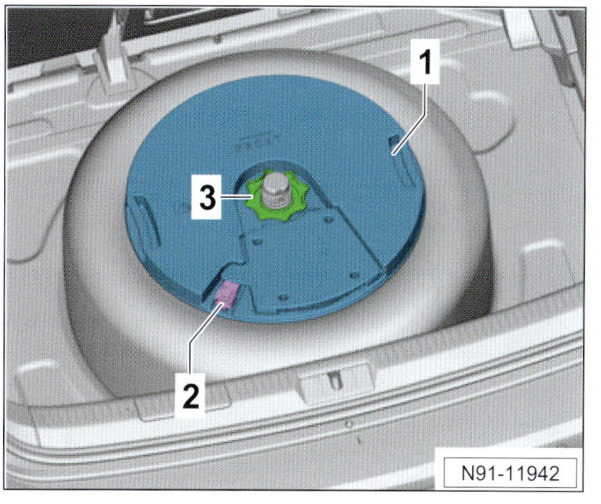

- Steckverbindung –2– am Subwoofer –1– entriegeln und trennen.
- Schraube –3– am Subwoofer –1– herausdrehen.
- Subwoofer –1– nach oben herausnehmen.

Einbau

- Der Einbau erfolgt sinngemäß in umgekehrter Ausbaureihenfolge, dabei ist Folgendes zu beachten:
- Schraube –3– am Subwoofer mit **3 Nm** (Anhaltswert) anziehen.

Dachantenne aus- und einbauen

Achtung: Die Antennenleitungen sind direkt am Fuß der Dachantenne gesteckt. Zum Ausbau der Dachantenne muss der Dachhimmel hinten abgesenkt werden. Dieser Vorgang wird im Einzelnen nicht beschreiben.

Ausbau

- Zündung und alle elektrischen Verbraucher ausschalten und Zündschlüssel abziehen.
- Dachhimmel hinten etwas absenken. Dazu C- oder D-Säulen-Verkleidungen ausbauen. Halter für hintere Dachhaltegriffe lösen, nicht ausbauen. Dachhimmel mit einem Kunststoffkeil hinten ausclipsen und etwas herunterziehen. **Achtung:** Der Dachhimmel ist sehr knickempfindlich, deshalb vorsichtig vorgehen.

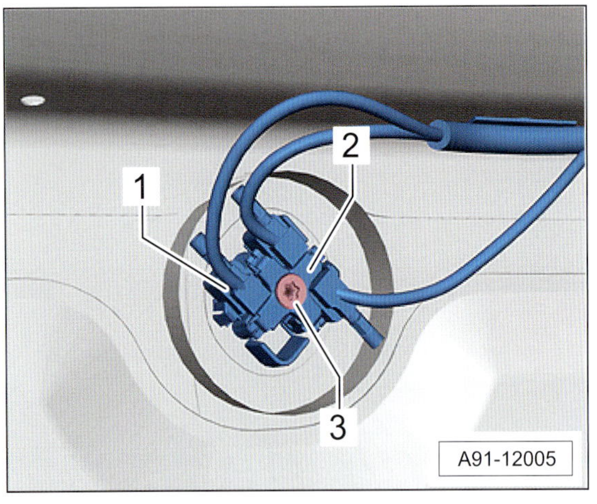

- Steckverbindungen –1– zu den Antennenleitungen entriegeln und trennen.
- Schraube –3– herausdrehen und mit Halteklammer abnehmen.
- Dachantenne –2– abnehmen.

Einbau

- Der Einbau erfolgt sinngemäß in umgekehrter Ausbaureihenfolge, dabei ist Folgendes zu beachten:
- Dachantenne aufsetzen und andrücken, bis sie vorverrastet.
- Schraube –3– an Dachantenne mit **6 Nm** festziehen.

Heizung/Klimatisierung

Aus dem Inhalt:

- Klimaanlage
- Heizungsbedieneinheit
- Stellmotor
- Frischluft-/Heizgebläse
- Vorwiderstand
- Luftaustrittsdüsen
- Außentemperaturfühler

Die Frischluft für Heizung und Klimaanlage wird von einem elektrischen Gebläse angesaugt. Bevor die Luft in den Innenraum gelangt wird sie von einem Staub- und Pollenfilter gereinigt.

Erwärmt wird die Luft für den Fahrzeuginnenraum über den Wärmetauscher oder sie wird, je nach Bedarf, im Verdampfer der Klimaanlage abgekühlt und dann auf die Luftaustrittsdüsen im Fahrzeuginnenraum verteilt.

Der Wärmetauscher wird ständig von der heißen Motorkühlflüssigkeit durchströmt, so dass er die Wärme für den Fahrzeuginnenraum schnell an die vorbeiströmende Frischluft abgibt. Um den Luftdurchsatz im Fahrzeuginnenraum zu erhöhen, kann das integrierte Frischluftgebläse in mehreren Leistungsstufen betrieben werden.

Soll keine Frischluft von außen angesaugt werden, zum Beispiel bei schlechter Außenluft, kann auf Umluftbetrieb umgeschaltet werden. In dieser Betriebsart wird nur die im Fahrzeug befindliche Luft umgewälzt. Geschieht das über einen längeren Zeitraum, können die Scheiben innen beschlagen.

Bei Fahrzeugen mit Dieselmotor ist zusätzlich ein **PTC-Zuheizelement** (**P**ositive **T**emperature **C**oefficient) vorhanden, um bei tiefen Außentemperaturen das Heizungsdefizit zu verbessern. Die Zusatzheizung ist im Heizgerät unter dem Wärmetauscher eingebaut. Nach dem Start des Motors erwärmt sich der elektrische PTC-Zuheizer in Abhängigkeit von der Außentemperatur und gibt innerhalb von Sekunden die Wärme an die vorbeiströmende kalte Luft ab.

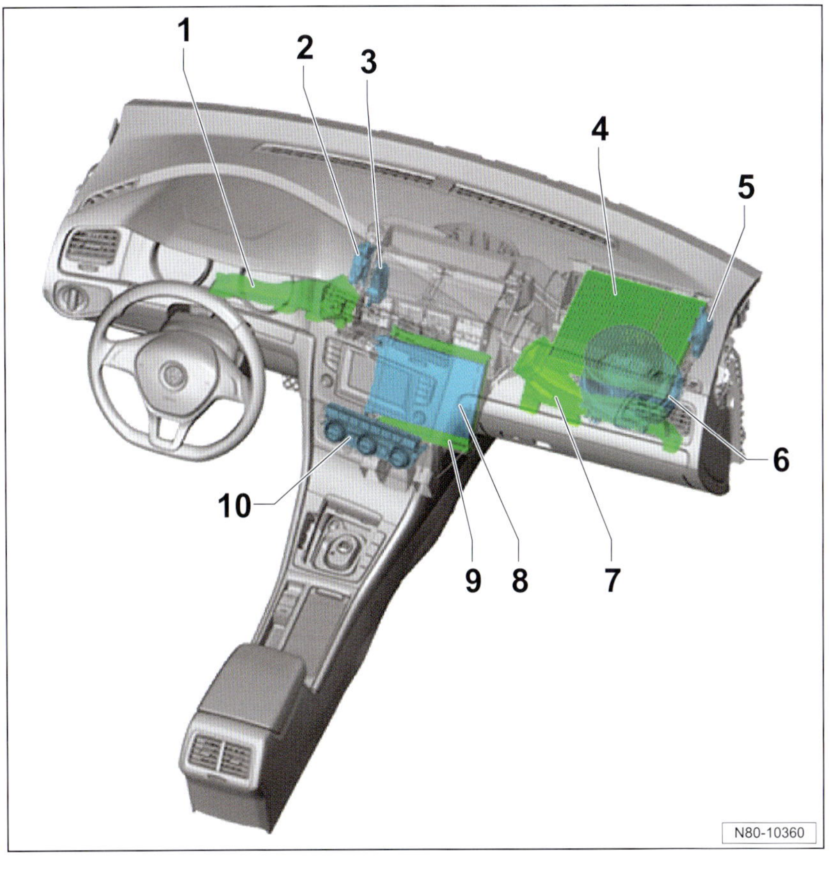

1 – Fußraumausströmer Fahrerseite
2 – Stellmotor der Temperaturklappe
3 – Stellmotor für Luftverteilerklappe
4 – Staub- und Pollenfilter
5 – Stellmotor der Umluftklappe
6 – Frischluftgebläse
7 – Fußraumausströmer Beifahrerseite
8 – Heizelement für Luftzusatzheizung
Mit Steuergerät für Luftzusatzheizung.
9 – Wärmetauscher
10 – Bedienungs- und Anzeigeeinheit

Tritt ein Fehler in der Heizungs- oder Klimaanlage auf, wird er in einem elektronischen Speicher abgelegt. Über ein Fehlerauslesegerät kann der entsprechende Speicher ausgelesen werden. Eine exakte Fehlerdiagnose ohne Auslesegerät ist nicht möglich.

Klimaanlage

Manuell gesteuerte Klimaanlage (»Climatic«)

Die Klimaanlage ist eine kombinierte Kühl- und Heizanlage. Im Kühlbetrieb arbeitet die Klimaanlage im Prinzip wie ein Kühlschrank. Der Kompressor verdichtet das dampfförmige FCKW-freie Kältemittel R 134 A. Dieses erhitzt sich dabei und wird in den Kondensator geleitet. Dort wird das Kältemittel abgekühlt und verflüssigt sich. Über das Expansionsventil wird das Kältemittel entspannt und in den Verdampfer eingespritzt, wo es auf Grund seines niedrigen Druckes verdampft. Es kühlt dabei stark ab.

Durch diesen Verdampfungs- und Abkühlungsprozess wird der von außen vorbeistreichenden Luft Wärme entzogen. Die Luft kühlt sich ab und mitgeführte Luftfeuchtigkeit wird zu Kondenswasser, das ins Freie geleitet wird. Die Intensität der Kühlung ist abhängig von der eingestellten Temperatur und von der Gebläseschalterstellung.

Sicherheitshinweis
Der **Kältemittelkreislauf der Klimaanlage darf nicht geöffnet** werden, da das Kältemittel bei Hautberührung Erfrierungen hervorrufen kann.
Bei versehentlichem Hautkontakt betroffene Stelle sofort mindestens 15 Minuten lang mit kaltem Wasser spülen. Kältemittel ist farb- und geruchlos sowie schwerer als Luft. Bei austretendem Kältemittel besteht am Boden beziehungsweise in unteren Räumen Erstickungsgefahr. Das Kältemittelgas ist nicht wahrnehmbar.

Durch das Abschalten der Kühlanlage läuft der Klimakompressor nicht mit, so dass Kraftstoff eingespart wird. Bei Dieselfahrzeugen wird außerdem die Zusatzheizung abgeschaltet. Auch diese Maßnahme dient der Kraftstoffeinsparung.

Hinweis: Die Klimaanlage sollte, vor allem in der kalten Jahreszeit, einmal im Monat für einige Zeit bei höchster Gebläsestufe eingeschaltet werden, und zwar bei normaler und gleichmäßiger Fahrzeuggeschwindigkeit und bei betriebs-

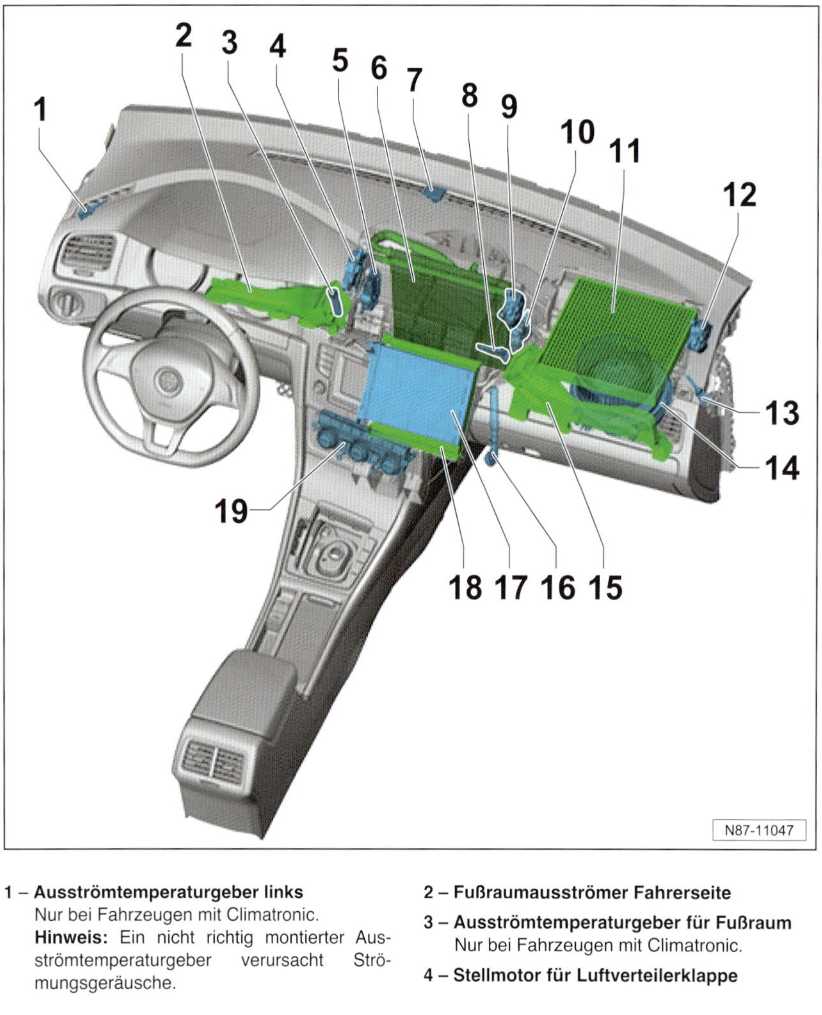

1 – **Ausströmtemperaturgeber links**
Nur bei Fahrzeugen mit Climatronic.
Hinweis: Ein nicht richtig montierter Ausströmtemperaturgeber verursacht Strömungsgeräusche.

2 – **Fußraumausströmer Fahrerseite**

3 – **Ausströmtemperaturgeber für Fußraum**
Nur bei Fahrzeugen mit Climatronic.

4 – **Stellmotor für Luftverteilerklappe**

5 – **Stellmotor der Temperaturklappe**

6 – **Verdampfer**
Nur bei Fahrzeugen mit Klimaanlage.

7 – **Fotosensor für Sonneneinstrahlung**
Nur bei Fahrzeugen mit Climatronic.

8 – **Temperaturfühler für Verdampfer**
Nur bei Fahrzeugen mit Klimaanlage.

9 – **Stellmotor der Defrostklappe**
Nur bei Fahrzeugen mit Climatronic.

10 – **Stellmotor der Temperaturklappe rechts**
Nur bei Fahrzeugen mit Climatronic.

11 – **Staub- und Pollenfilter**

12 – **Stellmotor der Umluftklappe**
Oder Stellmotor für Frischluft-Umluft-, Staudruckklappe.

13 – **Ausströmtemperaturgeber rechts**
Nur bei Fahrzeugen mit Climatronic.
Hinweis: Ein nicht richtig montierter Ausströmtemperaturgeber verursacht Strömungsgeräusche.

14 – **Frischluftgebläse**

15 – **Fußraumausströmer Beifahrerseite**

16 – **Kondenswasserablaufschlauch**
Nur bei Fahrzeugen mit Klimaanlage.

17 – **Heizelement für Luftzusatzheizung**
Mit Steuergerät für Luftzusatzheizung.

18 – **Wärmetauscher**

19 – **Bedienungs- und Anzeigeeinheit**

warmem Motor. Dadurch wird sichergestellt, dass das im Kältemittel enthaltene Schmieröl in Umlauf gebracht wird, die beweglichen Teile der Klimaanlage regelmäßig geschmiert werden und die Dichtungen nicht porös werden.

Achtung: Arbeiten an der Klimaanlage dürfen nur von einer Fachwerkstatt durchgeführt werden. Deshalb werden Reparaturen an der Klimaanlage nicht beschrieben.

Neben der manuell gesteuerten Klimaanlage (»Climatic«) ist auf Wunsch auch eine **elektronisch gesteuerte Klimaanlage (»Climatronic«)** erhältlich. Der Automatikmodus sorgt für konstante Temperaturen im Innenraum und entfeuchtet die Luft im Fahrzeuginnern, so dass die Scheiben nicht beschlagen. Außerdem werden Lufttemperatur, Luftmenge und Luftverteilung automatisch geregelt und Schwankungen der Außentemperatur ausgeglichen. Durch Drücken der AC-Taste kann die Kühlanlage separat ein- und ausgeschaltet werden; dennoch wird die Heizungs- und Belüftungsanlage weiterhin automatisch geregelt.

Anbauteile des Heiz- und Klimageräts sowie des Luftansaugkastens

Die Heiz- und Klimageräte gibt es in verschiedenen Ausführungen und von unterschiedlichen Herstellern. In Abbildung ist ein Luftansaugkasten des Herstellers »VALEO« dargestellt.

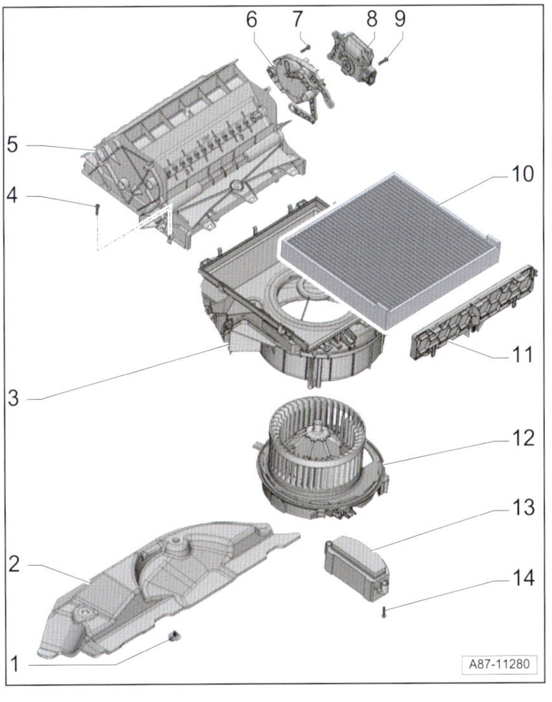

1 – Kunststoffschraube oder Stopfen, 0,3 Nm
2 Stück.

2 – Abdeckung unter Handschuhkasten

3 – Gehäuseoberteil Frischluftgebläse

4 – Schraube, 1 Nm
2 Stück.

5 – Luftansaugschacht
Mit Frischluft- und Umluftklappe.
Unterschiedliche Ausführungen; nicht zerlegen.

6 – Stelleinheit für Stau-, Frischluft- und Umluftklappe
Nur bei Climatronic.

7 – Schraube, 1 Nm
2 Stück, nur bei Climatronic.

8 – Stellmotor

9 – Schraube, 1 Nm
2 Stück.

10 – Staub- und Pollenfilter

11 – Abdeckung
Für Staub- und Pollenfilter.

12 – Frischluftgebläse

13 – Steuergerät für Frischluftgebläse

14 – Schraube, 1 Nm
2 Stück.

Steuergerät für Frischluftgebläse aus- und einbauen

Ausbau

- Abdeckung unter Handschuhkasten ausbauen, siehe Seite 304.

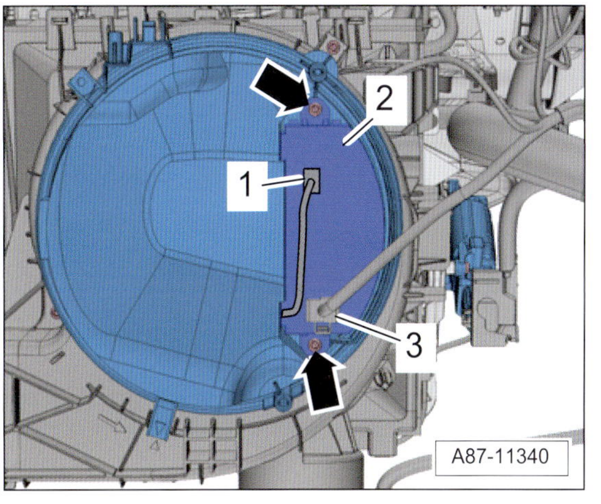

- Elektrische Steckverbindungen –1– und –3– trennen.

Achtung: Wenn das Frischluftgebläse vor dem Ausbau in Betrieb gewesen war, kann es heiß sein. Heiße Kühlfläche am Steuergerät für Frischluftgebläse nicht anfassen. Gefahr von Verbrennungen.

- Schrauben –Pfeile– herausdrehen.
- Steuergerät –2– am Frischluftgebläse abnehmen.

Einbau

- Der Einbau erfolgt in umgekehrter Ausbaureihenfolge, Steuergerät mit **1 Nm** anschrauben.

Frischluftgebläse aus- und einbauen

Ausbau

Das Frischluftgebläse ist auf der Beifahrerseite vom Fußraum aus zugänglich.

- Abdeckung unter Handschuhkasten ausbauen, siehe Seite 304.

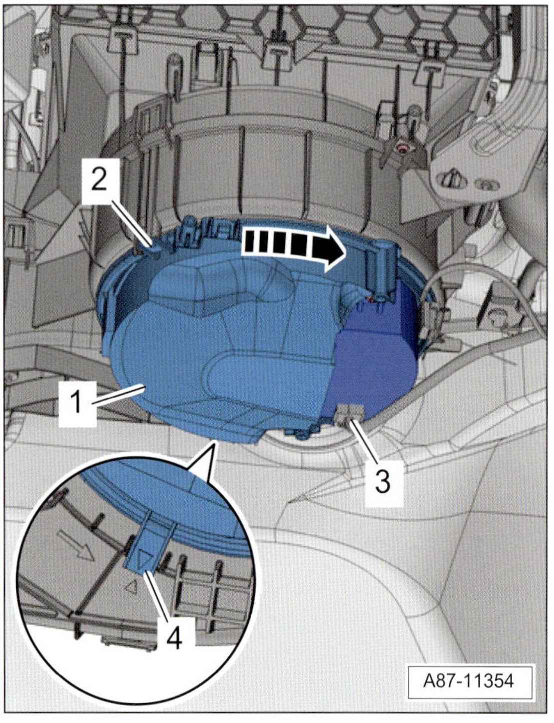

- Elektrische Steckverbindung –3– trennen.
- Falls vorhanden, Schraube –2– herausdrehen.
- Sicherungslasche –4– anheben und Frischluftgebläse –1– im Uhrzeigersinn –Pfeil– drehen.
- Frischluftgebläse aus dem Verdampfergehäuse-Unterteil herausziehen.

Achtung: Lüfterrad des Frischluftgebläses nicht anfassen, Krafteinwirkung auf das Lüfterrad oder Verschieben der am Lüfterrad angebrachten Auswuchtgewichte können zu Unwucht und damit zu Geräuschen im Betrieb führen.

Einbau

- Der Einbau erfolgt in umgekehrter Ausbaureihenfolge.
- Fehlerspeicher abfragen und eventuell angezeigte Einträge löschen.
- Funktion des Frischluftgebläses prüfen.

Luftführung und Luftverteilung im Fahrgastraum

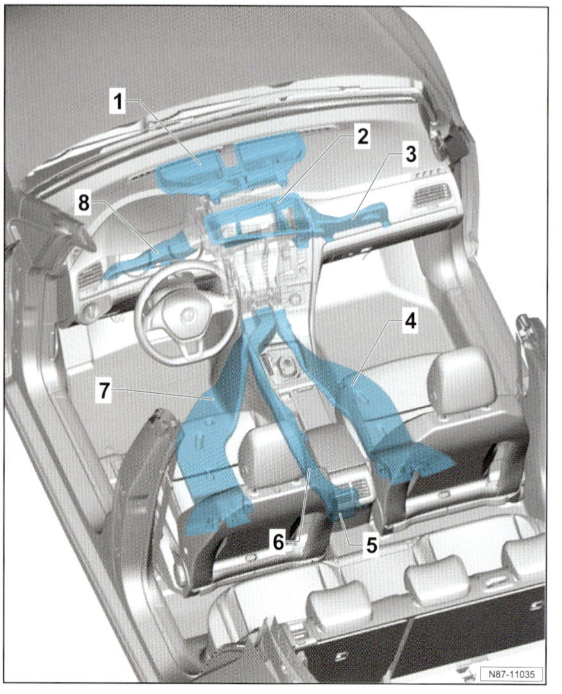

1 – Luftführung für Luftausströmer »Defrost«

2 – Luftführung für Armaturentafelausströmer Mitte
Ausbau der mittleren Luftausströmer, siehe Abschnitt »Innenausstattung« auf Seite 317.

3 – Fußraumausströmer Beifahrerseite

4 – Fußraumausströmer hinten

5 – Luftführungskanal in der Mittelkonsole hinten
Nicht immer vorhanden. Bei Fahrzeugen ohne Luftführungskanal zum Ausströmer der Mittelkonsole hinten ist eine Abdeckkappe am Heizgerät angebracht.

6 – Luftführungskanal Ausströmer Mittelkonsole hinten

7 – Fußraumausströmer hinten

8 – Fußraumausströmer Fahrerseite

Frischluftansaugung aus- und einbauen

Ausbau

- Wasserkastenabdeckung ausbauen, siehe Seite 340.
- Abdeckung für Frischluftansaugung ausbauen, siehe entsprechendes Kapitel.
- **Climatronic:** Sensor für Luftgüte ausbauen, siehe Seite 163.

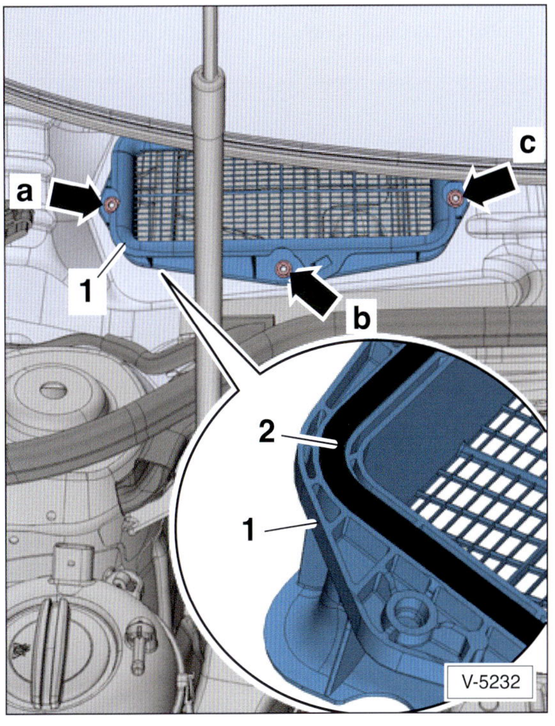

- Muttern –Pfeile– herausdrehen.
- Frischluftansaugung –1– aus dem Wasserkasten herausnehmen.

Einbau

- Der Einbau erfolgt in umgekehrter Ausbaureihenfolge.
- Lüftungsgitter auf dem Blechkragen ausrichten.
- Lüftungsgitter festhalten und Mutter –a– bis zur Mitte des Schweißbolzen aufschrauben.
- Mutter –c– mit **3 Nm** anschrauben.
- Äußere Mutter –a– mit **3 Nm** festziehen.
- Mittlere Mutter –b– mit **3 Nm** anschrauben.

Hinweis: Der Dichtring –2– muss am Lüftungsgitter bündig sitzen. Wenn das Gitter für Frischluftansaugung beschädigt oder nicht korrekt angebaut ist, kann Wasser in die Frischluftansaugung gelangen. Dadurch können unangenehme Gerüche aus der Heizung/Klimaanlage und/oder Feuchtigkeit in den Fahrgastraum kommen.

Abdeckung für Frischluftansaugung aus- und einbauen

Ausbau

- Rechte Wasserkastenabdeckung ausbauen, siehe Seite 340.

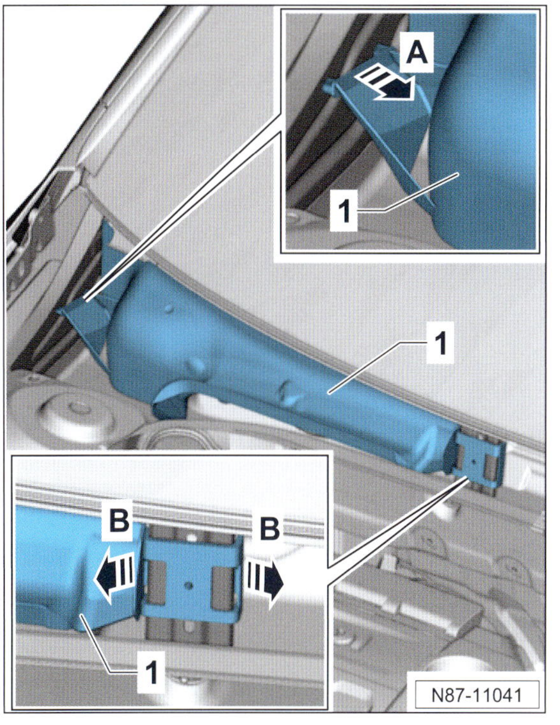

- Kabelverlegung bei Fahrzeugen mit Frontscheibenheizung von der Abdeckung für Frischluftansaugung –1– trennen.
- Abdeckung für Frischluftansaugung –1– in Pfeilrichtung –B– aushaken und in Pfeilrichtung –A– herausziehen.

Einbau

- Der Einbau erfolgt in umgekehrter Ausbaureihenfolge.

Hinweis: Wenn die Abdeckung für Frischluftansaugung beschädigt oder nicht korrekt angebaut ist, kann Wasser in die Frischluftansaugung gelangen. Dadurch können unangenehme Gerüche aus der Heizung/Klimaanlage und/oder Feuchtigkeit in den Fahrgastraum kommen.

Wenn die Wasserkastenabdeckung beschädigt oder nicht korrekt angebaut ist, kann gegebenenfalls Wasser über die Abdeckung für Frischluftansaugung in die Frischluftansaugung gelangen.

Bedienungs- und Anzeigeeinheit aus- und einbauen

Ausbau

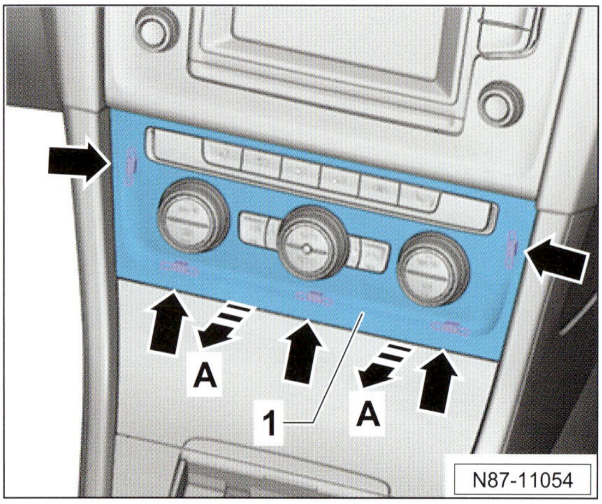

- Blende –1– von der Bedienungs- und Anzeigeeinheit an den markierten Stellen –Pfeile– mit einem Kunststoffkeil in Pfeilrichtung –A– ausclipsen.

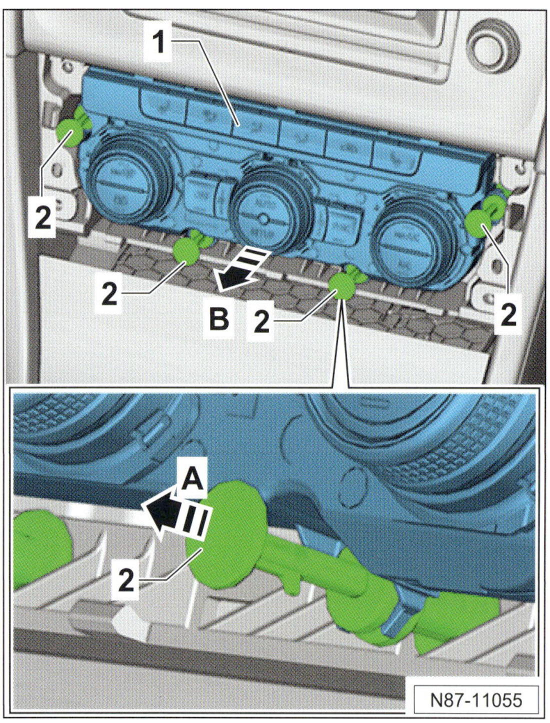

- Spreiznieten –2– in Pfeilrichtung –A– herausziehen.
- Bedienungs- und Anzeigeeinheit –1– in Pfeilrichtung –B– herausnehmen.

Einbau

- Der Einbau erfolgt in umgekehrter Ausbaureihenfolge.

Hinweis: Wird das Steuergerät für Climatronic oder Klimaanlage ersetzt, dann muss es mit dem Fahrzeug-Diagnosetester angepasst werden.

Stellmotor für Temperaturklappe aus- und einbauen

Ausbau

- Zündung ausschalten, Zündschlüssel abziehen.
- Fußraumausströmer auf der Fahrerseite ausbauen, siehe entsprechendes Kapitel.

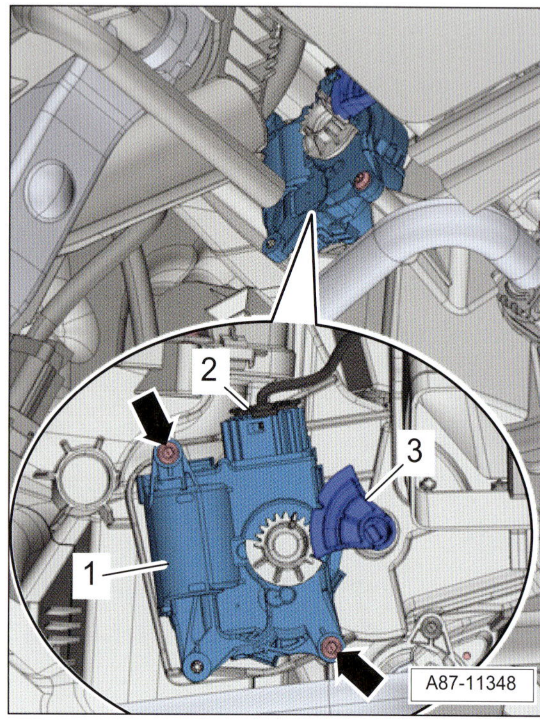

- Betätigungshebel –3– vom Heizgerät abziehen.
- Schrauben –Pfeile– herausdrehen. **Hinweis:** Die obere Schraube ist mit einer handelsüblichen kleinen Bit-Knarre zugänglich.
- Elektrische Steckverbindung –2– trennen.
- Stellmotor der Temperaturklappe –1– abnehmen.

Einbau

- Der Einbau erfolgt in umgekehrter Ausbaureihenfolge, dabei Folgendes beachten:
- Vor dem Einbau Klappen und Anlenkung auf Funktion prüfen.
- Hebel und Wellen auf richtigen Sitz in den Aufnahmen prüfen.

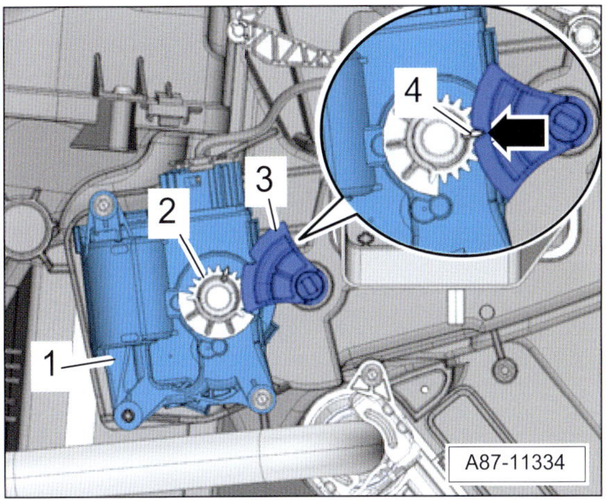

- Stellmotor –1– am Luftverteilergehäuse ansetzen, dabei muss das Zahnrad –2– am Stellmotor in das Zahnrad –3– am Betätigungshebel eingreifen.

Achtung: Der lange Zahn –4– muss dabei in die Aussparung –Pfeil– am Betätigungshebel eingreifen.

Hinweis: Wenn das Zahnrad am Stellmotor und das Zahnrad am Hebel für Temperaturklappe sich nicht gegenüberstehen, Aufnahme im Stellmotor drehen.

Wenn die Schrauben nicht angesetzt werden können, sitzt der Stellmotor nicht vollständig am Gehäuse.

- Stellmotor mit **1 Nm** anschrauben.
- Zündung einschalten, den betreffenden Stellmotor an den Fahrzeugleitungsstrang anschließen und an der Bedienungs- und Anzeigeeinheit eine Einstellung wählen, in welcher der Stellmotor in die gewünschte Stellung, zum Beispiel in die Mittelstellung, gestellt wird. Abwarten, bis der Stellmotor die gewünschte Stellung erreicht hat, und dann die Zündung ausschalten.
- Elektrischen Leitungsstrang so verlegen, dass er nicht mit sich bewegenden Bauteilen, wie zum Beispiel mit dem Hebel des Stellmotors, in Berührung kommen kann.
- Fehlerspeicher abfragen und eventuell angezeigte Einträge löschen, anschließend »Grundeinstellung« durchführen lassen (Werkstattarbeit).
- Abschließend Funktion der Heiz-/Klimaanlage prüfen.

Fußraumausströmer aus- und einbauen

Fahrerseite

Ausbau

- Knieairbag auf der Fahrerseite ausbauen, siehe Seite 301.

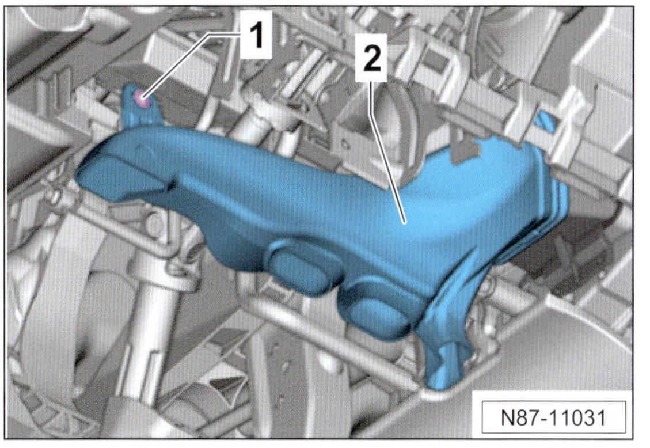

- Schraube –1– herausdrehen.
- Fußraumausströmer Fahrerseite –2– abnehmen.

Einbau

- Der Einbau erfolgt in umgekehrter Ausbaureihenfolge. Schraube mit **1,5 Nm** anziehen.

Beifahrerseite

Ausbau

- Handschuhfach ausbauen, siehe Seite 305.

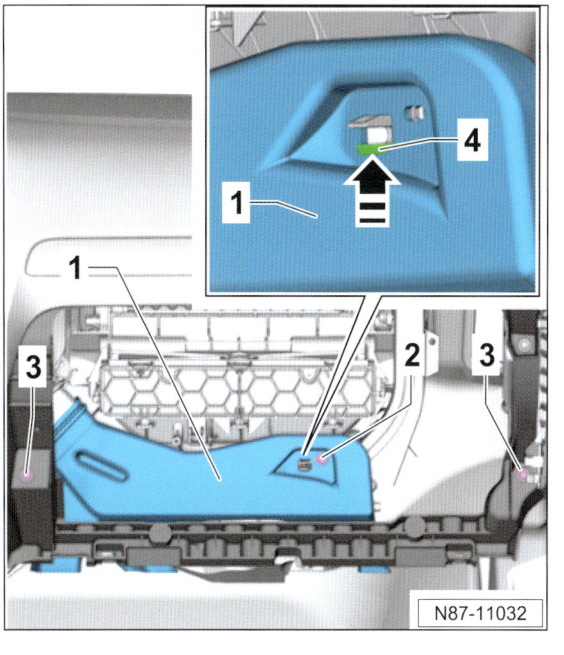

- Schraube –2–, wenn vorhanden, herausdrehen.
- Schrauben –3– herausdrehen.

- Clip –4– in Pfeilrichtung nach oben drücken und Fußraumausströmer Beifahrerseite –1– aushaken.
- Armaturentafelrahmen etwas nach vorn ziehen.
- Fußraumausströmer Beifahrerseite herausnehmen.

Einbau

- Der Einbau erfolgt in umgekehrter Ausbaureihenfolge. Blechschrauben mit **1,5 Nm** festziehen.

Hinweis: Bei Fahrzeugen mit Handschuhfachkühlung auf den korrekten Sitz des Kühlschlauchs achten.

Stellmotor der Defrostklappe aus- und einbauen

Ausbau

- Alle elektrischen Verbraucher ausschalten.
- Zündung ausschalten, Zündschlüssel abziehen.
- Handschuhfach ausbauen, siehe Seite 305.

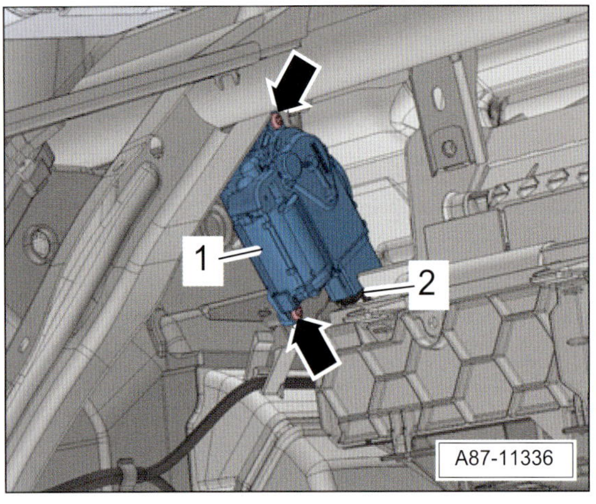

- Schrauben –Pfeile– herausdrehen.
- Stellmotor der Defrostklappe –1– abnehmen.
- Elektrische Steckverbindung –2– trennen.

Einbau

- Der Einbau erfolgt in umgekehrter Ausbaureihenfolge, dabei Folgendes beachten:

Hinweis: Vor dem Einbau Klappen und Anlenkung auf Funktion prüfen. Hebel und Wellen auf richtigen Sitz in den Aufnahmen prüfen.

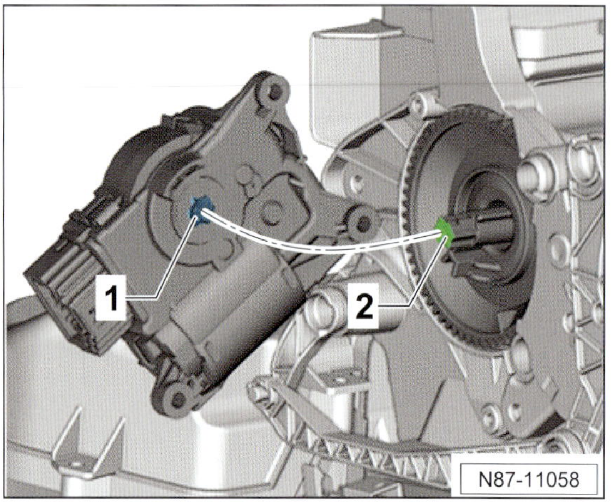

- Die Aufnahme des Stellmotors –1– kann nur in einer Stellung auf den Umlenkhebel –2– aufgesteckt werden.

Achtung: Die Aufnahme des Stellmotors muss, wie in der Abbildung gezeigt, dem Umlenkhebel gegenüberstehen.

Wenn Aufnahme und Umlenkhebel sich nicht gegenüberstehen, Aufnahme im Stellmotor drehen.

- Zündung einschalten, den betreffenden Stellmotor an den Fahrzeugleitungsstrang anschließen und an der Bedienungs- und Anzeigeeinheit eine Einstellung wählen, in welcher der Stellmotor in die gewünschte Stellung, zum Beispiel in die Mittelstellung, gestellt wird. Abwarten, bis der Stellmotor die gewünschte Stellung erreicht hat, und dann die Zündung ausschalten.
- Stellmotor am Luftverteilergehäuse ansetzen, dabei muss der Umlenkhebel –2– in die Aufnahme –1– eingreifen.

Achtung: In der Verbindung zwischen Stellmotor und Umlenkhebel darf kein Spiel vorhanden sein.

Hinweis: Wenn die Schrauben nicht angesetzt werden können, sitzt der Stellmotor nicht vollständig am Gehäuse.

- Stellmotor mit **1 Nm** anschrauben.
- Elektrischen Leitungsstrang so verlegen, dass er nicht mit sich bewegenden Bauteilen, zum Beispiel mit dem Hebel des Stellmotors, in Berührung kommen kann.
- Fehlerspeicher abfragen und eventuell angezeigte Einträge löschen (Werkstattarbeit).
- Abschließend Funktion der Heiz-/Klimaanlage prüfen.

Stellmotor der Umluftklappe aus- und einbauen

Hinweis: Der Stellmotor hat anstelle eines Potenziometers Endanschläge mit integrierten Endschaltern.

Ausbau

- Alle elektrischen Verbraucher ausschalten.
- Zündung ausschalten, Zündschlüssel abziehen.
- Handschuhfach ausbauen, siehe Seite 305.

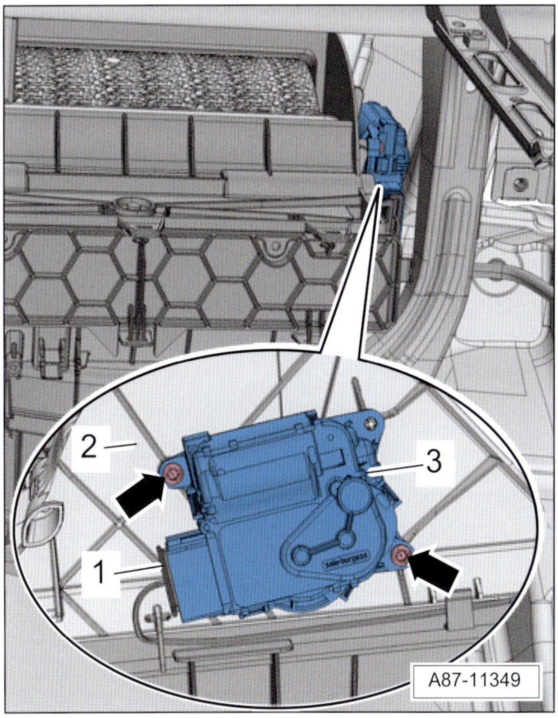

- Schrauben –Pfeile– herausdrehen.
- Stellmotor für Umluftklappe –3– vom Luftansaugschacht –2– abnehmen.
- Elektrische Steckverbindung –1– trennen.

Einbau

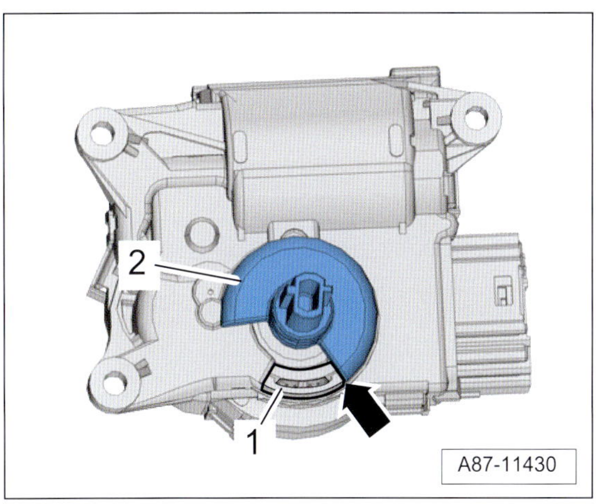

- Der Einbau erfolgt in umgekehrter Ausbaureihenfolge, dabei Folgendes beachten:
- Vor dem Einbau Klappen und Anlenkung auf Funktion sowie Hebel und Wellen auf richtigen Sitz in den Aufnahmen prüfen.
- Frischluftklappe muss in Stellung »geöffnet« stehen, damit Frischluft ins Fahrzeug gelangt.

Achtung: Die Betätigungswelle –2– muss, wie in der Abbildung gezeigt, am Anschlag –1– anliegen –Pfeil–.

Hinweis: Wenn die Betätigungswelle des Stellmotors nicht am Anschlag »Frischluftbetrieb« steht, Aufnahme im Stellmotor drehen.

- Zündung einschalten, den betreffenden Stellmotor an den Fahrzeugleitungsstrang anschließen und an der Bedienungs- und Anzeigeeinheit eine Einstellung wählen, in welcher der Stellmotor in die gewünschte Stellung, zum Beispiel in die Mittelstellung, gestellt wird. Abwarten, bis der Stellmotor die gewünschte Stellung erreicht hat, und dann die Zündung ausschalten.
- Stellmotor am Luftansaugkasten ansetzen, dabei muss die Betätigungswelle in die Aufnahme eingreifen.

Achtung: In der Verbindung zwischen Betätigungswelle und Aufnahme darf kein Spiel vorhanden sein.

Hinweis: Wenn die Schrauben nicht angesetzt werden können, sitzt der Stellmotor nicht vollständig am Gehäuse.

- Elektrischen Leitungsstrang so verlegen, dass er nicht mit sich bewegenden Bauteilen, zum Beispiel mit dem Hebel des Stellmotors, in Berührung kommen kann.
- Fehlerspeicher abfragen und eventuell angezeigte Einträge löschen, anschließend »Grundeinstellung« durchführen lassen (Werkstattarbeit).
- Abschließend Funktion der Heiz-/Klimaanlage prüfen.

Ausströmtemperaturgeber für seitliche Ausströmer aus- und einbauen

Ausbau

Hinweis: Der Ausströmtemperaturgeber ist nur bei Fahrzeugen mit Climatronic vorhanden. Bei Fahrzeugen mit Heizung oder manuell geregelter Klimaanlage sind die entsprechenden Öffnungen in den Luftführungskanälen mit einem Verschlussstopfen verschlossen.

- Seitliche Abdeckung von der Armaturentafel abbauen, siehe Seite 309.

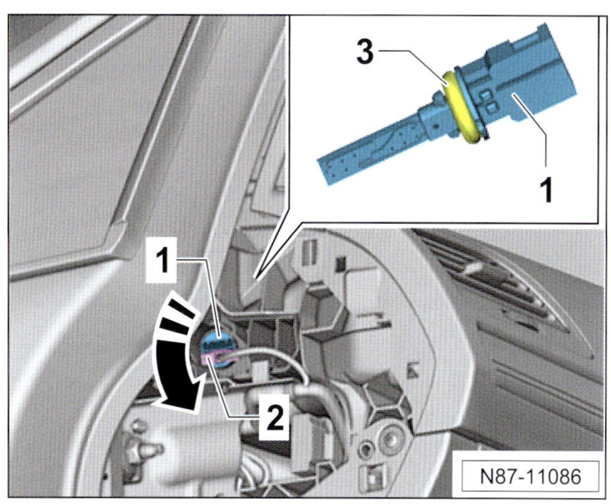

- Ausströmtemperaturgeber –1– in Pfeilrichtung drehen und aus der Aufnahme herausziehen.
- Elektrische Steckverbindung –2– trennen.

Einbau

- Der Einbau erfolgt in umgekehrter Ausbaureihenfolge, dabei Folgendes beachten:
- Beschädigten oder defekten Dichtring –3– ersetzen.

Hinweis: Ein nicht richtig montierter Ausströmtemperaturgeber verursacht Strömungsgeräusche.

- Fehlerspeicher abfragen und eventuell angezeigte Einträge löschen (Werkstattarbeit).

Ausströmtemperaturgeber Fußraum aus- und einbauen

Ausbau

- Fußraumausströmer auf der Fahrerseite ausbauen, siehe Seite 161.

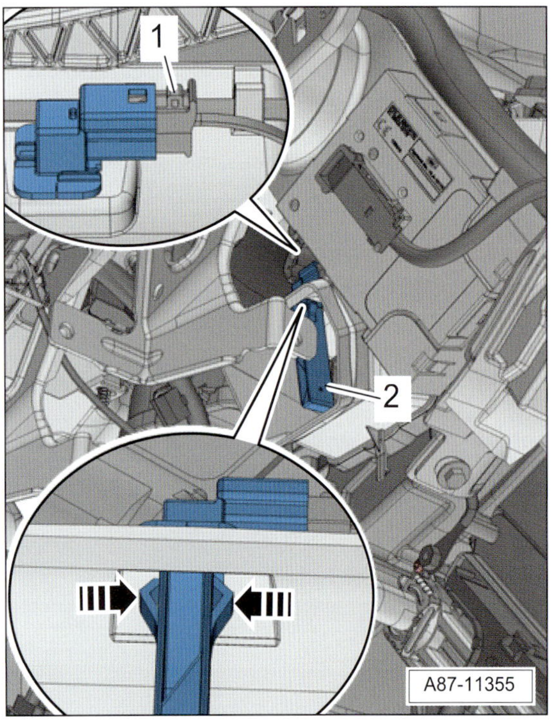

- Ausströmtemperaturgeber für Fußraum –2– etwas anheben.
- Halterasten –Pfeile– mit einem Kunststoffkeil entriegeln.
- Ausströmtemperaturgeber –2– nach oben herausziehen.
- Elektrische Steckverbindung –1– trennen.

Einbau

- Der Einbau erfolgt in umgekehrter Ausbaureihenfolge.

Temperaturfühler für Außentemperatur aus- und einbauen

Ausbau

- Kühlergrill ausbauen, siehe Seite 346.

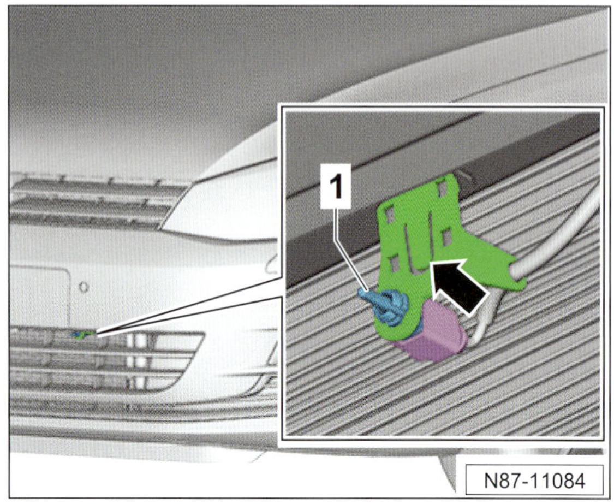

- Temperaturfühler für Außentemperatur –1– aus dem Halter –Pfeil– ausclipsen.
- Temperaturfühler für Außentemperatur nach oben herausnehmen.
- Elektrische Steckverbindung trennen.

Einbau

- Der Einbau erfolgt in umgekehrter Ausbaureihenfolge.

Achtung: Auf den richtigen Sitz der elektrischen Steckverbindung achten (Spritzwassereintritt).

Sensor für Luftgüte aus- und einbauen

Nur Fahrzeuge mit Climatronic

Der Sensor für Luftgüte befindet sich am rechten Lüftungsgitter im Wasserkasten. Wird der Sensor erneuert, darf der neue Sensor erst kurz vor dem Einbau aus der Verpackung genommen werden.

Ausbau

- Abdeckung für Frischluftansaugung ausbauen, siehe entsprechendes Kapitel.

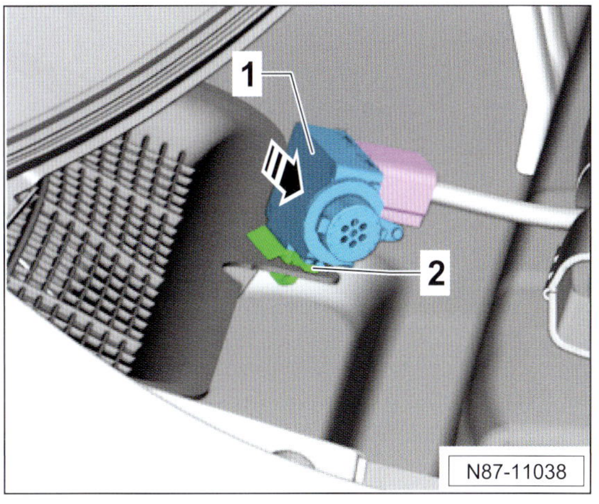

- Sicherungslasche –2– nach unten entriegeln.
- Sensor für Luftgüte –1– in Pfeilrichtung herausziehen.
- Stecker abziehen.

Einbau

- Der Einbau erfolgt in umgekehrter Ausbaureihenfolge. Nach dem Einbau Fehlerspeicher abfragen und löschen.

Klimakompressor vom Halter ab- und anbauen

Ausbau

Achtung: Hier wird nur der Ab- und Anbau des Klimakompressors vom Halter für weiterführende Arbeiten beschrieben. **Der Kältemittelkreislauf darf auf keinen Fall geöffnet werden. Erfrierungs- und Erstickungsgefahr!** Der komplette Aus- und Einbau des Klimakompressors mit Öffnen des Kältemittelkreislaufes ist der Fachwerkstatt mit entsprechender Ausrüstung vorbehalten.

- Untere Motorraumabdeckung ausbauen, siehe Seite 339.
- Je nach Motorisierung rechten Innenkotflügel ausbauen, siehe Seite 348.
- Keilrippenriemen ausbauen, siehe Seite 233.

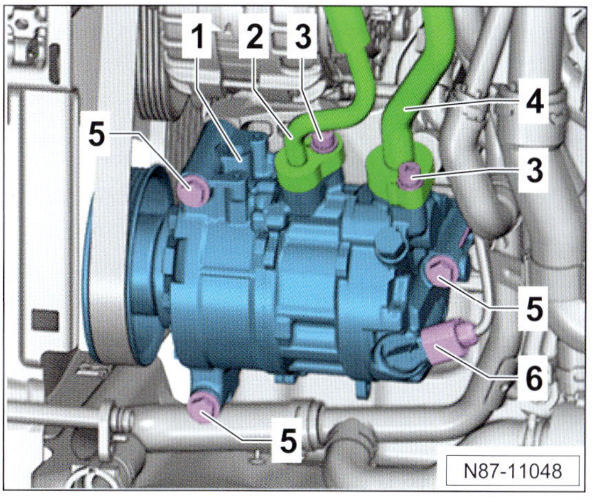

1 – Klimakompressor

2 – Kältemittelleitung Hochdruckseite

3 – Schrauben 22 Nm

4 – Kältemittelleitung Niederdruckseite

5 – Schrauben, 25 Nm

6 – Elektrischer Anschluss

- Steckverbindung –6– am Klimakompressor –1– abziehen.
- Schrauben –5– herausdrehen und Klimakompressor –1– abnehmen.

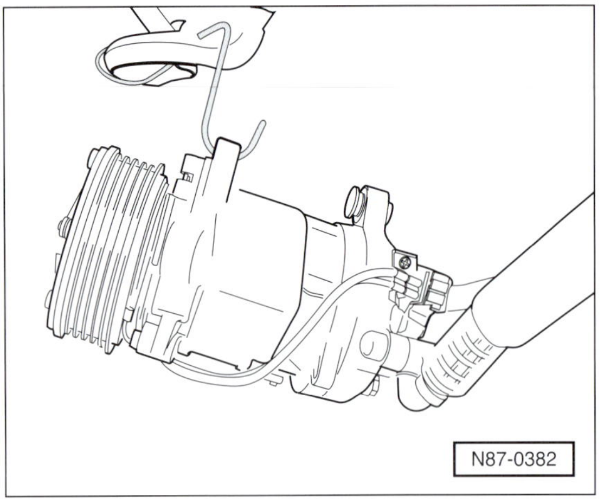

- Klimakompressor mit angeschlossenen Leitungen mit einem Draht an der Karosserie aufhängen. Dabei darauf achten, dass die Kältemittelleitungen nicht verdreht oder gedehnt werden.

Einbau

- Der Einbau erfolgt in umgekehrter Ausbaureihenfolge. Dabei ist Folgendes zu beachten:
- Anlageflächen von Klimakompressor und Halter vor dem Einbau gründlich reinigen.

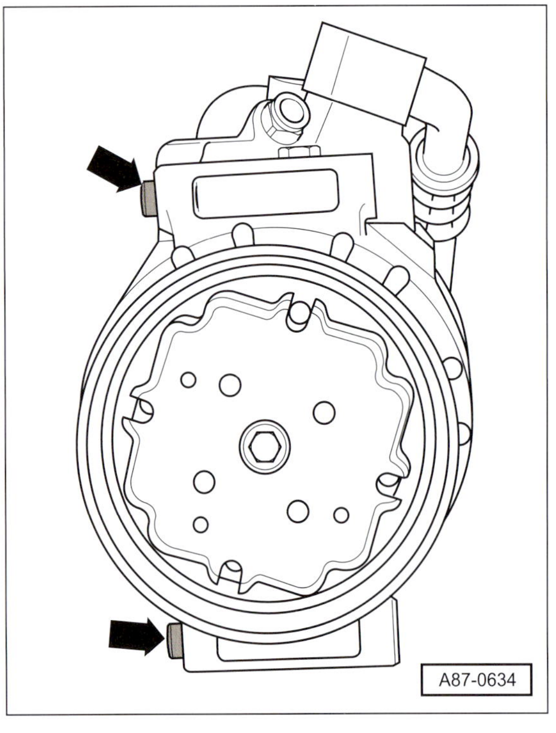

- Passhülsen –Pfeile– in den Klimakompressor einsetzen. Dabei auf richtigen Sitz der Passhülsen und auf saubere Anlageflächen achten. Nicht richtig montierte Passhülsen, verschmutzte oder beschädigte Anlageflächen können zu Fluchtabweichungen zwischen Klimakompressor und Motor führen. Fluchtabweichungen führen über die Betriebszeit zu Schäden am Klimakompressor.

Achtung: Im ausgebauten Klimakompressor kann sich, abhängig von der Position bei der Lagerung, Kältemaschinenöl im Verdichtungsraum ansammeln. Um Schäden bei der Inbetriebnahme zu vermeiden, Klimakompressor nach dem Einbau und vor dem Auflegen des Keilrippenriemens 10 Umdrehungen von Hand durchdrehen.

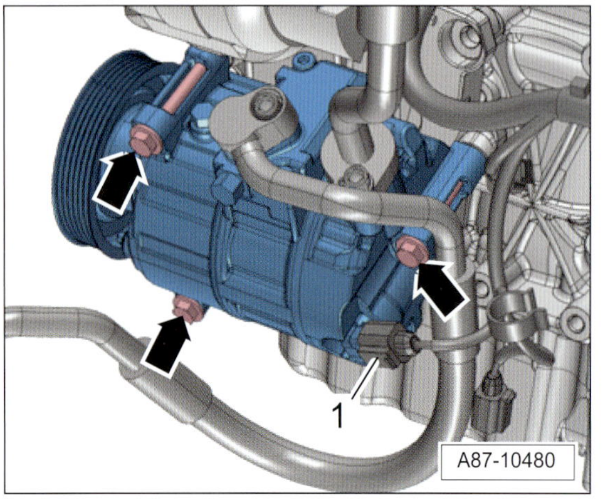

- Schrauben für Klimakompressor –Pfeile– mit **25 Nm** festschrauben.
- Stecker –1– aufstecken.

Fahrwerk

Aus dem Inhalt:

- Vorderachse
- Hinterachse
- Federbein
- Stoßdämpfer
- Schraubenfeder
- Achswellen
- Lenkung/Airbag
- Räder und Reifen

Die wichtigsten Komponenten des Fahrwerks sind die McPherson-Vorderachse und, je nach Modell, die Verbundlenker- oder Mehrlenker-Hinterachse. Sofern die Mehrlenker-Achse eingebaut ist, sind die Achskomponenten von Vorder- und Hinterachse an je an einem Hilfsrahmen befestigt.

Die Übertragung der Motor-Antriebskraft erfolgt beim Frontantrieb über zwei Gelenkwellen auf die Vorderräder.

Sicherheitshinweis
Schweiß- und Richtarbeiten an tragenden und radführenden Bauteilen der Vorder- und Hinterradaufhängung **sind nicht zulässig. Selbstsichernde Schrauben/Muttern** sowie korrodierte Schrauben/Muttern sind im Reparaturfall **immer zu ersetzen.**

Optimale Fahreigenschaften und geringster Reifenverschleiß sind nur dann zu erzielen, wenn die Stellung der Räder einwandfrei ist. Bei unnormaler Reifenabnutzung sowie mangelhafter Straßenlage sollte die Werkstatt aufgesucht werden, um den Wagen optisch vermessen zu lassen. Die Fahrwerkvermessung kann ohne eine entsprechende Messanlage nicht durchgeführt werden.

Der Achseinstellwert für die Gesamtspur **vorn**: . . +10' ± 10'

Der Achseinstellwerte für die Gesamtspur **hinten:**

Fahrwerk	Verbundlenker	Mehrlenker
Basis	+20' ± 12'	+10' ± 10'
Sport und Blue Motion	+24' ± 12'	+10' ± 10'
Hochstand	+16' ± 12'	+10' ± 10'
DCC	+23' ± 12'	+10' ± 10'
GTI	–	+16' ± 10'
GTD	–	+10' ± 10'

V-3684

Vorderachse

Aggregateträger/Federbein/Stabilisator

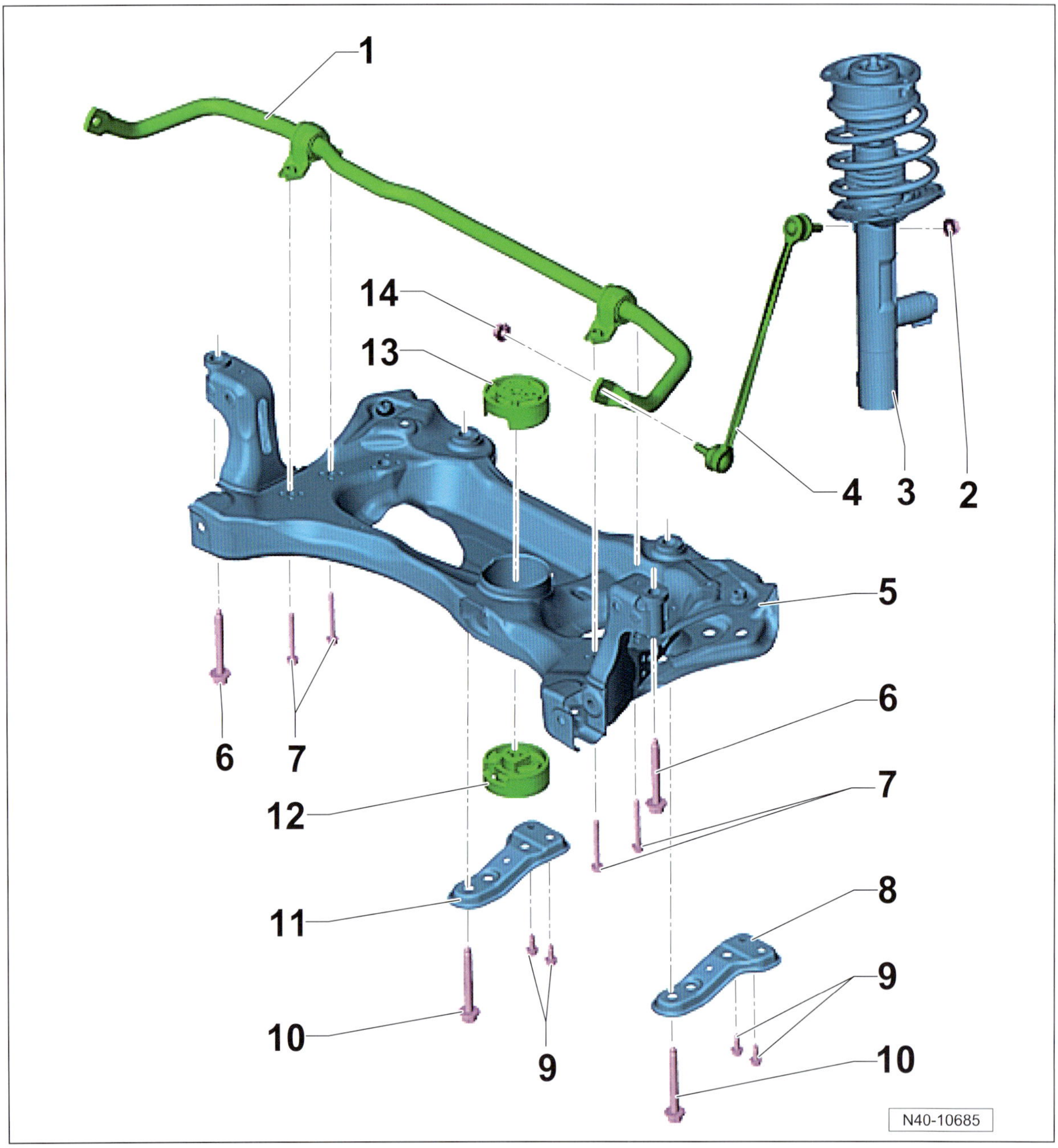

1 – **Stabilisator mit Gummilager**

2 – **Mutter*, 65 Nm**
Beim Festziehen am Innenvielzahn des Gelenkzapfens gegenhalten.

3 – **Federbein**

4 – **Koppelstange**

5 – **Aggregateträger**

6 – **Schraube*,70 Nm + 180°**

7 – **Schraube*, 20 Nm + 180°**

8 – **Abstützung links**

9 – **Schraube*, 50 Nm + 90°**

10 – **Schraube*, 70 Nm + 180°**

11 – **Abstützung rechts**

12 – **Gummimetalllager unten**
Für Pendelstütze.

13 – **Gummimetalllager oben**
Für Pendelstütze.

14 – **Mutter*, 65 Nm**
Beim Festziehen am Innenvielzahn des Gelenkzapfens gegenhalten.

---

*) Nach jeder Demontage ersetzen.

Koppelstange aus- und einbauen

Ausbau

- Fahrzeug anheben.

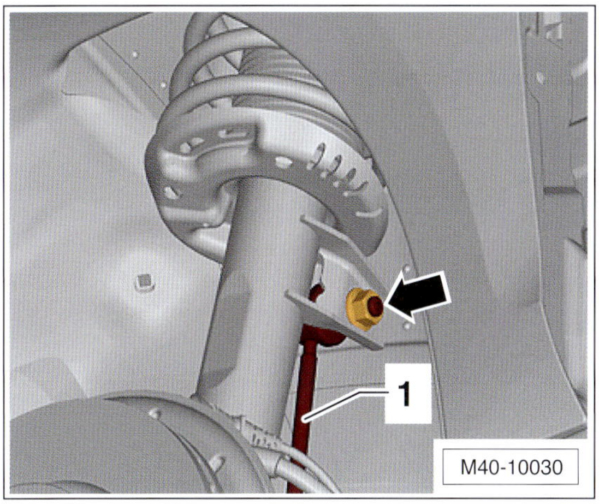

- Mutter –Pfeil– abschrauben, dabei Gelenkzapfen mit Innenvielzahnschlüssel gegenhalten.
- Koppelstange –1– vom Federbein abziehen.

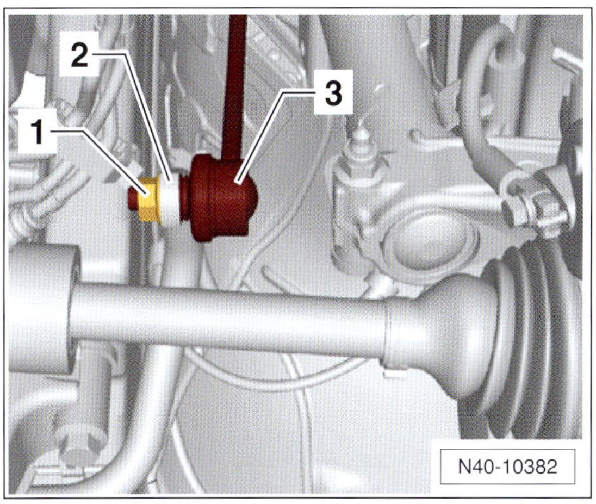

- Sechskantmutter –1– von der Koppelstange –3– abschrauben, dabei am Innenvielzahn des Gelenkzapfens gegengehalten
- Koppelstange –3– aus dem Stabilisator –2– herausziehen.

Einbau

- Der Einbau erfolgt in umgekehrter Ausbaureihenfolge. Muttern **grundsätzlich erneuern** und mit **65 Nm** festziehen.

Federbein aus- und einbauen

Ausbau

- Schraube für Gelenkwelle an Radnabe lösen, siehe Seite 183.

Achtung: Bei loser radseitiger Gelenkwellenverschraubung dürfen die Radlager nicht belastet werden.

Falls die Radlager durch das Eigengewicht des Fahrzeugs belastet werden, kann das Radlager vorgeschädigt werden. Die Radlagerlebensdauer ist dadurch geringer.

Die Schraube für Gelenkwelle darf maximal 90° gelöst werden, wenn das Fahrzeug auf den Rädern steht.

Fahrzeuge ohne Gelenkwelle dürfen nicht bewegt werden, da sonst das Radlager beschädigt wird. Soll ein Fahrzeug trotzdem bewegt werden, muss anstatt der Gelenkwelle ein Außengelenk eingebaut werden. Außengelenk in diesem Fall mit **120 Nm** festziehen.

- Radschrauben lösen.
- Fahrzeug aufbocken.
- Rad abbauen.
- Koppelstange vom Federbein abschrauben.
- Leitung für den ABS-Drehzahlfühler am Federbein aushängen.

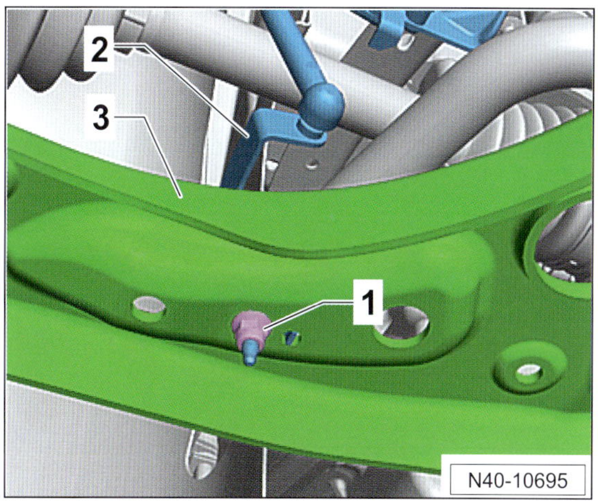

- **Fahrzeuge mit Geber für Fahrzeugniveau:** Mutter –1– abschrauben. Halter –2– vom Geber für Fahrzeugniveau vorn aus dem Achslenker –3– herausziehen.

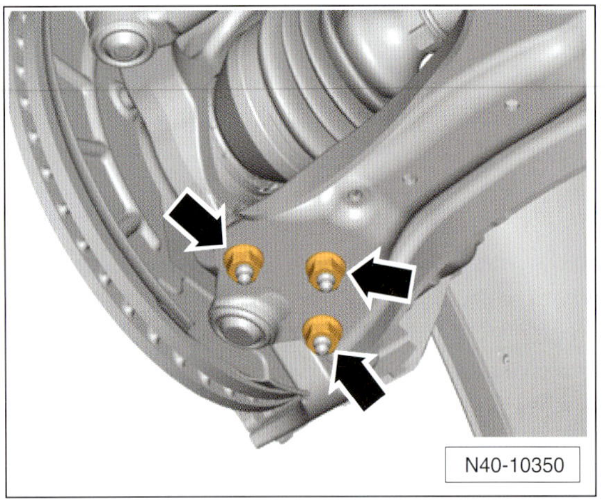

- Muttern –Pfeile– abschrauben.
- Radlagergehäuse mit Achsgelenk aus dem Achslenker herausziehen.
- Außengelenk der Gelenkwelle aus der Radnabe ziehen.
- Gelenkwelle mit Bindedraht am Aufbau befestigen.

Achtung: Die Gelenkwelle darf nicht herunterhängen, das Innengelenk wird sonst durch Überbeugen beschädigt.

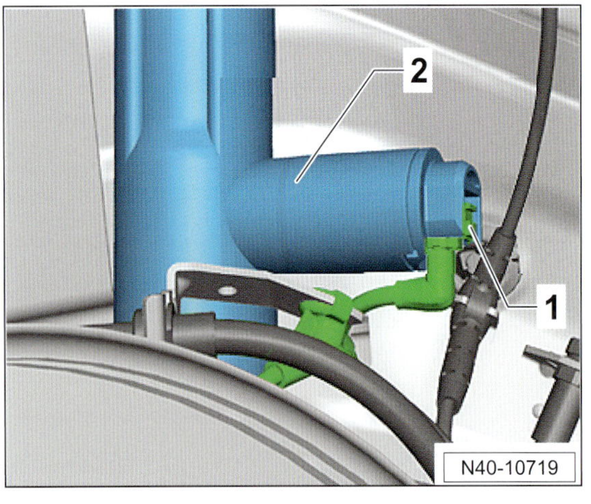

- **Fahrzeuge mit adaptiver Fahrwerksregelung DCC:** Steckverbindung –1– am Stoßdämpfer –2– trennen. **Hinweis:** Bei Feuchtigkeit im Steckerbereich die Kontakte am Dämpfer und Stecker mit Druckluft ausblasen.

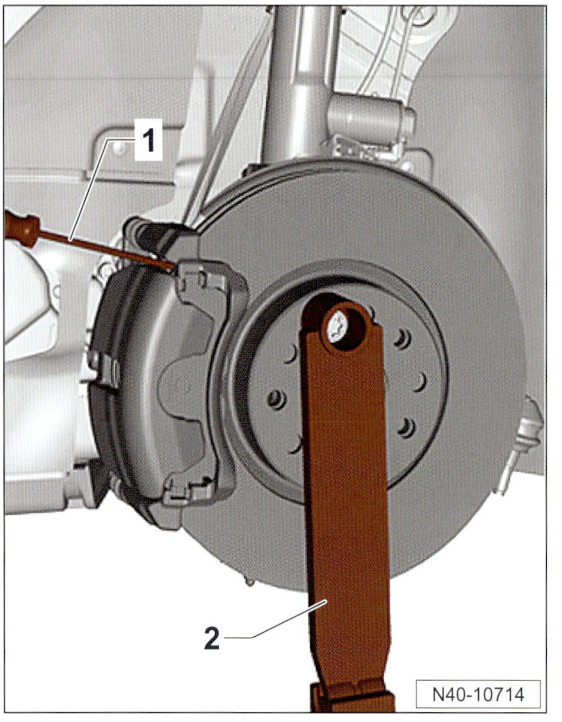

- Schraubendreher –1– in die Bremsscheibe zwischen dem Bremssattel und dem Bremsträger stecken.
- Radaufhängung etwas anheben und dadurch Federbein entspannen. Die Fachwerkstatt verwendet dazu den Motor- und Getriebeheber V.A.G 1383 A zusammen mit der Aufnahme T10149 –2–. Dazu Aufnahme mit einer Radschraube an der Radnabe befestigen.
- Steht das Spezialwerkzeug nicht zur Verfügung kann auch ein Werkstattwagenheber mit Holzzwischenlage verwendet werden.

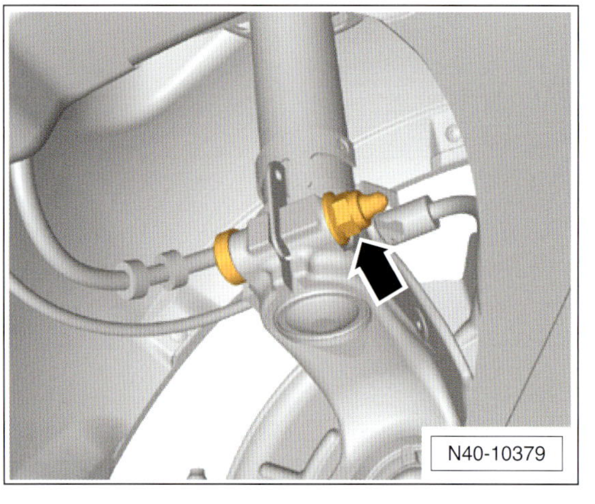

- Schraubverbindung Radlagergehäuse/Federbein –Pfeil– trennen.

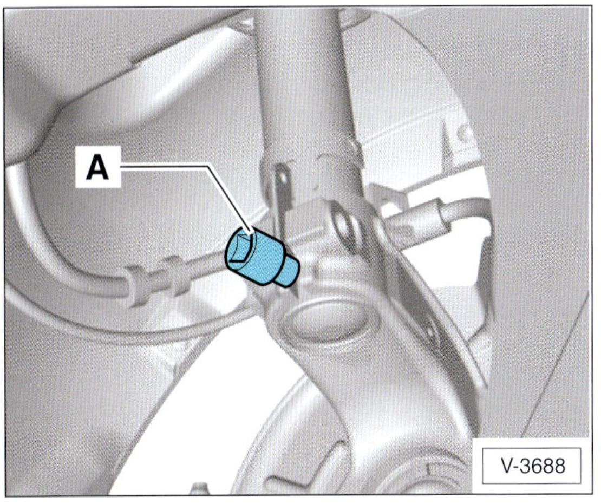

- Spreizer –A–, zum Beispiel HAZET 4912-1, in den Schlitz am Radlagergehäuse einsetzen.

Achtung: Darauf achten, dass der Spreizer nur in das Radlagergehäuse eingesetzt wird. Nur so weit hineinstecken, da sonst die Blechlasche des Federbeins beschädigt werden kann.

- Knarre um 90° drehen und dann vom Spreizer abziehen. Der Spreizer verbleibt im Radlagergehäuse.
- Mit der Hand auf die Bremsscheibe in Richtung Federbein drücken. Sonst kann sich das Stoßdämpferrohr in der Bohrung des Radlagergehäuses verkanten.

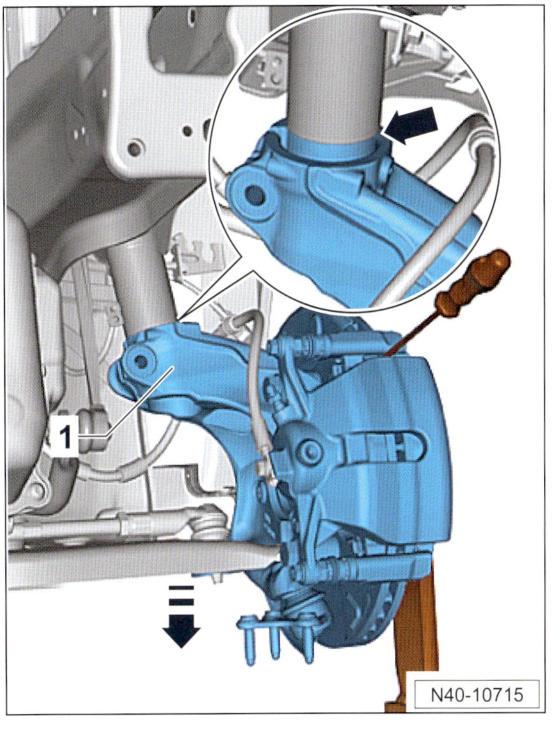

- Radlagergehäuse –1– mit Motor- und Getriebeheber/ Werkstattwagenheber in Pfeilrichtung absenken.
- Radlagergehäuse –1– so weit absenken, bis das Stoßdämpferrohr frei hängt, –Pfeil–.

- Achsgelenk wieder mit dem Achslenker verschrauben und das Radlagergehäuse am Aggregateträger festbinden.
- Motor- und Getriebeheber/Wagenheber wegnehmen.

Achtung: Motor- und Getriebeheber/Werkstattwagenheber nicht länger als erforderlich unter dem Fahrzeug stehen lassen.

- Dichtung der Wasserkastenabdeckung auf der gesamten Länge abziehen, siehe auch Seite 340.

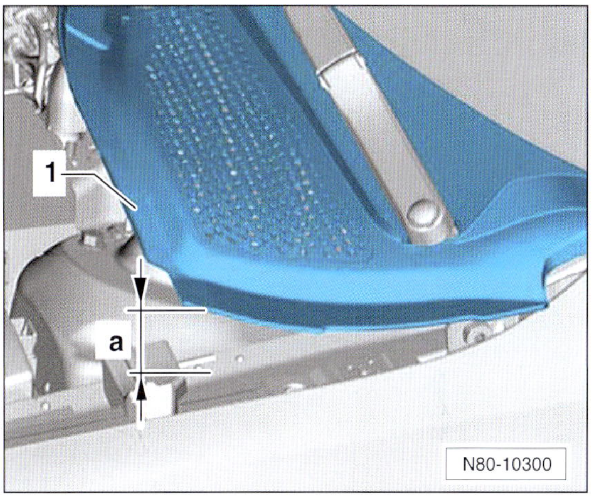

- Klammern ausclipsen und Wasserkastenabdeckung –1– um maximal a = 60 mm anheben.

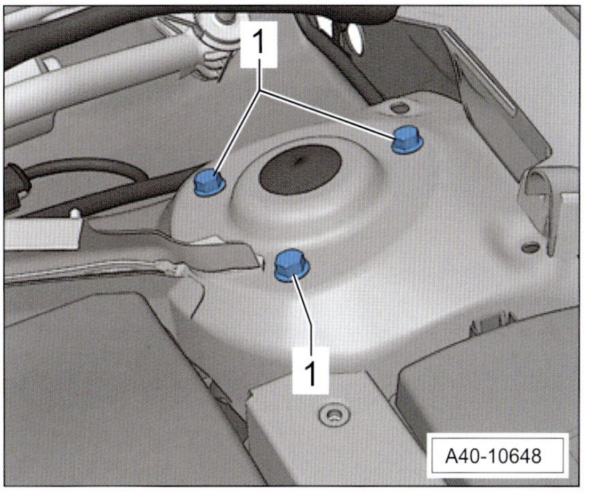

- Schrauben –1– für obere Dämpferbefestigung abschrauben und Federbein herausnehmen.

Einbau

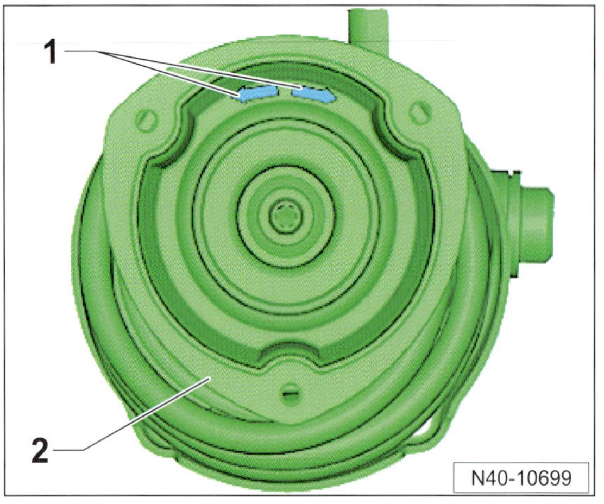

- Federbein so positionieren, dass die Pfeile –1– sich innen befinden.
- Einer der beiden Pfeile –1– am Federteller –2– muss in Fahrtrichtung zeigen.
- Federbein einsetzen und oben am Federbeindom mit **neuen Schrauben** und **15 Nm** anschrauben. Anschließend die Schrauben jeweils um **90° weiterdrehen**.
- Motor- und Getriebeheber/Werkstattwagenheber unterstellen und Radlagergehäuse sichern.
- Radlagergehäuse vom Aggregateträger losbinden.
- Muttern für Achsgelenk/Achslenker abschrauben.
- Radlagergehäuse mit Achsgelenk aus dem Achslenker herausziehen.
- Radlagergehäuse mit Motor- und Getriebeheber/Werkstattwagenheber absenken.
- Radlagergehäuse mit Motor- und Getriebeheber/Werkstattwagenheber nach oben drücken und dabei über das Federbein schieben.
- Achsgelenk wieder mit Achslenker verschrauben. Dazu **neue Muttern** verwenden und diese mit **100 Nm** anziehen. Radlagergehäuse weiter nach oben drücken, bis die Endposition am Federbein erreicht ist.
- Knarre am Spreizer ansetzen und Radlagergehäuse entspannen. Spreizer abnehmen.
- **Neue** Schraube mit der Spitze in Fahrtrichtung in die Bohrungen am Radlagergehäuse einsetzen.
- **Neue Mutter** aufschrauben und mit **70 Nm** festziehen. Dabei am Schraubenkopf gegenhalten. Anschließend die Mutter um **180° weiterdrehen**.
- Der weitere Einbau erfolgt in umgekehrter Ausbaureihenfolge. Dabei ist Folgendes zu beachten:

Hinweis: Alle Schrauben und Muttern, bis auf die Radschrauben, grundsätzlich erneuern.

Weitere Anzugsdrehmomente:
Mutter für Geber Fahrzeugniveau. . . . . **8 Nm**
Obere Mutter Koppelstange . . . . **65 Nm**
Radnabe an Radlagergehäuse . . . . **200 Nm + 180°**
Radschrauben. . . . . **120 Nm**

Hinweis: Der Hebel des Gebers für Fahrzeugniveau muss zur Fahrzeugaußenseite zeigen.

Hinweis: Das Gewinde des Gebers für Fahrzeugniveau muss in der äußeren Bohrung des Achslenkers verschraubt werden. Die Haltenase des Gebers für Fahrzeugniveau muss in der inneren Bohrung einrasten, um die richtige Einbaulage zu gewährleisten.

- Bei Fahrzeugen mit Geber für Fahrzeugniveau eine Grundeinstellung der Raddämpfungselektronik durchführen lassen (Werkstattarbeit).

Federbein zerlegen/Stoßdämpfer/Schraubenfeder aus- und einbauen

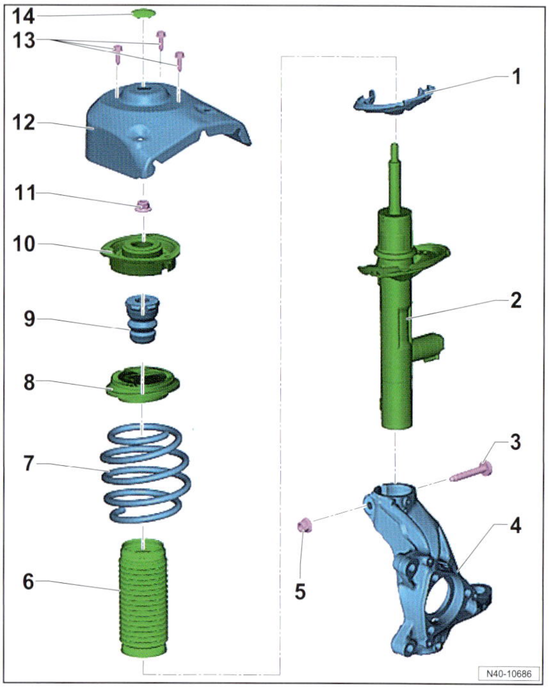

1 – **Federauflage**
Einbaulage beachten.

2 – **Stoßdämpfer**

3 – **Schraube*, 70 Nm + 180°**
Die Spitze der Schraube muss in Fahrtrichtung zeigen.

4 – **Radlagergehäuse**

5 – **Mutter***

6 – **Schutzhülle**

7 – **Schraubenfeder**
Oberfläche der Federwindung darf nicht beschädigt werden.

8 – **Axialrillenkugellager**

9 – **Anschlagpuffer**

10 – **Federbeinlager**
Einbaulage beachten.

11 – **Mutter*, 60 Nm**

12 – **Karosserie vorn**

13 – **Schraube, 15 Nm + 90°**

14 – **Abdeckung**

*) Nach jeder Demontage ersetzen.

Ausbau

- Federbein ausbauen, siehe entsprechendes Kapitel.

Achtung: Die Schraubenfeder steht unter hoher Spannung. Um den Stoßdämpfer ausbauen zu können, **muss die Schraubenfeder mit einem geeigneten Federspanner zusammengedrückt werden**.

Sicherheitshinweis
Auf keinen Fall Stoßdämpfermutter lösen, wenn die Feder nicht einwandfrei und sicher gespannt ist. Darauf achten, dass die Federwindungen sicher von den Spannplatten umfasst werden und der Federspanner nicht abrutschen kann. Nur stabiles Werkzeug verwenden. Keinesfalls Feder mit Draht zusammenbinden. Unfallgefahr!

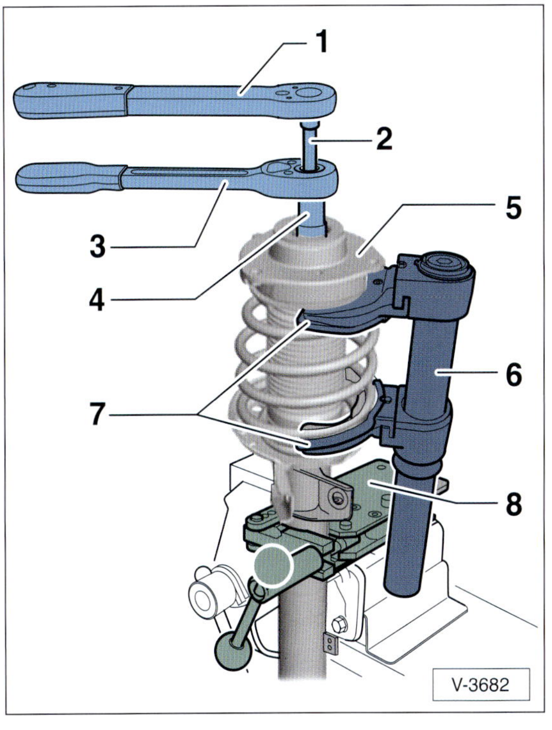

1 – **Drehmomentschlüssel**

2 – **Steckeinsatz**
VW-T10001/8 oder HAZET-4910-7

3 – **Knarre**
VW-T10001/11 oder HAZET-4910-1

4 – **Steckeinsatz**
VW-T10001/5 oder HAZET-4910-21

5 – **Federbein-Lagerteller**

6 – **Federspanner**
V.A.G-1752/1 oder HAZET-4900-2A

7 – **Spannplatten**
V.A.G-1752/4 oder HAZET-4900-11

8 – **Spannbock für Federbein**
Hier: V.A.G 1752/20.

- Federbein in geeigneten Federspanner –6– mit Spannplattenpaar –7– einsetzen. Spannvorrichtung selbst in einen Schraubstock einspannen.

Hinweis: In der Abbildung V-3682 ist der Spannbock beziehungsweise das Federbein in den Schraubstock eingespannt. Die jeweilige Vorgehensweise hängt von dem verwendeten Federspanner ab.

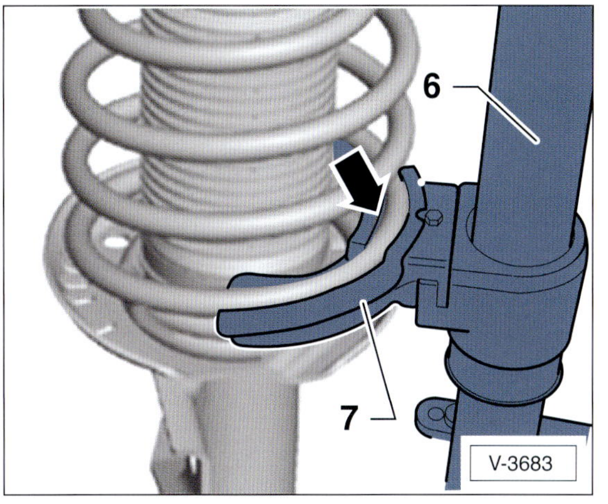

- Federspanner –6– mit Spannplatten –7– so in die Windungen der Schraubenfeder einsetzen, dass mindestens 3 Windungen der Feder eingespannt werden. Auf richtigen Sitz der Schraubenfeder in den Spannplatten achten –Pfeil–.
- Schraubenfeder so weit vorspannen, bis der obere Federbein-Lagerteller –5– entlastet ist, siehe Abbildung V-3682.
- Stoßdämfer gegen Herunterfallen sichern und Mutter am Federbein mit dem Steckschlüsseleinsatz –6– von der Kolbenstange abschrauben, dabei mit einem Inbusschlüsseleinsatz –2– gegenhalten, siehe Abbildung V-3682.

Achtung: Die obere Mutter darf nur dann gelöst werden, wenn die Feder sicher gespannt ist.

- Federbein-Lagerteller und Stützlager abziehen. Staubmanschette und Anschlagpuffer von der Kolbenstange des Stoßdämpfers abziehen.
- Federspanner aus dem Schraubstock herausnehmen und Schraubenfeder mit Federspanner vom Stoßdämpfer abziehen.
- Stoßdämpfer gegebenenfalls prüfen lassen (Werkstattarbeit).
- Alle Einzelteile des Federbeins auf Risse, Verschleiß, Korrosion und Alterungserscheinungen sichtprüfen. Beschädigte beziehungsweise verschlissene Teile erneuern.
- Falls die Schraubenfeder ausgewechselt werden soll, **Federspanner langsam entspannen** und Schraubenfeder herausnehmen.

Einbau

Schraubenfedern immer paarweise austauschen, also an beiden Fahrzeugseiten. Beim Einbau neuer Federn darauf achten, dass je nach Motorisierung/Fahrzeugausstattung unterschiedliche Federn eingebaut sein können. Nur gleiche

Federn an einer Achse verwenden. Die Kennzeichnung der Federn erfolgt durch Farbmarkierung an einer Windung.

Hinweis: Neue Schraubenfedern sind gegen Korrosion mit einem Schutzlack versehen. Die Oberfläche darf nicht beschädigt sein.

- Wenn die Schraubenfeder ausgebaut war, Schraubenfeder in den Federspanner einsetzen und zusammendrücken.
- Federspanner in den Schraubstock einspannen.
- Anschlagpuffer und Staubmanschette auf die Kolbenstange aufschieben.

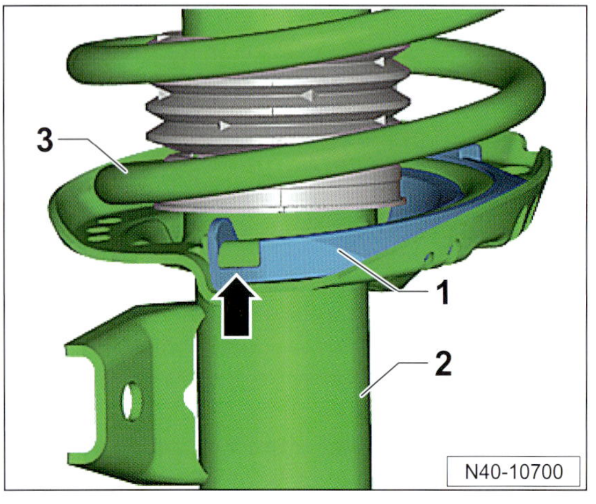

- Stoßdämpfer –2– in die vorgespannte Schraubenfeder –3– so einsetzen, dass das Ende der Federwindung am Anschlag –Pfeil– der Federlagerung –1– anliegt.
- Stützlager mit Federbein-Lagerteller aufschieben, dabei auf richtige Einbaulage achten.
- **Neue selbstsichernde Mutter** auf die Kolbenstange aufschrauben und mit **60 Nm** anziehen. Kolbenstange dabei mit Inbusschlüssel gegenhalten.
- Schraubenfeder langsam entspannen, dabei auf richtigen Sitz der Feder am oberen Federbein-Lagerteller und an der unteren Federlagerung achten.
- Federbein aus der Spannvorrichtung herausnehmen.
- Federbein einbauen, siehe entsprechendes Kapitel.

Achsgelenk aus- und einbauen

Ausbau

- Schraube für Gelenkwelle an Radnabe lösen, siehe Seite 183.

Achtung: Bei loser radseitiger Gelenkwellenverschraubung dürfen die Radlager nicht belastet werden.

Werden die Radlager durch das Eigengewicht des Fahrzeugs belastet, wird das Radlager vorgeschädigt. Die Radlagerlebensdauer ist dadurch geringer.

Die Schraube für Gelenkwelle darf maximal 90° gelöst werden, wenn das Fahrzeug auf den Rädern steht.

Fahrzeuge ohne Gelenkwelle dürfen nicht bewegt werden, da sonst das Radlager beschädigt wird. Soll ein Fahrzeug trotzdem bewegt werden, bitte folgendes Beachten:

- ■ Anstatt der Gelenkwelle ein Außengelenk einbauen.
- ■ Außengelenk mit **120 Nm** festziehen.

- Radschrauben lösen.
- Schraube für Gelenkwelle an Radnabe lösen, siehe Seite 183.
- Fahrzeug anheben.
- Rad abbauen.

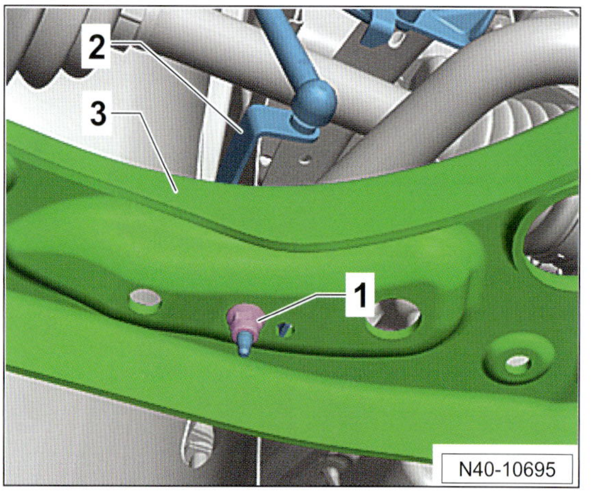

- **Fahrzeuge mit Geber für Fahrzeugniveau:** Mutter –1– abschrauben. Halter –2– vom Geber für Fahrzeugniveau vorn aus dem Achslenker –3– herausziehen.

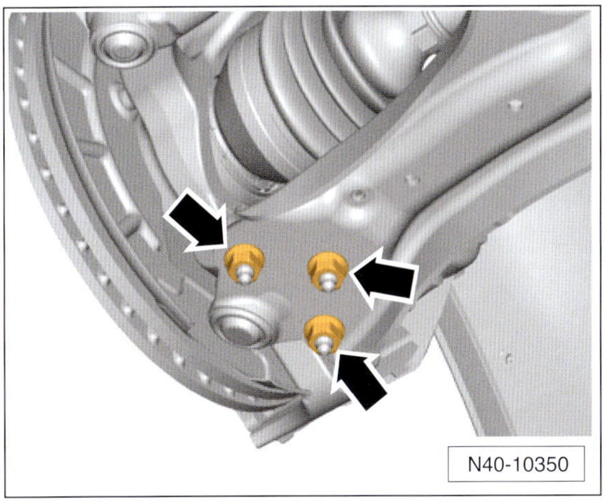

- Muttern –Pfeile– abschrauben.
- Gelenkwelle etwas aus der Radnabe ziehen.
- Achslenker aus dem Achsgelenk herausziehen.
- Achslenker so weit wie erforderlich nach unten beugen.

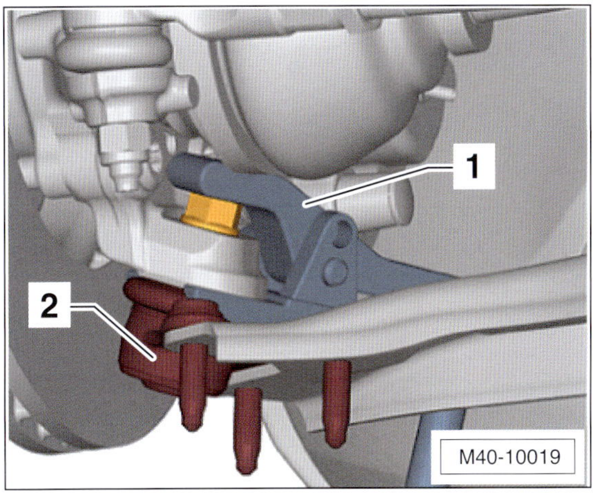

- Mutter vom Achsgelenk –2– lösen, aber noch nicht abschrauben. Dabei am Gelenkzapfen mit einem Innentorxschlüssel T40 gegenhalten.

Achtung: Mutter zum Schutz des Gewindes einige Umdrehungen auf dem Zapfen lassen.

- Achsgelenk mit Kugelgelenkabzieher –1–, zum Beispiel HAZET1790-7, vom Radlagergehäuse abdrücken, Mutter abschrauben und Achsgelenk –2– herausnehmen.

Einbau

- Der Einbau erfolgt in umgekehrter Ausbaureihenfolge, dabei ist Folgendes zu beachten:
- Achsgelenk in Radlagergehäuse einsetzen.
- Gelenkwelle in Radnabe einsetzen.
- **Neue** selbstsichernde Mutter aufschrauben, dabei am Gelenkzapfen mit einem Innentorxschlüssel T40 gegenhalten.
- **Neue** Muttern –Pfeile– anschrauben und mit **100 Nm** festziehen, siehe Abbildung N40-10350.
- **Fahrzeuge mit Geber für Fahrzeugniveau:** Geber für Fahrzeugniveau vorn in den Achslenker einsetzen. Dabei muss der Hebel des Gebers für Fahrzeugniveau zur Fahrzeugaußenseite zeigen.

Hinweis: Das Gewinde des Gebers für Fahrzeugniveau muss in der äußeren Bohrung des Achslenkers verschraubt werden. Die Haltenase des Gebers für Fahrzeugniveau muss in der inneren Bohrung einrasten, um die richtige Einbaulage zu gewährleisten.

- Rad anbauen.
- Schraube für Gelenkwelle an Radnabe anziehen, siehe Seite 183.

Achtung: Dabei darf das Fahrzeug nicht auf den Rädern stehen, da sonst das Radlager beschädigt wird.

- Mutter für Achsgelenk mit **60 Nm** bei auf den Rädern stehendem Fahrzeug festziehen, dabei am Gelenkzapfen mit einem Innentorxschlüssel T40 gegenhalten.
- Bei Fahrzeugen mit Geber für Fahrzeugniveau eine Grundeinstellung der Raddämpfungselektronik durchführen lassen (Werkstattarbeit).

Radlagereinheit aus- und einbauen

Ausbau

- Schraube für Gelenkwelle herausschrauben, siehe Seite 183.
- Radschrauben lösen.
- Fahrzeug anheben.
- Rad abbauen.
- Bremssattel abbauen und mit Draht am Aufbau aufhängen, siehe Seite 21008.
- Bremsscheibe ausbauen, siehe Seite 217.

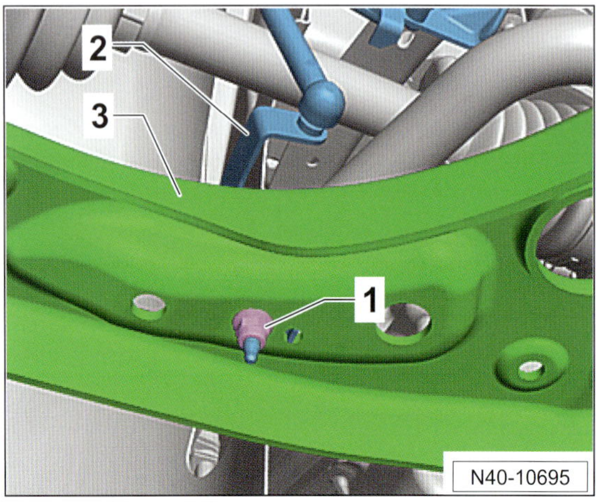

N40-10695

- **Fahrzeuge mit Geber für Fahrzeugniveau:** Mutter –1– abschrauben. Halter –2– vom Geber für Fahrzeugniveau vorn aus dem Achslenker –3– herausziehen.

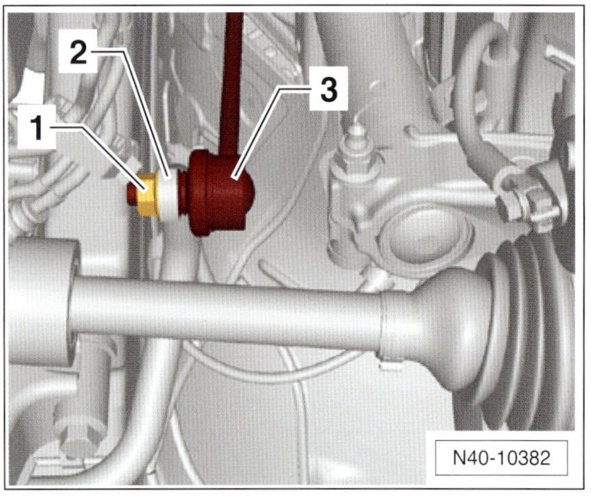

N40-10382

- Sechskantmutter –1– von der Koppelstange –3– abschrauben, dabei am Gelenkzapfen gegenhalten
- Koppelstange –3– aus dem Stabilisator –2– herausziehen.

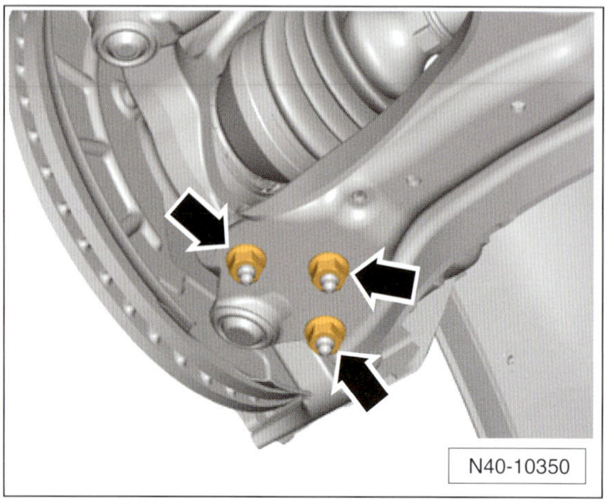

N40-10350

- Muttern –Pfeile– abschrauben.
- Achslenker aus dem Achsgelenk herausziehen.
- Außengelenk der Gelenkwelle aus der Radnabe ziehen.
- Gelenkwelle mit Bindedraht am Aufbau befestigen.
- Achsgelenk wieder mit Achslenker verschrauben –Pfeile–.

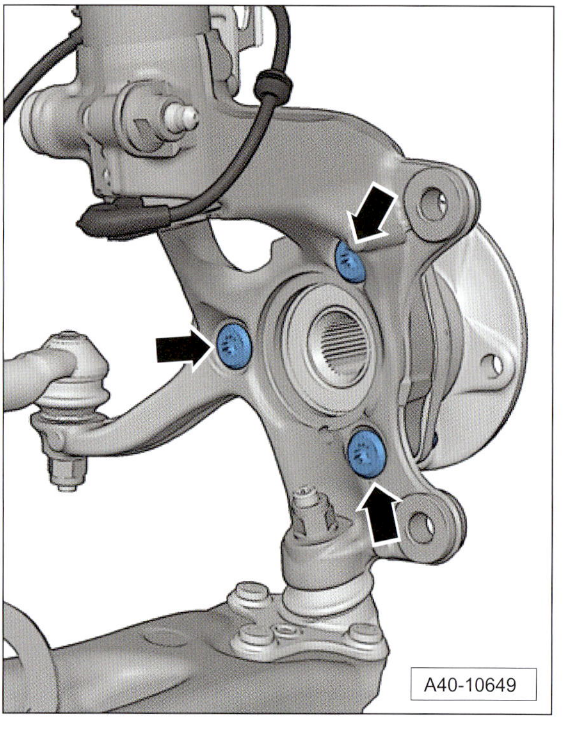

A40-10649

- Schrauben –Pfeile– herausdrehen.
- Radlagereinheit aus dem Radlagergehäuse herausnehmen.

Achtung: Beim Abnehmen und Lagern der Radlagereinheit darauf achten, dass sie nicht verschmutzt und die Dichtung nicht beschädigt wird.

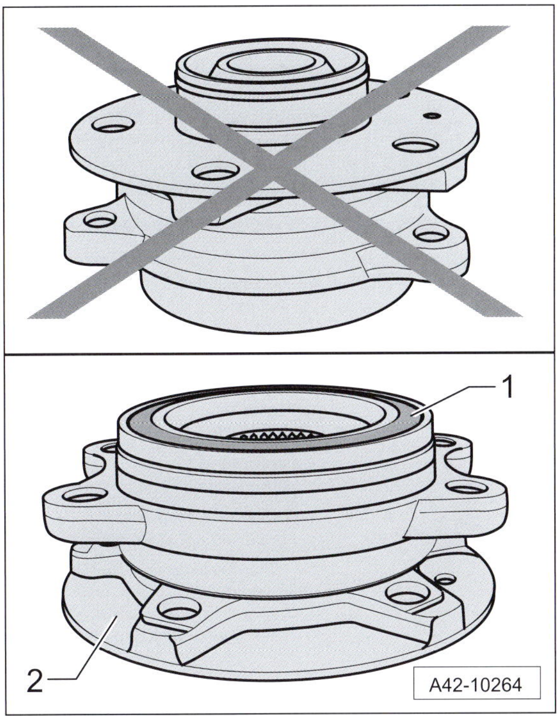

Achtung: Zum Ablegen der Radlagereinheit muss das Radlager –1– immer nach oben zeigen. Radlagereinheit immer auf der Radnabe –2– ablegen.

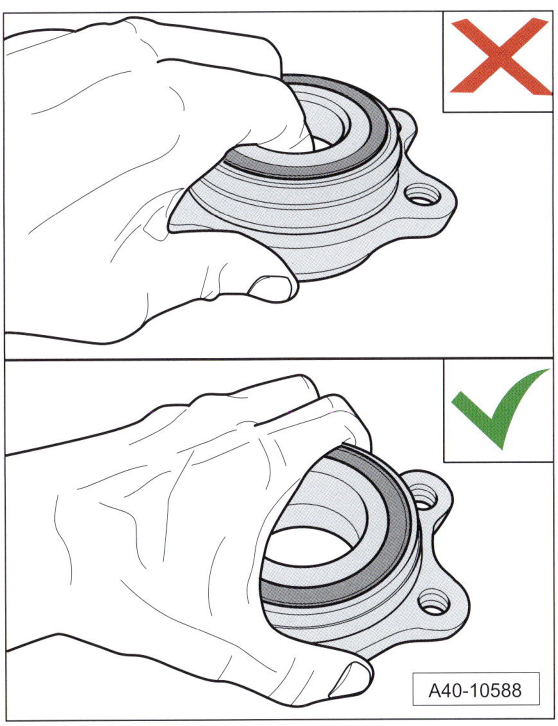

Achtung: Beim Aufnehmen des Radlagers niemals nach innen greifen. Das Radlager nur von außen anfassen.

Einbau

- Der Einbau erfolgt in umgekehrter Ausbaureihenfolge. Dabei ist Folgendes zu beachten:

Hinweis: Alle Schrauben und Mutter, bis auf die Radschrauben, grundsätzlich erneuern.

Weitere Anzugsdrehmomente:

Schrauben für Radlagereinheit	**70 Nm + 90°**
Muttern für Achsgelenk	**100 Nm**
Mutter für Koppelstange	**65 Nm**
Mutter für Geber Fahrzeugniveau	**8 Nm**
Radschrauben	**120 Nm**

Anzugsmethode für Radnabenschraube, siehe Seite 183.

Hinweis: Der Hebel des Gebers für Fahrzeugniveau muss zur Fahrzeugaußenseite zeigen.

Hinweis: Das Gewinde des Gebers für Fahrzeugniveau muss in der äußeren Bohrung des Achslenkers verschraubt werden. Die Haltenase des Gebers für Fahrzeugniveau muss in der inneren Bohrung einrasten, um die richtige Einbaulage zu gewährleisten.

Gelenkwelle mit Gleichlaufgelenk VL100

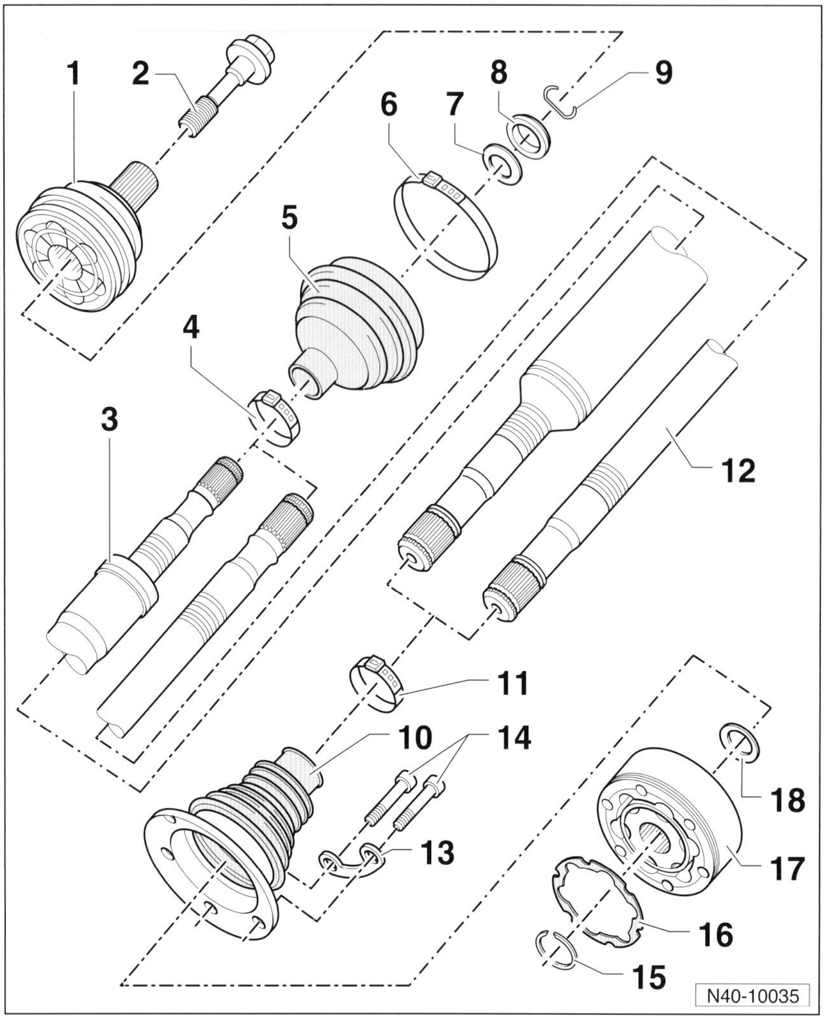

1 – **Gleichlaufgelenk außen**
Nur komplett ersetzen.
Einbau: Mit einem Kunststoffhammer bis zum Anschlag auf die Welle auftreiben.

2 – **Schraube*, 200 Nm + 180°**

3 – **Gelenkwelle, rechts**

4 – **Klemmschelle***

5 – **Gelenkschutzhülle**
Auf Risse und Scheuerstellen prüfen.
Werkstoff: Hytrel (Polyelastomere).

6 – **Klemmschelle***

7 – **Tellerfeder**
Einbaulage beachten.

8 – **Anlaufring**
Einbaulage beachten.

9 – **Sicherungsring***
In die Nut der Welle einsetzen.

10 – **Gelenkschutzhülle für Gleichlaufgelenk**
Werkstoff: Hytrel (Polyelastomere)
Ohne Belüftungsbohrung
Auf Risse und Scheuerstellen prüfen
Mit Dorn vom Gleichlaufgelenk abtreiben
Vor dem Anbau an das Gleichlaufgelenk die Dichtfläche mit VW-D 454 300 A2 bestreichen.

11 – **Klemmschelle***

12 – **Gelenkwelle, links**

13 – **Unterlegplatte**

14 – **Innenvielzahnschraube***
Größe: M8 x 48.
Anzugsmethode: Erst über Kreuz mit **10 Nm** voranziehen, dann über Kreuz mit Anzugsdrehmoment **40 Nm** festziehen.

15 – **Sicherungsring**

16 – **Dichtung**
Klebefläche am Gleichlaufgelenk muss frei von Fett und Öl sein!

17 – **Gleichlaufgelenk innen**
Nur komplett ersetzen.

18 – **Tellerfeder**
Einbaulage beachten.

---

*) Nach jeder Demontage ersetzen.

Gelenkwelle, Gleichlaufgelenk VL107

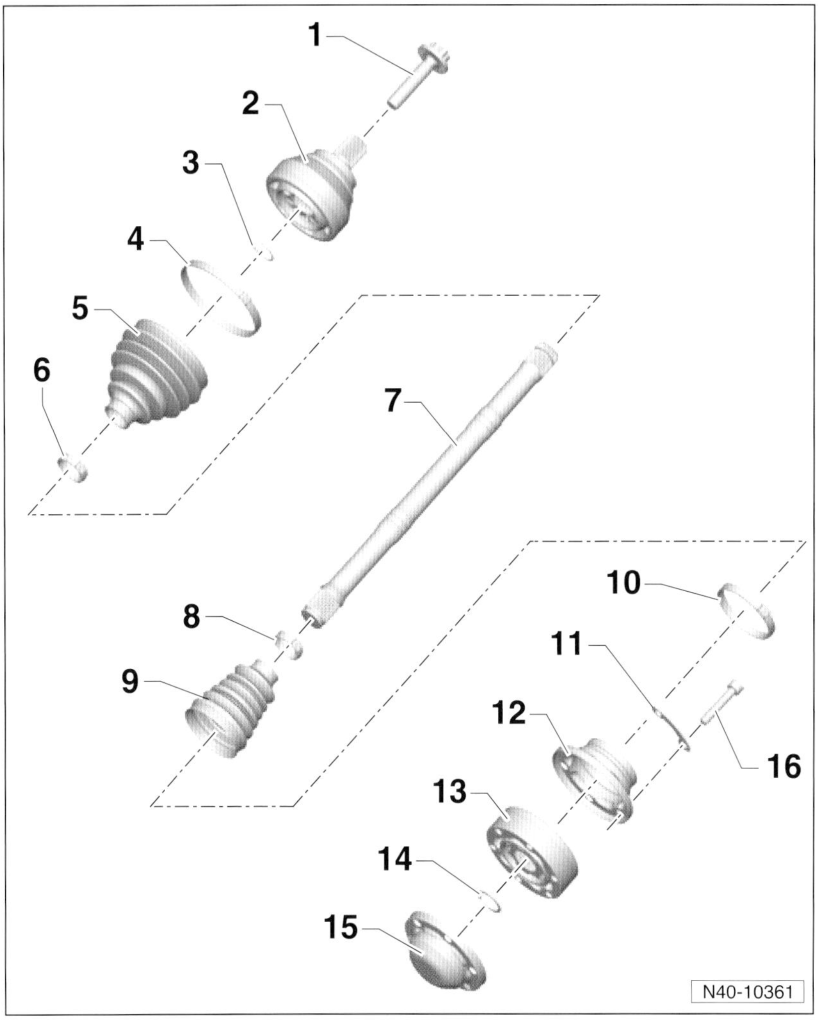

1 – Schraube*, 200 Nm + 180°
Vor dem Verschrauben sind die Gewindegänge im Gleichlaufgelenk mit einem Gewindebohrer zu reinigen.

2 – Gleichlaufgelenk außen
Nur komplett ersetzen
Einbau: Mit einem Kunststoffhammer bis zum Anschlag auf die Welle auftreiben.

3 – Sicherungsring*
In die Nut der Welle einsetzen.

4 – Klemmschelle*

5 – Gelenkschutzhülle
Auf Risse und Scheuerstellen prüfen.
Werkstoff: Hytrel (Polyelastomere).

6 – Klemmschelle*

7 – Gelenkwelle

8 – Klemmschelle*

9 – Gelenkschutzhülle für Gleichlaufgelenk
Werkstoff: Hytrel (Polyelastomere).
Ohne Belüftungsbohrung.
Auf Risse und Scheuerstellen prüfen.
Mit Dorn vom Gleichlaufgelenk abtreiben.
Vor dem Anbau an das Gleichlaufgelenk die Dichtfläche mit VW-D 454 300 A2 bestreichen.

10 – Klemmschelle*

11 – Unterlegplatte

12 – Kappe
Mit Dorn vorsichtig abtreiben.
Vor dem Anbau an das Gleichlaufgelenk die Dichtfläche mit VW-D 454 300 A2 bestreichen.
Klebefläche muss frei von Fett und Öl sein!

13 – Gleichlaufgelenk innen
Nur komplett ersetzen.

14 – Sicherungsring

15 – Deckel*

16 – Innenvielzahnschraube*
Größe: M10 x 52.
Anzugsmethode: Erst über Kreuz mit **10 Nm** voranziehen, dann über Kreuz mit **70 Nm** festziehen.

---

*) Nach jeder Demontage ersetzen.

Gelenkwelle, Tripodegelenk AAR3300i

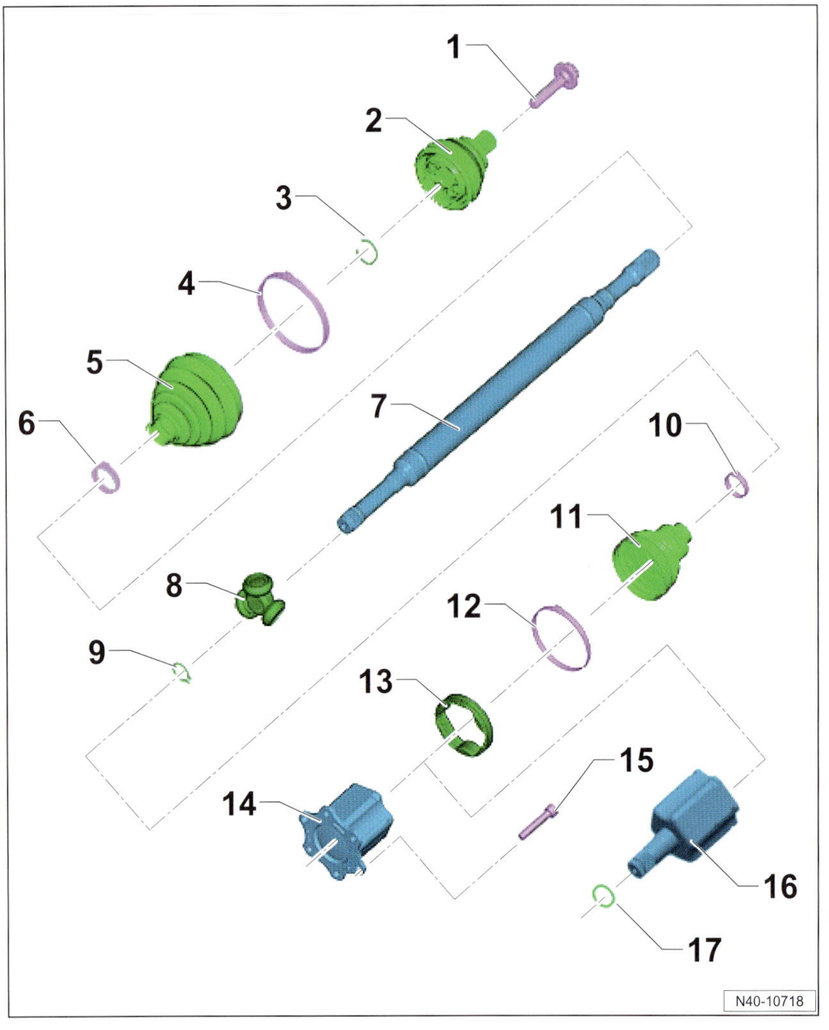

1 – **Schraube*, 200 Nm + 180°**
Vor dem Verschrauben sind die Gewindegänge im Gleichlaufgelenk mit einem Gewindebohrer zu reinigen.

2 – **Gleichlaufgelenk außen**
Nur komplett ersetzen.
Einbau: Mit einem Kunststoffhammer auf die Welle auftreiben, bis der eingefederte Sicherungsring ausfedert.

3 – **Sicherungsring***
In die Nut der Welle einsetzen.

4 – **Klemmschelle***

5 – **Gelenkschutzhülle für Gleichlaufgelenk**
Auf Risse und Scheuerstellen prüfen.
Werkstoff: Hytrel (Polyelastomere).

6 – **Klemmschelle***

7 – **Gelenkwelle**

8 – **Tripodestern mit Rollen**
Die Fase zeigt zur Verzahnung der Gelenkwelle.

9 – **Sicherungsring***
In die Nut der Welle einsetzen.

10 – **Klemmschelle***

11 – **Gelenkschutzhülle für Tripodegelenk**
Auf Risse und Scheuerstellen prüfen.

12 – **Klemmschelle***

13 – **Adapter**

14 – **Gelenkstück**

15 – **Innenvielzahnschraube**
Größe: M10 x 23.
Anzugsmethode: Erst über Kreuz mit **10 Nm** voranziehen, dann über Kreuz mit **70 Nm** festziehen.

16 – **Gelenkstück**

17 – **Sicherungsring***
In die Nut der Welle einsetzen.

---

*) Nach jeder Demontage ersetzen.

Gelenkwelle aus- und einbauen

Gleichlaufgelenk VL100 und VL107

Achtung: Beim Ausbau und bei Montagearbeiten am Fahrzeug dürfen die Gelenkwellen nicht lose herunterhängen. Die Innengelenke werden sonst durch Überbeugen beschädigt.

Ausbau

Hinweis: Der Ausbau erfolgt am Beispiel der linken Gelenkwelle.

- Schraube für Gelenkwelle lösen und nach dem Aufbocken herausdrehen, siehe Seite 183.
- Radschrauben lösen.
- Fahrzeug anheben.
- Rad abbauen.
- Untere Motorraumabdeckung ausbauen, siehe Seite 339.
- Koppelstange unten abschrauben und aus dem Stabilisator herausziehen, siehe Seite 167.
- Fahrzeuge mit Geber für Fahrzeugniveau: Geber ausbauen, siehe »Federbein aus- und einbauen«.
- Muttern am Achsgelenk herausdrehen und Achslenker am Achsgelenk aushängen, siehe »Federbein aus- und einbauen«.

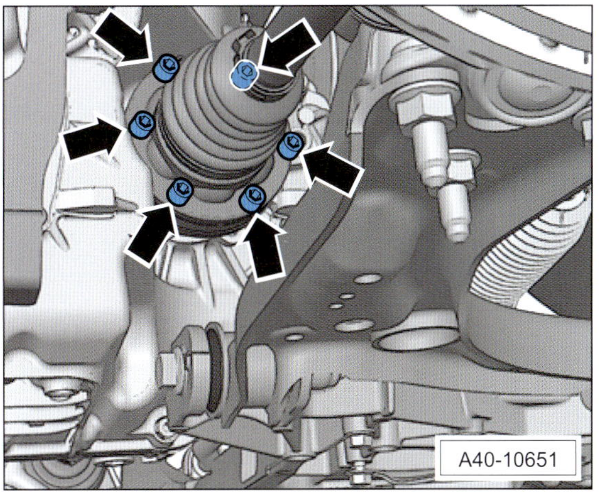

- Gelenkwelle von Flanschwelle/Getriebe abschrauben –Pfeile–.
- Lenkung und dadurch Radlagergehäuse nach links einschlagen.
- Gelenkwelle aus der Radnabe herausziehen.
- Gelenkwelle herausnehmen.

Einbau

- Der Einbau erfolgt in umgekehrter Ausbaureihenfolge, dabei ist Folgendes zu beachten:

Achtung: Vor dem Einbau des Außengelenks in die Radnabe ist die Verzahnung auf dem Außengelenk mit der Montagepaste dünn zu bestreichen.

- Fahrzeuge mit Geber für Fahrzeugniveau: Geber ausbauen, siehe »Federbein aus- und einbauen«.
- Nabenschraube einbauen, siehe Seite 183.

Gelenkwelle zerlegen/ Manschette erneuern

Achtung: Je nach Motor-/Getriebekombination ist das innere Gelenk als Gleichlauf-Kugelgelenk oder als Tripode-Gelenk ausgelegt. Das Tripodegelenk hat anstelle der 6 Kugeln 3 Rollen, die um 120° versetzt auf einem Tripodestern angeordnet sind.

- Gelenkwelle ausbauen, siehe entsprechendes Kapitel.
- Gelenkwelle mit Schutzbacken in einen Schraubstock einspannen.
- Einbaulage der Manschetten (Gelenkschutzhüllen) auf der Welle markieren, damit die neuen Manschetten in gleicher Lage eingebaut werden können. Beim Markieren auf keinen Fall den Lack der Gelenkwelle beschädigen.
- Klemmschellen an beiden Manschetten mit Seitenschneider aufschneiden und abnehmen. Manschette zurückschieben, wenn nötig mit einem Dorn vom Gelenk abtreiben.

Gelenk außen

Ausbau

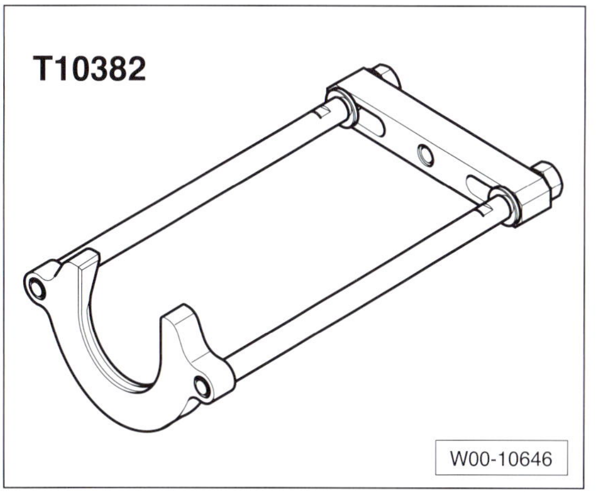

- Zum Abziehen des Außengelenks verwendet die Fachwerkstatt die Abziehvorrichtung VW-T10382 zusammen mit einem Schlagauszieher.

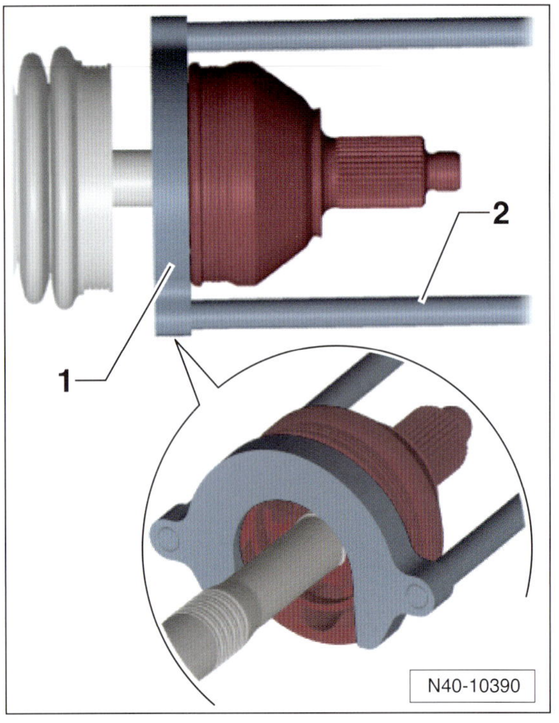

1 – Abziehplatte VW-T10382/1
Die glatte Seite der Abziehplatte muss zu den Spindel zeigen.

2 – Spindeln VW-T10382/2

- Gleichlaufgelenk mit der Abziehvorrichtung VW-T10382 von der Gelenkwelle abziehen.

Einbau

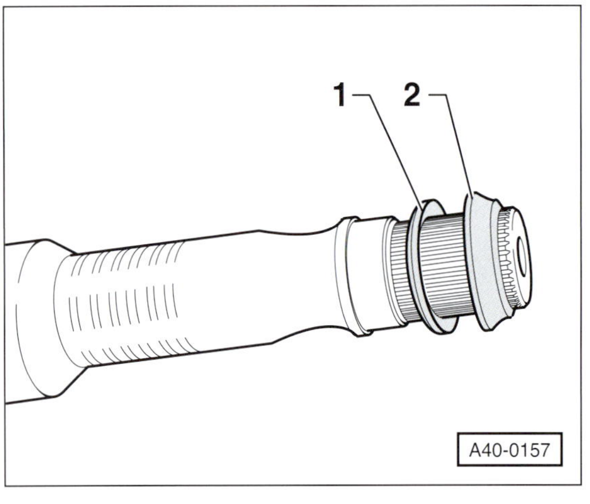

- Tellerfeder und Anlaufring auf die Gelenkwelle schieben. Die Tellerfeder –1– am Außengelenk zeigt mit dem großen Durchmesser nach außen, der Anlaufring –2– mit dem kleinen Durchmesser nach außen.
- **Neuen** Sicherungsring in die Nut der Welle einsetzen.
- Außengelenk mit einem Kunststoffhammer bis zum Anschlag auf die Gelenkwelle treiben, bis der Sicherungsring einrastet.
- Gelenk mit Spezialfett aus dem Reparatursatz schmieren. Halbe Fettmenge in der Manschette verteilen, die andere Hälfte ins Gelenk eindrücken.
- Manschette über das Gelenk ziehen und mit **neuen** Klemmschellen befestigen.

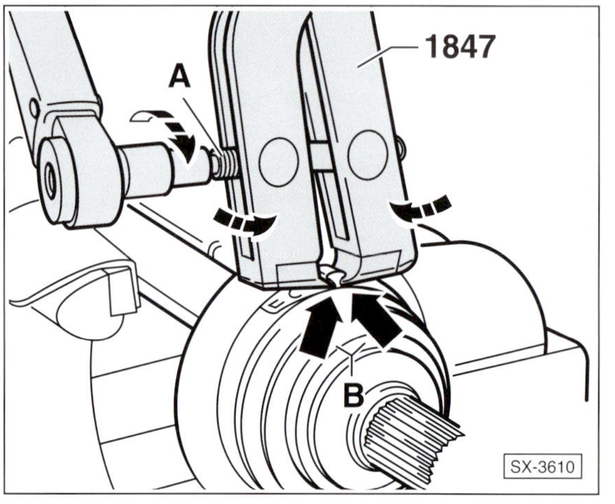

- Zum Spannen der Klemmschellen muss eine Spezialzange verwendet werden, zum Beispiel HAZET 1847, sonst wird die erforderliche Spannkraft nicht erreicht. Die Schneiden der Zange müssen beim Ansetzen in den Ecken –Pfeile B– anliegen. In dieser Stellung Schraube –A– mit Drehmomentschlüssel und **25 Nm** anziehen und dadurch Klemmschelle spannen.

Achtung: Das Gewinde der Zange muss leichtgängig sein, gegebenenfalls vorher mit MoS_2-Fett schmieren.

- Gelenkwelle einbauen, siehe entsprechendes Kapitel.

Gleichlaufgelenk innen VL100, VL107

Hinweis: Die Zahl hinter der Bezeichnung »VL« gibt jeweils den Durchmesser des Innengelenks in mm an.

Ausbau

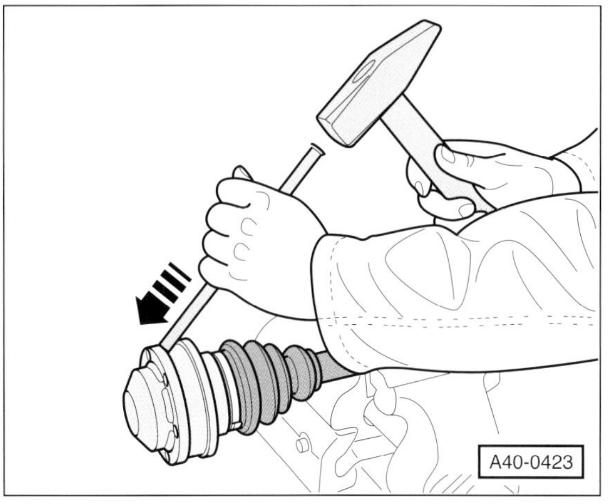

- **Gleichlaufgelenk VL 107 (geschraubt):** Deckel mit geeignetem Dorn vom Gelenk abtreiben.
- Sicherungsring –14– mit geeigneter Zange, zum Beispiel HAZET 1847-61, vom Gelenk abziehen, siehe Abbildung N40-10361 auf Seite 177.

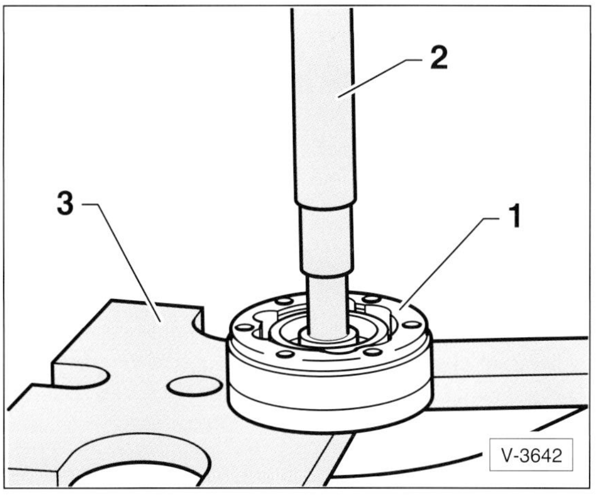

- Innengelenk –1– mit geeigneter Presse –2– von der Gelenkwelle abpressen, dabei die Kugelnabe mit Auflageplatten –3– abstützen.
- Manschette von der Gelenkwelle herunterziehen.

Einbau

- **Neue** kleine Klemmschelle auf die Gelenkwelle schieben.
- Spröde oder beschädigte Manschette ersetzen und auf die Gelenkwelle schieben.

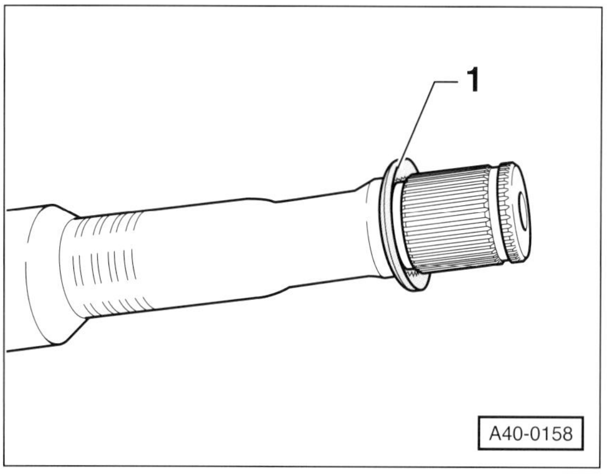

- **Gleichlaufgelenk VL 100:** Tellerfeder –1– auf die Welle schieben. Der große Durchmesser der Tellerfeder stützt sich dabei am Gelenk ab.

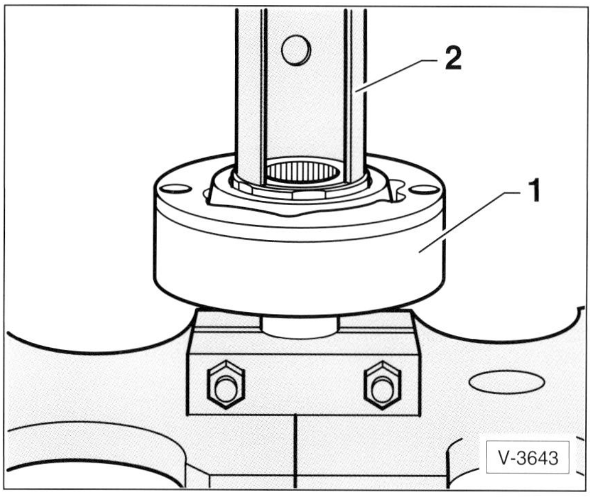

- Innengelenk –1– mit geeigneter Presse –2– bis zum Anschlag aufpressen. **Achtung:** Die abgeschrägte Kante (Fase) am Innendurchmesser der Kugelnabe (Verzahnung) muss zum Anlagebund der Gelenkwelle zeigen.
- **Neuen** Sicherungsring mit Sprengringzange HAZET 1847-61 in das Gelenk einfedern.
- Gelenk mit Spezialfett aus dem Reparatursatz schmieren. Halbe Fettmenge in der Manschette verteilen, die andere Hälfte ins Gelenk eindrücken.
- Manschette über das Gelenk ziehen, vorher die Dichtfläche mit VW-Dichtungsmittel D.454.300.A2 bestreichen.
- Manschette mit **neuen** Klemmschellen befestigen. Klemmschellen mit Spezialzange, zum Beispiel HAZET 1847, spannen, siehe Abschnitt »Gelenk außen«.

Deckel für inneres Gleichlaufgelenk VL 107 (geschraubt) einbauen

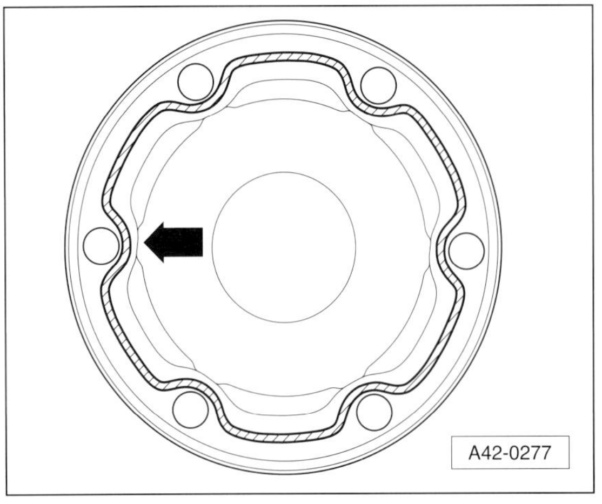

- Dichtfläche des Deckels mit dem Dichtmittel VW-D454.300.A2 bestreichen. Dabei Dichtmittelraupe ununterbrochen mit einem Durchmesser von 2 bis 3 mm im Bereich der Bohrungen innen –Pfeil– auf die saubere Fläche des Deckels auftragen.

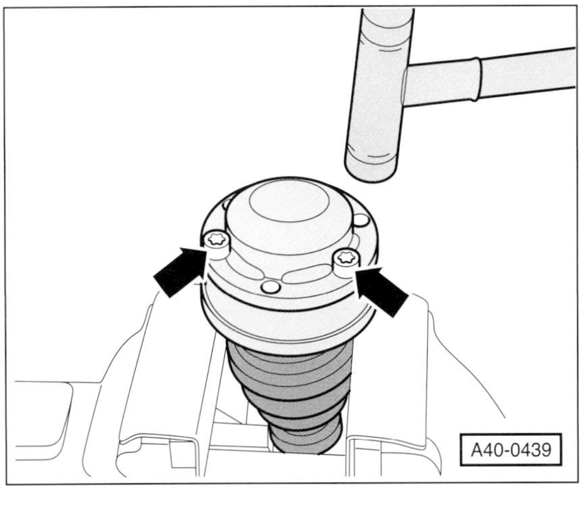

- Neuen Deckel mit Schrauben –Pfeile– zu den Schraubenlöchern ausrichten. **Achtung:** Der Deckel muss sehr genau ausgerichtet werden, da nach dem Auftreiben kein Ausrichten mehr möglich ist.
- Deckel mit einem Kunstoffhammer auftreiben.
- Herausquellendes Dichtmittel abwischen.

Tripodegelenk innen

Ausbau

- Gelenkgehäuse –14– von der Gelenkwelle und den Tripoderollen ziehen, siehe Abbildung A40-10718 auf Seite 178.

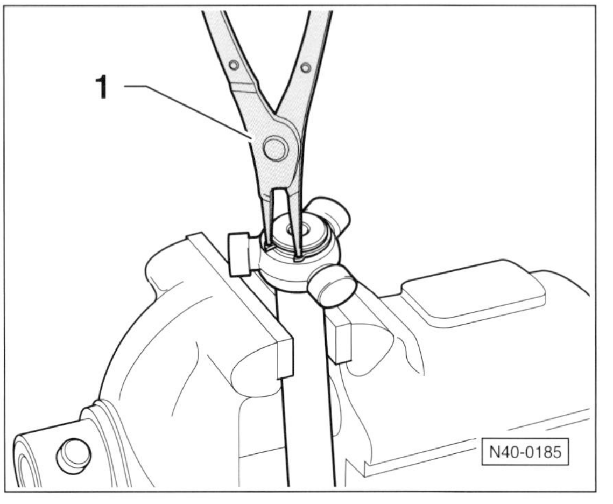

- Sicherungsring mit geeigneter Zange –1–, zum Beispiel HAZET 1846 c, an der Verzahnung von der Gelenkwelle abbauen.
- Tripodestern mit geeigneter Presse von der Gelenkwelle abpressen.
- Manschette von der Gelenkwelle herunterziehen.

Einbau

- **Neue** kleine Klemmschelle auf die Gelenkwelle schieben.
- Spröde oder beschädigte Manschette ersetzen und auf die Gelenkwelle schieben.
- Gelenkgehäuse auf die Gelenkwelle schieben.
- Verzahnung von Gelenkwelle und Tripodestern mit Festschmierstoffpaste VW-G052.142.A2 bestreichen.
- Tripodestern mit der abgeschrägten Kante (falls vorhanden) auf die Gelenkwelle aufstecken und mit geeigneter Presse bis zum Anschlag aufpressen. **Achtung:** Der Aufpressdruck darf 3,0 t nicht übersteigen.
- **Neuen** Sicherungsring einsetzen.
- Die Hälfte Gelenkwellenfett aus dem Reparatursatz in das Gelenk drücken und Gelenkgehäuse über die Tripoderollen schieben.
- Restliche Fettmenge aus dem Reparatursatz in die Rückseite des Tripodegelenks drücken.
- Manschette über das Gelenk ziehen.

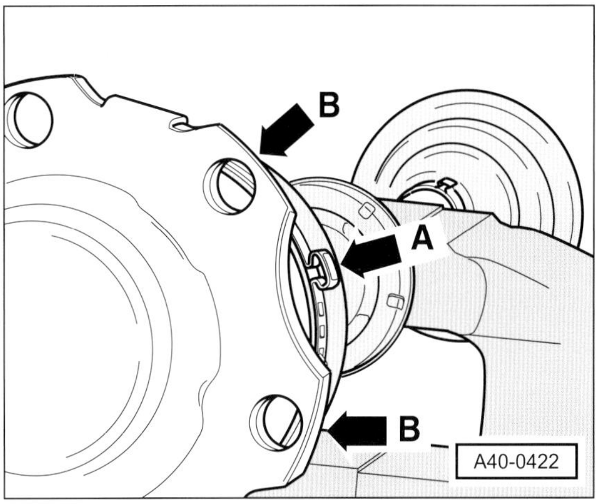

- Große Klemmschelle so ausrichten, dass keine Bohrung –B– für die Getriebeflansch-Schrauben vom Klemmohr –A– der Schelle verdeckt wird.
- Große und kleine Klemmschelle mit Spezialzange, zum Beispiel HAZET 1847, spannen, siehe Abschnitt »Gelenk außen«.
- Gelenkwelle einbauen, siehe entsprechendes Kapitel.

Nabenschraube aus- und einbauen

Ausbau

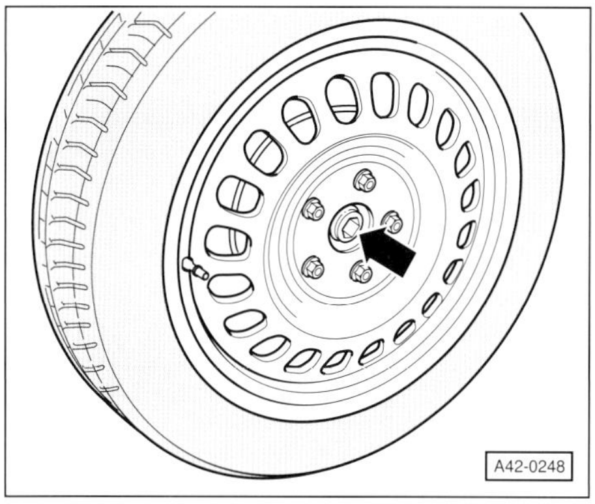

- Nabenschraube –Pfeil– bei auf den Rädern stehendem Fahrzeug lösen. Dabei durch Helfer Bremse treten lassen. Zum Lösen wird ein Zwölfkant-Steckschlüssel einsatz SW-24 benötigt.

Achtung: Die Nabenschraube darf bei auf den Rädern stehendem Fahrzeug nur **maximal 90°** (1/4 Umdrehung) gelöst werden, sonst wird das Radlager vorgeschädigt.

- Falls für weiterführende Arbeiten das Rad abgebaut wird, Radschrauben bei auf dem Boden stehenden Rädern lösen.

Sicherheitshinweis
Beim Aufbocken des Fahrzeugs besteht Unfallgefahr! Hinweise im Kapitel »Fahrzeug aufbocken« beachten.

- Fahrzeug so weit aufbocken, bis die Räder frei hängen.
- Radschrauben herausdrehen und Rad abnehmen.
- Nabenschraube herausdrehen.

Einbau

- Gewinde im Gelenkstummel des Außengelenks mit einem Gewindeschneider vorsichtig reinigen.
- **Neue** Nabenschraube bis zur Anlage einschrauben und anschließend mit **120 Nm** anziehen.

Achtung: Beim ersten Anziehen der Nabenschraube dürfen die Räder den Boden nicht berühren, sonst wird das Radlager vorgeschädigt.

Achtung: Beim Festziehen der Nabenschraube jeweils durch einen Helfer die Bremse treten lassen.

- Falls abgebaut, Rad anschrauben.
- Fahrzeug ablassen.
- Nabenschraube mit **200 Nm** anziehen.
- Anschließend Nabenschraube mit einem starren Schlüssel um **180°** (1/2 Umdrehung) weiterdrehen.
- Radschrauben über Kreuz mit **120 Nm** anziehen.

Fahrzeug in Leergewichtslage bringen

Alle Schrauben an Fahrwerksteilen mit Gummimetalllagern müssen grundsätzlich in »Leergewichtslage« festgezogen werden.

Das liegt daran, dass Gumimetalllager einen begrenzten Verdrehbereich haben. Achsbauteile mit Gummimetalllagern müssen deshalb vor dem Festziehen in eine Position gebracht werden, die der Position im Fahrbetrieb entspricht. Diese Position nennt man »Leergewichtslage«. Andernfalls wird das Gummimetalllager verspannt, was eine geringere Lebensdauer zur Folge hat.

Die Position der Leergewichtslage wird durch Anheben der Radaufhängung beim angehobenen Fahrzeug erreicht. Dabei besteht die **Gefahr, dass das Fahrzeug von der Hebebühne oder von den Böcken rutscht.**

Aus diesem Grund Fahrzeug **auf der Hebebühne unbedingt vorher festzurren**.

Auf keinen Fall versuchen, ein aufgebocktes Fahrzeug in Leergewichtslage zu bringen. In diesem Fall das auf den Rädern stehende Fahrzeug auf eine Rampe oder über eine Grube fahren. Schrauben der Fahrwerksteile bei auf dem Boden stehenden Rädern festziehen.

Leergewichtslage einstellen

Achtung: Die Einstellhinweise gelten nur für Fahrzeuge, die sich auf einer Hebebühne befinden. Auf der Hebebühne muss das Fahrzeug an den Tragarmen festgezurrt sein, damit es nicht herunterrutschen kann.

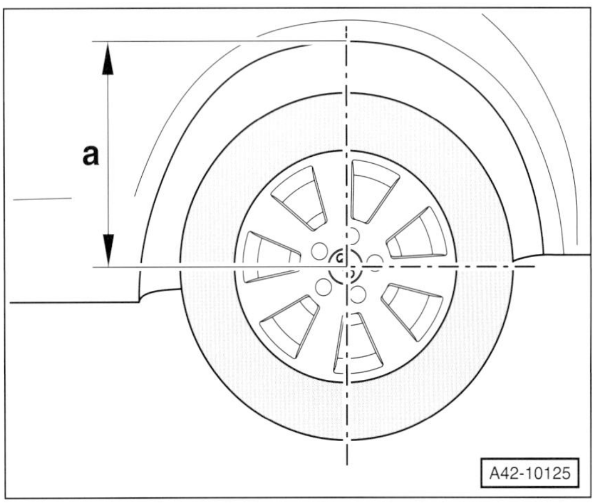

- Am unbeladenen Fahrzeug das Maß –a– messen.
- Radschrauben lösen.

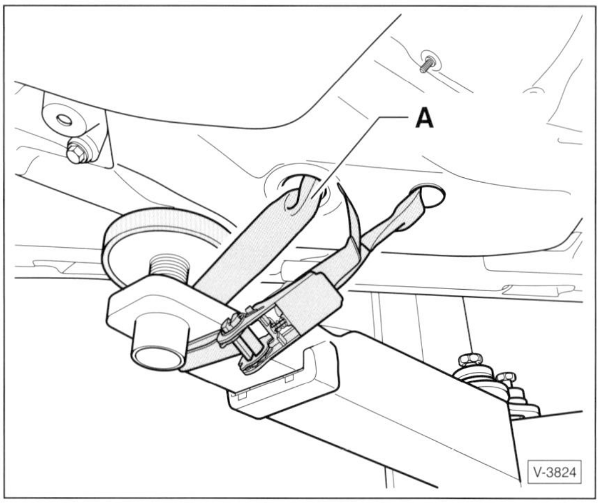

- Fahrzeug mit einer Hebebühne anheben und mit Spanngurten –A– an den Tragarmen der Hebebühne verzurren.
- Radschrauben herausdrehen und Rad abnehmen.
- Radnabe so drehen, bis eine Radschraubenbohrung oben steht.

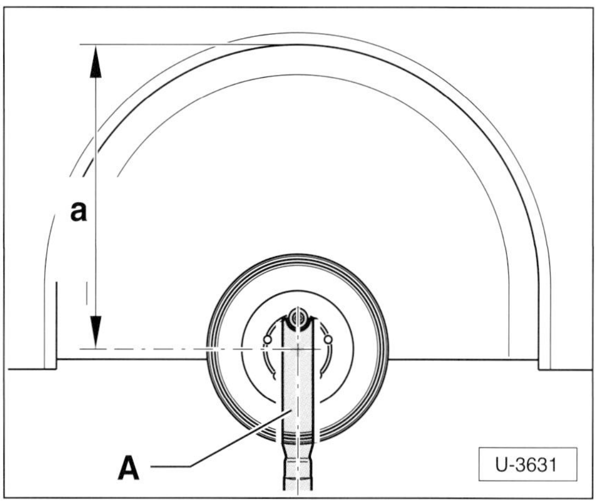

- Aufnahme –A–, zum Beispiel VW/AUDI-T10149, an der Radnabe anschrauben.
- Radlagergehäuse mit Motor- und Getriebeheber und Aufnahme –A– so weit anheben, bis das vorher gemessene Maß –a– erreicht ist.
- Betroffene Schrauben am Fahrwerk festziehen.
- Radlagergehäuse ablassen.
- Motor- und Getriebeheber wegziehen und Aufnahme abbauen.
- Rad anschrauben.
- Fahrzeug ablassen und Radschrauben über Kreuz mit **120 Nm** festziehen.

Hinterachse

Federbein/Stoßdämpfer/Schraubenfeder/Verbundlenkerachse

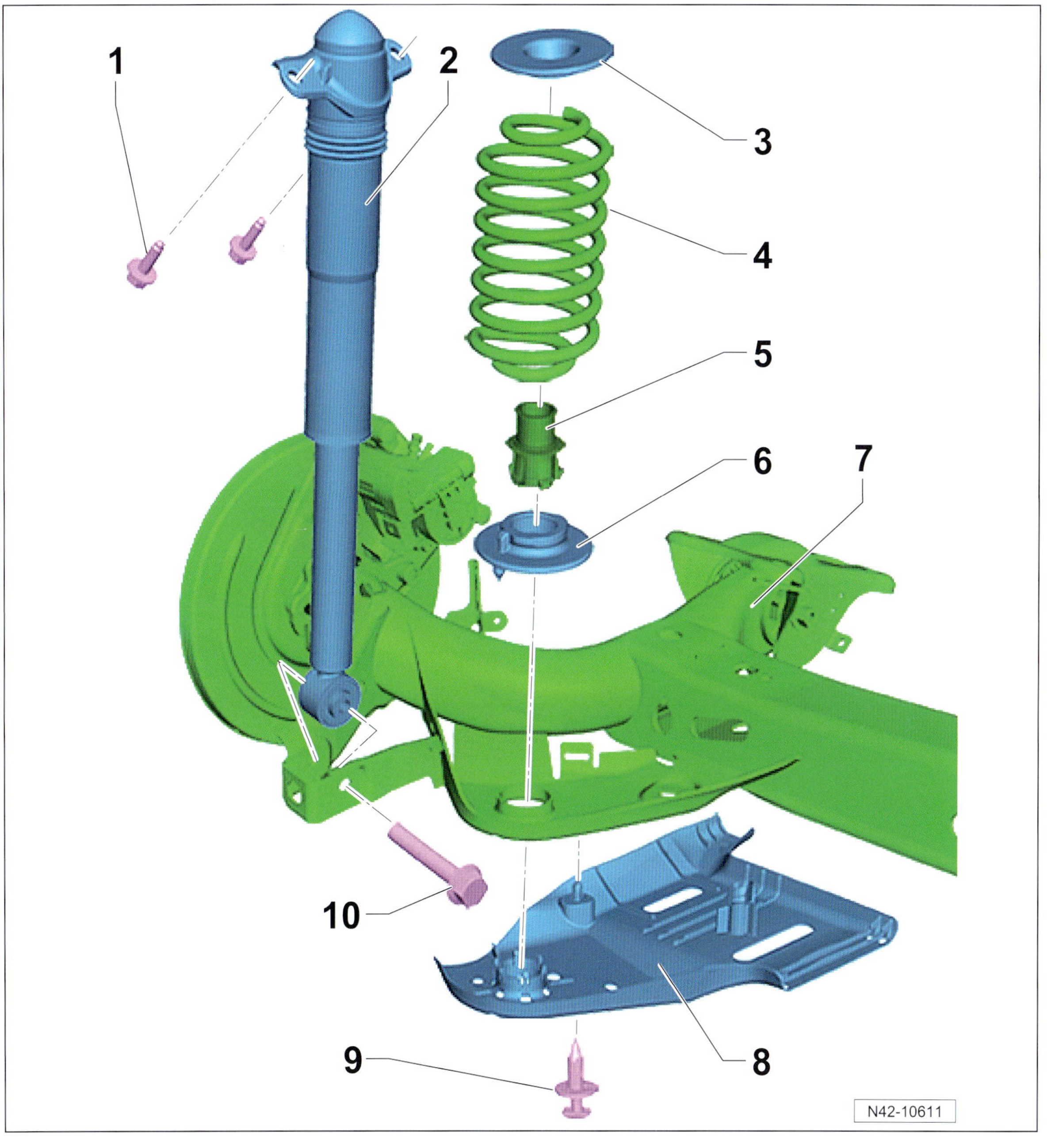

1 – Schraube*, 50 Nm + 45°

2 – Stoßdämpfer
Defekte Stoßdämpfer müssen vor dem Verschrotten immer entgast und entleert werden. Zweckmäßigerweise defekten Stoßdämper über die Verkaufsstelle des neuen Stoßdämpfers entsorgen.

3 – Federauflage oben
Auf die »Nase« der Karosserie aufsetzen.

4 – Feder

5 – Klemmring
Nach Montage des Steinschlagschutzes den Klemmring bündig eindrücken.

6 – Federauflage unten
Das Federende muss am Anschlag der Auflage anliegen. Bei der Montage den Zapfen in die Bohrung der Federaufnahme am Achskörper einsetzen.

7 – Achskörper

8 – Steinschlagschutz

9 – Spreizniet

10 – Schraube*, 70 Nm + 180°
Verschraubung immer in Leergewichtslage festziehen, siehe Seite 184.

*) Nach jeder Demontage ersetzen.

Federbein/Stoßdämpfer/Schraubenfeder/Mehrlenkerachse

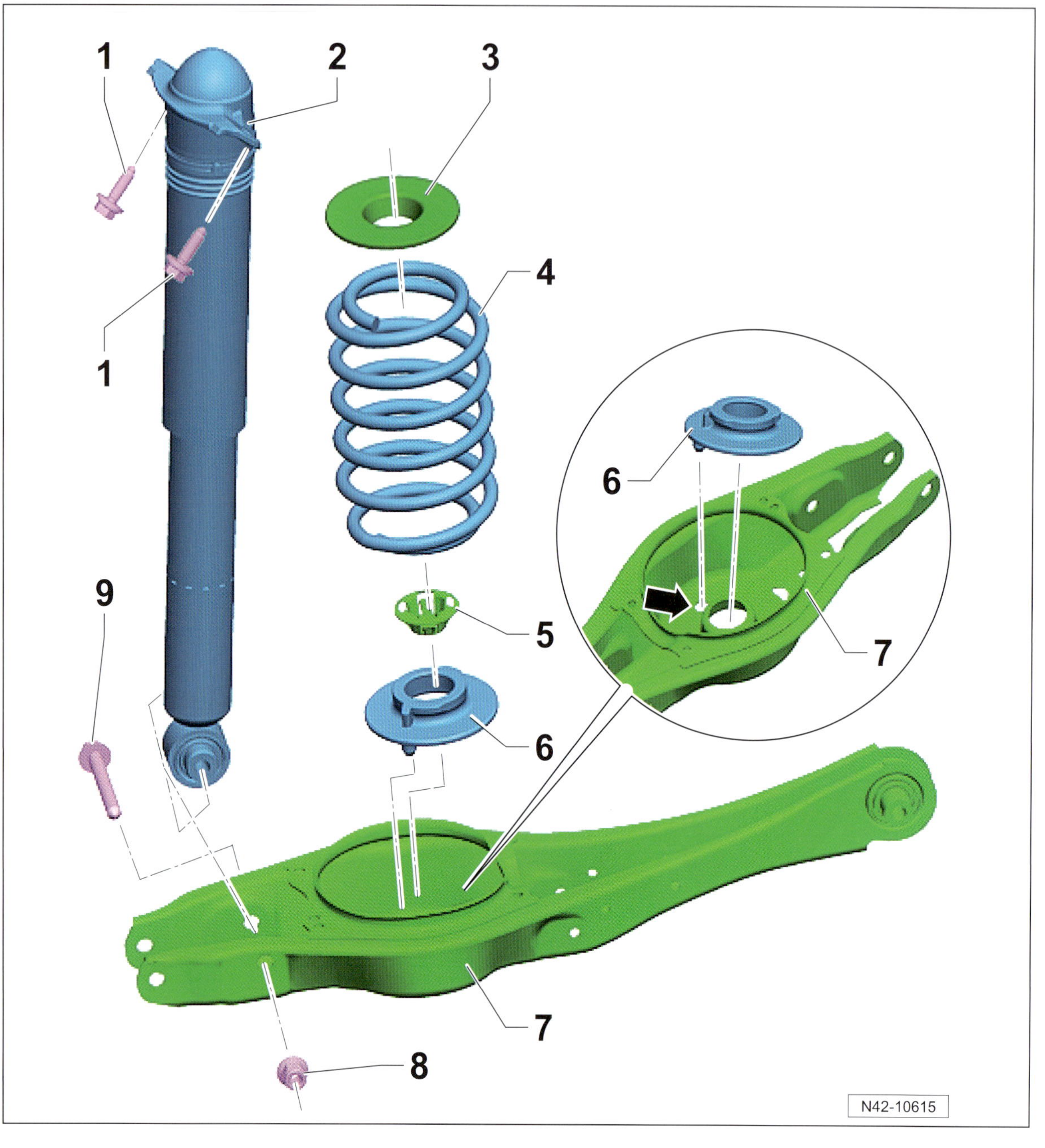

1 – Schraube*, 50 Nm + 45°

2 – Stoßdämpfer
Einbaulage des Kabelbinderverschlusses beachten
Defekte Stoßdämpfer müssen vor dem Verschrotten immer entgast und entleert werden. Zweckmäßigerweise defekten Stoßdämper über die Verkaufsstelle des neuen Stoßdämpfers entsorgen.

3 – Federauflage oben
Auf die »Nase« der Karosserie aufsetzen.

4 – Feder

5 – Clip
Dient als Montagehilfe.

6 – Federauflage unten
Das Federende muss am Anschlag der Auflage anliegen. Bei der Montage den Zapfen in die Bohrung der Federaufnahme am Achskörper einsetzen –Pfeil–.

7 – Querlenker unten

8 – Mutter*, 70 Nm + 180°
Verschraubung immer in Leergewichtslage festziehen, siehe Seite 184.

9 – Schraube*

---

*) Nach jeder Demontage ersetzen.

Stoßdämpfer aus- und einbauen

Verbundlenkerachse

Ausbau

- Radschrauben lösen.
- Fahrzeug anheben.
- Rad abbauen.
- Hinteren Innenkotflügel ausbauen, siehe Seite 348.

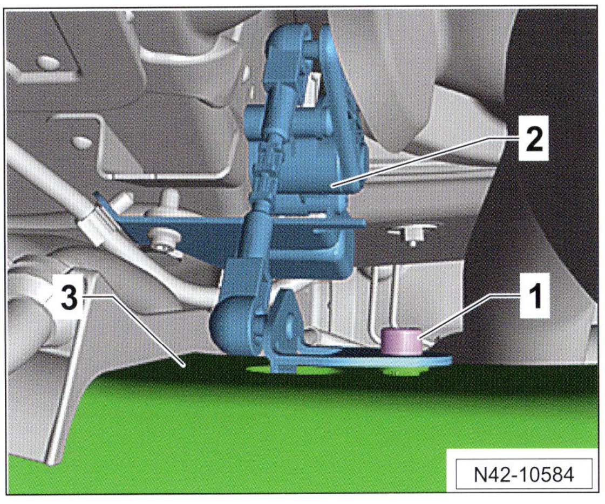

- **Fahrzeuge mit Geber für Fahrzeugniveau:** Schraube –1– herausschrauben. Hebel –2– hinten links vom Achskörper –3– abziehen.

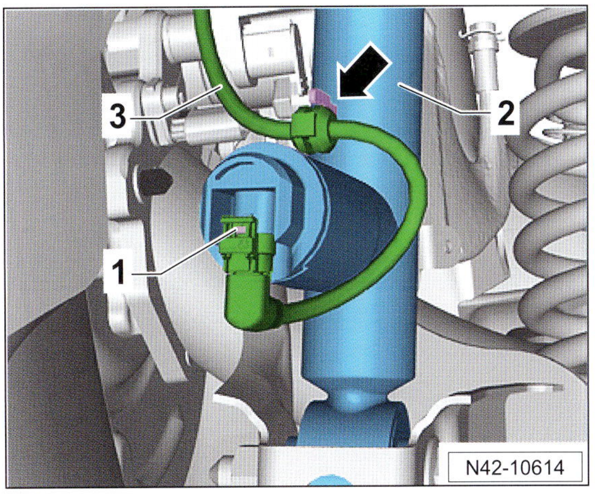

- **Fahrzeuge mit adaptiver Fahrwerksregelung DCC:** Steckverbindung –1– am Stoßdämpfer –2– trennen. Leitung –3– vom Stoßdämpfer –2– abziehen –Pfeil–.
  Hinweis: Bei Feuchtigkeit im Steckerbereich die Kontakte am Dämpfer und Stecker mit Druckluft ausblasen.

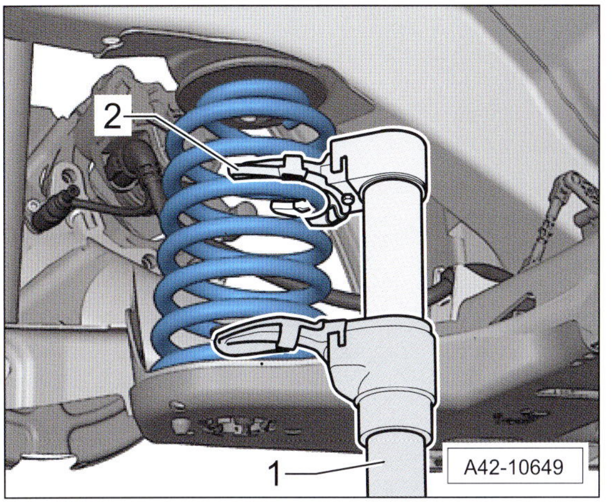

- Federspanner–1–, zum Beispiel HAZET 4900-2A, einsetzen. **Achtung:** Auf richtigen Sitz der Schraubenfeder im Federspannplatten –2– achten (Unfallgefahr). Es sollen wenigstens 3 Federwindungen umfasst werden.
- Schraubenfeder so weit spannen, bis der Stoßdämpfer entlastet ist.

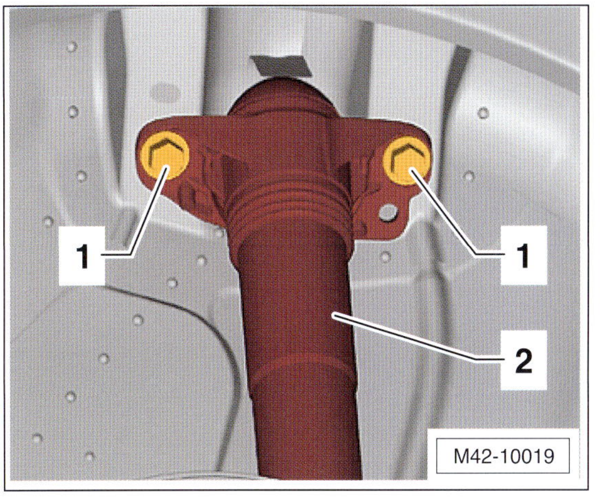

- Schrauben –1– für Stoßdämpfer –2– herausdrehen.

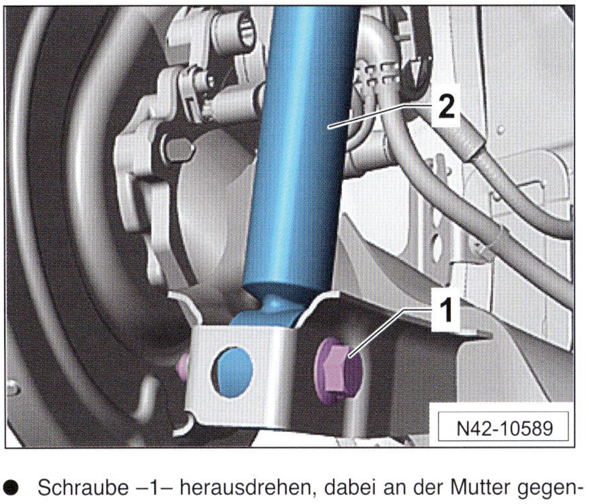

- Schraube –1– herausdrehen, dabei an der Mutter gegenhalten. Schraube herausziehen.

- Stoßdämpfer –2– herausnehmen.

Einbau

- Der Einbau erfolgt in umgekehrter Ausbaureihenfolge. Dabei ist Folgendes zu beachten:
- Bei Fahrzeugen mit Geber für Fahrzeugniveau eine Grundeinstellung der Raddämpfungselektronik durchführen lassen (Werkstattarbeit).

Anzugsdrehmomente:
Untere Schraube für Stoßdämpfer . . . . . . **70 Nm + 180°**
Obere Schrauben für Stoßdämpfer. . . . . . . **50 Nm + 45°**
Schraube für Geber Fahrzeugniveau. . . . . **8 Nm**
Radschrauben. . . . . **120 Nm**

Achtung: Die Verschraubung des Stoßdämpfers mit dem Querlenker unten darf nur in Leergewichtslage erfolgen, siehe Seite 184.

Mehrlenkerachse

Ausbau

- Radschrauben lösen.
- Fahrzeug anheben.
- Rad abbauen.
- Hinteren Innenkotflügel ausbauen, siehe Seite 348.

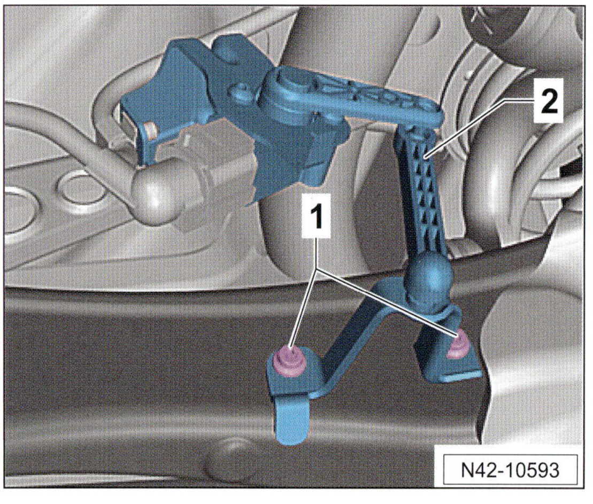

- **Fahrzeuge mit Geber für Fahrzeugniveau:** Schrauben –1– herausschrauben. Hebel –2– hinten links vom Achskörper abnehmen.

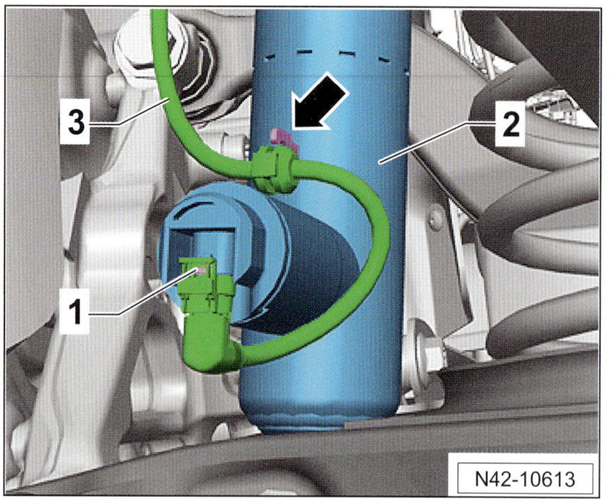

- **Fahrzeuge mit adaptiver Fahrwerksregelung DCC:** Steckverbindung –1– am Stoßdämpfer –2– trennen. Leitung –3– vom Stoßdämpfer –2– abziehen –Pfeil–.
  Hinweis: Bei Feuchtigkeit im Steckerbereich die Kontakte am Dämpfer und Stecker mit Druckluft ausblasen

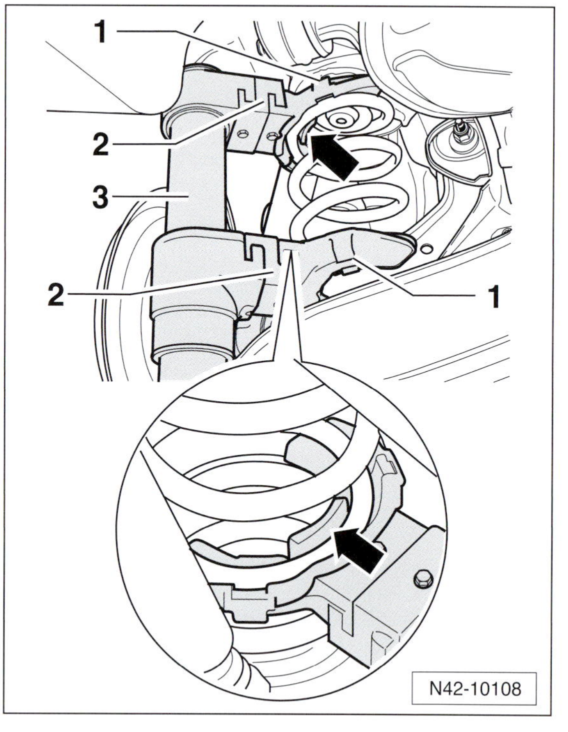

- Federspanner–1–, zum Beispiel HAZET 4900-2A, einsetzen. **Achtung:** Auf richtigen Sitz –Pfeile– der Schraubenfeder im Federspannplatten –2– achten (Unfallgefahr). Es sollen wenigstens 3 Federwindungen umfasst werden.
- Schraubenfeder so weit spannen, bis der Stoßdämpfer entlastet ist.
- Obere Schrauben für Stoßdämpfer herausdrehen.

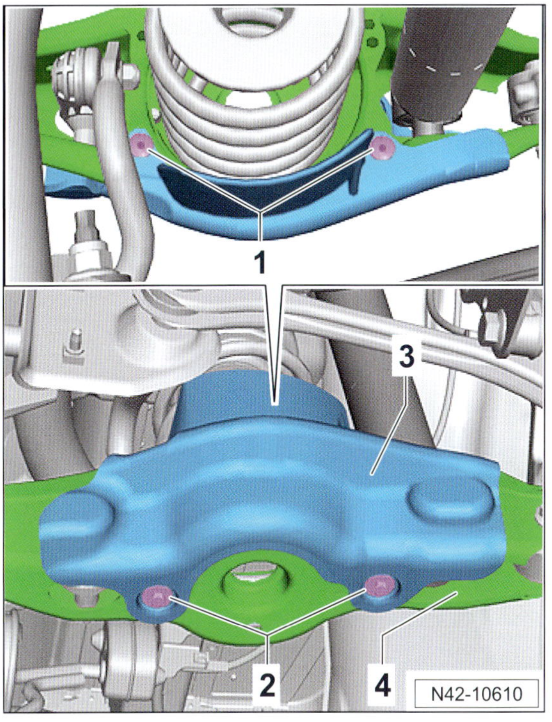

● **Fahrzeuge mit Steinschlagschutz:** Spreiznieten –1– ausbauen. Schrauben –2– für Steinschlagschutz –3– herausschrauben. Steinschlagschutz –3– vom unteren Querlenker –4– abnehmen.

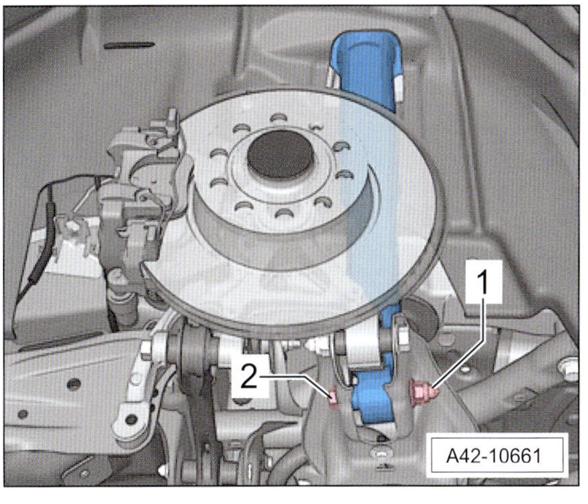

● Mutter –1– abschrauben und Schraube –2– herausziehen.

● Stoßdämpfer herausnehmen.

Einbau

● Der Einbau erfolgt in umgekehrter Ausbaureihenfolge. Dabei ist Folgendes zu beachten:

● Bei Fahrzeugen mit Geber für Fahrzeugniveau eine Grundeinstellung der Raddämpfungselektronik durchführen lassen (Werkstattarbeit).

Anzugsdrehmomente:

Untere Schraube für Stoßdämpfer . . . . . . **70 Nm + 180°**
Obere Schrauben für Stoßdämpfer. . . . . . . **50 Nm + 45°**
Schraube für Geber Fahrzeugniveau. . . . . **5 Nm**
Radschrauben. . . . . **120 Nm**

Achtung: Die Verschraubung des Stoßdämpfers mit dem Querlenker unten darf nur in Leergewichtslage erfolgen, siehe Seite 184.

Stoßdämpfer zerlegen und zusammenbauen

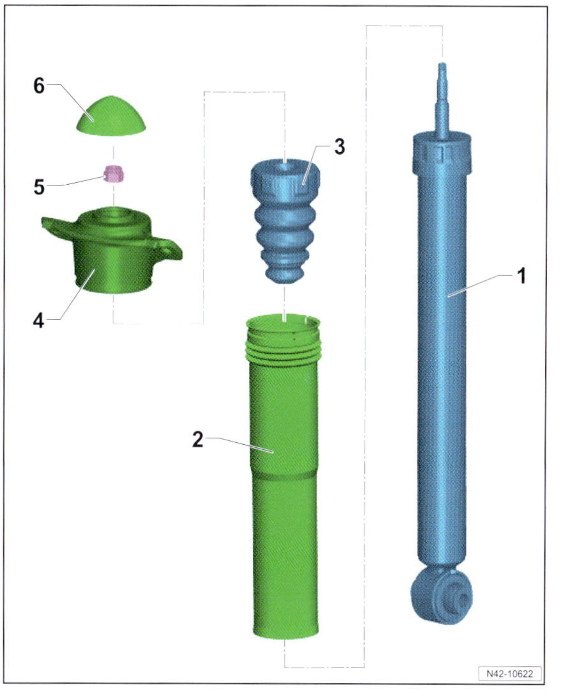

1 – **Stoßdämpfer**
Defekte Stoßdämpfer müssen vor dem Verschrotten immer entgast und entleert werden. Zweckmäßigerweise über die Verkaufsstelle des neuen Stoßdämpfers entsorgen.

2 – **Schutzrohr**

3 – **Anschlagpuffer**

4 – **Dämpferlager**

5 – **Mutter, 25 Nm**
Nach jeder Demontage ersetzen.

6 – **Abdeckung**

Verschraubung für Dämpferlager lösen und festziehen

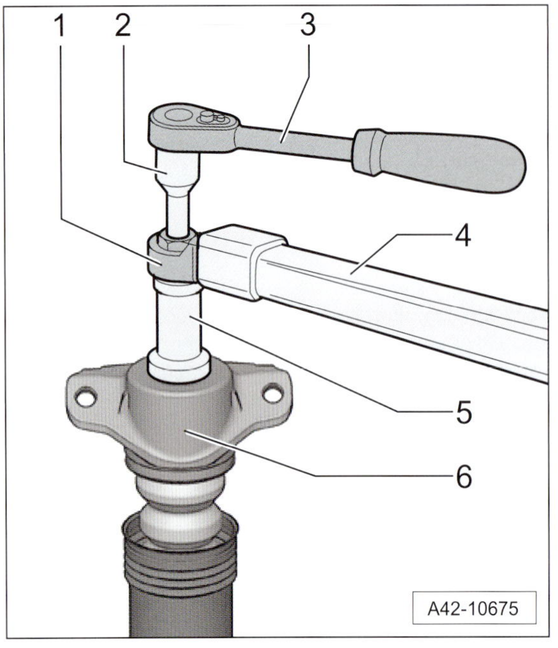

1 – Ring-Einsteckwerkzeug
2 – Einsteckwerkzeug
3 – Knarre handelsüblich
4 – Drehmomentschlüssel
5 – Einsteckwerkzeug
6 – Stoßdämpferlage

Hinweis: Gegegenenfalls kann zum Lösen und Festziehen der Federbein-Werkzeugsatz HAZET 4910-13 verwendet werden.

Beim Einbau ist Folgendes zu beachten:

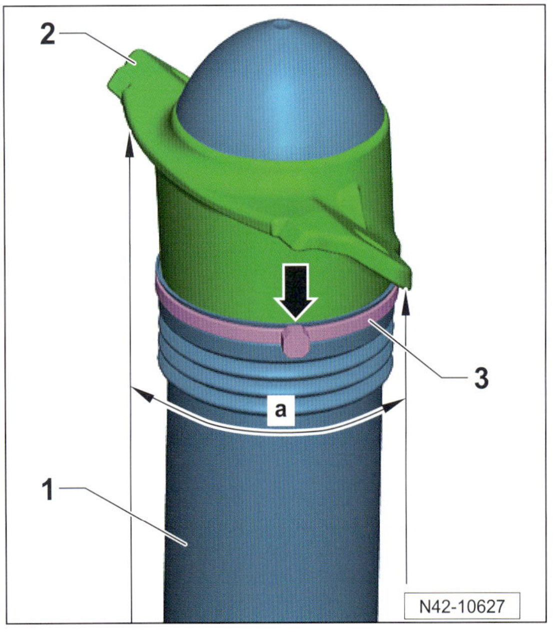

- Schutzrohr –1– auf das Dämpferlager –2– schieben.
- Kabelbinder –3– einsetzen und festziehen.

Hinweis: Der Verschluss –Pfeil– des Kabelbinders –3– muss sich in dem Bereich –a– befinden.

- **Neue** Mutter mit **25 Nm** festziehen.

Feder aus- und einbauen

Verbundlenkerachse

Hinweis: Schraubenfedern nur achsweise erneuern, dabei auf die Farbkennzeichnung achten. An einer Achse nur Schraubenfedern gleicher Hersteller verwenden.

Ausbau

- Radschrauben lösen.
- Fahrzeug anheben.
- Rad abbauen.

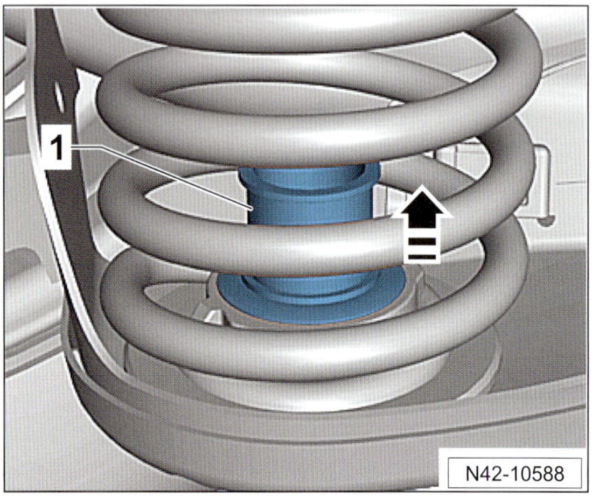

- Clip –1– in Pfeilrichtung bis zum Anschlag herausziehen.

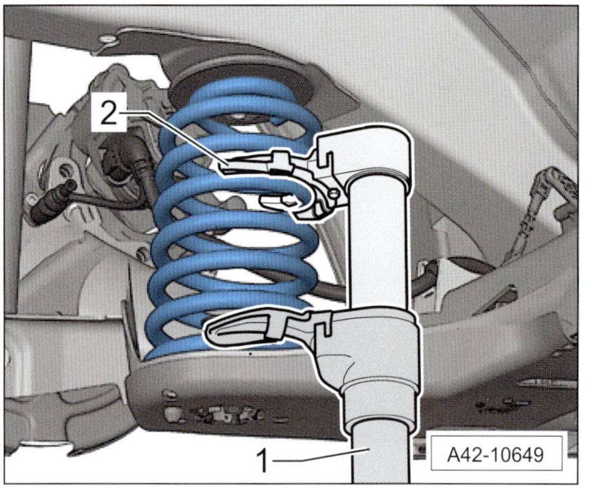

- Federspanner–1– mit geeigneten Federhaltern –2– einsetzen.

Achtung: Auf richtigen Sitz der Schraubenfeder im Federhalter –2– achten (Unfallgefahr).

- Schraubenfeder so weit spannen, bis diese herausgenommen werden kann.

Hinweis: Für das Zusammendrehen des Federspanngeräts einen Schlüssel oder eine Umschaltknarre verwenden.

Einbau

- Der Einbau erfolgt in umgekehrter Ausbaureihenfolge. Dabei ist Folgendes zu beachten:
- Prüfen, ob die Federunterlage beschädigt ist, gegebenenfalls Unterlage ersetzen.

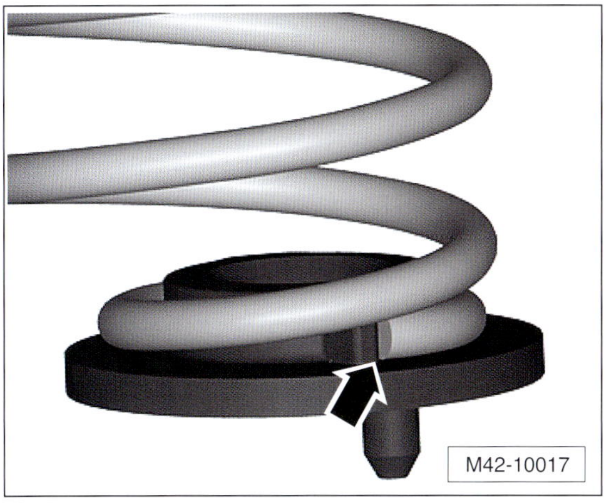

M42-10017

- Unterlage auf die Schraubenfeder unten aufsetzen. Dabei darauf achten, dass der Federanfang –Pfeil– am Anschlag der Federauflage unten anliegt.
- Feder zusammen mit der Federauflage einbauen.
- Darauf achten, dass der Zapfen der unteren Federauflage in die Bohrung der Verbundlenkerachse eingreift.

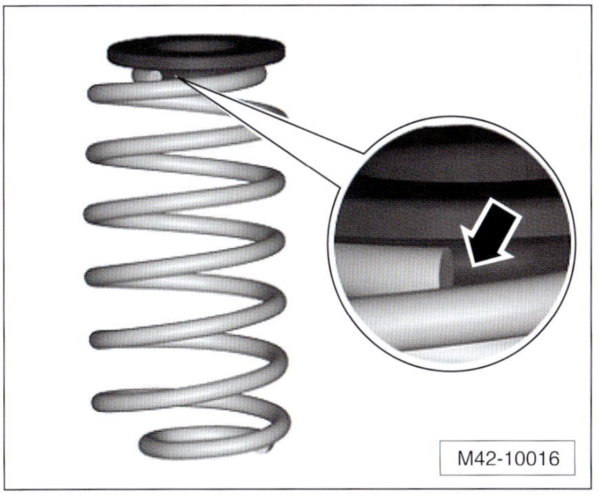

M42-10016

- Die Federauflage oben in das obere Federende so einsetzen, dass der Wulst der Federauflage –Pfeil– richtig an der Schraubenfeder anliegt.
- Schraubenfeder entspannen, dabei die obere Federauflage auf die Nase der Karosserie aufsetzen.
- Federspanner herausnehmen.
- Clip –1– entgegengesetzt der Pfeilrichtung bis zum Anschlag eindrücken, siehe Abbildung N42-10588.

Speziell Mehrlenkerachse

Hinweis: Hier werden nur die Unterschiede zu Verbundlenkerachse beschrieben.

- **Nur rechte Fahrzeugseite:** Obere Schrauben für Stoßdämpfer ausbauen, siehe M42-10019 auf Seite 187.

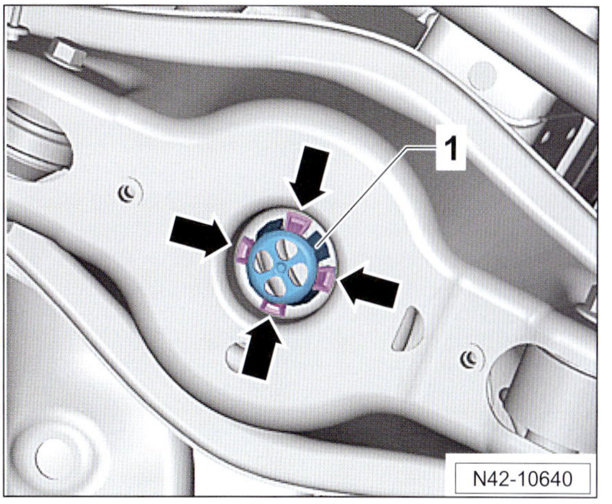

N42-10640

- Vor Ansetzen des Federspanners die Montagehilfe ausbauen. Dazu die Nasen –Pfeile– der Montagehilfe –1– nach innen drücken und Montagehilfe –1– nach oben herausnehmen.

Einbau

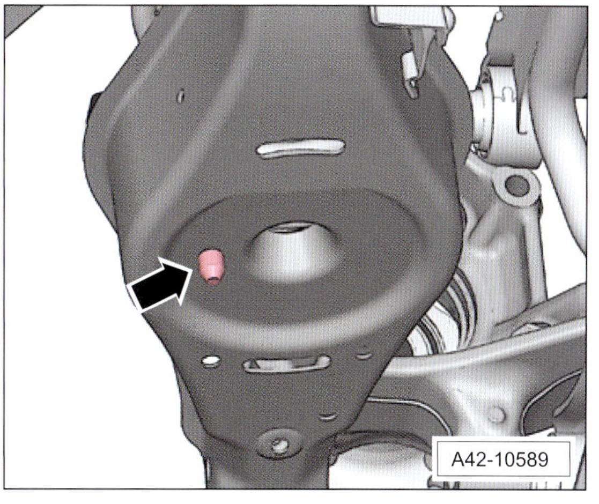

A42-10589

- Darauf achten, dass der Zapfen der unteren Federauflage in die Bohrung am Querlenker eingreift –Pfeil–.
- Montagehilfe einsetzen und nach unten drücken, bis die Nasen im Querlenker einrasten.

Lenkung/Airbag

Die Lenkung besteht im Wesentlichen aus dem Lenkrad mit der Lenksäule, dem Zahnstangen-Lenkgetriebe und den Spurstangen. Die Lenksäule überträgt die Lenkbewegungen auf das Lenkgetriebe. Über eine Verzahnung im Lenkgetriebe wird die Zahnstange entsprechend dem Lenkradeinschlag nach links oder rechts bewegt. Spurstangen übertragen die Lenkkräfte über Spurstangengelenke (Spurstangenköpfe) und Radlagergehäuse auf die Räder.

Die Zahnstangenlenkung ist spielfrei von Anschlag zu Anschlag sowie wartungsfrei, nur die Lenkmanschetten und Staubkappen der Spurstangenköpfe müssen im Rahmen der Wartung auf einwandfreien Zustand geprüft werden.

Der Kraftaufwand beim Einschlagen der Räder, insbesondere bei stehendem Fahrzeug, wird durch eine elektro-mechanische Lenkhilfe (Servolenkung) verringert. Die Lenkhilfe besteht aus Elektromotor, Zahnriemen und Kugelspindelgetriebe. Die Kraft des Elektromotors wird über einen Zahnriemen auf das Kugelspindelgetriebe übertragen. Von diesem wird die Drehbewegung in eine Längsbewegung umgewandelt und auf die Zahnstange übertragen und unterstützt dadurch die Lenkbewegungen.

Ein Steuergerät koordiniert diesen Vorgang, bei dem die Parameter Fahrzeuggeschwindigkeit, Lenkwinkel sowie die Geschwindigkeit der Lenkbewegung mit einbezogen werden. Zusätzlich bewirkt die elektromechanische Servolenkung ein automatisch gesteuertes Korrigieren der Geradeausfahrt bei konstantem Seitenwind und geneigter Fahrbahn.

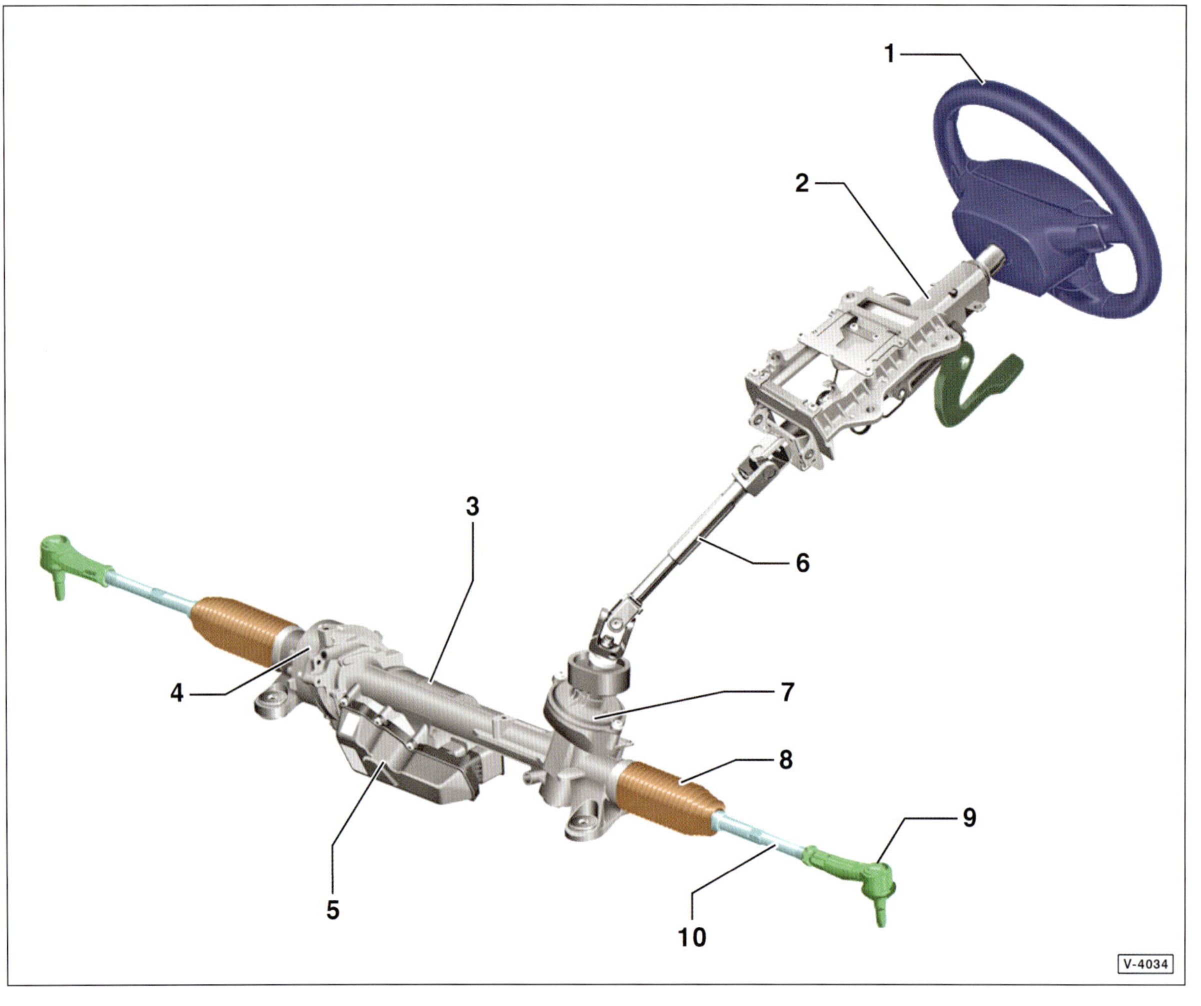

1 – **Lenkrad**

2 – **Lenksäule**

3 – **Elektromotor für Servolenkung**

4 – **Lenkgetriebe**
Mit Kugelspindelgetriebe und Zahnstange.

5 – **Steuergerät für Servolenkung**

6 – **Kreuzgelenkwelle**

7 – **Lenkmomentgeber**

8 – **Lenkmanschette**

9 – **Spurstangenkopf**

10 – **Spurstange**

Sicherheitshinweis
Schweiß- und Richtarbeiten an Bauteilen der Lenkung **sind nicht zulässig. Selbstsichernde Schrauben/Muttern** sowie korrodierte Schrauben/Muttern im Reparaturfall **immer ersetzen.**

Achtung: Die angegebenen Anzugsdrehmomente sind unbedingt einzuhalten. Bei mangelnder Erfahrung sollten Arbeiten an der Lenkung von einer Fachwerkstatt durchgeführt werden.

Im Lenkrad ist der Fahrer-**Airbag** untergebracht. Der Airbag ist ein zusammengefalteter Luftsack, der im Fall einer Frontalkollision aufgeblasen wird und dadurch Oberkörper und Kopf des Fahrers vor einem Aufprall auf das Lenkrad schützt. Bei einer entsprechend starken Frontalkollision wird über ein Steuergerät eine kleine Sprengladung im Gasgenerator der Airbag-Einheit gezündet. Es entstehen Explosionsgase, die den Luftsack innerhalb weniger Millisekunden aufblasen. Diese Zeit reicht aus, um den Aufprall des nach vorn schnellenden Fahrer-Oberkörpers zu dämpfen. Der Airbag fällt anschließend innerhalb weniger Sekunden wieder in sich zusammen, da die Gase durch Austrittsöffnungen entweichen.

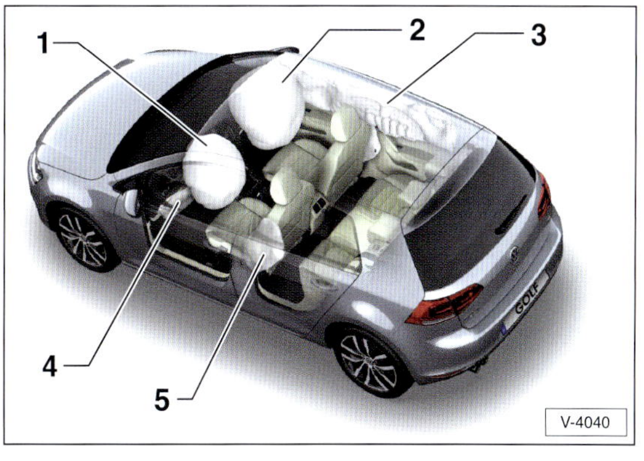

1 – Fahrer-Airbag
2 – Beifahrer-Airbag
3 – Kopf-Airbag
4 – Knie-Airbag
5 – Seiten-Airbag

Airbag-Sicherheitshinweise

Das Airbag-System besteht aus dem Aufprallsensor, dem Gasgenerator, dem Steuergerät und dem Airbag. Das Aufblasen des Airbags wird elektrisch ausgelöst.

Je nach Ausstattung ist das Fahrzeug mit Front-, Seiten-, Knie- und Kopf-Airbags sowie Gurtstraffern ausgestattet. Es handelt sich dabei um pyrotechnische Bauteile, für die dieselben Sicherheitsvorschriften gelten.

Auf dem Beifahrersitz darf kein gegen die Fahrtrichtung angeordneter Babysitz montiert werden, wenn der Beifahrer-Airbag aktiviert ist; ausgenommen ist ein spezieller Kindersitz in Zusammenhang mit der automatischen Kindersitzerkennung.

Achtung: Aus Sicherheitsgründen keine Arbeiten an Teilen des Airbag- oder Gurtstraffer-Systems durchführen.

Vor Aus- und Einbau der Fahrer-Airbag-Einheit folgende Hinweise unbedingt befolgen:

- **Batterie-Massekabel (–) bei eingeschalteter Zündung *abklemmen.*** Anschließend **Minuspol isolieren**, um einen versehentlichen Kontakt zu vermeiden. Nach dem Abklemmen ist eine **Wartezeit** von mindestens **10 Sekunden** erforderlich, bis sich sämtliche Kondensatoren entladen haben. **Achtung:** Hinweise im Kapitel »Batterie aus- und einbauen« durchlesen.
- **Batterie-Massekabel (–)** nur bei **eingeschalteter Zündung *anklemmen.* Achtung:** Beim **Anklemmen** der Batterie darf sich **keine Person** im **Innenraum** des Fahrzeuges **aufhalten.** Befindet sich die **Batterie im Innenraum,** darf sich **niemand** im **Wirkungsbereich von Airbags und Gurtstraffern aufhalten.**
- Räder in Geradeausstellung, Lenkrad in Mittelstellung bringen.
- Vor dem Abnehmen (Berühren) der Airbag-Einheit **elektrostatische Aufladung** abbauen. Dazu kurz den **Schließkeil der Tür oder die Karosserie anfassen.**

Allgemeine Hinweise:

- Für Airbageinheiten gibt es keine Wechselintervalle.
- Niemals Airbag-Komponenten eines anderen Fahrzeugs oder ein anderes Lenkrad einbauen. Beim Austausch stets neue Teile verwenden.
- Selbst nach einem leichten Unfall, der nicht zum Auslösen des Airbags führte, Airbag- und Gurtstraffer-System von einer Fachwerkstatt überprüfen lassen.
- **Das Airbag-System darf nur in der Fachwerkstatt geprüft werden. Keinesfalls mit Prüflampe, Voltmeter oder Ohmmeter prüfen.**
- Airbag-Komponenten, die auf eine harte Unterlage herabgefallen sind, müssen grundsätzlich ersetzt werden.
- Airbag-Komponenten vor großer Hitze und direkter Flammeneinwirkung schützen und keinen Temperaturen über +100° C aussetzen, auch nicht kurzfristig.

- Airbag-Komponenten vor Kontakt mit Wasser, Fett oder Öl schützen. Sofort mit einem trockenen Lappen abwischen.
- Die Airbag-Einheit ist im ausgebauten Zustand immer so abzulegen, dass das Lenkradpolster nach oben zeigt. Bei umgekehrter Lagerung besteht die Gefahr, dass bei eventueller Zündung der Gasgenerator nach oben geschleudert wird. Dadurch erhöht sich die Verletzungsgefahr.
- Bei Arbeitsunterbrechung die Airbag-Einheit nicht unbeaufsichtigt liegen lassen.
- Die Airbag-Einheit oder Gurtstraffer dürfen nicht zerlegt werden, bei einem Defekt sind sie immer komplett zu ersetzen. Da die Airbag-Einheit Explosivstoffe enthält, ist sie unter Verschluss oder geeigneter Aufsicht aufzubewahren.
- Vor Verschrotten des Fahrzeugs müssen die Airbag-Einheiten entsorgt werden. Die Entsorgung erfolgt nur durch eine Fachwerkstatt.
- Zwischen Airbag und Insassen dürfen sich keine Gegenstände befinden. Genügend großen Abstand zum Airbag einhalten, damit sich der Airbag-Luftsack beim Auslösen entfalten kann.
- Lenkrad, Armaturentafel und Vordersitzlehnen im Bereich der Airbag-Einheit nicht bekleben und von Gegenständen freihalten.
- An den Haken der Handgriffe nur leichte Kleidungsstücke ohne Kleiderbügel aufhängen. Keine Gegenstände in den Taschen der Kleidungsstücke belassen.
- Die Airbag-Kontrolllampe im Kombiinstrument muss beim Einschalten der Zündung aufleuchten und nach etwa 4 Sekunden erlöschen. Andernfalls liegt eine Störung vor.

Speziell beim Seitenairbag ist Folgendes zu beachten:

- Es dürfen nur original Sitzbezüge und Rücksitzbezüge verbaut werden, die für Seitenairbags freigegeben sind (erkennbar am Airbag-Annäher auf dem Bezug).
- Die Rückenlehnen dürfen nicht mit Schonbezügen überzogen werden, da dadurch die Funktion des Seitenairbags beeinflusst wird.
- Sitzplatzauflagen, -matten oder Ähnliches, die die Funktion der Sitzbelegungserkennung und der Airbags beeinträchtigen, sind nicht zulässig.
- Bei Beschädigung des Bezuges (durch Risse, Brandlöcher usw.) im Bereich des Seitenairbags ist aus Sicherheitsgründen immer der Bezug zu wechseln, da sich sonst der Seitenairbag nicht richtig entfaltet.
- Nicht mit der Polsternadel oder ähnlich spitzen Gegenständen im Bereich Airbag und Sensormatte in den Bezug stechen.

Speziell beim Kopfairbag ist Folgendes zu beachten:

- Kopfairbag nicht knicken oder verdrehen.
- Beschädigte Verkleidungen an den Fahrzeugsäulen immer ersetzen, nie reparieren.

Airbag-Einheit aus- und einbauen

Ausbau

- **Airbag-Sicherheitshinweise durchlesen und befolgen.**
- Lenksäulenverstellung entriegeln. Lenksäule ganz herausziehen und in unterster Position verriegeln.

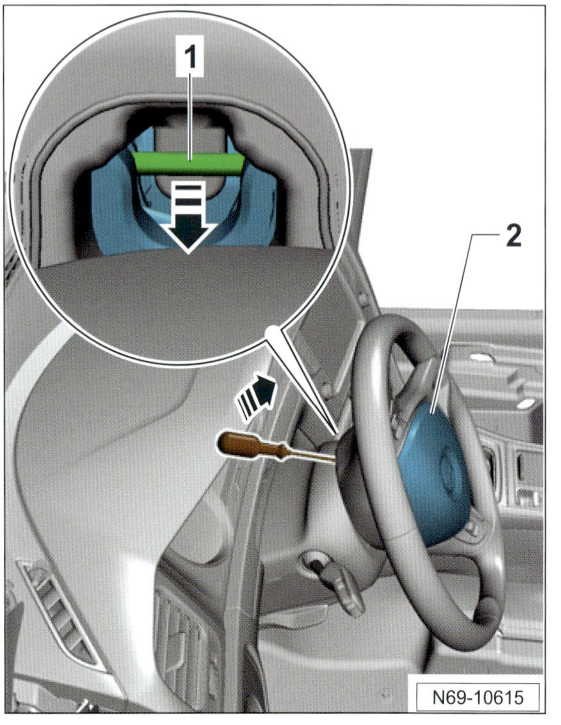

- Lenkrad so drehen, dass die Öffnung an der Rückseite des Lenkrads genau nach oben zeigt.
- Verriegelungsbügel –1– für Airbag –2– entriegeln. Dazu einen Torx-Schraubendreher T25, etwa 100 mm lang in die Öffnung einführen und den Bügel –1– in Pfeilrichtung drücken.

Achtung: Nur einen Torx-Schraubendreher verwenden, da mit einem Schlitzschraubendreher elektrische Leitungen beschädigt werden können.

- Lenkrad um 180° drehen und Vorgang auf der gegenüberliegenden Lenkradseite wiederholen.
- Lenkrad wieder in Mittelstellung bringen, die Räder stehen dann geradeaus.
- **Batterie-Massekabel (–) bei eingeschalteter Zündung abklemmen.**

Achtung: Hinweise im Kapitel »Batterie aus- und einbauen« durchlesen.

- **Minuspol** der Batterie **isolieren**, um einen versehentlichen Kontakt zu vermeiden.

Achtung: Vor dem Abnehmen der Airbag-Einheit beziehungsweise dem Trennen von elektrischen Leitungen eine eventuelle **elektrostatische Aufladung** abbauen. Dazu kurz den **Schließkeil der Tür** oder **die Karosserie anfassen.**

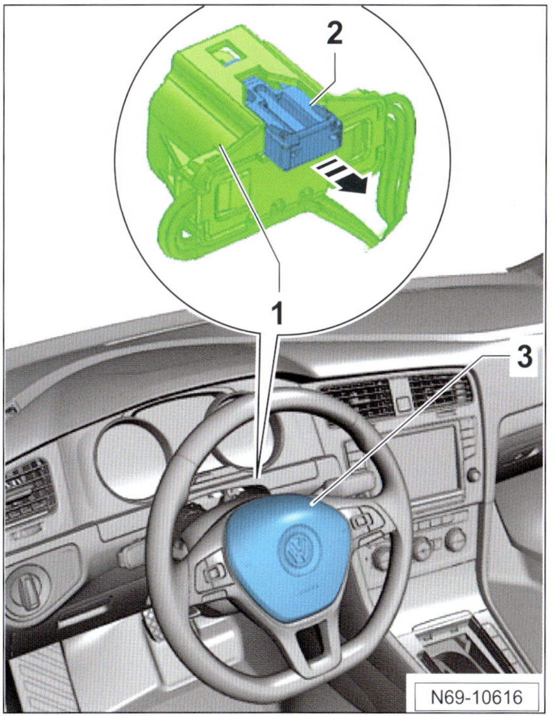

- Airbag Fahrerseite –3– ein Stück vom Lenkrad abnehmen.
- Steckersicherung –2– herausziehen –Pfeil– und niederdrücken, elektrische Steckverbindung –1– abziehen.
- Ausstattungsvariante mit Multifunktionslenkrad: Elektrische Steckverbindung trennen.
- Airbag abnehmen und so ablegen, dass das Prallpolster nach oben zeigt.

Einbau

Achtung: Vor dem Ansetzen der Airbag-Einheit beziehungsweise dem Verbinden von elektrischen Leitungen eine eventuelle **elektrostatische Aufladung** abbauen. Dazu kurz den **Schließkeil der Tür** oder **die Karosserie anfassen.**

- Elektrische Steckverbindung verbinden. Dabei darauf achten, dass die elektrischen Steckverbindungen bis zum Anschlag aufgeschoben sind und hörbar einrasten.
- Elektrische Steckverbindung zur Fixierung in die Taschen am Lenkrad eindrücken. Dabei die Leitungen so verlegen werden, dass sie nicht eingeklemmt werden.

- Airbag-Einheit –1– ins Lenkrad einsetzen. Airbag-Einheit rechts und links am Rand gegen das Lenkrad drücken und hörbar einrasten.
- Überprüfen, ob die Airbag-Einheit korrekt im Lenkrad verrastet ist.

Achtung: Beim Anklemmen der Batterie darf sich keine Person im Fahrzeug-Innenraum befinden!

Sicherstellen, dass die Zündung eingeschaltet ist.

- Isolierband am Minuspol der Batterie entfernen und Massekabel (–) an der Batterie anklemmen. **Achtung:** Hinweise im Kapitel »Batterie aus- und einbauen« beachten.

Achtung: Wenn nach dem Wiederanklemmen der Batterie die Zündung nicht eingeschaltet ist (Kontrollleuchten im Kombiinstrument leuchten nicht) darf die Zündung (Schlüssel/Taster) nur auf dem Fahrersitz sitzend, in der hintersten Position eingeschaltet werden.

- Fehlerspeicher des Steuergeräts für Airbag abfragen und löschen, da durch das Trennen der elektrischen Steckverbindungen Fehler abgespeichert sein können (Werkstattarbeit).

Lenkrad aus- und einbauen

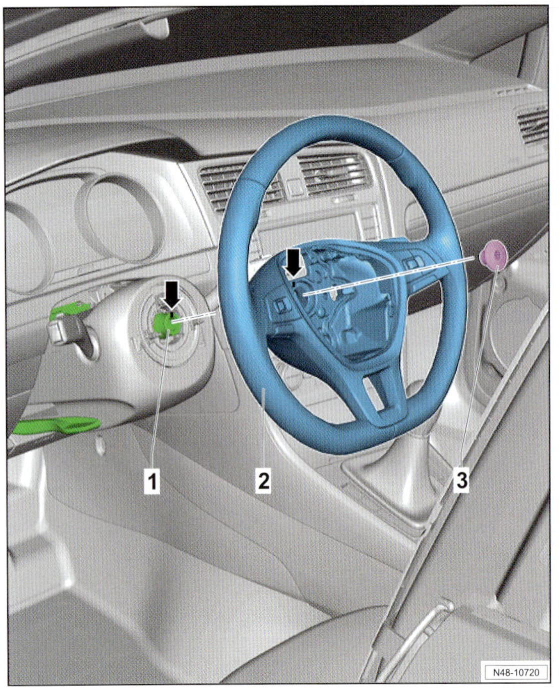

1 – Lenksäule
Die Körnerpunkte –Pfeile– auf dem Lenkrad und der Lenksäule müssen beim Aufsetzen des Lenkrades übereinander stehen. Einige Lenksäulen sind ab Werk nicht mit einem Körnerpunkt versehen. Bei diesen Lenksäulen muss vor dem Abnehmen des Lenkrads ein entsprechender Körnerpunkt gesetzt werden.

2 – Lenkrad

3 – Schraube, 30 Nm + 90°
Nach jeder Demontage ersetzen.

Ausbau

- Räder in Geradeausstellung, Lenkrad in Mittelstellung bringen.
- Airbag-Einheit ausbauen, siehe Seite 194.
- Lenksäule in mittlere Höhenposition stellen.

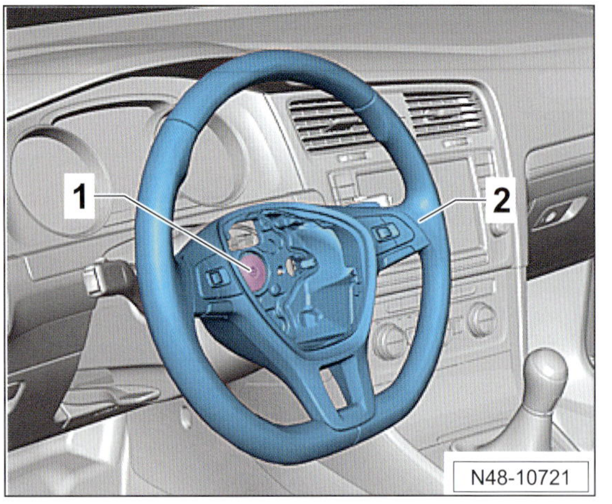

- Schraube –1– herausdrehen.
- Prüfen, ob die Lenksäule mit einem Körnerpunkt auf Höhe der Markierung Lenksäule versehen ist.
- Ist das nicht der Fall, dann muss die Stellung Lenkrad/Lenksäule mit einem Körnerpunkt auf der Lenksäule markiert werden.
- Lenkrad –2– von der Lenksäule abziehen.

Einbau

- Der Einbau erfolgt in umgekehrter Ausbaureihenfolge. Dabei ist Folgendes zu beachten:
- Sicherstellen, dass sich die Räder in Geradeausstellung befinden, bevor das Lenkrad aufgesetzt wird.
- Bei Einbau des ausgebauten Lenkrads: Darauf achten, dass die Markierungen auf Lenksäule/Lenkrad zueinanderstehen.
- Bei Einbau eines neuen Lenkrads ohne Markierung: Lenkrad in Mittelstellung aufsetzen. Die Lenkradspeiche muss waagerecht stehen und Räder müssen sich in Geradeausstellung befinden.
- Lenkrad mit neuer Schraube und **30 Nm** anziehen. Anschließen Befestigungsschraube um **90°** weiterdrehen.
- Airbag-Einheit einbauen, siehe Seite 194.
- Probefahrt durchführen.
- Steht das Lenkrad schief, muss das Lenkrad wieder ausgebaut und auf der Verzahnung der Lenksäule umgesetzt werden.

Lenkmanschette aus- und einbauen

Bei defektem Faltenbalg dringen Feuchtigkeit und Schmutz in das Lenkgetriebe. Im Bereich der Verzahnung auf der Zahnstange muss ein fühlbarer Schmierfilm vorhanden sein. Ist der Schmierfilm nicht vorhanden, dann muss das Lenkgetriebe ersetzt werden.

Ausbau

- Lenkrad in Mittelstellung drehen, die Vorderräder befinden sich dann in Geradeausstellung.
- Radschrauben lösen.
- Fahrzeug anheben.
- Rad abbauen.
- Position der Kontermutter auf der Spurstange markieren.
- Spurstangenkopf ausbauen, siehe Seite 198.
- Lenkgetriebe außen im Bereich des Faltenbalgs reinigen. **Achtung:** Dabei darf kein Schmutz durch den defekten Faltenbalg in das Lenkgetriebe gelangen.
- Klemmschellen öffnen.
- Faltenbalg vom Lenkgetriebegehäuse und der Spurstange abziehen.

Achtung: Wenn Korrosion, Beschädigung, Abnutzung oder Ansätze von Verschmutzung auf der Zahnstange zu sehen sind beziehungsweise wenn kein Schmierfilm auf der Zahnstange sichtbar ist, muss das Lenkgetriebe komplett ersetzt werden (Werkstattarbeit).

Einbau

Achtung: Die Zahnstange darf nicht gefettet werden.

- Lenkrad in Geradeausfahrt drehen.
- Neue Schellen und Faltenbalg auf die Spurstange auffädeln.
- Dichtfläche Faltenbalg zur Spurstange mit Fett aus dem Reparatursatz leicht fetten.

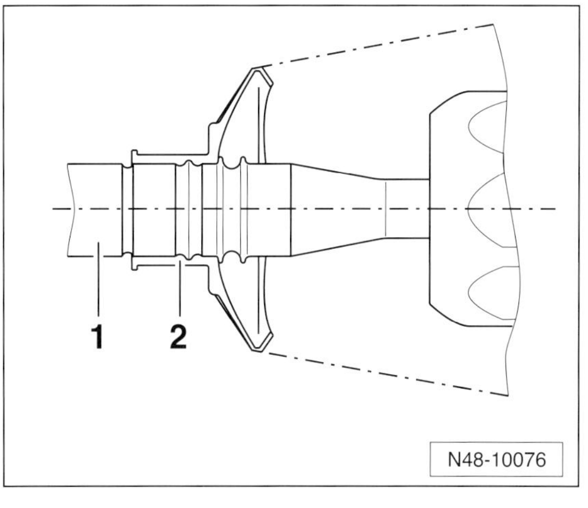

- Faltenbalg –2–, wie in der Abbildung dargestellt, auf die Spurstange –1– schieben.
- Federbandschelle auf Faltenbalg mit Schlauchbinderzange befestigen.
- Dichtfläche vom Faltenbalg zum Lenkgetriebegehäuse mit Fett aus dem Reparatursatz leicht fetten.
- Faltenbalg bis Anschlag auf das Lenkgetriebegehäuse schieben.

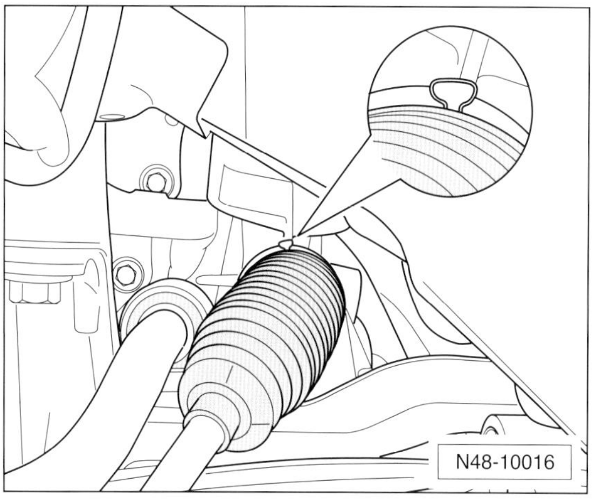

- Neue Klemmschelle mit Klemmzange für Lenkgetriebe so weit wie in der Abbildung gezeigt klemmen.
- Spurstangenkopf bis zu der beim Ausbau gesetzten Markierung einschrauben und einbauen, siehe Seite 198.
- Rad vorn anbauen und festziehen.
- Fahrzeug vermessen lassen (Werkstattarbeit).

Spurstangenkopf aus- und einbauen

Ausbau

- Radschrauben lösen.
- Fahrzeug anheben.
- Rad abbauen.

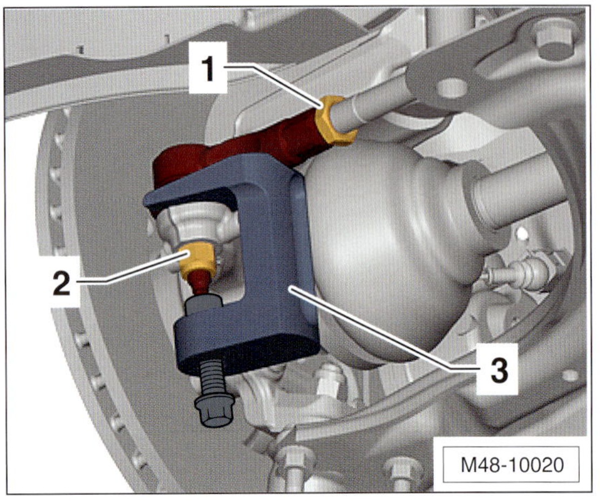

- Mutter –1– lösen.
- Position des Spurstangenkopfs auf der Spurstange kennzeichnen. Dazu einen Strich über beide Bauteile ziehen.
- Mutter –2– vom Spurstangenkopf lösen, aber noch nicht ganz abschrauben.

Achtung: Mutter zum Schutz des Gewindes einige Umdrehungen auf dem Zapfen lassen.

- Spurstangenkopf mit einem Kugelgelenkabdrücker –3– vom Radlagergehäuse abdrücken.
- Abdrücker abnehmen und Mutter ganz abschrauben.
- Spurstangenkopf von der Spurstange abdrehen. Dabei Umdrehungen zählen und notieren, damit der Spurstangenkopf in gleicher Position wieder eingebaut werden kann.

Einbau

- Der Einbau erfolgt in umgekehrter Ausbaureihenfolge. Dabei ist Folgendes zu beachten:

Hinweis: Die Angaben »rechts« und »links« sind in Fahrtrichtung gesehen.

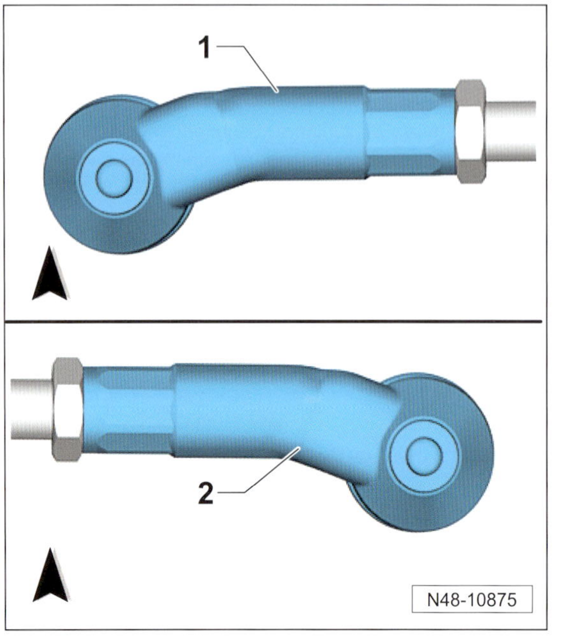

- Darauf achten, dass der richtige Spurstangenkopf je Seite eingebaut wird.
  1 – Spurstangenkopf links, in Fahrtrichtung gesehen.
  2 – Spurstangenkopf rechts, in Fahrtrichtung gesehen.
  Der Pfeil in der Abbildung zeigt in Fahrtrichtung.
  Hinweis: Teilweise sind die Spurstangenköpfe auch mit »A« oder »B« gekennzeichnet. In diesem Fall ist »A« der rechte, »B« der linke Spurstangenkopf.

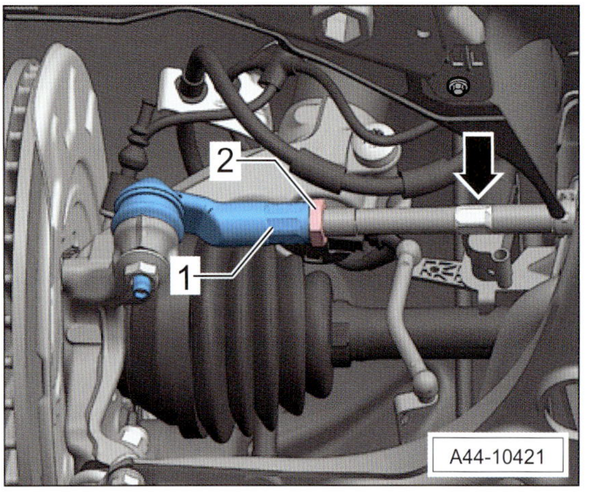

- Spurstangenkopf –1– mit gleicher Umdrehungsanzahl bis zur vorher angebrachten Markierung auf die Spurstange drehen und mit der Kontermutter –2– sichern. Kontermutter mit **70 Nm** festziehen, dabei am Spurstangenkopf gegenhalten. Pfeil – Sechskant an der Spurstange.
- Spurstangenkopf in das Radlagergehäuse einsetzen.
- Spurstangenkopf mit **neuer** Mutter und **20 Nm** anziehen. Anschließend Mutter mit einem starren Schlüssel um **90°** weiterdrehen.
- Rad anbauen, Fahrzeug ablassen und Radschrauben mit **120 Nm** über Kreuz festziehen.
- Fahrzeug vermessen lassen (Werkstattarbeit).

Räder und Reifen

Der GOLF ist je nach Modell und Ausstattung mit Rädern unterschiedlicher Größe ausgerüstet. Sofern Reifen montiert sind, deren Größe nicht in den Fahrzeugpapieren vermerkt ist, muss diese in der EG-Übereinstimmungsbescheinigung **CoC** (**C**ertification **o**f **C**onformity) für das Fahrzeug aufgeführt sein. Diese Bescheinigung oder eine Kopie davon ist dann grundsätzlich im Fahrzeug mitzuführen.

Neben der Felgenbreite und dem Felgendurchmesser sind bei einem Wechsel der Felge auch die Einpresstiefe und der Lochkreisdurchmesser zu beachten. Die Einpresstiefe ist das Maß von der Felgenmitte (= Mitte der Reifenspur) bis zur Anlagefläche der Radschüssel an die Radnabe/Bremsscheibe. Der Lochkreisdurchmesser gibt den Durchmesser des Kreises an, an dem die Radschrauben angeordnet sind.

Alle Scheibenräder sind als Hump-Felgen ausgelegt. Der Hump ist ein in die Felgenschulter eingepresster Wulst, der auch bei extrem scharfer Kurvenfahrt nicht zulässt, dass der schlauchlose Reifen von der Felge gedrückt wird. **Achtung:** In schlauchlose Reifen darf kein Schlauch eingezogen werden.

Reifenfülldruck

Der Reifenfülldruck wird vom Automobilhersteller in Abhängigkeit verschiedener Parameter festgelegt. Dazu zählen unter anderem die Zuladung und die Höchstgeschwindigkeit des Fahrzeugs. Vom Werk sind für den GOLF unterschiedliche Reifendimensionen und Felgengrößen zugelassen.

Hinweis: Eine komplette Liste aller zugelassenen Reifen und Felgen hat jede VW-Fachwerkstatt.

Für die Lebensdauer der Reifen und die Fahrzeugsicherheit ist das Einhalten des Reifenfülldrucks von großer Wichtigkeit. Reifenfülldruck deshalb alle 4 Wochen und vor jeder längeren Fahrt prüfen (auch am Reserverad).

Hinweis: Die Reifenfülldruckwerte stehen auf einem Aufkleber an der Innenseite der **Tankklappe**. In der unten stehenden Tabelle ist eine Auswahl der Reifenfülldrücke als Anhaltswerte angegeben.

- Reifenfülldruckangaben beziehen sich auf **kalte** Reifen. Der sich bei längerer Fahrt einstellende und um ca. 0,2 bis 0,4 bar höhere Überdruck darf nicht reduziert werden. **Winterreifen** (Bezeichnung M+S) können mit einem um **0,2 bar höheren Überdruck** als Sommerreifen gefahren werden. Auf jeden Fall müssen die Reifenfülldrücke bei Winterreifen entsprechend den Vorgaben des Reifenherstellers eingehalten werden. Unterliegen die Winterreifen einer Geschwindigkeitsbeschränkung, muss ein Hinweis im Blickfeld des Fahrers angebracht werden (§ 36, Absatz 1 StVZO).
- Bei **Anhängerbetrieb** Reifenfülldruck auf den unter »volle Zuladung« angegebenen Wert erhöhen. Reifenfülldruck der Anhängerbereifung ebenfalls kontrollieren.
- Der Reifenfülldruck für das **Reserverad** entspricht dem höchsten für das Fahrzeug vorgesehenen Fülldruck.
- Der Reifenfülldruck für das **Notrad** ist auf der Reifenflanke angegeben und liegt bei 4,2 bar.

Reifenfülldrücke

GOLF (Typ 5G1) **Reifengröße**	**Reifenfülldruck (Überdruck) in bar**			
	halbe Zuladung		volle Zuladung	
	vorn	hinten	vorn	hinten
205/55 R 16	2,0	2,0	2,3	2,8
225/45 R 17	2,0	2,0	2,3	2,8
205/50 R 17	2,2	2,2	2,4	2,9
225/40 R 18	2,2	2,2	2,4	2,9

Reifen- und Scheibenrad-Bezeichnungen/Herstellungsdatum

Reifen-Bezeichnungen

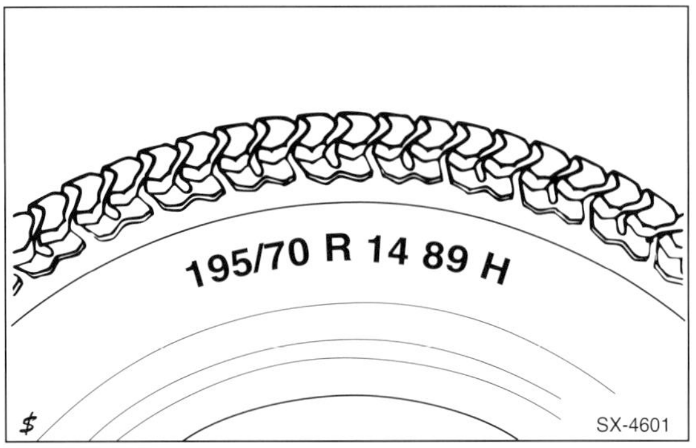

SX-4601

195	=	Reifenbreite in mm.
/70	=	Verhältnis Höhe zu Breite (die Höhe des Reifenquerschnitts beträgt 70 % von der Breite). Fehlt eine Angabe des Querschnittverhältnisses (zum Beispiel 155 R 13), so handelt es sich um das »normale« Höhen-Breiten-Verhältnis. Es beträgt bei Gürtelreifen 82 %.
R	=	Radial-Bauart (= Gürtelreifen).
14	=	Felgendurchmesser in Zoll.
89	=	Tragfähigkeits-Kennzahl.
H	=	Kennbuchstabe für zulässige Höchstgeschwindigkeit, H: bis 210 km/h. Der Geschwindigkeitsbuchstabe steht hinter der Reifengröße und gilt sowohl für Sommer- als auch für Winterreifen.
M+S	=	Winterreifen (M+S = Matsch und Schnee).
(Alpine-Symbol)	=	Nur mit diesem »Alpine-Symbol«, ein Bergpiktogramm mit Schneeflocke, sind die Reifen in der EU als Winterreifen zugelassen.

Geschwindigkeits-Kennbuchstabe

Kennbuchstabe	Zulässige Höchstgeschwindigkeit
Q	160 km/h
S	180 km/h
T	190 km/h
H	210 km/h
V	240 km/h
W	270 km/h
Y	300 km/h

Achtung: Steht hinter der Reifenbezeichnung das Wort »reinforced«, handelt es sich um einen Reifen in verstärkter Ausführung, beispielsweise für Vans und Transporter.

Reifen-Herstellungsdatum

Das Herstellungsdatum steht auf dem Reifen im Hersteller-Code.

Beispiel: DOT CUL2 UM8 2716 TUBELESS.

DOT = Department of Transportation (US-Verkehrsministerium).
CU = Kürzel für Reifenhersteller.
L2 = Reifengröße.
UM8 = Reifenausführung.
2716 = Herstellungsdatum = 27. Produktionswoche 2016.
TUBELESS = schlauchlos (TUBETYPE = Schlauchreifen).

Achtung: Neureifen müssen seit 10/98 zusätzlich mit einer ECE-Prüfnummer an der Reifenflanke versehen sein. Diese Prüfnummer weist nach, dass der Reifen dem ECE-Standard entspricht. Reifen seit 10/98 **ohne** ECE-Prüfnummer haben keine Allgemeine Betriebserlaubnis (ABE).

Scheibenrad-Bezeichnungen

Beispiel : 5½ J x 15 H2, ET 38, LK 5/112.

5½	=	Maulweite (Innenbreite) der Felge in Zoll.
J	=	Kennbuchstabe für Höhe und Kontur des Felgenhorns (B = niedrigere Hornform).
x	=	Kennzeichen für einteilige Tiefbettfelge.
15	=	Felgen-Durchmesser in Zoll.
H2	=	Felgenprofil an Außen- und Innenseite mit Hump-Schulter (Hump = Sicherheitswulst, damit der Reifen nicht von der Felge rutscht).
ET 38	=	Einpresstiefe: 38 mm. Das Maß gibt in mm an, wie weit die Felgenanschraubfläche von der Felgenmitte entfernt ist.
LK 5	=	Die Felge ist in diesem Beispiel mit 5 Schrauben befestigt.
/112	=	Der Lochkreisdurchmesser, auf dem die Schrauben angeordnet sind, beträgt hier 112 mm.

Profiltiefe messen

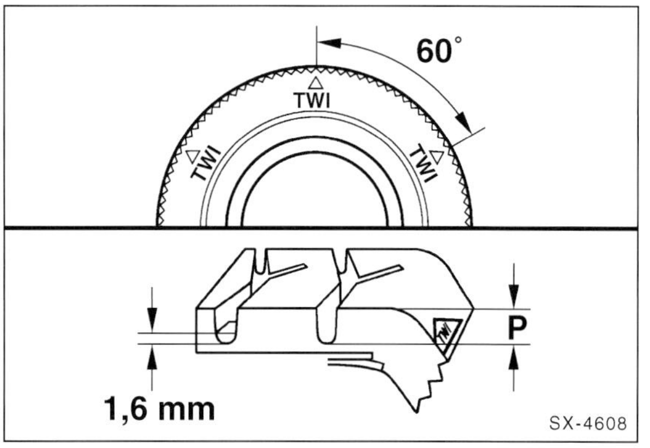

SX-4608

Reifen dürfen aufgrund gesetzlicher Vorschriften bis zu einer Profiltiefe von 1,6 mm abgefahren werden, und zwar an der gesamten Reifenlauffläche gemessen. Aus Sicherheitsgründen empfiehlt es sich, die Sommerreifen bereits bei einer Profiltiefe von **2 mm** und die Winterreifen bei einer Profiltiefe von **4 mm** auszutauschen.

Die Tiefe des Reifenprofils an den Hauptprofilrillen mit dem stärksten Verschleiß messen. Im Profilgrund der Originalbereifung sind Abnutzungsindikatoren vorhanden. An den Reifenflanken kennzeichnen Buchstaben (TWI = **T**read **W**ear **I**ndicator) oder Dreiecksymbole die Lage der Verschleißanzeiger. Die Flächen der Abnutzungsindikatoren haben eine Höhe von 1,6 mm. Sie dürfen nicht in die Messung mit einbezogen werden. Für die Messwerte entscheidend ist das Maß an der Stelle mit der geringsten Profiltiefe –P–.

Auswuchten von Rädern

Die serienmäßigen Räder werden im Werk ausgewuchtet. Das Auswuchten ist notwendig, um unterschiedliche Gewichtsverteilung und Materialungenauigkeiten auszugleichen. Im Fahrbetrieb macht sich die Unwucht durch Trampel- und Flattererscheinungen bemerkbar. Das Lenkrad beginnt dann bei höherem Tempo zu zittern. In der Regel tritt dieses Zittern nur in einem bestimmten Geschwindigkeitsbereich auf und verschwindet wieder bei niedrigerer oder höherer Geschwindigkeit. Solche Unwuchterscheinungen können mit der Zeit zu Schäden an Achsgelenken, Lenkgetriebe und Stoßdämpfern sowie am Reifenprofil führen.

Räder nach jeder Reifenreparatur und nach jeder Montage eines neuen Reifens auswuchten lassen, da sich durch Abnutzung und Reparatur die Gewichts- und Materialverteilung am Reifen ändert.

Schneeketten

Schneeketten sind nur an den **Vorderrädern** zulässig. Aus technischen Gründen ist die Verwendung von Schneeketten nur mit bestimmten Reifen-/Felgenkombinationen zulässig, siehe Bedienungsanleitung. Auf dem Notrad keine Schneeketten auflegen. Um Beschädigungen an den Radvollblenden zu vermeiden, sollten diese bei Schneekettenbetrieb abgenommen werden. Nach Entfernen der Schneeketten, Radvollblenden wieder montieren.

Achtung: Nur feingliedrige Schneeketten aufziehen, die an der Lauffläche und an den Reifeninnenseiten inklusive Schloss maximal 15 mm auftragen.

Mit Schneeketten darf in Deutschland nicht schneller als **50 km/h** gefahren werden. Auf schnee- und eisfreien Straßen Schneeketten abnehmen.

Rad aus- und einbauen

Ausbau

Hinweis: Leichtmetallfelgen sind durch einen Klarlacküberzug gegen Korrosion geschützt. Beim Radwechsel darauf achten, dass die Schutzschicht nicht beschädigt wird, andernfalls mit Klarlack ausbessern.

- Reifen-Laufrichtung mit Kreide durch einen Pfeil am Reifen markieren.
- Fahrzeug gegen Wegrollen sichern. Dazu Handbremse anziehen, Rückwärtsgang oder 1. Gang einlegen. Bei Fahrzeugen mit Automatikgetriebe Wählhebel in Stellung »P« legen. Außerdem einen Keil hinter das diagonal gegenüberliegende Rad legen. Dabei Keil immer an der von der Aufbockstelle weg zeigenden Seite unterlegen.

- **Räder mit Radvollblende:** Drahtbügel aus dem Bordwerkzeug in eine Aussparung der Radvollblende einhängen, Radschlüssel durchschieben und Blende abziehen.

- **Räder mit Mittenabdeckung:** Mittenabdeckung mit dem Drahtbügel aus dem Bordwerkzeug abziehen.
- **Radschrauben mit Abdeckkappen:** Mit dem Drahtbügel aus dem Bordwerkzeug Abdeckkappen von den Radschrauben abziehen.
- **Radschraube mit Diebstahlsicherung:** Adapter mit Innenvielzahn-Einsatz aus dem Bordwerkzeug bis zum Anschlag in die Radschraube einschieben. **Achtung:** Zum Lösen der Schrauben keinen Schlagschrauber verwenden.
- **Radschrauben ½ Umdrehung** lockern, nicht abschrauben. **Achtung:** Dabei muss das Fahrzeug auf dem Boden stehen, ein Gang eingelegt und die Handbremse angezogen sein. Zum Lösen keinen Drehmomentschlüssel verwenden.

Sicherheitshinweis
Beim Aufbocken des Fahrzeugs besteht Unfallgefahr! Deshalb vorher das Kapitel »Fahrzeug aufbocken« durchlesen.

- Fahrzeug mit dem Wagenheber so weit anheben, bis das Rad vom Boden abgehoben hat.
- Radschrauben herausdrehen und Rad abnehmen.

Einbau

- Zum Schutz gegen das Festrosten den Zentriersitz der Felge an der Radnabe vor jeder Montage des Rades dünn mit Hochtemperaturpaste bestreichen, zum Beispiel: VW-G052109A2 oder Castrol Molub-Alloy Paste TA.
- Verschmutzte Schrauben und Gewinde reinigen. Gewinde der Radschrauben **nicht** fetten oder ölen. **Achtung:** Korrodierte oder schwergängige Schrauben umgehend erneuern. Schwergängige Schrauben können nicht mit dem richtigen Anzugsdrehmoment festgezogen werden.
- Schräge Anlageflächen am Schraubenkopf dünn mit Hochtemperaturpaste bestreichen, zum Beispiel: VW-G052109A2 oder Castrol Molub-Alloy Paste TA.
- Rad entsprechend der beim Ausbau angebrachten Laufrichtungs-Markierung ansetzen.
- Radschrauben anschrauben und leicht mit etwa **50 Nm** über Kreuz anziehen.
- Fahrzeug absenken und Wagenheber entfernen.
- Radschrauben über Kreuz in mehreren Durchgängen anziehen. Zum Festziehen der Radschrauben sollte stets ein Drehmomentschlüssel verwendet werden. Dadurch wird sichergestellt, dass die Radschrauben gleichmäßig und fest angezogen sind. **Das Anzugsdrehmoment für die Radschrauben beträgt für Stahl- und Leichtmetallfelgen 120 Nm.**

Achtung: Wurden die Radschrauben nicht mit einem Drehmomentschlüssel festgezogen, ist es zwingend erforderlich, umgehend das Anzugsdrehmoment in einer Werkstatt kontrollieren zu lassen. Durch einseitiges oder unterschiedlich starkes Anziehen der Radschrauben können das Rad und/oder die Radnabe verspannt werden.

- **Fahrzeuge mit Radvollblenden:** Radvollblende zuerst im Bereich des Ventilausschnittes aufdrücken und anschließend gesamte Blende vollständig einrasten lassen. Blende gegebenenfalls mit dem Handballen aufschlagen.
- **Fahrzeuge mit Mittenabdeckung:** Mittenabdeckung einsetzen und einrasten lassen. Dabei darauf achten, dass die Nase an der Abdeckung in die Aussparung in der Felge eingreift, siehe Abbildung V-4603.
- **Radschrauben mit Abdeckkappen:** Kappen auf die Schraubenköpfe drücken.

Achtung: Felgen und Radschrauben sind aufeinander abgestimmt. Bei der Umrüstung von Leichtmetallfelgen auf Stahlfelgen, zum Beispiel beim Wechsel auf Winterbereifung mit Stahlfelgen, müssen deshalb die dazugehörigen Radschrauben mit der richtigen Länge und Kalottenform verwendet werden. Der Festsitz der Räder und die Funktion der Bremsanlage hängen davon ab.

- Nach dem Reifenwechsel unbedingt Reifenfülldruck prüfen und gegebenenfalls korrigieren.

Reifenkontrolle

Der GOLF verfügt als Sonderausstattung über ein Reifen-Überwachungssystem zur Erkennung von langsamen Reifendruckverlusten. Anhand der Raddrehzahlwerte, die über den ABS-Radsensor erhalten werden, wird in Abhängigkeit der Reifengröße der Abrollumfang jedes Reifens ermittelt. Eine Veränderung des Abrollumfangs wird als Absinken des Fülldrucks interpretiert und im Kombiinstrument angezeigt.

Ein anderes Reifendruck-Kontrollsystem wird am Markt angeboten. Hierbei erfolgt die Überwachung über Sensoren in den Reifen, wodurch eine Vielzahl von Reifen-Daten zur Auswertung bereitgestellt wird.

Im Handel werden auch **RFT-Reifen** (**R**un **F**lat **T**yre) mit einer Notlauf-Eigenschaft angeboten. Diese Reifen weisen eine spezielle Verstärkung der Seitenwände auf, wodurch das Fahrzeug bei plötzlichem Reifendruckverlust weiterhin sicher gesteuert werden kann. Bei einer Höchstgeschwindigkeit von etwa 80 km/h können mit den Reifen noch bis zu 250 Kilometer zurückgelegt werden. RFT-Reifen dürfen nur bei Fahrzeugen mit einem Reifendruck-Kontrollsystem eingesetzt werden. Zudem muss das Fahrzeug vom Hersteller speziell für den Einsatz von Run-Flat-Reifen zugelassen sein.

Reifenpflegetipps

Reifen haben ein »Gedächtnis«. Unsachgemäße Behandlung – und dazu zählt beispielsweise auch schon schnelles oder häufiges Überfahren von Bordstein- oder Schienenkanten – führt deshalb zu Reifenpannen, mitunter sogar erst nach längerer Laufleistung.

Reifen reinigen

- Reifen generell **nicht** mit einem Dampfstrahlgerät reinigen. Wird die Düse des Dampfstrahlers zu nahe an den Reifen gehalten, dann wird die Gummischicht innerhalb weniger Sekunden irreparabel zerstört, selbst bei Verwendung von kaltem Wasser. Ein auf diese Weise gereinigter Reifen sollte sicherheitshalber ersetzt werden.
- Ersetzt werden sollte auch ein Reifen, der über längere Zeit mit Öl, Fett oder Kraftstoff in Berührung kam. Der Reifen quillt an den betreffenden Stellen zunächst auf, nimmt jedoch später wieder seine normale Form an und sieht äußerlich unbeschädigt aus. Die Belastungsfähigkeit des Reifens nimmt aber ab.

Reifen lagern

- Reifen kühl, dunkel und trocken aufbewahren. Sie dürfen nicht mit Fett, Öl oder Kraftstoff in Berührung kommen.
- Räder liegend oder an den Felgen aufgehängt in der Garage oder im Keller lagern. Reifen, die nicht auf einer Felge montiert sind, sollten stehend aufbewahrt werden.
- Bevor die Räder abmontiert werden, Reifenfülldruck etwas erhöhen (ca. 0,3 – 0,5 bar).

Hinweis: Für Winterreifen eigene Felgen verwenden; das Ummontieren der Reifen lohnt sich aus Kostengründen nicht.

Reifen einfahren

Neue Reifen haben vom Produktionsprozess her eine besonders glatte Oberfläche. Deshalb müssen neue Reifen – das gilt auch für das neue Ersatzrad – etwa **300 Kilometer** mit mäßiger Geschwindigkeit und vorsichtiger Fahrweise eingefahren werden; speziell auf regennasser Fahrbahn muss vorsichtig gefahren werden. Bei diesem Einfahren raut sich durch die beginnende Abnutzung die glatte Oberfläche auf, das Haftvermögen des Reifens verbessert sich.

Austauschen der Räder/Laufrichtung

Sicherheitshinweise
Reifen nicht einzeln, sondern mindestens achsweise ersetzen. Reifen mit der größeren Profiltiefe **vorn** montieren. Am Fahrzeug dürfen nur Reifen gleicher Bauart verwendet werden. An einer Achse dürfen nur Reifen desselben Herstellers und mit der selben Profilausführung eingebaut werden. Reifen, die älter als 6 Jahre sind, nur im Notfall und bei vorsichtiger Fahrweise verwenden. Keine gebrauchten Reifen verwenden, deren Ursprung nicht bekannt ist. Beim Erneuern von Felge oder Reifen grundsätzlich das Gummiventil ersetzen.

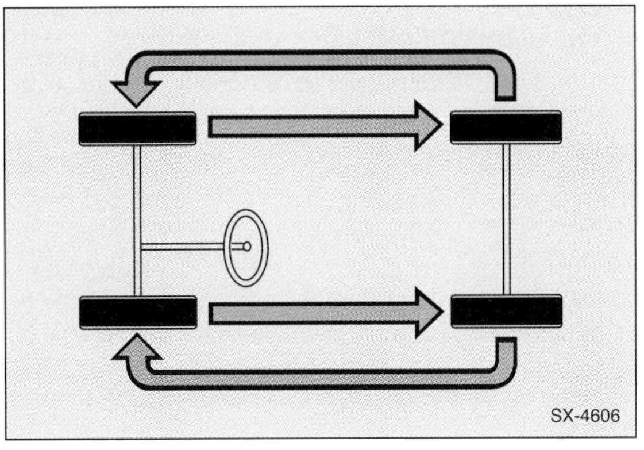

SX-4606

- Bei größerem Verschleiß der vorderen Reifen, die Vorderräder gegen die Hinterräder tauschen. Dadurch haben alle 4 Reifen etwa die gleiche Lebensdauer.

Es ist nicht zweckmäßig, bei einem Austausch der Räder die Drehrichtung der Reifen zu ändern, da sich die Reifen nur unter vorübergehend stärkerem Verschleiß der veränderten Drehrichtung anpassen.

SX-4609

- Bei Reifen **mit laufrichtungsgebundenem Profil,** erkennbar an Pfeilen auf der Reifenflanke in Laufrichtung, **muss** die Laufrichtung des Reifens **unbedingt** eingehalten werden. Dadurch werden optimale Laufeigenschaften bezüglich Aquaplaning, Haftvermögen, Geräusch und Abrieb sichergestellt.

Hinweis: Laufrichtungsgebundenes Reserverad bei einer Reifenpanne nur vorübergehend entgegen der Laufrichtung montieren. Insbesondere bei Nässe empfiehlt es sich, die Geschwindigkeit den Fahrbahnverhältnissen anzupassen.

Fehlerhafte Reifenabnutzung

- In erster Linie ist auf vorschriftsmäßigen Reifenfülldruck zu achten, wobei alle 4 Wochen und vor jeder längeren Fahrt sowie bei hoher Zuladung eine Prüfung vorgenommen werden sollte.
- Reifenfülldruck nur bei kühlen Reifen prüfen. Der Reifenfülldruck steigt nämlich mit zunehmender Erhitzung bei schneller Fahrt an. Dennoch ist es völlig falsch, aus erhitzten Reifen Luft abzulassen.

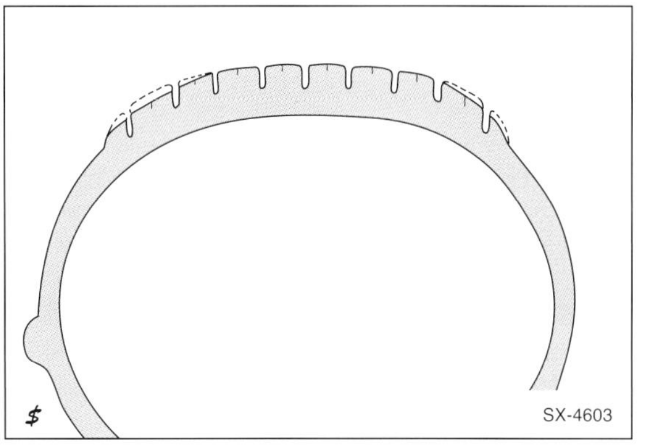

SX-4603

- An den Vorderrädern ist eine etwas größere Abnutzung der Reifenschultern gegenüber der Laufflächenmitte normal, wobei aufgrund der Straßenneigung die Abnutzung der zur Straßenmitte zeigenden Reifenschulter (linkes Rad: außen, rechtes Rad: innen) deutlicher ausgeprägt sein kann.
- Ungleichmäßiger Reifenverschleiß ist zumeist die Folge zu geringen oder zu hohen Reifenfülldrucks. Er kann auch auf Fehler in der Radeinstellung oder der Radauswuchtung sowie auf mangelhafte Stoßdämpfer oder Felgen zurückzuführen sein.
- Bei zu hohem Reifenfülldruck wird die Laufflächenmitte mehr abgenutzt, da der Reifen an der Lauffläche durch den hohen Innendruck mehr gewölbt ist.
- Bei zu niedrigem Reifenfülldruck liegt die Lauffläche an den Reifenschultern stärker auf, und die Laufflächenmitte wölbt sich nach innen durch. Dadurch ergibt sich ein stärkerer Reifenverschleiß der Reifenschultern.

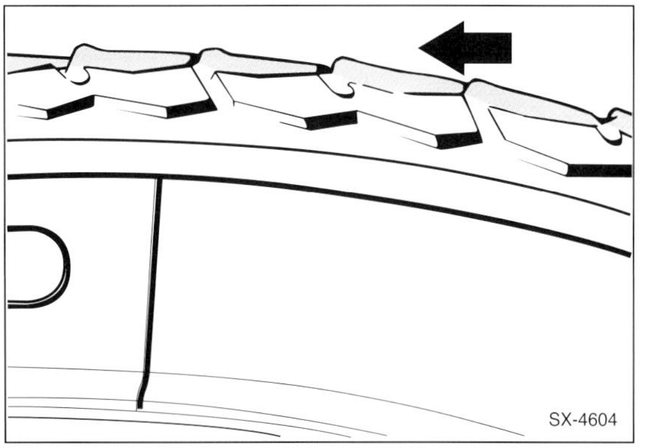

SX-4604

- Sägezahnförmige Abnutzung des Profils ist in der Regel auf eine Überbelastung des Fahrzeugs zurückzuführen.

Bremsanlage

Aus dem Inhalt:

- **Bremsbeläge wechseln**
- **Bremsscheibe wechseln**
- **ABS/EBV/EDS/ASR/ESP**
- **Bremsscheibe prüfen**
- **Bremse entlüften**
- **Bremslichtschalter**

Das Arbeiten an der Bremsanlage erfordert peinliche Sauberkeit und exakte Arbeitsweise. Falls die nötige Arbeitserfahrung fehlt, sollten Reparaturarbeiten an der Bremsanlage von einer Fachwerkstatt durchgeführt werden.

Das Bremssystem besteht aus dem Hauptbremszylinder, dem Bremskraftverstärker und den **Scheibenbremsen** für die Vorder- und Hinterräder. Das hydraulische Bremssystem ist in zwei Kreise aufgeteilt, die diagonal wirken. Ein Bremskreis ist mit den Bremssätteln vorn rechts/hinten links verbunden, der zweite mit den Bremssätteln vorn links/hinten rechts. Dadurch kann bei Ausfall eines Bremskreises, zum Beispiel durch ein Leck, das Fahrzeug über den anderen Bremskreis zum Stehen gebracht werden. Der Druck für beide Bremskreise wird im Tandem-Hauptbremszylinder über das Bremspedal aufgebaut.

Der **Bremsflüssigkeitsbehälter** befindet sich im Motorraum über dem Hauptbremszylinder. Er versorgt das Bremssystem wie auch das hydraulische Kupplungssystem mit Bremsflüssigkeit.

Der **Bremskraftverstärker** speichert den von einer **Vakuumpumpe** erzeugten Unterdruck. Beim Betätigen des Bremspedals wird dann die Pedalkraft durch den Unterdruck verstärkt. Die Vakuumpumpe sitzt an der linken Stirnseite am Zylinderkopf und wird über die Nockenwelle angetrieben.

Der GOLF ist mit einer **elektromechanischen Feststellbremse** ausgestattet. Dazu ist an den Bremssätteln der Hinterachse jeweils ein Motor vorhanden, der die Bremskolben nach Betätigen des Feststellschalters gegen die Bremsbeläge drückt.

Die **Bremsbeläge** sind Bestandteil der Allgemeinen Betriebserlaubnis (ABE), außerdem sind sie vom Werk auf das jeweilige Fahrzeugmodell abgestimmt. Es dürfen deshalb nur die vom Automobilhersteller beziehungsweise vom Kraftfahrtbundesamt (KBA) freigegebenen Bremsbeläge verwendet werden. Diese Bremsbeläge haben eine KBA-Freigabenummer.

Sicherheitshinweis
Beim Reinigen der Bremsanlage fällt Bremsstaub an, der zu gesundheitlichen Schäden führen kann. Beim Reinigen der Bremsanlage Bremsstaub nicht einatmen. Bremsanlage nicht mit Druckluft ausblasen.

ABS/HBA/EBV/EDS/ASR/ESP

Grundsätzlich dürfen Arbeiten an den elektronisch gesteuerten Brems- und Fahrwerkskomponenten nur in der Fachwerkstatt ausgeführt werden.

ABS: Das **A**nti-**B**lockier-**S**ystem verhindert bei scharfem Abbremsen das Blockieren der Räder, dadurch bleibt das Fahrzeug lenkbar.

HBA: Der **h**ydraulische **B**rems**a**ssistent erkennt aufgrund der Geschwindigkeit und der Kraft, mit der das Bremspedal heruntergedrückt wird, ob eine Notbremssituation gegeben ist. In diesem Fall erhöht der Bremsassistent innerhalb von Millisekunden automatisch den Bremsdruck über den vom Fahrer vorgegebenen Wert, bis die ABS-Regelung einsetzt. Dadurch wird der Bremsweg verkürzt.

EBV: Die **E**lektronische **B**remskraft**v**erteilung verteilt mittels ABS-Hydraulik die Bremskraft an die Hinterräder. Bei Geradeausfahrt wird die Hinterradbremse voll an der Bremsleistung beteiligt. Über die ABS-Drehzahlsensoren erkennt die EBV, ob das Fahrzeug geradeaus oder durch eine Kurve fährt. Bei Kurvenfahrt wird der Bremsdruck für die Hinterräder reduziert. Dadurch können die Hinterräder die maximale Seitenführungskraft aufbringen und ein Schleudern des Fahrzeugs beim Bremsen in der Kurve wird verhindert.

EDS: Die **E**lektronische **D**ifferenzial**s**perre bremst ein durchdrehendes Antriebsrad ab und lenkt dadurch das Antriebsdrehmoment auf das andere, greifende Rad um. Die EDS ist beim Anfahren und bis zu einer Geschwindigkeit von etwa 40 km/h voll wirksam. Danach lässt die EDS-Regelung allmählich nach. Die EDS ist ebenfalls bei Rückwärtsfahrt aktiv.

ASR: Die elektronische **A**ntriebs-**S**chlupf-**R**egelung verhindert beim Beschleunigen den Schlupf der zum Durchdrehen neigenden Räder. Dies wird durch das Abbremsen der Räder und die Reduzierung der Motorleistung erreicht. Die ASR- beziehungsweise die ESP-Warnleuchte im Kombiinstrument blinkt, wenn ein Rad die Schlupfgrenze erreicht hat. Die Antriebs-Schlupf-Regelung lässt sich über den ASR- beziehungsweise ESP-Schalter in der Mittelkonsole abschalten, dann leuchtet die Warnleuchte im Kombiinstrument.

Hinweis: Bei Fahrbahnen mit Sand, Kies oder im Tiefschnee sowie bei Schneekettenbetrieb kann es von Vorteil sein, ASR abzuschalten, um mit höherem Antriebsschlupf und ohne elektronischen Motoreingriff fahren zu können.

ESP: Über die ABS-Funktionen hinaus verringert das **E**lektronische **S**tabilitäts-**P**rogramm das Schleuderrisiko des Fahrzeugs. Im ESP sind die Funktionen der Traktionskontrolle (EDS, ASR) integriert. In schnell durchfahrenen Kurven oder bei abrupten Ausweichmanövern erkennt ESP, ob das Fahrzeug auszubrechen droht. Über Sensoren erfasst ESP den Lenkwinkel und die Drehgeschwindigkeit des Fahrzeugs um die Hochachse. Unstabile Fahrzustände werden sofort erkannt. Durch das Abbremsen einzelner Räder und die Regulierung der Motorleistung wird das Fahrzeug bestmöglichst auf dem gewünschten Kurs gehalten.

Achtung: Damit ESP ohne Störungen funktionieren kann, müssen an allen 4 Rädern die gleichen Reifen montiert sein.

Ist die ESP-Regelung aktiv, wird dies durch Blinken der ESP-Warnleuchte im Kombiinstrument signalisiert. Die Fahrweise sollte dann den Straßenverhältnissen angepasst werden, sonst besteht Unfallgefahr.

Hinweise zum ABS/ESP/EDS

Eine Sicherheitsschaltung im elektronischen Steuergerät sorgt dafür, dass sich die Anlage bei einem **Defekt** (zum Beispiel Kabelbruch) oder bei zu niedriger Betriebsspannung (Batteriespannung unter 10 Volt) selbst abschaltet. Angezeigt wird dies durch das Aufleuchten der Kontrolllampen im Kombiinstrument. Die herkömmliche Bremsanlage bleibt dabei in Betrieb. Das Fahrzeug verhält sich dann beispielsweise beim Bremsen so, als ob keine ABS/ESP/EDS-Anlage eingebaut wäre.

> **Sicherheitshinweis**
> Wenn während der Fahrt die Kontrollleuchten für das ABS und für die Bremsanlage leuchten, können bei starkem Abbremsen die Hinterräder blockieren, da die Bremskraftverteilung ausgefallen ist.

Leuchten während der Fahrt eine oder mehrerer **Kontrolllampen** im Kombiinstrument auf, folgende Punkte beachten:

- Fahrzeug kurz anhalten, Motor abstellen und wieder starten.
- Batteriespannung prüfen. Wenn die Spannung unter 10,5 Volt liegt, Batterie laden.

Achtung: Wenn die Kontrolllampen am Anfang einer Fahrt aufleuchten und nach einiger Zeit wieder erlöschen, deutet das darauf hin, dass die Batteriespannung zunächst zu gering war, bis sie sich während der Fahrt durch Ladung über den Generator wieder erhöht hat.

- Prüfen, ob die Batterieklemmen richtig festgezogen sind und einwandfreien Kontakt haben.
- Fahrzeug aufbocken, Räder abnehmen, elektrische Leitungen zu den Drehzahlfühlern auf äußere Beschädigungen (Scheuerstellen) prüfen. Weitere Prüfungen der ABS/ESP/EDS-Anlage sollten von einer Fachwerkstatt durchgeführt werden.

Achtung: Vor Schweißarbeiten mit einem elektrischen Schweißgerät muss der Stecker von der ABS-Steuereinheit im Motorraum abgezogen werden. Stecker nur bei ausgeschalteter Zündung abziehen. Bei **Lackierarbeiten** darf das Steuergerät kurzzeitig mit max. +95° C und langzeitig (max. 2 Std.) mit +85° C belastet werden.

Zuordnung der Bremsanlage

Anhand der **PR-Nummer** auf dem Fahrzeugdatenträger kann festgestellt werden, welche Bremsanlage im Fahrzeug eingebaut ist. Der Fahrzeugdatenträger befindet sich in der Reserveradmulde und im Serviceplan.

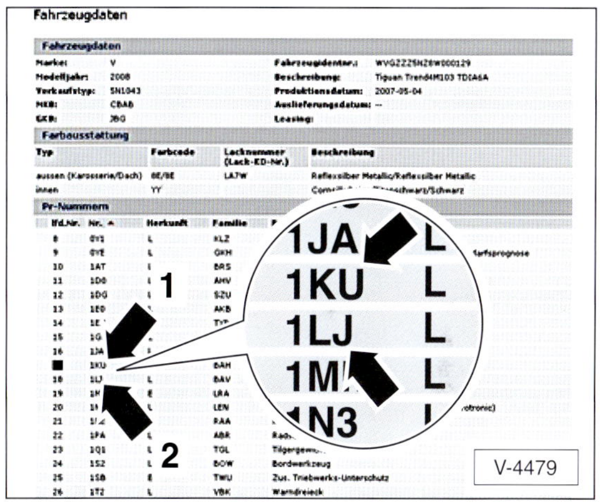

Pfeil 1 = Hinterradbremse PR-Nr. 1KU.
Pfeil 2 = Vorderradbremse PR-Nr. 1LJ.

Technische Daten Bremsanlage

Scheibenbremse	vorn				hinten		
PR-Nummer	1ZF	1ZE/1ZP	1ZA/1ZD/1ZB	1LJ/1LM/1LK	1KE/1KR	1KV	1KJ/1KY
Motor [1]	63/66/77 kW	63 – 110 kW	135 kW TDI/ 162 kW TSI	169 – 228 kW	63 - 135 kW	162 kW	169 – 221 kW
Bremssattelbezeichnung	FS III (15")	PC57 (15")	PC57 (16")	C60/PC60 (17")	FNcM38 (15")	FNc-M42(16")	FNcM42 (17")
Bremsbelagdicke – neu (ohne Rückenplatte)	12 mm	14 mm	14 mm	13 mm	11 mm	11 mm	11 mm
Bremsbelagdicke – Verschleißgrenze (ohne Rückenplatte)	2 mm	2 mm	2 mm	2 mm	2 mm	2 mm	2 mm
Bremsscheibendurchmesser	276 mm	288 mm	312 mm	340 mm	272 mm	300 mm	310 mm
Bremsscheibendicke – neu	24 mm	25 mm	25 mm	30 mm	10 mm	12 mm	22 mm
Bremsscheibendicke – Verschleißgrenze	21 mm	22 mm	22 mm	27 mm	8 mm	10 mm	20 mm

Vorderrad-Scheibebremse

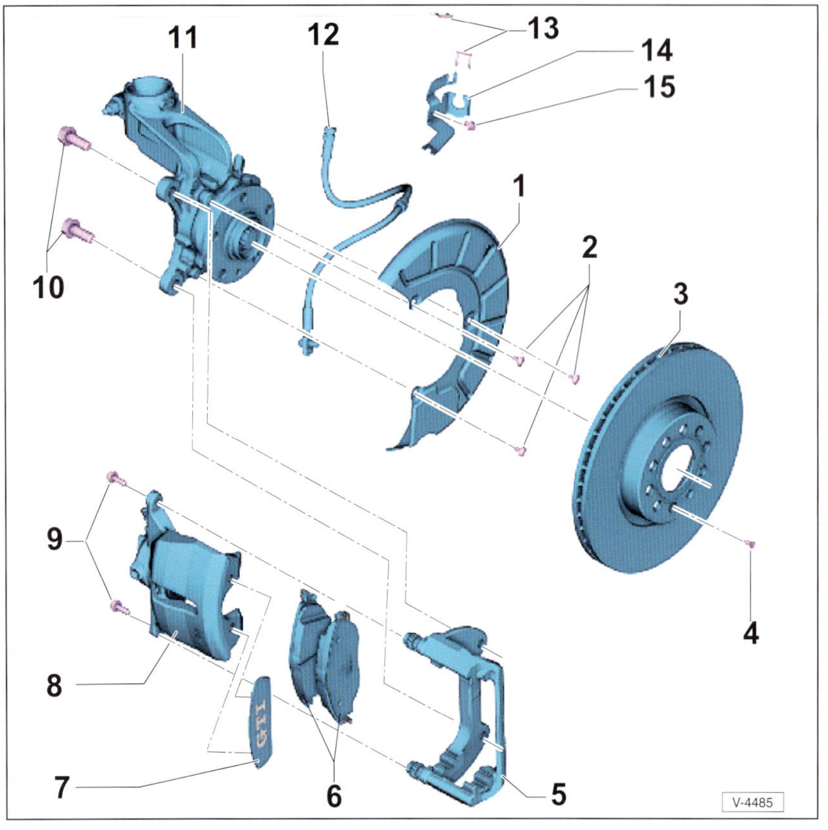

PC57-/C60-Bremse

1 – **Abdeckblech**

2 – **Torx-Schraube, 12 Nm**

3 – **Bremsscheibe**
Innen belüftet. Grundsätzlich achsweise ersetzen.

4 – **Torx-Schraube, 4,5 Nm**

5 – **Bremsträger**
Belagführungsflächen mit Lithiumfett VW-G 052 150 A2 leicht fetten.

6 – **Bremsbeläge**
Mit Bremsbelagverschleißanzeige vorn rechts. Bei ca. 4 mm Restbelagstärke leuchtet im Kombiinstrument eine Kontrollleuchte auf. Grundsätzlich achsweise ersetzen.

7 – **Blende mit Emblem »GTI«**

8 – **Bremssattel**
Zum Bremsbelagwechsel den Bremsschlauch nicht abschrauben.

9 – **Sechskantschraube, 35 Nm**
Selbstsichernd, daher nach der Demontage grundsätzlich ersetzen.

10 – **Rippschraube, 200 Nm**
Bei Wiederverwendung reinigen.

11 – **Radlagergehäuse**
Mit geschraubtem Bremsträger.

12 – **Bremsschlauch mit Ringstutzen und Hohlschraube, 35 Nm**
Auf richtige Einbaulage achten.

13 – **Halteklammer**

14 – **Halter**

15 – **Schraube, 8 Nm**

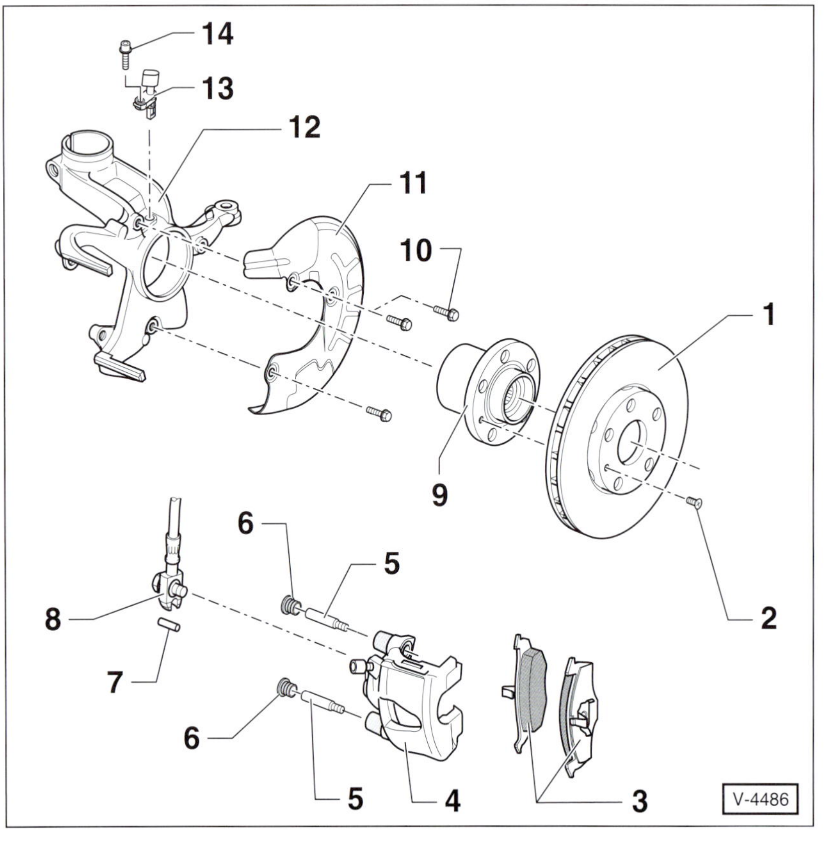

FS-III-Bremse

1 – **Bremsscheibe**
Grundsätzlich achsweise ersetzen. Zum Ausbau vorher Bremssattel abschrauben. Bremsscheibe nicht gewaltsam von der Radnabe trennen, ggf. Rostlöser anwenden.

2 – **Torx-Schraube, 8 Nm**

3 – **Bremsbeläge**
Mit Verschleißanzeige. Grundsätzlich achsweise ersetzen.

4 – **Bremssattel**

5 – **Führungsbolzen, 30 Nm**

6 – **Abdeckkappe**

7 – **Spannhülse**

8 – **Bremsschlauch**
Mit Ringstutzen und Hohlschraube, **35 Nm**.

9 – **Radnabe mit Radlager**

10 – **Torx-Schraube, 12 Nm**

11 – **Abdeckblech**

12 – **Radlagergehäuse**
Mit integriertem Bremsträger. Belagführungsflächen mit Lithiumfett VW-G 052 150 A2 leicht fetten.

13 – **Drehzahlfühler ABS**
Vor dem Einsetzen des Fühlers die Innenfläche der Bohrung reinigen und mit Hochtemperaturfett VW-G 052 112 A3, bestreichen.

14 – **Innensechskantschraube, 8 Nm**

Bremsbeläge vorn aus- und einbauen

PC57/C60/PC60-Bremse

Hinweise zur FS-III-Bremse stehen am Ende des Kapitels.

Ausbau

Achtung: Bremsbeläge sind Bestandteil der Allgemeinen Betriebserlaubnis (ABE) und vom Werk auf das jeweilige Modell abgestimmt. Es dürfen deshalb nur die vom Automobilhersteller freigegebenen Bremsbeläge verwendet werden.

Achtung: Sollen die Bremsbeläge wieder verwendet werden, müssen sie beim Ausbau gekennzeichnet werden. Ein Wechsel der Beläge von der Außen- zur Innenseite oder vom rechten zum linken Rad ist nicht zulässig.

Achtung: Grundsätzlich alle Scheibenbremsbeläge einer Achse gleichzeitig ersetzen, auch wenn nur ein Belag die Verschleißgrenze erreicht hat.

- Reifen-Laufrichtung mit Pfeil am Reifen markieren. Radschrauben lösen. Fahrzeug vorne aufbocken und Rad abnehmen. **Achtung:** Unbedingt Hinweise im Kapitel »Rad aus- und einbauen« beachten.

Sicherheitshinweis
Beim Aufbocken des Fahrzeugs besteht Unfallgefahr! Hinweise im Kapitel »Fahrzeug aufbocken« beachten.

- Gegebenenfalls die Steckverbindung für Bremsbelagverschleißanzeige trennen. Die Bremsbelagverschleißanzeige ist vorn rechts eingebaut.

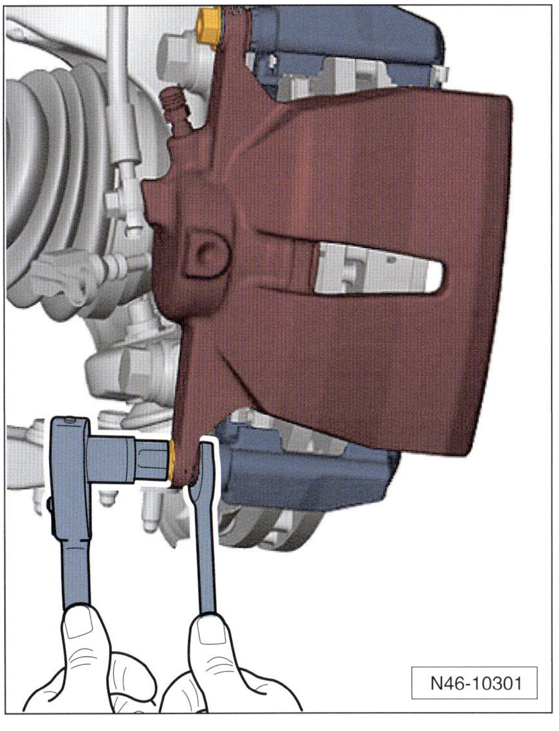
N46-10301

- Beide Befestigungsschrauben vom Bremssattel abschrauben, dabei am Führungsbolzen gegenhalten.

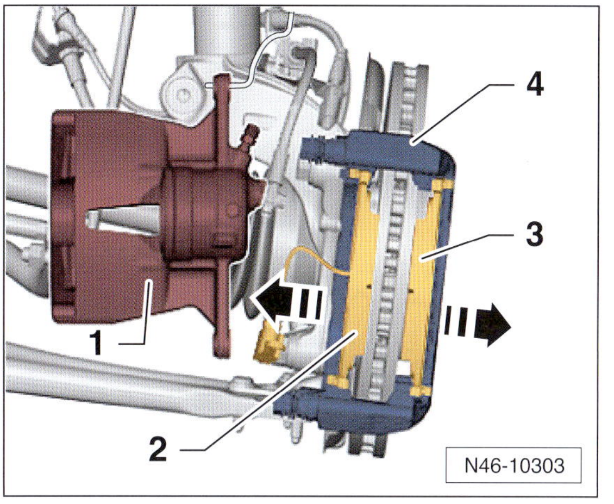

N46-10303

- Bremssattel –1– abnehmen und so mit Draht aufhängen, dass das Gewicht des Bremssattels den Bremsschlauch nicht belastet beziehungsweise beschädigt.
- Die Bremsbeläge –2– und –3– vom Bremsträger –4– abnehmen.

Einbau

Achtung: Bei ausgebauten Bremsbelägen nicht auf das Bremspedal treten, sonst wird der Kolben aus dem Gehäuse herausgedrückt. In diesem Fall Bremssattel komplett ausbauen und Kolben in der Werkstatt einsetzen lassen.

- Vor Einbau der Beläge ist die Bremsscheibe durch Abtasten mit den Fingern auf Riefen zu untersuchen. Riefige Bremsscheiben können abgedreht werden (Werkstattarbeit), sofern sie noch eine ausreichende Dicke aufweisen. Grundsätzlich beide Bremsscheiben einer Achse auf gleiches Maß abdrehen lassen.
- Bremsscheibendicke messen, siehe entsprechendes Kapitel.

Achtung: Zum Reinigen der Bremse **ausschließlich** Spiritus verwenden. Führungsfläche beziehungsweise Sitz der Beläge im Gehäuseschacht mit einem Lappen reinigen. Keine scharfkantigen Werkzeuge verwenden. Besonders auf das Entfernen eventueller Klebefolienreste an den Anlageflächen der äußeren Bremsbeläge achten.

- Staubkappe für Bremskolben auf Anrisse prüfen. Eine beschädigte Staubkappe umgehend ersetzen lassen, da eingedrungener Schmutz schnell zu Undichtigkeiten des Bremssattels führt. Der Bremssattel muss hierzu zerlegt werden (Werkstattarbeit).
- Bei hohem Bremsbelagverschleiß Leichtgängigkeit des Kolbens prüfen. Dazu einen Holzklotz in den Bremssattel einsetzen und durch Helfer langsam auf das Bremspedal treten lassen. Der Bremskolben muss sich leicht heraus- und hineindrücken lassen. Zur Prüfung muss der andere Bremssattel eingebaut sein. Darauf achten, dass der Bremskolben nicht ganz herausgedrückt wird. Angerostete Bremskolben nur mit Bremsflüssigkeit oder Spiritus reinigen. Bei schwergängigem Kolben Bremssattel in der Werkstatt reparieren lassen oder ersetzen.

Achtung: Beim Zurückdrücken des Kolbens wird Bremsflüssigkeit aus dem Bremszylinder in den Vorratsbehälter gedrückt. Flüssigkeit im Behälter beobachten, eventuell Bremsflüssigkeit mit einem Saugheber absaugen.

Sicherheitshinweis
Zum Absaugen eine Entlüfter- oder Plastikflasche verwenden, die nur mit Bremsflüssigkeit in Berührung kommt. Keine Trinkflaschen verwenden! **Bremsflüssigkeit ist giftig und darf auf gar keinen Fall mit dem Mund über einen Schlauch abgesaugt werden. Saugheber verwenden.** Auch nach dem Belagwechsel darf die MAX-Marke am Bremsflüssigkeitsbehälter nicht überschritten werden, da sich die Flüssigkeit bei Erwärmung ausdehnt. Ausgelaufene Bremsflüssigkeit läuft am Hauptbremszylinder herunter, zerstört den Lack und führt zur Rostbildung.

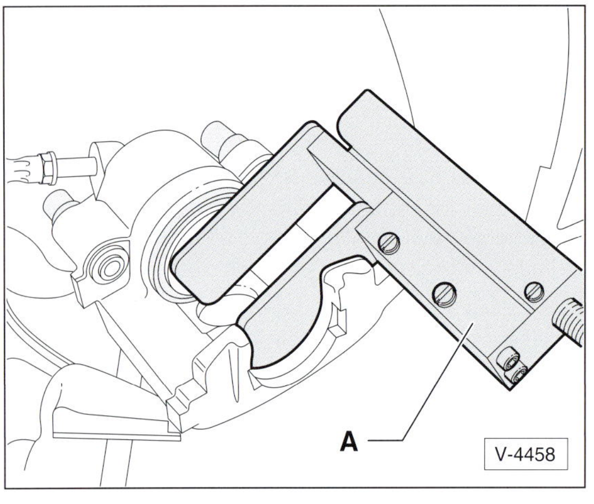

- Deckel des Bremsflüssigkeitsbehälters aufschrauben und Bremskolben mit Rücksetzwerkzeug –A–, zum Beispiel HAZET 4971-1 oder einem Hartholzstab, zurückdrücken.

Achtung: Darauf achten, dass der Kolben nicht verkantet wird und Kolbenfläche sowie Staubkappe nicht beschädigt werden. Beim Zurückdrücken des Kolbens wird Bremsflüssigkeit aus dem Bremszylinder in den Vorratsbehälter gedrückt. Flüssigkeit im Behälter beobachten, gegebenenfalls etwas Bremsflüssigkeit aus dem Vorratsbehälter mit einer Entlüfterflasche oder einem geeigneten Saugheber absaugen. Sonst kann, wenn zwischenzeitlich Bremsflüssigkeit nachgefüllt wurde, Bremsflüssigkeit auslaufen und umliegende Bauteile beschädigen.

- Vor dem Einsetzen neuer Bremsbeläge Bremse gründlich reinigen.

Achtung: Bremsanlage nicht mit Druckluft ausblasen, der dabei entstehende Staub ist gesundheitsschädlich!

- Die Belagführungsflächen am Bremsträger mit Lithium–Schmierfett VW-G 052150 A2 leicht fetten.

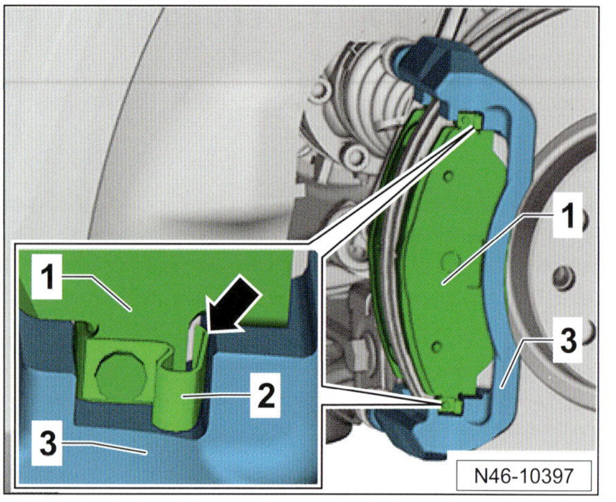

- Die Bremsbeläge –1– mit den Haltefedern –2– in die Aussparung des Bremsträgers –3– einsetzen.

Achtung: Nach dem Einbau aller Bremsbeläge richtigen Sitz –Pfeil– aller Haltefedern –2– prüfen.

- Bremssattel vorsichtig auf den Bremsträger setzen.
- Bremssattel mit **neuen** selbstsichernden Schrauben und **35 Nm** am Bremsträger anschrauben, dabei am Führungsbolzen gegenhalten.
- Gegebenenfalls Steckverbindung der Bremsbelagverschleißanzeige verbinden.
- Reifen-Laufrichtung beachten, Räder anschrauben, Fahrzeug ablassen, erst dann Radschrauben über Kreuz mit **120 Nm** festziehen. **Achtung:** Unbedingt Hinweise im Kapitel »Rad aus- und einbauen« beachten.

Achtung: Bremspedal im Stand mehrmals kräftig niedertreten, bis fester Widerstand spürbar ist. Dadurch legen sich die Bremsbeläge an die Bremsscheiben an und nehmen einen dem Betriebszustand entsprechenden Sitz ein.

- Bremsflüssigkeit im Vorratsbehälter prüfen, gegebenenfalls bis zur MAX-Marke auffüllen. Deckel des Behälters festschrauben.
- Neue Bremsbeläge vorsichtig einbremsen, dazu Fahrzeug mehrmals von ca. 80 km/h auf 40 km/h mit geringem Pedaldruck abbremsen. Dazwischen Bremse etwas abkühlen lassen.

Achtung: Nach dem Einbau neuer Bremsbeläge müssen diese eingebremst werden. Während einer Fahrtstrecke von rund 200 km sollten unnötige Vollbremsungen unterbleiben.

Hinweis: Bremsbeläge müssen in einigen Kommunen als Sondermüll entsorgt werden. Die örtlichen Behörden geben darüber Auskunft, ob auch eine Entsorgung über den hausmüllähnlichen Gewerbemüll zulässig ist.

Achtung, Sicherheitskontrolle durchführen:
- ◆ Sind die Bremsschläuche festgezogen?
- ◆ Befindet sich der Bremsschlauch in der Halterung?
- ◆ Sind die Entlüftungsschrauben angezogen?
- ◆ Ist genügend Bremsflüssigkeit eingefüllt?

- ◆ Bei laufendem Motor Dichtheitskontrolle durchführen. Hierzu Bremspedal mit 200 bis 300 N (entspricht 20 bis 30 kg) etwa 10 Sekunden betätigen. Das Bremspedal darf nicht nachgeben. Sämtliche Anschlüsse auf Dichtheit kontrollieren.
- ◆ Anschließend einige Sicherheitsbremsungen auf einer Straße ohne Verkehr durchführen.

Speziell Bremssattel FS-III

Achtung: Hier werden nur die Unterschiede gegenüber der PC57/C60-Bremse beschrieben, daher die allgemeinen Hinweise im vorigen Abschnitt ebenfalls durchlesen und beachten.

Ausbau

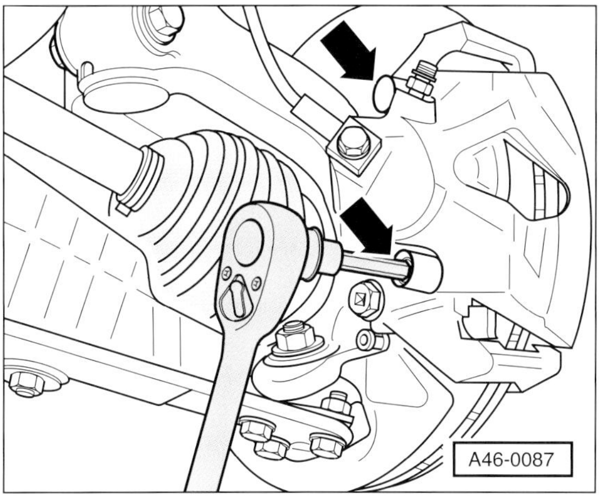

- Abdeckkappen aus den Lagerbuchsen des Bremssattels herausziehen und beide Führungsbolzen –Pfeile– aus dem Bremssattel herausdrehen.
- Bremssattel vom Bremsträger abnehmen und mit Draht am Aufbau aufhängen. **Achtung:** Bremssattel nicht einfach nach unten hängen lassen; der Bremsschlauch darf nicht auf Zug beansprucht oder verdreht werden.
- Bremsbeläge aus dem Bremssattel herausziehen.

Einbau

- Bremskolben zurückdrücken und Belagführungsfläche am Bremsträger mit Lithium-Schmierfett VW-G 052 150 A2 leicht fetten.
- Neue Bremsbeläge in den Bremssattel und den Bremskolben einsetzen.

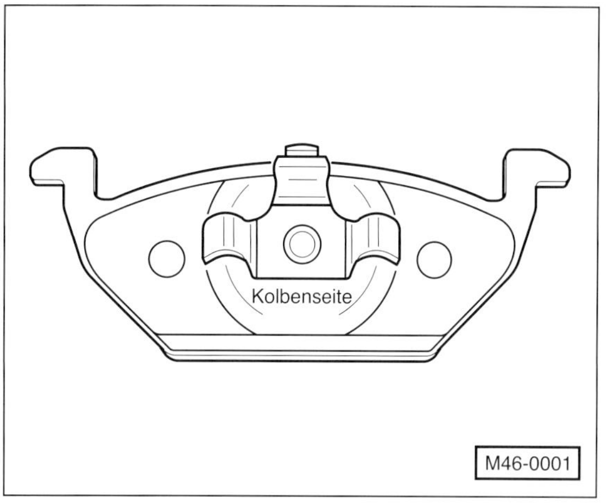

- Bremsbelag mit der Beschriftung »Kolbenseite« auf der Rückenplatte in den Bremskolben einsetzen.

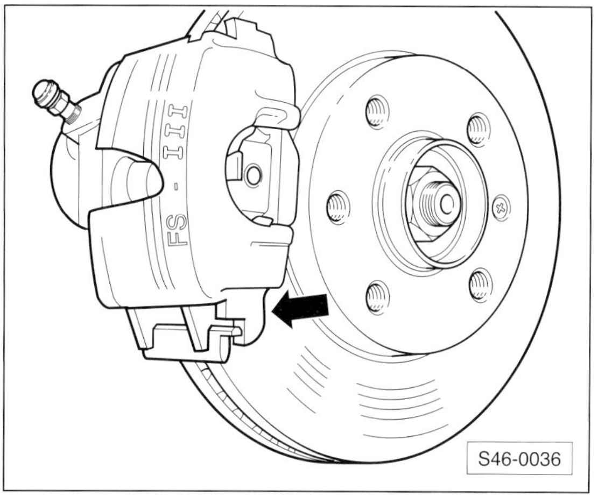

- Bremssattel mit Bremsbelägen zuerst unten –Pfeil– am Bremsträger ansetzen, dabei muss der Zapfen –Pfeil– vom Bremssattel hinter der Führung des Bremsträgers stehen.
- Beide Führungsbolzen für Bremssattel am Bremsträger einschrauben und mit **30 Nm** festziehen.
- Beide Abdeckkappen einsetzen.

Bremssattel aus- und einbauen

Ausbau

- Rad abbauen, siehe Seite 201.
- Gegebenenfalls Steckverbindung für Bremsbelagverschleißanzeige trennen.

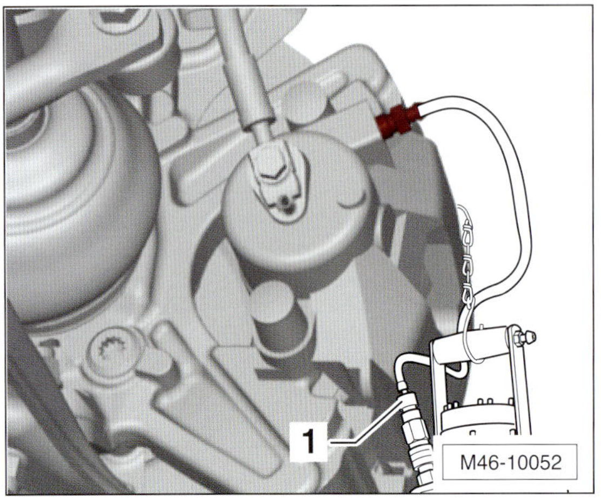

- Entlüfterschlauch der Bremsentlüfterflasche –1– auf das Entlüftungsventil des Bremssattels stecken.
- Entlüftungsventil öffnen.

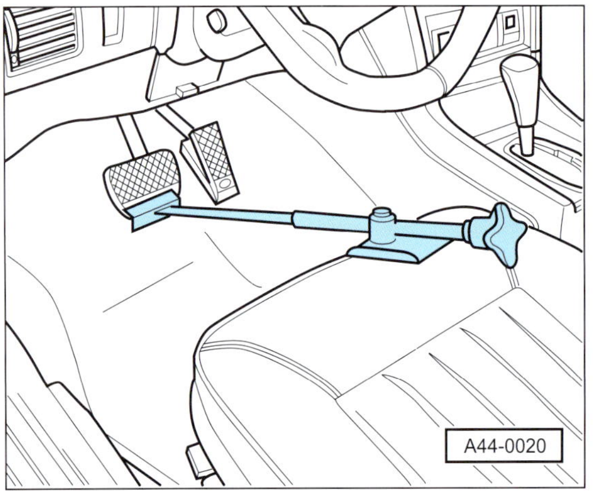

- Den Bremspedalbelaster, zum Beispiel V.A.G 1869/2, oder ein geeignetes Werkzeug, wie in der Abbildung gezeigt, einsetzen. Der Brempedalbelaster verhindert, dass das Bremssystem leerläuft.
- Entlüftungsventil schließen und die Entlüfterflasche abnehmen.
- Bremsschlauch abschrauben.
- Bremssattel vom Bremsträger abschrauben, dabei jeweils am Führungsbolzen gegenhalten.
- Bremssattel von Bremsträger abziehen.

Einbau

- Sicherstellen, dass der Bremskolben zurückgedrückt ist und de beiden Bremsbeläge mit den Haltefedern in den Aussparungen auf dem Bremsträger sitzen.
- Bremssattel vorsichtig auf den Bremsträger setzen.
- Bremssattel mit **neuen** selbstsichernden Schrauben und **35 Nm** am Bremsträger anschrauben, dabei am Führungsbolzen gegenhalten.
- Bremsschlauch mit **35 Nm** an den Bremssattel anschrauben.
- Bremspedalbelaster herausnehmen.
- Gegebenenfalls Steckverbindung der Bremsbelagverschleißanzeige verbinden.
- **Bremsanlage entlüften, siehe entsprechendes Kapitel.**
- Rad anbauen, siehe Seite 201.
- Bremspedal im Stand mehrmals kräftig durchtreten, damit die Bremsbeläge ihren dem Betriebszustand entsprechenden Sitz einnehmen.
- Bremsflüssigkeitsstand prüfen.

Hinterrad-Scheibenbremse

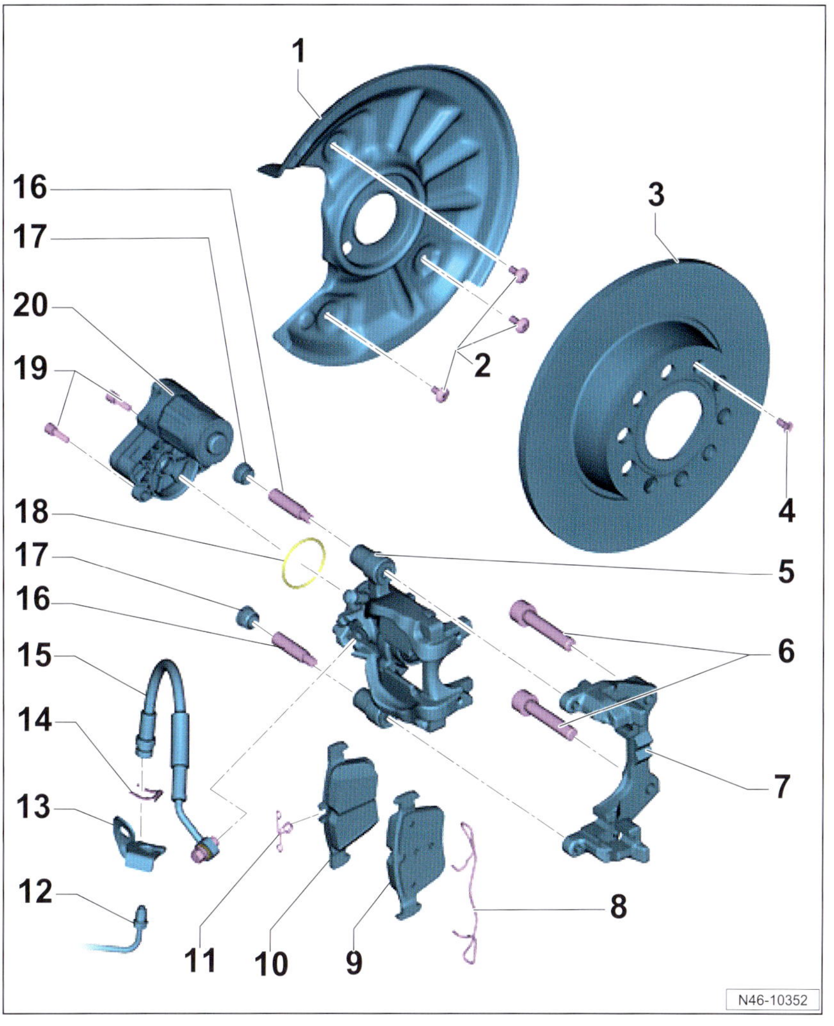

1 – **Bremsabschirmblech**

2 – **Torx-Schraube, 12 Nm**

3 – **Bremsscheibe**
Bremsscheibe nicht durch Gewaltanwendung von der Radnabe trennen, gebenenfalls Rostlöser anwenden, andernfalls kann es zu Schäden an der Bremsscheibe kommen.
Grundsätzlich achsweise ersetzen.
Zum Ausbau vorher Bremssattel und Bremsträger abschrauben.

4 – **Torx-Schraube, 8 Nm**

5 – **Bremssattel**
Zum Bremsbelagwechsel Bremsschlauch nicht abschrauben.

6 – **Innenvielzahnschraube, 90 Nm + 90°**
Nach jeder Demontage ersetzen.

7 – **Bremsträger**

8 – **Haltefeder**

9 – **Bremsbelag außen**
Dicke 11 mm ohne Rückenplatte.
Verschleißgrenze: 2 mm ohne Rückenplatte.
Grundsätzlich achsweise ersetzen.

10 – **Bremsbelag innen**
Mit Feder.
Dicke 11 mm ohne Rückenplatte.
Verschleißgrenze: 2 mm ohne Rückenplatte.
Grundsätzlich achsweise ersetzen.

11 – **Feder**
Nur am inneren Bremsbelag vorhanden.
Auf Einbaulage achten.

12 – **Bremsleitung**
14 Nm

13 – **Halter**

14 – **Haltefeder für Bremsschlauch an Halter**

15 – **Bremsschlauch mit Ringstutzen und Hohlschraube**
Anzugsdrehmoment:
An Bremssattel: . . . . **35 Nm**
An Bremsleitung: . . . . . . **14 Nm**

16 – **Führungsbolzen, 35 Nm**

17 – **Abdeckkappen**
Für Führungsbolzen.

18 – **Dichtring**
Für Feststellmotor.
Nach jedem Ausbau erneuern.

19 – **Innensechskantschraube, 8 Nm**

20 – **Feststellmotor**

Bremsbeläge hinten aus- und einbauen

Der GOLF ist mit einer **elektromechanischen Feststellbremse** ausgestattet. Dazu ist an den hinteren Bremssätteln jeweils ein Motor angebaut, der die Bremskolben vor- und zurückfährt.

Achtung: Für den Ausbau der Bremsbeläge schreibt VW vor, die Bremskolben mit den Feststellmotoren zurückzufahren. Dazu wird ein Diagnosegerät benötigt.

Es ist ebenso möglich, den Feststellmotor für den jeweiligen Bremssattel auszubauen und den Bremskolben mechanisch zurückzufahren, siehe entsprechendes Kapitel. Nach dem Einbau des Feststellmotors muss mit dem Diagnosegerät eine Grundeinstellung der Bremsanlage vorgenommen werden.

Ausbau

Achtung: Bremsbeläge sind Bestandteil der Allgemeinen Betriebserlaubnis (ABE) und vom Werk auf das jeweilige Modell abgestimmt. Deshalb dürfen nur die vom Automobilhersteller freigegebenen Bremsbeläge verwendet werden.

Achtung: Sollen die Bremsbeläge wieder verwendet werden, müssen sie beim Ausbau gekennzeichnet werden. Ein Wechsel der Beläge von der Außen- zur Innenseite und umgekehrt oder auch vom rechten zum linken Rad ist nicht zulässig. **Grundsätzlich alle Scheibenbremsbeläge an einer Achse gleichzeitig ersetzen, auch wenn nur ein Belag die Verschleißgrenze erreicht hat.**

Hinweis: Unterschiedliche Einbaulage des Bremssattels je nach Art der Hinterachse beachten.

Einbaulage des Bremssattels bei Verbundlenkerachse

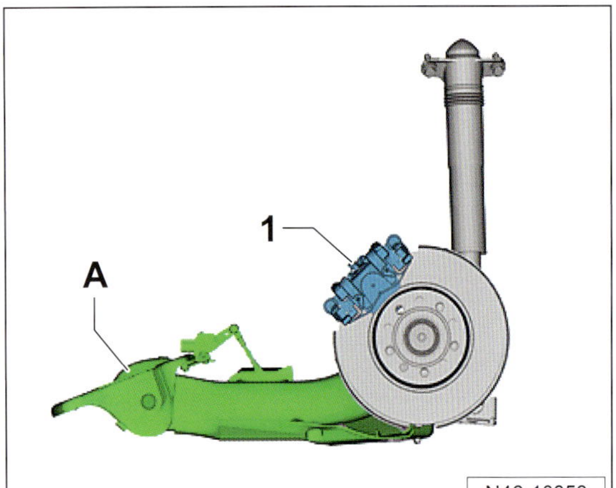

N46-10353

1 – Bremssattel
A – Verbundlenkerachse

Einbaulage des Bremssattels bei Mehrlenkerachse

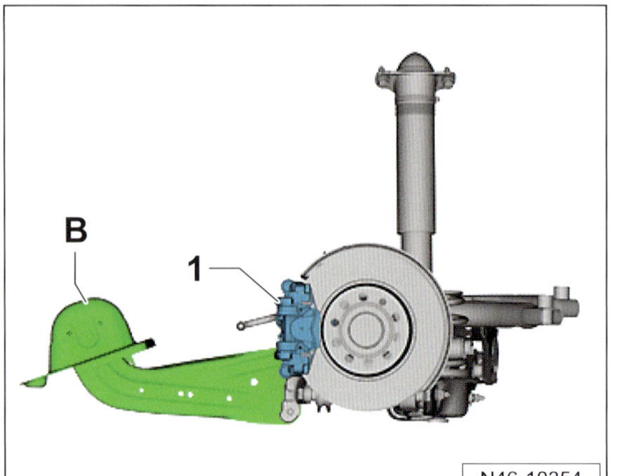

N46-10354

1 – Bremssattel
B – Mehrlenkerachse

- Feststellbremse lösen.
- Reifen-Laufrichtung mit Pfeil am Reifen markieren. Radschrauben lösen. Fahrzeug hinten aufbocken und Räder abnehmen. **Achtung:** Unbedingt Hinweise im Kapitel »Rad aus- und einbauen« beachten.

Sicherheitshinweis
Beim Aufbocken des Fahrzeugs besteht Unfallgefahr! Hinweise im Kapitel »Fahrzeug aufbocken« beachten.

Hinweis: Stecker an den Feststellmotoren **nicht** abziehen.

- Diagnosegerät am Diagnosestecker in der oberen Abdeckung im Fahrerfußraum anschließen.

Achtung: Beim Zurückfahren des Kolbens wird Bremsflüssigkeit aus dem Bremszylinder in den Bremsflüssigkeitsbehälter gedrückt. Flüssigkeit im Behälter beobachten, eventuell Bremsflüssigkeit mit einem Saugheber absaugen. Siehe Hinweise im Kapitel für die Vorderradbremse, Seite 207.

- Bremskolben der Feststellbremse an den hinteren Bremsen zurückfahren. Dazu Diagnosegerät einschalten und Funktion zum Vor- und Zurückstellen der Bremskolben wählen.

Hinweis: Falls das Diagnosegerät nicht zur Verfügung steht, Feststellmotor ausbauen und Feststellbremskolben mit einem Torx-Steckeinsatz manuell zurückfahren, siehe entsprechendes Kapitel.

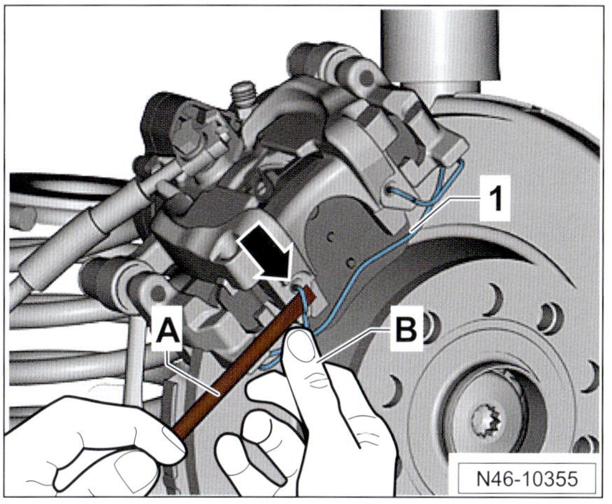

- Die Haltefeder –1– für die Bremsbeläge mit einem Schraubendreher –A– aus dem Bremssattel –Pfeil– hebeln, dabei die Haltefeder mit der anderen Hand –B– festhalten. **Achtung:** Feder steht unter Spannung. Beim Abnehmen vor Verletzung schützen.

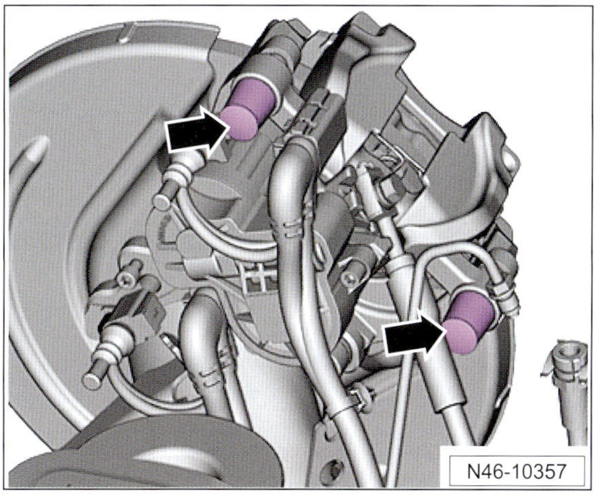

- Abdeckkappen –Pfeile– abnehmen.

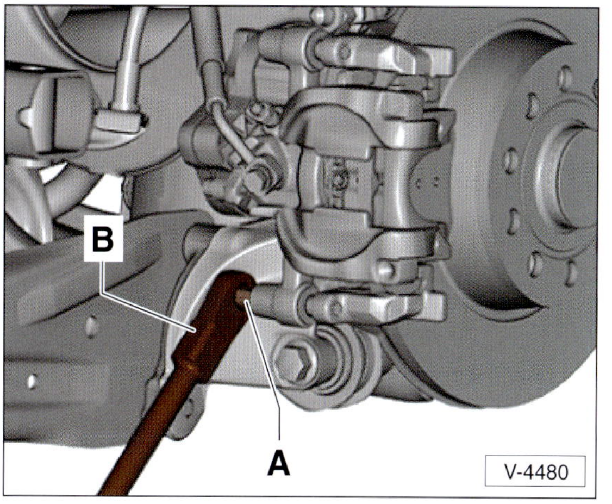

- Beide Führungsbolzen mit einem Innensechskant-Steckschlüsseleinsatz SW-7 –A– und einer Ratsche –B– aus dem Bremssattel herausschrauben.

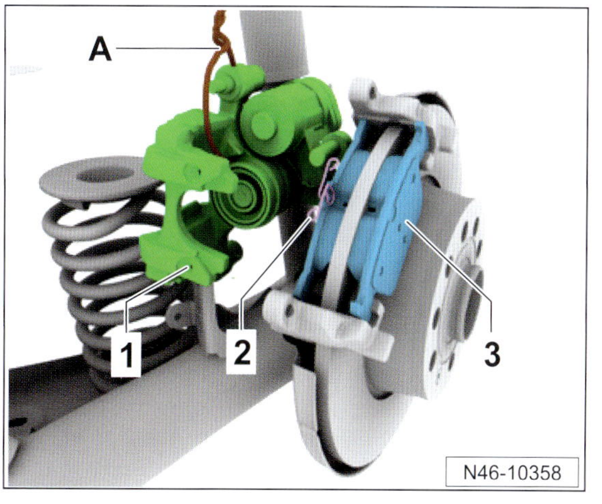

- Bremssattel –1– abnehmen und mit Draht –A– so aufhängen, dass das Gewicht des Bremssattels den Bremsschlauch nicht belastet oder beschädigt.

Achtung: Das Zurückstellen der Kolben mit dem Fahrzeugdiagnosetester ist unbedingt notwendig! Die Druckmutter im Kolben ist gleitend gelagert, dadurch kann der Kolben nur gedrückt und nicht zurückgezogen werden. Es wird nur die Spindel mit der Druckmutter zurückgefahren.

- Kolben mit dem Fahrzeugdiagnosetester zurückstellen.

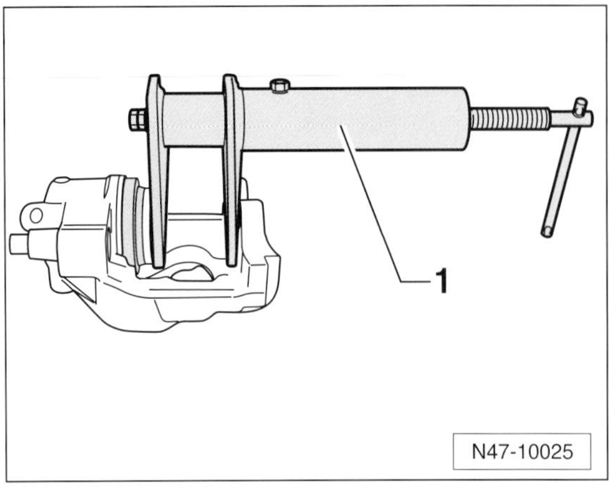

- Kolben mit der Kolbenrücksetzvorrichtung, zum Beispiel HAZET 4971-1, oder einem Hartholzstab, endgültig zurückdrücken.
- Die Bremsbeläge –2– und –3– herausnehmen, siehe Abbildung N46-10358 auf Seite 213.

Einbau

Achtung: Bei ausgebauten Bremsbelägen nicht auf das Bremspedal treten, sonst wird der Kolben aus dem Gehäuse herausgedrückt.

- Bremsscheibe auf Schäden und Verschleiß untersuchen. Bremssattel **ausschließlich** mit Spiritus reinigen. **Achtung:** Keine scharfkantigen Werkzeuge oder **Drahtbürste** verwenden. Siehe Anweisungen und Hinweise im Kapitel für die Vorderradbremse, Seite 207.
- Bremsbeläge in den Bremsträger einsetzen.
- Bremssattel aufsetzen und mit **neuen, selbstsichernden** Schrauben und **35 Nm** festschrauben, dabei am Führungsbolzen gegenhalten. **Achtung: Im Reparatursatz sind selbstsichernde Schrauben enthalten, die in jedem Fall einzubauen sind.**
- Abdeckkappen aufsetzen.

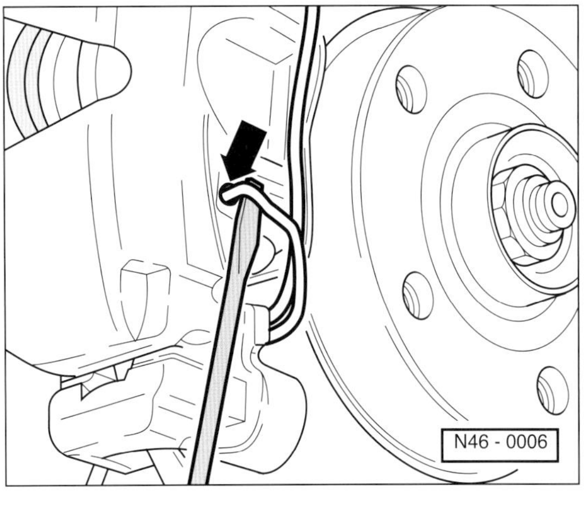

- Haltefeder für Bremsbeläge in die Bohrung des Bremssattels einsetzen –Pfeil–. Dabei darauf achten, dass die Haltefeder richtig in den Bohrungen am Bremssattel sitzt.
- Bremskolben der Feststellbremse vorfahren. Dazu am Diagnosegerät Funktion zum Vor- und Zurückstellen der Bremskolben wählen.
- Am Diagnosegerät Grundeinstellung der Bremsanlage durchführen. Dabei wird der Bremskolben auf die exakte Nullstellung gefahren und das vorgeschriebene Lüftspiel zwischen Bremsbelägen und Bremsscheibe wird eingestellt.

Hinweis: War der Feststellmotor ausgebaut, Feststellbremskolben mit einem Torx-Steckeinsatz manuell vorfahren, siehe entsprechendes Kapitel.

- Reifen-Laufrichtung beachten, Räder anschrauben. Fahrzeug ablassen, erst dann Radschrauben über Kreuz mit **120 Nm** festziehen. **Achtung:** Unbedingt Hinweise im Kapitel »Rad aus- und einbauen« beachten.
- Bremspedal im Stand mehrmals kräftig niedertreten, bis fester Widerstand spürbar ist. Dadurch legen sich die Bremsbeläge an die Bremsscheiben an.
- Bremsflüssigkeit im Bremsflüssigkeitsbehälter prüfen, gegebenenfalls bis zur MAX-Marke auffüllen.
- Neue Bremsbeläge vorsichtig einbremsen, dazu Fahrzeug mehrmals von ca. 80 km/h auf 40 km/h mit geringem Pedaldruck abbremsen. Dazwischen Bremse etwas abkühlen lassen.

Achtung: Nach dem Einbau neuer Bremsbeläge müssen diese eingebremst werden. Während einer Fahrtstrecke von rund 200 km sollten unnötige Vollbremsungen unterbleiben.

Hinweis: Bremsbeläge müssen in einigen Kommunen als Sondermüll entsorgt werden. Die örtlichen Behörden geben darüber Auskunft, ob auch eine Entsorgung über den hausmüllähnlichen Gewerbemüll zulässig ist.

Achtung, Sicherheitskontrolle durchführen:

- ◆ Sind die Bremsschläuche festgezogen?
- ◆ Befindet sich der Bremsschlauch in der Halterung?
- ◆ Sind die Entlüftungsschrauben angezogen?
- ◆ Ist genügend Bremsflüssigkeit eingefüllt?
- ◆ Bei laufendem Motor Dichtheitskontrolle durchführen. Hierzu Bremspedal mit 200 bis 300 N (entspricht 20 bis 30 kg) etwa 10 Sekunden betätigen. Das Bremspedal darf nicht nachgeben. Sämtliche Anschlüsse auf Dichtheit kontrollieren.
- ◆ Anschließend einige Sicherheitsbremsungen auf einer Straße ohne Verkehr durchführen.

Bremssattel hinten aus- und einbauen

Achtung: Für den Ausbau des Bremssattels schreibt VW vor, die Bremskolben mit den Feststellmotoren zurückzufahren. Dazu wird ein Diagnosegerät benötigt.

Es ist ebenso möglich, den Feststellmotor für den jeweiligen Bremssattel auszubauen und den Bremskolben mechanisch zurückzufahren, siehe entsprechendes Kapitel.

Ausbau

- Feststellbremse lösen.
- Reifen-Laufrichtung mit Pfeil am Reifen markieren. Radschrauben lösen. Fahrzeug hinten aufbocken und Hinterrad abnehmen. **Achtung:** Unbedingt Hinweise im Kapitel »Rad aus- und einbauen« beachten.

Sicherheitshinweis
Beim Aufbocken des Fahrzeugs besteht Unfallgefahr! Hinweise im Kapitel »Fahrzeug aufbocken« beachten.

- Diagnosegerät am Diagnosestecker in der oberen Abdeckung im Fahrerfußraum anschließen.
- Bremskolben der Feststellbremse an den hinteren Bremsen zurückfahren. Dazu Diagnosegerät einschalten und Funktion zum Vor- und Zurückstellen der Bremskolben wählen.

Achtung: Beim Zurückfahrenen des Kolbens wird Bremsflüssigkeit aus dem Bremszylinder in den Bremsflüssigkeitsbehälter gedrückt. Flüssigkeit im Behälter beobachten, eventuell Bremsflüssigkeit mit einem Saugheber absaugen. Siehe Hinweise im Kapitel für die Vorderradbremse, Seite 207.

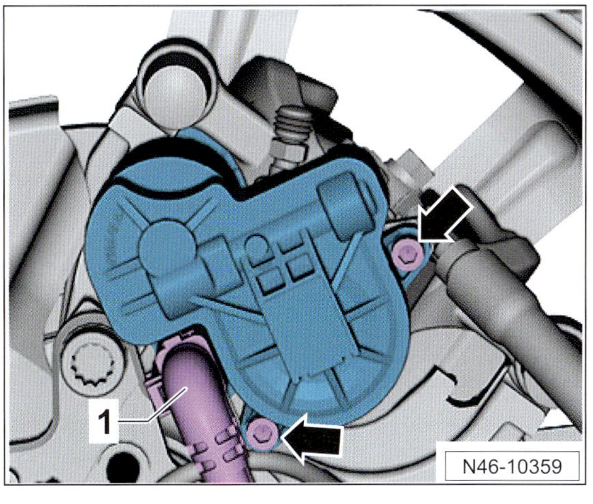

- Schrauben –Pfeile– für den Feststellmotor herausdrehen.
- Feststellmotor abziehen und auf die Seite legen, ohne dabei die Steckverbindung –1– zu trennen.

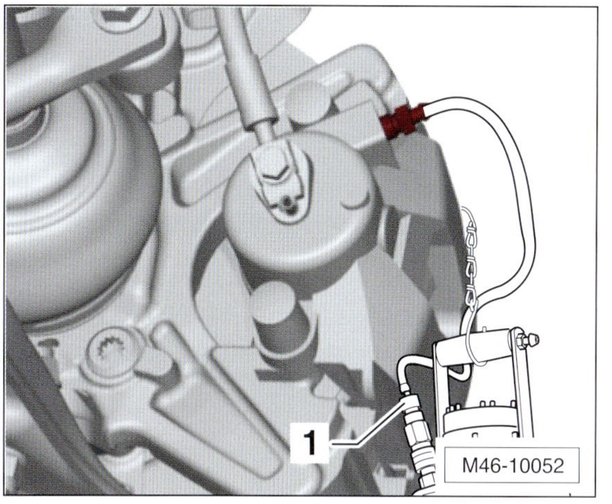

- Den Entlüfterschlauch der Entlüfterflasche –1– auf das Entlüftungsventil des Bremssattels stecken.
- Das Entlüftungsventil öffnen.
- Den Bremspedalbelaster einsetzen, siehe Ausbau des vorderen Bremssattels.
- Entlüftungsventil schließen und die Entlüfterflasche abnehmen.
- Bremsschlauch abschrauben.
- Der weitere Ausbau des hinteren Bremssattels erfolgt auf die gleiche Weise wie beim vorderen Bremssattel.

Einbau

Achtung: Bei ausgebauten Bremsbelägen nicht auf das Bremspedal treten, sonst wird der Kolben aus dem Gehäuse herausgedrückt.

- Die Bremsbeläge sitzen in den Haltefedern auf dem Bremsträger.
- Bremssattel aufsetzen und mit **neuen** selbstsichernden Schrauben und **35 Nm** am Bremsträger anschrauben, dabei am Führungsbolzen gegenhalten.
- Sicherstellen, dass Ringnut und Anlagefläche des Feststellmotors sauber sind, gegebenenfalls reinigen.
- **Neuen** Dichtring montieren.
- Spindel des Feststellmotors mit einem Torxeinsatz E11 ein wenig zurückdrehen, bis sich der Feststellmotor richtig ansetzen lässt.
- Feststellmotor vorsichtig ansetzen, dabei auf richtigen Sitz des Dichtrings achten.
- Feststellmotor so weit verdrehen, bis Schraubenloch und Gewinde zur Deckung kommen. Dabei darauf achten, dass der Feststellmotor bündig am Bremssattel anliegt. Auf keinen Fall den Feststellmotor mit den Befestigungsschrauben gegen den Bremssattel ziehen.
- **Neue** Innensechskantschrauben von Hand ansetzen und mit **8 Nm** festschrauben.
- Bremsschlauch an den Bremssattel mit **35 Nm** anschrauben.

- **Bremsanlage entlüften, siehe entsprechendes Kapitel.**
- Bremskolben der Feststellbremse vorfahren. Dazu am Diagnosegerät Funktion zum Vor- und Zurückstellen der Bremskolben wählen.

Hinweis: Der Feststellbremskolben kann bei ausgebautem Feststellmotor auch manuell vorgefahren werden, siehe entsprechendes Kapitel.

- Am Diagnosegerät Grundeinstellung der Bremsanlage durchführen. Dabei wird der Bremskolben auf die exakte Nullstellung gefahren und das vorgeschriebene Lüftspiel zwischen Bremsbelägen und Bremsscheibe wird eingestellt.
- Reifen-Laufrichtung beachten, Hinterrad anschrauben. Fahrzeug ablassen, erst dann Radschrauben über Kreuz mit **120 Nm** festziehen. **Achtung:** Unbedingt Hinweise im Kapitel »Rad aus- und einbauen« beachten.
- Fußbremse im Stand mehrmals betätigen.
- Bremsflüssigkeit im Bremsflüssigkeitsbehälter prüfen, gegebenenfalls bis zur MAX-Marke auffüllen.

Feststellmotor am Bremssattel hinten aus- und einbauen

Achtung: Nach dem Einbau des Feststellmotors muss dieser über ein Diagnosegerät justiert werden.

Ausbau

- Zündung ausschalten und mindestens 30 Sekunden warten.
- Fahrzeug hinten aufbocken.

> **Sicherheitshinweis**
> Beim Aufbocken des Fahrzeugs besteht Unfallgefahr! Hinweise im Kapitel »Fahrzeug aufbocken« beachten.

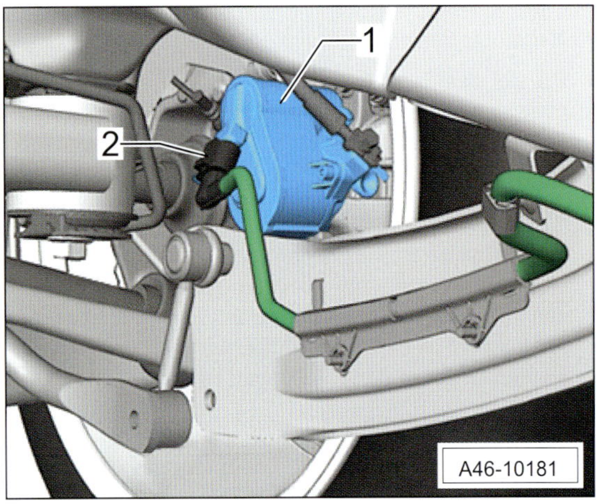

- Stecker –2– vom Feststellmotor –1– abziehen.

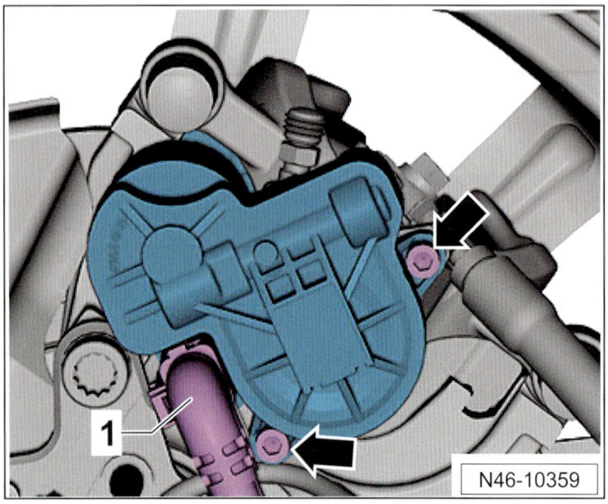

- 2 Innensechskantschrauben –Pfeile– für Feststellmotor herausschrauben. 1 – Stecker (ist bereits abgezogen).
- Feststellmotor vom Bremssattel abziehen, dabei den Feststellmotor etwas hin- und herdrehen.
- Dichtring herausnehmen. **Achtung:** Dabei darauf achten, dass die Ringnut des Dichtrings und die Anlagefläche des Feststellmotors nicht beschädigt werden.
- Ringnut und die Anlagefläche des Feststellmotors reinigen.

Einbau

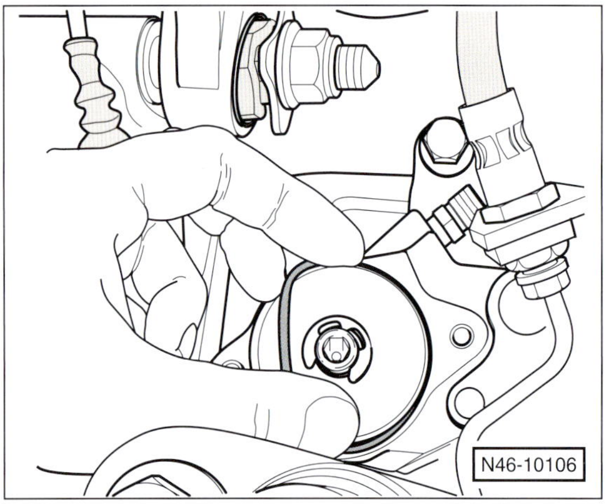

- **Neuen** Dichtring leicht fetten und dann montieren, dabei den Dichtring nicht verdrehen oder beschädigen.
- Torxeinsatz auf der Antriebswelle des Feststellmotors vollständig fetten.

Achtung: Der Dichtring darf sich während der Montage des Feststellmotors nicht herausdrehen!

- Feststellmotor vorsichtig auf den Bremssattel schieben, dabei auf richtigen Sitz des Dichtrings achten.

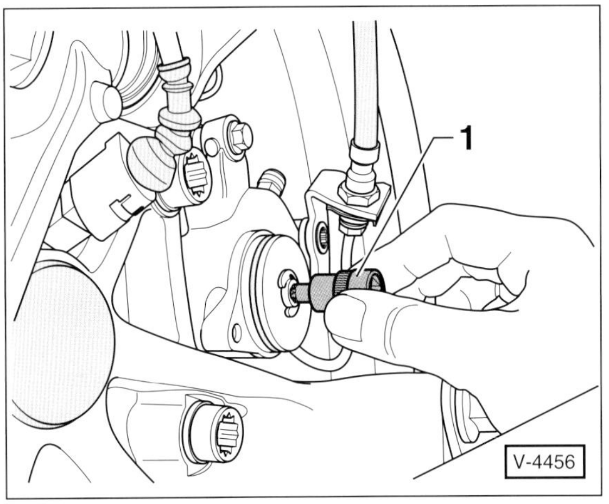

- Mit Torx-Steckeinsatz T45 –1– die Antriebswelle des Motors etwas zurückdrehen, bis der Feststellmotor angesetzt werden kann. Dabei auf korrekten Sitz des Dichtrings achten.
- Feststellmotor so weit verdrehen, bis die Schrauben in die Gewindebohrungen greifen können.

Achtung: Der Feststellmotor muss bündig am Bremssattel anliegen und darf nicht durch die Schrauben gegen den Bremssattel gezogen werden.

- Innensechskantschrauben eindrehen und mit **8 Nm** festziehen.
- Stecker am Feststellmotor aufschieben und einrasten.
- Am Diagnosegerät Grundeinstellung der Bremsanlage durchführen. Dabei wird der Bremskolben auf die exakte Nullstellung gefahren und das vorgeschriebene Lüftspiel zwischen Bremsbelägen und Bremsscheibe wird eingestellt.
- Fahrzeug ablassen.

Bremsscheibe aus- und einbauen

Bremsscheiben erneuern, wenn sie korrodiert sind oder die Verschleißgrenze erreicht haben.

Um beidseitig eine gleichmäßige Bremsverzögerung sicherzustellen, müssen alle Bremsscheiben die gleiche Oberfläche bezüglich Schliffbild und Rautiefe aufweisen. Deshalb **grundsätzlich beide** Bremsscheiben einer Achse ersetzen, beziehungsweise abdrehen lassen.

Achtung: Wenn die Bremsscheiben ersetzt oder abgedreht werden, müssen gleichzeitig auch neue Bremsbeläge eingebaut werden.

Korrodierte Bremsscheiben erzeugen beim Abbremsen einen Rubbeleffekt, der sich auch durch längeres Bremsen nicht beseitigen lässt. In diesem Fall müssen die Bremsscheiben erneuert werden.

Ausbau

Sicherheitshinweis
Beim Aufbocken des Fahrzeugs besteht Unfallgefahr! Deshalb vorher das Kapitel »Fahrzeug aufbocken« durchlesen.

- Reifen-Laufrichtung mit Pfeil am Reifen markieren. Radschrauben lösen. Fahrzeug aufbocken und Räder abnehmen. **Achtung:** Unbedingt Hinweise im Kapitel »Rad aus- und einbauen« beachten.

Achtung: Hohes Löse- und Anzugsdrehmoment der Schrauben für den Bremsträger!

Achtung: Sicherstellen, dass das Fahrzeug sicher aufgebockt ist und der Schraubenschlüssel waagerecht angesetzt wird.

- Bremssattel mit Bremsträger ausbauen, siehe Seite 210.
- Um ein Herausgleiten des Bremskolbens zu verhindern, Holzstück zwischen Bremskolben und Bremssattel klemmen.
- Bremssattel und Bremsträger mit einem Drahthaken so am Aufbau oder an der Schraubenfeder aufhängen, dass der Bremsschlauch nicht verdreht oder auf Zug beansprucht wird.
- Sicherungsschraube für Bremsscheiben-Befestigung herausdrehen.
- Bremsscheibe von der Radnabe abnehmen.

Achtung: Die Bremsscheibe darf nicht durch Gewaltanwendung (Hammerschläge) von der Radnabe getrennt werden. Stattdessen handelsüblichen Rostlöser anwenden, um Schäden an der Bremsscheibe zu vermeiden. Falls der Ausbau nur durch kräftige Hammerschläge möglich ist, aus Sicherheitsgründen Bremsscheibe und Radlager erneuern. Auch wenn ein Abzieher verwendet wird, Bremsscheibe erneuern.

Einbau

Die Werkstatt kann die Bremsscheibe auf Schlag prüfen. Maximaler Scheibenschlag an der Bremsfläche gemessen: 0,05 mm. Maximal zulässige Dickentoleranz: 0,01 mm.

- Bremsscheibendicke messen, siehe entsprechendes Kapitel.
- Falls vorhanden, Rost am Flansch der Bremsscheibe und der Radnabe entfernen.
- Neue Bremsscheibe mit Verdünnung vom Schutzlack reinigen.
- Bremsscheibe auf Radnabe aufsetzen, Sicherungsschraube eindrehen und mit **8 Nm** festziehen.
- Bremssattel mit Bremsträger (nicht bei FS-III-Bremse) und Bremsbelägen über die Bremsscheibe schieben und Bremsträger festschrauben. Anzugsmethode siehe auf entsprechender Übersichts-Abbildung.

Achtung: War der Bremsschlauch demontiert, Bremsschlauch anschrauben und Bremsanlage entlüften, siehe entsprechendes Kapitel.

- Reifen-Laufrichtung beachten, Räder anschrauben, Fahrzeug ablassen, erst dann Radschrauben über Kreuz mit **120 Nm** festziehen. **Achtung:** Unbedingt Hinweise im Kapitel »Rad aus- und einbauen« beachten.

Achtung: Bremspedal im Stand mehrmals kräftig niedertreten, bis fester Widerstand spürbar ist.

- Bremsflüssigkeitsstand im Bremsflüssigkeitsbehälter prüfen, gegebenenfalls auffüllen.

Achtung, Sicherheitskontrolle durchführen:

- ◆ Sind die Bremsschläuche festgezogen?
- ◆ Befindet sich der Bremsschlauch in der Halterung?
- ◆ Sind die Entlüftungsschrauben angezogen?
- ◆ Ist genügend Bremsflüssigkeit eingefüllt?
- ◆ Bei laufendem Motor Dichtheitskontrolle durchführen. Hierzu Bremspedal mit 200 bis 300 N (entspricht 20 bis 30 kg) etwa 10 Sekunden betätigen. Das Bremspedal darf nicht nachgeben. Sämtliche Anschlüsse auf Dichtheit kontrollieren.

- Neue Bremsscheiben vorsichtig einbremsen, dazu Fahrzeug mehrmals von ca. 80 km/h auf 40 km/h mit geringem Pedaldruck abbremsen. Dazwischen Bremse etwas abkühlen lassen.

Bremsscheibendicke prüfen

Prüfen

- Reifen-Laufrichtung mit Pfeil am Reifen markieren. Radschrauben lösen. Fahrzeug aufbocken und Räder abnehmen. **Achtung:** Unbedingt Hinweise im Kapitel »Rad aus- und einbauen« beachten.

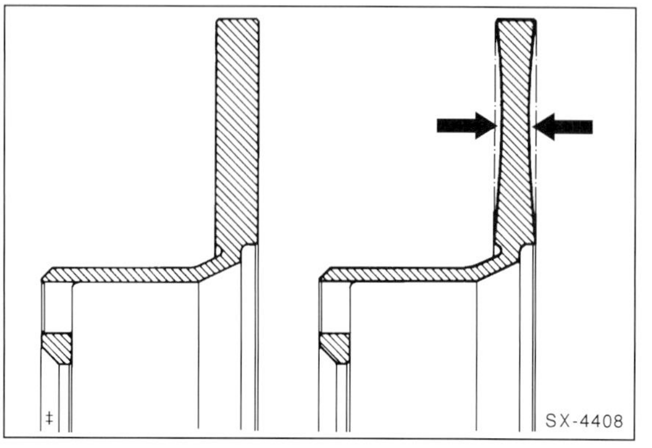

- Bremsscheibendicke immer an der dünnsten Stelle –Pfeile– messen. Die Werkstatt benutzt dazu einen speziellen Messschieber oder eine Mikrometer-Bügelmessschraube, da sich durch die Abnutzung der Bremsscheibe ein Rand bildet. Man kann die Bremsscheibendicke auch mit einer normalen Schieblehre messen, allerdings muss dann auf jeder Seite der Bremsscheibe eine entsprechend starke Unterlage zwischengelegt werden (beispielsweise 2 Münzen). Um das exakte Maß der Bremsscheibendicke zu ermitteln, müssen von dem gemessenen Wert die Dicke der Münzen beziehungsweise der Unterlage abgezogen werden. **Achtung:** Messung an mehreren Punkten der Bremsscheibe vornehmen.
- Soll- und Verschleißwerte für Bremsscheibe, siehe »Technische Daten Bremsanlage«.
- Wird die Verschleißgrenze erreicht, Bremsscheibe erneuern.
- Bei größeren Rissen oder bei Riefen, die tiefer als 0,5 mm sind, Bremsscheibe erneuern, siehe entsprechendes Kapitel.
- Reifen-Laufrichtung beachten, Räder anschrauben, Fahrzeug ablassen, erst dann Radschrauben über Kreuz mit **120 Nm** festziehen. **Achtung:** Unbedingt Hinweise im Kapitel »Rad aus- und einbauen« beachten.

Bremslichtschalter aus- und einbauen

Der Bremslichtschalter sitzt am Hauptbremszylinder vor dem Bremskraftverstärker. Beim Betätigen des Bremspedals verschiebt die Druckstange im Hauptbremszylinder den Kolben. Ein am Kolben angebrachter Magnetring steuert über einen Hallgeber den Schalter an. Der Bremslichtschalter erzeugt dabei eine Schaltspannung für das Bordnetz- und das Motor-Steuergerät.

Über den Bremslichtschalter wird das Bremslicht eingeschaltet. Außerdem dient der Bremslichtschalter dem ABS/EDS-Steuergerät als Signalgeber für den Beginn eines Bremsvorganges. Daher ist eine korrekte Funktion und Einstellung des Bremslichtschalters äußerst wichtig.

Ausbau

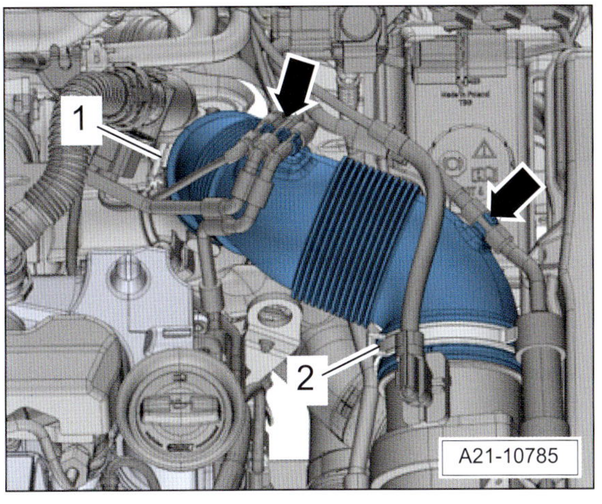

- **Diesel- und 1,5-/1,8-/2,0-l-Benzinmotor:** Luftführungsschlauch zwischen Luftfiltergehäuse und Abgasturbolader ausbauen. Dazu Leitungen aushängen –Pfeile–. Schlauchschellen –1– und –2– lösen und zurückschieben. **Hinweis:** In der Abbildung ist der Dieselmotor dargestellt.

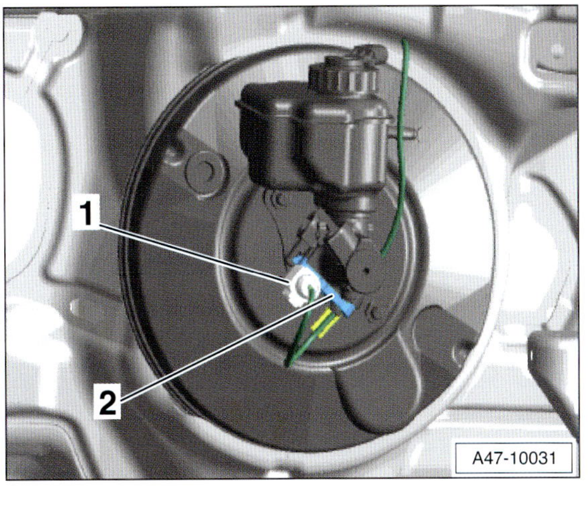

- Stecker –1– vom Bremslichtschalter –2– abziehen.
- Schraube für Bremslichtschalter –2– herausdrehen.
- Bremslichtschalter –2– unten vom Hauptbremszylinder abziehen und oben aus der Rastnase herausnehmen.

Einbau

- Der Einbau erfolgt in umgekehrter Ausbaureihenfolge, dabei auf Folgendes achten:

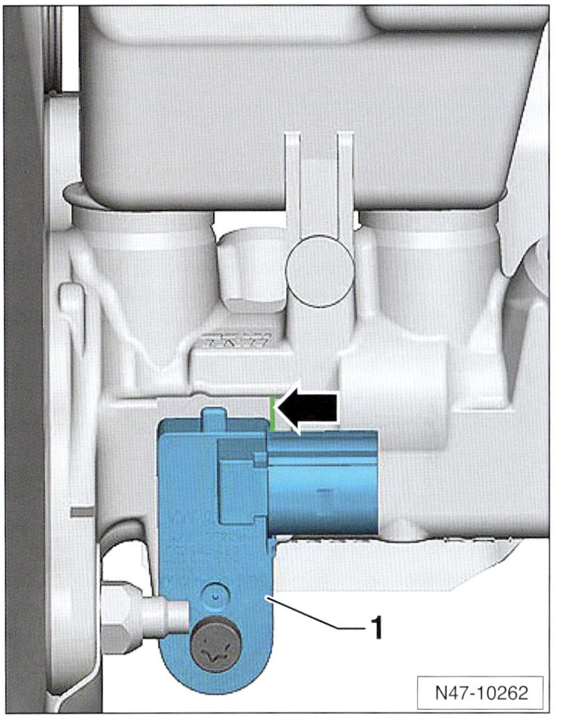

- Der Bremslichtschalter –1– muss richtig an der Kante –Pfeil– vom Hauptbremszylinder anliegen.
- Schraube mit **8 Nm** festziehen.

Bremsanlage entlüften

Beim Umgang mit Bremsflüssigkeit sind folgende Hinweise zu beachten:

Sicherheitshinweis
Bremsflüssigkeit ist giftig. Keinesfalls Bremsflüssigkeit mit dem Mund über einen Schlauch absaugen. Bremsflüssigkeit nur in Behälter füllen, bei denen ein versehentlicher Genuss ausgeschlossen ist.

- Bremsflüssigkeit ist ätzend und darf deshalb nicht mit dem Autolack in Berührung kommen, gegebenenfalls Bremsflüssigkeit sofort abwischen und mit viel Wasser abwaschen.
- Bremsflüssigkeit ist hygroskopisch, das heißt, sie nimmt aus der Luft Feuchtigkeit auf. Bremsflüssigkeit deshalb nur in geschlossenen Behältern aufbewahren.
- **Bremsflüssigkeit, die schon einmal im Bremssystem verwendet wurde, darf nicht wieder verwendet werden. Auch beim Entlüften der Bremsanlage nur neue Bremsflüssigkeit nachfüllen.**
- Bremsflüssigkeits-Spezifikation: **VW 501 14.**
- **Bremsflüssigkeit darf nicht mit Mineralöl in Berührung kommen.** Schon geringe Spuren von Mineralöl machen die Bremsflüssigkeit unbrauchbar, beziehungsweise führen zum Ausfall des Bremssystems. Stopfen und Manschetten der Bremsanlage werden beschädigt, wenn sie mit mineralölhaltigen Mitteln zusammenkommen. Zum Reinigen keine mineralölhaltigen Putzlappen verwenden.
- Bremsflüssigkeit erstmalig nach 3 Jahren, dann **alle 2 Jahre wechseln**, möglichst nach der kalten Jahreszeit.

Achtung: Bremsflüssigkeit ist ein Problemstoff und darf auf keinen Fall einfach weggeschüttet oder dem Hausmüll mitgegeben werden. Gemeinde- und Stadtverwaltungen informieren darüber, wo sich die nächste Problemstoff-Sammelstelle befindet.

Entlüften

Nach jeder Reparatur an der Bremse, bei der die Bremsanlage geöffnet wurde, kann Luft in die Druckleitungen eingedrungen sein. Dann muss das Bremssystem entlüftet werden. Luft ist auch dann in den Leitungen, wenn sich beim Treten des Bremspedals der Bremsdruck schwammig anfühlt. In diesem Fall muss die Undichtigkeit beseitigt und die Bremsanlage entlüftet werden.

In der Werkstatt wird die Bremse in der Regel mit einem Bremsentlüftungsgerät entlüftet. Im Normalfall geht es auch ohne das Bremsentlüftungsgerät. Die Bremsanlage wird dann durch Pumpen mit dem Bremspedal entlüftet, dazu ist eine zweite Person notwendig.

Muss die ganze Anlage entlüftet werden, jede Radbremse einzeln und den Kupplungsnehmerzylinder entlüften. Das ist immer dann der Fall, wenn Luft in jeden einzelnen Bremszylinder gedrungen ist. Falls nur ein Bremssattel erneuert bzw. überholt wurde, genügt in der Regel das Entlüften des betreffenden Bremszylinders.

Sicherheitshinweis
Ist eine Kammer des Bremsflüssigkeitbehälters komplett leergelaufen (zum Beispiel bei Undichtigkeiten im Bremssystem oder wenn beim Entlüften vergessen wurde, Bremsflüssigkeit nachzufüllen), wird Luft angesaugt, die in die ABS-Hydraulikpumpe gelangt. **Die Bremsanlage muss dann in der Werkstatt mit dem Diagnose- und Entlüftungsgerät vorentlüftet werden.** Außerdem muss eine Grundeinstellung der Hydraulikeinheit durchgeführt werden.

Die Reihenfolge der Entlüftung:
1. Bremssattel vorn links,
2. Bremssattel vorn rechts,
3. Bremssattel hinten links,
4. Bremssattel hinten rechts.

- Fahrzeug aufbocken.
- Reifen-Laufrichtung mit Pfeil am Reifen markieren. Radschrauben lösen. Fahrzeug hinten aufbocken und Hinterräder abnehmen.

Hinweis: Die Entlüfterventile der hinteren Bremssättel sind bei 15"-Felgen erst nach Abnahme der Hinterräder zugänglich.

- Bremsflüssigkeitsbehälter bis zur MAX-Markierung auffüllen.

Achtung: Entlüfterventile reinigen und vorsichtig öffnen, damit sie nicht abgedreht werden.

Achtung: Während des Entlüftens den Bremsflüssigkeitsbehälter beobachten. Der Flüssigkeitsspiegel darf nicht zu weit sinken, sonst wird über den Bremsflüssigkeitsbehälter Luft angesaugt. **Immer nur neue Bremsflüssigkeit nachgießen!**

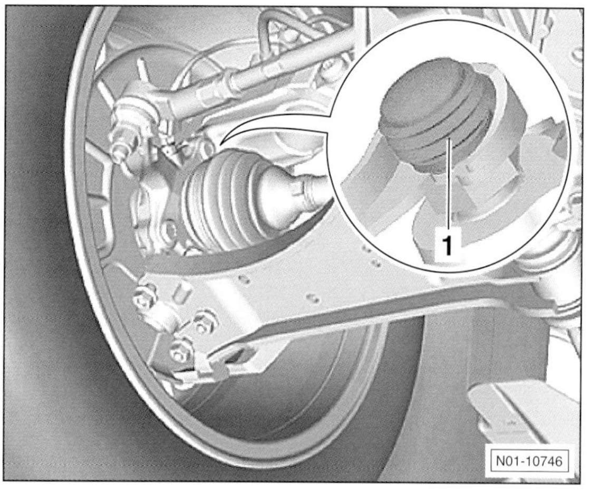

- Staubkappe –1– vom Entlüfterventil des Bremszylinders abnehmen.

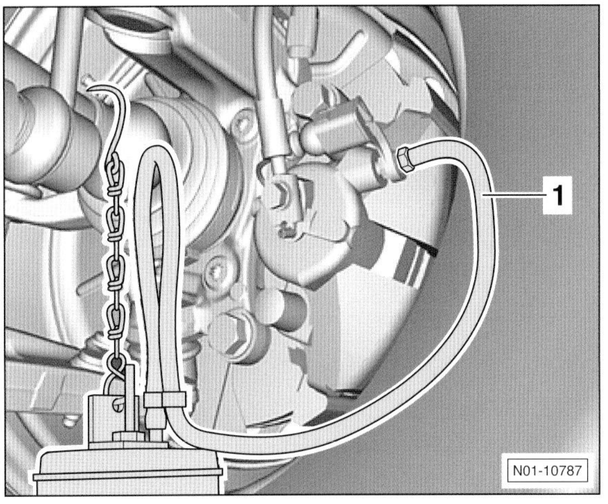

- Entlüfterventil reinigen, sauberen Schlauch –1– aufstecken, anderes Schlauchende in eine mit Bremsflüssigkeit halbvoll gefüllte Flasche stecken. **Achtung:** Der Schlauch muss straff auf dem Entlüftungsventil sitzen, damit keine Luft in die Bremsanlage eindringen kann. **Hinweis:** Einen geeigneten Schlauch und ein passendes Gefäß gibt es im Autozubehör-Handel.
- Von einem Helfer Bremspedal so oft niedertreten lassen, »pumpen«, bis sich im Bremssystem Druck aufgebaut hat – zu spüren am wachsenden Widerstand beim Betätigen des Pedals.
- Ist genügend Druck vorhanden, Bremspedal ganz durchtreten und Fuß auf dem Bremspedal halten.

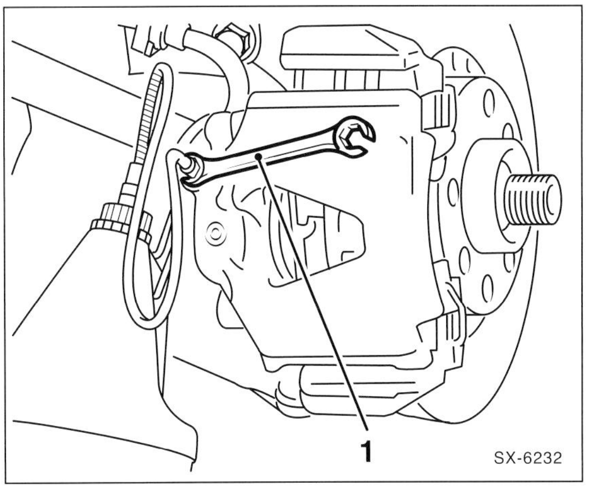

- Entlüfterventil am Bremssattel etwa ½ Umdrehung mit einem Ringschlüssel –1– öffnen. Zum Öffnen der Ventile gibt es spezielle Entlüftungsschlüssel, zum Beispiel HAZET 4968/5.
- Ausfließende Bremsflüssigkeit in der Flasche sammeln. Darauf achten, dass sich das Schlauchende in der Flasche ständig unterhalb des Flüssigkeitsspiegels befindet und dass die Flasche oberhalb vom Bremssattel steht.
- Sobald der Flüssigkeitsdruck nachlässt, Entlüfterventil bei weiterhin niedergetretenem Bremspedal schließen.
- Pumpvorgang wiederholen, bis sich Druck aufgebaut hat. Bremspedal niedertreten, Fuß auf dem Bremspedal lassen, Entlüfterventil öffnen, bis der Druck nachlässt. Entlüfterventil schließen.
- Entlüftungsvorgang an einem Bremszylinder so oft wiederholen, bis sich in der Bremsflüssigkeit, die in die Entlüfterflasche strömt, keine Luftblasen mehr zeigen.
- Nach dem Entlüften Schlauch vom Entlüfterventil abziehen, Entlüfterventil mit **10 Nm** festziehen und Staubkappe auf das Ventil stecken.
- Die Bremszylinder an den anderen Rädern auf die gleiche Weise entlüften, dabei Reihenfolge einhalten.
- Nach dem Entlüften den Bremsflüssigkeitsbehälter bis zur MAX-Markierung auffüllen.
- Reifen-Laufrichtung beachten, Räder anschrauben, Fahrzeug ablassen, erst dann Radschrauben über Kreuz mit **120 Nm** festziehen. **Achtung:** Unbedingt Hinweise im Kapitel »Rad aus- und einbauen« beachten.

Achtung, Sicherheitskontrolle durchführen:

◆ Sind die Entlüftungsschrauben angezogen?

◆ Ist genügend Bremsflüssigkeit eingefüllt?

◆ Bei laufendem Motor Dichtheitskontrolle durchführen. Hierzu Bremspedal mit 200 bis 300 N (entspricht 20 bis 30 kg) etwa 10 Sekunden betätigen. Das Bremspedal darf nicht nachgeben. Sämtliche Anschlüsse auf Dichtheit kontrollieren.

- Nach dem Entlüften darf sich beim Treten auf das Bremspedal der Druck nicht schwammig anfühlen. Falls doch, Anlage nochmals entlüften. Dabei an jedem Bremssattel den Entlüftungsvorgang 5-mal durchführen.
- Anschließend einige Bremsungen auf einer Straße ohne Verkehr durchführen. Dabei sollte mindestens einmal die Bremsregelung des ABS-Systems geprüft werden, beispielsweise auf losem Untergrund. Dazu Bremse stark betätigen, bis am spürbaren Pulsieren des Bremspedals der Beginn der Bremsregelung erkennbar ist.

Achtung: Falls der Bremspedalweg nach der Probefahrt zu groß ist, obwohl er direkt nach dem Entlüften in Ordnung war, dann ist möglicherweise Luft in der ABS-Hydraulikeinheit. In diesem Fall Bremsanlage umgehend in der Fachwerkstatt entlüften lassen.

Störungsdiagnose Bremse

Störung	Ursache	Abhilfe
Leerweg des Bremspedals zu groß.	Ein Bremskreis ausgefallen.	■ Bremskreise auf Flüssigkeitsverlust prüfen.
Bremspedal lässt sich weit und federnd durchtreten.	Luft im Bremssystem.	■ Bremse entlüften.
	Zu wenig Bremsflüssigkeit im Bremsflüssigkeitsbehälter.	■ Neue Bremsflüssigkeit nachfüllen. Bremse entlüften.
	Dampfblasenbildung. Tritt meist nach starker Beanspruchung auf, z. B. Passabfahrt.	■ Bremsflüssigkeit wechseln. Bremse entlüften.
Bremswirkung lässt nach, und Bremspedal lässt sich durchtreten.	Undichte Leitung.	■ Leitungsanschlüsse nachziehen oder Leitung erneuern. Bremsanlage in der Werkstatt prüfen lassen.
Schlechte Bremswirkung trotz hohen Fußdrucks.	Bremsbeläge verölt.	■ Bremsbeläge erneuern.
	Ungeeigneter oder verhärteter Bremsbelag.	■ Beläge erneuern. Nur vom Automobilhersteller freigegebene Bremsbeläge verwenden.
	Bremsbeläge abgenutzt.	■ Bremsbeläge erneuern.
	Bremskraftverstärker defekt, Unterdruckleitung porös, defekt.	■ Bremskraftverstärker und Unterdruckleitung prüfen.
Bremse zieht einseitig.	Unvorschriftsmäßiger Reifendruck.	■ Reifendruck prüfen und berichtigen.
	Bereifung ungleichmäßig abgefahren.	■ Abgefahrene Reifen ersetzen.
	Bremsbeläge verölt.	■ Bremsbeläge erneuern.
	Verschiedene Bremsbelagsorten auf einer Achse.	■ Beläge erneuern. Nur vom Automobilhersteller freigegebene Bremsbeläge verwenden.
	Schlechtes Tragbild der Bremsbeläge.	■ Bremsbeläge austauschen.
	Verschmutzte Bremssattelschächte.	■ Sitz- und Führungsflächen der Bremsbeläge im Bremssattel reinigen.
	Korrosion in den Bremssattelzylindern.	■ Bremssattel erneuern.
	Bremsbelag ungleichmäßig verschlissen.	■ Bremsbeläge erneuern (an beiden Rädern), Bremssättel auf Leichtgängigkeit prüfen.
Bremse zieht von selbst an.	Hauptbremszylinder defekt.	■ Hauptbremszylinder ersetzen.
Bremsen erhitzen sich während der Fahrt.	Bremse schwergängig.	■ Bewegliche Teile der Bremse schmieren. Bremssattel überholen lassen (Werkstattarbeit).
	Bremsschlauch innen aufgequollen, dicht.	■ Bremsschlauch erneuern.
	Korrosion in den Bremsattelzylindern.	■ Bremssattel erneuern.
Bremsen rattern.	Ungeeigneter Bremsbelag.	■ Beläge erneuern. Nur vom Automobilhersteller freigegebene Bremsbeläge verwenden.
	Bremsscheibe stellenweise korrodiert.	■ Scheibe mit Schleifklötzen sorgfältig glätten.
	Bremsscheibe hat Seitenschlag.	■ Bremsscheibe ersetzen.

Störung	Ursache	Abhilfe
Räder lassen sich schwer von Hand drehen.	Bremsbeläge lösen sich nicht von der Bremsscheibe, Korrosion in den Bremssattelzylindern.	■ Bremssattel überholen, eventuell austauschen.
Ungleichmäßiger Belag-Verschleiß.	Ungeeigneter Bremsbelag.	■ Beläge erneuern. Nur vom Automobilhersteller freigegebene Bremsbeläge verwenden.
	Bremssattel verschmutzt.	■ Bremssattelschächte reinigen.
	Bremssattel klemmt.	■ Führungsbuchsen und -stifte gangbar machen.
	Kolben nicht leichtgängig.	■ Kolben gangbar machen (Werkstattarbeit).
	Bremssystem undicht.	■ Bremssystem auf Dichtigkeit prüfen.
Keilförmiger Bremsbelag-Verschleiß.	Bremsscheibe läuft nicht parallel zum Bremssattel.	■ Anlagefläche des Bremssattels prüfen.
	Korrosion in den Bremssätteln.	■ Verschmutzung beseitigen oder Bremssattel erneuern.
Bremsbeläge lösen sich nicht von der Bremsscheibe, Räder lassen sich schwer von Hand drehen.	Korrosion in den Bremssattelzylindern.	■ Bremssattel überholen, eventuell austauschen.
	Bremsschlauch innen aufgequollen, dicht.	■ Bremsschlauch erneuern.
Bremse quietscht.	Oft auf atmosphärische Einflüsse (Luftfeuchtigkeit) zurückzuführen.	■ Keine Abhilfe erforderlich, wenn Quietschen nach längerem Stillstand des Wagens bei hoher Luftfeuchtigkeit auftritt, sich dann aber nach den ersten Bremsungen nicht wiederholt.
	Ungeeigneter Bremsbelag.	■ Beläge erneuern. Rückenplatte mit Anti-Quietsch-Paste bestreichen.
	Bremsscheibe läuft nicht parallel zum Bremssattel.	■ Anlagefläche des Bremssattels prüfen.
	Verschmutzte Schächte im Bremssattel.	■ Bremssattelschächte reinigen.
Bremse pulsiert.	ABS bei Vollbremsung in Funktion.	■ Normal, keine Abhilfe.
	Seitenschlag oder Dickentoleranz der Bremsscheibe zu groß.	■ Schlag und Toleranz prüfen. Scheibe nacharbeiten oder ersetzen.
	Bremsscheibe läuft nicht parallel zum Bremssattel.	■ Anlagefläche des Bremssattels prüfen.
ABS-Kontrollleuchte leuchtet während der Fahrt.	Betriebsspannung zu niedrig (unter ca. 10 Volt).	■ Batteriespannung prüfen. Prüfen, ob Kontrolllampe für Generator nach dem Motorstart erlischt, andernfalls Keilrippenriemen und Generator prüfen.
		■ Hinweise zu ABS/ESP/EDS beachten.
	ABS-Anlage defekt.	■ ABS-Anlage in der Fachwerkstatt prüfen lassen.

Motor-Mechanik

Aus dem Inhalt:

- Motor-Steuertrieb
- Keilriemen wechseln
- Kühlmittel wechseln
- Zylinderkopf
- Motor-Kühlung
- Kühlerausbau

Hinweis zum Aus- und Einbau von Zahnriemen, Zylinderkopf, Steuerkette

Das Auswechseln dieser Bauteile ist so komplex, dass ich davon abrate, die Arbeiten selbst durchzuführen. Aus diesem Grund habe ich die einzelnen Arbeitsschritte auch nicht beschrieben. In den folgenden Kapiteln sind nur einige wichtige Hinweise aufgeführt, die bei der Überprüfung beziehungsweise bei der Montage dieser Bauteile auf jeden Fall beachtet werden müssen.

Motorabdeckung oben aus- und einbauen

Achtung: Beim Einbau nicht mit der Faust oder einem Werkzeug auf die Motorabdeckung schlagen.

1,5-l-TSI-Benzinmotor

Ausbau

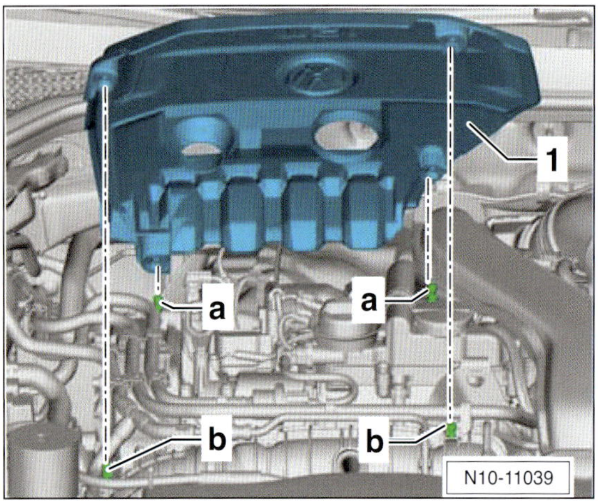

- Motorabdeckung –1– zunächst von den Kugelbolzen –a– nach oben abziehen.
- Anschließend Motorabdeckung von den Kugelbolzen –b– abziehen.

Einbau

- Der Einbau erfolgt in umgekehrter Ausbaureihenfolge, dabei Folgendes beachten:
- Vor dem Einbau die Kugelbolzen mit Wasser ohne Zusatz benetzen.
- Korrekten Sitz der Gummipuffer in der Motorabdeckung prüfen, gegebenenfalls Puffer bündig einsetzen.
- Motorabdeckung –1– ansetzen und ausrichten, dann zuerst auf die Kugelbolzen –b– drücken und anschließend auf die Kugelbolzen –a– aufdrücken.

2,0-l-TSI-Benzinmotor

Ausbau

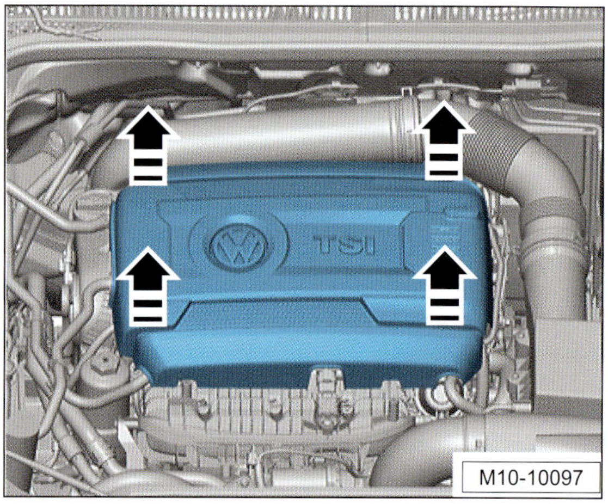

- Motorabdeckung vorsichtig nacheinander von den Haltebolzen abziehen –Pfeile–. **Achtung:** Motorabdeckung nicht ruckartig oder einseitig abziehen.

Einbau

- Motorabdeckung an den Befestigungspunkten aufsetzen, dabei am Öleinfüllstutzen und am Ölmessstab orientieren,
- Motorabdeckung zuerst an der linken Seite, dann an der rechten Seite nach unten in die Gummitüllen drücken und spürbar einrasten.

Dieselmotor

Ausbau

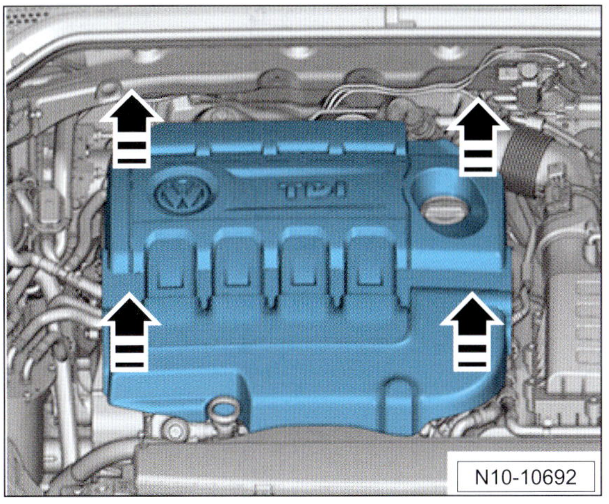

- Motorabdeckung vorsichtig nacheinander von den Haltebolzen abziehen –Pfeile–. **Achtung:** Motorabdeckung nicht ruckartig oder einseitig abziehen.

Einbau

- Motorabdeckung an den Befestigungspunkten aufsetzen, dabei am Öleinfüllstutzen und am Ölmessstab orientieren,
- Motorabdeckung zuerst an der linken Seite, dann an der rechten Seite nach unten in die Gummitüllen drücken und spürbar einrasten.

1,4-l-Benzinmotor

Beim **1,4-l-Benzinmotor** sind Motorblock und Zylinderkopf aus Aluminiumguss gefertigt.

Die im Zylinderkopf untergebrachten Nockenwellen betätigen die 4 Ventile pro Zylinder über Rollenschlepphebel. Durch die nadelgelagerten Rollen in den Schlepphebeln wird der Nockenhub besonders reibungsarm auf den Ventilschaft übertragen. Hydraulische Abstützelemente unterhalb der Schlepphebel gleichen jegliches Ventilspiel aus. Die Nockenwellen werden von der Motor-Kurbelwelle über den Zahnriemen angetrieben.

Der Alu-Motorblock besitzt eingegossene Zylinderlaufbuchsen aus Grauguss. Im unteren Teil des Motorblocks ist die Kurbelwelle über 5 Kurbelwellenlager angeschraubt. **Diese Verschraubungen dürfen nicht gelöst werden, sonst muss der komplette Motorblock mitsamt der Kurbelwelle ersetzt werden.** Die Kühlmittelpumpe sitzt auf der Schwungradseite im Motorblock und wird durch einen separaten Zahnriemen angetrieben.

Zahnriementrieb – 1,0-/1,4-l-Motor

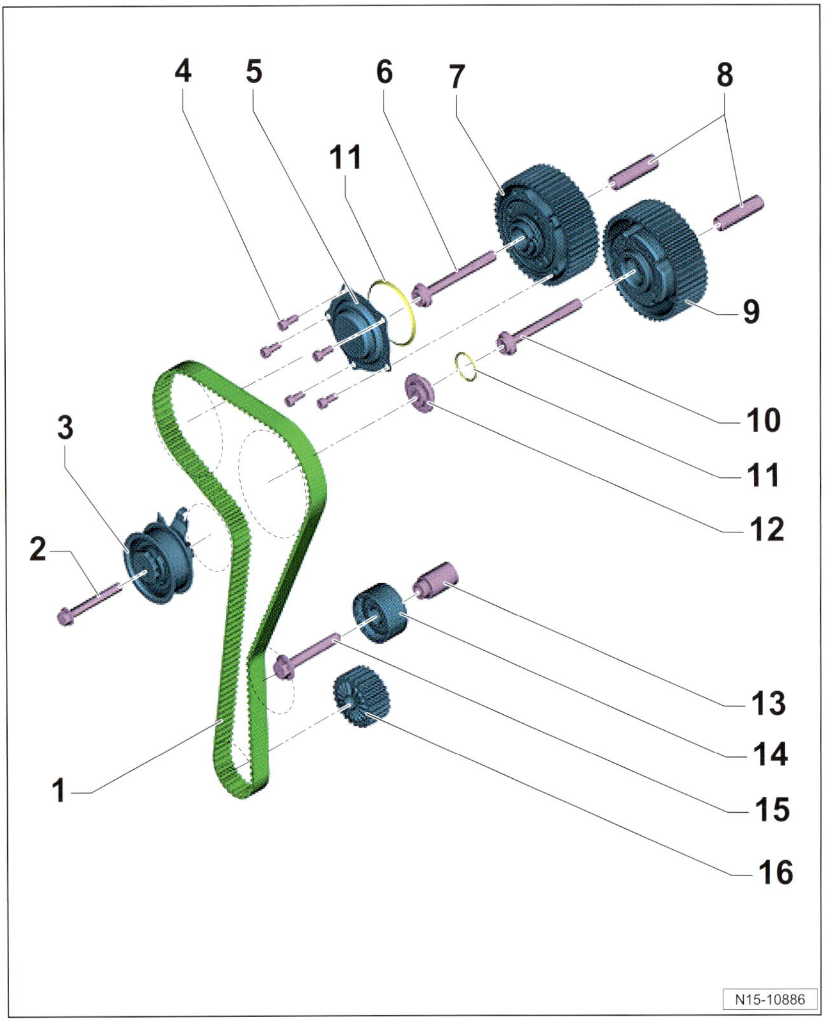

1 – **Zahnriemen**
Vor dem Ausbau Laufrichtung mit Kreide oder Filzstift kennzeichnen.
Auf Verschleiß prüfen.
Nach dem Einbau Steuerzeiten einstellen.

2 – **Schraube, 25 Nm**

3 – **Spannrolle**
Zum Aus- und Einbau die Motorstütze ausbauen.

4 – **Schraube, 8 Nm + 45°**
Immer ersetzen.

5 – **Verschlussdeckel**

6 – **Schraube, 50 Nm + 135°**
Immer ersetzen.

7 – **Zahnriemenrad der Auslassnockenwelle**
Mit Nockenwellenversteller.

8 – **Führungshülse**

9 – **Zahnriemenrad der Einlassnockenwelle**
Mit Nockenwellenversteller.

10 – **Schraube, 50 Nm + 135°**
Immer ersetzen.

11 – **O-Ring**
Immer ersetzen.

12 – **Verschlussschraube, 20 Nm**

13 – **Abstandshülse**
Mit O-Ring.
O-Ring immer ersetzen.

14 – **Umlenkrolle**

15 – **Schraube, 45 Nm**

16 – **Kurbelwellen–Zahnriemenrad**
Achtung: An der Anlagefläche zwischen Zahnriemenrad und Kurbelwelle darf sich kein Öl befinden.
Einbau ist nur in einer Stellung möglich.

Achtung: Ein Wechsel des Zahnriemens ist mit den Angaben auf dieser Seite nicht möglich.

Zylinderkopf – 1,2-/1,4-l-Benzinmotor

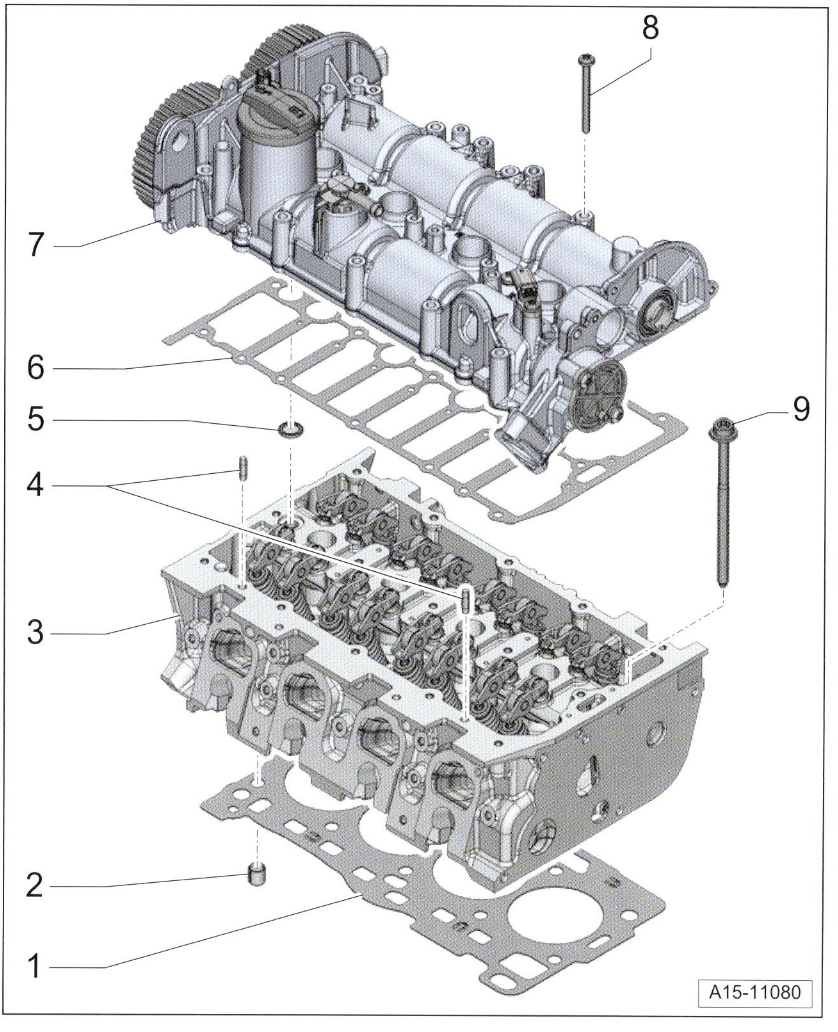

8 – Schraube
Immer ersetzen.

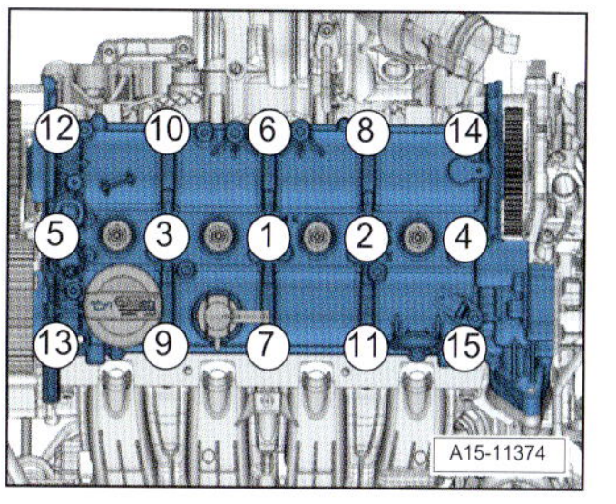

In der Reihenfolge von 15 bis 1 lösen.
Anzugsmethode: In der Reihenfolge von 1 bis 15 in 2 Stufen festziehen.

1. Stufe . . . . **10 Nm**
2. Stufe. . . . . **180°**

9 – Schraube
Immer ersetzen.

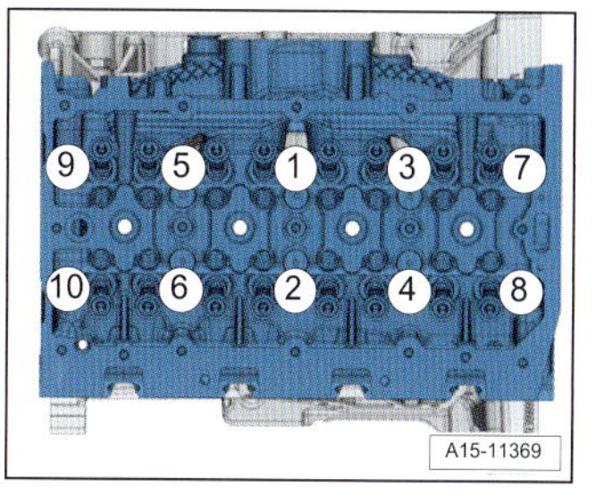

In der Reihenfolge von 10 bis 1 lösen.
Anzugsmethode: In der Reihenfolge von 1 bis 10 in 4 Stufen festziehen.

1. Stufe . . . . **40 Nm**
2. Stufe . . . . **90°**
3. Stufe . . . . **90°**
4. Stufe . . . . **90°**

1 – Zylinderkopfdichtung
Immer ersetzen.
Einbaulage beachten: Teilenummer zeigt zum Zylinderkopf.

2 – Passhülse
2 Stück.

3 – Zylinderkopf
Maximal zulässiger Verzug: 0,05 mm.

4 – Passstifte

5 – Dichtung
Mit Ölsieb.
In den Zylinderkopf eingelegt.

6 – Dichtung
Immer ersetzen.

7 – Nockenwellengehäuse
Hinweis: Die Nockenwellen dürfen nicht einzeln ausgebaut werden. Im Reparaturfall ist das Nockenwellengehäuse komplett zu ersetzen.

Achtung: Der Aus- und Einbau des Zylinderkopfs ist mit den Angaben auf dieser Seite nicht möglich.

Hinweis: Der Zylinderkopf des 1,0-l-3-Zylinder-Motors ist ähnlich aufgebaut.

2,0-l-Benzinmotor

Beim 2,0-l-Benzinmotor werden die Nockenwellen von einer wartungsfreien Kette angetrieben.

Einlass- und Auslass-Nockenwelle sind in einem separaten Nockenwellengehäuse gelagert, das mit dem Zylinderkopf verschraubt ist.

OT-Stellung – Abbildung V-10184

- Schwingungsdämpfer –2– mit dem Gegenhalter –A–, zum Beispiel VW/AUDI-T10355, so weit drehen, bis die Kerbe am Schwingungsdämpfer der OT-Marke an der unteren Steuerketten-Abdeckung gegenübersteht –Pfeil unten–.
- Gleichzeitig müssen die Markierungen –Pfeile oben– der Nockenwellen nach oben zeigen. Andernfalls Kurbelwelle um eine Umdrehung weiterdrehen.

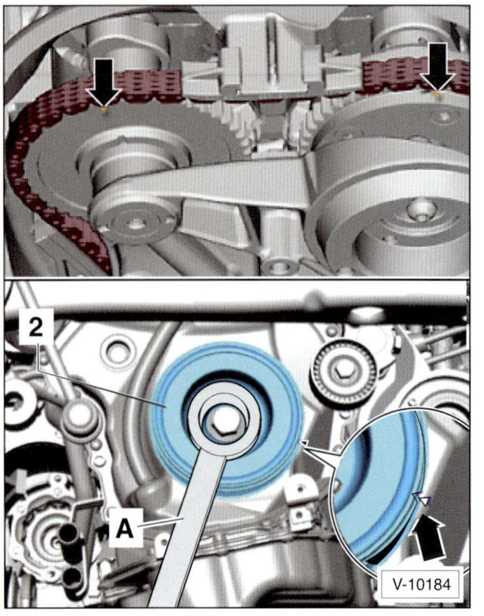

Steuerkettentrieb

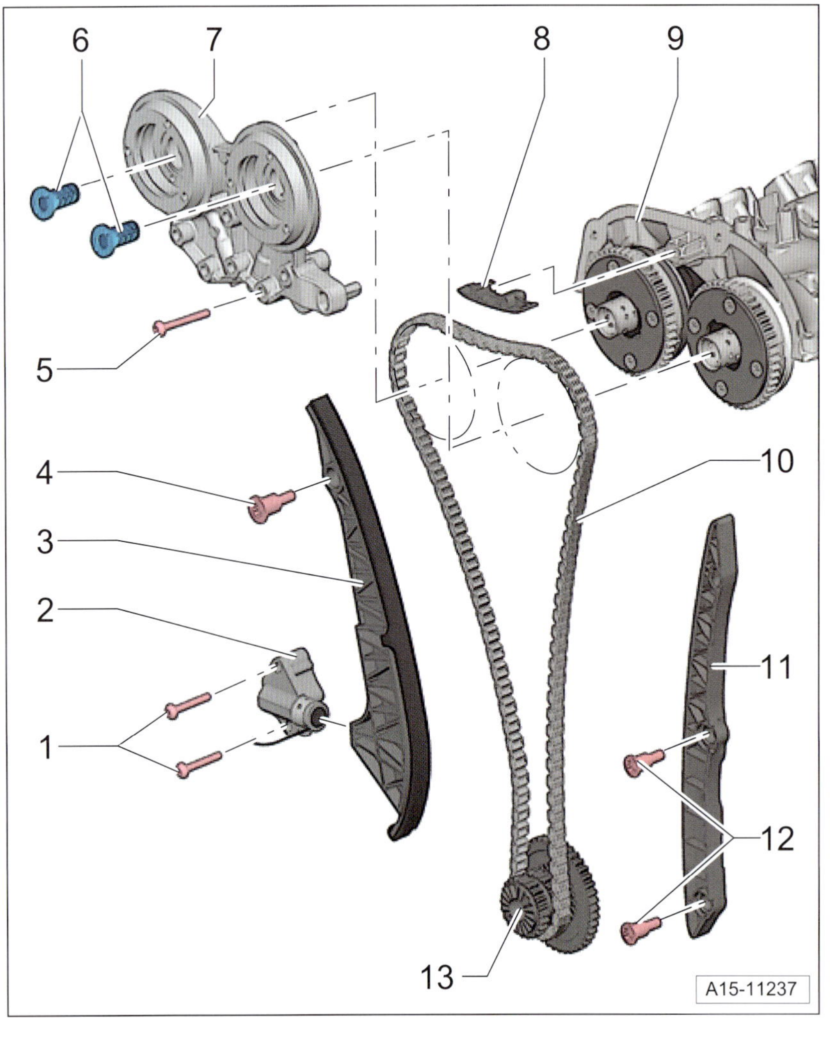

1 – **Schraube, 4 Nm + 90°**
Immer ersetzen.

2 – **Kettenspanner**
Steht unter Federspannung.
Vor dem Ausbau mit geeignetem Absteckstift, zum Beispiel VW-T40267 sichern.

3 – **Spannschiene für Steuerkette**

4 – **Führungsbolzen, 20 Nm.**

5 – **Aluminiumschraube, 4 Nm + 180°**
Immer ersetzen. Anzugsreihenfolge beachten: Schrauben wechselweise von innen nach außen festziehen.
Hinweis: Bei einer Lagerbrücke –7– mit Spannhülse, die mittlere untere **Stahlschraube** mit **3 Nm** voranziehen. Dabei wird die Spannhülse in den Zylinderkopf gezogen. Anschließend die restlichen **Stahlschrauben** wechselweise von innen nach außen mit **9 Nm** festziehen.

6 – **Steuerventile, 35 Nm**
Linksgewinde.
Kann nur mit Spezialwerkzeug VW-T10352/1 ausgebaut werden.

7 – **Lagerbrücke**

8 – **Gleitschiene**
Für Nockenwellen-Steuerkette.

9 – **Nockenwellengehäuse**

10 – **Nockenwellensteuerkette**
Vor dem Ausbau Laufrichtung mit Farbe kennzeichnen.

11 – **Gleitschiene**
Für Nockenwellen-Steuerkette

12 – **Führungsbolzen, 20 Nm.**

13 – **Dreistufiges Kettenrad**
Für Kurbelwelle.
Einbaulage: Die beiden abgeflachten Stellen müssen sich gegenüberstehen.

1,6-/2,0-l-Dieselmotor

Der **4-Ventil-Dieselmotor** hat einen Aluminium-Zylinderkopf mit 2 Auslass- und 2 Einlassventilen je Zylinder. Die Ventile sind senkrecht stehend angeordnet und werden von 2 obenliegenden Nockenwellen über Rollenschlepphebel betätigt. Die Schlepphebel stützen sich auf hydraulische Ausgleichselemente, die jegliches Ventilspiel ausgleichen.

Die Einlass-Nockenwelle wird über einen Zahnriemen von der Motor-Kurbelwelle angetrieben wie auch die Hochdruckpumpe für die Common-Rail-Einspritzung.

Die Einlass-Nockenwelle übernimmt neben der Steuerung der Einlassventile über eine Schrägverzahnung den Antrieb der Auslass-Nockenwelle, die ihrerseits die Vakuumpumpe antreibt. Die Vakuumpumpe ist an der hinteren Stirnseite des Zylinderkopfes angeflanscht und erzeugt den Unterdruck für den Bremskraftverstärker.

Zahnriementrieb

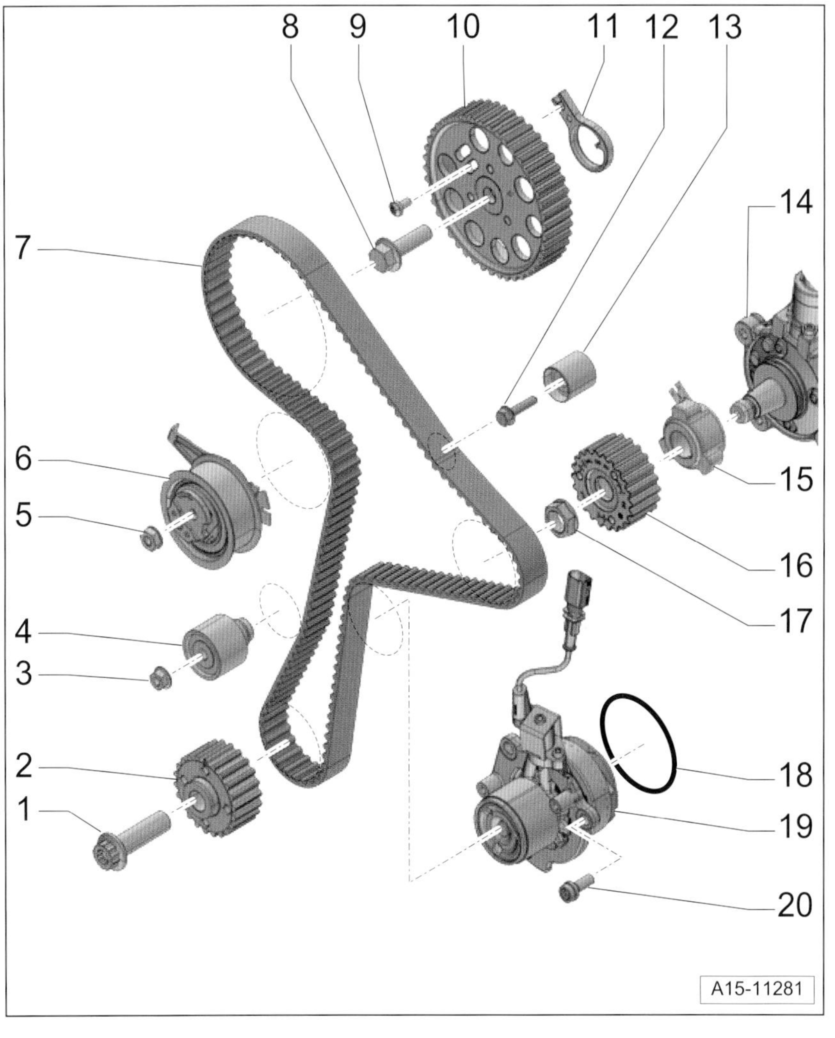

1 – Schraube*, 180 Nm + 135°
Zum Lösen und Anziehen Gegenhalter VW-3415 verwenden.
Gewinde und Bund auf keinen Fall zusätzlich ölen oder fetten.
Hinweis: Der Weiterdrehwinkel kann auch in Stufen vorgenommen werden, zum Beispiel: **90° + 45°**.

2 – Kurbelwellen-Zahnriemenrad
An der Anlagefläche zwischen Zahnriemenrad und Kurbelwelle darf sich kein Öl befinden.
Der Einbau ist nur in einer Stellung möglich.

3 – Mutter, 20 Nm.

4 – Beruhigungsrolle

5 – Mutter*, 20 Nm + 45°

6 – Spannrolle

7 – Zahnriemen
Vor dem Ausbau Laufrichtung mit Kreide oder Filzstift kennzeichnen
Auf Verschleiß prüfen.

8 – Schraube, 100 Nm
Zum Lösen und Festziehen Gegenhalter VW-T10172 mit Adaptern VW-T10172/11 verwenden.
Gewinde und Bund auf keinen Fall zusätzlich ölen oder fetten.

9 – Fixierschraube, 9 Nm.

10 – Zahnriemenrad Nockenwelle
An der Anlagefläche zwischen Zahnriemenrad und Nockenwelle darf sich kein Öl befinden.

11 – Mitnehmer für Nockenwelle

12 – Schraube, 20 Nm.

13 – Beruhigungsrolle

14 – Hochdruckpumpe

15 – Nabe für Hochdruckpumpe
An der Anlagefläche zwischen Nabe und Zahnriemenrad darf sich kein Öl befinden.

16 – Zahnriemenrad Hochdruckpumpe
An der Anlagefläche zwischen Nabe und Zahnriemenrad darf sich kein Öl befinden.

17 – Mutter, 95 Nm
Gewinde und Bund auf keinen Fall zusätzlich ölen oder fetten.
Zum Lösen und Anziehen Gegenhalter VW-10051 verwenden.

18 – O-Ring*
Beim Einbau mit Kühlmittel benetzen.

19 – Kühlmittelpumpe

20 – Schraube*, 20 Nm ± 45°

*) Nach jeder Demontage ersetzen.

Achtung: Ein Wechsel des Zahnriemens ist mit den Angaben auf dieser Seite nicht möglich.

Keilrippenriemen – Detailübersicht

1,0-/1,2-/1,4-/1,5-l-Benzinmotor

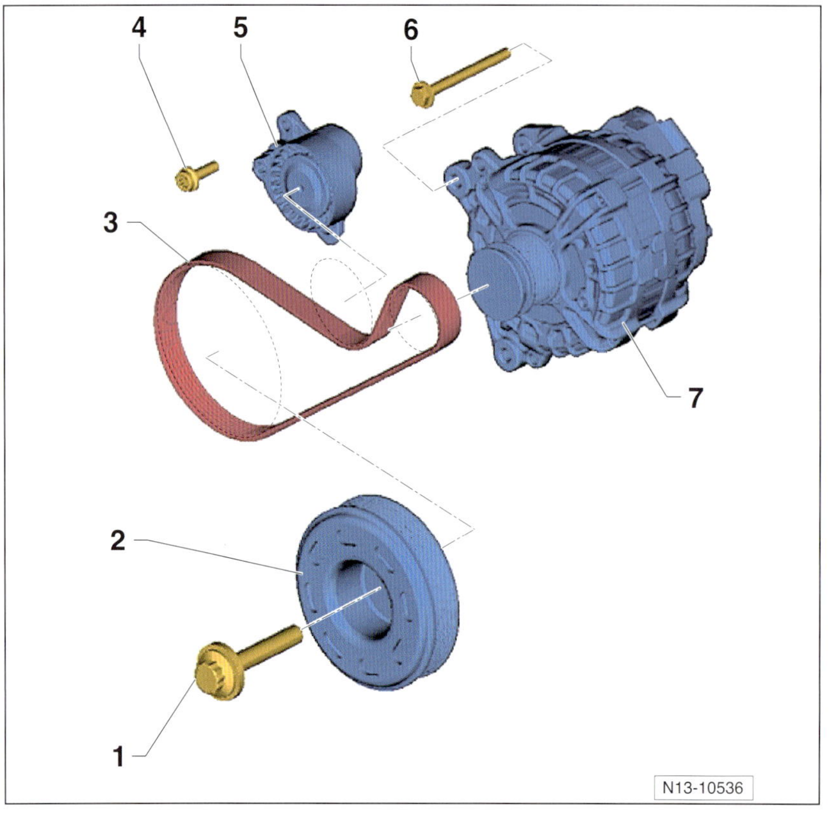

Ohne Klimakompressor

1 – Schraube, 150 Nm + 180°
Immer ersetzen.
Zum Lösen und Festziehen Gegenhalter VW-T10475 verwenden.
Achtung: Um die Steuerzeiten nicht zu verstellen, darf die Kurbelwelle bei ausgebauter Schraube nicht verdreht werden.

2 – Schwingungsdämpfer
Achtung: Um die Steuerzeiten nicht zu verstellen, darf die Kurbelwelle bei ausgebautem Schwingungsdämpfer nicht aus der OT–Stellung verdreht werden.

3 – Keilrippenriemen
Auf Verschleiß prüfen.
Nicht knicken.
Vor dem Ausbau Laufrichtung mit Kreide oder Filzstift kennzeichnen.
Beim Einbau auf korrekten Sitz auf den Riemenscheiben achten.

4 – Schraube, 20 Nm + 90°
Immer ersetzen.

5 – Spannvorrichtung für Keilrippenriemen
Zum Entspannen des Keilrippenriemens mit Steckeinsatz schwenken, anschließend mit Absteckdorn, zum Beispiel VW-T10060 A arretieren.

6 – Schraube, 23 Nm

7 – Generator

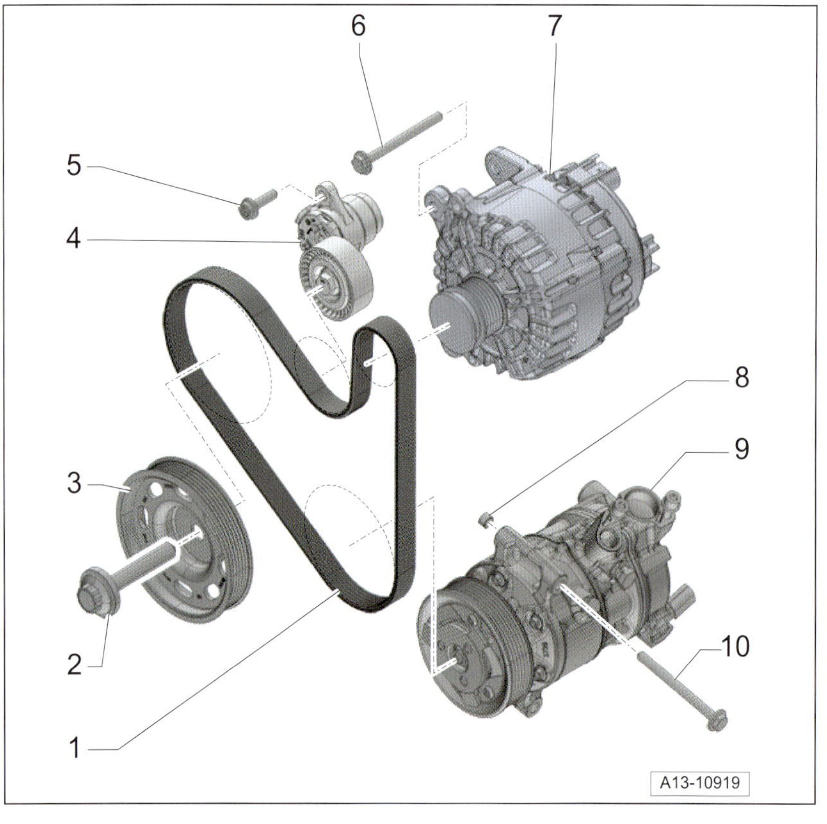

Mit Klimakompressor

1 – Keilrippenriemen
Auf Verschleiß prüfen.
Nicht knicken.
Vor dem Ausbau Laufrichtung mit Kreide oder Filzstift kennzeichnen.
Beim Einbau auf korrekten Sitz auf den Riemenscheiben achten.

2 – Schraube, 150 Nm + 180°
Immer ersetzen.
Zum Lösen und Festziehen Gegenhalter VW-T10475 verwenden.
Achtung: Um die Steuerzeiten nicht zu verstellen, darf die Kurbelwelle bei ausgebauter Schraube nicht verdreht werden.

3 – Schwingungsdämpfer

4 – Spannvorrichtung für Keilrippenriemen
Zum Entspannen des Keilrippenriemens mit Steckeinsatz schwenken, anschließend mit Absteckdorn, zum Beispiel VW-T10060 A arretieren.

5 – Schraube 20 Nm + 90°
Immer ersetzen.

6 – Schraube, 23 Nm

7 – Generator

8 – Passhülse
Für Klimakompressor.

9 – Klimakompressor
Kältemittelleitungen nicht abschrauben oder trennen.

10 – Schraube, 25 Nm

2,0-l-Benzinmotor

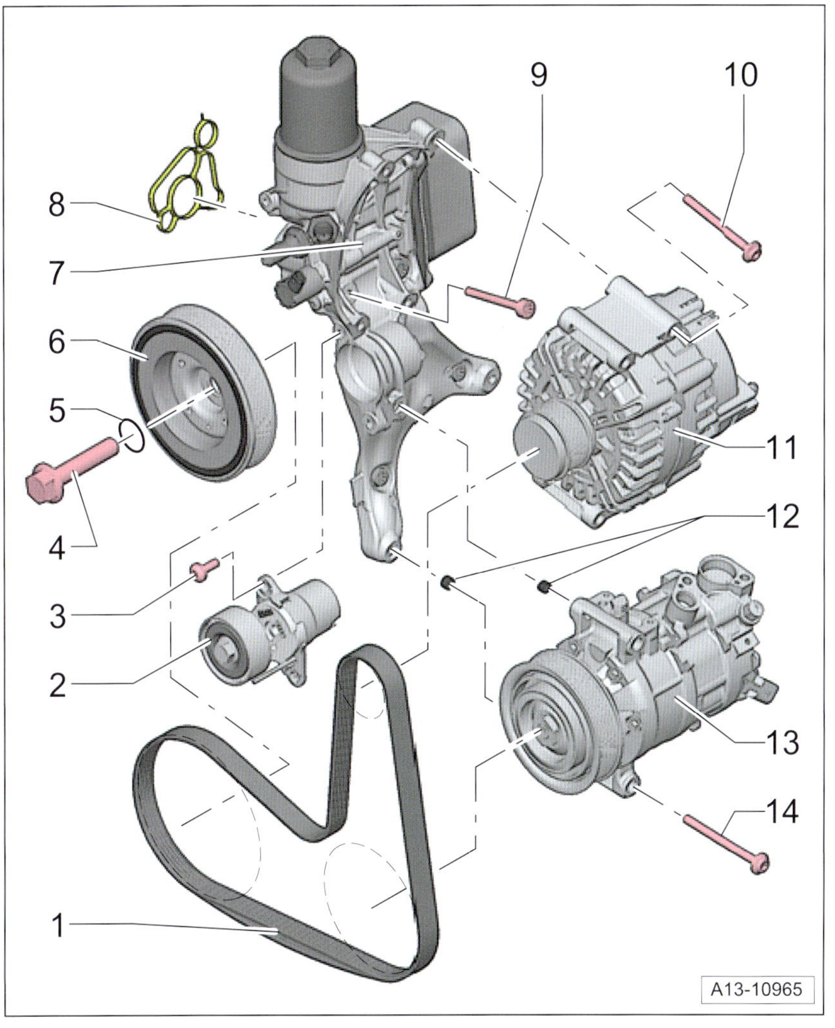

1 – Keilrippenriemen
Auf Verschleiß prüfen.
Nicht knicken.
Achtung: Zerstörungsgefahr durch umgekehrte Laufrichtung bei einem bereits gelaufenen Keilrippenriemen.
Vor Ausbau des Keilrippenriemens Laufrichtung mit Kreide oder Filzstift für den Wiedereinbau kennzeichnen.
Beim Einbau auf korrekten Sitz auf den Riemenscheiben achten.

2 – Spannvorrichtung für Keilrippenriemen
Zum Entspannen des Keilrippenriemens mit Maulschlüssel schwenken.
Mit Absteckdorn, zum Beispiel VW-T10060A oder einem entsprechenden Bohrerschaft arretieren.

3 – Schraube, 8 Nm + 45°
Immer ersetzen.

4 – Schraube, 150 Nm + 90°
Immer ersetzen.
O-Ring ölen.
Zum Lösen und Festziehen den Gegenhalter VW-T10355 verwenden.
Achtung: Um die Steuerzeiten nicht zu verstellen, darf die Kurbelwelle bei ausgebauter Schraube nicht verdreht werden. Zerstörungsgefahr des Motors.

5 – O-Ring
Ist als Ersatzteil nur zusammen mit der Schraube –4– erhältlich.

6 – Schwingungsdämpfer
Mit Keilrippenriemenscheibe.
Achtung: Um die Steuerzeiten nicht zu verstellen, darf die Kurbelwelle bei ausgebauter Schraube nicht verdreht werden. Zerstörungsgefahr des Motors.

7 – Halter für Nebenaggregate
Mit Ölfilter und Motorölkühler.
Anzugsmethode:

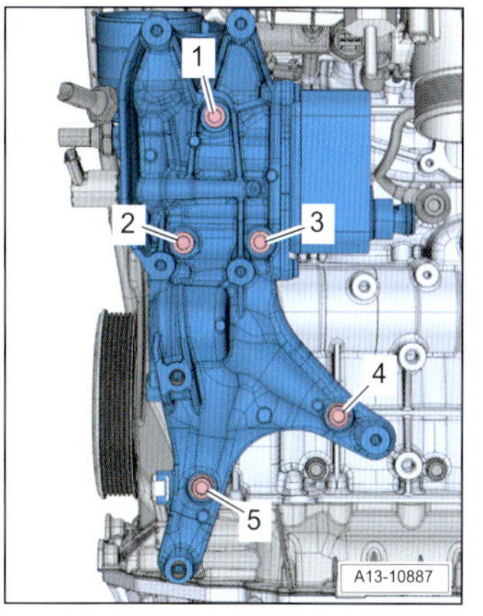

- Halter für Nebenaggregate ansetzen und zuerst Schraube –4– von Hand eindrehen.
- Schrauben in der Ausbaureihenfolge –1– bis –5– in 3 Stufen festziehen.

1. Stufe . . . . **handfest** anziehen.
2. Stufe . . . . **20 Nm.**
3. Stufe . . . . . **90°** weiterdrehen.

8 – Dichtung
Immer ersetzen.

9 – Schraube
Sobald die Schraube mit Weiterdrehwinkel festgezogen wurde, muss sie nach dem Lösen ersetzt werden.
Anzugsmethode siehe unter Position –7–.

10 – Schraube, 23 Nm

11 – Generator

12 – Passhülsen
Für Klimakompressor.

13 – Klimakompressor
Achtung: Kältemittelleitungen nicht abschrauben oder trennen.

14 – Schraube, 25 Nm

Dieselmotor

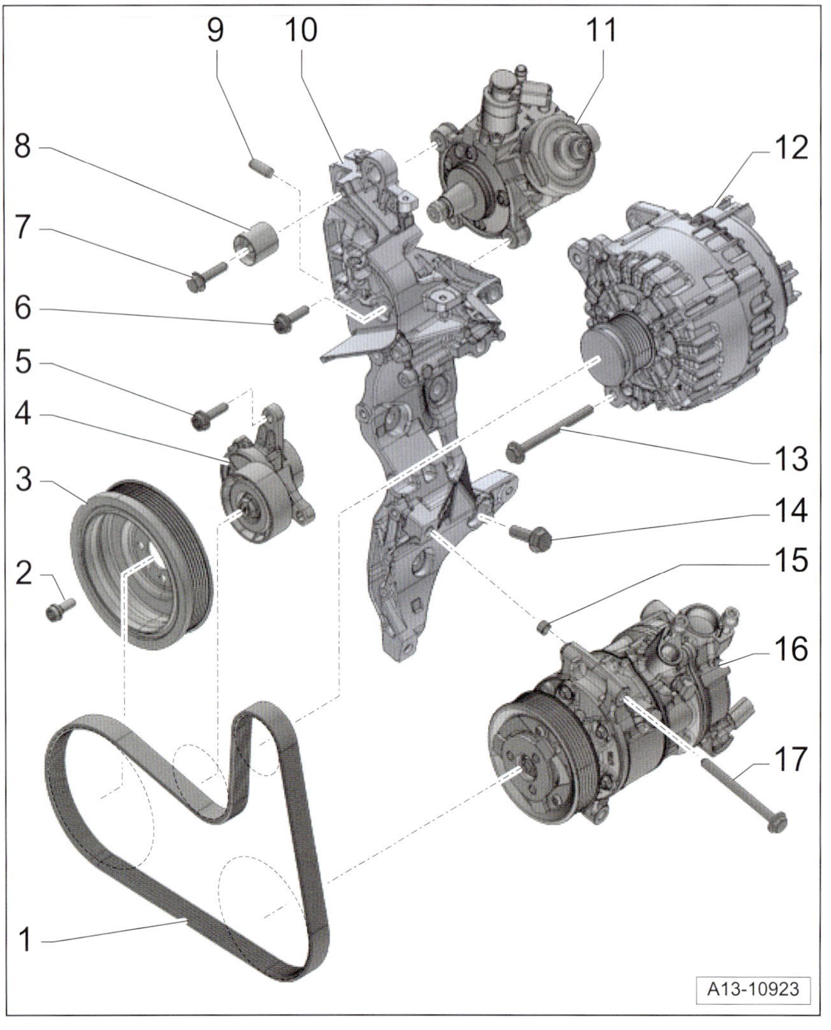

14 – **Schraube**

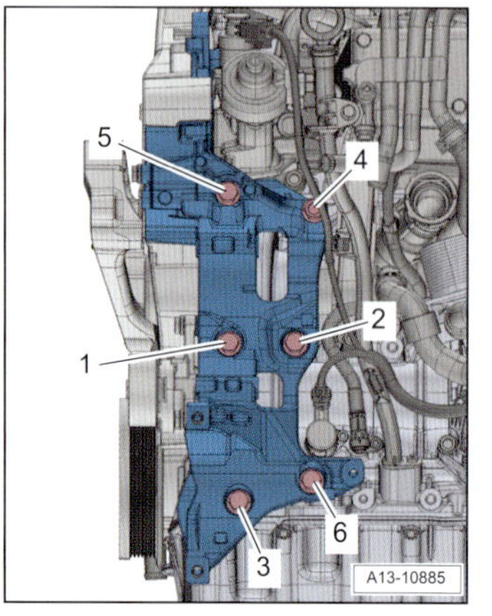

Schrauben wie folgt einsetzen:

1. Schrauben (M10x35) –1/2/3/6–.
2. Schraube (M10x115) –4– .
3. Schraube (M10x175) –5– .

Dann Schrauben in **4 Stufen** festziehen:

1. Stufe: Schrauben –1– bis –6– von Hand **bis zur Anlage** eindrehen.

2. Stufe: Schrauben –1– bis –6– mit **40 Nm** festziehen.

3. Stufe: Schrauben –4– und –5– um **180°** weiterdrehen.

4. Stufe: Schrauben –1, 2, 3, 6– um **45°** weiterdrehen.

15 – **Passhülse**
Auf richtigen Sitz im Klimakompressor achten.

16 – **Klimakompressor**

17 – **Schraube, 25 Nm**

1 – **Keilrippenriemen**
Auf Verschleiß prüfen.
Vor dem Ausbau Laufrichtung mit Kreide oder Filzstift kennzeichnen.
Nicht knicken.

2 – **Schraube, 10 Nm + 90°**
Nach jeder Demontage ersetzen.
Nur Original-Schrauben verwenden.

3 – **Schwingungsdämpfer**
Mit Keilrippenriemenscheibe.
Einbaulage: Bohrung im Schwingungsdämpfer muss über der Erhebung am Kurbelwellen-Zahnriemenrad stehen.

4 – **Spannvorrichtung für Keilrippenriemen**

5 – **Schraube, 20 Nm + 90°**
Nach Demontage ersetzen.

6 – **Schraube, 20 Nm + 45°**

7 – **Schraube, 20 Nm**

8 – **Beruhigungsrolle**

9 – **Passhülse**
Auf richtigen Sitz im Halter für Nebenaggregate achten.

10 – **Halter für Nebenaggregate**

11 – **Hochdruckpumpe**

12 – **Generator**

13 – **Schraube, 23 Nm**

Keilrippenriemen aus- und einbauen

Der Keilrippenriemen treibt sämtliche Nebenaggregate an. Das sind je nach Ausstattung und Motor: Generator (Lichtmaschine), Kühlmittelpumpe und Klimakompressor. Der Keilrippenriemen wird durch eine Spannrolle gespannt. Die Spannung muss im Rahmen der Wartung nicht geprüft werden

Achtung: Wird der alte, gelaufene Keilrippenriemen wieder eingebaut, vor dem Ausbau Laufrichtung des Keilrippenriemens kennzeichnen. Dazu mit Filz- oder Fettstift auf dem Riemen einen Pfeil in Laufrichtung anbringen. **Der Motor dreht, von der Keilrippenriemenseite aus gesehen, rechtsherum, also im Uhrzeigersinn.** Ein Einbau entgegen der bisherigen Laufrichtung erhöht den Verschleiß des Riemens beziehungsweise kann diesen zerstören.

1,0-/1,2-/1,4-/1,5-l-Benzinmotor

Fahrzeuge ohne Klimakompressor

Ausbau

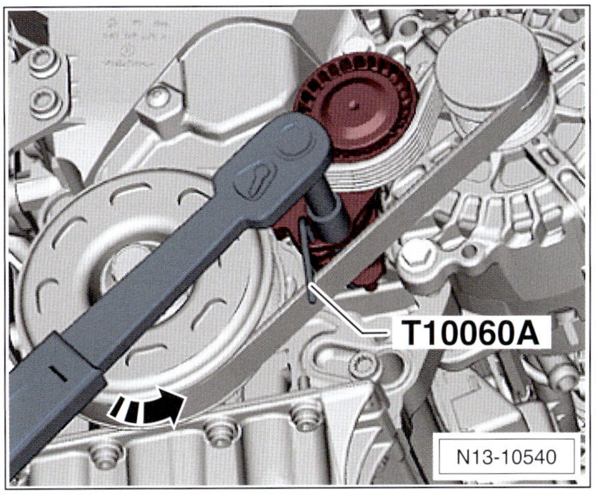

- Spannvorrichtung im Gegenuhrzeigersinn –Pfeilrichtung– drehen und dadurch den Keilrippenriemen entspannen.
- Spannvorrichtung mit Absteckdorn, zum Beispiel VW-T10060 A oder einem geeigneten Bohrer, arretieren.
- Keilrippenriemen abnehmen.

Einbau

- Der Einbau erfolgt in umgekehrter Ausbaureihenfolge, dabei Folgendes beachten:

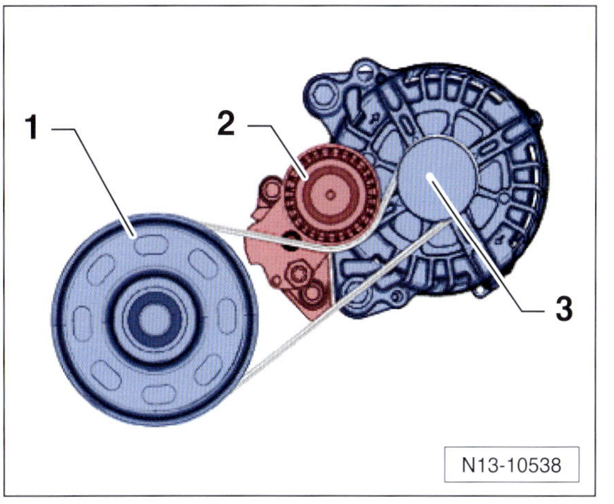

1 – Schwingungsdämpfer
2 – Spannvorrichtung für Keilrippenriemen
3 – Generator

- Keilrippenriemen auflegen, wie in der Abbildung gezeigt.
- Spannvorrichtung etwas im Gegenuhrzeigersinn drehen und Absteckdorn herausziehen.
- Spannvorrichtung langsam entlasten.
- Prüfen, ob der Keilrippenriemen richtig auf den Riemenscheiben liegt.
- Motor starten und sichtprüfen, ob der Keilrippenriemen richtig läuft.

Fahrzeuge mit Klimakompressor

Ausbau

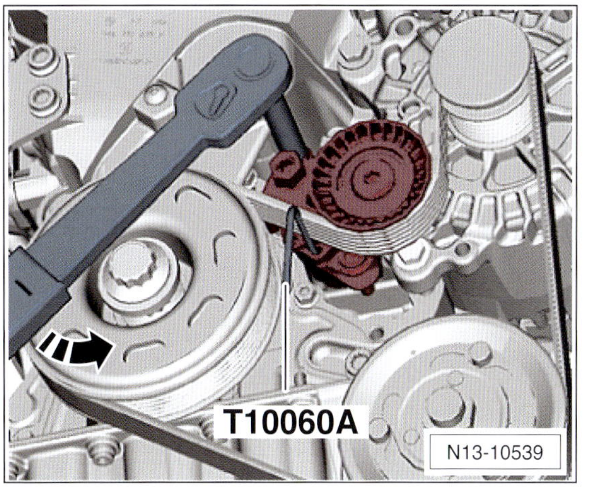

- Spannvorrichtung im Gegenuhrzeigersinn –Pfeilrichtung– drehen und dadurch den Keilrippenriemen entspannen.
- Spannvorrichtung mit Absteckdorn, zum Beispiel VW-T10060 A oder einem geeigneten Bohrer, arretieren.
- Keilrippenriemen abnehmen.

Einbau

- Der Einbau erfolgt in umgekehrter Ausbaureihenfolge, dabei Folgendes beachten:

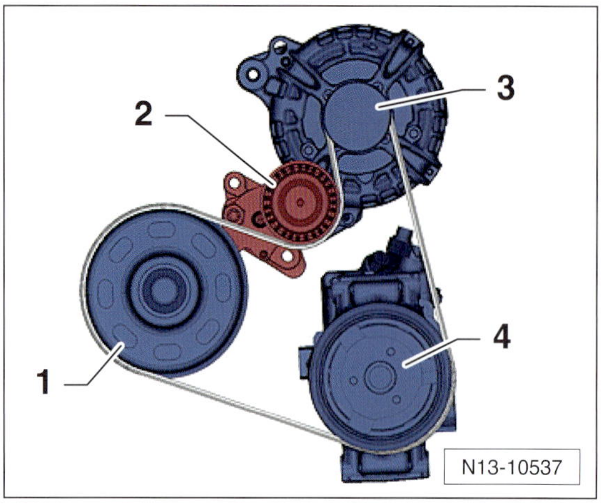

1 – **Schwingungsdämpfer**
2 – **Spannvorrichtung für Keilrippenriemen**
3 – **Generator**
4 – **Klimakompressor**

- Keilrippenriemen auflegen, wie in der Abbildung gezeigt:
- Spannvorrichtung etwas im Gegenuhrzeigersinn drehen und Absteckdorn herausziehen.
- Spannvorrichtung langsam entlasten.
- Prüfen, ob der Keilrippenriemen richtig auf den Riemenscheiben liegt.
- Motor starten und sichtprüfen, ob der Keilrippenriemen richtig läuft.

1,8-/2,0-l-Benzinmotor

Ausbau

- Untere Motorraumabdeckung ausbauen, siehe Seite 339.

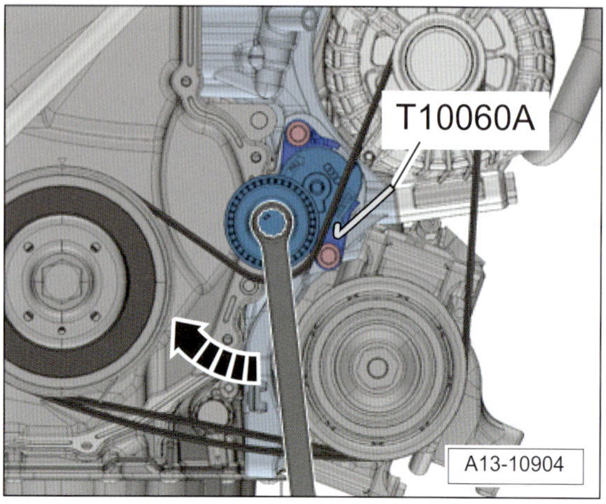

- Spannvorrichtung mit einem Ringschlüssel in Pfeilrichtung drehen und Keilrippenriemen entspannen.
- Spannvorrichtung mit einem Absteckdorn, zum Beispiel mit VW-T10060 A oder einem entsprechenden Bohrerschaft, arretieren.
- Keilrippenriemen abnehmen.

Einbau

- Der Einbau erfolgt in umgekehrter Ausbaureihenfolge, dabei Folgendes beachten:

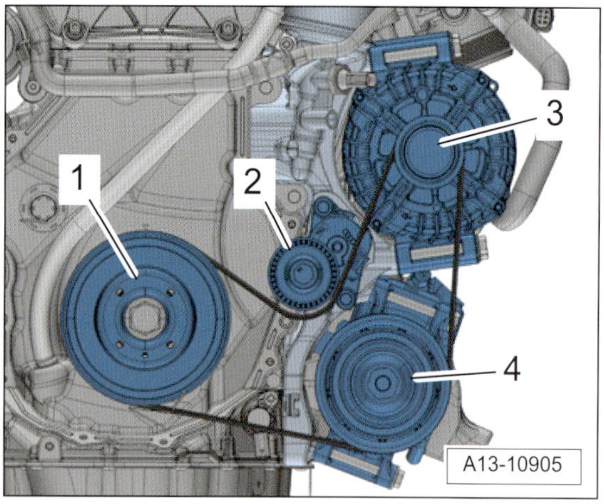

1 – **Schwingungsdämpfer**
2 – **Spannvorrichtung für Keilrippenriemen**
3 – **Generator**
4 – **Klimakompressor**

- Keilrippenriemen wie in der Abbildung gezeigt auflegen.
- Spannvorrichtung etwas entgegen der Pfeilrichtung drehen und Absteckdorn herausziehen, siehe Abbildung A13-10904.

- Spannvorrichtung entlasten.
- Prüfen, ob der Keilrippenriemen richtig auf den Riemenscheiben liegt.
- Untere Motorraumabdeckung einbauen, siehe Seite 339.
- Motor starten und sichtprüfen, ob der Keilrippenriemen richtig läuft.

Dieselmotor

Ausbau

- Untere Motorraumabdeckung ausbauen, siehe Seite 339.

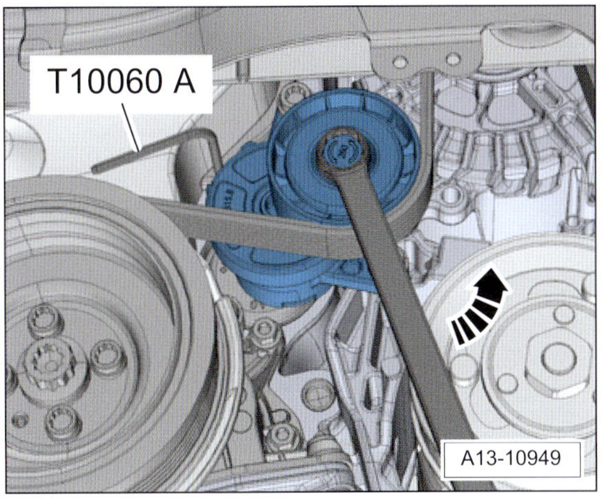

- Spannvorrichtung mit einem Ringschlüssel in Pfeilrichtung drehen und Keilrippenriemen entspannen.
- Spannvorrichtung mit einem Absteckdorn, zum Beispiel VW-T10060 A oder geeignetem Bohrerschaft, arretieren.
- Keilrippenriemen abnehmen.

Einbau

- Der Einbau erfolgt in umgekehrter Ausbaureihenfolge, dabei Folgendes beachten:

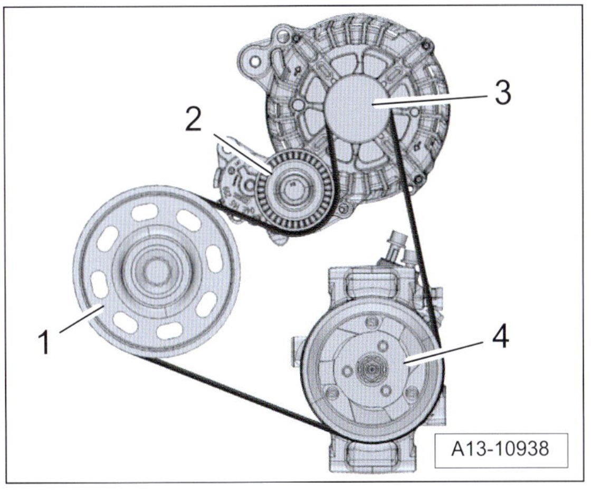

- Keilrippenriemen, wie in der Abbildung gezeigt, auf die Keilrippenriemenscheiben auflegen:

1 – Schwingungsdämpfer **3 – Generator**
2 – Spannrolle **4 – Klimakompressor**

- Spannvorrichtung mit Ringschlüssel etwas im Gegenuhrzeigersinn schwenken und Absteckdorn herausziehen.
- Spannvorrichtung langsam entlasten, dabei darauf achten, dass der Riemen richtig auf den Riemenscheiben aufliegt.
- Untere Motorraumabdeckung einbauen, siehe Seite 339.
- Motor starten und sichtprüfen, ob der Keilrippenriemen richtig läuft.

Spannvorrichtung für Keilrippenriemen aus- und einbauen

Ausbau

- Keilrippenriemen von der Spannvorrichtung abnehmen, siehe entsprechendes Kapitel.

Benzinmotor

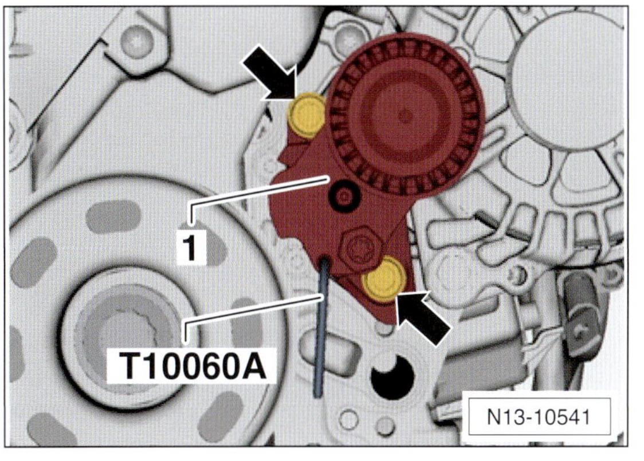

Dieselmotor

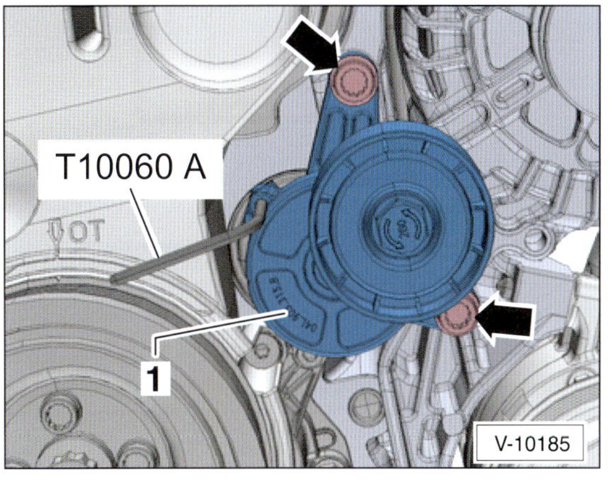

- Schrauben –Pfeile– herausdrehen, Spannvorrichtung –1– für Keilrippenriemen abziehen. T10060A = Absteckdorn.

Einbau

- Spannvorrichtung ansetzen und mit **neuen** Schrauben anschrauben.
- Schrauben mit **20 Nm** festziehen und anschließend um **90°** weiterdrehen.
- Keilrippenriemen einbauen, siehe entsprechendes Kapitel.

Motor-Kühlung

Kühlmittelkreislauf

Zur Kühlung des Motors wird das Kühlmittel von der Kühlmittelpumpe ständig in Bewegung gehalten. Solange der Motor kalt ist, zirkuliert das Kühlmittel nur im Zylinderkopf, im Motorblock und im Wärmetauscher der Innenraumheizung. Mit zunehmender Erwärmung öffnet ein Thermostat (Kühlmittelregler) den großen Kühlmittelkreislauf. Die Kühlflüssigkeit durchströmt dann den Kühler und wird dabei durch die an den Kühlrippen vorbeistreichende Luft abgekühlt.

Der Kühlluftstrom wird durch einen hinter dem Kühler angebrachten Lüfter verstärkt. Der Lüfter wird durch einen Elektromotor angetrieben. Entsprechend der Kühlmitteltemperatur wird der Elektrolüfter zu- oder abgeschaltet.

Sicherheitshinweis
Der Elektrolüfter kann sich auch bei ausgeschalteter Zündung einschalten. Durch Stauwärme im Motorraum ist auch **mehrmaliges Einschalten möglich.** Abhilfe: **Stecker für Kühlerlüfter abziehen.**

Achtung: Bei Arbeiten am Kühlsystem unbedingt darauf achten, dass **kein Kühlmittel** auf den **Keilrippenriemen** oder auf den **Zahnriemen**, wo vorhanden, gelangt. Der Glykolanteil des Kühlmittels kann das Gewebe des Riemens so schädigen, dass der Riemen nach einiger Betriebszeit reißt. Durch einen gerissenen Zahnriemen können schwer wiegende Motorschäden auftreten.

Hinweis: Kühlmittelschläuche beim Einbau spannungsfrei verlegen, ohne dass diese mit anderen Bauteilen in Berührung kommen. Falls an den Kühlmittelrohren und Kühlmittelschlauchenden Markierungen oder Pfeile angebracht sind, so müssen sich diese beim Einbau gegenüberstehen.

Zweikreis-Kühlsystem

Der GOLF hat ein Zweikreis-Kühlsystem. Dabei erfolgt eine getrennte Kühlmittelführung mit unterschiedlichen Temperaturen durch den Motorblock und den Zylinderkopf. Gesteuert wird die Kühlmittelführung durch 2 Thermostate (Kühlmittelregler) im Kühlmittelregler-Gehäuse und im Kühlmittelpumpen-Gehäuse. Ein Thermostat ist für den Motorblock, der andere für den Zylinderkopf zuständig.

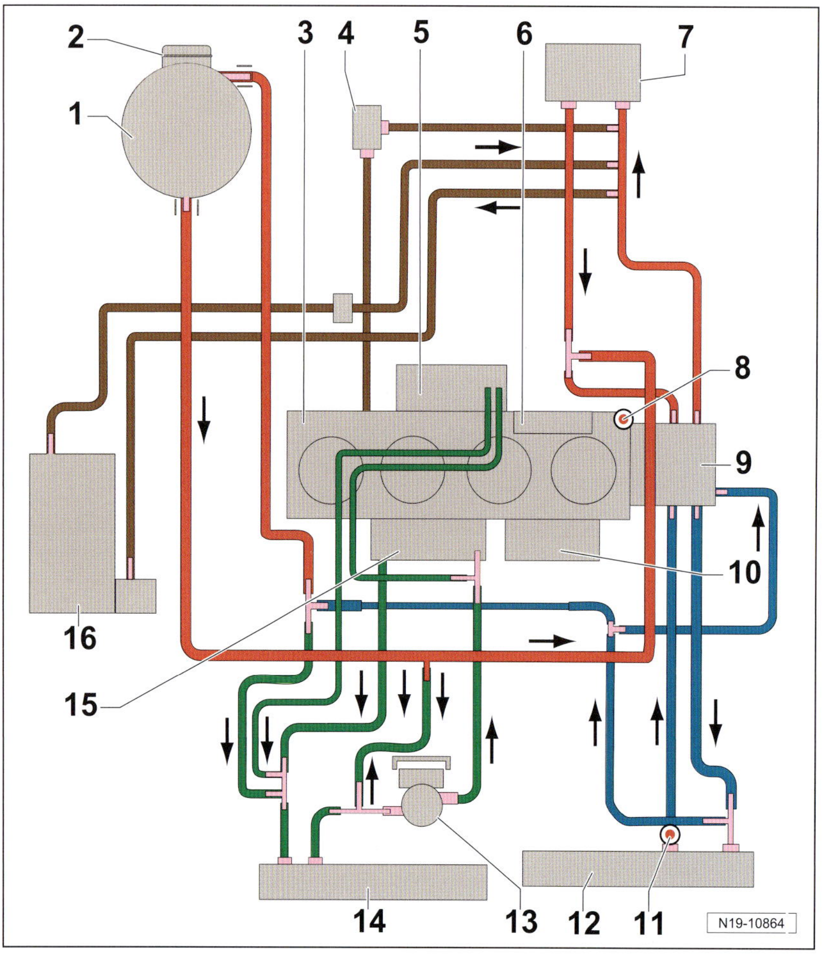

Anschlussplan für Kühlmittelschläuche

Die Abbildung zeigt den 1,4-l-Benzinmotor mit 103 kW (140 PS) ab 6/2013.
Hinweis: Die Pfeile in der Abbildung zeigen in Fließrichtung des Kühlmittels.

1 – **Kühlmittelausgleichsbehälter**
2 – **Verschlussdeckel**
Für Kühlmittelausgleichsbehälter.
3 – **Zylinderkopf/Zylinderblock***
4 – **Heizelement für Motorvorwärmung**
Nur bei Motorkennbuchstabe CPVA.
5 – **Abgasturbolader**
6 – **Integrierter Abgaskrümmer**
7 – **Wärmetauscher für Heizung***
8 – **Kühlmitteltemperaturgeber**
9 – **Kühlmittelpumpe**
Mit Gehäuse für Kühlmittelregler.
10 – **Motorölkühler**
11 – **Kühlmitteltemperaturgeber am Kühlerausgang**
12 – **Kühler für Kühlmittel***
13 – **Pumpe für Ladeluftkühlung**
14 – **Kühler für Ladeluft-Kühlkreislauf***
15 – **Ladeluftkühler im Saugrohr***
16 – **Standheizung**
Zusatzausstattung.

*) Nach dem Ersetzen das gesamte Kühlmittel wechseln.

Das Zweikreis-Kühlsystem hat folgende Vorteile:

- Der Motorblock wird schneller aufgeheizt, weil das Kühlmittel bis zum Erreichen von +105° C im Motorblock bleibt.
- Durch das höhere Temperaturniveau im Motorblock vermindert sich die Reibung im Kurbeltrieb.
- Eine bessere Kühlung der Brennräume durch das geringere Temperaturniveau im Zylinderkopf.

Kühler-Frostschutzmittel

Die Kühlanlage muss ganzjährig mit einer Mischung aus destilliertem Wasser und VW-Kühlerfrost- und Korrosions-Schutzmittel gefüllt sein. Dadurch werden Frost- und Korrosionsschäden sowie Kalkansatz vermieden und eine Siedepunkterhöhung der Kühlflüssigkeit erreicht. Erforderlich ist der höhere Siedepunkt der Kühlflüssigkeit für ein einwandfreies Funktionieren der Motorkühlung. Bei zu niedrigem Siedepunkt der Flüssigkeit kann es zu einem Hitzestau kommen, wodurch die Kühlung des Motors vermindert wird. Deshalb muss das Kühlsystem unbedingt ganzjährig mit einer Kühlkonzentrat-Mischung gefüllt sein.

Als Kühlmittelzusatz nur das VW-Kühlkonzentrat »**G13**« (Farbe **lila**) oder ein anderes Kühlkonzentrat mit dem Vermerk »gemäß VW-TL-774-**J**«, zum Beispiel »Glysantin GG 40« oder »MAINTAIN FRICOFIN V«. **Hinweis:** G13 ist mischbar mit dem älteren, ebenfalls lilafarbenen G12++ oder G12+.

Achtung: Zum Nachfüllen – auch in der warmen Jahreszeit – nur eine Mischung aus **G13 (lila)** und destilliertem Wasser verwenden. Auch im Sommer darf der Kühlerfrostschutzanteil im Kühlmittel nicht unter 40 % liegen. Deshalb beim Nachfüllen Frostschutz ergänzen.

Hinweis: Wasser hat auf die Effektivität der Kühlflüssigkeit einen großen Einfluss. Da die Inhaltsstoffe im Trinkwasser regional sehr unterschiedlich sind, ist zum Mischen der Kühlflüssigkeit nur noch destilliertes Wasser zu verwenden.

Kühlmittel-Mischungsverhältnis in Prozent

Frostschutz bis	G13	Destill. Wasser
–25° C	ca. 40 %	ca. 60 %
–36° C	ca. 50 %	ca. 50 %
–48° C	ca. 55 %	ca. 45 %

Der Frostschutz sollte in unseren Breiten bis –25° C, besser bis –36° C reichen. Der Anteil des Frostschutzmittels darf 55 % (Frostschutz dann bis –48° C) nicht überschreiten, sonst verringern sich Frostschutz und Kühlwirkung wieder.

Hinweis: Steht zum Nachfüllen das Frostschutzmittel G13 nicht zur Verfügung, kann auch G12++ und G12+ (Farbe ebenfalls lila) verwendet werden. **Andere Frostschutzmittel dürfen nicht dazugemischt werden.** In diesem Fall Kühlsystem nur mit destilliertem Wasser auffüllen und Frostschutz sobald wie möglich ergänzen.

Kühlmittel wechseln

Das Kühlmittel muss nur nach Reparaturen am Kühlsystem erneuert werden, wenn dabei das Kühlmittel abgelassen wurde. Ein Wechsel im Rahmen der Wartung ist nicht vorgesehen. Falls bei Reparaturen der Zylinderkopf, die Zylinderkopfdichtung, der Kühler, der Wärmetauscher oder der Motor ersetzt wurden, muss die Kühlflüssigkeit auf jeden Fall ersetzt werden. Das ist erforderlich, weil sich die Korrosionsschutzanteile in der Einlaufphase an den neuen Leichtmetallteilen absetzen und somit eine dauerhafte Korrosionsschutzschicht bilden. Bei gebrauchter Kühlflüssigkeit ist der Korrosionsschutzanteil in der Regel nicht mehr groß genug, um eine ausreichende Schutzschicht an den neuen Teilen zu bilden.

Achtung: Kühlmittel ist leicht giftig. Gemeinde- und Stadtverwaltungen informieren darüber, wie das alte Kühlmittel entsorgt werden soll.

Hinweis: In der Fachwerkstatt wird das Kühlsystem mit einer Unterdruck-Befüllanlage aufgefüllt, zum Beispiel VW-VAS-6096 oder HAZET 4801-1 mit Adaptern 4801-2/3. Hinweise zum Befüllen mit der Unterdruckanlage stehen am Ende des Kapitels.

Kühlmittel ablassen

Benzinmotor

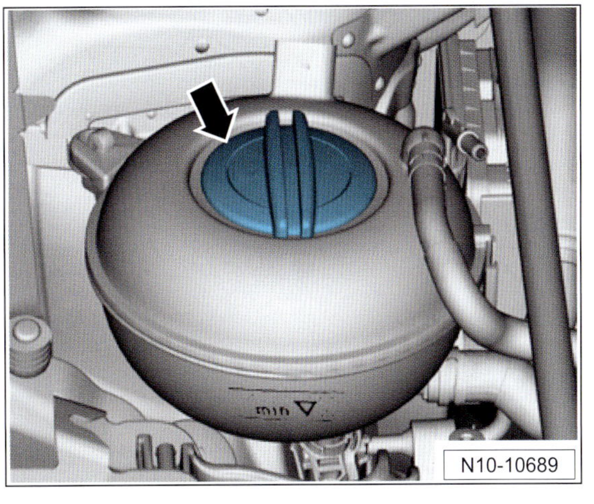

- Verschlussdeckel –Pfeil– am Ausgleichbehälter öffnen. Bei warmem Motor einen Lappen über den Verschlussdeckel legen. Deckel etwas nach links drehen und Überdruck im Kühlsystem entweichen lassen. Anschließend Deckel ganz abschrauben.
- Untere Motorraumabdeckung ausbauen, siehe Seite 339.
- Sauberes Auffanggefäß auf der linken Seite unter den Kühler stellen.

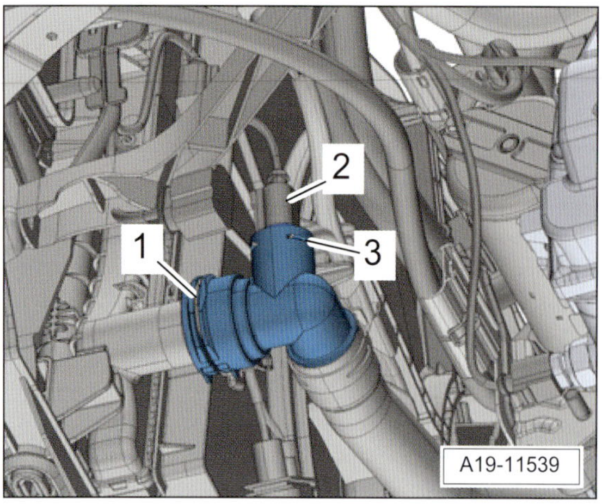

- Elektrische Steckverbindung –2– am Kühlmitteltemperaturgeber am Kühlerausgang –3– abziehen.
- Halteklammer –1– anheben, Kühlmittelschlauch links unten vom Kühler abziehen und Kühlmittel in die Auffangwanne ablaufen lassen.
- Anschließend Kühlmittelschlauch wieder aufstecken und mit Halteklammer sichern.

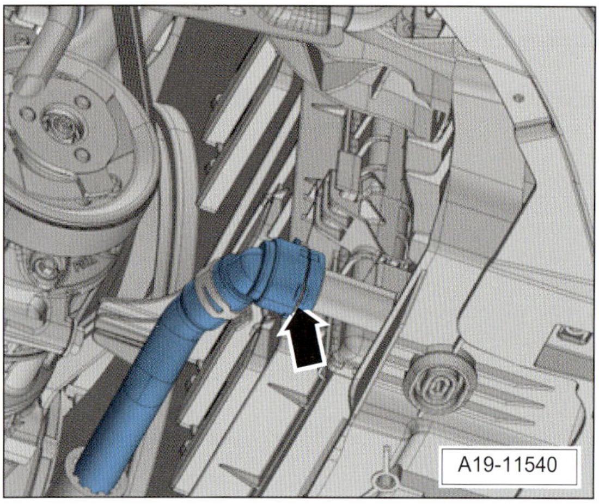

- Sauberes Auffanggefäß auf der rechten Seite unter den Kühler stellen.
- Halteklammer –Pfeil– anheben, Kühlmittelschlauch rechts unten vom Kühler für Ladeluft-Kühlkreislauf abziehen und restliches Kühlmittel ablaufen lassen.
- Anschließend Kühlmittelschlauch wieder aufstecken und mit Halteklammer sichern.

Kühlmittel einfüllen

Benzinmotor

- Kühlmittel aus 50% destilliertem Wasser und 50% VW-Kühlerfrost- und Korrosions-Schutzmittel mischen. Kühlmittel-Füllmenge siehe unter »Motordaten« auf Seite 14.

Achtung: Gebrauchtes Kühlmittel nicht wiederverwenden.

- Sicherstellen, dass sämtliche Schläuche aufgesteckt und mit Schellen gesichert wurden.
- Motorraumabdeckung unten einbauen, siehe Seite 339.
- Fahrzeug ablassen.

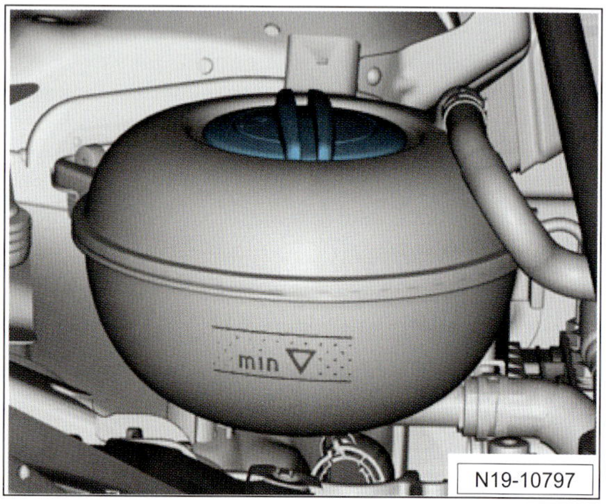

- Kühlmittelmischung über die Öffnung am Ausgleichbehälter langsam bis zur oberen Markierung des gerasterten Feldes (MAX-Markierung) auffüllen.

Kühlsystem entlüften

Benzinmotor

- Prüfen, ob der Ausgleichbehälter geöffnet ist.
- Bei Fahrzeugen mit Standheizung diese ca. 30 Sekunden einschalten.
- Heizungsbetätigung im Innenraum auf »HI« stellen.
- Klimaanlage ausschalten, dazu die Taste »AC« drücken.
- Motor starten und mit einer Drehzahl von 1500/min bis 2800/min im Wechsel laufenlassen, bis der Kühlerlüfter anläuft.
- Bei laufendem Motor Kühlmittel bis ca. 5 mm über die »max«-Markierung des Ausgleichbehälters auffüllen.
- Ausgleichbehälter verschließen, Verschlussdeckel einrasten.
- Motor abstellen und abkühlen lassen.
- Kühlmittelstand prüfen. Bei kaltem Motor (Umgebungstemperatur) muss der Kühlmittelstand zwischen der »min«- und »max«-Markierung liegen.

Hinweis: Bei betriebswarmem Motor kann der Kühlmittelstand an oder über der »max«-Markierung liegen.

Speziell Dieselmotor

Hinweis: Hier werden nur die Unterschiede zum Benzinmotor beschrieben.

Achtung: Gefahr von Motorschäden durch unzureichende Befüllung/Entlüftung des Kühlsystems. Das Kühlsystem muss nach dem Befüllen **unbedingt mithilfe des Fahrzeugdiagnosetesters entlüftet werden (Werkstattarbeit).**

Ablassen

Achtung: Verbrühungsgefahr durch heißen Dampf und heißes Kühlmittel.

- Bei warmem Motor steht das Kühlsystem unter Überdruck.
- Um den Überdruck abzubauen, Verschlussdeckel für Kühlmittelausgleichsbehälter mit Lappen abdecken und vorsichtig öffnen.

- Verschlussdeckel –Pfeil– für Kühlmittelausgleichsbehälter öffnen.
- Untere Motorraumabdeckung ausbauen, siehe Seite 339.
- Auffangwanne unter den Kühler stellen; zuerst auf der linken, dann auf der rechten Seite.

Achtung: Nachdem das Kühlmittel abgelaufen ist, Schlauch sofort wieder aufstecken und sichern.

Fahrzeuge mit Kühler-Version 1:

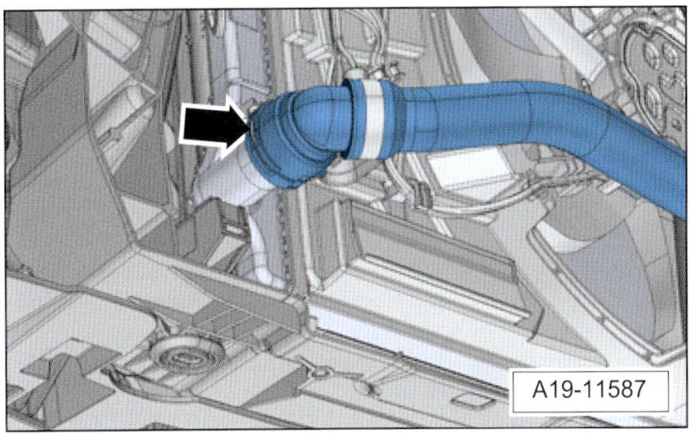

- Halteklammer –Pfeil– anheben, Kühlmittelschlauch links unten vom Kühler abziehen und Kühlmittel ablaufen lassen.

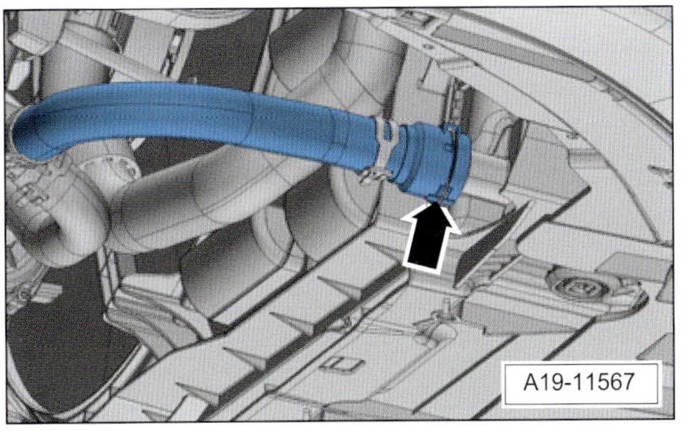

- Halteklammer –Pfeil– anheben, Kühlmittelschlauch rechts unten vom Kühler für Ladeluft-Kühlkreislauf abziehen und Kühlmittel ablaufen lassen.

Fahrzeuge mit Kühler-Version 2:

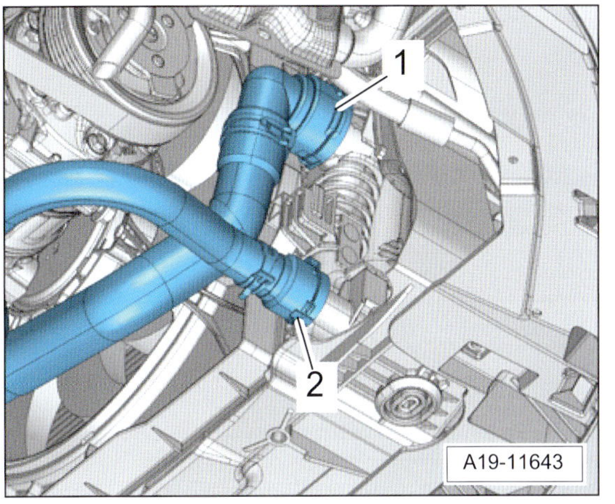

- Halteklammer –1– anheben, Kühlmittelschlauch vom Kühler abziehen und Kühlmittel ablaufen lassen.
- Halteklammer –2– anheben, Kühlmittelschlauch vom Kühler für Ladeluft-Kühlkreislauf abziehen und Kühlmittel ablaufen lassen.

Fahrzeuge mit Kühler-Version 3:

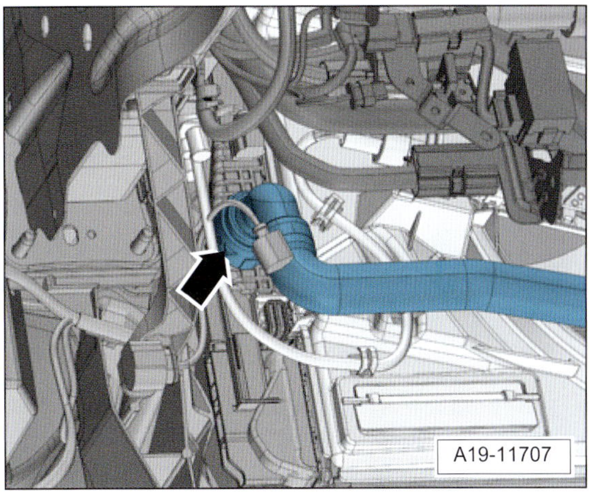

- Halteklammer –Pfeil– anheben, Kühlmittelschlauch links unten vom Kühler abziehen und Kühlmittel ablaufen lassen.

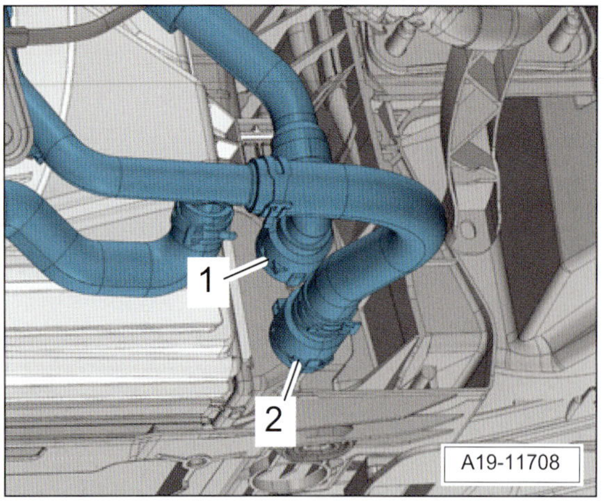

- Halteklammern –1– und –2– anheben, Kühlmittelschläuche vom Kühler für Ladeluft-Kühlkreislauf abziehen und Kühlmittel ablaufen lassen.

Fahrzeuge mit Kühler-Version 4:

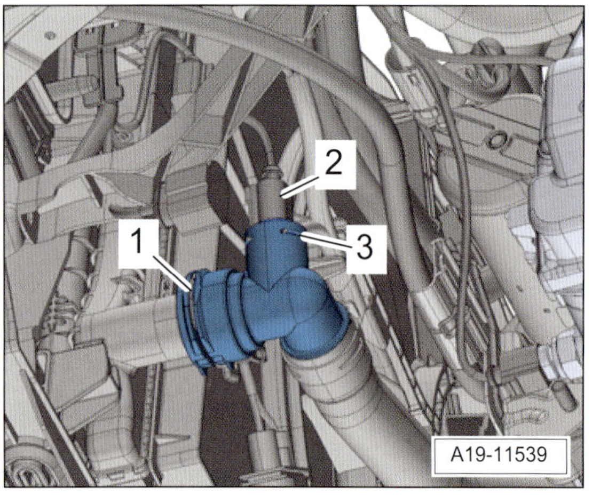

- Elektrische Steckverbindung –2– vom Kühlmitteltemperaturgeber am Kühlerausgang entriegeln –3– und abziehen.
- Halteklammer –1– anheben, Kühlmittelschlauch links unten vom Kühler abziehen und Kühlmittel ablaufen lassen.

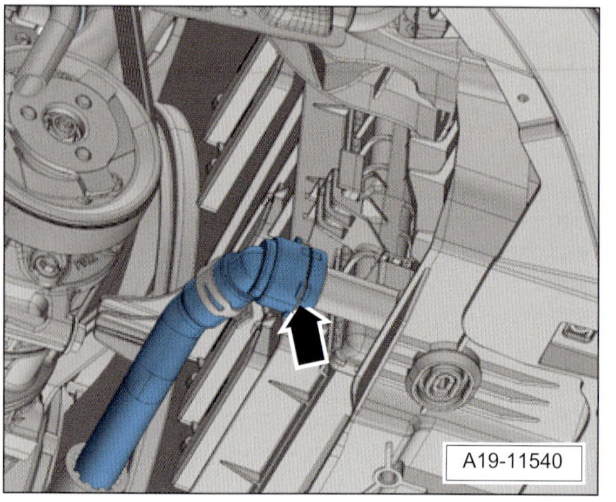

- Halteklammer –Pfeil– anheben, Kühlmittelschlauch vom Ladeluft-Kühler abziehen und Kühlmittel ablaufen lassen.

Fortsetzung für alle Fahrzeuge:

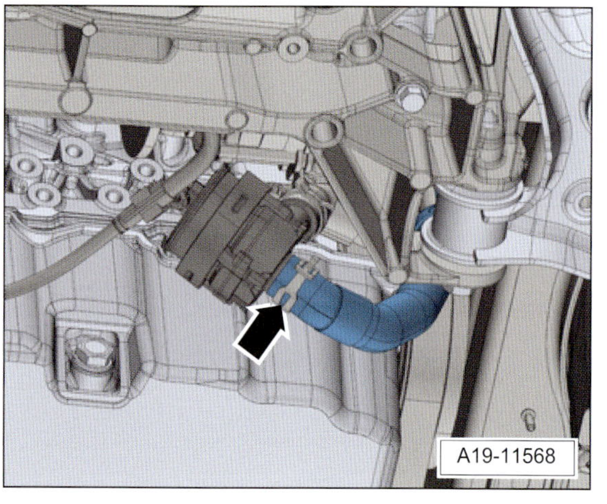

- Schlauchschelle –Pfeil– lösen und zurückschieben.
- Kühlmittelschlauch unten von der Heizungsunterstützungspumpe abziehen und Kühlmittel ablaufen lassen.

Auffüllen

- Kühlmittel auf die gleiche Weise auffüllen, wie beim Benzinmotor.

Achtung: Gefahr von Motorschäden durch unzureichende Befüllung/Entlüftung des Kühlsystems. Das Kühlsystem muss nach dem Befüllen **unbedingt mithilfe des Fahrzeugdiagnosetesters entlüftet werden (Werkstattarbeit).**

Speziell Kühlmittel einfüllen mit Unterdruck-Befüllsystem

Die Fachwerkstatt benutzt für das Auffüllen und Entlüften des Kühlsystems eine Unterdruckanlage. Dabei ist folgendermaßen vorzugehen:

- Kühlmittel aus 50% destilliertem Wasser und 50% VW-Kühlerfrost- und Korrosions-Schutzmittel mischen. Dabei sollte die Kühlflüssigkeitsmenge um ca. 2 Liter über der Kühlmittel-Füllmenge liegen, wie sie in der Tabelle »Motordaten« angegeben ist, siehe Seite 14.
- Sicherstellen, dass sämtliche Schläuche aufgesteckt und mit Schellen gesichert wurden.
- Motorraumabdeckung unten einbauen, siehe Seite 339.
- Fahrzeug ablassen.

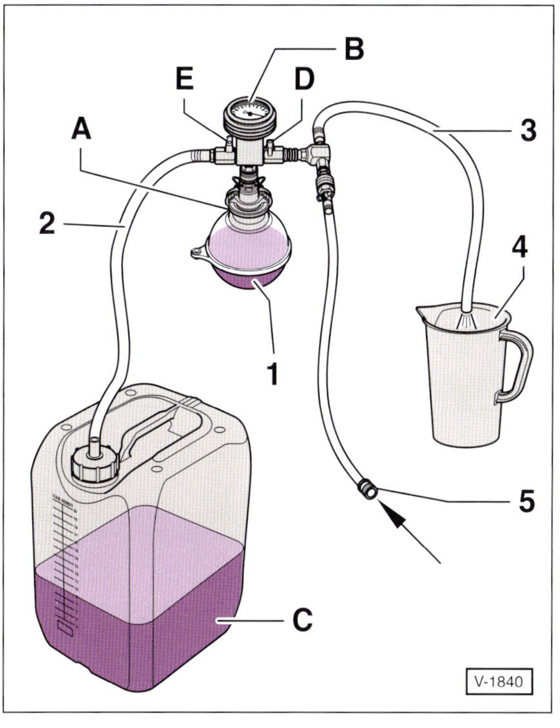

- Anschluss –A– mit Befülleinheit –B– am Kühlmittel-Ausgleichbehälter –1– aufschrauben.
- Zulaufschlauch –2– auf den gefüllten Kühlmittelbehälter –C– aufstecken. **Achtung:** Damit keine Luft angesaugt wird darauf achten, dass sich im Kühlmittelbehälter mehr Kühlflüssigkeit befindet, als für die maximale Füllmenge des Fahrzeuges erforderlich ist.
- Abluftschlauch –3– in einen leeren Behälter –4– führen. **Hinweis:** Die Abluft reißt eine geringe Menge Kühlmittel mit, die aufgefangen werden soll.
- Ventile –E– und –D– schließen, dazu Hebel quer zur Durchflussrichtung stellen.
- Druckluftschlauch –5– an Druckluft anschließen und mit 6 bis 10 bar Überdruck beaufschlagen –Pfeil–.

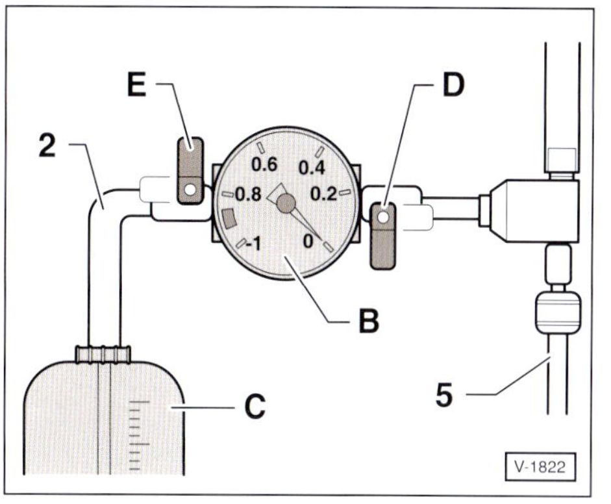

- Ablaufventil –D– öffnen. Dadurch wird im Kühlsystem Unterdruck erzeugt. Der Zeiger des Anzeigeinstruments muss in den grünen Bereich wandern. B – Befülleinheit, C – Kühlmittelbehälter.
- Zusätzlich Zulaufventil –E– so lange öffnen, bis sich der Zulaufschlauch –2– mit Kühlmittel gefüllt hat. Ventil –E– schließen.
- Ablaufventil –D– weitere 2 Minuten geöffnet lassen. Der Zeiger des Anzeigeinstruments muss weiterhin im grünen Bereich stehen.
- Ablaufventil –D– schließen. Der Zeiger des Anzeigeinstruments muss weiterhin im grünen Bereich stehen.

Hinweis: Wenn der Zeiger unterhalb des grünen Bereichs steht, Ablaufventil –D– erneut öffnen und Kühlsystem mit Unterdruck beaufschlagen. Wenn der Unterdruck abfällt, Kühlsystem auf undichte Stellen überprüfen.

- Druckluftschlauch –5– abziehen.
- Zulaufventil –E– öffnen und Kühlsystem befüllen. **Hinweis**: Indem die Venturidüse mit Druckluft beaufschlagt wird, erzeugt sie einen Unterdruck im Kühlsystem, so dass die Kühlflüssigkeit aus dem Vorratsbehälter in das Kühlsystem gesaugt wird.
- Ablaufventil –D– öffnen, wenn kein Kühlmittel mehr angesaugt wird.
- Kontrolleinheit –B– mit allen Anschlüssen vom Adapter –A– abbauen, siehe Abbildung U-1809.
- Kühlsystem entlüften.

Kühlmittelregler aus- und einbauen

Kühlmittelregler für großen Kühlmittelkreislauf

Hinweis: Der Kühlmittelregler für den kleinen Kühlmittelkreislauf sitzt in der Kühlmittelpumpe, deren Ausbau aber nicht beschrieben wird.

1,0-/1,2-/1,4-l-Benzinmotor

Ausbau

- **1,0-l-Benzinmotor:** Luftfilter ausbauen, siehe Seite 30.
- Kühlmittel ablassen, siehe entsprechendes Kapitel.

1,2-/1,4-l-Benzinmotor

- Luftführungsschläuche am Luftführungsrohr frei legen.
- Stecker vom Ladedruckgeber abziehen.

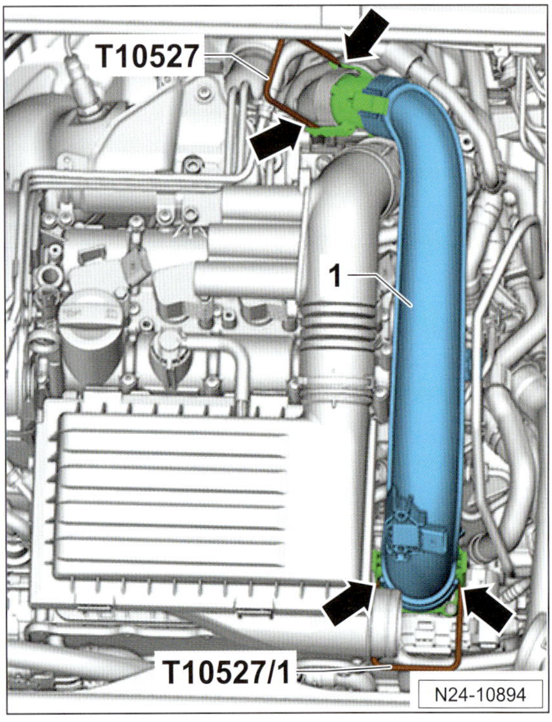

- Verrastungen –Pfeile– mit 2 Schraubendrehern oder den Entriegelungswerkzeugen VW-T10527 und VW-T10527/1 entriegeln.
- Luftführungsrohr –1– abnehmen.

1,0-l-Benzinmotor

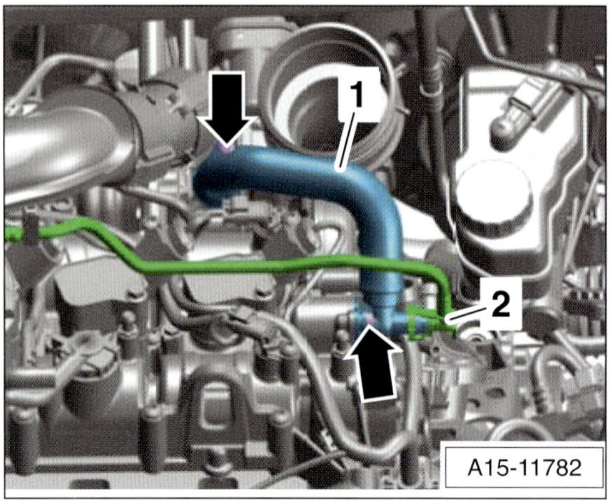

- Schlauch –2– für Aktivkohlebehälter abziehen, dazu beidseitig die Entriegelungstasten drücken.
- Schrauben –Pfeile– herausdrehen und Schlauch –1– für Kurbelgehäuseentlüftung abnehmen. **Achtung:** Kühlmittelpumpe mit einem Lappen abdecken und darauf achten, dass kein Öl zwischen Kühlmittelpumpe und Zylinderkopf läuft. Dadurch kann die Dichtung der Kühlmittelpumpe beschädigt werden.

1,0-/1,2-/1,4-l-Motor

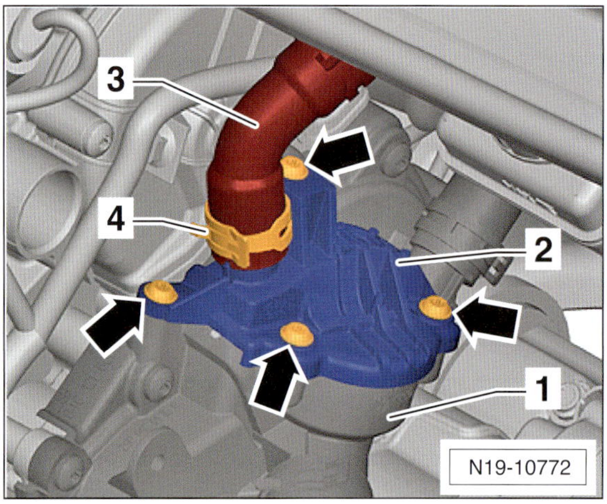

- Schlauchschelle –4– lösen und Kühlmittelschlauch –3– abziehen.
- Schrauben –Pfeile– herausdrehen.
- Deckel –2– vom Kühlmittelreglergehäuse –1– abnehmen.

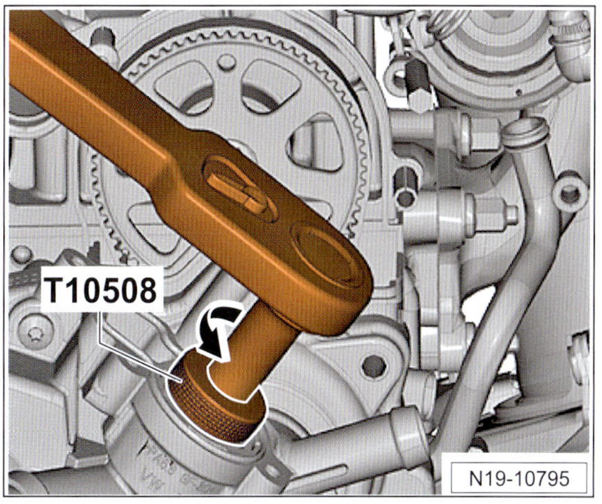

- Kühlmittelregler mit Schlüssel VW-T10508 ausbauen. Dazu Schlüssel VW-T10508 leicht herunterdrücken und dabei in Pfeilrichtung drehen.

Einbau

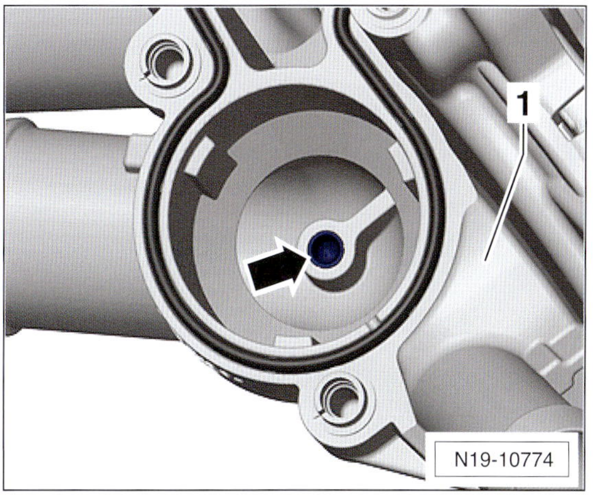

- Kühlmittelregler so in das Gehäuse –1– einsetzen, dass der Zentrierstift in die Führung –Pfeil– eingreift.
- Kühlmittelregler mit Schlüssel VW-T10508 einbauen.
- Schlüssel VW-T10508 ansetzen, leicht herunterdrücken und dabei entgegen der Pfeilrichtung bis zum Anschlag drehen, siehe Abbildung N19-10795.
- Neue Dichtung mit Kühlmittel benetzen und einsetzen.

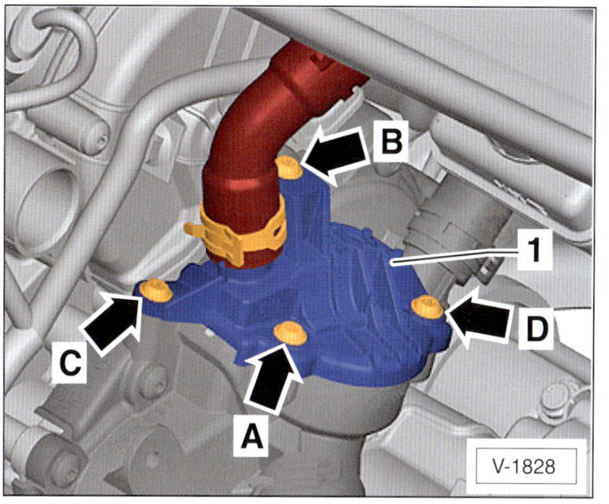

- Deckel am Kühlmittelreglergehäuse aufsetzen und Schrauben lose eindrehen. Anschließend Schrauben in der Reihenfolge von –A– bis –D– mit **7 Nm** festziehen.
- Kühlmittel auffüllen, siehe entsprechendes Kapitel.
- Luftführungsrohr einsetzen und einrasten.
- Stecker am Ladedruckgeber aufstecken.

Dieselmotor

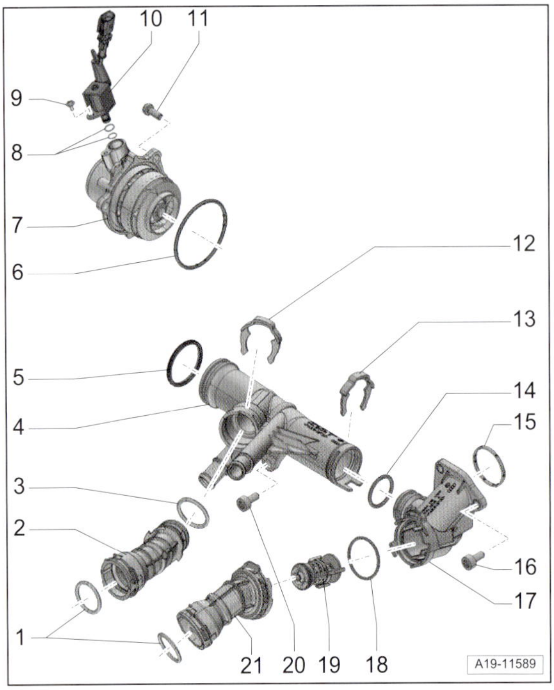

1 – **O-Ringe**[1,2]
2 – **Anschlussstutzen**
3 – **O-Ring**[1,2]
4 – **Kühlmittelrohr vorn unten**
5 – **Dichtring**[1]
6 – **O-Ring**[1,2]
7 – **Kühlmittelpumpe**
8 – **O-Ringe**[1,2]
9 – **Schraube, 8 Nm.**
10 – **Kühlmittelventil für Zylinderkopf**
11 – **Schraube**[1]**, 20 Nm + 45°**
12 – **Halteklammer**[3]
13 – **Halteklammer**[3]
14 – **O-Ring**[1,2]
15 – **Dichtring**[1]
16 – **Schraube, 20 Nm**
17 – **Kühlmittelreglergehäuse**
18 – **O-Ring**[1,2]
19 – **Kühlmittelregler**
20 – **Schraube, 20 Nm**
21 – **Anschlussstutzen**

1) Nach Demontage ersetzen.
2) Beim Einbau mit Kühlmittel benetzen.
3) Auf festen Sitz achten.

Ausbau

- Kühlmittel ablassen, siehe entsprechendes Kapitel.
- Luftfiltergehäuse ausbauen, siehe Seite 277.

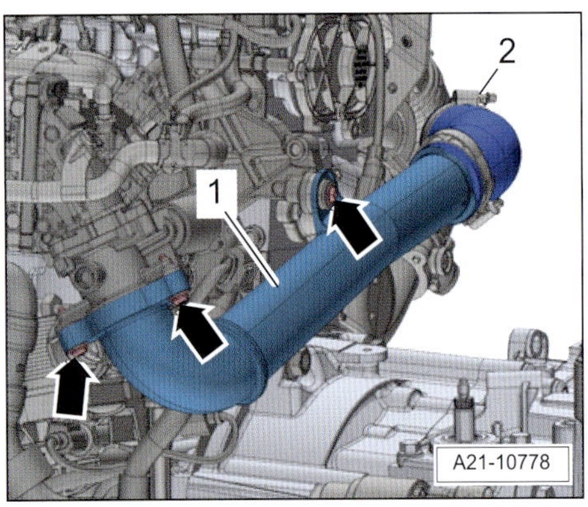

- Schrauben –Pfeile– herausdrehen.
- Schraubschelle –2– lösen, Luftführungsrohr –1– abnehmen.

Motor CKRB/CRLB/CUNABCRMB

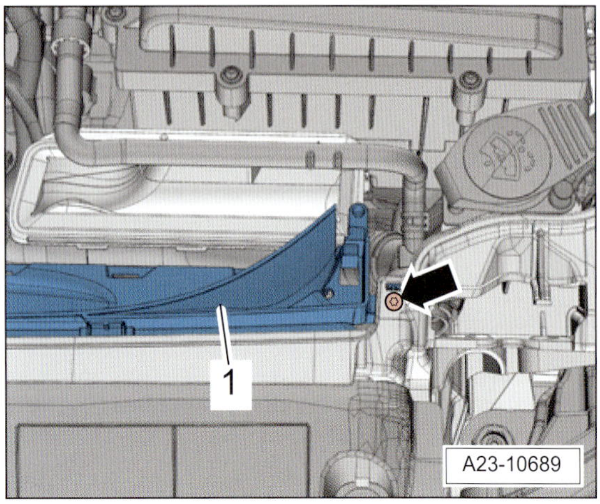

- Links und rechts Schraube –Pfeil– herausdrehen.
- Unterteil –1– der Luftführung ausclipsen und abnehmen.

Alle Fahrzeuge

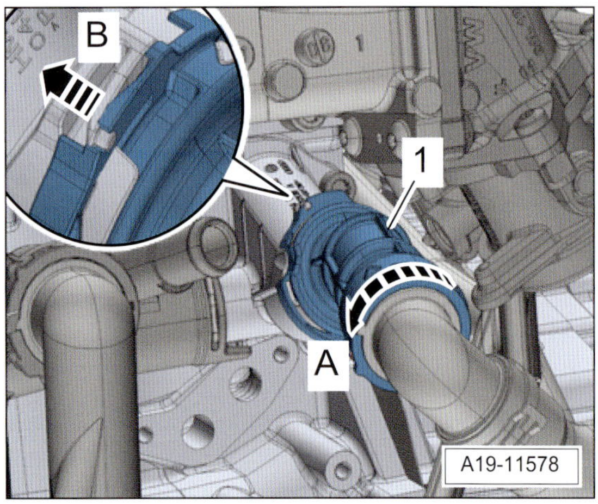

- Verriegelung entriegeln –Pfeil B–.
- Anschlussstutzen –1– in Pfeilrichtung –A– drehen und abziehen.
- Kühlmittelregler abnehmen.

Einbau

- Der Einbau erfolgt in umgekehrter Ausbaureihenfolge, dabei Folgendes beachten:
- O-Ring nach Demontage ersetzen.
- Dichtfläche für O-Ring reinigen und glätten.
- O-Ring mit Kühlmittel benetzen.

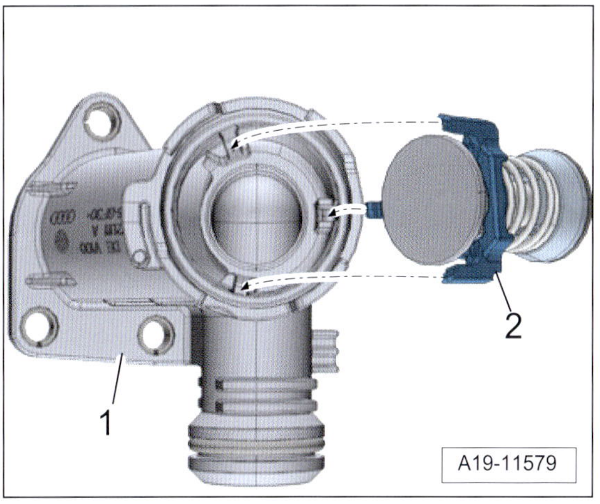

- Kühlmittelregler –2– in das Kühlmittelreglergehäuse –1– einsetzen. Dabei darauf achten, dass die Haltenasen in die Führungen eingreifen –Pfeile–.
- Kühlmittel auffüllen, siehe entsprechendes Kapitel.

Kühlmittelregler prüfen

1,2-/1,4-l-Benzinmotor
Dieselmotor

Prüfen

- Kühlmittelregler ausbauen, siehe entsprechendes Kapitel.
- Maß –a– am Regler messen und notieren, siehe Abbildung SX-1802.

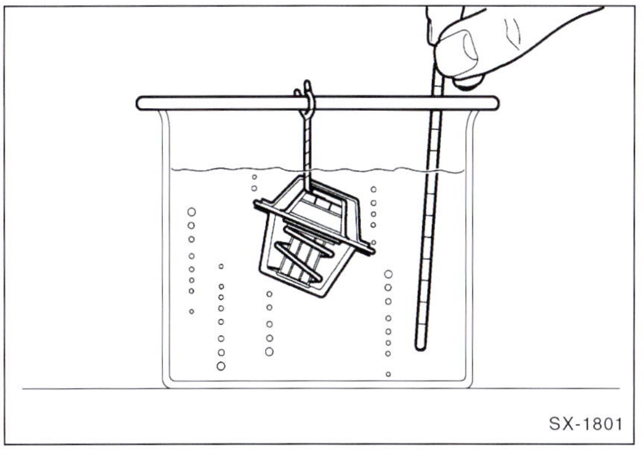

- Regler im Wasserbad erwärmen. Dabei darf der Thermostat nicht die Wände des Behälters berühren.
- Temperatur mit einem Thermometer kontrollieren und Öffnungsbeginn des Reglers prüfen. **Hinweis:** Beim Dieselmotor kann lediglich geprüft werden, ob sich der Kühlmittelregler überhaupt öffnet und schließt.

Motor	Kühlmittelregler-Öffnung	
	großer Kreislauf	**kleiner Kreislauf**
1,2-/1,4-l-Benziner	ca. +87° C	ca. +105° C
Dieselmotor	+87° ± 2° C	–

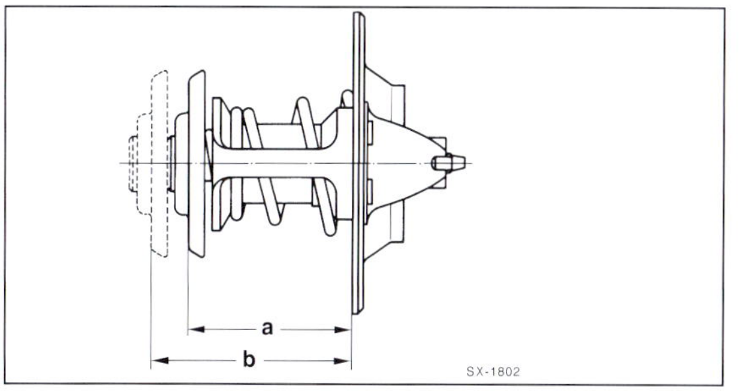

- Nach Erhitzen des Reglers auf ca. +100° C muss Maß –b– gegenüber Maß –a– um ca. 7 mm größer sein. Der Öffnungshub beträgt dann 7 mm. **Hinweis:** Beim Dieselmotor liegt das Öffnungsende bei ca. +102° C und der Öffnungshub beträgt dann mindestens 9 mm.
- Kühlmittelregler einbauen, siehe entsprechendes Kapitel.

Elektrische Kühlmittelpumpe für Ladeluftkühlung aus- und einbauen

1,0-/1,2-/1,4-/1,5-l-Benzinmotor

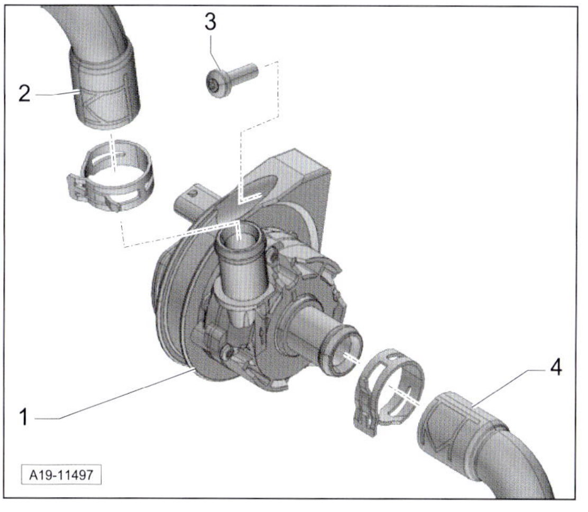

1 – Pumpe für Ladeluftkühlung
Mit Halter.
2 – Kühlmittelschlauch
3 – Schraube, 8 Nm
4 – Kühlmittelschlauch

Ausbau

> **Sicherheitshinweis**
> Bei heißem Motor vor dem Öffnen des Ausgleichbehälters einen dicken Lappen auflegen, um Verbrühungen durch heiße Kühlflüssigkeit oder Dampf zu vermeiden. Deckel nur bei Kühlmitteltemperaturen unter +90° C abnehmen.

- Verschlussdeckel für Kühlmittelausgleichsbehälter öffnen.
- Untere Motorraumabdeckung ausbauen, siehe Seite 339.
- Elektrische Steckverbindung an der Pumpe abziehen.
- Auffangwanne unterstellen.
- Kühlmittelschläuche an der Pumpe für Ladeluftkühlung mit Schlauchklemmen abklemmen.

- Schlauchschellen lösen und zurückschieben.
- Kühlmittelschläuche abziehen.
- Schraube –3– herausdrehen.
- Pumpe für Ladeluftkühlung abnehmen.

Einbau

- Der Einbau erfolgt in umgekehrter Ausbaureihenfolge. Schraube mit **8 Nm** festziehen.

Kühlmitteltemperaturgeber aus- und einbauen

1,2-/1,4-/1,5-l-Benzinmotor

Temperaturgeber am Motorblock

Ausbau

> **Sicherheitshinweis**
> Bei heißem Motor vor dem Öffnen des Ausgleichbehälters einen dicken Lappen auflegen, um Verbrühungen durch heiße Kühlflüssigkeit oder Dampf zu vermeiden. Deckel nur bei Kühlmitteltemperaturen unter +90° C abnehmen.

- Verschlussdeckel für Kühlmittelausgleichsbehälter kurz öffnen, um Restdruck im Kühlsystem abzubauen, und wieder zudrehen, bis er einrastet.

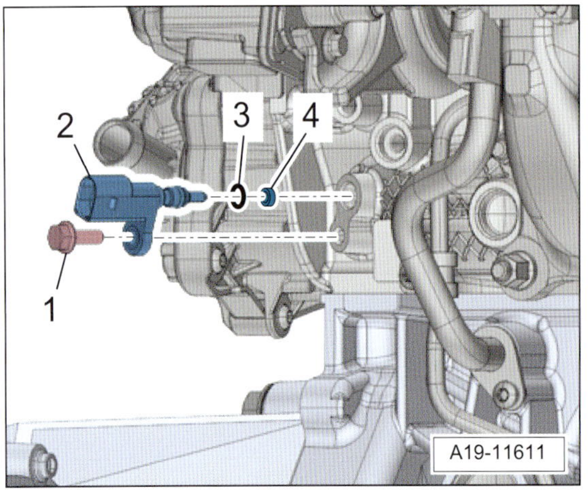

- Elektrische Steckverbindung am Temperaturgeber –2– abziehen.

Hinweis: Einen Lappen unterlegen, um eventuell austretendes Kühlmittel aufzufangen.

- Um zu vermeiden, dass Kühlmittel verloren geht, neuen Kühlmitteltemperaturgeber vor dem Ausbau bereit legen und dann sofort einsetzen.
- Schraube –1– herausdrehen.
- Kühlmitteltemperaturgeber –2– abziehen.
- Wenn der O-Ring –3– mit Stützring –4– im Zylinderkopf stecken bleibt, O-Ring mit Stützring mit einem Draht herausheben.

Einbau

- Der Einbau erfolgt in umgekehrter Ausbaureihenfolge, dabei Folgendes beachten:
- O-Ring ersetzen.
- Kühlmitteltemperaturgeber mit **8 Nm** anschrauben.
- Kühlmittelstand prüfen.

Temperaturgeber am Kühlerausgang

Benzinmotor

Ausbau

> **Sicherheitshinweis**
> Bei heißem Motor vor dem Öffnen des Ausgleichbehälters einen dicken Lappen auflegen, um Verbrühungen durch heiße Kühlflüssigkeit oder Dampf zu vermeiden. Deckel nur bei Kühlmitteltemperaturen unter +90° C abnehmen.

- Verschlussdeckel für Kühlmittelausgleichsbehälter kurz öffnen, um Restdruck im Kühlsystem abzubauen, und wieder zudrehen, bis er einrastet.
- Untere Motorraumabdeckung ausbauen, siehe Seite 339.

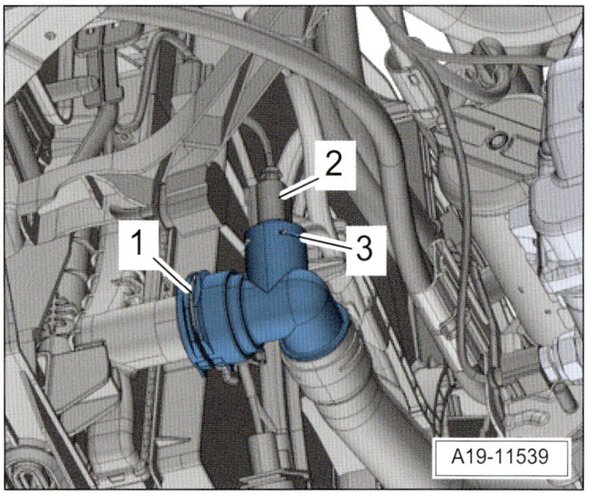

- Elektrische Steckverbindung –2– abziehen..

Hinweis: Einen Lappen unterlegen, um eventuell austretendes Kühlmittel aufzufangen.

- Um zu vermeiden, dass Kühlmittel verloren geht, neuen Kühlmitteltemperaturgeber vor dem Ausbau bereit legen und dann sofort einsetzen.
- Halteklammer –1– abziehen, Kühlmitteltemperaturgeber am Kühlerausgang aus dem Stutzen –3– herausziehen.

Einbau

- Der Einbau erfolgt in umgekehrter Ausbaureihenfolge, dabei Folgendes beachten:
- O-Ring ersetzen.
- Kühlmittelstand prüfen.

Kühler aus- und einbauen

1,0-/1,2-/1,4-/1,5-l-Benzinmotor

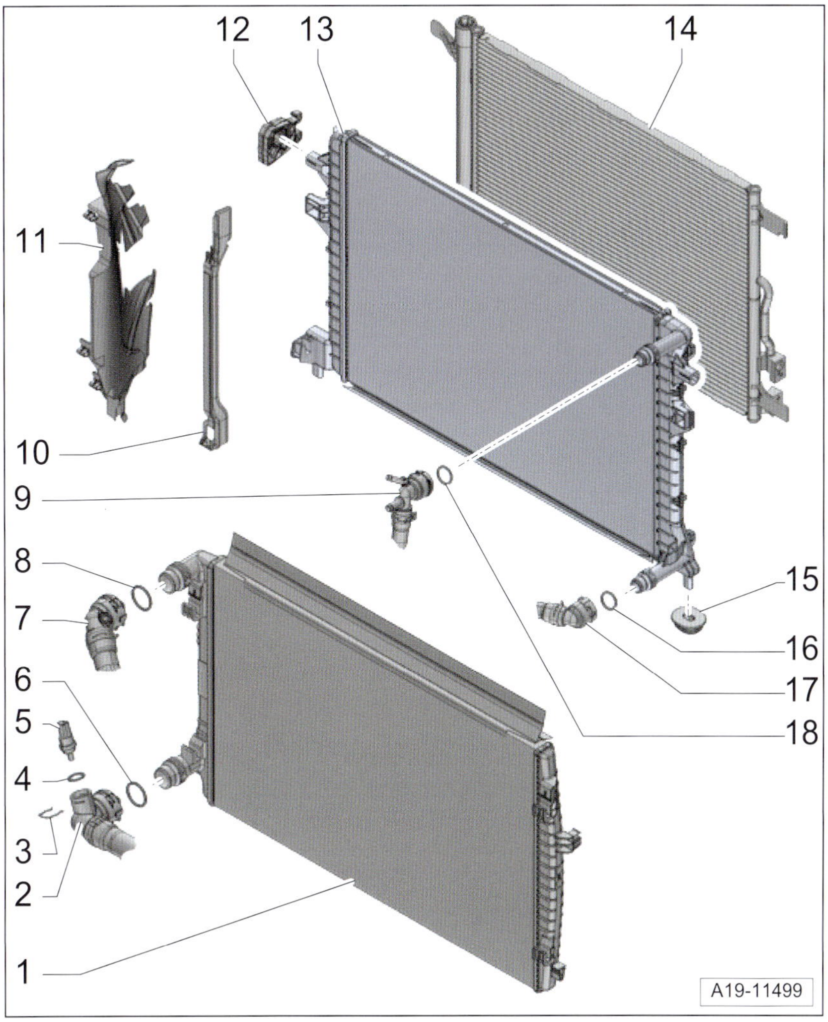

1 – **Motor-Kühler**
Nach dem Ersetzen Kühlmittel wechseln.

2 – **Kühlmittelschlauch**
Zum Ausbauen Halteklammer anheben.

3 – **Halteklammer**

4 – **O-Ring**
Immer ersetzen.

5 – **Kühlmitteltemperaturgeber am Kühlerausgang**

6 – **O-Ring**
Immer ersetzen.

7 – **Kühlmittelschlauch**
Zum Ausbauen Halteklammer anheben.

8 – **O-Ring**
Immer ersetzen.

9 – **Kühlmittelschlauch**
Zum Abbauen Halteklammer anheben.

10 – **Luftführung**

11 – **Luftführung**

12 – **Gummilager**
Für Kühler.

13 – **Ladeluft-Kühler**

14 – **Kondensator**
Achtung: Kältemittelkreislauf nicht öffnen.

15 – **Gummilager**
Für Kühler.

16 – **O-Ring**
Immer ersetzen.

17 – **Kühlmittelschlauch**
Zum Ausbauen Halteklammer anheben.

18 – **O-Ring**
Immer ersetzen.

Ausbau

Achtung: Es besteht Verletzungsgefahr durch selbsttätig anlaufende Kühlerlüfter. Vor Arbeiten im Bereich der Lüfterzarge elektrische Steckverbindungen trennen.

Hinweis: Motor-Kühler und Ladeluft-Kühler werden gemeinsam ausgebaut.

Spezielle Hinweise für den 2,0-l-Benzinmotor und Dieselmotor beachten.

- Kühlmittel ablassen, siehe entsprechendes Kapitel.
- Lüfterzarge ausbauen, siehe entsprechendes Kapitel.
- Stoßfängerabdeckung vorn ausbauen, siehe Seite 343.

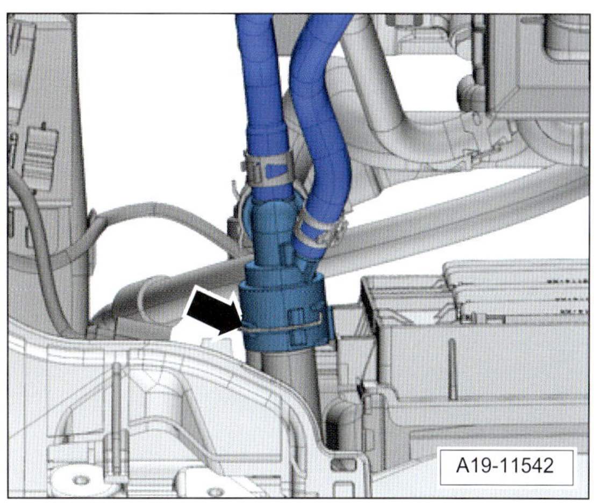

- **1,2-/1,4-l-Motor:** Halteklammer –Pfeil– anheben, Kühlmittelschlauch rechts oben vom Ladeluft-Kühler abziehen.

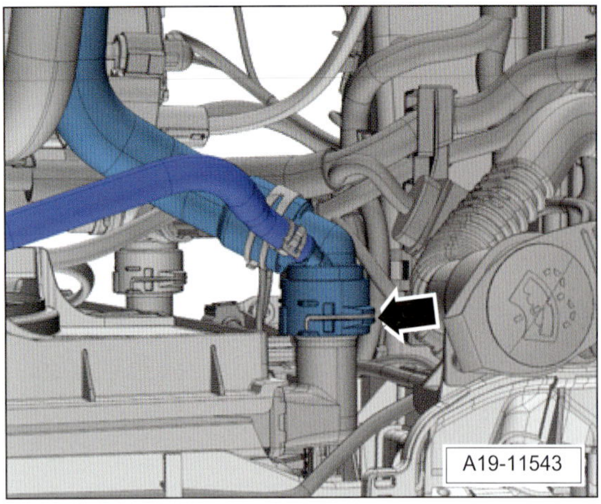

- Halteklammer –Pfeil– anheben, Kühlmittelschlauch oben links vom Motor-Kühler abbauen.

1,2-/1,4-l-Motor

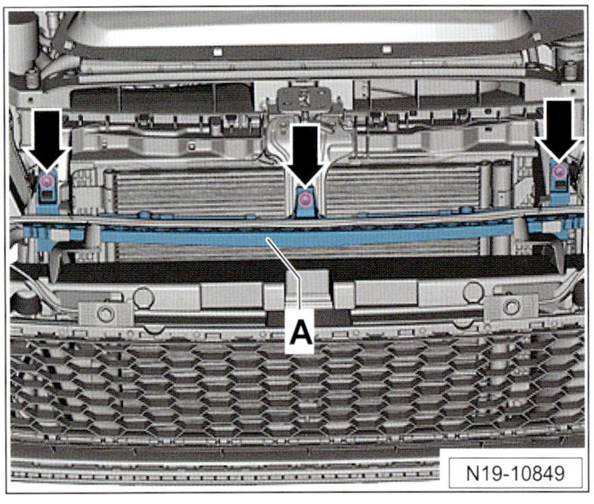

- **1,4-l-Benzinmotor:** Mittleres Führungsprofil –A– vom Schlossträger abschrauben –Pfeile–.

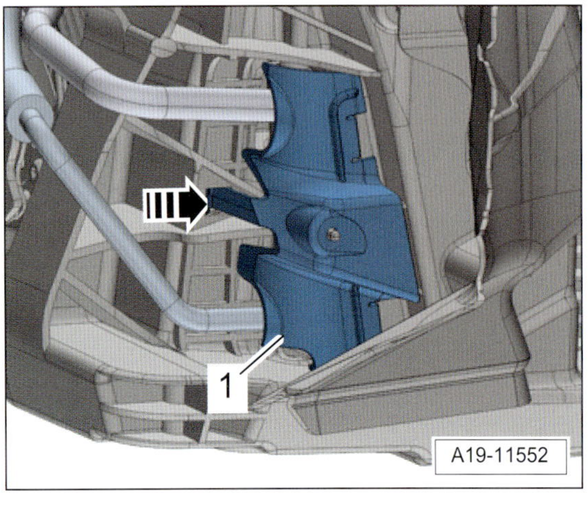

- Verrastung entriegeln –Pfeil– und Abdeckung –1– nach vorn abnehmen.

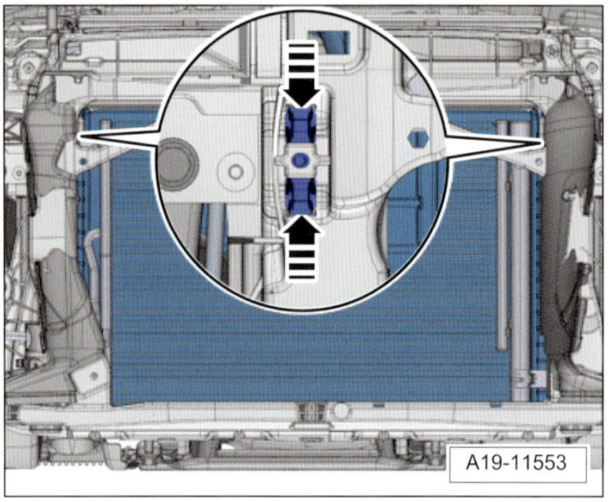

- **1,2-l-Benzinmotor:** Verrastungen links und rechts zusammendrücken –Pfeile–. Motor-Kühler zusammen mit dem Ladeluft-Kühler oben etwas nach hinten drücken.

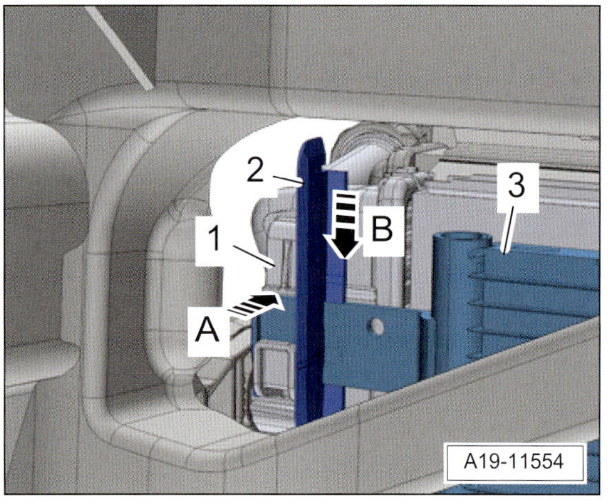

- Luftführung –2– links und rechts nach unten ausclipsen –Pfeil B–.
- Verrastungen links und rechts entriegeln –Pfeil A– und Kondensator –3– am Ladeluft-Kühler –1– aushängen.
- Kondensator am Schlossträger festbinden.

Achtung: Kältemittelkreislauf nicht öffnen.

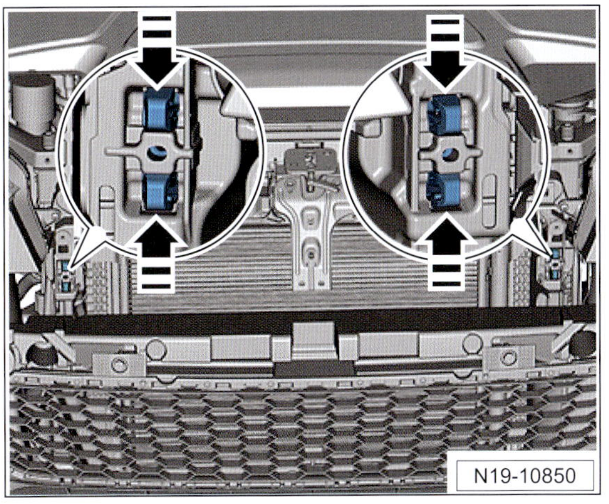

- **1,4-l-Benzinmotor:** Verrastungen der Kühlerlager links und rechts –Pfeile– mit einem Seitenschneider abkneifen.
- **1,4-l-Benzinmotor:** Motor-Kühler mit Ladeluft-Kühler oben etwas nach hinten drücken.

Hinweis: Die Kühlerlager werden beim Einbau wiederverwendet. Sie werden dann mit dem Schlossträger verschraubt.

- Motor-Kühler mit Ladeluft-Kühler abnehmen.

1,0-/1,2-/1,4-/1,5-l-Motor

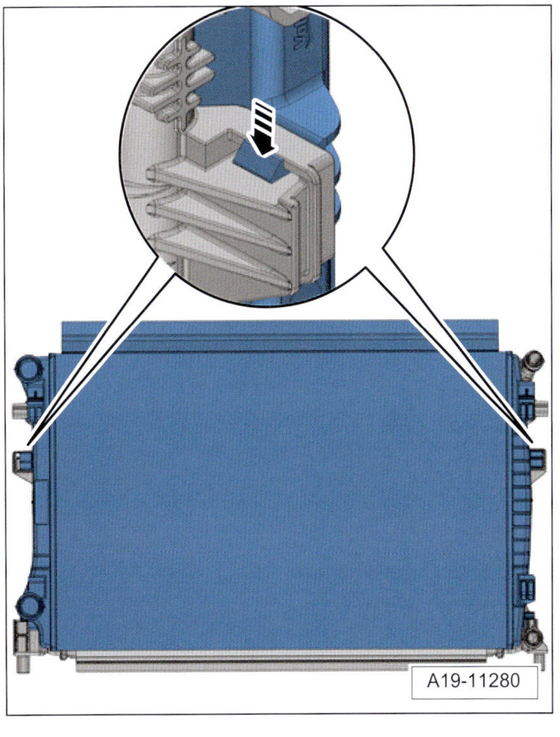

- Links und rechts Verriegelungslaschen gleichzeitig drücken –Pfeil– und Motor-Kühler vom Ladeluft-Kühler abnehmen.

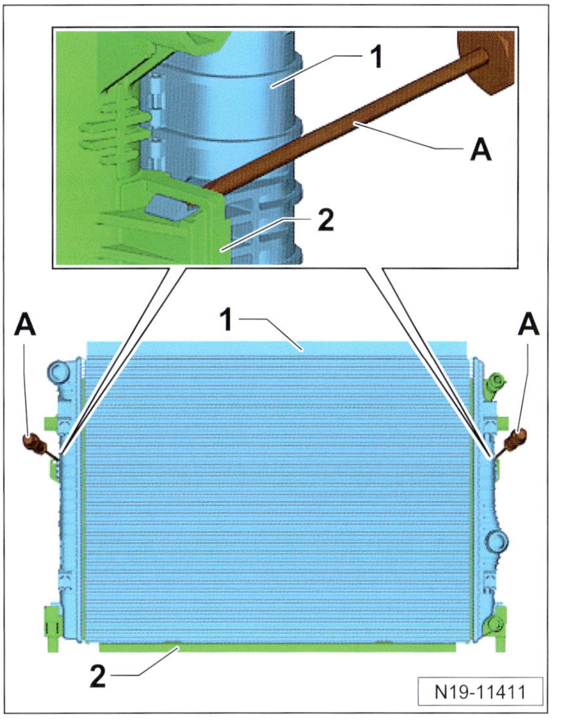

- Zum Entriegeln einen geeigneten Schraubendreher –A– von hinten zwischen Motor-Kühler –2– und Ladeluft-Kühler –1– einschieben. Verriegelungslaschen nach unten drücken und Motor-Kühler vom Ladeluft-Kühler trennen. Dabei nicht mit dem Schraubendreher –A– hebeln.
- Motor-Kühler zum Motor schwenken und nach oben aus den Lagern des Ladeluft-Kühlers heben. Anschließend Kühler nach unten herausführen.

Einbau

- Der Einbau erfolgt in umgekehrter Ausbaureihenfolge, dabei Folgendes beachten:
- O-Ringe grundsätzlich ersetzen.

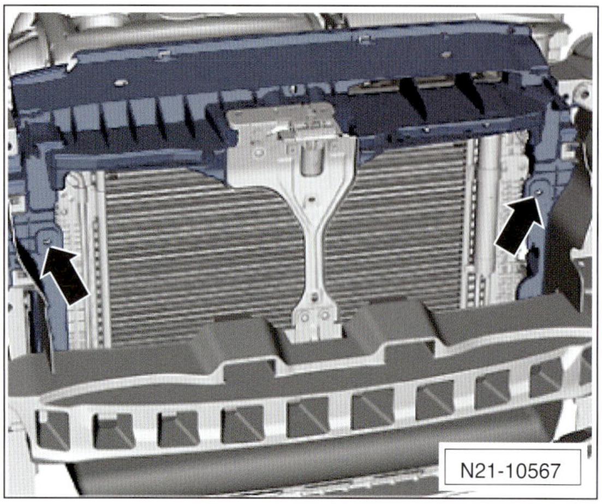

- Kühlerlager, bei denen die Verrastungen abgekniffen wurden, am Schlossträger mit **5 Nm** festschrauben –Pfeile–.

Hinweis: Wenn der Motor-Kühler ersetzt wurde, muss das gesamte Kühlmittel gewechselt werden.

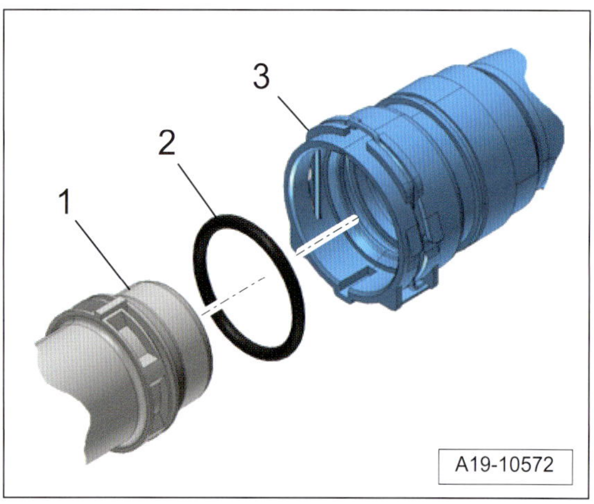

- Kühlmittelschlauch mit Steckkupplung anschließen:
  - ◆ Alten O-Ring –2– im Kühlmittelschlauch –3– entfernen.
  - ◆ **Neuen** O-Ring mit Kühlmittel benetzen und in den Kühlmittelschlauch einsetzen.
  - ◆ Kühlmittelschlauch bis zum hörbaren Einrasten am Anschluss –1– aufdrücken.
  - ◆ Kühlmittelschlauch nochmals nachdrücken und durch anschließendes Ziehen prüfen, ob die Steckkupplung richtig eingerastet ist.

Speziell 1,8-/2,0-l-Benzinmotor

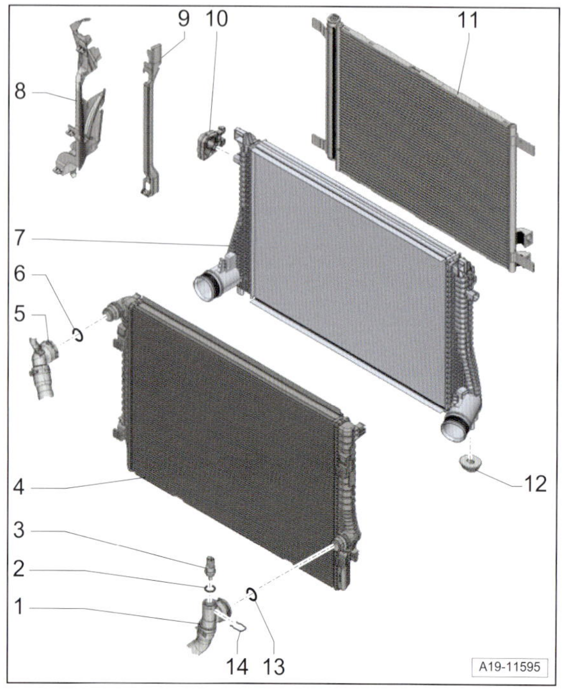

1 – **Kühlmittelschlauch**[1)]

2 – **O-Ring**[2)]

3 – **Kühlmittel-Temperaturgeber am Kühlerausgang**

4 – **Motor-Kühler**
Nach dem Ersetzen grundsätzlich das gesamte Kühlmittel wechseln.

5 – **Kühlmittelschlauch**[1)]

6 – **O-Ring**[2)]

7 – **Ladeluft-Kühler**

8 – **Luftführung**

9 – **Luftführung**

10 – **Gummilager**
Für Kühler.

11 – **Kondensator**

12 – **Gummilager**
Für Ladeluft-Kühler.

13 – **O-Ring**[2)]

14 – **Halteklammer**
Für Kühlmittel-Temperaturgeber am Kühlerausgang.

1) Vor dem Abziehen die Halteklammer anheben.

2) Immer ersetzen. Zum Einbau mit Kühlmittel benetzen.

Ausbau

- Kühlmittel ablassen, siehe Seite 237.

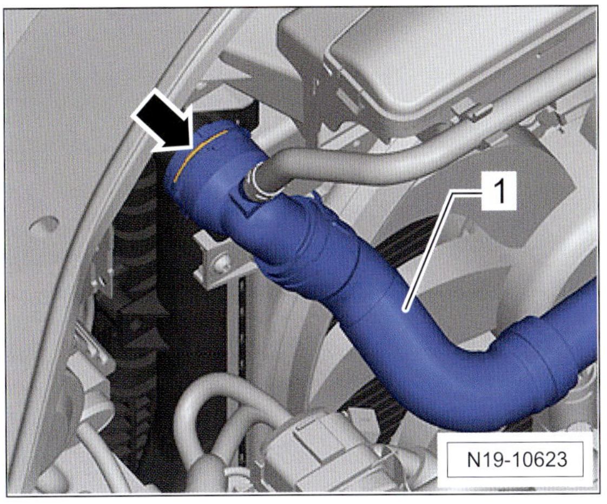

- Kühlmittelschlauch oben links vom Kühler abbauen. Dazu Halteklammer –Pfeil– etwas herausziehen und Schlauch abziehen.
- Lüfterzarge ausbauen, siehe Seite 254.
- Kühlergrill ausbauen, siehe Seite 346.

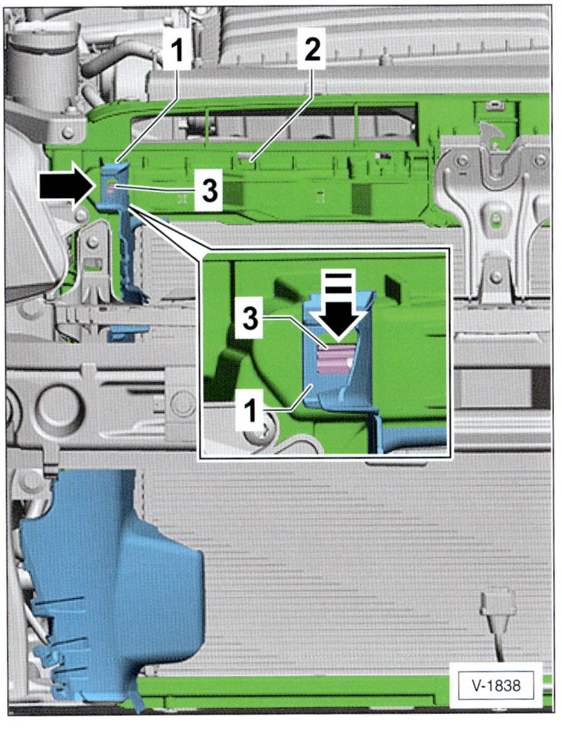

- Die Luftführungen –1– auf beiden Seiten oben am Schlossträger –2– ausclipsen –Pfeil–. Dazu die Verrastungen –3– in Pfeilrichtung entriegeln und die Luftführungen abziehen.

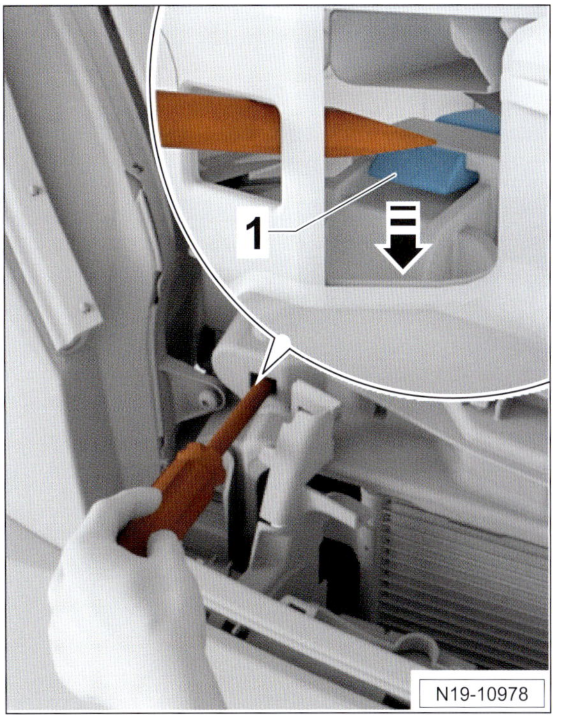

- Durch die Öffnungen links und rechts im Schlossträger die Verriegelungslaschen –1– für den Kühler nach unten drücken. Motor-Kühler vom Ladeluft-Kühler abdrücken.
- Motor-Kühler zum Motor schwenken und nach oben aus den Lagern des Ladeluft-Kühlers heben. Anschließend Kühler nach unten herausführen.

Einbau

- Der Einbau erfolgt in umgekehrter Ausbaureihenfolge. Dabei ist Folgendes zu beachten:
- O-Ringe ersetzen.
- Kühler schräg in das untere Lager des Ladeluft-Kühlers stellen und die Kühler miteinander verrasten –Pfeil–. Die sichere Verrastung durch Gegenziehen prüfen, siehe Abbildung A19-11280 auf Seite 249.
- Lüfterzarge einbauen, siehe Seite 254.
- Kühlmittelschlauch mit Steckkupplung anschließen
- Neues Kühlmittel auffüllen, siehe Seite 237.

Speziell 1,6-/2,0-l-Dieselmotor

Ausbau Variante 1 und 2

Hinweis: Hier werden hauptsächlich die Unterschiede zum 1,0- bis 1,5-l-Benzinmotor beschrieben.

- Luftfiltergehäuse ausbauen, siehe Seite 277.

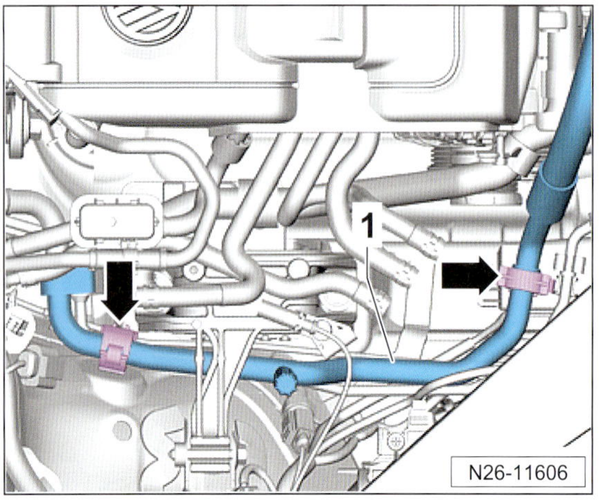

- Kältemittelleitungen –1– auf dem Längsträger rechts abclipsen. Dazu die Halter –Pfeile– öffnen.

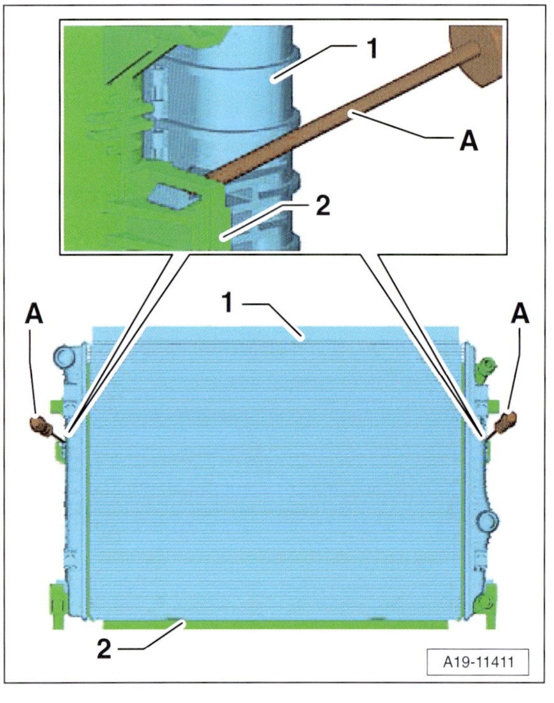

- Zum Entriegeln der Kühler einen geeigneten Schraubendreher –A– vom Motorraum aus zwischen Motor-Kühler –1– und Ladeluft-Kühler –2– einschieben. Verriegelungslaschen nach unten drücken und Motor-Kühler vom Ladeluft-Kühler trennen. Dabei nicht mit dem Schraubendreher –A– hebeln.
- Motor-Kühler nach oben aus den Lagern des Ladeluft-Kühlers heben. Anschließend Kühler nach unten herausführen.

Einbau

- Der Einbau erfolgt in umgekehrter Ausbaureihenfolge. Dabei Folgendes beachten:
- O-Ringe bei Beschädigung ersetzen.
- Kühler in die untere Aufnahme einsetzen. Anschließend die Kühler miteinander verrasten und Verrastung durch Gegenziehen prüfen.

Achtung: Wenn ein neuer Kühler eingebaut wurde, muss das Kühlsystem gespült und das Kühlmittel ersetzt werden, um den Oberflächenschutz der Bauteile sicherzustellen.

Ausbau Variante 3

Hinweis: Hier werden hauptsächlich die Unterschiede zum 1,0- bis 1,5-l-Benzinmotor beschrieben.

- Stoßfängerabdeckung vorn ausbauen, siehe Seite 343.

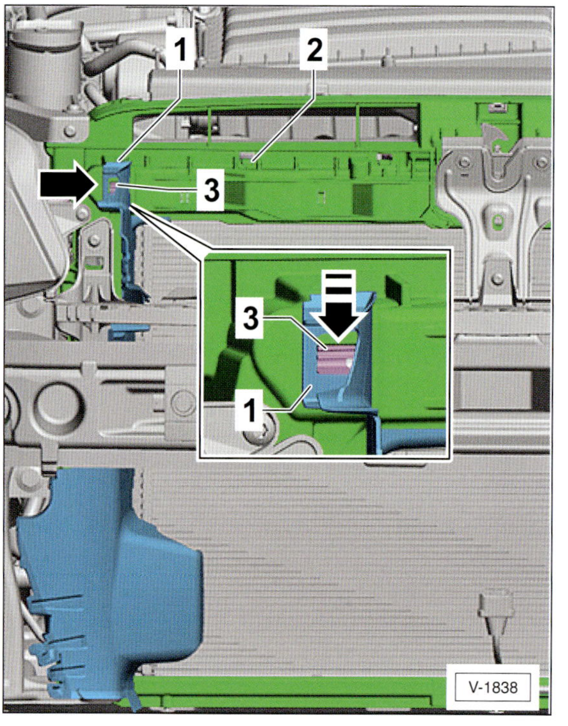

- Luftführungen –1– auf beiden Seiten oben am Schlossträger –2– ausclipsen –Pfeil links–. Dazu die Verrastungen –3– in Pfeilrichtung entriegeln und die Luftführungen abziehen.

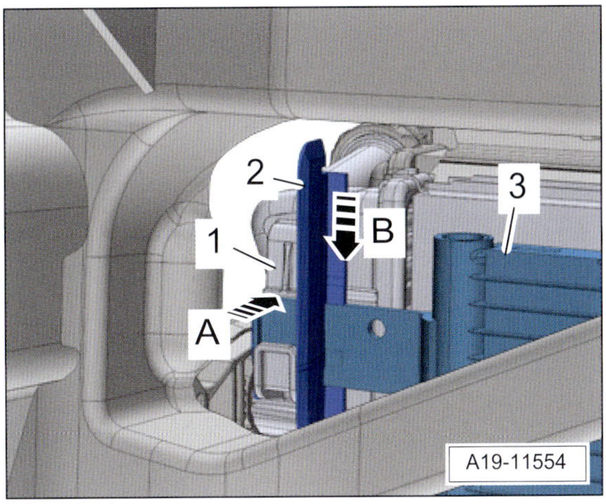

- Links und rechts Luftführung –2– abclipsen.
- Links und rechts Verrastungen entriegeln –Pfeil A–, Kondensator –3– vom Ladeluft-Kühler –1– nach oben aushängen.
- Kondensator am Schlossträger festbinden.

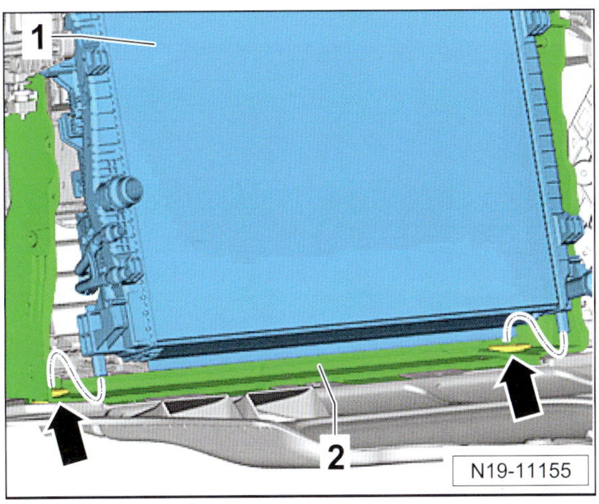

- Das Kühlerpaket –1– unten aus den Kühlerlagern –Pfeile– herausheben.
- Beide Kühler abnehmen.

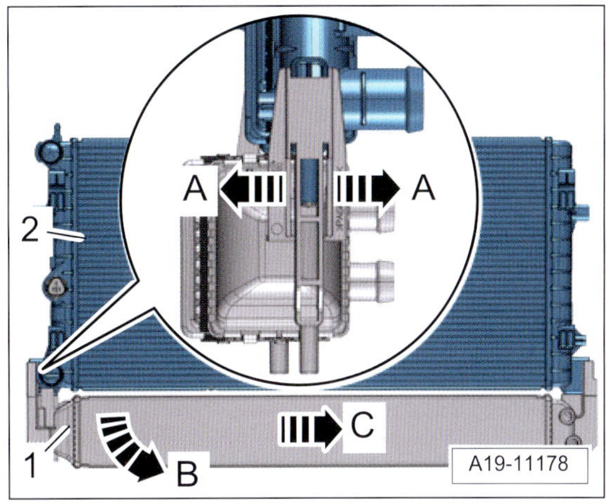

- Verrastungen am Ladeluft-Kühler –1– entriegeln –Pfeile A–.
- Ladeluft-Kühler vom Motor-Kühler –2– abbauen –Pfeil B– und aushängen –Pfeil C–.

Einbau

- Der Einbau erfolgt in umgekehrter Ausbaureihenfolge. Dabei Folgendes beachten:
- O-Ringe bei Beschädigung ersetzen.
- Die Kühler miteinander verrasten. Die Verrastung durch Gegenziehen prüfen.
- Das Kühlerpaket –1– unten in die Kühlerlager –Pfeile– einsetzen, siehe Abbildung N19-11155

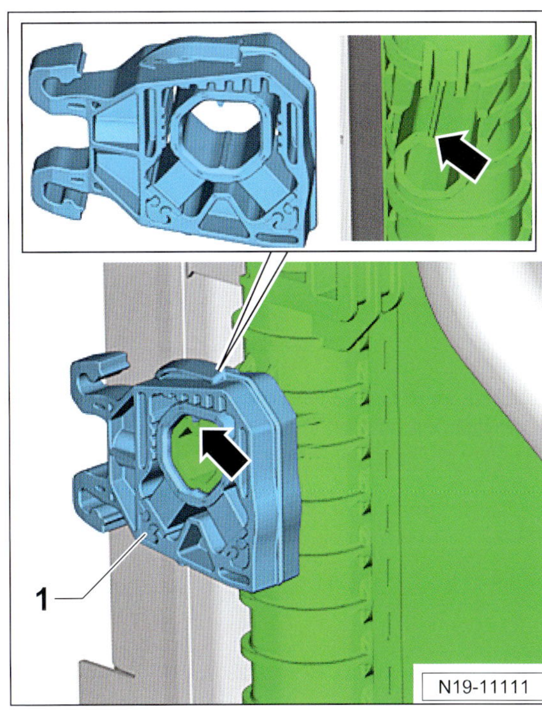

- Kühlerlager –1– rechts und links auf den Kühler aufstecken. Dabei die Einbaulage –Pfeil– beachten.

- Ladeluft-Kühler mit Motor-Kühler in den Schlossträger einschwenken. Auf den richtigen Sitz der Kühlerlager im Schlossträger achten.
- Kühlerlager, bei denen die Verrastung abgekniffen wurde, am Schlossträger anschrauben –Pfeile– und mit **5 Nm** festziehen, siehe Abbildung N21-10567 auf Seite 250.

Achtung: Wenn ein neuer Kühler eingebaut wurde, muss das Kühlsystem gespült und das Kühlmittel ersetzt werden, um den Oberflächenschutz der Bauteile sicherzustellen.

Lüfterzarge/Kühlerlüfter aus- und einbauen

1,2-/1,4-/1,5-l-Benzinmotor/Dieselmotor

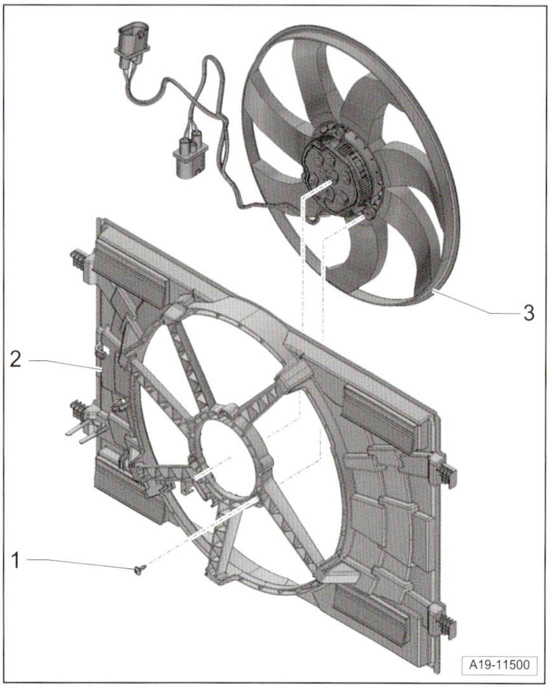

1 – Schraube, 5 Nm

2 – Lüfterzarge

3 – Kühlerlüfter

Ausbau

Achtung: Verletzungsgefahr durch selbsttätig anlaufende Kühlerlüfter. Vor Arbeiten im Bereich der Lüfterzarge elektrische Steckverbindungen trennen.

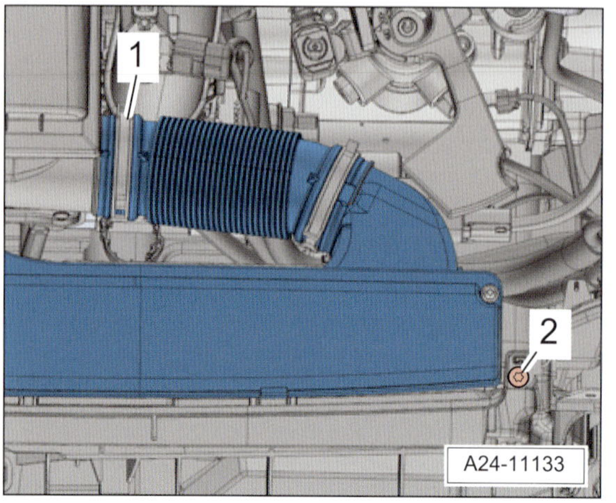

- Schlauchschelle –1– lösen, Luftführungsschlauch abziehen.
- Schraube –2– links und rechts herausdrehen.
- Luftführung am Schlossträger ausclipsen und abnehmen.

Hinweis: Verlegung der elektrischen Leitungen für den Wiedereinbau merken.

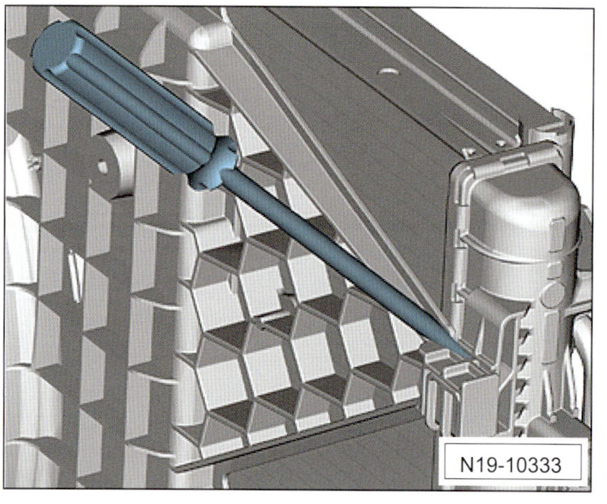

- Lüfterzarge mit Kühlerlüfter am Rasthaken mit einem Schlitzschraubendreher entrasten.

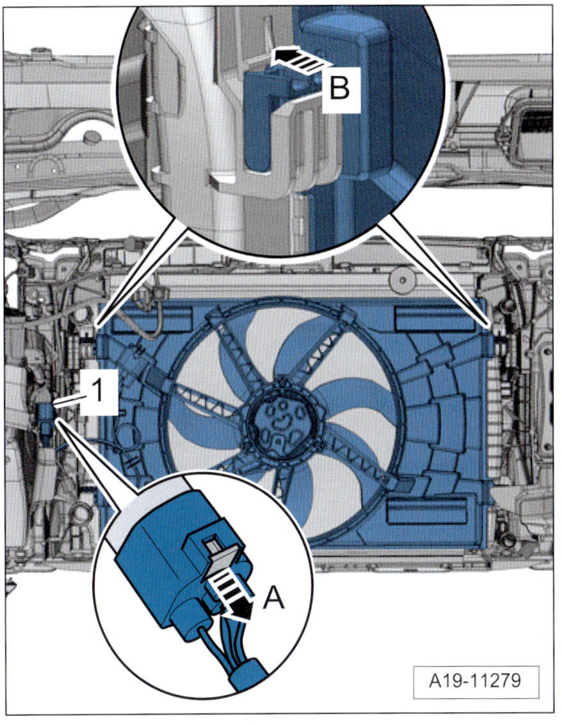

- Elektrische Steckverbindung –1– für Kühlerlüfter abziehen, dazu Sicherung nach hinten schieben –Pfeil A– und Entriegelung nach unten drücken.
- Verriegelungslaschen für Lüfterzarge links und rechts gleichzeitig drücken –Pfeil B– und

  1,2-/1,4-l-Motor: Lüfterzarge nach oben vom Kühler abnehmen. Lüfterzarge dabei auf einer Seite ca. 45° nach oben drehen.

  1,5-l-Motor: Lüfterzarge mit Kühlerlüfter nach oben aus den Aufnahmen herausziehen und nach unten herausnehmen.

- Schrauben –Pfeile– herausdrehen und Kühlerlüfter abnehmen.

Einbau

- Der Einbau erfolgt in umgekehrter Ausbaureihenfolge. Kühlerlüfter mit **5 Nm** anschrauben.

Speziell 1,8-/2,0-l-Benzinmotor/Dieselmotor

Ausbau

- Luftfiltergehäuse ausbauen, siehe Seite 277.

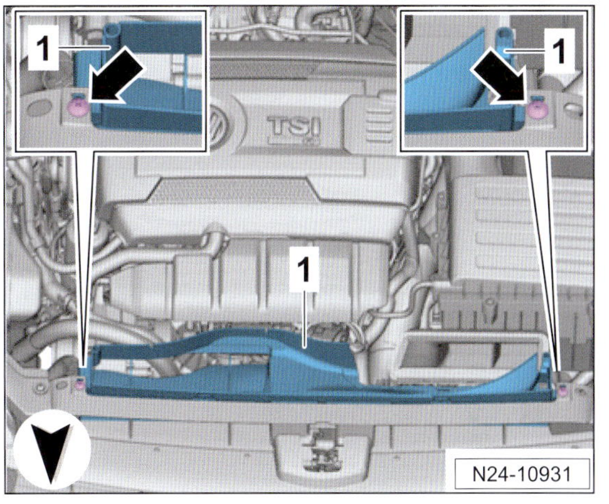

- Links und rechts Schraube –Pfeil– herausdrehen.
- Unterteil –1– der Luftführung ausclipsen und abnehmen.
- Untere Motorraumabdeckung ausbauen, siehe Seite 339.

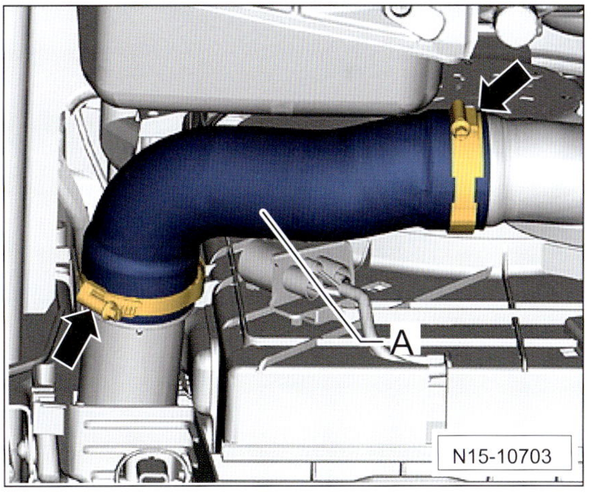

- Schlauchschellen –Pfeile– lösen und zurück schieben.
- Linken Ladeluftschlauch –A– abziehen.
- Kühlmittelschlauch rechts unten aus den Haltern herausziehen.

Achtung: Verletzungsgefahr durch selbsttätig anlaufende Kühlerlüfter. Vor Arbeiten im Bereich der Lüfterzarge elektrische Steckverbindungen trennen.

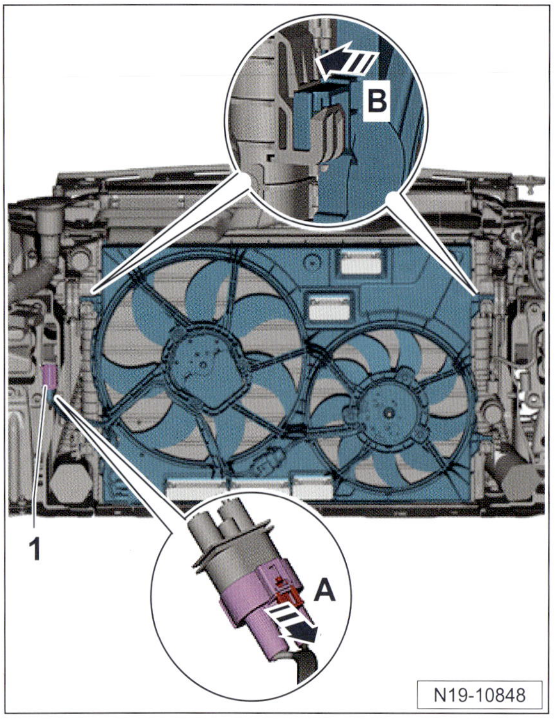

- Elektrische Steckverbindung –1– für Kühlerlüfter trennen, dazu Sicherung in Pfeilrichtung –A– schieben und Entriegelung nach unten drücken.
- Verriegelungslaschen für Lüfterzarge links und rechts gleichzeitig eindrücken –Pfeil B–, Lüfterzarge nach oben vom Kühler abziehen und nach unten herausnehmen.

Hinweis: Einbaulage der Kabelbinder vor dem Ausbau markieren und beim Einbau neue Kabelbinder wieder an den gleichen Stellen anbringen.

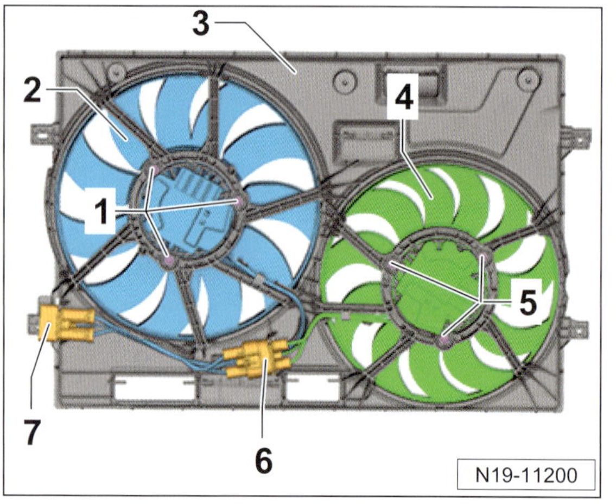

- Elektrische Steckverbindung –6– trennen.
- Elektrische Steckverbindung –7– ausclipsen.
- Schrauben –1– für Kühlerlüfter –2– herausdrehen, Kühlerlüfter abnehmen.
- Schrauben –5– für Kühlerlüfter –4– herausdrehen, Kühlerlüfter abnehmen.

Einbau

- Der Einbau erfolgt in umgekehrter Ausbaureihenfolge. Schrauben mit **5 Nm** festziehen.

Motor-Management

Aus dem Inhalt:

- **Benzineinspritzanlage**
- **Dieseleinspritzanlage**
- **Kraftstoffanlage**
- **Luftfilter ausbauen**

Im Kapitel »Motor-Management« sind die Themen »Benzin-Einspritzanlage« und »Diesel-Einspritzanlage« zusammengefasst.

Benzin-Einspritz- und Zündanlage

Das elektronische Motor-Management regelt die Kraftstoffzuteilung und das Zündsystem. Die Vorteile des elektronischen Motormanagements sind:

- Genau dosierte Kraftstoffmenge in jedem Betriebszustand des Motors, dadurch geringer Verbrauch bei guten Fahrleistungen.
- Reduzierung der Abgas-Schadstoffe durch exakte Kraftstoffzumessung und den Einsatz eines geregelten Katalysators.
- Die Eigendiagnose des Motor-Managements ermöglicht ein schnelleres Auffinden von Defekten. Das System ist mit einem Fehlerspeicher ausgestattet. Treten während des Betriebs Defekte auf, werden diese im Speicher abgelegt. Sollte der Motor nicht einwandfrei arbeiten, kann die Fachwerkstatt gegen Kostenerstattung eine Fehlerliste ausdrucken, damit gegebenenfalls der Defekt dann selbst behoben werden kann.

Das Steuergerät entspricht einem kleinen sehr schnell arbeitenden Computer. Es bestimmt den optimalen Zündzeitpunkt, den Einspritzzeitpunkt und die Kraftstoff-Einspritzmenge. Dabei erfolgt eine Abstimmung des Steuergeräts mit anderen Fahrzeugsystemen, beispielsweise der Getriebesteuerung oder der Wegfahrsperre.

Die Bauteile des Zünd- und Einspritzsystems sind langzeitstabil und praktisch wartungsfrei. Nur der Luftfiltereinsatz sowie die Zündkerzen müssen im Rahmen der Wartung gewechselt werden. Wesentliche Einstell- und Reparaturarbeiten können nur mit Hilfe von teuren Prüfgeräten durchgeführt werden, so dass diese Arbeiten nur noch von entsprechend ausgerüsteten Fachwerkstätten ausgeführt werden können.

Sicherheitsmaßnahmen bei Arbeiten am Benzin-Einspritzsystem

Das Kraftstoffsystem steht unter Druck! Vor dem Lösen der Schlauchverbindungen einen dicken Putzlappen um die Verbindungsstelle legen. Dann durch vorsichtiges Abziehen des Schlauches den Druck abbauen. **Achtung: Beim Direkteinspritz-Motor kann auf diese Weise nur der Druck im Niederdruckteil (bis ca. 6 bar) abgebaut werden. Zum Druckabbau im Hochdruckteil (bis ca. 120 bar) werden spezielle Werkstattgeräte benötigt.** Der Hochdruckteil reicht von der am Zylinderkopf angeflanschten Hochdruckpumpe bis zu den Einspritzventilen.

- **Kein offenes Feuer, nicht rauchen, keine glühenden oder sehr heißen Teile in die Nähe des Arbeitsplatzes bringen. Unfallgefahr! Feuerlöscher bereitstellen.**
- **Unbedingt für gute Belüftung des Arbeitsplatzes sorgen. Kraftstoffdämpfe sind giftig.**

Achtung: Bei Arbeiten am Einspritzteil des Systems sind auch die allgemeinen Sicherheits- und Sauberkeitsregeln zu befolgen, siehe Kapitel »Kraftstoffanlage«.

Diesel-Einspritzanlage

Die Dieseleinspritzung wird vollelektronisch durch das Motor-Management geregelt. Die Vorteile sind:

- Die Eigendiagnose des Motor-Managements ermöglicht ein schnelleres Auffinden von Defekten.
- Genau dosierte Kraftstoffmenge. Dadurch Reduzierung der Abgas-Schadstoffe und geringer Verbrauch.
- Das Einstellen von Leerlaufdrehzahl und Abregeldrehzahl ist nicht erforderlich.

Die Bauteile des Diesel-Einspritzsystems sind langzeitstabil und praktisch wartungsfrei. Nur der Motor-Luftfiltereinsatz und der Kraftstofffilter müssen im Rahmen der Wartung gewechselt werden.

Benzin-Einspritzanlage – Einbauübersicht

1,2-l-Benzinmotor

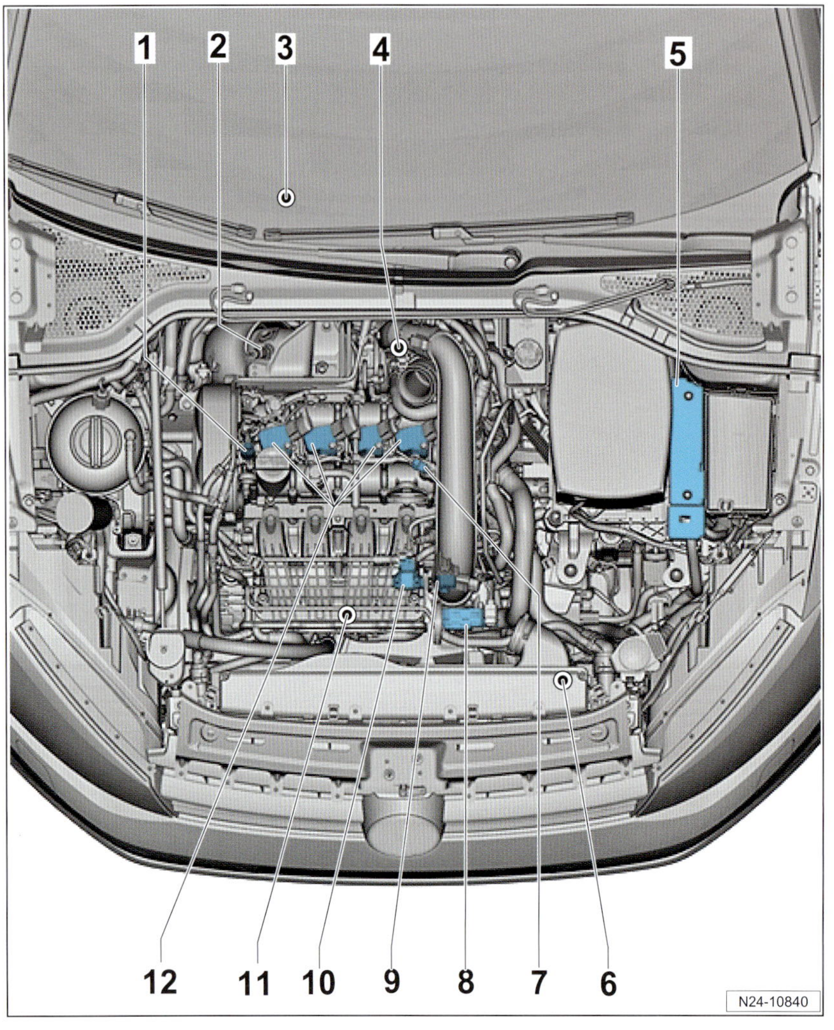

1 – **Ventil 1 für Nockenwellenverstellung**

2 – **Lambdasonde 1 vor Katalysator**
Mit Sondenheizung.

3 – **Lambdasonde 2 nach Katalysator**
Mit Sondenheizung.

4 – **Ladedrucksteller**

5 – **Motorsteuergerät**

6 – **Kühlmittel-Temperaturgeber**
Am Kühlmittelausgang.

7 – **Hallgeber**
(Nockenwellenpositionssensor).

8 – **Drosselklappensteuereinheit**
Mit einem Stellmotor und 2 Winkelgebern.
Nach dem Erneuern an das Motorsteuergerät anpassen.

9 – **Ladedruckgeber**
Mit Ansauglufttemperaturgeber 1.

10 – **Saugrohrgeber**
Mit Ansauglufttemperaturgeber 2 und Saugrohrdruckgeber.

11 – **Pumpe für Ladeluftkühlung**

12 – **Zündspulen mit Leistungsendstufen**

Saugrohr – Detailübersicht

1,2-/1,4-l-Benzinmotor

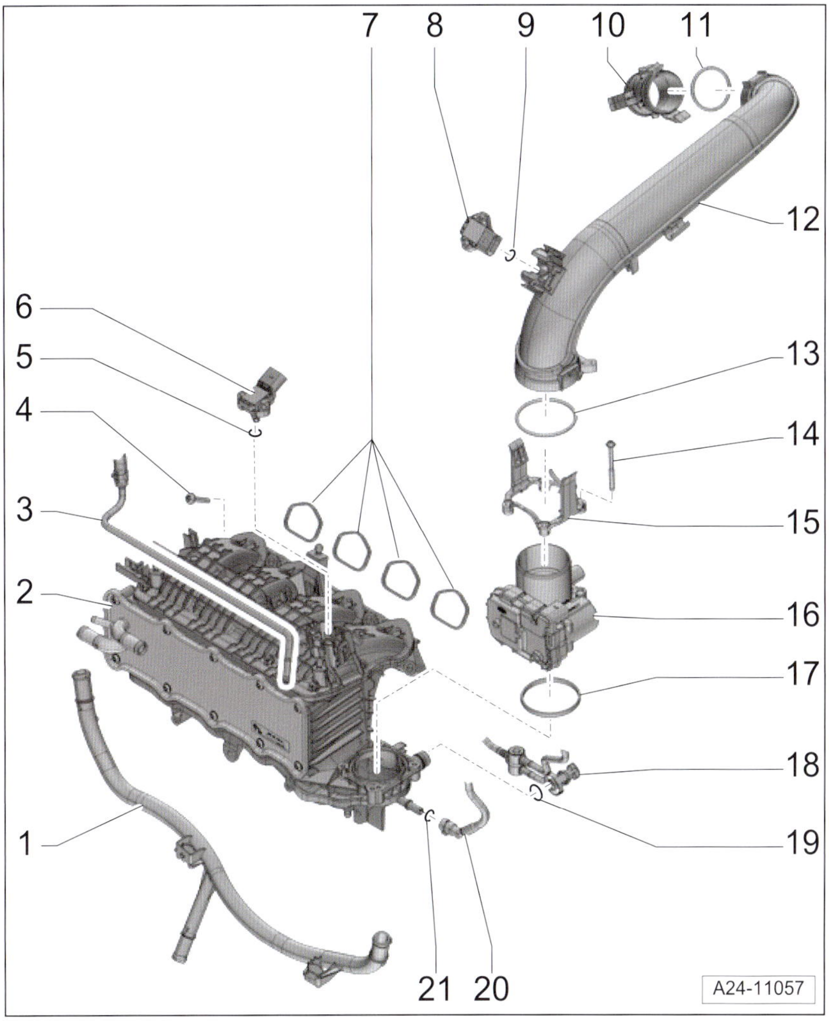

1 – **Kühlmittelrohr**
Am Saugrohr eingeclipst.

2 – **Saugrohr mit Ladeluftkühler**

3 – **Kühlmittelrohr**
Am Saugrohr eingeclipst.

4 – **Schraube**

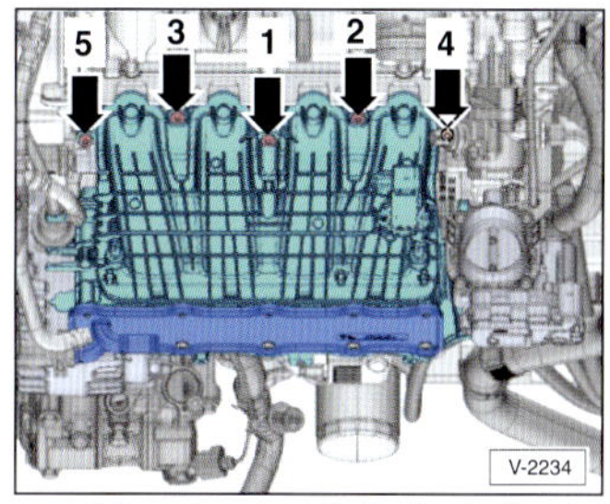

Schrauben jeweils in der Reihenfolge von –1– bis –5– von Hand bis zur Anlage eindrehen und anschließend mit **8 Nm** festziehen.

5 – **O-Ring***

6 – **Saugrohrgeber**
Besteht aus Ansauglufttemperaturgeber 2 und Saugrohrdruckgeber.

7 – **Dichtungen***

8 – **Ladedruck- und Ansauglufttemperaturgeber**

9 – **O-Ring***

10 – **Anschlussstutzen**

11 – **O-Ring***

12 – **Luftführungsrohr**

13 – **O-Ring***

14 – **Schraube, 7 Nm**
Von Hand ansetzen und eindrehen, damit die Schraube den alten Gewindegang wiederfindet. Dann Schraube mit **7 Nm** festziehen.

15 – **Halteklammer**
Für Luftführungsrohr.

16 – **Drosselklappensteuereinheit**
Nach dem Erneuern an das Motor-Steuergerät anpassen.

17 – **Dichtring***

18 – **Unterdruckleitung**

19 – **O-Ring***

20 – **Unterdruckleitung**

21 – **O-Ring***

*) Immer ersetzen.

Leerlaufdrehzahl/Zündzeitpunkt/ CO-Gehalt prüfen und einstellen

Im Rahmen der Wartung ist es nicht erforderlich, Leerlaufdrehzahl, Zündzeitpunkt und CO-Gehalt einzustellen, da die Werte permanent elektronisch nachgeregelt werden.

Falls die tatsächlichen Betriebswerte von den Sollwerten abweichen, liegt die Ursache in defekten Bauteilen, die ersetzt werden müssen. Eine fachgerechte Prüfung des Motormanagements ist nur mit speziellen Diagnosegeräten möglich.

Allgemeine Prüfung der Benzin-Einspritzanlage

Für eine systematische Fehlersuche beziehungsweise Fehlerbehebung sind markenspezifische Messgeräte erforderlich. Diese Messgeräte sind sehr teuer und in der Regel nur in der Fachwerkstatt vorhanden. Deshalb wird hier nur eine Grundprüfung beschrieben.

- Batterie prüfen, siehe Seite 82.
- Sicherungen prüfen, siehe Seite 73.
- Sämtliche Stecker und Steckverbindungen des betroffenen elektronischen Systems abziehen und aufstecken. Festen Sitz der Steckverbindungen und Fixierung der Kabel im Motorraum prüfen.
- Alle Masseverbindungen auf festen Sitz und einwandfreien Kontakt prüfen.
- Schläuche und Leitungen auf Undichtigkeiten prüfen. Dabei auf Porosität und Risse achten. Lockere Anschlüsse befestigen.

Achtung: Keine silikonhaltigen Dichtmittel verwenden. Vom Motor angesaugte Silikonspuren werden nicht verbrannt und schädigen die Lambdasonde.

Diesel-Einspritzverfahren

Beim Dieselmotor wird reine Luft in die Zylinder angesaugt und dort sehr hoch verdichtet. Dadurch steigt die Temperatur in den Zylindern über die Zündtemperatur des Dieselöls an. Wenn der Kolben kurz vor dem Oberen Totpunkt steht, wird in die hoch verdichtete und etwa +600° C heiße Luft der Kraftstoff direkt in den Brennraum eingespritzt. Das Dieselöl zündet von selbst, Zündkerzen sind also nicht erforderlich.

Der Kraftstoff wird durch eine elektrische Kraftstoffpumpe aus dem Tank zur Hochdruckpumpe gefördert. Diese baut bereits bei niedrigen Motordrehzahlen einen sehr hohen Druck von ca. 1800 bar auf. Von der Hochdruckpumpe führt eine gemeinsame Kraftstoffleitung (Common Rail) zu den Einspritzventilen der einzelnen Zylinder. Die gemeinsame Kraftstoffleitung dient als Druckspeicher und verteilt den Kraftstoff mit konstantem Druck an die Einspritzventile. Die erforderliche Kraftstoff-Einspritzmenge wird vom Motor-Steuergerät über die Einspritzventile (Piezo-Injektoren) den einzelnen Zylindern exakt zugeteilt.

Bevor der Kraftstoff in die Hochdruckpumpe gelangt, durchfließt er den Kraftstofffilter. Dort werden Verunreinigungen und Wasser zurückgehalten. Es ist deshalb äußerst wichtig, den Kraftstofffilter entsprechend der Wartungsvorschrift auszuwechseln.

Achtung: Bei Arbeiten an der Kraftstoffanlage Sicherheits- und Sauberkeitsregeln beachten, siehe Seite 263.

Diesel-Vorglühanlage

Bei sehr kaltem Motor wird die Selbstzündungstemperatur für den Diesel-Kraftstoff durch die Verdichtung allein nicht erreicht, deshalb muss vorgeglüht werden. Dazu befindet sich in jedem Brennraum eine Glühkerze, die den Brennraum aufheizt. Die Glühkerze besteht im wesentlichen aus einem Gehäuse mit eingepresstem Heizstab. Die Dauer des Vorglühens ist abhängig von der Umgebungstemperatur und wird durch das Motor-Steuergerät über ein Vorglührelais gesteuert. **Hinweis:** Aufgrund der guten Kaltstarteigenschaften des Dieseldirekteinspritzmotors ist ein Vorglühen überwiegend erst bei Temperaturen unter ca. 0° C erforderlich.

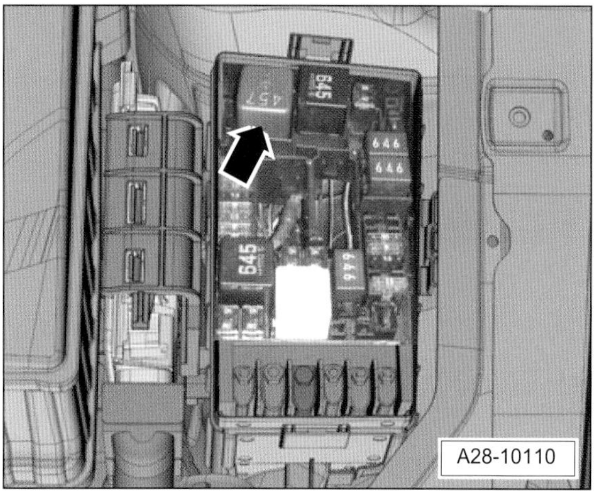

A28-10110

Die Vorglühanlage wird über ein Steuergerät für Glühzeitautomatik –Pfeil– angesteuert. Dieses Steuergerät befindet sich im Sicherungs- und Relaiskasten im Motorraum. Bei einem Fehler in der Vorglühanlage wird durch das Vorglüh-Steuergerät ein Fehler im Fehlerspeicher des Motorsteuergeräts abgelegt. Dabei wird jede Glühkerze einzeln angesteuert und überprüft.

Glühkerzen aus- und einbauen

Ausbau

- Zündung ausschalten.
- Obere Motorabdeckung ausbauen, siehe Seite 224.

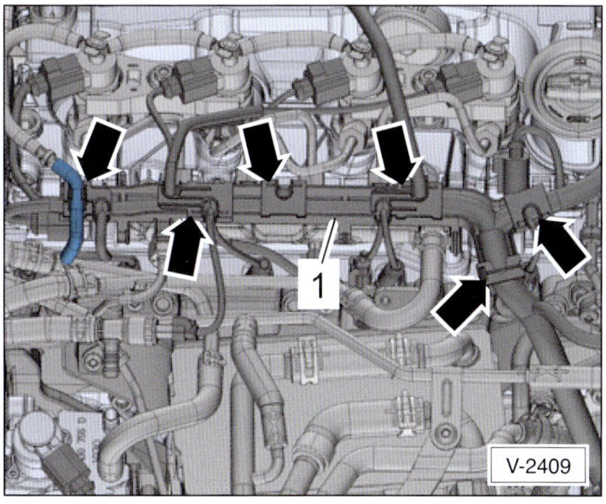

- Halteklammern –Pfeile– öffnen und Leitungsschacht –1– abclipsen und abnehmen.

Achtung: Stecker für Glühkerzen mit geeigneter Zange abziehen. Darauf achten, dass keine Kabelverbindung beim Abziehen der Stecker beschädigt wird. Zange nicht zu fest zusammendrücken, sonst kann die Stützhülse des Steckers beschädigt werden. Wird dennoch ein Kabel oder ein Stecker beschädigt, muss der komplette Leitungsstrang erneuert werden.

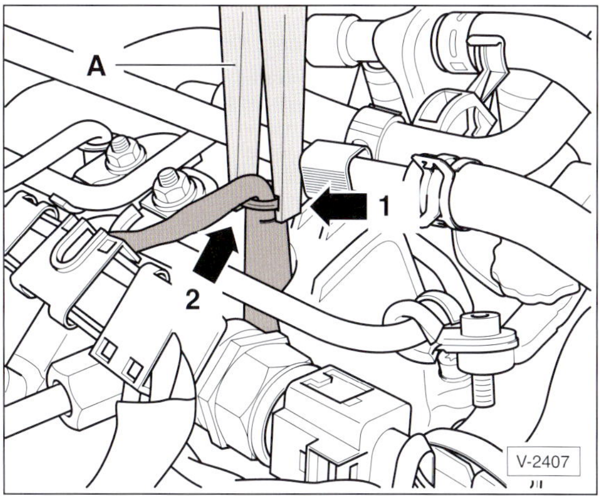

- Zange –A– mit der Zangennut –Pfeil 1– am Bund der Stützhülse –Pfeil 2– ansetzen. Zum Ausbau sind folgende Zangen geeignet: HAZET 4760-5 beziehungsweise VW-3314.

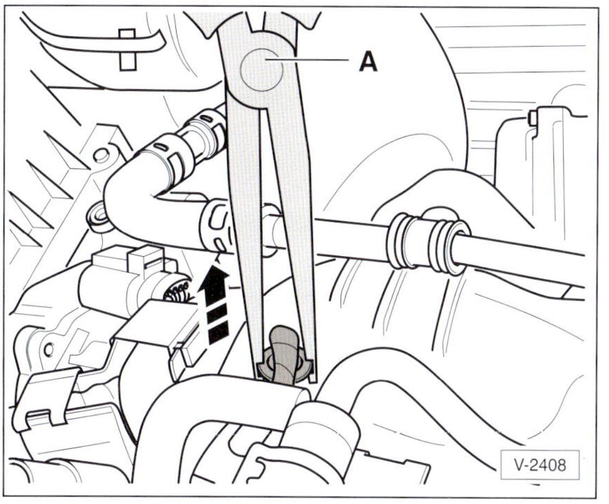

- Glühkerzenstecker mit Zange –A– vorsichtig in Pfeilrichtung abziehen.

Achtung: Beim Herausschrauben der Glühkerzen darf kein Schmutz in den Zylinder fallen. Deshalb vor Ausbau der Glühkerzen den Glühkerzenkanal im Zylinderkopf sorgfältig reinigen.

- Zuerst groben Schmutz aus dem Glühkerzenkanal mit einem Staubsauger aussaugen. Dann Bremsenreiniger oder geeigneten Reiniger in den Glühkerzenkanal sprühen und kurze Zeit einwirken lassen. Anschließend Glühkerzenkanal mit Pressluft ausblasen. Danach Glühkerzenkanal mit einem ölbenetzten Lappen reinigen.
- Glühkerzen mit Gelenkschlüssel SW-10, zum Beispiel HAZET 2530 oder VW/AUDI-3220, lösen und von Hand herausschrauben.

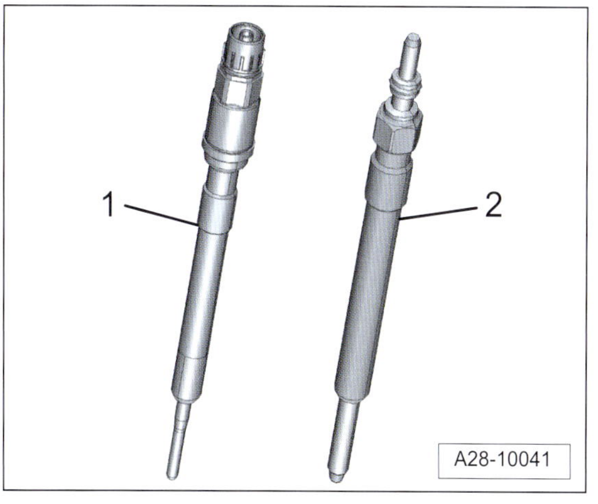

Achtung: Beim 2,0-l-Dieselmotor CKRB, CRLB, CUNA, CRMB ist für Zylinder 3 eine Glühkerze –1– mit Brennraumdruckgeber eingebaut. Für diese Glühkerze wird ein Steckschlüsseleinsatz SW-12 benötigt. 2 – Glühkerze ohne Brennraumdruckgeber.

Einbau

- Glühkerzen mit Gelenkschlüssel einschrauben und mit **17 Nm** festziehen. Glühkerze mit Brennraumdruckgeber mit **12 Nm** festziehen.

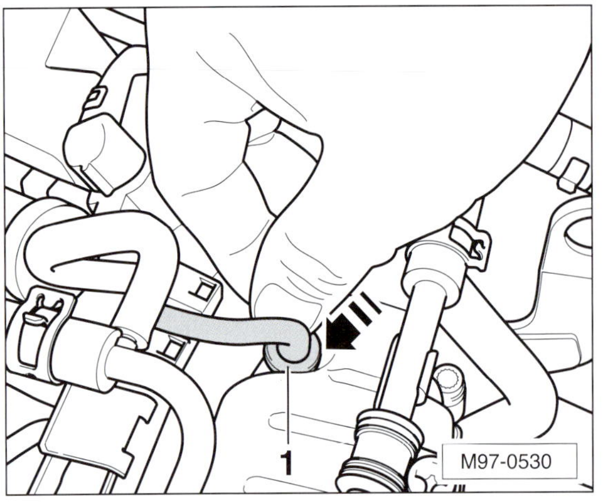

- Glühkerzenstecker –1– an den Glühkerzen aufstecken –Pfeil–. Durch leichtes Ziehen an den Kerzensteckern festen Sitz prüfen.

- Der weitere Einbau erfolgt in umgekehrter Ausbaureihenfolge.
- Falls erforderlich, Fehlerspeicher des Motorsteuergerätes löschen.

Diesel-Einspritzsystem

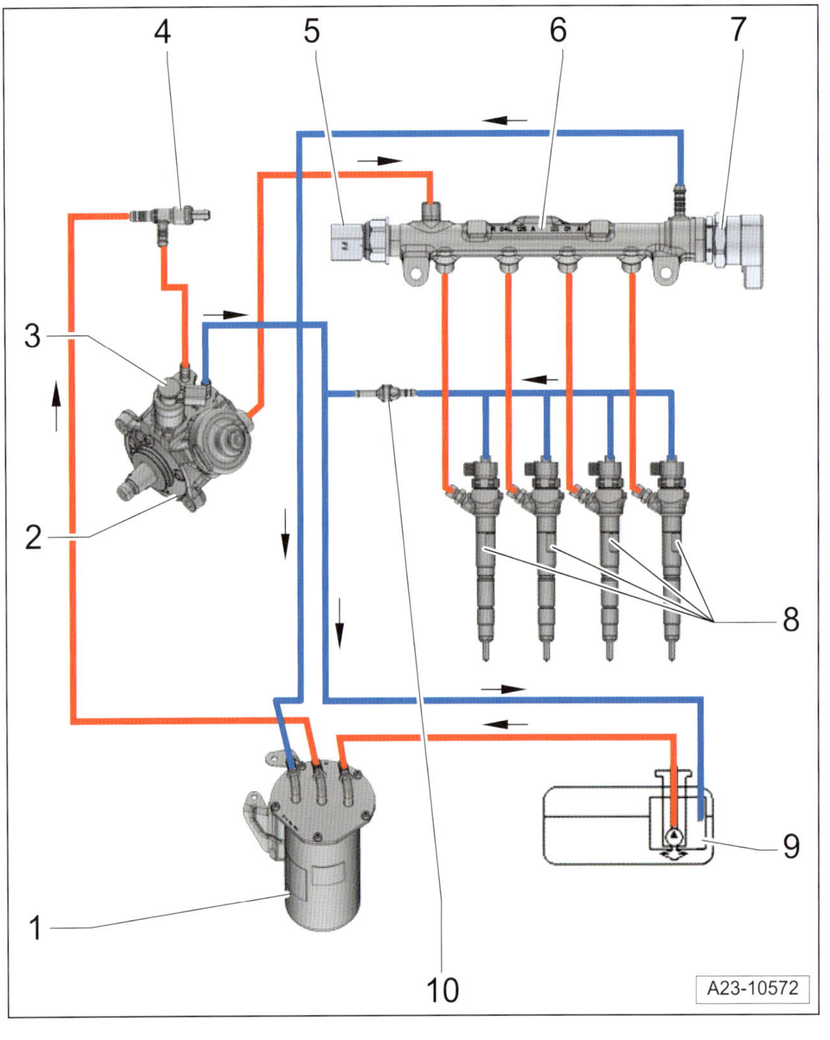

1 – **Kraftstofffilter**
Mit Vorwärmmodul.

2 – **Kraftstoff-Hochdruckpumpe**
Nach dem Erneuern muss eine Kraftstoff-Erstbefüllung vorgenommen werden. Durch »Trockenlauf« wird die Pumpe beschädigt.

3 – **Ventil für Kraftstoffdosierung**

4 – **Kraftstoff-Temperaturgeber**

5 – **Kraftstoff-Druckgeber, 100 Nm**

6 – **Rail-Element**
Hochdruckspeicher, Kraftstoffverteilerrohr.

7 – **Regelventil, 80 Nm**
Für Kraftstoffdruck. Nicht wieder verwendbar.
Das Regelventil sorgt für konstanten Druck im Kraftstoffverteiler. Bei zu hohem Druck öffnet das Ventil und ein Teil des Kraftstoffs gelangt über die Rücklaufleitung zurück in den Tank. Bei zu niedrigem Druck im Hochdruckkreis schließt das Ventil und dichtet die Kraftstoff-Hochdruckseite gegen die Niederdruckseite ab.

8 – **Einspritzeinheiten**

9 – **Kraftstofftank**
Mit elektrischer Kraftstoff-Vorförderpumpe.

10 – **Drossel**

- Rot = Kraftstoffvorlauf.
- Blau = Kraftstoffrücklauf.
- Die Pfeile zeigen in Fließrichtung des Kraftstoffs.

Kraftstoffanlage

Zur Kraftstoffanlage zählen der Kraftstoffvorratsbehälter (Kraftstofftank), die Kraftstoffpumpe und die Kraftstoffleitungen sowie Kraftstoff- und Luftfilter.

Der Kraftstoffvorratsbehälter des GOLF ist vor der Hinterachse angeordnet und hat einen Inhalt von ca. 50 Litern (Allrad: 55 l). Der jeweilige Kraftstoffvorrat wird dem Fahrer im Kombiinstrument angezeigt. Über ein Entlüftungssystem wird der Tank belüftet. Die schädlichen Benzindämpfe der Tankentlüftung werden in einem Aktivkohlespeicher aufgefangen und dem Motor kontrolliert zur Verbrennung zugeführt.

Kraftstoff sparen beim Fahren

Wesentlichen Einfluss auf den Kraftstoffverbrauch hat die Fahrweise des Fahrzeuglenkers. Hier einige Tipps für den intelligenten Umgang mit dem Gaspedal:

- Nach dem Motorstart gleich losfahren, auch bei Frost.
- Motor abschalten bei voraussichtlichen Stopps über 40 Sekunden Dauer.
- Im höchstmöglichen Gang fahren.
- Möglichst gleichmäßige Geschwindigkeiten über längere Strecken fahren, hohe Geschwindigkeiten meiden. Vorausschauend fahren. Nicht unnötig bremsen.
- Keine unnötige Zuladung mitführen, Aufbauten am Fahrzeug, beispielsweise Dachgepäckträger, möglichst abbauen.
- Immer mit richtigem, nie mit zu niedrigem Reifendruck fahren.

Sicherheits- und Sauberkeitsregeln bei Arbeiten an der Kraftstoffversorgung

Bei Arbeiten an der Kraftstoffversorgung sind die folgenden Regeln zur Sicherheit und Sauberkeit sorgfältig zu beachten:

- Bei Arbeiten an der Kraftstoffanlage grundsätzlich die Fahrzeug-Batterie abklemmen. **Achtung:** Hinweise im Kapitel »Batterie aus- und einbauen« beachten.
- Verbindungsstellen und deren Umgebung vor dem Lösen gründlich reinigen.
- Ausgebaute Teile auf einer sauberen Unterlage ablegen und abdecken. Folie oder Papier verwenden. Keine fasernden Lappen benutzen.
- Geöffnete Bauteile sorgfältig abdecken beziehungsweise verschließen, wenn die Reparatur nicht umgehend ausgeführt wird.
- Ersatzteile erst unmittelbar vor dem Einbau aus der Verpackung nehmen. Nur saubere Teile einbauen.

Sicherheitsmaßnahmen bei Arbeiten am Kraftstoffsystem

Das Kraftstoffsystem steht unter Druck! Vor dem Lösen der Schlauchverbindungen den Druck abbauen. Dazu Tankdeckel kurz öffnen und wieder schließen. Einen dicken Putzlappen um die Verbindungsstelle legen. Schutzbrille aufsetzen und dann durch vorsichtiges Lösen der Verbindungsstelle den Druck abbauen. **Achtung:** Beim **Benzin-Direkteinspritz-Motor kann auf diese Weise nur der Druck im Niederdruckteil (bis ca. 4 – 6 bar) abgebaut werden. Zum Druckabbau im Hochdruckteil (bis ca. 120 bar) werden spezielle Werkstattgeräte benötigt.** Der Hochdruckteil reicht von der hinten am Zylinderkopf angeflanschten Hochdruckpumpe bis zu den Einspritzventilen. Beim **Dieselmotor** kann die Temperatur der Kraftstoffleitungen beziehungsweise des Kraftstoffes im Extremfall bis zu +100° C betragen. Vor dem Öffnen von Leitungsverbindungen Kraftstoff abkühlen lassen, da akute Verbrühungsgefahr besteht.

- **Kein offenes Feuer, nicht rauchen, keine glühenden oder sehr heißen Teile in die Nähe des Arbeitsplatzes bringen. Unfallgefahr! Feuerlöscher bereitstellen.**
- **Unbedingt für gute Belüftung des Arbeitsplatzes sorgen. Kraftstoffdämpfe sind giftig.**
- Schutzhandschuhe tragen.
- Schutzbrille tragen.

- Bei geöffneter Kraftstoffanlage möglichst nicht mit Druckluft arbeiten. Das Fahrzeug möglichst nicht bewegen.
- Keine silikonhaltigen Dichtmittel verwenden. Vom Motor angesaugte Spuren von Silikonbestandteilen werden im Motor nicht verbrannt und schädigen die Lambdasonden.
- Kraftstoffschläuche am Motor **nur** mit **Federbandschellen** sichern. **Klemm- oder Schraubschellen sind nicht zulässig.**
- Leitungen aller Art beim Einbau so verlegen, dass die ursprüngliche Leitungsführung wiederhergestellt ist. Auf ausreichenden Freigang zu beweglichen oder heißen Bauteilen achten.
- Darauf achten, dass kein Dieselkraftstoff auf die Kühlmittelschläuche läuft. Gegebenenfalls Schläuche sofort reinigen. Angegriffene Schläuche umgehend ersetzen.

Kraftstoffbehälter

Fahrzeuge mit Mehrlenker-Hinterachse und Frontantrieb

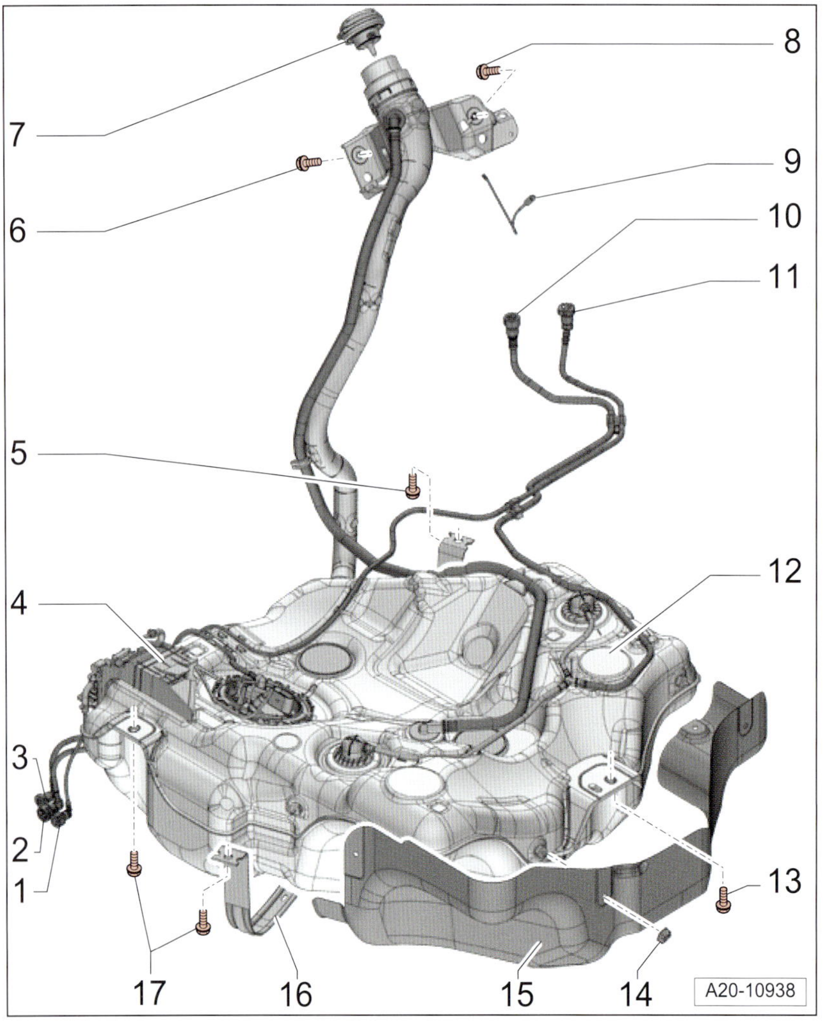

1 – **Kraftstoffleitung**
Zur Dosierpumpe bei Fahrzeugen mit Standheizung.
Nicht knicken.
Zum Abziehen Entriegelungstaste am Anschlussstück drücken.
Steckkupplungen müssen beim Verriegeln »hörbar« einrasten.
Festen Sitz der Steckkupplung durch Gegenziehen prüfen.

2 – **Kraftstoffvorlaufleitung**
Zum Motor.
Am Kraftstoffbehälter eingeclipst.
Nicht knicken.
Zum Abziehen Entriegelungstaste am Anschlussstück drücken.
Steckkupplungen müssen beim Verriegeln »hörbar« einrasten.
Festen Sitz der Steckkupplung durch Gegenziehen prüfen.

3 – **Entlüftungsleitung**
Zum Magnetventil 1 für Aktivkohlebehälter.
Am Kraftstoffbehälter eingeclipst.
Nicht knicken.
Zum Abziehen Entriegelungstaste am Anschlussstück drücken.
Steckkupplungen müssen beim Verriegeln »hörbar« einrasten.
Festen Sitz der Steckkupplung durch Gegenziehen prüfen.

4 – **Halter**
Für Steuergerät der Kraftstoffpumpe.

5 – **Schraube, 20 Nm + 90°**
Nach jeder Demontage ersetzen.

6 – **Schraube, 8 Nm + 90°**
Nach jeder Demontage ersetzen.

7 – **Verschlussdeckel**
Bis zum hörbaren Verrasten zudrehen.
Mit Verliersicherung an der Tankklappeneinheit eingehängt.

8 – **Schraube, 8 Nm + 90°**
Nach jeder Demontage ersetzen.
Zum Befestigen des Kraftstoffeinfüllstutzens.
Zum Ableiten elektrostatischer Aufladung.

9 – **Masseverbindung**
Für Kraftstoffeinfüllstutzen.
Zum Ableiten elektrostatischer Aufladung.

10 – **Entlüftungsleitung**
Zum Aktivkohlebehälter.
Am Kraftstoffbehälter eingeclipst.
Nicht knicken.
Zum Abziehen Entriegelungstaste am Anschlussstück drücken.
Steckkupplungen müssen beim Verriegeln »hörbar« einrasten.
Festen Sitz der Steckkupplung durch Gegenziehen prüfen.

11 – **Entlüftungsleitung**
Zum Aktivkohlebehälter.
Am Kraftstoffbehälter eingeclipst.
Nicht knicken.
Zum Abziehen Entriegelungstaste am Anschlussstück drücken.
Steckkupplungen müssen beim Verriegeln »hörbar« einrasten.
Festen Sitz der Steckkupplung durch Gegenziehen prüfen.

12 – **Kraftstoffbehälter**

13 – **Schraube, 20 Nm + 90°**
Nach jeder Demontage ersetzen.

14 – **Mutter, 2 Nm**
Für Wärmeschutzblech.

15 – **Wärmeschutzblech**
Für Kraftstoffbehälter.

16 – **Spannband**

17 – **Schrauben, 20 Nm + 90°**
Nach jeder Demontage ersetzen.

Kraftstoffbehälter

Fahrzeuge mit Verbundlenker-Hinterachse und Frontantrieb

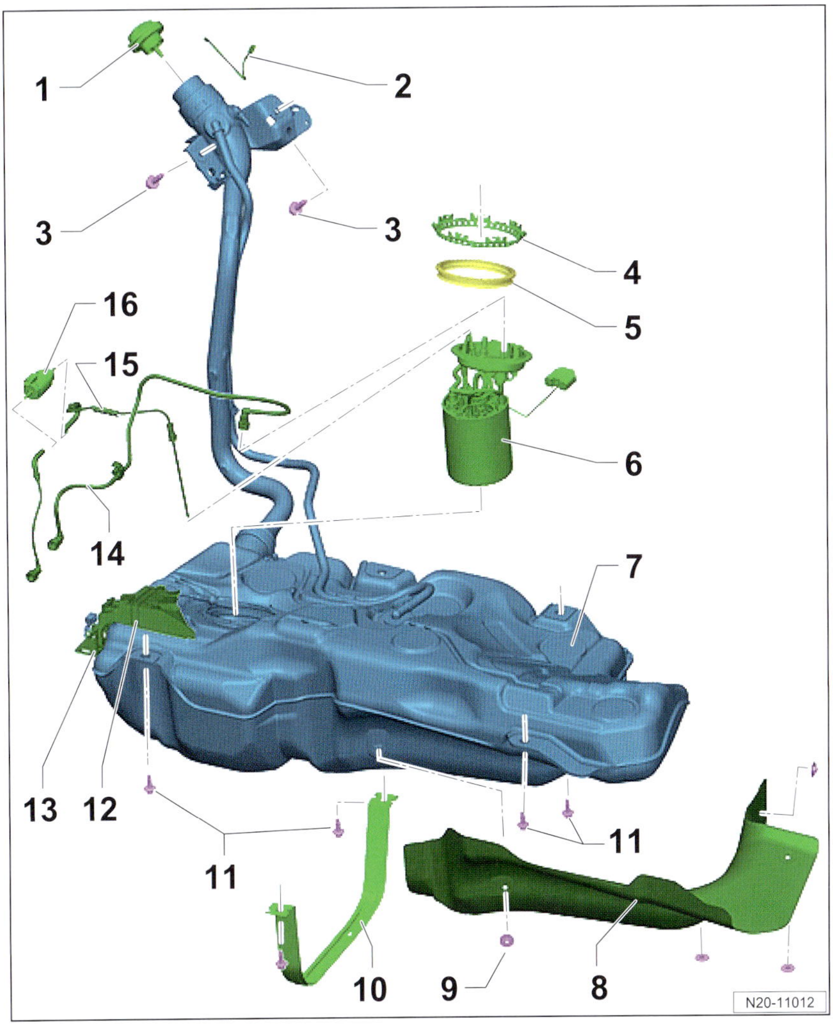

1 – **Verschlussdeckel**
Bis zum hörbaren Verrasten zudrehen.
Mit Verliersicherung an der Tankklappeneinheit eingehängt.

2 – **Masseverbindung**
Für Kraftstoffeinfüllstutzen.
Zum Ableiten elektrostatischer Aufladung.

3 – **Schraube, 8 Nm + 90°**
Nach jeder Demontage ersetzen.

4 – **Verschlussring, 110 Nm ± 5 Nm**

5 – **Dichtring**
Immer ersetzen.
Trocken einbauen.

6 – **Kraftstofffördereinheit**
Mit Geber für Kraftstoffvorratsanzeige (Tankgeber).
Mit Kraftstoffpumpe für Vorförderung.

7 – **Kraftstoffbehälter**

8 – **Wärmeschutzblech**
Für Kraftstoffbehälter.

9 – **Sicherungsblech**
4 Stück.
Für das Wärmeschutzblech.

10 – **Spannband**
Auf richtigen Sitz achten.
Bei Ausbau Fahrtrichtung markieren.

11 – **Schraube, 20 Nm + 90°**
Nach jeder Demontage ersetzen.

12 – **Halter**
Für Steuergerät der Kraftstoffpumpe.

13 – **Halter**
Für die Dosierpumpe.
Auf richtigen Sitz der Dosierpumpe im Halter achten.

14 – **Kraftstoffvorlaufleitung**
Am Kraftstoffbehälter eingeclipst.
Nicht knicken.
Zum Abziehen Entriegelungstaste am Anschlussstück drücken.
Steckkupplungen müssen beim Verriegeln »hörbar« einrasten.
Festen Sitz der Steckkupplung durch Gegenziehen prüfen.

15 – **Kraftstoffleitung**
Von der Dosierpumpe der Standheizung.
Nicht knicken.
Festen Sitz durch Gegenziehen prüfen.

16 – **Dosierpumpe**
Für Fahrzeuge mit Standheizung.
Am Kraftstoffbehälter befestigt.

Kraftstofffördereinheit – Detailübersicht

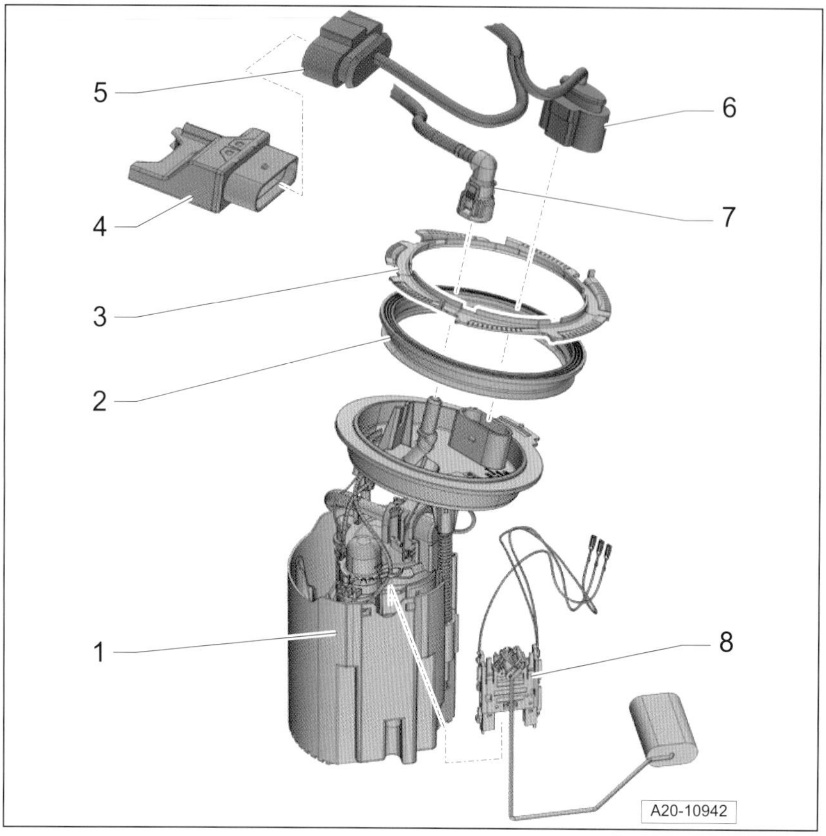

Benzinmotor mit Frontantrieb

1 – **Kraftstofffördereinheit**
Mit Kraftstoffpumpe für Vorförderung.
Hinweis: Der integrierte Kraftstofffilter (Benzinmotor) sowie das Druckbegrenzungsventil können nicht einzeln ersetzt werden.
Nach Einbau Fahrzeug mit mindestens 5 Liter Kraftstoff betanken.

2 – **Dichtring**
Immer ersetzen. Trocken einbauen.

3 – **Verschlussring, 110 Nm**

4 – **Steuergerät für Kraftstoffpumpe**

5 – **Elektrische Steckverbindung**
Für Kraftstoffpumpen-Steuergerät.
Durch Gegenziehen prüfen, ob die Steckverbindung richtig eingerastet ist.

6 – **Elektrische Steckverbindung**
Für Vorförderpumpe und Geber für Kraftstoffvorratsanzeige (Tankgeber).
Durch Gegenziehen prüfen, ob die Steckverbindung richtig eingerastet ist.

7 – **Kraftstoffvorlaufleitung**
Zum Motor.
Nicht knicken.
Zum Abziehen Entriegelungstaste am Anschlussstück drücken.
Steckkupplungen müssen beim Verriegeln »hörbar« einrasten.
Festen Sitz der Steckkupplung durch Gegenziehen prüfen.

8 – **Tankgeber**
(Geber für Kraftstoffvorratsanzeige).

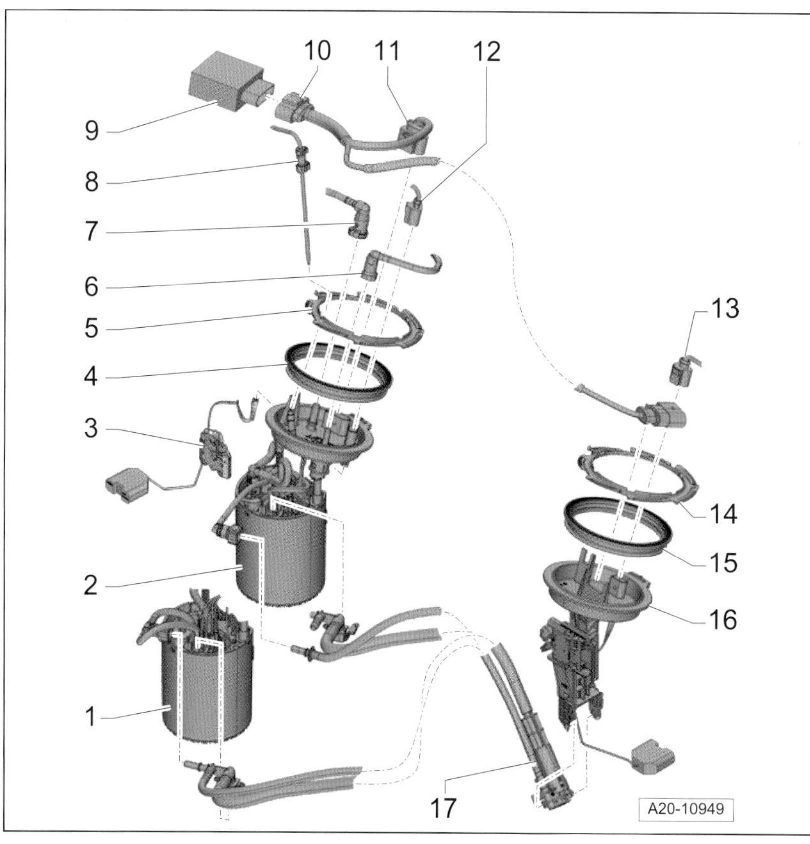

Dieselmotor mit Allradantrieb

1 – **Kraftstofffördereinheit**
Ausführung ohne Standheizung.

2 – **Kraftstofffördereinheit**
Ausführung mit Standheizung.

3 – **Tankgeber**[1]

5 – **Verschlussring, 110 Nm ± 5 Nm**

6 – **Kraftstoffrücklaufleitung**[2]
Vom Motor. Nicht knicken.

7 – **Kraftstoffvorlaufleitung**[2]
Zum Kraftstofffilter. Nicht knicken.

8 – **Kraftstoffleitung**
Zur Dosierpumpe der Standheizung.

9 – **Steuergerät für Kraftstoffpumpe**

10 – **Elektrische Steckverbindung**[3]
Für Kraftstoffpumpen-Steuergerät.

11 – **Elektrische Steckverbindung**[3]
Für Vorförderpumpe.

12/13 – **Elektrische Steckverbindung**[3]
Für Tankgeber.

14 – **Verschlussring, 110 Nm ± 5 Nm.**

15 – **Dichtring**[1]

16 – **Tankgeber 2**

17 – **Saugstrahlpumpe**

---

[1]) Bei Beschädigung ersetzen. Trocken einbauen.

[2]) Beim Einbau Pfeilrichtung am Verschlussflansch beachten. Am Kraftstoffbehälter eingeclipst.

[3]) Sichere Verrastung durch Gegenziehen prüfen.

Kraftstofffördereinheit aus- und einbauen

Ausbau

Die Beschreibung gilt für den **Benzinmotor**, Abweichungen beim Dieselmotor stehen am Ende des Kapitels.

Achtung: Es besteht eine Gefahr durch auslaufenden Kraftstoff. Der Kraftstoffbehälter darf maximal ¾ gefüllt sein. Damit ist sichergestellt, dass der Füllstand unterhalb des Flansches der Kraftstofffördereinheit ist.

- Sicherheits- und Sauberkeitsregeln beachten, siehe Seite 263.
- Vordersitze ganz nach vorn fahren.
- Zündung ausschalten.
- Rücksitzbank ausbauen, siehe Seite 334.

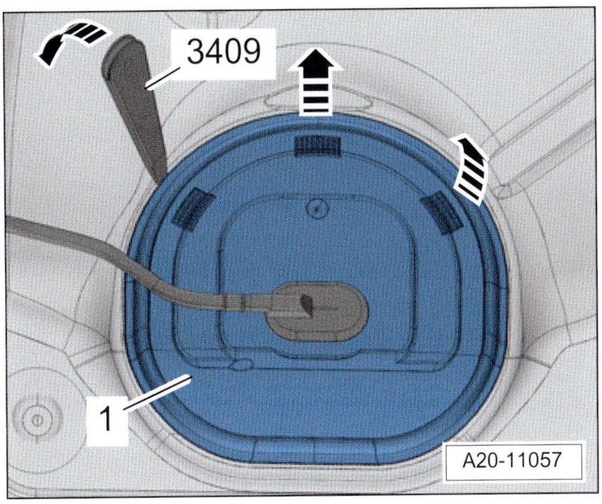

- Abdeckung –1– für Verschlussflansch mit einem Kunststoffkeil, zum Beispiel VW-3409 oder HAZET-1965-20, an den Halterasten ausclipsen –Pfeile–.

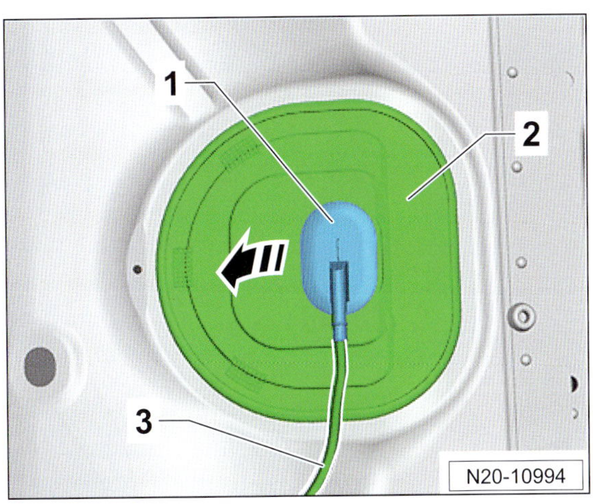

- Dichttülle –1– nach unten in Pfeilrichtung aus der Abdeckung –2– ausclipsen.
- Abdeckung –2– am elektrischen Leitungsstrang –3– nach hinten führen.

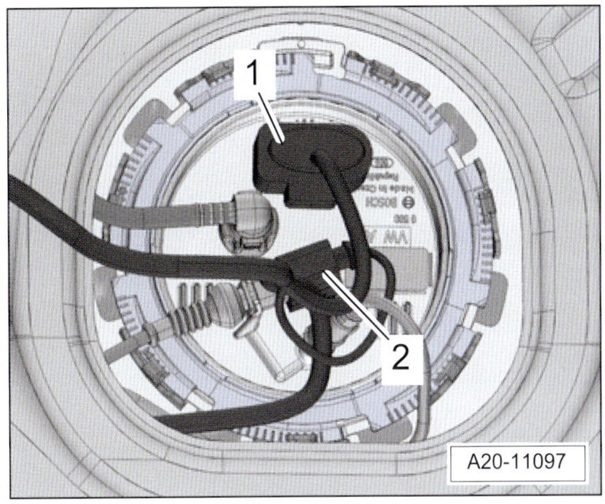

- Elektrische Steckverbindung –1– am Verschlussflansch entriegeln und abziehen.
- Falls vorhanden, elektrische Steckverbindung –2– für die Dosierpumpe der Standheizung am Verschlussflansch aushängen und zur Seite legen.

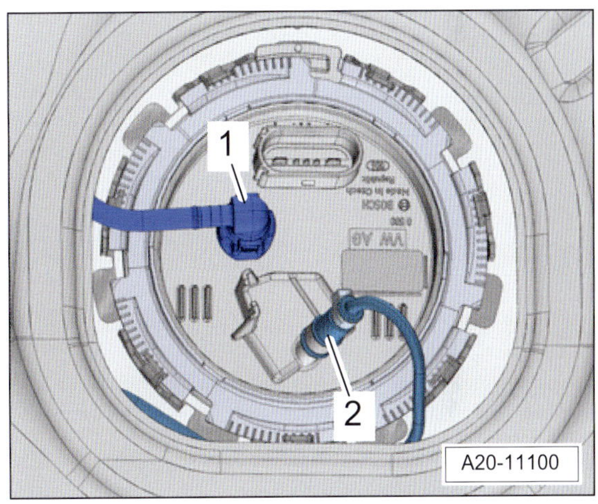

- Kraftstoffleitung –1– am Verschlussflansch trennen.

Achtung: Die Kraftstoffleitung steht unter Druck! Verletzungsgefahr der Augen und der Haut durch Kraftstoff. Daher Schutzbrille und Schutzbekleidung tragen, um Verletzungen und Hautkontakt zu vermeiden. Vor dem Lösen von Schlauchverbindungen Putzlappen um die Verbindungsstelle legen. Dann durch vorsichtiges Öffnen der Verbindungsstelle Druck abbauen.

- Falls vorhanden, Kraftstoffleitung –2– zur Dosierpumpe für die Standheizung am Verschlussflansch abbauen. Dazu die untere Schlauchschelle lösen.

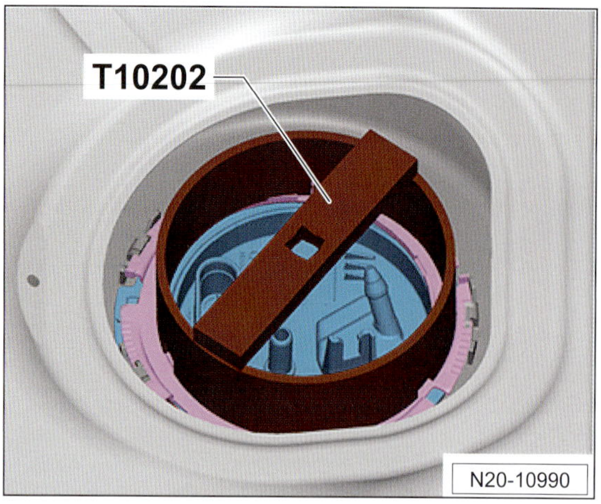

- Verschlussring mit dem Schlüssel VW-T10202 öffnen.
- Flansch der Kraftstofffördereinheit vorsichtig anheben.

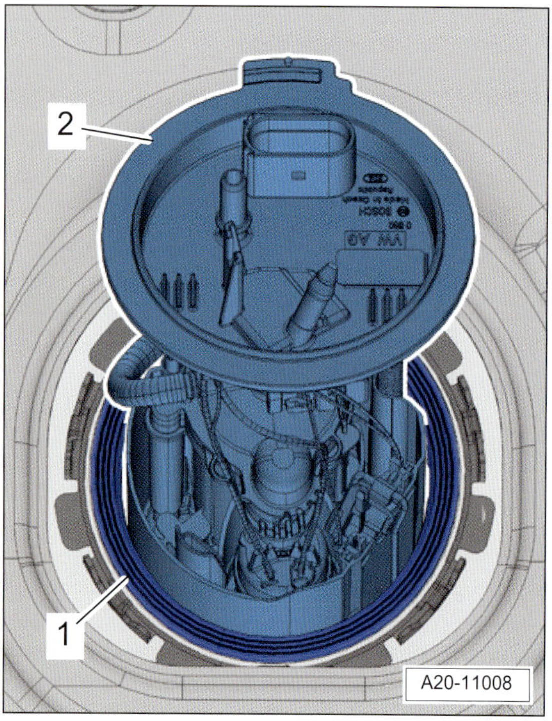

- Verschlussflansch –2– ein Stück aus der Öffnung des Kraftstoffbehälters ziehen.
- Dichtring –1– an der Öffnung des Kraftstoffbehälters abnehmen.

Achtung: Es besteht eine Gefahr durch auslaufenden Kraftstoff aus der noch gefüllten Kraftstofffördereinheit. Daher Lappen zum Auffangen von Kraftstoff unterlegen.

- Kraftstofffördereinheit mit dem Tankgeber vorsichtig aus der Öffnung des Kraftstoffbehälters herausziehen. Dabei Fördereinheit entsprechend Verdrehen und Kippen.

Achtung: Beim Herausnehmen der Kraftstofffördereinheit darauf achten, dass der Schwimmerarm des Tankgebers nicht verbogen wird.

Hinweis: Wenn die Fördereinheit ersetzt werden soll, muss die alte Fördereinheit vor dem Entsorgen entleert werden. Kraftstoffbehälter auf Verunreinigungen prüfen.

Einbau

- Der Einbau erfolgt in umgekehrter Ausbaureihenfolge. Dabei ist Folgendes zu beachten:
- Dichtring auf Beschädigung prüfen, gegebenenfalls ersetzen.

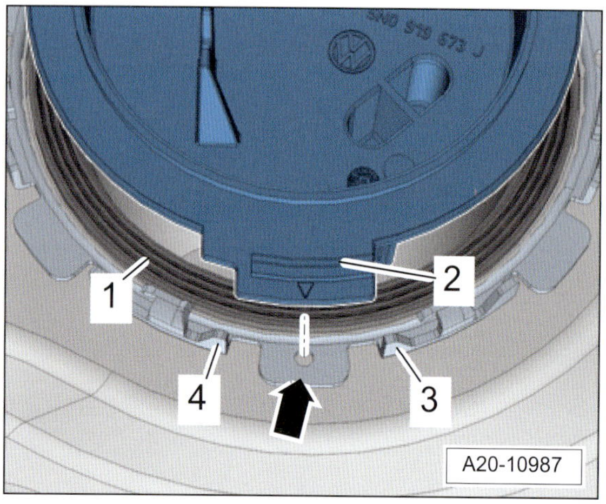

- Dichtring –1– der Kraftstofffördereinheit trocken in die Öffnung des Kraftstoffbehälters einsetzen.
- Beim Einsetzen der Kraftstofffördereinheit darauf achten, dass der Geber für die Kraftstoffvorratsanzeige nicht verbogen wird.
- Dichtring –1– auf der Innenseite mit Kraftstoff benetzen.
- Verschlussflansch –2– gegen die Federkraft nach unten drücken und in Einbaulage bringen. Dabei muss die Lasche zwischen den beiden Nasen –3– und –4– und der Pfeil mit der Bohrung am Tank fluchten –Pfeil–.

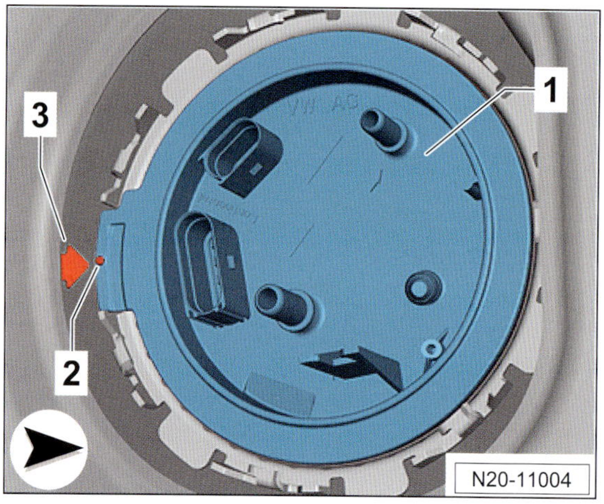

- Der Pfeil –3– auf dem Kraftstoffbehälter muss zu der Markierung –2– am Verschlussflansch –1– zeigen. **Hinweis:** Der Pfeil unten in der Abbildung zeigt in Fahrtrichtung.

Achtung: Beim Einsetzen des Verschlussflansches darf der Dichtring nicht beschädigt oder verquetscht werden.

- Verschlussring aufschrauben und mit dem Schlüssel VW-T10202 zusammen mit einem Drehmomentschlüssel und **110 Nm** festziehen.
- Kraftstoffleitung am Verschlussflansch bis zum hörbaren Einrasten aufstecken.
- Falls vorhanden, Kraftstoffleitung zur Dosierpumpe für Standheizung am Verschlussflansch einbauen.
- Steckverbindung anschließen.
- Falls vorhanden, elektrische Steckverbindung für die Dosierpumpe der Standheizung am Verschlussflansch einhängen.
- Festen Sitz, der Stecker durch Gegenziehen prüfen.
- Nach dem Einbau der Kraftstofffördereinheit Fahrzeug mit mindestens 5 Liter Kraftstoff betanken.

Speziell Dieselmotor

Ausbau

Achtung: Der Kraftstoffbehälter darf maximal ⅓ gefüllt sein.

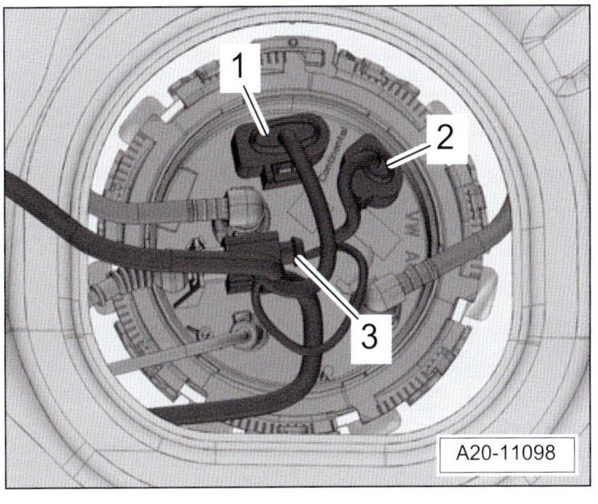

- Elektrische Steckverbindungen –1– und –2– am Verschlussflansch entriegeln und abziehen.
- **Fahrzeuge mit Standheizung:** Die elektrische Steckverbindung –3– für die Dosierpumpe am Verschlussflansch aushängen. Steckverbindung –3– entriegeln und abziehen.

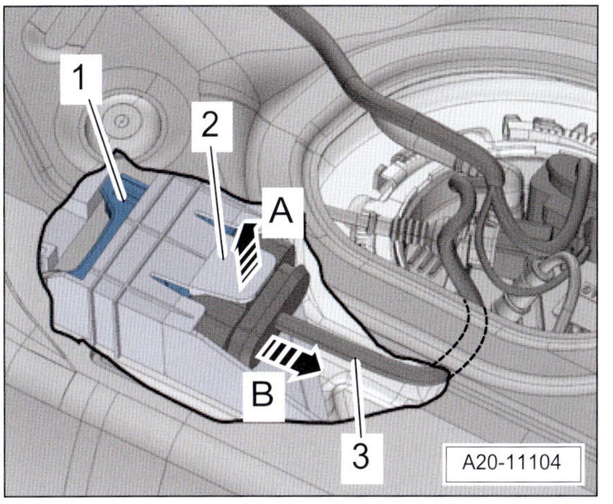

- Lasche –2– in Pfeilrichtung –A– hochdrücken. Dazu mit dem Finger zwischen Bodenblech und Kraftstoffbehälter greifen.
- Gleichzeitig das Kraftstoffpumpen-Steuergerät –1– vorsichtig am elektrischen Leitungsstrang –3– aus der Aufnahme in Pfeilrichtung –B– herausziehen.
- Kraftstoffpumpen-Steuergerät zwischen Kraftstoffbehälter und Bodenblech nach innen herausnehmen.
- Kraftstoffpumpen-Steuergerät zusammen mit dem elektrischen Leitungsstrang zur Seite legen.

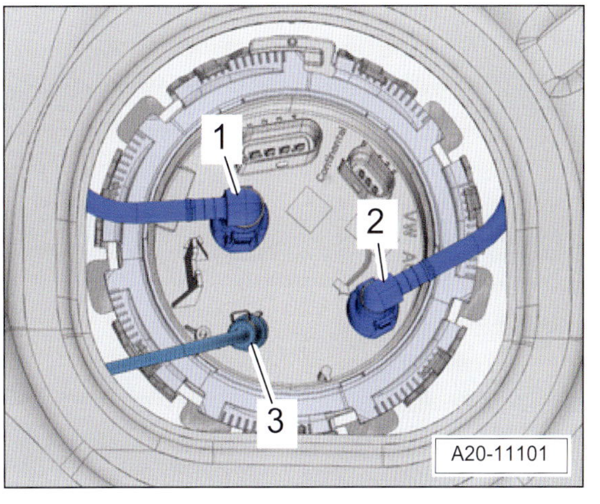

- Kraftstoffleitung –1– am Verschlussflansch trennen. Steckkupplungen trennen, siehe Seite 273.

Achtung: Die Kraftstoffleitung steht unter Druck! Verletzungsgefahr der Augen und der Haut durch Kraftstoff. Daher Schutzbrille und Schutzbekleidung tragen, um Verletzungen und Hautkontakt zu vermeiden. Vor dem Lösen von Schlauchverbindungen Putzlappen um die Verbindungsstelle legen. Dann durch vorsichtiges Öffnen der Verbindungsstelle Druck abbauen.

- Kraftstoffrücklaufleitung –2– am Verschlussflansch trennen. Steckkupplungen trennen, siehe Seite 273.
- **Fahrzeuge mit Standheizung:** Kraftstoffleitung –3– zur Dosierpumpe für die Standheizung am Verschlussflansch abbauen. Dazu die untere Schelle öffnen.
- Kraftstoffleitung –3– vorsichtig herausziehen.

Fahrzeuge mit Allradantrieb ohne Standheizung

Vor dem Herausnehmen der Kraftstofffördereinheit:

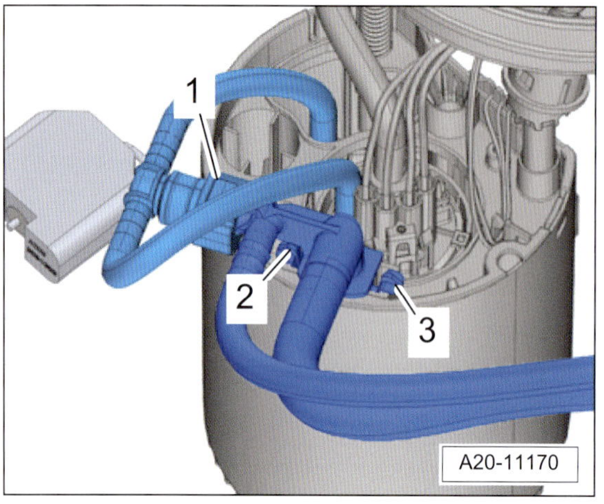

- Durch die Öffnung in den Kraftstoffbehälter fassen.
- Triebstrahlleitung –1– abziehen, dazu Entriegelung am Anschlussstück drücken.
- Die Förderleitung der Saugstrahlpumpe an der Kraftstofffördereinheit abziehen.
- Dazu die Verrastungen –2– und –3– drücken und die Leitung abziehen.

Fahrzeuge mit Allradantrieb und Standheizung

Vor dem Herausnehmen der Kraftstofffördereinheit:

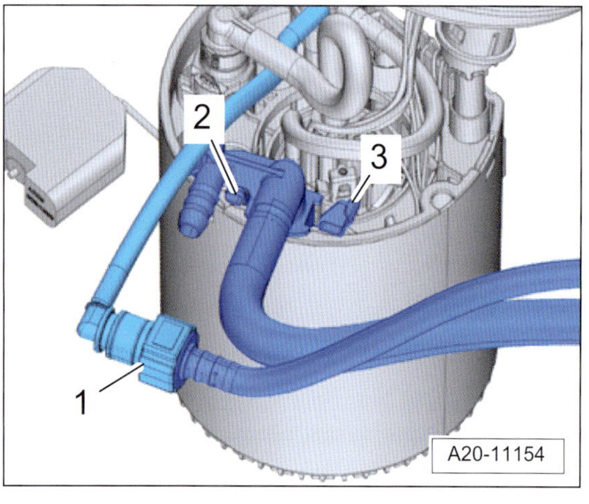

- Durch die Öffnung in den Kraftstoffbehälter fassen,
- Förderleitung an den Verrastungen –2– und –3– entriegeln und von der Kraftstofffördereinheit abziehen.
- Triebstrahlleitung –1– herausziehen und trennen, dazu Entriegelung am Anschlussstück drücken.

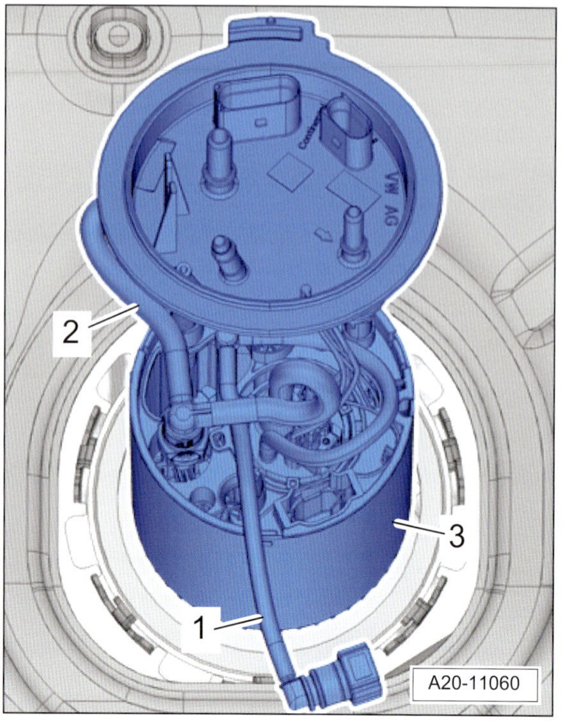

- Kraftstoffleitungen –1– und –2– vorsichtig aus der Öffnung des Kraftstoffbehälters herausziehen.
- Kraftstofffördereinheit –3– mit dem Tankgeber vorsichtig aus der Öffnung des Kraftstoffbehälters herausziehen.

Tankgeber aus- und einbauen

Geber für Kraftstoffvorratsanzeige

Benzinmotor

Ausbau

- Kraftstofffördereinheit ausbauen, siehe Seite 267.

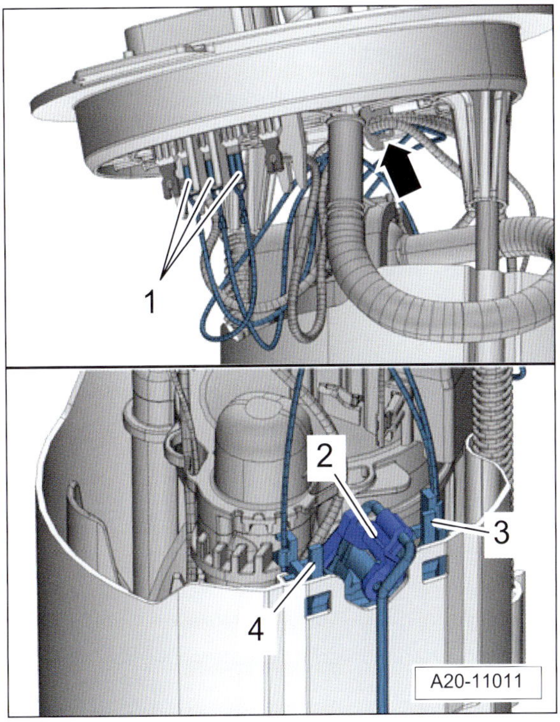

- Farbzuordnung der Kabel –1– für den Wiedereinbau notieren.
- Elektrische Steckverbindungen –1– am Verschlussflansch entriegeln und abziehen.
- Elektrische Leitungen am Halter –Pfeil– aushängen und frei legen.
- Rastnasen –3– und –4– an den Laschen entriegeln.
- Tankgeber –2– nach oben herausziehen.
- Rasthaken der Stecker zurückbiegen.

Einbau

- Der Einbau erfolgt in umgekehrter Ausbaureihenfolge. Dabei ist Folgendes zu beachten.
- Farbzuordnung der Kontakte beachten.
- Festen Sitz der Stecker durch Gegenziehen prüfen.
- Tankgeber in die Führung an der Kraftstofffördereinheit einsetzen und bis zum Einrasten nach unten drücken.
- Kraftstofffördereinheit einbauen, siehe Seite 267.

Dieselmotor

Tankgeber 1 auf der rechten Seite.

Ausbau

- Kraftstofffördereinheit ausbauen, siehe Seite 267.

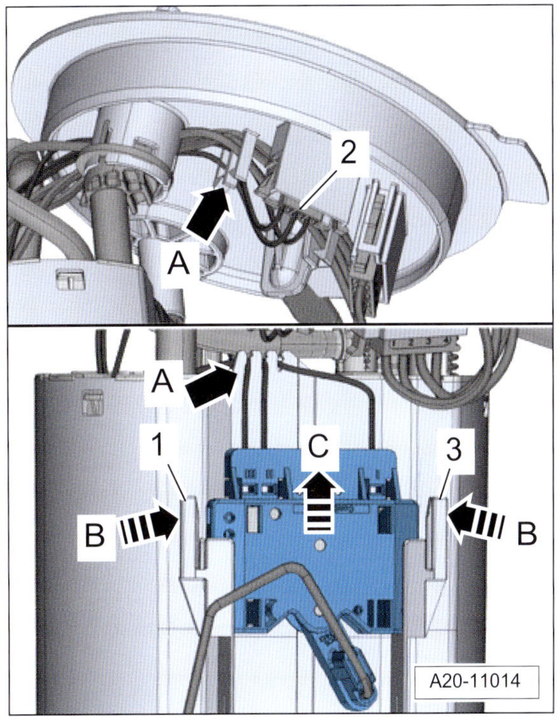

- Elektrische Steckverbindung –2– am Verschlussflansch entriegeln und abziehen.
- Elektrische Leitungen am Halter aushängen –Pfeile A– und frei legen.
- Verrastungen –1– und –3– entriegeln. Dazu die Verrastungen in Pfeilrichtung –B– drücken.
- Tankgeber nach oben in Pfeilrichtung –C– herausdrücken.

Einbau

- Der Einbau erfolgt in umgekehrter Ausbaureihenfolge. Dabei ist Folgendes zu beachten:
- Tankgeber in die Führungen an der Kraftstofffördereinheit einsetzen und bis zum Einrasten nach unten drücken.
- Festen Sitz der Stecker durch Gegenziehen prüfen.
- Elektrische Leitungen an der Kraftstofffördereinheit verlegen und einhängen.
- Kraftstofffördereinheit einbauen, siehe Seite 267.

Tankgeber 2 auf der linken Seite bei Fahrzeugen mit Allradantrieb

Ausbau

- Vorarbeiten bis zum Abschrauben des Verschlussrings wie beim Ausbau der Kraftstofffördereinheit durchführen.

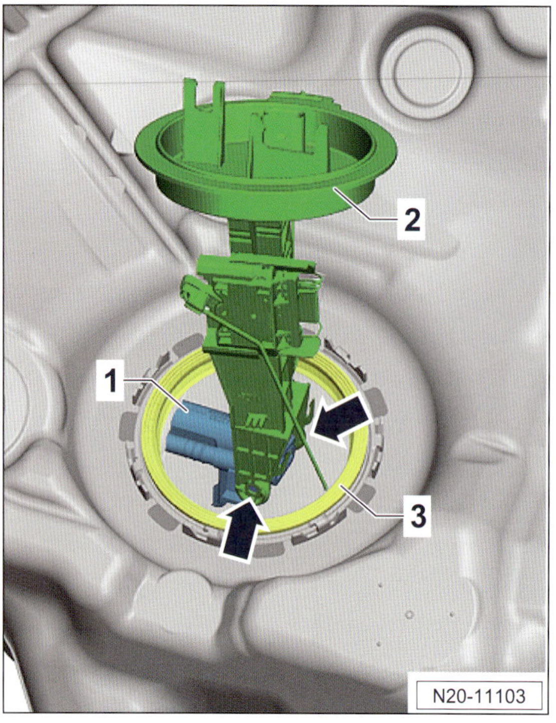

- Verschlussflansch –2– vorsichtig anheben und aus der Öffnung des Kraftstoffbehälters ziehen.

Hinweis: Der Dichtring –3– kann an der Öffnung des Kraftstoffbehälters verbleiben.

- Saugstrahlpumpe –1– am Tankgeber 2 abclipsen. Dazu die Haltenasen –Pfeile– vorsichtig nach außen biegen.

Achtung: Lappen zum Auffangen von Kraftstoff unterlegen.

- Tankgeber 2 vorsichtig aus der Öffnung des Kraftstoffbehälters herausziehen.
- Dabei entsprechend Verdrehen und Kippen. Beim Herausnehmen darauf achten, dass der Schwimmerarm des Tankgebers 2 nicht verbogen wird.

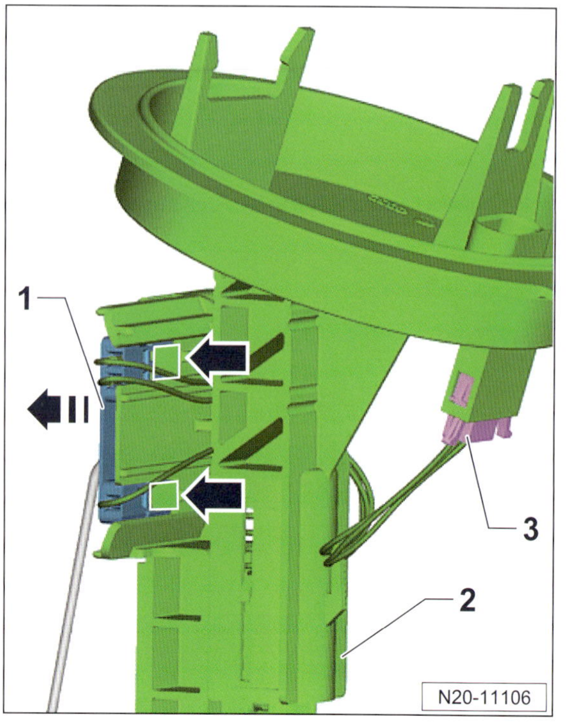

- Stecker –3– an der Einheit –2– entriegeln und abziehen.
- Die elektrischen Leitungen ausfädeln.
- Tankgeber 2 –1– an der Einheit –2– entriegeln. Dazu die Haltenasen –Pfeile– vorsichtig aufbiegen.
- Tankgeber 2 in Pfeilrichtung abziehen.

Einbau

- Der Einbau erfolgt in umgekehrter Ausbaureihenfolge. Dabei ist Folgendes zu beachten:

Die Bezeichnungen bei den folgenden Arbeitsschritten beziehen sich auf Abbildung N20-11103.

- Dichtring –3– auf der Innenseite mit Kraftstoff benetzen.
- Saugstrahlpumpe –1– anbauen.
- Beim Einsetzen Tankgebers 2 –2– darauf achten, dass der Geber für die Kraftstoffvorratsanzeige nicht verbogen wird.
- Verschlussflansch gegen die Federkraft nach unten drücken und den Verschlussflansch in Einbaulage bringen.
- Der weitere Einbau entspricht dem Einbau der Kraftstofffördereinheit.

Saugstrahlpumpe prüfen

Allradantrieb

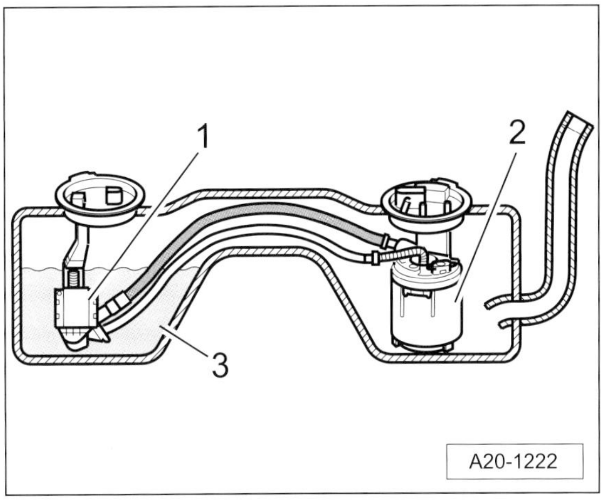

Der Kraftstoffbehälter ist bei Fahrzeugen mit Allradantrieb in eine linke und eine rechte Kammer unterteilt. Um das Kraftstoffvolumen aus der linken Kraftstoffbehälter-Hälfte –3– nach rechts zum Staugehäuse der Kraftstofffördereinheit –2– zu transportieren, bedient man sich einer so genannten Saugstrahlpumpe –1–.

Funktion der Saugstrahlpumpe

Die Saugstrahlpumpe funktioniert nach einem einfachen physikalischen Prinzip: Ein Teil des von der elektrische Kraftstoffpumpe angesaugten Kraftstoffs wird zur Saugstrahlpumpe geleitet und dort durch eine Düse gedrückt. Dadurch wird der Kraftstoff beschleunigt, wodurch der umliegende Kraftstoff mitgerissen und zum Staugehäuse der Kraftstofffördereinheit gedrückt wird.

Störungen durch defekte Saugstrahlpumpe:

Bei defekter Saugstrahlpumpe kann das Fahrzeug mit bis zu ¼ gefülltem Kraftstoffbehälter wegen Kraftstoffmangel liegen bleiben.

Bei defekter Saugstrahlpumpe verbleiben bis zu 15 Liter Kraftstoff (etwa ¼ Tankinhalt) im linken Teil des Kraftstoffbehälters.

Dieser Kraftstoff kann von der Kraftstofffördereinheit nicht abgesaugt werden.

Prüfen

Wenn das Fahrzeug mit bis zu etwa ¼ gefülltem Kraftstoffbehälter wegen Kraftstoffmangel liegen bleibt, wie folgt verfahren:

- Etwa 5 Liter Kraftstoff nachtanken.
- Motor starten.

Wenn der Motor jetzt anspringt:

- Elektrische Kraftstoffpumpe beziehungsweise Tankgeber prüfen, gegebenenfalls Saugstrahlpumpe ersetzen.

Steckkupplungen trennen

Zuordnung der Steckkupplungen

- Die Steckkupplungen für Kraftstoff-, Unterdruck- und Entlüftungsleitungen sind farblich gekennzeichnet. Entweder ist ein Farbpunkt auf der Steckkupplung oder die Entriegelungstaste hat die entsprechende Farbe.
- Steckkupplungen müssen beim Verriegeln »hörbar« einrasten.
- Festen Sitz der Steckkupplung durch Gegenziehen prüfen.

Farbzuordnung

Steckkupplung	Farbkennzeichnung an der Steckkupplung
Kraftstoffvorlauf	schwarz
Kraftstoffrücklaufleitung	blau
Entlüftung	weiß, beige
Unterdruck	grün

Achtung: Die Kraftstoffleitung steht unter Druck! Verletzungsgefahr der Augen und der Haut durch Kraftstoff. Schutzbrille und Schutzbekleidung tragen, um Verletzungen und Hautkontakt zu vermeiden. Vor dem Lösen von Schlauchverbindungen Putzlappen um die Verbindungsstelle legen. Dann durch vorsichtiges Öffnen der Verbindungsstelle Druck abbauen.

Ausführung 1

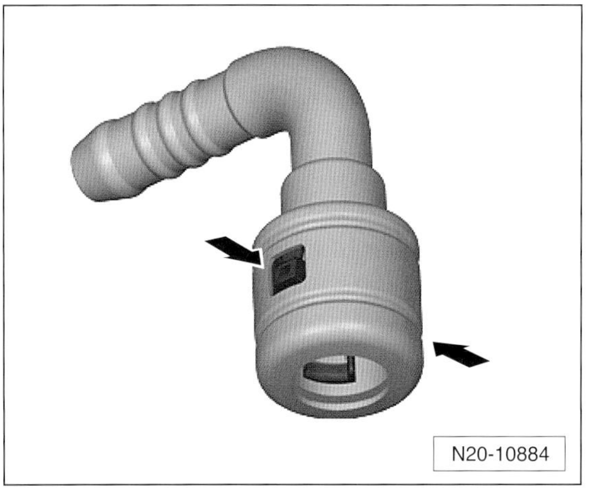

Steckkupplung mit Entriegelungstasten –Pfeile– rechts und links.

Öffnen

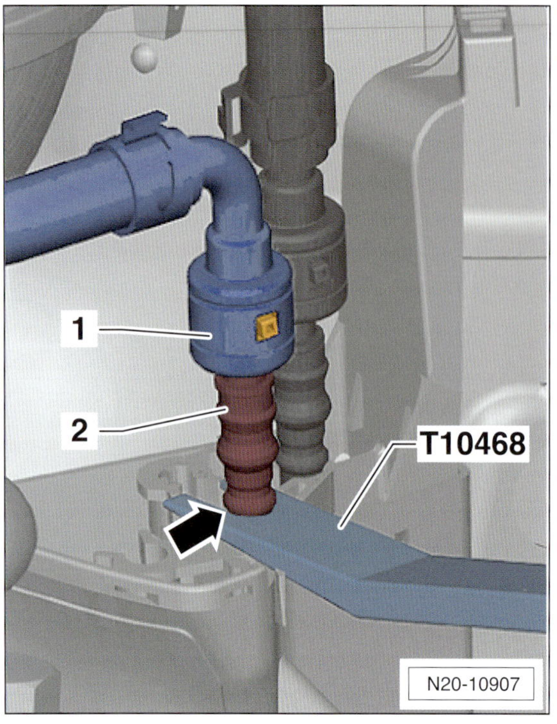

- Trennstelle für Kraftstoff –1– im Motorraum muss gegengehalten werden.
- Hebel VW-T10468 zwischen Hitzeschutz und dem Anschlag –Pfeil– der Kraftstoffleitung –2– einsetzen und gegenhalten.

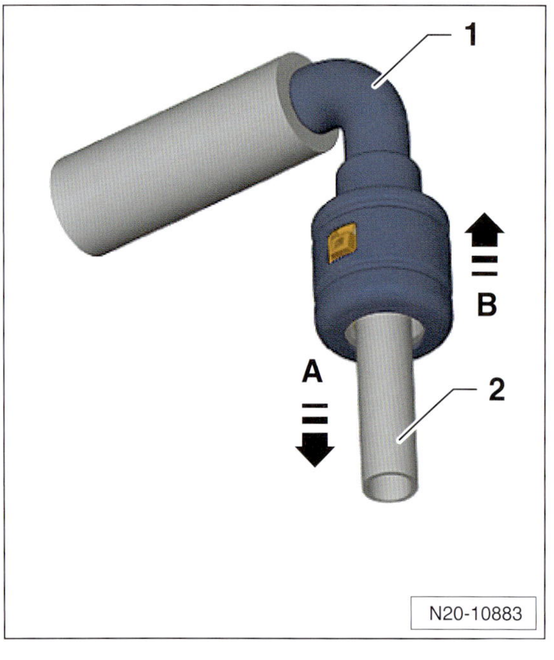

- Steckkupplung –1– in Pfeilrichtung –A– drücken.
- Entriegelungstasten drücken und gedrückt halten.
- Steckkupplung –1– in Pfeilrichtung –B– von der Kraftstoffleitung –2– abziehen.

Ausführung 2

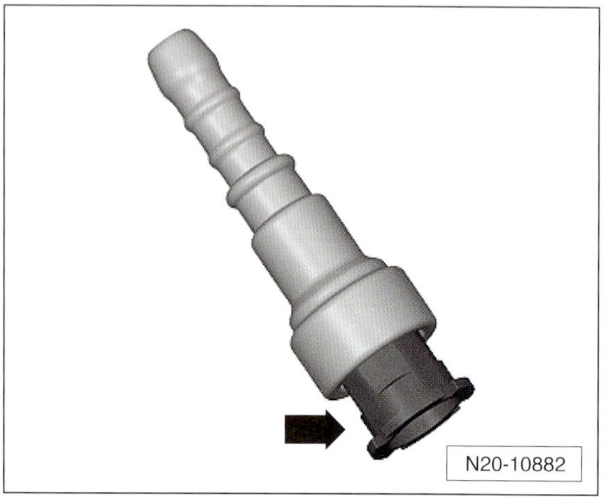

Steckkupplung mit Zugentriegelung –Pfeil–:

Öffnen

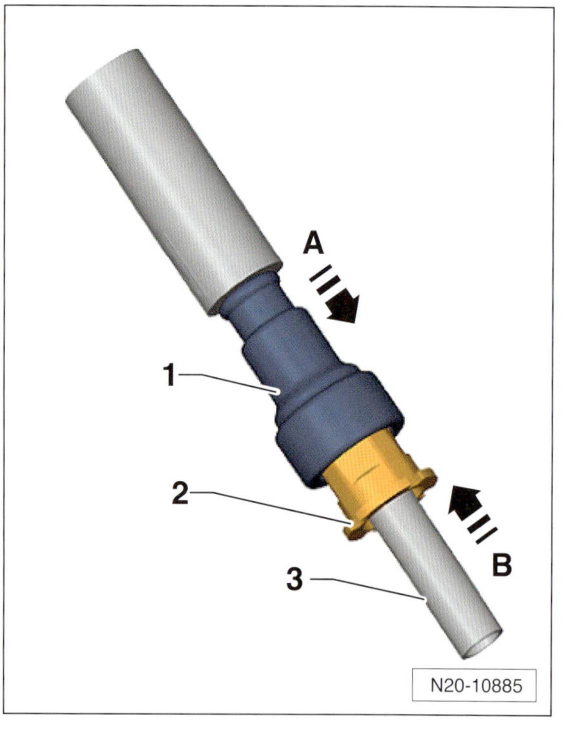

- Steckkupplung –1– in Pfeilrichtung –A– drücken.
- Zugentriegelung –2– in Pfeilrichtung –B– ziehen.
- Steckkupplung –1– in Pfeilrichtung –B– von der Kraftstoffleitung –3– abziehen.

Ausführung 3

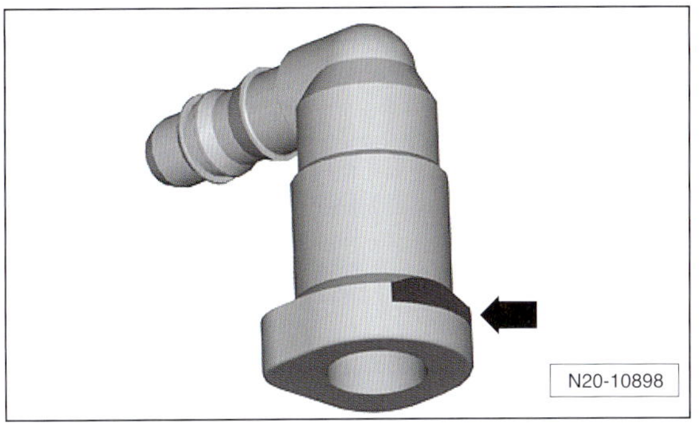

Steckkupplung mit Taster vorn –Pfeil–:

Öffnen

- Entriegelungstaste –Pfeil– drücken und Steckkupplungen abziehen.

Ausführung 4

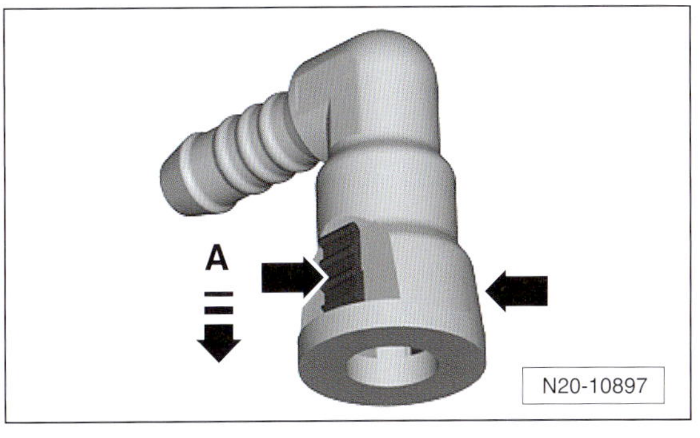

Steckkupplung mit Entriegelungstaste –Pfeile– rechts und links:

Öffnen

- Steckkupplung in Pfeilrichtung –A– drücken.
- Entriegelungstasten –Pfeile– drücken und Steckkupplung abziehen.

Ausführung 5

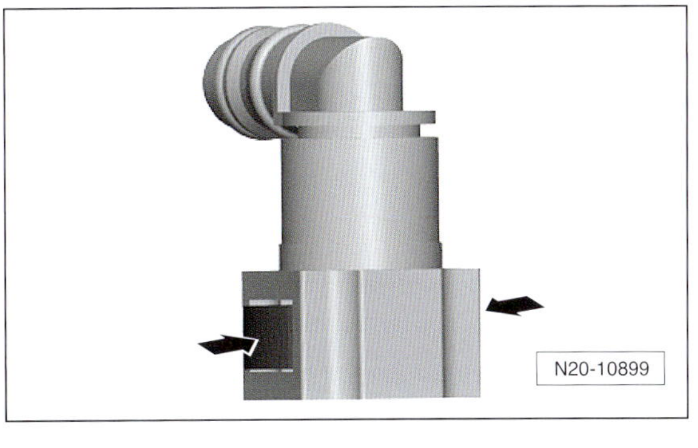

Steckkupplung mit Entriegelungstasten –Pfeile– rechts und links:

Öffnen

- Entriegelungstasten –Pfeile– drücken und Steckkupplung abziehen.

Ausführung 6

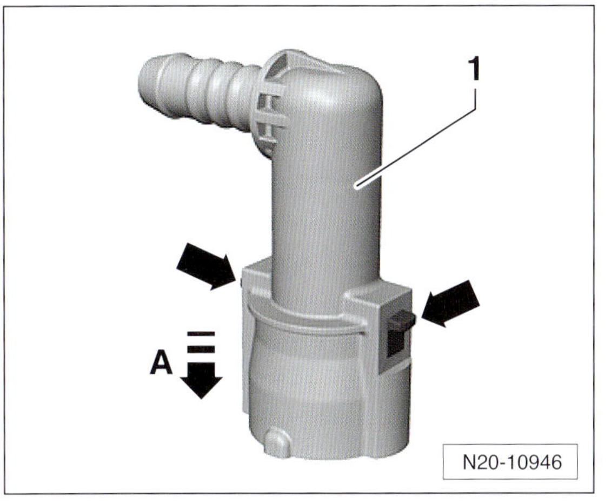

Steckkupplung mit Entriegelungstasten –Pfeile– rechts und links:

Öffnen

- Steckkupplung –1– in Pfeilrichtung –A– drücken und gedrückt halten.
- Entriegelungstasten –Pfeile– drücken und Steckkupplung abziehen.

Ausführung 7

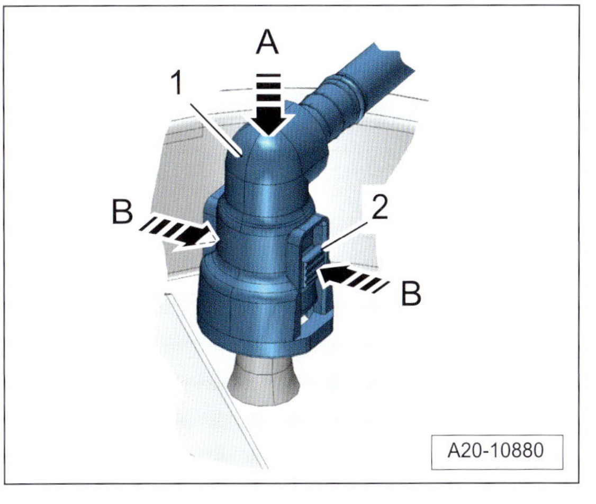

Steckkupplung –1– mit Entriegelungstasten –2– rechts und links:

Öffnen

- Steckkupplung –1– in Pfeilrichtung –A– drücken und Gedrückthalten.
- Entriegelungstasten –2– in Pfeilrichtung –B– drücken und Steckkupplung –1– abziehen.

Kraftstofffilter Dieselmotor

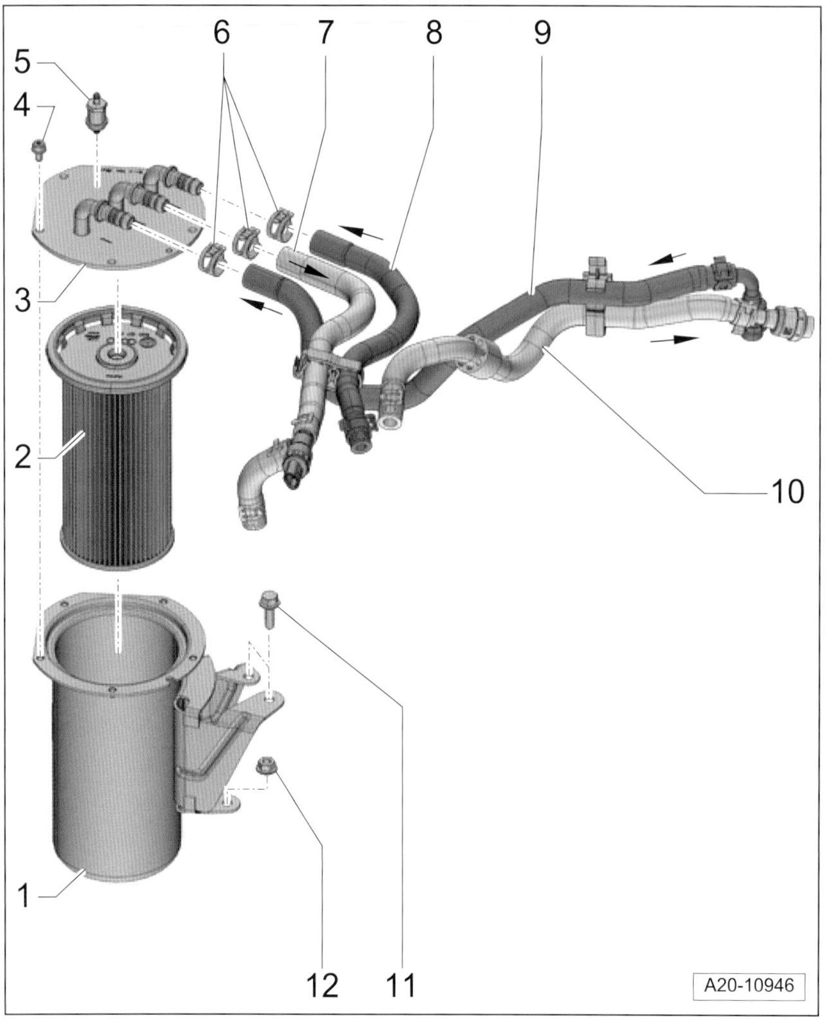

1 – **Kraftstofffilter**

2 – **Filtereinsatz**

3 – **Kraftstofffilter-Oberteil**
Mit Anschlüssen.

4 – **Schraube, 5 Nm**
5 Stück.

5 – **Entwässerungsventil**
Nicht bei allen Ausführungen vorhanden.

6 – **Schlauchschellen**

7 – **Kraftstoffvorlaufschlauch**
Zur Hochdruckpumpe.

8 – **Kraftstoffrücklaufschlauch**
Vom Motor.

9 – **Kraftstoffvorlaufschlauch**
Vom Kraftstoffbehälter.

10 – **Kraftstoffrücklaufschlauch**
Von der Hochdruckpumpe zum Kraftstoffbehälter.

11 – **Schraube, 8 Nm**
2 Stück.

12 – **Mutter, 8 Nm.**

Hinweise zum Dieselkraftstoff:

- Das Fahrzeug muss mit dem der Jahreszeit entsprechenden Dieselkraftstoff betankt sein. Sommerdiesel kann bei tiefen Wintertemperaturen ausflocken.
- Der im Sommer verkaufte Dieselkraftstoff ist bis 0 °C garantiert filtrierbar.
- Der in der Übergangszeit verkaufte Dieselkraftstoff ist bis –10 °C garantiert filtrierbar.
- Der im Winter verkaufte Dieselkraftstoff ist bis –20 °C garantiert filtrierbar.
- Bei Unsicherheit im Winter gegebenenfalls eine Probe ziehen. Diese dann ca. 1 Stunde der tiefen Außentemperatur aussetzen. Flockt der Kraftstoff bei Temperaturen bis –20 °C aus, handelt es sich um für tiefe Temperaturen ungeeigneten Dieselkraftstoff. Diese Ausflockungen können das Sieb der Kraftstofffördereinheit sowie den Kraftstofffilter verstopfen.

Luftfiltergehäuse aus- und einbauen

1,2-/1,4-l-Benzinmotor

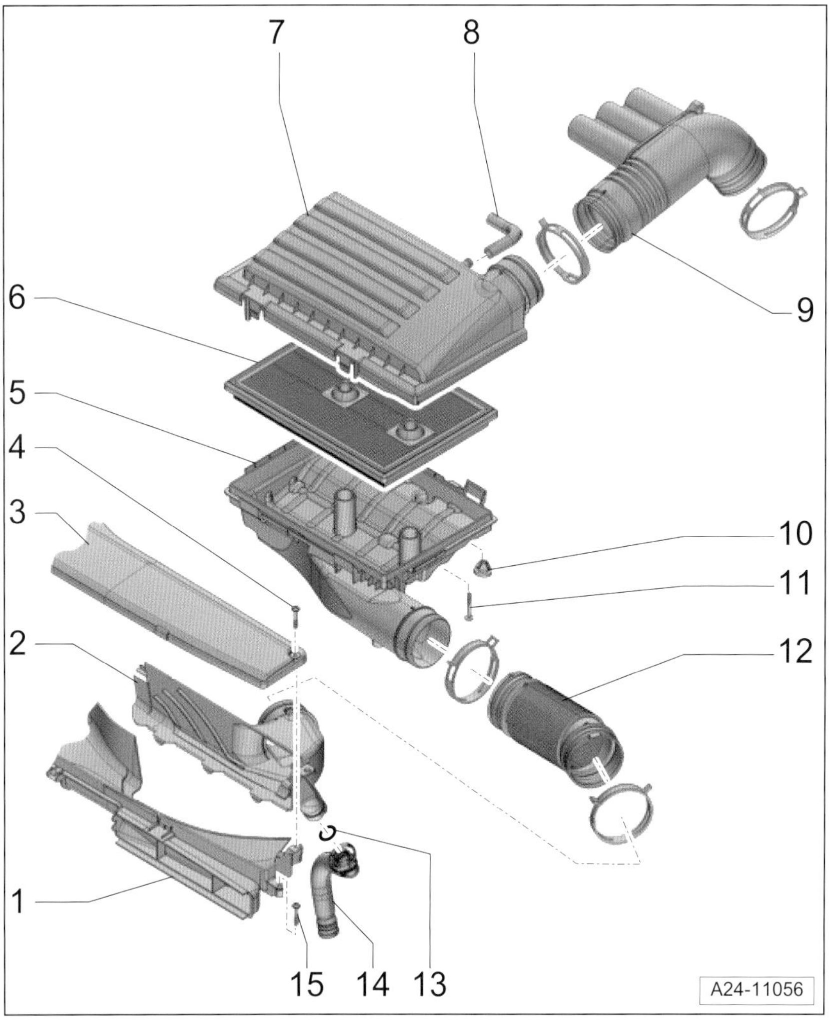

1 – **Luftführungsunterteil**
Am Schlossträger.

2 – **Luftführungsoberteil**
Am Schlossträger.

3 – **Abdeckung**
Für Luftführung.

4 – **Schraube, 2 Nm**

5 – **Luftfilterunterteil**
Von Schmutz, Blättern und Salzrückständen reinigen.

6 – **Luftfiltereinsatz**

7 – **Luftfilteroberteil**
Von Schmutz, Blättern und Salzrückständen reinigen.

8 – **Schlauch**
Für Kurbelgehäuseentlüftung.

9 – **Luftführungsschlauch**

10 – **Gummipuffer**

11 – **Schraube, 1,5 Nm**

12 – **Luftführungsschlauch**

13 – **O-Ring**
Bei Beschädigung ersetzen.

14 – **Wasserablaufschlauch**
Reinigen.

15 – **Schraube, 2 Nm**

Ausbau

- Kurbelgehäuse-Entlüftungsschlauch –8– abziehen.
- Luftfiltergehäuse –5– nach oben von den Kugelbolzen am Saugrohr abziehen.
- Luftführungen –9– und –12– abziehen, dazu Schlauchschellen lösen und zurückschieben.

Einbau

- Luftfiltergehäuse auf die Kugelbolzen aufdrücken. Zum leichteren Einbau die Kugelbolzen auf dem Saugrohr vorher mit reinem Wasser benetzen.
- Luftschläuche auf die Anschlussstutzen schieben und mit Schellen sichern. Darauf achten, dass die Schlauchstutzen sowie Luftführungsrohre und -schläuche frei von Öl und Fett sind.
- Falls erforderlich, zur Montage der Luftführungsschläuche ein **silikonfreies** Gleitmittel verwenden.

1,5-l-Benzinmotor

Ausbau

- Luftführungsschlauch zwischen Anschlussstutzen und Luftfiltergehäuse abbauen.
- Falls vorhanden, Stecker am Luftmassenmesser entriegeln und abziehen.
- Luftfiltergehäuse etwas nach oben ziehen und von den Kugelbolzen lösen.
- Luftfiltergehäuse hinten hochschwenken und dann vorn vom Ansaugstutzen abziehen.
- Unten am Luftfiltergehäuse den Wasserablaufschlauch abziehen.

Einbau

- Der Einbau erfolgt in umgekehrter Ausbaureihenfolge, dabei Folgendes beachten:
- Wasserablaufschlauch auf Durchgang prüfen und knickfrei verlegen.

1,8-/2,0-l-Benzinmotor

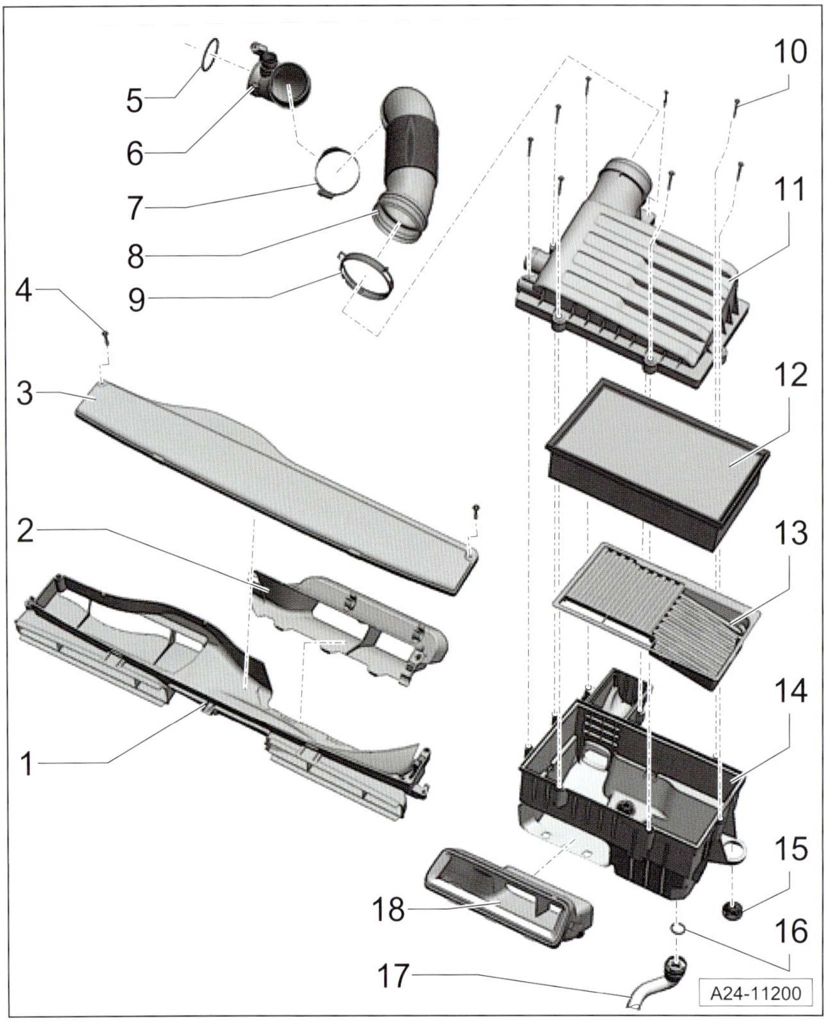

1 – Luftführungsunterteil
Am Schlossträger.

2 – Luftführungsoberteil
Am Schlossträger.

3 – Abdeckung
Für Luftführung.

4 – Schraube, 2 Nm

5 – Dichtring

6 – Luftführungsschlauch

7 – Schraubschelle

8 – Luftführungsschlauch

9 – Federbandschelle

10 – Schrauben, 1,5 Nm
Hinweis: Die Anzahl der Schrauben ist, je nach Motor, unterschiedlich.

11 – Luftfilteroberteil
Von Schmutz, Blättern und Salzrückständen reinigen.

12 – Luftfiltereinsatz

13 – Einsatz
Für Luftfilterunterteil.

14 – Luftfilterunterteil
Von Schmutz, Blättern und Salzrückständen reinigen.

15 – Gummipuffer

16 – O-Ring
Bei Beschädigung ersetzen.

17 – Wasserablaufschlauch
Mit Ventil.
Reinigen.

18 – Luftführung
Am Luftfilterunterteil.

Ausbau

- Luftführungen –1– bis –3– abbbauen, dabei Kühlmittelschlauch freilegen und zur Seite schieben, siehe Abbildung A24-11200.

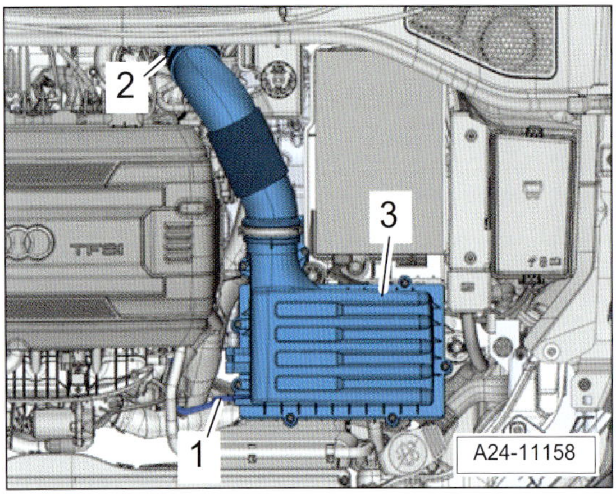

- Unterdruckschlauch –1– abziehen.
- Schlauchschelle –2– lösen, zurückschieben und Luftführungsschlauch abziehen.
- Luftfiltergehäuse –3– vorsichtig herausnehmen, dabei unten den Wasserablaufschlauch abziehen.

Einbau

- Der Einbau erfolgt in umgekehrter Ausbaureihenfolge, dabei Folgendes beachten:
- ■ Zum Einbau des Luftführungsschlauchs gegebenenfalls silikonfreies Gleitmittel verwenden.
- ■ Alle Schlauchverbindungen mit Schlauchschellen sichern.
- Luftführungsschlauch (Reinluftseite) auf Salzrückstände, Schmutz und Blätter prüfen.
- Ansaugkanal bis zum Luftfiltereinsatz auf Verschmutzung prüfen.
- Der Wasserablaufschlauch muss gerade und ohne Knicke nach unten verlegt werden.

Dieselmotor

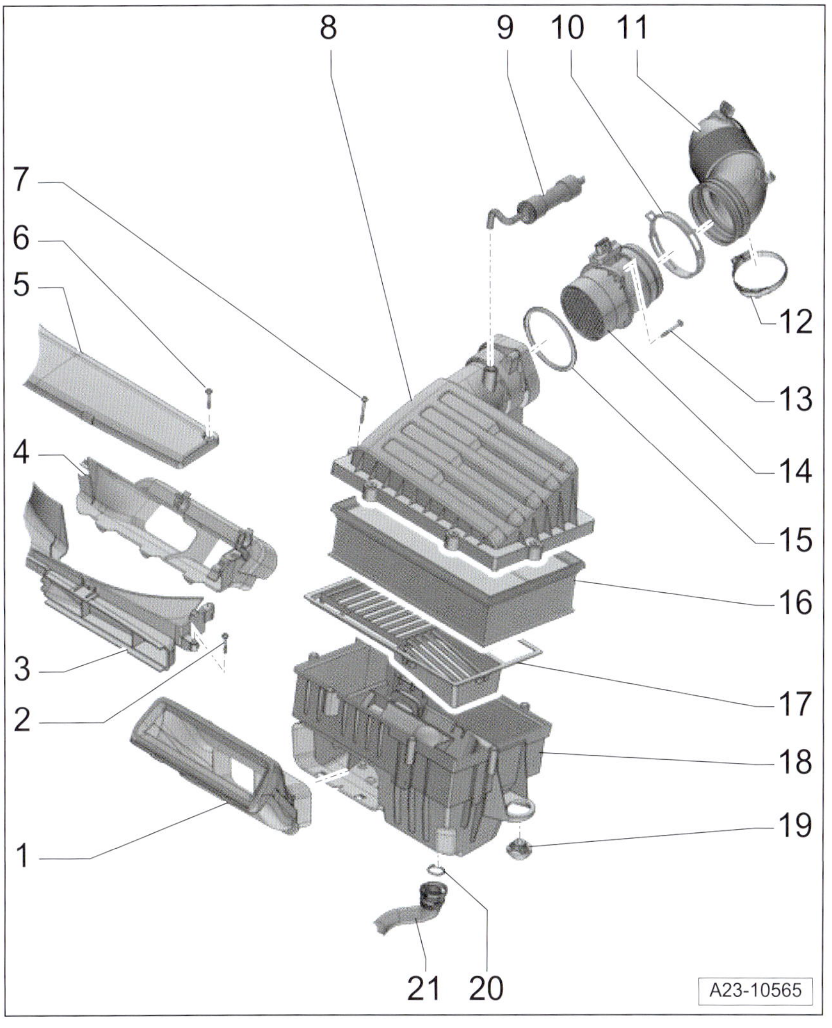

1 – **Luftführung**
Am Luftfilterunterteil.

2 – **Schraube, 2 Nm**

3 – **Luftführungsunterteil**
Am Schlossträger.

4 – **Luftführungsoberteil**
Am Schlossträger.

5 – **Abdeckung**
Für Luftführung.

6 – **Schraube, 2 Nm**

7 – **Schraube, 1,5 Nm**

8 – **Luftfilteroberteil**
Von Schmutz, Blättern und Salzrückständen reinigen.

9 – **Belüftungsschlauch**
Vom Magnetventil für Ladedruckbegrenzung.

10 – **Federbandschelle**

11 – **Luftführungsschlauch**

12 – **Schraubschelle**
Bei gebrauchten Schraubschellen die Schraubschnecken vor dem Einbau mit Rostlöser einsprühen.

13 – **Schraube, 1,5 Nm**

14 – **Luftmassenmesser**

15 – **O-Ring**
Bei Beschädigung ersetzen.

16 – **Luftfiltereinsatz**

17 – **Einsatz**
Für Luftfilterunterteil.

18 – **Luftfilterunterteil**
Von Schmutz, Blättern und Salzrückständen reinigen.

19 – **Gummipuffer**

20 – **O-Ring**
Bei Beschädigung ersetzen.

21 – **Wasserablaufschlauch mit Ventil**
Reinigen.

Ausbau

- Kühlerabdeckungen ausbauen, siehe dazu Seite 251.

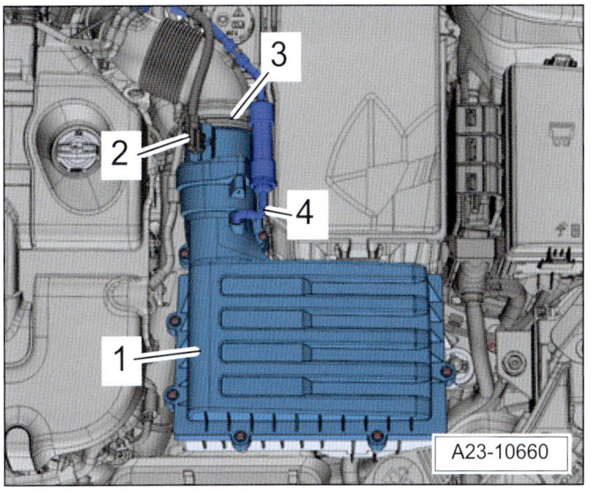

- Elektrische Steckverbindung –2– am Luftmassenmesser entriegeln und abziehen.
- Unterdruckschlauch –4– abziehen.
- Schlauchschelle –3– lösen und zurückschieben, Luftführungsschlauch abziehen.
- Luftfiltergehäuse –1– herausnehmen.

Einbau

- Der Einbau erfolgt in umgekehrter Ausbaureihenfolge, dabei Folgendes beachten:
- Wasserablaufschlauch unten am Luftfiltergehäuse abziehen und reinigen.
- Schlauchstutzen sowie Luftführungsrohre und -schläuche müssen vor dem Montieren frei von Öl und Fett sein.
- Beim Ansetzen des Ansaugstutzens am Luftfiltergehäuse auf die Einbaumarkierungen achten.
- Luftfiltergehäuse am Batterieträger ansetzen und bis zum hörbaren Einrasten aufdrücken.
- Luftfiltergehäuse nochmals nachdrücken und durch anschließendes Ziehen prüfen, ob das Luftfiltergehäuse richtig eingerastet ist.

Luftführungsrohr aus- und einbauen

1,5-l-TSI-Benzinmotor

Das Luftführungsrohr muss unter anderem ausgebaut werden, um Zugang zu den Zündkerzen für deren Ausbau zu bekommen

Ausbau

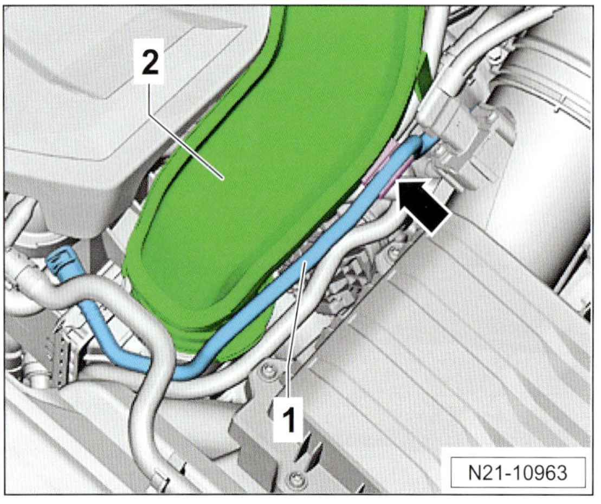

- Unterdruckleitung –1– an der Aufnahme –Pfeil– am Luftführungsrohr –2– ausclipsen.

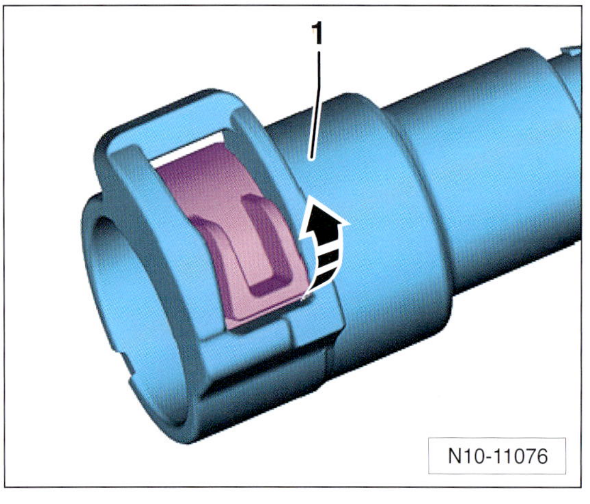

- Unterdruckleitung –1– am Saugrohr abziehen. Dazu die Verriegelung in Pfeilrichtung drücken.
- Unterdruckrohr zur Seite ablegen.

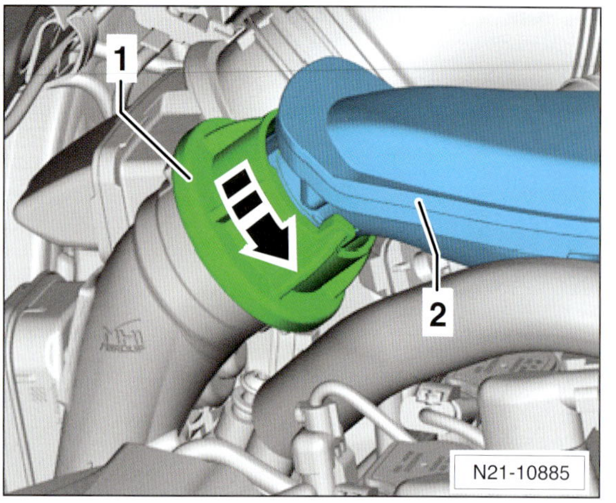

- Verschlussring –1– für das Luftführungsrohr –2– in Pfeilrichtung drehen.

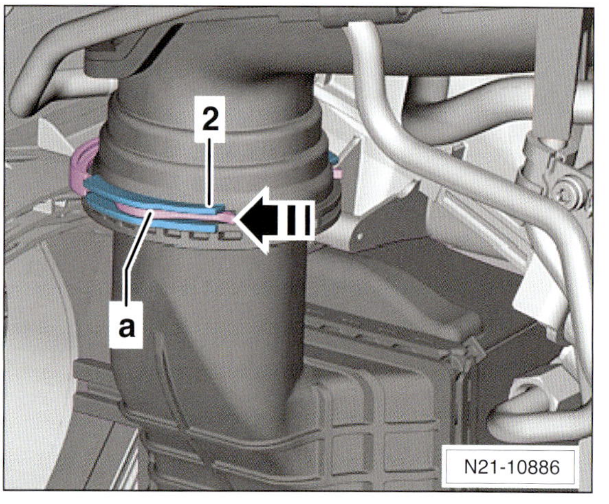

- Haltebügel –a– auf beiden Seiten an den Enden –2– in Pfeilrichtung entriegeln.

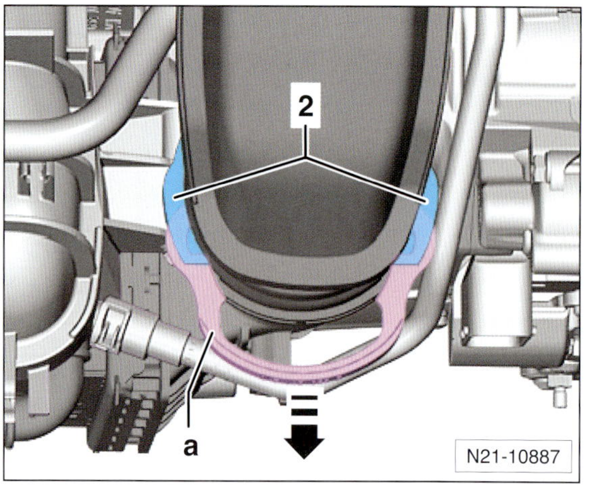

- Haltebügel –a– in Pfeilrichtung ziehen und an der Verriegelung –2– aushängen.

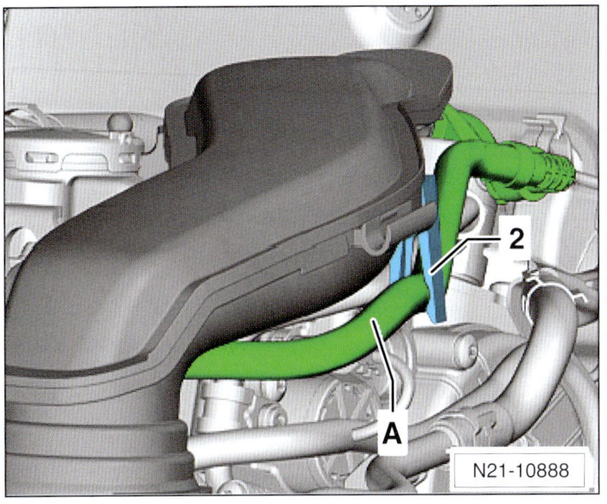

- Kraftstoffleitung –A– am Luftführungsrohr –2– ausclipsen.
- Luftführungsrohr vom Ladeluftkühler abziehen.
- Luftführungsrohr durch leichte Drehbewegungen vom Abgasturbolader abziehen.

Einbau

- Der Einbau erfolgt in umgekehrter Ausbaureihenfolge. Dabei Folgendes beachten:
- Alle O-Ringe nach dem Ausbau erneuern und vor dem Einbau leicht mit sauberem Motoröl benetzen.
- Vor dem Einbau auf korrekte Positionierung der O-Ringe achten.

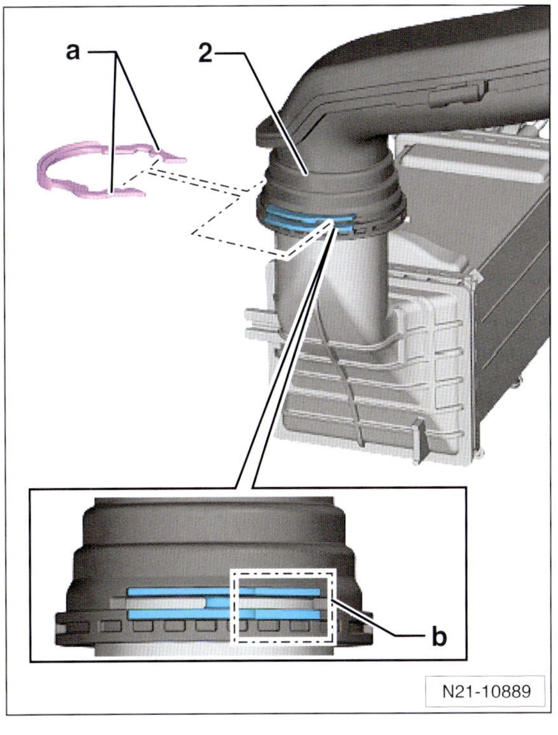

- Haltebügel –a– nach dem Ausbau immer ersetzen.
- Luftführungsrohr bis zum Anschlag auf den Abgasturbolader aufdrücken.
- Andere Seite des Luftführungsrohrs –2– bis zum Anschlag auf den Ladeluft-Kühler drücken.
- Zur Befestigung den Haltebügel in die Nuten des Luftführungsrohrs einschieben. Dabei müssen die Phasen am Haltebügel –a– in die hinteren Nuten –b– des Luftführungsrohrs –2– eingreifen.

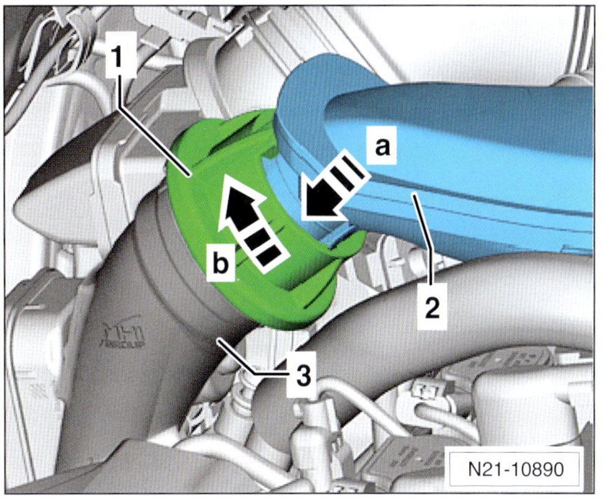

- Luftführungsrohr –2– in Pfeilrichtung –a– auf den Abgasturbolader –3– aufdrücken.
- Luftführungsrohr sichern, dazu Verschlussring –1– in Pfeilrichtung –b– bis zum Anschlag drehen.

Abgasanlage

Aus dem Inhalt:

- Katalysator- und Filtersysteme
- Abgasturbolader
- Abgasanlagen-Übersicht
- Abgasanlage demontieren
- Abgasanlage prüfen

Die Abgasanlage besteht beim Benzinmotor aus Abgaskrümmer, Abgas-Turbolader, Katalysator, vorderem Abgasrohr, Mittelschalldämpfer, Nachschalldämpfer und Endrohren. Jeweils zwei Lambdasonden, die direkt vor und hinter dem Katalysator eingeschraubt sind, dienen zur Abgasregelung. Die Abgasanlage des Dieselmotors ist zusätzlich mit einem Partikelfilter bestückt, der sich zusammen mit dem Katalysator in einem Gehäuse befindet.

Beim Benzinmotor sind Mittelschalldämpfer und Nachschalldämpfer serienmäßig als ein Bauteil ausgeführt, lassen sich bei einer Reparatur jedoch einzeln auswechseln.

Katalysatorschäden vermeiden

Um Beschädigungen am Katalysator zu vermeiden, sind folgende Hinweise unbedingt zu beachten:

Benzinmotor

- Grundsätzlich nur **bleifreies** Benzin tanken.
- Das Anlassen des Motors durch **Anschieben** oder Anschleppen darf nur in **einem** Versuch über eine Strecke von etwa 50 Metern erfolgen. Besser: Starthilfekabel verwenden. Unverbrannter Kraftstoff könnte bei einer Zündung zur Überhitzung des Katalysators und zu seiner Zerstörung führen. Ist der Motor **betriebswarm**, darf er **nicht** angeschoben oder angeschleppt werden.
- Treten Zündaussetzer auf, hohe Motordrehzahlen vermeiden und Fehler umgehend beheben.
- Nur die vorgeschriebenen Zündkerzen verwenden.
- Keine Funkenprüfung ohne ausreichende Masseverbindung durchführen.
- Es darf kein Zylindervergleich (Balancetest) durch Zündabschaltung eines Zylinders durchgeführt werden. Bei Zündabschaltung der einzelnen Zylinder – auch über Motortester – gelangt unverbrannter Kraftstoff in den Katalysator.

Benzin- und Dieselmotor

- Keinen Unterbodenschutz auf Abgasrohre auftragen.
- Die Hitzeschilde der Abgasanlage nicht verändern.
- Bei Startschwierigkeiten nicht unnötig lange den Anlasser betätigen. Während des Anlassens wird permanent Kraftstoff eingespritzt. Fehlerursache ermitteln und beseitigen.
- Kraftstofftank nie ganz leer fahren.
- Beim Ein- oder Nachfüllen von Motoröl besonders darauf achten, dass auf keinen Fall die Maximum-Markierung am Ölmessstab (obere Markierung) überschritten wird. Das überschüssige Öl gelangt sonst aufgrund unvollständiger Verbrennung in den Katalysator und kann das Edelmetall beschädigen oder den Katalysator vollständig zerstören.

Aufbau des Katalysators

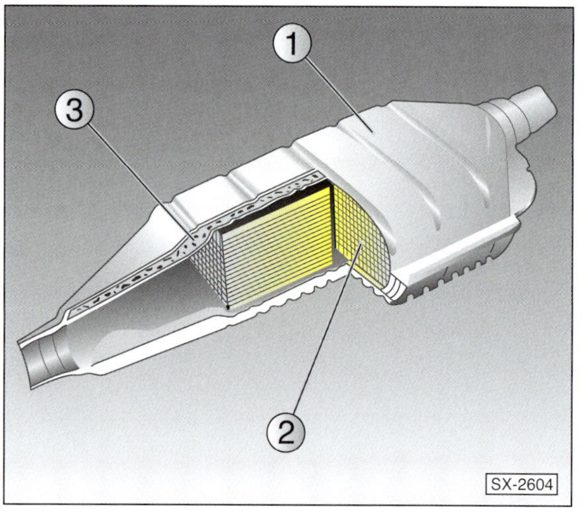

Durch Abgasumwandlung im Katalysator können die Schadstoffemissionen im Abgas drastisch reduziert werden. Der Katalysator besteht aus einem Keramik-Wabenkörper –2–, der mit einer Trägerschicht überzogen ist. Auf der Trägerschicht befinden sich Edelmetallsalze, die den Umwandlungsprozess bewirken. Im Gehäuse –1– wird der Katalysator durch eine Isolations-Stützmatte –3– fixiert, die außerdem Wärmeausdehnungen ausgleicht.

In Verbindung mit der elektronischen Benzin-Einspritzanlage und der oder den Lambdasonde(n) wird die Kraftstoffmenge für die Verbrennung so dosiert, dass der Katalysator die Schadstoffe optimal reduzieren kann.

Agasreinigung beim Dieselmotor

Der Diesel-Katalysator wandelt die im Abgas befindlichen giftigen Kohlenmonoxide und Kohlenwasserstoffverbindungen in Kohlendioxid (CO_2) und Wasser (H_2O) um. Außerdem vermindert sich der dieseltypische Abgasgeruch.

Diesel-Partikelfilter

Der Diesel-Partikelfilter filtert die bei der Verbrennung im Motor entstehenden Rußpartikel aus dem Abgas heraus. Dabei werden die Rußpartikel zunächst im Wabensystem des Filters gesammelt und anschließend in einem separaten Vorgang rückstandslos verbrannt.

Achtung: Fahrzeuge mit Diesel-Partikelfilter dürfen nicht mit **Bio-Diesel** (RME nach DIN EN 14214) gefahren werden.

Für die GOLF-Motoren wird ein »katalytisches Filtersystem« verwendet, das ohne zusätzliche Kraftstoff-Additive auskommt. Damit der Diesel-Partikelfilter durch die angelagerten Rußpartikel mit der Zeit nicht verstopft und dadurch in seiner Funktion beeinträchtigt wird, muss er regelmäßig regeneriert werden. Dabei wird zwischen passiver und aktiver Regeneration unterschieden.

Passive Regeneration: Die Rußpartikel werden während des normalen Motorbetriebes kontinuierlich verbrannt. Bei Abgastemperaturen von +350° – +500° C, beispielsweise bei Autobahnfahrten, werden die Rußpartikel durch chemische Reaktion mit dem im Abgas enthaltenen Stickstoffoxid (NO_X) zu Kohlendioxid (CO_2) umgewandelt. Dieser Vorgang erfolgt langsam und kontinuierlich und wird über die innere Platin-Beschichtung des Filters in Gang gesetzt.

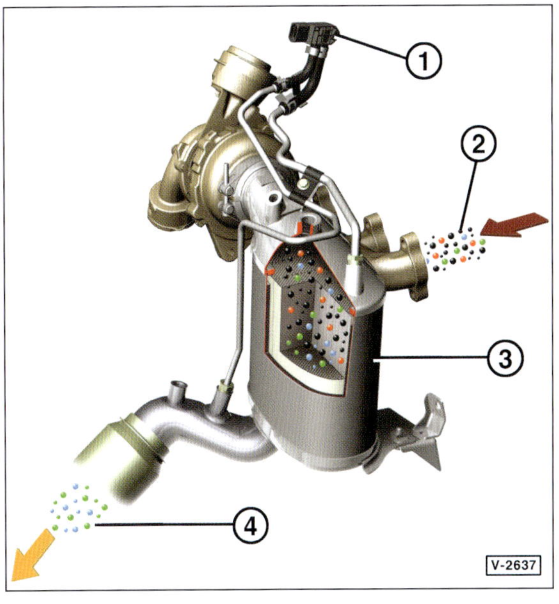

1 – Drucksensor
2 – Abgas mit Rußpartikeln
3 – Diesel-Partikelfilter
4 – Abgas ohne Rußpartikel

Aktive Regeneration: Der Drucksensor –1– vergleicht den Abgasdruck vor und nach dem Partikelfilter –3–. Hoher Druckunterschied deutet darauf hin, dass der Filter zum Verstopfen neigt. In diesem Fall wird die aktive Filter-Regeneration eingeleitet. In der Regel geschieht das dann, wenn die Abgastemperaturen für die passive Regeneration des Filters zu niedrig sind, zum Beispiel bei häufigem Stadtverkehr. Für die aktive Regeneration verändert das Motor-Steuergerät den Einspritzvorgang und erhöht dadurch die Abgastemperatur auf +600° – +650° C. Bei dieser Temperatur werden die Rußpartikel zu Kohlendioxid (CO_2) verbrannt. Der aktive Regenerationsvorgang dauert ca. 10 Minuten und wird vom Fahrer in der Regel nicht bemerkt.

NO_X-Speicherkatalysator

Der höhere Anteil von Stickoxiden (NO_X) im Abgas des Dieselmotors wird durch ein zusätzliches Abgas-Rückführungssystem (AGR) und einen NO_X-Speicherkatalysator auf geringem Niveau gehalten.

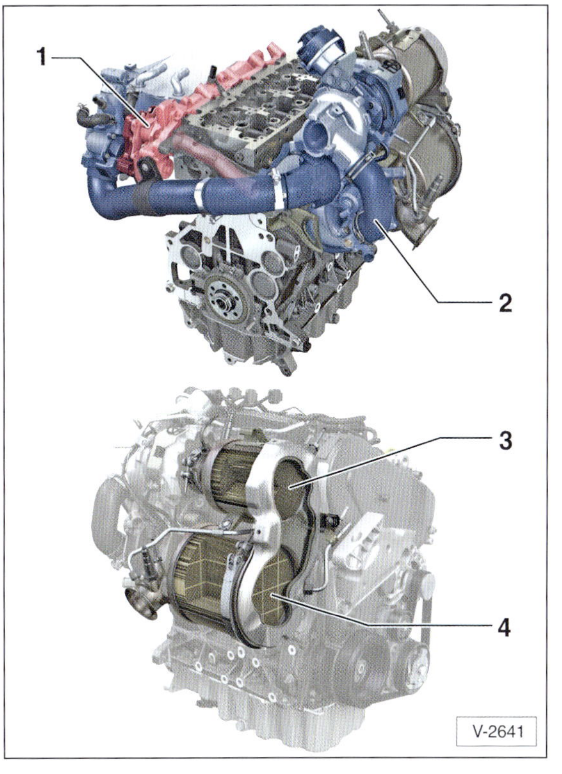

1 – Hochdruck-AGR (rot)
2 – Niederdruck-AGR (blau)
3 – NO_X-Speicherkatalysator
4 – Diesel-Partikelfilter mit Oxydationskatalysator und H_2S-Sperrkatbeschichtung

SCR-Katalysator

Um bessere Abgaswerte zu erzielen, kommt bei den Dieselmotoren ab 10/2018 das SCR-System zum Einsatz. **SCR** = **s**elective **c**atalytic **r**eduction = selektive katalytische Reduktion. Selektiv bedeutet, es werden speziell die Stickoxide aus dem Abgas entfernt.

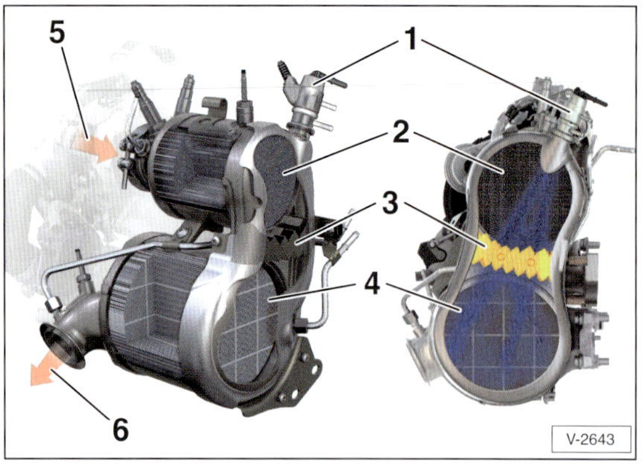

1 – Dosierventil für AdBlue-Einspritzung

2 – Oxidationskatalysator

3 – Mischer
Vermischt AdBlue mit dem Abgasstrom.

4 – Diesel-Partikelfilter mit SCR-Katalysator

5 – Abgasstrom vom Turbolader

6 – Abgasstrom zum Abgasvorrohr mit Sperrkatalysator

Das SCR-System besteht aus der AdBlue-Flüssigkeit, dem AdBlue-Vorratsbehälter, dem Dosierventil –1– und dem SCR-Katalysator –4–. Als SCR-Katalysator dient eine Beschichtung des Dieselpartikelfilters, der sich im Abgasreinigungsmodul befindet.

AdBlue ist eine wässrige Harnstofflösung, die entsprechend der Abgasmenge durch das Dosierventil –1– in das Abgasrohr vor den SCR-Katalysator –4– eingespritzt wird. Dort wandelt sich die Flüssigkeit unter Einfluss der heißen Abgase in Ammoniak und CO_2 um. Durch die Zugabe von Ammoniak (NH_3) werden im SCR-Katalysator bei entsprechender Temperatur die Stickoxide (NO_x) im Abgas zu Stickstoff (N_2) und Wasser (H_2O) reduziert.

Der Vorratsbehälter für die AdBlue-Flüssigkeit (32,5-prozentige, wässrige Harnstofflösung) befindet sich neben dem Kraftstofftank. Je nach Betriebszustand des Motors wird über eine Intank-Fördereinheit und ein Dosierventil die entsprechende Menge AdBlue-Reduktionsmittel eingespritzt und im Mischer –3– mit dem Abgasstrom vermischt. Die Einspritzmenge wird vom Motorsteuergerät bestimmt. Ein anschließender Sperrkatalysator im Abgasvorrohr verhindert, dass überschüssiges Ammoniak in die Außenluft gelangt.

Hinweis: Das Abgasreinigungsmodul bildet mit dem Abgasvorrohr und dem Sperrkatalysator eine Baueinheit.

Abgas-Turbolader

Alle Dieselmotoren wie auch die TSI-Benzinmotoren sind mit einem Abgas-Turbolader ausgerüstet.

Beim Turbolader sitzen zwei Turbinenräder auf einer Welle, die in zwei voneinander getrennten Gehäusen untergebracht sind. Für den Antrieb der Turbinenräder sorgen die Abgase. Sie bringen die Laderwelle auf bis zu 300.000 Umdrehungen in der Minute. Und da Abgas- und Frischluftrotor auf gleicher Welle sitzen, wird mit gleicher Drehzahl Frischluft in die Zylinder gedrückt. Zur Schmierung ist der Lader an den Ölkreislauf des Motors angeschlossen, beim Benziner wird er zusätzlich durch das Kühlmittel gekühlt.

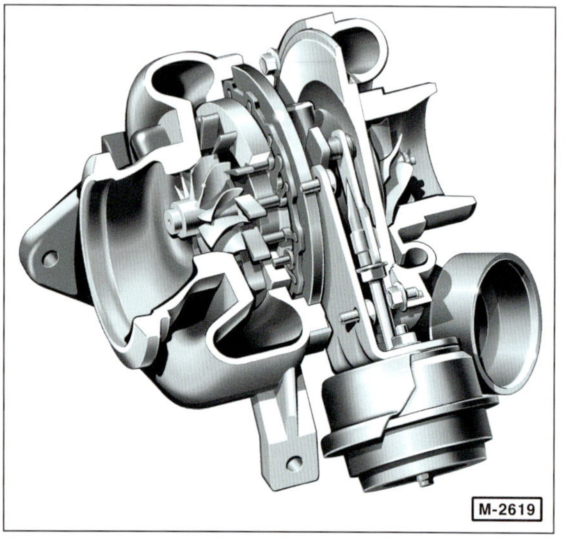

Der VTG-Turbolader (VTG = Variable Turbinen-Geometrie) besitzt verstellbare Leitschaufeln, die vom Motor-Steuergerät über ein Magnetventil und eine Unterdruckdose stufenlos geregelt werden. Dadurch kann bei allen Drehzahlen der optimale Ladedruck erzeugt werden, was zu einem höheren Drehmoment und auch zu mehr Leistung führt.

Zwischen Turbolader und Einlasskanal des Motors befindet sich ein Ladeluftkühler, der die vorverdichtete Luft abkühlt. Das erhöht die Motorleistung, weil kühle Luft durch die höhere Luftdichte einen höheren Sauerstoffanteil besitzt.

Otto-Partikelfilter (OPF)

Seit September 2018 werden die Benzinmotoren (Ottomotoren) mit einem Otto-Partikelfilter (OPF) ausgerüstet, um den Rußpartikelausstoß zu verringern, der vor allem bei Motoren mit Direkteinspritzung und Turboaufladung auftritt.

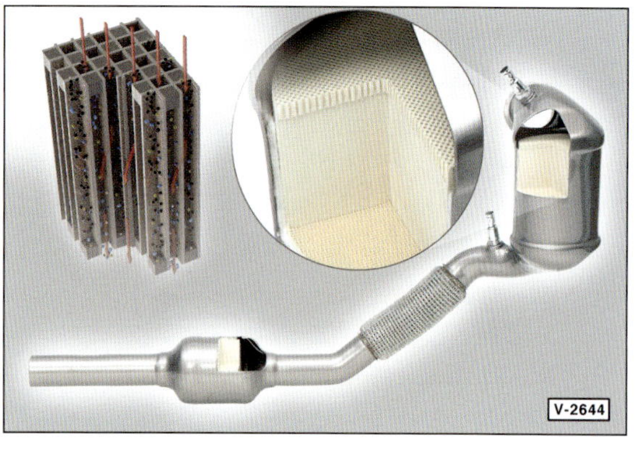

Der Otto-Partikelfilter besteht aus poröser Keramik und lagert die ultrakleinen, mit bloßem Auge nicht sichtbaren, Rußpartikel aus dem Abgas zunächst auf seiner Oberfläche an. In einem weiteren Vorgang werden die Rußpartikel durch die heißen Abgase zu Kohlenstoffdioxid (CO_2) verbrannt. Da der Otto-Partikelfilter im Gehäuse des Katalysators integriert ist, kann die Einheit auch als 4-Wege-Katalysator (früher: 3-Wege-Katalysator) bezeichnet werden.

Abgasanlagen-Übersicht

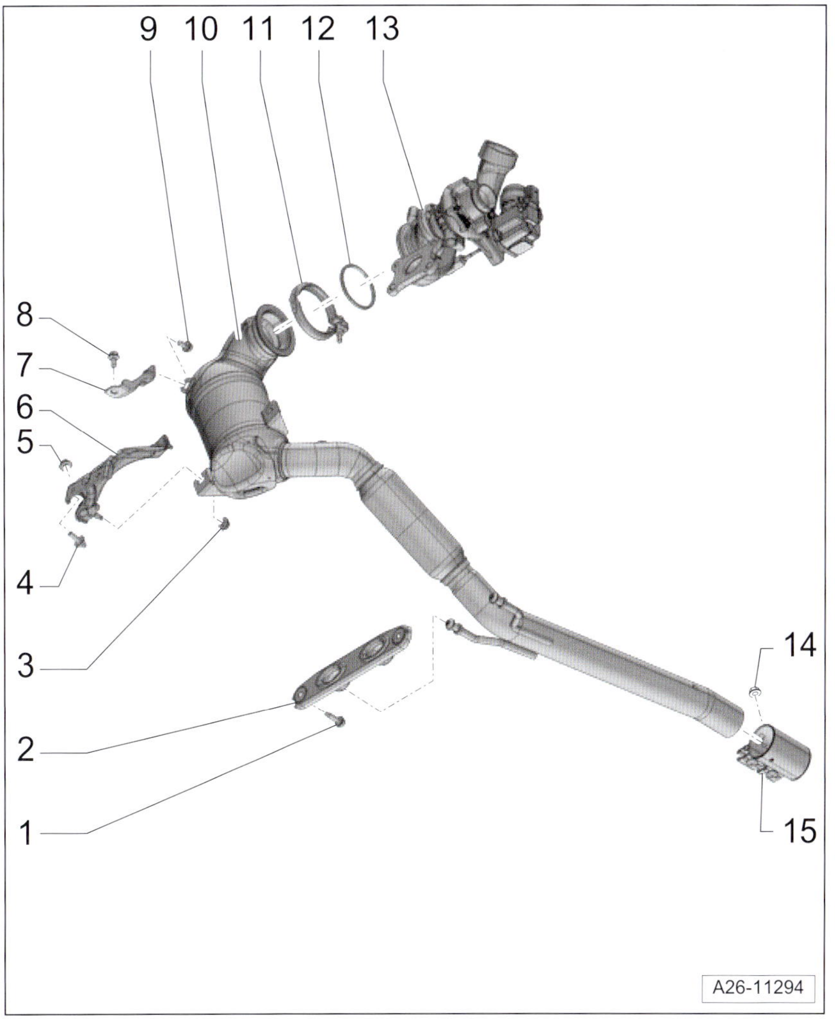

Abgasanlage vorn

1,0-/1,2-/1,4-l-Benzinmotor

1 – Schraube, 20 Nm

2 – Halter
Bei Beschädigung ersetzen.

3 – Mutter
Anzugsmethode siehe Position –10–.

4 – Schraube, 20 Nm

5 – Mutter
Anzugsmethode siehe Position –10–.

6 – Halter

7 – Halter

8 – Schraube
Anzugsmethode siehe Position –10–.

9 – Schraube
Anzugsmethode siehe Position –10–.

10 – Abgasvorrohr mit Katalysator
Achtung: Entkopplungselement nicht mehr als 10° knicken – Beschädigungsgefahr! Entkopplungselement nicht auf Zug belasten. Drahtgeflecht am Entkopplungselement nicht beschädigen. Katalysator vor Stoß- und Schlagbeanspruchung schützen. Schutz für Entkopplungselement so spät wie möglich abbauen.

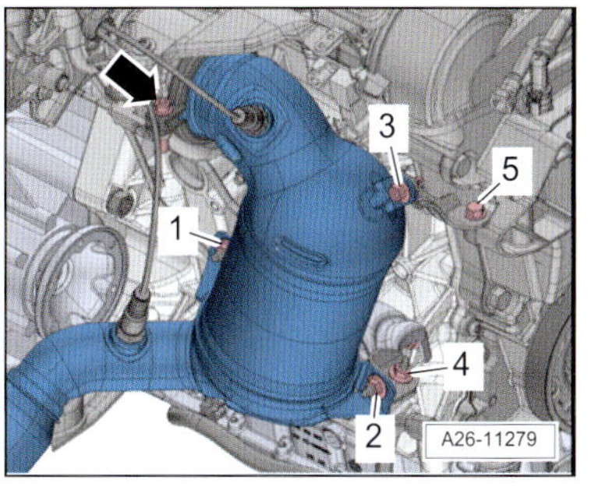

- ◆ Katalysator am Abgasturbolader ansetzen, neue Schraubschelle –Pfeil– lose befestigen.
- ◆ Schrauben –3–, –5– und Muttern –1–, –2–, –4– von Hand lose eindrehen.

Achtung: Katalysator und Halter müssen sich noch verschieben lassen.

- ◆ Schraubschelle –Pfeil– mit **15 Nm** festziehen.
- ◆ Schrauben und Muttern in der Reihenfolge von –1– bis –5– mit **20 Nm** festziehen.

11 – Schraubschelle
Immer ersetzen.
Anzugsmethode siehe Position –15–.

12 – Dichtring
Immer ersetzen.

13 – Abgasturbolader

14 – Mutter, 30 Nm

15 – Klemmhülse vorn
Vor dem Festziehen Abgasanlage spannungsfrei einrichten.

Einbaulage:

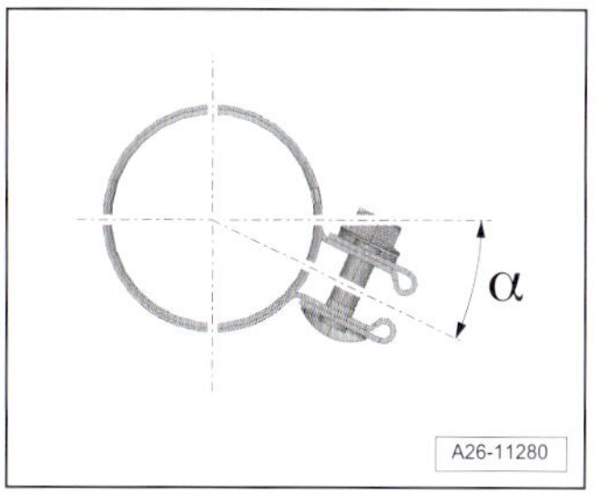

- ◆ Klemmhülse in der gezeigten Stellung einbauen.
- ◆ Winkel –α– etwa 20°.
- ◆ Verschraubung zeigt nach rechts.
- ◆ Muttern zeigen nach oben.
- ◆ Verschraubungen gleichmäßig festziehen.

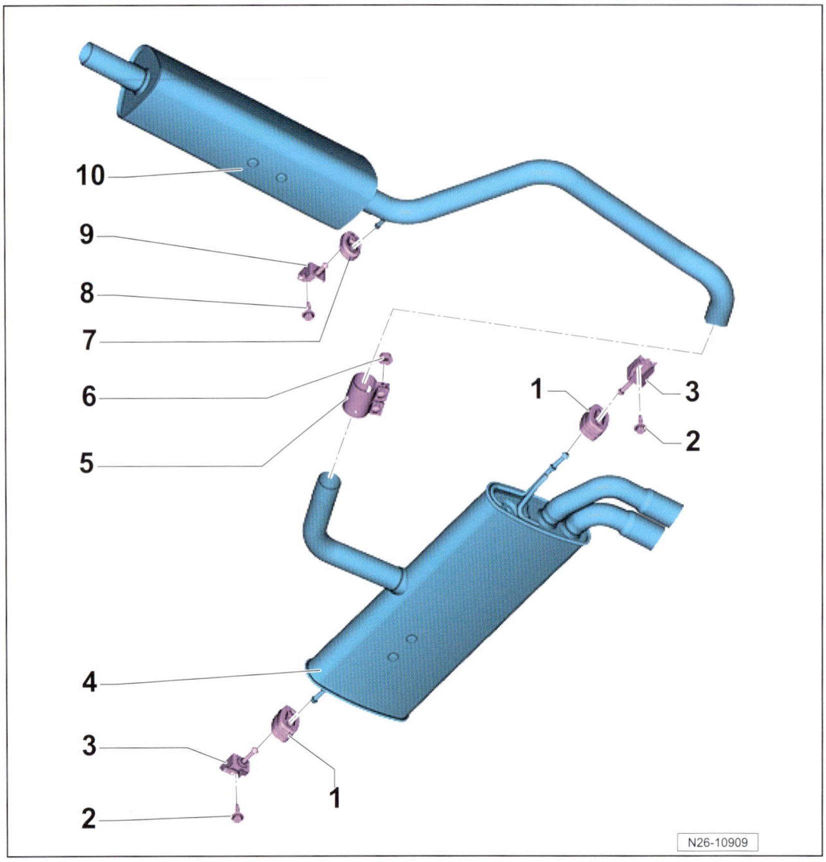

Abgasanlage hinten

1,0-/1,2-/1,4-l-Benzinmotor mit Verbundlenkerachse

1 – **Halteschlaufe***

2 – **Schraube, 20 Nm**

3 – **Aufhängung***

4 – **Nachschalldämpfer**
Serienmäßig eine Baueinheit mit dem Mittelschalldämpfer. Kann einzeln ersetzt werden.

5 – **Klemmhülse hinten**
Vor dem Festziehen Abgasanlage spannungsfrei einrichten.
Einbaulage:

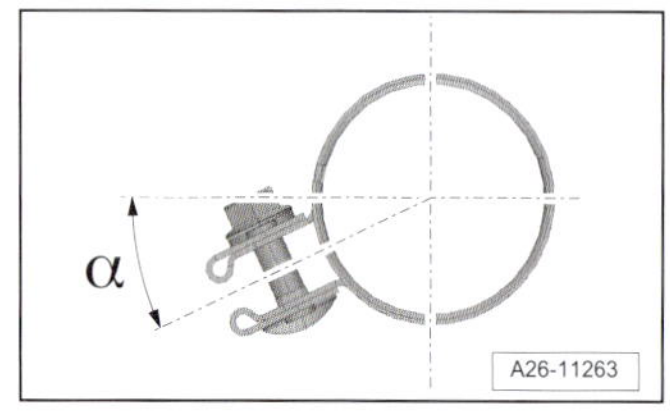

- ◆ Klemmhülse in der gezeigten Stellung einbauen.
- ◆ Winkel –α– etwa 20°.
- ◆ Verschraubung zeigt nach hinten.
- ◆ Muttern zeigen nach oben.
- ◆ Verschraubungen gleichmäßig festziehen.

6 – **Mutter, 30 Nm**

7 – **Halteschlaufe***

8 – **Schraube, 20 Nm**

9 – **Aufhängung***

10 – **Mittelschalldämpfer**
Serienmäßig eine Baueinheit mit dem Nachschalldämpfer. Kann einzeln ersetzt werden.

*) Bei Beschädigung ersetzen.

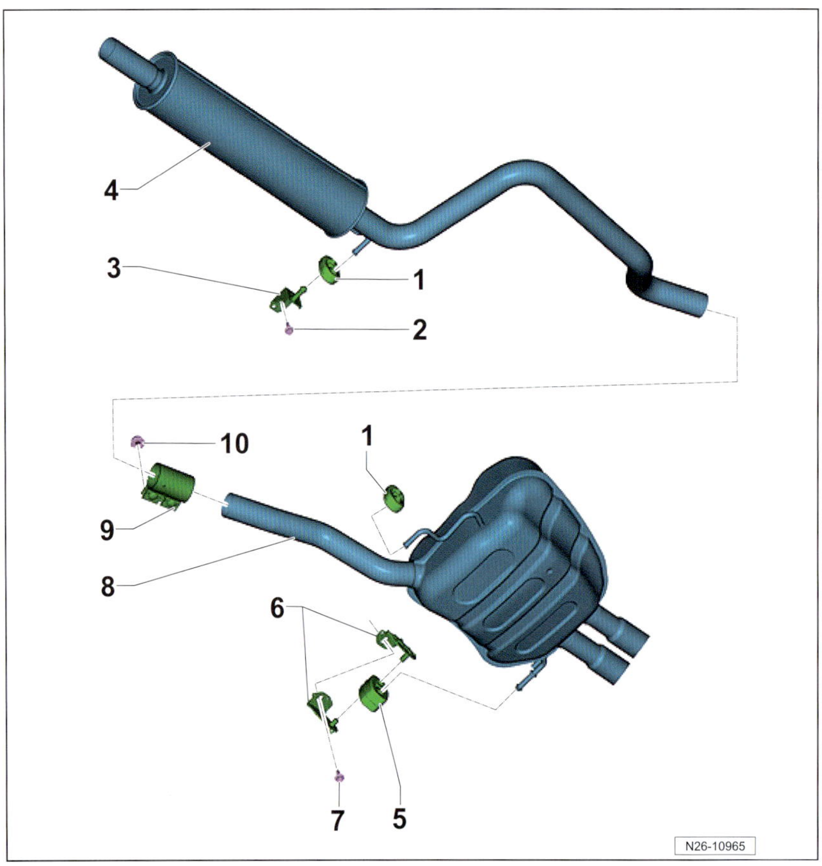

Fahrzeuge mit Mehrlenkerachse

1 – **Halteschlaufe***

2 – **Schraube, 20 Nm**

3 – **Aufhängung***

4 – **Mittelschalldämpfer**
Serienmäßig eine Baueinheit mit dem Nachschalldämpfer. Kann einzeln ersetzt werden.

5 – **Halteschlaufe***

6 – **Aufhängung***

7 – **Schraube, 20 Nm**

8 – **Nachschalldämpfer**
Serienmäßig eine Baueinheit mit dem Mittelschalldämpfer. Kann einzeln ersetzt werden.

9 – **Klemmhülse hinten**
Vor dem Festziehen Abgasanlage spannungsfrei einrichten.
Muttern gleichmäßig festziehen.

10 – **Mutter, 30 Nm**

*) Bei Beschädigung ersetzen.

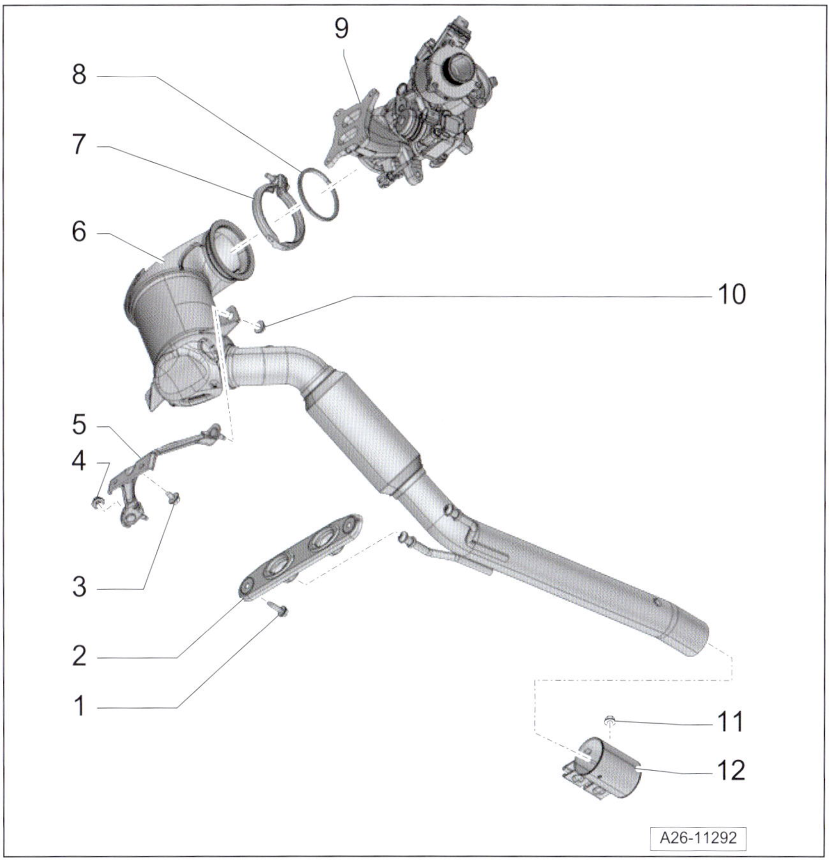

2,0-l-Benzinmotor

1 – Schraube, 20 Nm

2 – Halter[1)]

3 – Schraube

4 – Mutter

5 – Halter

6 – Katalysator
Mit Abgasvorrohr.
Katalysator vor Stoß- und Schlagbeanspruchung schützen. Schutz für Entkopplungselement so spät wie möglich abbauen.

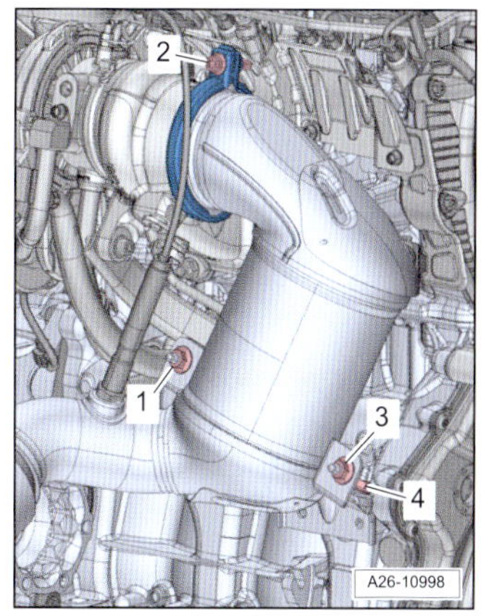

- ◆ Katalysator am Abgasturbolader ansetzen, neue Schraubschelle lose befestigen.
- ◆ Muttern –1–, –3–, –4– von Hand lose eindrehen.

Achtung: Katalysator und Halter müssen sich noch verschieben lassen.

- ◆ Schraubschelle –2– mit **15 Nm** festziehen.
- ◆ Muttern –1–, –3–, –4– mit **20 Nm** festziehen.

7 – Schraubschelle[2)]

8 – Dichtung[2)]

9 – Abgasturbolader

10 – Mutter

11 – Mutter, 30 Nm

12 – Klemmhülse vorn

[1)] Bei Beschädigung ersetzen.

[2)] Immer ersetzen.

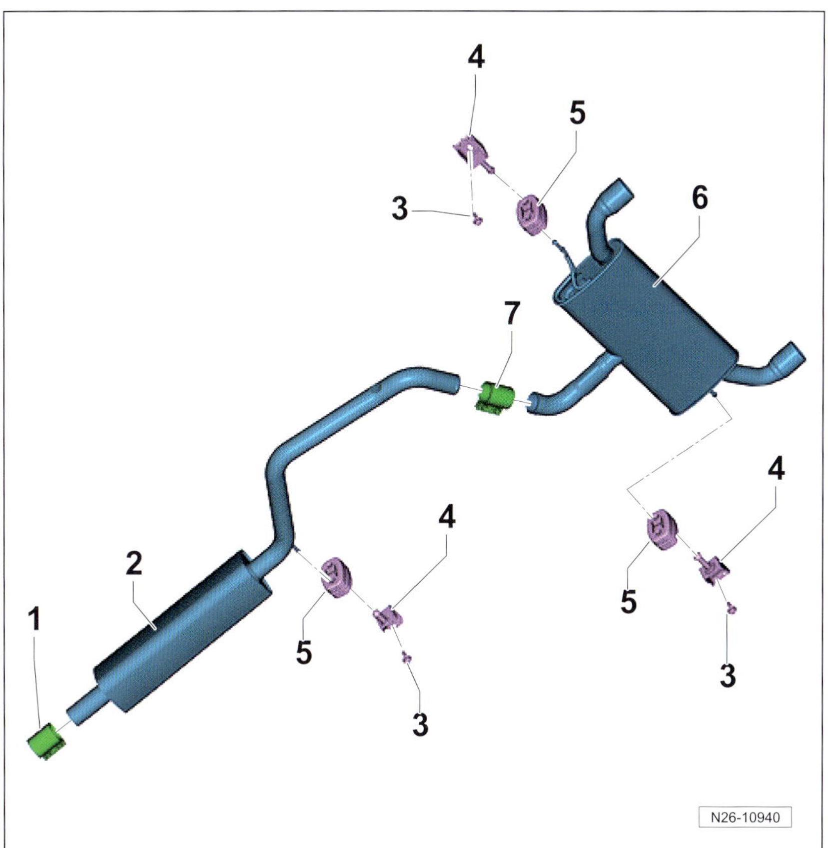

1 – Klemmhülse vorn*

2 – Mittelschalldämpfer
Serienmäßig eine Baueinheit mit dem Nachschalldämpfer. Kann einzeln ersetzt werden.

3 – Schraube, 20 Nm

4 – Halter

5 – Halteschlaufe
Bei Beschädigung ersetzen.

6 – Nachschalldämpfer
Serienmäßig eine Baueinheit mit dem Mittelschallldämpfer. Kann einzeln ersetzt werden.

7 – Klemmhülse hinten*

*) Vor dem Festziehen Abgasanlage spannungsfrei einrichten. Verschraubungen gleichmäßig festziehen.

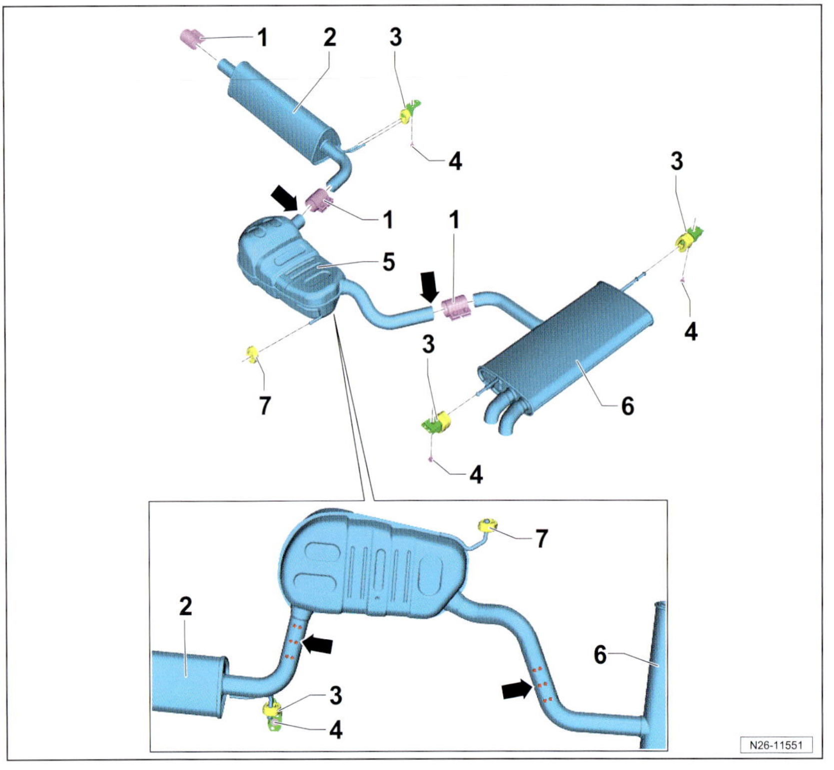

1,5-l-Benzinmotor

1 – Klemmhülse
Die hinteren beiden Klemmhülsen sind nur vorhanden, wenn die Abgasanlage im Reparaturfall getrennt wurde.
Verschraubungen gleichmäßig festziehen.

2 – Vorschalldämpfer[1)]

3 – Aufhängung[2)]
Bei Beschädigung ersetzen.

4 – Schraube, 20 Nm

5 – Mittelschalldämpfer[1)]

6 – Nachschalldämpfer[1)]

7 – Halteschlaufe[2)]
An der Hinterachse eingehängt.

[1)] Serienmäßig sind Vor-, Mittel- und Nachschalldämpfer eine Baueinheit. Im Reparaturfall kann jeder Schalldämpfer einzeln ersetzt werden.

[2)] Bei Beschädigung ersetzen.

Dieselmotor

Partikelfilter mit Katalysator und Abgasvorrohr

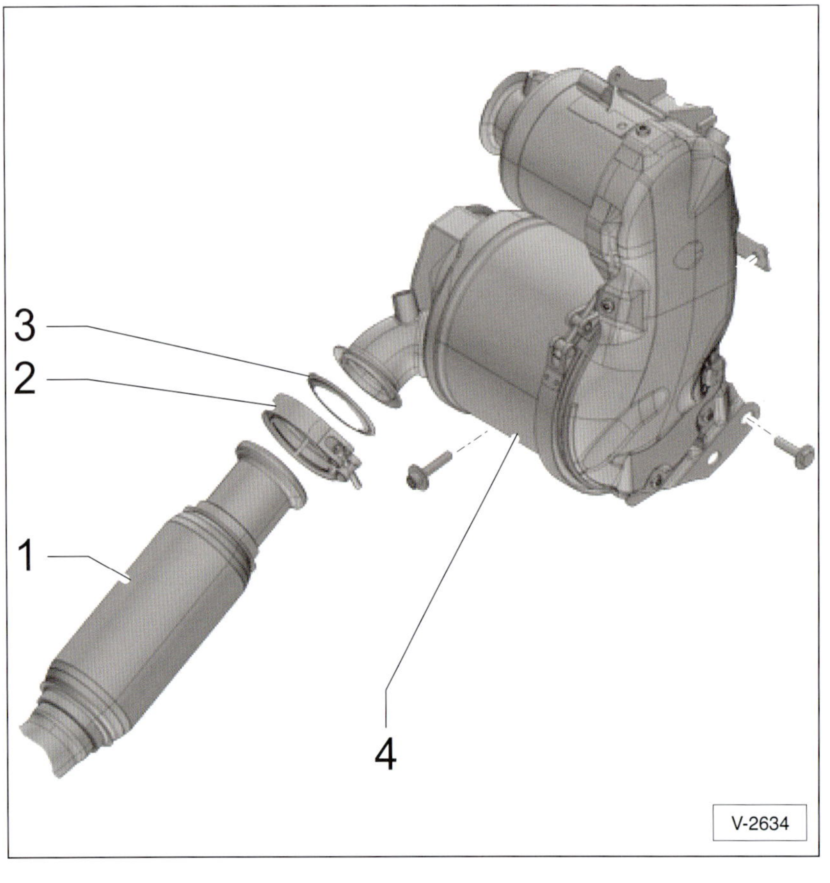

1 – Abgasvorrohr

2 – Schraubschelle, 7 Nm
Nach Demontage ersetzen.

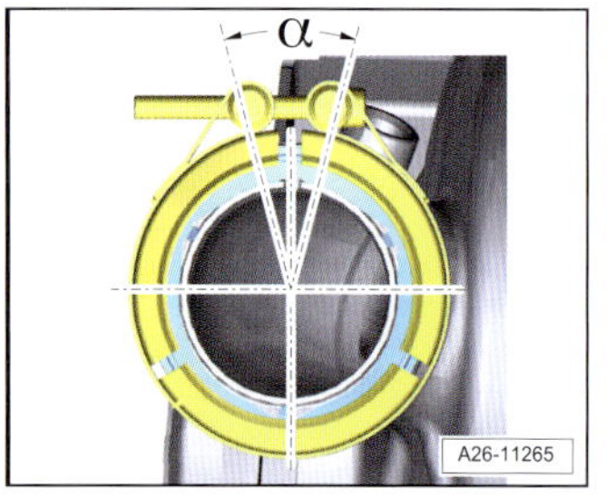

Einbaulage der Schraubschelle: $\alpha = 0° \pm 30°$.

3 – Dichtung

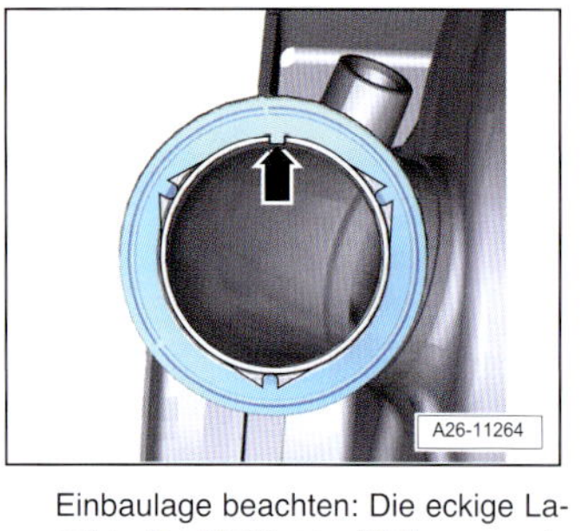

Einbaulage beachten: Die eckige Lasche der Dichtung –Pfeil– muss in der Nut des Partikelfilters liegen.

4 – Partikelfilter mit Katalysator

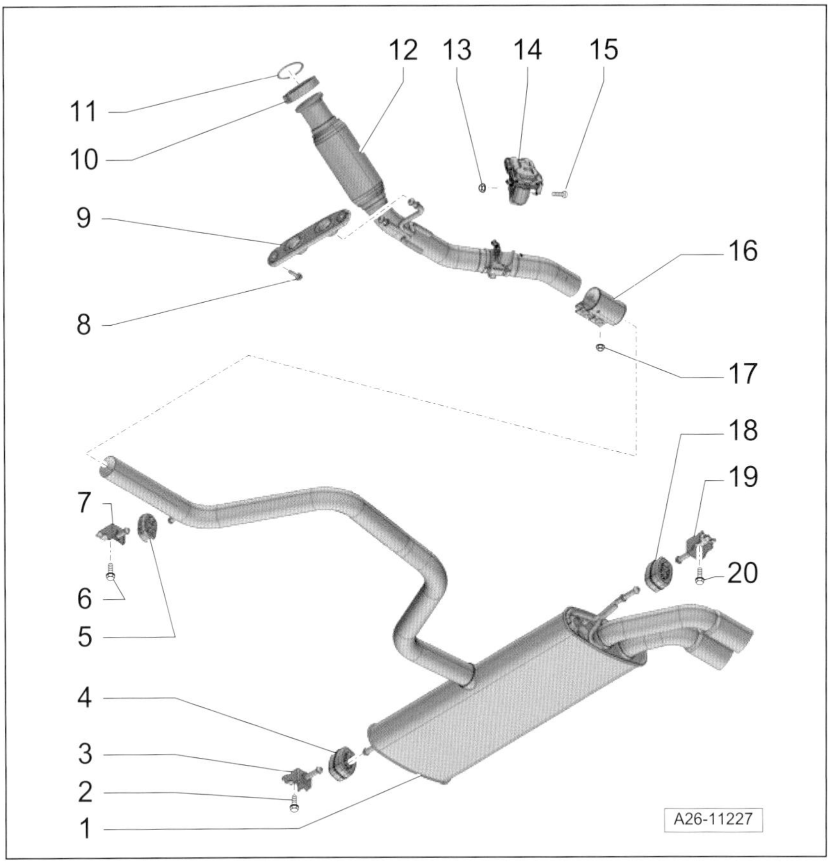

Abgasanlage hinten

Dieselmotor mit Frontantrieb

1 – Nachschalldämpfer

2 – Schraube, 20 Nm

3 – Aufhängung[1)]

4 – Halteschlaufe*

5 – Halteschlaufe

6 – Schraube, 20 Nm

7 – Aufhängung[1)]

8 – Schraube, 20 Nm

9 – Halter[1)]

10 – Schraubschelle[2)]**, 7Nm**
Einbaulage Abbildung A26-11265.

11 – Dichtung[2)]
Einbaulage Abbildung A26-11264.

12 – Abgasvorrohr

13 – Mutter, 9 Nm

14 – Abgasklappensteuereinheit

15 – Schraube

16 – Klemmhülse
Einbaulage Abbildung A26-11280.
Verschraubungen gleichmäßig festziehen.

17 – Mutter, 20 Nm

18 – Halteschlaufe[1)]

19 – Aufhängung[1)]

20 – Schraube, 23 Nm

[1)] Bei Beschädigung ersetzen.

[2)] Nach Demontage ersetzen.

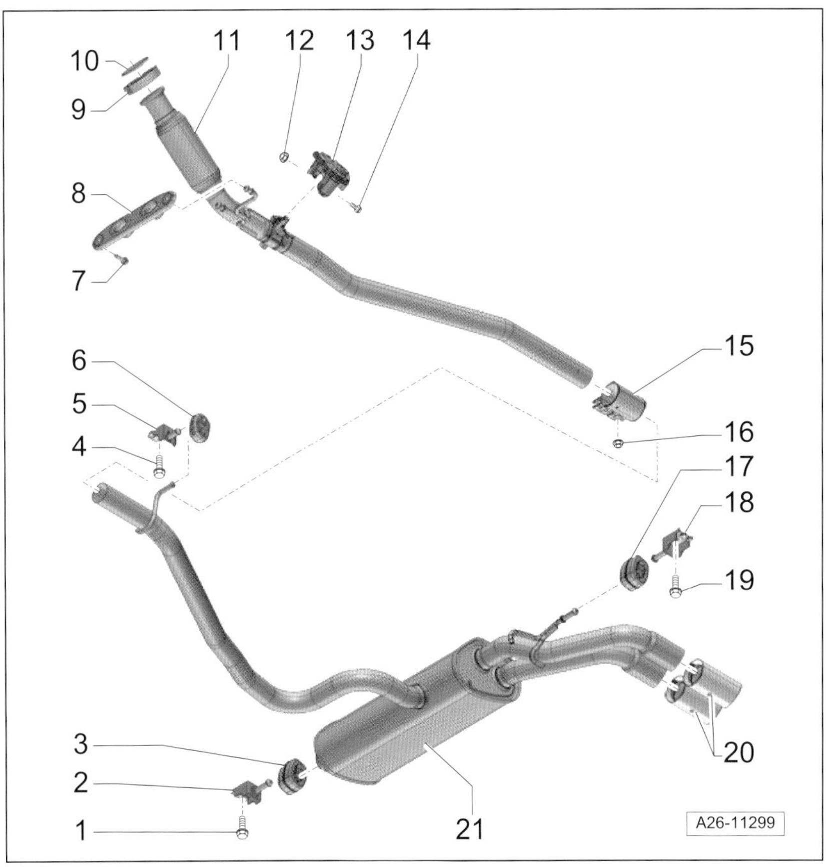

Dieselmotor mit Allradantrieb

1 – Schraube, 23 Nm

2 – Aufhängung[1)]

3 – Halteschlaufe[1)]

4 – Schraube, 23 Nm

5 – Aufhängung[1)]

6 – Halteschlaufe[1)]

7 – Schraube, 23 Nm

8 – Halter[1)]

9 – Schraubschelle[2)]**, 7 Nm**
Einbaulage Abbildung A26-11265.

10 – Dichtung[2)]
Einbaulage Abbildung A26-11264.

11 – Abgasvorrohr

12 – Mutter, 9 Nm

13 – Abgasklappensteuereinheit

14 – Schraube

15 – Klemmhülse
Einbaulage Abbildung A26-11280.
Verschraubungen gleichmäßig festziehen.

16 – Mutter, 30 Nm

17 – Halteschlaufe[1)]

18 – Aufhängung[1)]

19 – Schraube, 23 Nm

20 – Abgasendrohre

21 – Nachschalldämpfer

[1)] Bei Beschädigung ersetzen.

[2)] Nach Demontage ersetzen.

Schalldämpfer ersetzen

Fahrzeuge mit Verbundlenker-Hinterachse

Ausbau

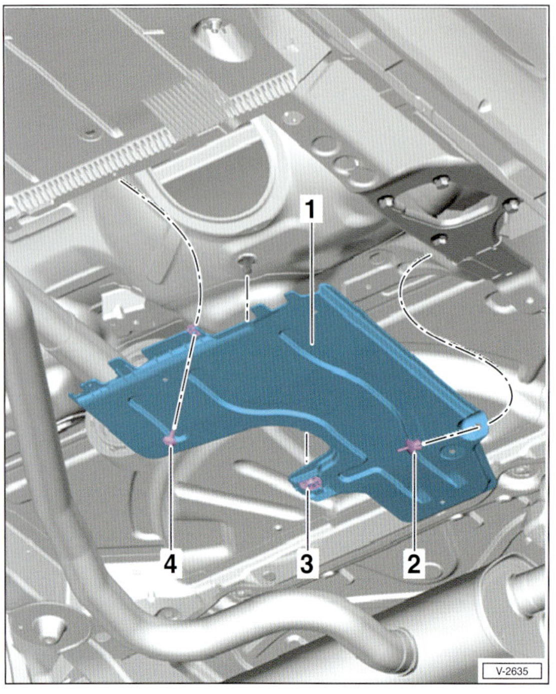

- Wenn vorhanden, Unterbodenverkleidung hinten links –1– ausbauen. Dazu Klemmscheibe –3– lösen. Spreizniet –2– ausclipsen und Schraube –4– herausdrehen.

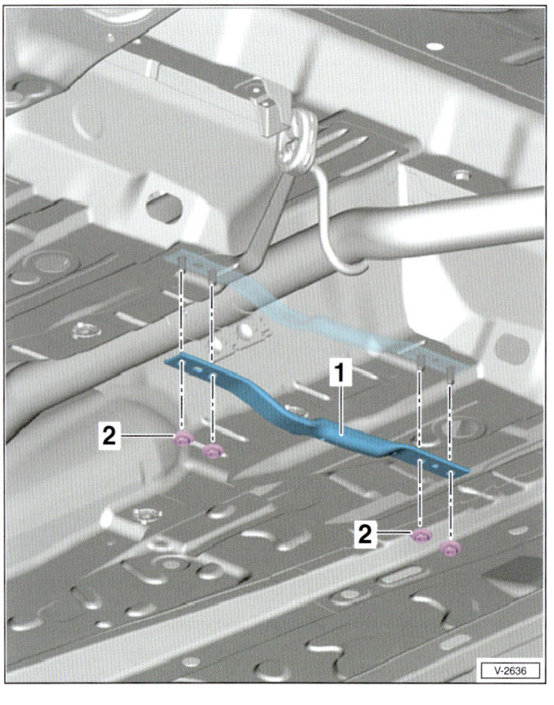

- Tunnelbrücke hinten –1– ausbauen. Dazu Muttern –2– abschrauben.

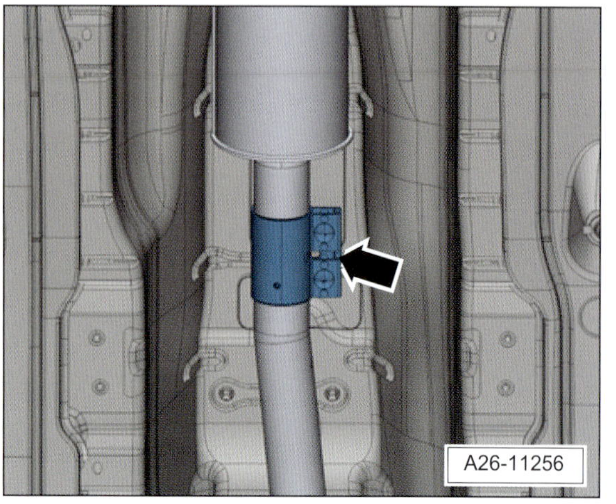

- Klemmhülse –Pfeil– lösen und nach hinten schieben.

Achtung: Unfallgefahr durch das Gewicht der Schalldämpfer. Zum Abnehmen der Schalldämpfer ist ein Helfer erforderlich.

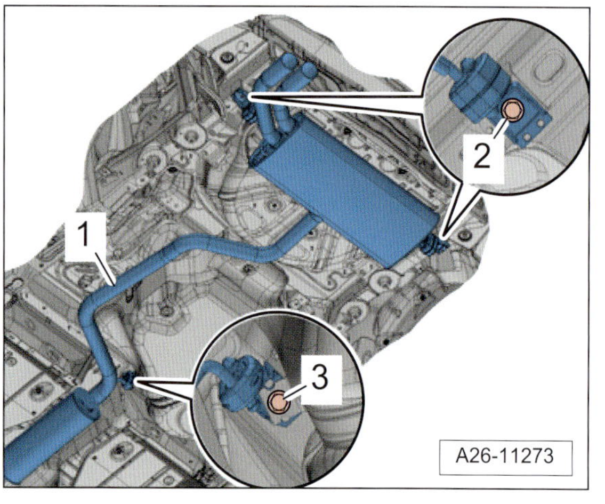

- Schraube –2– links und rechts herausdrehen.
- Schraube –3– herausdrehen und hintere Abgasanlage –1– abnehmen.

Einbau

- Der Einbau erfolgt in umgekehrter Ausbaureihenfolge, dabei Folgendes beachten:
- Abgasanlage spannungsfrei einrichten, siehe Seite 292.
- Klemmhülse ausrichten und Muttern mit **30 Nm** festziehen.
- Muttern für Tunnelbrücke und Schrauben für Unterbodenverkleidung mit **20 Nm** anziehen.

Fahrzeuge mit Mehrlenker-Hinterachse

Ausbau

Hinweis: Hier wird nur auf die Unterschiede zur Verbundlenker-Hinterachse hingewiesen.

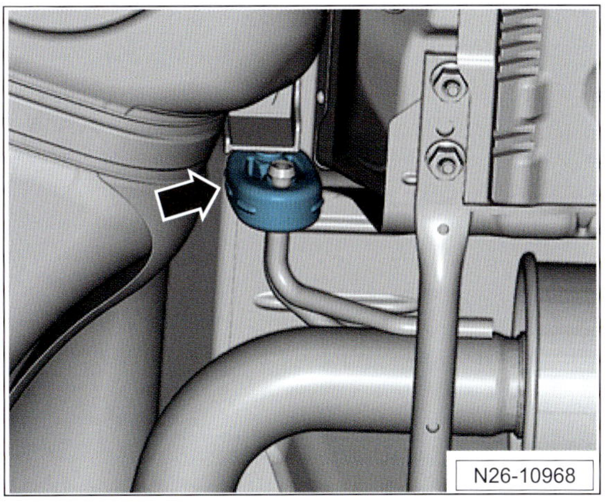

- Halteschlaufe –Pfeil– aushängen.

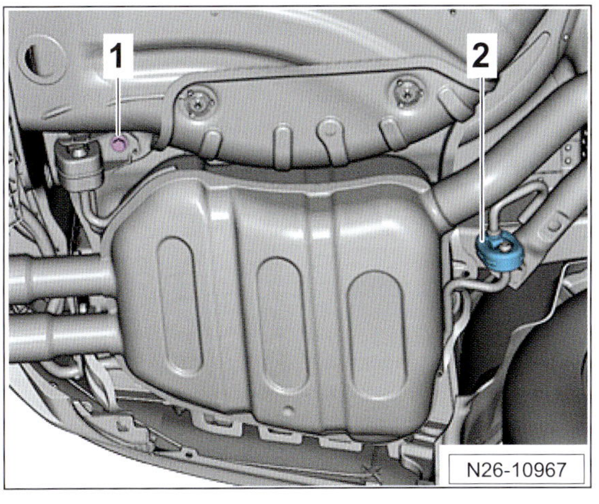

- Halteschlaufe –2– aushängen, Schraube –1– herausdrehen.
- Schalldämpfer abnehmen.

Einbau

- Der Einbau erfolgt in umgekehrter Ausbaureihenfolge, dabei Folgendes beachten:
- Aufhängung mit **20 Nm** anschrauben.

Mittelschalldämpfer/ Nachschalldämpfer ersetzen

Benzinmotor

Ab Werk sind Mittel- und Nachschalldämpfer als eine Einheit eingebaut; die Schalldämpfer können jedoch einzeln erneuert werden. Zum Trennen wird ein handelsüblicher Ketten-Abgasrohrschneider benötigt, zum Beispiel HAZET 4682. Steht das Werkzeug nicht zur Verfügung, Abgasanlage mit einer Eisensäge durchsägen.

Hinweis: Wenn sich ein Schalldämpfer nicht aus der Klemmschelle ziehen lässt, gibt es zum Lösen zwei Möglichkeiten: 1. Möglichkeit: Abgasrohr etwa 5 cm hinter der Schelle durchsägen. Anschließend das Restrohr längs aufsägen und mit Hammer und Meißel abschlagen. 2. Möglichkeit: Steht ein Autogen-Schweißgerät zur Verfügung, die Klemmschelle erwärmen, dadurch dehnt sie sich aus, und das Rohr lässt sich abziehen.

Sicherheitshinweis
Vor Einsatz des Schweißgerätes den Fahrzeugunterboden mit einer Aluminiumplatte schützen, Brandgefahr. Feuerlöscher bereitstellen.

Ausbau bei einteiliger Mittel-/Nachschalldämpfer-Anlage

Sicherheitshinweis
Beim Aufbocken des Fahrzeugs besteht Unfallgefahr! Deshalb das Kapitel »Fahrzeug aufbocken« durchlesen.

- Fahrzeug aufbocken.

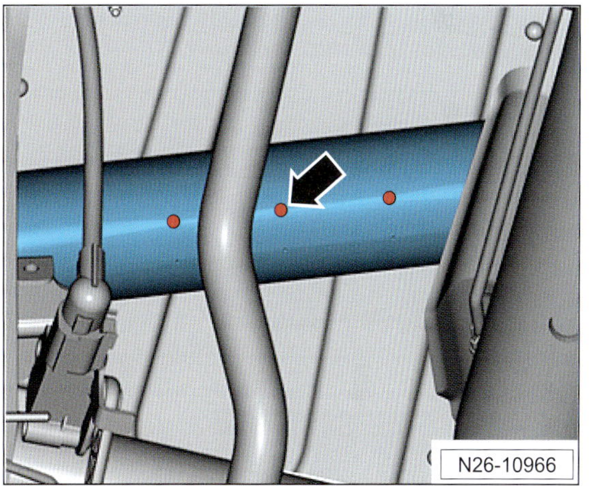

- Die Trennstelle ist durch Eindrückungen gekennzeichnet. An den mittleren Eindrückungen –Pfeil– wird das Abgasrohr getrennt. Die seitlichen Markierungen dienen als Markierung, damit die Abgasrohre gleich weit in die Klemmschelle hineingeschoben werden.

● Kette des Abgasrohrschneiders an den mittleren Eindrückungen –Pfeil– um das Rohr herumlegen und spannen. Kette hin- und herrollen und dabei nachspannen, jedoch nicht zu stark, damit das Rohr beim Schneiden nicht verformt wird.

● Schalldämpfer aus den Gummihalterungen aushängen und herausnehmen.

Einbau

● Schalldämpfer in die Gummihalterungen einhängen.

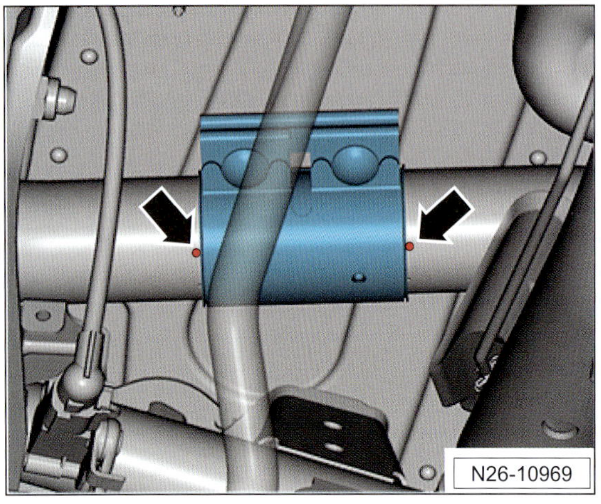

● Zum Verbinden der Abgasrohre wird eine Ersatzteil-Klemmschelle verwendet. **Achtung:** Bereits montierte Klemmschellen immer erneuern, nicht wieder verwenden. Da je nach Fahrzeugmodell unterschiedliche Rohrdurchmesser verwendet werden, auf richtige Ersatzteilzuordnung achten. Klemmschelle wie in der Abbildung gezeigt mittig zu den äußeren Markierungen ausrichten –Pfeile–.

● Klemmschelle so ausrichten, dass die Verschraubung nach hinten und die Muttern nach oben zeigen, siehe auch Abbildung A26-11263 auf Seite 286.

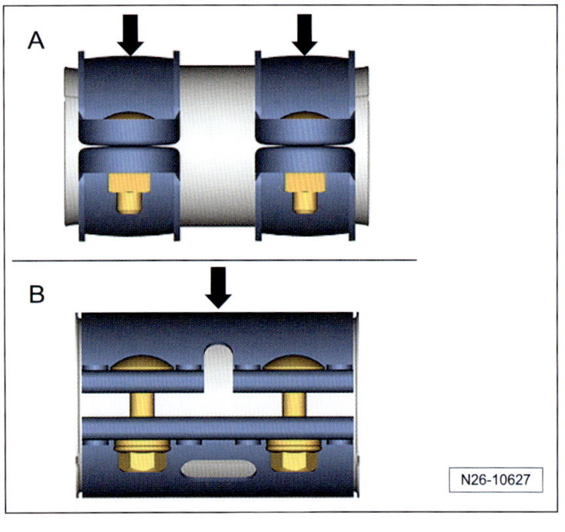

● Klemmschelle gleichmäßig festziehen.
Variante A – **25 Nm.**
Variante B – **30 Nm.**
Der Pfeil zeigt auf die Trennstelle der Abgasanlage.

Abgasanlage spannungsfrei einrichten

Die Abgasanlage wird in kaltem Zustand (Umgebungstemperatur) eingerichtet.

● Schrauben der Verbindungsschelle(n) lockern und Schelle(n), wie bei den Übersichtsabbildungen gezeigt, ausrichten. Dabei darf das Schraubenende nicht über die Unterkante der Schelle hinausragen.

● Abgasanlage so ausrichten, dass sie spannungsfrei in den Aufhängungen sitzt. Dabei auf ausreichenden Abstand von mindestens 25 mm zum Aufbau achten. Gegebenenfalls Anlage verdrehen oder in Längsrichtung verschieben. Die Halterungen müssen gleichmäßig belastet werden. Darauf achten, dass die Rohre weit genug in die Schellen geschoben werden. Dafür sind als Markierungen an den Rohren Eindrückungen angebracht.

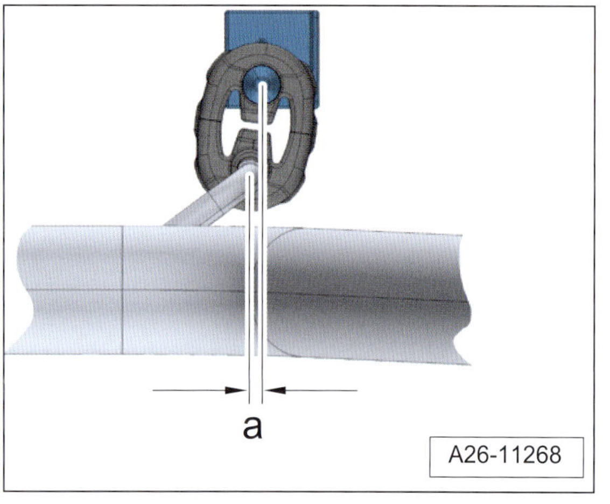

● Abgasanlage so weit nach vorn drücken, bis die Vorspannung an der Halteschlaufe am Abgasrohr a = 5 mm beträgt.

● Klemmhülse vorn einbauen beziehungsweise anziehen.

1,2-/1,4-l-Benzinmotor

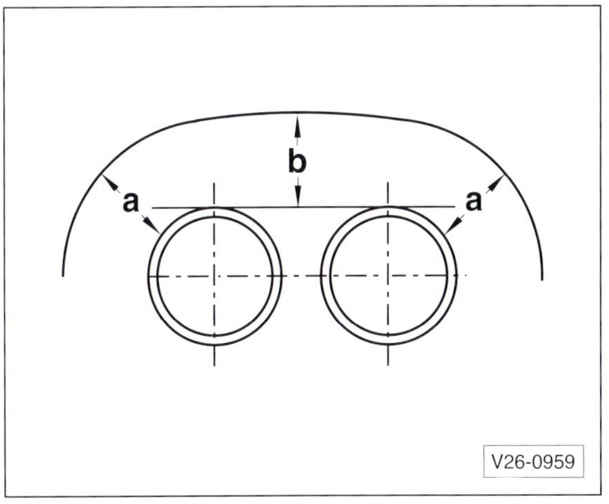

- Abgasanlage so ausrichten, dass der Abstand der Endrohre –a– rechts und links gleich groß ist und der Abstand –b– vom Stoßfängerausschnitt zu den Endrohren parallel verlaufen.
- Schrauben und Muttern festziehen. Die **Anzugsdrehmomente** stehen in den Legenden zu den Übersichtsabbildungen.

2,0-l-Benzinmotor

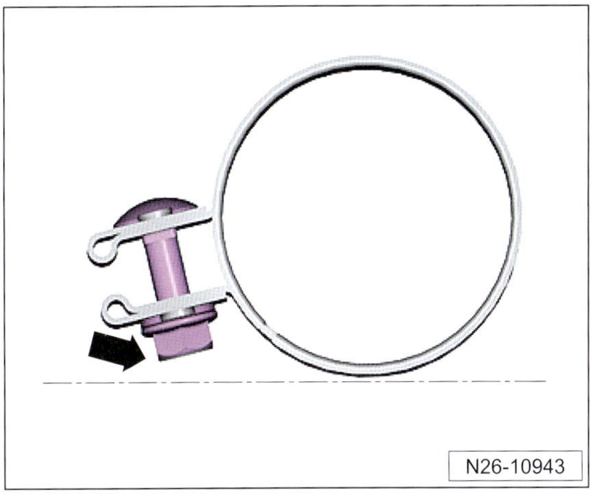

- Schrauben der Verbindungsschelle(n) lockern und Schelle(n), wie in der Abbildung gezeigt, ausrichten. Die Verschraubung zeigt nach links. Dabei darf das Schraubenende nicht über die Unterkante der Schelle hinausragen –Pfeil–.

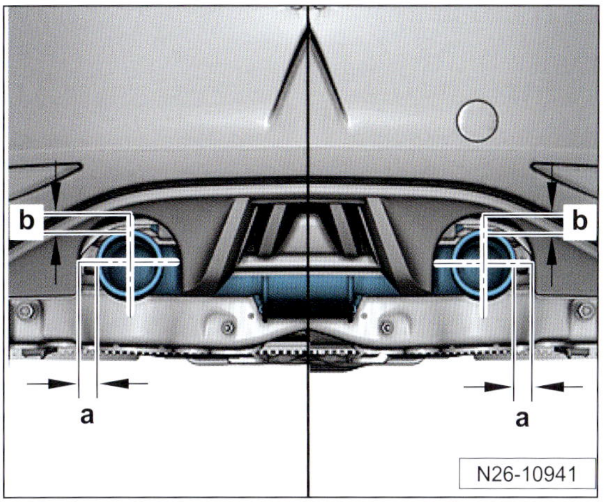

- Nachschalldämpfer so ausrichten, dass zwischen Stoßfänger und Abgasendrohren die Abstände –a– und –b– gleichmäßig sind.

Innenausstattung

Aus dem Inhalt:

- **Innenspiegel ersetzen**
- **Sonnenblende ersetzen**
- **Dachhaltegriffe ersetzen**
- **Handschuhfach ausbauen**
- **Mittelkonsole demontieren**
- **Innenverkleidungen**
- **Sitze ausbauen**

Wichtige Arbeits- und Sicherheitshinweise

Werden Arbeiten an der Innenausstattung ausgeführt, sind folgende Hinweise unbedingt zu beachten:

- Zum Abhebeln von Kunststoffverkleidungen und -blenden Kunststoffkeil verwenden, zum Beispiel HAZET 1965-20, oder Lösehebel, zum Beispiel HAZET 799-3.
- Bereiche, an denen ein Kunststoffkeil oder ein Schraubendreher angesetzt wird, zum Schutz mit Klebeband abkleben.
- Vor dem Einbau sämtliche Befestigungselemente auf Beschädigung prüfen und gegebenenfalls ersetzen.
- Clips, die beim Ausbau von Verkleidungen beschädigt werden, immer erneuern.
- Die Fenster- und Türsäulen der Karosserie werden von vorn nach hinten als A-, B-, C-Säulen bezeichnet, beim VARIANT sind zusätzliche D-Säulen vorhanden.
- Sitze, Sicherheitsgurte und Airbags sind sicherheitsrelevante Bauteile. **Aus Sicherheitsgründen nur die hier beschriebenen Arbeiten durchführen. Komplexere Arbeiten nicht in Eigenregie vornehmen, sondern von einer Fachwerkstatt durchführen lassen.**

Achtung: Airbag-Sicherheitshinweise unbedingt befolgen, insbesondere bei Arbeiten an der Armaturentafel, siehe Seite 193.

Um ein Auslösen des Airbags zu verhindern, vor dem Trennen von Kabeln des Airbag-Systems die Zündung ausschalten und dann die Batterie abklemmen. Außerdem muss aus Sicherheitsgründen der Minuspol (–) von der Batterie isoliert werden, siehe Seite 78.

> **Achtung:** Wenn im Rahmen von Arbeiten an der Karosserie auch Arbeiten an der elektrischen Anlage durchgeführt werden, **grundsätzlich** Zündung ausschalten und Zündschlüssel abziehen. Als Arbeit an der elektrischen Anlage ist dabei schon zu betrachten, wenn eine elektrische Leitung vom Anschluss abgezogen beziehungsweise abgeklemmt wird.

Halteclips/Halteklammern aus- und einbauen

Zahlreiche Abdeckungen und Verkleidungen sind mit Halteclips und Halteklammern an der Karosserie befestigt.

Ausbau

- **Halteclip an der Rückseite der Verkleidung:** Geeignetes Werkzeug, zum Beispiel HAZET-Lösehebel 799-3, unter die Verkleidung schieben und Halteclip –2– aus der Bohrung herausziehen. **Hinweis:** Die Clips werden dabei häufig beschädigt und müssen ersetzt werden.
- **Halteklammer an der Rückseite der Verkleidung:** Verkleidung im Bereich der Halteklammer –1/3– von der Karosserie abziehen und dadurch die Halteklammer aus der Bohrung herausziehen.

Einbau

- Vor dem Einbau Halteclips oder Halteklammern auf Beschädigungen überprüfen, wenn nötig ersetzen. Richtigen Sitz an der Verkleidung überprüfen.
- Halteklammer –1– gegebenenfalls in die Führung an der Rückseite der Verkleidung schieben.
- Verkleidung so ansetzen, dass sich die Halteclips oder Halteklammern über den Bohrungen befinden. Verkleidung im Bereich der Clips fest andrücken und einrasten.

Innenspiegel aus- und einbauen

Spiegel ohne Zusatzausstattungen

Ausbau

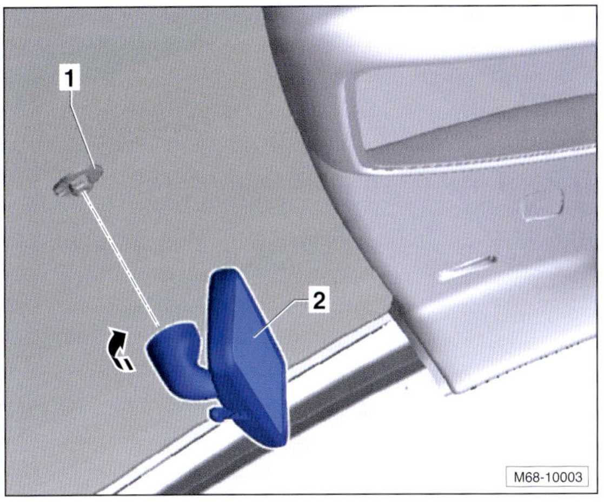

- Innenspiegel –2– um 90° gegen den Uhrzeigersinn drehen –Pfeil– und von der Halteplatte –1– abnehmen.

Einbau

- Der Einbau erfolgt in umgekehrter Ausbaureihenfolge.

Spiegel mit Regensensor und Lichterkennung bis 5/2016

Ausbau

- Zündung ausschalten und Zündschlüssel abziehen.
- Spiegel bis zum Anschlag nach unten schwenken (ca. 25°).

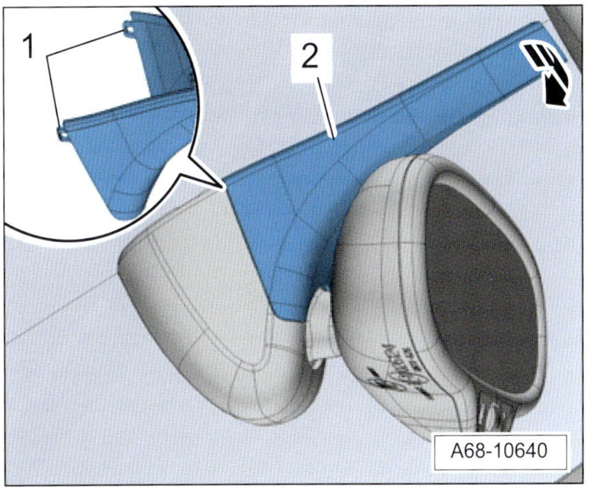

- Abdeckung –2– hinten nach unten ziehen –Pfeil– und gleichzeitig die Verrastungen –1– mit einem Schraubendreher entriegeln.
- Abdeckung am Spiegelfuß aushängen und abnehmen.

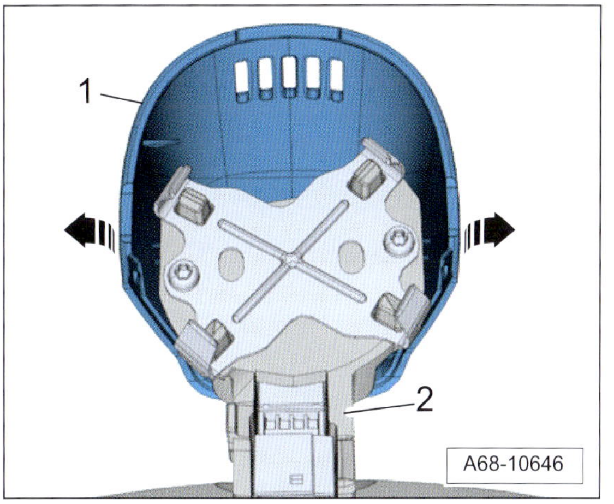

- Rastnasen vorsichtig aushängen –Pfeile– und Abdeckung –1– vorn nach unten aus den Führungsstegen am Innenspiegelfuß –2– herausziehen.

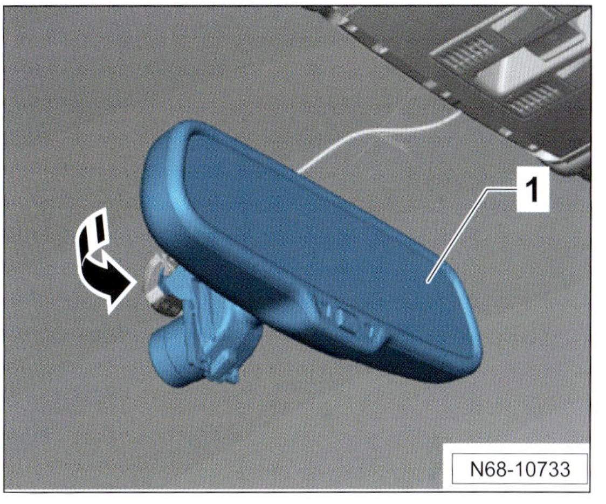

- Innenspiegel –1– um ca. 20° gegen den Uhrzeugersinn drehen –Pfeil– und nach unten abnehmen.
- Falls vorhanden, Steckverbindung am Innenspiegel trennen.

Einbau

- Sämtliche Befestigungselemente auf Beschädigung prüfen und gegebenenfalls ersetzen.
- Der Einbau erfolgt in umgekehrter Ausbaureihenfolge.

Ab 6/2016

Ausbau

Hinweis: Bei Ersatzteilbestellung darauf achten, dass die Ersatzteile vom gleichen Hersteller (Zulieferer) sind.

- Zündung ausschalten und Zündschlüssel abziehen.

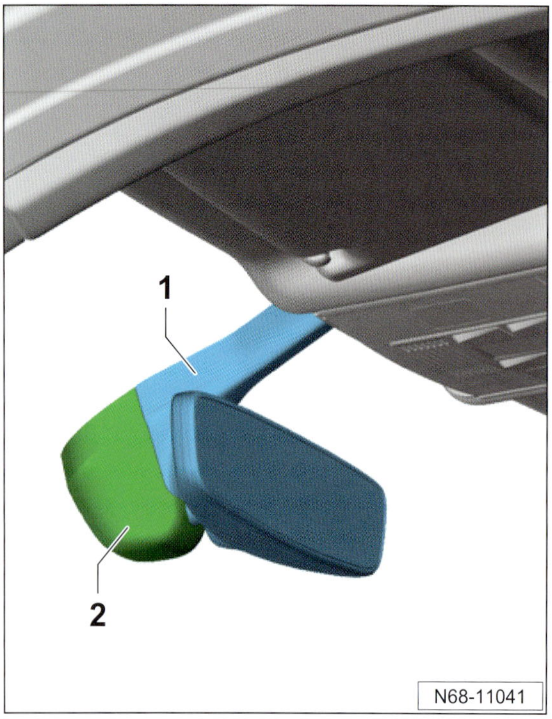

- Abdeckkappe für Kabelführung –1– an den Seiten, im Übergangsbereich zur Abdeckkappe –2–, leicht nach innen drücken und vorsichtig in Richtung Dachhimmel schieben.
- Abdeckkappe –1– abnehmen.
- Abdeckkappe –2– an den Seiten leicht nach außen biegen und nach unten vom Spiegel abziehen.

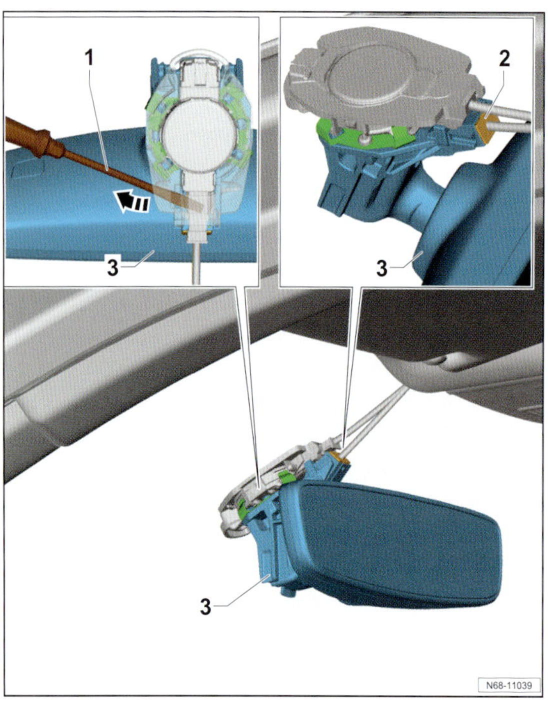

- Steckerverbindung –2– am Innenspiegel entriegeln und abziehen.
- Schraubendreher –1– oder einen Splinttreiber mit exakt 4,5 mm Durchmesser in den Spalt einführen.
- Innenspiegel –3– am Spiegelfuß um ca. 20° gegen den Uhrzeigersinn drehen –Pfeil–. **Hinweis:** Darauf achten, dass der Schraubendreher/Splinttreiber während der Drehung gesteckt ist, jedoch nicht als Hebel verwendet wird.
- Innenspiegel –3– nach unten abziehen.

Einbau

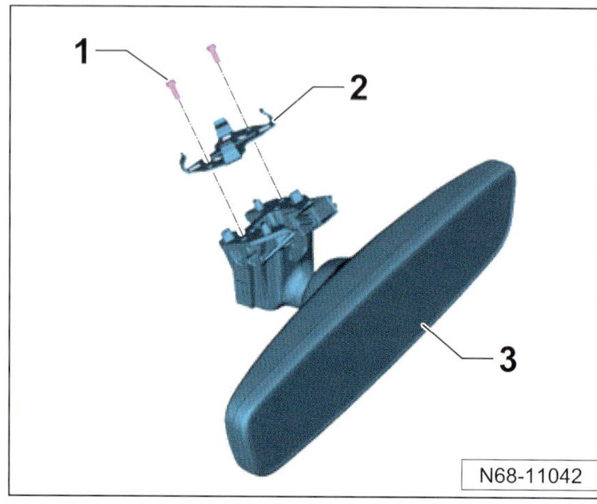

Achtung: Federklammer –2– am Innenspiegel –3– nach dem Ausbau des Spiegels grundsätzlich erneuern.

- 2 Schrauben –1– herausdrehen.
- Innenspiegel um 20° gegen den Uhrzeigersinn gedreht auf der Halteplatte ansetzen. **Hinweis:** Dabei auf parallelen Sitz des Spiegels mit der Halteplatte achten.
- Spiegel im Uhrzeigersinn drehen bis dieser hörbar in der Halteplatte einrastet.
- Der weitere Einbau erfolgt sinngemäß in umgekehrter Ausbaureihenfolge.

Spiegel automatisch abblendbar, mit Regen- und Lichtsensor sowie mit Frontkamera

Bis 5/2016

Ausbau

- Zündung ausschalten.

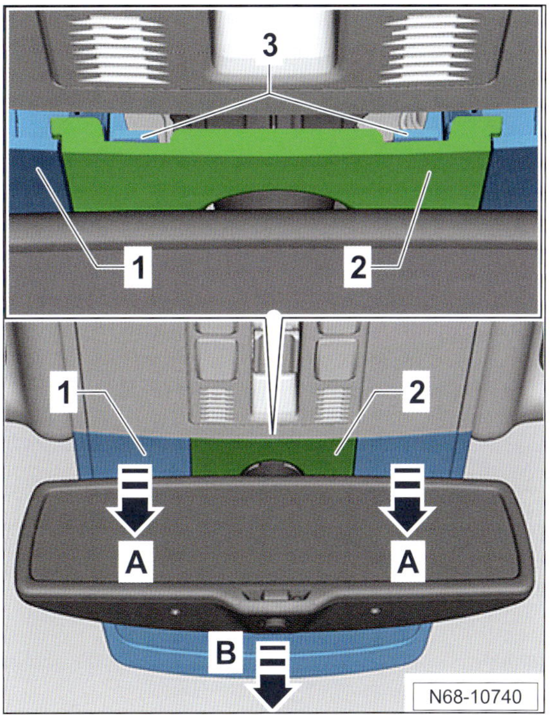

- Abdeckung vorn –1– von der vorderen Innenleuchte abclipsen und etwa 10 mm nach unten ziehen –Pfeile A–.
- Rastnasen –3– mit einem kleinen Schraubendreher entriegeln.
- Abdeckung –1– nach vorn von der Innenleuchte und der Halteplatte abziehen –Pfeil B– und abnehmen.
- Hintere Abdeckung –2– nach hinten abnehmen.

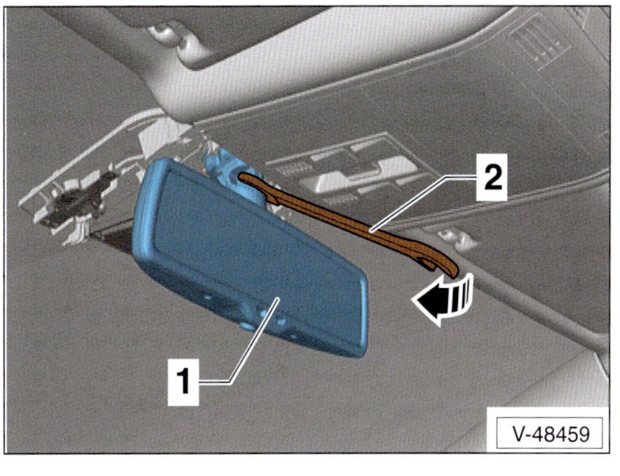

- Innenspiegel –1– mit einem Maulschlüsse SW-13 –2– um ca. 20° gegen den Uhrzeugersinn drehen –Pfeil– und nach unten abnehmen.
- Steckverbindung am Innenspiegel trennen.

Einbau

- Sämtliche Befestigungselemente auf Beschädigung prüfen und gegebenenfalls ersetzen.
- Der Einbau erfolgt in umgekehrter Ausbaureihenfolge.

Spiegel mit Frontkamera

Ab 6/2016

Ausbau

Hinweis: Bei Ersatzteilbestellung darauf achten, dass die Ersatzteile vom gleichen Hersteller (Zulieferer) sind.

- Zündung ausschalten und Zündschlüssel abziehen.

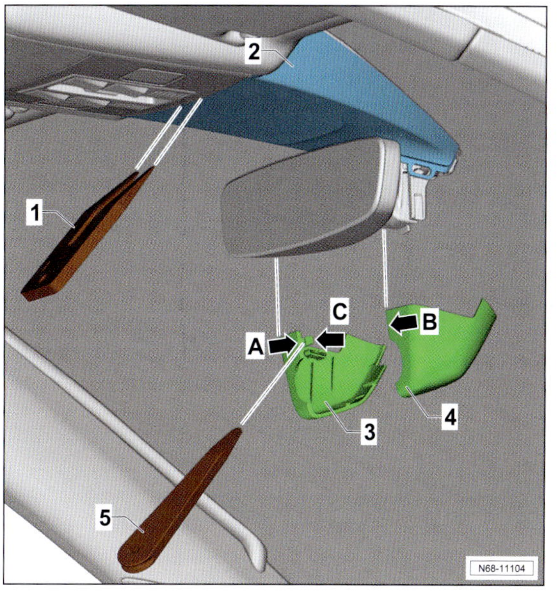

- Mit einem Kunststoffkeil –1– die Abdeckung der Frontkamera –2– von der Befestigung im vorderen Bereich der Dachkonsole ausclipsen.
- Mit dem Keil –1– die Abdeckung der Frontkamera –2– vorsichtig etwas nach unten drücken.
- Dadurch bildet sich ein Spalt zwischen den eingebauten Spiegelfußabdeckungen –3– und –4–, –Pfeil A– und –Pfeil B–.
- Mit einem Kunststoffkeil auf die Verriegelungslasche –C– der linken Spiegelfußabdeckung –3– drücken, dann die rechte Spiegelfußabdeckung –4– abziehen.
- Anschließend die linke Spiegelfußabdeckung –3– abnehmen.
- Abdeckung der Frontkamera –2– abnehmen.
- Der weitere Ausbau erfolgt wie im Abschnitt »Spiegel mit Regensensor und Lichterkennung ab 6/2016« beschrieben.

Einbau

- Der Einbau erfolgt in umgekehrter Ausbaureihenfolge. Dabei Folgendes beachten:
- Federklammer ersetzen und Innenspiegel auf die Halteplatte aufschieben, siehe Abschnitt »Spiegel mit Regensensor und Lichterkennung ab 6/2016«.

Sonnenblende aus- und einbauen

Ausbau

- Sonnenblende nach vorn schwenken.

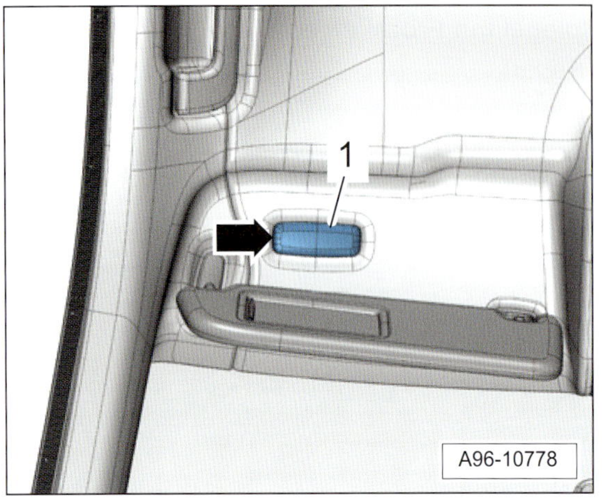

- Beleuchtung –1– für Make-up-Spiegel ausbauen. Dazu einen flachen Schraubendreher seitlich in die Aussparung –Pfeil– einsetzen und Leuchte vorsichtig heraushebeln.
- Elektrische Steckverbindung trennen.

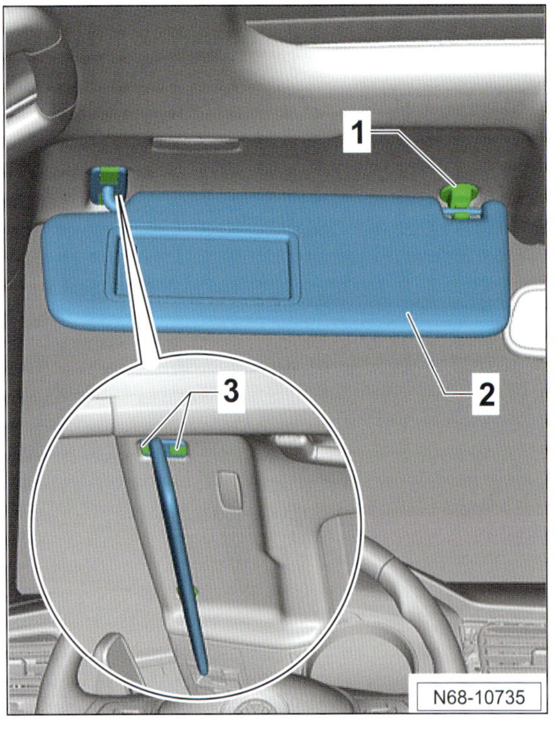

- Sonnenblende –2– am Mittellager –1– aushängen.
- Abdeckkappen –3– im Sonnenblendenlager mit einem kleinen Schraubendreher öffnen.

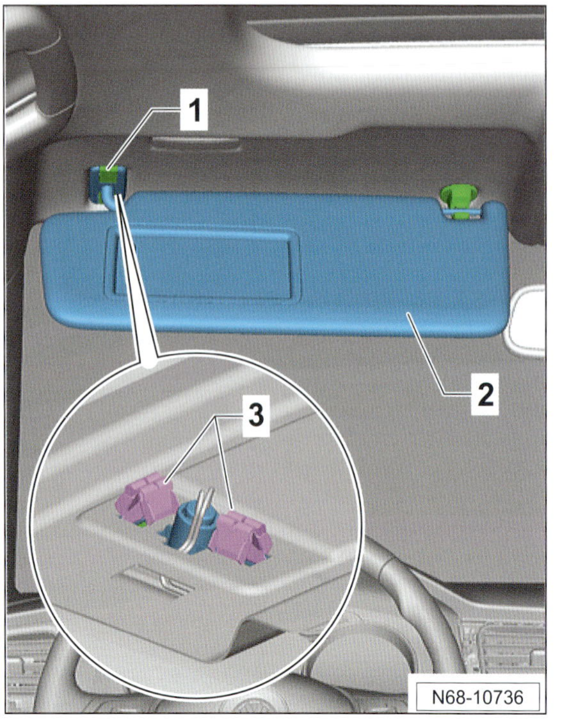

- Mit einer geeigneten Entriegelungszange die vordere Halteklammer –3– im Sonnenblendenlager –1– aus der Aufnahme der Karosserie lösen. Die Fachwerkstatt verwendet dazu die Zange VW-VAS-6427.

Achtung: Dabei darauf achten, dass die Entriegelungszange mittig in den Halteklammern positioniert wird.

- Die Sonnenblende auf Spannung halten, um zu verhindern, dass die Halteklammer ungewollt wieder verrastet.
- Zange herausziehen und in die hintere Halteklammer –3– im Sonnenblendenlager –1– einsetzen. Dadurch Halteklammer aus der Aufnahme der Karosserie lösen.
- Sonnenblende –2– mit Sonnenblendenlager –3– vorsichtig nach unten aus der Aufnahme der Karosserie herausnehmen und die Transportsicherung entfernen.
- Elektrischen Leitungsstrang nach vorn ziehen, vorher Verklebung mit dem Formhimmel lösen.
- Elektrische Steckverbindung trennen und Sonnenblende abnehmen.

Einbau

- Die elektrische Steckverbindung mit einer Lage Schaumstoffklebeband umkleben.
- Mit einem Finger in die Aussparung der Beleuchtung für Make-up-Spiegel greifen. Den Formhimmel etwas nach unten ziehen.
- Elektrische Steckverbindung zwischen Formhimmel und Dachquerträger ca. 6 cm einsetzen und nach hinten schieben.
- Vordere Halteklammer des Sonnenblendenlagers in die Aufnahme der Karosserie eindrücken und einrasten.
- Hintere Halteklammer des Sonnenblendenlagers in die Aufnahme der Karosserie eindrücken und einrasten.

- Prüfen, ob beide Halteklammern komplett in die Karosserie eingesteckt und verrastet sind.
- Der weitere Einbau erfolgt in umgekehrter Ausbaureihenfolge.

Mittellager der Sonnenblende aus- und einbauen

Ausbau

- Sonnenblende am Mittellager der Sonnenblende aushängen und zur Seite klappen.

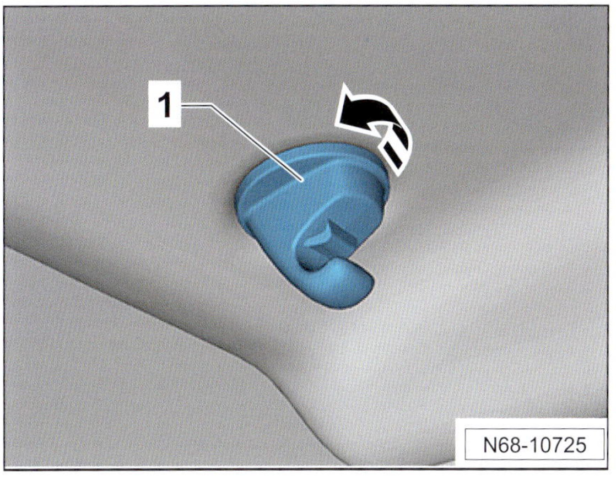

- Mittellager der Sonnenblende –1– etwa 90° (¼ Umdrehung) gegen den Uhrzeigersinn –Pfeil– drehen.
- Mittellager –1– nach unten abnehmen.

Einbau

- Der Einbau erfolgt in umgekehrter Ausbaureihenfolge.

Dachhaltegriff aus- und einbauen

Ausbau

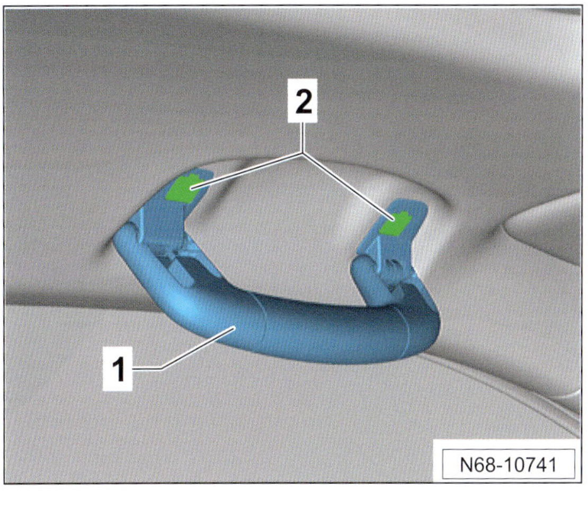

- Dachhaltegriff –1– herunterklappen und Abdeckkappen –2– mit kleinem Schraubendreher heraushebeln.

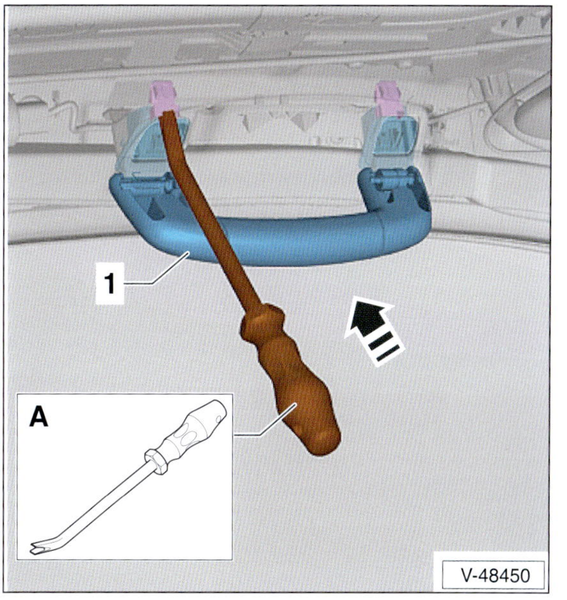

- Dachhaltegriff –1– nach unten klappen und Halteclips entriegeln. Die Fachwerkstatt verwendet dazu das Entriegelungswerkzeug VW-T10517 –A–, welches bis zum Anschlag zuerst in die linke Halteklammer eingedrückt wird –Pfeil–.
- Im Bereich der linken Halteklammer vorsichtig den Dachhaltegriff –1– nach unten ziehen und entriegeln.
- Die rechte Halteklammer auf die gleiche Weise ausclipsen.

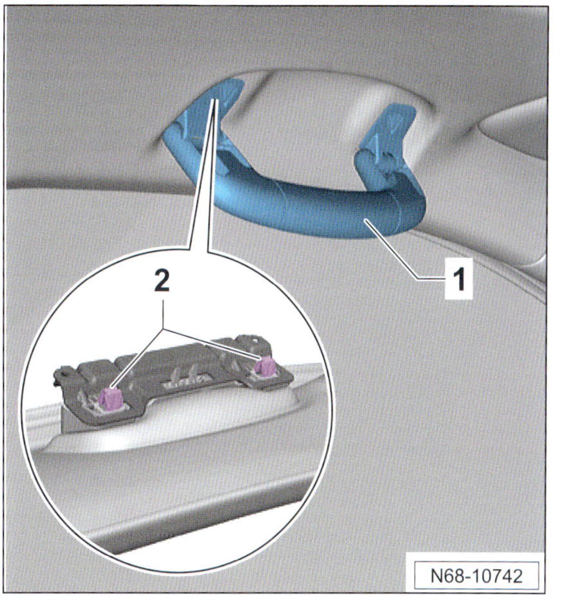

Hinweis: Die Halteklammern –2– des Dachhaltegriffs –1– sind damit aus den Aufnahmen im Halter des Dachhaltegriffs gelöst. Dies reicht beispielsweise, wenn der Dachhaltegriff nur zum Ausbau des Dachhimmels gelöst werden muss. Zum kompletten Ausbau des Dachhaltegriffs ist wie folgt weiter zu verfahren:

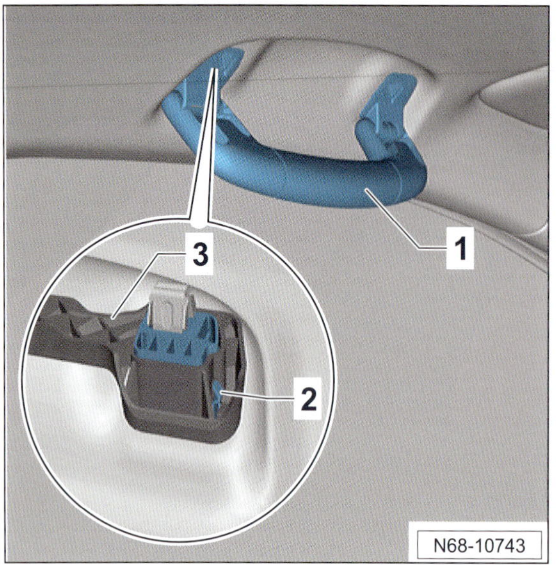

- Seitliche Rastnase –2– an beiden Seiten eindrücken.
- Dachhaltegriff –1– nach unten aus dem Abstandshalter –3– herausziehen.

Einbau

- Der Einbau erfolgt in umgekehrter Ausbaureihenfolge, dabei sicherstellen, dass beide Halteklammern komplett im Halter des Dachhaltegriffs eingerastet sind.

Fußraumabdeckung Fahrerseite aus- und einbauen

Ausbau

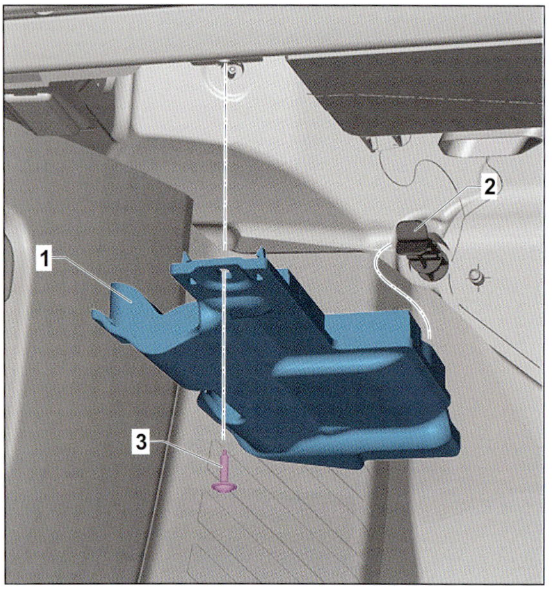

- Schraube –3– herausdrehen.
- Fußraumabdeckung Fahrerseite –1– aus dem Halter –2– herausziehen.

Einbau

- Der Einbau erfolgt in umgekehrter Ausbaureihenfolge. Abdeckung mit **1,5 Nm** anschrauben.

Ablagefach Fahrerseite aus- und einbauen

Ausbau

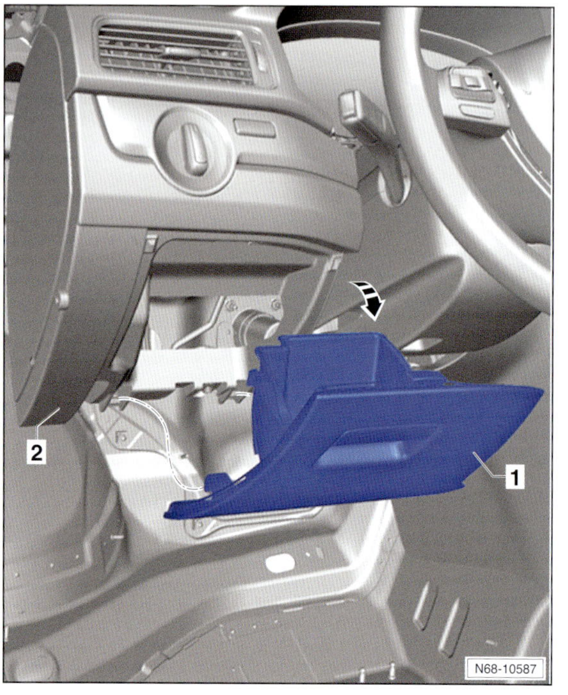

- Ablagefach Fahrerseite –1– in Pfeilrichtung öffnen.
- Ablagefach –1– aus den oberen Verrastungen lösen und unten aus der Armaturentafel –2– herausnehmen.

Einbau

- Der Einbau erfolgt in umgekehrter Ausbaureihenfolge.

Untere Abdeckung Fahrerseite aus- und einbauen

Ausbau

- Seitliche Abdeckung an der Armaturentafel auf der Fahrerseite ausbauen, siehe Seite 315.
- Fußraumabdeckung Fahrerseite ausbauen, siehe Seite 300.
- Abdeckung der Mittelkonsole auf der Fahrerseite ausbauen, siehe Seite 309.
- Ablagefach Fahrerseite ausbauen, siehe entsprechendes Kapitel.

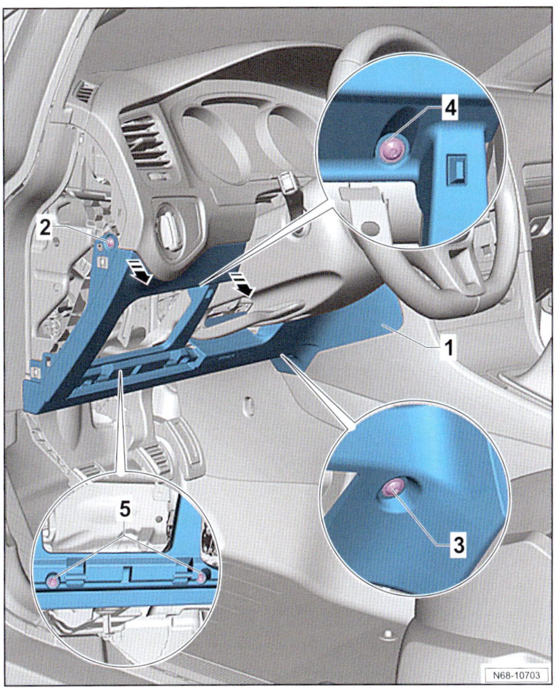

- Schraube –2– herausdrehen.
- Schraube –3– herausdrehen.
- Schrauben –4– und –5– herausdrehen.
- Untere Abdeckung Fahrerseite –1– von der Armaturentafel abclipsen –Pfeile– und abnehmen.

Einbau

- Der Einbau erfolgt in umgekehrter Ausbaureihenfolge. Schrauben mit **1,5 Nm** anziehen.

Knieairbag auf der Fahrerseite aus- und einbauen

Ausbau

- **Airbag-Sicherheitshinweise durchlesen und befolgen, siehe Seite 193.**
- Masseleitung der Batterie **bei eingeschalteter Zündung** abklemmen, siehe Seite 78.

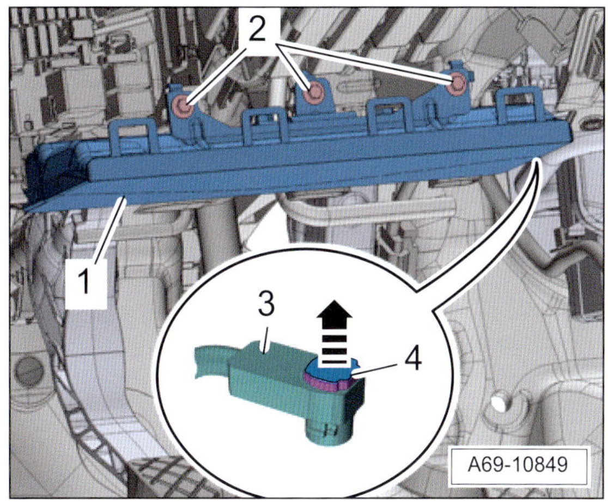

- Die 3 Schrauben –2– herausdrehen.
- Knieairbag Fahrerseite –1– nach hinten herausnehmen.

Achtung: Vor dem Abnehmen der Airbag-Einheit beziehungsweise dem Trennen von elektrischen Leitungen eine eventuelle **elektrostatische Aufladung** abbauen. Dazu kurz den **Schließkeil der Tür** oder **die Karosserie anfassen.**

- Elektrische Steckverbindung –3– am Zünder für Knieairbag Fahrerseite trennen.
- Dazu Steckersicherung –4– mit einem kleinen Schraubendreher entriegeln –Pfeil– und elektrische Steckverbindung abziehen.

Achtung: Den Airbag so ablegen, dass das Prallpolster nach oben zeigt.

Einbau

Achtung: Vor dem Verbinden von elektrischen Leitungen eine eventuelle **elektrostatische Aufladung** abbauen. Dazu kurz den **Schließkeil der Tür** oder **die Karosserie anfassen.**

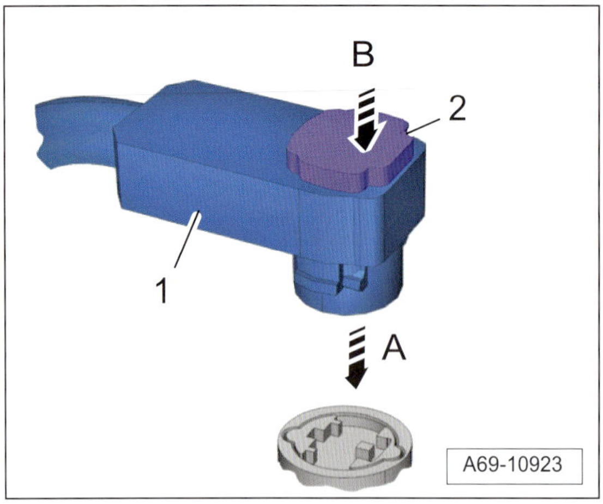

- Steckverbindung –1– auf den Zünder für Airbag aufstecken –Pfeil A–.
- Steckersicherung –2– hineindrücken –Pfeil B–, dabei wird die Steckverbindung bis zum Anschlag in den Zünder für Airbag eingeschoben und gleichzeitig verriegelt.
- Der weitere Einbau erfolgt in umgekehrter Ausbaureihenfolge, dabei Folgendes beachten:

Hinweis: Darauf achten, dass die elektrischen Steckverbindungen bis zum Anschlag aufgeschoben sind und hörbar einrasten, sowie dass die Leitungen nicht eingeklemmt werden.

Achtung: Vorsichtig vorgehen, damit die Oberfläche des Knieairbags nicht durch mechanische Beanspruchung beschädigt wird. Nach Abschluss der Arbeit Sichtkontrolle durchführen, ob die Oberfläche des Knieairbags unbeschädigt ist.

- Knieairbag mit **8 Nm** anschrauben.

Achtung: Das Anklemmen der Batterie muss bei **eingeschalteter Zündung** erfolgen. Beim Anklemmen der Batterie darf sich keine Person im Fahrzeuginnenraum aufhalten.

- Masseleitung der Batterie bei eingeschalteter Zündung anklemmen, siehe Seite 78.

Achtung: Wenn nach dem Wiederanklemmen der Batterie die Zündung nicht eingeschaltet ist (Kontrollleuchten im Kombiinstrument leuchten nicht) darf die Zündung (Schlüssel/Taster) nur auf dem Fahrersitz sitzend, in der hintersten Position eingeschaltet werden.

- Fehlerspeicher des Steuergeräts für Airbag abfragen und löschen, da durch das Trennen der elektrischen Steckverbindungen Fehler abgespeichert sein können (Werkstattarbeit).

Spaltabdeckung am Kombiinstrument aus- und einbauen

Ausbau

- Hebel der Lenkradverstellung lösen.
- Lenkrad ganz herausziehen, nach unten drücken und feststellen.

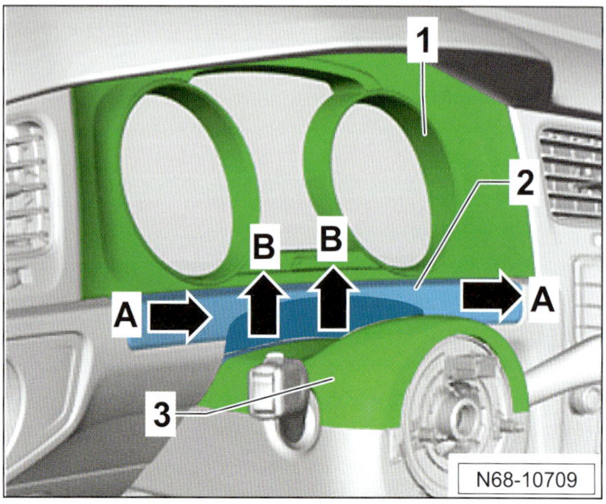

- Spaltabdeckung –2– mit einem Kunststoffkeil aus den Aufnahmen am Kombiinstrument –1– lösen –Pfeile A–.
- Spaltabdeckung –2– aus den Aufnahmen an der oberen Lenksäulenverkleidung –3– lösen –Pfeile B– und abnehmen.

Einbau

- Der Einbau erfolgt in umgekehrter Ausbaureihenfolge.

Obere Lenksäulenverkleidung aus- und einbauen

Ausbau

- Hebel der Lenkradverstellung lösen.
- Lenkrad ganz herausziehen, nach unten drücken und feststellen.

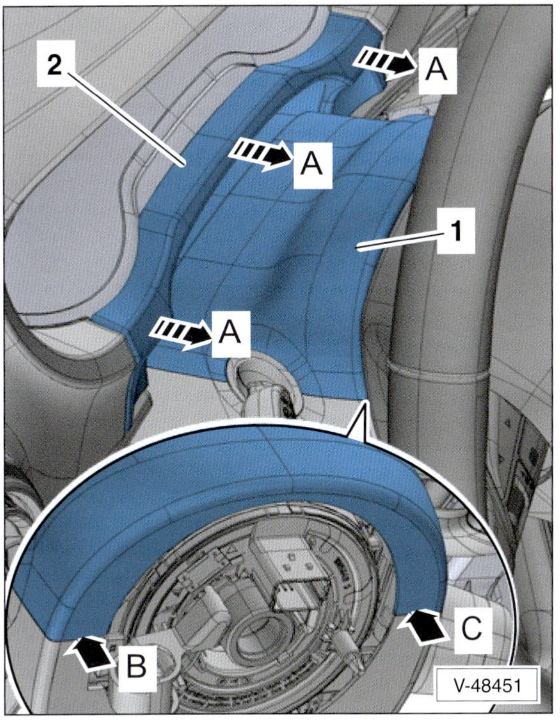

- Spaltabdeckung –2– mit einem Kunststoffkeil aus den Aufnahmen am Kombiinstrument lösen –Pfeile A–.
- Obere Lenksäulenverkleidung –1– aus den Aufnahmen der unteren Lenksäulenverkleidung lösen –Pfeil B– und –Pfeil C–. Dazu das Lenkrad entsprechend verdrehen.
- Obere Lenksäulenverkleidung an der unteren Lenksäulenverkleidung aushängen und zusammen mit der Spaltabdeckung abnehmen.

Einbau

- Der Einbau erfolgt in umgekehrter Ausbaureihenfolge.

Untere Lenksäulenverkleidung aus- und einbauen

Ausbau

- Untere Lenksäulenverkleidung ausbauen, siehe entsprechendes Kapitel.
- Zündung ausschalten. Zündschlüssel abziehen, wenn vorhanden.

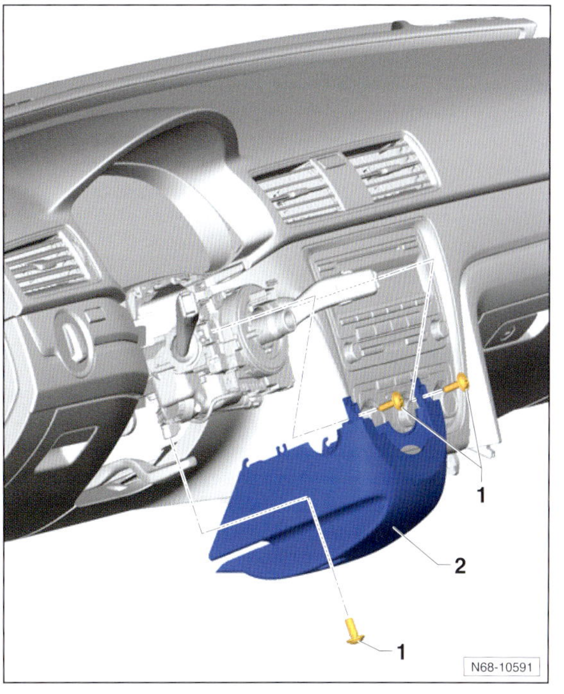

- Schrauben –1– aus der unteren Lenksäulenverkleidung herausdrehen. Dazu das Lenkrad entsprechend verdrehen.
- Untere Lenksäulenverkleidung –2– von der Lenksäule abnehmen.
- Bei Fahrzeugen mit schlüssellosem Schließ- und Startsystem die elektrische Steckverbindung für die Lesespule der Wegfahrsicherung trennen.

Einbau

- Der Einbau erfolgt in umgekehrter Ausbaureihenfolge. Schrauben mit **2,5 Nm** anziehen.

Fußraumabdeckung Beifahrerseite aus- und einbauen

Ausbau

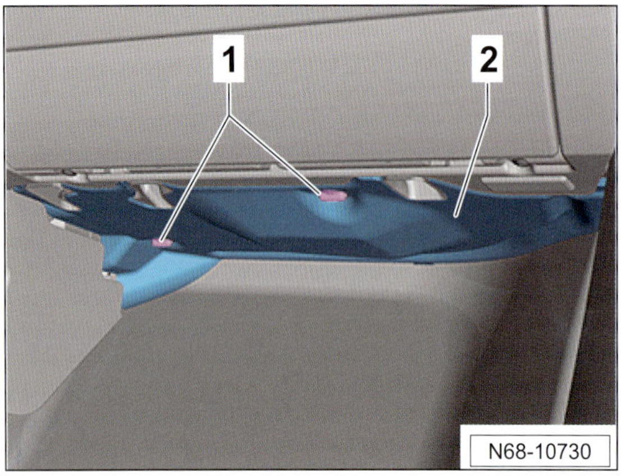

- Schrauben –1– herausdrehen.
- Fußraumabdeckung –2– aus Armaturentafel und Mittelkonsole herausfädeln und abnehmen.

Einbau

- Der Einbau erfolgt in umgekehrter Ausbaureihenfolge. Die Schrauben –1– handfest anziehen.

Handschuhfachöffner aus- und einbauen

Ausbau

- Handschuhfach öffnen.

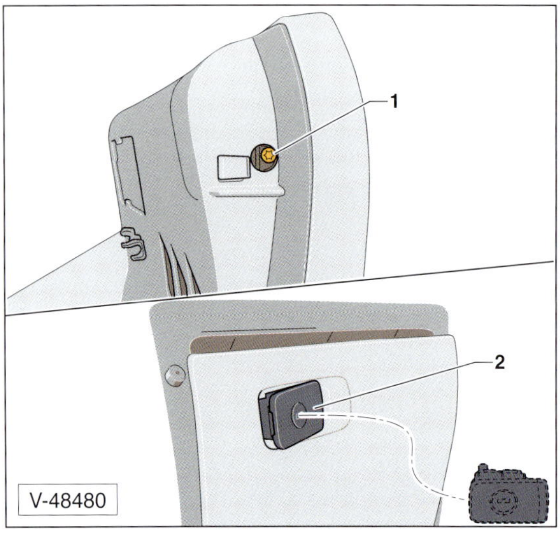

- Schraube –1– herausdrehen und Entriegelungstaste –2– aus dem Handschuhfachdeckel herausnehmen.

Einbau

- Der Einbau erfolgt in umgekehrter Ausbaureihenfolge. Schraube mit **1,5 Nm** anziehen.

Bremselement Handschuhfachdeckel aus- und einbauen

Ausbau

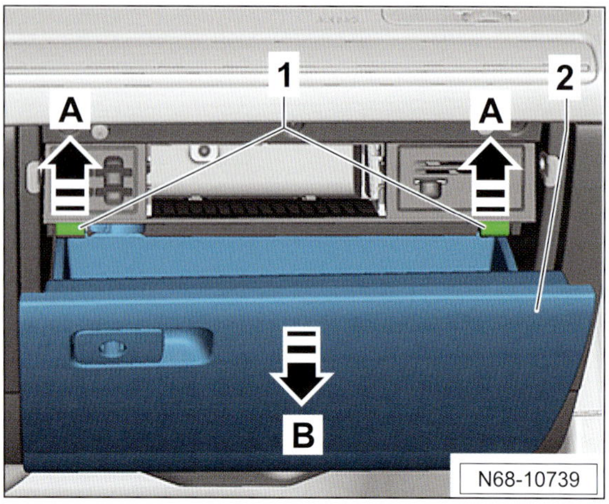

- Handschuhfachdeckel in Servicestellung bringen:
  - Handschuhfachdeckel –2– öffnen.
  - Anschläge –1– für den Handschuhfachdeckel –2– nach oben drücken –Pfeile A–.
  - Gleichzeitig den Handschuhfachdeckel –2– weiter öffnen –Pfeil B–. Dabei die Zahnstange des Bremselements vorsichtig aus dem Dämpfungselement herausziehen.

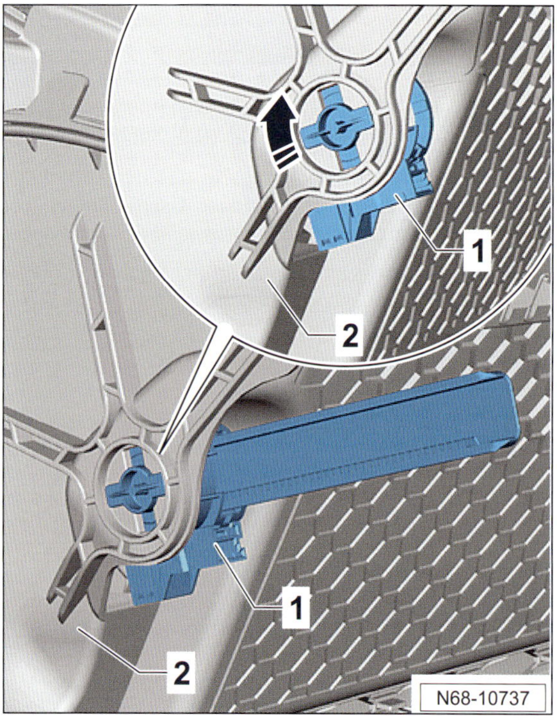

- Steckverbindung für Schalter der Handschuhfachleuchte am Dämpfungselement –1– trennen.

- Dämpfungselement –1– um 90° (¼ Umdrehung) im Uhrzeigersinn drehen –Pfeil– und vom Handschufach –2– abnehmen.

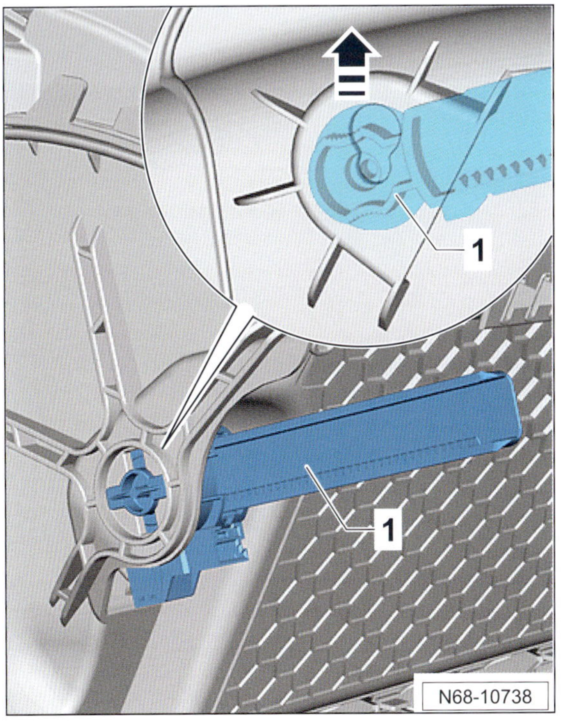

- Zahnstange –1– in Pfeilrichtung verschieben, dadurch entriegeln und vom Handschuhfachdeckel abnehmen.

Einbau

- Der Einbau erfolgt in umgekehrter Ausbaureihenfolge.
- Servicestellung des Handschuhfachdeckels zurücksetzen:
  - ◆ Handschuhfachdeckel langsam schließen, dabei die Zahnstange des Bremselements vorsichtig in das Dämpfungselement einschieben.
  - ◆ Handschuhfachdeckel weiter schließen und hinter den Endanschlägen verrasten.

Handschuhfach aus- und einbauen

Ausbau

- Seitliche Abdeckung der Armaturentafel auf der Beifahrerseite ausbauen, siehe Seite 315.
- Fußraumabdeckung Beifahrerseite ausbauen, siehe Seite 304.
- Abdeckung der Mittelkonsole auf der Beifahrerseite ausbauen, siehe Seite 309.
- Falls vorhanden, Steuergerät für Informationselektronik ausbauen, siehe Seite 149.

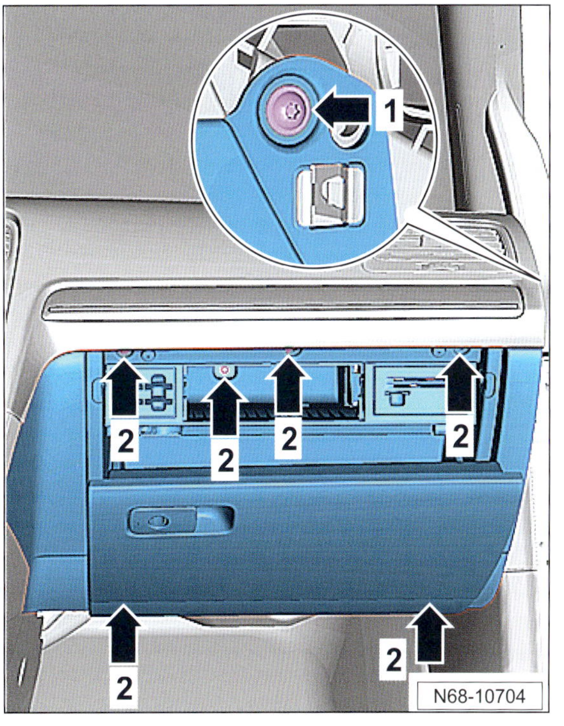

- An der Außenseite die Schraube –Pfeil 1– herausdrehen.
- Handschuhfachdeckel öffnen und Schrauben –Pfeile 2– herausdrehen.
- Handschuhfach von der Armaturentafel abclipsen und so weit abnehmen, bis der Schlauch für die Handschuhfachkühlung zugänglich ist.
- Schlauch für Handschuhfachkühlung vom Handschuhfach abziehen.
- Vorhandene elektrische Steckverbindungen am Handschuhfach trennen, Leitungsführungen freilegen und Handschuhfach abnehmen.

Einbau

- Der Einbau erfolgt in umgekehrter Ausbaureihenfolge. Schrauben mit **1,5 Nm** anziehen.

Handschuhfachdeckel aus- und einbauen

Ausbau

- Handschuhfach ausbauen, siehe Seite 305.
- Handschuhfach auf einer weichen Unterlage ablegen.
- Handschuhfachdeckel in Servicestellung bringen, siehe Kapitel »Bremselement Handschuhfachdeckel aus- und einbauen«.

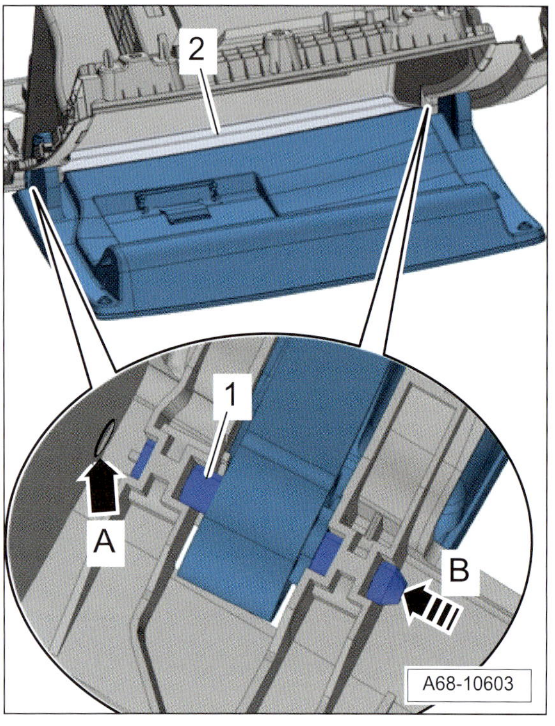

- Links und rechts die Scharnierbolzen –1– mit einem Durchschlag in Pfeilrichtung –B– heraustreiben.
- Handschuhfachdeckel vom Handschuhfach abnehmen.

Einbau

- Der Einbau erfolgt in umgekehrter Ausbaureihenfolge. Scharnierbolzen bis zum Anschlag eintreiben –Pfeil A–

Dachhimmelblende aus- und einbauen

Ausbau

- Zündung ausschalten.

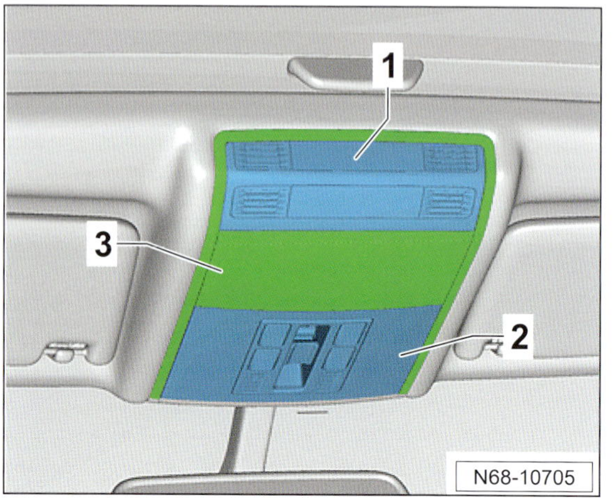

- Abdeckung –1– aus der Ablage Dachhimmelblende –3– ausclipsen und abnehmen.
- Innenleuchte vorn –2– ausbauen, siehe Seite 137.
- Falls erforderlich, Abdeckungen für Innenspiegel ausbauen, siehe Seite 295.

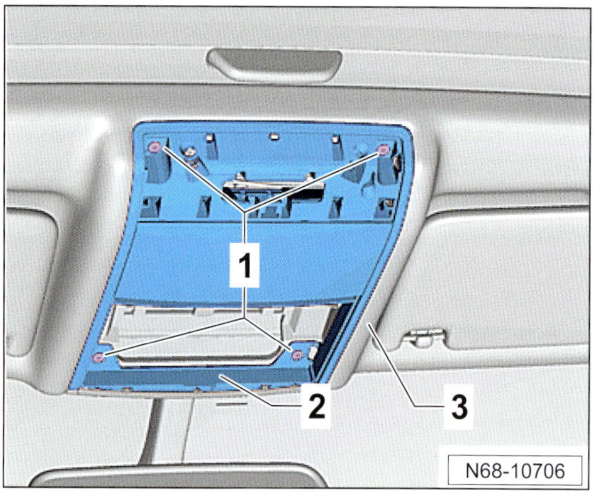

- Schrauben –1– herausdrehen.
- Dachhimmelblende –2– aus dem Verstärkungsrahmen im Dachhimmel –3– herausnehmen.

Einbau

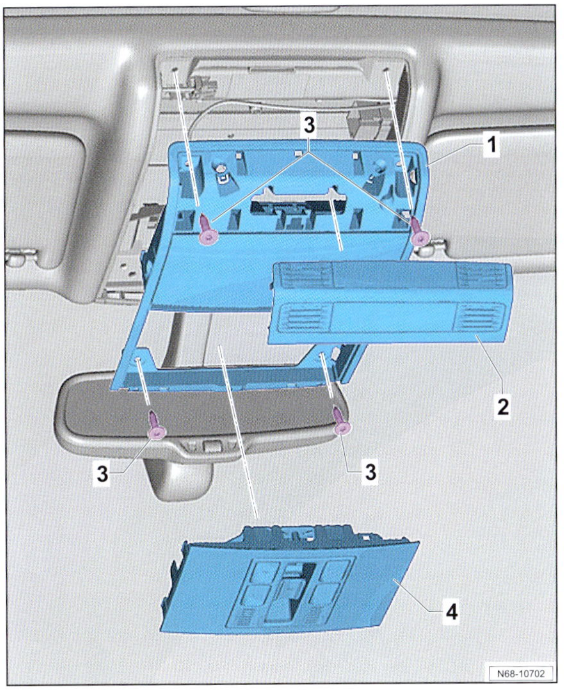

1 – Dachhimmelblende
2 – Abdeckung
3 – Schrauben (4 Stück)
4 – Innenleuchte vorn

- Der Einbau erfolgt in umgekehrter Ausbaureihenfolge. Schrauben mit **1,5 Nm** anziehen.

Hintere Blende der Mittelkonsole aus- und einbauen

Ausbau

- Vordersitze in die vorderste Stellung fahren.

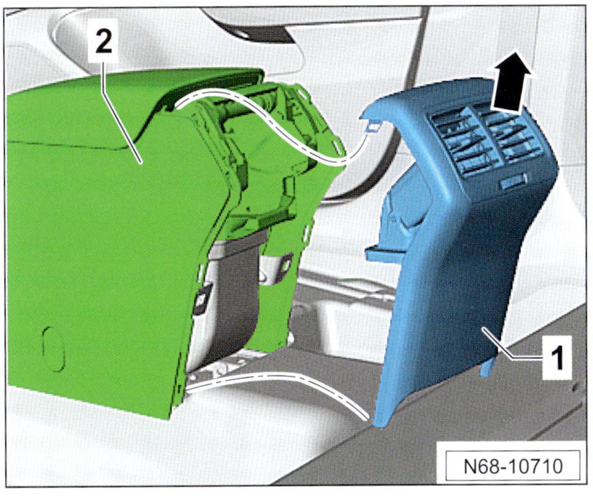

- Hintere Blende –1– am unteren Ende nach hinten von der Mittelkonsole –2– abziehen.
- Blende –1– nach oben von der Mittelkonsole –2– abziehen –Pfeil– und abnehmen.

Einbau

- Der Einbau erfolgt in umgekehrter Ausbaureihenfolge.

Fußraumverkleidung der Mittelkonsole aus- und einbauen

Ausbau

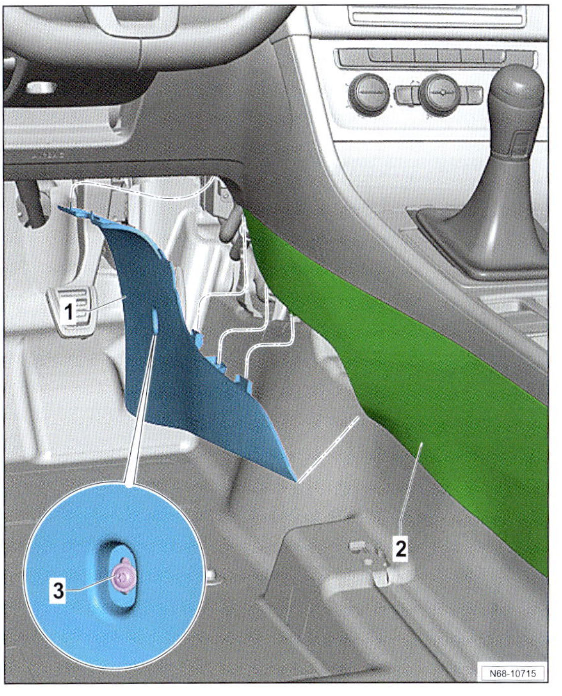

- Schraube –3– herausdrehen.
- Fußraumverkleidung der Mittelkonsole –1– nach unten aus den Aufnahmen der Mittelkonsole –2– herausziehen und abnehmen.

Einbau

- Der Einbau erfolgt in umgekehrter Ausbaureihenfolge. Schraube mit **1,5 Nm** anziehen.

Blende für Heizungsbedieneinheit aus- und einbauen

Ausbau

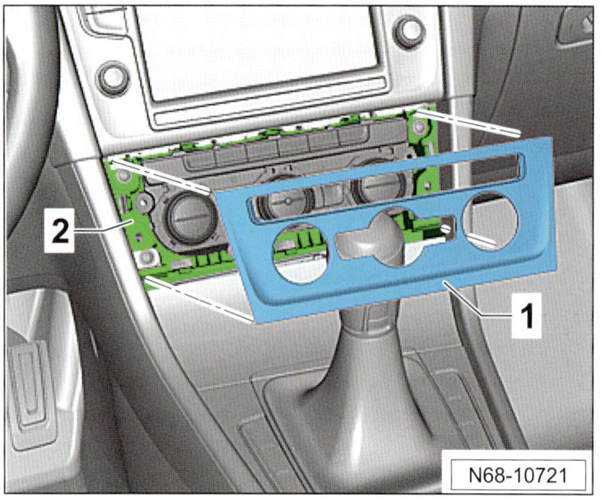

- Blende für Heizungsbedieneinheit –1– von der Heizungsbedieneinheit –2– abclipsen. Dabei an der Unterseite beginnen.
- Blende herausnehmen.

Einbau

- Der Einbau erfolgt in umgekehrter Ausbaureihenfolge.

Vorderes Ablagefach der Mittelkonsole aus- und einbauen

Ausbau

- Blende für Heizungsbedieneinheit ausbauen, siehe Seite 308.

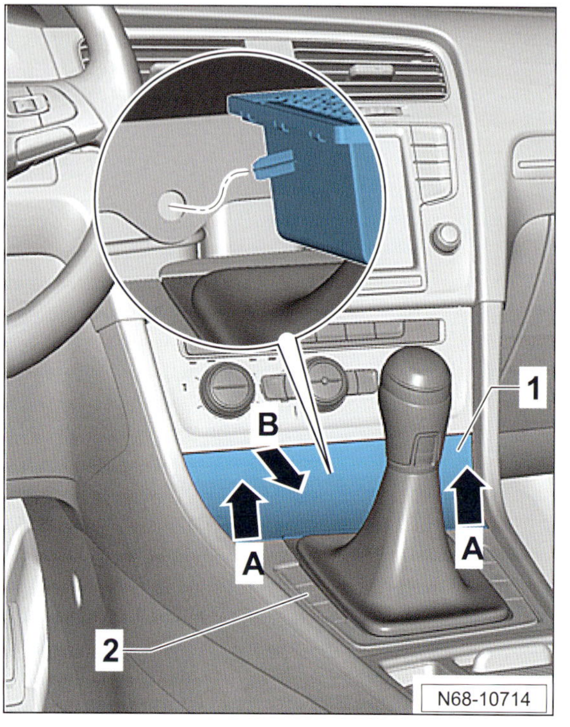

- Ablagefach –1– aus der Mittelkonsole –2– ausclipsen –Pfeile A–.
- Ablagefach –1– nach hinten aus der Mittelkonsole –2– herausnehmen –Pfeil B–.
- Falls vorhanden, Steckverbindungen am Ablagefach trennen.

Einbau

- Der Einbau erfolgt in umgekehrter Ausbaureihenfolge. Dabei auf korrekten Sitz der Führungsnase am Ablagefach in der Bohrung der Mittelkonsole achten.

Seitliche Blende der Mittelkonsole aus- und einbauen

Ausbau

- Blende für Heizungsbedieneinheit ausbauen, siehe Seite 308.

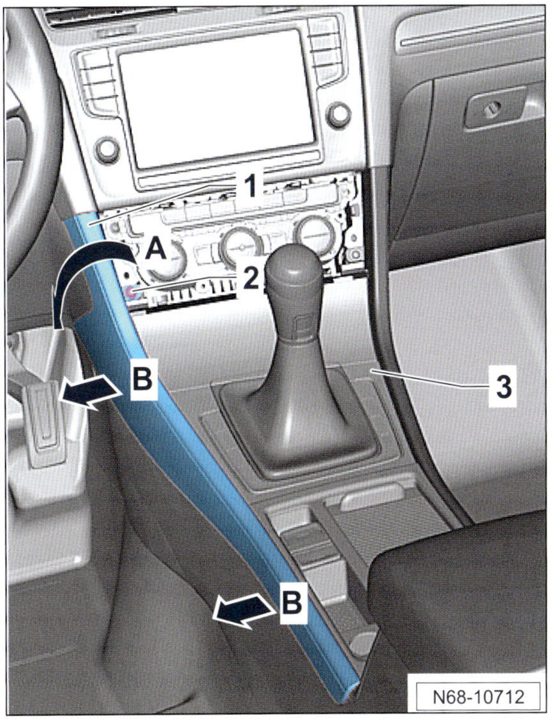

- Schraube –2– herausdrehen.
- Seitliche Blende der Mittelkonsole –1– zunächst im Bereich der Heizungsbedieneinheit in Pfeilrichtung –A– von der Mittelkonsole –3– wegschwenken.
- Blende –1– von der Mittelkonsole –3– vorsichtig abclipsen –Pfeile B– und abnehmen.

Einbau

- Der Einbau erfolgt in umgekehrter Ausbaureihenfolge. Schraube mit **1,5 Nm** anziehen.

Einsatz der Mittelkonsole aus- und einbauen

Ausbau

- Bei Fahrzeugen mit Doppelkupplungsgetriebe Wählhebel in Stellung »D/S« schalten.
- Zündung ausschalten.
- Wählhebel-/Schalthebelmanschette vorsichtig von der Mittelkonsole abclipsen und nach oben stülpen.
- Vorderes Ablagefach ausbauen, siehe Seite 308.
- Seitliche Blende der Mittelkonsole links und rechts ausbauen, siehe entsprechendes Kapitel.

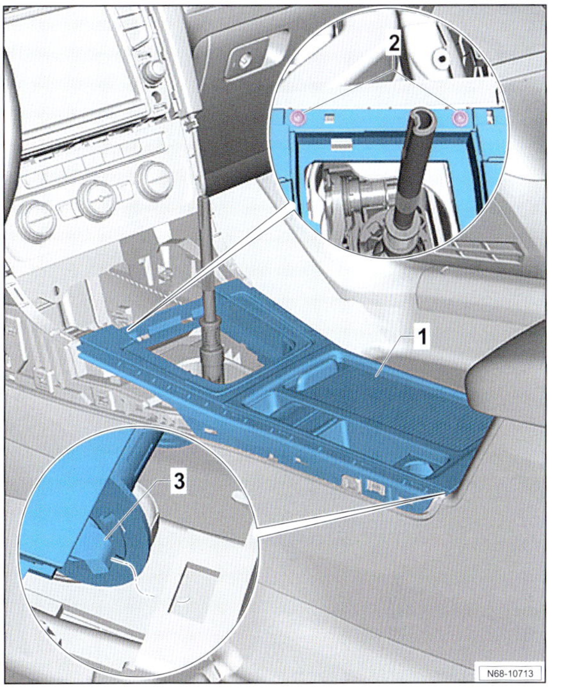

- Schrauben –2– herausdrehen.
- Einsatz der Mittelkonsole –1– nach oben ziehen und von der Mittelkonsole abclipsen. **Hinweis:** Dazu ist ein relativ hoher Kraftaufwand erforderlich.
- Einsatz der Mittelkonsole etwas anheben und an der Unterseite die elektrischen Steckverbindungen trennen.
- Einsatz der Mittelkonsole nach vorn ziehen, bis die Führungsnase –3– frei ist und dann vorsichtig über den Wählhebel/Schalthebel abheben.

Einbau

- Der Einbau erfolgt in umgekehrter Ausbaureihenfolge. Schrauben mit **1,5 Nm** anziehen.

Mittelkonsole aus- und einbauen

Ausbau

- Fahrzeuge mit Mittelkonsole »Komfort«: Blende hinten an der Mittelkonsole ausbauen, siehe Seite 307.
- Einsatz Mittelkonsole ausbauen, siehe Seite 309.
- Fußraumverkleidungen der Mittelkonsole auf der linken und rechten Seite ausbauen, siehe Seite 309.
- Heizungsbedieneinheit ausbauen, siehe Seite 158.

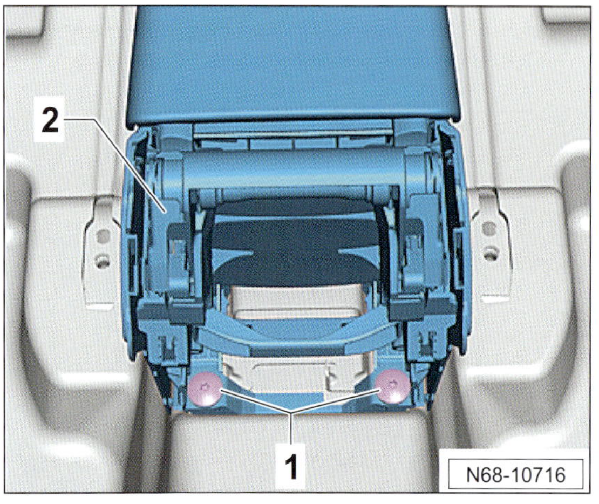

- Fahrzeuge mit Mittelkonsole »Komfort«: Schrauben –1– hinten an der Mittelkonsole –2– herausdrehen.

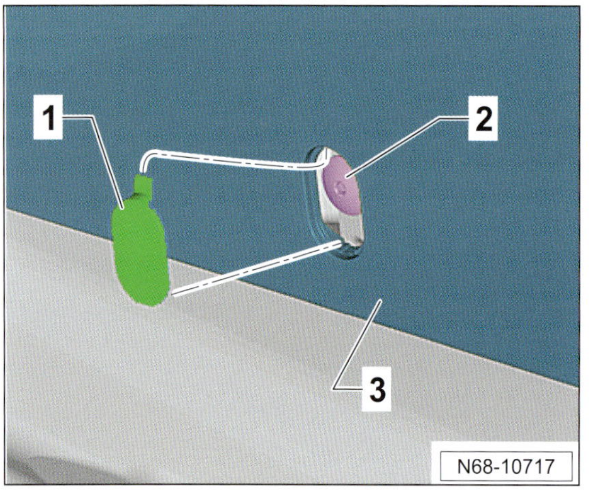

- Abdeckkappe –1– links und rechts von der Mittelkonsole –3– mit einem kleinen Schraubendreher heraushebeln.
- Schraube –2– für die Mittelkonsole –3– links und rechts herausdrehen.

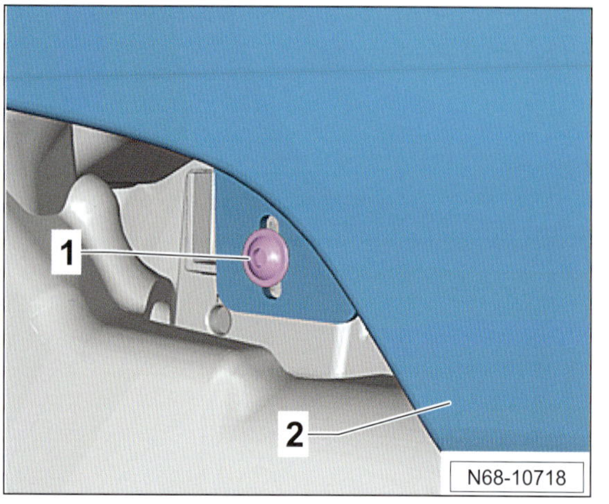

- Schraube –1– für die Mittelkonsole –2– links und rechts herausdrehen.

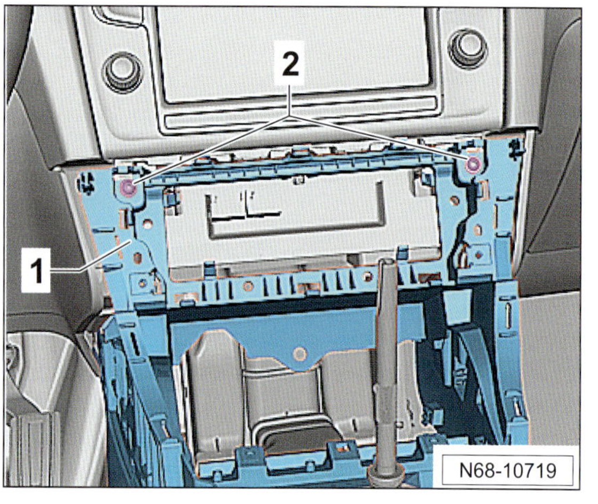

- Schrauben –2– für die Mittelkonsole –1– herausdrehen.

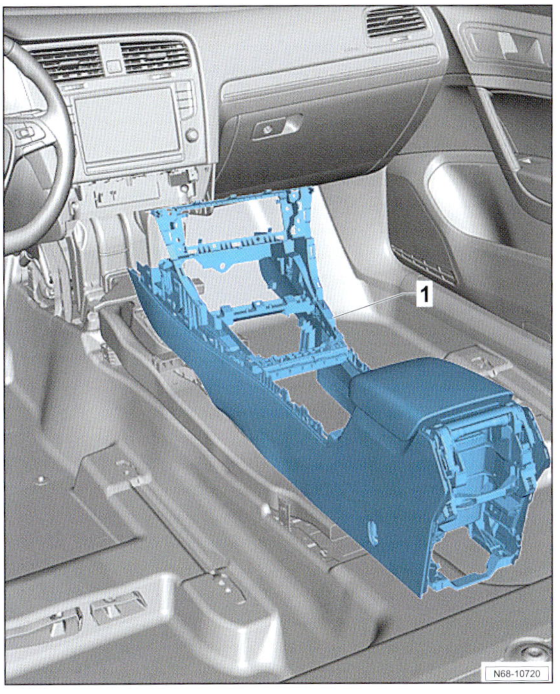

- Mittelkonsole –1– hinten anheben und nach hinten aus der Armaturentafel herausziehen.
- Mittelkonsole –1– vorsichtig über den Wählhebel/Schalthebel herausnehmen.

Einbau

- Der Einbau erfolgt in umgekehrter Ausbaureihenfolge. Schrauben –1– in Abbildung N68-10716 und –2– in Abbildung N68-10717 mit **6 Nm**, alle anderen Schrauben mit **1,5 Nm** anziehen.

Mittelarmlehne aus- und einbauen

Ausbau

- Hintere Blende an der Mittelkonsole ausbauen, siehe Seite 307.
- Luftführungskanal in der Mittelkonsole ausbauen, siehe Seite 156.

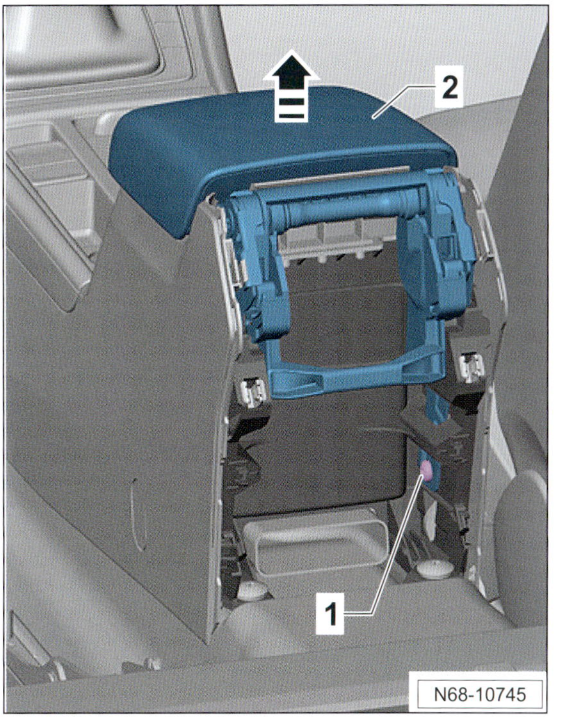

- 2 Schrauben –1– links und rechts herausdrehen.
- Mittelarmlehne –2– nach oben aus dem Mittelkonsole herausziehen –Pfeil–.

Einbau

- Der Einbau erfolgt in umgekehrter Ausbaureihenfolge. Schrauben mit **8 Nm** anziehen.

Türverkleidung aus- und einbauen

Hinweis: Es wird der Aus- und Einbau der vorderen Türverkleidung an der Fahrerseite beim 4-Türer beschrieben. Der Aus- und Einbau an den anderen Türen erfolgt sinngemäß.

Ausbau

- Zündung und alle elektrische Verbraucher ausschalten, Zündschlüssel abziehen.

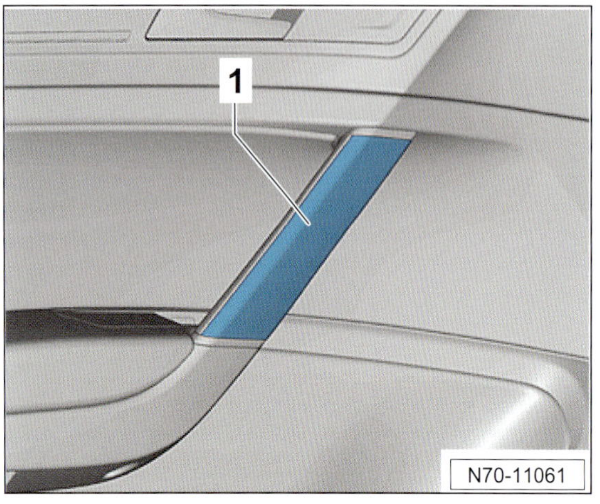

- Oberteil der Griffschale –1– mit dem Kunststoffkeil aus den Aufnahmen in der Türverkleidung heraushebeln.

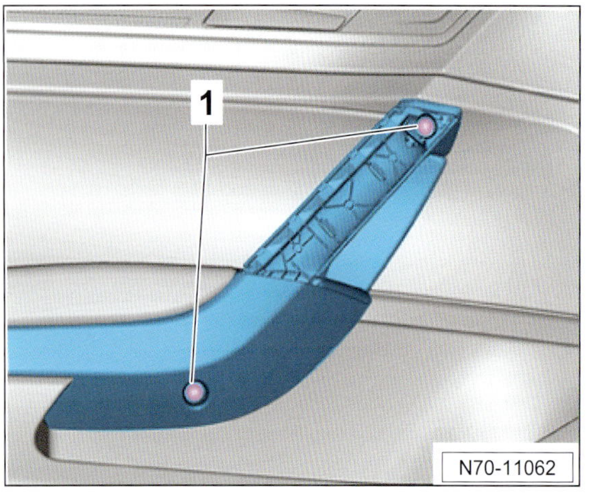

- Schrauben –1– herausdrehen.

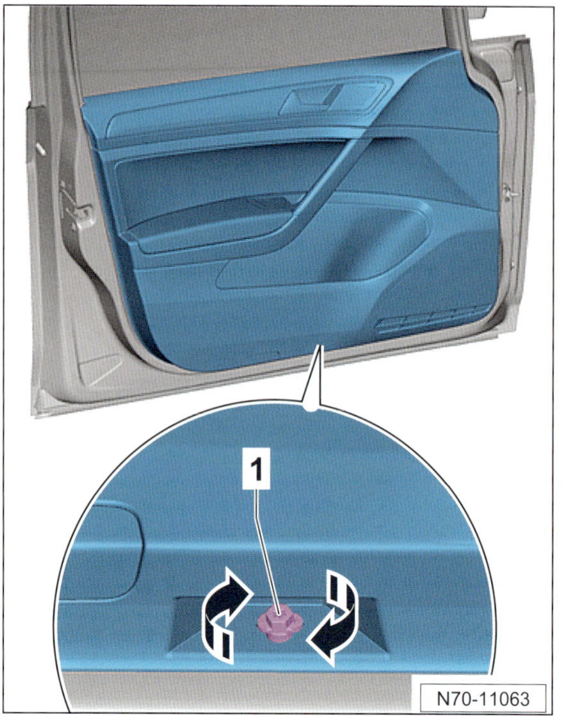

- Halteclip –1– mit einem Gabelschlüssel, SW-10, in Pfeilrichtung um 90° (¼ Umdrehung) verdrehen und dadurch entriegeln.

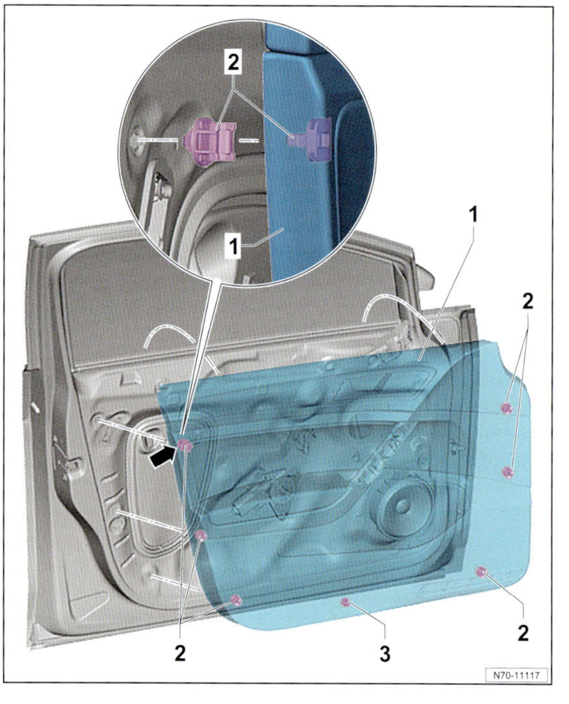

- Halteclips –2– der Türverkleidung –1– aus den Aufnahmen lösen. **Hinweis:** Der Clip –3– wurde schon entriegelt.

Achtung: Beim 4-Türer ist der Clip oben links –Pfeil– als Crashclip ausgeführt. Dieser wird beim Herausheben der

Türverkleidung aus der Fensterschachtleiste automatisch entriegelt.

Beim 2-Türer ist kein Crashclip vorhanden. Alle Clips der Türverkleidung müssen wie beschrieben entriegelt werden.

- Türverkleidung –1– senkrecht nach oben aus der Fensterschachtleiste herausziehen. Dabei wird beim 4-Türer der Crashclip –Pfeil– automatisch entriegelt.
- Entsprechend der Fahrzeugausstattung elektrische Steckverbindungen von der Türverkleidung –1– trennen.

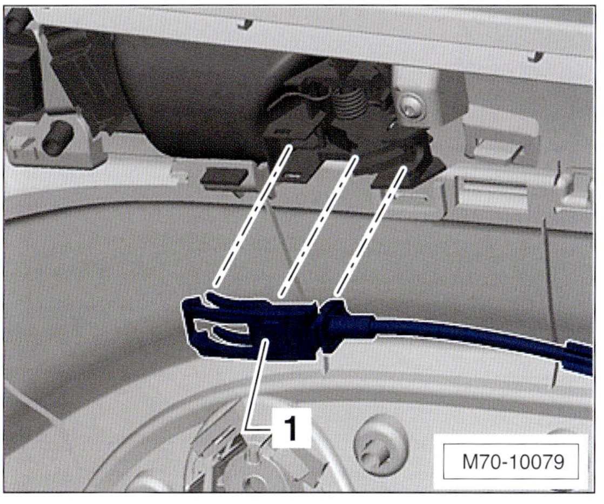

- Bowdenzug –1– aus der Türinnenbetätigung aushängen.

Einbau

- Der Einbau erfolgt in umgekehrter Ausbaureihenfolge, dabei Folgendes beachten:
- Halteclips in die Türverkleidung einsetzen.

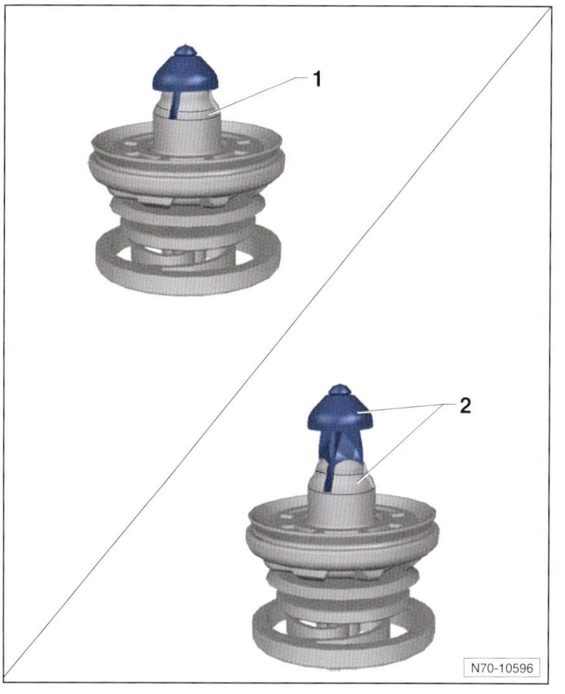

Achtung: Vor dem Einbau der Türverkleidung sicherstellen, dass sich der Verriegelungsmechanismus sämtlicher Clipverbindungen in Position –1– befindet!

In der Position –2– ist ein fehlerfreier Einbau der Türverkleidung nicht möglich!

- Schrauben mit **4,5 Nm** anziehen.

Zierblende an der Türverkleidung aus- und einbauen

Ausbau

- Türverkleidung vorn ausbauen, siehe Seite 312.
- Außenspiegelverstellung mit Taster für Innenverriegelung ausbauen, siehe Seite 147.

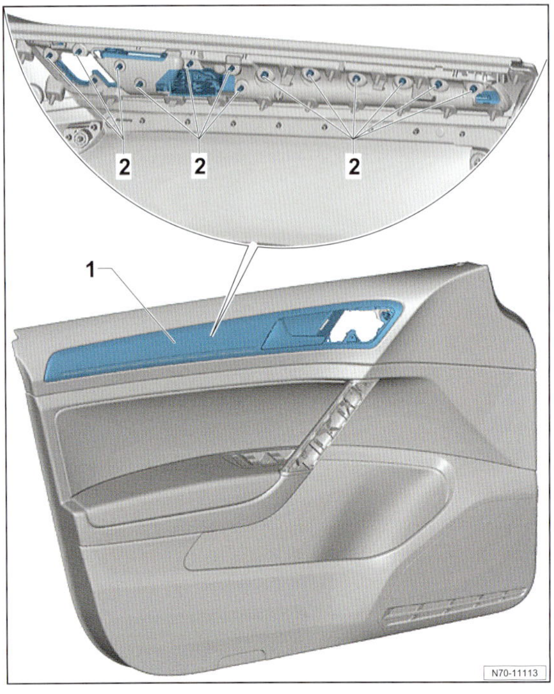

- Befestigungspunkte –2– der Zierblende –1– mit einem entsprechenden Bohrer von der Türverkleidung gerade so weit abbohren, bis sich die Zierblende von der Türverkleidung zu lösen beginnt.

Achtung: Vorsichtig vorgehen, damit die Türverkleidung beim Bohren nicht beschädigt wird.

- Vorsichtig nacheinander die Befestigungspunkte –2– lösen und die Zierblende –1– von der Türverkleidung abnehmen.

Einbau

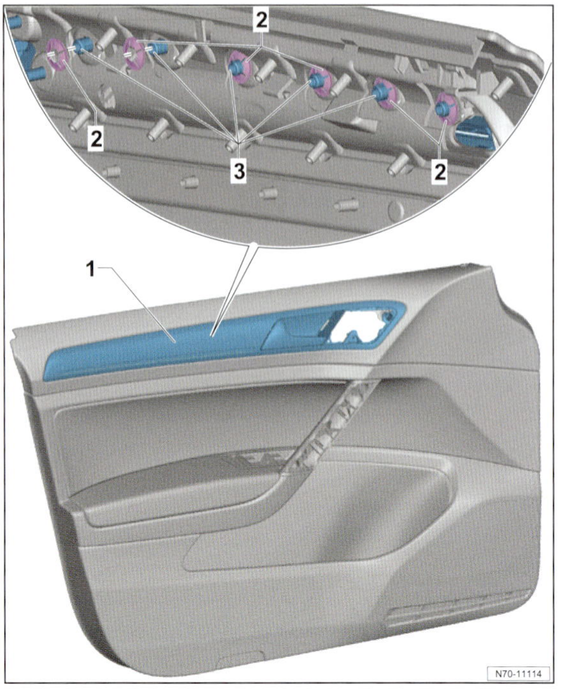

- Neue Zierblende –1– in die Türverkleidung einsetzen.
- Klemmscheiben –2– bis zum Anschlag auf die Zapfen –3– der Zierblende aufdrücken.
- Außenspiegelverstellung mit Taster für Innenverriegelung einbauen, siehe Seite 147.
- Türverkleidung einbauen, siehe Seite 312.

Verkleidung für Spiegelabdeckung aus- und einbauen

Ausbau

- Türverkleidung vorn ausbauen, siehe Seite 312.

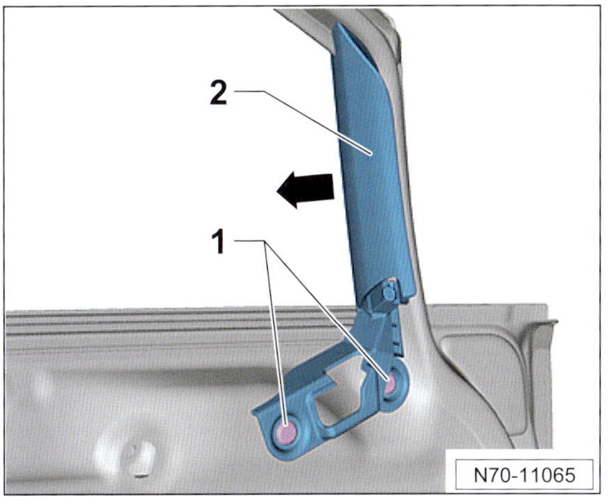

- Die Clips –1– für die Verkleidung für Spiegelabdeckung –2– ausbauen.
- Verkleidung –2– nach hinten von der Tür abziehen –Pfeil–.

Einbau

- Der Einbau erfolgt in umgekehrter Ausbaureihenfolge.

Seitliche Abdeckung der Armaturentafel aus- und einbauen

Ausbau

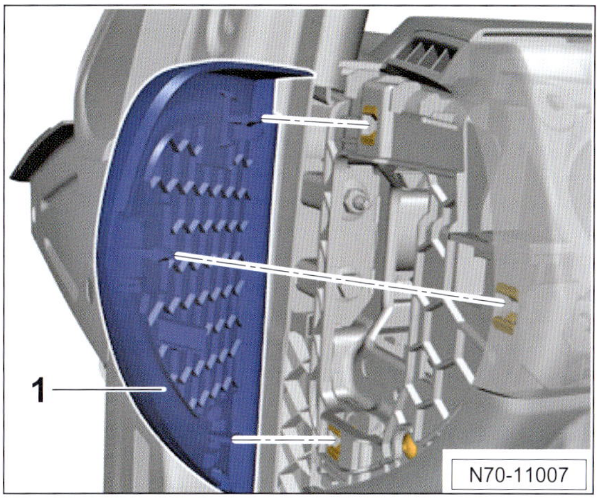

- Seitliche Abdeckung –1– mit einem Kunststoffkeil abheben.
- Beifahrerseite: Steckerverbindung am Schlüsselschalter für Abschaltung des Airbags trennen.
- Abdeckung nach hinten aus der Spaltabdeckung der A-Säule herausziehen und abnehmen.

Einbau

- Der Einbau erfolgt in umgekehrter Ausbaureihenfolge.

Zierblende an der Armaturentafel aus- und einbauen

Ausbau

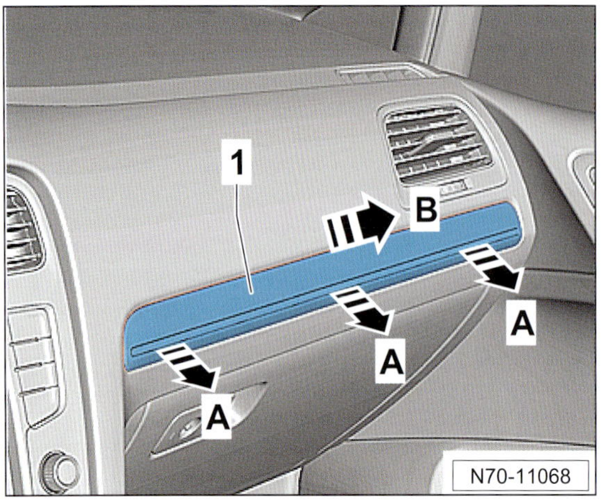

- Zierblende –1– mit einem Kunststoffkeil zunächst aus den Verrastungen lösen –Pfeile A–.
- Anschließend Zierblende –1– nach außen –Pfeil B– verschieben und abnehmen.

Einbau

- Der Einbau erfolgt in umgekehrter Ausbaureihenfolge.

Lichtschalterblende aus- und einbauen

Ausbau

- Lichtschalter ausbauen, siehe Seite 143.

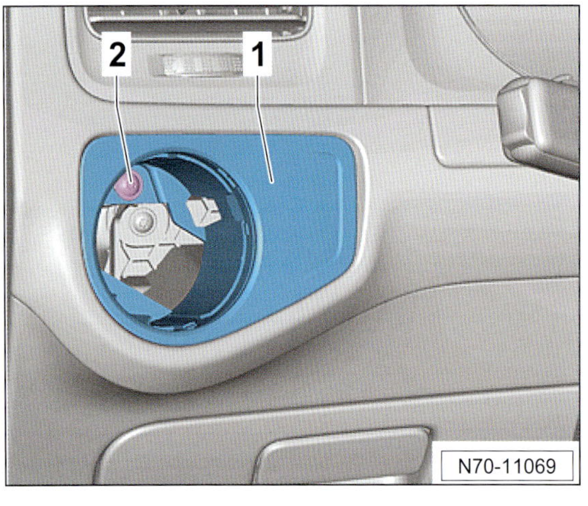

- Schraube –2– herausdrehen.
- Lichtschalterblende –1– nach hinten aus der Armaturentafel herausnehmen.

Einbau

- Der Einbau erfolgt in umgekehrter Ausbaureihenfolge. Schraube mit **1,5 Nm** anziehen.

Blende Kombiinstrument aus- und einbauen

Ausbau

- Armaturentafelausströmer seitlich auf der Fahrerseite ausbauen, siehe entsprechendes Kapitel.

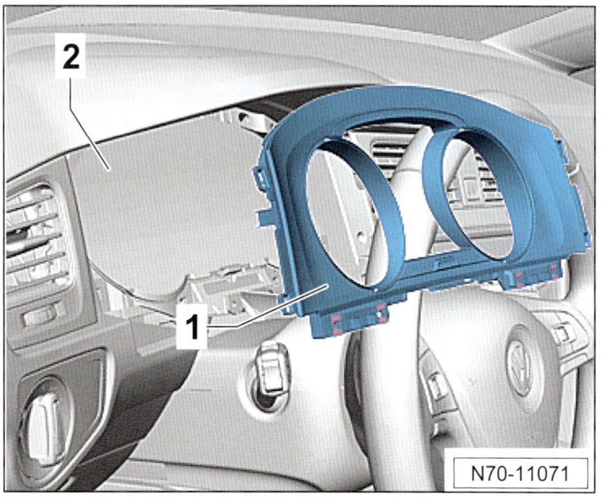

- Mittlere Blende der Armaturentafel im Bereich der Blende Kombiinstrument –1– lösen, nicht komplett ausbauen, siehe Seite 316.
- Spaltabdeckung der Lenksäule im Bereich der Blende Kombiinstrument lösen, nicht komplett ausbauen, siehe Seite 302.
- Blende Kombiinstrument –1– mit einem Kunststoffkeil aus der Armaturentafel ausclipsen.
- Blende Kombiinstrument –1– vom Kombiinstrument –2– abnehmen.

Einbau

- Der Einbau erfolgt in umgekehrter Ausbaureihenfolge.

Armaturentafel-Luftausströmer aus- und einbauen

Seitenausströmer

Ausbau

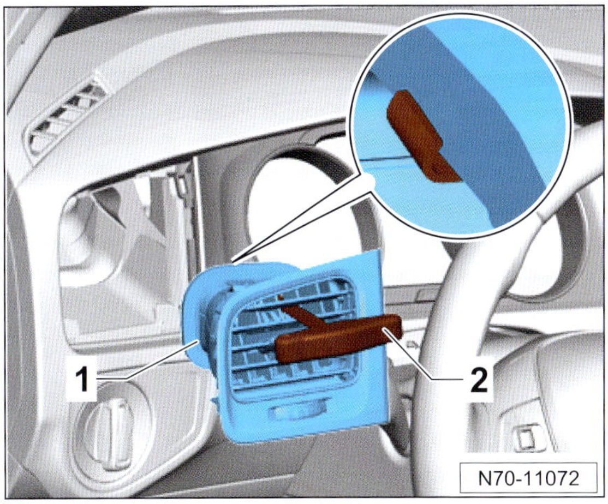

- Seitenausströmer –1– am Drehrad komplett öffnen.
- Geeigneten Haken –2–, zum Beispiel VW-3370 oder HAZET-2520-1, vorsichtig mittig in die 2. Lamelle von oben einführen und hinten am Luftausströmer –1– einhaken. Dabei den Haken ca. 115 mm einstecken.
- Seitenausströmer mit einem kräftigen Ruck aus der Einbauöffnung der Armaturentafel herausziehen.

Einbau

- Der Einbau erfolgt in umgekehrter Ausbaureihenfolge.

Mittenausströmer

Hinweis: Der Mittenausströmer kann nur zusammen mit der Radio-Blende ausgebaut werden. Mittenausströmer und Blende lassen sich nicht zerstörungsfrei trennen. Als Ersatzteil sind sie nur zusammen erhältlich.

- Mittenausströmer an beiden Drehrädern komplett öffnen.
- Die senkrechten Lamellen vom Mittenausströmer in Fahrtrichtung stellen.
- Warnblinkschalter mit Kontrollleuchte für Beifahrer-Airbag ausbauen, siehe Seite 146.
- Blende für Heizungsbedieneinheit ausbauen, siehe Seite 308.

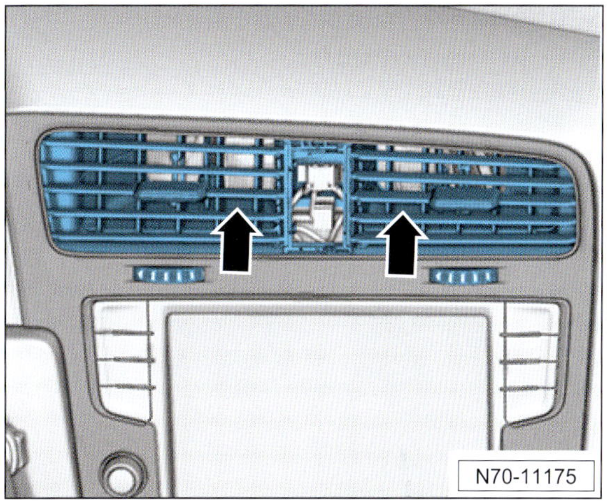

- Jeweils einen Haken im rechten und linken Teil des Mittenausströmers einführen –Pfeile–.

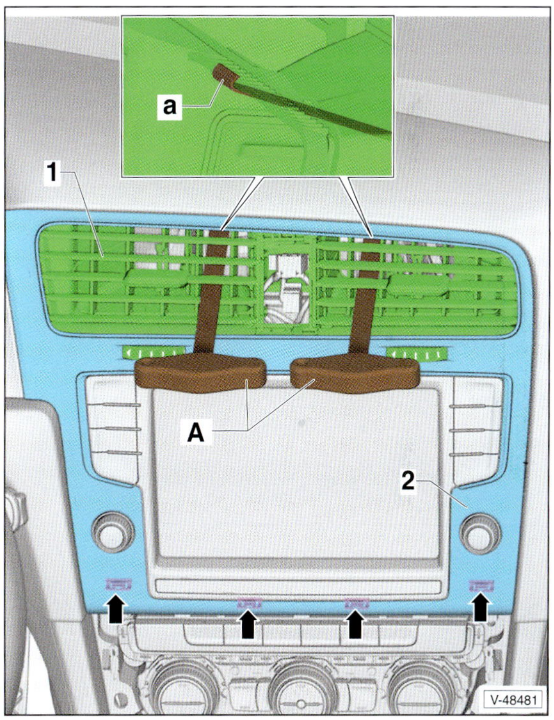

- Beide Haken –A– jeweils am oberen Ende im entsprechenden Frischluftkanal einhaken –a–. **Hinweis:** Die Einstecktiefe der Haken beträgt ca. 11 cm. In der Abbildung ist die Blende beim GOLF bis 1/2017 dargestellt.
- Mittenausströmer –1– zusammen mit der verclipsten Blende –2– gleichzeitig, mit einem kräftigen Ruck an den beiden Haken aus der Einbauöffnung der Armaturentafel herausziehen, siehe auch Seite 148.
- Blende –2– vorsichtig mit einem Kunststoffkeil aus den Aufnahmen in der Armaturentafel –Pfeile– ausclipsen.

Einbau

- Vor der Montage sämtliche Befestigungselemente auf Beschädigung prüfen und gegebenenfalls ersetzen.
- Der Einbau erfolgt in umgekehrter Ausbaureihenfolge.

Seitliche Defrosterdüse aus- und einbauen

Ausbau

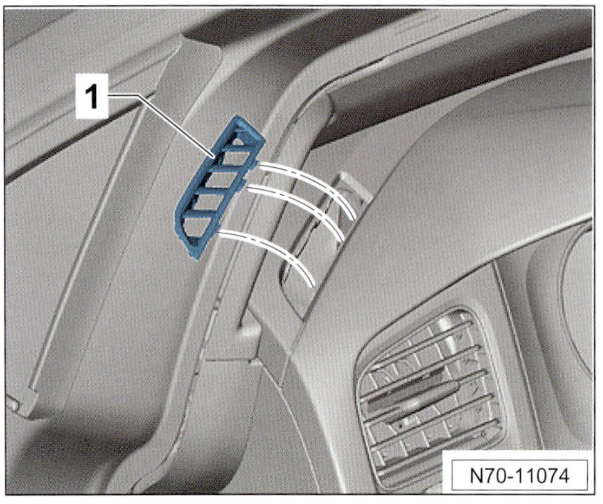

- Defrosterdüse –1– mit einem Kunststoffkeil nach oben aus der Einbauöffnung der Armaturentafel heraushebeln und abnehmen.

Einbau

- Der Einbau erfolgt in umgekehrter Ausbaureihenfolge.

Einstiegsleiste aus- und einbauen

2-Türer

Ausbau

- Rücksitzbank ausbauen, siehe Seite 334.

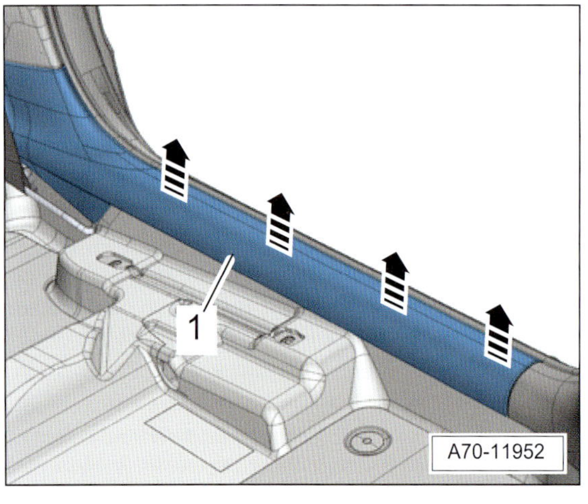

- Einstiegsleiste –1– mit einem Kunststoffkeil, zum Beispiel VW-T10383, aus dem Unterholm und dem Keder der Türdichtung lösen –Pfeile–.

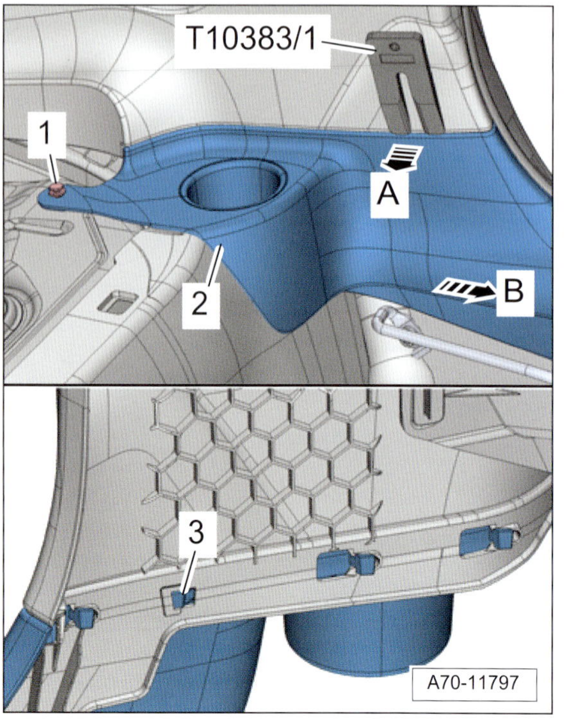

- Spreizclip –1– ausbauen.
- Rastnase –3– der Einstiegsleiste mit einem Kunststoffkeil, zum Beispiel VW-T10383/1, von der Seitenverkleidung abdrücken –Pfeil A–.
- Gleichzeitig Einstiegsleiste –2– nach vorn von der Seitenverkleidung abziehen –Pfeil B–.
- Einstiegsleiste herausnehmen.

Einbau

- Der Einbau erfolgt in umgekehrter Ausbaureihenfolge. Dabei ist auf Folgendes zu achten:
- Falls Halteklammern in den Aufnahmepunkten der Karosserie verblieben sind, diese ausbauen und zum Einbau in die Einstiegsleiste einsetzen.
- Darauf achten, dass sich die Einstiegsleiste nach dem Einbau im Keder der Türdichtung befindet.

4-Türer

Ausbau

- Rücksitzbank ausbauen, siehe Seite 334.

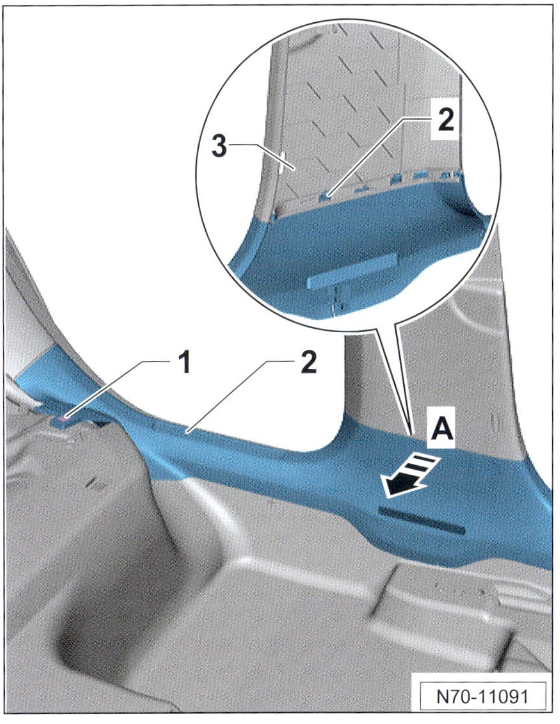

- Spreizclip –1– ausbauen.
- Rastnasen der Einstiegsleiste –2– mit einem Kunststoffkeil aus der unteren B-Säulen-Verkleidung –3– herausdrücken –Pfeil A–.

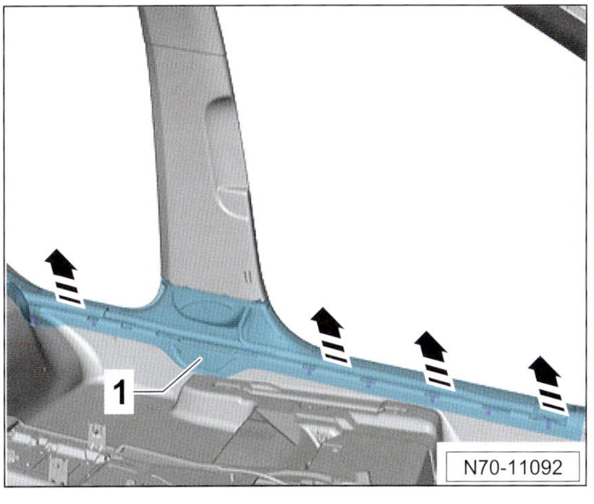

- Einstiegsleiste –1– mit einem Kunststoffkeil aus dem Unterholm und dem Keder der Türdichtung lösen –Pfeile–.
- Gleichzeitig Einstiegsleiste –1– etwas nach vorn abziehen.
- Deckel für die Gurtdurchführung öffnen und Sicherheitsgurt herausfädeln.
- Einstiegsleiste herausnehmen.

Einbau

- Der Einbau erfolgt in umgekehrter Ausbaureihenfolge. Dabei ist auf Folgendes zu achten:
- Falls Halteklammern in den Aufnahmepunkten der Karosserie verblieben sind, diese ausbauen und zum Einbau in die Einstiegsleiste einsetzen.
- Darauf achten, dass sich die Einstiegsleiste nach dem Einbau im Keder der Türdichtung befindet.

Spaltabdeckung an der A-Säule aus- und einbauen

Ausbau

- Seitliche Abdeckung an der Armaturentafel ausbauen, siehe Seite 315.

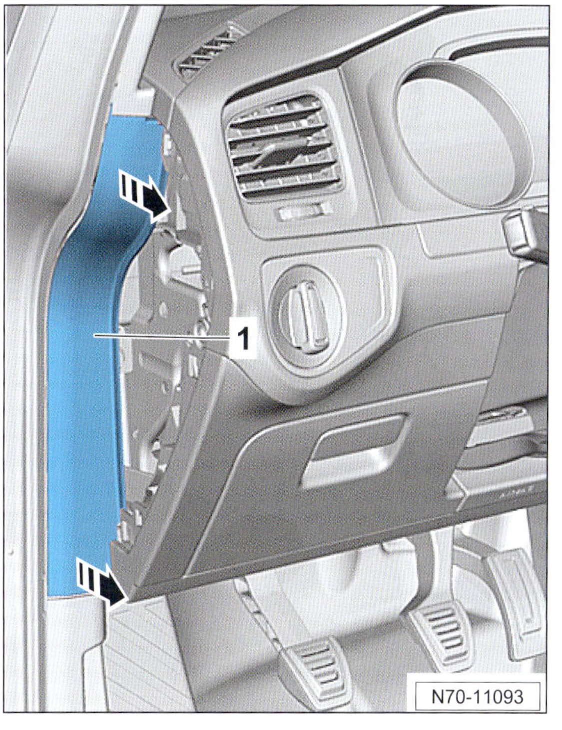

- Spaltabdeckung an der A-Säule –1– aus der oberen und der unteren A-Säulen-Verkleidung ausclipsen –Pfeile–.
- Spaltabdeckung –1– aus dem Keder der Türdichtung lösen und herausnehmen.

Einbau

- Der Einbau erfolgt in umgekehrter Ausbaureihenfolge. Dabei darauf achten, dass die Einstiegsleiste nach dem Einbau im Keder der Türdichtung sitzt.

A-Säulen-Verkleidung aus- und einbauen

Ausbau

Obere A-Säulen-Verkleidung

- Spaltabdeckung an der A-Säule ausbauen, siehe Seite 319.

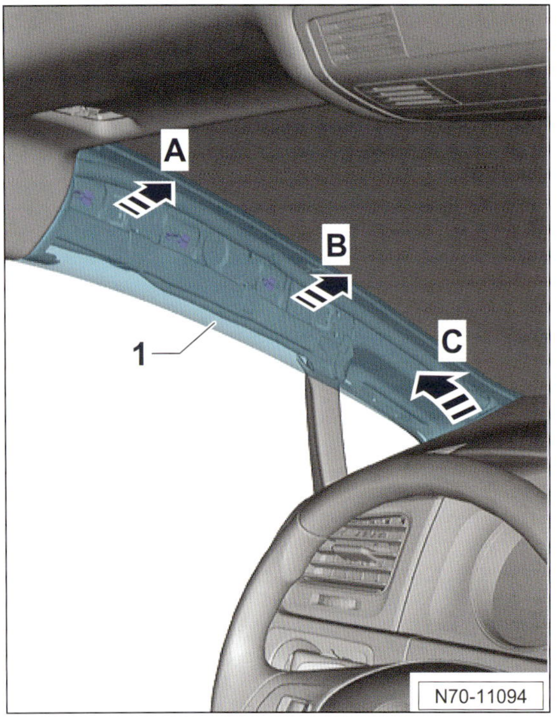

- Obere A-Säulen-Verkleidung –1– aus dem Keder der Türdichtung lösen.
- A-Säulen-Verkleidung –1– mit einem Kunststoffkeil vorsichtig bis zur ersten Verrastung lösen –Pfeile A– und –B–. Dabei oben beginnen.
- Zum Aushängen der Halteklammern mit Widerhaken die A-Säulen-Verkleidung –1– nach oben aus der Armaturentafel hochziehen –Pfeil C–, dadurch gleiten die Halteklammern aus den Aufnahmepunkten in der Karosserie.
- Steckverbindung am Hochtonlautsprecher trennen und A-Säulen-Verkleidung –1– herausnehmen.

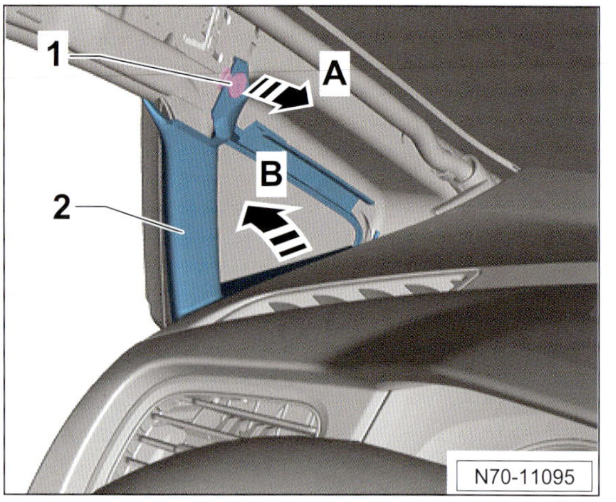

- Falls erforderlich, Verkleidung der Dreieckscheibe ausbauen.
  - ◆ Verkleidung der Dreieckscheibe –2– mit dem Clip –1– in Pfeilrichtung –A– aus der Aufnahme der Karosserie lösen.
  - ◆ Verkleidung der Dreieckscheibe –2– mit dem Clip –1– nach oben aus der Armaturentafel herausziehen –Pfeil B–.

Untere A-Säulen-Verkleidung

- Einstiegsleiste im Übergangsbereich zur unteren A-Säulen-Verkleidung aus der Karosserie lösen, siehe Seite 318.
- Spaltabdeckung an der A-Säule ausbauen, siehe Seite 319.

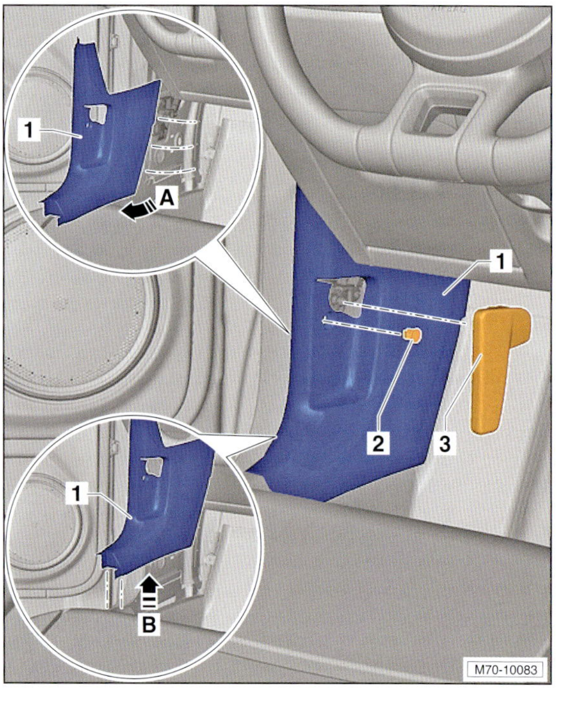

- Betätigungshebel für die Motorhaube –3– ausbauen, siehe Seite 353.

- Clip –2– ausbauen.
- Untere A-Säulen-Verkleidung –1– von der Karosserie in Pfeilrichtung –B– lösen. Dabei A-Säulen-Verkleidung aus dem Keder der Türdichtung herausziehen.
- A-Säulen-Verkleidung –1– aus der Aufnahme in Pfeilrichtung –A– herausnehmen.

Einbau

- Der Einbau erfolgt in umgekehrter Ausbaureihenfolge. Dabei ist auf Folgendes zu achten:
- Falls Halteklammern in den Aufnahmepunkten der Karosserie verblieben sind, diese ausbauen und zum Einbau in die A-Säulen-Verkleidung einsetzen.
- Darauf achten, dass sich die A-Säulen-Verkleidung nach dem Einbau im Keder der Türdichtung befindet.

B-Säulen-Verkleidung aus- und einbauen

4-Türer und VARIANT

Ausbau

Obere B-Säulen-Verkleidung

- Gurtendbeschlag vorn ausbauen, siehe Seite 322.
- Gurthöhenverstellung in die tiefste Stellung bringen.

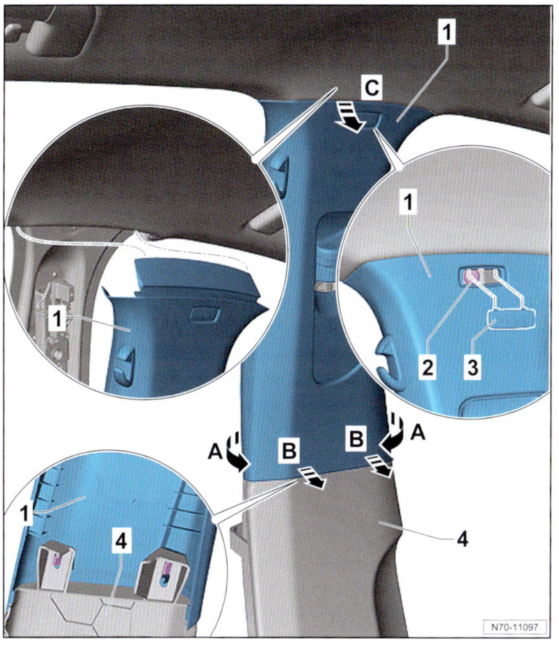

- Abdeckkappe –3– mit der Aufschrift »Airbag« mit einem kleinen Schraubendreher heraushebeln.
- Schraube –2– herausdrehen.
- B-Säulen-Verkleidung –1– an der Türdichtung mit einem Kunststoffkeil aushängen –Pfeil A–, dabei unten beginnen und den Keil an der Vorderkante der Verkleidung ansetzen.
- Obere B-Säulen-Verkleidung –1– von der unteren B-Säulen-Verkleidung –4– abclipsen –Pfeile B–, dazu den Keil an der Unterkante der Verkleidung ansetzen.
- Obere B-Säulen-Verkleidung –1– aus der Aufnahme an der Karosserie herausziehen –Pfeil C–, dazu Verkleidung nach innen schwenken und gleichzeitig nach unten abziehen.
- Gurtband mit Schlosszunge durch den Schieber für Gurthöhenverstellung ausfädeln und obere B-Säulen-Verkleidung abnehmen.

Untere B-Säulen-Verkleidung

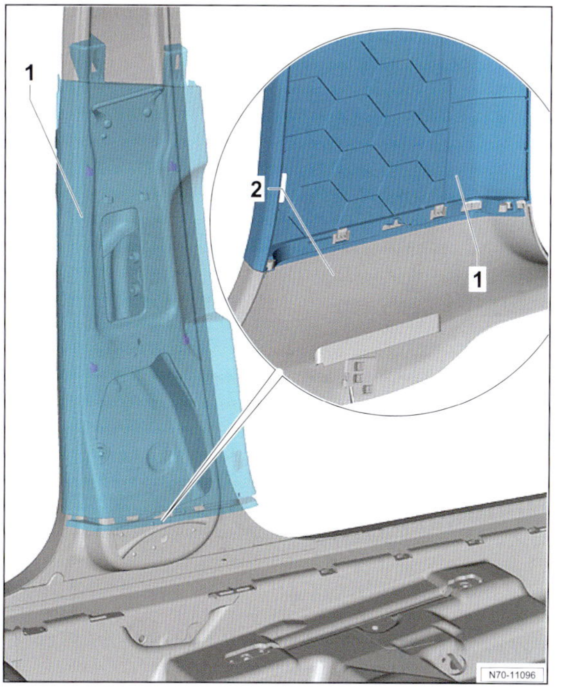

- Einstiegsleiste –2– im Übergangsbereich zur unteren B-Säulen-Verkleidung –1– lösen, siehe Seite 318.
- Obere B-Säulen-Verkleidung im Übergangsbereich zur unteren B-Säulen-Verkleidung –1– lösen, siehe Abschnitt »Obere B-Säulen-Verkleidung«.
- Untere B-Säulen-Verkleidung –1– aus dem Keder der Türdichtung herausziehen.
- Untere B-Säulen-Verkleidung –1– mit dem Keil im Bereich der Halteklammern aus den Aufnahmen der Karosserie lösen.
- Falls vorhanden, Steckverbindung am Taster für Deaktivierung der Innenraumüberwachung und Fahrzeugneigung trennen und untere B-Säulen-Verkleidung –1– herausnehmen.

Einbau

- Der Einbau erfolgt in umgekehrter Ausbaureihenfolge. Dabei ist auf Folgendes zu achten:
- Falls Halteklammern in den Aufnahmepunkten der Karosserie verblieben sind, diese ausbauen und zum Einbau in die B-Säulen-Verkleidung einsetzen.
- Darauf achten, dass sich die B-Säulen-Verkleidung nach dem Einbau im Keder der Türdichtung befindet.
- Schraube für obere B-Säulen-Verkleidung mit **1,8 Nm** anziehen.

2-Türer

Ausbau

Obere B-Säulen-Verkleidung

- Gurtendbeschlag vorn ausbauen, siehe Seite 322.
- Gurthöhenverstellung in die tiefste Stellung bringen.

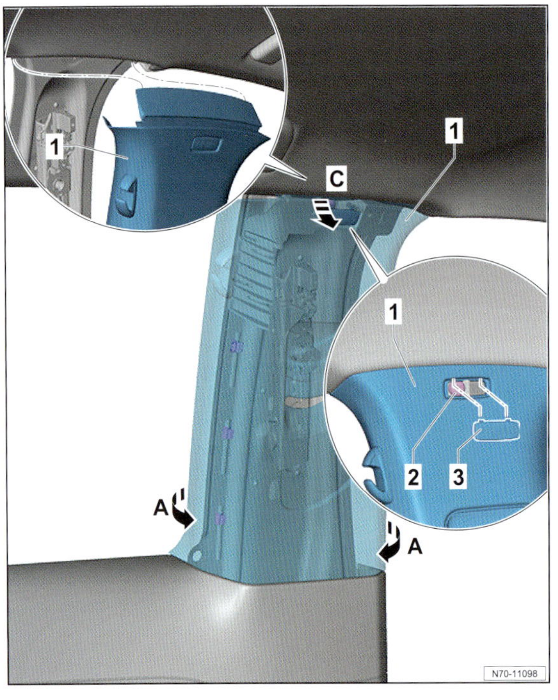

- Abdeckkappe –3– mit der Aufschrift »Airbag« mit einem kleinen Schraubendreher heraushebeln.
- Schraube –2– herausdrehen.
- Seitenverkleidung im Übergangsbereich zur oberen B-Säulen-Verkleidung –1– lösen, siehe Seite 325.
- Obere B-Säulen-Verkleidung –1– an der Türdichtung aushängen und mit einem Kunststoffkeil aus den Halteklammern lösen –Pfeile A–. Dabei unten beginnen.
- Obere B-Säulen-Verkleidung –1– aus der Aufnahme an der Karosserie herausziehen –Pfeil C–, dazu Verkleidung nach innen schwenken und gleichzeitig nach unten abziehen.
- Gurtband durch den Schieber für Gurthöhenverstellung ausfädeln und obere B-Säulen-Verkleidung abnehmen.

Einbau

- Der Einbau erfolgt in umgekehrter Ausbaureihenfolge. Dabei ist auf Folgendes zu achten:
- Falls Halteklammern in den Aufnahmepunkten der Karosserie verblieben sind, diese ausbauen und zum Einbau in die B-Säulen-Verkleidung einsetzen.
- Darauf achten, dass sich die B-Säulen-Verkleidung nach dem Einbau im Keder der Türdichtung befindet.
- Schraube für obere B-Säulen-Verkleidung mit **1,8 Nm** anziehen.

Gurtendbeschlag aus- und einbauen

4-Türer und VARIANT

Ausbau

- Vordersitz ganz nach vorn und ganz nach oben stellen.
- Abdeckklappe in der Einstiegsleiste, im Bereich des Gurtendbeschlags, nach innen klappen.

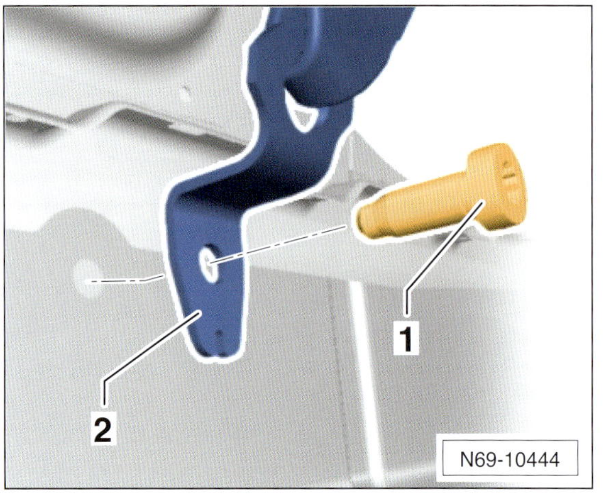

- Schraube –1– herausdrehen und Gurtendbeschlag –2– von der Karosserie abnehmen.

Einbau

- Der Einbau erfolgt in umgekehrter Ausbaureihenfolge. Schraube mit **40 Nm** festziehen. **Hinweis:** Erfolgte der Aus- und Einbau infolge eines Unfalls mit angelegtem Gurt, Schraube ersetzen.

2-Türer

Ausbau

- Einstiegsleiste ausbauen, siehe Seite 318.

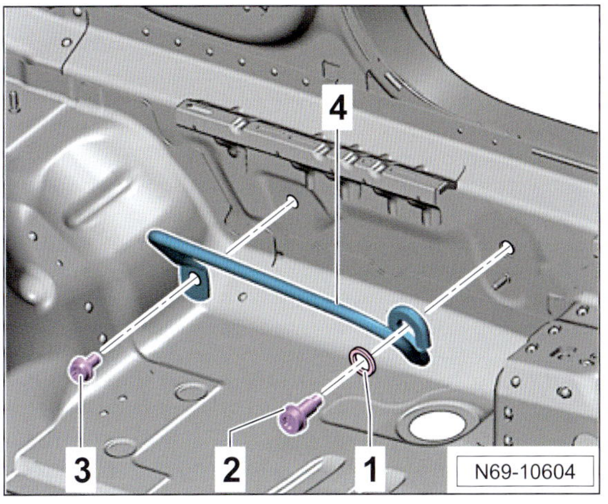

- Schraube –3– herausdrehen.
- Schraube –2– herausdrehen und mit Scheibe –1– abnehmen.
- Gurtbandschlaufe vom Gurtendbeschlag –4– abziehen.

Einbau

- Der Einbau erfolgt in umgekehrter Ausbaureihenfolge. Zuerst Schraube –2– mit **40 Nm**, dann Schraube –3– mit **20 Nm** festziehen. **Hinweis:** Erfolgte der Aus- und Einbau infolge eines Unfalls mit angelegtem Gurt, Schrauben ersetzen.

C-Säulen-Verkleidung aus- und einbauen

Limousine

Ausbau

- Auflage Hutablage ausbauen, siehe Seite 328.
- Dachabschlussleiste ausbauen, siehe Seite 332.

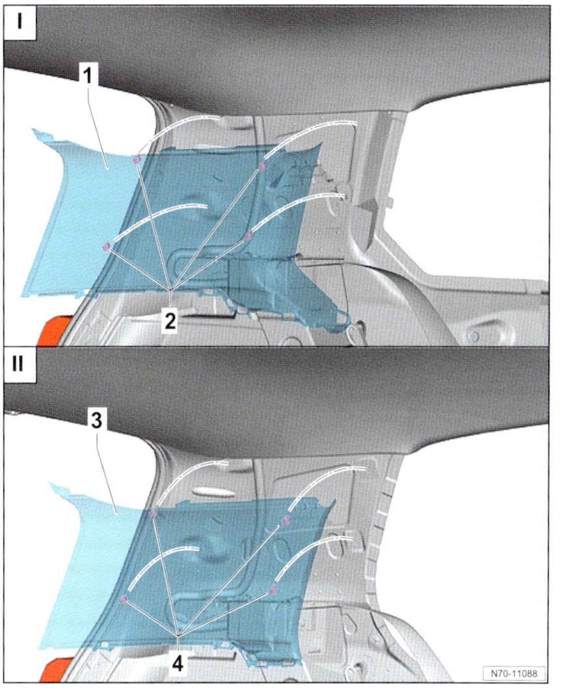

- **2-Türer –I–:** C-Säulen-Verkleidung –1– im Bereich der Halteklammern –2– mit einem Abdrückhebel (Kunststoffkeil), zum Beispiel HAZET-1965-21, aus den Aufnahmen an der Karosserie ausclipsen und abnehmen.
- **4-Türer –II–:** C-Säulen-Verkleidung –3– im Bereich der Halteklammern –4– mit einem Abdrückhebel (Kunststoffkeil), zum Beispiel HAZET-1965-21, aus den Aufnahmen an der Karosserie ausclipsen und abnehmen.
- Halteklammern, die in den Aufnahmepunkten geblieben sind, mit dem Kunststoffkeil ausbauen und in die Verkleidung einsetzen. Beschädigte oder verformte Halteklammern ersetzen.

Einbau

- Der Einbau erfolgt in umgekehrter Ausbaureihenfolge. Dabei ist auf Folgendes zu achten:
- Darauf achten, dass sich die C-Säulen-Verkleidung nach dem Einbau im Keder der Türdichtung befindet.

VARIANT

Ausbau

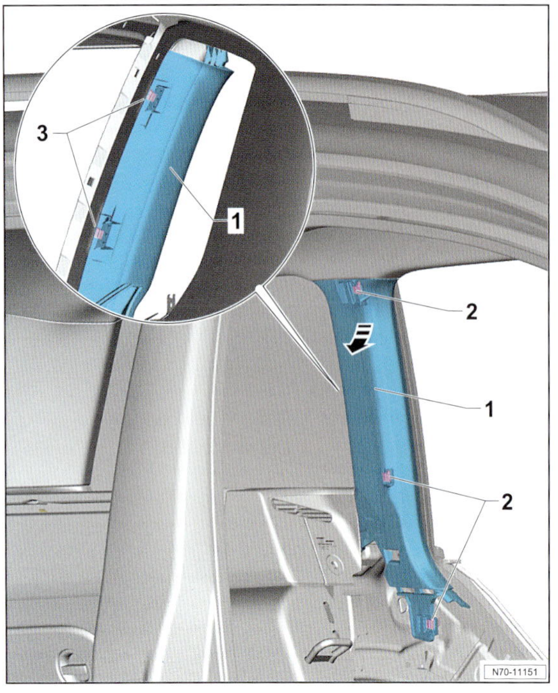

- D-Säulen-Verkleidung ausbauen, siehe Seite 325.
- Radhausverkleidung ausbauen, siehe Seite 326.
- Kofferraum-Seitenverkleidung im Bereich von C-Säule, D-Säule und Seitenscheibe hinten nur lösen, nicht komplett ausbauen.
- C-Säulen-Verkleidung –1– im Bereich der Halteklammern –2– mit einem Kunststoffkeil aus den Aufnahmen an der Karosserie abclipsen.
- C-Säulen-Verkleidung aus den Halteklammern –3– ausclipsen.
- C-Säulen-Verkleidung nach unten abnehmen –Pfeil–.
- Halteklammern, die in den Aufnahmepunkten geblieben sind, mit dem Kunststoffkeil ausbauen und in die Verkleidung einsetzen. Beschädigte oder verformte Halteklammern ersetzen.

Einbau

- Der Einbau erfolgt in umgekehrter Ausbaureihenfolge. Dabei ist auf Folgendes zu achten:
- Darauf achten, dass sich die C-Säulen-Verkleidung nach dem Einbau im Keder der Türdichtung befindet.

D-Säulen-Verkleidung aus- und einbauen

VARIANT

Ausbau

- Dachabschlussleiste ausbauen, siehe Seite 332.

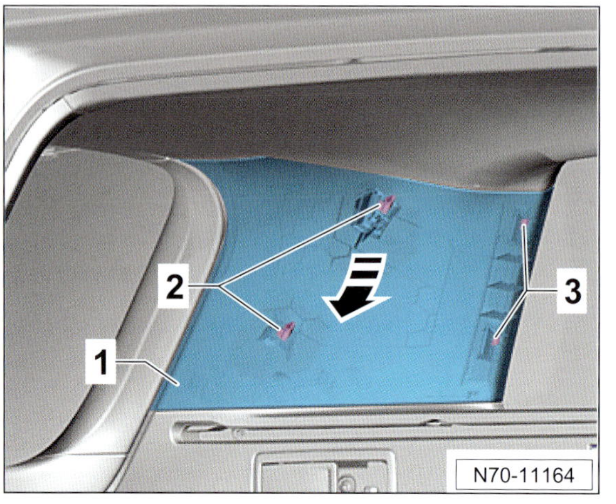

- D-Säulen-Verkleidung –1– im Bereich der Halteklammern –2– mit einem Kunststoffkeil aus den Aufnahmen an der Karosserie lösen.
- D-Säulen-Verkleidung –1– aus der Kofferraum-Seitenverkleidung lösen.
- D-Säulen-Verkleidung aus den Halteklammern –3– ausclipsen.
- D-Säulen-Verkleidung –1– nach unten aus dem Dachhimmel herausziehen –Pfeil–.
- Halteklammern –2–, die in den Aufnahmepunkten der Karosserie geblieben sind, mit einem Kunststoffkeil herausdrücken und in die D-Säulen-Verkleidung einsetzen.

Einbau

- Sämtliche Befestigungselemente auf Beschädigung prüfen und gegebenenfalls ersetzen.
- Der Einbau erfolgt in umgekehrter Ausbaureihenfolge. Dabei darauf achten, dass sich die D-Säulen-Verkleidung nach dem Einbau im Keder der Türdichtung befindet.

Seitenverkleidung aus- und einbauen

Ausbau

- Rücksitzlehne ausbauen, siehe Seite 336.
- Einstiegsleiste ausbauen, siehe Seite 313.

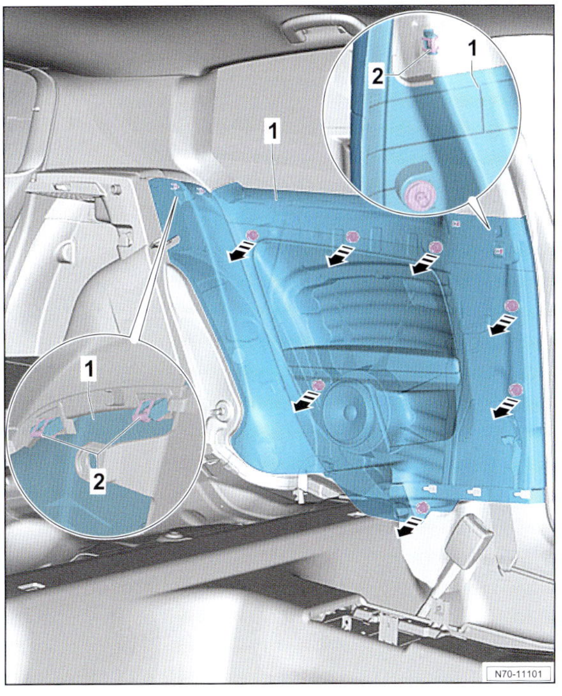

- Seitenverkleidung –1– an der oberen B-Säulen-Verkleidung und der C-Säulen-Verkleidung ausclipsen –2–.
- Seitenverkleidung –1– mit einem Kunststoffkeil im Bereich der Clips aus den Aufnahmen der Karosserie lösen –Pfeile–. Dabei vorn beginnen.
- Falls vorhanden, Steckverbindung am Taster für Deaktivierung der Innenraumüberwachung und Fahrzeugneigung trennen und Seitenverkleidung –1– herausnehmen.

Einbau

- Der Einbau erfolgt in umgekehrter Ausbaureihenfolge. Dabei ist auf Folgendes zu achten:
- Falls Halteklammern in den Aufnahmepunkten der Karosserie verblieben sind, diese ausbauen und zum Einbau in die Seitenverkleidung einsetzen.
- Darauf achten, dass sich die Seitenverkleidung nach dem Einbau im Keder der Türdichtung befindet.

Achtung: Vor dem Einbau der Seitenverkleidung sicherstellen, dass sich der Verriegelungsmechanismus sämtlicher Clipverbindungen in –Position 1– befindet, siehe Abbildung N70-10596 auf Seite 313.

In der Position –2– ist ein fehlerfreier Einbau der Seitenverkleidung nicht möglich!

Innere Radhausverkleidung aus- und einbauen

Limousine

Ausbau

- **Fahrzeuge mit Seitenpolster:** Seitenpolster ausbauen, siehe Seite 327.

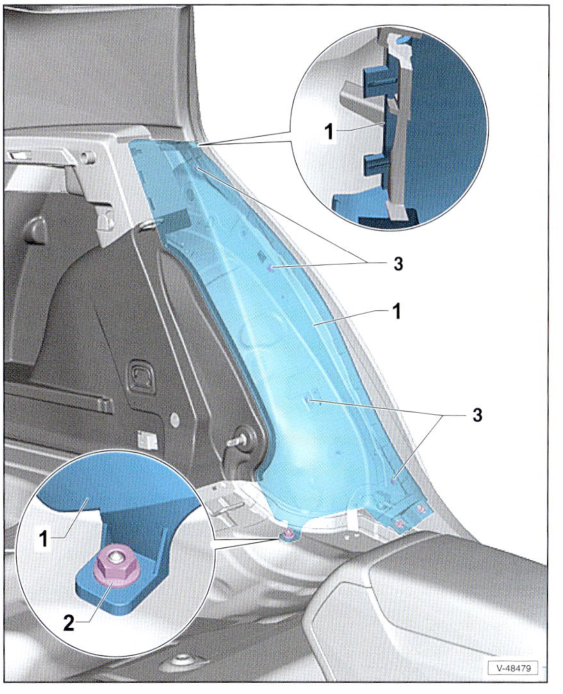

- **Fahrzeuge ohne Seitenpolster:** Rücksitzlehne ausbauen, siehe Seite 336.
- **Fahrzeuge ohne Seitenpolster:** Mutter –2– abschrauben.
- Einstiegsleiste im Übergangsbereich zur Radhausverkleidung aus der Karosserie lösen, siehe Seite 318.
- Radhausverkleidung –1– mit einem Kunststoffkeil aus der C-Säulen-Verkleidung lösen.
- Radhausverkleidung –1– mit dem Keil im Bereich der Halteklammern –3– aus den Aufnahmen der Karosserie lösen.

Einbau

- Der Einbau erfolgt in umgekehrter Ausbaureihenfolge. Dabei ist auf Folgendes zu achten:
- Falls Halteklammern in den Aufnahmepunkten der Karosserie verblieben sind, diese ausbauen und zum Einbau in die Radhausverkleidung einsetzen. Beschädigte Halteklammern ersetzen.
- Mutter mit **3,5 Nm** festziehen.
- Darauf achten, dass sich die Radhausverkleidung nach dem Einbau im Keder der Türdichtung befindet.

VARIANT

Ausbau

- **Fahrzeuge mit Seitenpolster:** Seitenpolster ausbauen, siehe Seite 326.

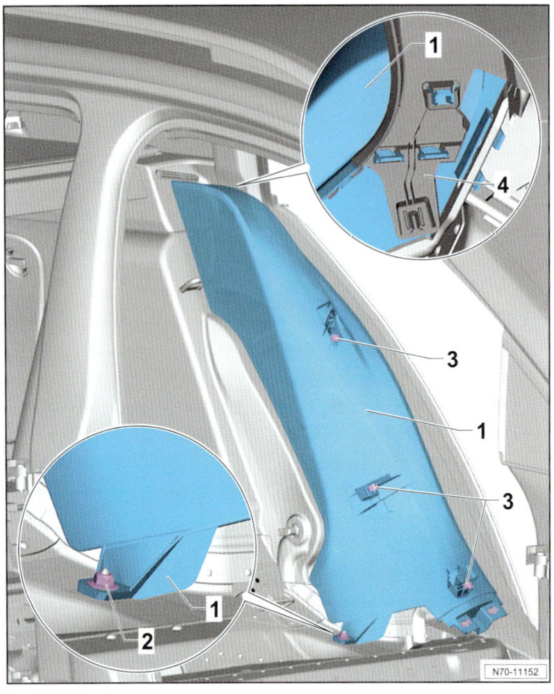

- **Fahrzeuge ohne Seitenpolster:** Rücksitzlehne ausbauen, siehe Seite 336.
- **Fahrzeuge ohne Seitenpolster:** Mutter –2– abschrauben.
- Einstiegsleiste im Übergangsbereich zur Radhausverkleidung aus der Karosserie und der Radhausverleidung lösen, siehe Seite 318.
- Rücksitzlehne nach vorn klappen.
- Radhausverkleidung –1– mit dem Keil aus der C-Säulen-Verkleidung –4– lösen
- Radhausverkleidung –1– mit dem Keil im Bereich der Halteklammern –3– aus den Aufnahmen der Karosserie lösen.

Einbau

- Der Einbau erfolgt in umgekehrter Ausbaureihenfolge. Dabei ist auf Folgendes zu achten:
- Falls Halteklammern in den Aufnahmepunkten der Karosserie verblieben sind, diese ausbauen und zum Einbau in die Radhausverkleidung einsetzen. Beschädigte Halteklammern ersetzen.
- Mutter mit **3,5 Nm** festziehen.
- Darauf achten, dass sich die Radhausverkleidung nach dem Einbau im Keder der Türdichtung befindet.

Seitenpolster aus- und einbauen

Ausbau

- **Fahrzeuge mit Seitenairbag:** Batterie abklemmen, siehe Seite 78.

Achtung: Sicherheitsvorschriften bei Arbeiten am Airbag beachten, siehe Seite 193.

- Sitzbank ausbauen, siehe Seite 334.

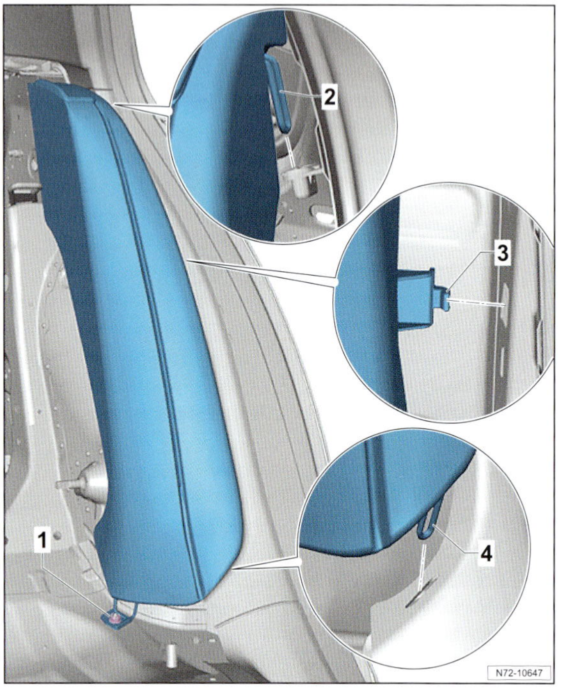

- Mutter –1– abschrauben.
- Rücksitzlehne nach vorn klappen.
- Haltenase –3– aus der Karosserie seitlich lösen.
- Seitenpolster mit den Haltebügeln –2– und –4– nach oben abziehen.
- **Fahrzeuge mit Seitenairbag:** Elektrische Leitung für Seitenairbag am Seitepolster trennen.

Einbau

- Der Einbau erfolgt in umgekehrter Ausbaureihenfolge, dabei Folgendes beachten:
- **Fahrzeuge mit Seitenairbag:** Zündung einschalten.

Achtung: Beim Anklemmen der Batterie darf sich keine Personen im Fahrzeug aufhalten.

- Fahrzeugbatterie anklemmen, siehe Seite 78.

Achtung: Signalisiert die Kontrollleuchte für Airbag nach der Montage einen Fehler, muss der Fehlerspeicher abgefragt, gelöscht und anschließend erneut abgefragt werden.

- Mutter mit **8 Nm** anschrauben.

Heckabschlussverkleidung aus- und einbauen

Ausbau

- Kofferraumboden nach hinten herausnehmen.

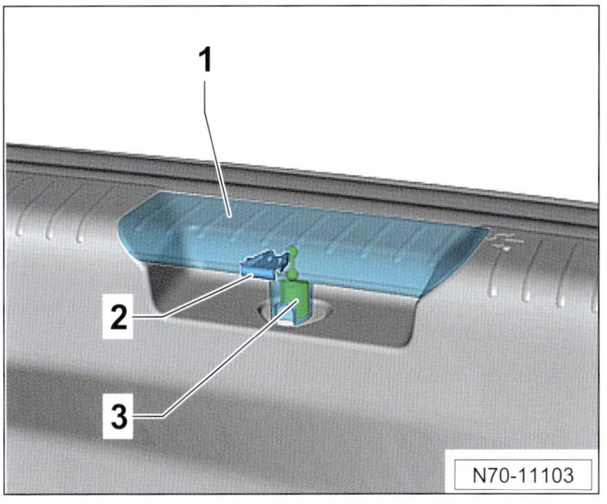

- **Fahrzeuge mit Anhängevorrichtung:** Clip –2– am Halter für Seilzug –1– entriegeln. Halter für Seilzug –1– nach oben vom Seilzug –3– abziehen.

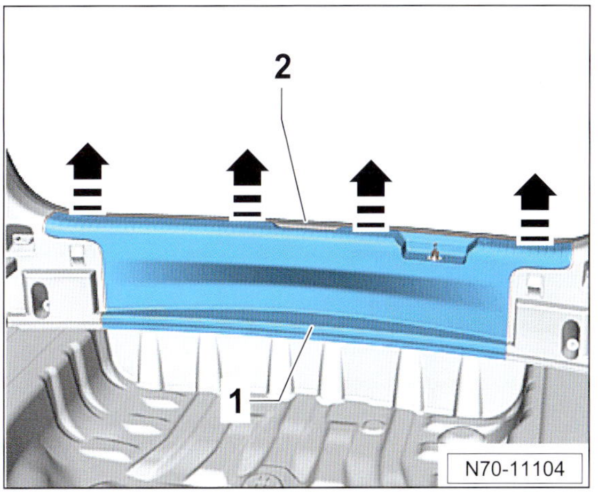

- Heckklappendichtung –2– im Bereich der Heckabschlussverkleidung –1– abziehen.
- Heckabschlussverkleidung –1– mit einem Abdrückhebel, zum Beispiel HAZET-1965-21, im Bereich der Halteklammern aus den Aufnahmen der Karosserie lösen –Pfeile–.
- **Fahrzeuge mit Anhängevorrichtung:** Steckverbindung für Anhängevorrichtung trennen.
- Heckabschlussverkleidung –1– nach oben herausnehmen.

Einbau

- Der Einbau erfolgt in umgekehrter Ausbaureihenfolge. Dabei ist auf Folgendes zu achten:
- Falls Halteklammern in den Aufnahmepunkten der Karosserie verblieben sind, diese ausbauen und zum Einbau in die Heckabschlussverkleidung einsetzen.
- Darauf achten, dass sich die Heckabschlussverkleidung nach dem Einbau im Keder der Heckklappendichtung befindet.

Speziell VARIANT

Hinweis: Hier wird nur auf die Unterschiede hingewiesen.

Fahrzeuge mit Anhängevorrichtung

- Befestigung am Kofferraumboden links und rechts um 90° drehen und dadurch entriegeln.
- Kofferraumboden nach hinten aus dem Fahrzeug herausnehmen.

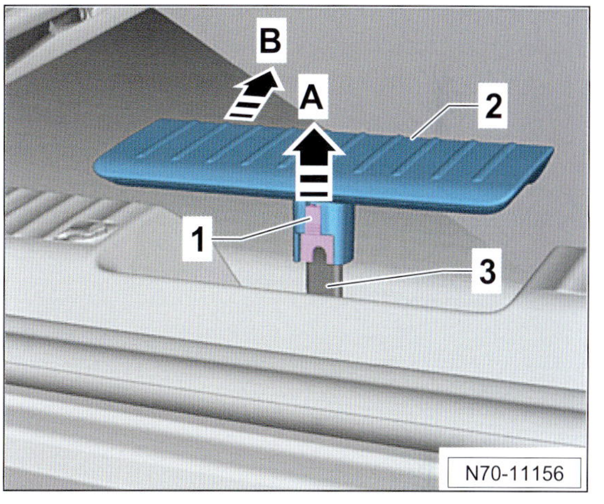

- Clip –1– am Hebel für Bowdenzug –2– entriegeln und nach oben schieben –Pfeil A–.
- Hebel für Bowdenzug –2– nach vorn vom Bowdenzug –3– abnehmen –Pfeil B–.

Auflage für Hutablage aus- und einbauen

Limousine

Ausbau

- **4-Türer:** Innere Radhausverkleidung ausbauen, siehe Seite 325.
- **2-Türer:** Seitenverkleidung ausbauen, siehe Seite 325.
- Heckabschlussverkleidung ausbauen, siehe Seite 327.

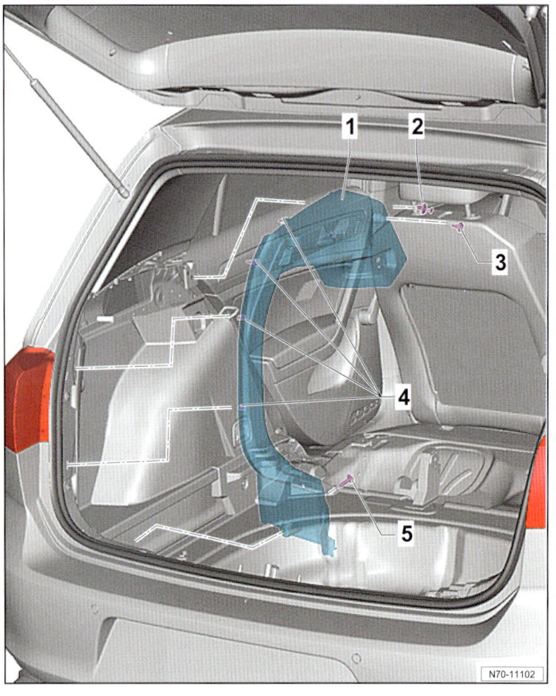

- Schrauben –3– und –5– herausdrehen.
- Spreizclip –2– ausbauen.
- Auflage für Hutablage –1– mit einem Abdrückhebel, zum Beispiel HAZET-1965-21, im Bereich der Halteklammern –4– aus den Aufnahmen der Karosserie lösen.
- Falls vorhanden, Steckverbindungen trennen und Auflage für Hutablage –1– herausnehmen.

Einbau

- Der Einbau erfolgt in umgekehrter Ausbaureihenfolge. Dabei ist auf Folgendes zu achten:
- Falls Halteklammern in den Aufnahmepunkten der Karosserie verblieben sind, diese ausbauen und zum Einbau in die Auflage für Hutablage einsetzen.
- Darauf achten, dass sich die Auflage für Hutablage nach dem Einbau im Keder der Heckklappendichtung befindet.

Halter für Kofferraumbodenbelag aus- und einbauen

Limousine

Ausbau

- Rücksitzlehnen nach vorn klappen.
- Kofferraumboden nach hinten herausnehmen.

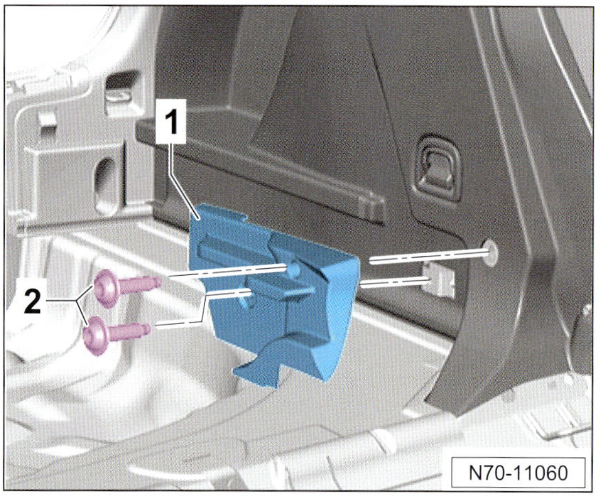

- Schrauben –2– herausdrehen.
- Halter für Kofferraumbodenbelag –1– abnehmen.

Einbau

- Der Einbau erfolgt in umgekehrter Ausbaureihenfolge. Schrauben mit **8 Nm** anziehen.

VARIANT

Ausbau

- Rücksitzlehnen nach vorn klappen.
- Befestigung am Kofferraumboden links und rechts um 90° drehen und dadurch entriegeln.
- Kofferraumboden nach hinten aus dem Fahrzeug herausnehmen.
- Abstützung für Kofferraumboden nach oben herausnehmen.

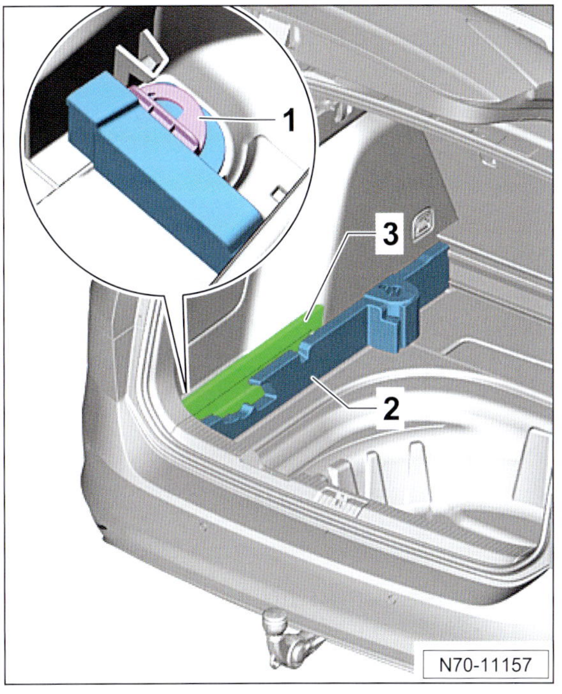

- Seitenwand –3– aus der Kofferraum-Seitenverkleidung links und rechts nach oben herausziehen und herausnehmen.
- Aufsteckhalterung –1– links und rechts 90° entgegen dem Uhrzeigersinn verdrehen und nach oben abnehmen.
- Auskleidung Kofferraumboden links –2– und rechts nach oben herausnehmen.

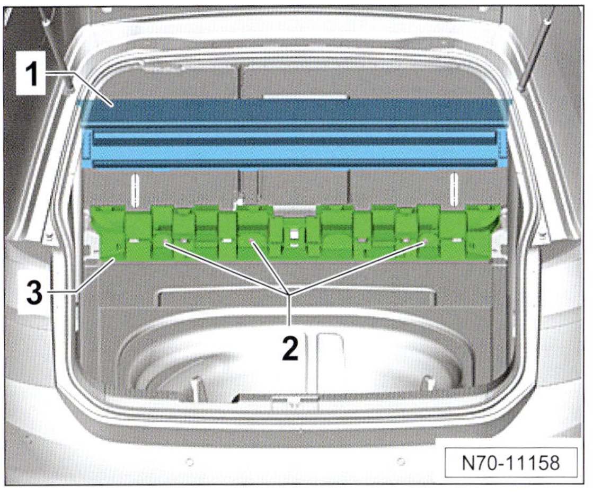

- Auskleidung Kofferraumboden Mitte –1– nach oben vom Träger –3– abclipsen.
- Schrauben –2– herausdrehen.
- Träger –3– für Auskleidung Kofferraumboden Mitte –1– nach hinten herausnehmen.

Einbau

- Der Einbau erfolgt in umgekehrter Ausbaureihenfolge. Schrauben mit **1,5 Nm** anziehen.

Kofferraum-Seitenverkleidung aus- und einbauen

Limousine

Ausbau

- Auflage für Hutablage ausbauen, siehe Seite 328.
- Falls vorhanden, Halter Kofferraumbodenbelag ausbauen, siehe Seite 328.

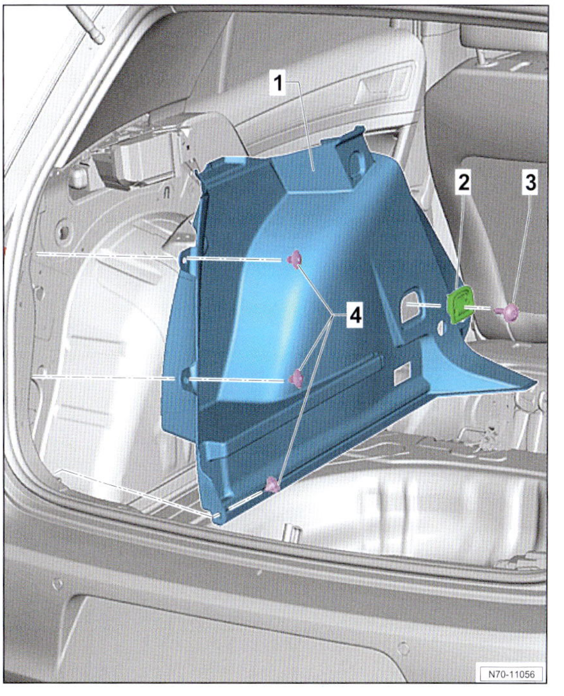

- Verzurröse –2– abschrauben –3–.
- Die Clips –4– ausbauen.
- Die Kofferraum–Seitenverkleidung –1– aushängen und herausnehmen.

Einbau

- Der Einbau erfolgt in umgekehrter Ausbaureihenfolge. Schrauben mit **8 Nm** anziehen.

VARIANT

Ausbau

- Kofferraumabdeckung ausbauen.
- Rücksitzlehne ausbauen, siehe Seite 336.
- **Fahrzeuge mit Seitenpolster:** Seitenpolster ausbauen, siehe Seite 326.
- **Fahrzeuge ohne Seitenpolster:** Innere Radhausverkleidung ausbauen, siehe Seite 325.
- D-Säulen-Verkleidung ausbauen, siehe Seite 324.
- Heckabschlussverkleidung ausbauen, siehe Seite 327.

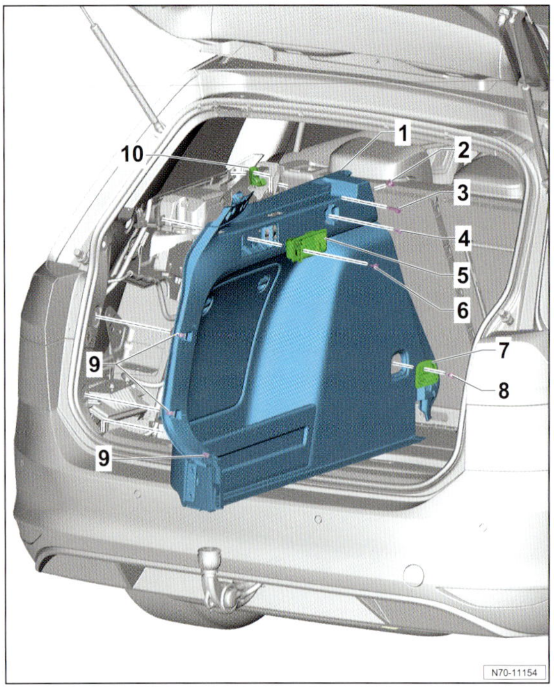

- Verzurröse –7– abschrauben –8–.
- Clip –2– ausbauen.
- Schrauben –3– herausdrehen.
- Taschenhaken –10– aufklappen und Schraube –4– herausdrehen.
- Griff der Betätigung für Fernentriegelung der Rückenlehne –5– ziehen und gezogen halten.
- Schraube –6– herausdrehen.
- Kofferraum-Seitenverkleidung –1– im Bereich der Halteklammern –9– mit einem Kunststoffkeil aus den Aufnahmen der Karosserie lösen.

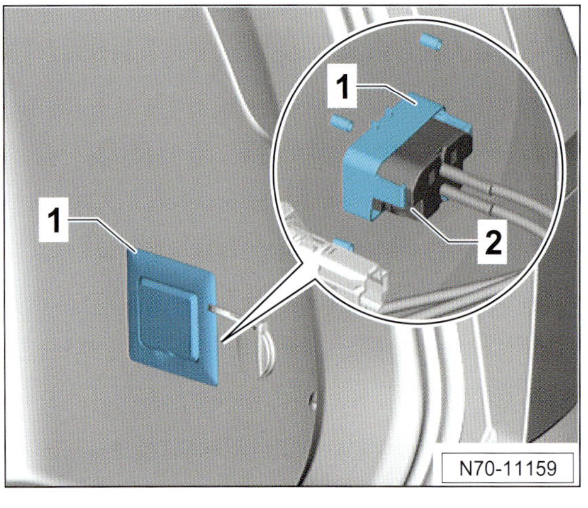

- **Fahrzeuge mit 220-V-Steckdose:** Haltenasen an der Abdeckung –1– der Steckdose –2– entriegeln.
- **Fahrzeuge mit 220-V-Steckdose:** Steckdose –2– aus der Abdeckung –1– herausziehen.
- Steckverbindungen, soweit vorhanden, trennen und Kofferraum-Seitenverkleidung abnehmen.

Einbau

- Der Einbau erfolgt in umgekehrter Ausbaureihenfolge. Dabei ist auf Folgendes zu achten:
- Falls Halteklammern in den Aufnahmepunkten der Karosserie verblieben sind, diese ausbauen und zum Einbau in die Kofferraum-Seitenverkleidung einsetzen.
- Darauf achten, dass sich die Kofferraum-Seitenverkleidung nach dem Einbau im Keder der Türdichtung befindet.
- Der Einbau erfolgt in umgekehrter Ausbaureihenfolge.

Anzugsdrehmomente:

Schrauben –2– und –3– . . . . **1,5 Nm**
Schrauben –4– und –6– . . . . **7 Nm**
Schraube –8– . . . . **8 Nm**

Verzurröse aus- und einbauen

Ausbau

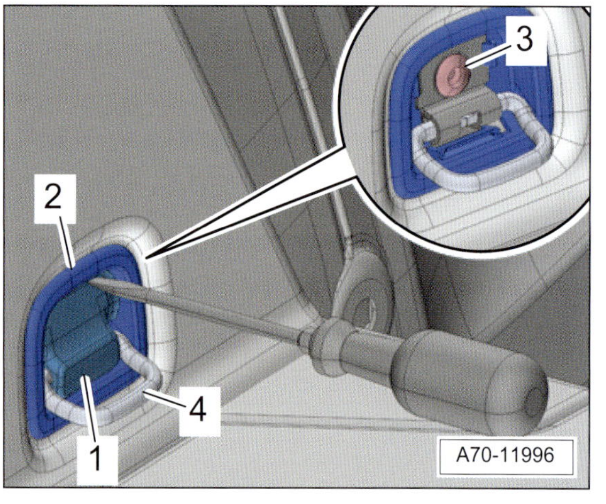

- Bügel –4– aufklappen und Abdeckung –1– mit einem Schraubendreher abclipsen.
- Schraube –3– herausdrehen, Verzurröse –2– abnehmen.

Einbau

- Der Einbau erfolgt in umgekehrter Ausbaureihenfolge. Verzurröse mit **8 Nm** festschrauben.

Obere Heckklappen-Verkleidung aus- und einbauen

Ausbau

- Halteseile für die Hutablage am Fensterrahmen seitlich links und rechts aushängen.

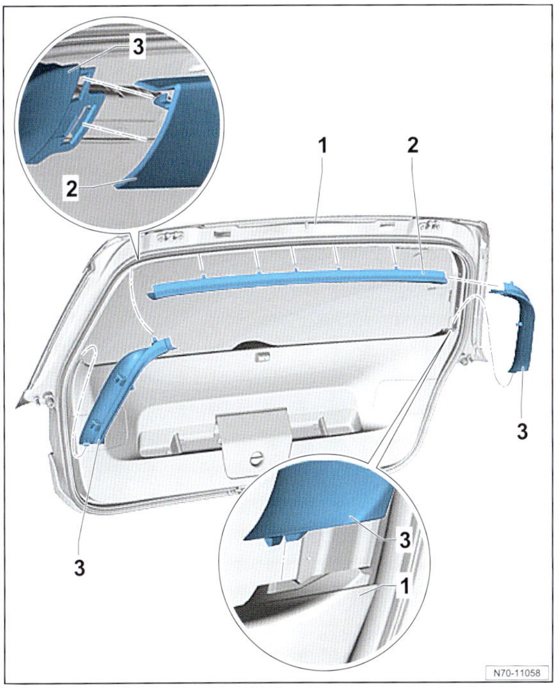

- Mittleren Fensterrahmen –2– mit einem Kunststoffkeil aus den Aufnahmen in der Heckklappe und den seitlichen Verkleidungen –3– lösen.
- Mittleren Fensterrahmen –2– abnehmen.
- Seitlichen Fensterrahmen –3– mit dem Keil aus den Verrastungen in der Heckklappe und in der unteren Verkleidung –1– lösen.
- Seitlichen Fensterrahmen –3– abnehmen.

Einbau

- Der Einbau erfolgt in umgekehrter Ausbaureihenfolge. Dabei ist auf Folgendes zu achten:
- Falls Halteklammern in den Aufnahmepunkten der Heckklappe verblieben sind, diese ausbauen und zum Einbau in die Fensterrahmen einsetzen.

Untere Heckklappen-Verkleidung aus- und einbauen

Ausbau

- Obere Heckklappen-Verkleidung ausbauen, siehe Seite 331.
- Warndreieck herausnehmen.

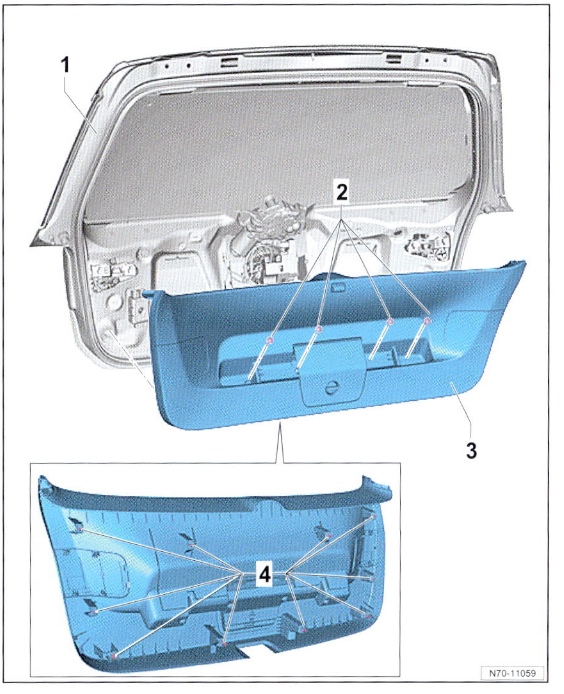

- Schrauben –2– herausdrehen.
- Untere Heckklappen-Verkleidung –3– mit einem Abdrückhebel, zum Beispiel HAZET-1965-21, im Bereich der Halteklammern –4– aus den Aufnahmen der Hecklappe –1– lösen.
- Untere Heckklappen-Verkleidung –3– abnehmen.

Einbau

- Der Einbau erfolgt in umgekehrter Ausbaureihenfolge. Dabei ist auf Folgendes zu achten:
- Falls Halteklammern in den Aufnahmepunkten der Heckklappe verblieben sind, diese ausbauen und zum Einbau in die untere Heckklappen-Verkleidung einsetzen.

Verkleidung für Heckklappenschloss aus- und einbauen

Ausbau

- Untere Heckklappen-Verkleidung ausbauen, siehe entsprechendes Kapitel.

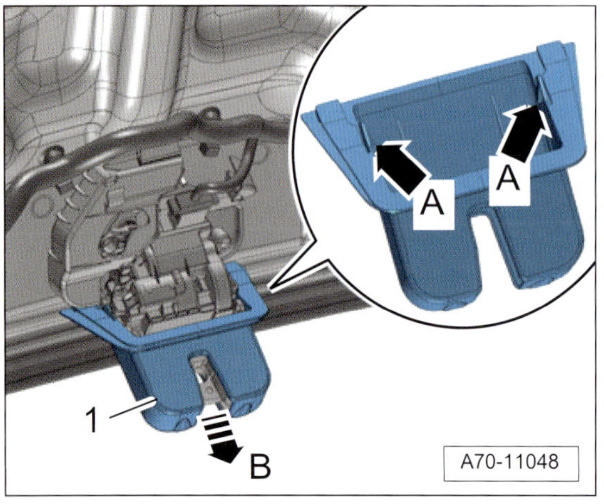

- Rastnasen –Pfeile A– mit einem Schraubendreher entriegeln, Verkleidung für Heckklappenschloss –1– abziehen –Pfeil B–.

Einbau

- Der Einbau erfolgt in umgekehrter Ausbaureihenfolge.

Dachabschlussleiste aus- und einbauen

Ausbau

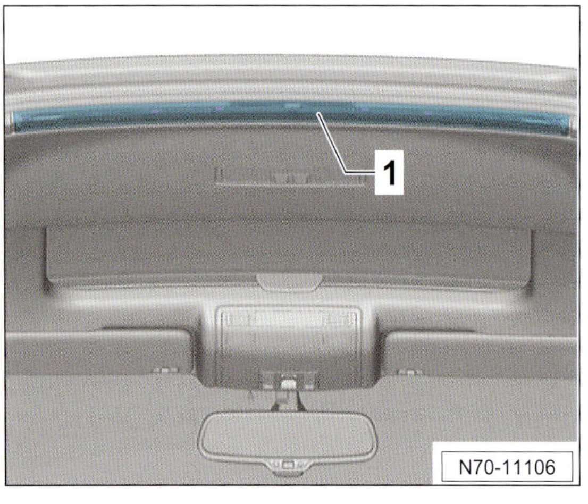

- Dachabschlussleiste –1– mit einem Kunststoffkeil im Bereich der 7 Halteklammern aus den Aufnahmen der Karosserie lösen.
- Dachabschlussleiste –1– nach unten abnehmen.

Einbau

- Der Einbau erfolgt in umgekehrter Ausbaureihenfolge. Dabei ist auf Folgendes zu achten:
- Falls Halteklammern in den Aufnahmepunkten der Heckklappe verblieben sind, diese ausbauen und zum Einbau in die Dachabschlussleiste einsetzen.
- Darauf achten, dass sich die Dachabschlussleiste nach dem Einbau im Keder der Heckklappendichtung befindet.

Vordersitz aus- und einbauen

Hinweis: Der Aus- und Einbau wird für den manuell verstellbaren Sitz beschrieben. Für den elektrisch verstellbaren Sitz erfolgt der Aus- und Einbau sinngemäß. Die Beschreibung gilt nicht für den e-GOLF oder den GOLF GTE.

Zum Ausbau des Vordersitzes mit Seiten-Airbag wird der VW-Airbag-Adapter VAS 6282 benötigt.

Ausbau

- Sitz über die Längsverstellung in die vorderste Position stellen.

Hinweis: Bei defektem Motor für Sitzlängsverstellung muss zunächst der Motor für die Sitzlängsverstellung mit dem Fahrzeugdiagnosegerät geprüft werden. Außerdem müssen das Untergestell der Sitzwanne und der Motor für die Sitzlängsverstellung ersetzt werden (Werkstattarbeit).

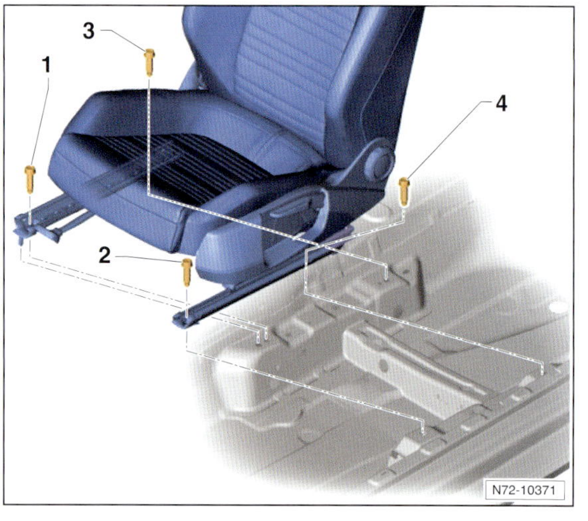

- Schrauben –3– und –4– herausdrehen.
- Den Sitz über die Längsverstellung in die hinterste Position stellen.
- Schrauben –1– und –2– herausdrehen.
- Um ein Auslösen des Seiten-Airbags zu verhindern, Batterie abklemmen, siehe Seite 78.

Achtung: Vor dem Trennen der Steckverbindung für Seiten-Airbag, elektrostatische Aufladung abbauen, dazu kurz den Schließbügel der Tür oder die Karosserie anfassen.

- Sitz nach hinten kippen.
- Abdeckung im Bodenbelag öffnen.

- Alle Stecker an der Steckerleiste unter dem Sitz abziehen.

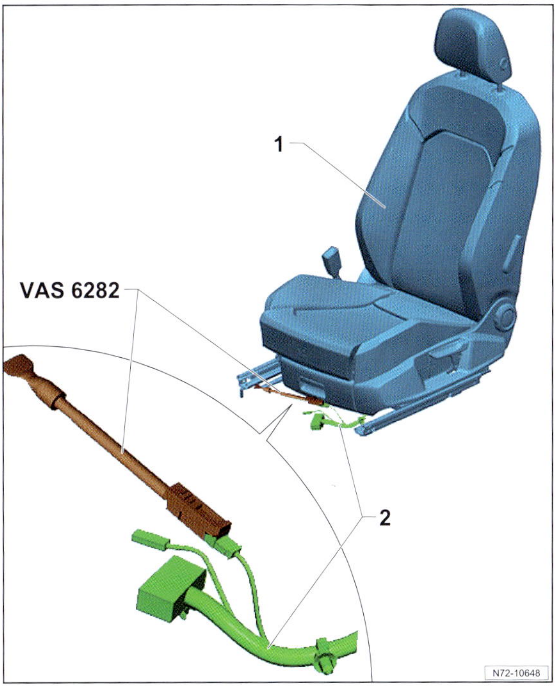

- Stecker für Seiten-Airbag –2– abziehen und dafür Airbag-Adapter VAS 6282 am Anschluss für Seiten-Airbag aufstecken. Der Airbag-Adapter bleibt so lange am Sitz –1– angeschlossen, bis der Sitz wieder eingebaut ist. **Hinweis:** Der Adapter sorgt für eine zusätzliche Absicherung gegen elektrostatische Aufladungen.
- Kabelstrang vom Fahrzeugboden lösen.
- Vordersitz zusammen mit Gleitschienen aus der Vordertür herausnehmen.

Hinweis: Beim linken Vordersitz dabei mit der rechten Hand hinten zwischen Lehne und Sitzkissen greifen und mit der linken Hand vorne am Sitzkissen untergreifen. Entsprechend beim rechten Vordersitz vorgehen. Sitz nicht am Gurtschloss oder an den Verstellhebeln anheben.

- Anbauteile abdecken und so vor Beschädigungen schützen.
- Mit der rechten Hand zwischen Lehne und Sitzpolster fassen. Mit der linken Hand an das vordere Ende des Sitzpolsters fassen und den Sitz aus dem Fahrzeug herausheben.

Achtung: Um Beschädigungen beim Herausheben oder Transportieren des Sitzes zu vermeiden, den Sitz nicht an den Anbauteilen wie zum Beispiel dem Gurtschloss, dem Hebel für die Sitzlängsverstellung, dem Hebel für die Sitzhöhenverstellung oder den Sitzverkleidungen anfassen.

Einbau

- Der Einbau erfolgt in umgekehrter Ausbaureihenfolge, dabei Folgendes beachten:

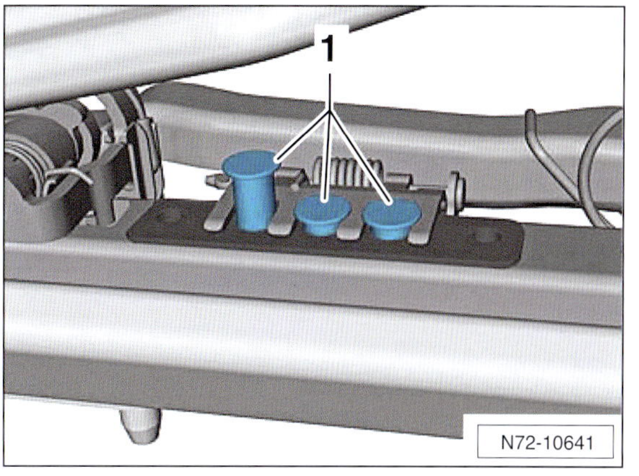

- Vor der Verschraubung vom Sitz im Fahrzeug sicherstellen, dass in beiden Sitzschienen die jeweils 2 identischen Verriegelungsbolzen –1– unten stehen.
- Den Sitz durch die vordere Tür in das Fahrzeug heben.
- Sitz zuerst vorn absetzen.
- Den Sitz in die Zentrierstifte einführen.

Achtung: Sollte beim Einbau vom Sitz ein Gewinde im Aufnahmeblech des Sitzquerträgers beschädigt werden, ist eine Nacharbeit vom beschädigten Gewinde nicht zulässig! In diesem Fall muss das Aufnahmeblech des Sitzquerträgers ersetzt werden (Werkstattarbeit).

- Vordersitz anschrauben. Dabei zunächst die vorderen Schrauben in der Reihenfolge von –1– bis –2– mit **40 Nm** festziehen, siehe Abbildung N72-10371 auf Seite 332.
- Sitz in die vorderste Position fahren.
- Anschließend die hinteren Schrauben in der Reihenfolge von –3– bis –4– mit **40 Nm** festziehen, siehe Abbildung N72-10371 auf Seite 332.

Achtung: Vor dem Verbinden der Steckverbindung für Seiten-Airbag, eventuelle elektrostatische Aufladung abbauen. Dazu kurz den Schließbügel der Tür oder die Karosserie anfassen. Unbedingt **Airbag-Sicherheitshinweise** befolgen, siehe Seite 193.

- Airbag-Adapter VAS 6282 entfernen.
- Elektrischen Leitungsstrang vom Seitenairbag in die Kupplungsstation einrasten.
- Je nach Fahrzeugausstattung weitere elektrische Leitungsstränge in der Kupplungsstation einrasten.
- Abdeckung im Bodenbelag schließen.
- Zündung einschalten.
- Batterie bei eingeschalteter Zündung anklemmen, siehe Seite 78.

Achtung: Beim Anklemmen dürfen sich keine Personen im Fahrzeug aufhalten.

Hinweis: Wenn die Airbag-Kontrollleuchte nach der Montage einen Fehler anzeigt, muss der Fehlerspeicher abgefragt, gelöscht und anschließend erneut abgefragt werden (Werkstattarbeit).

Rücksitzbank/Einzelsitze aus- und einbauen

Ausbau

- Vordersitze in die vorderste Stellung fahren.

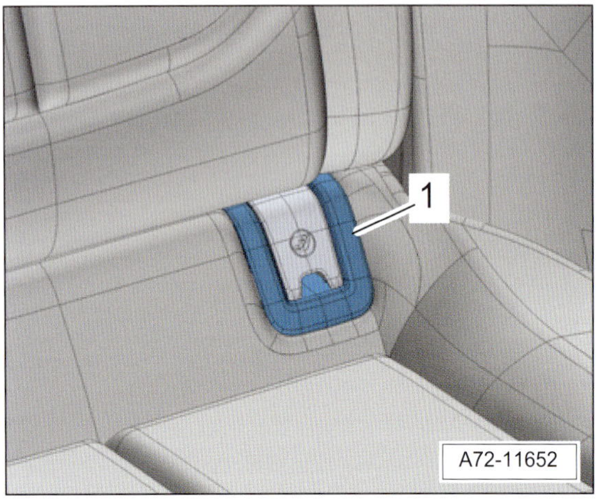

- 4 Führungen –1– für ISOFIX Kindersitzverankerung von den Verankerungen abclipsen, siehe Seite 335.

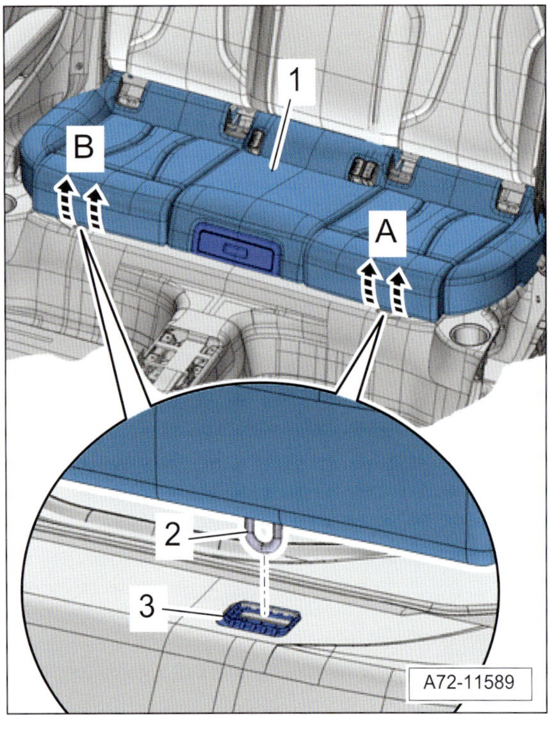

- Mit beiden Händen an einer Seite unter den Sitzrahmen der Rücksitzbank fassen.
- Rücksitzbank –1– mit beiden Händen im Bereich –A– ruckartig kräftig nach oben ziehen –Pfeile A–, wodurch der Drahthaken –2– der Rücksitzbank aus der Aufnahmetülle –3– ausrastet.
- Vorgang auf der anderen Seite –B– der Rücksitzbank wiederholen –Pfeile B–.

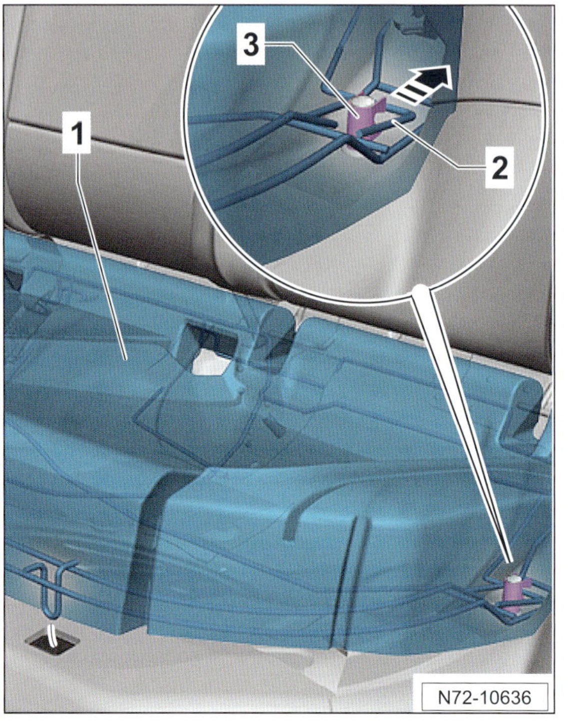

- Rücksitzbank –1– vorn leicht anheben und das Drahtgestell –2– nach hinten aus den Fanghaken –3– herausschieben –Pfeil–.
- Rücksitzbank aus dem Fahrzeug herausnehmen.

Einbau

- Der Einbau erfolgt in umgekehrter Ausbaureihenfolge, dabei Folgendes beachten:

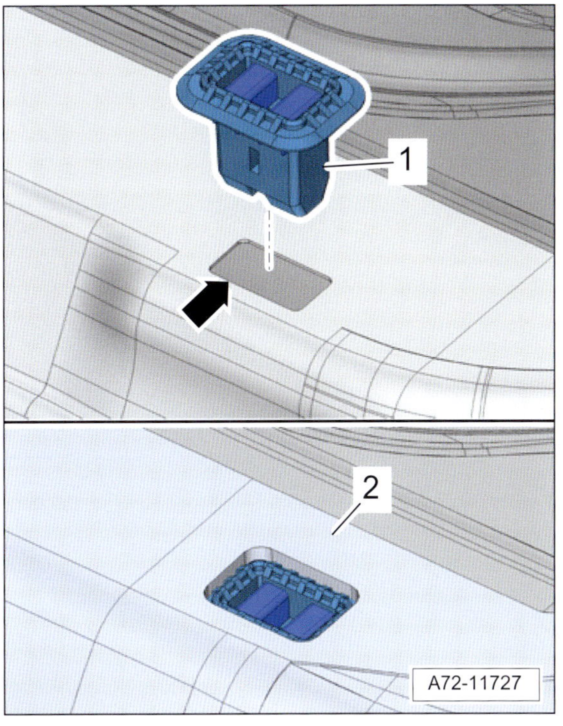

- Karosserieausschnitte –Pfeil– auf Verformungen prüfen.
- Bei Verformungen das Blech mit einem Kunststoffhammer zurückrichten.

Achtung: Bleibende leichte Verformungen sind zulässig.

- Bodenbelag –2– anheben und die neuen Aufnahmetüllen –1– bis zum hörbaren Einrasten in den Karosserieausschnitt –Pfeil– eindrücken.
- Bodenbelag wie dargestellt um die Tülle legen.

Achtung: Der Bodenbelag darf nicht die Tülle verdecken.

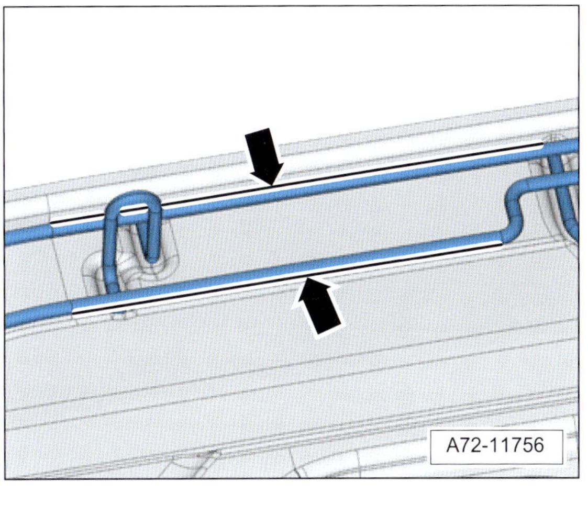

- Vor Einbau der Rücksitzbank prüfen, ob der Drahtrahmen im gekennzeichneten Bereich fluchtet –Pfeile–.
- Wenn der Drahtrahmen verbogen ist, muss er so weit zurückgebogen werden, bis er wieder fluchtet.
- Rücksitzbank einsetzen und Drahthaken kräftig in die Aufnahmetüllen eindrücken.
- Darauf achten, dass die Drahthaken richtig in den Aufnahmetüllen eingerastet sind.

ISOFIX Kindersitzverankerung aus- und einbauen

Ausbau

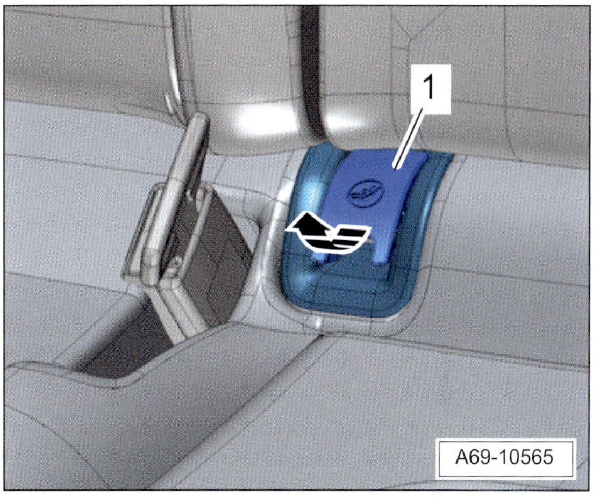

- Deckel –1– der ISOFIX-Kindersitzverankerung in Pfeilrichtung ausclipsen und abnehmen.

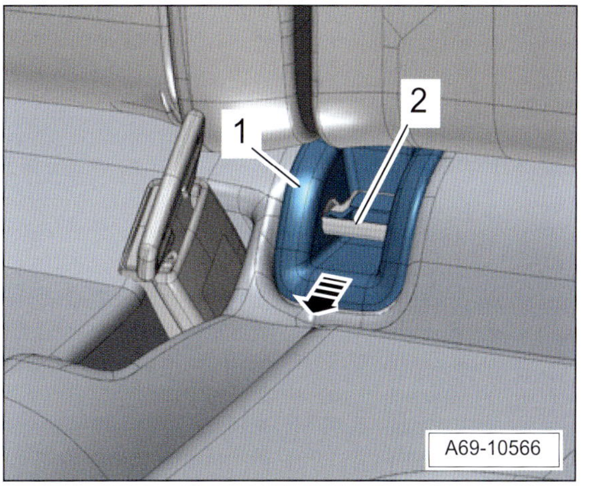

- Führung –1– entsprechend der Aussparung nach unten drücken und aus der ISOFIX-Kindersitzverankerung –2– aushängen.
- Führung nach vorn in Pfeilrichtung herausnehmen.

Einbau

- Der Einbau erfolgt in umgekehrter Ausbaureihenfolge.

Rücksitzlehne aus- und einbauen

Ausbau

Hinweis: Zur besseren Darstellung ist die linke Rücksitzlehne »1/3« nicht abgebildet.

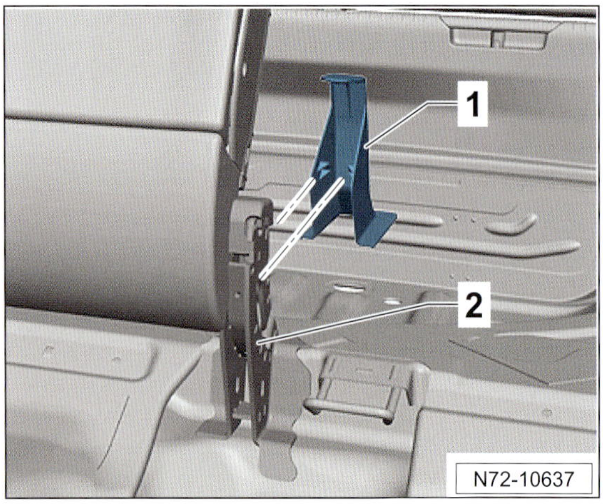

- Rechte Rücksitzlehne »2/3«: Gurtschloss hinten ausbauen, siehe Seite 336.
- Abdeckung –1– vom Mittellager –2– abziehen.

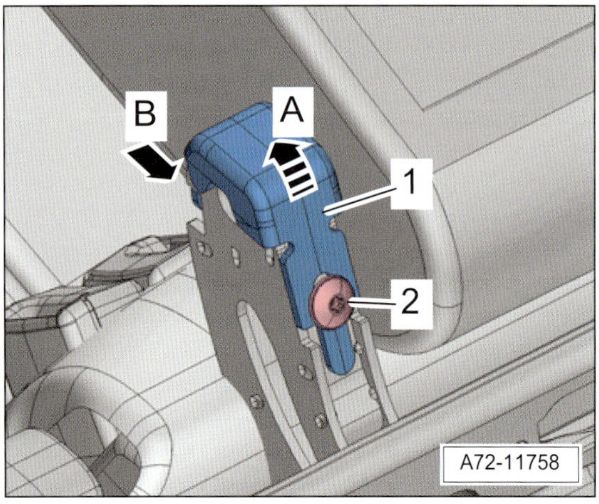

- Schraube –2– herausdrehen.
- Ausstattungsvariante mit Durchladeöffnung: Klappe für Durchladeöffnung öffnen und nach vorn klappen.
- Sicherungsbügel –1– hinten hochklappen –Pfeil A–, vorn am Mittellager –Pfeil B– aushängen und abnehmen.

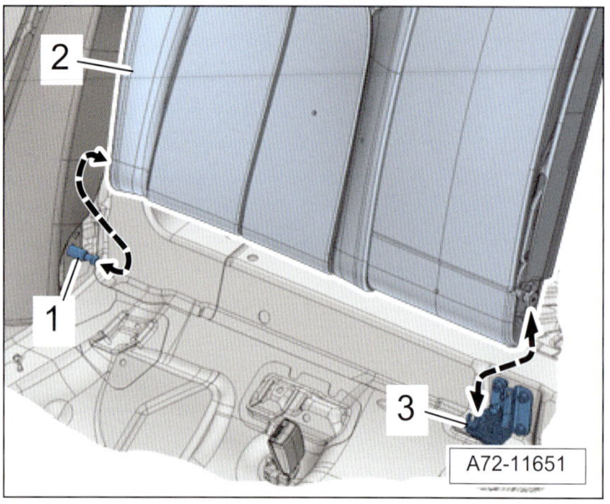

- Rücksitzlehne –2– aus dem Mittellager –3– herausheben und in Richtung Fahrzeugmitte aus der äußeren Lagerung –1– herausziehen –Pfeile–.
- Rücksitzlehne aus dem Fahrzeug herausnehmen.

Einbau

- Der Einbau erfolgt in umgekehrter Ausbaureihenfolge. Schraube mit **8 Nm** anziehen.

Gurtschloss hinten aus- und einbauen

Ausbau

- Sitzbank/Einzelsitze ausbauen, siehe Seite 334.

Rechts: Gurtschloss mit Gurtendbeschlag

Hinweis: Das Gurtschloss mit Gurtendbeschlag ist Bestandteil vom Sicherheitsgurt hinten in der Mitte.

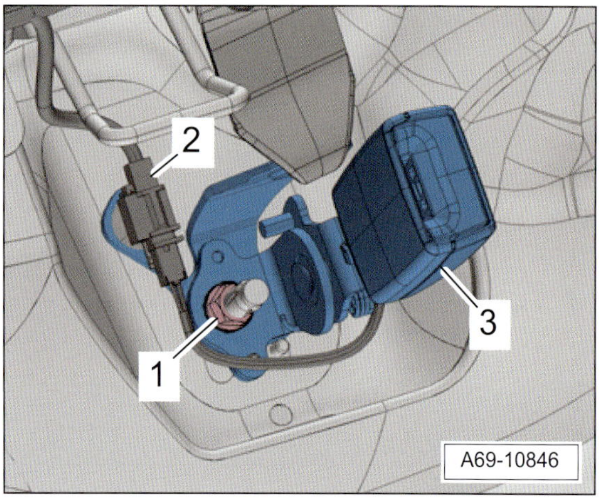

- Elektrische Steckverbindung –2– für Gurtschalter trennen.
- Mutter –1– herausdrehen.
- Gurtschloss –3– mit Gurtendbeschlag abnehmen.

Links: Doppelgurtschloss

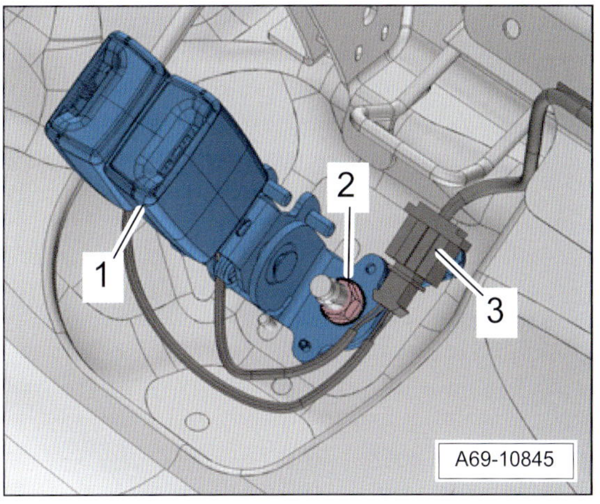

- Elektrische Steckverbindung –3– für Gurtschalter trennen.
- Mutter –2– herausdrehen.
- Doppelgurtschloss –1– abnehmen.

Einbau

- Der Einbau erfolgt in umgekehrter Ausbaureihenfolge.
- Muttern mit **40 Nm** festziehen. **Hinweis:** Erfolgte der Aus- und Einbau infolge eines Unfalls mit angelegtem Gurt, Muttern ersetzen.

Karosserie außen

Aus dem Inhalt:

- **Kühlergrill**
- **Stoßfänger**
- **Schlossträger**
- **Kotflügel**
- **Motorhaube**
- **Heckklappe**
- **Tür zerlegen**
- **Außenspiegel**

Bei der selbsttragenden Karosserie des GOLF sind Bodengruppe, Seitenteile, Dach und die hinteren Kotflügel miteinander verschweißt. Die Reparatur größerer Karosserieschäden sowie das Auswechseln von Front- und Heckscheibe sollten von einer Fachwerkstatt durchgeführt werden

Motorhaube, Heckklappe, Türen und die vorderen Kotflügel sind angeschraubt und lassen sich leicht auswechseln. Beim Einbau ist dann unbedingt ein gleichmäßiger Luftspalt einzuhalten, sonst klappert beispielsweise die Tür, oder es können während der Fahrt erhöhte Windgeräusche auftreten. Der Luftspalt muss auf jeden Fall parallel verlaufen, das heißt, der Abstand zwischen den Karosserieteilen muss auf der gesamten Länge des Spaltes gleich groß sein. Abweichungen bis zu 1 mm sind zulässig.

Achtung: Wenn im Rahmen von Arbeiten an der Karosserie auch Arbeiten an der elektrischen Anlage durchgeführt werden, **grundsätzlich** die Zündung ausschalten und den Zündschlüssel abziehen. Als Arbeit an der elektrischen Anlage ist dabei schon zu betrachten, wenn eine elektrische Leitung vom Anschluss abgezogen beziehungsweise abgeklemmt wird.

Hinweis: Zum Lösen von Tür- und Heckklappenverkleidungen einen Kunststoffkeil verwenden, zum Beispiel HAZET 1965-20. Clips, die beim Ausbau von Verkleidungen beschädigt werden, immer erneuern.

Sicherheitshinweise bei Karosseriearbeiten

Sicherheitshinweis
Bei Karosseriearbeiten entstehen oft starke Erschütterungen, beispielsweise durch Hammerschläge. Deshalb immer Zündung ausschalten und beide Batteriekabel abklemmen, sonst kann der Airbag ausgelöst werden. Airbag-Sicherheitshinweise durchlesen, siehe Seite 193.

- Muss an der Karosserie geschweißt werden, soll dies grundsätzlich durch Widerstandspunktschweißen (RP) durchgeführt werden. Nur wenn sich die Schweißzange nicht ansetzen lässt, ist das Schutzgas-Schweißverfahren anzuwenden.
- So weit Schweißarbeiten oder andere funkenerzeugende Arbeiten durchgeführt werden, grundsätzlich die Batterie komplett abklemmen (Pluskabel und Massekabel) und beide Batteriepole (+) und (–) sorgfältig mit Klebeband isolieren. Bei Arbeiten in Batterienähe muss die Batterie ausgebaut werden. **Achtung:** Unbedingt Hinweise im Kapitel »Batterie aus- und einbauen« beachten.
- **Fahrzeuge mit Klimaanlage:** An Teilen der befüllten Klimaanlage darf weder geschweißt noch hart- oder weichgelötet werden. Das gilt auch für Schweiß- und Lötarbeiten am Fahrzeug, wenn die Gefahr besteht, dass sich Teile der Klimaanlage erwärmen.

Sicherheitshinweis
Der **Kältemittelkreislauf** der Klimaanlage darf **nicht geöffnet** werden, da das Kältemittel bei Hautberührung Erfrierungen hervorrufen kann.
Bei versehentlichem Hautkontakt, die Stelle sofort mindestens 15 Minuten lang mit kaltem Wasser spülen. Austretendes Kältemittel verdampft bei Umgebungstemperatur. Das Kältemittel ist farb- und geruchlos sowie schwerer als Luft. Da das Kältemittel nicht wahrnehmbar ist, besteht am Boden beziehungsweise in einer Montagegrube Erstickungsgefahr.

- **Lackierung trocknen:** Im Rahmen einer Reparatur-Lackierung darf das Fahrzeug im Trockenofen oder in der Vorwärmzone nicht über **+80° C** aufgeheizt werden. Sonst können elektronische Steuergeräte im Fahrzeug beschädigt werden. Außerdem kann dadurch in der Klimaanlage ein starker Überdruck entstehen, der möglicherweise zum Platzen der Anlage führt.

- **PVC-Unterbodenschutz entfernen:** Als Korrosionsschutz ist auf dem Unterboden ein PVC-Unterbodenschutz aufgetragen. Unterbodenschutz an der Reparaturstelle mit rotierender Drahtbürste entfernen oder mit einem Heißluftgebläse auf maximal +180° C erwärmen und mit einem Spachtel ablösen. **Achtung:** Durch Abbrennen beziehungsweise Erwärmen von PVC-Material über +180° C entsteht korrosionsfördernde Salzsäure, außerdem werden gesundheitsschädliche Dämpfe frei.

Steinschlagschäden an der Frontscheibe

Hinweis: Kleinere Schäden an der Frontscheibe, zum Beispiel durch Steinschlag verursacht oder Scheibenwischerstreifen, beeinträchtigen die Sicht und können zu Folgeschäden an der Scheibe (Risse) führen. Diese Schäden sollten so bald wie möglich behoben werden. Verschiedene Glas-Unternehmen sind auf Reparaturen an Auto-Scheiben spezialisiert. Der Austausch der Scheibe kann auf diese Weise vermieden werden. Überdies werden die Kosten für die Scheibenreparatur von der Kaskoversicherung übernommen.

Spreiznieten aus- und einbauen

Viele Abdeckungen und Verkleidungen sind mit Spreiznieten befestigt. Aus- und Einbau weiterer Halteclips, siehe Seite 294.

Ausbau

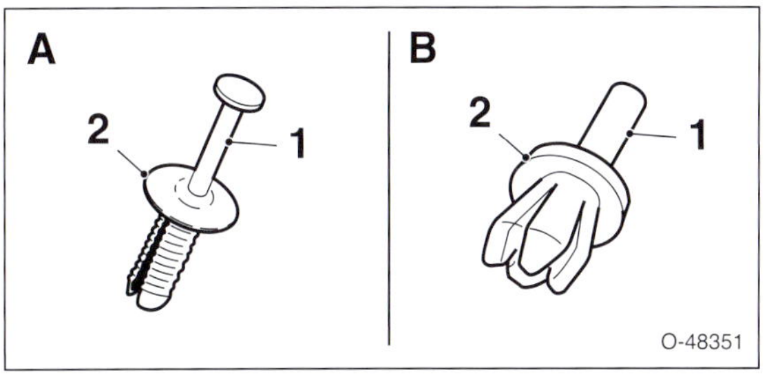

- A – Spreizniete mit Kappe: Bolzen –1– mit einem Schraubendreher herausziehen. Wenn der Bolzen in der Kappe einen Kreuzschlitz aufweist, kann er mit einem Kreuzschlitzschraubendreher herausgeschraubt werden.
- B – Spreizniete ohne Kappe: Bolzen –1– mit einem geeigneten Dorn durchdrücken. **Hinweis:** Der Bolzen geht dabei unter Umständen verloren und muss ersetzt werden.
- Spreizniete –2– aus der Bohrung herausziehen.

Einbau

- Beschädigte oder fehlende Spreiznieten durch Neuteile ersetzen.
- Spreizniete –2– in die Bohrung setzen und Bolzen –1– eindrücken. **Hinweis:** Dadurch werden die Clipnasen gespreizt und die Spreizniete sitzt sicher in der Bohrung.

Blindnieten aus- und einbauen

Zum Entfernen von Blindnieten (Popnieten) zunächst nur den Nietkopf ausbohren und dann die Niete mit einem Dorn aus der Bohrung heraustreiben. Dadurch wird verhindert, dass die Bohrung ausgeweitet wird.

Neue Niete in die Bohrung einsetzen und mit einer Blindniet-Zange festquetschen, die Niethülse hat dabei denselben Durchmesser wie die Bohrung.

Häufig verwendete Nieten-Durchmesser: 2,4 mm, 3,2 mm, 4,0 mm und 4,8 mm.

Untere Motorraumabdeckung aus- und einbauen

Achtung: Je nach Motorvariante müssen beim Aus- und Einbau geringfügige Abweichungen berücksichtigt werden.

Kurze Abdeckung

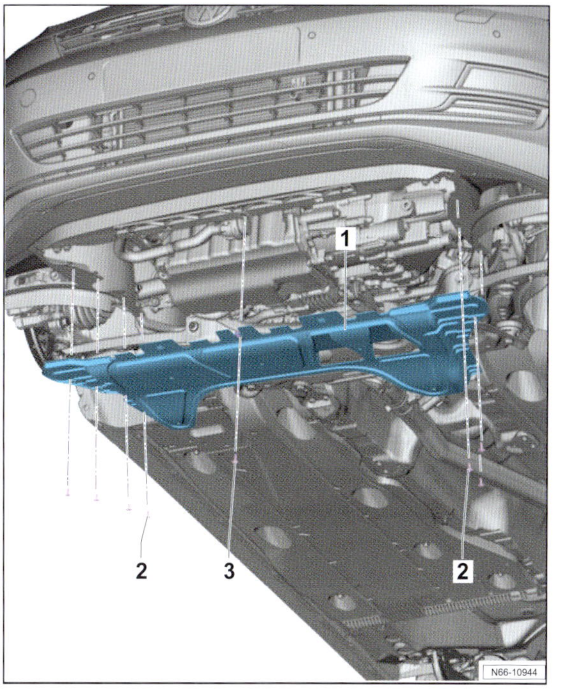

1 – Abdeckung
Ausbau
- Schrauben –2– und –3– herausdrehen.
- Abdeckung nach hinten aus dem Schlossträger herausziehen.

2 – Schraube, 2 Nm
3 Stück links, 4 Stück rechts.

3 – Schraube, 1 Nm
1 Stück am Schlossträger.

Lange Abdeckung

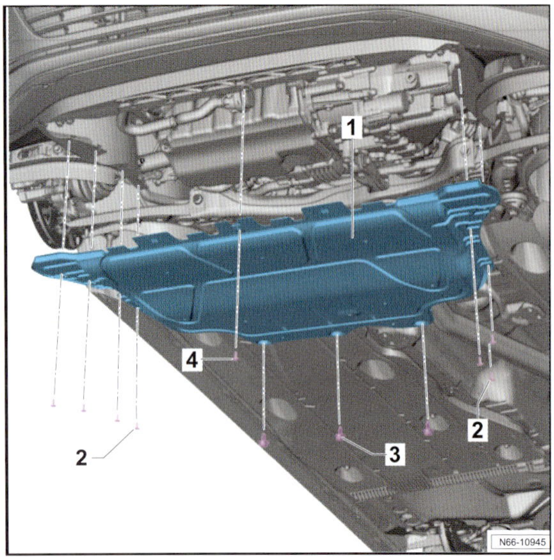

1 – Abdeckung
Ausbau

- ◆ Schrauben –2–, –3– und – 4– herausdrehen.
- ◆ Abdeckung nach hinten aus dem Schlossträger herausziehen.

2 – Schraube, 2 Nm
3 Stück links, 4 Stück rechts.

3 – Schraube, 6 Nm
3 Stück.

4 – Schraube, 1 Nm
1 Stück am Schlossträger.

Unterfahrschutz

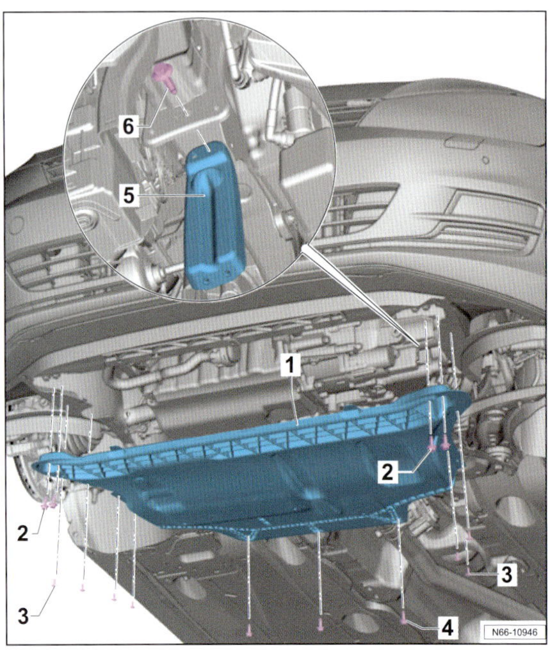

1 – Unterfahrschutz
Ausbau

- ◆ Schrauben –2–, –3– und – 4– herausdrehen.
- ◆ Abdeckung nach hinten aus dem Schlossträger herausziehen.

2 – Schraube, 20 Nm
2 Stück links und rechts.

3 – Schraube, 2 Nm
3 Stück links, 4 Stück rechts.

4 – Schraube, 20 Nm
3 Stück.

5 – Halter für Unterfahrschutz
Links und rechts.

6 – Schraube, 20 Nm
1 Stück je Seite.

Wasserkastenabdeckung aus- und einbauen

Ausbau

- Wischerarme ausbauen, siehe Seite 99.

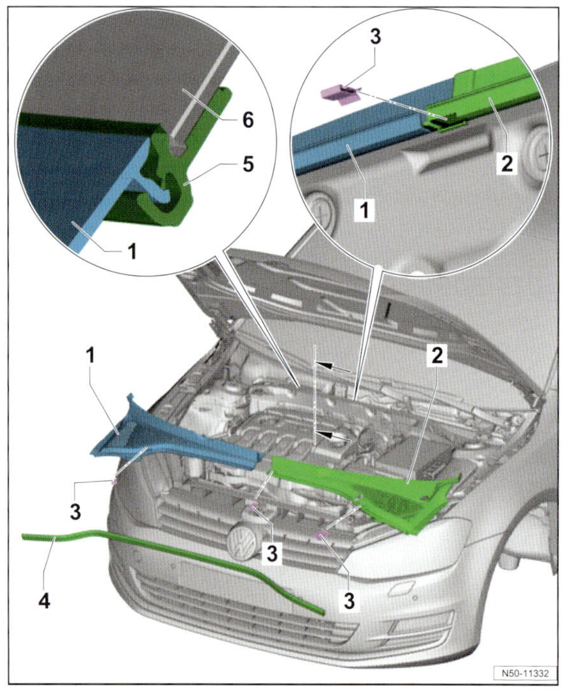

- Dichtung –4– auf der gesamten Länge von den Wasserkastenabdeckungen –1– und –2– abziehen.

Achtung: Die Wasserkastenabdeckung darf nicht mit einem Hebelwerkzeug, wie Schraubendreher oder Keil abgehebelt werden. Sonst kann die Frontscheibe –6– beschädigt werden und später reißen.

- 3 Klammern –3– ausclipsen.
- Zuerst die Wasserkastenabdeckung –2– nach oben aus dem Einfassprofil –5– herausziehen. Dabei von der Mitte her beginnen.
- Wasserkastenabdeckung –2– aus dem Kotflügel nach vorn herausziehen und abnehmen.
- Danach die Wasserkastenabdeckung –1– nach oben aus dem Einfassprofil –5– herausziehen. Dabei von der Mitte her beginnen.
- Wasserkastenabdeckung –1– aus dem Kotflügel nach vorn herausziehen und abnehmen.

Einbau

Hinweis: Bei neuen Frontscheiben ist im Einfassprofil ein Einleger angebaut. Vor dem Einbau der Wasserkastenabdeckung diesen Einleger entfernen.

- Einfassprofil –5– mit Seifenlauge einsprühen, damit die Wasserkastenabdeckungen –1– und –2– leichter eingedrückt werden können.
- Zuerst die Wasserkastenabdeckung –1– in den Kotflügel einschieben.
- Wasserkastenabdeckung –1– auf das Einfassprofil –5– setzen. Von außen beginnend mit leichtem Druck in das Einfassprofil –5– drücken. Wasserkastenabdeckung von Hand mit nur leichtem Druck in das Einfassprofil drücken, keinesfalls schlagen oder mithilfe eines Werkzeugs eindrücken.

Achtung: Wasserkastenabdeckung nicht in das Einfassprofil der Frontscheibe aufschlagen, das kann sonst zum Anriss der Frontscheibe führen.

- Danach die Wasserkastenabdeckung –2– in den Kotflügel einschieben.
- Wasserkastenabdeckung –2– auf das Einfassprofil –5– setzen. Von außen beginnend mit leichtem Druck in das Einfassprofil –5– drücken.
- 3 Klammern –3– einclipsen.
- Dichtung –4– auf die Wasserkastenabdeckungen –1– und –2– aufstecken.
- Wischerarme einbauen, siehe Seite 99.

Stirnwand aus- und einbauen

Ausbau

- Wasserkastenabdeckung ausbauen, siehe Seite 340.

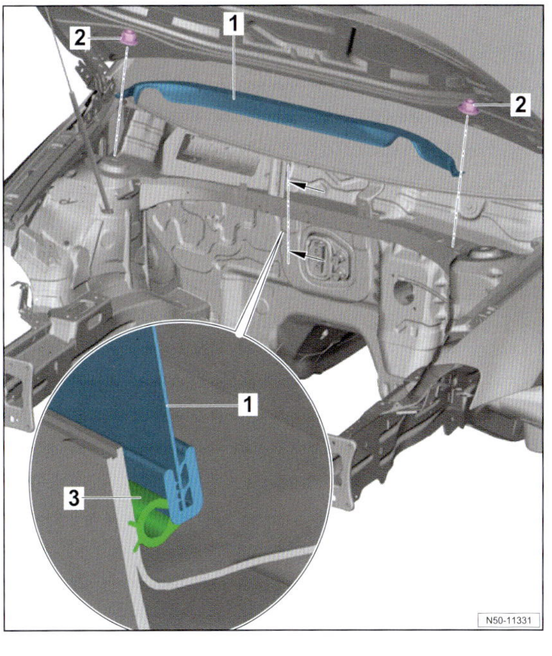

- Sechskantmuttern –2– herausdrehen und Stirnwand –1– abnehmen.

Einbau

- Der Einbau erfolgt sinngemäß in umgekehrter Ausbaureihenfolge. Dabei auf richtigen Sitz der Dichtung –3– achten. Muttern mit **8 Nm** festziehen.

Wasserfangleiste aus- und einbauen

Ausbau

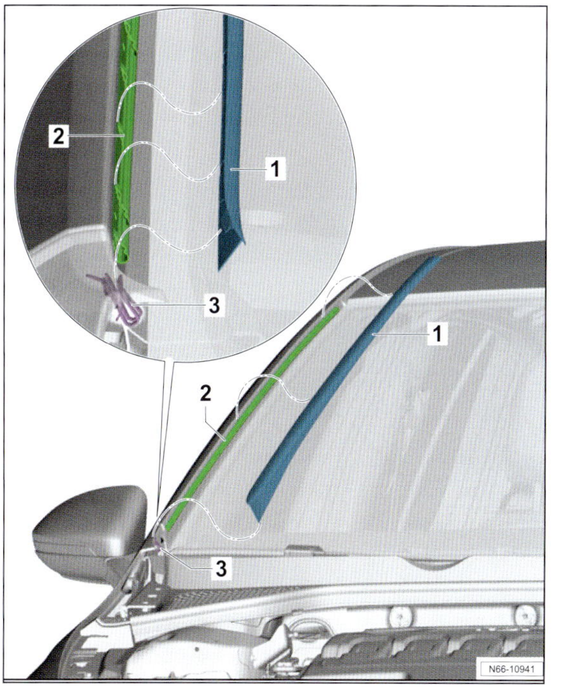

- Wasserfangleiste –1– aus der Klammer –3– der Halteleiste –2– herausziehen. Dabei unten beginnen.

Einbau

- Obere Innenkante der Wasserfangleiste –1– an der Oberkante der Frontscheibe ansetzen.
- Wasserfangleiste –1– von oben in die Halteleiste –2– und die Klammer –3– eindrücken.
- Anlagelippe der Wasserfangleiste zur Frontscheibe hinter das Glas fädeln.

Schlossträger in Servicestellung bringen

Servicestellung durchführen

- Stoßfängerabdeckung vorn ausbauen, siehe Seite 343.
- Scheinwerfer ausbauen, siehe Seite 119.
- Seilzug am Lagerbock der Klappenbetätigung ausbauen, siehe Seite 353.

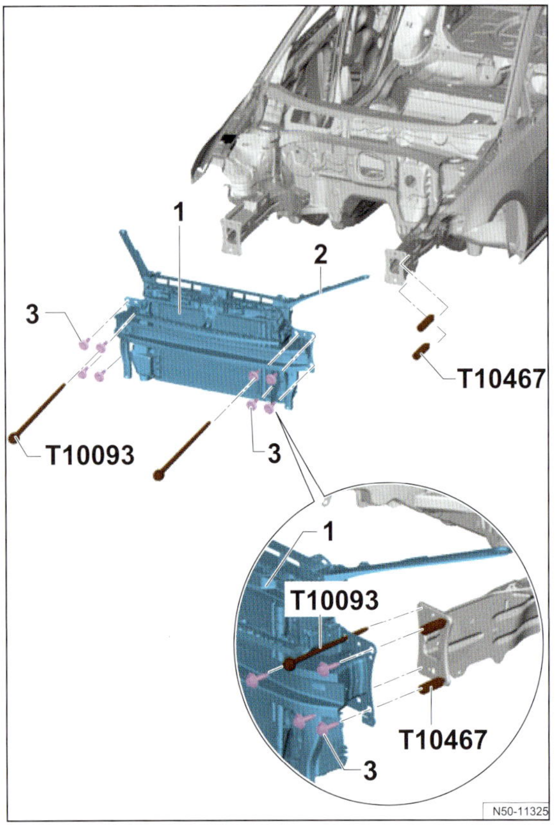

- Einfüllstutzen für Waschwasserbehälter am Trägerteil –2– aushängen.
- Jeweils nur eine Schraube –3– an den Längsträgern links und rechts herausdrehen.
- Anstelle dieser Schrauben zwei Führungsstangen, zum Beispiel VW-T10093 am linken und rechten Längsträger einschrauben.
- Restliche Schrauben –3– an den Längsträgern links und rechts herausdrehen.

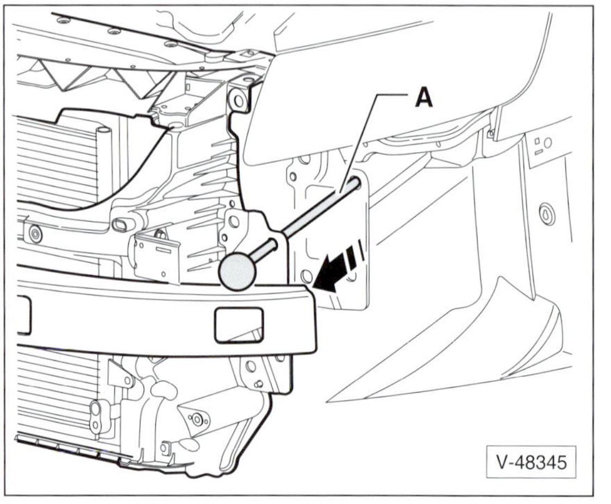

- Schlossträger mit Anbauteilen auf den Führungsstangen –A– etwa 10 cm nach vorne ziehen –Pfeil–. Dabei auf elektrische Leitungen zum Schlossträger achten, gegebenenfalls Steckverbindungen trennen.
- Zur Sicherung die Adapter VW-10467 (2 Stück je Seite) links und rechts zwischen Stoßfängerträger und Längsträger einschrauben, siehe Abbildung N50-11325.

Servicestellung zurücksetzen

- Adapter VW-T10467 links und rechts zwischen Stoßfängerträger und Längsträger herausschrauben.
- Schlossträger mit Anbauteilen –1– auf den Führungsstangen VW-T10093 an die Längsträger heranschieben.
- Schrauben –3– links und rechts ansetzen und locker anschrauben.
- Führungsstangen VW-T10093 links und rechts herausschrauben.
- Schlossträger mit Anbauteilen –1– an den Längsträgern und zwischen den Kotflügeln ausmitteln.
- Schlossträger mit **55 Nm** festschrauben.

Achtung: Bei Fahrzeugen mit Steuergerät für Abstandsregelung muss nach jedem Lösen des Schlossträgers das Steuergerät für Abstandsregelung neu justiert werden (Werkstattarbeit).

- Der weitere Einbau erfolgt sinngemäß in umgekehrter Ausbaureihenfolge, dabei Folgendes beachten.
- Darauf achten, dass die Druckschläuche für die Ladeluftkühler wieder richtig eingebaut werden.
- Schläuche und Leitungen dürfen nicht eingeklemmt werden.
- Scheinwerfer einstellen.

Vordere Stoßfängerabdeckung aus- und einbauen

Ausbau

Je nach Modellvariante und Baujahr können beim Aus- und Einbau der Stoßfängerabdeckung geringfügige Abweichungen auftreten.

- Kühlergrill ausbauen, siehe Seite 346.

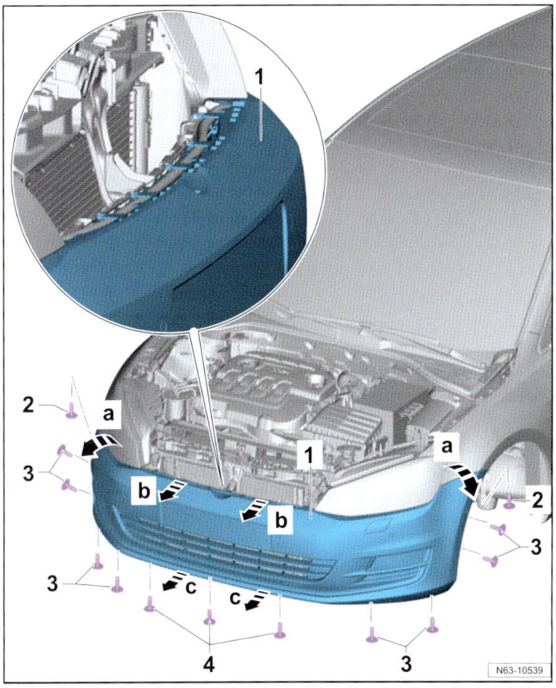

- Schrauben –2– im Radhaus links und rechts herausdrehen.
- Schrauben –3– zur Befestigung des Innenkotflügels links und rechts herausdrehen.
- Schrauben –4– von unten herausdrehen.

Hinweis: Für den weiteren Ausbau wird ein Helfer benötigt.

- Stoßfängerabdeckung –1– aus den Verrastungen der Führungsprofile links und rechts am Kotflügel abziehen –Pfeile a–.
- Rasthaken –Pfeile b– am Schlossträger lösen.
- Mit einem Helfer die Stoßfängerabdeckung –1– parallel vom Fahrzeug abziehen –Pfeile c–.
- Schlauchkupplung der Waschwasserleitungen, soweit vorhanden, trennen.
- Steckverbindungen der elektrischen Bauteile, soweit vorhanden, trennen.

Einbau

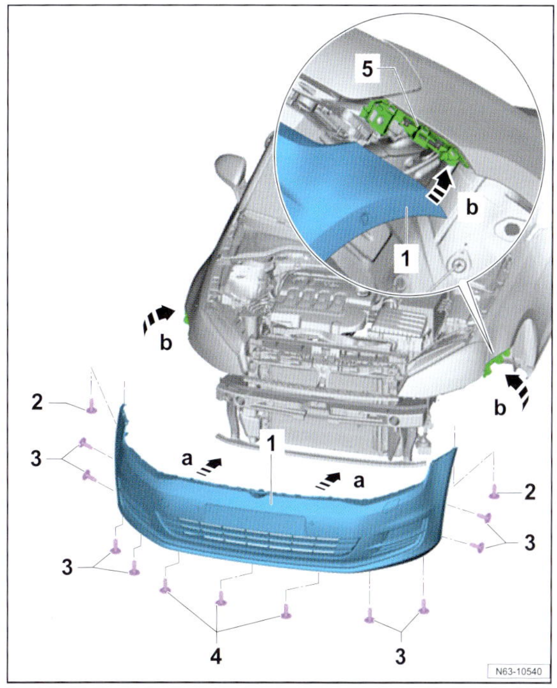

- Steckverbindungen der vorhandenen elektrischen Bauteile verbinden.
- Waschwasserleitungen verbinden.

Achtung: Beim Ansetzen der Stoßfängerabdeckung jeweils auf den richtigen Sitz des Innenkotflügels achten.

- Stoßfängerabdeckung –1– parallel an den Schlossträger führen –Pfeile a–, bis die Rasthaken verrasten.
- Stoßfängerabdeckung –1– auf die Führungsprofile –5– links und rechts am Kotflügel drücken, bis diese miteinander verrasten –Pfeil b–.
- Auf Parallelität und Spaltmaße achten.
- Stoßfängerabdeckung mit **2 Nm** anschrauben –2–, –3–, –4–.

Hintere Stoßfängerabdeckung aus- und einbauen

Limousine

Ausbau

- Heckleuchten im Seitenteil ausbauen, siehe Seite 128.

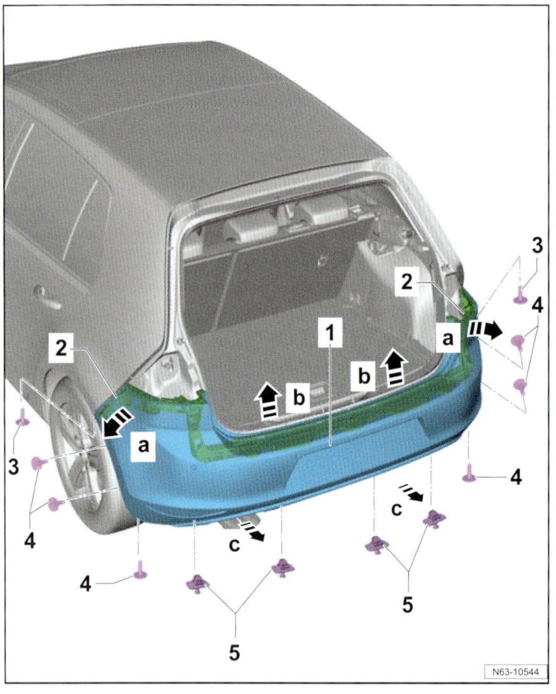

- Schrauben –3– im Radhaus (nach oben gerichtet) links und rechts herausdrehen.
- Schrauben –4– im Bereich der Innenkotflügel links und rechts herausdrehen.
- Spreiznieten –5– von unten entfernen. Dazu zuerst Spreizstift und dann den Clip heraushebeln.

Hinweis: Für den weiteren Ausbau wird ein Helfer benötigt.

- Stoßfängerabdeckung –1– aus den Verrastungen der Führungsprofile links und rechts –2– am Seitenteil ziehen –Pfeile a–.
- Stoßfängerabdeckung –1– nach oben aus den Verrastungen lösen –Pfeile b–.
- Zusammen mit einem Helfer die Stoßfängerabdeckung –1– parallel vom Fahrzeug abziehen –Pfeile c–.
- Steckverbindungen der elektrischen Bauteile trennen.

Einbau

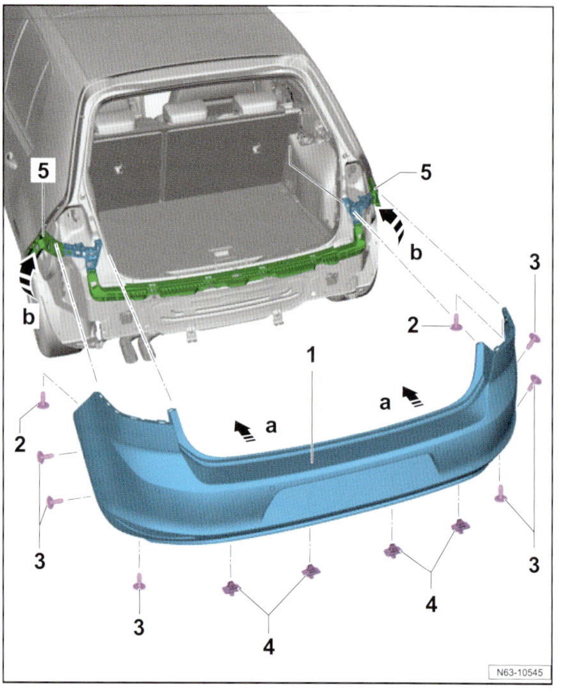

- Steckverbindungen der elektrischen Bauteile verbinden.
- Stoßfängerabdeckung –1– parallel ans Fahrzeug führen –Pfeile a–.
- Stoßfängerabdeckung –1– auf die Führungsprofile links und rechts –5– am Seitenteil drücken, bis diese miteinander verrasten –Pfeil b–.
- Auf Parallelität und Spaltmaße achten.
- Spreiznieten –4– von unten einclipsen.
- Heckleuchten im Seitenteil einbauen, siehe Seite 128.
- Schrauben mit **2 Nm** festziehen.

VARIANT

Hinweis: Je nach Modellvariante und Baujahr können beim Aus- und Einbau der Stoßfängerabdeckung geringfügige Abweichungen auftreten.

Ausbau

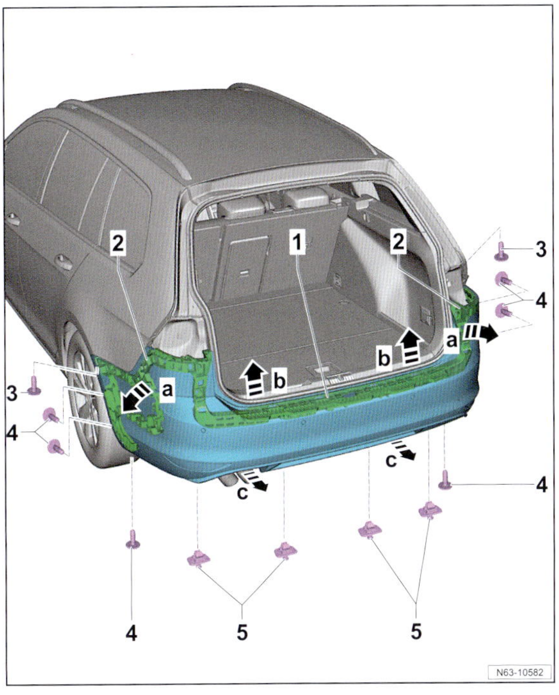

- Heckleuchten im Seitenteil ausbauen, siehe Seite 128.
- Nach oben gerichtete Schrauben –3– im Radhaus links und rechts herausdrehen.
- Schrauben –4– im Bereich der Radhausschale links und rechts herausdrehen.
- Spreiznieten –5– von unten entfernen.

Hinweis: Für den weiteren Ausbau wird ein Helfer benötigt.

- Stoßfängerabdeckung –1– aus den Verrastungen der Führungsprofile links und rechts –2– am Seitenteil ziehen –Pfeile a–.
- Stoßfängerabdeckung –1– nach oben aus den Verrastungen lösen –Pfeile b–.
- Stoßfängerabdeckung –1– mit Helfer parallel nach hinten vom Fahrzeug abziehen –Pfeile c–.
- Steckverbindungen der elektrischen Bauteile trennen.

Einbau

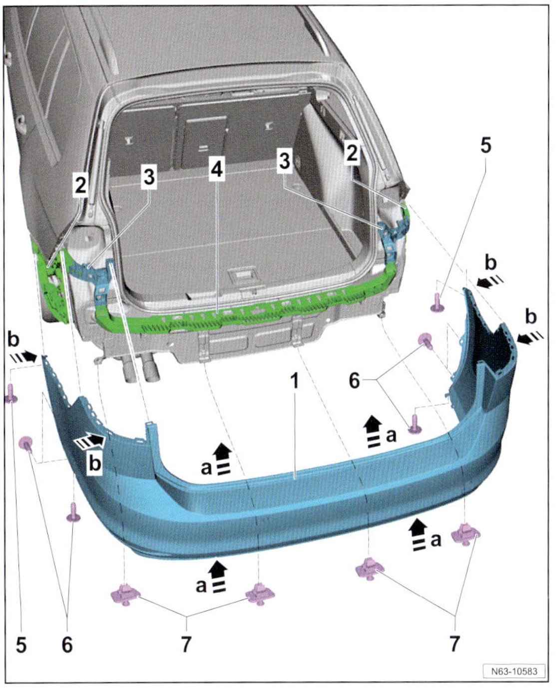

- Abgezogene Steckverbindungen der elektrischen Bauteile verbinden.
- Stoßfängerabdeckung –1– parallel von hinten ans Fahrzeug heranführen –Pfeile a–.
- Stoßfängerabdeckung –1– auf die Führungsprofile links und rechts –2– am Seitenteil drücken, bis diese miteinander verrasten –Pfeil b–. **Achtung:** Dabei auf Parallelität und Spaltmaße achten.
- Spreiznieten –7– von unten einclipsen.
- Stoßfängerabdeckung mit **2 Nm** anschrauben.
- Heckleuchten im Seitenteil einbauen, siehe Seite 128.

Kühlergrill aus- und einbauen

Ausbau

- **Mit automatischer Distanzregelung:** Zunächst VW-Emblem aus dem Kühlergrill ausbauen. Anschließend die Rastnasen oben am dahinterliegenden Steuergerät entriegeln und Steuergerät nach vorn herausschwenken. Elektrische Steckverbindung entriegeln und abziehen. Steuergerät herausnehmen.

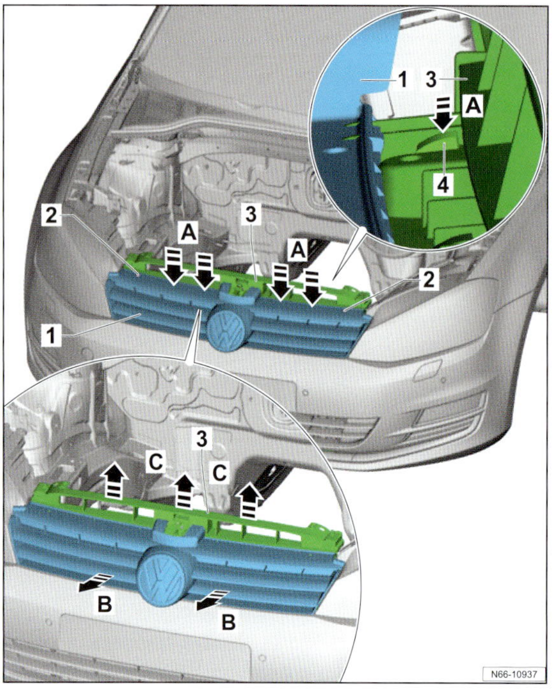

- Schrauben –2– herausdrehen.
- Verrastungen –4– mit einem kleinen Schraubendreher entriegeln –Pfeile A–.
- Kühlergrill –1– in Pfeilrichtung –B– parallel aus den Verrastungen am Schlossträger –3– herausziehen.
- Kühlergrill –1– nach oben –Pfeil C– aus der Stoßfängerabdeckung herausziehen.

Einbau

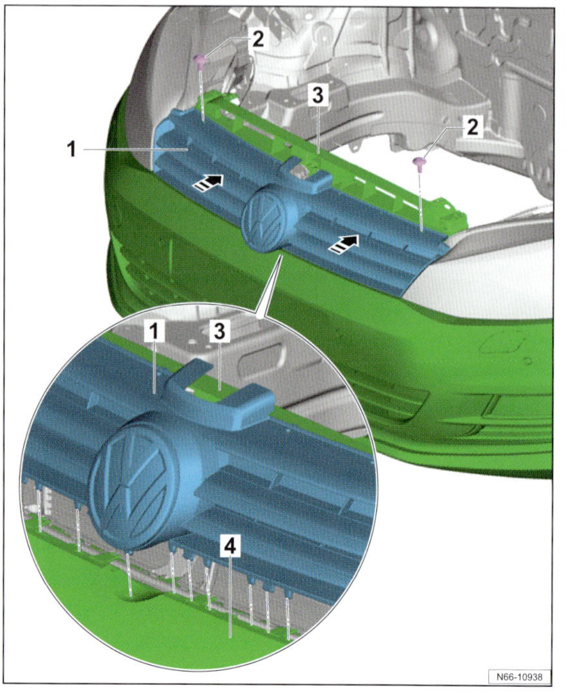

- Kühlergrill –1– in die Stoßfängerabdeckung vorn –4– einsetzen, dann in Pfeilrichtung oben gegen den Schlossträger –3– drücken und einclipsen.
- Kühlergrill zum Ausschnitt des VW-Emblems in der Motorhaube ausrichten und mit mit **2 Nm** anschrauben –2–.
- **Mit automatischer Distanzregelung:** Stecker am Steuergerät aufschieben und einrasten. Steuergerät in die Öffnung des VW-Emblems einsetzen, nach oben schwenken und einrasten. VW-Emblem einsetzen, andrücken und einrasten.

VW-Emblem aus- und einbauen

Fahrzeuge mit automatischer Distanzregelung ab 03/2017

Ausbau

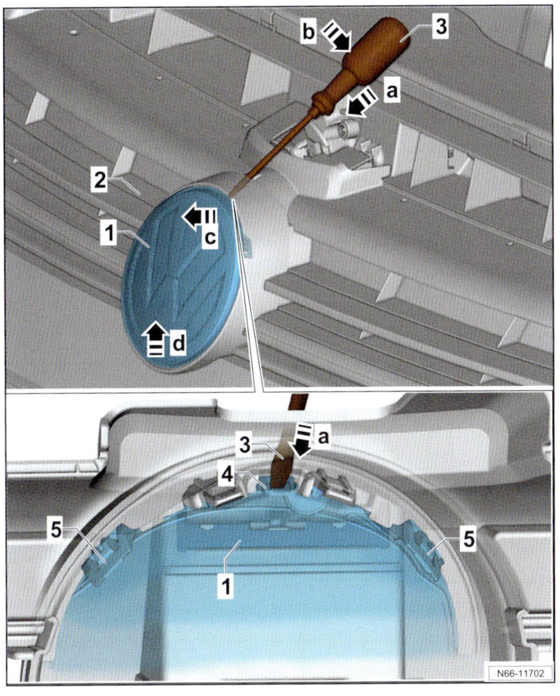

- Schraubendreher –3– durch die Öffnung oben am Emblem einführen –Pfeil a–.
- Anschließend Schraubendreher –3– nach hinten drücken –Pfeil b–, bis er am Rasthaken –4– anliegt.
- Rasthaken –4– niederdrücken –Pfeil a– (untere Abbildung) und dadurch entriegeln.
- Emblem –1– etwas nach vorn aus dem Kühlergrill ziehen –Pfeil c–. Dabei lösen sich die beiden Rasthaken –5– von selbst.
- Emblem –1– nach oben aus dem Kühlergrill –2– herausziehen –Pfeil d–.

Einbau

Voraussetzung: Kühlergrill ist eingebaut und das Steuergerät für Abstandsregelung ist angeschlossen und eingebaut.

- Emblem –1– in den Kühlergrill –2– drücken, bis die Rasthaken –4– und –5– hörbar verrasten.

Fahrzeuge ohne automatische Distanzregelung ab 03/2017

Ausbau

- Kühlergrill ausbauen, siehe entsprechendes Kapitel.
- Auf der Rückseite 2 Rasthaken mit einem Schraubendreher entriegeln.
- Emblem etwas aus dem Kühlergrill herausdrücken und nach oben herausziehen.

Einbau

- Emblem in die Öffnung am Kühlergrill eindrücken und einrasten.

Fahrzeuge bis 02/2017

Ausbau

- Schraubendreher unten ansetzen und Emblem abhebeln. **Hinweis:** Dabei wird das Emblem beschädigt. Ein beschädigungsfreier Ausbau ist nicht möglich.

Einbau

- **Neues** Emblem in die Öffnung am Kühlergrill eindrücken und einrasten.

Kotflügel aus- und einbauen

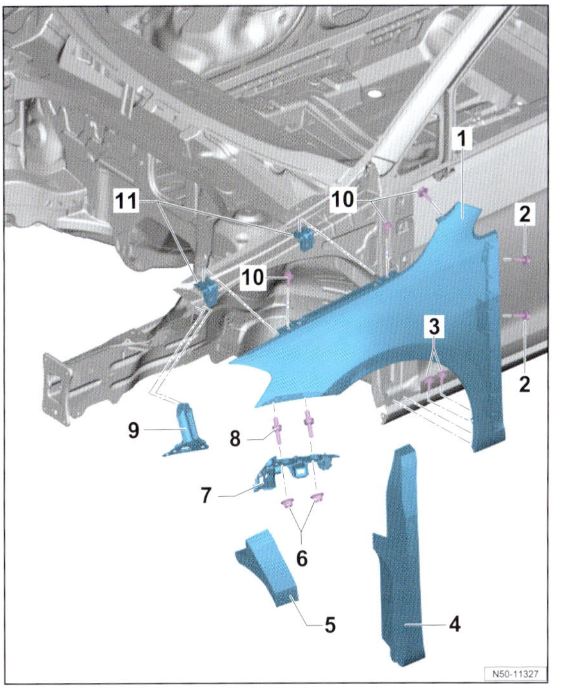

1 – **Kotflügel**

2 – **Schraube, 6 Nm**
2 Stück an A-Säule.

3 – **Schraube, 6 Nm**
2 Stück an Unterholm.

4 – **Dämpfung Stegteil**
Zwischen Kotflügel und A-Säule eingesteckt.

5 – **Dämpfung Kotflügel**
Zwischen Kotflügel und Längsträger für Radhaus oben eingesteckt.

6 – **Sechskantmutter, 2 Nm**
2 Stück.

7 – **Führungsprofil**
Zum Ausbau Stoßfängerabdeckung vorn ausbauen, siehe Seite 343. Sechskantmutter –6– abschrauben.

8 – **Doppelschraube, 6 Nm**
2 Stück an Kotflügelstrebe.

9 – **Kotflügelstrebe**

10 – **Schraube, 6 Nm**
3 Stück an Kotflügel-Anschlussstück.

11 – **Deformationselemente vorn und hinten**

Ausbau

- Innenkotflügel vorn ausbauen, siehe Seite 348.
- Stoßfängerabdeckung vorn ausbauen, siehe Seite 343.

- Wasserkastenabdeckung links ausbauen, siehe Seite 340.
- Wasserfangleiste ausbauen, siehe Seite 341.

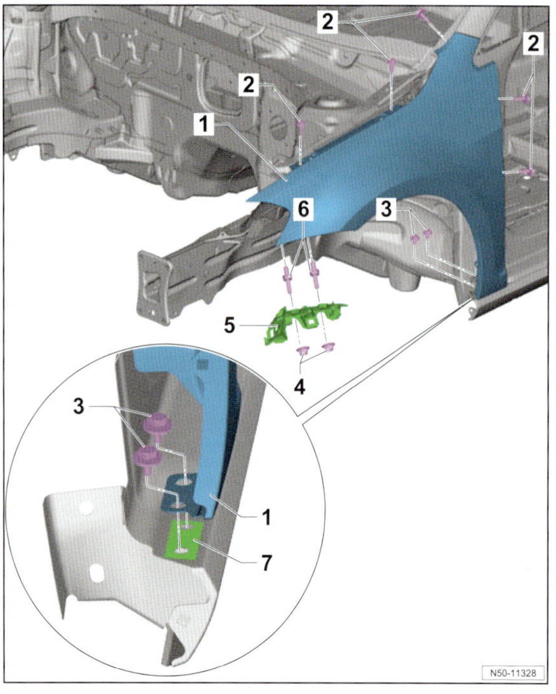

- Sechskantmutter –4– abschrauben und Führungsprofil –5– abnehmen.
- Dämpfung Kotflügel herausnehmen, siehe –4– in Abbildung N50-11327.
- Dämpfung Stegteil herausnehmen, siehe –5– in Abbildung N50-11327.
- Doppelschrauben –6– herausdrehen.
- Schrauben –2– und –3– herausdrehen.
- Kotflügel –1– vorsichtig abnehmen.

Achtung: Die Zinkzwischenlage –7–, soweit vorhanden, wird beim Ausbau beschädigt und muss für den Einbau erneuert werden.

Einbau

- Der Einbau erfolgt sinngemäß in umgekehrter Ausbaureihenfolge, dabei Folgendes beachten:
- Kotflügel bei gelöster Kotflügelstrebe –9– spannungsfrei ausrichten, siehe Abbildung N50-11327.
- Zwischen Kotflügel und Unterholmen unbedingt die Zinkzwischenlage –7–, zum Beispiel VW-AKL 381 035 50, einfügen.
- Auf Parallelität und Spaltmaße zu den umliegenden Bauteilen achten.

  Spaltmaße:
  Kotflügel – Motorhaube: . . . . 3,5 $^{\pm 0,5}$ mm
  Oberflächen-Unterschied . . . . .0,6 $^{\pm 0,5}$ mm
  Kotflügel – Tür vorn: . . . . 3,5 $^{\pm 0,5}$ mm
  Oberflächen-Unterschied . . . . .0,0 $^{+1,0}$ mm

Innenkotflügel aus- und einbauen

Innenkotflügel vorn

Ausbau

Achtung: Je nach Modellvariante können beim Aus- und Einbau geringfügige Abweichungen auftreten.

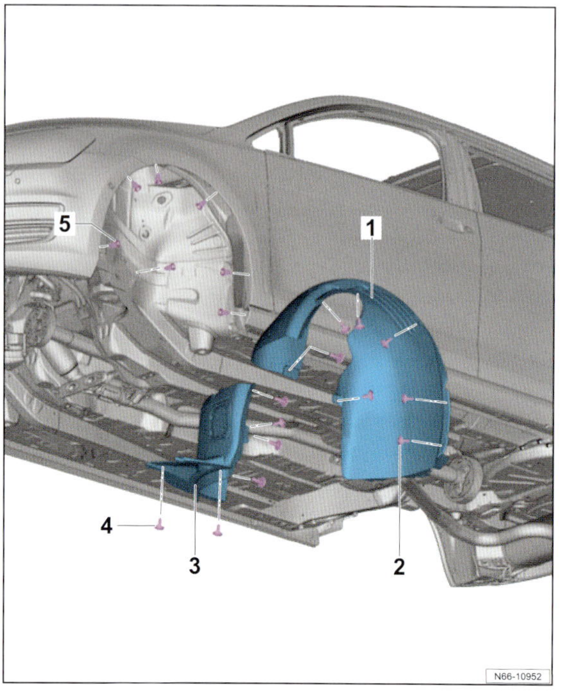

- Schrauben –2– und –4– herausdrehen. **Hinweis:** Das Vorderrad wurde in der Abbildung nur zur besseren Darstellung der Schrauben weggelassen. Je nach Modellvariante können geringfügige Abweichungen auftreten.
- Innenkotflügel-Vorderteil –3– und Innenkotflügel-Hinterteil –1– aus dem Kotflügel herausziehen. 5 – Spreizmuttern.

Einbau

Achtung: Spreizmuttern –5– auf Beschädigung prüfen, gegebenenfalls ersetzen.

- Innenkotflügel in den Kotflügel einsetzen und leicht anschrauben.
- Innenkotflügel vorn an der Stoßfängerabdeckung ausrichten.
- Schrauben mit **2 Nm** anziehen.

Innenkotflügel hinten

Ausbau

Achtung: Je nach Modellvariante können beim Aus- und Einbau geringfügige Abweichungen auftreten.

- Rad ausbauen, siehe Seite 201.

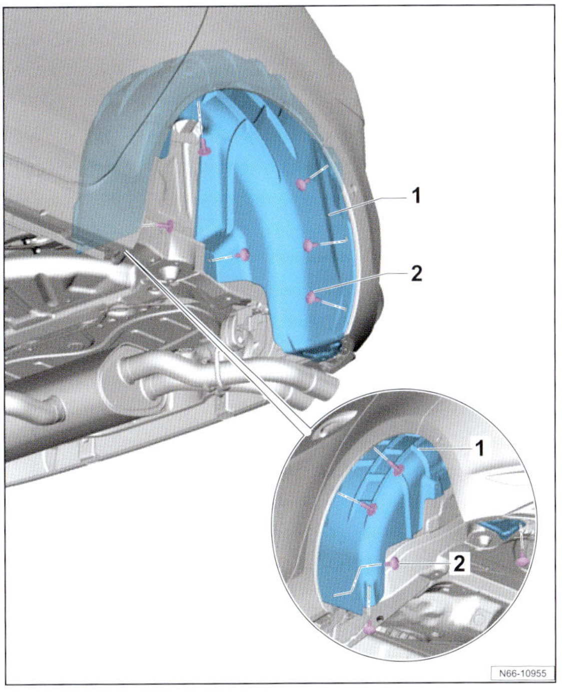

- Schrauben –2– herausdrehen.
- Innenkotflügel hinten –1– aus dem Radhaus herausziehen.

Einbau

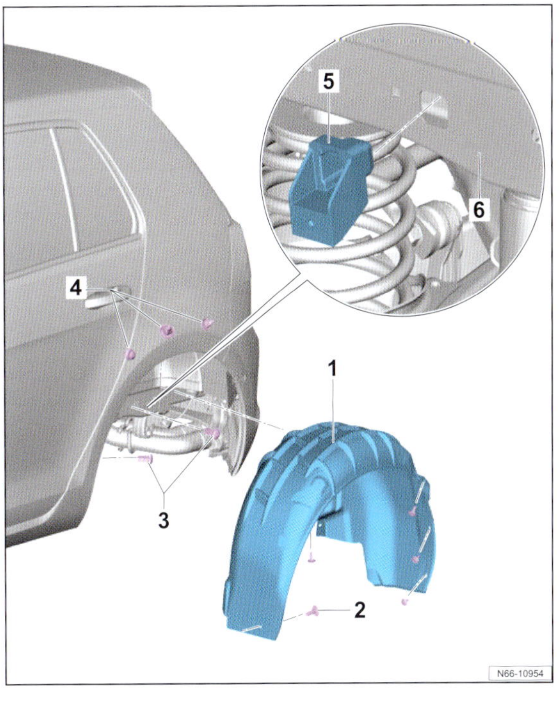

- Spreizmuttern auf Beschädigung prüfen, gegebenenfalls ersetzen. **Achtung:** Die 3 Spreizmuttern –4– dichten den Innenraum gegen Abgase ab und müssen auf jeden Fall bei Beschädigung ersetzt werden.
- Innenkotflügel –1– im Radhaus knickfrei einsetzen.
- Schrauben –2– mit **2 Nm** anziehen.
  3 – Spreizmuttern, 5 – Adapter (nur rechte Seite, nur bei Dieselmotor), 6 – Längsträger hinten.
- Rad einbauen, siehe Seite 201.

Motorhaube aus- und einbauen

Ausbau

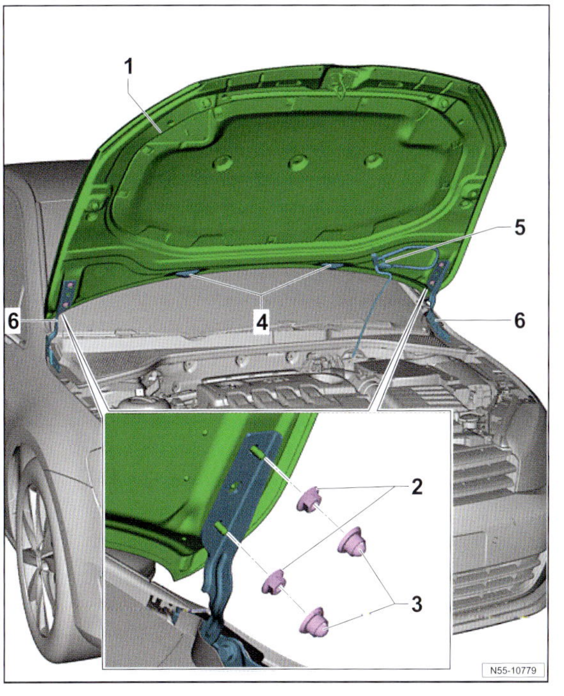

- Scheibenwaschdüsen –4– ausbauen, siehe Seite 105.
- Leitung –5– aus der Öffnung der Motorhaube –1– herausziehen.
- Wenn vorhanden, die Kappen –3– abziehen.
- Sechskantmuttern –2– links und rechts am Scharnier –6– lösen, nicht abschrauben.
- Motorhaube durch einen Helfer abstützen lassen.
- Gasdruckfeder ausbauen, siehe Seite 354.
- Sechskantmuttern –2– erst jetzt abschrauben und Motorhaube –1– zusammen mit dem Helfer aus den Scharnieren –6– herausheben.

Einbau

- Der Einbau der Motorhaube –1– erfolgt sinngemäß in umgekehrter Ausbaureihenfolge.

Achtung: Die Leitung –5– in einem Bogen verlegen. Wenn die Leitung verdreht eingebaut wird, knickt die Leitung ab.

- Motorhaube –1– einstellen, siehe entsprechendes Kapitel.
- Sechskantmuttern mit **22 Nm** festziehen.

Motorhaube einstellen

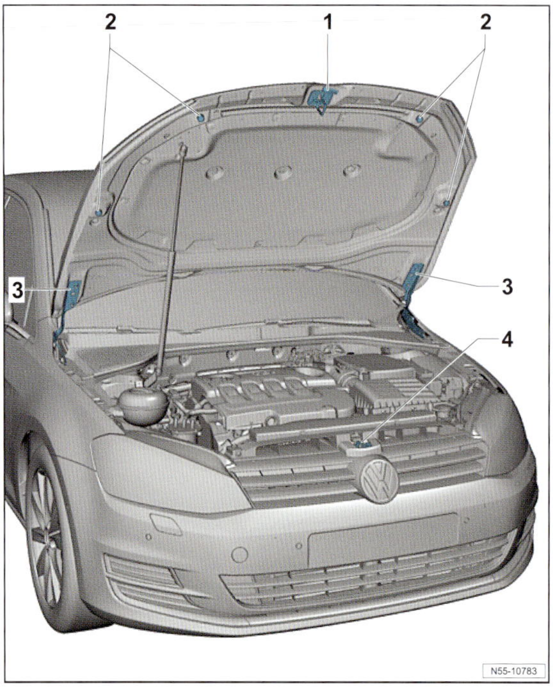

Einstellhinweise:

- Für die Einstellung der Motorhaube muss das Fahrzeug auf den Rädern stehen.
- Die Einstellpuffer –2– links und rechts dienen nicht der Einstellung. Sie haben die Aufgabe, die Motorhaube zu stabilisieren bzw. zu dämpfen.
- Die Motorhaube ist richtig eingestellt, wenn sie im geschlossenen Zustand überall ein gleichmäßiges Spaltmaß hat. Die Motorhaube darf nicht zu weit nach innen oder außen stehen. Auch die Konturen müssen fluchten.
- Die Motorhaube muss ohne größeren Kraftaufwand im Klappenschloss einrasten.

Einstellen

- Schließbügel –1– ausbauen, siehe Seite 352.
- Mit dem Klappenschloss –4– kann die Motorhaube im vorderen Bereich in der Höhe zu den Kotflügeln eingestellt werden, siehe Seite 352.
- Nach dem Einstellen der Motorhaube kann der Schließbügel –1– wieder eingebaut und eingestellt werden, siehe Seite 352.

Scharniere einstellen

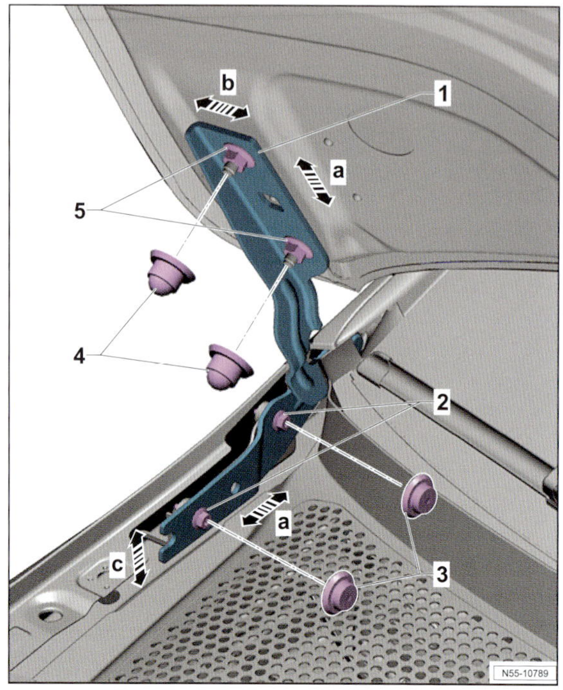

Achtung: Die Schrauben –5– werden nicht abgeschraubt, nur gelöst.

- Wenn vorhanden, die Kappen –3 oder 4– abziehen.
- Sechskantmuttern –5– an den Klappenscharnieren links und rechts –1– lösen. Motorhaube seitlich –Pfeile b– und in Längsrichtung –Pfeile a– zwischen den Kotflügeln ausmitteln. Darauf achten, dass die Spaltmaße über die gesamte Länge gleich breit sind.
- Schrauben –2– an den Klappenscharnieren links und rechts –1– lösen. Motorhaube in der Höhe –Pfeile c– und in Längsrichtung –Pfeile a– zwischen den Kotflügeln ausmitteln. Darauf achten, dass die Spaltmaße über die gesamte Länge gleich breit sind.
- Sechskantmuttern –5– und Schrauben –2– mit **22 Nm** anziehen.
- Sollten nach den Einstellarbeiten unlackierte Stellen an den Klappenscharnieren –1–, den Sechskantmuttern –5– oder den Schrauben –2– vorhanden sein, diese Stellen grundieren und lackieren.
- Bei Bedarf Einstellpuffer einstellen.

Einstellpuffer einstellen

- Schließbügel –1– ausbauen, siehe Seite 352.

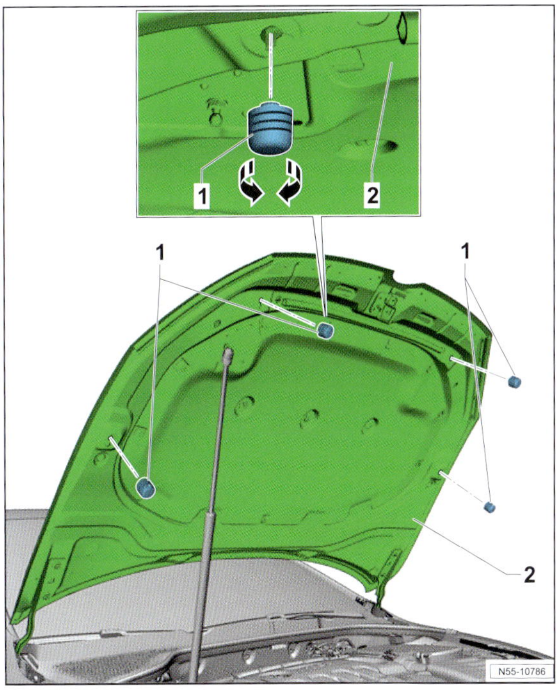

- Einstellpuffer –1– durch Drehen –Pfeile– einstellen.
- Nach dem Einstellen der Motorhaube –2– kann der Schließbügel wieder eingebaut und eingestellt werden.

Schließbügel einstellen

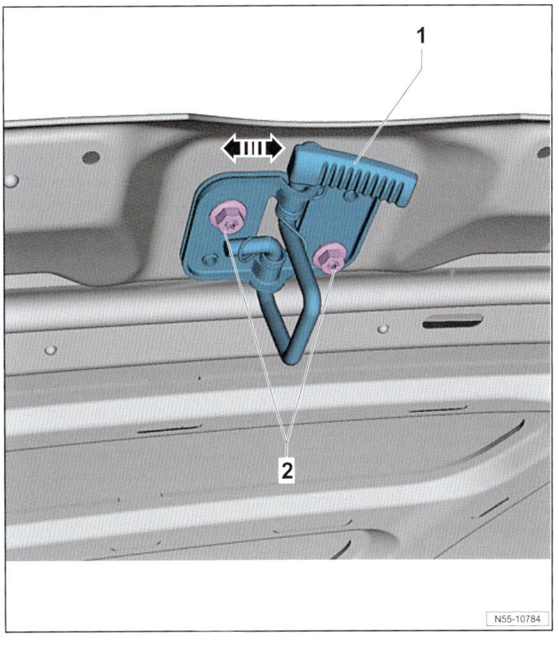

- Schrauben –2– lösen.
- Der Schließbügel –1– kann jetzt an der Motorhaube –2– in den Langlöchern seitlich eingestellt werden.
- Schließbügel –1– mit **12 Nm** festschrauben.

Klappenschloss einstellen

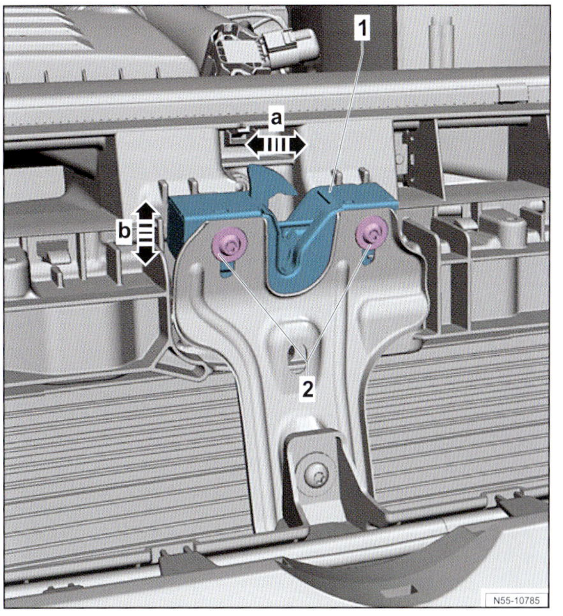

- Schrauben –2– lösen und Klappenschloss –1– zur Motorhaube seitlich –Pfeil a– und in der Höhe –Pfeile b– ausrichten.
- Schrauben –2– mit **12 Nm** festziehen.

Spaltmaße

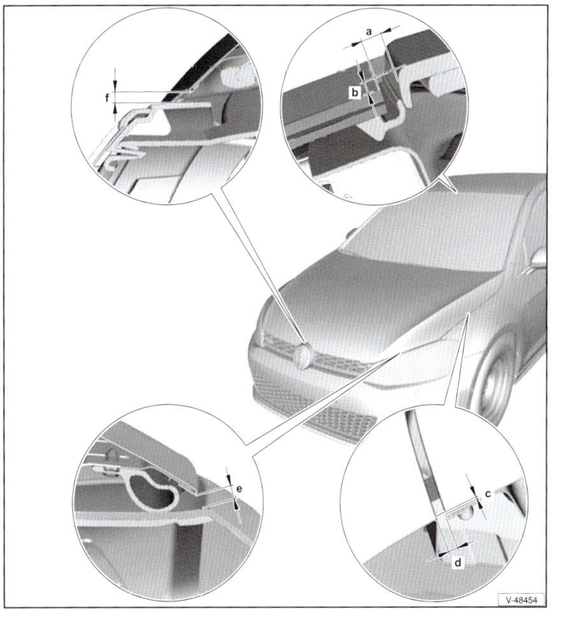

Maß –a–: .... $2{,}5^{\pm 0{,}5}$ mm
Maß –b–: .... $-2{,}7^{\pm 0{,}5}$ mm
Maß –c–: .... $0{,}6^{\pm 0{,}5}$ mm
Maß –d–: .... $3{,}5^{\pm 0{,}5}$ mm
Maß –e–: .... $5{,}0^{\pm 0{,}5}$ mm
Maß –f–: .... $4{,}5^{\pm 0{,}5}$ mm

Schließbügel aus- und einbauen

Ausbau

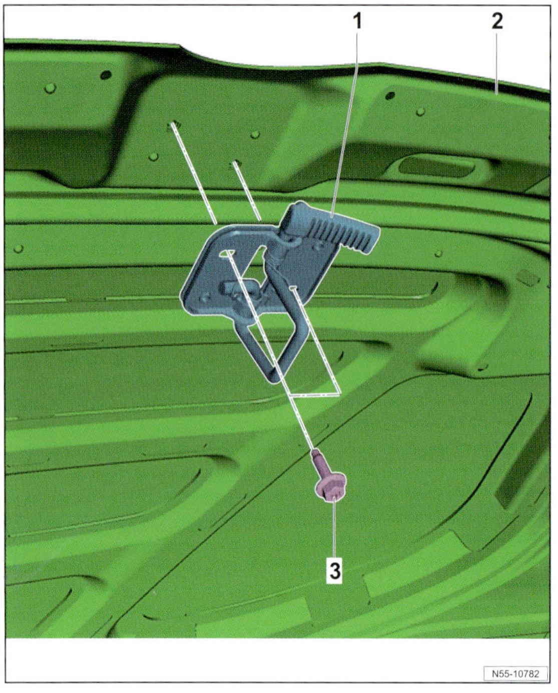

- Motorhaube –2– öffnen.
- Schrauben –3– herausdrehen.
- Schließbügel –1– von der Motorhaube –2– abnehmen.

Einbau

- Der Einbau vom Schließbügel –1– erfolgt sinngemäß in umgekehrter Ausbaureihenfolge.
- Schließbügel einstellen, siehe Seite 352.
- Schließbügel mit **12 Nm** festschrauben.

Motorhaubenschloss aus- und einbauen

Ausbau

- Motorhaube öffnen.
- Bowdenzug am Lagerbock ausbauen, siehe Seite 353.
- Steckverbindung für den Kontaktschalter der Motorhaube trennen. **Hinweis:** Die Steckverbindung ist neben dem rechten Scheinwerfer befestigt.

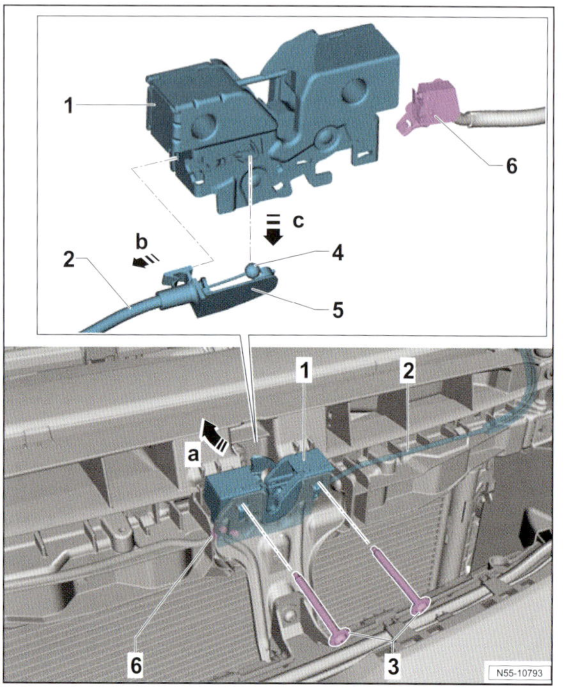

- Schrauben –3– am Schlossträger herausdrehen und Motorhaubenschloss –1– nach oben –Pfeil a– herausnehmen.
- Halter –5– am Motorhaubenschloss ausclipsen.
- Halter –5– vom Motorhaubenschloss –1– etwas abziehen –Pfeil b– und Seilzug –4– aushängen –Pfeil c–.
- Mikroschalter –6– vom Motorhaubenschloss abnehmen.

Einbau

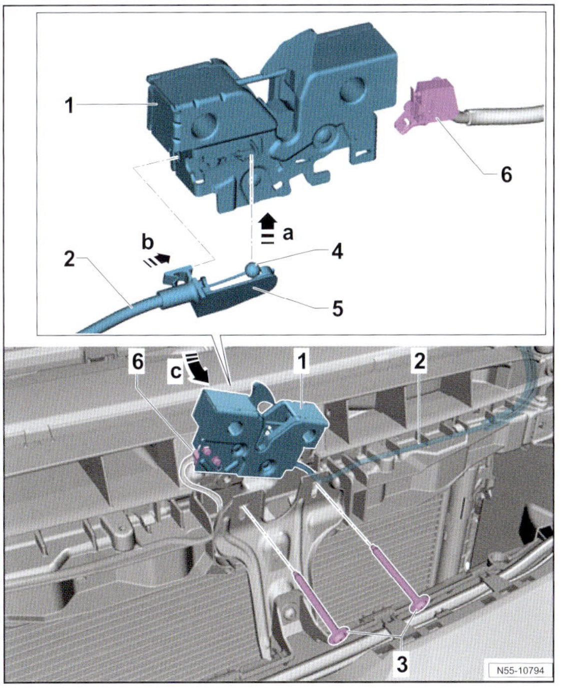

- Seilzug –4– einhängen –Pfeil a– und Halter –5– im Motorhaubenschloss –1– einclipsen –Pfeil b–.
- Mikroschalter –6– im Motorhaubenschloss einsetzen und einrasten.
- Motorhaubenschloss –1– in den Schlossträger hineinführen –Pfeil c–.
- Schrauben –3– eindrehen.
- Die Steckverbindung für den Kontaktschalter Motorhaube –6– verbinden.
- Bowdenzug am Lagerbock einbauen, siehe Seite 353.
- Motorhaubenschloss einstellen, siehe Seite 352.
- Motorhaubenschloss mit **12 Nm** festschrauben.
- Bevor die Motorhaube geschlossen wird, Funktionsprüfung des Betätigungshebels und des Seilzugs durchführen.

Betätigungshebel für Motorhaubenschloss aus- und einbauen

Ausbau

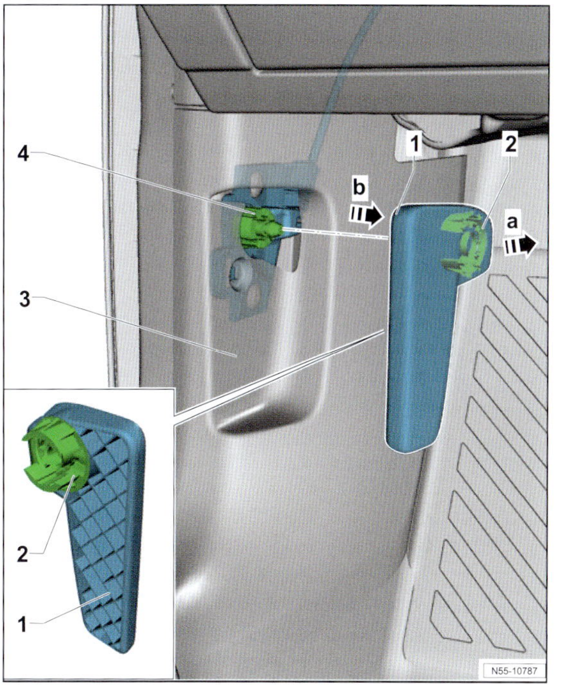

- Betätigungshebel –1– anziehen und Motorhaube entriegeln.
- Kleinen Schraubendreher in den Spalt zwischen Betätigungshebel –1– und Halteklammer –2– stecken.
- Halteklammer –2– etwas herausziehen und entriegeln –Pfeil b–.
- Betätigungshebel vom Lagerbock –4– abziehen –Pfeil a–.
- Falls weitere Arbeiten am Lagerbock –4– durchgeführt werden sollen, muss die untere A-Säulen-Verkleidung –3– ausgebaut werden, siehe Seite 320.

Einbau

- A-Säulen-Verkleidung unten –3– ist eingebaut.
- Halteklammer –2– in den Betätigungshebel –1– schieben.
- Betätigungshebel –1– auf den Lagerbock –4– drücken.
- Bevor die Motorhaube geschlossen wird, Funktion des Betätigungshebels und des Seilzugs prüfen.

Dämpfung der Motorhaube aus- und einbauen

Ausbau

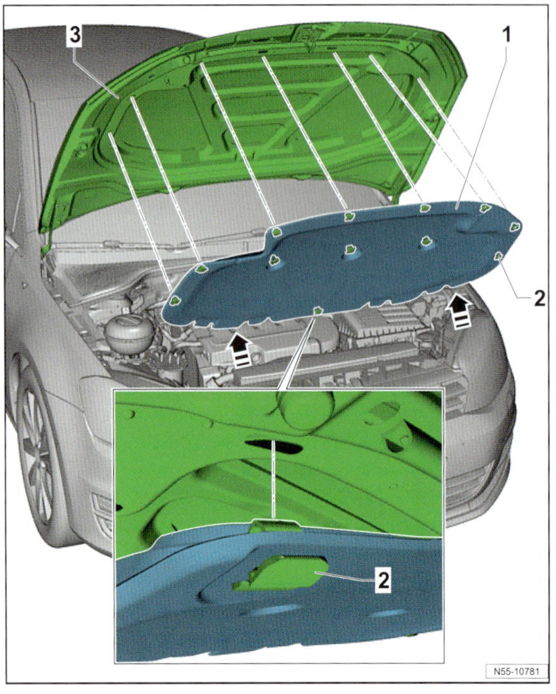

- Halteklammern –2– mit einem kleinen Schraubendreher zusammendrücken und aus der Motorhaube –3– herausziehen.
- Dämpfung –1– aus den Langlöchern –Pfeile– herausziehen.

Einbau

- Dämpfung –1– mit den Montagezungen –Pfeile– in die Langlöcher schieben.
- Alle Halteklammern –2– in der Motorhaube –3– verrasten. Dabei darauf zu achten, dass die Halteklammern –2– mit der breiten Seite nach außen eingesetzt werden.

Gasdruckfeder aus- und einbauen

Ausbau

- Motorhaube öffnen und durch einen Helfer abstützen lassen.

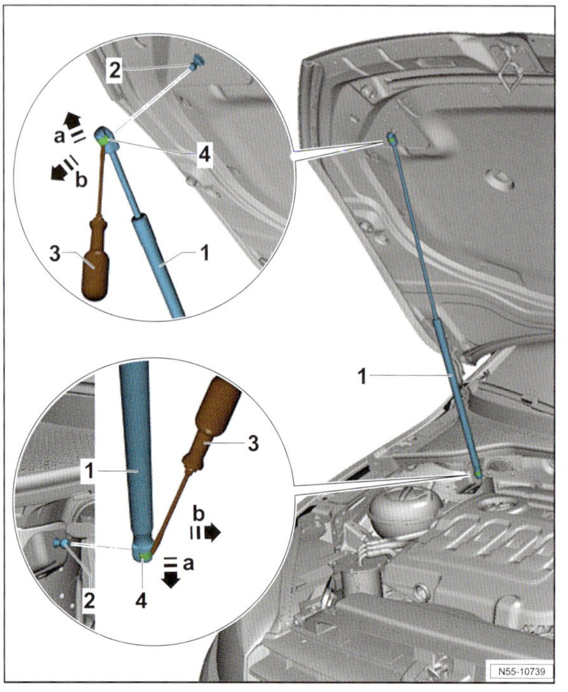

Achtung: Die Federklammer –4– darf nicht ganz aus der Kugelpfanne herausgehebelt werden, sonst ist beim späteren Einbau kein sicherer Sitz der Gasdruckfeder sichergestellt und es kann im späteren Betrieb durch unkontrolliertes Herausspringen der Gasdruckfeder zu Verletzungen und Beschädigungen kommen.

- Mit einem kleinen Schraubendreher –3– unter die Federklammer –4– greifen.
- Federklammer –4– gerade so weit anheben, dass sich die Federklammer über die Kugelpfanne verschieben lässt –Pfeil a–. **Achtung:** Federklammer nicht ganz heraushebeln.
- Gasdruckfeder –1– vom Kugelzapfen –2– abziehen –Pfeil b–. Anschließend die Federklammer –4– sofort wieder zurückschieben.
- Bei Entsorgung der Gasdruckfeder muss diese entgast werden, siehe folgenden Abschnitt.

Einbau

- Motorhaube durch einen Helfer abstützen lassen.
- Gasdruckfeder auf unteren Kugelzapfen aufdrücken und einrasten.
- Gasdruckfeder in die obere Halterung einsetzen und die Sicherungsklammer bis zum Anschlag in die Halterung schieben.
- Motorhaube schließen.

Hinweis: Falls der Kugelzapfen abgebaut wurde, ist dieser mit **20 Nm** anzuschrauben.

Gasdruckfeder entsorgen

Achtung: Falls die Gasdruckfeder ersetzt wird, muss die alte Feder entgast werden, bevor sie entsorgt wird.

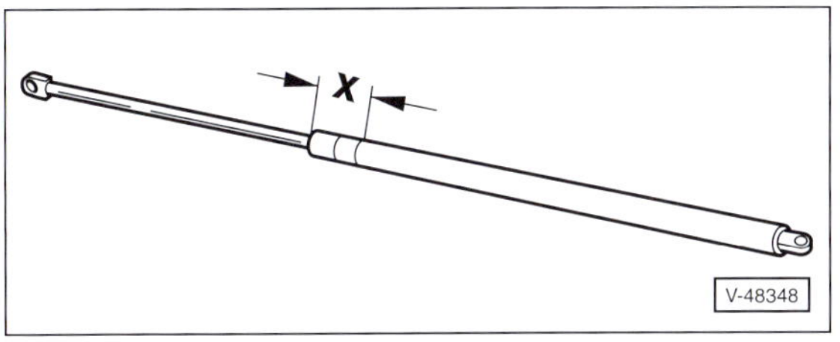

- Gasdruckfeder im **Bereich x = 50 mm** in den Schraubstock einspannen.

Achtung: Feder unbedingt **nur in diesem Bereich** einspannen, sonst besteht Unfallgefahr!

- Zylinder im ersten Drittel der Zylindergesamtlänge – ausgehend von der Bezugskante auf der Kolbenstangenseite – aufsägen. Um herausspritzendes Öl aufzufangen, Bereich des Sägetrennschnittes mit einem Lappen abdecken. **Achtung:** Während des Sägevorganges Schutzbrille tragen.

Speziell Gasdruckfeder der Heckklappe

Sicherheitshinweis
Heckklappe unbedingt durch einen Helfer abstützen lassen, bevor eine Gasdruckfeder gelöst wird. Sonst fällt die Heckklappe herunter, da sie durch einen Dämpfer allein nicht gehalten werden kann.

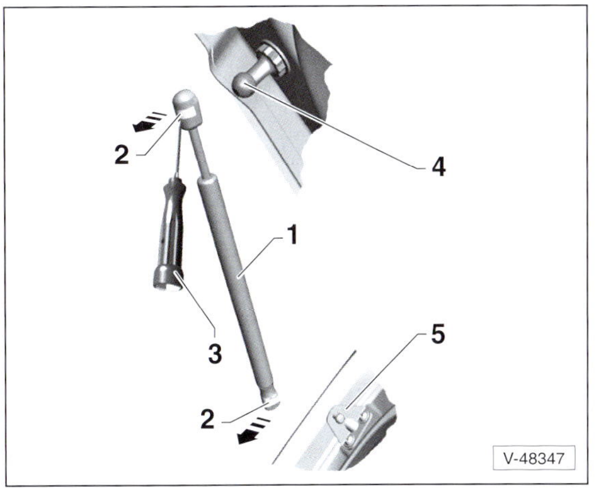

1 – Gasdruckfeder
2 – Federklammer
3 – Schraubendreher
4 – Oberer Kugelkopf
5 – Unterer Kugelkopf

Hinweis: Falls der Kugelzapfen abgebaut wurde, ist dieser mit **20 Nm** anzuschrauben und anschließend um **45°** weiterzudrehen.

Bowdenzug für Motorhaube aus- und einbauen

Ausbau

- Motorhaube öffnen.
- Betätigungshebel ausbauen, siehe Seite 353.

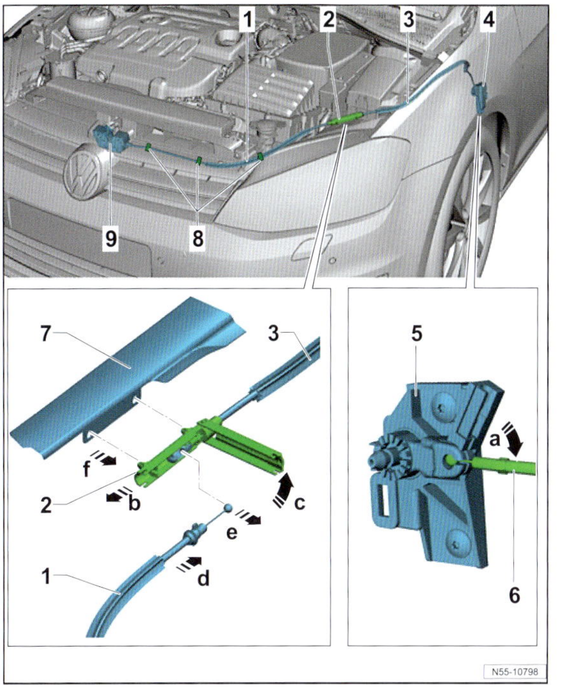

- Bowdenzug –1– am Lagerbock –5– aushängen –Pfeil a–.
- Bowdenzugkupplung –2– vom Trägerteil –7– abziehen –Pfeil e–.
- Bowdenzug –1– etwas abziehen –Pfeil b–.
- Kappe der Bowdenzugkupplung öffnen –Pfeil c–.
- Bowdenzug –1– entlasten –Pfeil d– und aus der Bowdenzugkupplung –2– herausnehmen –Pfeil e–.

Hinweis: Zum Aus- und Einbau des Bowdenzugs –3– muss das Trägerteil –7– abgebaut werden.

8 – Bowdenzughalter
9 – Motorhaubenschloss

Einbau

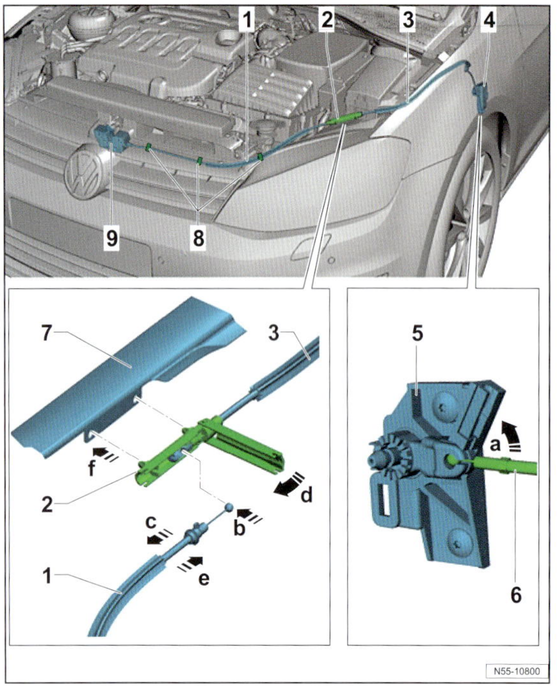

- Bowdenzug –1– in die Bowdenzugkupplung –2– einhängen –Pfeil b–.
- Bowdenzug etwas von der Bowdenzugkupplung abziehen –Pfeil c–.
- Bowdenzugkupplung schließen –Pfeil d–.
- Bowdenzug –1– in die Bowdenzugkupplung schieben –Pfeil e–.
- Bowdenzugkupplung –2– am Trägerteil –7– einclipsen –Pfeil f–.
- Bowdenzug –6– am Lagerbock –5– einbauen –Pfeil a–.
- Betätigungshebel einbauen, siehe Seite 353.

Achtung: Bevor die Motorhaube geschlossen wird, Funktion des Betätigungshebels und des Bowdenzugs prüfen.

Wenn der Bowdenzug –3– nicht am Lagebock –5– ausgebaut wurde, hängt sich der Bowdenzug –1– beim Einbau in die Bowdenzugkupplung –2– immer wieder aus. Die Motorhaube kann dann nicht geöffnet werden.

8 – Bowdenzughalter
9 – Motorhaubenschloss

Heckklappe aus- und einbauen

Achtung: Wenn sich die Heckklappe aufgrund eines Defekts am Heckklappenöffner nicht öffnen lässt, Heckklappe von innnen entriegeln, siehe Abschnitt am Ende des Kapitels.

Limousine

Ausbau

- Heckklappenverkleidung ausbauen, siehe Seite 331.
- Hochgesetzte Bremsleuchte ausbauen, siehe Seite 129.
- Steckverbindungen von den vorhandenen elektrischen Bauteilen trennen.

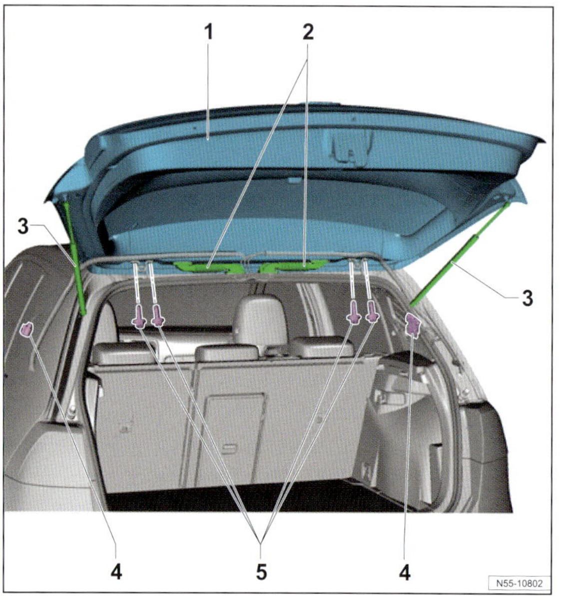

- Elektrische Leitungen mit Gummitülle –2– aus der Heckklappe herausfädeln.

Achtung: Die Steckverbindungen –4– für die elektrischen Leitungen –2– befinden sich an den C-Säulen.

- Schrauben –5– an den Scharnieren links und rechts lösen, aber noch nicht herausschrauben.
- Heckklappe durch einen Helfer abstützen lassen.
- Gasdruckfedern –3– ausbauen, siehe Seite 354.
- Schrauben –5– erst jetzt herausdrehen und Heckklappe –1– zusammen mit einem Helfer abnehmen.

Einbau

- Heckklappe –1– mit einem Helfer ansetzen. Schrauben –5– beiziehen, erst nach dem Einstellen der Heckklappe festziehen; Anzugsdrehmoment: **10 Nm**.
- Gasdruckfedern –3– einbauen, siehe Seite 354.
- Elektrische Leitungen –2– in die Heckklappe einfädeln und Gummitülle einknüpfen.
- Steckverbindungen der vorhandenen elektrischen Bauteile anschließen.

- Der weitere Einbau erfolgt sinngemäß in umgekehrter Ausbaureihenfolge.
- Bevor die Heckklappe geschlossen wird, Funktion der Entriegelungsbauteile prüfen.
- Heckklappe einstellen, siehe Seite 358.

VARIANT

Ausbau

- Obere Heckklappenverkleidung ausbauen, siehe Seite 331.
- Untere Heckklappenverkleidung ausbauen, siehe Seite 331.
- Hochgesetzte Bremsleuchte ausbauen, siehe Seite 129.

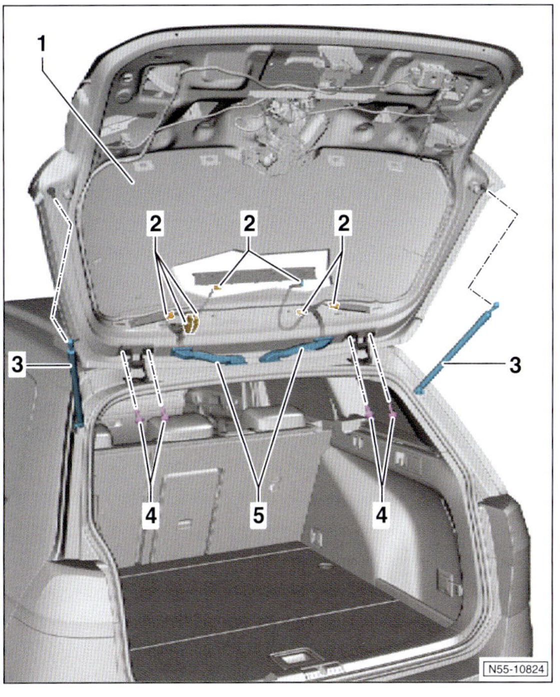

- Steckverbindungen –2– der vorhandenen elektrischen Bauteile trennen.
- Elektrische Leitungen mit Gummitülle –5– aus der Heckklappe herausfädeln.
- Schrauben –4– an den Scharnieren links und rechts lösen, aber noch nicht herausschrauben.
- Heckklappe durch einen Helfer abstützen lassen und Gasdruckfedern –3– ausbauen, siehe Seite 354.

Achtung: Eine Gasdruckfeder allein kann die Heckklappe nicht in der geöffneten Stellung halten.

- Schrauben –4– erst jetzt herausdrehen und Heckklappe –1– zusammen mit einem Helfer abnehmen.

Einbau

- Heckklappe –1– mit einem Helfer ansetzen. Schrauben –4– beiziehen, erst nach dem Einstellen der Heckklappe festziehen; Anzugsdrehmoment: **10 Nm**.
- Gasdruckfedern –3– einbauen, siehe Seite 354.
- Elektrische Leitungen –2– in der Heckklappe einfädeln und Gummitülle einknüpfen.
- Steckverbindungen der vorhandenen elektrischen Bauteile anschließen.
- Der weitere Einbau erfolgt sinngemäß in umgekehrter Ausbaureihenfolge.
- Bevor die Heckklappe geschlossen wird, Funktionsprüfung der Entriegelungsbauteile durchführen.
- Heckklappe einstellen, siehe entsprechendes Kapitel.

Heckklappe von innen entriegeln

- Rücksitzlehne umklappen.

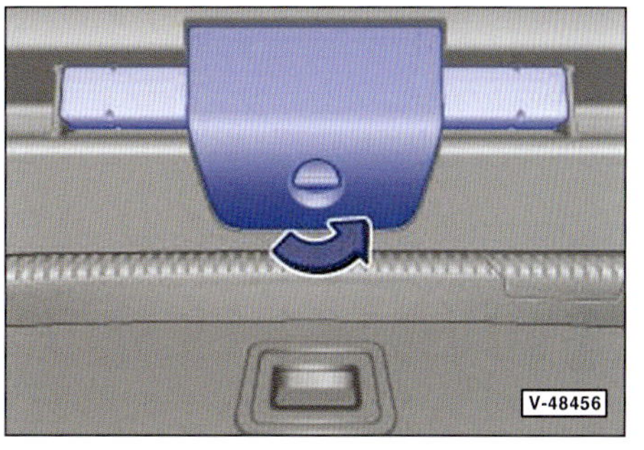

- Verschluss für die Halterung des Warndreiecks öffnen. Dazu Griff um 90° in Pfeilrichtung drehen.
- Halterung für das Warndreieck öffnen und Warndreieck herausnehmen.

Limousine

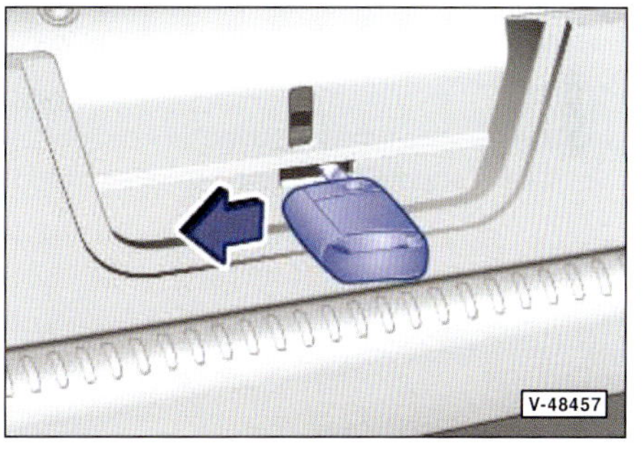

VARIANT

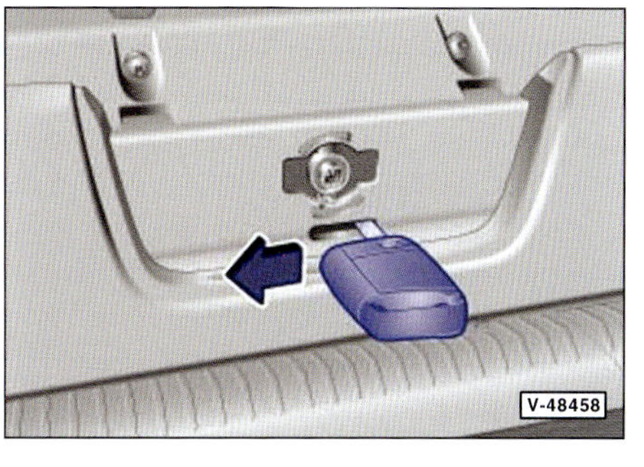

- Schlüsselbart aus dem Fahrzeugschlüssel herausklappen und in die Öffnung in der Heckklappe stecken.

- Mit dem Schlüsselbart den Entriegelungshebel in Pfeilrichtung drücken.
- Gleichzeitig die Heckklappe nach außen drücken, bis sie aufschwenkt.

Heckklappe einstellen

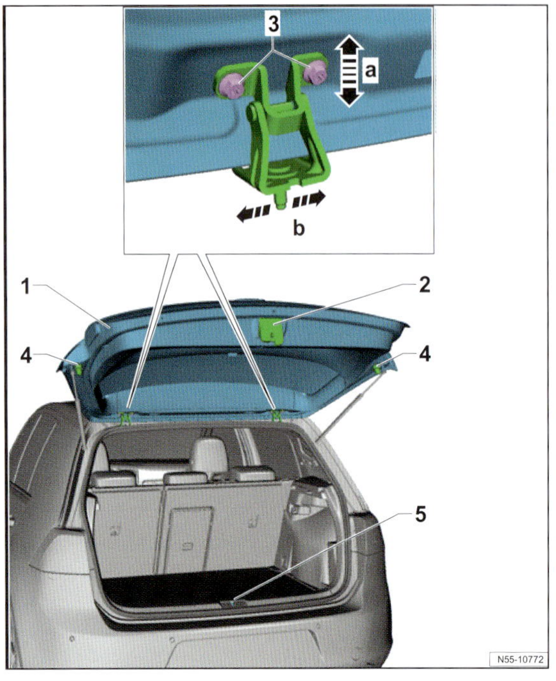

Einstellvoraussetzungen:

- Für die Einstellung der Heckklappe muss das Fahrzeug auf den Rädern stehen.
- Das Klappenschloss –2– ist direkt an die Heckklappe –1– angeschraubt. Das Klappenschloss kann nicht eingestellt werden.
- Die Einstellpuffer –4– links und rechts dienen nicht der Einstellung. Sie haben die Aufgabe, die Heckklappe zu stabilisieren beziehungsweise zu dämpfen.
- Die Heckklappe ist richtig eingestellt, wenn sie im geschlossenen Zustand überall ein gleichmäßiges Spaltmaß hat. Nicht zu weit nach innen oder außen steht. Und die Konturen fluchten.
- Die Heckklappe muss ohne größeren Kraftaufwand im Schließkeil einrasten.

- Schließbügel –5– lösen und nach den Einstellarbeiten am Scharnier und Einstellpuffer einstellen.
- Durch Lösen der Schrauben –3– links und rechts, kann die Heckklappe –1– in den übergroßen Bohrungen am Scharnier eingestellt werden –Pfeile a– und –Pfeile b–.
- Sollten nach den Einstellarbeiten unlackierte Stellen an den Klappenscharnieren und den Schrauben –3– vorhanden sein, diese Stellen grundieren und lackieren.
- Einstellpuffer nachstellen.

Spaltmaße

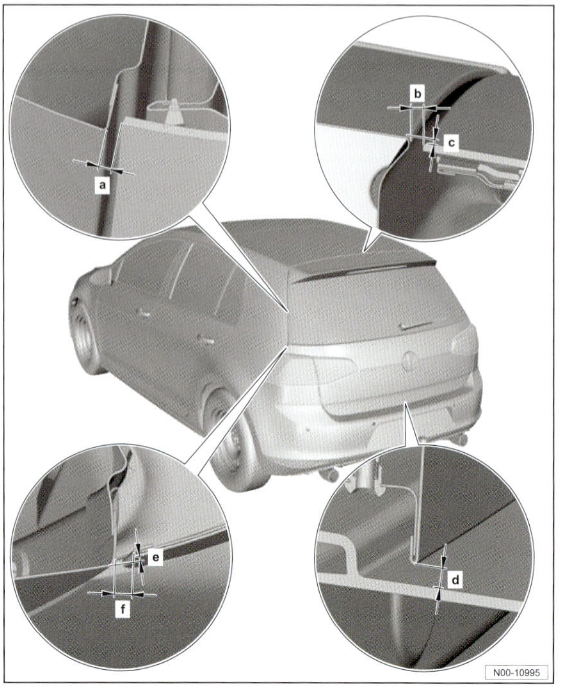

Maß –a–: . . . . 4,0 $^{\pm 1,0}$ mm
Maß –b–: . . . . 5,0 $^{\pm 0,5}$ mm
Maß –c–: . . . . –1,2 $^{\pm 0,8}$ mm
Maß –d–: . . . . 5,0 $^{\pm 0,5}$ mm
Maß –e– (Limousine): . . . . –1,4 $^{\pm 0,8}$ mm
Maß –e– (VARIANT): . . . . –1,2 $^{\pm 0,8}$ mm
Maß –f–: . . . . 4,5 $^{\pm 0,5}$ mm

Einstellpuffer einstellen

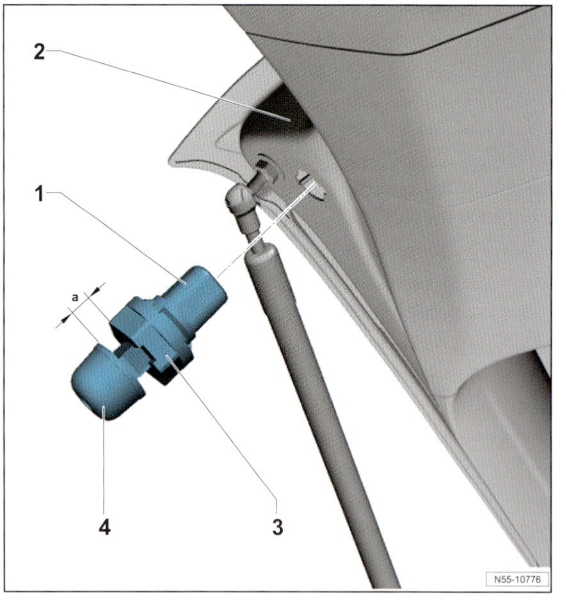

- Klemmschraube –4– so weit lösen, bis sie im Gummipuffer sichtbar wird.
- Rastschieber –3– aus dem Einstellpuffer –1– herausziehen.
- Rastschieber auf das Maß –a– = 12,5 mm einstellen.

- Heckklappe mit leichtem Druck über die Mitte in Vorraststellung schließen.
- Heckklappe wieder öffnen.

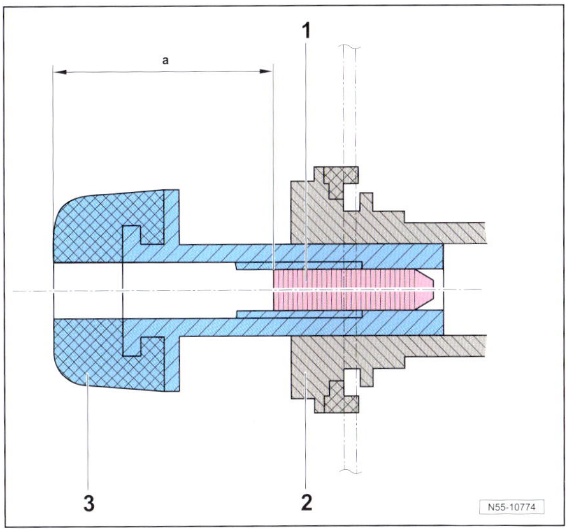

- Klemmschraube –1– des Einstellpuffers –2– auf eine Tiefe von Maß –a– = 20 mm einschrauben.
- Einstellung prüfen, falls erforderlich Einstellpuffer ersetzen

Schließbügel einstellen

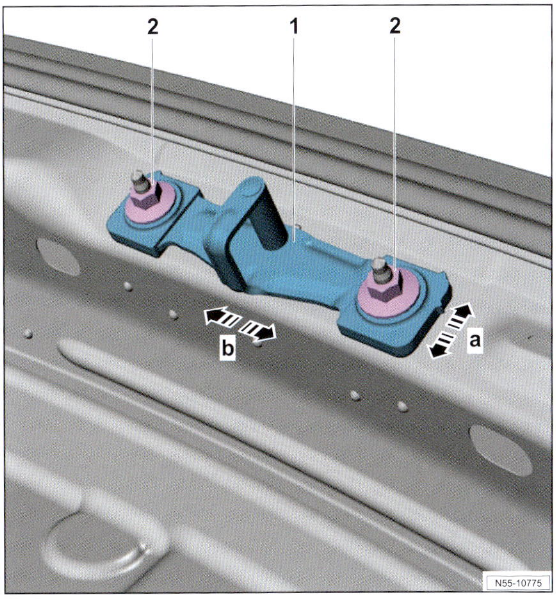

Einstellvoraussetzungen:

- Durch Lösen der Sechskantmuttern –2– kann der Schließbügel –1– in den übergroßen Bohrungen verschoben werden –Pfeil a– und –Pfeil b–.
- Schließbügel –1– so einstellen, dass die Aussparung des Heckklappenschlosses mit der Drehfalle mittig zum Schließbügel –1– einrastet.

Einstellen:

- Verkleidung für Heckklappenschloss ausbauen, siehe Seite 332.
- Sechskantmuttern –2– lösen.
- Schließbügel –1– in die obere Position bringen und Sechskantmuttern –2– festdrehen.
- Heckklappe schließen und Einstellung prüfen.
- Sechskantmuttern mit **20 Nm** festziehen.

Einstellpuffer aus- und einbauen

Ausbau

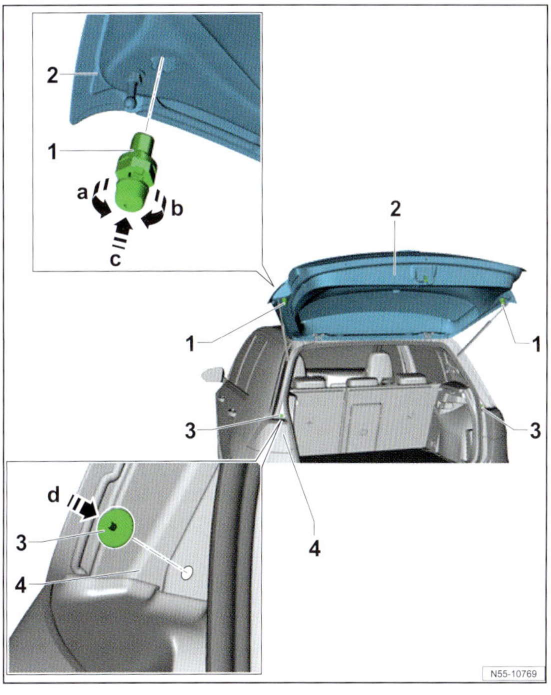

- Gesamten Einstellpuffer –1– um 90° verdrehen –Pfeil a–.
- Einstellpuffer von der Heckklappe –3– abnehmen.

Einbau

- Der korrekte Sitz des Anschlags –3– im Seitenteil –4– genau kontrollieren.
- Gesamten Einstellpuffer –1– im rechten Winkel in die Heckklappe –Pfeil c– einsetzen.
- Einstellpuffer –1– um 90° verdrehen –Pfeil b–.
- Einstellpuffer –1– einstellen.

Klappenschloss aus- und einbauen

Ausbau

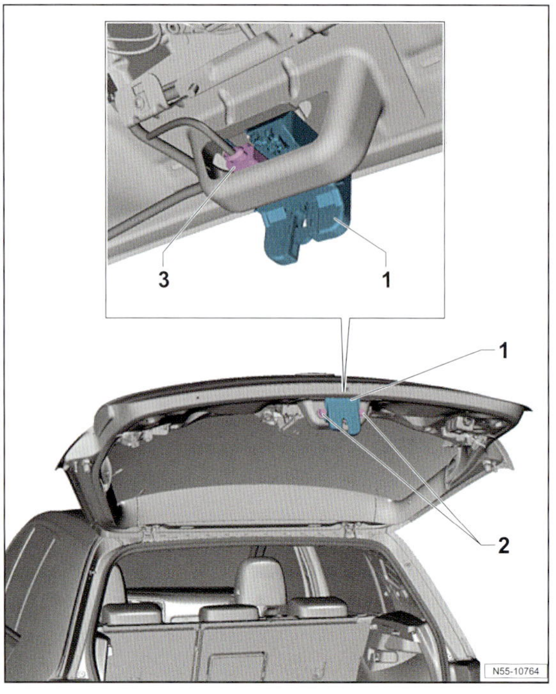

Achtung: Wenn die Heckklappe nicht geöffnet werden kann, Heckklappe von Hand über die Notbetätigung durch die Verkleidung der Heckklappe öffnen, siehe Seite 357.

- Heckklappeverkleidung ausbauen, siehe Seite 331.
- Steckverbindung –3– am Klappenschloss –1– trennen.
- Schrauben –2– herausdrehen und Klappenschloss –1– aus der Heckklappe herausnehmen.

Einbau

- Klappenschloss –1– in die Heckklappe einsetzen und Schrauben –2– mit **20 Nm** festdrehen.
- Steckverbindung –3– am Klappenschloss –1– anschließen.
- Bevor die Heckklappe geschlossen wird, Funktion der Entriegelungsbauteile prüfen.

Betätigung der Heckklappe aus- und einbauen

Ohne Rückfahrkamera

Ausbau

Achtung: Wenn die Heckklappe nicht geöffnet werden kann, Heckklappe von Hand über die Notbetätigung durch die Verkleidung der Heckklappe öffnen (Bedienungsanleitung).

- Heckklappenverkleidung ausbauen, siehe Seite 331.

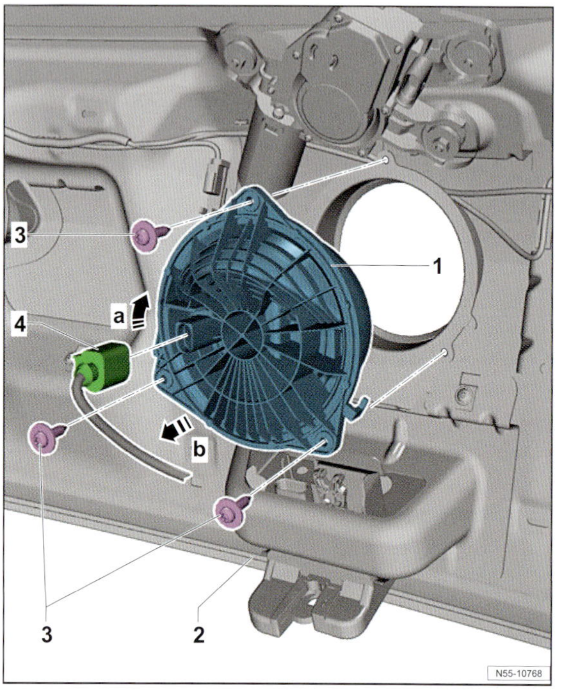

- Steckverbindung –4– am Anschluss der Betätigung –1– trennen.
- Schrauben –3– herausdrehen.
- Betätigung –1– etwas verdrehen –Pfeil a– und aus der Heckklappe herausnehmen –Pfeil b–.

Einbau

- Betätigung –1– in die Heckklappe einsetzen und etwas im Gegenuhrzeigersinn verdrehen.
- Schrauben –3– mit **5 Nm** festziehen.
- Steckverbindung –4– an der Betätigung aufschieben.
- Bevor die Heckklappe geschlossen wird, Funktion der Entriegelungsbauteile prüfen.
- Heckklappenverkleidung einbauen, siehe Seite 331.

Mit Rückfahrkamera

Ausbau

Achtung: Wenn die Heckklappe nicht geöffnet werden kann, Heckklappe von Hand über die Notbetätigung durch die Verkleidung der Heckklappe öffnen, siehe Seite 357.

- Heckklappenverkleidung ausbauen, siehe Seite 331.

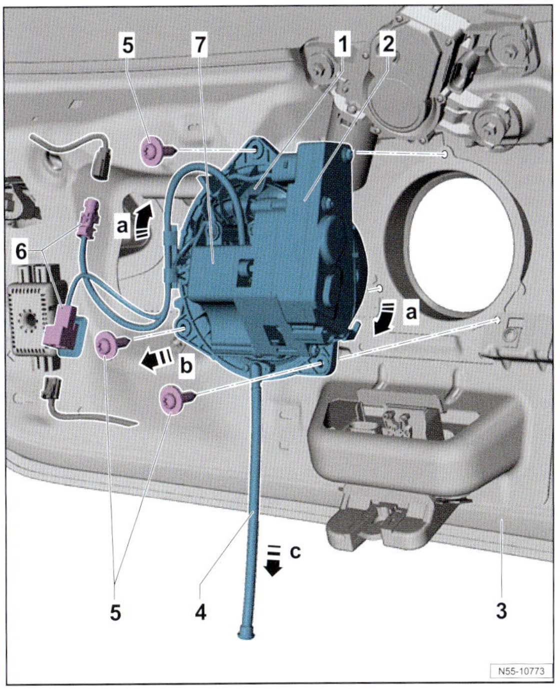

- Steckverbindung –6– trennen.
- Schrauben –5– herausdrehen.
- Betätigung –1– etwas verdrehen –Pfeil a– und aus der Heckklappe herausnehmen –Pfeil b–.
- Wasserablaufschlauch –4– von der Betätigung abziehen –Pfeil c–.

7– Rückfahrkamera
2– Getriebe

Einbau

- Betätigung –1– in die Heckklappe einsetzen und etwas im Gegenuhrzeigersinn verdrehen.
- Schrauben –3– mit **5 Nm** festziehen.
- Wasserablaufschlauch –4– an der Betätigung aufstecken.
- Stecker –6– verbinden.
- Bevor die Heckklappe geschlossen wird, Funktion der Entriegelungsbauteile prüfen.

Tür aus- und einbauen

Ausbau

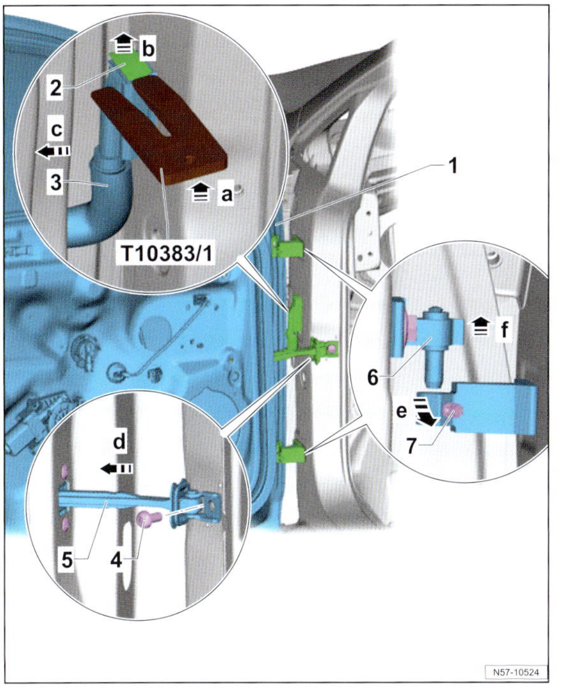

- Keil, zum Beispiel VW-T10383/1, zwischen Faltenbalg –3– und Verriegelung in Pfeilrichtung –a– drücken.
- Verriegelung –2– mit dem Keil nach oben drücken –Pfeil b– und die elektrische Steckverbindung –3– von der Kupplungsstation trennen –Pfeil c–.
- Schrauben –7– an den Scharnieren lösen.
- Schraube –4– für das Türhalteband –5– herausdrehen.
- Türfeststeller –6– nach innen schieben –Pfeil d–.
- Tür –1– mit den Scharnieren –6– nach oben –Pfeil f– aus den Scharnieren –7– herausheben.

Einbau

- Der Einbau erfolgt sinngemäß in umgekehrter Ausbaureihenfolge. Dabei muss Folgendes beachtet werden:

Achtung: Vor dem Einhängen der Tür muss das Lager des Türhaltebands zur Vermeidung von Lackschäden in Richtung Fahrzeug innen angeklappt sein.

Achtung: Nach Einhängen der Tür müssen die Scharnierschenkel bündig aufeinander aufliegen.

Anzugsdrehmomente:

Schraube –7– am Scharnier. . . . . **8 Nm**
Schraube –4– am Türhalteband . . . . **30 Nm**

- Tür –1– einstellen, dabei Spaltmaße beachten, siehe entsprechendes Kapitel.

Tür einstellen

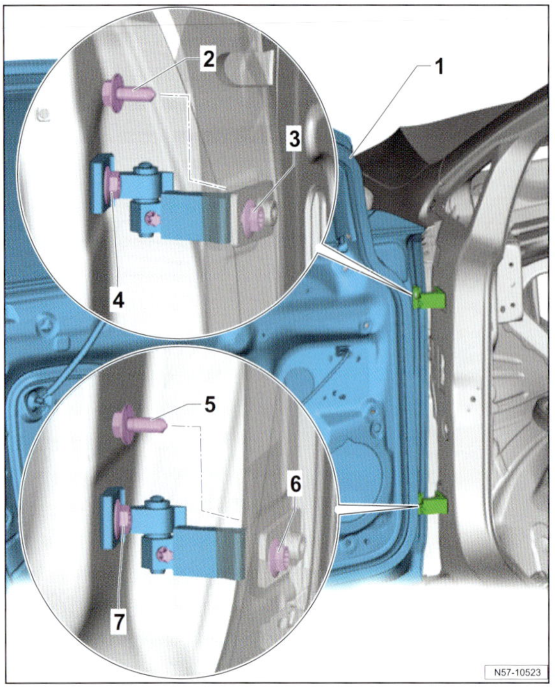

Einstellvoraussetzungen:

- Das Fahrzeug muss auf den Rädern stehen.
- Die Tür ist richtig eingestellt, wenn sie im geschlossenen Zustand überall ein gleichmäßiges Spaltmaß zu den umliegenden Bauteilen hat. Nicht zu weit nach innen oder außen steht. Und die Konturen fluchten.
- Falls nach den Einstellarbeiten eventuell unlackierte Stellen sichtbar werden, diese umgehend grundieren und lackieren.

Spaltmaße prüfen

- Zum Einstellen der Tür muss das Fahrzeug auf einer ebenen Fläche auf den Rädern stehen.

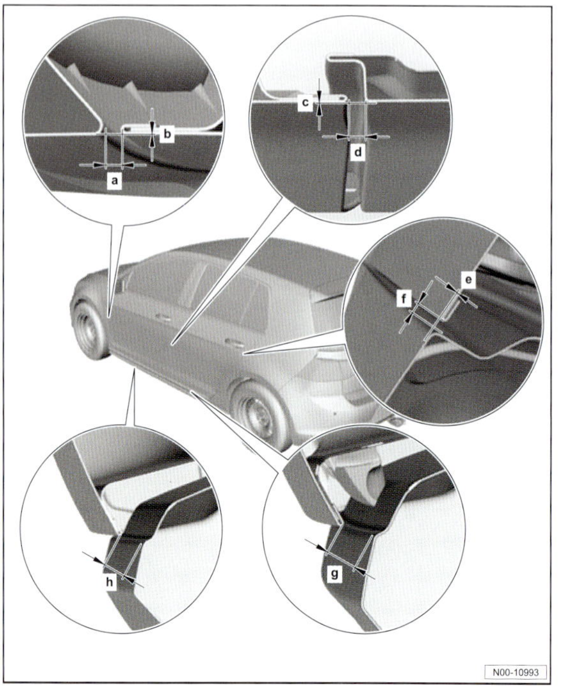

- Spaltmaße der Tür prüfen. Die Tür ist richtig eingestellt, wenn sie im geschlossenen Zustand überall ein gleichmäßiges Spaltmaß hat, nicht zu weit nach innen oder außen steht und die Konturen mit den umliegenden Karosserieteilen fluchten. Die hintere Tür darf maximal 1 mm weiter innen stehen als die Vordertür.

  Spaltmaße, Sollwerte:

  Maß –a–: . . . . $3{,}5^{\pm 0{,}5}$ mm
  Maß –b–: . . . . $0{,}0^{-1{,}0}$ mm
  Maß –c–: . . . . $0{,}0^{+1{,}0}$ mm
  Maß –d–: . . . . $4{,}2^{\pm 0{,}5}$ mm
  Maß –e–: . . . . $0{,}0^{+1{,}0}$ mm
  Maß –f–: . . . . $3{,}5^{\pm 0{,}5}$ mm
  Maß –g–: . . . . $5{,}5^{\pm 0{,}8}$ mm
  Maß –h–: . . . . $5{,}4^{\pm 0{,}8}$ mm

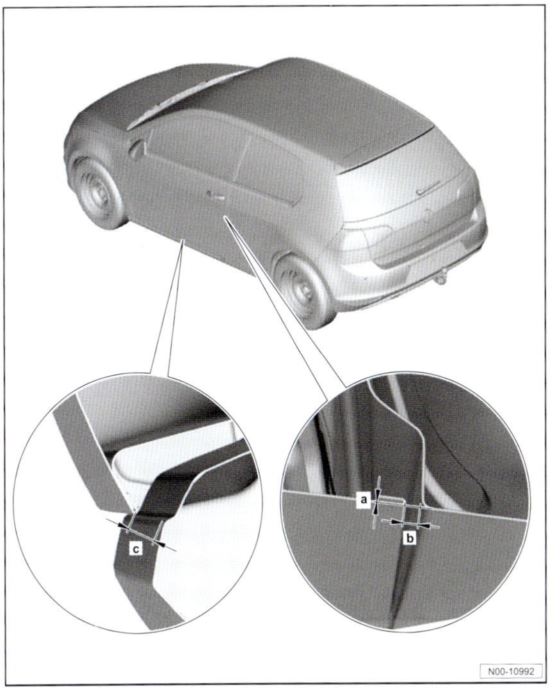

Spaltmaße 2-Türer, Sollwerte:

Maß –a–: .... $0{,}0^{+1{,}0}$ mm
Maß –b–: .... $3{,}5^{\pm 0{,}5}$ mm
Maß –c–: .... $5{,}4^{\pm 0{,}8}$ mm

Einstellung der Spaltmaße (Abbildung N57-10523)

- Schrauben –2–, –3–, –5– und –6– an der A-Säule lösen und Tür nach den Sollwerten der Spaltmaße ausrichten.
- Für die Schraube –3– muss die Armaturentafel ausgebaut werden (Werkstattarbeit).
- Für die Schraube –6– muss die untere A-Säulen-Verkleidung ausgebaut werden, siehe Seite 320.
- Schrauben –2–, –3–, –5– und –6– mit **50 Nm** festziehen. **Hinweis:** Ein einmaliges Lösen der Schrauben zum Türeinstellen ist erlaubt, danach Schrauben ersetzen.

Einstellung der Bündigkeit

- Schrauben –4– und –7– lösen und Tür nach den Sollwerten der Spaltmaße ausrichten.

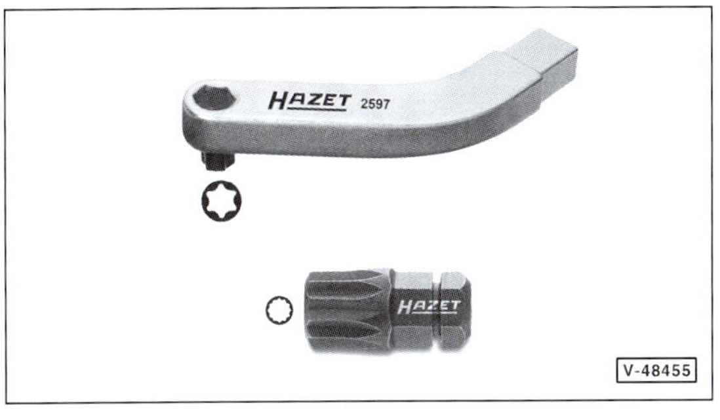

- Dazu wird ein Spezialschlüsseleinsatz für Türeinstellung benötigt, zum Beispiel VW-3320 oder HAZET 2597.

Achtung: Andere Maßnahmen, wie das Richten der Tür nach oben, sind wirkungslos. Beim Nachfolgenden Überdrücken sackt die Tür wieder ab.

- Schließbügel einstellen, siehe Seite 350.
- Schrauben –4– und –7– mit **50 Nm** festziehen. **Hinweis:** Ein einmaliges Lösen der Schrauben zum Türeinstellen ist erlaubt, danach Schrauben ersetzen.

Schließbügel einstellen

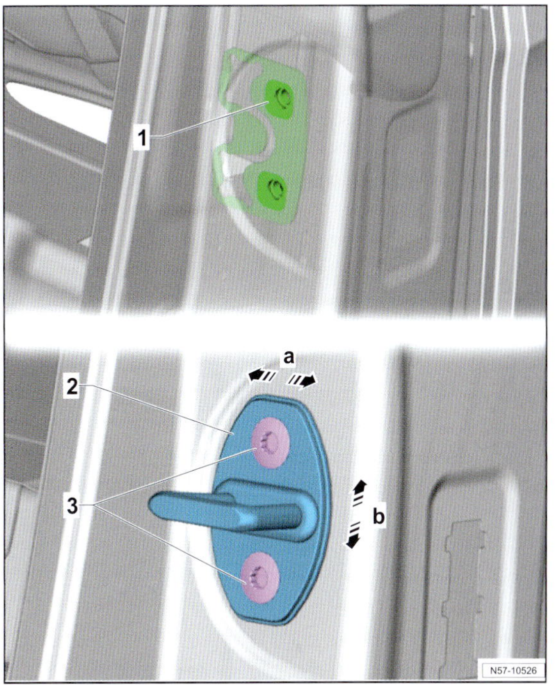

Einstellvoraussetzungen:

- Die Befestigung der Gewindeplatte –1– des Schließbügels in der Säule erfolgt anders als bei den bisherigen GOLF-Modellen bekannt.
- Der Bogen außerhalb der Gewindeplatte ist fest mit der Säule verschweißt. Die Stege zur Gewindeplatte sind plastisch verformbar.
- Damit der Schließbügel –2– bei gelösten Schrauben –3– verstellt werden kann, müssen erhöhte Kräfte aufgebracht werden.
- Die Tür muss beim Schließen ohne zusätzlichen Kraftaufwand vollständig verriegeln und darf kein Spiel haben.
- Durch die Einstellung des Schließbügels darf die Tür nicht nach oben oder nach unten gedrückt werden.

Einstellen

- Schrauben –3– für Schließbügel –2– an der B-Säule lockern, dass sich der Schießbügel gerade noch verschieben lässt.
- Tür vorsichtig schließen und so ausrichten, dass sie mit der hinteren Tür fluchtet. Dadurch wird der Schließbügel ausgerichtet –Pfeil a– und –Pfeil b–.

Achtung: Damit der Schließbügel –2– bei gelösten Schrauben –3– verstellt werden kann, müssen erhöhte Kräfte aufgebracht werden.

- Schrauben –3– des Schließbügels –2– mit **20 Nm** festziehen.

Hinweis: Bei falsch eingestelltem Schließbügel können während der Fahrt erhöhte Windgeräusche auftreten.

Türfeststeller aus- und einbauen

Ausbau

- Türverkleidung ausbauen, siehe Seite 312.
- Abdeckung für Lautsprecheröffnung abziehen oder Türlautsprecher ausbauen, siehe Seite 151.

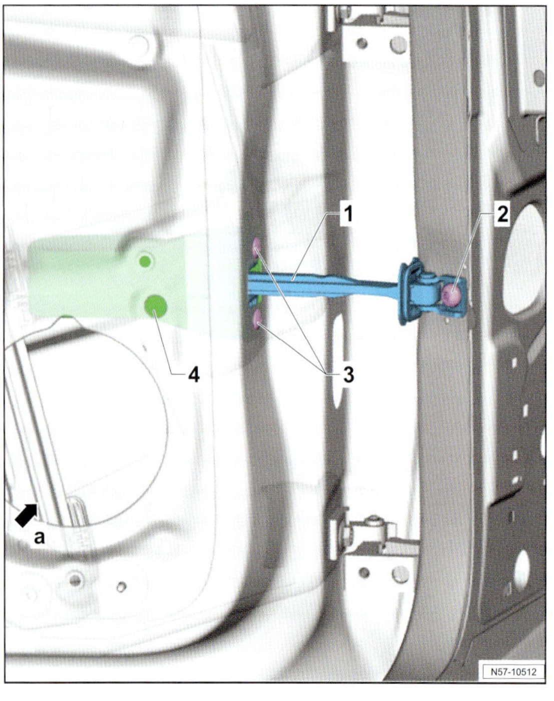

- Schraube –2– an der A-Säule herausdrehen.
- Schrauben –3– herausdrehen und Türfeststeller –1– durch die Öffnung des Lautsprechers herausnehmen –Pfeil a–.

Einbau

- Der Einbau erfolgt sinngemäß in umgekehrter Ausbaureihenfolge. Schrauben –3– mit **10 Nm**, Schraube –2– mit **30 Nm** festziehen.

Fensterheber aus- und einbauen

Ausbau

- Türverkleidung ausbauen, siehe Seite 312.
- Türscheibe ausbauen, siehe Seite 373.
- Fensterhebermotor ausbauen, siehe Seite 374.

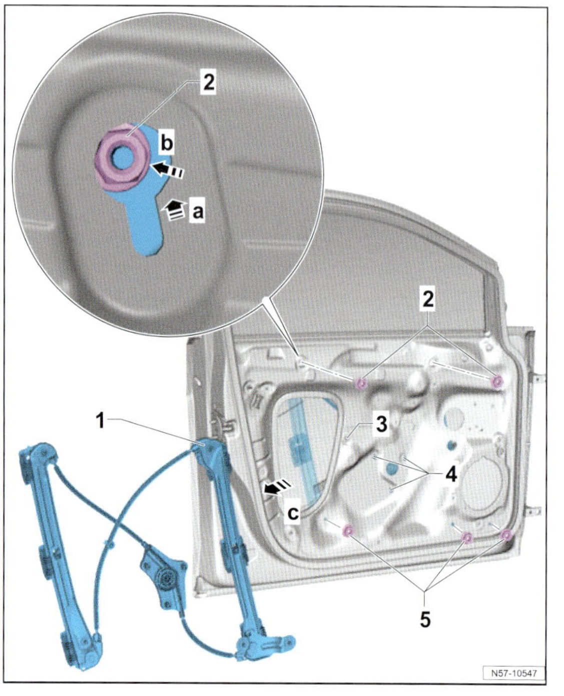

- Rasthaken der Seiltrommel entriegeln –4– und in die Tür schieben.
- Sechskantmuttern –5– abschrauben und Gewindebolzen des Fensterhebers in die Tür schieben.
- Sechskantmuttern –2– lösen, nicht abschrauben.
- Fensterheber in der Tür etwas nach oben –Pfeil a– schieben und in die Tür führen –Pfeil b–.
- Fensterheber –1– um 90° drehen und durch die Öffnung der Tür herausnehmen –Pfeil c–.

Einbau

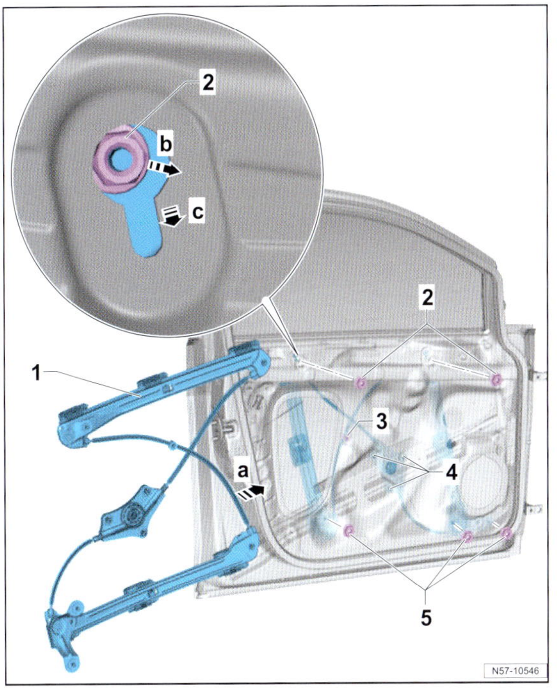

- Fensterheber –1– waagerecht durch die Öffnung in die Tür hineinführen –Pfeil a–, um 90° drehen und in Einbaulage bringen.
- Gewindebolzen des Fensterhebers durch das Türinnenblech stecken –Pfeil b–.
- Fensterheber nach unten schieben.
- Untere Gewindebolzen durch die Bohrungen schieben und Mutter leicht aufschrauben.
- Seiltrommel an den Bohrungen –4– im Türinnenteil ausrichten und gegen das Türinnenteil drücken, bis die Rasthaken hörbar einrasten.
- Muttern für Fensterheber mit **6 Nm** anziehen.
- Fensterhebermotor einbauen, siehe Seite 374.
- Türscheibe einbauen, siehe Seite 373.
- Türverkleidung einbauen, siehe Seite 312.

Türinnenabdeckung aus- und einbauen

Ausbau

- Türverkleidung einbauen, siehe Seite 312.

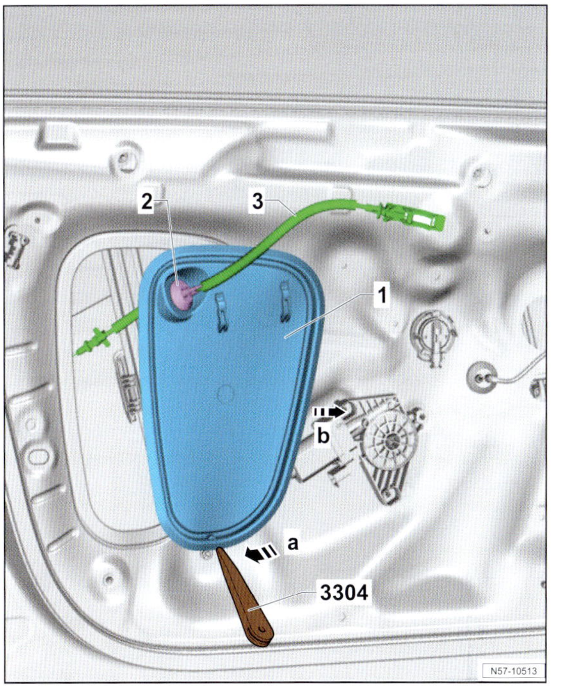

- Abdeckung –1– im unteren Bereich abheben –Pfeil a–.
- Abdeckung –1– nach vorn aus der Tür herausziehen –Pfeil b–.
- Falls für weitere Arbeiten notwendig: Seilzug –3– mit der Tülle –2– aus der Abdeckung –1– herausziehen. Falls vorhanden, Steckverbindung an der Tülle trennen.

Einbau

- Falls ausgebaut, Seilzug –3– mit Tülle –2– in die Abdeckung –1– fädeln.
- Tülle –2– in Abdeckung –1– einknüpfen.
- Abdeckung –1– in die Tür einsetzen.
- Abdeckung rundherum andrücken und einrasten.
- Richtigen Sitz der Abdeckung durch Umfahren des Randbereichs mit den Fingern prüfen.

Schließbügel aus- und einbauen

Ausbau

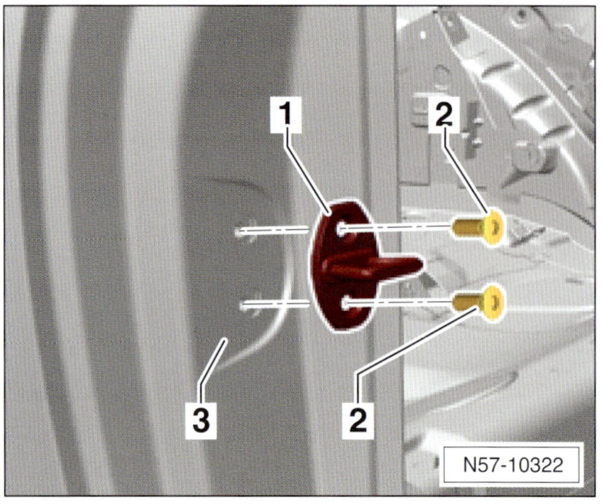

- Schrauben –2– mit einem geeigneten Innenvielzahnschlüssel herausdrehen und Schließbügel –1– abnehmen.

Einbau

- Schließbügel –1– mit der Krümmung nach innen an die B-Säule –3– ansetzen. Schrauben –2– beiziehen.
- Schließbügel einstellen, siehe Seite 363.
- Schrauben –2– mit **20 Nm** festziehen.

Abdeckkappe für Türschließzylinder aus- und einbauen

Ausbau

Achtung: Beim Ausbau der Abdeckkappe für Schließzylinder darf der Schraubendreher weder gedreht noch mit dem Schraubendreher gehebelt werden.

Der Schließzylinder und die Abdeckkappe für Schließzylinder sind nur auf der Fahrerseite verbaut.

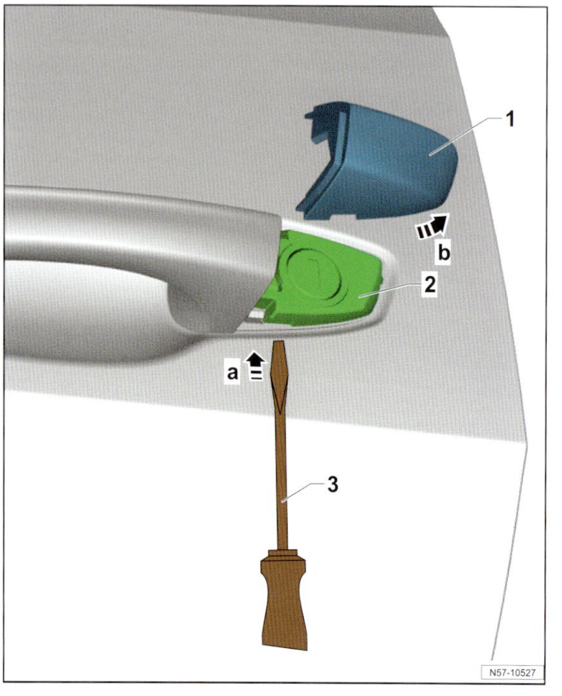

- Türgriff von der Tür wegziehen.
- Kleinen Schraubendreher –3– leicht in die Öffnung an der Unterseite der Abdeckkappe des Schließzylinders eindrücken –Pfeil a–.
- Abdeckkappe –1– mithilfe des Schraubendrehers an der Unterseite leicht von der Tür abziehen –Pfeil b–.
- Abdeckkappe nach oben vom Schließzylinder abschieben.

Einbau

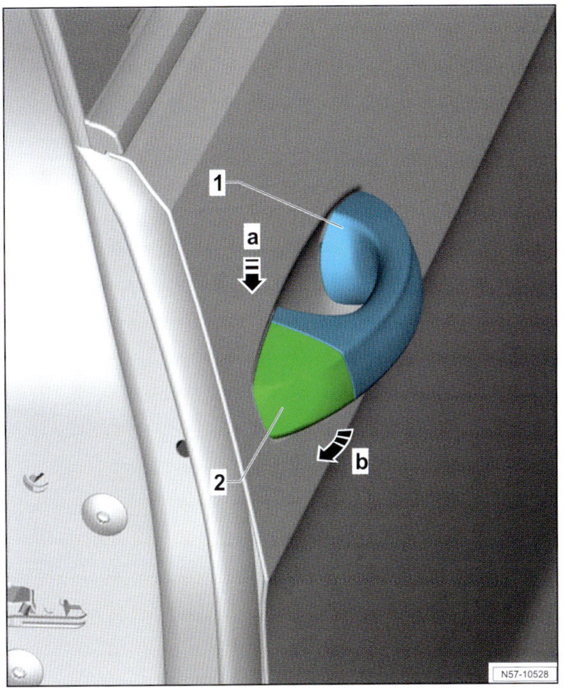

- Türgriff –1– von der Tür wegziehen.
- Abdeckkappe für Schließzylinder –2– leicht abgewinkelt von oben auf den Schließzylinder aufschieben –Pfeil a–.
- Abdeckkappe –2– an die Tür andrücken –Pfeil b–, bis die Abdeckkappe mit dem Schließzylinder verrastet.

Abdeckkappe ohne Schließzylinder aus- und einbauen

Hinweis: Diese Abdeckkappe wird dort eingebaut, wo kein Schließzylinder vorhanden ist, normalerweise auf der Beifahrerseite.

Ausbau

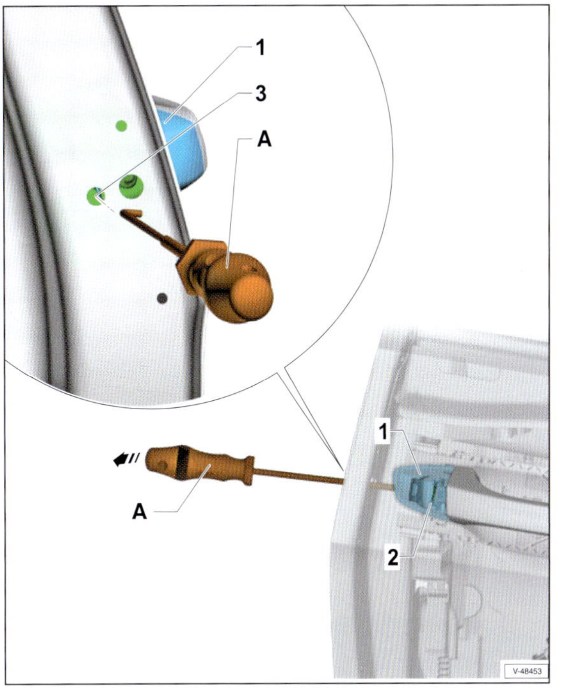

- Stopfen –3– mit kleinem Schraubendreher abdrücken.
- Geeigneten Haken –A–, zum Beispiel VW-T10389 etwa 44 mm hinter den Verriegelungshaken –2– des Lagerbügels einführen.
- Haken –A– etwa 5 mm nach hinten ziehen –Pfeil–, bis der Verriegelungshaken –2– des Lagerbügels entriegelt.

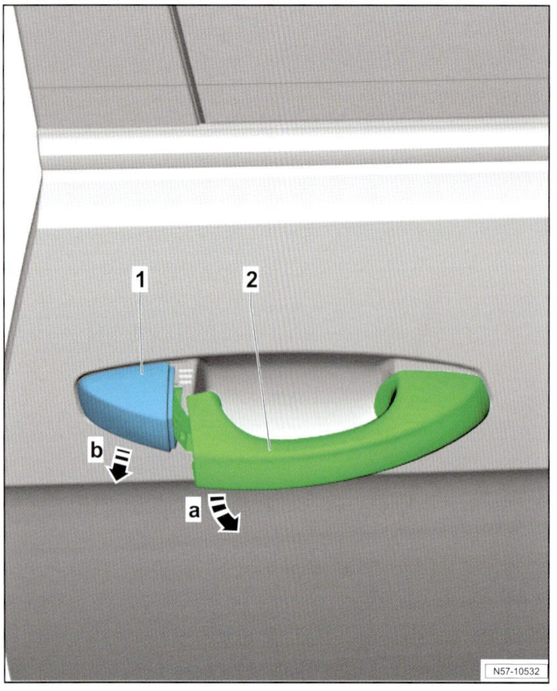

- Türgriff –1– von der Tür wegziehen –Pfeil a–.
- Abdeckkappe –1– aus dem Lagerbügel herausziehen –Pfeil b–.

Einbau

- Türgriff –2– in Pfeilrichtung –a– von der Tür abziehen.
- Abdeckkappe –1– entgegen der Pfeilrichtung –b– in den Lagerbügel hineinschieben.
- Abdeckkappe –1– leicht an die Tür drücken.
- Einen Schraubendreher mit flacher Klinge etwa 40 mm durch die Bohrung an der Türstirnseite bis an den Verriegelungshaken des Lagerbügels heranführen.
- Abdeckkappe –1– an die Tür drücken.
- Gleichzeitig den Schraubendreher etwa 5 mm hineindrücken, bis der Verriegelungshaken verriegelt.
- Stopfen in die Bohrung an der Türstirnseite eindrücken.

Schließzylinder aus- und einbauen

Ausbau

- Abdeckkappe für Schließzylinder ausbauen, siehe Seite 366.

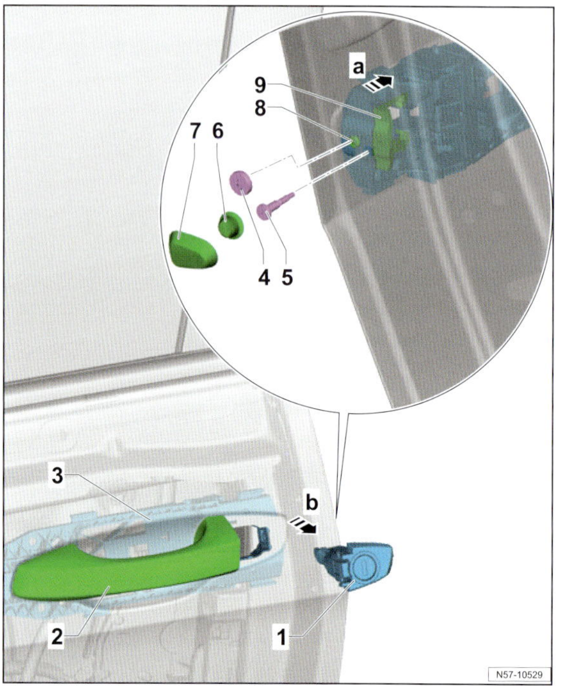

- Abdeckungen –4– und –6– oder –7– abheben.

Hinweis: Es können unterschiedliche Abdeckungen –4–, –6– oder –7– eingebaut sein.

- Schraube –5– herausdrehen.
- Schraube –8– bis zum Anschlag herausdrehen.
- Schraube –8– mit der Verriegelung –9– hineindrücken –Pfeil a–. Erst dadurch wird der Schließzylinder frei gegeben.
- Türgriff –2– von der Tür wegziehen.
- Schließzylindergehäuse –1– im rechten Winkel –Pfeil b– zur Tür aus dem Lagerbügel –3– herausziehen.

Einbau

- Türgriff –2– von der Tür abziehen.
- Schließzylindergehäuse –1– im rechten Winkel in den Lagerbügel –3– hineinschieben.
- Schließzylindergehäuse an das Türaußenblech andrücken und halten.
- In dieser Stellung die Schrauben –5 und 8– in den Lagerbügel hineindrehen. Dabei zieht die Schraube –8– die Verriegelung –9– in die richtige Position.
- Schließzylindergehäuse loslassen.
- Der weitere Einbau erfolgt sinngemäß in umgekehrter Ausbaureihenfolge. Schraube für Schließzylinder mit **3 Nm** festziehen.

- Anschließend bei geöffneter Tür unbedingt eine Funktionsprüfung des Schließmechanismus durchführen.

Türgriff aus- und einbauen

Ausbau

- Je nach Ausführung Abdeckkappe für Schließzylinder ausbauen und Schließzylinder ausbauen, siehe Seite 366.
- Oder Abdeckkappe ohne Schließzylinder ausbauen, siehe Seite 367.

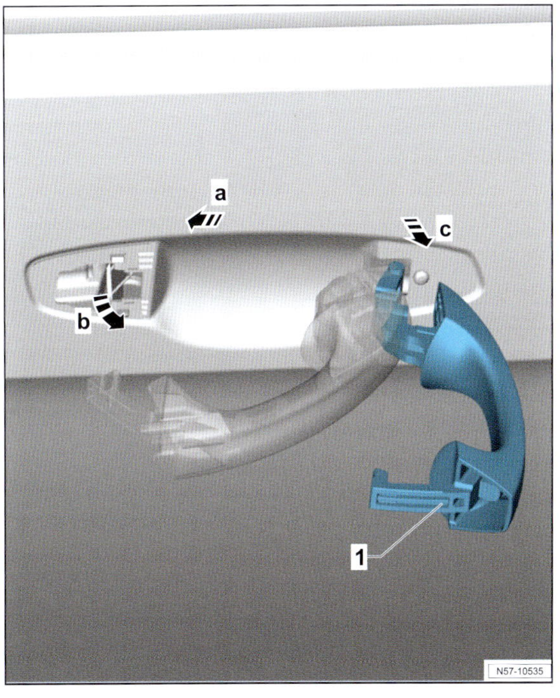

- Türgriff –1– etwas nach vorn –Pfeil a– aus der Aufnahme des Lagerbügels ziehen.
- Türgriff in Pfeilrichtung –b– schwenken.
- Türgriff im rechten Winkel –Pfeil c– aus dem Lagerbügel –2– herausnehmen.

Hinweis: Bei Fahrzeugen mit schlüssellosem Zugangsberechtigungssystem löst sich die Steckverbindung beim Herausnehmen des Türgriffs.

Einbau

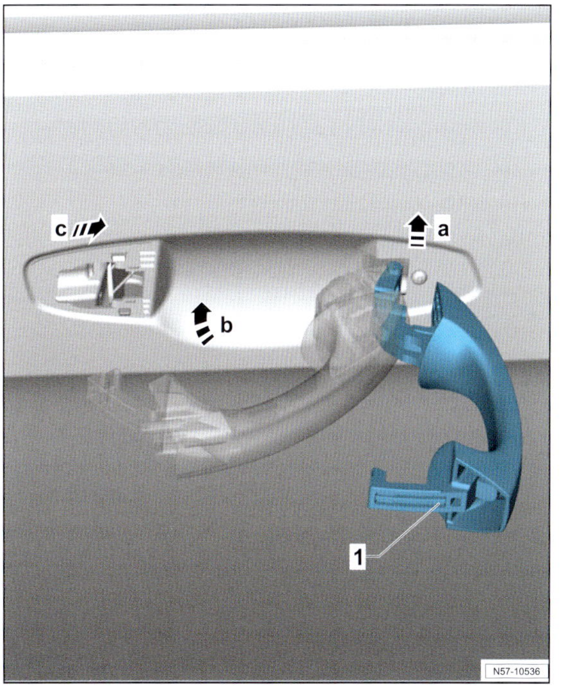

- Türgriff –1– im rechten Winkel in den Lagerbügel einsetzen –Pfeil a–.

Hinweis: Bei Fahrzeugen mit schlüssellosem Zugangsberechtigungssystem wird die Steckverbindung beim Einsetzen des Türgriffs zusammengefügt.

- Türgriff –1– in die Tür hineinschwenken –Pfeil b–.
- Türgriff kräftig nach vorn –Pfeil c– in die Aufnahme im Lagerbügel drücken.
- Anschließend bei geöffneter Tür unbedingt eine Funktionsprüfung des Schließmechanismus durchführen.

Türschloss aus- und einbauen

Ausbau

Achtung: Die Türscheibe muss bei folgenden Arbeiten geschlossen sein.

- Türverkleidung ausbauen, siehe Seite 312.
- Türinnenabdeckung ausbauen, siehe Seite 365.
- Türgriff ausbauen, siehe Seite 369.
- Wenn vorhanden, Steckverbindung trennen.

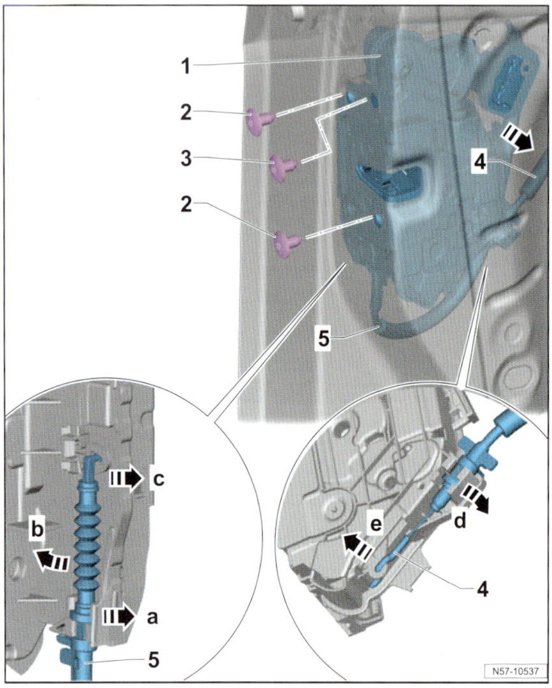

- Schrauben –2– herausdrehen.
- Türschloss –1– aus der Tür herausnehmen –Pfeil–.

Achtung: Falls es für weitere Arbeiten erforderlich ist, Seilzüge folgendermaßen vom Türschloss abbauen:

Seilzug vom Lagerbügel abbauen

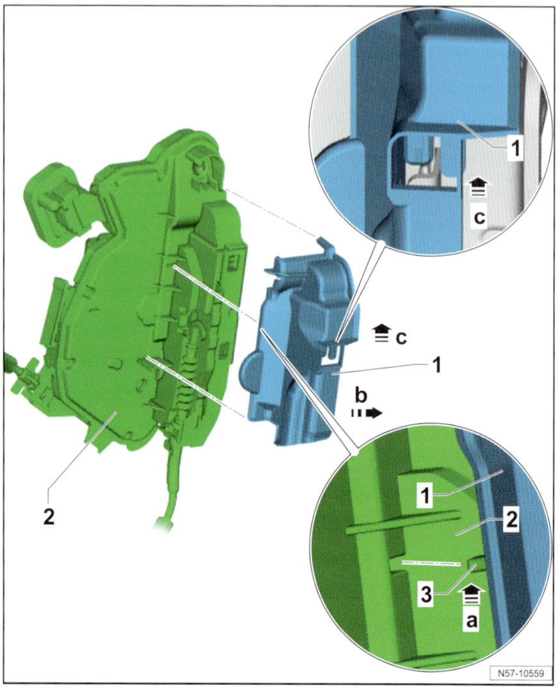

- Abdeckung –1– ausbauen.
    - Rasthaken –3– in Pfeilrichtung –a– entriegeln.
    - Abdeckung –1– mit dem Rasthaken aus dem Türschloss –2– ziehen –Pfeil b–.
    - Abdeckung –1– nach oben –Pfeil c– vom Türschloss –2– abziehen.

Hinweis: Die folgenden Bezeichnungen beziehen sich auf Abbildung **N57-10537**:

- Seilzug –5– um 90° verdrehen –Pfeil a– und aus der Halterung herausnehmen.
- Seilzug so weit nach oben schwenken –Pfeil b–, bis der Seilzug aus der Öse im Türschloss –1– herausgefädelt werden kann –Pfeil c–.

Seilzug für Türinnenbetätigung abbauen

- Seilzug –4– um 90° verdrehen und aus der Halterung herausnehmen.
- Seilzug so weit schwenken –Pfeil d–, bis der Seilzug aus der Öse im Türschloss –1– herausgefädelt werden kann –Pfeil e–.

Einbau

- Ausgebaute Seilzüge –4– und –5– am Türschloss –1– einbauen.
- Abdeckung einbauen, siehe Abbildung N57-10559.
  - Abdeckung –1– auf den Halter –3– am Türschloss –2– schieben.
  - Rasthaken –4– mit dem Türschloss –2– verrasten.

Hinweis: Die folgenden Bezeichnungen beziehen sich auf Abbildung **N57-10537**.

- Türschloss –1– in der Tür einsetzen.
- Wenn vorhanden, Steckverbindung anschließen.
- Schrauben –2– eindrehen.
- Abdeckkappe –3– einclipsen.
- Der weitere Einbau erfolgt sinngemäß in umgekehrter Ausbaureihenfolge. Schrauben mit **18 Nm** anziehen.
- Anschließend bei geöffneter Tür unbedingt eine Funktionsprüfung des Schließmechanismus durchführen. Bei nicht korrekter Einstellung und Verriegelung der Seilzüge kann das Türschloss nicht entriegelt und somit die Tür nicht geöffnet werden.

Fensterführung aus- und einbauen

Ausbau

- Fensterschachtleiste innen ausbauen, siehe Seite 373.
- Fensterschachtleiste außen ausbauen, siehe Seite 372.
- Blende B-Säule ausbauen.
- Außenspiegel ausbauen, siehe Seite 376.

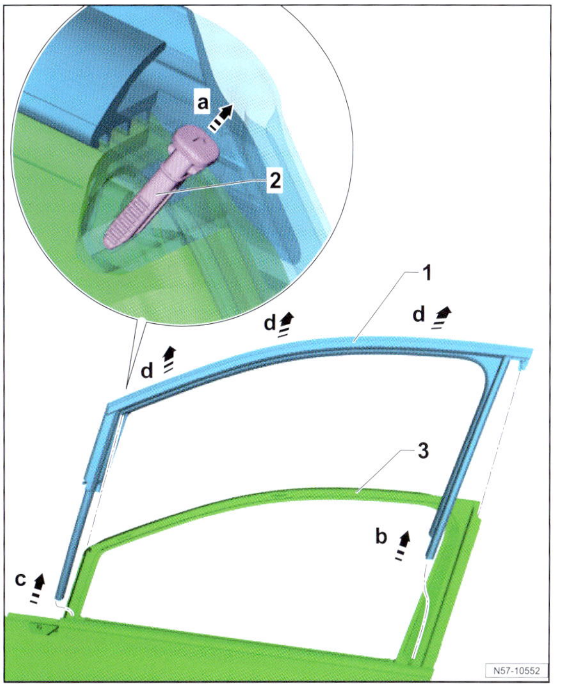

- Sicherungsstift –2– herausziehen –Pfeil a–.
- Von innen die Dichtlippe der Fensterführung –1– vom Türflansch abkrempeln.
- Fensterführung –1– aus den Aufnahmen der Tür herausziehen –Pfeile b– und –c–. **Achtung:** Fensterführung beim Abheben nicht biegen!
- Fensterführung –1– rundherum gleichmäßig vom Türflansch –3– abziehen –Pfeile d–.

Einbau

- Fensterführung zum leichteren Einbau mit Seifenwasser einsprühen.

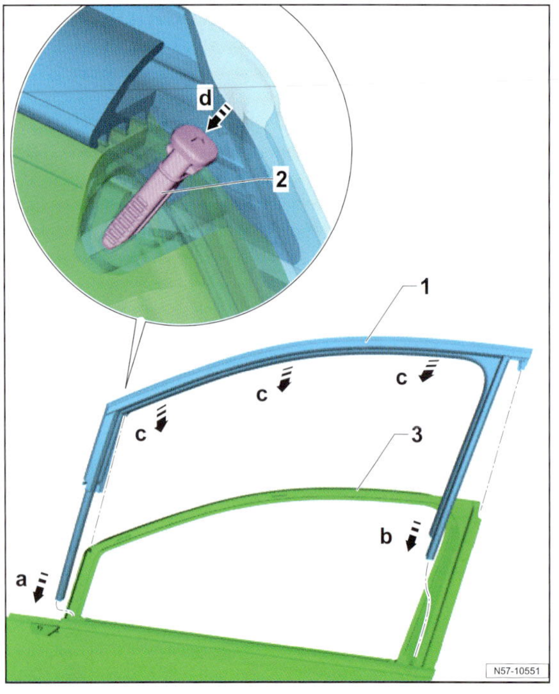

- Fensterführung –1– in die Aufnahmen der Tür hineinschieben –Pfeile a– und –b–.
- Fensterführung –1– nach vorn verlaufend auf den Türflansch aufstecken –Pfeile c–.
- Von innen die Dichtlippe der Fensterführung auf den Türflansch krempeln.
- Sicherungsstift –2– hineinschieben –Pfeil d–.

Achtung: Beim Einbau der Fensterführung –1– auf einen gleichmäßigen Sitz achten, sonst können später im Fahrbetrieb Windgeräusche auftreten.

- Der weitere Einbau erfolgt sinngemäß in umgekehrter Ausbaureihenfolge.

Äußere Fensterschachtleiste aus- und einbauen

Ausbau

Achtung: Der Kern der äußeren Fensterschachtleiste besteht aus einem Metalleinleger. Wenn dieser verbogen wird, kann die Fensterschachtleiste außen nicht mehr geradegebogen werden. Sie bleibt „wellig“.

Daher Fensterschachtleiste gleichmäßig und ohne zu verbiegen abziehen und aufdrücken.

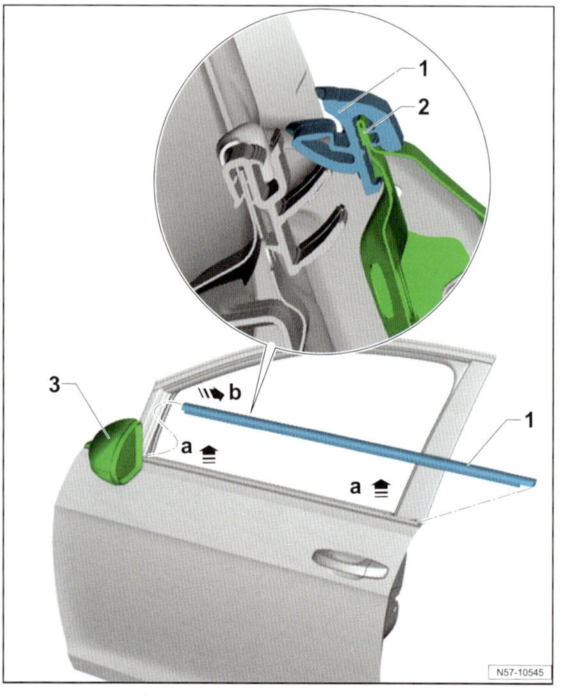

- Fensterschachtleiste –1– gleichmäßig etwas vom Türflansch –2– abziehen –Pfeile a–. Dabei die Leiste nicht verbiegen.
- Fensterschachtleiste –1– unter dem Außenspiegel –3– hervorziehen –Pfeil b–.

Einbau

Achtung: Zum Einbau keine Montagehilfsmittel und kein Schlagwerkzeug verwenden.

- Fensterschachtleiste –1– unter den Außenspiegel –3– schieben.
- Fensterschachtleiste –1– an der B-Säule ausrichten und gleichmäßig von Hand auf den Türflansch –2– drücken –Pfeile b–.

Innere Fensterschachtleiste aus- und einbauen

Ausbau

- Türverkleidung vorn ausbauen, siehe Seite 312.

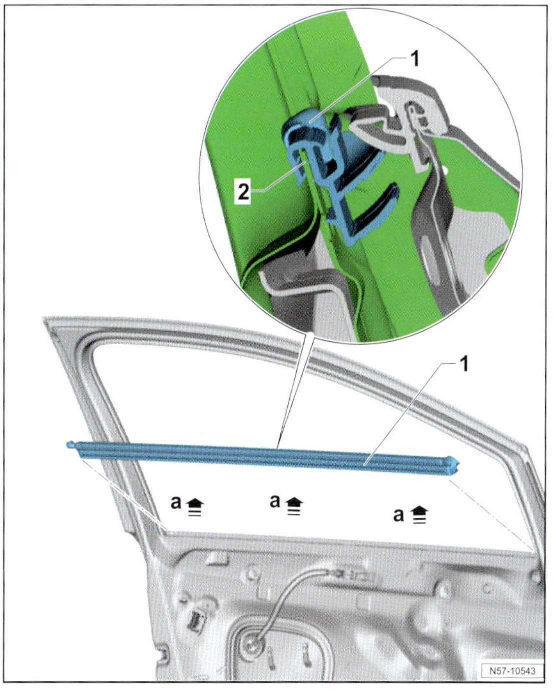

- Innere Fensterschachtleiste –1– gleichmäßig und ohne zu verbiegen vom Flansch –2– abheben.

Einbau

- Fensterschachtleiste –1– ansetzen, ausmitteln und gleichmäßig von Hand auf den Flansch –2– der Tür aufdrücken.

Türscheibe vorn aus- und einbauen

Ausbau

- Türverkleidung ausbauen, siehe Seite 312.

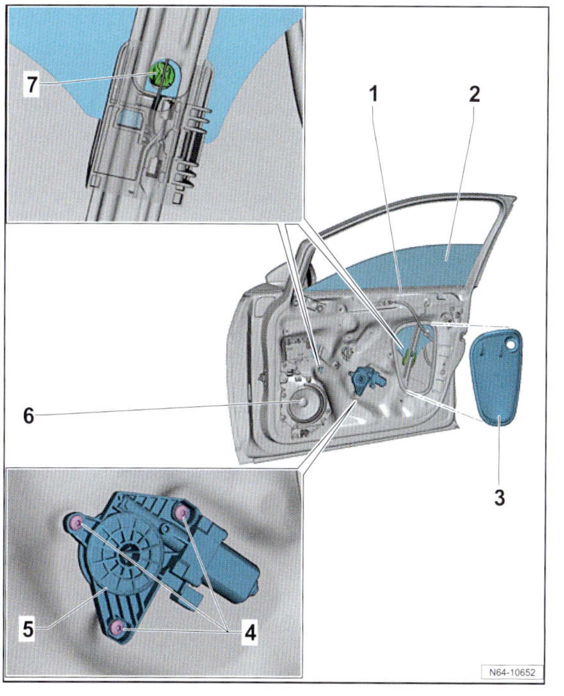

- Türinnenabdeckung –3– ausbauen, siehe Seite 365.
- Kabeldurchführung heraushebeln.
- Türscheibe –2– absenken, bis die Rasthaken –7– der Türscheibe zugänglich sind.

Achtung: Wenn der Arbeitsschritt wegen einer Störung am Fensterhebermotor nicht möglich ist, kann der Fensterhebermotor –5– ausgebaut werden –4–. Anschließend Türscheibe in die benötigte Arbeitsposition schieben.

- Rasthaken –7– vorsichtig durch die Öffnung in der Scheibe drücken. Dabei die Türscheibe etwas anheben, damit diese nicht in den Rasthaken zurückfällt.

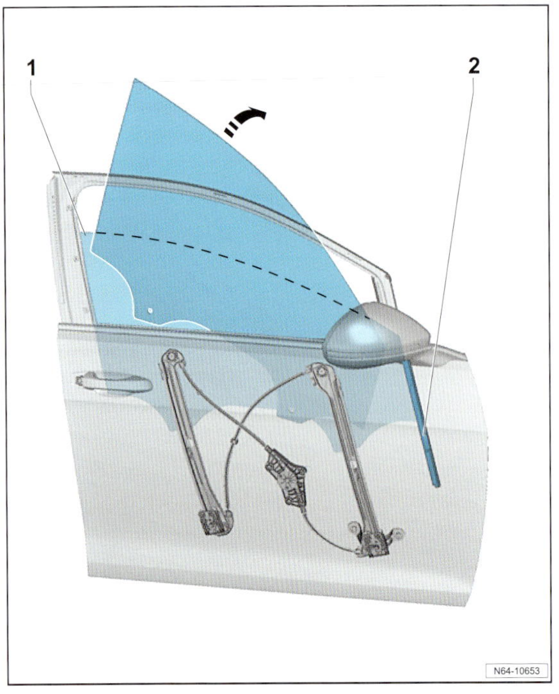

- Türscheibe –1– nach oben aus dem Fensterheber herausziehen.
- Türscheibe –1– hinten anheben und nach vorn aus den Fensterführungen –2– herausschwenken –Pfeil–.

Einbau

- Türscheibe –1– in die Fensterführungen –2– hineinschwenken.

Achtung: Darauf achten, dass die Türscheibe richtig in die Fensterführung eingesetzt ist.

- Türscheibe ohne Druck in die Klemmbacken des Fensterhebers einführen.
- Türscheibe zum Fensterrahmen hinten ausrichten.
- Türscheibe –1– in die Klemmbacken drücken, bis die Rasthaken –7– in der Türscheibe verriegeln.
- Der weitere Einbau erfolgt sinngemäß in umgekehrter Ausbaureihenfolge.
- Bevor die Türinnenabdeckung, die Kabeldurchführung und die Türverkleidung eingebaut werden, Funktionsprüfung der Türscheibe durchführen.

Fensterhebermotor aus- und einbauen

Ausbau

Hinweis: Wenn der Fensterhebermotor erneuert wird, muss er anschließend mit dem Fahrzeugdiagnosetester codiert werden (Werkstattarbeit).

- Türverkleidung ausbauen, siehe Seite 312.
- Türscheibe mit Klebeband am Türrahmen festsetzen, damit sie nicht herunterrutscht.
- Zündung und alle elektrischen Verbraucher ausschalten. Zündschlüssel abziehen.

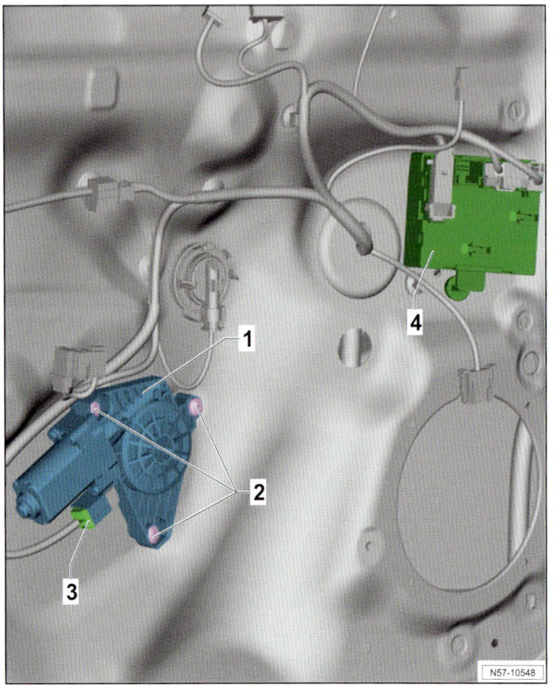

Hinweis: Das Türsteuergerät –4– ist vom Motor für Fensterheber –1– getrennt und in die Tür eingeclipst.

- Steckverbindung –3– trennen.
- Schrauben –2– herausdrehen.
- Fensterhebermotor –1– von den Aufnahmen der Seiltrommel abnehmen.

Einbau

- Fensterhebermotor –1– auf die Aufnahmen der Seiltrommel stecken. Türscheibe dabei leicht auf und ab bewegen, damit sich die Verzahnung zwischen Fensterhebermotor und Seiltrommel besser findet.
- Fensterhebermotor mit **3 Nm** festschrauben.
- Steckverbindung –3– verbinden.
- Falls der Fensterhebermotor erneuert wurde, diesen mit dem Fahrzeugdiagnosegerät codieren (Werkstattarbeit).
- Hoch- und Tieflaufautomatik einstellen, siehe Seite 79.
- Der weitere Einbau erfolgt sinngemäß in umgekehrter Ausbaureihenfolge.

Dachkantenspoiler aus- und einbauen

Ausbau

- Heckklappenverkleidung ausbauen, siehe Seite 331.

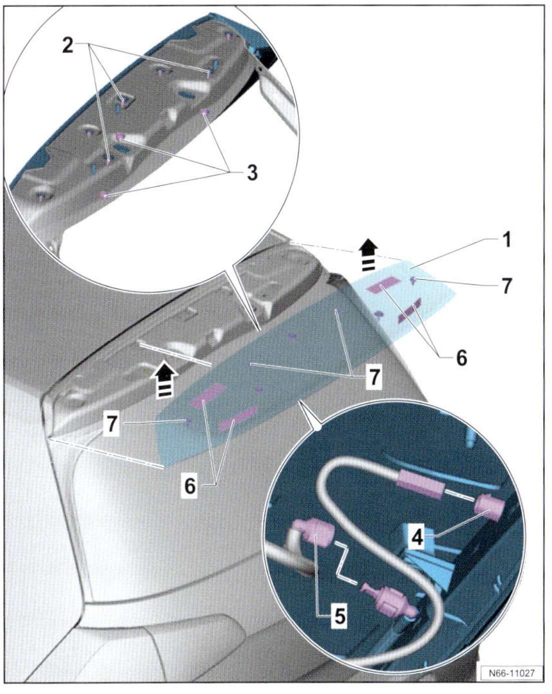

- Abdeckkappe herausheben.
- Sechskantmuttern –3– vom Gewindebolzen –2– herunterdrehen.
- Dachkantenspoiler –1– kräftig nach oben –Pfeile– aus den Clips –7– herausdrücken.
- Schlauch –5– und elektrische Leitung –4– trennen.

Einbau

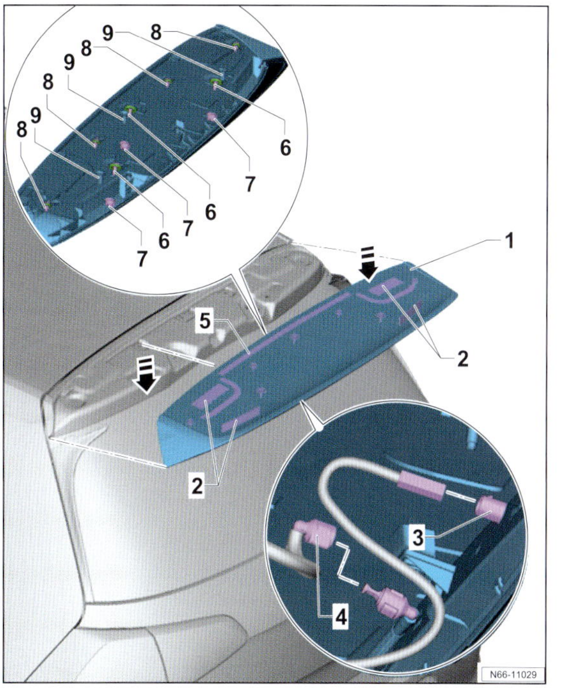

- Die Schaumstoffstreifen –2– und –5– auf Beschädigungen prüfen, gegebenenfalls ersetzen.
- Schlauch –4– und elektrische Leitung –3– befestigen.
- Die Schaumstoffringe der Clips, Zentrierstifte und Gewindebolzen auf Beschädigungen prüfen, gegebenenfalls ersetzen.
- Dachkantenspoiler –1– mithilfe der Zentrierstifte –9– in Einbaulage bringen.
- Dachkantenspoiler –1– kräftig auf die Heckklappe drücken –Pfeile–, bis die Clips –6– verrasten.
- Sechskantmuttern –7– mit **6 Nm** festschrauben.

Außenspiegel aus- und einbauen

Ausbau

- Türverkleidung ausbauen, siehe Seite 312.

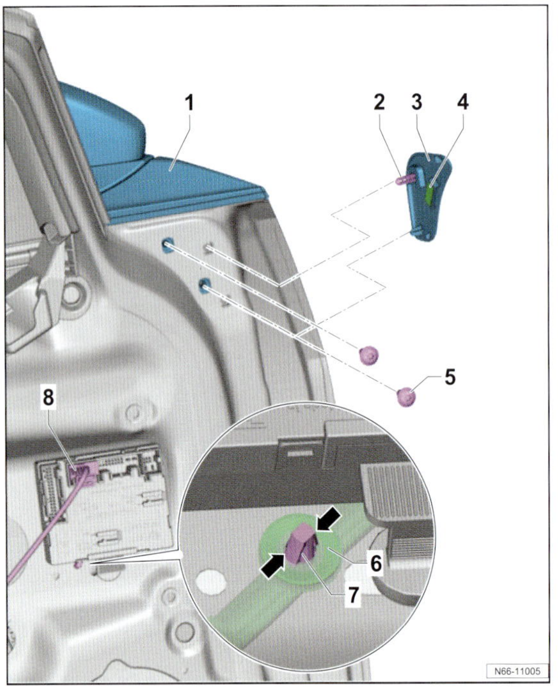

- **Bis 9/2015:** Abdeckung –3– ausclipsen und dabei das Klebeband –4– abziehen. **Hinweis:** Ab 10/2015 ist diese Abdeckung nicht mehr vorhanden.
- Lautsprecher ausbauen, siehe Seite 151.
- Durch die Öffnung des Lautsprechers greifen und die Steckverbindung –8– für den Außenspiegel –1– trennen.
- 2 Schrauben –5– für Außenspiegel –1– herausdrehen.
- Steuergerät für Tür ausbauen und den dahinter eingebauten Clip –7– lösen –Pfeile–.
- Elektrische Leitung –6– durch die Öffnung in der Tür führen und Außenspiegel –1– abnehmen.

Einbau

- Der Einbau erfolgt sinngemäß in umgekehrter Ausbaureihenfolge, dabei Folgendes beachten.
- Bei beschädigtem Klebeband oder Clip die Abdeckung ersetzen.
- 2 Schrauben mit **9 Nm** anziehen.
- Vor Einbauen der Türverkleidung eine Funktionsprüfung des Außenspiegels durchführen.

Außenspiegel – Detailübersicht

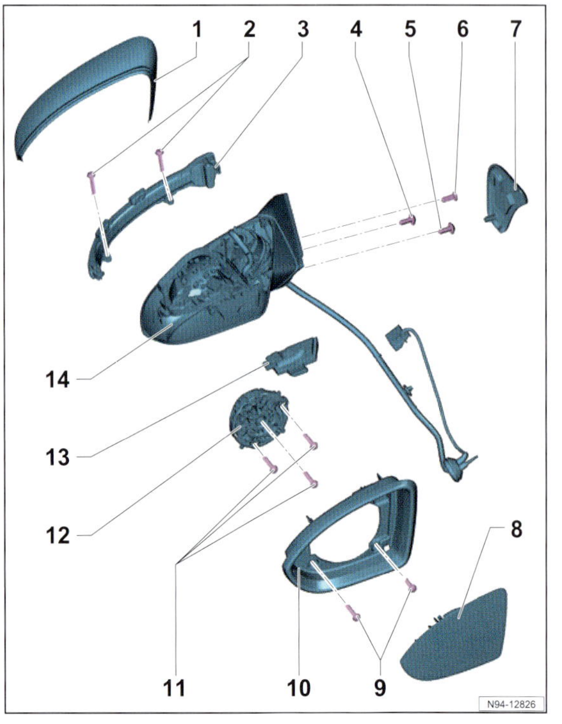

1 – Spiegelkappe
2 – Schraube, 1 Nm
3 – Blinkleuchte
4 – Schraube, 9 Nm
5 – Schraube, 9 Nm
6 – Clip
7 – Abdeckkappe
8 – Spiegelglas
9 – Schrauben, 1 Nm
10 – Spiegelrahmen
11 – Schrauben, 1 Nm
12 – Verstelleinheit
13 – Einstiegsleuchte im Außenspiegel
14 – Spiegelgrundträger

Spiegelglas aus- und einbauen

Ausbau

Achtung: Bei den Arbeiten am Spiegelglas eine Schutzbrille und Schutzhandschuhe tragen. Verletzungsgefahr!

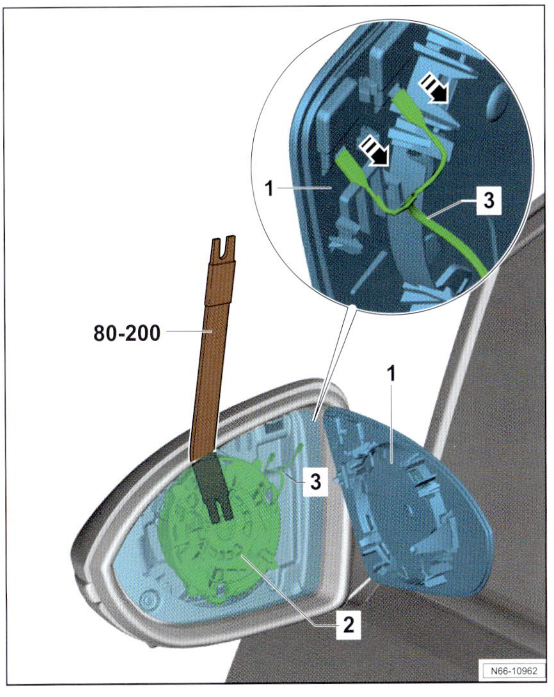

- Gehäusekante mit textilverstärktem Klebeband abkleben und dadurch vor Lackbeschädigung schützen.
- Spiegelglas –1– unten in das Spiegelgehäuse drücken.
- Spiegelglas –1– mit dem Montagehebel VW-80-200 oder HAZET 1965-21 von der Verstelleinheit –2– abdrücken.
- Spiegelglas –1– zur Seite schwenken und vorhandene Steckkontakte –3– für elektrische Spiegelheizung auf der Rückseite des Spiegelglases –1– abziehen.

Einbau

- Vorhandene Steckkontakte –3– am Spiegelglas –1– aufdrücken.
- Spiegelglas –1– mittig auf die Verstelleinheit –2– im Gehäuse aufdrücken, bis das Spiegelglas hörbar einrastet.

Achtung: Beim Aufdrücken des Spiegelglases nur in der Spiegelmitte drücken.

- Anschließend eine Funktionsprüfung des Außenspiegels durchführen.

Spiegelverstelleinheit aus- und einbauen

Ausbau

- Spiegelglas ausbauen, siehe Seite 377.

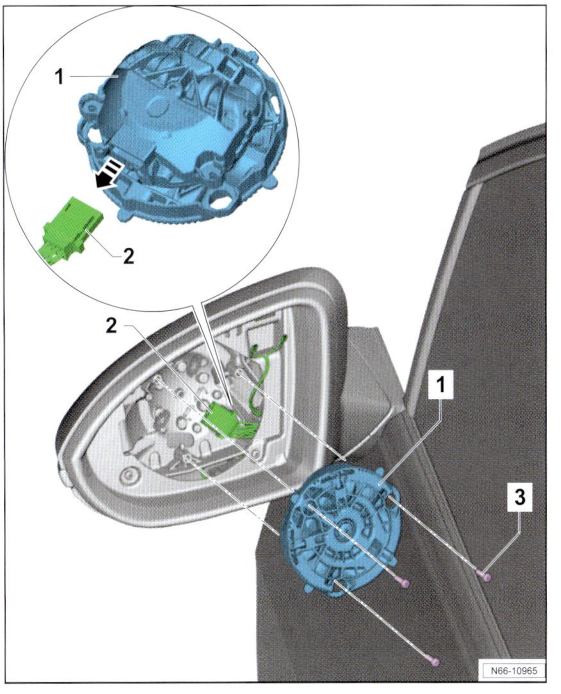

- 3 Schrauben –3– herausdrehen und Verstelleinheit –1– vom Spiegelgrundträger abnehmen.
- Verstelleinheit mit Motor –1– zur Seite schwenken und Stecker –2– abziehen.

Einbau

- Stecker –2– auf die Verstelleinheit –1– aufstecken.
- Verstelleinheit –1– an den Spiegelgrundträger setzen und mit **1 Nm** festschrauben.
- Spiegelglas einbauen, siehe Seite 377.

Spiegelkappe aus- und einbauen

Ausbau

- Spiegelglas ausbauen, siehe Seite 377.

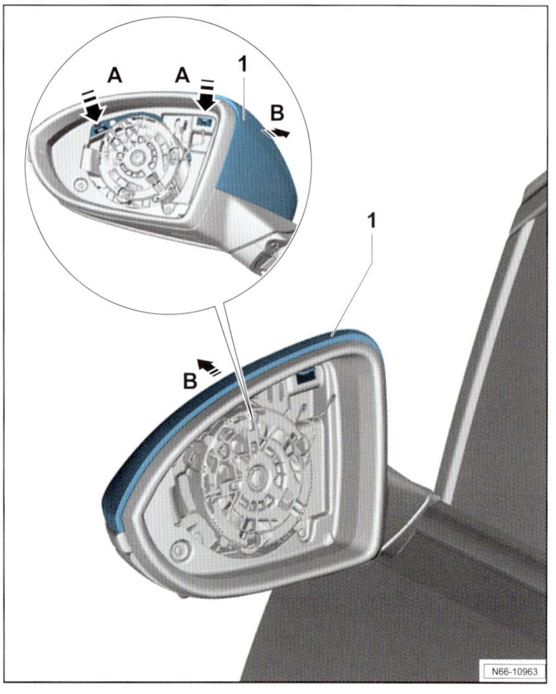

- Rasthaken –Pfeile A– entriegeln.
- Spiegelkappe –1– vom Spiegelgrundträger nach hinten in Pfeilrichtung –B– abziehen.

Einbau

- Spiegelkappe –1– aufsetzen und aufdrücken, bis die Rasthaken hörbar einrasten.
- Spiegelglas einbauen, siehe Seite 377.

Spiegelblende aus- und einbauen

Ausbau

- Spiegelglas ausbauen, siehe Seite 377.
- Spiegelkappe ausbauen, siehe Seite 378.

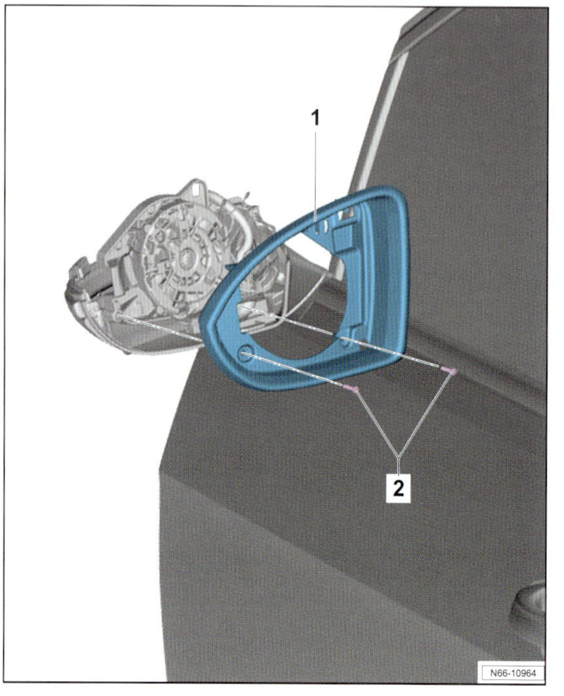

- Schrauben –2– herausdrehen.
- Spiegelrahmen –1– aus der Verrastung lösen.

Einbau

- Der Einbau erfolgt in umgekehrter Ausbaureihenfolge, Schrauben mit **1 Nm** festziehen.
- Anschließend Funktionsprüfung des Außenspiegels durchführen.

Tankklappeneinheit aus- und einbauen

Ausbau

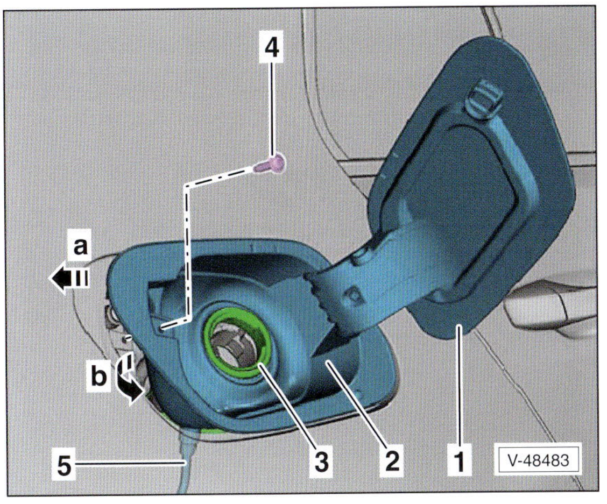

- Tankklappe –1– öffnen.
- Tankdeckel abschrauben.
- Schraube –4– herausdrehen.
- Tankklappeneinheit –2– etwas nach hinten ziehen –Pfeil a– und aus den Verrastungen ausrasten.
- Tankklappeneinheit –2– aus dem Fahrzeug-Seitenteil herausschwenken –Pfeil b–.
- Wasserablaufschlauch –5– mit der Tankklappeneinheit aus dem Seitenteil herausführen. 3 – Einfüllstutzen.

Einbau

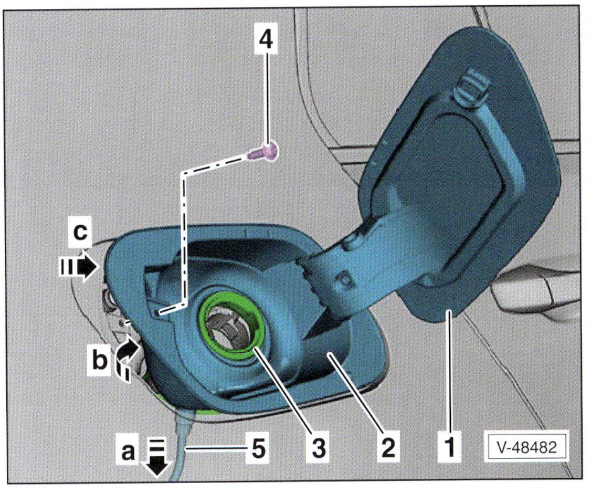

- Wasserablaufschlauch –5– durch die Öffnung in der Tankklappeneinheit –2– stecken und bis zum Anschlag durchziehen.
- Wasserablaufschlauch –5– in das Fahrzeug-Seitenteil einschieben –Pfeil a–.
- Tankklappeneinheit –2– in das Seitenteil schwenken –Pfeil b– und Manschette über den Einfüllstutzen –3– ziehen.
- Anschließend Tankklappeneinheit –2– vollständig in das Seitenteil schieben –Pfeil c– und einrasten.
- Schraube –4– anschrauben und mit **1,5 Nm** festziehen.
- Funktionsprüfung der Entriegelungsbauteile durchführen.

Motor für Tankdeckelverriegelung aus- und einbauen

Ausbau

- Tankklappeneinheit ausbauen.
- Damit die Steckverbindung zugänglich wird, die rechte Kofferraum-Seitenverkleidung ausbauen, siehe Seite 329.

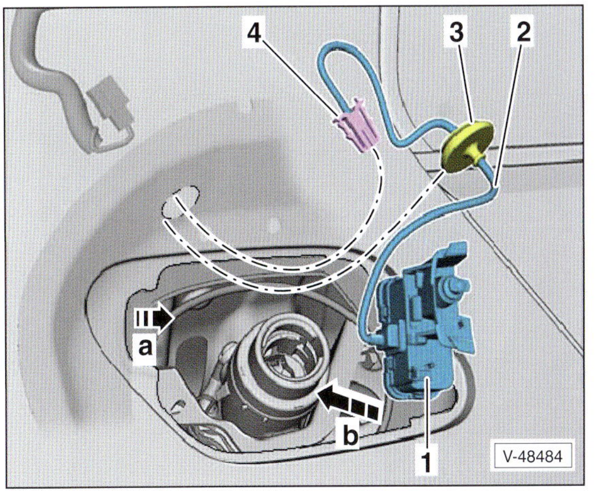

- Elektrische Steckverbindung –4– trennen.
- Stellelement –1– aus dem Seitenteil ziehen –Pfeil a–.

Einbau

- Elektrische Steckverbindung –4– verbinden.
- Tülle –3– im Seitenteil einbauen.
- Stellelement –1– in das Seitenteil schieben –Pfeil b–.
- Tankklappeneinheit einbauen.
- Rechte Kofferraum-Seitenverkleidung einbauen, siehe Seite 329.

Anhängevorrichtung – Detailansicht

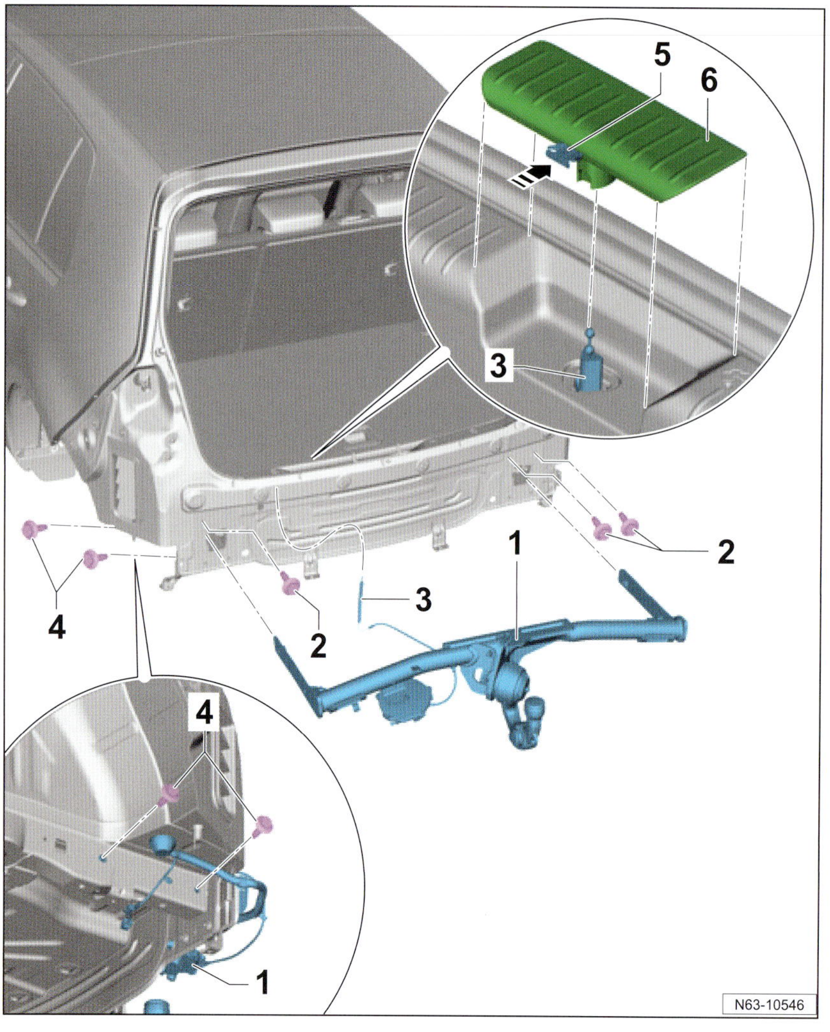

1 – **Anhängevorrichtung**
Anhängevorrichtung schwenkbar.

2 – **Schraube, 20 Nm + 90°**
Blindverschraubungen, gasdicht.
3 Stück.
Achtung: Diese Schrauben sind Blindverschraubungen und dichten den Innenraum gegen Abgase ab. Nach dem Ausbau müssen sie auf jeden Fall wieder eingebaut werden.

3 – **Bowdenzug**
Mit Profil.

4 – **Schraube, 50 Nm + 90°**
2 Stück je Seite.
Schrauben nach jedem Lösen immer ersetzen.

5 – **Verriegelung**

6 – **Halter Bowdenzug**
Bestandteil der Anhängevorrichtung.

Hinweis: Belegung der Anhängersteckdose siehe Seite 73.

Stromlaufpläne

Aus dem Inhalt:

- **Zeichenerklärung**
- **Stromlaufplan-Übersicht**
- **Einzelpläne**

Der Umgang mit dem Stromlaufplan

In einem Personenwagen werden je nach Ausstattung bis über 1.000 Meter Leitungen verlegt, um alle elektrischen Verbraucher (Scheinwerfer, Radio usw.) mit Strom zu versorgen. Will man einen Fehler in der elektrischen Anlage aufspüren oder nachträglich ein elektrisches Zubehör montieren, kommt man nicht ohne Stromlaufplan aus; anhand dessen der Stromverlauf und damit die Kabelverbindungen aufgezeigt werden.

Die Kennbuchstaben der wichtigsten Bauteile sind:

Kennbuchstabe	Bauteil
A	Batterie
B	Anlasser
C	Drehstromgenerator
D	Zündanlassschalter
E	Schalter für Handbedienung
F	Mechanische Schalter
G	Geber, Kontrollgeräte
H	Horn, Doppeltonhorn, Fanfare
J	Relais, Steuergerät
K, L, M, W, X	Kontrolllampen, Lampen, Leuchten
N	Elektroventile, Widerstände, Schaltgeräte
O	Zündverteiler
P, Q	Zündkerzenstecker, Zündkerzen
R	Radio
S	Sicherungen
T	Steckverbindungen
V	Elektromotoren

Zur genaueren Unterscheidung werden den Kennbuchstaben noch Zahlen angefügt.

Relais und elektronische Steuergeräte sind in der Regel grau unterlegt. Die darin eingezeichneten Linien sind interne Verdrahtungen. Sie zeigen, wie Relais und andere elektrische/elektronische Bauteile sowohl zueinander als auch auf der Relaisplatte verschaltet sind.

Die Bezeichnung der Klemmen ist nach DIN genormt. **Die wichtigsten Klemmenbezeichnungen sind:**

Klemme 30. An dieser Klemme liegt immer die Batteriespannung an. Die Kabel sind meist rot oder rot mit Farbstreifen.

Klemme 31 führt zur Masse. Die Masse-Leitungen sind in der Regel braun.

Klemme 15 wird über das Zündschloss gespeist. Die Leitungen führen nur bei eingeschalteter Zündung Strom. Die Kabel sind meist grün oder grün mit farbigem Streifen.

Klemme X führt ebenfalls nur bei eingeschalteter Zündung Strom, dieser wird jedoch unterbrochen, wenn der Anlasser betätigt wird. Dadurch ist sichergestellt, dass während des Startvorganges der Zündanlage die volle Batterieleistung zur Verfügung steht. Alle größeren Stromaufnehmer liegen in diesem Stromkreis. Das Fernlicht wird ebenfalls über diese Klemme mit Strom versorgt. So wird bei eingeschaltetem Fernlicht und ausgeschalteter Zündung automatisch auf Standlicht umgeschaltet.

Im Stromlaufplan sind in den einzelnen Leitungen Ziffern und darunter Buchstabenkombinationen eingefügt.

Beispiel: **1,5**
ws/ge

Die Ziffern geben den Leitungsquerschnitt an; hier: 1,5 mm^2. Die Buchstaben weisen auf die Leitungsfarben hin. Besteht die Kennzeichnung aus zwei Buchstabengruppen, die durch einen Schrägstrich getrennt sind, dann wird zuerst die Leitungsgrundfarbe genannt; hier: ws = weiß. Die zweite Buchstabenfolge gibt die Zusatzfarbe an; hier: ge = gelb.

Zuordnung der Stromlaufpläne

GOLF VII ab November 2012, Stand Juni 2017

Wegen des großen Umfangs können nicht alle Stromlaufpläne aus jedem Modelljahr berücksichtigt werden. Jedoch kann man sich auch an den vorliegenden Stromlaufplänen orientieren, wenn das eigene Fahrzeug einem anderen Modelljahr angehört, da die Änderungen in der Regel nur Teilbereiche betreffen.

Gebrauchsanleitung für Stromlaufpläne

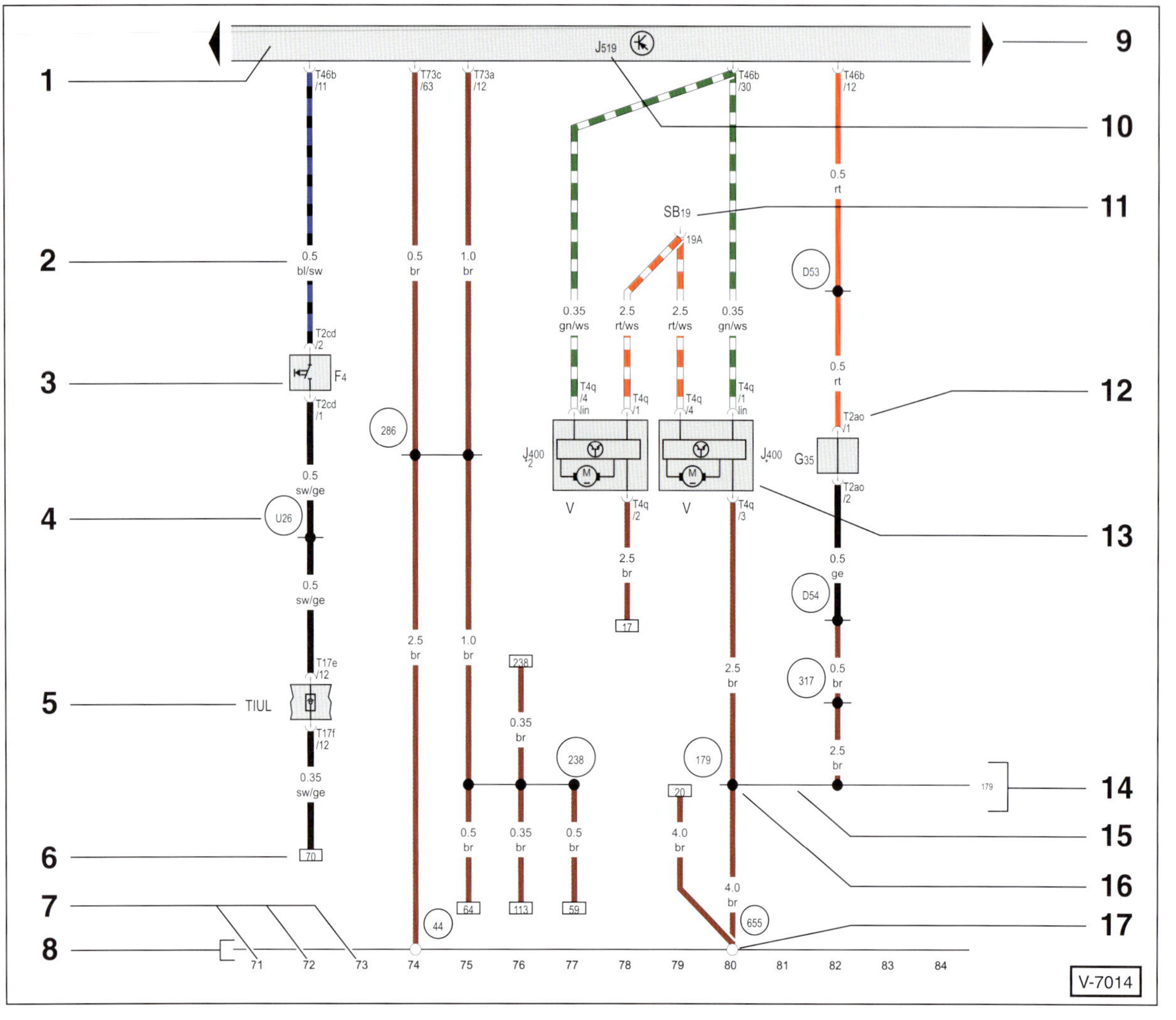

1 – **Hauptsteuergerät**
J519 = Bordnetz-Steuergerät. Durch ein graues Feld gekennzeichnet. Stellt die plusseitigen Anschlüsse dar.

2 – **Leitungsquerschnitt in mm^2 und Leitungsfarbe**
0,5 = 0,5 mm^2, bl/sw = blau/schwarz. Abkürzungen für die Leitungsfarben stehen neben jedem Stromlaufplan.

3 – **Schaltzeichen für Bauteil**
F4 = Schalter für Rückfahrleuchten.

4 – **Verbindung im Leitungsstrang**
Nicht lösbare Verbindung.

5 – **Teile-Bezeichnung**
TIUL = Koppelstelle im Innenraum unten links. Die gezackten seitlichen Linien weisen darauf hin, dass nur ein Teil des Bauteils dargestellt ist.

6 – **Verweis auf Weiterführung der Leitung zu einem anderen Bauteil**
Die Zahl im Rechteck kennzeichnet, in welchem Strompfad die Leitung weitergeführt wird; hier in Strompfad 70.

7 – **Strompfad-Nummer**

8 – **Fahrzeugmasse**

9 – **Pfeil**
Weist auf die Fortsetzung des Stromlaufplans auf der anschließenden Seite hin.

10 – **Bezeichnung Hauptsteuergerät**
J519 = Bordnetz-Steuergerät.

11 – **Sicherung**
SB19 = Sicherung Nr. 19, im Sicherungshalter B, im Motorraum.

12 – **Steckverbindung T2ao/1**
T2 = 2-fach-Steckverbindung, »/1« = Kontakt 1.

13 – **Schaltzeichen für Bauteil**
J400 = Wischermotor mit Steuereinheit.

14 – **Verweis auf Weiterführung der Leitung im anschließenden Stromlaufplanteil**
Die Zahl kennzeichnet, wo im nächsten Stromlaufplanteil die Leitung weitergeführt wird.

15 – **Interne Verbindung (dünner Strich)**
Diese Verbindung ist nicht als Leitung vorhanden.

16 – **Massepunkt oder Masseverbindung im Leitungsstrang**
In der Legende stehen Angaben zur Lage des Massepunktes im Fahrzeug.
Hier: 179 = Masseverbindung im Leitungsstrang des linken Scheinwerfers.

17 – **Massepunkt**
Der weiße Kreis zeigt an, dass es sich hier um eine lösbare Verbindung handelt.

Bordnetzsteuergerät

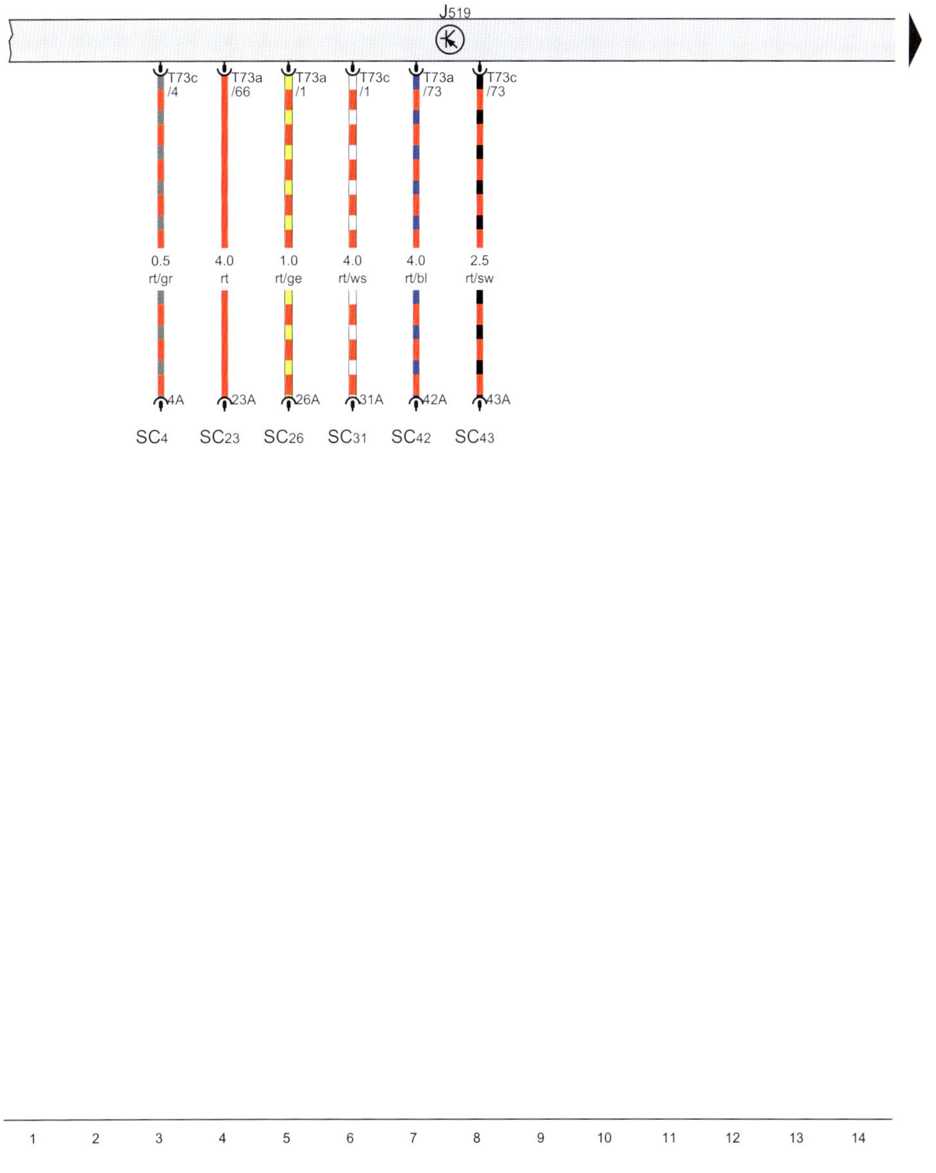

ws = weiss
sw = schwarz
ro = rot
rt = rot
br = braun
gn = grün
bl = blau
gr = grau
li = lila
vi = lila
ge = gelb
or = orange
rs = rosa

J519 - Bordnetzsteuergerät
SC4 - Sicherung 4 auf Sicherungshalter C
SC23 - Sicherung 23 auf Sicherungshalter C
SC26 - Sicherung 26 auf Sicherungshalter C
SC31 - Sicherung 31 auf Sicherungshalter C
SC42 - Sicherung 42 auf Sicherungshalter C
SC43 - Sicherung 43 auf Sicherungshalter C
T73a - Steckverbindung, 73-fach, schwarz
T73c - Steckverbindung, 73-fach

Warnblinklichtschalter, Kontaktschalter für Frontklappe, Temperaturfühler für Außentemperatur, Hochtonhorn, Tieftonhorn, Bordnetzsteuergerät

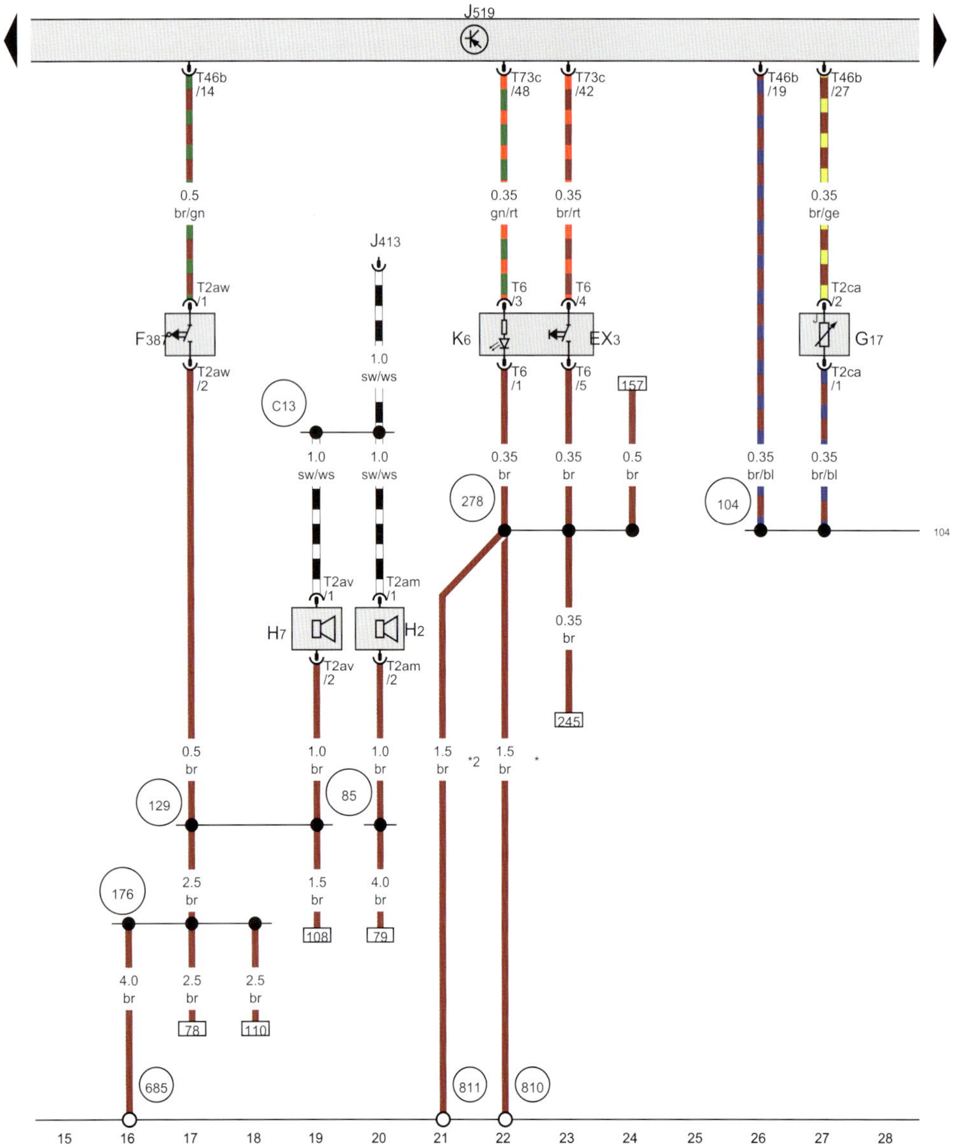

ws = weiss
sw = schwarz
ro = rot
rt = rot
br = braun
gn = grün
bl = blau
gr = grau
li = lila
vi = lila
ge = gelb
or = orange
rs = rosa

EX3 - Warnblinklichtschalter
F387 - Kontaktschalter für Frontklappe
G17 - Temperaturfühler für Außentemperatur
H2 - Hochtonhorn
H7 - Tieftonhorn
J413 - Relais für Signalhorn
J519 - Bordnetzsteuergerät
K6 - Kontrollleuchte für Warnblinkanlage
T2am - Steckverbindung, 2-fach
T2av - Steckverbindung, 2-fach
T2aw - Steckverbindung, 2-fach
T2ca - Steckverbindung, 2-fach, schwarz
T6 - Steckverbindung, 6-fach
T46b - Steckverbindung, 46-fach
T73c - Steckverbindung, 73-fach
T16d - Steckverbindung, 16fach
* - für Linkslenker-Fahrzeuge
*2 - für Rechtslenker-Fahrzeuge

(85) - Masseverbindung 1 im Leitungsstrang Motorraum
(104) - Masseverbindung vorn rechts, Masse für Sensoren
(129) - Masseverbindung Doppelhorn
(176) - Masseverbindung Scheinwerfer rechts
(278) - Masseverbindung 4 im Leitungsstrang Innenraum
(685) - Massepunkt 1 am Längsträger vorn rechts
(810) - Massepunkt Zentralrohr Schalttafel Mitte links
(811) - Massepunkt Zentralrohr Schalttafel Mitte rechts
(C13) - Plusverbindung im Leitungsstrang Doppeltonhorn

Innenspiegel, Taster für abblendbaren Innenspiegel, Geber für Kühlmittelmangelanzeige, Scheiben-Waschwasserstandsgeber, Bordnetzsteuergerät, Scheibenwaschpumpe, Innenleuchte vorn

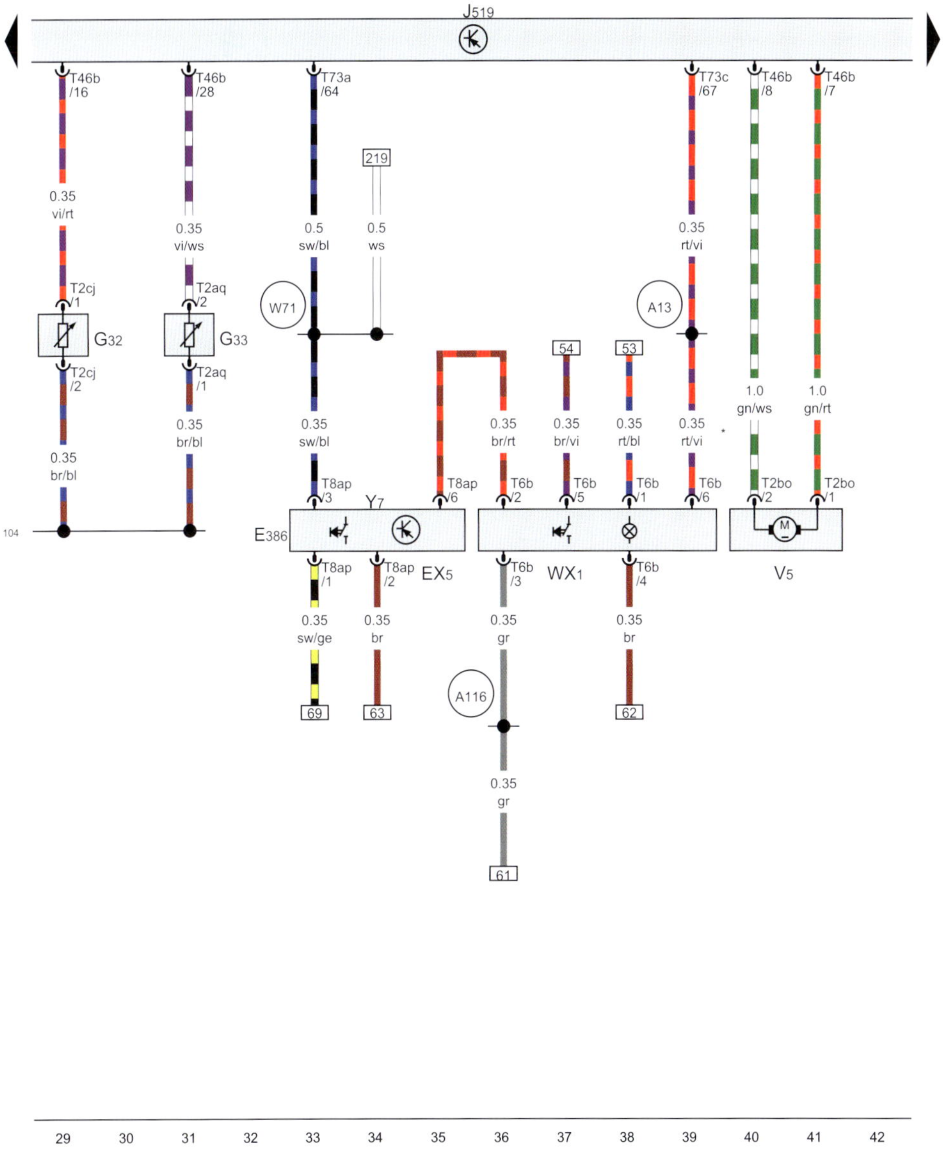

ws = weiss
sw = schwarz
ro = rot
rt = rot
br = braun
gn = grün
bl = blau
gr = grau
li = lila
vi = lila
ge = gelb
or = orange
rs = rosa

EX5 - Innenspiegel
E386 - Taster für abblendbaren Innenspiegel
G32 - Geber für Kühlmittelmangelanzeige
G33 - Scheiben-Waschwasserstandsgeber
J519 - Bordnetzsteuergerät
T2aq - Steckverbindung, 2-fach
T2bo - Steckverbindung, 2-fach
T2cj - Steckverbindung, 2-fach
T6b - Steckverbindung, 6-fach
T8ap - Steckverbindung, 8-fach
T46b - Steckverbindung, 46-fach
T73a - Steckverbindung, 73-fach, schwarz
T73c - Steckverbindung, 73-fach
V5 - Scheibenwaschpumpe
WX1 - Innenleuchte vorn
Y7 - automatisch abblendbarer Innenspiegel

(104) - Masseverbindung im Leitungsstrang vorn rechts, Masse für Sensoren

(A13) - Verbindung (Türkontaktschalter) im Schalttafelleitungsstrang

(A116) - Verbindung 2 (58d) im Schalttafelleitungsstrang

(W71) - Verbindung (Rückfahrlicht) im Leitungsstrang hinten

* - je nach Ausstattung

Schalter für Handschuhfachleuchte, Kontaktschalter für Make-up-Spiegel, Bordnetzsteuergerät, Innenleuchte hinten, Kofferraumleuchte, Handschuhfachleuchte, beleuchteter Make-up-Spiegel

1/5

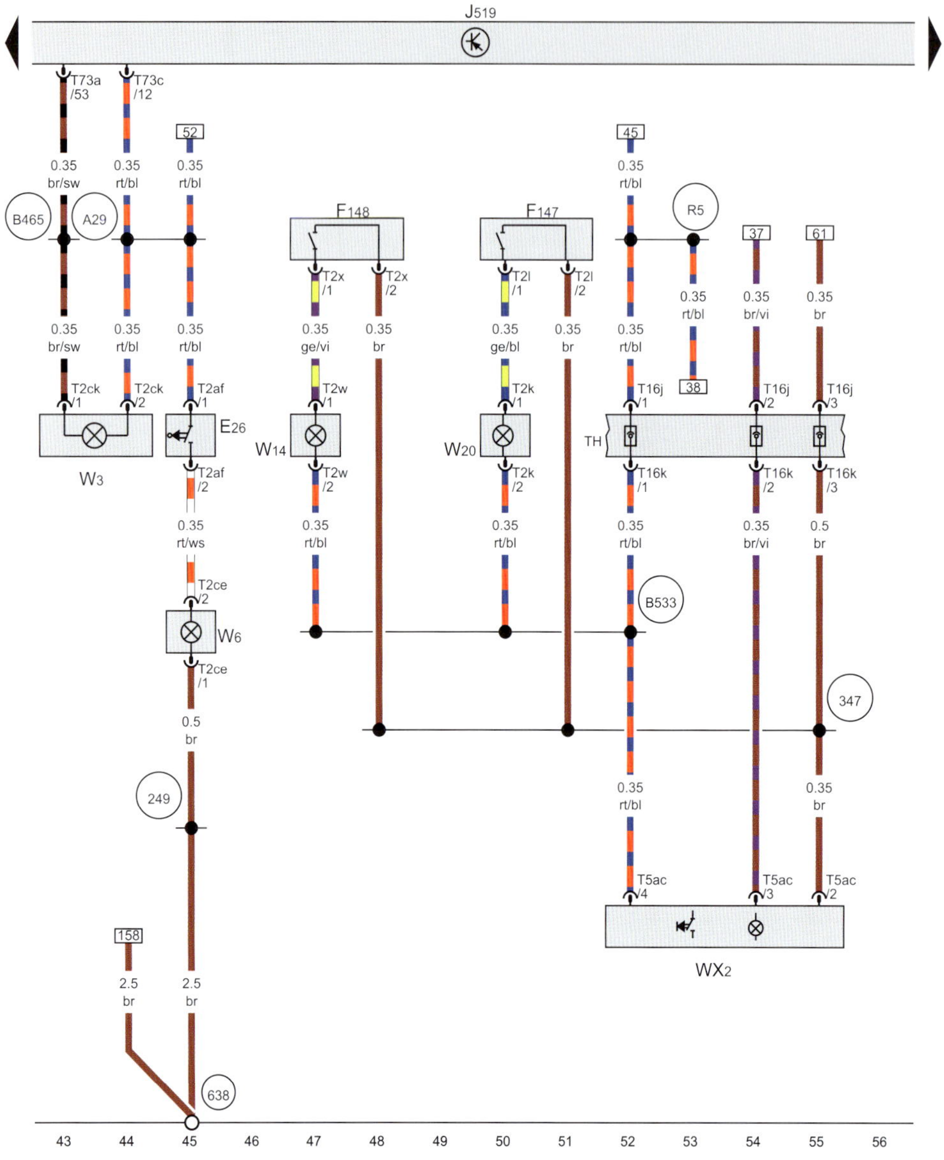

ws = weiss
sw = schwarz
ro = rot
rt = rot
br = braun
gn = grün
bl = blau
gr = grau
li = lila
vi = lila
ge = gelb
or = orange
rs = rosa

E26 - Schalter für Handschuhfachleuchte
F147/8- Kontaktschalter für Make-up-Spiegel
J519 - Bordnetzsteuergerät
T2af/T2ce/T2ck/T2k/T2l/T2w/T2x - Steckverbindung, 2-fach
T5ac - Steckverbindung, 5-fach
T16j/T16k - Steckverbindung, 16-fach, braun
T73a - Steckverbindung, 73-fach, schwarz
T73c - Steckverbindung, 73-fach
TH - Koppelstelle am Dach
WX2 - Innenleuchte hinten
W3 - Kofferraumleuchte
W6 - Handschuhfachleuchte
W14 - beleuchteter Make-up-Spiegel, Beifahrerseite
W20 - beleuchteter Make-up-Spiegel, Fahrerseite

249 - Masseverbindung 2 im Leitungsstrang Innenraum
347 - Masseverbindung im Leitungsstrang Dach
638 - Massepunkt an der A-Säule rechts
A29 - Verbindung (Innenleuchte) Schalttafelleitungsstrang
B465 - Verbindung 1 im Hauptleitungsstrang
B533 - Verbindung 1 (TK) im Leitungsstrang Dach
R5 - Verbindung 2 im Leitungsstrang Innenleuchte

Lichtschalter, Regler für Schalter- und Instrumentenbeleuchtung, Bordnetzsteuergerät

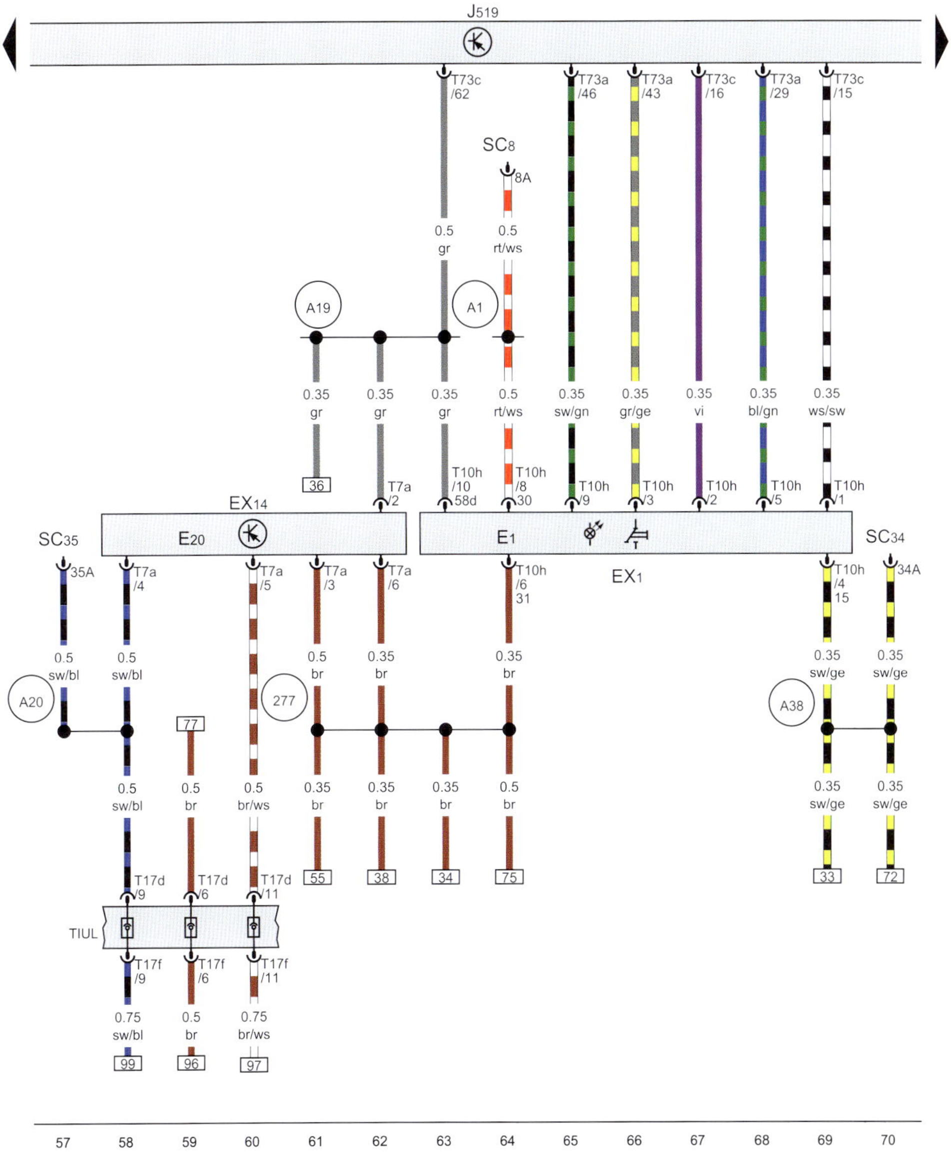

ws = weiss
sw = schwarz
ro = rot
rt = rot
br = braun
gn = grün
bl = blau
gr = grau
li = lila
vi = lila
ge = gelb
or = orange
rs = rosa

E1 - Lichtschalter
EX1 - Lichtdrehschalter
EX14 - Regler für Leuchtweitenregelung und Instrumentenbeleuchtung
E20 - Regler für Schalter- und Instrumentenbeleuchtung
J519 - Bordnetzsteuergerät
SC8 - Sicherung 8 auf Sicherungshalter C
SC34 - Sicherung 34 auf Sicherungshalter C
SC35 - Sicherung 35 auf Sicherungshalter C
T7a - Steckverbindung, 7-fach
T10h - Steckverbindung, 10-fach
T17d - Steckverbindung, 17-fach, schwarz
T17f - Steckverbindung, 17-fach, schwarz
T73a - Steckverbindung, 73-fach, schwarz
T73c - Steckverbindung, 73-fach
TIUL - Koppelstelle im Innenraum unten links
T52c - Steckverbindung, 52-fach

(277) - Masseverbindung 3 im Leitungsstrang Innenraum
(A1) - Plusverbindung (30a) im Schalttafelleitungsstrang
(A19) - Verbindung (58d) im Schalttafelleitungsstrang
(A20) - Plusverbindung (15a) im Schalttafelleitungsstrang
(A38) - Plusverbindung 2 (15a) im Schalttafelleitungsstrang

Schalter für Rückfahrleuchten, Geber für Bremsbelagverschleiß vorn rechts, Steuergerät für Wischermotor, Bordnetzsteuergerät

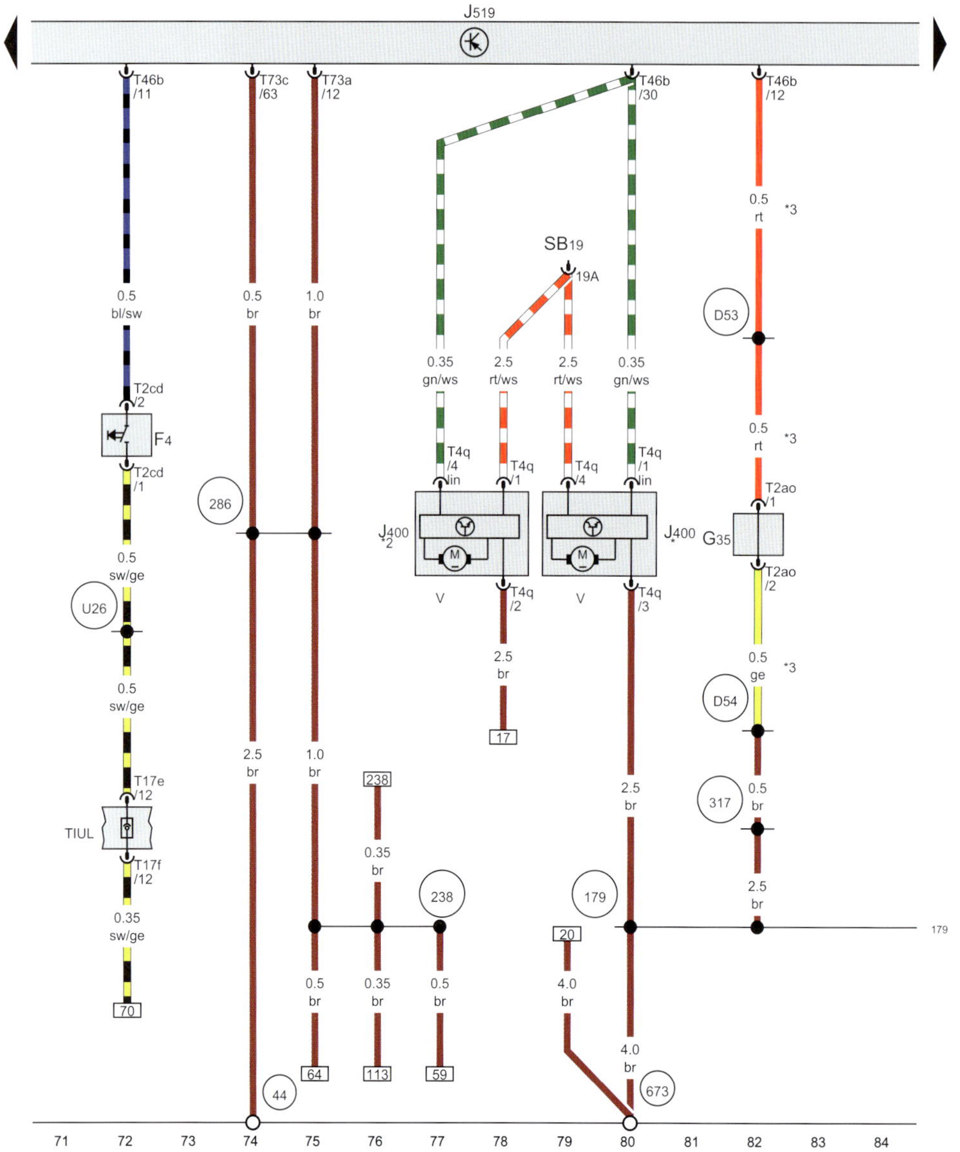

ws = weiss
sw = schwarz
ro = rot
rt = rot
br = braun
gn = grün
bl = blau
gr = grau
li = lila
vi = lila
ge = gelb
or = orange
rs = rosa

F4 - Schalter für Rückfahrleuchten
G35 - Geber für Bremsbelagverschleiß vorn rechts
J400 - Steuergerät für Wischermotor
J519 - Bordnetzsteuergerät
SB19 - Sicherung 19 auf Sicherungshalter B
T2ao/T2cd - Steckverbindung, 2-fach
T4q - Steckverbindung, 4-fach
T17e/T17f - Steckverbindung, 17-fach, braun/schwarz
T46b - Steckverbindung, 46-fach
T73a/T73c - Steckverbindung, 73-fach, schwarz
TIUL - Koppelstelle im Innenraum unten links
V - Scheibenwischermotor
* - für Linkslenker-Fahrzeuge
*2 - für Rechtslenker-Fahrzeuge
*3 - abweichende Leitungsfarbe möglich
(44) - Massepunkt A-Säule links unten

(179) - Masseverbindung Scheinwerfer links
(238) - Masseverbindung 1 im Leitungsstrang Innenraum
(286) - Masseverbindung 8 im Leitungsstrang Innenraum
(317) - Masseverbindung 7 im Leitungsstrang Motorraum
(673) - Massepunkt 3 am Längsträger vorn links
(D53) - Verbindung (Bremsbelagverschleißanzeige rechts) im Leitungsstrang Motorraum
(D54) - Verbindung (Bremsbelagverschleißanzeige rechts)
(U26) - Verbindung (15) im Leitungsstrang Getriebeschalter

Warnkontakt für Bremsflüssigkeitsstand, Bordnetzsteuergerät, Steuergerät Kurvenlicht/Leuchtweitenregelung, Scheinwerfer/Nebelscheinwerfer vorn links, Stellmotor links Leuchtweitenregel.

1/8

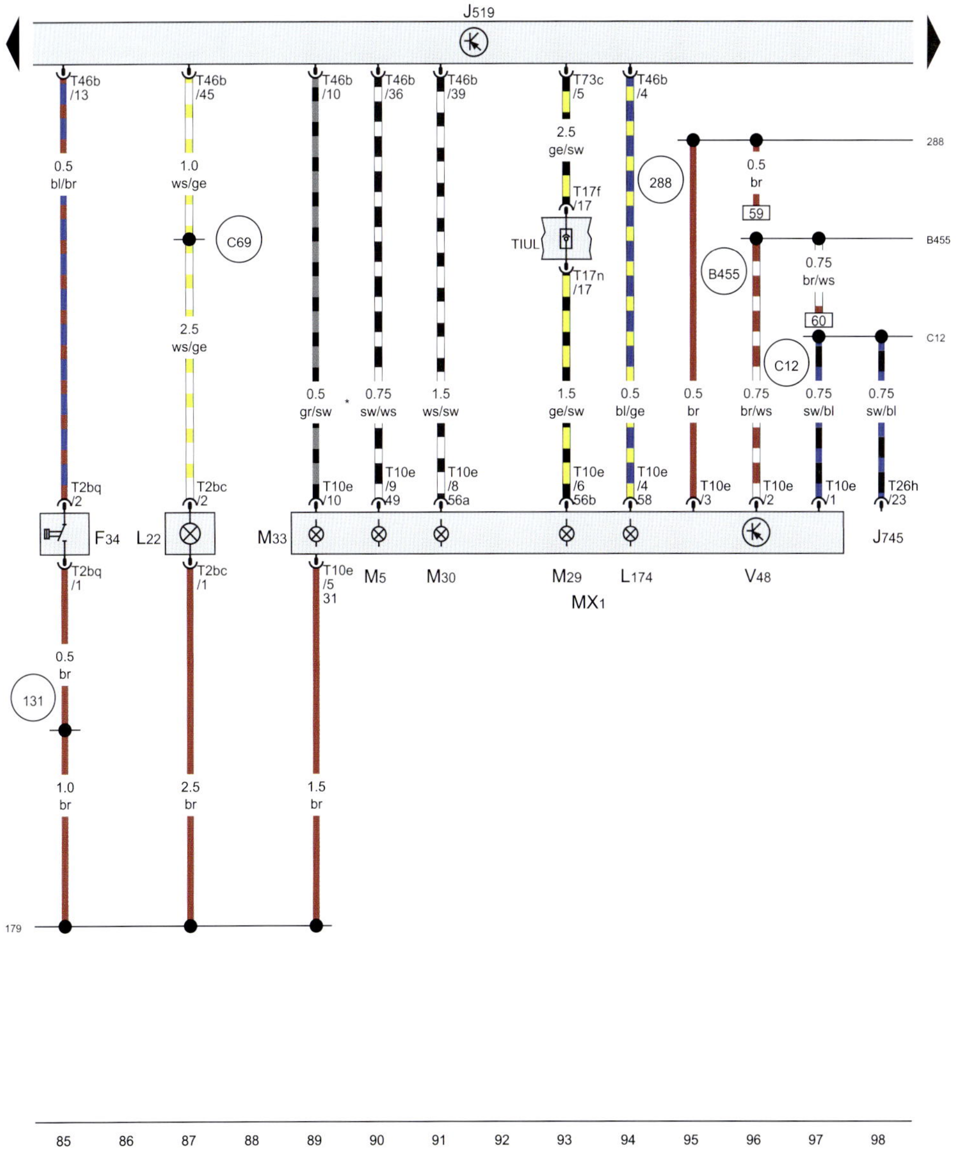

ws = weiss
sw = schwarz
ro = rot
rt = rot
br = braun
gn = grün
bl = blau
gr = grau
li = lila
vi = lila
ge = gelb
or = orange
rs = rosa

DF34 - Warnkontakt für Bremsflüssigkeitsstand
J519 - Bordnetzsteuergerät
J745 - Steuergerät für Kurvenlicht/Leuchtweitenregelung
L22 - Lampe für Nebelscheinwerfer links
L174 - Lampe für Tagesfahrlicht links
MX1 - Scheinwerfer vorn links
M5 - Lampe für Blinklicht vorn links
M29 - Lampe für Abblendlichtscheinwerfer links
M30 - Lampe für Fernlichtscheinwerfer links
M33 - Lampe für Seitenmarkierungsleuchte vorn links
T2bc/T2bq - Steckverbindung, 2-fach
T10e - Steckverbindung, 10-fach
T17f/T17n - Steckverbindung, 17-fach, schwarz/rot
T26h - Steckverbindung, 26-fach
T46b - Steckverbindung, 46-fach
T73c - Steckverbindung, 73-fach
TIUL - Koppelstelle im Innenraum unten links

V48 - Stellmotor links für Leuchtweitenregelung (LWR)
131 - Masseverbindung 2 im Leitungsstrang Motorraum
179 - Masseverbindung im Leitungsstrang Scheinwerfer links
288 - Masseverbindung (LWR) im Schalttafelleitungsstrang
B455 - Verbindung (LWR) im Hauptleitungsstrang
C12 - Plusverbindung 1 im Leitungsstrang Scheinwerfer
C69 - Verbindung (Nebelscheinwerfer) im Leitungsstrang vorn links
* - je nach Ausstattung

Bordnetzsteuergerät, Scheinwerfer/Nebelscheinwerfer vorn rechts, Stellmotor rechts für Leuchtweitenregelung

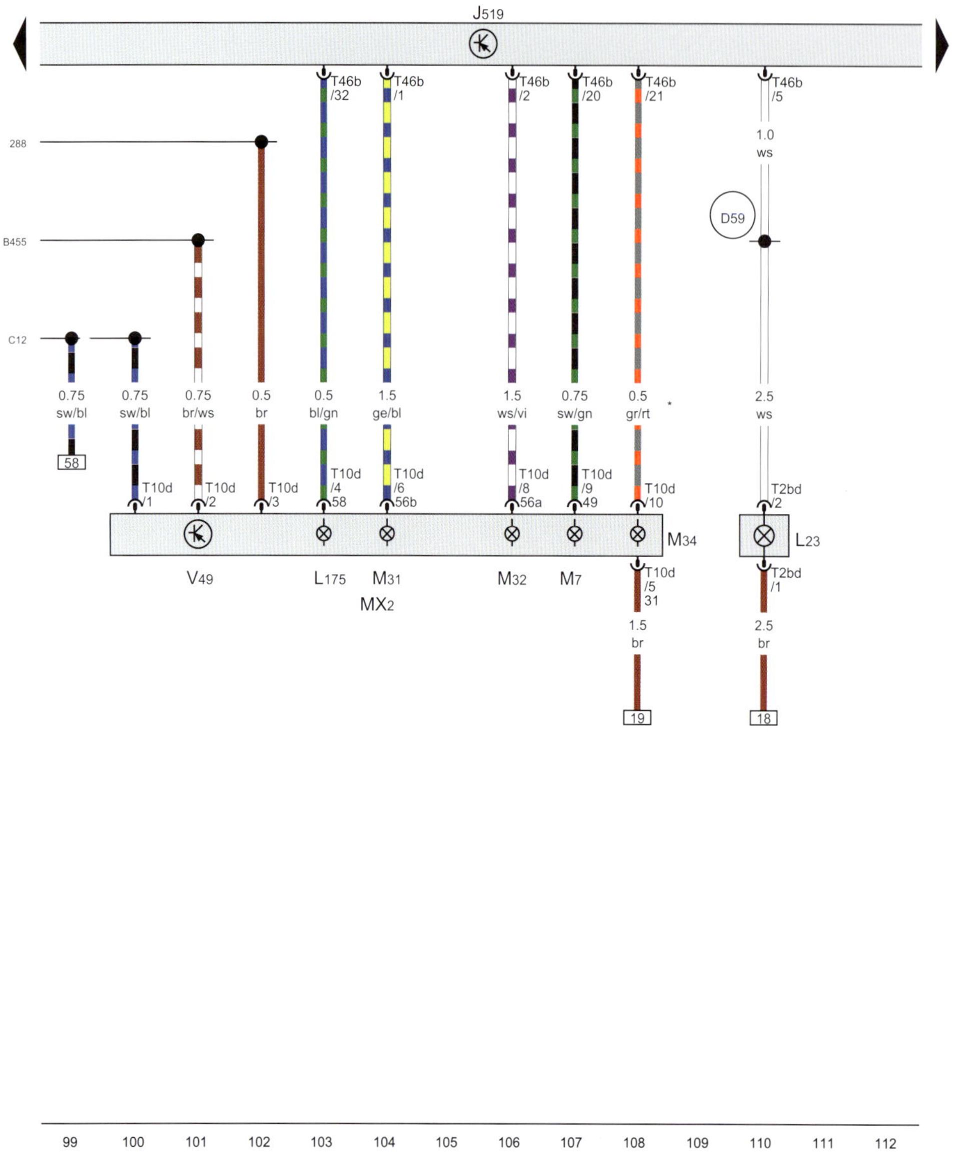

ws = weiss
sw = schwarz
ro = rot
rt = rot
br = braun
gn = grün
bl = blau
gr = grau
li = lila
vi = lila
ge = gelb
or = orange
rs = rosa

J519 - Bordnetzsteuergerät
L23 - Lampe für Nebelscheinwerfer rechts
L175 - Lampe für Tagesfahrlicht rechts
MX2 - Scheinwerfer vorn rechts
M7 - Lampe für Blinklicht vorn rechts
M31 - Lampe für Abblendlichtscheinwerfer rechts
M32 - Lampe für Fernlichtscheinwerfer rechts
M34 - Lampe für Seitenmarkierungsleuchte vorn rechts
T2bd - Steckverbindung, 2-fach
T10d - Steckverbindung, 10-fach, schwarz
T46b - Steckverbindung, 46-fach
V49 - Stellmotor rechts für Leuchtweitenregelung

(288) - Masseverbindung Leuchtweitenregelung (LWR) im Schalttafelleitungsstrang

(B455) - Verbindung (LWR) im Hauptleitungsstrang

(C12) - Plusverbindung 1 im Leitungsstrang Scheinwerfer

(D59) - Verbindung (Nebelscheinwerfer) im Leitungsstrang Motorraum

* - je nach Ausstattung

Zündanlassschalter, Scheibenwischerschalter für Intervallbetrieb, Abruftaste für Multifunktionsanzeige, Wählhebel, Bordnetzsteuergerät, Steuergerät für Lenksäulenelektronik

1/10

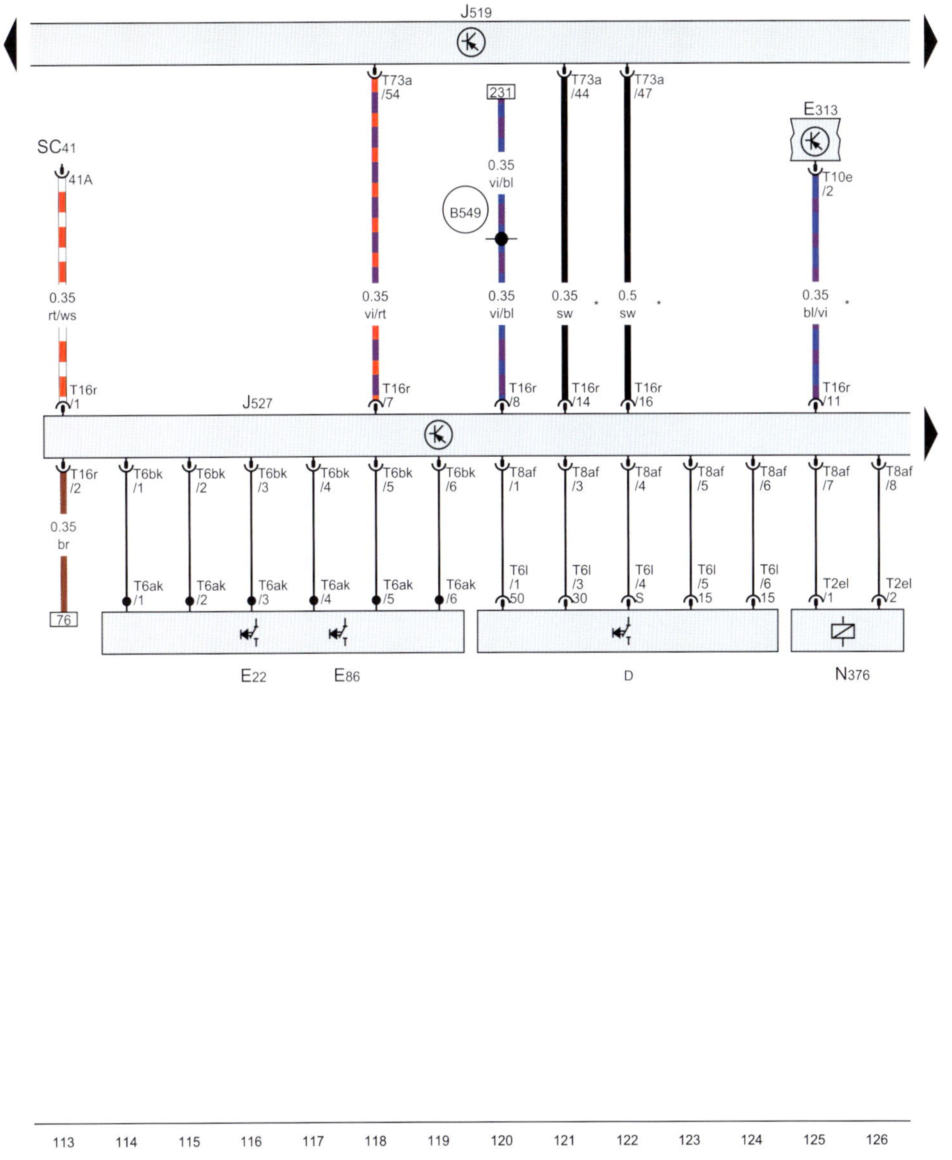

ws = weiss
sw = schwarz
ro = rot
rt = rot
br = braun
gn = grün
bl = blau
gr = grau
li = lila
vi = lila
ge = gelb
or = orange
rs = rosa

D - Zündanlassschalter
E22 - Scheibenwischerschalter für Intervallbetrieb
E86 - Abruftaste für Multifunktionsanzeige
E313 - Wählhebel
J519 - Bordnetzsteuergerät
J527 - Steuergerät für Lenksäulenelektronik
N376 - Magnet für Zündschlüsselabzugssperre
SC41 - Sicherung 41 auf Sicherungshalter C
T2el - Steckverbindung, 2-fach
T6ak - Steckverbindung, 6-fach
T6bk - Steckverbindung, 6-fach
T6l - Steckverbindung, 6-fach
T8af - Steckverbindung, 8-fach
T10e - Steckverbindung, 10-fach
T16r - Steckverbindung, 16-fach
T73a - Steckverbindung, 73-fach, schwarz

B549 - Verbindung 2 (LIN-Bus) im Hauptleitungsstrang

* - Leitungsfarbe ist ausstattungsabhängig

Blinklichtschalter, Schalter für Geschwindigkeitsregelanlage (GRA), SET-Taster für GRA, Bordnetzsteuergerät, Steuergerät für Lenksäulenelektronik

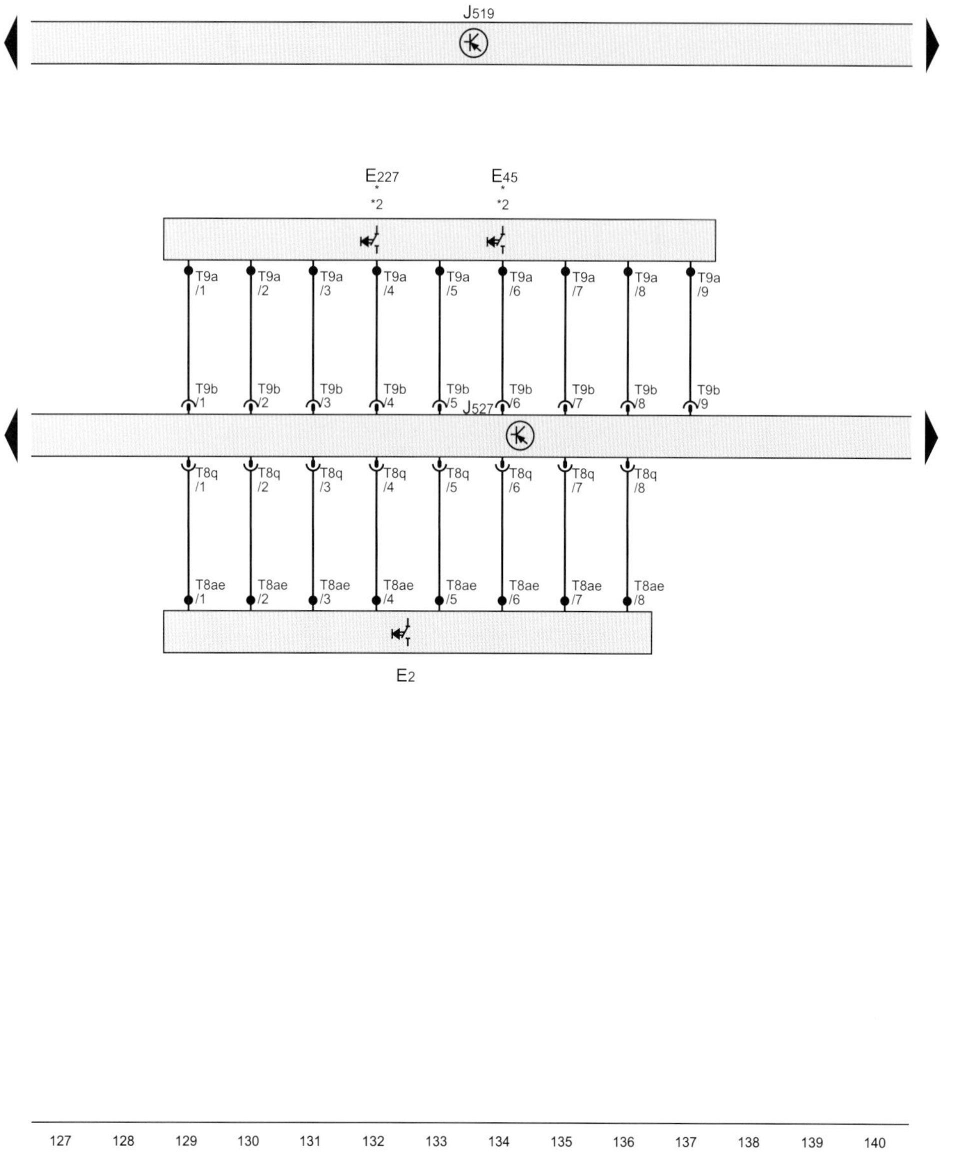

ws = weiss
sw = schwarz
ro = rot
rt = rot
br = braun
gn = grün
bl = blau
gr = grau
li = lila
vi = lila
ge = gelb
or = orange
rs = rosa

E2 - Blinklichtschalter
E45 - Schalter für GRA (Geschwindigkeitsregelanlage)
E227 - SET-Taster für GRA (Geschwindigkeitsregelanlage)
J519 - Bordnetzsteuergerät
J527 - Steuergerät für Lenksäulenelektronik
T8ae - Steckverbindung, 8-fach
T8q - Steckverbindung, 8-fach
T9a - Steckverbindung, 9-fach
T9b - Steckverbindung, 9-fach
* - für Fahrzeuge ohne Multifunktionslenkrad
*2 - für Fahrzeuge mit Geschwindigkeitsregelanlage

Signalhornbetätigung, Steuergerät für Airbag, Bordnetzsteuergerät, Steuergerät für Lenksäulenelektronik, Motorsteuergerät, Zünder für Airbag Fahrerseite

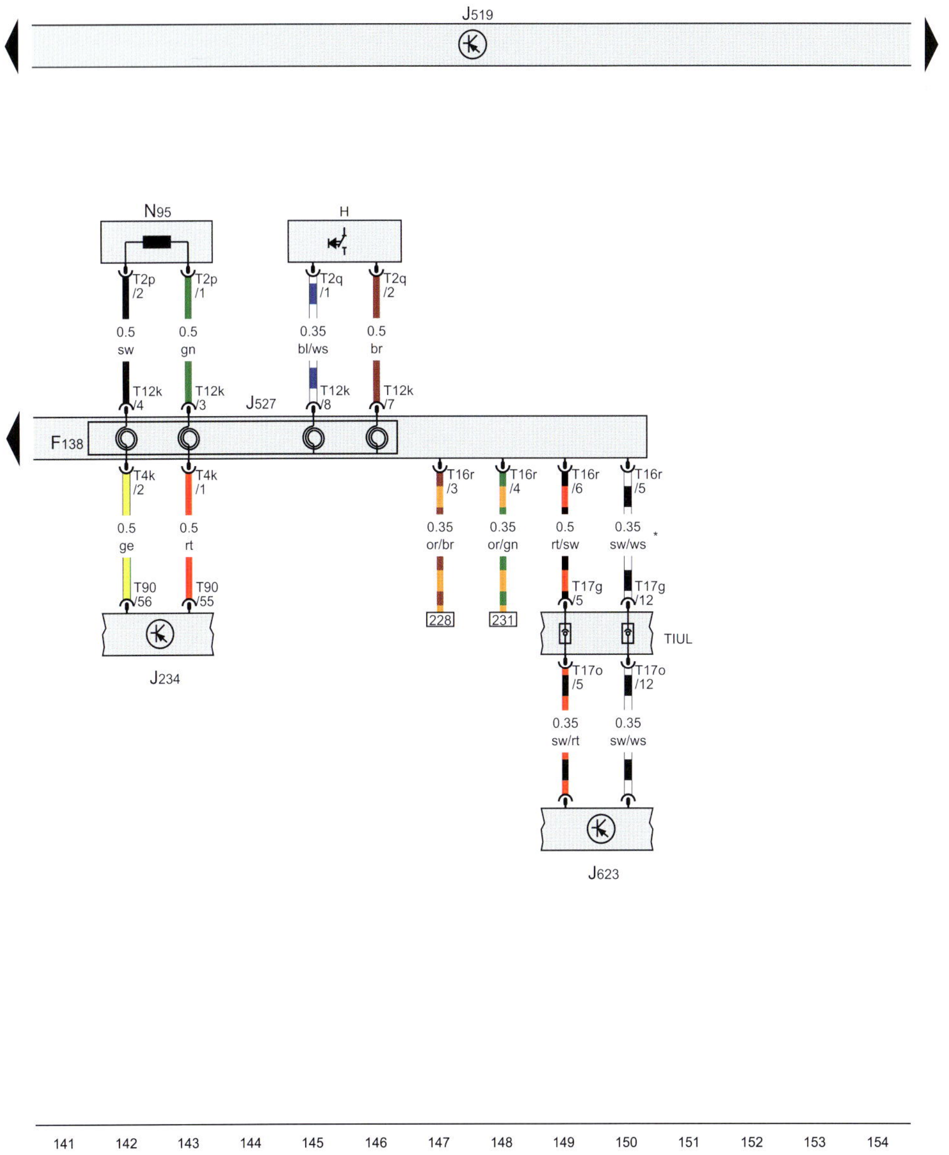

ws = weiss
sw = schwarz
ro = rot
rt = rot
br = braun
gn = grün
bl = blau
gr = grau
li = lila
vi = lila
ge = gelb
or = orange
rs = rosa

F138 - Wickelfeder für Airbag und Rückstellring mit Schleifring
H - Signalhornbetätigung
J234 - Steuergerät für Airbag
J519 - Bordnetzsteuergerät
J527 - Steuergerät für Lenksäulenelektronik
J623 - Motorsteuergerät
N95 - Zünder für Airbag Fahrerseite
T2p - Steckverbindung, 2-fach
T2q - Steckverbindung, 2-fach
T4k - Steckverbindung, 4-fach
T12k - Steckverbindung, 12-fach
T16r - Steckverbindung, 16-fach
T17g - Steckverbindung, 17-fach, blau
T17o - Steckverbindung, 17-fach, blau
T90 - Steckverbindung, 90-fach

TIUL - Koppelstelle im Innenraum unten links
* - für Fahrzeuge mit Geschwindigkeitsregelanlage (GRA)

Steuergerät für Heizung, Steuergerät für Frischluftgebläse, Bordnetzsteuergerät, Frischluftgebläse, Stellmotor der Umluftklappe

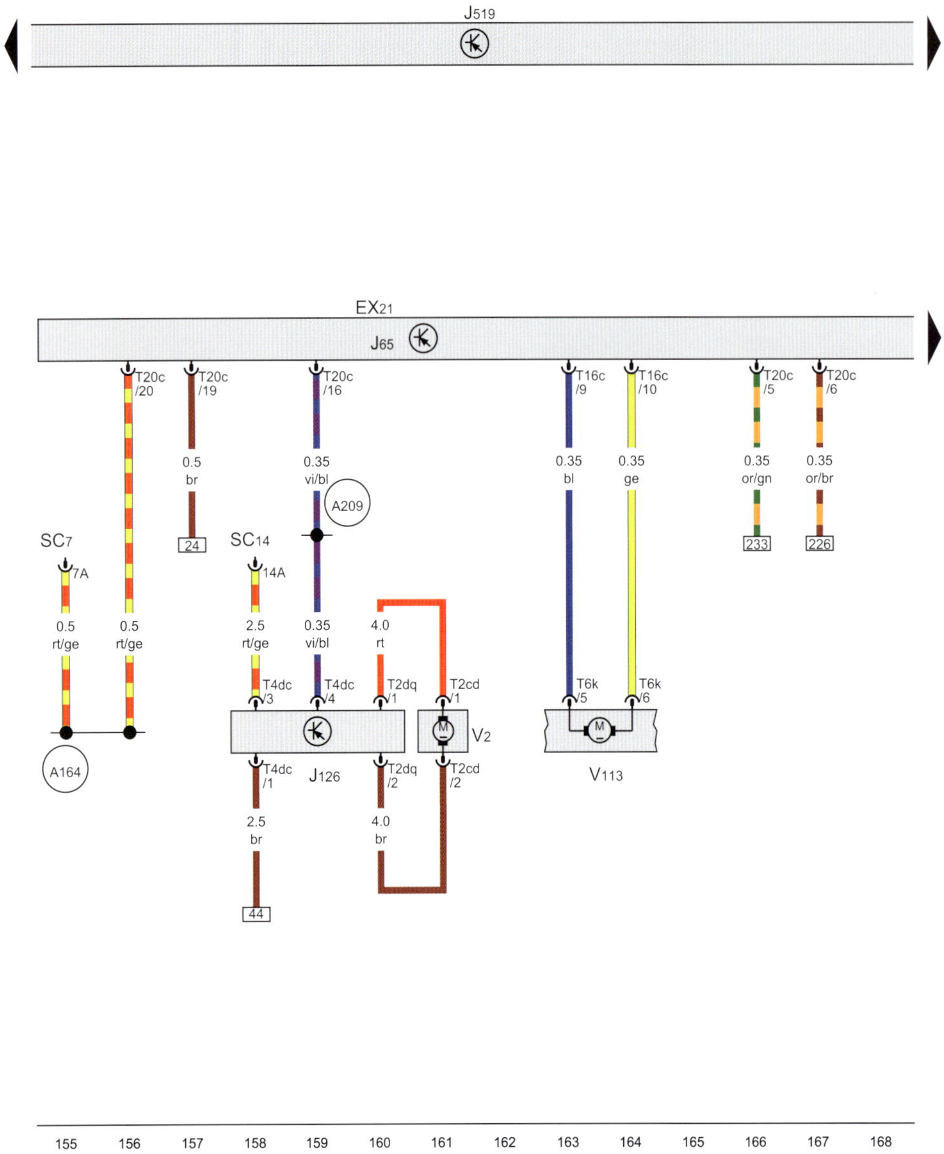

ws = weiss
sw = schwarz
ro = rot
rt = rot
br = braun
gn = grün
bl = blau
gr = grau
li = lila
vi = lila
ge = gelb
or = orange
rs = rosa

EX21 - Heizung-/Klimabedienung
J65 - Steuergerät für Heizung
J126 - Steuergerät für Frischluftgebläse
J519 - Bordnetzsteuergerät
SC7 - Sicherung 7 auf Sicherungshalter C
SC14 - Sicherung 14 auf Sicherungshalter C
T2cd - Steckverbindung, 2-fach
T2dq - Steckverbindung, 2-fach
T4dc - Steckverbindung, 4-fach
T6k - Steckverbindung, 6-fach
T16c - Steckverbindung, 16-fach
T20c - Steckverbindung, 20-fach
V2 - Frischluftgebläse
V113 - Stellmotor der Umluftklappe

A164 - Plusverbindung 2 (30a) im Schalttafelleitungsstrang
A209 - Verbindung 1 (LIN-Bus) im Schalttafelleitungsstrang

Potenziometer für Stellmotor der Temperaturklappe, Potenziometer für Stellmotor der Luftverteilerklappe, Bordnetzsteuergerät, Stellmotor der Temperaturklappe, Stellmotor für Luftverteilerklappe

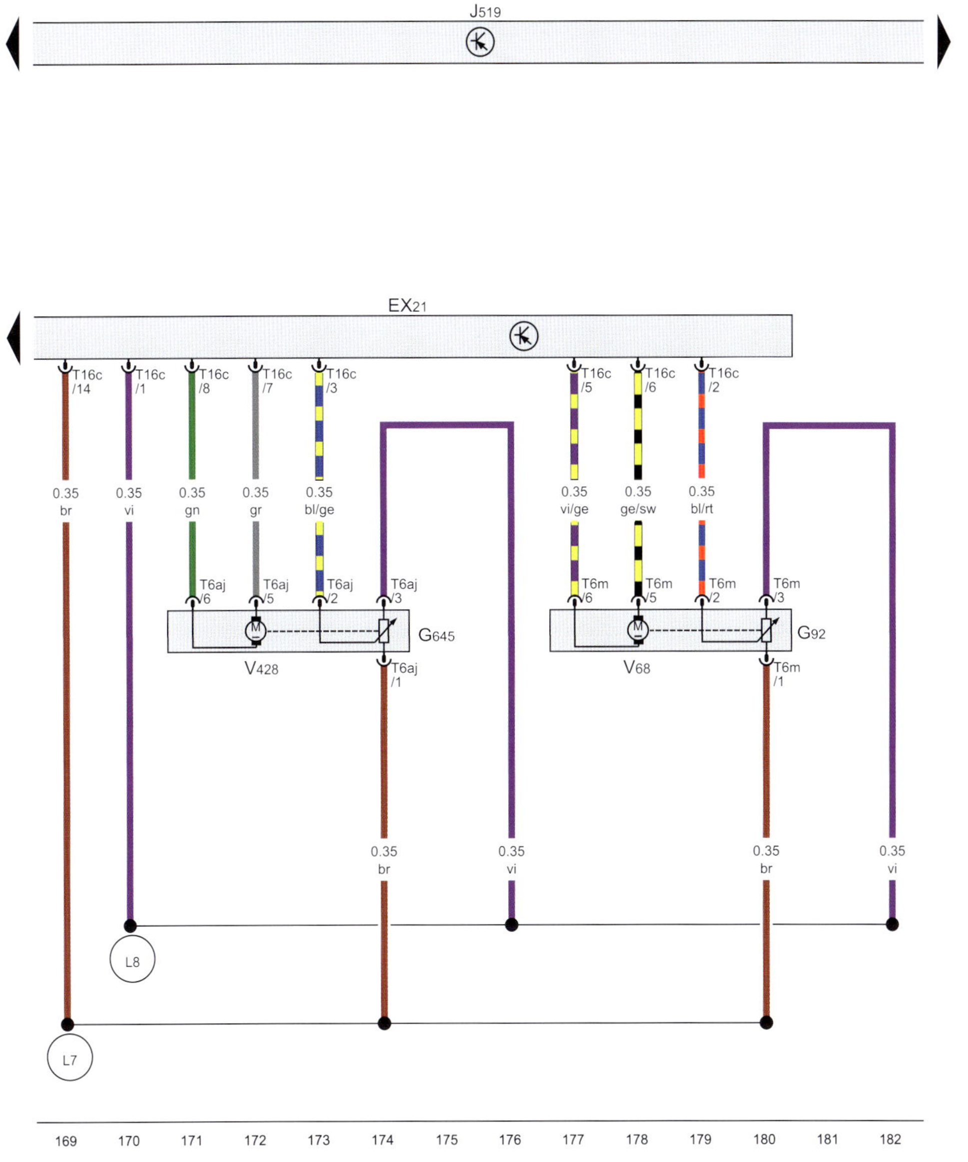

ws = weiss
sw = schwarz
ro = rot
rt = rot
br = braun
gn = grün
bl = blau
gr = grau
li = lila
vi = lila
ge = gelb
or = orange
rs = rosa

EX21 - Heizung-/Klimabedienung
G92 - Potenziometer für Stellmotor der Temperaturklappe
G645 - Potenziometer für Stellmotor der Luftverteilerklappe
J519 - Bordnetzsteuergerät
T6aj - Steckverbindung, 6-fach
T6m - Steckverbindung, 6-fach
T16c - Steckverbindung, 16-fach
V68 - Stellmotor der Temperaturklappe
V428 - Stellmotor für Luftverteilerklappe
T32c - Steckverbindung, 32fach

L7 - Verbindung 3 im Leitungsstrang Klimagerät
L8 - Verbindung 4 im Leitungsstrang Klimagerät

Bordnetzsteuergerät, Heckleuchten, Kennzeichenleuchte

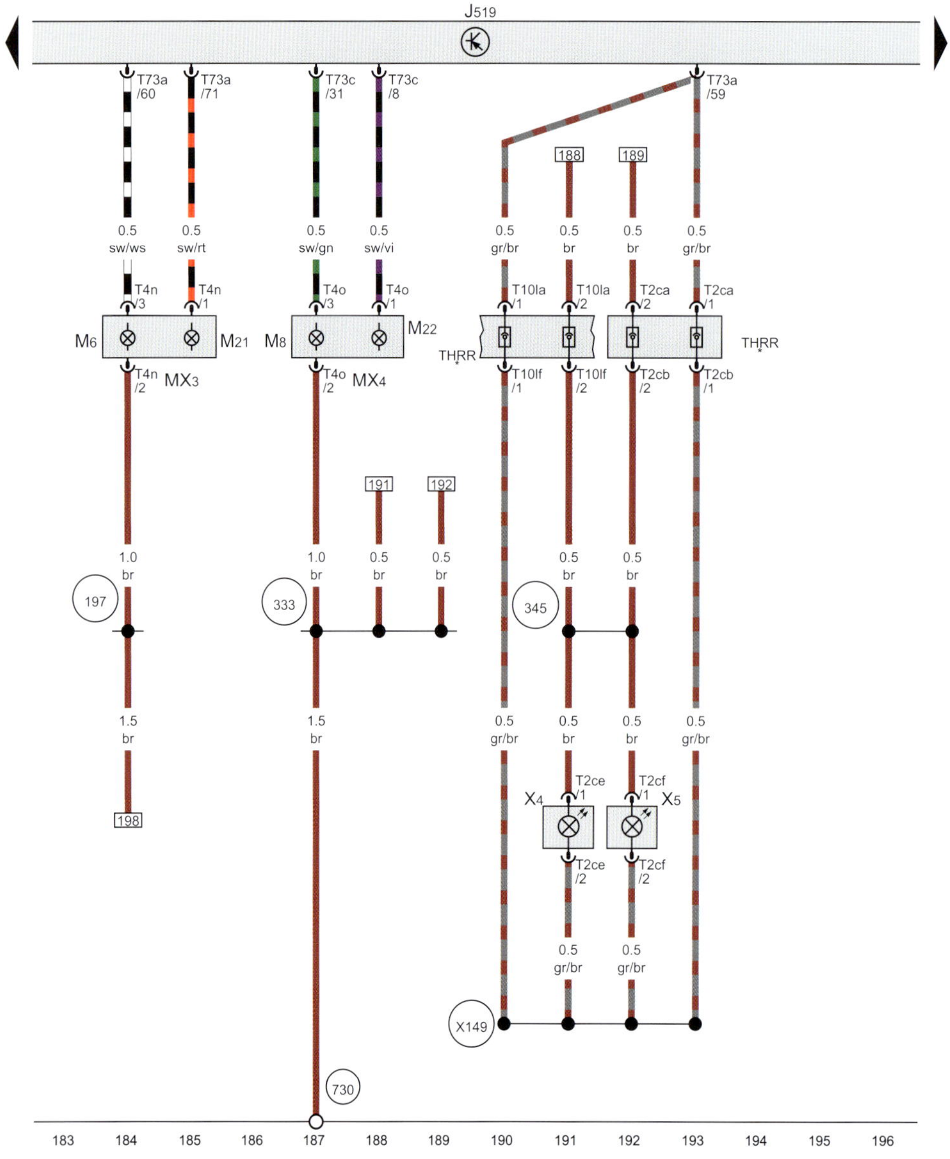

ws = weiss
sw = schwarz
ro = rot
rt = rot
br = braun
gn = grün
bl = blau
gr = grau
li = lila
vi = lila
ge = gelb
or = orange
rs = rosa

J519 - Bordnetzsteuergerät
MX3 - Schlussleuchte links
MX4 - Schlussleuchte rechts
M6 - Lampe für Blinklicht hinten links
M8 - Lampe für Blinklicht hinten rechts
M21 - Lampe für Brems- und Schlusslicht links
M22 - Lampe für Brems- und Schlusslicht rechts
T2ca - Steckverbindung, 2-fach, schwarz
T2cb - Steckverbindung, 2-fach, schwarz
T2ce - Steckverbindung, 2-fach
T2cf - Steckverbindung, 2-fach
T4n - Steckverbindung, 4-fach
T4o - Steckverbindung, 4-fach
T10la - Steckverbindung, 10-fach, schwarz
T10lf - Steckverbindung, 10-fach, schwarz
T73a - Steckverbindung, 73-fach, schwarz
T73c - Steckverbindung, 73-fach

THRR - Koppelstelle im Heckraum rechts
X4 - Kennzeichenleuchte links
X5 - Kennzeichenleuchte rechts

(197) - Masseverbindung 4 im Leitungsstrang hinten
(333) - Masseverbindung 5 im Leitungsstrang hinten
(345) - Masseverbindung im Leitungsstrang Stoßfänger
(730) - Massepunkt 1 am Radhaus hinten rechts
(X149) - Verbindung (5V) im Leitungsstrang Stoßfänger hinten
* - je nach Ausstattung

Bordnetzsteuergerät, Lampe für hochgesetzte Bremsleuchte, Motor für Heckscheibenwischer, beheizbare Heckscheibe

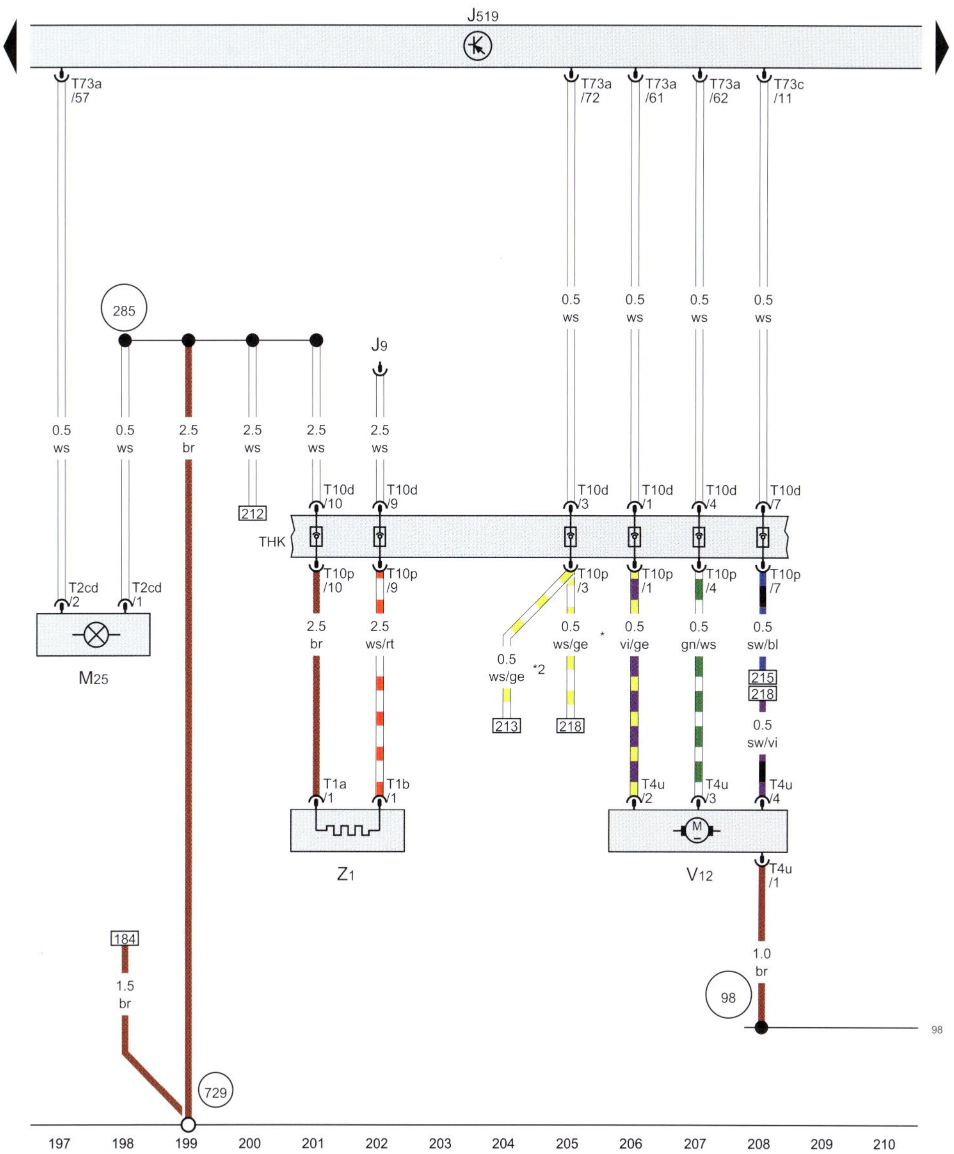

ws = weiss
sw = schwarz
ro = rot
rt = rot
br = braun
gn = grün
bl = blau
gr = grau
li = lila
vi = lila
ge = gelb
or = orange
rs = rosa

J9 - Relais für beheizbare Heckscheibe
J519 - Bordnetzsteuergerät
M25 - Lampe für hochgesetzte Bremsleuchte
T1a - Steckverbindung, 1-fach
T1b - Steckverbindung, 1-fach
T2cd - Steckverbindung, 2-fach
T4u - Steckverbindung, 4-fach
T10d - Steckverbindung, 10-fach, schwarz
T10p - Steckverbindung, 10-fach, schwarz
T73a - Steckverbindung, 73-fach, schwarz
T73c - Steckverbindung, 73-fach
THK - Koppelstelle für Heckklappe
V12 - Motor für Heckscheibenwischer
Z1 - beheizbare Heckscheibe

(98) - Masseverbindung im Leitungsstrang Heckklappe

(285) - Masseverbindung 7 im Leitungsstrang Innenraum

(729) - Massepunkt am Radhaus hinten links

* - für Linkslenker-Fahrzeuge

*2 - für Rechtslenker-Fahrzeuge

Stellelement für Zentralverriegelung in Tankklappe, Bordnetzsteuergerät, Lampe für Nebelschlussleuchte, Lampen für Schlusslicht, Schlussleuchte 2, Lampe für Rückfahrlicht

1/17

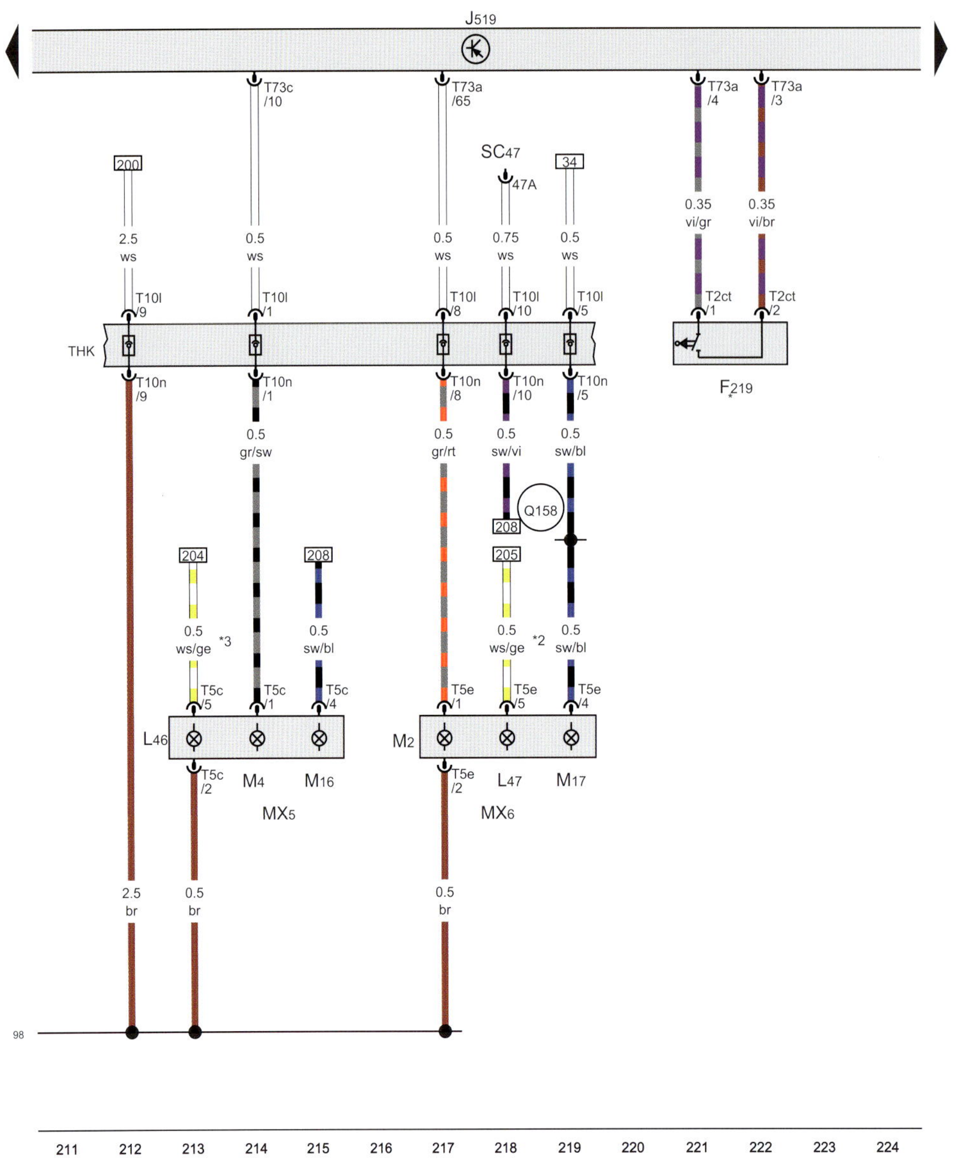

ws = weiss
sw = schwarz
ro = rot
rt = rot
br = braun
gn = grün
bl = blau
gr = grau
li = lila
vi = lila
ge = gelb
or = orange
rs = rosa

F219 - Stellelement für Zentralverriegelung in Tankklappe
J519 - Bordnetzsteuergerät
L46 - Lampe für Nebelschlussleuchte links
L47 - Lampe für Nebelschlussleuchte rechts
M2 - Lampe für Schlusslicht rechts
M4 - Lampe für Schlusslicht links
MX5 - Schlussleuchte 2 links
MX6 - Schlussleuchte 2 rechts
M16 - Lampe für Rückfahrlicht links
M17 - Lampe für Rückfahrlicht rechts
SC47 - Sicherung 47 auf Sicherungshalter C
T2ct - Steckverbindung, 2-fach
T5c - Steckverbindung, 5-fach
T5e - Steckverbindung, 5-fach
T10l - Steckverbindung, 10-fach, braun
T10n - Steckverbindung, 10-fach, braun

T73a - Steckverbindung, 73-fach, schwarz
T73c - Steckverbindung, 73-fach
THK - Koppelstelle für Heckklappe
Y - Analoguhr

(98) - Masseverbindung im Leitungsstrang Heckklappe

(Q158) - Verbindung (RF) im Leitungsstrang Heckklappe

* - vorverkabeltes Bauteil
*2 - für Linkslenker-Fahrzeuge
*3 - für Rechtslenker-Fahrzeuge

Bordnetzsteuergerät, Diagnose-Interface für Datenbus, Kombiinstrument (Schalttafeleinsatz)

1/18

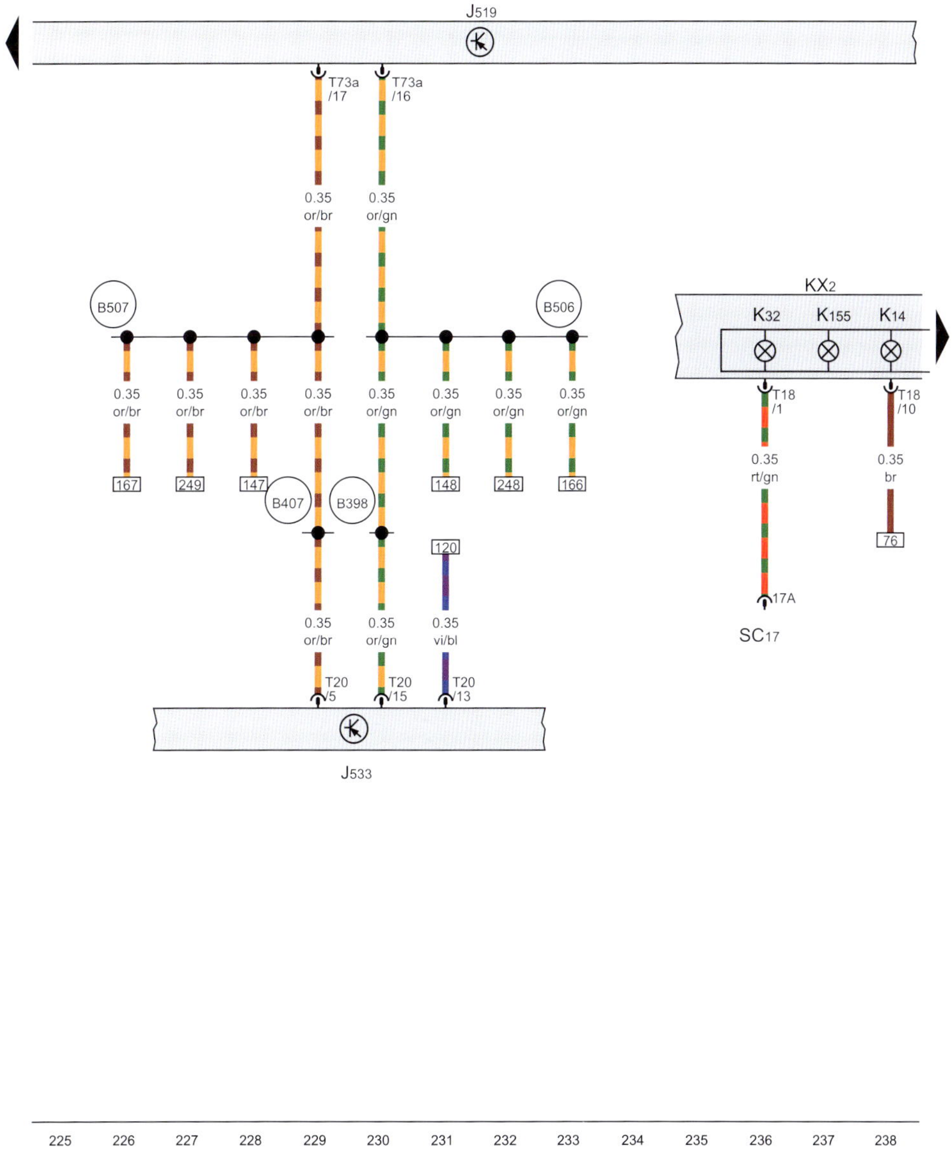

ws = weiss
sw = schwarz
ro = rot
rt = rot
br = braun
gn = grün
bl = blau
gr = grau
li = lila
vi = lila
ge = gelb
or = orange
rs = rosa

J519 - Bordnetzsteuergerät
J533 - Diagnose-Interface für Datenbus
KX2 - Kombiinstrument (Schalttafeleinsatz)
K14 - Kontrollleuchte für Handbremse
K32 - Kontrollleuchte für Bremsbelag
K155 - Kontrollleuchte für elektronisches Stabilisierungsprogramm (ESP) und Antischlupfregelung (ASR)
SC17 - Sicherung 17 auf Sicherungshalter C
T18 - Steckverbindung, 18-fach
T20 - Steckverbindung, 20-fach
T73a - Steckverbindung, 73-fach, schwarz

B398 - Verbindung 2 (CAN-Bus Komfort High) im Hauptleitungsstrang

B407 - Verbindung 2 (CAN-Bus Komfort Low) im Hauptleitungsstrang

B506 - Verbindung (CAN-Bus Komfort, High) im Leitungsstrang Innenraum

B507 - Verbindung (CAN-Bus Komfort, Low) im Leitungsstrang Innenraum

Lesespule für Wegfahrsicherung, Druckschalter für Feststellbremse, Steuergerät im Kombiinstrument (Schalttafeleinsatz), Kombiinstrument (Schalttafeleinsatz)

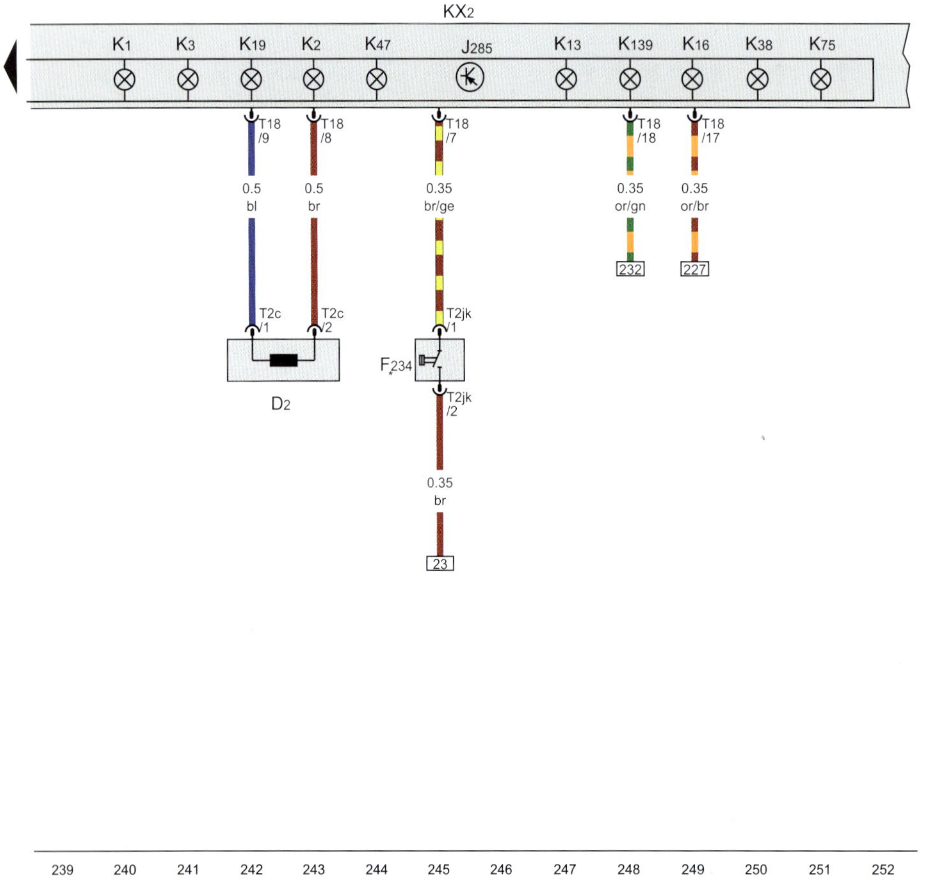

ws = weiss
sw = schwarz
ro = rot
rt = rot
br = braun
gn = grün
bl = blau
gr = grau
li = lila
vi = lila
ge = gelb
or = orange
rs = rosa

D2 - Lesespule für Wegfahrsicherung
F234 - Druckschalter für Feststellbremse
J285 - Steuergerät im Kombiinstrument (Schalttafeleinsatz)
K1 - Kontrollleuchte für Fernlicht
KX2 - Kombiinstrument (Schalttafeleinsatz)
K2 - Kontrollleuchte für Generator
K3 - Kontrollleuchte für Öldruck
K13 - Kontrollleuchte für Nebelschlussleuchte
K16 - Kontrollleuchte für Kraftstoffreserve
K19 - Kontrollleuchte für Gurtwarnung
K38 - Kontrollleuchte für Ölstand
K47 - Kontrollleuchte für ABS
K75 - Kontrollleuchte für Airbag
K139 - Kontrollleuchte für Feststellbremse
T2c - Steckverbindung, 2-fach
T2jk - Steckverbindung, 2-fach
T18 - Steckverbindung, 18-fach
* - je nach Ausstattung